2022世界纺织服装教育大会论文集

Proceedings of 2022 Textile & Fashion Education World Conference

中国纺织服装教育学会
China Textile and Apparel Education Society

天津工业大学
Tiangong University

纺织之光科技教育基金会
Textile Vision Science & Education Fund

组织编写

中国纺织出版社有限公司

图书在版编目(CIP)数据

2022 世界纺织服装教育大会论文集 / 中国纺织服装
教育学会,天津工业大学,纺织之光科技教育基金会组织
编写 . --北京:中国纺织出版社有限公司,2022. 11
　ISBN 978-7-5229-0050-6

Ⅰ. ①2… Ⅱ. ①中… ②天… ③纺… Ⅲ. ①纺织—
高等教育—教学研究②服装—高等教育—教学研究 Ⅳ.
①TS1-4②TS941. 7-4

中国版本图书馆 CIP 数据核字(2022)第 208157 号

2022 SHIJIE FANGZHI FUZHUANG JIAOYU DAHUI LUNWENJI

责任编辑:孔会云　朱利锋　　　特约编辑:蒋慧敏　陈彩虹
责任校对:寇晨晨　　　　　　　　责任印制:王艳丽

中国纺织出版社有限公司出版发行
地址:北京市朝阳区百子湾东里 A407 号楼　邮政编码:100124
销售电话:010—67004422　传真:010—87155801
http://www. c-textilep. com
中国纺织出版社天猫旗舰店
官方微博 http://weibo. com/2119887771
北京虎彩文化传播有限公司印刷　各地新华书店经销
2022 年 11 月第 1 版第 1 次印刷
开本:787×1092　1/16　印张:37. 25
字数:1276 千字　定价:268. 00 元

凡购本书,如有缺页、倒页、脱页,由本社图书营销中心调换

组织机构

指导单位：

中国纺织工业联合会

主办单位：

中国纺织服装教育学会

承办单位：

天津工业大学

支持单位：

纺织之光科技教育基金会

Director：

China National Textile and Apparel Council

Organizer：

China Textile and Apparel Education Society

Sponsor：

Tiangong University

Support Units：

Textile Vision Science & Education Fund

目　录

Construction of the textile teaching materials and its comparison between China and abroad under the new situation

YU Chongwen*, GUO Jiansheng, WANG Xinhou, SUN Xiaoxia, CHEN Changjie

College of Textiles, Donghua University, Shanghai, China

Email address

yucw@ dhu. edu. cn (YU Chongwen), jsguo@ dhu. edu. cn (GUO Jiansheng), xhwang@ dhu. edu. cn (WANG Xinhou), xxsun@ dhu. edu. cn (SUN Xiaoxia), changjiechen@ dhu. edu. cn (CHEN Changjie)

Abstract: China's textile industry has the most complete industrial chain and processing categories in the world, and its scale is also the largest in the world. The textile higher education of China is correspondingly the largest one the in world. The construction of textbook or teaching materials in China is now getting more and more attention. With the development of digital and multimedia technology, as well as more and more plenty of teaching resources, the new form and the diversity of textbooks have been improved. Many flash or 3D animation and videos are included in the teaching materials. Comparing to the teaching materials written or published abroad, domestic textbook or teaching materials update more frequently, and has more details in application analysis and the cases study, but it is slightly insufficient in terms of the description of technology development history, technoeconomics and costbenefit. Combined with the requirement of engineering education of accreditation and the cultivation of students' ability, it is suggested that the description of technology development history and technoeconomics in teaching materials need to be given more attention. Meanwhile, by cooperating with the related enterprises, the flash or 3D animation and videos of the latest technology and equipment can be included in the textbook. It reflects the development of technology timely, which is convenient for readers to understand and master the relevant knowledge intuitively.

Keywords: construction of textbook; comparison of textbooks; textile; teaching materials of spinning

新形势下纺织类教材建设及国内外教材对比

郁崇文*,郭建生,王新厚,孙晓霞,陈长洁

纺织学院,东华大学,上海,中国

邮 箱

yucw@ dhu. edu. cn(郁崇文),jsguo@ dhu. edu. cn(郭建生),xhwang@ dhu. edu. cn(王新厚),xxsun@ dhu. edu. cn(孙晓霞),changjiechen@ dhu. edu. cn(陈长洁)

摘 要:中国的纺织行业具有世界上最齐全的产业链和加工门类,其规模也遥居世界之首。中国具有目前世界上规模最大的纺织高等教育,纺织教材的建设非常重要。随着教学资源越来越丰富,数字化和多媒体等技术的发展应用越来越广泛,纺织教材的多样性和新形态也日趋丰富和完善,许多动画、视频甚至虚拟仿真的实验也逐渐包含在教材中。与国外教材相比,国内教材的更新相对较快、时效性较好,在技术的应用、案例的分析上比较全面、丰富,但在技术发展的历史描述、技术经济和成本效益等方面的内容还有待提高。结合当前工程认证和学生能力全面培养的要求,应该在教材中加入技术发展历史和技术经济方面的内容。通过加强与相关企业的合作,加入最新技术与装备发展的视频和动画,及时体现纺织技术的发展,以便读者直观、方便地了解并掌握相关知识。

关键词:教材建设;教材对比;纺织;纺纱教材

1 引言

教材是教学内容的主要载体,是教书育人的重要工具[1]。因此,教材建设肩负着极其重要的时代使命。在当前我国高教领域大力推进新工科建设和工程认证、强化课程思政和全面育人的新形势下,进一步加强和创新纺织类教材建设,使其更适应新形势下行业和社会发展的需求,充分发挥教材在育人育才中的战略基础作用,具有重要意义且势在必行[2]。本文对中国纺织教育的总体情况进行了简要介绍,通过对国内外纺织类教材的对比指出了国内教材的不足,提出了新形势下我国纺织类教材的建设路径。

2 中国纺织教育现状及国内外教材对比

2.1 中国纺织教育现状

纺织工业的产业链很长,包括原料制备、纺纱(纺丝)、织布(机织、针织和非织)、整理(包括印染)和产品(服装、产业用纺织品等)。中国的纺织业现在有世界上最齐全的加工门类,加工能力和消费能力居世界首位。巨大的行业体量,需要大量的人才支撑。中国的纺织教育目前也是世界上规模最大的。中国纺织高等教育院校有 100 余所。其中,工程类的专业有纺织工程(包含纤维材料、纺纱、织造和印染整理)、非织造工程、服装工程、丝绸工程和功能纺织材料等,另外,还有服饰设计、服装表演、纺织机械等相关专业。52 所高校拥有纺织工程的专业,53 所高校拥有服装工程专业,有 18 所高校拥有非织工程专业,29 所高校拥有染整工程专业。据不完全统计,目前全国纺织类院校的纺织类专业学院共有在校本科生约 30000 名。每年毕业本科生约 6000 余名,除个别学校外,各纺织院校的就业率在 93%~100%(平均约 96%),每年毕业的硕士研究生 1500 余名,博士研究生 100 余名。

2.2 国内外教材对比

我国的纺织专业的教材数量也很多,以中国纺织类书籍的主要出版社——中国纺织出版社为例,其在"十三五"期间出版了纺织类教材 132 种,"十四五"又立项申请了规划教材 230 种。我国较为丰富的纺织专业教材种类为纺织类专业院校培养学生起到了重要作用。

但是,我国在纺织类专业教材建设方面还远远不够,主要表现在:

(1)教材内容跟不上时代的发展和形势的变化,不少教材还处于收集一些现有资料、在原有教材基础上修补补的阶段,因此,实质性的更新少,不能完整反映当前技术、装备等的新进展,无法体现新工科"问技术发展改内容,更新工程人才知识体系"的要求。

(2)内容比较单一,专注于某个专业知识本身,而对相关联的技术和知识阐述较少。例如,有关纺纱工程的教材,几乎没有讨论纺纱中的技术经济问题,更很少讨论节能减排、环境保护等问题。与工程认证要求的培养学生社会责任感、掌握工程管理原理与经济决策方法等要求还有不小差距。

(3)思政元素相对缺乏,即使是跟纺织技术直接相关的技术发展史也很少关注,描述也很少。这无论是从知识的完整性方面看,还是从历史思维能力的培养方面看,这样的教材都是有明显欠缺的。如果从全面育人目标看,目前的纺织类教材中有机融入的思政内容则更少。

(4)知识点总结提炼不够,以纺纱学为例,我国的纺纱学教材,主要是根据纺纱加工的流程,对每道工序从相关的原理、设备及工艺参数等方面加以叙述,而国外教材中通常有"study outline""summary"等,有利于学生对主要的、关键的知识点进行学习和掌握。

国外发达国家的纺纱学教材主要有两大类。一类是由美国、英国等原来的老牌纺织院校知名教授编写的教材,如美国北卡州立大学 R. Lord 教授主编的 *Handbook of Yarn Production*、英国利兹大学 Lawrence 教授主编的 *Advances in Yarn Spinning Technology* 等教材,其更多的是从原理方面进行论述,而针对性的工艺设计与应用的内容较少。另一类则是由一些纺织机械生产企业或应用型大学编写的教材,如瑞士立达公司编写的 *The Rieter Manual of Spinning*,其原理介绍非常简单,更偏向于实际应用,着重介绍了其公司的一些纺织机械的机构,以及一些工艺参数的应用范围,主要还是想结合其纺机产品进行推广应用。

国外的教材在一些方面值得我们借鉴。例如,国外的教材往往注重行业和技术发展历史的回顾,在第一章,通常对纺纱及其装备的发展史进行介绍,这当中免不了会对现代纺纱机械的发明人和制造国(主要是西方国家)进行自我介绍和宣传,弘扬其先进性。

另外,国外的教材中也往往带有纺纱生产的技术经济内容,例如纺纱的经济性考虑、成本分析、竞争力对比等,从而使学生在经济分析等方面也得到熏陶和锻炼,这也与我们目前正在进行的工程教育专业认证,强化培养学生各方面能力的方向是一致的。国外的教材通常还用 study guide,study objectives,study questions,further reading 等内容,帮助读者了解知识的重点,指导学生进一步拓展阅读和学习。这些也都是值得我们借鉴的。

3 新时代下纺织类教材建设

新时代下的纺织类教材建设，应该紧紧扣住时代发展的脉搏，注重思政育人、新工科、工程认证等理念的融入，并能适应信息化飞速发展下的教与学的范式的变革。

3.1 强化课程思政和全面育人

正如上面所提到的，国外教材中注重对技术发展和历史发展的描述，可以提升专业和民族自豪感。教材具有鲜明的意识形态属性，也有深刻的专业属性，要同时兼顾[3]。因此，我们在教材中要注意结合专业内容有机地融入正确的价值导向，使二者在和谐统一中铸魂育人。纺织类教材内容不仅要在核心观点上，还要在案例、人物等材料的选择上符合国家教育方针，为学生的思想政治和人文素养教育助力同行。要适当加入弘扬中国文化、中华民族精神、体现中国贡献的纺织技术发展史的内容，包括老一辈纺织人的勇于探索、创新的科学精神和无私奉献、精益求精的工匠精神等。例如，纺织材料教材中在讲到"示踪纤维法"时，可以加入对该方法创始人严灏景教授刻苦钻研、科学报国事迹的介绍，以先辈的精神激励学生。

3.2 凸显新工科要求

新工科是指新兴的工科和用新兴的技术升级传统工科(传统工科的新发展)。主要以互联网、人工智能、大数据等为核心[4-6]。纺织产业历来是先导产业，在社会和产业的发展中始终走在前列。纺织类教材更应体现出时代性、前沿性、融合性和开放性。

目前一些纺织类教材的建设还跟不上产业发展的需求。不少教材中的设备还停留在十多年前的水平(尽管只是用来讲解原理)。例如，一些纺纱教材中还在以传统的豪猪开棉机为例介绍开棉和除杂原理，而现代化纺纱厂中常用的精开棉机却没有详细介绍，无法反映出新兴技术对产业的转型升级和改造作用。一些跨专业、跨学科的内容基本没有在教材中体现。目前，无人驾驶、智能机器人等新兴技术在纺织行业中的应用也越来越广泛，新工科的纺织类教材更要体现出这些技术和装备背后的专业交叉和学科融合。

3.3 贯彻工程认证的理念

工程认证是世界通用的对工程教育或工科教育的一种评价。工程认证要求以学生为中心，以全面提高学生能力培养为中心。工程认证不仅关注学生的专业知识，更关注学生对知识应用的能力。不仅关注专业知识，而且关注学生的工程技术经济、人文素养、社会责任、国际视野和团队协作等多方面的能力。其实，这与我们现在强调的课程思政、全面育人的概念是一致的。

在教材中，加强案例分析的内容，可以更好地启发、帮助学生理论联系实际，应用所学的知识来解决生产实际中的复杂问题。还可以通过案例来进行成本、市场等技术经济内容的讲解与分析，进一步加强学生全面能力的培养。

3.4 建设新形态教材

新工科的发展也体现在教与学中。新兴技术促进了教、学模式的大变革。互联网等技术越来越多地融入教学，信息化教学成为一种新的教学形式和学习方式，在线教育越来越广泛地被使用。中国在微课、慕课等在线教育上已走到了世界的前列，许多纺织类课程纷纷建设了在线课程，采用了线上线下混合式教学，对教材也提出了更高、更新的要求。

因此，新形态、一体化教材也越来越受到重视。新形态一体化教材，是指以纸质教材为核心，以互联网为载体，以现代信息技术为手段，将纸质教材和数字化资源一体化建设融合，并通过多种终端形式应用的新型教材[7-9]。

与传统的纸质教材相比，新形态教材具有以下优势：

(1)内容更丰富。由于新形态教材可包含的内容信息量大，可以将原来纸质教材无法包含的内容充分表述，使学生可以接触更广泛、更丰富的信息内容。

(2)形式更生动、直观，符合教育学的认知规律。新形态教材载体种类多，可以更方便地通过图片、视频、动画等形式来表述教学内容，使教学内容更生动直观地展示给学生，便于学生理解、掌握[10]。

(3)更新更及时，有利于学生掌握最新的知识和发展。由于新形态教材的编排更方便、迅捷，可以及时把最新的专业技术发展补充进教材，使教材与时俱进，常编常新。

(4)更有利于个性化和自主学习，拓宽了学习的时间和空间。新形态教材与互联网、信息化密切相关联，可以通过电脑、手机展示，极大地方便学生和读者不受时间和空间限制地进行观看学习。

(5)更有利于及时收到读者的反馈与评价，具有互动性好的特点。新形态教材由于与互联网密切相关，可以通过互联网与读者互动，读者也能对教材内容等进行评价，便于教材的及时改进。加强新形态教材的建设，是为了适应当前信息量巨大，发展变化迅速，且教学方式和学习方式发生变革的需求，也是为了适应教学方式的变革，方便学生随时随地、碎片化地学习的要求，其实也是"以学生为中心"理念的体现。

3.5 编写英文教材，为世界纺织贡献中国力量

目前，我国的纺织教育已辐射到世界各国，尤其是

"一带一路"沿线国家。截至 2019 年,"一带一路"沿线国家已有超过 30 万的学生来华留学,而这其中的大部分国家都急需纺织类人才。我国纺织院校对于纺织专业留学生人才的培养,也对"一带一路"沿线国家的经济发展提供了帮助。而"一带一路"沿线国家本身也对纺织类教材有较大的需求,因此,编写具有中国经验和技术的英文教材,也是帮助"一带一路"沿线国家提高纺织技术水平,积极促进世界纺织工业发展,扩大中国纺织在全球影响力的有力举措。

4　结论

在新形势下,纺织类教材建设要体现时代性,也要充分吸收国外同类教材的优点。坚持以育人为核心,注意思政元素的有机融入;在新工科时代,要充分体现各种新兴技术和其他学科与传统纺织学科的交叉融合,加强建设更适应现代信息化教育的新形态教材;结合工程认证的要求,贯彻"以学生为中心"的理念,注意对专业知识的适当拓展,注重对学生的知识、能力和素养的全面培养。同时,加强英文教材的建设,可进一步弘扬中国文化,促进人类命运共同体的发展。

致谢

本文受到教育部《2022 年高等教育中外教材比较研究》项目资助。

参考文献

[1] 李晓峰. 新形势下高校优秀教材的特征与开发建设[J]. 中国大学教学,2020(9):86-90.
[2] 潘信林,罗妍. 把握新时代教材建设的着力点[N]. 学习时报,2020-09-11(6).
[3] 邢悦. 世界一流的本科教育依托于世界一流的本科教材[J]. 中国大学教学,2019(5):85-89.
[4] 时阳. 产学合作视角下新工科专业教材建设初探[J]. 计算机教育,2020(9):183-186.
[5] 邓静,朱晓颖."新工科"视域下教材出版的初步研究和探索[J]. 科技与出版,2018(2):97-100.
[6] 李辉. 新工科教育改革视界下的教材建设思考[J]. 现代教育管理,2019(10):102-106.
[7] 刘钊."互联网+教育"背景下"新形态一体化"教材健身研究[J]. 现代商贸工业,2020,41(9):174-175.
[8] 汪荣."互联网+"时代应用型教育新形态一体化教材建设的意义[J]. 科技资讯,2020,18(14):93-95.
[9] 鲁姝慧,陆放,张松,等. 教材数字化平台建设探索[J]. 科技风,2020(8):77.
[10] 郑阳平. 新形态一体化教材建设研究:以《C 语言程序设计为例》[J]. 出版科学,2018,26(6):44-47.

Exploration and practice of teaching model for postgraduate training based on industry-education integration, cases and team-linked teaching methods

WANG Chunhong[1], CHEN Li[2], WANG Lijian[1], WANG Huiquan[3],
WANG Jinhai[3], LIN Ligang[4], WANG Rui[1], NI Yangsheng[5, *]

1 *School of Textile Science and Engineering, Tiangong University, Tianjin, China*

2 *President's Office, Tiangong University, Tianjin, China*

3 *School of Life Sciences, Tiangong University, Tianjin, China*

4 *School of graduate, Tiangong University, Tianjin, China*

5 *China Textile Education Society, Beijing, China*

Email address

wangchunhong@ tiangong. edu. cn（WANG Chunhong）, Chenlis@ tiangong. edu. cn（CHEN Li）, 13012256501@ 163. com（WANG Lijian）, wanghuiquan@ tiangong. edu. cn（WANG Huiquan）, wangjinhai@ tiangong. edu. cn （WANG Jinhai）, phdlinligang@ 163. com（LIN Ligang）, wangrui@ tiangong. edu. cn（WANG Rui）, 279576151@ qq. com（NI Yangsheng）

Abstract：At present, in the cultivation and teaching of postgraduate students, there are problems such as the lack of good connection between the cultivation of students' professional ability and the demand for industrial talents, the lack of close integration of traditional teaching theory and practice, and the poor teaching effect of traditional teaching methods for textile engineering courses. In this paper, based on the objective of cultivating high-level postgraduate students, a course teaching mode of industry-education integration, case synergy and team-linked was created. A new mode of industry-education integration and diversified education was constructed, a new concept of multidimensional linked, case-based teaching was shaped, and a new teaching method of team-linked and team assistance was implemented. This teaching mode has effectively enhanced the effectiveness of practical personnel training, which integrates scientific research ability, innovation ability and practical ability. This method of teaching was convenient and met desired aims.

Keywords：postgraduate training；textile subjects；teaching reform

产教融通、案例协同、梯队联动：
复合应用型研究生培养教学模式探索与实践

王春红[1]，陈莉[2]，王利剑[1]，王慧泉[3]，王金海[3]，林立刚[4]，王瑞[1]，倪阳生[5, *]

1 纺织科学与工程学院，天津工业大学，天津，中国

2 校长办公室，天津工业大学，天津，中国

3 生命科学学院，天津工业大学，天津，中国

4 研究生院，天津工业大学，天津，中国

5 中国纺织服装教育学会，北京，中国

邮　箱

wangchunhong@ tiangong. edu. cn（王春红）, Chenlis@ tiangong. edu. cn（陈莉）, 13012256501@ 163. com（王利剑）, wanghuiquan@

tiangong. edu. cn(王慧泉),wangjinhai@ tiangong. edu. cn(王金海),phdlinligang@ 163. com (林立刚),wangrui@ tiangong. edu. cn(王瑞),279576151@ qq. com(倪阳生)

摘　要: 针对硕士研究生培养教学模式中学生专业能力培养与行业人才需求无法良好对接、传统教学理论实践结合不紧密、传统纺织类工科课程教学方法教学效果不佳等问题,以高水平复合应用型研究生培养目标为基础,创建产教融通、案例协同、梯队联动研究生课程教学模式,构建产教融通、多元化的育人新模式,塑造多维度联动、案例式的教学新理念,实施梯队联动、团队助力的教学新方法,有效提升了集科学研究能力、创新能力和实践能力于一体的复合应用型人才培养实效,改革取得了预期效果。

关键词: 研究生培养;纺织学科;教学改革

1　引言

新一轮科技革命和产业变革加速进行,纺织行业作为"国民经济与社会发展的支柱产业、解决民生与美化生活的基础产业、国际合作与融合发展的优势产业"已进入高质量发展阶段[1],近年来正在向科技[2]、绿色[3]、智能[4]、品质[5]、特色[6]和管理[7]六大目标转型升级,但科技创新能力水平与新发展格局的要求相比仍显不足,存在研发应用产业链协同效率低、成果转化产业化进程慢、重大原始创新偏少等问题。要解决这些问题,需进一步优化纺织科技创新生态,培养造就一大批具有先进水平的科技人才队伍,实现纺织行业科技创新能力的系统提升。2020 年,习近平总书记在全国研究生教育会议中强调,研究生教育在培养创新人才、提高创新能力、服务经济社会发展、推进国家治理体系和治理能力现代化方面具有重要作用,研究生教育承担着培养高层次人才、推动科研创新的重要使命[8]。高水平研究生教育是一流学科建设的重要抓手和突出特征,也是现代化强国建设的重要引擎,研究生已成为我国科技创新的主力军,培养高素质复合应用型高层次人才是我国抢占新一轮科技革命和产业变革先机的关键一环,这也对研究生培养模式改革提出了挑战[9-10]。天津工业大学纺织科学与工程学科是国家"双一流"建设学科,在研究生教育教学中应培养适应现代纺织科技前沿发展需求的高级专门人才。

依据我校(天津工业大学)硕士研究生培养目标,以立德树人为根本,经过教学实践,发现原有的硕士研究生教学培养模式还存在一些不足,硕士研究生的培养教学模式还没有足够与时俱进。本文以我校纺织科学与工程专业为例,对纺织科学与工程专业的硕士研究生培养教学模式进行探索,以培养复合应用型高水平人才。

2　硕士研究生培养教学模式存在的问题

《纺织行业"十四五"发展纲要》对纺织行业的发展

提出了更高的要求,纺织行业要在基本实现纺织强国目标的基础上,进一步推进"科技、时尚、绿色"高质量发展[10-11]。纺织学科的研究生教育应顺应时代潮流,既要培养专业能力突出、创新能力和实践能力卓著的创新型人才,也要培养综合能力杰出的复合应用型人才。硕士研究生的培养需要有效提升集科学研究能力、创新能力和实践能力于一体的复合人才培养实效,为我国现代纺织行业转型升级,推进纺织行业高质量发展提供高层次人才支撑。

我校目前硕士研究生培养教学模式存在一定不足,主要体现在:

(1)学生专业能力培养与行业人才需求无法良好对接的问题。传统课堂过度重视书本知识的传递,重学轻用、重灌输轻探索,导致产教脱离,学生专业技能和创新实践能力与企业实际需求脱轨。

(2)传统教学理论实践结合不紧密的问题。传统教学模式重理论轻实践、重结论轻过程、重理性轻感性,导致研究生培养难以实现教学、实践和科研有机融合的目的,不利于复合型人才的成长。

(3)传统纺织类工科课程教学方法教学效果不佳的问题。传统纺织类授课方法中学生仅仅是课堂学习者,缺少师生以及学生之间多场景互动,教学效果与质量已无法适应新兴产业发展与未来技术对人才教育的需求。

3　硕士研究生培养教学模式改革实践

传统研究生教育忽略了实践和创新能力的培养,与现代高层次人才需求不符。针对上述问题,采取的改革举措主要有三项,具体改革措施如图1所示。

3.1　校企联合、产教融通,创建多元化人才培养机制

聚焦纺织及相关领域科技前沿,对应学科六大科研方向,对接纺织及相关行业人才需求,将课堂专业知识向前沿科技信息延伸,课堂内容体系向企业需求拓展,通过"企业专家进课堂、企业专家面对面、特聘企业导师制度、中外专家联合培养、产教融合实训基地、产业需求牵引教研导向、学生企业实践"等方式深化产教融合

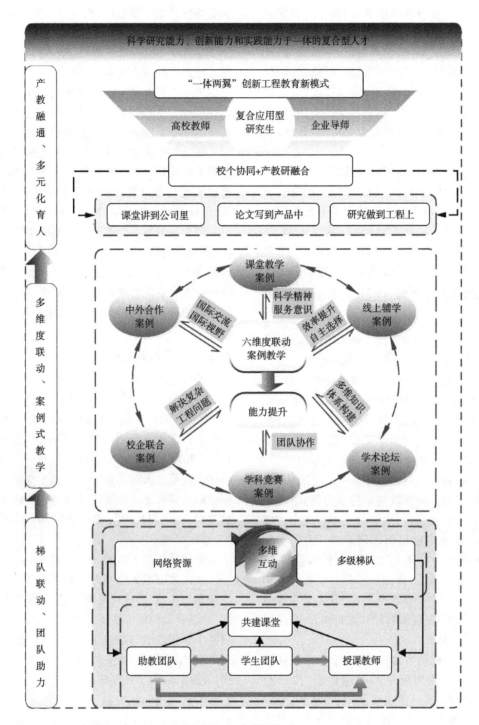

图1　改革措施

育人模式,创建多元化人才培养机制。以企业技术问题为驱动,通过梯队式教学团队带动学生思考和实践,培养学生"工匠文化"和"科学精神",提升学生专业水平、国际视野和解决实际问题的能力,培养学生的工程能力及对行业发展的适应能力。

构建产教融通、多元化的育人新模式。建设以学生为主体、高校教师和企业导师为两翼的"一体两翼"创新工程教育新模式,强调"课堂讲到公司里,论文写到产品中,研究做到工程上"的培养过程要求,充分发挥

校企双方资源和优势,以重大合作项目为依托,带领学生进行技术难点和理论研究攻关,最终将研究成果运用到实际应用中,为社会进步贡献力量,为国家培养更多高素质的复合应用型人才。

3.2　多维度联动案例教学,实现"教学、实践和科研"相融合

以科研项目、企业问题和学科竞赛为案例,交叉融合纺织、材料、医学等多个学科,建立纺织专业研究生课

程案例库,推动研究生培养模式改革、提升教育教学质量,有效提高学生的自主创新实践能力和团队协作能力,形成"课堂教学、线上辅学、学术论坛、学科竞赛、校企联合、中外合作"多维度联动案例教学新模式,以研促教,教研相长,构建融"基础认知、综合技能、自主创新"为一体的综合、系统、开放的案例教学体系,有效解决了以复合应用型研究生能力提升为导向的"教学、实践和科研"的有机融合问题。

塑造多维度联动、案例式的教学新理念。依托"双一流"学科建设,基于成果导向,以实际案例为依托,将知识学习、能力培养、创新实践和价值引领融入教学案例,跟踪行业发展及对人才的需求,形成"课堂教学、线上辅学、学术论坛、学科竞赛、校企联合、中外合作"多维度联动案例教学新理念,着力提升研究生综合能力。

3.3 梯队联动、团队助力,全面提升教育教学质量

以"引导创新—激发潜能—合力教学"为理念,依托纺织科学与工程"双一流"学科、国家级重点实验室和植物纤维增强生物基复合材料科研基地等平台,在"绿色纺织复合材料"等课程中以授课内容、学生研究课题以及企业需求为凝聚点,引导学生自主选题、自主组建团队,以各团队活动为课程学习基础形式,全员互动合作产生基本原动力,最大限度激发学生学习潜能。组建"授课教师—企业专家—助教团队—学生团队"梯队式的教师、专家和学生协同教与学的学习模式,定期教学研讨,实施学习自我管理,锻炼独立工作能力。以"团队整体考勤—学术专题每周调研反馈—团队实验实践报告—学术论坛—学术论文考核—课外学术竞赛"六要素过程考核为抓手,将团队考核与个人考核相结合,实现研究生课程全过程综合考核,最终实现培养学生协调能力、团队意识、创新精神和实践能力,全面提升教育教学质量的目标。

实施梯队联动、团队助力的教学新方法。以团体动力理论及沟通行动理论为理论基础建立了"授课教师—企业专家—助教团队—学生团队"教学梯队,升级调整创新人才培养模式,以网络化教学资源和多级梯队之间的多维互动及所形成的合力为支撑,师生梯队联动共建课堂,达到最大限度激发学生学习潜能,以及培养学生协调能力、创新精神和实践能力的目标,提高优势学科和新兴工科的综合性,以"现代纺织工程+"模式助力纺织相关领域人才培养创新。

4 改革方案实施成效

4.1 育人成效显著

该成果 2012 年开始在"绿色纺织复合材料"等研究生课程开始实践应用,覆盖学生数量近 3000 人,师生梯队联动有效增加了课堂活跃度,案例式教学极大地激发了学生学习兴趣和主动性,学生团队依托课程举办的学术论坛已形成论文集 30 套。

学生依托本成果获得包括天津市"挑战杯"全国大学生课外学术科技作品竞赛特等奖在内的省部级及以上学生竞赛奖励及学生创新项目共 32 项;师生共同参与完成的"固相共混热致聚合物基麻纤维复合材料制备技术与应用"荣获国家科技进步二等奖。近三年以本成果实验教学为主体产生的 SCI 和 EI 收录论文 22 篇,申请发明专利 8 项,其中授权专利 5 项。

成果培养毕业生就职于中科院宁波材料研究所、江苏恒科新材料有限公司等行业知名单位,皆得到用人单位的高度认可。其中优秀毕业生何顺辉任天津中联格林科技发展有限公司副总经理职位,获中国土工合成材料工程协会科技进步二等奖,转化专利技术 31 项,成果卓著。

4.2 示范效应凸显

经过对多年教学成果的总结凝练,涌现出一批校级、市级、国家级精品课程,其中"绿色纺织复合材料"和"中国纺织业与纺织先进技术"荣获 2014 年度天津市来华留学英语授课品牌课程称号,"绿色纺织复合材料"于 2016 年进一步荣获国家级来华留学英语授课品牌课程称号。天津工业大学生命科学学院依据本成果经验向本科人才培养推广,促其获得国家级教育部新工科教学改革项目 1 项、省部级协同育人教学改革项目 3 项。

本成果解决了传统研究生教学学生专业能力培养与行业人才需求无法良好对接等问题。成果经过多年的探索与实践,形成可复制可推广的产教融通、案例协同、梯队联动的研究生课程教学新模式,为解决研究生培养中课程教学的共性问题提供了宝贵的经验,在江南大学、中原工学院、齐齐哈尔大学等纺织行业高校进行推广应用,取得了良好的推广效果。

4.3 社会效益凸显

依托该教学成果编撰出版教材专著多部,其中两部教材获得中国纺织工业联合会优秀出版物一等奖和二等奖,在行业内影响广泛。且依托本成果教学模式与天津、上海等地企业联合,建成校外实习实践基地 8 个,积极开展产学研协同研究,取得了良好的效果。

本成果多次在纺织类高校教务处长教育教学交流会、首届全国高校教师教学创新大赛全国赛天津赛区教务处长交流会、中国纺织服装教育学会高等纺织服装院校课程思政联盟成立大会等学术及课程交流会中交流分享,获得高校专家一致好评。疫情期间,师生利用专业特长,基于已有"天津工业大学—胸科医院深呼吸联

合实验室"研究基础,为火神山医护人员提供智能可穿戴心电监护设备进行健康监测,充分体现新时代研究生的社会担当。

5　结语

　　针对研究生培养教学模式的不足,顺应新时代高水平人才培养需要,培养综合能力杰出的复合应用型人才。在"双一流"建设背景下,针对研究生培养教学模式,本文提出了产教融通、多元化的育人新模式;多维度联动、案例式的教学新理念;梯队联动、团队助力的教学新方法。教学改革模式经过实施取得了明显的成效,在我校起到了良好的示范作用。教学改革理念在纺织类行业特色高校研究生培养中具有普遍指导意义,具有良好的辐射作用和应用推广价值,对于提升教学质量,实施高水平复合应用型人才培养具有重要的参考价值。

参考文献

[1]　欧阳优.新一轮科技革命背景下现代产业体系的演进路径及政策支撑[J].南通大学学报(社会科学版),2020,36(4):117-124.

[2]　赵亮,高晓艳,刘美娜,等.新冠疫情背景下纺织产业科技转型策略研究[J].纺织科技进展,2022(1):11-13.

[3]　郭春花."零碳"时代来临,看这些标杆企业如何增收又增利[J].纺织服装周刊,2022(12):14-15.

[4]　梁龙.数智赋能全产业链服装工业互联网平台启动[J].中国纺织,2022(1):86-86.

[5]　孟凡荣."双循环"背景下连云港纺织企业转型升级调查与对策研究[J].现代金融,2021(10):34-37.

[6]　央视《焦点访谈》解读纺织行业"领跑的密码"转型升级赋能中国"织"造[J].纺织服装周刊,2022(18):8-9.

[7]　中国纺织工业联合会.纺织行业数字化转型三年行动计划(2022-2024年)[EB/OL].http://news.ctei.cn/bwzq/202206/t20220630_4249250.htm,2022-06-30.

[8]　杨卫,杨斌,王顶明,等.学习贯彻全国研究生教育会议精神(笔谈)[J].学位与研究生教育,2020(9):1-9.

[9]　李金虎,陆伟,聂士斌,等."双一流"建设背景下的工科研究生教育探索[J].科教文汇,2022(8):8-11.

[10]　王春红,王瑞,李津,等.纺织专业实践教学方法改革探索[J].时代教育,2015(5):66.

[11]　王瑞,刘雍,张淑洁,等.纺织工程领域专业学位研究生培养方案改革与实践[J].纺织服装教育,2019,34(2):119-122.

[12]　中国纺织工业联合会.纺织行业"十四五"发展纲要[EB/OL].http://www.ffib.cn/20210714165256.html,2021-07-14.

Study and practice on "four integrations, three enhancements and four levels" training system for textile and garment students

DAI Hong[1], ZHAO Xiaohui[2], LIU Chengkun[3], LIU Jing[3]

1 the Office of the Party Committee, Xi'an Polytechnic University, Xi'an, China

2 School of Mechanical and Electrical Engineering, Xi'an Polytechnic University, Xi'an, China

3 Undergraduate Academic Affairs Office, Xi'an Polytechnic University, Xi'an, China

Email address

daihong@ sohu. com (DAI Hong), xhuizhao@ xpu. edu. cn (ZHAO Xiaohui), liuchengkun@ xpu. edu. cn (LIU Chengkun), jyk@ xpu. edu. cn (LIU Jing)

Abstract: Government puts forward the strategy of strengthening nation and six major transformation in textile industry. To support it, we condensed the guiding principle of "scientific and technological innovation, design and green guidance". We set up "four integrations, three enhancements and four levels" training system for textile and garment students. The system can strengthen engineering project practice ability, fashion creative design ability and sustainable development ability. It can make students blend in national strategy and industrial development faster.

Keywords: textile power strategy; textile and garment student; student training system; training idea; operation mechanism

纺织服装人才"四融合三强化四层次"培养体系的探索与实践

戴鸿[1],赵小惠[2],刘呈坤[3],刘静[3]

1 党政办公室,西安工程大学,西安,中国

2 机电工程学院,西安工程大学,西安,中国

3 教务处,西安工程大学,西安,中国

邮 箱

daihong@ sohu. com (戴鸿), xhuizhao@ xpu. edu. cn (赵小惠), liuchengkun@ xpu. edu. cn (刘呈坤), jyk@ xpu. edu. cn (刘静)

摘 要:服务国家纺织强国战略和纺织行业六大转型升级,凝练"科技创新、设计引领、绿色导向"人才培养理念,构建"四融合、三强化、四层次"纺织服装人才培养体系,强化学生的工程项目实践能力、时尚创意设计能力、可持续发展能力,提升纺织服装人才培养质量,使学生能够更快地融入国家和行业发展战略。

关键词:纺织强国战略;纺织服装人才;人才培养体系;培养理念;运行机制

纺织工业是我国传统支柱产业和重要民生产业,产业链完整,为国家经济发展和解决民生做出突出贡献。21世纪以来,纺织行业陷入科技创新不足、自主设计欠缺、低碳绿色没有贯穿产业链,为破此局,国家提出建设"纺织强国"战略,以创新驱动科技、文化引领时尚、责任导向绿色为战略重点,纺织产业要加快向科技、绿色、智能、品质、特色和管理六大方面转型升级。因此,纺织服装院校服务国家战略,培养具有纺织科技创新能力、时尚设计能力、可持续发展能力的创新人才,已经成为新时代的历史使命和责任。

西安工程大学作为我国西部唯一以纺织服装为特色的高校,2010年以来,依托"构建与企业需求相结合的服装与艺术设计专业人才培养模式研究""纺织行业'卓越工程师'教育培养的研究与实践"等省部级及以

上课题 21 项,产学研用多维协同育人平台 68 个,形成"科技创新、设计引领、绿色导向"纺织服装人才培养理念;构建了"四融合、三强化、四层次"人才培养体系。通过构建艺工融合、科教融合、产教融合、国际融合(四融合)改革育人模式;强化工程项目实践能力、时尚创意设计能力、可持续发展能力(三强化);形成以通识基础、专业基础、专业核心、前沿拓展的四层次课程体系和专业认知、技能训练、实践应用、创新创业的四层次实践体系;建立并实施培养过程和评价反馈相结合的人才培养质量保障机制。通过多年实践表明,该体系提升了纺织服装行业人才培养质量,对行业院校起到了一定的示范引领作用。

1　纺织服装人才培养存在问题

通过走访东华大学、武汉纺织大学等纺织行业院校 7 所和纺织服装企业 20 余家,与中国纺织联合会座谈,梳理出面对纺织强国战略和行业转型升级,纺织服装人才培养主要存在 4 个问题:

(1)纺织服装人才培养理念滞后于国家行业需求。纺织强国战略使得科技时尚绿色成为牵引行业转型升级的目标和路径,但学校没有及时对标国家战略和行业转型对人才需求的变化,没有凝练新人才培养理念,定位人才核心能力,仍沿用传统重环节知识、轻产业链;重知识传授、轻设计创新的人才培养理念,学生在科技创新、时尚设计、绿色环保能力欠缺,很难与纺织强国战略和行业转型升级人才需求相匹配。

(2)培养模式不能满足纺织服装人才创新能力要求。学校传统纺织服装人才培养模式重体系和应用,轻学科专业交叉融合,造成工科与艺术类人才培养割裂;没有整合社会资源,行业企业参与协同育人不够;学生国际交流和视野缺乏;绿色可持续发展理念不强等,导致培养的纺织服装人才与强国战略和行业需求不匹配,缺乏创新能力和国际视野。

(3)课程和实践体系不足以支撑纺织强国人才需求。现代纺织产业链不断向两端延伸,科技创新需要多学科交叉融合。传统纺织服装人才培养在课程体系缺少产业链延伸和拓展知识、缺科技创新所需时尚、智能、管理、绿色等学科交叉融合知识、缺国际视野及拓展等,导致培养的纺织服装人才知识结构体系不完整。在实践体系方面,重理论轻实践、实践教学缺乏层次性、协同育人实践教学资源有限,导致培养的人才难以满足纺织强国战略对创新实践能力的要求。

(4)多方协同质量保障机制尚未完全建成。传统纺织服装人才培养过程质量标准不健全,学校评价缺少了人才培养目标达成度评价;人才培养质量评价主体和评价内容不全,缺少国家和行业企业人才需求契合度的评价,缺少了学生对自我发展的评价;没有将评价结果用于人才培养质量的持续改进。

2　构建"四融合、三强化、四层次"纺织服装人才培养体系

2.1　凝练"科技创新、设计引领、绿色导向"人才培养理念

通过走访中国纺织工业联合会,调研如意、鲁泰、南山、玛丝菲尔、安踏、歌力思等百余家纺织服装企业,浙江柯桥、晋江等多个产业集群及所在地政府、十余所行业院校,面向纺织强国人才需求,对标纺织强国战略目标和行业企业转型升级对人才能力的需求,基于现代纺织服装全产业链(大纺织),交叉机械、控制、计算机、化工、管理等学科,凝练出了纺织服装"科技创新、设计引领、绿色导向"的人才培养理念,将其贯穿于人才培养各个环节,强化具备工程项目实践能力、时尚创意设计能力、可持续发展能力的纺织服装人才的培养,使培养的纺织服装人才能够契合行业科技发展和转型升级需求(图 1)。

2.2　构建"四融合、三强化"纺织服装创新人才培养模式

契合纺织强国战略和行业转型升级人才需求,纺织服装人才培养要突出四个融合(科艺融合、科教融合、校企融合、国际融合),强化三个能力(工程项目实践能力、时尚创意设计能力、可持续发展能力)(图 2)。

纺织服装类高校要成为"工程师的基地,设计师的摇篮",艺工融合使工科人才兼顾科学思维和人文与科学素养,使艺术人才兼顾工程能力。教师配置打破学科壁垒,工科教师在培养艺术类学生严谨作风和求实科学态度方面发挥作用;艺术类教师在培养工科类学生艺术思维和审美修养方面发挥作用,通过课程、实践、竞赛、科研等活动实现艺工融合。科教融合使来自企业的科研科技成果不断转化为优质教学资源,入课堂、入教材,科研项目成为课程设计、毕业设计、学科竞赛主要选题,寓教于研,寓研于学。产教融合强化行业企业专家深度参与人才培养全过程,开设前沿讲座、企业导师指导学生实践环节,企业研究院培养模式;通过各种教学活动和共同编写特色教材等将产业发展的最新理念和最先进的技术融入教学。国际融合通过成立国际时尚学院,外专引智、访学交流、双语/全英文授课等措施,使纺织服装人才培养与国际接轨,提升时尚设计能力;外专引智和国际时尚学院等采取请进来的方式,让学生具有国

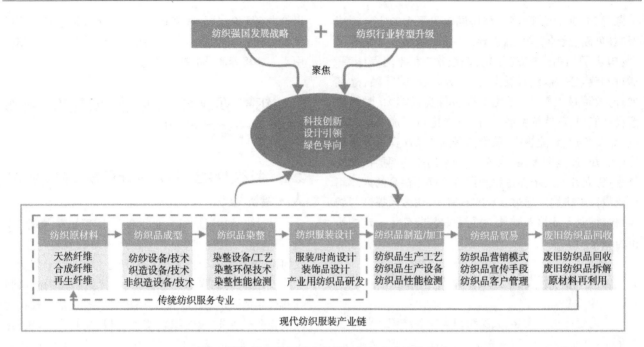

图 1　服务纺织强国战略的纺织服装人才培养理念

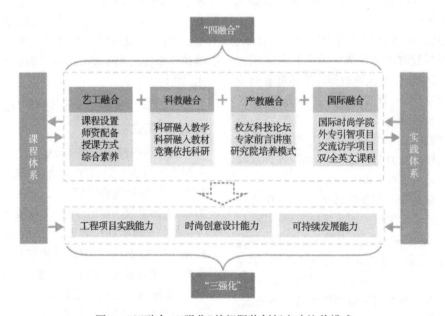

图 2　"四融合、三强化"纺织服装创新人才培养模式

际视野,扩大学生的受益面,解决了传统纺织服装人才培养模式单一,工科与艺术培养割裂、协同育人深度和广度不够、科研反哺教学不明显、学生缺乏国际视野培养等人才培养与纺织强国战略和行业需求不匹配。

2.3　构建"四层次"递进课程体系和实践体系

（1）重构基于产业链的"四层次"模块化课程体系。基于纺织服装全产业链,对标纺织强国战略和行业转型升级人才需求,聚焦科技时尚绿色,重构通识教育、专业基础、专业核心、前沿拓展四层次递进的课程群模块化课程体系(图3)。

课程模块强化设计能力、创新能力和绿色可持续能力,通识教育课程群拓素质,在思政教育、自然科学、人文科学和创新创业等模块的基础上增加设计思维模块。专业基础课程群厚基础,基于全产业链知识体系设置课程模块,增设艺术设计和产品设计两个模块。专业核心课程群提能力,基于纺织/服装材料、制造工艺、纺织品设计、性能检测等产业链关键环节和要素构建模块化课程。前沿拓展课程群强创新,课程模块构建凸显纺织前沿科技,立足于纺织+自动化、智能化、数字化、信息化和绿色化,拓展学生未来视野,服务于行业发展需求。

（2）构建"四层次"递进多方协同的实践育人体系。整合资源,充分发挥学校、企业、行业协会、政府多方协

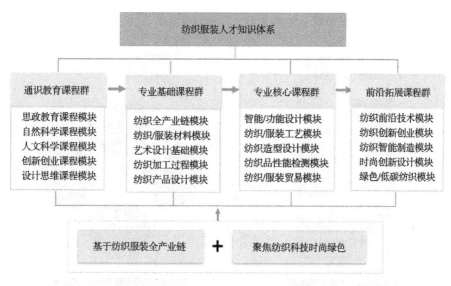

图3 "四层次"递进课程群模块化课程体系

同育人作用,构建了"专业认知、技能训练、实践应用、创新创业"四层次递进实践育人体系,实践体系基于人才实践能力培养规律递进,通过整合资源、搭建实践平台,多维协同育人提升纺织服装人才工程实现能力和实践

创新能力。依托校内实验/实践、校企协同创新、校地政府共建、校企地公共四大平台支撑,通过"实验—实习、设计—训练、实践—竞赛、创新—创业"模块提升学生科技时尚绿色方面的实践和创新能力(图4)。

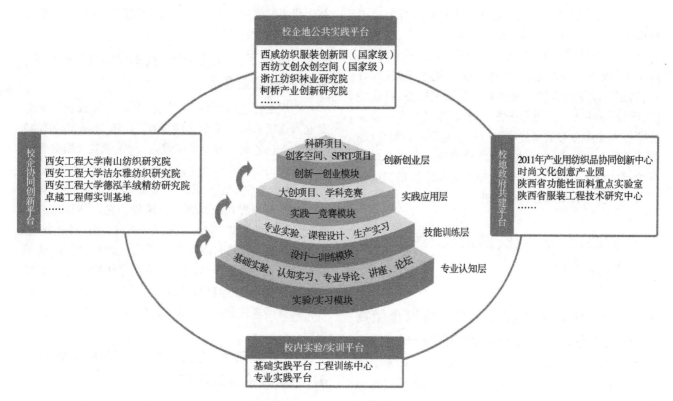

图4 "四层次"递进多方协同的实践育人体系

校内实验/实践平台培养学生基本实验技能和专业技能,完成专业认知层和技能训练层能力培养;校企协同创新平台培养学生工程意识和能力,通过技能训练培养学生实践应用能力;校地政府共建平台、校企地公共实践平台培养学生创新意识和能力,完成创新创业层能

力培养。

2.4 构建"过程质量+评价反馈"双重质量保障机制

学校构建了注重产出评价、追求持续改进的过程质

量保障机制和多方评价反馈机制,确保纺织服装人才培 养质量的提升(图5)。

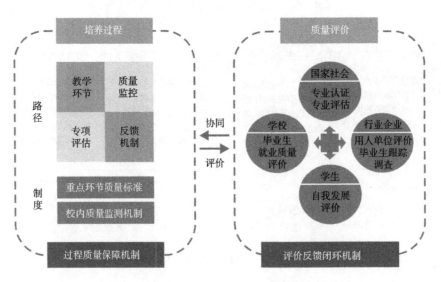

图5 人才培养质量保障机制

构建了过程质量保障机制和多主体参与的评价反馈机制确保人才培养质量的提升,培养过程保障机制依托路径和制度来实现,路径包括教学环节、质量监控、专项评估和反馈机制。制度上建立和完善重点环节质量标准和校内质量监控机制,出台课程建设标准、课堂教学标准、实践环节标准、考核标准等重点环节质量标准;按照工程教育认证理念,人才培养全过程闭环监控和评价,构建三级校内质量监督体系。以国家社会、行业企业、学校、学生为主体进行多方评价,国家社会和行业企业评价人才能力与国家战略和行业企业需求的契合度;学校进行人才培养目标达成度评价和毕业生就业质量评价;学生进行自我发展评价,并将这些评价结果应用于人才培养过程质量的持续改进。

3 "四融合、三强化、四层次"纺织服装人才培养成效

3.1 学生创新能力和综合素养得以全面提升,学生创新和时尚设计能力得到提升

近5年,学生参与学科竞赛覆盖面从34.9%提高到91.2%,省部级以上获奖2000余人次,在行业顶级赛事"中国纺织品设计大赛""中国国际大学生时装周"等表现亮眼,连续6年斩获"中国时装设计新人奖"。学生就业质量不断提升,行业企业满意度高。近5年,学生就业率95%以上。毕业生跟踪调查表明企业对学生基础知识满意度78%,实践和创新能力满意度由76%提高到81%。2017年杨楠同学获团中央、全国学联大学生创业英雄100强,2016年5月12日《焦点访谈》报道卢婷同

学深圳创业故事。培养了一大批行业精英和企业骨干。培养了以董李、黎万强为代表的企业领军人物;以刘薇、梁子("金顶"奖获得者)为代表的著名设计师;以徐卫林为代表的国内纺织教育家、工程院院士;以潘宁、徐步高为代表国际纺织知名教授。

3.2 建成了一批全国一流的优质教学资源,专业建设成效显著

纺织工程、服装设计与工程、服装与服饰设计8个专业入选国家级一流专业建设点,表演、轻化工程等13个专业入选省级一流专业建设点,纺织学院和服装学院获批省级创新创业试点学院。课程建设引领人才培养。"毛织物染整"入选国家级一流课程,"服装流行与设计"等29门课程入选省级一流课程,"艺术印染产品创新设计与创业实践"等3门课程立项为省级创新创业教育建设课程。科技时尚绿色元素融入教材,出版《纺织材料学》《新型纺织产品设计》等国家级和部委级的特色教材38部,《纺织材料学》(姚穆院士主编)等7部教材获批省部级优秀教材,相关教材被40余所行业院校采用。

3.3 "产学研用+纺织"多维协同育人成效卓著,平台建设成效显著

建成时尚文化创意产业园等5个校内平台、与行业龙头山东如意集团等建立17个产学研协同研究院、5个培养基地、23个实践基地等校企平台,建成产业用纺织品协同创新中心等10个校地平台、国家级西咸纺织服装创新新园等8个公共平台。协同育人成效显著。行业企业深度参与2017年和2020年版培养方案的修订,聘任兼职教师200多人,选派教师赴企业实践锻炼300多

人次。培训企业技术骨干 200 余人次,联合攻克技术难题 40 余项。

3.4　产生了良好的社会反响和示范效应,主流媒体广泛关注

　　成果受到中央电视台、全球纺织网等国家和行业主流媒体的跟踪报道。2015 年 6 月 22 日中央电视台专题报道了我校校企协同育人经验;2021 年 5 月 20 日全球纺织网报道了我校学生在国际时装周上卓越表现。行业院校充分肯定,项目负责人先后受邀在纺织服装国际论坛、中国纺织年会等交流发言;波兰国际服装和时尚设计学院、德国洛特林根、东华大学、武汉纺织大学、北京服装学院等十余所国内外行业院校,120 余人次先后来校学习交流,评价成果"理念先进,特色鲜明"。

4　结语

　　西安工程大学服务国家纺织强国战略和纺织行业转型升级,适时提出"科技创新、设计引领、绿色导向"纺织服装人才培养理念,构建了"四融合、三强化、四层次"人才培养体系,通过多年的实践,取得了丰硕的成果,强化了学生的工程项目实践能力、时尚创意设计能力、可持续发展能力,使学生能够更快地融入国家和行业发展战略中,对纺织服装高校人才培养起到了一定的示范效应。

致谢

　　本文为陕西省高等教育教学改革重点项目(21BZ047)、陕西省教育科学"十四五"规划课题(SGH21Y0099)和中国纺织工业联合会高等教育教学改革项目(2021BKJGLX014)的成果。

参考文献

[1] 孙瑞哲. 纺织强国再出发,谱写高质量发展新篇章[J]. 纺织导报,2021(1):15-28.

[2] 季萍,王春霞,陆振乾,等. 新工科理念下基于校企合作的地方高校纺织人才培养模式探索[J]. 纺织服装教育. 2019,34(6):486-488,510.

[3] 尚润玲. 智能制造背景下高职纺织人才培养现状及对策[J]. 纺织报告,2020 (1):101-103.

[4] 陈桂香. 技术技能纺织人才培养的实践教学体系的构建与实践[J]. 纺织科技进展,2021(1):62-64.

[5] 胡雪敏,杨文秀,李妍. 基于 OBE 理念应用型纺织人才培养模式研究[J]. 教育教学论坛,2021(13):42-45.

[6] 查伟光. 国内外高校应用型服装人才教育差异比较[J]. 纺织报告,2019(9):55-59.

[7] 赵平. 坚持艺工融合,构建新时期服装人才培养体系[J]. 纺织教育. 2009,24(5):31-33,44.

Exploration of the training mode of textile engineering for future textile technology

LIU Yong*, LIU Hao, LI Fengyan

School of Textile Science and Engineering, Tiangong University, Tianjin, China

Email address

liuyong@ tiangong. edu. cn（LIU Yong）

Abstract：With the rise of a new round of scientific and industrial revolution in many parts of the world, textile higher education needs to accommodate the development of modern textile industry. In this work, we established a comprehensive and future-oriented reform plan of textile engineering. The talent training programs and curriculum system were changed with curriculum reform and teaching model change for cultivating innovative talents for textile industry. The plan came into effect in Tiangong University and obtained excellent results. It has wide popularization and application prospects in other universities and colleges.

Keywords：textile engineering; talent training; specialty reform; new engineering; future textile

面向未来技术的纺织工程专业人才培养模式的探索

刘雍*,刘皓,李凤艳

纺织科学与工程学院,天津工业大学,天津,中国

邮　箱

liuyong@ tiangong. edu. cn(刘雍)

摘　要:随着新一轮科技革命和产业技术变革不断兴起,纺织高等教育必须与纺织产业发展相适应。本文构建了面向未来的纺织工程专业综合改革方案,从顶层设计入手,构建新型纺织工程专业人才培养方案与课程体系,以课程改革与教学模式变革为抓手创新人才培养模式,最终为培养面向未来纺织技术的创新型人才提供理论与实践基础,并以纺织工程创新班的学生为试点,在教学改革的过程中吸取经验及教训,同时通过推广,可为相关院校提供应用示范。

关键词:纺织工程;人才培养;专业改革;新工科;未来纺织

1　引言

当前,世界正经历百年未有之大变局,新一轮科技革命和产业技术变革不断兴起,综合国力竞争愈加激烈。以新材料、新能源、人工智能、5G 技术等为代表,新科技正迅速地渗入到人类社会生活的各个方面,不断推进新工业、新产业和新行业的飞速发展。为适应新时代发展,我国实施了"中国制造 2025""创新驱动发展""一带一路"等重大国家战略,与之相关的重大公共卫生安全、养老与健康、环境保护与治理、人工智能、新材料、新能源等重大战略工程不可避免将催生一批的新行业和新产业,同时也带动一批传统产业的升级[1-2]。从工业特点和技术特征来看,这些新行业和产业与纺织科技和纺织产业有紧密的联系。为适应新经济发展,纺织产业结构必将在新科技变革中获得调整和转型,这为纺织高等教育提出了新的要求。另一方面,近几年来,随着纺织企业转型、"一带一路"合作的深入推进、部分生产企业向东南亚和非洲转移以及高科技纺织产品不断涌现,必将淘汰一批落后纺织企业。因此,在充满新科技革命和产业变革的百年未有之大变局的今天,我国纺织工程专业高等教育面临经济社会发展的现实要求、新时代内外环境倒逼的客观要求以及科技发展的必然要求,必须加速转型,加快实现以新工科为目标的对传统纺织工程专业进行升级改造,满足新经济对创新型人才培养的需求,助力经济转型升级和产业高质量发展。

纺织产业是我国的基础民生产业,目前我国纺织工业正面临产业的结构调整和转型升级,亟需一大批具有

创新思维和实践能力的应用型人才。与之相应,传统的纺织工程专业人才培养模式也亟需进行一场深入的改革[3-5]。

作为培养高级专业人才的纺织工程专业,目前的工程教育模式、教学内容、教学方法等与纺织产业转型升级的要求存在一定距离。在教学内容和模式上,仍采用知识传授型的教学模式,重完整知识灌输,轻实际能力培养;人才培养与产业实际需求脱节,产教融合不够深入,创新意识和创新精神培养薄弱;教学中传统的过细的知识讲得过多,而新知识、新技术和交叉知识却涉及较少。

2 国内纺织工程专业改革现状及问题

近年来,国内纺织高校纷纷开启专业综合改革和人才培养模式改革等,如天津工业大学确立了"现代纺织工程+"领军人才培养新定位,设置智能制造、人工智能、网络空间安全、数据科学与大数据技术等新兴工科专业(专业方向),改造提升现有工科专业,培养融纺织工程、机电一体化、自动化等专业于一体,具有现代纺织学科交叉知识和技能,能够从事高新技术研究、工程项目管理、新产品研发等方面工作,并具有解决复杂工程问题能力的复合型高端纺织科技领军人才。如某大学等对纺织工程专业人才培养模式进行试点改革,以达到培养具备实际应用能力的工程技术人才的目的。其实验班以工程创新能力训练为培养主线,实施专业教学改革、双主体培养。增强实验班培养工程背景与动手能力锻炼,最终学生在工程创新实践取得创新成果,获得较高的技术理解、归纳和发展能力。其他高校纺织工程专业开展了全员参与的纺织工程卓越人才培养探索等,都在一定程度上改变了教学模式,提升教学质量。但是,在教与学的协调统一、培养满足未来纺织行业的产业升级的新型复合创新人才方面还存在不足[6-7]。

随着纺织产业的升级,创新的难度和对人才的要求也越来越高。在创新的过程中各学科知识的交叉融合程度越来越深,比如智能纺织品和智能纺织制造就涉及了材料科学、纺织科学、控制科学、电子科学、信息科学、人工智能甚至医学等学科知识,因此,要培养适应社会变革和产业升级需求的新时代复合型创新人才,对传统的课程设置和教学模式的改革势在必行。

上述纺织高校专业改革,在某种程度上为纺织工程专业改革提供了借鉴和思路。但是很大程度上,这些改革方案仍是强调培养工程技术应用人才为主,有的是在现有纺织工程人才培养方案上的微调或"修补",基本的教学科研运行模式如图1所示,教与学脱节,知识结构与创新能力培养互不关联,知识的传授只是从教师到

学生的单向传递模式。另外,受科研方向和教学条件的限制,教师的科研和教学是分离的,教学科研设备得不到充分的使用。现有教学过程中存在的具体问题包括:

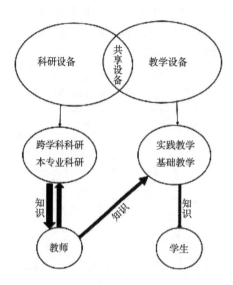

图1 传统教学科研运行结构示意图

(1)培养方案不能满足创新人才培养需要。当前纺织工程专业人才培养方案已延续多年,其中课程结构设计不尽合理,部分专业课的教学时数太多,各个专业课程的必修基础专业课、限选专业课和选修专业课的课程太多,需要达到毕业标准的学分太多,以教师演示和讲解的实践类课程比较多,创新类和实践类课程不足。

(2)课程内容和课程体系建设滞后。现有专业课的课堂教学和实践教学以教师为主体,课程的内容更新速度和市场、企业的需求脱节,课程内容和课程体系的设计不合理,课程内容中的需要记忆的部分太多,引导学生发散思维,开放式的问题较少,不足以培养学生的创新思维能力[8]。

(3)教学模式的创新性和实施不足。多年的惯性思维,使得很多教师对当前许多先进的教学理念理解不足,教学模式的革新不够[9-10]。另外,即便先进教育模式和理念在由上而下的推进过程中,被应用到一些高校的专业教学中,也会由于种种原因而无法真正实施到位。由于教学模式、教学内容和教学质量评价标准的不足,学生的学习积极性不高,主要是应付考试,实践教学走马观花,教学效果大打折扣[11]。

3 面向未来技术的纺织工程专业人才培养方案的改革

为适应纺织产业升级对未来纺织人才的需要,围绕创新人才培养,天津工业大学纺织科学与工程学院以课程思政为引领,构建新的人才培养方案和课程体系,探

索"项目+竞赛"制新型人才培养模式,发挥高校多学科校内协同育人优势,不断强化工程教育理念,以教师和学生的教学活动为主体,创新教学活动结构(图2),通过课程内容的改革、教学方案的改革、评价机制革新、新型教学平台建设等,实现教研相长,培养面向未来的纺织领域创新型领军人才。

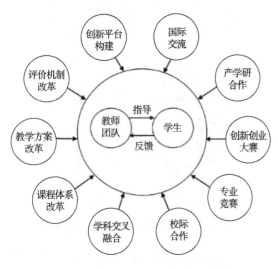

图 2　教学活动创新变革的结构示意图

3.1　改革思路

在培养方案上,以创新人才培养为目标,重构知识体系和课程体系,进行课程模块化的设计,减少传统讲授型课程的课时,体现课程的开放性和实用性。在教学模式上,突破以教学为主导的教学模式,采用任务目标驱动方式提高学生专业基础知识和跨学科知识学习的能力,通过"项目+竞赛"制培养学生的创新思维能力、提升学生的协作能力和实践动手能力等,全面提高学生的综合素质。在教学资源配置上,充分利用已有的教学资源,构建培养学生综合能力的公共专业实验平台,工程加工实验室、化学公共实验室、纺织材料加工实验室和服装加工实验室。在管理模式上,实施普遍学分制,同时制订适应以学生自主获取知识和实践动手能力的管理方法。在评价机制上,制定以学生自主学习为核心的学生学习效果和教师教学效果的新型评价机制。

3.2　主要改革措施

在引导学生专业学习的同时,拓展相关学科知识的自主学习,针对纺织领域的前沿技术,引导和鼓励学生创新性思维,搭建新型教学硬件和软件条件,以培养面向未来的创新人才为目标,将构建以学生为中心的教育体系,采用开放的培养方式,在课程选择、项目案例等方面为学生提供较大的自主空间,具体实施措施包括以下几个方面。

3.2.1　培养方案构建

面向未来纺织对人才培养的需要,围绕创新能力构建,确立人才培养目标,通过顶层设计,构建全新的人才培养体系和培养方案。

3.2.2　课程体系改革

以课程思政为引领,明确学生培养的目标,尽量降低基础类的传授型教学的课时,解放教师的重复工作量,利用网络精品课的教学资源,以任务方式驱动学生自主获取知识的能力。同时,增加创新实践类型的课程,增加交叉学科课程。具体实施包括但不仅限于:减少纺织工艺类课程的理论授课课时,增加纺织材料及工艺的综合实验课程;增加交叉学科和前沿技术的课程,如电化学、柔性传感器、人工智能等课程,拓展学生的学术视野,提高学生应用综合知识、交叉学科知识解决复杂问题的能力。

3.2.3　教学资源重组

针对新的课程体系和新的教学方案,为满足创新实践的教学需求,对现有的实验中心和实验室进行资源重整和配置,建立工程加工公共实验室、化学实验公共实验室、纺织材料加工公共实验室、服装加工公共实验室等。工程加工公共实验室的建设旨在为学生提供机械加工、纳米材料加工和3D打印技术等手段实现专业课程学习和竞赛等任务目标服务。化学实验公共实验室的建设旨在为学生提供新材料合成和改性等服务,以及对新材料的表征手段。纺织材料加工公共实验室的建设旨在为学生提供纤维集合体制备和成型方法和实现设备。服装加工公共实验室的建设旨在为学生提供面料成型的方法和实现设备。

3.2.4　教学模式改革

教学模式的变革目标是将教师的教学和科研能够融合起来,做到教师和学生都能在教学活动中既是知识的获取者,也是知识的创造者。在教学活动中,教师与学生通过基础教学与专业科研相联系,以教学科研资源为支撑,增加知识双向流动,促进教研相长,如图3所示。

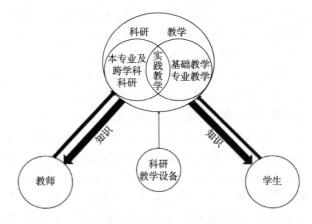

图 3　新型教研模式下的教学相长模式结构示意图

专业基础课教学模式变革，将以课堂传授知识为主的教学模式转变学生主动学习为主的方式，通过线上线下混合教学、学生的学习、讨论和分享，提升学生对专业基础知识的理解和应用能力，提升学生的表达能力和沟通能力。

专业课教学方式的变革，结合虚拟仿真技术，提升学生学习的兴趣和学习的效率，增加学生案例教学，通过案例训练，强化理论学习，促使学生主动思考和创新。

专业实践课教学，将以项目、竞赛、讨论组等驱动学生对专业实践课的学习。并通过参与竞赛和合作交流，拓展学生视野，消除信息流通的屏障。

创新创业实践课教学，将利用构建的公共实验室，以任务目标方式驱动学生进行创新实践，并将前沿交叉技术融合到创新实践课程的目标任务中。

3.2.5　评价机制变革

学生学习的评价方式多样化，增加学生在教师科研中的贡献度、学生对企业项目的参与度、竞赛获奖、项目实物、文章、专利等多种方式。

对教师的教学评价机制可以将其指导学生的成果评分，最终以考核学生学习获得与创新性思维和意识为主。

4　结束语

面向未来纺织技术和产业发展要求，以一流学科建设为目标，以"新工科"建设为手段，对纺织工程专业人才培养方案及课程体系的重构，对人才培养目标、课程体系、教学模式、评价机制等进行全面改革，实施以学生—教师为共同主体、"项目+竞赛"制的教学模式，突出师生互动，以项目等任务驱动方式对学生进行创新实践训练，构建出面向纺织未来技术的纺织工程专业创新人才培养方案并进行实践探索，为未来的纺织行业的产业升级和技术创新提供智力支持，对于我国纺织工程专业人才培养寻找新的模式和路径具有重要意义。

致谢

本文为教育部产学合作协同育人项目（BINTECH- KJZX-20220831-93）、"纺织之光"中国纺织工业联合会高等教育教学改革研究项目（2021BKJGLX604）阶段性成果。

参考文献

[1] 许艳丽,张钦.智造时代新工科人才培养模式变革的诉求、困境与选择[J].黑龙江高教研究,2022,40(9):47-52.

[2] 吴林志."四维度"新工科人才培养模式构建与实施路径研究[J].黑龙江高教研究,2022,40(8):151-155.

[3] 荆妙蕾,程欣.产教融合视域下传统工科专业升级改造路径研究:以纺织工程专业为例[J].高等工程教育研究,2021(3):25-31.

[4] 刘雍,王润,范杰,等."新工科"背景下纺织工程专业人才培养模式探讨[J].轻纺工业与技术,2022,51(3):102-104.

[5] 荆妙蕾,李津.新形势下地方高校纺织工程专业"新工科"建设探索[J].纺织服装教育,2020,35(6):489-492.

[6] 范杰,钱晓明,马崇启,等.非织造材料与工程专业建设对纺织工程专业"新工科"建设的启示:以天津工业大学为例[J].纺织服装教育,2020,35(1):18-21.

[7] 王萍,张岩,潘志娟."新工科"背景下特色工科专业的差别化人才培养体系[J].纺织服装教育,2021,36(3):218-221.

[8] 胡德鑫,纪璇.面向新工科的未来技术学院建设刍议:动因、机理与实践进路[J].高校教育管理,2022,16(3):91-103.

[9] 吴慎将,张维光,聂亮,等."新工科"建设视域下传统专业实践教学改革模式研究与实践[J].高教学刊,2021,7(15):125-128.

[10] 赵冰,郭改文,黄继海.地方应用型本科新工科建设策略研究[J].中州大学学报,2022,39(4):86-91.

[11] 宋吉广,史洪宇,刘彦文.新工科的核心能力与教学模式探索[J].高教学刊,2022,8(23):66-69.

Research on the integration of dialectical materialism consciousness into engineering course teaching

GONG Jixian* , NIU Jiarong, ZHENG Zhenrong, MENG Qingtao, LI Zheng, YANG Wenfang

School of Textile Science and Engineering , Tiangong University , Tianjin , China

Email address

gongjixian@ 126. com（GONG Jixian）

Abstract：The ability to solve complex engineering problems is primary objective in engineering education. It is essential for analyzing and solving problems to master the way of thinking and working. Dialectical materialism is a scientific world outlook and methodology. The thought of scientific methodology can be integrated into professional courses to help cultivate scientific thinking mode and efficient working methods of students in professional courses teaching and improve the ability of students to analyze and solve complex engineering problems.

Keywords： curriculum politics；philosophy；engineering；teaching

辩证唯物主义意识在工科课程教学的融入研究
——以"染整工艺原理"课程思政教学为例

巩继贤* ,牛家嵘,郑振荣,孟庆涛,李政,杨文芳

纺织科学与工程学院,天津工业大学,天津,中国

邮　箱

gongjixian@ 126. com(巩继贤)

摘　要：工科教育重要的是培养学生解决复杂工程问题的能力。思维方式和工作方法对于分析和解决问题至关重要。辩证唯物主义是科学的世界观和方法论。通过将辩证唯物主义融入工科研究生课程教学,可以实现专业课教学与思政教育有机融合,有助于在专业课程教学中培养学生科学的思维方式和高效的工作方法,提高学生分析和解决复杂工程问题的能力。

关键词：课程思政;哲学;工科;教学

1　工科教学和研究需要科学方法论指导

工科教育的重要目标之一是培养学生解决复杂工程问题的能力。工科专业的学生将来要面对大量的实际问题。通过教学过程,培养学生能力的专业能力,尤其是分析和解决问题的能力,最终使得学生具备解决复杂工程问题的能力。

对于工科学生而言,以分析和解决问题能力为核心的能力培养尤为重要。思维方式和工作方法对于分析和解决问题至关重要,正确的思维方式和科学的工作方法可以起到事半功倍的效果。因此,不管哪个学科领域,不论哪个专业都首先要掌握正确的思维方式和科学的工作方法。

哲学为人们认识世界和改造世界提供了世界观和方法论的指导,是理论化的世界观和方法论。马克思主义哲学是人类以往科学和哲学发展的科学总结,是科学的世界观和方法论。辩证唯物主义是马克思主义哲学的重要组成部分,是马克思主义世界观和方法论的基础。作为科学的世界观和方法论,辩证唯物主义能够指导我们正确地处理自身与外界的联系,高效地认识和改造世界。作为对客观世界和人类思维的一般规律的认识,辩证唯物主义为具体科学的研究提供了正确的理论指南和思维方法。因此,历史上许多有重大成就的科学家都十分重视哲学的作用,自觉关注和思考世界观和方法论问题。

随着社会发展和科技进步,人们对世界的认识更加全面和深刻,对于物质各层次间的联系和物质各种运动形式间的转化的认识逐步走向深入。在这种背景下,具体的科学研究尤其需要科学世界观和方法论的指导。

"染整工艺原理"课程是轻化工程纺织化学与染整工程方向学生的主干专业课程。该课程通过讲解染整加工的基本概念、基本原理、主要方法与典型工艺,向学生介绍染整技术的发展历程、现状与趋势,分析染整加工方法和技术的构成要素,剖析染整加工过程的主要阶段,探讨各种染整技术的特点、优势与局限性,使学生掌握染整加工中的典型前处理、染色、印花和整理新技术,理解新思路、新理念、新方法和新概念在染整加工过程的实现。该课程重点培养学生用染整加工的基础知识和基本原理解决纺织品染整加工实际问题的能力,培养学生用创新思维和创新能力解决纺织品染整加工复杂工程问题的能力。

作为轻化工程纺织化学与染整工程方向学生的主干专业课程,所讲述内容涉及科学地总结和概括既有的成果,正确分析产业和行业当前面临的问题,准确地预测将来技术发展的方向。这就需要较高水平的理论思维。而对于辩证唯物主义的深入学习和应用,是提高理论思维水平的有效途径。

通过将辩证唯物主义融入工科研究生课程教学,可以实现专业课教学与思政教育有机融合,有助于在专业课程教学中培养学生科学的思维方式和高效的工作方法,提高学生分析和解决复杂工程问题的能力。

2　工科教学蕴涵的辩证唯物主义原理

辩证唯物主义是我们认识世界的有力武器,将辩证唯物主义理论用于工程学科专业课教学,可以指导我们更加有效和透彻地进行工科课程的学习。另外,因为具有很强的实践性,工科专业课本身的知识内容也为辩证唯物主义原理的学习提供了典型事例。这里,以"染整工艺原理"课程为例,说明工科专业课所蕴含的辩证唯物主义原理。

2.1　与普遍联系和永恒发展相关的例子

普遍联系是一切事物的客观本性。以染整加工的染色过程为例,染色本身是纤维、染料和媒介体系(通常是水)相互作用的过程。染色过程和效果不仅取决于作为相互作用主体的纤维、染料的结构与性能,也受到媒介体系中的温度、pH、助剂等因素影响。染色过程不仅可以用来说明联系的普遍性,也可以用来说明联系的多样性和复杂性。深入分析染色过程的各个阶段,可以体会到联系的条件性。

相互联系的事物构成系统。染色体系也是一个系统,在这个系统中染料、纤维是要素,其所处的媒介体系就是环境。

纺织品的染色加工是一个过程,是运动、变化的过程,也是发展的过程。无论是染料溶解,还是染色中的吸附、扩散,都是对染色过程中运动、变化的精彩诠释。

发展是有方向性的。我们对染色效果和效率的追求,就是通过控制这个过程发展的方向实现我们目标的过程。

2.2　与联系和发展基本规律相关的例子

事物的联系和发展是有一定规律的,其中最基本的规律有质量互变规律、对立统一规律、否定之否定规律。这些规律在"染整工艺原理"课程内容中也都有体现。

染色本身就是一个从量变到质变的过程。染色初期,染液中染料浓度高,染料在染液中的化学位最大,染料上染纤维的倾向最大,因此染液中的染料向纤维转移;随着纤维上染料浓度的不断增加,染液中染料浓度的不断降低,染料在染液中的化学位不断降低,染料在纤维中的化学位不断增加;最后染料在纤维上和染液中的化学位相等时,染色达到平衡,纤维上和染液中的染料浓度不再变化,染色完成。染色过程中,也有"度"的问题,比如合成纤维染色时,染色温度要大于纤维玻璃化温度,才能实现上染。这里,纤维的玻璃化温度就是一定"度"。

运用质变量变规律对染色印花过程进行分析,理解加工过程的关键工艺参数的意义,理解关键工艺条件对产品质量的影响,理解严格执行加工工艺的重要性。

事物由量变到质变,再到量变的发展过程,是事物内部相互对立的两个方面矛盾运动的结果。对立统一规律即是关于事物矛盾运动的规律。纤维染色过程就是充满矛盾的过程,存在许多对矛盾,比如染料的溶解与聚集,染料在纤维上的吸附与解吸附等。

掌握对立统一规律,自觉运用矛盾分析法对纺织品染色过程的吸附、扩散、固色等过程的基本规律进行研究,从更高的站位理解纤维染色的基本规律。

运用对立统一规律的"主要矛盾与次要矛盾"理论来阐述染料的溶解、纤维的溶胀、染料在纤维上的吸附、染料在纤维中的扩散、染料与纤维的结合等过程的决定性因素与重要影响因素,理解纤维选用与染料选择的依据,明确工艺过程的关键工艺参数,理解正确制定生产工艺的重要性。

"重点论"的观点可用以理解染料和纤维结构对确定染色法的决定性作用,由"转化论"的观点理解温度、pH值、盐浓度、助剂等环境因素对染色效果的影响。

从"结构与性能"关系的角度,可以来理解纤维、染料的结构对其染色性能的影响,及由此引发的对加工方法、工艺的影响。

3　辩证唯物主义意识融入工科课程教学的基本策略

我们以纺织品染印原理课程为平台,以专业课教学为契机,探索了马克思主义哲学融入工科专业课教学的模式与方法。通过探索辩证唯物主义原理在具体学科领域的应用、对具体实际问题的分析,并在哲学层面尝试纺织品染印加工规律的总结,从哲学角度对纺织品染印原理进行阐释和解读,推动了马克思主义哲学原理于专业课教学的结合,实现了寓思政教育于专业课教学之中。

3.1　课程大纲的编写

以在专业课程教学中融入辩证唯物主义意识为目标,以既有"染整新技术"课程的教学大纲为基础,进行"研究生课程思政"教学大纲编写的探索。

首先要明确课程目的。通过分析已有的课程思政教学实践,对以融入辩证唯物主义意识为目标的研究生课程思政教学的目标进行定位。

然后是安排教学内容。在教学内容的编制方面,着重拟定和编写"染整新技术"的课程内容与辩证唯物主义的结合点。

3.2　课堂教学的调整

围绕融入辩证唯物主义意识的目标,进行课堂教学内容和方式的调整,重点体现将辩证唯物主义的方法论用于对染整新技术的理解,和以染整新技术的发展历程与典型事例作为理解辩证唯物主义的例子。

3.2.1　分析染整新技术中所体现的辩证唯物主义理论

着重分析染整新技术的发展历程、方法构建、作用机制等方面内容中,所体现出的辩证唯物主义的基本原理,分析染整新技术内容与辩证唯物主义理论的契合点。

以染整新技术发展史、新技术形成过程、技术的关键要素构成、结构与功能关系等具体的内容,对辩证唯物主义的范畴、原理进行解读和论证,为学习辩证唯物主义提供科学技术领域的最新例证。

3.2.2　培养学生自觉运用辩证唯物主义研究染整新技术问题

引导学生主动应用辩证唯物主义理论去理解染整新技术,自觉将普遍联系的观点、永恒运动的观点、质量互变规律、对立统一规律等辩证唯物主义基本原理,用于对染整新技术的发展历程、方法构建、效果评价等内容的理解,深化对问题的认识,形成更加系统化的知识体系。

着重培养学生主动运用辩证唯物主义理论去分析

和解决染整加工问题的能力。训练学生能结合认识的辩证运动,科学认识染整加工过程的新现象、新变化和新发展。教育学生立足实践的观点,自觉运用事物联系和发展的基本规律,去分析和解决面对的染整技术新问题,并在此过程培养学生辩证思维的能力。指导学生将辩证唯物主义的真理观和价值观用于对染整新技术发展现状的理解和认识,帮助学生形成正确的工程伦理观。

3.3　课程评价考核方式的设计

结合课程思政教学的特点,结合染整新技术作为研究生教学体系中学科前沿课程的特点,结合辩证唯物主义作为一般方法论的特点,对"染整新技术"研究生课程思政的课程评价考核方式进行探索,设计科学高效的课程教学效果评价方式。

通过将马克思主义哲学融入纺织品染印原理课程教学,实现了专业课教学与思政教育有机融合,实现了通过专业课程教学对学生求真、力行品质的塑造,实现了学生分析复杂工程问题能力的提高。

参考文献

[1] 侯慧,甘铭,李向舜,等. 工科专业课程融入课程思政的思考[J].中国现代教育装备,2022(17):90-92.

[2] 赵桂芝,蔡东. 化学课程思政中的辩证唯物主义观点[J].锦州医科大学学报(社会科学版),2022,20(2):92-95.

[3] 杨盛超,张威,刘志勇. 课程思政以哲学方式融入理工科教学的研究[J].教育教学论坛,2022(3):173-176.

[4] 程瑞. 物理学哲学研究的新视野及其方法论特征[J].科学技术哲学研究,2017,34(1):21-25.

[5] 夏国军. 整体论:人类理智方法论哥白尼式的革命[J].云梦学刊,2017,38(3):42-62.

[6] 王续琨,张春博. 走向技术科学哲学和工程科学哲学[J].山东科技大学学报(社会科学版),2016,18(5):1-7.

[7] 殷瑞钰,傅志寰,李伯聪. 工程哲学新进展:工程方法论研究[J].工程研究:跨学科视野中的工程,2016,8(5):455-471.

[8] 宋刚,王续琨. 工程方法论:学科定位和研究思路[J].科学技术哲学研究,2014,31(6):60-64.

[9] 刘大椿. 科学哲学史的结构和问题[J].中国高校社会科学,2013(6):74-82.

[10] 江海. 从系统整体论到生成整体论的方法论启示[D].上海:东华大学,2013.

[11] 朱彦明. 科学哲学的两个传统[J].自然辩证法研究,2012,28(6):20-24.

[12] 李艳丽,刘媛媛,张亚安,等. 以辩证唯物主义阐明有机化学反应机理:有机化学课程思政研究[J].化工时刊,2021,35(9):56-57.

Present situation, comparison and expectation of textile and apparel talent cultivation system

Bai Jing*, NI Yangsheng

China Textile and Apparel Education Society, Beijing, China

Email address

591346922@ qq. com（Bai Jing）

Abstract： This paper introduces the present situation of textile and apparel talent cultivation system from the aspects of education level and layout, personnel's academic background structure and national important education strategy. The characteristics and emphases of textile and apparel education at home and abroad are compared from four aspects： education system, training purpose, subject curriculum and engineering education. This paper analyzes the problems existing in talent cultivation system and puts forward the development trend of textile and apparel education under the new situation.

Keywords： talent cultivation system; characteristics; problems, trends

纺织服装人才培养体系的现状、比较和展望

白静*，倪阳生

中国纺织服装教育学会，北京，中国

邮 箱

591346922@ qq. com（白静）

摘 要： 文章从教育层次及布局、人员学历结构及国家重要教育战略等方面介绍了纺织服装人才培养体系的现状；从教育体系、培养目的、学科课程、工程教育四个方面比较了国内外纺织服装教育的特点和重点；分析了人才培养体系存在的问题，并提出了新形势下纺织服装教育的发展趋势。

关键词： 人才培养体系；特点；问题；趋势

1 引言

截至 2020 年末，我国纺织工业绝大部分指标已达到甚至领先世界先进水平，已建立世界最为完备的现代纺织制造产业体系，其就业人口超过 2000 万人。规模如此庞大的纺织服装人才需求在国家层面面临一个重大命题：为谁培养，怎么培养，培养怎样的纺织服装人才。因此，分析当下纺织服装人才培养体系具有重要的战略意义。

2 人才培养体系建设现状

目前，我国纺织教育已建立起有机衔接、多元立交，具有行业特色、国家水准的现代纺织服装教育体系。中国纺织服装教育学会统计显示，从教育层次及布局看，全国设有纺织服装相关专业的本科院校 290 余所，纺织服装相关本科专业 7 个，其中设有硕士点的院校约 70 所，博士点的院校 11 所；高职本科院校 3 所，高职本科专业 3 个；高职专科院校 270 余所，纺织服装相关专业 18 个；中职院校 900 余所，纺织服装相关专业 12 个；国内中职、高职、本科纺织服装类专业在校生 30 多万人，每年数以十万计的毕业生流入行业，为行业发展提供了强大的人才和智力支撑。从人才学历结构看，行业已经形成了多层次的人才结构，据不完全统计，纺织服装行业直接就业人口超过 2000 万人，其中本科及以上占 6%，高职高专占 12.5%，中职生约占 23%，中职以下占 58.5%。从国家重要教育战略看，2015 年开展纺织类专

业工程教育认证工作,截至目前已有 20 个专业通过认证;2015 年首次提出"双一流"概念,2 所高校的纺织科学与工程学科入选"双一流"建设学科名单[1];2019 年教育部启动"双万计划"和"双高计划",部分纺织服装相关院校和专业点入围,鼓励分类发展、特色发展[2-3]。

3　国内外比较分析

在不同的历史条件、文化传统和经济发展水平背景下,形成了不同的教育内在逻辑和生成规律。国内外纺织服装教育各有特点和偏重,主要体现在以下几个方面。

3.1　国内教育体系完整,国外不完整

中国纺织服装教育具有"中职—高职专科—高职本科—普通本科—硕士—博士"完整的育人体系。国内纺织产业的基础很好,围绕产业链建设专业链,专业设置涵盖材料、加工、染色整理、生产设计、产品检测、纺织经贸等产业链各个环节,拥有完善的配套教材、课程体系、教学标准、人才培养质量标准、顶岗实习标准等[4]。国外发达国家纺织基础产业萎缩严重,没有完整的纺织服装教育体系,当前多朝着高技术纺织领域发展,如纳米科学、纤维材料科学、染料化学及颜色科学、纺织材料结构等。

3.2　国内注重技术应用,国外注重创意开发

中国纺织工业产业基础良好,制造体系完整,纺织服装教育更注重对技术的应用,侧重生产加工领域人才的培养,国内尚不具备流行的、顶尖的、创意的教学方法,能把最先进的创意理念运用于教学的较少,学生实践和创意课程较少。国外发达国家纺织服装教学比较注重方法传授和创意理念培养,善于创新,更注重高科技人才、创意创新人才、领军人才的培养。

3.3　国内注重课程建设,国外注重学科建设

国内专业设置上更注重"核心+主干"的专业课程体系,不太注重学科属性,通识课程相对较少,学生较好掌握了某一职业领域所需要的技能,但职业迁移能力相对弱些。国外专业设置上学科属性比较明确,重视通识教育,纺织工程类或服装设计类专业的基础课程体系完整,为学生提供所有知识分支的教学,使学生在致力于学习一种特殊的、专门的知识之前对知识的总体状况有一个综合的、全面的了解,实现知识的融会贯通。

3.4　国内工程教育注重模块化,国外注重系统化

国内大部分高校采用模块式工程训练课程体系教学,如工程认知课程、工程基础课程、工程拓展课程、工程创新课程等,涉及工程问题的系统性教学指导偏少。

国外采用基于工程过程的"CDIO"层阶式教学,围绕"构思(conceive)、设计(design)、实现(implement)和运作(operate)"完整的工程过程[5],以产品研发到产品运行的生命周期为载体,难度和广度逐步加大,有助于学生树立完整的工程系统性思维,并逐步提升解决工程问题的能力。

4　人才培养体系建设存在的问题

受体制机制等多因素影响,行业人才培养供给侧和产业需求侧在结构、质量、水平上还不能完全适应,"两张皮"现象仍然存在。本质上是行业人才培养体系建设与产业需求相脱节,甚至发展滞后,难以适应和满足产业当前和未来发展的人才需要。

4.1　学科建设相对滞后

我国目前的纺织服装相关学科建设未能紧密结合纺织工业发展,学科知识逻辑以传统知识为主,且知识结构相对单一,以发表论文的数量和质量、在国际学术共同体中的声誉等指标来衡量其实力和水平;学科建设没有坚持问题导向,不能很好地满足经济社会发展和纺织产业需求。然而,当下纺织产业发展呈现数字化和智能化,迫切需要具有创新意识、较强工程实践能力、交叉融合能力和跨界整合能力的多元化、复合型新时代纺织人才。这就要求纺织学科建设在重视知识逻辑的同时,坚持问题导向,更好地回应经济社会发展的理论与实践诉求,创新研究方法,完善方法论体系,促进学科交叉融合,探索"跨域""跨界""跨学科"研究。

4.2　校企合作深度不够

我国校企合作多数是短期的粗放型合作。具体表现为学校把校企合作当作教学的辅助手段或教学过程中的一个实践环节,学校仍停留在聘请企业专家讲座、送学生去企业实习等形式上,将合作定位在培养结果,即就业阶段的合作,而不是培养过程的合作;企业对校企合作办学的投资是为学生提供一个实习的岗位或捐赠一些教学设施等较浅层面,没有从培养目标、专业教学标准设置、实训基地建设、课程开发、实践教学体系、人才培养与评价等方面进行深层次合作。究其原因,主要是中央和地方没有具体配套的法律法规和政策支持,校企合作的可操作性不强。政府没有建立专门的协调机构来设计、监督、考核和推行校企合作;校企合作对企业在财政和税收法规上的优惠微乎其微,企业缺乏利益驱动,参与校企合作的动力和热情不够[6]。

4.3　社会化培训体系薄弱

培训服务供给主体方面,以行业企业培训机构和学校的继续教育学院为主,其地域分布与纺织工业布局、

地区经济发展水平紧密相连,呈现出东南地区多于西北地区的现象。据调查,培训服务供给数量方面,59%的受访者仅接受过一次在职技能培训,超过60%的受访者认为自己所接受的在职培训数量远远不够。培训服务供给质量方面,很多企业培训多停留在表面,培训技术含量低,且行业的社会化培训多存在培训内容系统性不强、培训绩效评估体系不健全等问题。造成这一现象的原因是企业对员工培训体系构建的重视程度不足,很难针对性地投入更多的资金项目,教育经费缺乏保障和监督。院校社招方面,受企业生产任务的影响,上课正常化难以实现;由于学员层次不一,课程难易程度不好掌握。

4.4 "双师型"教师队伍建设有待加强

改革开放以来(特别是党的十八大以来),职业教育教师培养培训体系基本建成,教师管理制度逐步健全,教师地位待遇稳步提高,教师素质能力显著提升,为职业教育改革发展提供了有力的人才保障和智力支撑[7]。但是,与新时代国家职业教育改革的新要求和行业技术技能人才培养的需求相比,职业教育教师队伍还存在着数量不足、来源单一、实践水平偏低、结构性矛盾突出等问题,究其原因是校企管理体制机制不灵活、员工双向流动不畅,同时具备理论教学和实践教学能力的"双师型"教师和教学团队短缺,这也成为制约职业教育改革发展的瓶颈。

5 发展趋势

新一轮科技革命和产业变革促使中国纺织服装产业发生了急剧变革,生产模式向数字化、网络化及智能化发展,设计方式呈现绿色、环保可持续要求。新的业态不断出现,产业链也由原先的单一模式向多元化发展,随之带来的是对纺织服装专业人才的多样性、复合性、交叉性及国际化的需求越来越明显。因此,纺织服装教育改革也势在必行。

"十四五"时期纺织服装人才培养要坚持中国特色,紧跟国家战略,研究行业需求,构建全方位协同育人机制。坚定实施创新驱动发展战略,强化科教融合,对接先进技术,以项目攻关带动创新人才培养;树立大学科的概念,打破学校之间、学科之间的壁垒,推动现有学科的交叉融合及与其他学科的交叉融合,开展新工科、新文科研究和实践,培养宽口径、厚基础、强纺织,信息、管理兼备的跨学科复合型人才;加大纺织类专业工程教育认证的力度,促进专业内涵的提升和发展,建立具有国际实质等效性的中国工程教育专业认证制度;以职业需求为导向,校地对接、校企融合,构建协同育人平台,培养具有实施能力的应用型人才;继续探索校企合作新

模式,推行"企业+学校"的"双主体"教育模式,做中学、学中做,培养生产服务一线的技术技能人才;行业应加大资源整合力度,积极联合院校、科研机构、纺织产业集群(园区)、大中型企业职业培训机构和民办职业培训机构开展多种形式的职业培训,重点开展在岗职工技能提升培训、大学生就业前技能培训和创业培训;打通校企人员双向流动渠道,提升职业院校"双师型"教师队伍建设水平,提高教师教育教学能力和专业实践能力。

6 结论

纺织服装行业教育经过多年的蓬勃发展,已形成全方位多层次人才培养体系,为行业发展培养输送了大批高素质创新人才和技术技能人才,为建设纺织强国做出了巨大贡献,已成为行业实现高质量发展的重要支撑力量。国内和国外纺织服装教育相比各有特点和侧重,这也归因于任何国家的教育发展都基于自身历史。中国的纺织服装教育在借鉴国外理念和经验的基础上,经过多年实践与探索,形成了具有中国特色的教育发展方案。虽然方案还存在不足,但也指明了纺织服装教育未来发展方向,需要借助"双万""双高""产教融合""工程教育专业认证"等国家教育战略,积极实践和探索,将中国教育模式的制度优势转化为现实优势。

致谢

本文为工业和信息化部消费品工业司委托研究课题《中国纺织工业基础能力提升路径研究》的阶段性成果之一。

参考文献

[1] 教育部、财政部、国家发展改革委关于公布世界一流大学和一流学科建设高校及建设学科名单的通知[EB/OL]. [2022-05-30]. http://www.moe.gov.cn/srcsite/A22/moe_843/201709/t20170921_314942.html.

[2] 教育部办公厅关于实施一流本科专业建设"双万计划"的通知[EB/OL]. [2022-05-30]. http://www.moe.gov.cn/srcsite/A08/s7056/201904/t20190409_377216.html.

[3] 教育部、财政部关于公布中国特色高水平高职学校和专业建设计划建设单位名单的通知[EB/OL]. [2022-05-30]. http://www.moe.gov.cn/srcsite/A07/moe_737/s3876_qt/201912/t20191213_411947.html.

[4] 白静,倪阳生.升级改造专业目录:服务纺织服装产业发展[J].纺织服装教育,2021,8(36):305-309.

[5] 胡兴志,丁飞己.工程系统、工程教育与CDIO课程改革

[J].现代教育科学,2015,3(2):77-83.

[6] 杨少坤.校企合作制度化建设和完善的探讨[J].电子制作,2014(15):285.

[7] 教育部等四部门关于印发《深化新时代职业教育"双师型"教师队伍建设改革实施方案》的通知[EB/OL].[2022 - 05 - 30]. http://www. moe. gov. cn/srcsite/A10/s7034/201910/t20191016_403867. html.

A study on the exchange between Chinese and Asean college apparel majors from the perspective of Cross-cultural

SU Wenhao

Academy of Drama, Film and Television, Communication University of China, Beijing, China

Email address

13591534895@163.com (SU Wenhao)

Abstract: As an important exchange area of "Belt and Road Economic Belt", China and Asean countries have carried out in-depth cooperation in many fields such as infrastructure construction, communication engineering and transportation in recent years, and achieved mutual benefit and win-win situation, forming a good space for future exchange and development. Based on the extensive exchanges in various aspects such as economy, politics and culture, the foundation has been laid for the expansion of universities in China and Asean countries in the direction of professional cooperation, professional co-construction and resource sharing. From the point of view of the university dress profession, China and Asean countries have a close relationship in the history of dress culture, relying on the ancient "Silk Road" to integrate and absorb the Chinese dress culture and Southeast Asian dress culture. At the same time, both China and Asean countries have formed a certain scale and distinctive professional construction in the field of university apparel professional education. On the one hand, the exchange is limited to the exchange of ideas and arguments, and no deep cooperation has been formed. On the other hand, the two sides know less about the situation of their respective universities' apparel majors, and cannot realize the sharing of educational resources. Therefore, with a broad perspective of "Interculturalism" as a breakthrough, and drawing on the successful experience of cooperation between China and Asean countries in other fields, we analyze the characteristics and commonalities between the two countries in ancient costume culture and contemporary college costume education, explore the main points and focus of communication, and realize a good situation of co-development between the two in college costume profession through the conception of practical communication methods.

Keywords: "cross-cultural" perspective; China and Asean; high school apparel major; costume culture exchange

"跨文化"视阈下中国与东盟高校服饰专业的交流研究

苏文灏

戏剧影视学院,中国传媒大学,北京,中国

邮 箱

13591534895@163.com(苏文灏)

摘 要:作为"一带一路"经济带重要的交流区域,中国与东盟国家近年来在基础建设、通信工程、交通运输等多领域进行了深度合作,并实现了多边互利共赢,形成了未来良好的交流发展空间。基于经济、政治、文化等多方面的广泛交流,为中国与东盟各国高校在专业合作、专业共建、资源共享方向的拓展奠定了基础。从高校服饰专业的角度分析,中国与东盟国家在服饰文化史中有着紧密的关联,依托古代"丝绸之路"将汉民族服饰文化与东南亚服饰文化进行了融合与吸收。与此同时,当代中国与东盟国家在高校服饰专业教育领域中都各自形成了一定规模、特色鲜明的专业建设。但以现阶段两者在专业领域方面的交流却较为匮乏,一方面,交流仅局限于观点、论点的交换,并没有实际形成深度的合作;另一方面,双方对于各自高校服饰专业的情况了解较少,无法实现教育资源共享。因此,以"跨文化"的开阔视角为研究突破口,借鉴中国与东盟国家在其他领域中合作的成功经验,深度分析两者在古代服饰文化与当代高校服饰专业教育的特点与共性,挖掘交流的要点与重心,通过实际交流方式的构思,实现两者在高校服饰专业共进发展的良好局面。

关键词："跨文化"视阈;中国与东盟;高校服饰专业;服饰文化交流

1 引言

因"一带一路"倡议在国际各领域交流、协作中所产生的丰硕成果,中国在国际交流中所产生的积极作用更加鲜明,而围绕"一带一路"倡议下中国与其他国家高等教育合作方面的研究成为学界的重点议题。近年来,以"一带一路"背景下中国与其他地区、国家间高校服饰专业交流、合作的相关研究成果呈现出多维视角的研究方向。一方面,部分研究成果以"比较研究"的方式,探讨中外之间高校服装专业课程体系建设与课程设置方面的差异与共性[1-3];另一方面,诸多研究成果基于相关院校成功的合作案例,分析了合作办学背景下教学实践拓展、人才培养模式探索、教学系统与课程改革等相关内容[4-7]。此外,一些学者也借以国家间的交流趋势与合作政策,展望了未来阶段高校服装专业国际交流的构思与设想[8-10]。因此,本文结合前人研究基础,以"跨文化"研究视角,对中国与东盟高校服饰专业合作交流这一鲜有的研究议题为方向,阐释中国与东盟国家服饰文化的交流溯源,找寻二者的渊源与差异;并通过探讨中国与东盟国家现阶段高校服装专业发展现状、交流的意义与基础,形成合作构想,以此促成中国与东盟国家高校服装专业未来阶段合作的可能与机遇。

2 中国与东盟国家服饰文化的交流溯源

2.1 中国与东盟国家服饰文化交流考

从古代丝绸之路的发展轨迹进行分析,中国与东盟各国在服饰发展方面有着密切的关系。通过将中国汉之后时期汉民族服饰与东南亚各国传统民族服饰进行对比发现,两者之间有许多相似之处。由于东南亚一带国家气候炎热,经济基础主要来源于种植与采摘,因此服饰的整体形象为头束椎髻、扎头巾,男性短衣短裤、女性为短衣长裙。例如,暹罗(今泰国)传统服饰中男装为立领马褂搭配短裤或方裙,女装为上衣配下方裙,裙身为一条丝绸进行包裹;而在东南亚、南亚、阿拉伯半岛等地区传播较广的纱笼裙也是女性日常多见的裙身。在中国汉代时期及之后,汉民族服饰尤其是南方地区少数民族也呈现出因地区环境特征所形成的服饰样式。《汉书》的《西南夷列传》[11]载西南夷风俗时,也说夜郎、滇、邛都等"皆魋结,耕田"。这里面魋结即是指扎头巾,这与东南亚国家的服饰习俗十分接近。与此同

时,分析今日西南、云南以及海南等地流传保留下来的民族服饰,女性服饰中的短衣、紧身长裙,头巾装饰的佩戴等内容与今天东盟各国的传统民族服饰有许多相近之处。

2.2 二者服饰文化的差异与共性

中国与东盟各国在服饰文化方面既有关联又存在差异。首先,从服装的技法角度分析,二者大多以棉、麻或其他天然纤维作为服饰面料,并通过古老的染色、纺纱、编织技术,形成更具民俗特征的对称自然纹理,颜色构成上较为多样且丰富;其次,无论是中国南方少数民族服饰还是东盟各国民族服饰,其服饰惯制都是基于气候环境、生产状态、民俗特征所决定的;但从中国与东盟各国在服装史发展历程的特点与结果进行比较,不难发现前者即中国服饰文化更加突出以"汉民族服饰文化体系"为主的格局状况,少数民族服饰主要为服饰文化的组成部分,没有上升为主流服饰文化特征。而后者即东盟各国传统服饰一直作为民族服饰的文化代表,并沿用至当代日常生活之中。此外,从传统服饰文化对今日服饰产业的影响进行分析,中国传统服饰文化已逐渐成为当代服装设计、服装品牌构建等方面的重要灵感来源,而东盟各国传统服饰文化更多体现在民族文化对外推广之中,鲜有传承与拓展的成功案例。与此同时,东盟部分国家在服装行业方面的薄弱基础以及受到欧美服饰文化影响的冲击,也是导致传统服饰文化发展受限的重要原因。

3 中国与东盟国家高校服饰专业发展现状、交流的意义与基础

3.1 专业发展现状

纵观当前阶段中国与东盟国家高校服饰专业的发展现状,都已各自形成相应的教学与研究体系。中国自20世纪70年代末开始,逐渐发展起高校的服装相关专业,经过多年的探索与成长,已达到千余所之多,体系涵盖服装设计、服装工程、服饰设计、服饰文化研究、服装产业研究以及时尚产业研究等多种内容。与此同时,教学与实践的结合已形成一定规模,并在近些年逐渐提升到区域影响力。例如,各类国家级服装设计大赛、时装模特大赛的举办以及中国国际时装周、上海国际时装周等时尚中心的形成。此外,近年来中国高校服装专业与欧美、日本、韩国等国家建立了合作交流项目,如北京服装学院莱佛士国际学院、东华大学与纽约大学FIT学院

的合作等等。

相比较中国高校的服装专业发展，东盟国家在高校服装专业发展的构建中呈现出参差不齐的状态。一方面，一些东盟成员国家已形成较为系统化、专业化的高校服装专业建设，如新加坡的拉萨尔艺术学院、莱佛士高等教育学院、马来西亚的林国荣创意工艺大学、吉隆坡莱佛士国际学院等。此外，马来西亚的吉隆坡时装周、新加坡时装周等也在近些年区域服装行业中的影响逐步提升。另一方面，包括柬埔寨、老挝等其他东盟成员国家，其高等服装专业教育仍处在最为基础的阶段，甚至仍为空白。

3.2 交流的意义与基础

现阶段，中国与东盟国家在高校服饰专业方面的深度交流不仅是教育资源共享的一种举措，同时也是拓展双方在服饰专业研究的范围与领域、提升专业实践的发展机遇，最终形成区域性的高校服装专业研究"共同体"。

首先，在教育资源共享方面，中国与东盟国家可以进行"优势互通、劣势互补"的深度交流。现阶段中国高校服装专业基础建设扎实、稳健，多年的成功经验能够为东盟成员中一些专业基础薄弱的国家提供成功经验与建设支持。但相比较中国与新加坡、马来西亚等国，仍在某些专业领域中处在劣势。例如，由于中国高校服饰专业建设起步较晚，虽服装理论研究基础较强，但在实践拓展方面仍存在上升空间；而新加坡、马来西亚等国在专业建设过程中，更加注重实践操作与实用型人才的培养，因此双方可在实践教学建设方面取长补短。

其次，在拓展专业研究的范围与领域方面，双边的深度交流能够丰富专业研究的内容、拓展研究维度、提升未来阶段服装研究的时代价值。当前，中国与东盟国家在高校服装专业的研究方面更加倾向于本国、本民族的服饰文化研究以及相关的实践研究，但对于以"跨文化"的视角下进行专业方面的交流工作却较少。基于中国与东盟国家高校服装专业的教学基础与资源，可以在服装理论研究方面拓展中国古代服饰与东南亚国家古代服饰的文脉与关联以及当代"一带一路"合作背景下中国与东盟国家服饰文化的融合研究。同时，在实践交流方面，中国与东盟国家高校服装专业可利用合作资源与契机，进行"跨文化"服饰交流展览活动、教育论坛以及时尚产业多角度活动的举办。

4 中国与东盟国家高校服饰专业"跨文化"交流的构想

从服饰文化的历史渊源、双方服饰专业发展现状以及交流的基础与意义进行分析，中国与东盟国家高校在

服饰专业上的"跨文化"交流构思可从高校服饰专业合作办学、区域性专业发展研讨会或研究论坛、高校服饰文化共同开发项目等内容进行具体的展开。

4.1 高校服饰专业的合作办学

专业的发展离不开人才的培养与输送，高校服饰专业其终极目标即是为服装产业培养与输送专业人才，构建专业梯队。中国与东盟国家在高校服饰专业方面进行合作办学，一方面可以吸纳与分享更多的教学资源，让双边专业人才获得更多的发展途径与机会；另一方面，高校间的合作办学可丰富专业研究的领域，提升专业发展的层次。从近年来东华大学、北京服装学院、江南大学等高等服装院校的跨国专业合作项目的成功经验即可证明合作办学的意义与价值。

4.2 区域性专业发展研讨会或研究论坛的形成

高校服装专业的科研拓展需要与更为广泛的院校、科研单位以及个体从业人员进行学术理念、学术成果、学术意见等方面的沟通与交换。多年来，中国高校服饰专业与日本、韩国等周边国家相关专业高校进行了多角度、多内容的研讨会或学术论坛，内容涵盖服饰文化、服装设计、产业发展等内容，并在此过程中逐渐获得了相应的发展以及研究收益，促进了交流双方在专业领域中的发展。因此，以之前交流经验为依托，通过举办以服饰文化或服装产业为内容的研讨会或学术论坛，吸纳更多东盟国家学者的观点与想法，形成长效制的中国与东盟服饰研究集合体。

4.3 高校服饰专业共同开发项目

高校服饰文化共同开发项目是指交流双方以某一专业共同点或出发点为契机，通过大型活动的合作举办以及科研项目的合作，以此达到合作的实践价值与意义。对于中国与东盟国家高校服装专业的实践合作可从两个方面入手，一方面可通过举办跨区域大学生时装周，挖掘合作双方的服饰设计人才，扩充人才积累，提升专业人才的就业机会；另一方面，双方的高校服饰文化科研人员可基于某一研究课题进行联手研究，以此获得多视角、多维度的研究成果。

5 结论

"一带一路"倡议不仅有利于中国与周边国家在经济产业方面的深度合作，与此同时也有助于双方在教育领域尤其是高校教育方面的深度合作。以"跨文化"视角进行中国与东盟国家高校服饰专业的合作研究，梳理出中国与"一带一路"沿途国家在服饰文化之间所形成的纽带与联系，同时也为当前高校服饰专业在专业基础

建设、专业科研建设以及实践教学拓展奠定了坚实基础,为双边高校服饰专业未来的发展的走向与创新指明了方向。

参考文献

[1] 梁建芳,李筱胜,封竹,等.国内外服装专业课程设置的比较及其启示[J].上海:纺织服装教育,2019(4):373-376.

[2] 王蕾.中、英、法高等服装设计教育教学方法与课程设置的比较及思考[D].昆明:云南艺术学院,2010:6-35.

[3] 顾越桦,李萍,朱秀丽.比较、借鉴与融合:中外合作培养服装专业人才的探索[J].浙江:浙江理工大学学报,2007,6:723-727.

[4] 刘咏梅,李柯玲,万艳敏.基于中日合作办学的服装设计专业课程教学研究与实践[J].上海:东华大学学报(社会科学版),2006(1):77-80.

[5] 万艳敏,崔志英,冯利.国际化服装专业应用型人才培养模式探索:以"东华—文化"中日合作办学为例[J].上海:纺织服装教育,2013(2):94-97.

[6] 李萍.产业与教育交互下的"中外合作办学"服装人才培养:以浙江理工大学服装学院为例[J].广东:现代装饰(理论),2016(8):248-249.

[7] 陈宝迁.合作办学背景下高职服装设计双语教学模式探究:以浙江纺织服装职业技术学院中英项目服装和服饰设计专业为例[J].浙江:宁波教育学院学报,2019(3):35-38.

[8] 周颖.中外合作办学服装专业双语教学应用研究[J].湖北:科教导刊(中旬刊),2013(11):132-133.

[9] 陈熹.中英合作服装与配饰设计专业就英国 PDP 系统的教学革新[J].浙江:艺术科技,2015(4):235-239.

[10] 谢天,井萃.加强国际交流合作,优化高校人才培养途径:以服装与服饰设计专业教育的国际化为例[C].辽宁:辽宁省高等教育学会 2013 年学术年会暨第四届中青年学者论坛,2013.

[11] [汉] 班固.汉书:西南夷列传[M].北京:中华书局,2007.

International perspective, cultivate application-oriented clothing talents

BAI Lu

Eastern International Art College, Zhengzhou University of Light Industry, Zhengzhou, China

Email address

bai_lu95@163.com（BAI Lu）

Abstract：Based on the research of the current situation of fashion industry and higher education in Henan Province, the paper emphasized that it was necessary for fashion colleges and universities to train innovative talents with international vision. Discussed the theoretical model of establishing innovative learning platforms and serving local enterprises in Eastern International Art College of Zhengzhou University of Light Industry, proposed a talent training mechanism of "international vision + innovative spirit + craftsman spirit", so as to solve the problem of the ability of fashion colleges and universities to serve society, and enrich the theoretical system of college talent training for serving local economy.

Keywords：Central Plains culture; international vision; service society; talent training

立足中原文化、瞄准国际视野，培养应用型服装人才

白璐

易斯顿美术学院,郑州轻工业大学,郑州,中国

邮　箱

bai_lu95@163.com(白璐)

摘　要:通过对河南省服装产业发展趋势及郑州轻工业大学易斯顿美术学院人才培养目标的阐述,强调了高等服装院校培养具有国际视野的创新型服装人才、服务地方产业的的必要性。探讨了郑州轻工业大学易斯顿美术学院创建创新学习平台,服务地方企业的理论模型,提出了"国际视野+创新精神+工匠精神"人才培养机制,破解服装高校服务社会能力难题,丰富了高校人才培养服务地方经济的理论体系。

关键词:中原文化;国际视野;服务社会;人才培养

1　引言

中原是中华民族的文化之源血脉之根。河南省作为中华民族和华夏文明的发源地,夏至宋占据国家政治经济中心三千年,画出了一幅辉煌的文明画卷,如今的河南,依托深厚的传统文化底蕴和发展服装产业的深厚基础,以追求人们美好生活为目标,积极构建"时尚+"等多种发展模式,拓展服装产业经济的横向联系,促进服装产业的全面发展,作为立足中原的服装高校,更要立足中原为河南培养具有国际视野的服装专业人才,为中原服装产业发展服务。

为促进河南服装产业发展,适应纺织产业与中原时尚文化的有机结合,郑州轻工业大学易斯顿美术学院服装专业在承接东部产业转移及产业转型升级与地方产业快速渗透,人才培养满足河南省服装时尚产业对复合型人才的需求,学院对河南省服装产业进行调研的基础上,提出并解决了服装专业"重技术轻艺术、重工艺轻文化"的共性问题,以培育"国际视野+创新精神+工匠精神"为人才培养目标,"立足中原文化、瞄准国际视野,培养应用型人才"构建了"互联网+"中国时尚理念融入国际人才培养方案之中的机制(图1)。

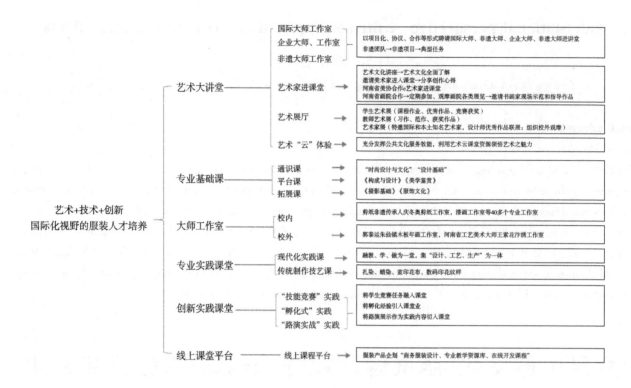

图1 "国际视野+创新精神+工匠精神"人才培养机制示意图

建课程共享资源

学院以国际服装水平和标准为人才培养目标,通过国际划企业服装开发项目融入课程的教学改革,服装款式设计到纺织面料的开发、文化因素相互渗透,充分挖掘艺术文化与服装产业的互动点,解决了艺术时尚与高标准技术相融合的问题,助力学院开展的"课程三教改革"东风,将时尚艺术贯穿整个服装专业教育过程中,创新发挥学院服装设计专业在时尚产业中的作用。

2 推动新媒体介入教学,构建国际视野的人才培养长效快速互动平台机制

郑州轻工业大学伊斯顿美术学院作为河南省唯一的全学科艺术类本科,从成立之初就已将欧洲艺术教育、艺术设计新理念与中原优秀传统文化有机结合,在长期的学科建设过程中,坚守根植中原办教育的初衷,紧紧围绕河南省服装产业人才需求,构建特色鲜明的"互联网+中国时尚理念+国际视野"的教育体系培养创新应用人才,服务河南服装产业发展,搭建网络互动平台,将课程教学内容、时尚信息链接,学生作品展示等资源在平台上进行师生互动,通过公共 APP 平台或时尚信息公开号推送和共享信息资源,服装行业的国际人才无论从事什么样的岗位,都需要有一定的时尚性和先行意识,必须具备丰富的、跨界的综合素养,了解时尚信息的获取渠道和接收方式,在学习、生活中加以实践和应用。网络信息资源等新媒体介入教学,是学生丰富自身内涵的有效途径,应有效利用、引导,以期达到助力能力培养的作用。

4 提高学生审美能力,以艺术大讲堂为平台,渗透到学生学习的不同空间

为了提高学生的审美能力,学院搭建了艺术大讲堂平台,采取了一系列的方法措施。一是举办艺术讲座,邀请国内外艺术家和设计师到学校讲述国内外艺术发展的历史以及当前艺术发展的趋势和艺术事件,评价名家作品。二是邀请艺术家到课堂,作为课堂教学的一环,与河南省美术家协会合作,邀请艺术家到课堂分享创作心得,与河南省画院合作,定期参加参观画院的各种展览,与河南省书画院合作,邀请书画家现场示范指导作品。三是举办学生艺术展、学生的课堂作业,展示优秀作品的竞赛获奖作品,举办教师艺术展,展示教师习作、范作和获奖作品,举办艺术家作品展,特别邀请校

3 瞄准国际标准,实现多平台学习,服装实物+专业教学资源库+在线课程构

外和国内知名艺术家、设计师举办优秀作品联展。组织校外展览，近年来，举办了"太行留韵——河南大学美术教师太行山写生作品展""河南省第十一届水彩粉画展""河南省大学美术教师绘画作品展"等省级展览和"《大美无疆》中国河南大学与俄罗斯国立斯里科夫美术学院作品联展"等国际展览。多年来，在河南博物院、河南美术馆、郑州升达艺术馆举办毕业设计作品展，受到社会和行业外人士的品评，影响广泛。四是举办艺术"云体验"，充分发挥公共文化服务的功效，利用课堂资源感悟艺术魅力。

5 为固基强本，专业基础课涵盖通识、平台和拓展课

学院坚持"艺+技+创"的教育教学思想，为使学生系统掌握服装专业所需的基本原理，增强专业基础知识和基本技能，学院设置了专业基础课程，包括可供全校选择的通识课，有"时尚设计与文化""设计基础"等。包括构建专业平台课程体系，包括"构成与设计""美学鉴赏""中外服装史论"等课程，为了更好地提高学生的学科素养和职业发展，在专业核心和主干课程的基础上，根据学生的学习能力，开设包括"摄影基础""服饰文化"等课程在内的专业拓展课程。

6 培养艺匠双馨优秀创新人才

成立中外大师工作室为培养艺匠双馨的优秀创新人才，学院与欧洲及国内工艺美术大师、非遗大师合作，在校内外设立国际时装产品研发工作室。朱仙镇木版年画国家级代表性传承人郭泰运朱仙镇木版年画工作室、河南工艺美术大师王素花鲴绣工作室在校外同时建设实践实习基地 90 多个，校内设立剪纸非物质遗产传承人剪纸工作室、漆画工作室等 40 多个专业工作室，充分满足学生实践实训的需要，更好地培养学生的实践动手和社会适应能力。

7 开发"三段式"思维能力

融合传统技艺与现代实践打造专业实践课堂，所有的思维方法都是为了实践、继承和创新。在服装设计中想获得成功，在实践中探索和创新是必不可少的，但是缺乏继承，创新就会变成无源之水，变成无本之树这样很难成功，不仅要发扬自身特色、勇于创新，更善于继承前人传统，为开发学生的设计创新思维能力，学院大力加强实践教学环节，加强了实训室、工作室、校外实践实习基地建设，学院在校内建设植物写生园区、动物写生

园区、石雕写生园区、雕塑工场、印染技术实训中心、服装生产技术实训车间、大学生创新创业实训基地等专业实践实训场所，帮助学生在传统技术实践中，发现问题、分析问题、解决问题，培养学生"三段式"思维方式，提高学生自主学习和终身学习的能力。

8 提高创新能力，构建"技能竞赛+孵化式+路演实战"创新实践课堂

学院坚持以赛促教，坚持以赛促学，积极鼓励师生参参赛参展，师生在多个高水平专业比赛中屡创佳绩，多次在中原国际时装周、中国国际大学生时装周展示。例如，服装与服饰设计专业与中国民族服装品牌太思米亚合作的中国风格系列设计作品，在新加坡国立美术馆参加新加坡时装周（SGFW）（图 2）。

图 2　新加坡时装周

从主题调研到设计方案的形成，我院服装系师生和太思米亚设计团队密切配合，从面料染色、造型设计到全手工制作、染色工艺、环保纯棉面料充分体现了中国悠久的文化和工艺传统"女装系列设计课程实验作品"则是服装与服饰专业教师们以女装设计引导，串联设计、制版和工艺课程三个有机的教学链条。女式衬衫的改造创新设计。以设计课程为起点，将制板和工艺课程的重心转移为实现设计的实操练习。这极大激发了学生的创作热情，并产生了许多优秀的设计作品，学院在服务产业的过程中发挥了积极的作用。

致谢

感谢河南省美术家协会、河南画院、河南博物院、河南美术馆、郑州升达艺术馆、郭泰运朱仙镇木板年画工作室、河南省工艺美术家王素花汴绣工作室、俄罗斯国立苏里科夫美术学院对郑州轻工业大学易斯顿美术学

院服装学科建设的支持,专业组老师们为专业的发展所做出的努力以及对我的帮助。

参考文献

[1]　范聚红.河南服装业现状及发展对策分析[J].全国商情(经济理论研究),2008(9):28.

[2]　徐光春.大力发展我省纺织服装产业,努力打造新型纺织服装基地[N].河南日报,2009-05-06.

The exploration and practice of reform on course of "Nonwoven Fibers" in the context of engineering education accreditation

FENG Yan*, LIU Xing, LIU Hao

School of Textile Science and Engineering, Tiangong University, Tianjin, China

Email address

fengyan@ tiangong. edu. cn(FENG Yan), liuxing@ tiangong. edu. cn(LIU Xing), liuhao@ tiangong. edu. cn(LIU Hao)

Abstract: The new requirements of engineering education accreditation for engineering curriculum construction are embodied in the educational concept of student-centered, output-oriented and continuous improvement, which plays an important guiding role in engineering education accreditation. Therefore, under the background of engineering education accreditation, how to scientifically construct the curriculum system and strengthen the curriculum construction to meet the needs of engineering education accreditation is an important way to achieve the talent training objective. "Nonwoven fibers" is one of the core professional basic courses of nonwoven materials and engineering specialty in Tiangong University. Facing the needs of engineering education accreditation, this paper clarifies the course objectives, perfects the syllabus, reforms the teaching method, enriches the teaching resources, and comprehensively improves the quality of the course. It lays the foundation for achieving the training objectives and graduation requirements of nonwoven materials and engineering specialty.

Keywords: engineering education accreditation; nonwoven fibers; course reform

工程教育认证引领下的"非织造纤维基础"课程改革探索与实践

封严*，刘星，刘皓

纺织科学与工程学院,天津工业大学,天津,中国

邮 箱

fengyan@ tiangong. edu. cn(封严), liuxing@ tiangong. edu. cn(刘星), liuhao@ tiangong. edu. cn(刘皓)

摘 要: 工程教育认证对工科课程建设提出的新要求集中体现在以学生为主体、以产出为导向和持续改进的教育理念,其在工程教育认证中具有重要的导向作用。因此,在工程教育认证背景下,如何科学地构建课程体系,并加强课程建设,使之满足工程教育认证的需求,是达到人才培养目标的重要途径。"非织造纤维基础"是天津工业大学非织造材料与工程专业的核心专业基础课程之一,面向工程教育认证需求,明晰"非织造纤维基础"课程目标,完善教学大纲,改革教学内容、模式及方法,丰富教学资源,全面提升课程质量,为达成非织造材料与工程专业培养目标和毕业要求奠定基础。

关键词: 工程教育认证;非织造纤维;课程改革

1 引言

工程教育是培养高素质工程人才的重要途径,是实现国家支撑产业转型升级的重要保障。工程教育专业认证是实现工程教育国际化的重要基础,标志着中国工程教育人才培养标准与国际接轨[1-5]。笔者所在天津工业大学非织造材料与工程专业具有学科和专业特色优势,多年来为我国非织造领域培养了大量优秀专业人才。经过持续建设,于2019年获批国家级一流专业建

设点。课程是实施专业建设和实现人才培养目标的主要载体[4-6]。"非织造纤维基础"是非织造材料与工程专业本科生和核心专业基础课程之一,在通识课和专业课之间起到承上启下和衔接后续专业课程学习的重要作用。本文探讨在工程教育认证背景下,围绕教学大纲、教学内容、教学方法、教学资源等方面实施的系列教学改革措施,以持续提高课程教学效果。

2 工程教育认证背景下"非织造纤维基础"课程存在的问题

工程教育认证对工科课程建设提出的新要求集中体现在以学生为主体,以产出为导向和持续改进的教育理念,其在工程教育认证中具有重要的导向作用。非织造材料与工程专业本身具有"多学科交叉、多行业融合、多领域应用"的显著特点,而我国非织造产业的高速发展对于高素质人才的要求除了扎实的理论基础、广泛的专业知识外,更加注重其在工作实践中的创新思维、创新能力、解决工程问题能力、自我提升能力和自主学习能力。因此,在工程教育认证背景下,如何科学地构建课程体系,并加强课程建设,使之满足工程教育认证的需求是达到人才培养目标的重要途径。在此背景下,"非织造纤维基础"课程教学过程中存在一些问题。

"非织造纤维基础"课程开设在大二年级,该阶段学生刚刚完成通识课程和公共基础课程的学习,对于专业的认识尚不完善,也是初次接触与专业密切相关的课程,专业知识尚不具备,同时目前本课程在实施过程中以教师课堂讲授为主,学生参与相对较少,因此,存在学生对于课程学习存在概念理解困难、理论联系实际能力欠缺等问题。如何正确理解本课程在整个工程教育课程和人才培养体系中承上启下的特殊地位,同时针对培养目标和毕业要求,实施成果导向的多样化授课方式并持续改进,是本课程面临的重要问题。

3 "非织造纤维基础"课程改革实施路径与措施

贯彻工程教育认证理念,以培养学生创新和实践能力为目标,创新授课模式和方法,提升学生课堂参与度,提高教学效果,帮助学生理解大纺织专业基础知识,完成从基础课到专业课的知识衔接[7-9]。通过评价学生汇报展示、综合作业、平时测验、翻转课堂、期末考试等,建立多元化课程评价方式。充分利用互联网和计算机手段,建立和完善课程网络资源。结合课程内容,合理融入课程思政元素,帮助学生树立热爱专业、热爱行业的理念和为之奋斗的情怀。

3.1 创新教学模式,根据教学内容,采取多样化教学方法,激发学生学习潜能

改变传统的教师讲授为主、学生被动接受知识的方式,以问题为导向,在课堂教学中利用超星学习通教学平台,线上线下相结合,引入分组讨论、汇报展示、读书笔记、课程设计等教学方法和教学活动,不仅有效调动了学生的学习兴趣和热情,也充分发挥了学生主观能动性,帮助学生理解专业知识,更好地实现课程目标。

在学习纤维基本概念时,带领学生复习前续化学类基础课程中的重要概念和知识点,使学生理解纤维的含义及结构特征;结合社会实际需求和热点问题(如熔喷非织造材料在口罩领域中的应用)帮助学生了解纤维原料在非织造产品中的重要性,解决学生因初次接触专业知识而理解困难的问题。在学习非织造新型纤维时,要求学生在课堂学习不同新型纤维材料的生产和应用基础上,通过检索文献完成文献综述,极大激发了学生学习兴趣,拓宽了学生专业视野;在学习纤维品质检测内容时,通过实验环节,锻炼学生动手操作能力,解决学生实验实践能力综合训练偏弱的问题;在完成课程理论学习后,提出"在某种非织造产品开发时,请综合考虑各项因素,选择纤维原料并阐述理由"的问题,要求学生分组讨论及 PPT 汇报展示,解决了学生自主学习能力和综合分析能力差、课堂参与度不高的问题,并培养团队协作能力。

3.2 加强实践环节,通过课程实验、模拟工程实际问题培养学生创新思维

通过课内实验教学加强学生参与度,使学生熟悉纤维性能及检测环节的要求和过程,提升实践能力。部分知识采取案例驱动的教学方法,由实际的纤维应用案例提取章节的理论教学内容,再模拟工程实际问题,用于解决工程案例中,以培养学生解决复杂工程问题的能力。

3.3 加强过程管理,形成多元化评价模式,持续改进课程目标达成情况

课程考核中加入实验考核,并将学生的分组讨论和汇报展示表现引入平时成绩考核,将平时成绩考核比例提升至 40%,加强过程考核。在期末考核环节,减少死记硬背题目的比例,适当增加综合分析能力题目的考察。通过多元化的考核评价方式,提高学生在整个课程学习过程中的参与度,避免过多在考试前突击、背诵等现象的出现,提高学生综合分析问题的能力,分析评价结果,持续改进教学质量。

3.4 融入课程思政元素,培养学生家国情怀,热爱专业,达到育人目标

教育部《高等学校课程思政建设指导纲要》指出,要全面推进课程思政建设[10]。在课程教学中,注重结合课程内容,适当时结合纤维和非织造行业发展现状和趋势,引导学生用所学知识解决实际生产中遇到的专业技术问题,并从中获得成就感、获得感、自豪感,从而提高对专业的自信心,树立正确的价值观。如在讲到涤纶纤维时,给学生讲述从70年代的"的确良"到如今多种功能性涤纶纤维的发展,一代化纤人艰苦奋斗、勇于探索创新的精神和历史,帮助学生树立不怕困难、开拓创新的意识;在讲到生物质纤维时,给学生讲述纤维绿色制造和发展、可生物降解纤维对于我国生态文明建设的重要性,帮助学生形成绿色环保的发展理念,培养家国情怀。

3.5 利用信息化技术,建设课程网上资源,实现线上线下教学互动

建设课程网上资源,本课程已在超星学习通平台建立了课程网络资源,包括课程讲解视频、习题、讨论区等,扩展教学时空,提升教学效果,实现线上线下混合教学互动。

4 结论

通过实施有效的教学过程,学生在学习本课程后具备纤维领域的相关知识,达成了课程目标,发挥了通识课和专业课之间承上启下的作用,很好地衔接了后续专业课程的学习。学生在评教中反馈好,认为通过该课程学习和了解了许多纤维领域的最新知识,增强了对专业的认识和信心。课程目标达成度较好,有效支撑了非织造材料与工程专业的对应毕业要求和人才培养目标。

致谢

本文为"纺织之光"中国纺织工业联合会高等教育教学改革项目《面向工程教育认证的"非织造纤维基础"课程建设》(2021BKJGLX723)的阶段性成果之一。

参考文献

[1] 冯建利. OBE 理念及工程教育认证下强理论性专业基础课的教学改革研究[J]. 轻工科技,2020,36(12):130-132.

[2] 张磊. 以工程教育专业认证为导向的地方应用型高校采矿工程专业课程群建设研究[J]. 中国现代教育装备,2021,1;40-42.

[3] 李超,等. 工程教育认证背景下《材料物理性能》课程的教学改革探索[J]. 教育现代化,2019,6(51);51-53.

[4] 叶秀芳,等. 工程认证背景下"高分子化学"课程改革的探索与实践[J]. 安徽化工,2020,46(6);144-147.

[5] 王伟,等. 工程教育认证背景下电路原理课程的改革实践[J]. 教育教学论坛,2019,50;120-121.

[6] 张洪铭,等. 工程教育专业认证背景下安全检测技术课程建设[J]. 山东化工,2021,50(1);194-195.

[7] 张巍,等. 工程教育专业认证背景下的环境分析与监测课程建设[J]. 广东化工,2021,48(4);221-222.

[8] 张腾元,等. 基于工程教育认证的应用型土木工程课程体系优化探索:以《结构力学》课程为例[J]. 科技经济导刊,2020,28(12);117.

[9] 蒋变玲,等. 基于新工科建设的《食品安全学》课程教学改革探索[J]. 广东化工,2021,48(4);229,236.

[10] 张香萍. 数字化生存下高校课程思政的挑战与应对[J]. 湖北师范大学学报(哲学社会科学版),2022,42(3);136-140.

Exploration and practice of knitting engineering talents cultivation oriented to "New Engineering"

ZHANG Qi* ,JIANG Gaoming ,WAN Ailan ,DONG Zhijia

Department of Textile Science and Engineering , Jiangnan University , Wuxi , China

Email address

zhangqi_vip@ jiangnan. edu. cn(ZHANG Qi) ,jgm@ jiangnan. edu. cn(JIANG Gaoming) , ailanwan@ 163. com(WAN Ailan) ,dongzj0921@ 163. com(DONG Zhijia)

Abstract: In order to meet the needs of compound talent training with both practical and innovative "New engineering" ,a method to combine the "Made in China 2025" strategy with the training of knitting engineering talents was proposed. The method explores and practices the modes of training "Specialty-new technology integration-school-enterprise collaboration" type knitting professionals through four perspectives , including the reconstruction of the curriculum system of "Specialized-new technology integration" , the preparation of "Composite forward-looking" teachers and teaching materials , the sharing of auxiliary teaching platforms of "Combination of art and engineering" , and the establishment of "Industry-university interaction" practice bases. The results show that these four measures are mutually supportive and effective , and The "New engineering" literacy of textile talents has been significantly improved.

Keywords: New Engineering; knitting engineering; talent cultivation; intelligent manufacturing

面向"新工科"的针织工程人才培养探索与实践

张琦* ,蒋高明,万爱兰,董智佳

针织技术教育部工程研究中心,江南大学,无锡,中国

邮 箱

zhagnqi_vip@ jiangnan. edu. cn(张琦), jgm@ jiangnan(蒋高明) ,edu. cn, ailanwan@ 163. com(万爱兰) ,dongzj0921@ 163. com(董智佳)

摘 要:针对"新工科"实践性与创新性复合型人才培养需求,将"中国制造2025"战略与针织工程人才培养相结合,从"专新融合"型课程体系重构、"复合前瞻"型教师与教材准备、"艺工结合"型辅教平台共享、"产学互动"型实践基地筹建四个角度,对"专新融合—校企协同"型针织专业人才培养的方法与模式进行了探索与实践。结果表明,四种举措环环相扣,相互支撑,效果显著,纺织学科人才的"新工科"素养得以明显提升。

关键词:新工科;针织工程;人才培养;智能制造

1 引言

针织方向的人才培养作为纺织工程这一传统工科专业人才培养中的一个子模块,如何在以新业态、新模式、新产业为代表的新经济蓬勃发展的时代背景下,顺应国家新工科工程建设与人才培养导向,培养出不仅能在针织学科专业上学业精深,能运用所掌握的专业知识去解决现有问题来推动纺织产业的改造升级,而且有能力学习新知识与新技术,去引领未来纺织产业发展,同时具备"学科交叉融合"特征且工程实践能力强、创新意识强的高素质复合型"新工科"人才,是目前基于"新工科"时代背景下,针织专业人才培养探索与实践的核心内容与研究热点[1-4]。

本文以"针织智能制造"为契机,通过在本科课程教学中拓展计算机语言编程、纺织物联网技术、针织数控技术、互联网CAD技术等新技术内容,在实践教学中强化卓越工程师培养模式,加重针织装备CAM与针织

生产 MES 系统的实践比例,扩展本科生在生产实践过程中对各种新技术的运用与学习,在研究生课题开展中增加生产大数据分析与装备智能控制的研究应用,着力推进网络通信、电子控制、程序设计等新技术在针织智能制造人才培养各个环节与层面上的深度融合,尝试从课程体系、培养模式与培养理念等多层面上的"新工科"人才培养创新[5-8]。

2　人才培养与实践

2.1　课程体系构建

在无锡市政府与江南大学专项"智能制造"建设资金与政策的支持下,依照教育部高教司新工科建设的指导思想,教学团队梳理并重构了现有针织方向人才培养课程体系,依据产业制造流程设立了"针织原理→针织产品→针织生产"的针织专业核心课程系列,依据学生的认知能力循序渐进设计了"电工电子→程序设计→物联网→数控技术"的智能新技术交叉课程系列,这两类课程在本科阶段的理论教学与实践教学各环节中并行推进、相互交叉、逐层次融合,进而构建出面向智能制造的纺织工程针织"新工科"人才培养课程体系,如图1所示。

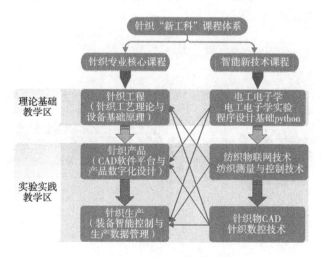

图1　针织"新工科"课程体系构建

针织专业核心课程是对纺织工程专业针织方向的学生所设置的专业方向系列课程,课程设置原则依据针织生产工程制造流程,划分成"针织原理""针织产品""针织生产"三大核心教学模块。其中"针织原理"主要涵盖针织工艺基本理论与针织设备编织原理,通过"针织工程"这一面向纺织工程专业所有学生开设的专业核心课程进行教学。学生主要学习针织物基本概念及基本形成原理,各种针织物的生产工艺流程,针织物生产设备工艺参数的选择和确定,针织物基本组织与工艺

计算,重点学习生产流程中的主要针织设备,掌握关键设备的工艺原理与编织过程、重要机构的功能划分与工作原理、辅助机构的配合机制与结构原理,是学习后续针织核心课程的基础。"针织产品"是面向针织方向学生设置的专业核心课程,主要通过"针织物 CAD""经编产品设计""针织毛衫设计"等课程进行教学,通过对针织物 CAD 系统功能、组成、原理、操作和应用等的讲解,以纬编 CAD、经编 CAD 为主全面介绍 CAD 技术在针织物设计中的应用,重在引导学生使用计算机 CAD 平台进行针织产品设计,强化学生利用多种计算机绘图或建模软件辅助进行快速的产品数字化设计的能力与意识。"针织生产"是面向针织方向学生设置的专业选修核心课程,其内容主要涵盖对现代针织装备的数字化控制、现代化数字车间的管理,并拓展讲授针织 CAM 系统与针织 MES 系统,使学生对数字化针织智能制造的各个节点与环节有比较清晰与直观的了解,提高学生熟练操作数控针织设备的能力,激发学生对针织产业迭代升级与高效智能化车间管理的兴趣与意愿,让学生在专业学习之外主动学习智能化新技术。

"智能新技术"课程是针对传统工科纺织工程专业的"新工科"重构升级,在不同学习阶段设置的并行课程系列,其中新技术基础课程"电工电子学""电工电子学实验""程序设计基础 python"等是典型代表性课程,面向所有纺织工程专业学生开设,重在培养学生电工电子的电学硬件基础,以及利用计算机高级语言的软件编程与逻辑思维能力;同样,面对纺织工程所有学生开设的"纺织物联网技术"与"纺织测量与控制技术"课程,是现代网络通信技术、电子测量技术、自动控制技术与纺织学科深度融合后的专业选修课程,该课程给学生展示了各种现代新技术在传统产业中应用的新方法与工作原理,以及所产生的巨大经济效益,促进学生对智能新技术的学习与掌握;"针织物 CAD"与"针织数控技术"是针对针织方向的学生开始的课程,它既是专业核心课程,也是针织工程与现代智能新技术结合的新技术课程,是针织工业智能化制造的重要组成部分,也属于学生了解和深层次掌握针织智能制造核心技术与思想的课程,课程内容全部由有丰富工程经验的老师编写和讲授。

从图1中可以清楚看出,重构之后的课程体系内智能新技术课程的设置,可以在各个环节与层面上支撑针织专业核心课程,并在多个课程上进行了交叉与复合,学生在不同的学习阶段完成不同课程的综合实验与实践训练,通过独立的工艺设计与上机试织、产品制作与质量检验、数据分析与装备控制,进而实现多种智能新技术与针织工程专业知识的融合贯通,并最终完成复合型"新工科"针织人才素质的提升。

2.2　师资与教材建设

人才培养,师资队伍与优质教材建设必须先行。借助团队自身多年来扎根行业产业的优势,依托教育部针织技术工程研究中心平台,通过广泛开展针对行业技术服务与校企科技合作项目的方式,在帮助企业解决大量生产过程中工艺产品创新设计、装备控制数控升级、生产过程数据管理等方面的综合性工程与技术难题的过程中,锻炼出了一只针织专业知识扎实,且计算机软件编程、自动控制系统开发、CAD产品创新设计技能纯熟的高素质复合型、长期兼职高校教学与企业科技服务两线的针织智能制造师资队伍,同时通过健全运行机制与激励机制助推青年教师的快速成长,为针织智能制造人才培养提供充分的人力资源保障。

2.2.1　复合型师资队伍建设

在对针织智能制造人才培养师资队伍的建设上,除了采用传统的青年教师导师制、集体备课制、双向听课制,通过助教、带实验、批改作业、指导生产实习、带学生下厂参观实习、指导毕业设计(论文)等方式,使青年教师成为针织系列课程的教学主力外,更加注重教师个人学历背景的选择,努力做到从师资队伍层面就实现多学科交叉和多领域融合。比如,邀请学历背景为自动控制专业、计算机专业的老师参与学科建设外,还特别强调专业教师解决专业工程实际生产问题的能力,并且引导教师在解决针织专业工程实际问题时更加主动地学习和采用计算机编程、自动控制、网络通信等现代智能新技术手段。通过理论与实践教学,以及与企业多项横向科研项目的综合训练,目前课题组各位老师不仅能完全胜任"针织工程"专业课程的教学并保证良好教学效果,其中多人在江南大学纺织服装学院青年教师讲课比赛中获奖,教师团队发表多篇本科教学教改论文,而且先后获得省部级科技一等奖与香港桑麻科技一等奖等行业科技奖项,已经建设出一只面向"新工科"针织复合型创新人才培养所必需的师资队伍。

2.2.2　前瞻性规划教材布局

教材建设作为人才培养的先导,从行业科技发展对人才需求为出发点,同时结合新技术、新材料等交叉学科的未来发展方向,整合最新科研成果,以研促教,教研融合,以前瞻性眼光规划布局针织智能制造的系列教材编写。

新教材新平台:为配合"新工科"针织智能制造人才培养方案的实施,在前期单机版《针织CAD》教材的基础上,前瞻性地引入了互联网络通信技术的最新发展,并结合近年来在基于互联网"云"平台CAD开发与应用上的最新科研成果,主编了"十三五"普通高等教育本科部委级规划教材《互联网针织CAD原理与应用》,并于2019年由中国纺织出版社出版。这是第一本

将针织产品设计搬上互联网,具备交互设计、数据导出、网络数据库等多种设计功能的网络平台教材,对于缩短产品开发周期、降低生产成本、提高企业信息化程度、提升针织专业学生利用最新互联网技术进行快速产品设计的能力,以及培养学生网络化协同解决针织专业问题的应用思维方面意义显著。

老教材新要求:为支撑纺织工程专业卓越工程师教育计划的深度实施,对前期主编的高等教育"十二五"国家级规划教材/教育部卓越工程师教育培养计划纺织工程系列教程《针织学》(2012年版)进行了进一步修订,按照装备、工作原理、编织原理,最后到产品工艺设计原理的大纲结构,以更贴近实际生产流程的要求对知识点进行结构重调,以满足"新工科"智能制造针织工程课程的教学需要。作为"针织工程"课程的核心教材,其内容和课程教学配合密切,加工基本原理和最新加工工艺的联系自然、贴切,深受学生与教师的好评,并渐渐被南通大学、河北科技大学、绍兴文理学院、泉州师范学院等众多同行高等院校采用。课程组教师同时还参与编写了《经编针织物生产技术》《针织物组织与产品设计》,作为本校针织"新工科"智能制造专业核心系列课程的主要参考教材,教材内容与生产实践紧密结合,具有很强的实践性,在我校纺织工程专业已连续使用多届,也被推荐到其他同类院校使用。部分新编教材封面如图2所示。

图2　针织"新工科"教材

2.3　数字教辅平台建设

针织"新工科"智能制造建设的重点体现在针织智能装备与针织智能生产上,一切的产品设计、工艺创新最终都以针织装备的形式体现,一切网络通信技术、智能控制技术都要以针织装备为实体予以聚结,因此,针织"新工科"人才培养的重点,离不开先进的使用前沿技术的针织装备与针织生产实验教学平台的建设[9]。

首先,借助教育部针织技术工程研究中心平台,课题团队建设了拥有目前全球最新技术的涵盖经编、纬

编、横编的针织装备实验平台。其中经编装备实验室包含 HKS4 高速机、RS34 多梳机、RJDP4/2 双针床经编机等多个典型机型,且全部采用江南大学自主开发的"针织装备 CAM"全电脑数控操作系统;纬编实验室拥有日本福原 M-8ME22 上二下四跑道双面提花大圆机、圣东尼 SM-DJ2TS 双面移圈无缝一体成型机、圣东尼 SM8-TOP2 MP2 单面无缝成型内衣机等最新机型;横编实验室还拥有日本最新的 MACH2X153 四针床全成形电脑横机;并且针对所有机台,还另外加设了江南大学自主研发的"针织生产 MES 管理系统"与"基于互联网的针织 CAD 系统",为本科生的针织"新工科"新技术学习,提供了完备、高效的实验教学辅助平台,同时也是本科生与研究生在专业基础之上深入开展科研的校内基地。

其次,运用现代教育技术,重视网络共享课程建设与多媒体课件建设,丰富辅教辅学手段,有效提高教学效率与效果。制作了涵盖针织"新工科"系列课程全部内容的网络共享学习网站现代针织网(www.526.cn)。主要包括6个理论与实践教学课程的电子教案和授课录像,分别是"针织工程""针织工程实验""针织产品设计""针织物 CAD""针织毛衫设计""针织服装工艺"六门课程,重点制作了功能强大的网上学习互动平台和在线试题练习库。另外,经过全体教师的多次设计、修改和补充,形成了内容丰富生动、排版简洁大方的教学课件,中间插入了大量的 Flash 动画和完整的视频,在帮助学生直观地观察现象并分析本质的同时,也极大地引起了学生的学习兴趣,实现了理论教学与实际生产的紧密结合。已经建成的多种教辅平台如图3所示。

2.4 工程实践基地建设

依托教育部针织技术工程研究中心科研平台,和江南大学纺织工程"卓越工程师培养计划",课题组与周边企业之间建立了广泛的校企合作,成立了多个"卓越工程师计划"实习基地和多个产学研研发中心基地,定期安排本科学生与专业教师深入实习基地进行企业生产现场的实践实习,长期安排研究生与教师进入企业的研发中心进行工程难题攻关。通过产业现场实地实习,直面企业生产难题,激发学生学习并利用新技术新知识解决本专业内的实际问题,提升了学生分析问题、解决问题的实际动手能力与创新意识。以企业需求为导向,以行业发展科技为手段,以"新工科"人才培养为目的所建立的多个研发中心与产学研实习基地,为本科生与研究生的人才培养提供了大量的实战经验,已建成的部分实习基地如图4所示。

2.5 人才培养模式建设

针对"新工科"高素质复合型人才培养目标,针织智能制造人才培养以"专新融合—校企协同"为核心模

(a) 经编装备实验室 　　(b) 纬编装备实验室

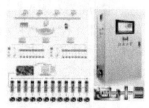

(c) 横编装备实验室 　　(d) 针织生产 CAM 系统

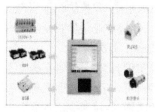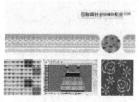

(e) 针织生产 MES 系统 　　(f) 针织产品 CAD 系统

(g) 共享学习网站资源 　　(h) 互联网针织 CAD 平台

图3 针织"新工科"辅教平台

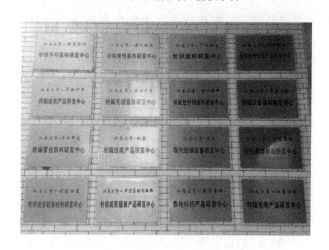

图4 针织"新工科"产学研实习基地

式,在教学体系上融合专业知识与多种智能新技术,增强学生专业知识与新学科新技术领域的教材融合;在实践教学中以企业需求为导向,通过产学研校企联合提升人才的实践应用与开发创新能力[10]。具体的培养方法除了常规课内理论与实践教学外,还涵盖如下三种课外实践锻炼:

（1）课外校内大学生创新创业计划项目。将教师科研项目内的部分子课题予以分解，作为大学生二年级与三年级阶段开展"大学生创新创业"训练计划的题目，让学生为主体参与解决具体的科研问题。在题目、内容、难度的选择与设置上有导向性地往"新工科"智能制造方向引导，锻炼学生多学科交叉融合的创新能力；如下为部分代表性针织大创项目课题。

（2）课外校内学科专业设计竞赛项目。依托针织实践平台和卓越实习工厂条件，增加学生的课外实践环节，鼓励更多学生积极参加国内各类专业科技和设计竞赛，以扩展学生知识面，锻炼学生创新设计能力，先后有多人在教师指导下中获奖。在连续多年的"红绿蓝"杯中国高校纺织品设计大赛针织组中，我校纺织工程专业针织方向学生获得多个奖项，针织专业学生在全国大学生"龙星杯"针织服装设计大赛中多次获奖。

（3）课外校外基地实践实训计划。定期安排学生进入"卓越工程师"基地实习，可以让学生直观感受到企业生产现场与课堂教学的区别，并快速完成课堂与校内所学专业知识与生产一线实践能力需求之间的融合与过渡，快速训练学生将专业知识熟练转换成生产科技的实践动手能力；长期安排研究生入驻校企联合的产学研科研基地，可以在更深层次上锻炼与挖掘学生科技服务行业的创新能力，培养面向行业当前市场需求、面向行业未来发展需求的高层次"新工科"针织专业人才。

3　结论

经过理论与实践的全方位探索改革，针织"新工科"专业人才培养在课程体系、师资教材、教辅平台、实践基地与人才培养模式创新等方面均取得了一定成果，总结各条线工作，可得如下经验与结论以供交流。

首先，依照针织产业制造流程设立了"针织原理→针织产品→针织生产"的针织专业核心课程系列，依据学生的认知能力循序渐进设计了"电工电子→程序设计→物联网→数控技术"的智能新技术交叉课程系列，这两类课程在本科阶段的理论教学与实践教学各环节中并行推进、相互交叉、逐层次融合，完成了学生专业课程与智能新技术课程深度融合的知识体系搭建，构建了"专新融合"的面向智能制造的纺织工程针织"新工科"人才培养课程体系。

其次，将企业科技进步与产业发展需求为导向作为人才培养实践教学的指导原则，借助"卓越工程师"培养计划，以及教育部针织技术工程平台与企业联建的产学研研发中心为实习基地，通过产业实习与科技服务，在实践与实战中培养学生的实践创新能力，实现了从本科生到研究生的逐阶段贯通式实战型高层次人才培养，

真正实践了"校企协同"的面向产业应用与新技术发展的针织"新工科"人才培养模式。

最后，基于自身"专新融合"的师资队伍特征，以及长期服务企业的一线经验和所专擅的 CAD/CAM/MES 科研成果，确立了针织装备是针织工艺创新与智能新技术开发和应用的平台式集中体现，是推动针织产业未来进行产业升级的源动力和引领，因此在人才培养过程中重点加大对针织装备技术的掌握与探索，为产业的未来发展与专业的迭代升级提供"引领式"人才储备，确立了"针织装备是针织智能制造全流程技术的平台式集中体现"这一针织"新工科"人才培养理念。

致谢

本文受到中央高校基本科研业务费专项资金资助（JUSRP122003），受到泰山产业领军人才《基于云计算和工业大数据的全成形针织技术研究与应用》（tscy20180224）科研项目的资助。

参考文献

[1] 张大良.因时而动 返本开新 建设发展新工科：在工科优势高校新工科建设研讨会上的将会[J].中国大学教学,2017(4):4-9.

[2] 郁崇文,郭建生,刘雯玮,等.纺织工程专业"新工科"人才培养质量标准探讨[J].纺织服装教育,2021,36(1):18-22.

[3] 李津,杨昆,刘丽妍,等."新工科"背景下"针织学"课程教学的改革与实践[J].纺织服装教育,2022,37(3):261-263.

[4] 刘雍,王润,范杰,等."新工科"背景下纺织工程专业人才培养模式探讨[J].轻纺工业与技术,2022,51(3):102-104.

[5] 庄勤亮,孙晓霞.新工科背景下纺织面料设计人才培养实践[J].纺织服装教育,2020,35(1):14-17,36.

[6] 季萍,王春霞,陆振乾,等.新工科理念下基于校企合作的地方高校纺织人才培养模式探索[J].纺织服装教育,2019,34(6):486-488,510.

[7] 张洁寒,张瑜.基于新工科理念的电子信息工程专业人才培养模式探究与实践[J].教育现代化,2019,6(18):28-31,35.

[8] 刘江涛.基于新工科建设的创新型人才培养机制研究[J].中国轻工教育,2022,25(2):67-72,79.

[9] 陆赞,高伟洪.针织产品设计与织造虚拟仿真实验教学建设研究[J].科技视界,2021(5):49-50.

[10] 高普,罗秋兰,贾方全,等.基于产教融合的纺织产业卓越人才培养的探索与尝试[J].纺织报告,2021,40(10):93-95.

Innovation and practice of textile design teaching with integration of art and engineering based on virtual simulation technology

WEN Run*, ZHONG Yueqi, ZHANG Ruiyun, XUE Wenliang

College of Textiles, Donghua University, Shanghai, China

Email address

rain@dhu.edu.cn(WEN Run),zhyq@dhu.edu.cn(ZHONG Yueqi),ryzhang@dhu.edu.cn(ZHANG Ruiyun),xwl@dhu.edu.cn(XUE Wenliang)

Abstract: Under the background of "New Engineering Course", the talent training and education of textile and clothing specialty increasingly emphasize the interdisciplinary. In the textile design teaching of "integration of art and engineering", there are usually problems such as the disconnection between textile art and technology, the limited presentation of teaching contents, and the patterning of teaching forms and methods. Therefore, the textile design direction of Textile College of Donghua University integrates "virtualization of reality" and "virtual reality" into classroom teaching through the multi angle application of virtual simulation technology in classroom teaching, emphasizing the realization of design, rather than being isolated from the process production and market demand, and forming "works→products→commodities" through teaching practice to realize the orderly connection between the front and back of textile design.

Keywords: virtual simulation technology; integration of art and engineering; textile design; teaching methods

基于虚拟仿真技术的"艺工融合"纺织品设计教学创新与实践

温润*,钟跃崎,张瑞云,薛文良

纺织学院,东华大学,上海,中国

邮　箱

rain@dhu.edu.cn(温润),zhyq@dhu.edu.cn(钟跃崎),ryzhang@dhu.edu.cn(张瑞云),xwl@dhu.edu.cn(薛文良)

摘　要:"新工科"背景下,纺织服装专业的人才培养与教育教学日益强调学科交叉。在"艺工融合"的纺织品设计教学中,通常存在纺织品艺术与技术脱节、教学内容呈现方式受限、教学形式和方法模式化等问题。为此,东华大学纺织学院纺织品设计方向通过虚拟仿真技术在课堂教学中的多角度应用,将"现实的虚拟"与"虚拟的现实"集成于课堂教学,强调设计的可实现性,而非脱离工艺生产和市场需求的孤芳自赏,并通过教学实践将"作品→产品→商品"成型,实现纺织品设计前道与后道的有序连接。

关键词:虚拟仿真技术;艺工融合;纺织品设计;教学

1 引言

虚拟仿真是一种可创建和体验虚拟世界的计算机系统。由计算机生成,可以是现实世界的再现,也可以是构想中的世界,用户可借助视觉、听觉及触觉等多种传感通道与虚拟世界进行自然的交互[1]。虚拟仿真技术以其交互性、真实性和多感知性,在促进现代信息技术与课程教学项目的深度融合,扩大教学内容的广度和深度,延长教学实践的时间与空间,提高教学实践质量和水平,培养优秀拔尖人才等方面发挥着积极作用[2-3]。

随着消费结构不断升级,人们对美好生活向往更加迫切,对产品内在质量与外在美观提出更高要求[4]。纺织品设计师既要考虑生产加工工程问题,又需拥有以消费者为中心的设计思维,从前端即开始考量和拓展产品时尚性与多样性,为终端功能化提供更多空间,全方位实现消费者对"品""质"结合度、丰富度、更新速度等方面需求[5]。为此,东华大学致力于打造"立足上海、服务行业"的复合型纺织品设计人才培养基地,以适应国家重大发展战略和经济社会发展对复合型人才培养的需要。2020 年 6 月,"艺工融合的纺织品设计专业双学士学位复合型人才培养项目"获批上海市双学士学位复合型人才培养项目。以该项目建设为契机,我校(东华大学)纺织学院设立的卓越纺织品设计方向在"艺工融合"上积累了较多教学探索与实践经验[6-10],其中尝试通过虚拟仿真技术在课堂教学中进行应用,强调以产品为导向的设计可实现性,其教学探索可为双学士学位复合型人才培养提供一定参考。

2 "艺工融合"纺织品设计教学中存在的问题

卓越纺织品设计方向着力于培养纺织产品设计师,要求"艺工融合"教学培养需将艺术融入工程教育,强调设计中艺术与科技成分的有机协同,而非脱离工艺生产和市场需求的孤芳自赏。因此,亟待解决学科交叉中存在的问题。

2.1 纺织品艺术与技术脱节的问题

纺织品艺术设计类课程,侧重于花型创意与技法表现,追求纺织品的视觉美感,"实践"部分多为"纸面"表达,对工艺技术和成品制作等后道环节考量不足。课堂教学内容主要介绍纺织品设计的历史、文化、题材、色彩及技法,缺少与最终产品设计相关联的引导和意识培养。

2.2 教学内容呈现方式受限的问题

纺织品设计不仅培养学生的艺术品位与原创能力,还需充分考量工程技术应用,懂得如何通过设计使纺织品变得更加精美。课堂教学中图案历史、技法展示、工艺特点等环节多以静态形式呈现,示范难以重复,设备难进课堂,口述较为抽象等。因此,如何嵌入虚拟技术,兼容课程的"艺"与对象的"工",是"艺工融合"亟待解决的问题。

2.3 教学形式和方法模式化的问题

受传统教学模式影响,纺织品设计课程体系侧重课堂和工程训练,对实际应用效果与市场认知有限,特别是对线上营销和受众感知的关注度不足,往往导致设计从产品到商品断链,人才培养与企业需求脱节。如何在有限空间内设置具有针对性的市场认知和产品反馈训

练,成为纺织品设计教学需要改善的问题。

3 虚拟仿真技术的嵌入目标与思路

3.1 主要目标

(1)实现虚拟仿真在课堂教学中的深度应用。针对教学内容呈现方式受限的问题,采用短视频、图像数据库、线上浏览与虚拟试衣等教学方式,将"现实的虚拟"与"虚拟的现实"集成于课堂教学。

(2)实现纺织品设计前道与后道的有效连接。纺织品设计方向要求课程在教学中将艺术与工程有机融合,强调艺术设计的可实现性,而非脱离工艺生产和市场需求的孤芳自赏。通过教学改革将"作品→产品→商品"成型。

(3)实现纺织工程领域产品与市场的有机结合。拓展新工科教育范畴,强调以消费者为中心,以产品消费感知为方向进行训练,以纺织品设计成功案例探索产品与市场结合的途径。

3.2 主要思路

(1)教学重心后移,深入探索纺织品设计课程中艺术部分与工程部分的有效衔接。通过植入虚拟仿真技术,尝试将纺织品历史文化、纺织图案设计与显花工艺特性相连,兼顾纺织品创意、内涵与可实现,实现由作品到产品的转变。

(2)教学思想引导,转变教学对象对纺织品设计的传统认知,兼顾感性与理性,引导对人工智能、光电感应等高新技术的兴趣与掌握,助推纺织新产品开发,由功能向智能转型。

(3)教学设计落实,针对纺织品设计课程进行"私人订制",理论部分采用虚拟成像技术将知识点可视化、动态化,实践部分采用动画、视频方式将表现技法、工程技术细节化、便捷化,在有限空间拓展纺织品设计的边界。具体实践路线如图 1 所示。

4 基于虚拟仿真技术的"艺工融合"纺织品设计教学创新实践

4.1 运用虚拟成像构建纺织品图案库

纺织品设计课程中用于展示纺织品图案史、概念等内容,由于 PPT 展示条件所限,往往只能点到为止,无法充分表达图案背后的内涵以及纵向、横向定位,甚至难以捕捉其文化、时尚、再造因子。对此,教学中尝试建设纺织图案虚拟浏览展示厅,图案应用案例库,并以超链接形式快速反应,拉近设计与市场的距离。

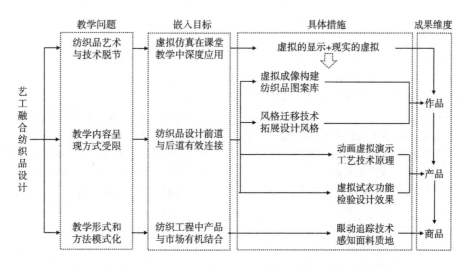

图1　虚拟仿真技术嵌入"艺工融合"纺织品设计教学实践路线图

4.2　采用风格迁移技术拓展设计风格

纺织品图案设计常用软件,如PS、AI等,可对图案进行风格滤镜,形成特殊肌理,但选择有限、效果不佳。对此,教学中尝试采用图像风格迁移技术,将已成功提取并形成算法的多个艺术流派的典型特征或特殊肌理迁移至图案整体或局部中,丰富了图案表现方式,提升了艺术表现力与创造性。

4.3　通过动画虚拟演示工艺技术原理

纺织品设计教学需要充分结合艺术与技术,使学生具有考量工艺技术的意识。如何在课堂中快速理解,不能仅仅依靠实践环节理解消化,而是在课上加以直观展示。对此,教学中尝试对常规纺织技术,包括纺纱、织造、后整理等各环节具体技术进行动画模拟,提前接触工厂生产相关知识,以此提高设计针对性与可实现性。

4.4　嵌入虚拟试衣功能检验设计效果

纺织品设计前道属于二维平面范畴,难以判断制成纺织产品后的三维立体效果,进而无法对图案实施针对性改进。对此,教学中增加虚拟试衣模块,将图案在服装、家纺、饰品等载体上的应用效果先期展示,包括花型大小、款式布局、流行配色、接版循环、面料材质等,通过调节数值达到最佳,并以快捷、直观的方式呈现设计质量与问题,对纺织品图案设计提供有效指引。

4.5　利用眼动追踪技术感知面料质地

线上购物已成为当下主流消费模式,消费者只能通过视觉感知线上产品的性能特点,这对具有良好手感与品质的纺织产品来说并不具备优势。对此,教学中充分使用眼动追踪仪,模拟线上销售方式探究消费者关于纺织面料的视觉感知规律与视觉心理,并将其应用于纺织品设计的静态展示中,与当下消费习惯有效衔接。同时,研究成果对提升线上购物满意度、提高产品销量、降低退货率起到一定作用。

5　结论

经过数年改革实践,东华大学纺织学院纺织品设计方向针对纺织品艺术与技术脱节、教学内容呈现方式受限、教学形式和方法模式化等教学问题,通过虚拟仿真技术在课堂教学中的多角度应用,将"现实的虚拟"与"虚拟的现实"集成于课堂教学,以实现纺织品设计前道与后道的有序连接,使学生体会到艺术创作的激情、工艺实现的成就,以及对线上市场的有效把握,塑造了学生"艺工融合"的主动意识和工匠精神,符合教育部卓越工程师教育培养计划要求。面对疫情,虚拟仿真技术将成为连接线上线下的重要媒介,本专业也将继续发挥其在交互性、真实性和多感知性等方面作用,不断拓宽学生学习渠道,并持续在"艺工融合"复合型人才培养上探索前进。

致谢

本文为上海市哲学社会科学规划课题一般项目(2020BWY032)、2021年中国纺织工业联合会高等教育教学改革项目、2021年上海高校市级重点课程项目;2021年东华大学"一流学科"课程建设项目、2020年东华大学教学能力提升培育项目、2020年东华大学纺织学院"一流学科"课程建设项目的阶段性成果之一。

参考文献

[1]　王正栋. 虚拟仿真技术在高山滑雪教学中的应用研究[D]. 吉林:吉林体育学院, 2022.

[2]　卢勇. 基于虚拟仿真技术的高校思政课在线教学实践探索[J]. 中国大学教学, 2021(4):79-84.

[3] 王佳. 虚拟仿真技术在服装设计与工艺专业课程中的教学应用[J]. 纺织科技进展, 2022(6)：67-69,73.

[4] 龚建培. 尴尬与缺失：浅谈我国纺织品设计教育现状[J]. 纺织科学研究, 2013(4)：134-137.

[5] 薛文良, 丁亦, 刘蕴莹, 等. 基于卓越纺织品设计人才培养的"纱线设计"课程教学改革[J]. 纺织服装教育, 2019, 34(2)：339-342.

[6] 温润, 沈华, 刘蕴莹, 等. 基于"艺工融合"复合型人才培养的"纺织品图案设计与实践"课程教学改革[J]. 纺织服装教育, 2021, 36(4)：141-143.

[7] 薛文良, 马颜雪, 丁亦, 等. "新工科"背景下项目植入式教学在纺织品设计教学中的实践[J]. 纺织服装教育, 2020, 35(4)：325-328.

[8] 薛文良, 马颜雪, 丁亦, 等. 纺织品设计与贸易融合的创新型人才培养探索[J]. 纺织服装教育, 2019, 34(5)：397-399.

[9] 张瑞云, 马颜雪, 李毓陵. 基于"卓越工程师"培养的"纺织品设计"课程的改革与实践[J]. 纺织服装教育, 2015, 30(2)：126-127.

[10] 郁崇文, 郭建生, 刘雯玮, 等. 纺织工程专业"新工科"人才培养质量标准探讨[J]. 纺织服装教育, 2021, 36(1)：18-22.

Educational reform exploration of practice course "Textile innovation design"

WEI Zhenzhen*, CHEN Jianliang, SUI Jianhua

College of Textile Engineering and Clothing, Soochow University, Suzhou, China

Email address

zzwei@ suda. edu. cn（WEI Zhenzhen），jlychen@ suda. edu. cn（CHEN Jianliang），suijianhua@ suda. edu. cn（SUI Jianhua）

Abstract：Based on the new requirements under new situation, this article explores the education reform methods of practice course "Textile innovation design". Taking the characteristics of curriculum, teaching objects and open time mode into consideration, the three-step teaching plan of "lead, practice, review" is put forward. Meantime, teaching methods, including combining the first classroom with the second classroom, and organic integration of ideological and political education, are specifically introduced. Finally, successful results have been achieved in the education reform which are illustrated with examples.

Keywords：textile engineering; engineering education certification; ideological and political education; innovation design; teaching methods

"纺织产品创新设计"实践课程教学改革探索

魏真真*, 陈健亮, 眭建华

纺织与服装工程学院, 苏州大学, 苏州, 中国

邮 箱

zzwei@ suda. edu. cn(魏真真), jlychen@ suda. edu. cn（陈健亮）, suijianhua@ suda. edu. cn（眭建华）

摘 要：本文基于新形势对"纺织产品创新设计"实践课程提出的新要求, 探讨该课程的教学改革方法, 结合课程特点、教学对象、开设时间节点等情况, 提出了"先引、中导、后评"的三段式教学方案, 详细描述了充分利用现代网络技术与先进教学手段, 实施第一课堂与第二课堂联合, 以及与思政教育有机融合的教学方法, 并举证说明教改探索初见成效。

关键词：纺织工程专业; 工程教育认证; 思政教育; 创新设计; 教学改革

1 引言

苏州大学纺织工程本科专业的"试纺试织"实践课程, 2.0 学分, 集中两周时间, 以学生先设计后上机试制的方式实施, 课程目标是培养学生在纺纱、织造实践中综合掌握和运用数学、自然科学、工程理论、专业知识的能力[1]。2018 年, 依据工程教育认证标准, 为支撑毕业要求相关指标点, 将该环节改设为"纺织产品创新设计", 突出培养学生在纺织产品设计中的创新能力, 提升了课程目标。2020 年上半年, 学校发文要求在教学中开展课程思政教育。针对目标和要求提高许多的情况, 教学团队充分讨论、积极探索, 逐步形成了"先引、中导、后评"三段式教学, 第一课堂与第二课堂有机融合的积极教学改革新思路。

2 "先引、中导、后评"的三段式教学方案

"纺织产品创新设计"实践课程采取以学生设计为主、教师指导为辅的教学方式, 要求每名学生完成一个面料作品的设计和试制, 学生先行制订设计方案, 经审核指导后上机试样。要求一个作品的花色品种不少于 4 个, 每个花色长度不少于 30cm, 作品在纱线材质或功能、织物构图或结构、面料试制技术、面料二次设计等的一个或几个方面具有创新特色。任务以设计报告文件

和作品贴样形式提交,其中设计报告包括设计思路、技术方案、试制过程、应用效果、自我评价、创新点、实践心得等内容,一般要求不少于 3000 字,图文并茂。

实践教学集中在两周(计 10 个工作日)时间内,根据班级学生人数与实验室织机台套数的比例,一般安排 2~3 人组成一组,交替上机试样,每次试样一般需要 3 天,因此至少需要 6 天时间。如果出现试制不成功或效果不理想需要重新设计试制,或者班级人数多需按 3 人一组分组,则时间更长。这样留给学生设计的时间仅有 2 天左右。

产品创新设计建立在一定的专业技术技能掌握、产品市场了解的基础之上,并且需要很多的时间来进行设计构思和效果模拟[2]。如果仅在实践活动开始的时候将设计的任务布置给学生,要求学生在几乎一无所知的情况下开展创新设计,显然勉为其难、不切实际。学生匆匆忙忙上机试制,对自己作品的创新特色如何规划、如何实现、是否达到预想效果、能否获得认可等等,都无暇顾及。

为此,教学团队对教学方案进行精心规划。首先将实践环节的时间从过去的第六学期或第七学期最后两个教学周调整为第七学期的第一、第二周,并实施实践前充分引导、实践中机动灵活指导、实践后评价推广的三段式教学。

引导阶段:在暑假结束前两周开展引导教学。建立班级课程 QQ 群或微信群,采用图文文件、视频录像等方式将创新设计的任务要求和分组试样办法、设计试样的基本条件、实验室设备的操作规程与安全要求、创新技法方法、设计方案制订要求、经典纺织产品、市场新产品、高年级学生优秀作品等内容分享给全班同学。这样,经过两周的思考、设计,每个学生在实践开始前制订并提交至少两个设计方案。

实践阶段:教师初步审查学生的设计方案,并根据班级人数、男女生搭配、作品试制要求的相近性等情况进行试样分组。教师与各组学生共同讨论,确定每名同学的试样作品、上机试样次序以及使用机台选定,并对方案作适当技术调整。小组成员相互配合完成纱线试制、整经、穿综穿筘等上机准备工作,作品作者负责打样。未选定试样方案的退回重新设计,试制不成功或者试制过程中发现有设计缺陷根据情况重新设计,顺延试样次序。

评价阶段:本实践课程学生成绩评定以作品创新性成绩(占比 50%)、作品设计技术性成绩(占比 30%)以及实践活动中的综合表现成绩(占比 20%)为依据。作品创新性成绩的评定是一个难点,为此采取内部评价(占比 50%,由指导教师评分)与外部评价(占比 50%,非关联教师或学生评分)的办法。外部评价在实践活动结束后的几周时间内进行。

3　第一、第二课堂有机融合的教学措施

要达到本实践课程的教学目标,一方面,要在第一课堂,打造更好的创新设计基础条件,开展更为精心的过程指导,并恰当的切入思政教育[3];另一方面,要在第二课堂,做更为细致、全面的创新设计引导与培训,做更为真实有意义的创新评价。

3.1　第一课堂:指导与教育并行

3.1.1　创造条件,打好基础

学院纺织工程专业一直以来拥有较为扎实实验软硬件基础条件。以机织产品试制为例,有全自动电子多臂剑杆织样机 10 台,装配有 12 英寸和 16 英寸两种幅宽规格、16~20 片不等综框规格、8 档选纬、4 档纬密、4~20 齿/cm 不等规格钢筘,配备有络并捻定等纱线加工成套设备、全自动单纱整经机 2 台、单纱浆纱机 20 锭等。软件有织物设计 CAD 教学版(匹配数 50)、织物模拟 CAD 教学版(匹配数 50)。

2019 年,纺织工程专业获批为国家一流专业建设点,每年的专业建设支持经费达到 150 万元。为此试样装备上又添置了全自动电子多臂剑杆织样机 6 台(12、14、16 英寸幅宽规格各 2 台),环锭细纱机、喷气细纱机、三通道数字化细纱机等纺纱试样设备,空气包覆机、纱线拉毛机、五罗拉花式捻线机等纱线制造试样设备。

设计用材料条件上也不断丰富,用于细纱加工的粗纱条有棉、毛、涤纶、回收纤维及功能纤维多个品种,长丝线有多种规格的生丝、涤纶丝、锦纶丝、腈纶丝、黏胶丝、阳离子丝、氨纶丝、金银铝皮丝等,短纤维纱有多种规格的棉纱、毛纱、亚麻纱、竹纤维纱、纯棉、纯棉、涤/棉、涤/毛、涤/黏等各类色纱花色品种多达几十种。

3.1.2　精心指导,重在过程

在实践教学过程中,指导教师的主要责任是要不失时机地教导学生充分挖掘创新思维[4]。在审核学生设计初稿时,要在尊重学生的原始构思的基础上,结合织造技术条件、现代时尚元素等,指导学生尽可能地将空想变为现实[5];有些作品试制出来的作品在构图、纹理、色彩等效果上有时可能与最初的预想相差较远,或者缺乏美感,或者存在结构不够合理,这种情况下,教师要及时结合已有的装造基础,根据可调整因素指导学生进行改进设计,启发学生将失败转变为成功;学生由于对创新技法了解地局限性,或者对制样设备一些可用于创新设计的功能了解不足,往往最初的设计集中在某些简单的创新点上,这个时候,教师要及时启发学生,积极尝

试、充分挖掘,将一个创新拓展到多个创新。

3.1.3 机动灵活,切入思政

机动灵活将思政教育贯彻于实践全过程。在检查学生设计初稿时,要了解学生设计的灵感来源,教育学生不要到教材或其他资料中找现成的作品,强调杜绝仿冒的创新设计原则[6]。

整经、穿综、穿箔等环节需要小组成员一起完成,此时要教育学生要有团队合作的精神,要注意角色明确,协力合作。设计者作为组长要发挥领导指挥作用,共同商议、认真规划、细致分工,使实践工作得以环环衔接,同组成员要积极配合,充分展示团队合作[7]。

上机试织是一次复杂劳动过程,工作有轻有重、有细有粗,因此要教育学生有"热爱劳动,勇于担责"的上进心[8]。要主动承担任务,不要偷懒,不要欺负弱者。要注意男女分工有别,重体力任务男生为主,穿综穿箔细致任务女生为主。每次试样完毕,及时清理纱线、机台,理清操作工具,并打扫地面。出现差错,要能够主动担当责任,不推卸、不逃避。

试织过程中不当管理和操作容易造成纱线、综丝等意外损耗,因此要教育学生有"节约成本"的意识,强调耗材是产品成本构成的一个重要部分,学会过程管理,尽量避免不必要的浪费[9]。以综丝使用为例,先要准确计算每片综框需要的综丝数;还要注意正确安装和卸下综丝,减少综丝浪费,并尽量不要损坏综框。

试样中机器运转、用电等存在一定的危险隐患,因此教师要在实践开始前对学生开展安全教育,列出学生注意安全的事项,并每日指派一名学生为安全巡视员。此外,还要教育学生从最初的设计开始就有绿色环保、可持续发展就有"现代纺织"的理念。

3.2 第二课堂:培训与评价

3.2.1 做好先期培训

在前期引导阶段,采用线上会议、课堂形式,在布置实践任务的同时,讲解织物创新设计的一般原则与要点,介绍一些织物创新设计常见的技术方法,说明产品创新设计报告规范撰写要求,并将用于设计的"织物组织小程序",事先摄制的"设备操作与安全规范""电子多臂全自动织机的功能与创新应用""织物应用效果模拟技法"等教学视频,汇编的"经典纺织产品图集""高校学生纺织品设计赛事作品图集""学长作品图集""市场流行时尚新产品"等材料,发送到班级课程QQ群或微信群,供学生学习、参考。做好创新技术技能培训工作使学生有方法、有能力,从而能够着手有的放矢的创新设计。

3.2.2 做好后期评价

学生完成作品试制后,安排学生撰写设计报告,详细说明设计构思与灵感来源、技术方案、织物要素设计、上机工艺、产品风格与功能特色、应用效果、创新点等。然后制作PPT、小视频,介绍、展示个人作品,突出描述创新思想与技术解决方案。实践课程结束后,指导教师汇总全班小视频,以网盘共享或者网络小程序发布形式,组织专业教师、低年级和跨专业学生对作品开展线上评价、评比、评分。后期评价一方面可以作为学生作品创新性成绩评定的依据之一,另一方面对低年级的学生也可以起到启发和激励作用[10]。

4 结语

自2019年以来,"纺织产品创新设计"教学组积极开展先引、中导、后评的三段式教学,实施第一课堂与第二课堂的有机融合,取得了非常明显的成效。

由于前期培训工作做得好,学生设计、教师指导都得以顺利进行,没有出现学生急而无从下手、教师忙得不可开交的现象。学生从布置实践任务的第一天,就表现出前所未有的积极性,在提交的设计初稿中有很多新奇独特的创意。作品试织实践过程中,学生的自觉性、主动性都非常高,虚心求教、共同探讨,追求作品的成功,刻意求新、求变。制作的作品花色品种多、创新特色丰富、质量好。学生特别热衷于后期的作品推介,精心制作PPT、录制视频。在2019~2021年"红绿蓝"中国高校大学生纺织品设计大赛、"唯尔佳"毛纺新产品评比、"前进杯"牛仔面料创新设计赛等活动中,每年优选参赛的学生作品达50件以上,并且成绩突出,其中2019年获一等奖2项、二等奖14项、三等奖近20项,2020年获一等奖7项、二等奖20余项、三等奖30余项,2021年获一等奖9项、二等奖20余项、三等奖30余项。

致谢

本文为中国纺织工业联合会高等教育教学改革项目(2021BKJGLX257,2021BKJGLX249);苏州大学2021年高等教育教改研究课题青年项目(50)的阶段性成果之一。

参考文献

[1] 许磊,张蓉,夏剑雨,等.纺织类专业"三教"改革路径及实施举措[J].江苏丝绸,2021(5):35-36.

[2] 井溶,于兰,陈鑫亚.针织面料在纺织产品设计中的创新运用[J].天津纺织科技,2019(2):9-11.

[3] 李丹,张路,蒋燕,等.思政引导下的非遗传承数字产品创新设计教学实践[J].艺术与设计(理论),2022(2):142-143.

[4] 张乐.社会创新思维介入设计基础教学方法探究[J].山西青年,2021(2):49-50.

［5］ 杨莉,徐珍珍,闫琳,等.案例式教学在纺织工程专业教学中的应用[J].轻工科技,2021(11):137-139.

［6］ 李卉,严加平.课程思政理念下地方非遗文化与服装设计课程的融合探究[J].轻工科技,2021(11):185-186.

［7］ 刘华.产品企划总监实战录服装产品设计规划之有效的团队合作[J].中国制衣,2010(5):36-38.

［8］ 廖雷.导师制育人模式下高职院校劳动教育建设研究[J].科教文汇,2022(16):24-27.

［9］ 敖利民,黄立新,沈加加,等.创新设计类学科竞赛与关联专业实习/实训的整合运行[J].嘉兴学院学报,2021(11):125-129.

［10］ 蔡瑞林,杨艳石.产品设计创新评价指标体系构建研究[J].常熟理工学院学报,2020,34(1):66-75.

Construction of graduation design (thesis) for textile engineering major based on OBE concept

KUANG Liyun[1,*], LI Jin[1], MA Chongqi[2]

1 Knitting and knitwear Teaching and Research Section, School of Textile Science and Engineering, Tiangong University, Tianjin, China

2 Textile Teaching and Research Section, School of Textile Science and Engineering, Tiangong University, Tianjin, China

Email address

Kuangliyun163@ 163. com (KUANG Liyun), Lijin@ tjpu. edu. cn (LI Jin), 12197759@ qq. com (MA Chongqi)

Abstract: Outcome-based education (OBE) is an educational process with the goal of achieving the learning output of students. It has become one of the important standards for the certification of engineering education in higher education in China. This paper focuses on the characteristics of TEXTILE engineering in Tiangong University, and discusses how to strengthen the foundation of professional engineering education certification under the new form of OBE. This paper discussed the teaching mode of the basic theory, practical problems, thesis writing and graduation defense of knitting and knitwear design, and studied how to develop the achievement evaluation system.

Keywords: outcome-based education; professional certification in engineering education; achievement evaluation system; continuous improvement

基于 OBE 理念纺织工程专业毕业设计(论文)建设

匡丽赟[1,*]，李津[1]，马崇启[2]

1 纺织科学与工程学院针织与针织服装教研室,天津工业大学,天津,中国

2 纺织科学与工程学院纺织教研室,天津工业大学,天津,中国

邮 箱

kuangliyun163@ 163. com (匡丽赟), lijin@ tjpu. edu. cn(李津), 12197759@ qq. com(马崇启)

摘 要:基于目标导向教育的教育模式(outcomes-based education,OBE)是一种以实现学生学习产出为目标的教育过程,现已成为我国高等教育开展工程教育专业认证的重要标准之一。本文总结了天津工业大学纺织工程专业的特点,探讨在 OBE 目标导向教育的新形势下,如何强化其专业工程教育认证的基础。讨论了关于针织与针织服装设计的基础理论、实践问题、论文撰写和毕业答辩四个环节的教学模式,并研究了如何开展达成度评价体系建设。

关键词:目标导向教育;工程教育专业认证;达成度评价体系;持续改进

1 引言

基于目标导向教育的教育模式(outcomes-based education,OBE)是一种以实现学生学习产出为目标的教育过程,现已成为我国高等教育开展工程教育专业认证的重要标准之一[1]。OBE 在 1981 年由美国 Spady 率先提出后,以惊人的速度形成了比较完整的理论体系,至今仍被认为是追求卓越教育的正确方向[2]。美国工程教育认证协会全面接受了 OBE 的理念,并将其贯穿于工程教育认证标准的始终。随着教育国际全球一体化发展,OBE 已成为我国现阶段开展工程教育专业认证的核心理念[3]。

2016 年天津工业大学纺织工程专业成为工程认证的试点单位,本着四个导向(培养目标以需求为导向;毕业要求以培养目标为导向;课程教学和体系要以毕业

要求为导向;资源配置以支撑毕业要求和培养目标达成为导向)为宗旨,纺织工程专业本科教学各环节的落实与实践层层与工程认证评价体系相挂钩。毕业设计(论文)水平的指标达成度成为衡量学生大学期间受教育综合成果的重要体现,反映了学生 4 年学习的产出值[4]。本文重点针对我校纺织工程专业本科毕业设计(论文)教学环节,开展纺织工程专业针织与针织服装设计方向理论知识、实践部分、论文撰写和答辩四大方面的教学模式和评价体系建设,研究 OBE 目标导向性教育下,工程教育专业认证针对传统教育弊端的三个有效转变。

2　针织与针织服装设计内容毕业设计(论文)建设初心

长久以来,我国人才的培养主要强调以工作为目标方向、以专业理论知识学习为重心,重点培养"对口型""专业型""适应型"的各类人才,而忽视对学生综合素质、创新精神和创业能力的培养[5]。当前,传统教育培养方案往往是单一培养计划,对同一个专业的学生通常只采用同一个教育模式培养,没有考虑到学生间的差异性[6]。调研中发现,从学习导向、成功机会、毕业标准、成就表现、教学策略、教学模式、教学中心、评价理念、评价方法和参照标准等 10 个方面,对比 OBE 和传统教育,总结发现传统工程教育只能"适应"用人单位和企业等外部需求,而很难做到"满足"[7]。

3　毕业设计(论文)环节教学定位设计

高校教育的产出连接着学生、学校和企业用人单位为代表的三方利益相关体[8]。目标导向教育能满足外部需求(利益相关体)的预期目标,即满足三者对毕业论文环节的不同预期。毕业设计过程中,学生愿意通过自己所学知识和方法科学地解决课题目标;学校则希望在工程教育认证的推动下,教师带动学生针对项目性复杂工程问题的研究,提高其分析问题和解决问题的能力;而企业单位,则期望学生能够在毕设期间提前进入工作状态,为后期工作奠定研究基础。

3.1　教学目标定位

纺织工程专业毕业设计(论文)是教学计划中最后一个综合性实践教学环节,在培养方案中具有重要的地位及作用。毕业设计(论文)的基本目标是学生在教师的指导下,独立从事科学研究工作的初步尝试。其基本目的是培养学生综合运用所学的基础理论知识、基本技能分析,能够解决纺织工程领域复杂工程问题的能力。

做好学生的毕业设计(论文)工作,对全面提高学生培养质量、达成毕业要求具有重要的意义。

3.2　教学设计

OBE 模式教学考核体系注重的是学习成果,而不是教学内容。考核体系根据教育要求的完成程度可以赋予每一位学生不同的评定等级,依据多方面的评价标准有针对性地对每一位学生进行评价[5]。课程设计的具体实施方案是在教师指导下,对毕业生运用知识、市场调研、创意创想、设计方案论证、审美表现、动手织造实验及计算机应用等综合能力的全面检验。毕业设计(论文)应更多强调学生在纺织产品设计过程中的主体作用,主张学生在学习过程中以自主查阅和调研、主动试验和推敲、相互评价为主;指导教师作为项目性试验的过程管理者,为学生起到示范和督导的作用,对学生的自主设计试验进行指导评价。因此,针织与针织服装设计内容的毕业设计(论文)评估体系主要包括 4 个部分:一是理论知识部分,量化分值设计为 22 分;二是实践部分有效性的考核,即实践结果接近预期结果的程度,考查学生使用调研、分析的能力以及实验设备动手操作的能力,量化分值设计为 48 分;三是通过论文撰写的形式考核学生在实践中对综合理论知识掌握的程度,量化分值设计为 18 分;四是教师通过答辩形式,考查学生就专业问题与业界同行及不同专业背景、知识体系的社会公众进行沟通和交流能力,量化分值设计为 12 分。如图 1 所示,以总分 100 分为例,指导教师有 50% 的评价分值,评阅教师有 20% 的评价分值,答辩组教师有 30% 的评价分值。毕业设计整个过程通过报告及讨论激励学生自我提出问题、分析问题和解决问题。

3.2.1　理论知识

主要依托 OBE 理念中"取得怎样的成果""为什么取得这样的成果"两个问题展开。指导教师需要确定课题的设计意义与毕业达成目标,并且引导毕业生明白毕业课题的设计要求和步骤方法;通过任务书、开题报告及评分标准的分析讨论,使学生在未来的设计过程中清晰"取得怎样的成果"的任务目标程度。

3.2.2　实践部分

针织与针织服装设计内容的毕业设计(论文),需要知识、素质、能力、创造创新的多元化技能支撑。学生需具备调研流行趋势动态、原材料、文化内涵的市场综合需求,通过分析提炼设计元素,确定设计的主题风格;通过工艺设计、织造和后整理完成最终系列产品设计。毕业生在实践中逐步明白"怎样取得这样的成果"和"为什么取得这样的成果"。设计过程中,因为需要拥有专业化的技能保障,指导教师可选择性地建立"校企互动合作平台",根据企业需求设计毕业内容和流程,以此不仅能提高学生设计的实战能力,同时能满足企业

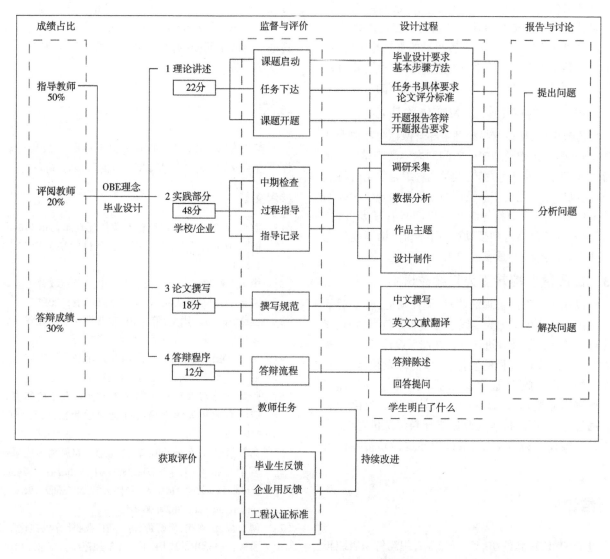

图 1　OBE 理念下"毕业设计(论文)"建设框架

用人单位的利益需求。

3.2.3　论文撰写

围绕"为什么取得这样的成果""如何取得这样的成果"问题,学生在教师指导下,独立撰写毕业设计论文,论文必须符合天津工业大学《毕业设计(论文)撰写规范》,同时要求英文摘要和外文翻译准确,语言流畅。使学生在撰写过程中将贯穿始终的报告与讨论进行归纳整理,建立清晰的逻辑思维结构,培养毕业生对"复杂工程问题"的分析和设计解决能力。

3.2.4　答辩程序

答辩小组教师就毕业设计(论文)中的关键性问题进行提问,鉴别毕业生是否能够独立完成,并考核毕业生对相关基础理论以及知识的掌握程度,充分考查学生产品设计思维创新和动手创作的能力。

3.2.5　评价改进

基于成果导向的论文成绩评定方法,能够量化毕业生的毕业要求。通过针对毕业生的用人单位反馈以及工程专业认证标准,指导教师能够获取评价意见反馈,方便后期毕业设计(论文)的持续改进,最终保障与毕业要求相符合。

4　教学模式目标达成的优势总结

我校(天津工业大学)纺织工程目标导向教育已经形成了一套比较完整的理论体系与操作模式。OBE 目标导向教育已实现针织与针织服装设计内容传统教育弊端的三个有效转变。

4.1　由学科导向转变为目标导向

按学科划分为原则的专业设置,因为忽视了专业的需求,教学设计更加注重学科的需要,视为传统教育。目标导向则以满足受益学生、学校、企业对毕业论文环节的不同预期为目标。即毕业设计教学要求的达成能支撑毕业要求的达成指标点,毕业要求的指标点能支撑针织与针织服装设计培养目标的达成。参与针织与针织服装设计内容的毕业指导教师要明确自己所指导的设计论文对达成毕业要求和培养目标的贡献与责任，每位毕业生要明确自己所学对达成毕业要求和培养目标的作用，最大程度上保证了教育目标与结果的一致性。

4.2　由教师为中心转变为学生为中心

传统教育中，毕业指导教师主导着课题内容和设计方法，毕业生只是被动地接受时间和内容的安排。OBE 教育模式将课堂的角色翻转，教学内容综合学生的特点而设计，以毕业生完成产品设计的效果和表现作为终期评价的焦点。过程中指导教师仅以项目管理者、示范者、评价者等角色参与到活动中，引导和协助毕业生完成毕业设计(论文)达成预期成果。

4.3　由质量监控转变为持续改进

较以往教学质量管理的监督、调控功能，转变后的指导教师比毕业生更加为实践学习成效而负责，并且能够提出具体的评价及改进依据。在产品设计过程中，指导教师通过对设计过程的监督，可以随时发现学生、用人企业的需求，持续改进毕业生的培养目标。通过监督随时改进毕业要求，以保障与高校教育培养目标相符合。通过监督，可以持续地改进指导教师队伍建设、毕业设计环境设备条件更新、项目指导过程和指导评价提升。

5　结论

基于 OBE 理念的纺织工程专业针织与针织服装设计内容"毕业设计"建设，符合多需求的培养目标，能够全面提升本科生的知识储备、工程设计、科研创新和社会竞争力；企业和学校之间产生联动，能满足企业对全面专业人才的储备需求；基于 OBE 理念毕业设计(论文)环节的教学质量管理体系，是使高校具备功能完善

的"闭环"特征，即通过过程监督功能发现教学偏差，通过报告讨论调控功能纠正这些偏差，再通过改进功能对其进行持续不间断的提升，从而符合国际工程教育认证的发展趋势。

致谢

本文为"纺织之光"中国纺织工业联合会高等教育教学改革课题(2021BKJGLX742)的阶段性成果之一。

参考文献

[1]　游昕.新形势下工程教育专业认证理念与治学的思考[J].河北工程大学学报(社会科学版),2017(4):118-120.
[2]　中国工程教育专业认证协会.中国工程教育专业认证协会.工程教育认证标准(2015 版)[R].2015.
[3]　剑锋,朱二周,周勇,等.OBE 教育模式下的操作系统课程教学改革[J].计算机教育,2015(12):28-34.
[4]　凤权.OBE 教育模式下应用型人才培养的研究[J].安徽工程大学学报,2016.6(3):81-85.
[5]　张竞.基于教育信息化的应用型创新人才培养模式研究[J].北华大学学报:(社会科学版),2015,16(4):149-151.
[6]　高教国培.什么是 OBE 教育理念?如何利用成果导向教学[EB/OL].[2020-06-04].https://baijiahao.baidu.com/s?id=16685352252736697 79&wfr=spider&for=pc.2020.06.04.
[7]　傅宏智,侯欢欢,周晓青,等.OBE 在《计算机文化基础》模块化教学中的应用[J].洛阳师范学院学报,2014,33(2):197-201.
[8]　李志义,朱泓,刘志军,等.用成果导向教育理念引导高等工程教育教学改革[J].高等工程教育研究,2014(2):29-34.

Reform & practice of curriculum ideology and politics education of "Textile materials" for first—class talent cultivation

LIU Yong

School of Textile Science and Engineering, Tiangong University, Tianjin, China

Email address

liuyong@ tiangong. edu. cn（LIU Yong）

Abstract：We redesigned the teaching aim of the course of Textile Materials under the Outcome based education （OBE）educational idea. The Ideology and Politics elements （IPE）, cultural deposits and spiritual meaning of the knowledge system in this course were refined, summarized and presented during teaching. The teaching path of the IPE, patriotism and national feelings were employed in the course teaching, which could help students establish the cultural confidence, road confidence and professional confidence. During the course teaching, the knowledge and humanities were enhanced combined with online and offline teaching, which promoted the integration of CIPE with expertise in teaching.

Keywords：curriculum ideology and politics education; teaching reform; teaching program; ideology and politics elements; practice

面向一流人才培养的"纺织材料学"课程思政教学改革与实践

刘雍

纺织科学与工程学院，天津工业大学，天津，中国

邮 箱

liuyong@ tiangong. edu. cn(刘雍)

摘 要：通过"纺织材料学"课程教学目标重新定位，遵循 OBE 教育理念，深入挖掘课程专业知识体系中所蕴含的思政元素、文化底蕴和精神内涵，将思政教育元素融于专业教学。开展了课堂教学改革与实践，探索了课程思政元素的教学融入路径，突出把爱国主义、民族情怀贯穿渗透到专业课程教学，帮助学生树立文化自信、道路自信和专业自信，结合线上线下教学，增加课程的知识性、人文性，提升引领性、时代性和开放性，通过系统设计、全程融入，推动实现课程思想政治教育与专业知识体系教育的有机统一。

关键词：课程思政；教学改革；教学大纲；思政元素；实践

1 引言

"纺织材料学"是纺织工程专业最重要的专业基础课，全面传授纺织纤维、纱线，织物结构、性能、加工方法对纺织品性能的影响、主要用途及质量评定等。它既是重要的专业知识同时又是后续专业课必需的基础课程[1-3]。通过学习可以为合理使用纺织纤维、提高纺织产品质量和新产品的开发打好基础，同时也为后续纺织工程专业课的学习准备必要的专业知识。

课程思政是将思想政治教育元素，包括思想政治教育的理论知识、价值理念以及精神追求等融入到各门课程中去，潜移默化地对学生的思想意识、行为举止产生影响，以构建全员、全程、全课程育人格局的形式将各类课程与思想政治理论课同向同行，形成协同效应，把"立德树人"作为教育的根本任务的一种综合教育

理念[4-7]。

　　"纺织材料学"课程作为纺织工程专业本科生最重要的一门专业基础课,是所有学生的专业必修课程[7]。该课程教学课程涉及纺织材料的历史、研究现状及进展,既介绍我国古代纺织科技对人类文明的贡献,也介绍近代中国在中国共产党的领导下实现由纺织工业的"一穷二白"向纺织大国和纺织强国迈进的新征程;既包括经典纺织材料理论,也包括现代科技在纺织产品上的应用;既体现纺织与现代生活的紧密联系,也体现现代纺织和未来纺织的科技感和时尚感……内容丰富,理论性和实践性较强,受众面广,是一门不可多得的充分发挥和运用纺织工程专业蕴含的思想政治教育价值和元素,促进纺织工程专业的科学属性、社会属性和思想政治教育属性深度融合的课程。

　　但是,从全国纺织高校来看,目前针对"纺织材料学"课程的课程思政研究,特别是课程自身所蕴含的思想政治教育元素和所承载的思想政治教育功能的认识相关研究还不够成熟和完善,其课程思政的理论与实践研究处于系统性缺失状态[8-12]。

　　针对上述课程教学中存在的思政元素系统性缺失问题,天津工业大学纺织工程专业积极开展"纺织材料学"教学改革,不断挖掘相关思政元素并融于课程教学,取得了良好效果。本文以天津工业大学纺织工程专业"纺织材料学"课程改革为例,介绍了该课程思政教育改革的路径、内容与教学实践,为相关课程提供借鉴。

2　"纺织材料学"课程思政教学改革的路径

2.1　"纺织材料学"课程思政教育在专业人才培养中的目标与定位

　　按照纺织工程专业人才培养的目标要求,从"纺织材料学"课程在纺织工程专业人才培养中的作用地位出发,遵循工程教育认证成果导向理念(OBE),为该课程所蕴含的思想价值和精神内涵等思政元素的挖掘建立顶层设计,重新修订课程教学大纲,确立了"课程思政引领、经典理论夯实、人文素养提升、能力素质强化"为目标的"纺织材料学"课程思政教学改革目标。首先,梳理和挖掘该课程中思政元素,通过在课程教学大纲中每个章节设定课程思政目标,在教学中实施"思政微课堂",设置课堂小故事、课堂小思考、课堂专题讨论、课后科普挑战、专业小溯源等课上课下、线上线下等多种途径和方式,培养学生的专业认同感和热爱祖国的家国情怀,体现文化自信、道路自信和专业自信。其次,在经典纺织材料的基本概念、基本理论等教学中,注重

基于纺织纤维材料性能的实验现象及结果阐述纤维材料性能的机理,重点关注学生对纺织材料结构和性能的关系理解,并强调经典理论分析对培养逻辑思维能力的重要性,达到夯实基础的目的。在涉及纺织材料的历史、现状及未来等讨论中,从历史、文化、专业、行业、国家、国际等角度,体会纺织纤维材料的精密结构之美,以及纺织品为人们日常生活带来的文明、美感和我国纺织工业给世界带来的巨大贡献,不断提升人文素养。最后,结合纺织材料学实验课程,通过借助纸质文献或网络文献查阅、归纳整理、实地调研、参观展会、小组讨论、撰写报告、报告发言、参与项目、参加竞赛、实习实践等多种方式,开展独立和有协助的课外学习与实习实践,在获取纺织材料最新进展相关的学术和行业信息的同时,形成团队成员的有效沟通和交流。

2.2　"纺织材料学"课程思政教育元素的整理与挖掘

　　课程教学大纲是指导教学的最重要的指导性文件之一。在课程目标重新定位的基础上,按照课程章节顺序,从纺织史到纺织与现代生活的关系、从纺织纤维到时尚服装、从原料生产到智能制造、从纤维基本性质到织物新功能、从日常生活的服用纺织品到航空航天用产业纺织品等,从历史、文化、专业、行业、国家、国际等角度,以文化自信、道路自信、专业自信为出发点,深入挖掘"纺织材料学"课程专业知识体系中所蕴含的思想价值和精神内涵,科学合理拓展专业课程的广度、深度和温度,为专业教学提供丰富思政教育资源。如在第一章"绪论"部分,明确了课程思政内容包括:体现纺织对人类文明的贡献、我国古代纺织的历史地位、我国近代纺织在国民经济中的作用等。在"天然纤维素纤维"章节,课程思政内容要求明确体我国新疆棉的特点、优势和国际上个别国家对我国新疆棉的无理打压及其双重标准,激发爱国情感。在"天然蛋白质纤维"章节,思政内容体现我国羊绒产业国际市场的统治地位、丝绸之路、一带一路的由来及意义。在"纱线的结构与性质"章节,思政内容要体现我国纺织教育专家如严灏景等人在纱线结构研究中的贡献等。

2.3　基于课程思政的"纺织材料学"课程课堂教学改革与实践

　　专业课堂教学中注入出现思政元素,其融入路径是关键。如何在既保持课堂专业知识学习过程中,又体现爱国教育、家国情怀是课堂教学改革的关键。天津工业大学"纺织材料学"课程教学中,将思政教育元素融于专业教学,开展了课堂教学改革与实践,完善教学设计,探索课程思政元素在"纺织材料学"课程中"润物细无声"的教学融入路径。在教学实践中,通过课堂小故

事、课堂小思考、课堂专题讨论、课后科普挑战、专业小溯源、学院网站和微信公众号等课上课下、线上线下等多种途径和方式进行尝试和探索。以理想信念教育为核心,以社会主义核心价值观为引领,把具有"工大特色"、蕴含"工大品格"的专业课程教育贯穿课程教学全过程,覆盖所有学生;改革教学方式,通过线上线下教学,贯穿课内课外,借助超星学习通、学院网站、微信公众号和课程微信群等平台,打造形式多样的网络宣传纺织文化作品,通过"小"声音讲述"大"故事,用"微互联"成就"大思政",助推"互联网+思政""纺织+思政"取得了实效。经过几年实践发现,学生中对课程思政内容的认同由原来的不足30%上升到90%以上,学生的家国情怀、科学家精神、工程伦理、环保意识和专业自信等进一步增强,本科生参与疫情防控、假期"三下乡"活动、新时代先进行、志愿服务等活动情绪空前高涨,自愿参与率由原来的不足25%提升到87%,学生对我国纺织工业的认识及自信心进一步增强,教学效果显著。

3 结束语

从课程内容出发,积极挖掘"纺织材料学"课程思想政治教育元素和所承载的思想政治教育功能,进行系统设计和全程融入思政元素,在教学改革和实践中把爱国主义、民族情怀、工匠精神、工大品格贯穿渗透到课程专业课教学中,帮助学生树立文化自信和专业自信,推动以"课程思政"为目标的课程教学改革实践,拓展专业课程的广度、深度和温度,为专业教学提供丰富思政教育资源,实现思想政治教育与知识体系教育的有机统一,使"纺织材料学"课程思政教育取得了良好的教学效果,为相关课程提供了应用示范。

致谢

本文为天津工业大学"共建课程思政精品课程(纺织材料学)"建设项目、天津工业大学高等教育教学改革研究项目"纺织材料学"课程思政教育元素挖掘及教学实践、天津市一流课程"纺织材料学"建设和教育部产学合作协同育人项目(BINTECH-KJZX-20220831-93)的阶段性成果。

参考文献

[1] 刘洪玲,章倩,于伟东. 契入学科本征属性融合课程思政的"纺织材料学"教学探索[J]. 服饰导刊,2021,10(4):125-129.

[2] 李建强,蔡光明,柯贵珍,等. 国家一流课程"纺织材料学"融入课程思政的教学改革及实践[J]. 服饰导刊,2021,10(2):1-5.

[3] 唐晓宁,李建强,蔡光明. "纺织材料学"课程案例教学法探索:以"织物的舒适性"章节为例[J]. 纺织服装教育,2021,36(2):160-163.

[4] 刘雍,王润,范杰,等. "新工科"背景下纺织工程专业人才培养模式探讨[J]. 轻纺工业与技术,2022,51(3):102-104.

[5] 王瑞,张淑洁,赵立环,等. 适应现代纺织产业需求的"大纺织"工程能力培养与实践[J]. 纺织服装教育,2014,29(2):121-124,127.

[6] 范杰,钱晓明,马崇启,等. 非织造材料与工程专业建设对纺织工程专业"新工科"建设的启示:以天津工业大学为例[J]. 纺织服装教育,2020,35(1):18-21.

[7] 臧传锋,王海楼,任煜,等. 工程教育专业认证背景下纺织材料学教学改革探讨[J]. 轻纺工业与技术,2020,49(5):138-139,143.

[8] 夏克尔·赛塔尔. "纺织材料学"课程教学的探索与实践[J]. 纺织服装教育,2018,33(3):236-238,244.

[9] 吕丽华,王晓,李红,等. 纺织材料学课程教学模式改革[J]. 纺织科技进展,2018(2):57-59.

[10] 贾琳,王西贤,张海霞,等. 微课在"纺织材料学"课程教学中的应用实践[J]. 纺织服装教育,2017,32(4):316-318,324.

[11] 杜文琴,王晓梅,巫莹柱,等. "纺织材料学"课程的建设[J]. 纺织服装教育,2015,30(5):397-399,414.

[12] 曹秋玲,王琳. "纺织材料学"课程的教学改革与实践[J]. 纺织服装教育,2014,29(6):532-534.

Construction of blended first−class course "Principles of spinning" and its exploration of teaching reform

WANG Jiankun[1,2,*], GUO Jing[1], JIANG Xiaodong[1], ZHANG Shujie[1], ZHANG Meiling[1]

1 *School of Textile Science and Engineering, Tiangong University, Tianjin, China*

2 *School of Textile Science and Engineering, Yantai Nanshan University, Yantai, China*

Email address

jiankunwang@ tiangong. edu. cn（WANG Jiankun）, 963029798@ qq. com（GUO Jing）, 302989953@ qq. com
（JIANG Xiaodong）, zhangshujie@ tiangong. edu. cn（ZHANG Shujie）, zhangmeiling@ tiangong. edu. cn（ZHANG Meiling）

Abstract：Based on the relevant requirements of education ministry on improving the quality of curriculum teaching and the construction of first−class courses, the article deeply integrates information technology with education and teaching. Moreover, with the construction and teaching practice of the "principles of spinning" course as a carrier, the teaching objectives are formulated according to the development of industry science and technology and the needs of society, and the concept of political education is integrated into the teaching. Through updating the teaching resources and optimising the course design, the course has implemented a hybrid teaching model of "self−study of general content online, offline learning of difficult and key content, mutual learning of thematic content in discussion classes, and evaluation of the whole process". Finally, the main problems are discussed, such as addressing boring traditional classroom teaching, poor learning initiative, low classroom participation and insufficient process evaluation, which provide useful reference for the teaching reform of similar courses.

Keywords：principles of spinning; course construction; teaching practice

混合式一流课程"纺纱原理"的建设与教学改革探索

王建坤[1,2,*]，郭晶[1]，蒋晓东[1]，张淑洁[1]，张美玲[1]

1 纺织科学与工程学院，天津工业大学，天津，中国

2 纺织科学与工程学院，烟台南山学院，烟台，中国

邮　箱

jiankunwang@ tiangong. edu. cn(王建坤)，963029798@ qq. com(郭晶)，302989953@ qq. com(蒋晓东)，zhangshujie@ tiangong. edu. cn
(张淑洁)，zhangmeiling@ tiangong. edu. cn(张美玲)

摘　要：文章结合教育部关于切实提高课程教学质量与一流课程建设的相关要求，将信息技术与教育教学深度融合，以"纺纱原理"课程建设与教学实践为载体，依据行业科技发展和社会需要制定教学目标，将思政育人理念融入教学，通过更新教学资源、优化课程设计，实施"一般内容线上自学、难点重点内容线下课领学、专题内容讨论课互学、全过程评学"的混合式教学模式，探讨了解决传统课堂教学满堂灌、学生学习主动性差、课堂参与度低、过程性评价不足等教学中存在的主要问题，为同类课程的教学改革提供了有益的借鉴。

关键词：纺纱原理；课程建设；教学实践

1 引言

在现代信息技术与教育教学的深度融合的背景下，依托互联网学习平台的在线教学和传统"面对面"课堂教学相结合的混合式教学模式应运而生[1]。2018年6月，在新时代全国高等学校本科教育工作会议上教育部部长首次提出了"金课"，要求将"水课"变化成有深度、有难度、有挑战度的"金课"[2]。同年8月，在《关于狠抓新时代全国高等学校本科教育工作会议精神落实的通知》中首次将"金课"写入教育部文件，指出："各高校要全面梳理各门课程的教学内容，淘汰'水课'、打造'金课'，合理提升学业挑战度、增加课程难度、拓展课程深度，切实提高课程教学质量。"[3]教育部高等教育司司长吴岩在2018年11月"高等教育国际论坛年会"上提出了"两性一度"的金课内涵，即"金课"应具有高阶性、创新性和挑战度[4]。

天津工业大学的纺织学科有百年办学历程，是国家级重点学科、特色专业和"双一流"建设学科与专业。"纺纱原理"课程是在1998年教育部专业目录调整后，将"棉纺学""毛纺学""苎麻纺织学"等同类课程整合，将不同纤维纺纱的基本原理和共性知识高度凝练而成，支撑了大纺织宽口径培养要求[5]。"十一五"以来，依托教育部教学质量工程建设项目，学校和团队对课程大力投入，持续建设，成效显著，2003年获校级优秀课程，2004年获市级精品课程，2010年获国家级精品课程，2013年9月，经过信息化转型升级后登陆"爱课程"平台开放学习。2016年建成国家级精品资源共享课程并开始"线上线下"混合式教学[3]。随着手机自媒体时代的到来，及其对学生学习习惯的影响，2019年8月开通了"学习通"手机APP平台，全新的教学模式更符合学生的认知规律和学习习惯，有效促进了教学。2021年1月获得首批国家级线上线下混合式一流课程认定。

2 "纺纱原理"课程教学目标

"纺纱原理"是纺织工程专业核心课程，在专业人才培养中起重要作用，在专业教育工程认证中支撑毕业要求一级指标点3个、二级指标点5个。结合学校以工为主的办学定位，通过定期召开并广泛邀请行业企业专家参加的专业人才培养方案研讨会，以及教学团队与企业开展产学研合作等形式，及时了解行业科技发展和社会需求，制定满足要求的知识、能力与素质目标[6]。

（1）知识层面，掌握不同纤维在不同生产系统、流程和设备纺纱的基本原理和共性知识，理解纺纱过程的理论体系和实际应用规律；

（2）能力层面，具备运用基本理论识别、分析、判断纺纱关键环节与参数，以及根据要求开发纱线的能力；

（3）素质层面，将我国在本领域的发展、地位和最新应用等内容融入，在专业教育中强化国家意识、传承民族情怀、树立理想信念，培养学生社会责任感、创新精神和工程能力。

3 "纺纱原理"课程教学改革要解决的主要问题

针对纺纱技术发展不断加快而线上资源更新较慢，课程学时不断减少，由原90学时减少到60学时，以及传统课堂教学满堂灌、学生学习主动性差、课堂参与度低、过程性评价不足等问题，通过及时更新教学内容、创新教学模式、改革课程评价方式，保质保量达成教学目标是课程教学改革要解决的重点问题。

4 "纺纱原理"课程建设与混合式教学实践探索

4.1 研究先导，思政引领

2019年10月，教育部启动首批一流课程认定，在发布的教高[2019]8号《教育部关于一流本科课程建设的实施意见》总体要求中明确指出，"落实立德树人根本任务，把立德树人成效作为检验高校一切工作的根本标准，深入挖掘各类课程和教学方式中蕴含的思想政治教育元素，建设适应新时代要求的一流本科课程。"

"纺纱原理"教学团队认真研究一流课程的建设要求，通过确立思政教学目标，挖掘思政教学内容，设计思政元素恰当融入专业知识的矩阵，收集积累思政教学案例，形成课程思政教学大纲，创新思政育人教学方法，完善考核评价机制等具体做法，实现了思政引领一流课程建设，立德树人贯穿教学全过程的总目标[7]。

4.2 更新资源，优化设计

深入挖掘课程中蕴含的思想政治教育资源，将现代纺织新技术、产业新发展、科研新成果、国际新趋势融入教学与教材，更新教学资源。在2020年8月出版的新版《纺纱原理》教材中，重点章节设置"智能纺纱、纺纱原料的回用与环境保护、梳理技术的发展与高产梳理机"等前瞻性专题，关注行业热点和社会发展，与教材知识体系紧密结合，融思政于教材。如在第二章回用原料选配中，专题讨论以习近平总书记"两山理论"为引领，将循环经济、绿色发展、美丽中国建设等新发展理念融入，培养学生的环保意识和社会责任感，引领学生将个人发展与国家命运紧密结合。2021年4月，该教材被认定为天津市课程思政优秀教材。

同时,制订了详细的线上资源更新计划,通过将教学内容按知识点进行"重点、难点、问题、闯关"结构化处理,围绕"便学、导学、督学"优化课程教学设计,使其适合网络传播与在线学习。"纺纱原理"教学内容线上20学时,2021年1月最新录制的60个课程微视频,以各章节基本概念、基本原理和共性知识为主,便于学生通过线上自学掌握。

4.3　双线结合,创新模式

依据课程教学内容与学生学情,合理划分线上线下教学内容,采取了线上20学时、线下40学时的混合式教学。纺纱基本概念、基本原理和共性知识等一般内容安排学生线上自学,配合教材与授课微视频,非常方便学生学习;将重点难点问题在线下课堂提出,以学定教,有针对性地领学;重点章节设计专题内容,题目在课前通过线上发给同学,学生在课下完成,课上分组汇报、学生互评、老师点评;增加过程性评价,提高了学生学习的挑战度,促进了他们学习的积极性主动性,提升了自主学习能力。形成了"一般内容线上自学、难点重点内容线下课领学、专题内容讨论课互学、全过程评学"的混合式教学模式[8]。

4.4　考核评价,全面监控

"纺纱原理"课程采用"在线绩效20%+平时成绩30%+期末考试成绩50%"的全过程成绩评定方式。通过设计线上章节自测题,以及考查登录次数、在线时间、发帖回帖量等线上学习行为,获得线上绩效;教师端可根据学生线上学习情况分析学情,导学领学,在线下课堂通过"学习通"的抢答和点名功能开展"学生抢答""教师选人",答对加分计入平时成绩,不会的同学,通过其他同学的回答和老师的讲解,在生动有趣的环境中理解掌握[8];课堂专题汇报每个同学都有机会参与,成绩计入平时成绩;期末试题对应毕业要求指标点,使课程目标可考核、可测量,毕业要求指标点达成度可量化。

5　"纺纱原理"课程教学改革的成效

"纺纱原理"自2013年9月在"爱课程"平台开放学习以来,我校采取线上为辅、线下为主的教学方式,每学年有纺织工程专业约240名学生在线学习;截至目前,在线学习该课程人数达33213人,参与论坛发帖互动人数达45970人次。2019年8月,"纺纱原理"课程开通了泛雅网络教学及"学习通"移动平台,每学年有纺织工程专业约240名学生在线学习。以2019—2020-1学期为例,"学习通"在线10个班,学习访问量达25550人次,任务完成量100%,视频观看时长平均

1050分钟,学生每人平均访问量101次。

近五年,我校纺织工程专业学生,参加全国大学生纱线设计大赛近300人,提交作品近220份,获奖作品101份,获特等奖1项、一等奖17项,参赛人数与获奖学生人次均名列各参赛高校前茅;我校学生评教,团队教师平均99.5分以上;我们的教学设计与改革实践多次在全国纺织类专业教学研讨会和纺织相关院校做交流发言,发挥了示范引领作用。

我校作为建设与应用在线开放课程较好的地方高校,多次受邀在东西部高校课程共享联盟"慕课课程建设与运行研讨会"及天津市"慕课"教学改革经验交流会上做典型发言,介绍教学经验,分享教学成果,受到广泛关注和同行专家的一致好评。

6　课程教学改革的特色与创新

(1)课程目标与纺纱领域科技发展及社会需求紧密结合,通过体现高阶性与创新性的教学内容与增加学习挑战度的教学模式及其方法手段,实现了知识传授、能力培养和价值引领三位一体,同向同行。

(2)教学内容线上线下合理划分、及时更新。将共性纺纱理论整合创新,高度凝练,作为线上教学内容;将现代纺纱新技术、产业新发展、科研新成果、国际新趋势及时融入线下课堂教学,更新教学内容;通过实际案例分析我国在纺纱领域的发展与地位,增强学生"四个自信",使课程思政随风潜入、润物无声,实现了课程教学与思政教育的同频共振[9]。

(3)教学过程采用"一般内容线上自学、重点难点内容线下课领学、专题内容讨论课互学、全过程评学"的混合式教学新模式,有效解决了传统课堂教学学生学习主动性差、学习效率低、创新能力差、课堂发言少、课堂参与度低、自学能力差、过程性考核评价不足等教学中存在的普遍性问题,提高了学生学习的挑战度、增强了学习的积极性与主动性,形成了教师与学生共融、知识与创新共生的良好学习氛围,有效促进了课程教学内容的掌握和课程目标的达成。

7　结语

我校"纺纱原理"课程教学团队实施的教学模式打破了传统课堂教学的方式,将线上线下有机结合、合理分离,采取了"线上线下混合、课内课外融合、任务驱动、师生互动"的教学新方法,实施了"一般内容线上自学、难点重点内容线下课领学、专题内容讨论课互学、全过程评学"的混合式教学新模式。实现了从"以教师和教室为中心"向"以学生和学生的学习为中心"组织教

学的转变,延伸了教学时空,提高了学生学习的积极性与主动性,形成了教师与学生共融、知识与创新共生的良好学习氛围。

参考文献

[1] 陶依贝.混合式教学模式下调动学生积极性的教学设计[J].科技风,2021(13):56-57.

[2] 马省轩.开放教育"金课"建设与应用研究[J].山西青年,2022(18):4-6.

[3] 张淑洁,王建坤,王瑞,等.基于"金课"标准的"纺纱原理"课程教学改革[J].纺织服装教育,2022,37(1):59-61.

[4] 于首涛,方香廷.基于"两性一度"的"构—研—行"课程教学模式构建研究[J].内蒙古财经大学学报,2022,20(4):36-39.

[5] 王建坤,张美玲."纺纱原理"课程的建设与教学改革[J].纺织教育,2011,26(6):470-472.

[6] 张美玲,王建坤,张淑洁,等.新工科理念下"纺纱原理"课程教学模式的研究[J].纺织报告,2020(2):124-126.

[7] 李翠玉,王建坤.探索网络教学资源的应用:以《纺纱原理》课程为例[J].教育现代化,2016,3(8):107-108.

[8] 李凤艳,王建坤."纺纱原理"课程中思政教育实施方式研究[J].科教导刊,2018(22):93-94.

[9] 李凤艳,王建坤,张淑洁,等.纺纱系列课程思政教育共性元素的凝练与实践[J].纺织服装教育,2021,36(1):35-37,41.

Research on improving engineering practice ability of engineering teachers under the background of "New engineering"

WANG Wei*, LIU Xiuming, JING Miaolei

School of Textile Science and Engineering, Tiangong University, Tianjin, China

Email address

weiwang@ tiangong. edu. cn（WANG Wei）, liuxiuming@ tiangong. edu. cn（LIU Xiuming）, jingmiaolei@ tiangong. edu. cn（JING Miaolei）

Abstract: In order to cultivate new engineering talents to meet the needs of enterprises, the Ministry of Education proposes the construction of "New engineering" to improve the quality of engineering talents training. But in practice, the development level of teachers' engineering practice ability still lags behind the requirements of "New engineering" construction on teachers' ability, which has become an important factor hindering the improvement of engineering talent training quality. Based on the analysis of the connotation and extension of the concept of teachers' engineering practical ability, combined with the requirements of new engineering construction on teachers' engineering practical ability, this paper sorted out the problems and attribution of teachers' feeble engineering practical ability, and put forward the training strategy of teachers' engineering practical ability under the background of "New engineering". The institutional framework of engineering faculty construction oriented by engineering practice ability is preliminarily constructed, which provides a reference for exploring the path of faculty construction matching with "New engineering".

Keywords: new engineering; engineering practice ability; university teachers

"新工科"背景下工科教师工程实践能力提升探究

王维*,刘秀明,荆妙蕾

纺织科学与工程学院,天津工业大学,天津,中国

邮　箱

weiwang@ tiangong. edu. cn（王维）, liuxiuming@ tiangong. edu. cn（刘秀明）, jingmiaolei@ tiangong. edu. cn（荆妙蕾）

摘　要:为培养满足企业需求的新型工程人才,教育部提出"新工科"建设,提高工程人才培养质量。但实际中,教师工程实践能力的发展水平仍旧落后于"新工科"建设对教师能力的要求,成为阻碍工程人才培养质量提升的重要因素。本文通过对教师工程实践能力概念内涵与外延的剖析,结合"新工科"建设对教师工程实践能力的要求,梳理造成教师工程实践能力弱的问题与原因,提出基于"新工科"建设背景下教师工程实践能力的培养策略。初步构建了以工程实践能力为导向的高校工科师资队伍建设的制度框架,为探索与"新工科"相匹配的师资队伍建设路径提供了参考。

关键词:新工科;工程实践能力;高校教师

1　引言

在"工业 4.0"与"中国制造 2025"时代背景下,工程人才在国际竞争中的地位日渐凸显,工程教育已经成为国家竞争力的重要来源,产业变革的新形势对高等工程教育的发展提出了新要求。"新工科"作为新时代下工程教育范式变革的主题词开启了工程教育新路径的探索。"北京指南"提出要强化教师的工程背景,并对工科教师的产业经历提出要求、创设条件[1]。工科教师作为工程科技人才培养过程中的关键主体和核心力量,其能力的高低决定着工程科技人才培养的质量。

高校一直以来都缺乏一套科学合理的工科教师评价体系,对符合工科教师特点的团队创新绩效、产学研

合作绩效和技术服务绩效等甚少考核,更难以实行工科教师对产业界的科技与经济贡献、在产业界实习或工作时间的最低要求等限制性约束机制,进而长期形成了工科教师既难有机会、更缺乏动力到产业界实践[2]。因此,要培养紧跟时代发展、契合业界需求的高端工程人才,必须重视工科教师这一关键要素,着力提升工科教师的工程实践能力。

2 新工科建设对教师工程实践能力的要求

2.1 保证教师工程实践能力的产业性

新工科建设以面向产业需求为导向,教师工程实践能力的形成与提升离不开产业活动。一方面,发展新经济需要产业升级转型,实现制造强国等国家战略需要产业支撑,高等工程教育能否培养出满足产业需求的工程科技人才,是能否促进新经济发展、实现国家战略要求的关键。另一方面,教师工程实践能力必须要在实际生产实践活动中才能得以发展,若离开产业活动去培养教师的工程实践能力,都是空谈[3]。因此高校在培养教师工程实践能力时,应该加强与产业企业的协作,推动产学合作,在实际生产实践活动中培养教师的工程实践能力。同时,高校还应该注重教师的产业经历,将行业背景和实践经历作为教师考核和评价的重要内容,通过政策引导教师参与到产业实践中,提高工程实践能力[4]。

2.2 确保教师工程实践能力的交叉性

新工科建设以学科交叉融合为导向,强调通过不同学科的相互融合形成新兴、新型及新生的工科专业,培养复合型工程人才。这表明现代工程问题已经不再是单一学科的问题,它与信息技术、大数据等紧密联系在一起,这类问题的解决必然需要多学科、多层面和多方位的交叉融合形成综合解决方案。如果仅着眼于单一学科专业领域对教师工程实践能力进行培养,无法符合新工科建设的要求。因此高校在培养教师工程实践能力时,不能简单、孤立地看待专业知识,要尝试建立学科之间的联系,通过学科新工科建设以学科间的交叉,丰富培养内容,多角度地进行工程实践能力培养。

2.3 体现教师工程实践能力的差异性

新工科建设注重分类发展与培养。一方面,落实新工科建设,由于各类型高校之间办学定位、优势学科、资源条件等不同,在不同类型的高校在新工科建设中承担着不同的任务。另一方面,新工科建设要求培养多层次、多类型的工程科技人才。当前我国产业发展不均衡,存在大量劳动密集型产业、一定量资本密集型产业及少量知识密集型产业。为满足不同类型、不同层次产业的需求,工程教育既要培养高端工程科技人才,也要培养基层工程科技人才。因此高校在培养教师工程实践能力时,应该综合考虑学校自身的情况以及教师的所属学科,尊重教师工程实践能力的差异性,有针对性地实行分类培养。

3 教师工程实践能力问题与原因

3.1 教师工程实践能力存在的问题

3.1.1 工程设计可行性欠佳

工程设计是"是对工程构建与运行进行先期虚拟化的表达过程"[5]。任何一项工程实践活动都需要对各个因素进行综合考虑和整体布局,要求考虑在实际生产建造过程中的技术可行性、经济可行性、生态可行性等。教师所设计的一些图纸或方案,虽然理论上是可行的,但当这些设计落到实际时,则会发现现场的加工设备可能无法达到预想的效果或要求,或者如果按照原设计进行加工制造会大幅增加建造成本。这些问题,若是仅从理论层面上进行探讨是难以体现出来的,只有在实践过程中才会被发现。教师工程设计缺乏可行性,一方面会阻碍工程实践的进行,作为工程实践基础的工程设计存在严重不足,会导致设计方案难以落实于工程实施中;另一方面,会导致对学生工程设计指导质量的降低,缺乏对设计方案现实可行性的考虑,难以从实际的角度去判别学生设计的可行性或帮助学生改进优化设计方案。

3.1.2 工程操作熟练度较低

工程操作是产品从构想到实现的中介桥梁,是工程实践的关键。但是教师对于先进生产建造工艺流程不熟悉,对加工建造过程中各要素的最优组合方式了解不多,对创新型的工艺流程关注不多,导致产品加工建造难以有效进行,具体体现在教师难以对学生所提出的设计方案做出有效的判别,也难以对其提出更优的修改意见。且目前教师普遍动手操作能力弱,不善于实验设备的调试与维护,难以对学生的工程实践起到演示和示范作用,导致实践教学质量下降。

3.1.3 工程沟通跨界性薄弱

工程沟通能力是指能够和不同学科背景的人员以及企业中的人员进行相互合作解决工程问题的能力,因此,教师跨界性沟通能力是解决工程问题的重要能力。由于考评制度的导向,教师将主要的时间精力都用于学术研究和论文发表上,而且繁重的教学负担也使得教师无暇身体力行地参与企业工程实践与合作,学校与企业之间缺乏长效管理机制,也导致教师和企业之间的沟通协作流于形式,无法深入。教师缺乏与企业行业的沟通交流,一方面会使教师缺少实际工程现场的经历,难以将企业中先进的生产技术和理念应用于工程问题的研究与解决上,阻碍教师工程实践能力的提升;另一方面,会导致教师难以了解掌握行业目前对于高校人才的具体需求情况,教育教学内容与环节与企业的需求脱节,难以培养出符合企业要求的工程人才。

3.1.4　工程指导交叉性不足

工程指导的交叉性是指教师结合自身工程实践经验,将行业企业中实际工程案例以及其他跨学科知识技能转化融入到教育教学活动中。现代工程问题是由多学科交叉复合而成的,需要同时运用多门学科知识解决。目前高校的课程体系为学科导向,课程安排以体现学科理论知识的系统性和完整性为主,再加上教师缺乏对工程因素、工程技术、工程活动的综合关注与研究,对工程问题的交叉性和复杂性认识不足,导致教师在教学过程中仅偏重于传授本专业领域内知识和技能,而较少涉及其他和工程问题相关的专业。教师缺乏产业经历,难以及时了解掌握生产加工现场的设备技术更新改造信息,导致教学与企业实际脱钩,缺乏对企业新设备、新仪器、新工艺的介绍。同时,也会导致一味偏重理论讲授,缺乏理论与工程生产实践的对接与结合,所引入的实际案例与理论不适应、联系不紧密。

3.2　教师工程实践能力问题的原因

3.2.1　工程实践能力培训体系不健全

实践能力要在主体与客体的相互作用中得以表现和发展,工程实践能力的形成与发展离不开实践活动[6]。首先,教师所参加的工程实践活动缺乏和社会企业的深层次交流合作,局限于校本培训。培训主要包括参加专题讲座和参观实践基地两种形式,培训形式较为单一。再加上学校组织的培训次数有限,教师参与培训的机会较少。其次,是偏重岗前培训,缺乏职后培养。学校对于教师的岗前培训相对较为重视,但针对教师职后工程实践能力提升的专项培训欠缺,大多是依赖于教师自我探索或自学,出现了重视职前、放任职后的情况。最后,侧重于学历进修,对教师工程实践能力的培训不够重视。

3.2.2　校企协作的管理机制不完备

企业实践是高校教师工程实践能力培养中的一个重要环节,影响着教师工程实践能力的提升与发展。企业为教师工程锻炼提供了实践场所、技术支持、人力辅助和资金保障,这是教师工程实践能力得以提高的基础;企业所拥有的工作氛围和先进的企业文化能为教师提供较好的实践环境。通过企业实践,教师能够逐步了解、熟悉并掌握企业目前的实际运行情况、拓宽工程视野、加强与企业行业工程师的交流合作。但是,在教师参加企业工程实践的实际过程中,存在着校企共管制度不够细化、学校对实践基地的选择和考核的实效性低等问题,严重影响教师参加企业实践的效果,阻碍教师工

程实践能力的提升[7]。

3.2.3　学校对教师的评价体系不完善

教师评价是指"学校依据一定的标准对教师的工作状态和工作成就做出判断和评定的过程"。教师评价具有导向、激励、检查、监控和交流等作用[8]。通过评价,一方面教师可以更充分地认识到自己的不足,及时调整和修正自己的行为,进而实现自我发展;另一方面学校能够了解到教师队伍所存在的不足,进而有针对性地采取措施引导和实现教师队伍水平的提升[9]。学校对学术论文、科研项目等内容的考核易于量化,学术性考核指标在考核评价体系中的考评指标与任务具体明确,而相比之下学校对教师工程实践能力方面的考评较为模糊,缺乏具体明确的任务与指标。教师工程实践考评标准模糊,会导致教师对实践目标、实践任务、实践要求等内容缺乏清晰的认识,实践质量难以得到保证[10]。

3.2.4　教师提升工程实践能力的内驱力不足

当前教师工程实践能力不强,不仅有外部因素的制约,更关键的因素在于教师自身[11]。当教师有很高的工程实践能力发展需要和意愿,就会通过不断反思自身工程实践能力的缺陷,积极主动地通过各种途径与方法提高工程实践能力。然而,现实中却有一些教师缺乏工程实践能力发展意识,他们参与工程实践主要是基于外界的压力。教师工程实践能力发展意识淡薄,主要是由于大部分教师都是从学校毕业后直接就进入学校任教,缺乏必要的工程实践环节。在当前教师评价体系下,高校教师想要获得更好高的地位与收益,必须在学历、学术、科研上取得相当的成绩,致使他们在这些方面投入大量的时间和精力,无暇顾及企业工程实践,忽略对于自身工程实践能力的培养。

4　"新工科"背景下工科教师工程实践能力培养策略

4.1　以工程实践能力为导向的工科教师培训制度设计

工科教师实践能力的培养不同于传统培训中以传授知识为主的讲授方法,它强调产业情景和企业合作的重要性。因此,应当在学科—专业—产业链互动的框架内思考工科教师的工程能力培训问题。可通过在企业设立实习实践基地,教师带领学生到企业接触实务,了解真实产业问题,提高教学效果;促进学校与企业的多形式合作研究及科技成果转化,将基础研究成果转化为应用研究,提高教师技术市场的敏感度;还可通过教师对企业提供技术指导、咨询、人员培训、测试分析产品、担任企业技术顾问等方式,增加校企间的交流。致力打

造一种新的"人才培养—科学研究—服务产业—师资培训"的连结体(表1)。

表1 以工程实践能力为导向的高校工科教师培养途径

培养途径	方式方法	说明
与教学活动相结合的培养途径	带领学生赴企业实习实训	带队与实践同时进行
	建设与企业联合培养学生实习基地	建立稳定的人才培养合作关系
	与企业签订学生培养合作协议	共同建设教学内容和联合开发新课程,共同评价教学质量
与科研活动相结合的培养途径	建设与企业联合实验室、研究平台	有助合作研究的机构化、机制化
	建立学校与行业产业的联盟组织	了解行业产业发展动向和需求信息
	担任企业博士后工作站的合作导师	研究实力比较强的企业通常设有博士后工作站,对博士后进行基于科研项目的联合指导
与社会服务活动相结合的培养途径	赴企业顶岗实训或柔性挂职锻炼	既可由学校推荐选派,也可以由院系学科自主派遣到企业工作
	担任企业技术顾问或技术咨询	提高技术市场敏感度,熟悉工程规范和工艺流程
与校内师训活动相结合的培养途径	面向工科教师设立的培训研讨	由具备多年工程经历的教师主讲,具有针对性和实效性
	开设企业科技专家校园讲座	由企业专家主讲,列为师训课程
	落实对青年教师的结对指导	安排工程经历丰富的教师担任一对一指导

4.2 以工程实践能力为导向的工科教师聘用制度设计

以学科建设的目标和需求出发,需要具有多样化人才构成,合理配置人员结构,既要有学术研究型教师,又要有技术实践型教师。广开渠道,大力从企业聘用具有丰富工程实践经验的工程技术人员作为兼职教师,面向企业产业界设计客座教授和研究员岗位,承担部分专业课程教学任务,指导毕业设计等。重视科研团队成员的能力互补性,对于工程科学而言,更加需要联合作战,才能克服个体力量的单薄、智慧和经验的局限,团队的重要性远比其他学科要明显。

4.3 以工程实践能力为导向的工科教师职业发展制度设计

为提高工科教师的积极性与创造性,建立健全利益机制、激励机制和约束机制,关键性和基础性的工作就是要加强绩效管理和绩效考核[12]。要科学合理地研究制订,紧密结合工科教师的基本功能、工作目标和学科特点来选取评估指标。结合工程实践,既有个体性的绩效指标,也同时有团队性的绩效指标,两个方面有机结合。前者主要指教师个人的科研经费、科技论文、学术兼职、成果获奖等,后者应进行重大项目的团队考核,对其产学研合作、科技创新的引领性、关键技术的开发能力、科技服务效能、对产业的带动性等方面进行考核。

5 结论

工科教师作为工程科技人才培养过程中的关键主体和核心力量,其能力的高低决定着工科学生培养的质量。本文基于教学科研与生产相结合的理论等相关理论,对工科教师的在职培训、聘用制度和职业发展等方面提出了政策建议,初步构建了以工程实践能力为导向的高校工科师资队伍建设的制度框架,为探索与新工科相匹配的师资队伍建设路径提供了参考。

参考文献

[1] 新工科建设指南("北京指南")[J].高等工程教育研究,2017(4):20-21.

[2] 吕萌,孔寒冰.工程教育可持续创新的基础:兼评美国NSF的两项计划[J].高等工程教育研究,2008(1):34-38,65.

[3] 吴志华,傅维利.实践能力含义及辨析[J].上海教育科研,2006(9):23-25.

[4] 尹立苹.构建实践创新平台与提高学生工程实践能力的探索[J].实验技术与管理,2018,35(7):34-37.

[5] 殷瑞钰.工程哲学[M].北京:高等教育出版社,2007.

[6] 吴志华,傅维利.实践能力含义及辨析[J].上海教育科研,2006(9):23-25.

[7] 许海峰,石伟平.高职教师专业实践能力提升的困境及对策[J].职教论坛,2017(20):16-20.

[8] 吴志宏,冯大鸣,魏志春.新编教育管理学[M].上海:华东师范大学出版社,2008.

[9] 刘诚芳.现代高校教师人力资源管理[M].北京:民族出版社,2007.

[10] 侯佛钢,张学敏.应用型高校教师专业实践能力提升的制度困境及其变革逻辑[J].教师教育研究,2019,31(4):34-39.

[11] 潘懋元.大学教师发展论纲:理念、内涵、方式、组织、动力[J].高等教育研究,2017(1):62-65.

[12] 张炳生,管春英.对提升工科院校教师工程素质的思考[J].江苏高教,2010(2):91-92.

Teaching design of ideological and political education in course of "Knitting technology" based on BOPPPS model

XIE Juan, HUANG Gang, QIAN Yao, ZHANG Yanming, WANG Xiaomei, HUANG Meilin*

College of Textile Materials and Engineering, Wuyi University, Jiangmen, China

Email address

anna_jxie@163.com (XIE Juan),42954909@qq.com(HUANG Gang),hbqy0905@163.com(QIAN Yao),zh_y_m @qq.com(ZHANG Yanming),445390929@qq.com(WANG Xiaomei),14517465@qq.com(HUANG Meilin)

Abstract: Under the background of professional certification and construction of national first-class undergraduate program, it is imperative to import ideological and political education into major courses. BOPPPS model with the core of learning interactivity is an efficient way of improving the quality of ideological and political education. Here the six stages of this model are applied into "Knitting technology" course. The result shows teaching activities based on BOPPPS model fully integrate the professional education and the ideological and political education, advance the educating performance and demonstrate the exploratory teaching idea.

Keywords: BOPPPS; course of ideological and political education; teaching reform; Knitting technology

基于 BOPPPS 模型的"针织学"课程思政教学设计

谢娟,黄钢,钱幺,张艳明,王晓梅,黄美林*

纺织材料与工程学院,五邑大学,江门,中国

邮 箱

anna_jxie@163.com(谢娟),42954909@qq.com(黄钢),hbqy0905@163.com(钱幺),zh_y_m@qq.com(张艳明),445390929@qq.com(王晓梅),14517465@qq.com(黄美林)

摘 要:在专业认证与建设国家一流本科专业的大背景下,专业课的课程思政势在必行。以导学互动为核心的 BOPPPS 教学模型是提高课程思政教育质量的有效途径。以"针织学"课程为例,将 BOPPPS 教学模型的 6 个阶段作为教学全过程。实践表明,基于 BOPPPS 模型的专业课程思政教学活动充分融合了专业教育和思政教育内容,提高了课程教育成效,展示了探究性教学理念。

关键词:BOPPPS;课程思政;教学改革;针织学

1 引言

BOPPPS 教学模型是加拿大教师技能培训工作坊(ISW, instructional skills workshop)于 1976 年创建,目的是帮助教师提高教学技能和教学的有效性。目前该教学模型已被全球三十多个国家的 100 多所大学引入高等教育体系[1]。纺织工程专业课程涉及纤维纱线材料、织造技术、服装及染整技术等领域,蕴含了丰富的思政教育元素[2]。在以往的教学模式中,课堂教学以"教"为主,教师占主体角色,不利于对学生进行有效的思政教育。因此,在专业课教学中应当秉持以学生为中心、以产出为导向的教学理念,充分发挥学生主观能动性和参与性,将专业教育与思政教育紧密关联并融合到课程的教学全过程。

本文以"针织学"课程为例,将 BOPPPS 教学模型的 6 个环节作为课堂教学全过程,探索基于 BOPPPS 模型在纺织工程专业课程思政教学中的应用,以期提高课程思政教学成效,保障立德树人根本任务的有效落实。

2 BOPPPS 教学模型概述

BOPPPS 教学模型又称"导学互动加式教学方法",包含了导言(B, bridge-in)、目标(O, objective)、前测

(P，pre-assessment)、参与式学习(P，participatory)、后测(P，post-assessment)、总结(S，summary)六个教学环节[3-7]。导言通常是简短的引入，目的是提高学生注意力以及突显课程内容的重要性或意义。学习目标通常是清晰介绍学生预期达到的具体目标，可分为知识目标、能力目标和素养价值观目标等。前测通常是设计提问或测试，既能帮助教师了解学情(如学生已有相关知识或认知等水平)，也能激发学生学习兴趣，将相关知识串联起来。参与式学习是 BOPPPS 模型的重点与核心，通过师生互动、生生互动等方式，充分调动学生学习积极性，主动发现学习、探究学习和创新学习，从而获得认知、技能与素养的有效提升。后测与前测相对应，侧重考核学生学成之后的效果及对目标的达成度。总结是模型的最后环节，可以采用内容回顾、小结、反馈等方式，对所学知识进行梳理和归纳，帮助学生在已有知识和认知基础上对所学内容进行反思和整合，强化学习效果。

运用 BOPPPS 模型进行教学设计，应当秉持以学生为中心、以成果为导向的教学理念，遵循以下原则：

(1)课堂教学要有目标导向，围绕教学目标，紧密联系学情与现实需求；

(2)教学过程中尊重学生主体地位，采用多种互动式教学方法，调动学生学习主动性，让学生深度参与课堂教学活动，提升学生对课堂的愉悦体验感和学习效能感；

(3)综合运用多种教学手段，增加教学活动的体验感和趣味，增加对学生课前及课后的学习管理，减少课堂学习任务，保障课堂参与式学习的成效。

3 "针织学"课程的思政建设

3.1 "针织学"课程简介

"针织学"是我校(五邑大学)纺织工程专业的专业必修课之一，授课对象为大二本科生。课程以针织基本概念、纬编和经编织物结构、性能、设计与制作工艺、用途等内容为主。在专业认证、建设国家一流本科专业及一流课程的大背景下，"针织学"课程作为专业核心课程之一，如何设计合适的教学模式，将专业教育与思政教育有机整合，落实立德树人的根本任务，是课程当前亟需解决的问题。

3.2 "针织学"课程思政建设思路

与思政课程不同的是，"针织学"课程的思政教育为隐性教育，将课程本身所蕴含的思政教育元素有机融入专业知识的教授和能力培养中[8]，将价值塑造融入课程教育教学全过程，充分利用课堂教学"主渠道"功能，发挥好教师队伍思政引导"主力军"作用。

课程的思政建设从三个方面展开，包括课程大纲思

政化、思政育人元素融入教学过程、建立课程思政目标成效考核评估与改进机制。为提高专业课程的思政教学效果，教学方式应侧重教与学的互动[9-10]，以此实现"化盐于水""润物无声"的育人与育才协同模式。在师生教学互动中，教师应当转变角色意识，从真理的"权威"、道德的"法官"中走出来，把自己当作一名倾听者、思想者、求知者、对话者，最大限度地尊重学生，使其心平气和地接受影响与教育，进而提高思想政治教育的有效性。采用多样化的教学活动，如启发式，把表达观点、独立思考的机会留给学生，使学生产生共情，从而激发学生的学习热情，帮助学生建立正确的人生观和价值观；如小组研讨式，培养学生团队合作精神、创新精神和人文情怀等；如案例教学，旨在培养学生独立思考问题、分析实际问题和解决问题的综合能力。总之，创新设计教学方式与方法，尊重学生主动性，保障教学环节的互动参与性。

4 BOPPPS 教学法在"针织学"课程中的实践

本课程基于 BOPPPS 教学模型对"提花组织"章节的教学过程进行了设计与实践，实施路径如图 1 所示。

(1)B(引入)、P(摸底前测)环节。采用互动问答形式，结合导图和织物实物展示，引导学生快速回顾纬编针织物组织结构分类，铺垫导入花色组织形成方法，使学生形成整体与局部的认知，为学习本节内容做好理论准备；引导学生认知事物的本质与变化的观点，重视本节课程内容的学习，为后续的创新设计打好基础。

(2)O(学习目标)。分条列举本节学习内容要点和对应的目标，包括知识目标和思政目标，使学生知悉为何而学、学到什么程度，以此增强学生学习动力。

(3)P(参与式学习)。本设计采用了讲授、板书、图片与针织物实物展示、动画视频播放、互动问答、提问、学生上台作答等多种方式，增加学生学习注意力，引导学生主动思考，加深理解所学知识，让学生在"做"中"学"，提升课程思政教学效果。比如，结合图片和针织物实物展示，讲授提花组织结构分类、单面提花组织的结构特征，使学生理解结构决定性能、事物的因果关系等。通过师生互动，引导学生思考单面提花织物消除浮线的方法，鼓励学生勇于探索新工艺、新方法，创新设计新型织物结构。采用随堂练习与学生上台作答的方式，要求学生绘制正确的提花织物意匠图与编织图，提问的方式不仅能够提高学生注意力和参与程度，也帮助教师及时了解学习成效、适时调整教学方法。采用讲授与互动问答的方式，介绍提花织物结构利弊与性能优缺点，培养学生辩证思维，客观看待事物的两面性。通过启发

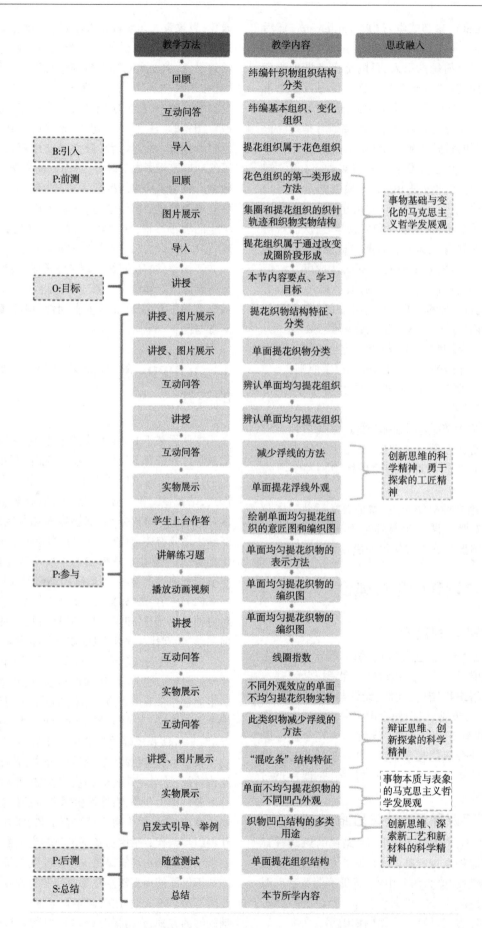

图 1　基于 BOPPPS 教学模型的"提花组织"章节的教学设计

式提问,使学生思考提花织物的用途,植入创新思维的思政元素,引导学生勇于探索新工艺与新材料,研发美观、多功能性的针织提花产品。

(4)P(后测)。本节课借助"云班课"线上教学平台,发布随堂小测试,考查学生对本节内容的学习达成度。教师根据测试结果,及时给出答疑,消除学生疑惑点或易错点(图2)。

(5)S(总结)。教师分条列举本次课内容要点,师生共同回顾每个知识要点包含的具体内容。互动的方式,帮助学生对整体知识框架有个清晰的认识,明确学习重点和难点。

5 基于 BOPPPS 模型的课程思政实施效果

对学生的学习效果评价内容包括专业知识、能力和素养等,从过程评价到结果评价。从课堂表现来看,采用 BOPPPS 教学模式与多种教学手段(板书、实物展示、提问、互动问答),增加师生互动次数,使学生保持注意力集中,课堂学习氛围较好。在互动环节,学生的回答能够体现探索意识与创新思维,能够深刻认同事物因果、本质与变化的马哲科学观。从随堂测试结果来看,学生由浅入深地理解所学知识,对本节知识点理解的正确率为70%。这说明学生学习成效达到了本次课的思政目标与专业知识目标。

除了评价学生"学"的效果,基于 BOPPPS 模型的课程思政教学效果评价还包括"评教",即学生对教师的思政育人、教学设计、教学内容、课堂讲授等评价,评价等级由5分(非常满意)到1分(很不满意)五个等级。图2所示为学生的评教结果,平均分为4.7,说明学生对教师的教学质量充分认可和满意。

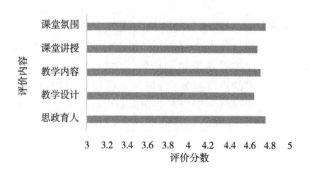

图2 评教结果

6 结语

BOPPPS 教学模型的核心是发挥教师引导作用,以学生为主体,有效激发学生自主学习能力。课程思政建设背景下的教学改革需结合多种教学方式方法,将育人与育才有机结合,实现专业教育与思政教育的协同。"针织学"课程"提花组织"章节的教学设计与实践表明,该教学模式融合了课程专业知识与 BOPPPS 教学方法,保障了思政元素润物无声地融入教学过程。基于 BOPPPS 教学模式对"针织学"课程的教学设计有很好的指导作用,为其他专业核心课程的思政建设和教学改革提供参考。

致谢

本文为项目2021年省级本科教学质量与教学改革工程项目(GDJX2021015,GDJX2021014)、2021年校级本科教学质量与教学改革工程项目(JX2021024,JX2021025)、2021年校级课程思政示范项目(SZ2021016,SZ2021013)、"纺织之光"中国纺织工业联合会高等教育教学改革研究项目(277,275,279)的阶段性研究成果之一。

参考文献

[1] 崔海华,范冬云. BOPPPS 教学模型在实际教学中的应用研究[J]. 工业和信息化教育,2019(1):43-49.
[2] 郁崇文,李成龙,许福军. 纺织类专业课程思政教学的策略[J]. 纺织服装教育,2021,36(5):422-425.
[3] 周文,李俊,包卫东,等. 国内 BOPPPS 模型研究的知识图谱分析[J]. 高等教育研究学报,2019,42(3):44-52.
[4] 吴昌东,江桦,陈永强. BOPPPS 教学法在 MOOC 教学设计中的研究与应用[J]. 实验技术与管理,2019,36(2):218-222.
[5] 殷旭辉. BOPPPS 在思政课教学中的应用与反思—以"原理"课的一个知识点为例[J]. 黑龙江教育(高教研究与评估版),2015(9):7-8.
[6] 穆华,李春. BOPPPS 模型及其在研究型教学中的应用探究[J]. 陕西教育(高教),2015(10):27-30.
[7] 刘建清. 试析 BOPPPS 教学设计及其参与式教学方法[J]. 新余学院学报,2020,25(3):111-115.
[8] 何玉海. 关于"课程思政"的本质内涵与实现路径的探索[J]. 思想理论教育导刊,2019(10):130-134.
[9] 孟子敏,李莉. 课程思政教学实践中的若干问题及改进路径[J]. 中国大学教学,2022(3):51-57.
[10] 徐兴华,胡大平. 推进课程思政需要把握的几个重要问题[J]. 中国大学教学,2021(5):60-64.

Ideological and political research of "Textile & clothing marketing"

ZHU Shifeng[1,2,*] , TIAN Mingwei[1,2] , MING Jinfa[1] , QU Lijun[1,2]

1 *Textile and Engineering College, Qingdao University, Qingdao, China*

2 *Intelligent Wearable Engineering Research Center, Qingdao University, Qingdao, China*

Email address

qduzhu@163.com(ZHU Shifeng), tmw0303@126.com(TIAN Mingwei), mingjinfa@qdu.edu.cn(MING Jinfa), li-junqu@126.com(QU Lijun)

Abstract: "Textile & clothing marketing" is a required course for textile engineering major, and it is an applied course with strong practicability. The necessity of implementing ideological and political reform was analyzed, the related elements contained in this curriculum were discussed and the detailed measures of curriculum reform were put forward from four aspects. They were changing the thinking of the teacher, broadening the teaching ideas, enriching the teaching methods and perfecting the evaluation system.

Keywords: Textile & clothing marketing; ideological and political elements; curriculum reform

"纺织品(服装)营销学"课程思政研究与实践

朱士凤[1,2,*] , 田明伟[1,2] , 明津法[1] , 曲丽君[1,2]

1 纺织服装学院,青岛大学,青岛,中国

2 智能可穿戴研发中心,青岛大学,青岛,中国

邮　箱

qduzhu@163.com(朱士凤), tmw0303@126.com(田明伟), mingjinfa@qdu.edu.cn(明津法), Lijunqu@126.com(曲丽君)

摘　要: "纺织品(服装)营销学"是纺织工程专业的必选课,是一门实践性较强的应用性课程。本文分析了该课程实施课程思政的必要性以及课程所包含的思政元素,并从改变教师思维、拓宽教学思路、丰富教学方法和完善考核体系四方面提出了课程思政改革的具体办法。

关键词: 纺织品(服装)营销学;思政元素;思政改革

1　引言

　　课程思政是指以构建全员、全程、全课程育人格局的形式将各类课程与思想政治理论课同向同行,形成协同效应,把"立德树人"作为教育根本任务的一种综合教育理念。在课程思政的大背景下,深入系统地挖掘专业课程的思政元素并将之有效地融入课堂教学,是高校践行教书育人使命的客观需要,也是高校专业人才培养的必然选择[1-2]。

　　"纺织品(服装)营销学"是青岛大学纺织工程专业的专业必选课,该课程介绍了纺织品(服装)营销的基础知识、手段和技巧,可培养学生解决实际问题的能力。学生通过本门课程的学习可以掌握不同纺织品(服装)的营销手段,掌握涉及的管理与决策方法,了解相关领域的法律法规技术标准等。该课程中包含着许多的思政元素可以被教师挖掘和借鉴。比如,创新思维、社会责任等方面的思政元素,可与专业课程内容进行结合,这样不仅能够提升学生在营销课堂中的参与意识,提升教学效果,还能增强学生的文化自信,促进学生向着更好的方向发展[3]。

2　"纺织品(服装)营销学"课程蕴含的思政元素

2.1　创新思维

　　该课程中有多项教学内容涉及创新,比如营销理论

的新发展、营销实践的新方法、新产品的开发、品牌的打造、营销工具和手段的创新以及广告的创意等[4]。尤其在互联网经济时代，网络营销工具和手段层出不穷，纺织服装企业采用的新商业模式不断涌现，这些都可以在教学过程中进行引导，有利于培养学生的创新思维和创新能力。以 SHEIN 品牌的发展为例，SHEIN 是中国快时尚新兴的跨境电商品牌，收入连续 6 年增速超 100%。课堂上可以结合此品牌的发展介绍基于数据化的供应链管理新方式，也可以介绍差异化平台体验的内容。以案例为载体，学生可以较容易地了解到枯燥的营销新理论，以国产品牌的发展感受到创新发挥的作用。

2.2 企业家精神

习近平总书记在党的十九大报告中指出，"青年一代有理想、有本领、有担当，国家就有前途，民族就有希望。""中国梦"的实现离不开一大批具有企业家精神的创业者[5]。高等教育的育人目标是培养像企业家那样专一、奉献、担当、创新、务实精神的人。在教学设计中可以把企业家精神的培养与实现"中国梦"的理想信念和社会主义核心价值观结合起来。通过魏桥、鲁泰纺织等企业的发展，了解企业家在实现中国梦、强国梦中的努力和坚持。具体地可以山东魏桥创业集团原董事长张士平的企业家故事入手，通过讲述如何深耕别人眼中的"夕阳产业"，书写商业史上的神话，引导学生去体会企业家的梦想、责任和情怀等[6]。

2.3 服务与责任意识

营销的最终目的是给顾客创造价值，满足消费者需求，优质的服务是企业吸引和保留顾客的利器，所以服务意识也是课程中的重要思政元素。此外课程中的很多内容都提到社会责任，比如企业对社会公众的责任、企业对客户的责任、企业对合作伙伴的责任，绿色营销理念的提出强调了企业对社会持续发展的责任等[7]。这些内容点可以结合兰精公司在再生纤维素领域的发展为例，引导学生明白企业不仅要考虑自身的发展，而且要承担社会和环境可持续发展的责任，要坚持绿色营销和适度合理的消费观。兰精作为全球领先的再生纤维素纤维的生产商，一方面对原材料木材的选择上，兰精有着极为严格的管理和要求，符合包括 FSC、PEFC 等可持续林木资源认证的相关要求；另一方面，兰精的纤维产品不仅以产品质量稳定和完善的技术服务著称，而且随着市场发展不断更新，比如，近年来推出的采用悦菲纤技术加工而成的天丝莱赛尔纤维，它以源自可持续管理森林的木浆和比例不超过三分之一的浆状棉花废料为原材料，有利于实现整个服装生命周期的循环再利用，且制成的纤维为 100%生物基，可生物降解和可堆肥[8]。

2.4 文化自信

教学内容中会有两个方面涉及文化因素，一是营销环境中的文化因素，二是文化对消费者行为的影响。教师可以通过案例化教学、调研任务设计引导学生探究文化问题对消费者行为和营销行为产生的影响。比如，诸多品牌推出的国潮系列等，在类似产品案例的介绍中渐渐树立自豪感和文化自信。具体地，2022 年初，九牧王以盛唐文化为灵感来源，携最新系列男裤惊艳亮相法国巴黎夏洛宫国家剧院。在这场国际时尚盛典上，九牧王凭借其专注男裤 33 年积淀的精工匠心并融合了时尚、文化、艺术的独到男裤美学，演绎了中华千年"绮"文化，将中华历史上灿若瑰宝的繁盛大唐呈现于国际舞台。唐代作为中华民族历史上一个文化繁荣、自由包容、国力鼎盛的伟大时代，至今都让我们不由自主地迸发出无限的自豪与无穷的想象，结合九牧王的产品讲述，学生们的这种文化自信会更进一步得到加强。

3 "纺织品(服装)营销学"课程思政改革

3.1 改变教师思维

在以往的"纺织品(服装)营销学"课程教学中，教师主要讲授专业知识，可能会涉及思政元素的讲解，但并没有提高到课程思政的教学要求。主讲教师可以负责课程与思政元素的整合和教学方式方法的调整，团队成员通过备课、说课、授课等方式，来更有效、更全面地理解思政教学。这样可以充分发挥课程思政价值引领和知识传授的双重作用，把思政教育落实在专业课程的教学过程当中，有效地体现课程思政的意义。

3.2 拓宽教学思路

以往的教学中，老师们一般只侧重营销学基础知识的讲述，学生们对于枯燥的理论知识吸收效果并不是很好。课程思政改革背景下，老师们可以一方面注重理论联系实际，在学生们容易理解的案例中提高运用知识的能力；另一方面在充分挖掘课程思政元素的过程中，弘扬和践行社会主义核心价值观[9]。同时依托行业企业发展，突出纺织营销的特色，通过学生们喜欢的品牌发展案例，渗透进创新创业的理念知识。此外还可以结合举办的各种创新实践、营销大赛，以赛促学，以学促教，增强学生的操作能力和运用能力。

3.3 丰富教学方法

目前该课程的教学主要以案例教学为主，通过多媒体将案例引入，在讲授课程知识点过程中可以让学生围绕思政元素进行自由讨论，在讨论交流过程加深对思政的认识。此外可以尝试采用互动式教学、现场观摩教学、行动导向教学等方法,体现教学的先进性与互动性。

3.4　完善考核体系

传统的课程考核方式更注重对学生平时表现情况和专业知识的考查,并未涉及思政知识点的考查。今后的考核过程中可以采取理论+实践的考核模式,在理论考核部分加入课程思政案例分析题,实践考核部分可以就某一思政元素分组讨论并总结汇报[10]。

4　结语

课程思政是我国高校课程建设过程中最重要的环节之一,对提升当代大学生的责任意识和民族意识具有十分重要的作用。纺织品(服装)营销课程中蕴含着很多的思政元素,需要任课教师在教学过程中充分发掘,并在不影响原有课程内容和学时的基础上,通过合适的教学方法比如案例教学法、体验教学法等给学生讲解出来,可以实现良好的思政教育效果。

致谢

本文为山东省本科教学改革研究面上项目《基于现代纺织特色与地方优势的纺织类新工科专业构建机制的研究与实践》(M2020167)、"纺织之光"中国纺织工业联合会高等教育教学改革研究项目《"互联网+"背景下纺织类人才培养模式改革研究》(2021BKJGLX758)和《青岛大学"思政、前沿、专业"引领的智能纺织品与可穿戴技术课程教学研究》(2021BKJGLX760)的阶段性成果之一。

参考文献

[1]　王紫斌.应用型本科高校思想政治教育的问题与对策[J].西部素质教育,2017(14):28-29.

[2]　窦粲灿,苑田田,陈梦南.网络营销课程思政改革策略[J].西部素质教育,2020,6(19):36-37.

[3]　张东哲.市场营销课程思政元素的挖掘研究[J].教育教学论坛,2020,37:66-67.

[4]　江朝虎.顾客需求导向下的企业营销绩效提升研究[J].中国集体经济,2021(32):44-45.

[5]　吴丽娟.浅析市场营销学课程中的"思政元素"及应用策略[J].教书育人(高教论坛),2020,6:65-66.

[6]　牛方.魏桥创业集团:坚持"制造强国"的目标不动摇[J].中国纺织,2020(3):27-29.

[7]　缪小莉,杜世舰.浅议市场营销课程思政元素的挖掘[J].现代营销,2019,10:32-34.

[8]　杜宇君.兰精集团悦菲纤™技术亮相法兰克福家纺展[J].纺织科学研究,2020,2:9.

[9]　郑作龙,孙红霞.新时代高校市场营销学课程思政教学思路设计与现实路径构建研究[J],大学思政教研,2022(4):168-171.

[10]　陆凤英,陈刚.课程思政理念下市场营销学教学内容的设计与实践[J].兰州教育学院学报,2020,36(8):79-82.

Exploring the teaching reform of professional core courses under the background of new engineering ——taking "Knitting" as an example

WU Liwei, KUANG Liyun, LI Jin*

School of Textiles Science and Engineering, Tiangong University, Tianjin, China

Email address

wuliwei@ tiangong. edu. cn（WU Liwei）, kuangliyun163@ 163. com（KUANG Liyun）, lijin@ tiangong. edu. cn（LI Jin）

Abstract：To foster virtue through education, the new engineering aims to respond to changes and create the future. Through inheritance and innovation, crossover and fusion, and collaboration and win-win, the diversified and innovative engineering talents can be cultivated. The reform of "Knitting" course is conducted by re-setting teaching objectives, re-establishing content system, re-constructing teaching mode, re-arranging curriculum resources and re-building evaluation standards. Therefore, the needs of industry development for talent training can be met, and the connotation of new engineering and the requirements can be reflected. The diversified teaching modes have stimulated students' interest in learning, improved students' ability to solve complex engineering problems and raised their innovation consciousness.

Keywords：new engineering; knitting; personnel training; curriculum reform

探索新工科背景下专业核心课程的教学改革 ——以"针织学"课程为例

吴利伟,匡丽赟,李津*

纺织科学与工程学院,天津工业大学,天津,中国

邮 箱

wuliwei@ tiangong. edu. cn(吴利伟),kuangliyun163@ 163. com(匡丽赟),lijin@ tiangong. edu. cn(李津)

摘 要:新工科是以立德树人为前提,以应对变化、开创未来为建设理念,以继承与创新、交叉与融合、协作与共赢为主要途径,培养未来多元化、创新型工程人才。针织学以"重订教学目标、重建内容体系、重构教学模式、重整课程资源、重立评价标准"进行改革建设,对接了行业发展对人才培养的需要,体现了新工科的内涵和"两性一度"的要求。实践证明,优化的教学内容和丰富的教学资源为学生奠定了扎实的专业基础,多样化的教学模式激发学生学习兴趣,提升学生解决复杂工程问题的能力和创新意识。

关键词:新工科;针织学;人才培养;课程改革

1 引言

"新工科"与传统工科相比,其目标是培养多元化、创新型的卓越人才,使之具有优秀的分析能力、创造能力、沟通能力、实践能力、领导力和终身学习能力等未来工程师应具备的能力[1]。它以立德树人为根本任务,以主动求变、面向未来、服务国家战略、对接供给侧需求改革为建设思路,以更新理念、创新方法、完善机制、强化能力、深化合作为主要举措,培养多元化、复合型、创新型卓越工程人才,主动适应新技术、新业态、新模式、新产业的需求,加快布局新一轮科技革命和产业变革的人

才培养,支撑我国从教育大国向教育强国的转变[2]。

"针织学"作为一门融合多种技术要素的工程技术类课程,随着时代发展与行业进步,依托"双一流"学科建设,如何落实立德树人根本任务,如何满足人才培养的新要求,如何加强信息技术与教育教学融合创新,如何更新教学方法、持续提高教学质量是课程教学创新亟待解决的问题[3-4]。基于此,文章针对"针织学"课程中存在的问题,结合本校实际,对"针织学"课程进行教学改革和实践;对"针织学"的教学内容进行调整,给出新的教学评价标准与反馈机制;对教学方法进行调整,并通过教学实践验证教学改革的效果。

2　教学目标与内容

2.1　结合行业发展,重订教学目标

针织作为纺织工业的一个重要组成部分,在国民经济中的地位和对我国出口贸易的贡献越来越大,行业的蓬勃发展就会产生新技术、新业态、新模式、新产业,随着国家新战略的需要,在新工科背景下,对针织人才的培养也提出了更高要求[5]。

因此,"针织学"课程要与时俱进,把行业发展理念、新兴技术、产业文化融入课程建设,从而实现教育链、人才链、创新链和产业链的贯通融合,进而实现培养目标[6]。结合"新工科"教学改革与实践,跟踪行业发展及对人才的需求,结合办学定位、学生特点及未来职业发展,"针织学"课程制订出知识目标由浅入深、能力目标逐级递进、素质目标有机融合的课程新目标(图1)。

图1　"针织学"课程目标

(1)知识目标。通过学习,使学生掌握针织概念、编织原理、织物结构、针织设备与工艺、产品设计方法与数字化织造等知识。

(2)能力目标。通过工程训练,使学生具备运用知识识别、表达、分析、判断针织工程关键环节和参数的能力;具备根据针织工艺要求,对针织工艺系统、生产流程或产品的关键指标进行设计的能力;具有初步的针织产品设计开发能力,并在设计过程中独立思考,体现出创新意识和工程素养;能够运用纺织专业知识分析针织工程问题,设计出相应的解决方案,具备解决针织领域复杂工程问题的能力;

(3)素质目标。通过在课程教学过程中融入价值引领的内容,培养学生爱岗敬业、精益求精的工匠精神,诚实守信、协作创新的工程素养,并以纺织强国战略,强化学生对我国针织行业创新发展的担当精神和使命感。

2.2　融合创新发展,重建内容体系

内容是课程的核心,一流课程的内容要体现科学性、系统性、先进性。跟踪行业的科技发展和技术进步,"针织学"内容涵盖多种科学技术,是一门学科交叉要素很强的工程技术类专业课程。课程创新内容的一个重大趋势就是课程综合化,不仅要求学生注重针织体系内纵向知识学习和掌握,还要求在不同学科间建立更多的横向知识联系。通过体系和内容的重构实现学科之间的交叉与融合,完善知识点之间的串联,并在教学安排中,适当提高实践教学课时的比例,强化实践能力培养。此外,课程核心进一步融入价值引领的内容,强化全过程育人。在体系上,将原注重针织原理及工艺的教学内容向针织产品设计与数字化织造方向拓展和延伸,注重"工"和"艺"的结合;在内容上,不断将针织产品设计新知识、三维立体编织新结构、全成形产品新工艺、数字化设备新技术,系统及时地融入了课程教学内容,实现"工"与"艺"的融合。最终课程体系内容在显性方面关联针织结构、服装风格、功能性质和织造方式之间的关系,而隐性方面则体现在针织学、服装设计学、材料学和机械自动化之间知识点的关联。此外,在教学内容中融入思政元素,深入挖掘课程中的"德育"元素,坚持价值引领与知识传授、能力培养相结合,在教学过程中,培养学生精益求精的工匠精神,追求卓越、勇于创新的品质,努力引导学生将所学知识服务于国家需要和民族振兴,强化使命担当意识[7]。

3　教学模式与资源

3.1　融合信息技术,重构教学模式

教学模式是在一定教学思想或教学理论指导下建立起来的较为稳定的教学活动结构框架和活动程序。作为结构框架,"针织学"课程按照产业分为纬编、经编两大门类,从针织原理、织物结构、设备与工艺到产品设计与上机实践分模块,逐级递进安排教学内容,从宏观上把握教学活动整体及各要素之间内部的关系和功能;教学中注重理论与实践并重,学习与创新并行、价值引

领与人格养成互融,实现教学模式的有序性和可操作性[8]。因此,"针织学"重构教学模式,线下采用启发式、问题式、案例式教学方法,并通过实物展示、提问讨论、练习测评,自制动画、图片、视频等教学资源提高教学效果;线上教学过程中充分利用本课程的网络教学资源,以"教师导学、学生自学、互动促学"等方式,并利用"学习通"等工具强化互动,引导学生主动思辨、综合、创新;在实践教学中,课内以同步实践教学模式,织物性能评价、结构分析、工艺设计等基础实验独立完成,产品设计等综合性实验团队合作完成,课外创新实践与赛事结合,采用项目制教学等,新的教学方法提高了教学效果和教学效率。利用任务驱动、小组合作以及自主探究等方式将课程由静态转变为动态;由被动接受转变为互动获取;从课堂讲授为主,PPT 和板书为辅的统一教学模式转为充分利用虚拟仿真与计算机辅助设计,线上线下相结合,注重互动学习的分层次教学。进而激发学生学习兴趣、促进思维发散,丰富教学内容,突破课堂边界,拓展教学时空,开展研究型、项目化、合作式学习(图2)。

图2 "针织学"课程模式

3.2 拓展"虚""实"平台,重整课程资源

课程资源是支撑教学内容实施和课程目标达成的重要载体。"针织学"课程以原国家级精品资源共享课资源为基础,根据教学改革需要,持续建设,形成了精品教材+课程教学网站的模式,支撑学生课前预习、课中学习、课后复习的学习资源;以实践工程为背景,构建了以小型化、数字化、工程化、系列化为特色的实践教学平台,实现了从纺织原料选用到产品实现的全过程工程训

练[9]。在教材建设方面,根据行业科技发展和教学改革的需要,主编出版了《针织物组织与产品设计》国家级规划教材与《针织学(双语)》部委级规划教材,支撑教学内容的拓展和延伸以及对学生国际交流能力的提升。在原教材的基础上重新编写《针织学》教材,新版本也为课程内容更新及扩展提供了有效支撑;在教学网站建设方面,对"爱课程"网上"针织学"国家级精品资源共享课教学资源进行持续建设和完善,为学生自主学习也为相关院校教学和社会学习者提供了学习资源;实践教学平台建设方面,以实际工程为背景,通过自主开发结合引进构建了小型化、数字化实践平台,并通过增开针织产品设计的综合性、设计性实验,实现了从原料到产品的能力训练,为学生工程实践能力和创新能力培养提供了重要支撑[10]。

4 评价标准及反馈

"针织学"课程根据 OBE 的理念[11],聚焦课程目标、注重知识应用与能力考核与评价,注重过程并增设学生针对课程目标的自我评价,改革考核方式,重立评价标准。针对过程考核比例不合理的问题,课程加大了全过程中的过程性评价,将平时成绩从 30% 提高到50%。增添"课堂表现"的内容,设立抢答、小组讨论、随堂分析等方式增加师生互动,提高学生知识吸收效率。针对创新潜能挖掘以及团队合作精神不足的问题,课程后期会设立"综合设计"考核,学生以随机分组的形式完成相关题目(如织物来样分析或目标织物设计),学生必须将课程所有知识点进行串联(如:结构选择、花型设计和设备使用等),完成相关知识学习与能力培训才能达到考核标准,相关内容不仅与企业项目紧密联系,更进一步培养学生解决复杂工程问题的能力。针对反馈不及时的问题,在课程期末考试后会设立"问卷调查",让学生对课程内容及学习过程进行评价,并根据学生期末成绩与问卷调查结果对课程进行持续改进(表1)。

表1 课程评价方式及成绩比例

课程目标	考核要点	考核与评价方式及成绩比例/%				总成绩比例/%
		平时表现	实验报告	作业及综合设计	课程考试	
课程目标1	掌握针织概念、编织原理、织物结构、针织设备与工艺知识,并用于针织领域复杂工程问题解决方案的比较与综合		5	15		20

续表

课程目标	考核要点	考核与评价方式及成绩比例/%				总成绩比例/%
		平时表现	实验报告	作业及综合设计	课程考试	
课程目标2	能够识别、表达、分析、判断针织工程关键环节，计算关键的工艺参数		5	5	20	30
课程目标3	能够根据纬编针织产品及工艺要求，对织物结构、上机工艺及关键参数进行设计	5		10	15	30
课程目标4	能够根据纬编针织产品及工艺要求，选择正确的研究路线，设计可行的实验方案		5	5		10
课程目标5	能够选择并使用计算机辅助设计等工具，对纬编针织物组织结构及工艺进行模拟和预测		5		5	10
合计		5	15	25	55	100

注：该表格中比例为课程整体成绩比例。

5　结论

在新工科背景下，依据"重订教学目标、重建内容体系、重构教学模式、重整课程资源、重立评价标准"建设的"针织学"课程对接了行业发展对人才培养需要，体现了新工科的内涵和"两性一度"的要求，2020 年被评为首批国家级一流课程。优化的教学内容和丰富的教学资源也为学生奠定了扎实的专业基础，多样化的教学模式激发学生学习兴趣，学生解决复杂工程问题、实践与创新的能力以及责任担当意识得到了显著提升。近年来，学生完成国家级和省部级大创项目 8 项，在省部级及以上学科竞赛中获奖 60 余项，部分获奖作品被企业借鉴或采纳。毕业生得到用人单位的一致好评。相关成果对学校纺织工程国家一流专业建设和纺织学科"双一流"建设起到了重要的支撑作用。本课程的教学改革将持续下去，对其中不完善的地方持续改进，并将最新的规范内容、结构形式和施工方法融入其中，以取得更佳的教学效果。

致谢

本文为针织学国家级一流课程，"纺织之光"中国纺织工业联合会高等教育教学改革项目《针织服装类课程教育教学改革实施方案与实践》(2021BKJGLX742)的阶段性成果之一。

参考文献

[1] 教育部高等.教育司关于开展新工科研究与实践的通知[Z].教高司函〔2017〕6 号.

[2] 教育部,工业和信息化部,中国工程院.关于加快建设发展新工科实施卓越工程师教育培养计划 2.0 的意见[Z/OL]. 2018-10-08.

[3] 曹玉龙,朱航宇,李建立.新工科背景下高校创新型科技人才培养策略探讨[J].教育进展,2022,12(7):6.

[4] 李倩,施瑞盟,李小明,等.新工科背景下专业课程考核的改革与实践[J].教育教学论坛,2022(34):61-64.

[5] 李津,杨昆,刘丽妍,等."新工科"背景下"针织学"课程教学的改革与实践[J].纺织服装教育,2022,37(3):261-263.

[6] 杜娟,罗冰,宋鹏程.新工科背景下体验式教学模式构建与实践[J].教育现代化,2017(45):3.

[7] 李智慧,葛宏义.基于学生创新能力培养的物联网专业实践教学体系研究[J].教育研究,2021,4(3):35-36.

[8] 叶红玲,刘赵淼,杨庆生.新工科背景下理论力学课程建设的思考与实践[C].2018 年全国固体力学学术会议.2018.

[9] 张莉娜,刘珍丹.新工科背景下《虚拟现实技术》课程"一体两翼"教学模式构建与实践[J].电脑知识与技术(学术版),2022,18(11):3.

[10] 周静,刘全菊,张青.新工科背景下实践教学模式的改革与构建[J].实验技术与管理,2018,35(3):5.

[11] 汪加楠,郭磊,刘家磊,等.基于 OBE 理念的企业项目实战课程教学改革探索[J].电脑知识与技术(学术版),2021,17(15):3.

The reform and exploration of the course"Spinning"under the background of engineering education professional certification

GUO Ying*, ZHU Jun, LIU Qixia, SUN Qilong, YAN Xuefeng

School of Textile and Clothing, Nantong University, Nantong, China

Email address

gy2014@ntu.edu.cn (GUO Ying), zhu.j@ntu.edu.cn (ZHU Jun), lqx@ntu.edu.cn (LIU Qixia), sunqilong001@ntu.edu.cn (SUN Qilong), yan.xf@ntu.edu.cn (YAN Xuefeng)

Abstract: Spinning is not only one of the core courses of textile engineering, but also a connecting course. In view of the existing problems in the course"spinning"of our university, the teaching team carried out reform and exploration in many aspects from the perspective of professional certification, such as the revision of syllabus, the update of teaching content, the renewal of teaching mode, the change of assessment methods, the integration of ideological and political education. It is expected to make contributions to achievement of the training objectives and graduation requirements under the engineering education professional certification, and enhancement of students' professional knowledge, engineering ability, innovation consciousness, teamwork ability and international vision.

Keywords: engineering education professional certification; spinning; educational reform; ideological and political education

工程教育专业认证背景下"纺纱学"课程教学改革与探索

郭滢*,朱军,刘其霞,孙启龙,严雪峰

纺织服装学院,南通大学,南通,中国

邮 箱

gy2014@ntu.edu.cn(郭莹), zhu.j@ntu.edu.cn(朱军), lqx@ntu.edu.cn(刘其霞), sunqilong001@ntu.edu.cn(孙启龙), yan.xf@ntu.edu.cn(严雪峰)

摘 要:"纺纱学"是纺织工程专业核心课程之一,也是一门承上启下的课程。针对本校"纺纱学"课程目前存在的问题,从专业认证的角度出发,教学团队在教学大纲修订、教学内容提炼、教学模式更新、考核方法转换、思政教育融合等多方面进行了改革和探索,为达到工程教育专业认证下的培养目标与毕业要求,培养学生良好的专业知识、工程能力、创新意识、团队协作、国际视野等方面做出了贡献。

关键词:工程教育专业认证;纺纱学;教学改革;思政教育

1 引言

工程教育专业认证是指国家相关专业认证机构以高等教育学校或教育机构为主体,所开设的工程类专业教育实施的认证体系,具有专门性、针对性,其目的在于提高教育教学效果,促进学生各项能力与综合素质的全面提升。工程教育专业认证的三个核心理念是:成果导向、以学生为中心、持续改进[1],其不仅是培养学生综合素质的利器,还是实现我国工程教育稳定发展的保障,更是我国在工程教育走向国际,与世界接轨的主导力量。

2021年7月,我校纺织工程专业通过工程教育专业认证。"纺纱学"作为专业核心课程,教学团队从课程大纲、教学内容、教学组织形式、考核方法等多方面进行了课程改革和探索。

2 "纺纱学"课程改革重点问题

以我校"纺纱学"课程为例,在教学改革中的重点问题主要有几点[2-4]。

2.1 理论知识枯燥抽象,较难消化

"纺纱学"课程内容知识点多,涉及加工工艺、设备和产品,加工工艺流程长,设备种类繁多、功能不同,产品千变万化,且牵涉的梳理、牵伸、加捻、卷绕等原理比较抽象难懂[5]。而在新工科背景下,随着人才培养计划的修订,"纺纱学"的课时被压缩,除了常规理论知识外,课程的教学内容也需要随新技术的进步而不断更新、增补,因此在传统的教学方式下更难以在有限的时间内完成教学内容的传授,学生对知识点的消化理解会比较差,容易引起急躁和厌烦情绪,缺乏学习积极主动性。

2.2 工程理论知识与实践应用结合不够

"纺纱学"是一门理论与实践联系很强的课程,纺纱设备若采用小样机,势必影响实际效果,我校有梳棉至后加工的正常尺寸纺纱设备,但因机器较大,时间又有限,本科生自己动手操作比较困难,因而与理论教学内容配套的实验课程一般只能开设验证性试验,学生综合运用理论知识解决实际问题能力的训练不足。

2.3 学生创造力提升不足

随着纺织工程专业已进入大纺织的新阶段,新概念、新方法不断出现,应用领域不断拓展,这些都使得"纺纱学"课程在强调知识的基础性和对后续专业课程衔接作用的同时,对学生创新创业能力的培养显得尤为重要,但对应的课堂理论教学、现场教学、课程实习、课内综合实验、设计性实验、课外创新实践活动、科技竞赛等课内外教学环节无法做到有机结合,不利于学生创新能力、知识运用能力、实践能力的提高。

2.4 考核机制不全面

课程考核以往主要根据平时成绩(包含出勤、作业等,占30%)和期末考试成绩(占70%)。这种方式不足以全面反映学生的实际能力,例如,出勤率高不一定代表认真学习了;课后作业容易因抄袭或者书写而产生误判;期末试卷有较多死记硬背的知识点。

鉴于此,为适应工程认证对人才培养的要求,更为了提升学生的专业素质,极有必要进行改革。

3 "纺纱学"课程改革探索

3.1 课程目标对毕业能力的支撑

在我校纺织工程专业培养方案中,"纺纱学"需要覆盖毕业要求中的四点,且支撑强度较高。

毕业要求1:工程知识——问题推演与分析。能够将工程基础和纺织工程专业知识以及数学模型方法用于推演、分析纺织工程领域复杂工程问题。

毕业要求2:问题分析——问题识别与表达。能运用数学、自然科学、工程科学的基本原理,识别和判断出纤维及其制品设计和加工过程中的关键环节和参数,并将问题进行提炼和正确表达。

毕业要求3:设计/开发解决方案——影响因素分析。掌握工程设计和纺织产品开发基本原理及方法,能够对纺织产品设计及加工过程中的影响因素进行分析并提出解决方案。

毕业要求4:研究——方案调研与分析。能够基于科学原理,通过文献研究,调研和分析解决纺织产品设计、加工等复杂工程问题的方案。

3.2 教学内容分类化与教学手段多样化

本课程选用东华大学郁崇文教授主编的《纺纱学》为主教材,《纺纱原理》和《新型纺纱技术》等作为参考书目,课程理论教学以棉纺纺纱工艺原理及设备为主线,将课程内容分为三类:基础概念和基础理论类、重点难点理论类和实践应用类,对应每类知识点分别采用有效的教学方法。此外,教学过程中,根据纺纱技术的发展、设备的更新等,任课老师会及时将新的专业信息带进课堂。

教学形式整体采用线上与线下混合式教学。课程共计80学时理论讲授,线上部分引进东华大学郁崇文教授主讲的国家精品在线课程"纺纱学",学习目标注重基础概念和基础理论类知识点掌握,大约安排17学时,占比21.25%。线下学习侧重重点难点理论和实践应用类知识的剖析。教学手段也多种多样,如翻转课堂、实例讨论等,较难的理论点需要细致讲解,甚至分批将学生带到设备前进行现场教学,而某些问题,例如针对某个工序,或者整个纺纱过程中可能出现的产品质量问题等,安排学生分组查阅资料、讨论分析,随后进行课堂汇报,学生积极性更高,对知识点的理解更深刻。

3.3 加强纺纱课程群建设

纺纱课程群指的是纺织工程专业与纺纱技术密切相关的主干专业课程及相关实践课程[6]。我校纺织工程专业纺纱课程群有"纺纱学""纺纱学实验""纺纱工艺训练""纺纱新技术""认识实习""生产实习"6门理论与实践实验课程。这些课程以纺纱技术为主线,相互之间不仅具有衔接性,而且具有渗透性和互补性[7-8]。"认识实习"主要带领学生初步了解纺纱系统的工艺过程和对应的设备,为后续学习纺纱系列课程打下基础。"纺纱学"要求学生掌握纺纱的纤维原料及其初加工、纺纱流程及其加工原理、工艺和设备等方面的基础知

识,了解纺纱设备的主要机构与作用、性能和适用场合,掌握基本的纺纱工艺的设计和计算方法,初步了解纺纱工程的新工艺、新材料、新技术和新设备及其发展方向。"纺纱新技术"课程要求学生掌握新型纺纱的各种纺纱方法及发展趋势,包括转杯纺、喷气纺、摩擦纺、低扭矩纺等纺纱方法,了解其工艺过程、机构作用、纱线的结构特点和性能、纺纱工艺参数的配置等。"纺纱学实验"课程主要在"纺纱学"理论授课同时或之后进行,帮助学生消化和巩固理论知识。"纺纱工艺训练"课程着重培养纺织工程专业学生综合应用纺纱学相关基础知识进行实践的能力以及进行初步纺纱工艺设计的能力。"生产实习"则需要学生进入企业,进行较长时间的现场观摩或实际操作,重在培养学生的产品设计及创新能力,激发学生的创新思维。同时,在此过程中,锻炼学生的工程实践能力和分析解决实际工程问题的能力,提高学生的沟通表达能力。整个培养过程紧扣学生毕业要求指标点。

3.4 学以致用,以赛促学

通过组织学生参加"第二课堂"、大学生创新训练项目、全国大学生纱线设计大赛、大学生科技创新项目以及大学生科技作品大赛等,在学生自选项目或参加指导教师科研项目的过程中,提高学生的学习兴趣,激发学生的创新思维,强化学生的实践动手能力,建立理论教学、实验教学、科学研究三位一体的新教学模式。

3.5 专业知识与课程思政相融合

"纺纱学"课程要培养学生对专业知识从理论到实践再由实践到理论的辩证思维模式,有效把握所学课程的知识构架、目的作用以及与其他教学环节的链接,承上启下,学习巩固,理解深刻,使学生在掌握专业知识的同时,创新意识、综合能力得到加强。因此在教学过程中,我们抓好"教师"这一关键主体,围绕"落实立德树人"这一根本任务,把教书和育人结合起来,牢固树立知识传授与价值引领同频共振的教学理念。以培育和弘扬社会主义核心价值观为主线,提高教师的政治理论水平和人文素养,不断提升把思想政治工作贯穿纺纱教学全过程的能力,深挖"纺纱学"课程中蕴含的思政元素,在日常开展思政讲堂、交流研讨、主题实践等活动,强调把增强学生的爱国情怀、法治意识、社会责任、人文精神与考核挂钩,向教师传递课程思政的要求与导向,引导教师实现观念与行动的双重转变[9-11]。

授课过程中,结合多种教学方法,创设出轻松活跃的教学情境,把纺纱与实际生活、工业发展结合起来,把各种现实的典型问题展现在课堂中,让学生身临其境,引导他们联系理论知识分析、思考问题,激发其学习兴趣,培养学生分析问题、解决问题的能力。例如,对纺织理论、纺织技术发展、纺纱质量控制的学习,学生更能理解自己应承担的社会责任,增强专业使命感。

3.6 完善教学效果反馈及课程考核机制

为及时把握学生的学习情况,便于微调教学进度,改进教学方法,提高教学效果,教学团队在平时的教学中做了以下几方面改进。

(1)针对线上学习的基础知识部分,学生自学以后,教师直接借助课堂管理平台工具,如智慧树、学习通等,进行线上测试,简单快捷、及时了解学生自学过程中未掌握的知识点,线下辅导时重点关注。

(2)针对线下学习部分,除了常规课堂提问以外,若想了解大部分同学的情况,可在某一个知识点讲完以后,利用雨课堂、学习通等工具,及时测试,学生用手机即可操作,且可根据测试结果查看学习情况的统计信息。此类测试也可应用于堂课结束后的"随堂测"中。

另外,在授课过程中,充分应用现代化的技术手段,有助于提高学生的注意力。例如,使用课堂管理工具中的"随机提问",与"击鼓传花"有异曲同工之妙,大大活跃课堂气氛,无形中督促了学生课前预习和课后复习。

(3)考核机制创新。"纺纱学"课程最终考核采用平时成绩30%,期末考试70%。虽然比例与以往相同,但实际内容有较大变化。

①平时成绩由平时表现和单元自测按一定比例得到。平时表现根据课堂提问及小组讨论、随堂测试计算得到。单元测试通常在某一教学单元结束之后一周内进行,共安排5~6次,直接根据课程目标及其对应的毕业要求指标点出题,全部线上进行,便于学生操作。且测试之后,任课教师可以很快得到成绩分布统计,了解本单元学习中存在的问题,及时进行辅导。所有单元测试的平均成绩计入平时成绩,每个单元测试成绩分布中对应的毕业要求指标点得分可直接提取出来,用于课程分目标达成度或毕业要求指标点达成度的计算。

②期末考试线下进行。根据课程目标及其对应的毕业要求指标点出题,便于最后统计课程分目标达成度及毕业要求指标点达成度。

4 结论

工程教育专业认证背景下,"纺纱学"课程通过教学改革,合理扩充教学内容,细化理论知识点,采用线上线下混合方式,结合多种手段增强对抽象知识的理解,强化学生对纺纱基本原理的掌握,培养分析问题和解决问题的能力和实际动手能力,同时逐步完善了课程的考核机制。根据课程的工程背景和实践特色,合理嵌入育人要素,以"润物无声"的形式将正确的价值观传导给学生,将专业知识和思政教育进行有机融合。

致谢

本文为中国纺织工业联合会高等教育教学改革研究项目(2021BKJGLX162 和 2021BKJGLX159)、江苏高校品牌专业建设工程项目(纺织工程专业)的阶段性成果之一。

参考文献

[1] 马莉燕, 丁伟, 康志强, 等. 工程教育专业认证背景下"地球科学概论"教学改革探讨[J]. 科教导刊, 2020(28):2.

[2] 高婵娟, 谭艳君, 李龙. 基于工程教育专业认证的"纺纱学"课程教学改革探索[J]. 纺织服装教育, 2020, 35(3):4.

[3] 王建坤, 张美玲. "纺纱原理"课程的建设与教学改革[J]. 纺织教育, 2011, 26(6):470-472.

[4] 张淑洁, 王建坤, 王瑞, 等. 基于"金课"标准的"纺纱原理"课程教学改革[J]. 纺织服装教育, 2022, 37(1):3.

[5] 郁崇文. 纺纱学[M]. 北京: 中国纺织出版社, 2017.

[6] 崔红, 林洪芹, 吕立斌, 等. 纺织工程专业"高职+本科"人才培养模式的纺纱课程群建设[J]. 江苏纺织, 2018(5):73-75, 77.

[7] 吕立斌, 杜梅, 王春霞. 以就业为导向的纺织工程专业课程体系改革研究与实践初探[J]. 科技信息, 2010(23):517-518.

[8] 王建坤, 李凤艳. 纺织工程专业纺纱系列课程群教学改革与实践[J]. 纺织服装教育, 2013(6):474-476.

[9] 孙晓霞, 刘雯玮, 王新厚. 纺织工程专业平台课程"纺纱学"的课程思政建设[J]. 纺织服装教育, 2020(2):122-125.

[10] 高婵娟, 李龙, 张弦. 纺纱学课程思政的研究与建设[J]. 高教学刊, 2022, 8(8):4.

[11] 李凤艳, 王建坤, 张淑洁, 等. 纺纱系列课程思政教育共性元素的凝练与实践[J]. 纺织服装教育, 2021, 36(1):4.

Exploration on the innovation of instructional design of "Clothing Brand Planning" from the ideological and political dimension

JI Jing

School of Product Design, Tianjin Academy of Fine Arts, Tianjin, China

Email address

frjijing@ 163. com（JI Jing）

Abstract："Clothing Brand Planning" is a professional course focusing on both theory and practice. Guided by *The Guiding Outline for Ideological and Political Education in Colleges and Universities*, the course should adhere to the spirit of strengthening morality education, and build a student-centered course ideological and political system according to the requirements of professional ability and accomplishment of fashion design and education goals. It will be explored and innovated in optimizing the ideological and political content of the course, sorting out the integration points, enriching the teaching scene, broadening the implementation method, and strengthening the carrier effect, so as to realize the integration of knowledge and moral quality education. The ultimate goal is to cultivate fashion design professionals with scientific thinking methods, professional quality, integrity and law-abiding, patriotic feelings, and the ability to inherit and innovate Chinese culture.

Keywords：ideological and political dimension；instructional design innovation；clothing brand planning

"服装品牌企划设计"课程思政教学设计创新探索

姬静

产品设计学院,天津美术学院,天津,中国

邮 箱

frjijing@ 163. com(姬静)

摘 要："服装品牌企划设计"是一门理论与实践并重的专业课程,以《高等学校课程思政建设指导纲要》为指引,秉承立德树人的精神,根据服装设计专业能力素养要求以及课程育人目标构建以学生为中心的课程思政体系,在优化课程思政教学内容、梳理思想政治融入点、丰富教学情景、拓宽实施路径、强化载体成效等方面进行探索与创新,实现育知与育人的相互融合,培养出具备科学思维方法、职业素养、诚信守法、爱国情怀、中华文化传承创新精神的服装设计专业人才。

关键词:课程思政;教学设计创新;服装品牌企划设计

1 引言

党的十八大以来,各高校以"立德树人"为根本任务,贯彻执行教育部《高等学校课程思政建设指导纲要》,在建构全员、全过程、全方位"三全育人"大格局过程中,持续发力推行课程思政教学改革。随着理论与实践的不断深化,一批特色鲜明的课程思政精品课得以涌现。如何促进思政内容在课程建设上的内涵式发展,切实启迪学生心智、引导学生思想,教学设计的创新将是破题之选。以学生为中心,围绕新时代人才培养的根本问题——培养什么人、怎样培养人、为谁培养来进行教学设计创新,根据学生的思维特点、学习规律、行为习惯等因素,组织课程知识内容、教学形式、评价机制等,使思政的内容与形式紧扣时代主题,将思政元素"无痕"地融入立德树人的全过程,以期获得"润物无声"的育人效果[1]。

2 "服装品牌企划设计"课程教学目的与育人目标

通过本课程教学,使学生了解服装品牌企划运作的基本规律,掌握服装品牌商品企划的程序、方法与战略,培养学生在品牌开发、企划方面的综合能力。学生通过模拟实训,能够独立的完成品牌企划工作,为今后的设计工作或独立创业打下基础。在传授专业知识的同时融入家国情怀、社会责任、团队意识、人文素养、科学精神等思政元素,引导学生树立文化自觉和文化自信,以中华民族的伟大复兴为己任,担当起纺织服装品牌命运的设计重任[2]。

3 "服装品牌企划设计"课程思政教学设计创新理念

在"服装品牌企划设计"教学中,把价值观培育与塑造"基因式"融入人才培养的全要素,使教学培养目标设计、教学大纲、知识内容、教学手段、评估与评价等环节都蕴含思政元素,建立健全多维度的课程思政教学模式。

教学设计创新以学生为中心,以产出为导向,注重教学的实效性。

(1)科学挖掘"服装品牌企划设计"课程自身蕴含的思政元素。梳理知识内容,结合课程教学特点深入挖掘课程内容与教学方式中蕴含的思想政治教育资源,采用多元内容形态以增强对学生的吸引力。

(2)创新载体,拓宽实施渠道。丰富教学手段,创建生动多样的教学情景;强化学生动脑动手能力,通过实践将思政元素与课堂元素有机融合,使学生化被动"学"为主动"悟",在学习体验过程中塑造品格[3]。

4 教学创新的具体办法

4.1 围绕教学目标的创新课程内容建设,追求思政教育的潜移默化、融会贯通

以"服装品牌企划设计"课程专业知识为基础,拓展、延伸、挖掘思想政治教育的元素。在当今中国服装品牌的发展现状与趋势、品牌要素、服装商品企划流程等教学内容中仔细梳理、进行提炼,结合社会热点事件、时政新闻及学生关心的问题。从学生的知识、能力、情感、态度、价值观等多维度实现思想政治的教学目标。用青年学生喜闻乐见的内容与话语体系通过服装产业实际案例的讲解将德育元素生动地融入专业知识讲授

中,使学生加深理解,在遵纪守法、诚实守信、社会责任、文化自信、家国情怀、科学精神等方面的意识得到进一步的加强[4]。

4.1.1 树立学生遵纪守法、诚实守信的思想

在"服装品牌定位"章节的讲授中,引入案例——乔丹体育与迈克尔乔丹的品牌商标之争,对这场经历三级法院审理、长达 8 年的美国篮球运动员乔丹与中国乔丹体育股份有限公司的商标纠纷案,在诉讼焦点、"乔丹体育"的企业发展路径等方面进行了详细的分析,使学生深入理解服装品牌命名的重要意义及其在企业的初创与成长发展过程中的利与弊。使学生认识到两个"乔丹"的商标纠纷背后揭示的是有损道德风尚的行为终将自食其果,做人应遵纪守法、诚实守信。

4.1.2 增强学生社会责任感,在危难前要有仁爱之心,有担当意识

在讲解"服装品牌形象与营销策略"章节时,通过分析"李宁"品牌营销与社会责任相结合的案例,以及在疫情期间,"李宁"等时尚企业面临线下门店暂停营业、发售等活动临时取消、供应链复工时间不明朗等诸多困境,零售额下滑巨大的制约下,仍然为抗击疫情伸出援手,除累计捐赠过亿元人民币及物资之外,还利用自身纺织业的优势加急生产防护服、口罩支援一线。此案例不仅使学生了解品牌形象和营销策略对企业发展的重要性,还使学生懂得关心他人、关心社会,在困难面前要勇于担当,在担当中历练,在历练中成长。

4.1.3 以课程思政培养学生的生态文明观念

在讲解"服装品牌产品组合策略"时,引入"素然"服饰旗下的环保慢时尚品牌"Klee Klee"的案例。基于时装产业已经成为全球第二大污染源的事实,详细分析了"Klee Klee"设计团队从产品的开发到生产以及客户消费观念的引导等全过程、全方位践行环保理念,包括对环境低消耗的环保原料,探索降低污染的环保染色工艺、循环利用纽扣等辅料、采用可降解的包装、设计优雅经典的服装款式等,在设计生产中的每一道工序都尽量减少对地球的伤害。案例启发学生从服装产品开发者的角度思考服装审美的耐久性、实用与功能性、生产制造与环境保护之间的问题,以及正确认识科技的高速发展给服装产业带来的机遇与挑战,培养学生脚踏实地、认真严谨、奋力拼搏的精神,树立经济与环境和谐发展的价值观。

4.1.4 弘扬民族文化,发展中国服饰品牌

在讲授"品牌创新理念"时,通过介绍近期的热点节目《中国诗词大会》《国家宝藏》《上新了,故宫》掀起的国学热、文创潮品热,引发学生对国产品牌成为大众的消费诉求点的关注,并认识到中国传统文化与现代潮流元素逐渐融合,全新的文化审美形态由此诞生。引入

国潮品牌"李宁""密扇""盖娅"等多个优秀中国服装品牌开拓进取、传承创新的案例,在其文化理念、品牌风格与产品创新方法等方面细致剖析,从而引导学生树立文化自觉和文化自信,培养设计责任感。融入历史观、文化观、民族情怀与自信等元素,传达中国智慧、传播中华美学思想[8]。

4.2 创新教育方法,拓宽教学路径,强化思政教育效果

作为一门实训性质的课程,"服装品牌企划设计"要求学生在大量理论知识学习的基础上,通过仿真实训来提高综合素质和实践能力,而非知识灌输性的传达。围绕学生为中心,促进教学环境、教学实践、教学评估和教学结果的协调一致,确保课程教学目标和策略得到更有效的实施。单向的教师主导、注重内容讲授的教学模式向双向的、交互的、内容和过程并重的教育模式转变。与之相对应的是丰富多样的教学方法,提升学生积极参与的学习环境和教育方法。在教学过程中,将知识技能与人文素养、价值观教育相互融合渗透,通过创新教学情境、市场调研案例研究、小组合作学习、项目实践等多种方式增强思政教育的体验性,引导学生主动参与、深度参与。

4.2.1 从课堂到市场,理论到实践的学习过程中,市场调研法使学生"求实""敬业""严谨"的工作作风得到培养

在"服装品牌企划设计"课程中,服装市场调研是一项实践性较强的教学内容,学生通过观察、询问、情景推测、问卷等方法对服装品牌开展调研,将资料进行系统的采集、分析和整理,进而了解服装市场的流行趋势、品牌服装的设计风格与产品的结构组成、消费者需求情况、视觉营销的基本原理等,不仅能够锻炼学生的观察能力、信息收集能力和分析概括能力,为后面的品牌企划工作做准备[10],而且能够培养学生实事求是、严谨规范、精益求精、学术自律的科学精神,增强学生的理性思辨能力。

4.2.2 分组协作,培养学生团结协作精神和职业综合素养

在课程学习过程中,根据优势互补的原则,将学生分成若干学习小组,运用协作的方式,达成学习目标。通过网络和市场实地调研来了解品牌理念、熟悉品牌风格、产品结构、营销策略、宣传推广等,诸多环节要求学生具备多方面的能力。将学生分为2~3人一组,同学之间相互监督、取长补短、集思广益,以团队合作的方式来研究分析问题寻求解决问题的方法以完成所分配的任务。在这一过程中,学生的学习质量得到进一步的提高,对团队的向心力和凝聚力有了更深的理解,职业的综合素养在这一过程中被树立起来,为进入职场奠定一定的基础[6]。

4.2.3 探究式教学法引导学生在问题情景中进行观察、辨析和反思,进而培养职业素养、科学精神和社会责任

探究式教学法是指在教师引导下,学生进行思考、探索,进而获取所需知识,拓展专业能力的实践活动[5]。培养学生运用科学的方法进行自我学习的能力,培养学生的创造性思维,使学生从中获得学习的兴趣。将学生的世界观、价值观、人生观的塑造融入探究式教学的过程中,运用马克思主义理论分析问题、寻求解决问题的方法,并引导学生产生共同的使命感、归属感和认同感。如课程教学中提出问题——为什么近年国潮服饰成为了时尚焦点,服装品牌对中华优秀服饰文化进行创造性转化的路径是怎样的?学生通过对中国的社会经济发展、大众生活方式、服装品牌设计理念、产品组合与特色、效益与影响力等方面进行自主探究,进行资料搜集、走访、模拟、讨论、展示、分享等,不仅学习专业知识、同时增强明辨是非的能力;此外,在观察、分析、思考社会现象的过程中认识社会的主体趋势和本质,在探究活动中增强事业心和社会责任感,完成教学目的[7]。

4.2.4 知行合一、学以致用,在实践中提升创新能力

结合"服装品牌企划设计"课程的教学目标,落实"立德树人"这一根本任务体现于着力培养敢于创新、善于创新的优秀人才。围绕国家纺织服装发展战略和国民经济发展需求,积极引导学生加强实践与需求结合的意识,并且有意识地引导学生尝试通过大学生创新创业、学科竞赛等形式积极接触社会,融汇多学科知识,从解决身边常见的社会问题入手。在2020年的"服装品牌企划设计"课程中,林雅乔同学组成的设计团队,敏锐地感受到中国宠物产业的快速兴起,抓住"它经济"在当代青年人群生活中影响,研发出提供主人与宠物之间传递情感的服饰品,同时创立了宠物社区交流平台——宠物有家。设计团队研发的产品荣获第十三届天津市大学生工业与艺术设计大赛二等奖[9]。

5 结论

"服装品牌企划设计"课程是一门理论支持实践、实践丰富理论的课程。涵盖目标设计、内容开发、教学方法、教学管理、教学评价,立德树人的根本任务要落实在教学中每一个环节。以学生为中心,从学生的思维特点、行为习惯、情感态度出发来创新教学设计,围绕课程的育人目标,仔细梳理专业知识中的思政教育元素,创造丰富的教学场景与方法,强化学生系统思考能力和实践创新能力,通过引发学生兴趣的语言与方式将思政教育引入并渗透到专业知识的学习中,使学生由被动变主

动,在"学、思、悟"的过程中获得专业知识学习、能力培养和价值观塑造的多重丰收。

致谢

本文为天津美术学院课程思政改革精品课建设项目《服装品牌企划设计》的阶段性成果之一。

参考文献

[1] 杨波,苏波. 大思政背景下高校课程思政建设刍议[J]. 学校党建与思想教育,2022,12(675):46-48.

[2] 林波,刘鸿铭. 基于文化自信的新国潮品牌建设[J]. 现代营销,2020(3):81-83.

[3] 金双.《服装品牌设计与企划》课程教学方法探索与实践[J]. 明日风尚,2016(12):25.

[4] 高有堂,王东云,陈祥. 服装智能制造导论融入课程思政教学规划与设计[J]. 教学研究,2022(6):65-66.

[5] 滕昱,周晓夏. 新文科背景下课程思政建设创新路径研究[J]. 教育教学论坛,2022(21):81-84.

[6] 王宜先. 探究式教学方法在政治课教学中的应用[J]. 教育创新,2011(1):61.

[7] 程爽,徐李根,段明财,等."食品原料学"课程思政结合探究式教学法的探索[J]. 轻工科技,2022(4):153-155.

[8] 刘晓刚,李峻,曹霄洁,等. 品牌服装设计[M]. 上海:东华大学出版社,2015.

[9] 李好定. 服装设计实务[M]. 刘国联,赵莉,王亚,等译. 北京:中国纺织出版社,2007:163-240.

[10] 唐虹. 服装商品企划[M]. 北京:化学工业出版社,2014:35-69.

Teaching method of analyzing physical materials of costumes

LI Ling

School of Art, Tiangong University, Tianjin, China

Email address

liling@ tiangong. edu. cn(LI Ling)

Abstract：Physical historical materials are important physical evidence for the study of clothing history, and the interpretation of the information behind them require a set of scientific and effective research methods. In graduate teaching, Jules Prown's material culture theory is used to analyze the layers of physical historical materials, and the real historical materials of clothing are placed in the social and cultural context, to explore the interrelationship which in the historical situation, the use of description, deduction, reasoning and research of the progressive analysis method, to obtain the background information of the wearer, the producer. Students could improve the understanding of the concept of clothing in their time and the interpretation of aesthetic culture, to reveal their implicit context information, and obtain a research method with traces and operability.

Keywords：physical historical materials; history of costume; research methods

服装实物史料研究的教学方法

李凌

艺术学院，天津工业大学，天津，中国

邮　箱

liling@ tiangong. edu. cn(李凌)

摘　要：实物史料是服装史研究的重要物证，解读其背后的信息，需要一套科学有效的研究方法。在研究生教学中，借鉴朱尔斯·普罗文(Jules Prown)的物质文化理论对实物史料层层剖析的研究方法，将服饰实物史料置于社会和文化背景中，探索服饰实物史料在历史情境中的相互关联，运用描述、演绎、推理和调研的递进分析法，获得穿用者、制作者的背景信息，增进对其所处时代服饰观念的理解与审美文化的解读，揭示其隐含的背景信息，使学生获得有迹可循可操作性强的教学方法。

关键词：实物史料；服装史；研究方法

1　引言

如何让一件物品开口说话，是服装研究者的工作重心。服饰实物可以提供产生它的时代的更多信息，解读它需要一套有别于考古或文物学的方法，将其还原到穿戴者和制造者原生情境中，综合各种社会背景因素的研究方法可以使初学者有章可循，帮助他们建立学术思维和工作方法。沈从文在中国古代服饰研究中也非常看重实物史料的价值，他认为[1]实物研究是"唯物实事求是"的方法，将物质文化按部门"会通运用"，"从常识出发，排比排比材料。采用一个以图像为主结合文献进行

比较探索、综合分析的方法"。沈从文先生常年在博物馆工作，经手过的实物史料充盈，实证与比对法更具便利条件，但初入服饰史研究的学生缺乏经验与常识，在教学中借鉴朱尔斯·普罗文(Jules Prown)的物质文化理论对研究对象进行逐层分析。按照他的观点[2]，"一件传世服装能告诉人们它来自何方，怎样的制作工艺，谁穿着过它，以及它所处的社会有着怎样的纺织技术、商业形态和审美观念……，一件服饰实物透出的信息远比我们想象的要多很多。"在掌握一定的专业常识基础上，只要运用得当的研究方法，新入门的学习者可以得到相对可靠的分析结果，把实物史料研究方法引入服装专业的课堂，拓展学习者的视野，获得进阶服饰研究的

教学方法。

2　作为服饰研究对象的实物史料

实物史料是指历史上留存下来的实体物件,如古迹、遗址、出土文物和传世物品等,通常是文献史料的有力物证,它与文字史料相互佐证。实物史料通常是第一手史料,是历史事件和当事人直接参与和见证的资料,比起其他史料更具直观性和客观性,受到服饰研究者的重视。作为人的创造物,文化行为创造了它的物质形态,实物对象就有了近似文字、象征、叙事乃至历史的性质[3]。实物史料放置在历史文化背景中,不再是原先被当作日常的、功能性的人造物品,而是被当作解读其所处社会的媒介,按照布尔迪厄(Pierre Bourdieu)在《区隔:趣味判断的社会批判》中的观点,假定每个社会团体都有自己独立的价值观,在品位分析与社会分析之间建立一个联系,那么,文化分析的同时也是社会分析[4]。

2.1　实物史料具有补史作用

对无文字可考的历史,实物遗存可以作为原始材料,以还原和推测其历史面貌。早期的纺织材料基本是以有机纤维制成,纺织品容易腐烂损毁,极难保存,因此需要依靠其他存世的实物提供一定的佐证,通过特定的方法辨析其历史样貌和状况。如最古老的纺织品实物是苏联佐治亚州的 Dzudzuana 洞穴发现少量的亚麻纤维,通过实物分析可以辨别到它是经过加捻、切割甚至还染了多种颜色的人工制品,经放射性碳测定其所处时间在 30000～36000 年前[5]。以色列 Ohalo Ⅱ 遗址出土了三股捻线合股的植物纤维碎片,证实人类在 19000 年前已掌握了制线的方法;陕西西安半坡遗址出土的陶制纺轮则是中国发现最早的捻线工具。除了纺织器具的旁证,还有织物纤维的实物出土,如在临淄齐故城阚家寨 B 区的水井中采集到黏附着红色织物的土块,经测试分析,织物组织为纱,经纬密度为 15×15 根／cm²,红色染料为朱砂,胶黏剂为大漆,可以推断这是与土块黏结在一起得以幸存的丹漆纱[6]。可以推断,在 2000 年前齐国已掌握非常高端的织造技术,为缺乏文献记载和其他史料的周代纺织生产和工艺技术提供了难得的实物资料,也从一个侧面佐证了中国人崇尚朱色的审美传统。

2.2　传统的研究方法

在服饰实物史料研究中,更像是侦探对待物证,按照物品提供的线索层层剥开,牵出更多关联信息,直达真相,这一过程需要建立在专业方法的基础上。在运用实物史料时,一方面要对史料加以辨析和综合考证,另一方面还要综合运用文献、图像、口述等史料,从而形成对服饰史料的立体研究。历史学家翦伯赞在《略论搜集史料的方法》一文中指出[7]:"要使历史学走上科学的阶梯,必须使史料与方法合而为一。即用科学方法进行史料之搜集、整理与批判,又用史料进行对科学方法之衡量与考验。使方法体化于史料之内,史料融解于方法之中。"还有王国维提出的"二重证据法",都指出实物史料不像文献史料那样信息明确,可以直接阐释,而是需要专门的方法进行解读从而获得信息,以排除研究者的主观因素,避免误读和曲解。因此辨析和研究方法就成为关键要素,前辈史学家们总结的工作方法对各类专门史研究各有专长和优势。

实物史料是其他类别史料的有力补充。对有文献记载的历史,则弥补文字描述的不足和记载的散佚,起到补充漏失和纠正讹误的作用。梁启超《中国历史研究法》称[8]:"史料为史之组织细胞,史料不具或不确,则无复史之可言。"史料是研究史学的根本,又如史学家顾颉刚指出[9]:"史料很多,大概可以分成三类:实物、记载、传说。这三类里都有可用的和不可用的,也有不可用于此而可用于彼的。作严密的审查,不使它僭冒,也不使它冤枉,这便是我们研究历史学的人的任务。"文献、实物、图像和口碑传说四类史料相辅相成,相互比对,相互参证,才能得出最接近历史面貌的结论。宋人郑樵有精辟的论述[10]:"图,经也,书,纬也。一经一纬,相错而成文","古之学者为学有要,置图于左,置书于右,索象于图,索理于书。"很好地解释了文献资料和实物史料的关系和作用,"左图右史"成为历代学者非常看重的学术传统。

2.3　实物史料对服装史研究的特殊价值

实物史料本身储存的信息,可以提供比文字记载更直接具象的资料。文献史料可以用来解释实物史料、图像史料,但单从文献史料入手会让人对具体的样貌、材料、组织构成等视觉样式不得要领。如深衣在《方言》中记载,"绕衿谓之𧙕"很多注释把"衿"解为衣领,但从实物取证,以长沙仰天湖楚墓出土的彩绘女俑为参考,一看就明白它指的就是绕襟,有宽领缘饰的衣襟缠绕躯干旋转而下,衣襟的样式以及如何缠绕都清楚地展现出来,这是文字资料所不及的功能,有效地补充了文献资料。沈从文在《中国古代服饰研究》中也讲到[11]:"文字材料虽多,但和具体问题差距大,纯粹由文字出发而做的说明和图解,所得知识实难全面。"需要借助其他材料进行比较、推测和佐证。他采用以图像为主再结合相关文献进行综合比对的方法,在以百万件计和服装有关的存世文物中,进行比较分析,结合文献相互引证综合判断,其研究结果成就了《中国古代服饰研究》一书。

3 服装实物史料的研究方法

沈从文有深厚的文字功底，再结合他长期在博物馆经手大量文物，形成了一套务实又重实物论据的研究方法。这是实践得真知，建立在大量实物史料基础上，为服饰研究提供了可靠的资料。服饰实物研究不同于文物学，研究重心不限于物品本身，更看重穿用者、生产者的状况，和穿用者所处的时代，特点是以点带面、由微及著，把服饰品还原到所处时代的情境中，让后世研究者在研究方法上得到很多启发，但对大多数学生来讲，沈先生的治学背景和研究条件不可复制，需要提供更适用的研究方法。

耶鲁大学艺术史系朱尔斯·普朗（Jules Prown）基于对象分析的物质文化方法在他的论文 "*Mind in Matter: An Introduction to Material Culture Theory and Method*" 中进行了概述。在博物馆研究以及艺术和文物的历史和考古调查的背景下，普朗的方法已成为一种经典的分析方法。普朗将物品视为文化的体现或"物质表现"，主张采用理论和方法论方法对其进行分析，以便从物品中梳理出有关其文化来源、社会、个人的信仰和行为的信息，这些综合因素促成制造和使用这个物品的原因。普朗的方法试图理解从其初始产生它的社会背景中移除对象，帮助研究人员重新建立与它的原生背景相连接的方法。

普朗建构了对人工制品的分析模型，他把物质文化作为一个研究领域的"基本前提"，是"人类制造或修改的物品有意识或无意识地、直接或间接地反映了制造、委托、购买或使用它们的个人的信仰，以及通过扩展他们所属的更大的社会信仰。"普朗也指出，服装是一种特别个人化的人工制品，与一个人的身份、价值观密切相关。他认为，以有形的形式产生的人工制品可以表现出精神的物化，甚至带有感情的质感，因此具有代表一种潜在的文化，尽管这些服装在很大程度上被材料牵引而忽视了对文化内涵的研究。虽然个人装饰有望成为一个特别丰富物质文化研究的主线，但迄今为止几乎没有做过相关的重要工作。普朗自 1982 年起，和苏珊·皮尔斯（Susan Pearce）（1994）在博物馆物品和收藏品方面的工作中提出了这一观点，影响了服装历史和服装策划的方法。

借鉴他的方法把出土或传世服饰作为研究对象，看看最终能得到哪些结论，对其所处时代的历史文化和社会形态有哪些发现。在教学中，把实物史料分析法分为四个阶段、描述、演绎、推理和调研。

3.1 描述

对研究对象进行清晰、简洁的描述。首先是对研究对象进行客观的描述，仅从事实出发，不带有任何主观评述，杜绝加入任何主观假设，避免受到以往经验的干扰。如研究的实物是一件女士披风，不能称它为披风，而是通过描述所有与它相关的文字描述让别人知道它是什么。需要列出衣服的实际尺寸、颜色、形状、比例、面料类型、外观结构、已有的标签和它所显示的文字。这个阶段不使用任何以前的知识——仅仅描述观察者所看到的。通过描述，可以让没有见过这件物品的人感受到观察者看到的和体验到的内容。如果物品是损坏的，不完整的，或者看起来像是被改造的，都如实描述。

有经验的服装专家可以运用其专业知识得出接近客观事实的结论。比如，轻松地判断出一件礼服所使用的材料是丝绸还是人造塔夫绸；制作工艺是斜裁法还是什么特殊裁剪。这个阶段对初学者更有帮助，他们或许无法用经验判断面料成分，只会表述出面料很软，带有柔和的光泽，记录观察到的初始印象，没有任何背景知识的介入可能会提供更多的启示，创造出更多的关联。分析者可以建立全面的描述，物理性特征的描述包括材质、颜色、样式、尺寸、工艺等，为初学者深入研究创建一个并不难的开始。记录最初始的感受，它是真实的、不加粉饰的，往往也是鲜活的、敏锐的，可以帮助观察者创建有益的线索展开研究。

3.2 演绎

揭示服饰品的用途和意义。运用专业知识，推进与服饰实物的互动关联，想象穿着或佩戴它的样子，与其他同类品的比较，是否是当时当地典型的样式？从中揭示了关于主人的品位、财富、地位等状况？这个阶段需要运用研究者在服装史、服装结构和纺织材料等方面的知识，确定物品的名称，推断出它的功用和服用价值。

通过推理可以推测出穿用者更多的信息，让它的主人变得清晰生动。天津收藏家何志华先生每年定期为他收藏的明清服装开箱通风，通常在春末夏初干燥的季节把衣服拿出来在阴凉通风处晾衣服。当年作为服装专业研究生有幸得以观看这些传世服装，何先生拿出几件衣服让同学们测量并试穿，几位女学生在试穿中普遍感觉领口非常纤细，基本不能扣上领襻，经测量大部分领围在 33~35cm 之间，比当代北方青年女性的领围瘦 2~3cm，这是非常惊人的发现。这些衣服大多来自江浙一带，南北地域的人身高普遍存在一定的差异，再加上现代人营养状况比古代要好很多，所以体型高大健硕些是普遍的。同学们在试穿时直观地感受到原来的主人纤细的颈项，似乎一下子就感受到 100 年前女子的风貌，这是通过衣服尺寸上表现出来的，得知明清时期女装不在腰身上显露形体，松量较多，但在领围上是可体的（图 1）。

图 1　何世华收藏的清代传世服装

3.3　推理

依据物品所显示的真实信息提出大胆推测,借此引发更深入的调查,这些问题可以反映服装本身的物质属性,也会探究其在历史和文化中的精神价值。如果这件衣服是传世的或出土的,分析一下是什么原因使这件衣服幸存下来?可以设置 3~5 个假设,推测它谁曾使用过它或穿戴过它,为谁而制作,是谁做的,它怎样被穿或被使用,它是什么年代的,哪个时段的,为什么看上去是这样的,在什么情形下被流传和散布,代表什么,意味着什么。这些问题都可以用研究者最初的印象来回答,这些结论将意味着什么?同时,还要特别关注与这件衣物关联的信息,往往会获得比从衣物本身更多的信息,如和它放置在一起的信件、照片、标签上的文字或者口述历史,都可以提供额外的信息,把隐藏在衣服背后的故事和真实含义挖掘出来,否则它将被永久地淹没在历史的尘埃中。

3.4　调研

学术调查和验证的规划。创造性地思考哪些必要的调查可以验证诠释你的假设,研究这个的假设,查阅资料和素材去确认或否定你所做出的推论,找出至少三个来源来帮助确认这件衣物的用途或意义。支持材料应从学术专著或学术文章中查询,引用部分需要标注参考书目作为注释。如果超出研究者已知的范围,就要去查一下相关资料,拓展己所不能,这个过程既是对以往知识的考察,又是增长和拓展学习的机会。多角度、多层面地从美学、社会、经济、科技、文化和历史的角度衡量一件衣服的价值,以此获得新的诠释和见解,达到"在更高的抽象上合而为一",呈现"生动的整然的历史"[11]。

例如,一件象牙白色披风(图 2),它的颜色有些陈旧,不像新品那样崭新亮眼,意味着它虽被良好地保存,但岁月让它褪色,通过面料的状况可以表明存在的时间。这么大件的衣服全部用真丝面料吗?衣摆布满绣花装饰,从工艺看,明显不是手绣,看上去也不是一件高

级的服装,这些问题的提出可以激发研究者对这一物品更深层的探索。基于服饰的历史背景知识可以帮助判断它是哪个时间段出品的。有时服装的商标或成分标签会提供清晰的信息,为进一步了解它的历史背景提供了简单的切入点。标签往往会显示它的产地、商品的品牌、面辅料的成分等。衣服的水洗标上显示面料是 100% 丝绸,再结合领标上的品牌搜索,可以得知这是活跃在 1920 年代的美国服装品牌,那时日本的蚕丝大量进口到美国,丝织业在机器改进后,生产规模蓬勃兴起,价格大幅度下降,丝绸面料开始在成衣上广泛使用。因此,解开了第一眼看到这件衣服的疑问,用料很多又是纯丝的成衣为什么在制作工艺上不那么考究,机器绣花是低价成衣通常采用的工艺方式。朱尔斯·普朗说[12],"推论几乎总是一成不变地推演到最初的描述中。"第一印象往往是直观的判断,很多时候,一些历史性、科学性问题都是追随内心的疑问,内心的感觉可以帮助研究者知道要问什么问题。

图 2　象牙白绣花斗篷

3.5　阐释性分析

通过文字描述介绍从这件物品上了解到什么,及它的用途。以清晰明确的文字为所陈述的服饰品进行定义,以物品本身和它所处的时代背景所展现的细节作为参照,类似于为物品所作的证词声明,这阶段的工作不是之前四项分析的概括性总结。

图 3 是在新英格兰的一所旧房子里发现的一对非常罕见的袖垫,这对袖垫被私人收藏多年后才向公众展示出来。袖垫采用薄质织花棉布制成,随时间流逝而褪色变黄,螺旋纹织花图案因感光突显出来。袖垫里填充了羽绒,衬垫仍然保留了原装的系带,用于固定到紧身胸衣上。袖垫是手工缝制的,除了腋下区域更换了局部织物外,其余都是原装的,可能是为了更换被污染的织物或增加尺寸,很可能早在 1840 年代就已完成了这个改动。左右两只内衬上都用墨水笔签有衣主 M. A. Poole 的名字。在 1630 年代的波士顿地区,"普尔"是

在韦茅斯定居的英格兰人常见的姓氏。

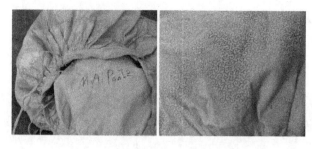

图 3　棉质印花袖垫,19 世纪 30 年代

图 4 所示的服装是 19 世纪 30 年代流行女装,袖垫支撑的球状蓬袖略低于肩部。

图 4　收藏于京都 Kyoto 服装学院的传世服装

4　结论

服饰实物是作为历史文化中一种遗存,它是人类历史存在的具体证据,制造时运行的智能自觉或不自觉地反映出时代的信息,运用实物研究法从史料中抽出历史原理,再把这些原理加以辨证的综合,使之在更高的抽象之上化合为一,这就是历史的法则。有了这种历史法则,我们又用这种法则去贯穿史料,于是这种物化于法则中的史料不再是陈旧的、片段式的史料,而是生动的、鲜活的历史了。

致谢

本文为天津工业大学 2020—2021 年度课程思政教育教学改革专项项目“‘中西服装史’课程思政教法研究与实践”(PX-35211510)结题成果。

参考文献

[1]　沈从文.中国古代服饰研究[M].上海:上海书店出版社,1997.

[2]　朱尔斯·戴维·普罗文.物质的实质:物质文化理论与方法导论,温特图尔集[J].芝加哥大学出版社,1982,17(1):1-19.

[3]　孟悦,罗刚.物质文化读本[M].北京:北京大学出版社,2008.

[4]　孟悦,罗刚.物质文化读本[M].北京:北京大学出版社.

[5]　K. Kris Hirst. History of Textiles:When didp eople learn to makecloth? [DL] https://www. thoughtco. com/the-history-of-textiles-172909.

[6]　周旸,丹漆纱与素麻:临淄齐故城出土纺织品的一些认识 [J].丝绸,2015(8):

[7]　蓟伯赞.史料与史学:略论搜集史料的方法[M].北京:北京出版社,2005.

[8]　梁启超.中国历史研究法[M].北京:商务印书馆,1947.

[9]　顾颉刚.战国秦汉间人的伪造与辨伪,古史辨:第七册:上编[M].上海:上海古籍出版社,1982.

[10]　郑樵.通志·图谱略卷七十二[M].万有文库本.

[11]　陈连营.文献史料与实物史料有机结合的典范之作[N].中国文物报,[2017-11-28].

Construction of "Standard and environment in textile engineering" to adapt the requirements of engineering education certification and new trade

LI Sha[1,*], QI Shuoliang[2], MA Chongqi[1], LIU Hao[1], ZHENG Tianyong[1]

1 *School of textile science and engineering, Tiangong University, Tianjin, China*

2 *International Exchange and Cooperation Department, Tiangong University, Tianjin, China*

Email address

lisha@ tiangong. edu. cn(LI Sha) , qishuoliang@ tiangong. edu. cn (QI Shuoliang) , machongqi@ tiangong. edu. cn(MA Chongqi) liuhao@ tiangong. edu. cn(LIU Hao) , zty_tjpu@ tiangong. edu. cn(ZHENG Tianyong)

Abstract: To the curriculum of "Standard and Environment in Textile Engineering", the system construction ought to adapt the requirements of engineering education certification and new situation of trade . The three core concepts of engineering education certification and diversified trade situation are realized with the help of digital curriculum platform and case base, which are based on all levels standard and trade in textile science and technology, as well as the interaction between the development of textile industry and the surrounding atmospheric environment and the internal environment of workshop. Implement university – enterprise collaboration in education.

Keywords: textile standard; textile environment; engineering education certification; textile trade; university – enterprise collaboration in education

适应工程教育认证和贸易新形势的"纺织标准与环境"课程体系构建

李莎[1,*], 齐硕樑[2], 马崇启[1], 刘皓[1], 郑天勇[1]

1 纺织科学与工程学院, 天津工业大学, 天津, 中国

2 国际合作与交流处, 天津工业大学, 天津, 中国

邮 箱

lisha@ tiangong. edu. cn(李莎) , qishuoliang@ tiangong. edu. cn (齐硕樑) , machongqi@ tiangong. edu. cn(马崇启) , liuhao@ tiangong. edu. cn(刘皓) , zty_tjpu@ tiangong. edu. cn(郑天勇)

摘 要: 对"纺织标准与环境"课程提出以适应工程教育认证和贸易新形势要求的课程体系构建, 以纺织科学技术和纺织生产实践以及纺织贸易为基础制订的各级各类标准, 以及纺织工业发展与周围大气环境、车间内部环境的相互影响为主要教学内容, 以数字化课程平台和案例素材库辅助来实现工程教育认证的三大核心理念, 并理解多样化的贸易形势, 落实校企协同育人目标。

关键词: 纺织标准; 纺织环境; 工程教育认证; 纺织贸易; 校企协同育人

1 引言

"成果导向(产出导向)""以学生为中心""持续改进"是工程教育认证的三大核心理念[1]。成果导向强调制定清晰明确的学生毕业时应达成的学习成果。以学生为中心则是围绕培养目标和全体学生毕业要求的达成进行资源配置和教学安排, 并将学生和用人单位满意度作为专业评价的重要参考依据。持续改进是强调专业必须建立有效的质量监控和持续改进机制, 推动专业人才培养质量不断提升[2]。对课程而言, 也应该按照工程教育认证要求来构建课程体系, 实现课程在这三个核心理念中各自的小目标。

天津工业大学纺织学院纺织工程专业经过长期建

设,现已成为国家级特色专业和国家级一流本科专业建设点,2017年和2022年纺织科学与工程学科入选国家"双一流"学科建设序列,纺织工程专业2018年通过了工程教育专业认证并于2021年顺利通过其持续改进的中期检查。纺织工程专业秉持"以生为本,开放融合"的办学理念,以"厚基础、宽口径、分方向"的办学模式,按照现代纺织产业链的结构布局,设置了现代纺织技术、纺织品时尚创意设计、纺织服装商务与贸易、纺织服装标准与检测、先进针织技术与产品开发5个专业方向[3-4]。随着《区域全面经济伙伴关系协定》(RCEP)的正式实施,贸易形势越来越多样化了[5],推动了商务与贸易专业的发展。

"纺织标准与环境"课程诞生于2017年,是"双一流"学科和"新工科"建设的需要,作为纺织工程专业基础必修课程安排在本科培养计划的第六学期。从2020年开始,已经连续3年面向纺织工程的5个专业方向10个班级开设该课程,3个年级共600多名纺织工程的本科学生接受了该课程的线上或线下教学。

本课程的教学设计和建设实施目标要在以学生为中心的基础上保证学生通过学习该课程取得两方面的特定学习成果:即"工程与社会"和"环境与可持续发展",这是纺织工程专业12个工程教育培养目标中的两个。

本课程的课程体系构建包括基本框架、具体教学章节教学内容、教学方法、教学素材、教学反馈和评价等整个课程体系的建立。

2 课程教学内容的构建

教学内容紧扣课程的培养目标,从适应工程教育认证要求的三大核心理念来构建。

2.1 以学生为中心的教学内容构建

根据专业体系的安排,本课程培养目标中的两个为:

(1)通过主要的纺织工艺相关标准的学习,在相关工艺和工厂设计方案中能够查找相应的技术规范和标准;

(2)通过对主要的各级各类与纺织行业相关的环境标准的编制原则、内容、形式、分类等是学习,了解纺织专业相关领域的环境保护相关的技术标准要求。

为了让学生更全面地理解这两方面的内容,通过梳理纺织工程领域重要的技术规范和标准,确定的具体教学内容为纺织标准的编制方法以及我国纺织标准的现状,针对纺织工程常用术语、计量单位及符号标准、实验标准、产品标准、行业标准、国家标准、国际标准中有代表意义的条款举例学习,例如,国家纺织产品基本安全

技术规范(GB 18401—2010);纺织材料公定回潮率(GB/T 9994—2018);棉纺织工厂设计标准(GB/T 50481—2019)等的学习,理解纺织工艺标准对于改善经营管理、提高产品质量、组织专业化生产、节约原材料、保障安全、扩大国际贸易、提高经济效益都有重要的作用;使学生了解各级各类标准的组成和用途,在设计方案中能够考虑社会、安全、健康、法律、文化以及环境等制约因素;理解不同社会文化对工程实践的影响;在相关工艺和工厂设计方案中能够查找应用相应的现行的技术标准。

2.2 以成果为导向聚焦能力培养的教学内容构建

根据专业体系的安排,本课程学习室内、外环境参数,了解主要的环境排放标准,和标准结合起来。例如,纺织工业环境保护设施设计标准(GB 50425—2019);纺织工业粉尘防爆安全规程(GB 32276—2015);纺织染整工业水污染物排放标准(GB 4287—2012/XG1—2015)等,首先,能够针对所学的部分重要标准举一反三,根据具体纺织工艺过程需求查找相应的规范和标准,提高解决问题的能力。其次,通过学习环境标准具体的某些条文,能够分析评价纺织工程实践及其产品开发、应用过程中与周围环境的息息相关性,理解纺织行业与环境保护的关系,理解纺织技术对于可持续发展的影响,并根据标准要求提出改进方案以及不同纺织工艺设计方案对环境的影响。提升"工程与社会""环境与可持续发展"的理念,提高终身学习的能力。

2.3 以持续改进为中心的教学内容构建

每一门课程也必须建立有效的质量监理和持续改进机制来推动人才的培养。

首先,本课程有学校网站的学生评教环节,包括客观评教和主观评教。客观评教为打分制,主观评教没有任何限制,学生可以畅所欲言提出自己的想法,课程结束后教师可以看到学生对这门课程的评教情况,针对评教结果,在下一轮教学过程中对教学内容有针对性的持续改进。

其次,我们的技术规范和标准,不管是纺织工艺的还是室内、外环境的,都随着技术和社会的进步在不断更新,因此,针对教学内容中的每一个引用的技术标准或环保政策,每一次讲授都需要核对其是否是现行的,既保证教学内容的与时俱进,也以此要求学生要遵循现行的技术标准和环保政策,同样也推动学生在"工程与社会""环境与可持续发展"方面的与时俱进。

3 教学方法和素材的构建

本课程以课堂教学为主,线上线下相结合,辅助学

生有目的查找资料自学。课堂教学采用启发式、互动式教学的方法,使学生牢固掌握各级各类标准的基本组成、分类、编制原则等,以及与纺织工艺及车间环境之间的影响关系。同时安排课后的自学环节,通过课外作业,促进学生积极思考,运用自主型学习方法,鼓励学生课外自学。涉及原理、含义的内容课堂讲细、讲透,涉及一般专业知识的内容提高广度。使学生认识到纺织工艺不是独立存在的,和周围环境有着千丝万缕的关系,要不断探索和学习,具有终身学习的意识,以及多方面获取知识的能力。

3.1　建立数字化课程平台,线上线下相结合

数字化课程不受时空的限制,学校的学生和纺织相关工厂企业的职员以及感兴趣的人都可以方便地学习,实现资源共享。学生的课表时间虽然是固定的,但通过线上学习的补充和线下课堂学习的结合,可以学得更透。其他学员可以通过线上的教学视频和教案对感兴趣的内容有对应的了解,还可以留言提问,实现线上交流互动。

如图 1 所示是学校泛雅平台和超星网站的线上课程资源的信息和点击量,从数据可以看出反响很热烈。

课程名称	所属院系	课程负责人	点击量	创建时间
纺织标准与环境	纺织科学与工程学院	李莎	91577	2022-02-24
纺织标准与环境	纺织科学与工程学院	李莎	44674	2021-02-23
纺织标准与环境	纺织科学与工程学院	王晓红	57097	2020-02-12

图 1　"纺织标准与环境"课程信息和点击量

3.2　实践案例素材纽带

作为专业基础平台课,课上课时有限,所以搜集一些实践案例素材作为课外补充学习资料,针对不同的专业方向,用有针对性的素材来支撑。

根据纺织工程不同的专业方向,和行业的企业交流合作,针对不同方向需要普及的主要的纺织技术规范或标准或贸易规则,结合工艺生产实际或商务贸易流程等来搜集建立对应的案例素材库,通过这种具体的企业和具体的标准或贸易检测等相结合的案例来提高所有参与课程学习的学员知晓和理解纺织大行业技术或检测标准是企业品质保证的理念。

譬如经济全球化之下各国的经济竞争越来越激烈,但自 2020 年 11 月 15 日《区域全面经济伙伴关系协定》(RCEP)正式签署,2022 年 1 月 1 日正式生效[6],对新形势下国家经济与贸易的发展情况、对互惠互利的这个自贸协定应该有所了解,学生才能全面了解纺织行业的技术和经济在国际上的位置,在将来全球化竞争中获得主动权。因此纺织服装商务与贸易方向的课外学习素材主要是纺织品国际贸易、纺织品国际性检验方面的标准规范和政策等。

针对不同企业的室内、外生产环境等搜集并开发环境教学案例素材库,来提升所有参与课程学习的学员理解纺织环境保护以及可持续发展的理念。

通过联系不同的企业,针对不同阶段的标准,不同的环境因素等实践案例素材库这个纽带,实现专业课程进企业、企业案例进课程的协同育人模式,来适应工程教育认证的要求,实现共通教育的目标。

4　融课程思政于工程教育

加强课程思政教育,推动一流专业建设,是当下高校的主要任务之一,针对工程教育认证标准的 12 条毕业要求及课程思政的内涵,根据"纺织标准与环境"的教学内容和特点对课程思政进行顶层设计[7-10]。

本课程讲授纺织工业相关的各种技术标准以及和室内、外环境的相互影响,通过理解各级各类技术标准和室内、外环境技术对纺织工艺发展的重要性,同时讲述科技和环境与人类的相互依存关系。举例说明纺织产品(如防护服、口罩)设计开发对标准的理解,工艺系统节能、室内参数、碳排放等对环境的影响和要求,从心底认同"绿水青山就是金山银山""技术进步永无止境"等,通过标准和环境的学习使学生感受工作和生活中须臾不能离开技术和环境的影响,而且相互影响。激发学生对纺织行业的兴趣和热爱。

针对技术与环境标准的废止修订以及现行等状态,加强以发展和创新为核心的与时俱进精神教育,培养具有工匠精神、具有传承与创新能力的高级纺织工程复合应用型人才,对标准—纺织标准—环境—纺织环境—标准与环境的理解螺旋上升,从心底认同其重要性,提升"工程与社会""环境与可持续发展"的理念。培养学生的节能意识和环保意识。技术标准和节能减排不仅是国家目标,更是每个企业每个个人的目标。

5　结论

本课程提出以适应工程教育认证要求的课程体系构建,以纺织科学技术和纺织生产实践为基础制定的各级各类标准为主要内容,同时介绍纺织工业发展与周围大气环境、车间内部环境的相互影响,使纺织工程专业的学生具有标准应用和分析能力,了解基本的纺织工业节能、减排、环保方法,重视标准和环境对工艺的重要作用,为培养复合型高级纺织工程人员的专业知识与技能

服务,又为拓宽学习专业方向相关知识打下基础。开拓学生思路、扩大视野,培养学生将所学知识应用到纺织实际工程的能力。

致谢

本文为"纺织之光"中国纺织工业联合会高等教育教学改革项目《贸易新形势下纺织贸易及纺织检验方向教学改革研究》(2021BKJGLX743)的阶段性成果之一,为教育部产学合作协同育人项目《基于产出导向和产学融合的"纺织标准与环境"课程教学体系》(BINTECH-KJZX-20220831-88)的阶段性成果之一。

参考文献

[1] 谭春娇,陈微,赵亮.工程教育认证理念指导下的教学改革[J].计算机教育,2019(2):123-126.
[2] 荆妙蕾.适应工程教育专业认证标准的课程教学设计思考[J].纺织服装教育,2018,33(3):173-176.
[3] 刘雍,王润,范杰,等."新工科"背景下纺织工程专业人才培养模式探讨[J].轻纺工业与技术,2022,51(3):102-104.
[4] 荆妙蕾,程欣.产教融合视域下传统工科专业升级改造路径研究:以纺织工程为例[J].高等工程教育研究,2021(3):25-31.
[5] 张彬.新形势下国际经济与贸易发展趋势初探[J].现代经济信息,2020(8):62-64.
[6] 张丽芳,程晔.关于课程思政与工程教育认证融合的思考[J].高等建筑教育,2022,31(1):181-185.
[7] 王建坤,张淑洁,李凤艳,等.思政引领一流纺织课程建设与教学改革的探索[J].纺织服装教育,2022,37(1):48-51.
[8] 崔晓凌,郭久畅.RCEP之下的纺织贸易[J].纺织科学研究,2021(2):20-21.
[9] 张徐,赵丽。"三耦四融"一体化工程创新人才培养体系研究[J].中国大学教学,2022(7):22-30.
[10] 李松,秦高梧.环境与能源材料课程的课程思政实现[J].高教学刊,2021,7(26):177-180.

Reflections on the training of overseas graduate students majoring in textile biomaterials and technology from the perspective of the Belt and Road Initiative

LI Yan[1, 2, *], GAO Jing[1, 2, 3], WANG Fujun[1, 2, 3], WANG Lu[1, 2, 3]

1 *College of Textile, Donghua University, Shanghai, China*

2 *Key Laboratory of Textile Science & Technology, Ministry of Education, Donghua University, Shanghai, China*

3 *Key Laboratory of Biomedical Textile Materials and Technology in Textile Industry, Donghua University, Shanghai, China*

Email address

yanli@ dhu. edu. cn(LI Yan), gao2001jing@ dhu. edu. cn(GAO Jing), wfj@ dhu. edu. cn(WANG Fujun), wanglu @ dhu. edu. cn(WANG Lu)

Abstract: Graduate education in China is an important way to cultivate and transport high-level talents for countries along the Belt and Road. In recent years, the scale of foreign graduate students studying in China in textile field has been expanding, which brings unprecedented opportunities and challenges to the international development of textile discipline in Chinese universities. Especially for the cross-disciplinary majors such as 'textile biomaterials and technology', how to transition from the scale expansion of foreign postgraduate education to the connotative development of improving quality and efficiency is an urgent problem to be solved. Starting from the orientation of professional talent training, combined with the specific national conditions of countries along the Belt and Road, and focusing on the difficulties faced in the existing training, this paper puts forward the innovative training mode for graduate students studying abroad, improves the quality of graduate students studying abroad from the aspects of ideological and political education, ability fit, and autonomous learning, and highlights China's responsibility as a great world power that promotes the common development of talents in various countries. At the same time, the paper hopes to provide some enlightenment for promoting the education reform of foreign students in other interdisciplinary subjects.

Keywords: the Belt and Road; biomedical textile materials and technology; international graduate education

"一带一路"视域下纺织生物材料与技术专业留学研究生培养的几点思考

李彦[1,2,*]，高晶[1, 2, 3]，王富军[1, 2, 3]，王璐[1, 2, 3]

1 纺织学院,东华大学,上海,中国

2 纺织面料技术教育部重点实验室,东华大学,上海,中国

3 纺织行业生物医用纺织材料与技术重点实验室,东华大学,上海,中国

邮 箱

yanli@ dhu. edu. cn(李彦),gao2001jing@ dhu. edu. cn(高晶),wfj@ dhu. edu. cn(王富军),wanglu@ dhu. edu. cn(王璐)

摘 要：来华留学研究生教育是我国为"一带一路"沿线国家培养和输送高层次人才的重要途径。近年来,纺织学科来华留学研究生的规模持续扩大,给我国高校纺织学科的国际化发展带来前所未有的机遇和挑战。尤其对于"纺织生物材料与技术"这类交叉型专业而言,如何将留学研究生教育由规模扩张转向提质增效的内涵式发展是当前急需解决的难题。通过对专业人才培养定位入手,结合"一带一路"沿线国家具体国情,围绕现有培养过程中面临的困境,提出留学研究生创新培养模式,从思政教育、能力契合、自主学习等方面提高留学研究生培养质量,彰显推动各国人才共同发展的大国担当。

关键词：一带一路;纺织生物材料与技术;留学研究生培养

1 引言

随着新一轮科技革命和产业变革加速演进,一些重要科学问题和关键核心技术已经呈现出革命性突破的先兆,传统纺织与其他学科间的深度交叉融合势不可挡,经济社会发展也对高层次创新型、复合型、应用型纺织人才提出了更为迫切的需求[1]。2009年,为响应国家发展战略新兴产业的号召,"纺织生物材料与技术"二级硕士和博士点应运而生,正式起步成为培养多学科交叉高端创新型人才的摇篮。随之而来的是我国在生物医用纺织品领域的综合实力及国际地位的不断提升,从跟跑世界一流水平为主,进入跟跑、并跑、领跑并行的新阶段。与此同时,面对"一带一路"沿线国家高技术医用纺织产业尚未形成且人才需求巨大的现状,来华留学研究生教育被赋予向全球输送国际化高端人才和助力生物医用纺织品科技创新双重使命[2]。在此背景下,对来华的"纺织生物材料与技术"专业研究生实行精细化、内涵化培养,对于推动学科建设和教育国际化发展均具有重要意义。

2 纺织生物材料与技术专业留学研究生学情分析

东华大学的纺织科学与工程学科优势突出,持续保持全国领先,综合实力进入世界一流学科行列。先后与世界160余所高等院校、研究机构及企业建立合作关系,成为教育部"中非高校20+20合作计划"中方院校之一[5]。联合全球19国33所纺织特色高校,组建参与高校最多、对"一带一路"沿线国家覆盖率最高的组织——"一带一路"世界纺织大学联盟,打造全球纺织教育共同体。连续7年举办中非系列论坛,在肯尼亚莫伊大学设立纺织服装特色孔子学院,在埃塞俄比亚设立纺织"一带一路"教育培训基地和纺织产业绿色发展技术服务平台,学术话语权、国际知名度与学科影响力持续提升。在全球化科技浪潮的共同推动下,结合纺织生物材料与技术的专业特点,不断优化针对"一带一路"沿线国家来华留学生的课程教学体系。然而在探索期间也浮现出了一些问题和不足,主要体现如下:

2.1 来华留学生科学研究的基础素养较差

录取的留学研究生的专业教育背景与本专业不匹配,尤其是有相当多的学生来自教育落后地区,如非洲、巴基斯坦等国家,而留学生不同于本科生培养,作为高学历人群对于学生的检索分析能力、创新能力、国际视野等要求更为严苛。如何在学生专业基础较为薄弱、对于新兴知识的接受能力差的情况下开展专业基础知识教育是面临的问题之一[3-4]。

2.2 来华留学生实验操作技能薄弱

纺织生物材料与技术专业知识对初学者来说,理论知识抽象,难以理解其真正内涵。实验与理论知识相辅相成,因而基于理论课的实验教学尤其显得重要[6-7]。由于留学生所在国家大多缺少先进性实验及分析仪器,本科阶段未接受过实验操作训练的人员不在少数,哪怕是对于纺织专业的基础实验操作技能的掌握尚还浮于表面。如何提高留学生的实验动手能力,授人以渔是本专业留学生培养的另一亟待解决的问题。

2.3 来华留学生缺乏专业工程领导力

由于专业具有多学科交叉前瞻性、多技术跨界融合性、临床应用导向性强的特点,针对本土学生的培养模式及局限于教材的学习内容已无法满足留学生培养的需求,如何迎难而上帮助留学生把握技术发展国际新动向,提升留学生自主创新能力及工程领导力,落脚于解决实际临床问题也是当前面临的问题之一。

3 纺织生物材料与技术专业留学研究生培养探索

"一带一路"高校国际合作的实现要落实到纺织生物材料与技术专业教育中,就要从国际合作的战略高度推进专业建设。提高留学生的培养质量,有助于做强"留学中国"的教育口碑,输送对口人才,助力一带一路沿线国家相关领域的发展,尤其是对于我校的优势专业而言,提升培养质量也是我校在该专业辐射带动作用的核心体现。基于此,对纺织生物材料与技术专业留学研究生培养过程进行探索是十分必要的[8-9]。

3.1 用心构建专业教学资源

该专业坚持实行为留学生请好老师、搭好平台的建设思路,充分挖掘、有效组织社会、医院、企业等优质创新课程内容及资源,构建一批协同创新与协同育人并重的实践性教学环境,向内延伸到多学科师资力量引育并重;向上延伸到"111引智基地"。整合国际前沿新成果、新技术、新发展以实物、影像等形式补充到专业课堂教学中,开阔学生国际视野。围绕上述建设思路,用心构建专业教学和管理服务等资源。同时鼓励留学生参加纺织服装产业"一带一路"产能国际合作高级研修班、暑期"一带一路"国际学校等,全方位提高个人专业素养。

3.1.1 教师队伍专业素养的培训与提升

建成一支由专业带教老师构成的教学团队,平均年龄41岁,知识结构合理(覆盖纺织、医学、材料),其中

80%的人员有留学经历,英语写作及口语水平精良,思想政治素质过硬,学术造诣较高,积极投身教学改革,能够无障碍地与留学生进行课内外的交流。尤其是实验课,要求教师对原理和操作烂熟于心,还要学会专业的英文词汇规范地解释,根据具体内容用适当的语言讲解表述。除了语言之外,对于所授的内容了如指掌,通过讲稿理清思路,利用简单的解释就能让学生了解内容。

3.1.2 多样化配套双语教学资源库

首先是多媒体双语素材的建立。基于东华大学本校协同云系统,已形成了讲授、答疑、讨论、信息网络化的教学平台,具有"高开放"的特点。素材资源有经典案例 20 余例,视频 200 段等。

其次校内实验教学平台的建设。配套搭建生物医用纺织品基础性能测试实验室,"微工厂"、实验平台双语界面,开放共享,配备有先进的仪器设备,留学生可在线自主预约,使用仪器,开展实验。

双语专业教学内容设置在保持纺织学科自身完整性与系统性的基础上,始终把培养留学生对接临床需求的工程领导力放在首位,让学生系统性地领略医用纺织品全貌的同时融会贯通。在内容安排上以生物医用纺织品的研发思路、相关原理、制备方法及技术要点为主线,突出"纺织"和"医学",精心选择能够反映医用纺织品发展热点与焦点领域的内容实施教学,专业教学内容既相互联系又独立支撑,覆盖移植用、卫生保健用、体外治疗用、组织工程用以及智能可穿戴式医用纺织品研发全周期过程。同时,借助自媒体时代东风,为留学生单独开设微信公众号,将专业相关的前沿信息以不定期的形式发送推文进行报道,与日常教学形成有益的补充。

3.2 加强问题导向实践过程

瞄准临床医学的重大需求,联合医生攻关,通过与中国学生结队成组的方式,让留学生参与到问题导向的实践过程中来,赋予留学生勇担难题的使命感。

实践过程的组织实施一方面积极鼓励留学生参加教师的科研项目、争取大学生创新项目,进一步完善"开放性、研究型"的教学模式。另一方面,改变以往以教师为主体的单一培养形式,把留学生、教师、企业进行有效融合。

此外,依托 111 基地平台邀请国内外医用纺织品专家做专题讲座,组织各国专家、产业界领军人物进行新技术交流。留学生在聆听英文报告后自由选择相关主题进行检索并形成书面报告,与课堂讨论相结合,不仅增强了师生间的互动,还提高了学生查新、总结和表达能力。同时联合相关企业共同设立"一带一路"优秀留学生奖学金,调动留学生实践参与度。

3.3 强化线上教育资源

通过线上信息手段强化疫情期间与留学生的交流

与沟通[10-11]。为了减少时差、语言对留学生们的影响,让所有学生在实验课上顺利使用实验云平台进行实践操作,任课老师提前录制实验教学视频,让学生们事先熟悉平台界面,应用软件界面、管理工具,并通过实例操作,分步演示如何通过云平台进行数据的传输和分析统计。针对课题推进过程中的实验内容进行资料网络共享、视频连线、定时提醒等方法督促疫情期间的科研工作开展。实验实践环节的落实则主要通过虚拟仿真技术与同步连线讲解的过程进行推进,目前仍在不断完善过程中。

4　几点思考

4.1　探究摸索,教学相长

纺织生物材料技术专业留学生培养之路的摸索离不开教师的辛勤付出,也是每一位专业教师在新形势下面临的重要课题。作为一名纺织院校的教师如何去提高自身的教学水平就尤其显得重要。不断摸索和完善适合留学生的教学方法和教学模式,定期组织教研活动,探讨更好地完善课程的策略。探究出适合留学生的教学方式,才能逐渐达到最佳的教学效果。在此过程中,教师自身也需要不断学习国际先进的纺织基础理论和实验操作方法,提高自身能力的同时,将所学的理论和方法应用到实际教学中。

4.2　立德树人,润物无声

留学生文化背景差异大,不同国家与文化的交融碰撞均会产生不一样的火花。中国文化作为连接各国学生的媒介既是纽带又是渠道。在专业培养过程中将中国文化、专业背景小故事融入课堂中、实践中,讲好中国故事,传递中国声音,展示大国文化,让留学生们发自内心的热爱中国,欣赏中国拼搏进取的奋斗文化。在此基础上,使来华留学生能够提高主体意识,加强自我教育、自我锻炼、自我完善,从而达到良好的自我驱动,从被动学习转变为主动求索。

5　总结

纺织生物材料与技术的留学生教育培养工作经历了从无到有、从借鉴模仿到逐渐成熟的发展过程。我国教育对外开放事业开始从"扩大"发展阶段,进入以"提质增效"为主要特征的"做好"发展阶段。如何利用东华大学独特的纺织学科优势,不断改革创新,稳步推进专业国际化建设和发展,是需要认真思考并在实践中认真作答的重要课题。相信在国家政策的扶持下以及学校各职能部门的高度重视下,纺织生物材料与技术方向留学生工作必将迅速迈上新的台阶,从而为东华大学科教发展战略目标的实现、为"一带一路"高端国际人才教育和培养做出更多、更实质性的贡献。

参考文献

[1] 卞克玉."一带一路"背景下留学生纺织类课程教学改革实践:以《棉纺技术》课程为例[J].轻纺工业与技术,2022,51(1):144-146,150.

[2] 林竹.研究生国际化素养提升的问题与路径研究[J].吉林省教育学院学报,2020,36(4):26-29.

[3] 岑嵩."一带一路"背景下高校英语课堂中的文化导入探究[J].科学咨询(教育科研),2022(4):69-71.

[4] 杨儒贵.谈谈双语教学的课程和教材建设[J].北京大学学报(哲学社会科学版),2007(S2):278-279.

[5] 吴小军,严新锋.留学生教育可持续发展模式探讨:以东华大学为例[J].纺织服装教育,2016,31(3):176-178.

[6] 管晓宁,林婧,陈文娟,等."一带一路"背景下留学生纺织实验课程探索与实践[J].实验室研究与探索,2021,40(8):199-202,269.

[7] 朱萍,巩雪.来华留学研究生学术能力影响因素分析及应对策略[J].江苏高教,2016(5):96-99.

[8] 陈武元,曹荭蕾."双一流"高校在线教学的实施现状与思考[J].教育科学,2020,36(2):24-30.

[9] 楚艳艳,黄伟韩,孙晓艳,等.面向来华硕士留学生的全英语专业课程教学探索[J].纺织服装教育,2021,36(2):172-174.

[10] 史同娜,朱冰洁,杨伟,等.基于"互联网+"实验教学新模式下"评分树"考核体系的构建[J].实验技术与管理,2019,36(2):53-57.

[11] 许佳丽,吴文华,Fatemeh ZABIHI,等.材料专业留学生阶梯式实践课程的教学实践[J].实验室研究与探索,2022,41(1):192-196,217.

Teaching reform and practice of "Textile Chemistry" under the background of engineering education certification

PAN Gangwei*, GE Jianlong, XU Sijun, LI Dawei, YAO Lirong, LIU Qixia

School of Textiles and Clothing, Nantong University, Nantong, China

Email address

pangangwei@ntu.edu.cn (PAN Gangwei), gejianlong@ntu.edu.cn (GE Jianlong), xusijunwork@hotmail.com (XU Sijun), ldw@ntu.edu.cn (LI Dawei), ylr8231@ntu.edu.cn (YAO Lirong), lqx@ntu.edu.cn (LIU Qixia)

Abstract: "Textile Chemistry" is an important professional basic course of textile engineering major. According to the guidelines for the engineering education certification of textile majors, all textile majors participating in the engineering education certification are required to offer the course "Textile Chemistry". Therefore, the students are trained to apply basic chemical knowledge to solve complex engineering problems in the textile and apparel field. Aiming at the problems of single course teaching method and disconnection between basic theory and practical application, an implementable theoretical course system that meets the certification requirements were established. Meanwhile, the construction of online teaching platform, the setting of experimental teaching links, and the evaluation and assessment methods were carried out, so that students' interest and participation in course learning was improved. Finally, the professional quality and professional ability of students in the cross-integration of chemistry and textile were cultivated.

Keywords: engineering education certification; textile chemistry; teaching reform

工程教育专业认证背景下"纺织化学"教学改革与实践

潘刚伟*,葛建龙,徐思峻,李大伟,姚理荣,刘其霞

纺织服装学院,南通大学,南通,中国

邮 箱

pangangwei@ntu.edu.cn (潘刚伟), gejianlong@ntu.edu.cn (葛建龙), xusijunwork@hotmail.com (徐思峻), ldw@ntu.edu.cn (李大伟), ylr8231@ntu.edu.cn (姚理荣), lqx@ntu.edu.cn (刘其霞)

摘 要:"纺织化学"是纺织工程专业一门重要的专业基础课,根据纺织类专业认证的指南要求,所有参加认证的纺织类专业均需开设"纺织化学"课程,从而培养学生将化学基础知识用于解决纺织服装领域复杂工程问题的能力。针对课程教学方法单一、基础理论与实践应用脱节等问题,在工程教育专业认证背景下,从满足专业认证要求且可实施的理论课程体系建立、在线教学平台建设、实验教学环节设置、评价考核方式优化等方面着手,进行教学改革与实践,以提高学生对课程学习的兴趣和参与度,提升教学效果,培养学生化学与纺织交叉融合的专业素养和职业能力。

关键词:工程专业认证;纺织化学;教学改革

1 引言

纺织行业是国民经济和社会发展的支柱产业。纺织行业从传统的衣着领域向生活中的各个领域延伸,从关乎生活质量延伸到关乎人民的生命质量。纺织工程专业承担着为行业培养专业人才的重要使命,优质专业课程的建设至关重要。优质课程的建设可以有效提高教学质量,实现人力资源、网络资源的充分利用,促进学生专业能力的提升[1]。

"纺织化学"课程是纺织工程专业的一门专业基础课。根据纺织类专业认证的指南要求,所有参加认证的

纺织类专业(纺织工程、非织造材料与工程、服装设计与工程)均需开设"纺织化学"课程。通过"纺织化学"课程的学习,使学生对基础有机化学的知识进行系统全面的了解,认识有机化合物结构与性质的关系,熟悉各类有机化合物的相互转化及其规律;在掌握基础有机化学的基本知识点和基本理论的基础上,明晰成纤高聚物、常用浆料等材料的化学结构、物理化学性质,为以后的学习和从事相关工作打下良好且坚实的基础[2]。

工程教育认证是国际通行的保障工程教育质量的基本制度,推动了工程教育改革,促进了理论与实践相结合,加强了人才培养的实用性。工程教育认证的基本原则是基于产出导向的教学模式,包含学生、培养目标、毕业要求、持续改进、课程体系、师资队伍、支持条件七条通用标准。新时期纺织工业的发展需要大量具有纺织与化学交叉学科知识结构的复合型工程人才,工程教育专业认证背景下"纺织化学"课程对培养纺织与化学交叉学科复合型工程人才具有重要作用[3]。国内纺织高校(如江南大学、浙江理工大学、安徽工程大学等)对"纺织化学"教学方式进行了创新性探索,提出了一些建设性的教学改革方案。然而,对照工程教育专业认证的标准和要求,"纺织化学"的教学效果仍存在差距,需要进一步改革教学方法和手段。

2 "纺织化学"课程教学存在的问题

目前,我校"纺织化学"的教学对象为纺织工程专业的大二学生,主要以理论教学为主,考核方式以笔试为主。与工程教育专业认证的要求对比,一些问题也逐渐暴露出来。

2.1 课程内容陈旧,缺乏创新知识体系

目前,"纺织化学"课程内容包括有机化学基础知识、高分子化学基本理论、成纤高聚物、浆料化学、表面活性剂等诸多知识点,课程内容大多基于传统知识体系,课程内容较陈旧,培养学生创新能力的力度不够[4]。然而纺织新材料、加工新工艺、新理论不断涌现,所涉及化学知识也更加多样化。现有课程内容无法反映专业的最新研究成果和热点问题,一定程度上限制了学生的创新思维,学生在未来的学习和工作中无法学以致用。

2.2 授课方法缺乏维度,学生学习主动性差

课堂教学以PPT讲授为主,授课方法单一,学生参与度低,学生的学习积极性较差。特别是受疫情影响,线上授课进一步限制了师生互动的频次,从而增加了授课效果的不确定性。现有教学方法缺乏启发性和创造性,课堂上也缺乏对学生的有效组织和引导,学生鲜有主动提出问题并提出解决方案的机会。授课方式亟待丰富,进而激发学生的学习兴趣和主动性,提高学生分析问题、解决问题的能力[5]。

2.3 考核方式单一,学习效果评价科学性低

目前,"纺织化学"考核以期末笔试为主,考核方式单一,不能全面检验学生的真实能力。考试内容重理论,轻应用,评价方法不够全面。根据工程教育专业认证要求,需依据考试成绩计算课程目标达成度,现有考核方法无法科学有效地反映课程目标达成度情况。因此,现有考核方式单一,学习效果评价科学性低,学生的真实能力无法得到检验[6]。

2.4 实验教学缺乏

在工程教育专业认证背景下,纺织化学的教学课时不断被压缩,而纺织化学理论教学内容繁多,因此实验教学学课时偏少。"纺织化学"实验课程可以培养学生分析与解决复杂工程问题的能力,这也是工程教育专业认证指标要求之一。实验教学的缺乏,使学生理论联系实践的机会减少,导致学生动手能力差的问题[7-8]。

3 "纺织化学"教学改革与实践

针对上述教学过程中存在的问题,积极探索多元、开放的教学模式改革。主要从以下几方面着手:

(1)优化教学内容体系,补充专业前沿化学知识;

(2)改革课堂教学方法,丰富教学手段;

(3)建立"纺织化学"在线课程,实现实时学习;

(4)设置实验课程,强化动手能力;

(5)改革考核方式,注重综合素质培养。

通过教学改进措施,逐步形成"学生主体、能力为先、全面发展"的良好教学改革思路,建立教学"评价—反馈—改进"的良性循环机制。

3.1 优化教学内容体系,补充专业前沿化学知识

在现有学时紧张的情况下,结合纺织工程专业知识架构以及核心专业课设置情况,选择有机化学基础知识、高分子化学基础、高分子的结构与性能、成纤高聚物、纺织浆料化学、羊毛纤维的初步加工化学和麻纤维加工化学等章节作为课程主要内容,其中羊毛纤维的初步加工化学和麻纤维加工化学作为两个具体案例,使学生进一步理解纺织加工过程所涉及的具体化学知识。除此之外,每章内容还要补充2个学时的文献报告课,让学生不仅了解本专业前沿研究热点,还学习如何利用纺织化学基础知识开展科学研究,调动学生课程学习的积极性。例如:新型合成纤维、高性能纤维、新型浆料等有关纺织化学知识。对于要求过高且纺织工程专业使用较少的高分子化学基础课程内容进行删减。最终达到学生课中有收获、课后能应用的效果。

3.2　改革课堂教学方法，丰富教学手段

"纺织化学"课程内容较为分散，从有机化学、高分子化学、物理化学等基础理论知识到成纤高聚物（纤维素、蛋白质、合纤高聚物）、纺织浆料等纺织原料的结构及物理化学性质，所涉及知识较为宽泛。为了使授课效果更好，根据授课教师的科学研究领域，合理分配授课教师的授课章节，以便授课教师科研反哺教学，最大限度地提高教学质量。

"纺织化学"学习目的在于理解化学学科的科学思想，将所学纺织化学专业知识用于解决复杂的纺织工程问题中去。"结构决定性能"是化学学科的主要思想，纺织化学的教学要将这一思想贯穿始终[9]。如：棉纤维丝光处理后截面形态和结晶结构均发生变化，从而使丝光棉纤维的光泽和吸湿性也发生了显著变化，这是体现"结构决定性能"思想的典型范例。在纺织化学课程中，体现这种思想的知识点还有很多。学生在学习时要逐步理解这一思想，并能够应用在以后的学习和工作中。对于偏向于生产加工过程的化学知识，可以邀请企业专家授课，并配合企业生产视频，使抽象知识具体化，更有利于学生掌握所学课程内容。

"纺织化学"中涉及理论知识较多，特别是大量的分子结构、反应机理等理论性较强且抽象难懂的知识点，学生学习难度大，兴趣不高，课堂互动积极性低。运用计算机工具和现代化学绘图软件将这些知识点图像化和视频化，配合多媒体教学，提高学生学习兴趣和课堂积极性。此外，为了使学生能够更好地预习和复习课程内容，充分利用网络课程资源，如 MOOC、课堂派、雨课堂等。通过多种教学手段混合使用的教学方法，可以实现以学生为主题的教学模式，很大程度上提高教学效果。

3.3　建立"纺织化学"在线课程，实现实时学习

针对目前尚无"纺织化学"在线课程的现状，教学团队开展了线上视频课程建设工作，以满足具有鲜明特色的专业人才创新能力培养需要。在线开放课程平台资源包括：课程介绍、教学队伍、教学方法、教案、教学大纲、电子课件、习题集、教学视频、课程补充讲义等，为学生课程的预习和复习都提供了完备的内容。在线开放课程平台资源整合课程教学内容，注重理论与实践相结合，提高了学生的综合分析能力，并适时补充纺织科学前沿技术所涉及的纺织化学知识，拓宽学生视野[4]。未来将课程资源网上开放，共享优质教学资源，有效辅助学生学习，提高教学质量，实现线上线下混合式教学。通过线上课程资源，教师与学生可开展课程讨论、网上答疑、布置作业及发布课外学习资料等，鼓励学生在线互动讨论及分享资料，提高学生的学习兴趣，培养学生自主学习的能力，提高教学效果。

3.4　设置实验课程，强化动手能力

增加实验教学环节，培养学生动手能力，是工科专业的基本培养要求[10]。通过实验课程，可以引导学生掌握提出问题、分析问题和解决问题的方法，因此"纺织化学"课程设置了有针对性的实验教学内容，巩固学生所学理论知识。实验课以探究性实验代替验证性实验、综合性实验代替操作性实验，调动学生积极性和求知欲，提高学生创造性科研思维的能力。如高分子溶液黏度测试实验，认识高分子材料的溶解特性，了解高分子溶液的黏度与分子量、温度及浓度的关系。实验教学采取分组实验的方法，培养学生的团队协作能力。注重过程考核，要求学生及时记录原始数据，并对实验结果进行分析讨论，并在实验报告中记录自己的心得体会。通过严谨的过程考核不仅培养学生的基本功，也使学生养成严谨的科学态度，为未来的学习和工作打下良好的基础。

3.5　改革考核方式，注重综合素质培养

科学的考核方式是衡量教学质量和学生学习效果的重要依据。传统的闭卷考试评价方式难以真实反映学生对化学基础知识的应用能力及解决纺织工程领域问题的能力。通过改革考核方式，适当降低期末闭卷理论考试所占比重，提高过程考核平时成绩所占比重。过程考核包括出勤、参与课堂讨论、课后作业、课下资料查阅、小组汇报，以及网络教学平台利用、在线互动交流、线上作业完成情况、在线课程参与度等。对学生进行综合评价，考查学生对纺织化学基础知识的掌握以及化学的科学思维方法及逻辑推理能力，考查学生应用化学基础知识分析及解决纺织工程领域问题的综合素质，逐步实现从考察知识为主向提升学生应用能力转变、从考核精细化知识点向考察综合素质发展转变。

4　结论

在工程教育专业认证背景下，根据纺织类专业认证的指南要求，针对课程教学方法单一、基础理论与实践应用脱节等问题，从满足专业认证要求且可实施的理论课程体系建立、在线教学平台建设、实验教学环节设置、评价考核方式优化等方面着手，进行教学改革与实践，以提高学生对课程学习的兴趣和参与度，提升教学效果，培养学生化学与纺织交叉融合的专业素养和职业能力。通过"纺织化学"课程改革的积极探索与改进，坚持以学生为中心，以产出为导向，不断提高学生培养质量，为培养适应未来纺织产业发展和具有国际化视野的新型专业技术人才奠定基础。

致谢

本文为中国纺织工业联合会高等教育教学改革研究项目《工程教育专业认证背景下"纺织化学"教学改革与实践》(2021BKJGLX164)的阶段性成果之一。

参考文献

[1] 闫红芹,储长流.我国高校纺织专业《纺织化学》课程改革与探索:以安徽工程大学纺织专业为例[J].轻纺工业与技术,2017,46(1):63-64,57.

[2] 金恩琪,李曼丽,钱红飞.纺织工程专业《纺织化学》课程教学改革与实践[J].轻纺工业与技术,2014,43(5):95-96,104.

[3] 杨文秀,单巨川.工程认证背景下"纺织化学"课程教学改革与探索[J].轻工科技,2020,36(5):184-185.

[4] 徐丽慧,沈勇,王黎明,等.现代纺织背景下"纺织化学"课程教学改革与实践[J].纺织服装教育,2020,35(6):508-510.

[5] 郑瑾,田孟超.服装设计与工程专业《纺织化学》课的教学改革与实践[J].纺织教育,2009,24(4):47-49.

[6] 张伟."纺织化学基础"课程教学改革探讨[J].纺织服装教育,2014,29(4):345-346.

[7] 于法鹏,陈国强.纺织化学实验教学中存在的问题及其对策[J].纺织服装教育,2012,27(6):540-542.

[8] 杨洪芳,孔令乾."新工科"背景下《纺织化学》实验项目的开设[J].教育教学论坛,2018(39):277-278.

[9] 卢神州.《纺织化学》教学改革的一点体会[J].广州化工,2013,41(17):214-215.

[10] 单国华,肖远淑,李群华,等.绿色纺织背景下《纺织化学》实验项目的设计[J].轻纺工业与技术,2020,49(5):124-126.

Training mode and teaching exploration based on textile digital art design

SHEN Chen*, LI Nan, RAO Lei

College of Textile and Fashion, Xinjiang University, Urumqi, China

Email address

swx-design@ 126. com(SHEN Chen), 2503275166@ qq. com(LI Nan), 215288909@ qq. com(RAO Lei)

Abstract: Textile digital art design begins to develop from passive digitalization to active digital super-intelligence. Digital technology takes fiber materials, weaving technology, finishing process and other factors into consideration in the pre-design stage, so as to achieve goals such as pre-judgment and pre-setting. Based on the digital art of textiles, the article proposes to improve and reform the teaching content, teaching plan and mode of the textile and garment course, as well as the final assessment of the course, and take the actual needs of industry talents as the reform goal, and strive to cultivate innovative talents with competitiveness in modern society.

Keywords: textile digital art design; teaching reform; actual needs of industry; applied talent

基于纺织品数字艺术设计的人才培养模式及教学探索

沈沉*,李楠,饶蕾

纺织与服装学院,新疆大学,乌鲁木齐,中国

邮 箱

swx-design@ 126. com(沈沉),2503275166@ qq. com(李楠),215288909@ qq. com(饶蕾)

摘 要:纺织品数字艺术设计开始从被动数字化向主动数字超级智能发展,数字技术将纤维材料、织造技术、后整理工艺等因素考虑到前端设计中,实现预想、预判、预设等目标。文章基于纺织品数字艺术,提出完善与改革纺织服装课程的教学内容、教学计划与模式以及课程最终的考核方式等,并以行业人才实际需求为改革目标,力求培养出具有当代竞争能力的创新型应用人才。

关键词:纺织品数字艺术设计;教学改革;行业需求;应用型人才

1 引言

当下,计算机技术对艺术设计教育的影响逐渐从工具使用上升为思维展现。因此,作为纺织强国的中国,纺织数字艺术设计随之也进入新的挑战阶段。目前,从国内纺织服装行业人才需求市场着眼,虚拟的可预见表现能力与艺工结合,具备纺织品数字艺术创作与生产的复合型应用人才更受企业青睐。然而,目前国内部分高校所开设的纺织服装课程教学内容与方法与当今行业市场所需应用型人才培养目标存在一定距离,年龄结构与学历层次也有断层,呈现出强烈的滞后性。这一现状一方面导致了部分高校无法直接、高效地与纺织企业进行项目对接,教学无法为产业服务;另一方面则无法培养学生主动适应产业转型或升级后的新变化,从而无法培养具有艺术与技术的复合型人才的储备与输出,极大地制约了我国纺织行业以及相关产业的建设与发展[1]。因此,培养出具有现代化的纺织品数字艺术设计人才尤为重要。其中,纺织品数字艺术的辅助工具在纺织行业早有普及,用计算机绘图软件进行纺织品数字图案的设计与制作是业内设计师所必备的专业技能。此外,AI的发展日新月异,跨学科、跨专业的艺工结合思维对人才的培育培养日渐突出。因此,本文提出了基于纺织品数字艺术设计人才培养与教学实践,尝试调整教学思路与方法,改革评价方式,从而培养学生纺织品数字化造型创意设计的能力,同时为培养自我更新的复合型纺织品设计应用人才提供教学参考。

2 基于"纺织品数字艺术设计"的课程内容特点及教学目的

2.1 课程内容特点

基于纺织品数字艺术设计的课程教学,主要通过讲解纺织品图案相关的基础知识和对应的数字化绘图软件基本内容,并结合不同的创意风格和优秀案例来分析、模拟,开展主题性的设计与创作。它需要结合艺术学、历史学、工学等多学科知识,对自然物体进行写生、提炼、变形,从而形成具有文化性、创意性、传统或经典性的数字化图案造型,并最终应用于提花、织花、印花、绣花等纺织面料中,从而将艺术设计转化为实际生产力,是纺织服装专业技术提升与思维开拓的表现,具有较强的交叉性,其课程内容特色主要表现为:

(1)创意的可能性。纺织品数字化艺术设计教学中,不仅是承认和鼓励学生作品创作艺术形式和手法的多样性,更是探寻纺织从抽象到可预想可预判的过程,是一个从感性到理性的转变,一个非逻辑性到逻辑性的过渡。可以说,纺织品艺术创作过程不再受限于实物媒介,可通过各种数字化专业图形软件的配合即能淋漓尽致地展现笔、纸、颜料等传统介质,模拟制作出多种艺术表现效果。其最大的特点在于可将纤维材料、织造技术、后整理工艺等多种因素考虑到前端设计中,实现纺织品图案设计的预想、预判、预设等目标,开创出一个全新的设计领域。

(2)时间的调配性。纺织品数字艺术设计,即刻的反应、前后比较的追溯使繁重的手工绘制过程可以记忆。其将初创化作可执行的动作命令,最大程度上缩减了后续设计风格的延续,同时也为初学者追寻前任经验提供了学习途径,为相关课程教学提供了相对充足的、可调配的学习时间。

(3)艺工的跨界性。纺织品数字化艺术设计所涉及的学科较多,具有典型的跨界性。其在工程方面有材料学、织造学、染整工艺学等相互交叉;在艺术类方面有服装设计、纺织品设计等互为关联。因此,由于其专业交叉性较强,具有一定的复杂性,目前仅以图案基础与计算机绘图软件应用为主。

2.2 课程教学目的

客观存在的世界万物,都应该具有可遵循、可探索的有效模式。而本课程主要的教学目的在于帮助教学对象掌握相应专业技能的基础上,学习并建立一整套更具逻辑性的工作模式,其主要内容如下:

(1)意识形态。超越技术的意识,培养前所未有的空间布局、风格设定和应用前瞻的设计能力,实践设想与计划的可行性。

(2)依据标准。通过对学业、专业、行业、事业的标准对比,帮助教学对象循序渐进,明确其自身特点,并合理运用资源对标系统。例如,未来纺织设计人员如何使用色彩的潘通色卡等。

(3)工艺技能。通过相关理论讲解与技能实践,使学生从熟练掌握软件工具为第一步,如 Photoshop、AI 等绘图软件的学习。其主要内容包括:熟练掌握软件基本工具的参数、功能及操作技巧,并依托手绘手工技能和学生自身手绘的能力来利用计算机软件进行创意图案绘制、排版与场景模拟。学生通过绘图软件进行数字图案绘制,不再受画材的制约,可呈现出更多种艺术效果[3],可以更加高频、高速、高效的模拟纺织品实际生产所需的图案花型,有利于开拓学生的设计思维与设计经验。

(4)流行趋势。通过分析政府、机构、品牌方、展会、秀场发布的政策与趋势报告,合理引入相关项目与市场落地产品,引导学生预判发展方向,运用数字工具进行案例分析、案例模拟与主题创作,从而参与到实际的项目中,培养学生解决实际市场需求问题的能力。

3 基于"纺织品数字艺术设计"的课程教学问题

当下虽有破"五唯",但文凭门槛的高企,提高了高等院校纺织服装相关课程从教人员的教学理论,部分从教人员教学示范技能、方法存在诸多问题,与行业内所需应用型人才培养目标有一定差距,设计呈现 PPT 化状态。此外,多数教师从院校到院校,缺乏企业实践经验,造成其工艺实践能力相对匮乏,教学表现能力越来越虚拟化。因此,基于纺织品数字艺术的课程改革,需调整或重建部分不合理的传统教学与实践方法。例如:案例实操、设计演示、操作示范等,以便应对市场实际的人才需求。

3.1 课程教学与现有纺织服装产业升级形势不完全兼容

根据对国内部分纺织服装类企业产品进行调研分析(表1),发现其所呈现于市场的纺织面料产品图案,几乎都以数字艺术设计的形式来输出并打样生产,这也就意味着企业实际发布人才招聘的职位需求倾向于不仅具备扎实理论知识、深厚手绘功底,而且能够快速利用计算机设备进行业务拓展的实践型人才。但从纺织服装企业对于高校毕业生的人才录用反应来看,纺织服装课程的教学形式与产业的实际需求是不完全兼容,甚至是脱节的。企业仍旧需要花费大量的时间和资金对高校毕业生进行培养,尤其是在数字绘画工具的应用方面,甚至部分企业招聘岗位直接为"数字花型设计师"[2]。造成这一现象的主要原因在于:高校的课程体系、结构与内容未能及时跟随市场和企业的升级改革而进行调整,明显滞后于行业的技术更迭,人才输出与人才需求核心重点不一致,导致学生缺乏对产业前言技术的了解与掌握,在行业人才选聘竞争中处于弱势。

表1　国内部分纺织服装企业产品数字图案一览表

序号	企业	数字产品图案
1	罗莱	
2	富安娜	
3	太平鸟	
4	歌莉娅	
5	其他品牌	

3.2　教学中以教师讲述为主,学生参与为辅,课程互动性弱

传统的教学模式中,纺织服装课程教学以老师课堂理论讲授并结合案例展示为主,单向将大量的知识点在短时间内灌输给学生[1],受限于课时,教师很少进行整个设计方案的手绘、板绘实操与应用展示,学生无法更加直观地学习与理解课堂内容。典型灌输式的学习方式,导致课堂教学中教师与学生的互动性弱,难以激发学生持续的积极性与兴趣性。因此,如何在合理时间内设置教师实践操作教学流程,是课程教学亟需解决的实际问题。

3.3　学生缺乏实际项目参与的机会与能力

纺织服装类课程以实践生产为最终教学目的,它强调学生的实操设计能力与项目累计经验。但现有的高校相关课程教育仍旧是以理论讲解、案例展示、模拟设计等为主,并未真正从模仿学习跨越到生产实践,这导致与企业业务相关联的实操性教学内容严重缺失,更加无法从学习阶段跨越到实际项目的设计与制作,也最终导致学生无法将所学知识灵活地应用于产品设计中,这势必严重影响学生综合能力的培养与专业技能的提升。此外,以往高校是行业内理论与先进技术的双重引路人,但现今,纺织服装业核心技术集中在长三角、珠三角等沿海地带[3]。高校受限于新技术与新工艺的获取渠道,间接影响到课程的教学与专业人才的培养。同时,学生也缺乏实际的专业操作技能与经验,两者之间互相影响,恶性循环。因此,加强教学企业项目实训,是改变这一现象的主要途径之一,也是提升学生与院校综合实力的重要举措。

4　基于"纺织品数字艺术设计"复合型人才培养的课程教学改革措施

基于纺织品数字艺术设计的课程改革措施,主要有以下三点内容,如图1所示。

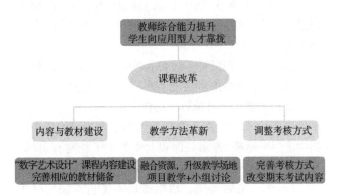

图1　课程改革思路

4.1　重构教学内容,加强教材建设

教学的目的是使学生能够与目标行业所需人才要求相适配[5],因此,基于纺织品数字艺术设计的纺织服装专业课程教学内容,需在传统的教学内容中有所调整。通常传统的教学实践部分,以手绘表达为主,注重学生手绘能力的提升而忽略了相应软件的使用与板绘能力的操练。部分高校课程教学中虽引入了计算机辅助,但并不成体系。因此,纺织服装专业课程需在课堂中增加数字化计算机教学内容,以教师利用设备进行实操教学,培养学生从手绘到板绘,从理论到实践,从模仿

到原创,从概念到落地的合理课程内容建设[5]。如,增加纺织品相关的 PS、AI 等计算机绘图软件的培训,讲解软件基础工具、性能、用途、效果等。此外,纺织服装专业具有很强的实用性,传统的授课方式往往由教师课堂讲解理论知识和展示案例为主,之后学生便直接进行模仿或创作,忽视了最主要的数字艺术设计专业技能的讲解演练流程,这也是目前多数高等院共同的一个问题。长此以往,不仅不利于行业应用型人才的培养,也不利于教师知识储备与实践操作能力的提升。

同时,目前与纺织品数字化艺术设计相对应的教材严重缺乏,高校教师没有相应的优质教材辅助,学生无法深入理解与学习,这也是导致高校无法培养出适应企业升级与革新的应用型人才的原因之一。因此,重构教学内容,加强教材建设,是目前国内相关专业院校急需解决的一项重点任务。

4.2 改革教学方法,扩宽教学资源

纺织服装产业持续升级、产品与技术更迭快速,各式各样的数字化辅助工具与软件层出不穷。因此,新时代对纺织服装专业教学提出了新的挑战,对专业教师的知识储备与数字化技能水平要求也越来越高[4]。基于此,在纺织服装专业课程教学中,需采用特色的教学方法来提高学生的兴趣与能力,从而提升教学的质量。具体方法如下:

(1)升级教学场地。纺织服装课程教学更加注重实用性,因此,课程教学应随着教学性质而转变教学思路,随教学目标进行教学场地的转变,摆脱死板的教学方法。如,将课程教学场地,由学院专业教室拓展至商场、企业车间、权威会议、面料会展、赛事评比现场等[3],对流行元素、配色、排版、软件、工艺等进行多方位的深入学习。同时加强学生对数字图案设计相关的常用辅助绘图软件革新动态的跟进,鼓励学生与行业内明星设计师主流绘制手法与风格沟通学习,开阔视野,不与行业需求断层。

(2)项目教学+小组合作法。实用型课程教学,是培养学生从"练习作品"到"落地产品"转变的一个教学过程。因此,在教学中,引入优质项目,寻找稳定合作方,合理安排时间,并根据学生专业水平整合为小组共同完成项目实施,是主要的教学改革方法之一[1]。例如,将某企业新一季度的面料花型设计需求作为课堂的教学内容,学生通过企业需求,进行相关内容的调研,收集材料,确立主题及设计方法[6],并根据生产工艺与打样机器进行版式排版与软件实操,直至最终的项目落地。了解企业化设计的整个流程,增强学生对对口岗位的接应能力,改变以往教师为主、学生为辅的教学模式,实现学生为主体地位的项目教学法。

4.3 调整考核方式

基于纺织品数字艺术设计的教学改革,应不断调整并完善相应的课程考核方式,以多种方式检验改革课程的教学成果,提升综合竞争力。其课程考核的调整方案主要有以下两种:

(1)完善考核方式。调整平时成绩中纺织品数字化专业技能的所占比重,增强学院及学生对此课程的重视度与投入度,改变学生只求结果,忽略学习过程的学习习惯。例如,可在平时成绩考核中,增加学生纺织品数字化作品的展示环节[7],并将其作为平时成绩的参考之一,方便教师掌握学生技能学习的实际情况。同时,作品展示,也可增进学生相互交流,带动学生的积极性与激励性。

(2)改变期末考核内容。由原来的主题创作增加为主题创作+实训展示,例如,按照合理比例,将企业项目实训、设计参赛等实践项目引入期末考核,从鼓励学生参赛、跟进落地项目改为必修内容,以市场需求水准为课程考核的最终目的[8]。

(3)循序次第考核层级。从满足基本教学要求(技术掌握、技能培养)进阶到学术要求(意识形态、标准依据、趋势预判),直到商业要求(服务、平衡、调配),循序渐进,有步骤、有层级地因材施教。

5 结论

"纺织品数字艺术设计"作为纺织服装专业的一门新兴课程,在高校专业人才输出与企业人才需求中发挥着至关重要的作用[9]。其作为现今两者之间(既是专业之间也是艺工之间,更是传统与当代之间)最主要的桥梁和通道之一,具有起承转合的实际效用。因此,将纺织品数字艺术设计引入纺织与服装专业课程建设中,调整课程教学思路,增强教学内容与教材建设,融入教学、学术、商业实训并完善考核方式,是完成本科教育根本任务的必要条件。实现了高校人才从理论到实践,从意识概念到趋势预判,从依据标准到方案落地的人才模式培养,顺应行业技术革新与产业升级的时代潮流,为更好地服务与培养行业尖端应用型人才提供有效途径[10]。

致谢

本文为新疆大学重大重点项目的创新团队"铸牢中华民族共同体意识下新疆时尚设计与科技赋能研究"建设计划项目成果之一。

参考文献

[1] 蒋丽萍.新时期高职"中外服装史"课程教学改革[J].

纺织服装教育,2021,36(1):70-73.

[2] 肖永亮.数字图案设计[M]北京:电子工业出版社,2011.

[3] 邢乐,王蕾,刘水,等.纺织服装产业升级背景下"服饰面料设计"课程教学改革探索[J].纺织服装教育,2022,37(3):257-260.

[4] 邱国桥.剪纸艺术在数字媒体设计中的视觉构成元素应用[J].设计艺术研究,2016,6(1):59-63,74.

[5] 许才国,盛羽,任思绮.基于需求导向的服装设计专业课程项目制教学实践——以宁波大学昂热大学联合学院为例[J].纺织服装教育,2021,36(6):552-557.

[6] 王慧玲,周彬,赵菊梅,等.基于产业发展新业态和教育发展新形态的现代纺织技术专业群建设[J].纺织服装教育,2021,36(6):517-520.

[7] 朱雪.产教融合背景下高职项目化课程教学改革与实践研究:以数字媒体艺术设计专业为例[J].艺术科技,2019,32(12):22-23,42.

[8] 温润,沈华,刘蕴莹,等.基于"艺工融合"复合型人才培养的"纺织品图案设计与实践"课程教学改革[J].纺织服装教育,2021,36(4):339-342.

[9] 余晓宝.非物质社会中数字艺术设计的新趋势[J].装饰,2006(7):17-18.

[10] 阎岩,林琳,闫博,等.新发展格局下中西部印染产业发展研究(一):以贵阳印染产业发展为例[J].纺织导报,2022(3):24-27.

"Establishment of vocational clothing teaching mode dominated by project practice-teaching"

SHENG Guo

International Fashion College, Shandong Light Industry Vocational College, Zibo, China

Email address

shengguo1969@ qq. com(SHENG Guo)

Abstract: With the development of our country's economy, our country is becoming more and more powerful, definitely the importance of vocational education is getting more and more attention, and people hope the teaching method of vocational education can become better. Clothing plays an important role whether in the field of feeling or living of our life. In order to provide better promotion to enterprises and market, the clothing teaching of vocational education must actively communicate with enterprises, explore the knowledge structure of professional talents needed by enterprises, try to develop practicing talents that are welcomed by enterprises. In the long run, the enterprises will benefit a lot from building a special mode of talents' retention: overcoming instrumental working standards, training professional talents for a second time during their actual operation, and realizing a healthy interaction between school and enterprises. Continuously improving the quality of practical teaching is not only the way of reforming the teaching of clothing majors, but also an important factor of clothing talents training, enterprises' trust of clothing talents, and the development of talents. What's more, it will also effectively improve the studying and adapting ability of clothing major students of our vocational schools.

Keywords: vocational clothing education and teaching; compound and development; high-quality technical and skilled talents; project practice-teaching

建立以岗位项目化实践教学为主导的高职服装教学模式

盛国

国际时尚学院, 山东轻工职业学院, 淄博, 中国

邮 箱

shengguo1969@ qq. com(盛国)

摘 要: 随着我国经济的高速增长, 综合国力的日益增强, 整个社会对高职教育的认可程度逐步提高, 人们对高职教育的规模和培养方式提出了更高的要求。服装是人类文明的重要组成部分, 从物质生活到精神享受, 服装在人们的生活中占据着举足轻重的地位。从为企业和市场做好服务的角度来看, 高职服装教育教学必须主动与企业交流, 探索企业所需专业人才的知识结构, 努力培养受企业欢迎的应用型人才; 而企业也应站在长远的人力资源管理的立场上, 克服纯工具性层面的用人标准, 对高职院校提供的专业人才在应用中结合实际运作进行二次培养, 最终实现校企联合培养的良性互动。持续改进实践教学的质量, 这既是服装专业教学改革的必由途径, 也是高职服装教育培养人才、服装企业能够以高度信赖之心使用人才、使人才得以顺利成长的重要指标, 也将能够有效提高高职服装院校学生的技能水平和适应企业发展的后续能力。

关键词: 高职服装教育; 复合型; 高素质技术技能人才; 项目化实践教学

1　高职服装教育的现状

高等服装职业教育作为高职教育发展中的一个类型,肩负着培养面向生产、建设、服务和管理第一线需要的高技能人才,在我国加快社会主义现代化建设进程中具有不可替代的作用[1]。

2022 年 4 月 20 日,十三届全国人大常委会第三十四次会议表决通过新修订的《中华人民共和国职业教育法》(以下简称《职业教育法》),于 2022 年 5 月 1 日起施行,这是《职业教育法》制定近 26 年来的首次修订。《职业教育法》共 8 章 69 条,明确职业教育是与普通教育具有同等重要地位的教育类型,这对于着力提升职业教育的认可度,深化产教融合、校企合作,完善职业教育保障制度和措施,更好推动职业教育特别是高等职业教育高质量发展有着深远的意义[2]。

据中国高职发展智库统计,截至 2022 年 5 月 31 日,全国高等职业院校共计 1521 所,其中,专科层次职业院校 1489 所,本科层次职业院校 32 所。另据 2022 年 5 月 28 日《人民日报》记者从教育部了解到,目前,我国已经建成世界上规模最大的职业教育体系,在校生超过 1915 万人,高职院校 3 年累计扩招 413.3 万人。作为国民教育体系和人类资源开发的重要组成部分,发展专科高职教育已经成为优化高等教育结构和培养大国工匠、能工巧匠的重要方式[3]。近年来,职业教育的适应性不断增强,现代职业教育体系加快构建,为促进经济社会发展和提高国家竞争力提供了优质人力资源支撑,为高等职业教育的大众化、现代化做出了重要贡献,整个社会对高职服装教育的认可程度也在逐步提高。

各地方依据区域发展的特点,逐步形成各具特色的办学理念和方式,构建了具有针对性的服装专业人才培养和教学模式,不同类型的高职服装教育对于区域经济的发展作用越来越凸显。展望 2035 年远景目标,依托企业,以服务为宗旨,以就业为导向,深入走产学研结合的道路,全方位培养人才,造就高水平专业人才队伍[4],已经成为高职服装教育领域的共识和自觉行动,并取得实质性成效。

2　高职服装教学的培养方案

2.1　高职服装专业的创新模式

高职服装院校始终要坚持以习近平新时代中国特色社会主义思想为指导,落实立德树人根本任务,坚持德技并修、工学结合,面向区域及周边省市地区行业企业,培养文明素养、责任意识、实践本领、德智体美劳全面发展的社会主义建设者和接班人[5],培养具备生产研发能力,时尚创新素质的复合型、发展型高素质服装技术技能人才。

立足于创新服装职业教育模式,要从为企业和市场做好服务的角度,主动与企业交流,探索企业所需专业人才的知识结构,努力培养受企业欢迎的应用型人才;而企业应站在长远的人力资源管理的立场上,克服纯工具性层面的用人标准,校企联动,对高职院校提供的专业人才在应用中结合企业的实际运作进行二次培养,实现联合培养的良性互动。

在制定人才培养方案前,应进行行业背景和专业人才需求的调研活动,应选择与自身专业相关联的企业,通过集中或个别访谈、问卷调查、网络了解、电话交流等方式,调研企业岗位设置情况、分类情况、岗位操作能力要求、人才规格要求、从业人员的综合素质要求等,由此确定企业岗位群的设置、核心岗位能力、定位人才培养目标和规格。

2.2　高职服装专业的人才培养

就服装专业来讲,所应具备的职业能力既有专业技术能力,也有人文素养能力。可以说,职业能力是能够完成典型工作任务的外延和保障,典型工作任务则能够最大可能地集中体现能力的大小和实施的成效。因此,归纳出本专业每一个生产岗位中的典型工作任务,这对于确定以职业需求为导向、以实践能力培养为重点,以产、学、研、用结合为途径的人才培养目标[6],以及课程体系的设置,教学内容的取舍,都有着积极的现实意义。

高职服装教育教学的人才培养,坚持能力为重,强化能力培养,着力提高学生的学习能力、实践能力、创新能力[7]。教育学生适应社会,更好地开创美好未来,不仅指掌握专业的能力情况,还应包括学生的素质情况,如思想政治素质、道德品质素质,更进一步说,还有心理素质,要引导学生有切合实际的生活目标和个人发展目标,正确看待现实、主动适应环境,有正常的人际关系,能处理好友谊与爱情关系,积极参加体育锻炼和公益志愿活动,使大学生心理、体质都能够健康发展。

3　高职服装教学的内容设置

企业内的设计师、工程师、制板师、营销师和企业家们的成长实践和规律都已证明,高职教育培养的人才必须经过市场的艰苦磨炼才能最终成长为能够胜任本职工作的高质量人才。

相对于其他学科而言,服装专业教学内容的设置和改革应立足于产业结合,建立以专业通用、共性能力为框架,以专业核心能力为支撑,以职业拓展能力为平台的专业教学体系。

第一,要在班级组合上有所突破,普通高职生和专业对口高职生单独组班,分类培养。

第二,要在教学内容设置上有所突破,依据行业发展所需,岗位能力所需,对原有课程进行有效删减;对于没有或企业所需的课程,建立校企协调工作小组,进行教学资源和教学内容的调配和重组。

第三,要在课时设置量上有所突破,提高学生的岗位实践能力,优化实训场所,改变授课节奏,逐步形成以工作任务为中心、以工作过程为参照,按照职业岗位知识和能力要求制定整个教学内容和实施过程。

为实现人才培养目标,在对职业岗位(群)进行调研分析的基础上,应结合服装大类中的服装设计与工艺、服装与服饰设计等专业特色及企业调研,分析不同岗位群需掌握的通用知识和主要技能,培养具备产品开发、工艺生产、经营管理、服装技术相关工作的高素质技术技能型人才。

鉴于此,各学期教学内容大致设置如下:

第一、二学期:建立以素质为基础、能力为中心的培养模式[8],立足培养学生高品质生活和高品质工作的胜任力、未来职业晋升的发展力,面向高端服装的职业技能和专业教学标准体系,在第一学期建设共享平台课程,开设如"时尚产业概论""创意设计思维""纤维材料""色彩管理""数字化图像处理"等通用型课程,培养学生产品和工艺创新的创意思维和通用设计能力。

第三、四学期:应依托各地、各校丰富多彩且行之有效的校企合作实践场所或专业特色工作室,建设专业群方向课程,针对服装产业链各环节,将智能化、品牌化、时尚化、国际化等新工艺、新规范、新标准融入专业标准和教学内容中,开设"男女装结构设计""服装智能设计"等核心课程模块。

如作者任教的山东轻工职业学院国际时尚学院和淄博宏业纺织服装有限公司共建的校企合作基地,即是便于服装设计与工艺专业、服装与服饰设计专业的学生进行课程实践的项目。而课程实践项目所对应的正是某些专业核心课程,如"女装结构设计""男装结构设计""成衣制作工艺""服装跟单""服装生产管理"等。校企合作基地不仅有平缝机、双针机、包缝机等常用设备,更配置了埋夹机、钉扣锁眼机、样板切割机、自动裁床、多头绣花机、电脑针织毛衣横机等专业设备,形成了一整套系统性实践场所。通过校企合作,企业可以提供给学生有效的新技术、新理念以及实用性生产订单,这些资料结合专业课程又转化为项目式实践教学内容,让学生足不出校门,在生产一线、研发一线、课堂一线得到扎扎实实的学习效果。

第五、六学期:建设专业群选修课程模块,针对学生职业发展规划,开设工作室项目课程、大赛项目课程、技能证书项目课程职业技能选修课模块,满足学生个性化、多样化、复合型培养需求。

4 高职服装教学的实践教学

实践教学必须遵循以服务为宗旨,以就业为导向,以校企深度合作为平台,以职业能力培养为主线。

校企双方应充分明确"学生学徒双重身份,教师师傅联合执教"的合作模式,强化教学、学习、实习实训相融合的教育教学活动,加大实习实训在教学中的比重,强化以育人为目标的实习实训考核评价[9],全面提升技术技能人才的培养质量,共同搭建"双生源、双导师、双标准、双证书"的校企共育平台。

学生在学习初期通常会表现出很大的学习兴趣,但是新鲜感过后,很多人就会感到不耐烦,通过改变教学方法,在理论教学中增加实践教学的环节,在实践教学中增加理论教学的趣味,随时调整教学节奏,让学生劳逸结合,理论与实践相互融合,以期达到良好的教学效果。

当学生进入实习岗位或真正深入到服装生产一线后,应该善于发现、总结前期的实践教学内容是否与企业岗位操作技能相近或相符,教师通过反复研究分析,从中选择最佳方案并适时在教学中加以推广应用。

要清醒地认识到企业生产的核心竞争力同样是学生在校学习的专业核心课程,因此,改变原有的实践教学模式,以工艺创新、质量创新、管理创新为主导,循序渐进,持续改进实践教学的质量,这既是服装专业教学改革的必由途径,也是高职服装教育培养人才、服装企业能够以高度信赖之心使用人才、使人才得以顺利成长的重要指标。

5 以岗位项目化实践教学为主导

5.1 以项目化实践教学保证学生验证其技能成果的最终价值

岗位项目化实践教学的关键需要相关服装企业的参与,坚持树立多品种、小批量及柔性实践的教学理念,将教学成果的优劣高低作为检验教学质量的最终定位及评判依据。立足项目化实践教学,才能使学生的技能成果更快、更好地与市场接轨,也可以将学生的项目成果投入市场中,让学生能看到自身的成功。

5.2 项目化教学的独立性及情景独创

项目与项目之间既各自独立又顺序衔接,每个项目的开展都是完整的,学生在完成项目后都能获得完整的项目成果;项目来自企业的生产一线,需要根据项目的设置适时调整实践情景,在每一个项目中既是"导演"

又是"演员",既是"客户"又是"生产者",使教学内容能够快速适应市场的需求并做出相应变化的调整。

5.3 按照"项目引导、任务驱动"的高职教学和课程改革思路进行设计

始终贯穿以培养能力为主、应用为目的的原则,紧密围绕实现项目目标来组织内容;内容的先后顺序安排上遵循由浅入深、循序渐进的原则,内容突出应用性、实用性、针对性,将知识点与能力点有机结合起来,将专业知识与实际生产有机结合起来,为今后的正式就业建立基础。

6　岗位项目式教学的内涵

服装行业的长期向好发展,一方面促进了服装企业在国内外市场上的竞争力,另一方面也带动了新型服装职业技能教育教学的成长。但未来的发展趋势将越来越受到政治、经济和不可预料的风险的制约,适时转变和改进高职服装教学模式,建立起"校企双主体"在人才、资源、技术和成果方面共享机制,实现校企人员互相兼职,相互为学生实习实训、就业创业、教师实践、企业员工培训、企业技术和产品研发、学校教学成果转移转化[10],使教的更先进,使学的更前沿,也将能够有效提高高职服装院校学生的技能水平和适应企业发展的后续能力。

从提高服装教学质量和学生技能水平来讲,一是专业课坚持校企合作、工学结合的人才培养模式,利用校内外实训基地,按照服装设计与工艺职业岗位(群)的能力要求,强化理论实践一体化,突出"做中学、做中教"的职业教育教学特色,提倡项目教学、案例教学、任务教学、角色扮演、情境教学等方法,运用启发式、探究式、讨论式、参与式教学形式,将学生的自主学习、合作学习和教师引导教学有机结合,优化教学过程,提升学习效率。二是开展企业岗位标准与教学标准、学习任务与工作任务、学习场景与工作场景、学生角色与职工角色、教师角色与师傅角色的协同育人举措,递进提升学生的"基本素养—创新素养—创新能力",共育懂生活、爱工作的技术技能人才,实现学生技能与岗位技能的无缝对接。

参考文献

[1] 教育部.教育部关于全面提高高等职业教育教学质量的若干意见[Z].教高〔2006〕16号.
[2] 第八届全国人民代表大会常务委员会.中华人民共和国职业教育法[Z].2022.
[3] 教育部,等.职业教育体质培优行动计划(2020—2023年)[Z].2020.
[4] 中华人民共和国国民经济和社会发展第十四个五年规划和2035年远景目标刚要[Z].2021.
[5] 中华人民共和国国民经济和社会发展第十四个五年规划纲要[Z].2020.
[6] 国务院.国家职业教育改革实施方案[Z].国发〔2019〕4号.
[7] 国务院.国家中长期教育改革和发展规划纲要[Z].2010.
[8] 窦俊霞.服装工艺专业高职高专教育教学改革方案及其研究[OL].
[9] 国务院.关于加快发展现代职业教育的决定[Z].国发〔2014〕19号.
[10] 教育部.教育部等六部门关于印发《职业学校校企合作促进办法》的通知[Z].教职成〔2018〕1号.

Teaching case design of "Weft knitting product design" based on curriculum ideological and political education

WAN Ailan[1,*], JIANG Gaoming[1], CONG Honglian[1], XIA Fenglin[1], DONG Zhijia[1], HUANG Fenglin[2]

1 *School of Textile Science and Engineering, Jiangnan University, Wuxi, China*

2 *Key Laboratory of Eco-Textiles, Jiangnan University, Wuxi, China*

Email address

ailan. wan@ jiangnan. edu. cn (WAN Ailan)

Abstract：This paper introduces the case design of the ideological and political education of the course "weft knitting product design" in terms of course content, ideological and political objectives and teaching design. From the perspective of the content setting of the course "weft knitting product design", the ideological and political case construction of the course is elaborated from five aspects, including new fiber, knitted product design for apparel fabrics, home furnishing fabrics and industrial fabrics and knitted intelligent production, combined with the requirements of environmental protection, sustainable development, carbon emission reduction and other high-quality development. This paper introduces the design method of the ideological and political teaching case, taking the production process of knitted jeans as an example. The water pollution produced during the production of knitted jeans, and the harm to the environment and people inspires students to think about green production and environmental protection. By establishing a teaching design for the ideological and political case course, classroom teaching and discussion are combined and extended beyond the classroom, making students pay more attention to new technologies and equipment in the textile industry and stimulate students' motivation and professional confidence in the textile industry. Their sense of social responsibility and patriotism are also enhanced.

Keywords：weft knitting product design；political education；teaching case

基于课程思政的"纬编产品设计"课堂教学案例设计

万爱兰[1,*]，蒋高明[1]，丛洪莲[1]，夏风林[1]，董智佳[1]，黄锋林[2]

1 纺织科学与工程学院，江南大学，无锡，中国

2 生态纺织教育部重点实验室，江南大学，无锡，中国

邮　箱

ailan. wan@ jiangnan. edu. cn (万爱兰)，jgm@ jiangnan. edu. cn (蒋高明)，cong-wkrc@ 163. com (丛洪莲)，xiafl_622@ 163. com (夏风林)，dongzj0921@ 163. com (董智佳)，flhuang@ jiangnan. edu. cn (黄锋林)

摘　要：从课程内容、思政目标和教学设计等方面介绍"纬编产品设计"课程思政教学案例设计。从"纬编产品设计"课程内容设置角度，结合环保、可持续发展、减少碳排放等高质量发展要求，以新型纤维、服用、装饰用和产业用针织产品设计和针织智能生产五个方面阐述课程思政案例建设的内容；以针织牛仔生产流程为例介绍思政教学案例的设计方法，针织牛仔生产过程中产生的水污染及对环境和人造成的危害，启发学生对绿色生产的思考和对环境保护的意识。通过建立课程思政案例，课堂讲授与讨论结合的教学设计，并向课外延伸，增强学生对纺织行业新技术、新设备的关注，激发学生对纺织行业的热情和专业自信，提升社会责任感和爱国情怀。

关键词：纬编产品设计；课程思政；案例设计

1 引言

"纬编产品设计"是纺织类专业的专业选修课程，在专业课程体系中具有重要地位。课程教研组在近十年的教学工作和实践中，围绕纺织工程专业产学研人才培养和实践教学等方面，做了一些探索和尝试，并先后两次申报本科教育教学改革项目、两次教学成果一等奖和两次教学成果二等奖，课程教研组承担主要教学工作的专业核心课程"针织工程"成功获批 2019 年国家级一流本科课程。课程教研组成员蒋高明教授、丛洪莲教授等先后参与学院思政品牌栏目"教授茶座"，2020 年蒋高明教授荣获江南大学"至善教材奖"，丛洪莲教授荣获江南大学"至善教学奖"。

为深入贯彻习近平总书记关于教育的重要论述及全国教育大会精神，根据《教育部办公厅关于开展课程思政示范项目建设工作的通知》[1]（以下简称《实施意见》）以及《江南大学全面深化课程思政教学改革的实施方案》等文件精神，本文以《实施意见》为指导，对照江南大学本科课程思政建设的具体要求，阐述"纬编产品设计"课程思政与人才培养的关系，从纬编产品设计课程内容设置角度，结合环保、可持续发展、减少碳排放等高质量发展要求，以新型纤维针织产品设计、服用针织产品设计、装饰用针织产品设计、产业用针织产品设计和针织智能生产等五个方面阐述课程思政案例建设的实例，强调知行合一，注重多重视角和不同情境教学，通过多维度互动，实现润物有声。

2 "纬编产品设计"课程思政建设与人才培养

"纬编产品设计"是"针织工程"课程的后续课程，是一门应用性较强的课程，为学生从事针织产品设计和开发方面的工作提供专业基础知识；主要介绍了以纬编针织产品的原料选用、组织结构设计与上机工艺、针织物性能与花纹设计关系、针织物分析、典型针织设备加工花色针织品的方法和技术等为重点的针织产品与设计。

通过该门课程的讲授，可以使学生掌握纬编针织产品设计开发的基础理论和专业知识，培养学生的工程综合能力、先进技术的应用能力、产品开发和创新能力，使学生能够根据基本理论和原理，举一反三地进行纬编针织产品的开发和设计以及技术改造和创新。

江南大学纺织工程专业是首批入选国家教育部"卓越工程师教育培养计划"[2]（以下简称"卓越计划"）的试点专业。"纬编产品设计"课程思政建设[3]是为了回应教育部纺织工程专业"卓越工程师培养计划"，针对校企院所合作基础的"纺织+"跨学科协同创新性人才培养计划而设置的。

以案例分析教学法[4-5]、调研采访教学法、小组讨论教学法、以问题和问卷为导向的教学法、课程思政品牌栏目"教授茶座"等方式，通过案例库建设加强课程思政融合，通过全国针织创新发展大会技术报告分享，把我国针织创新技术和前沿成果带到课堂，增强学生的爱国情怀、行业责任感和使命感；以江南大学自主知识产权的"短纤纱智能型高速经编机"项目顺利通过科技成果鉴定，增强学生的专业自信与爱国敬业和工匠精神素养；以纬编针织牛仔设计[6]与生产流程及绿色节水技术[7]为契机，通过少水染色、植物染料染色技术[8]等介绍，提升学生的社会责任和法制意识；以针织技术为基础研发的经编人造草皮，性能测试目前已突破全球最大人工草皮制造商共创标准，把相应的原料设计、工艺参数、加工设备等介绍给学生，增强学生的爱国情怀、专业自信、社会责任感。

3 课程思政案例设计

在教学内容中巧妙地融入价值、信念、道德、伦理等元素，对应章节为"纬编产品设计"课程教学大纲中"课程主要内容"的知识点模块，在设计思政案例时，结合纬编技术发展和产品设计趋势，从环保、技术创新、绿色发展理念角度，引导学生从身边事做起，减少能耗、节电节能，与前沿先进材料发展契合，让学生意识到目前针织产品创新中存在的问题，激发学生的创造性思维，同时通过国内外装备和技术的调研对比，寻找差距，加强原始创新，为实现纺织强国梦努力奋斗[9-11]。各章节内容与对应的思政案例名称和案例主要内容见表1。

表 1　各章节内容与思政案例名称和内容

章节内容	案例分析	案例主要内容
第一章 新型纤维针织产品设计	寻根溯源，培养创新意识	1.采访"宗平生基金会针织奖学金"基金会理事长宗平生教授 2.纬编生产全流程典型方案设计与设备选型 3.学生分组进行纬编产品设计并汇报讨论 4.针织原料与产品的国际国内标准调研 5.原料创新在针织产品设计中的作用并说明我国在原料创新方面现状和原因

续表

章节内容	案例分析	案例主要内容
第二章 服用针织产品设计	节能减排,生态可持续发展	1. 针织企业重大事故典型案例的讨论 2. 针织企业一线生产的热点和难点问题探讨 3. 针织服装在纺织行业的逐年比重调研,并分析其产生原因 4. 针织牛仔生产流程认知及绿色节水技术
第三章 装饰用针织产品设计	技术创新,增强民族自信	1. 纬编生产全流程典型方案设计与设备选型 2. 国内外纬编装备技术的对比 3. 中国针织装备企业现状 4. 中国针织织造企业现状 5. 纬编行业新技术、新工艺、新装备探索
第四章 产业用针织产品设计	不忘初心,加强原始创新	1. "短纤纱智能型高速经编机"项目顺利通过科技成果鉴定 2. 江南大学自主知识产权的经编设备技术改造和升级 3. 全国针织创新发展大会技术报告分享
第五章 针织智能生产	智能制造,实现纺织强国	1. 智能机器人在纬编上纱中的应用可行性 2. 纬编织造过程中的断纱自动接头可行性 3. 丝绸之路与"一带一路"的来源于发展现状及对我国纺织产业和行业的影响 4. 针织生产智能化管理

结合章节和思政案例的要求,对典型案例进行设计,并将部分案例内容进行了梳理。

3.1 寻根溯源,培养创新意识——新型纤维针织产品设计案例设计

通过对话针织大师宗平生教授、纬编生产全流程典型方案设计与设备选型、学生分组进行纬编产品设计并汇报讨论、针织原料与产品的国际国内标准调研、原料创新在针织产品设计中的作用并说明我国在原料创新方面现状和原因这五个具体的案例,让学生了解目前纺织产业产品向高端化、多元化、生态化发展的科技创新要求,以适应生态建设、开拓新型纤维资源。以"原料创新在针织产品设计中的作用并说明我国在原料创新方面现状和原因"为典型案例,目前绿色环保成为新的发展理念,如以生物质资源代替化石资源,并进行深加工利用,已成为国内外企业和科研院所的研究热点,但近两年石油基合成纤维的生产成本进一步下降,对生物

基纤维的发展形成巨大挑战;利用废旧瓶片采用母粒纺前着色生产有色涤纶长丝减少染色造成的环境污染等。国内外品牌要承担相应的环境和社会责任,迪卡侬要求产品必须使用20%回收纤维,耐克、阿迪达斯、优衣库、宜家等国际品牌均要求使用一定比例的环保纤维。

给学生介绍三类新型纤维,提倡源头创新,培养学生的创新意识,同时挖掘新型纤维针织产品开发过程中可能存在的问题及对策。一是石墨烯复合纤维可开发针织产品作为复合功能内暖绒、可穿戴设备、内衣、床垫、家纺等,石墨烯电子传输和传热最快,比表面积超大,与合成纤维聚合或共混制得的复合纤维具有紫外屏蔽、保暖、抗静电、抑菌抗菌、阻燃等。石墨烯共混或聚合复合纤维表现出了较高的拉伸强度,但是并不够稳定;石墨烯在复合织物中牢度差,易析出,且存在织物难染色等问题;还需要尽快解决石墨烯的高效回收与再利用等难题。二是再生环保涤纶可应用于针织鞋面材料、运动休闲服装等,使用回收聚酯材料经过聚合纺丝生产出具有品质良好的再生聚酯纤维,减少废料对环境的污染,减少对石化原料的依赖,适用于各种长纤维和短纤维的产品;1t废聚酯瓶可以生产0.9t左右的再生涤纶,少用1.5t石油,节省3m³的填埋空间,且其质量上与石油基聚酯无明显差异。三是由聚酯切片和色母粒(色粉)经过高温熔融抽丝而成,色牢度高,不需要染厂,不需要考虑排污指标,目前环保压力大,色丝是针织产品开发的一个方向,纬编因为生产灵活可以快速使用,如开发针织汽车内饰面料。

3.2 节能减排,生态可持续发展——服用针织产品设计案例设计

在这个章节中,设计针织企业重大事故典型案例的讨论、针织企业一线生产的热点和难点问题探讨、针织服装在纺织行业的逐年比重调研并分析其产生原因、针织牛仔生产流程认知及绿色节水技术等具体内容,阐明节能减排、生态可持续发展的价值引领。为了提高学生处理突发事件的能力,以案例分析教学法,设计"针织企业重大事故典型案例的讨论",强化安全生产意识。2021年2月27日晚,吉林化纤公司生产过程中高压电缆短路停电,造成一生产车间部分排风设备停止运行,相关工人在恢复生产过程中,吸入有毒气体,第一时间伤者被送往专业医院救治,其中5人经抢救无效死亡。2月25日,福建市长乐区金峰镇华阳村双朱下179号的一个印染厂发生火灾造成6人死亡。安全生产问题一直以来就是行业生产经营的重中之重,一旦发生安全事故,不仅会造成人员伤亡和重大损失,企业相关责任人员有可能因此而构成犯罪并承担刑事责任。涉及安全生产的《中华人民共和国刑法修正案(十一)》自2021年3月1日起施行。这一"最严安全生产令"的实施也

为经济发展筑起了一道安全屏障。

工业生产安全一直是不容忽视的问题,是企业发展的"必修课"。纺织化纤印染安全生产事故多年来也时有发生,这无疑是偶然,但偶然中藏着必然。"要针对安全生产事故主要特点和突出问题,层层压实责任,狠抓整改落实,强化风险防控,从根本上消除事故隐患,有效遏制重特大事故发生。"习近平总书记曾就安全生产做出重要指示,"生命重于泰山。各级党委和政府务必把安全生产摆到重要位置,树牢安全发展理念,绝不能只重发展不顾安全,更不能将其视作无光痛痒的事,搞形式主义、官僚主义。"习近平总书记的重要指示,体现了深厚的为民情怀,为各地抓牢抓实安全生产工作划定了底线红线。面对新时代新形势新要求,纺织行业要自觉落实习近平总书记关于安全发展理念、红线意识、底线思维、责任体系、防控风险等方面的重要指示,时刻绷紧安全生产这根弦,始终保持清醒头脑,任何时候都不能麻痹大意,坚决守住安全生产的底线和红线。

以"针织牛仔生产流程认知及绿色节水技术"为主题设计思政案例,提升学生对纺织行业责任感和使命感,课堂通过讲授与讨论结合,利用事件、数据讨论针织牛仔生产流程、针织平幅轧染技术和循环再生纤维使用,映射绿色制造、节水少水、生态可持续的思政观点,课后通过文献查阅和企业参观等方式,通过"讲、论、行"把针织牛仔的绿色生产形成行业责任。

由具体问题展开,深刻理解碳中和下针织牛仔面料绿色生态制造及其本质,引出问题:针织牛仔布选用束状染色的靛蓝、蓝加黑、硫化黑等针织筒子纱在大圆机上织造。传统的针织牛仔纱线是采用靛蓝还原染料染色,但是此种染料不溶于水,染色时需要在有保险粉的碱性介质中还原成可溶性的隐色体,而上染纤维经氧化后形成不溶性的染料以范德瓦耳斯力(物理)固着在纤维上,在水洗过程中容易脱色,对环境造成污染。

讨论:如何通过合适的染色方式,减少环境污染,且减少针织物布面折痕?

从前沿技术着手,推动行业发展及技术产业化,具体包括印染废水回收技术、针织平幅染整技术、循环再生纤维使用等,并向课外延伸,践行责任担当,彰显中国青年创造性智慧。

课后作业:针对碳中和、碳达峰要求,提出纬编针织产品设计过程中相应的开发方案。围绕纬编针织产品绿色制造相关的有效方案探索;纺织行业生态可持续发展的行动和经验;中国青年对实现"生态制造、绿色制造、智能制造"等可持续目标的有效方案的探索这三个主题以小组为单位策划每个主题的有效方案,并在下节课做 5min 展示和汇报。

本案例思政元素总结:①植入全球关切,理解绿色生态制造是纺织行业全球重要议题,人类命运共同体建设的重要面向;②了解创新技术对纬编产品设计的重要作用,调研中国针织制造企业对前沿技术的运用和创新技术的产业化实施情况;③深入分析绿色生态制造的解决方案,增强文化自信,提升社会责任感和爱国情怀。

本案例的专业目标为:①了解针织牛仔面料的生产流程;②熟悉针织牛仔面料设计方法;③具有针织牛仔面料产品开发能力。

本案例的思政目标为:①绿色制造的研究范畴及其对中国制造业的紧迫性;②培养中国青年的全球生态担当和对全人类关切的情怀;③养成爱国情怀、责任担当、沟通能力和独立思考的良好人格。

3.3 技术创新,增强民族自信——装饰用针织产品设计案例设计

技术创新是核心竞争力,也是实现强国梦的重要途径之一。围绕纬编生产全流程典型方案设计与设备选型、国内外纬编装备技术的对比、中国针织装备企业现状、中国针织织造企业现状、纬编行业新技术、新工艺、新装备探索等展开课程思政元素的案例设计。以"纬编行业新技术、新工艺、新装备探索"为例,邀请江南大学针织技术教育部工程研究中心主任蒋高明教授开展了关于"国内外纬编技术发展趋势"的主题讲座,讲座从纬编 CAD 技术、纬编鞋材生产技术、纬编结构增强技术、纬编物联网技术、纬编智能穿戴技术、纬编虚拟现实技术、纬编人工智能技术等方面展开,讲述了未来针织工业将朝产品高端化、装备智能化、生产绿色化协同发展,通过多学科交叉、校企产学研合作,拓宽针织产品应用领域。纺织行业不仅满足人们日常衣着功能,还发展到装饰用甚至产业用等领域,从应用领域开拓创新,一改纺织"夕阳产业"的印象,结合原料设计,拓展了纺织产品、针织产品的新用途,激起学生对纺织学科的热情和兴趣,从而积极投身到纺织学科建设和纺织行业发展中去。

3.4 不忘初心,加强原始创新——产业用针织产品设计案例设计

中国制造业的发展由过去的跟跑,发展到并跑,希望通过原始创新,进一步实现领跑。纺织已不仅局限于民生产业与美化生活的基础产业。随着技术的发展和应用领域的拓宽,在产业用领域的应用也逐步开拓。以"短纤纱智能型高速经编机"项目顺利通过科技成果鉴定、江南大学自主知识产权的经编设备技术改造和升级、全国针织创新发展大会技术报告分享等针织装备的创新和技术报告的分享,把课程向课外延伸,让学生了解到传统纺织正逐步拓展到汽车、航空航天等领域。

江南大学"短纤纱智能型高速经编机"项目取得了

创新性成果,设计了短纤纱经编机柔性成圈机件运动曲线,开发了纱线张力动态补偿系统,实现短纤纱经编的高速生产;研究了短纤纱飞花形成规律,开发了高速经编机的短纤纱飞花清除装置,实现了短纤纱经编的清洁生产;研究了基于机器视觉的经编织物疵点快速检测方法,开发了实时、准确、可靠的短纤纱经编疵点在线检测系统,并将该系统与经编生产管理系统集成,实现了短纤纱经编的智能生产。技术方案成熟,效果显著,正常生产速度达到1800r/min,专家们一致认为该项目达到了国际先进水平,并建议,在当前国际国内的形势背景下,要进一步加大产业化推广力度,让具备原创性的先进性技术广泛深入行业,加速推动短纤纱经编的新产品开发和市场竞争力。

全国针织创新发展大会深入剖析当前国际形势下针织行业发展现状与趋势,结合当前经济波动加大、保护主义抬头的全球背景,从针织科技创新、国际经济环境、全球疫情下突围之路等全方位多角度探讨当前复杂形势下针织行业的发展,为促进我国针织行业的发展提供新见解、新方法和新思路。专家报告《从纺织一级学科建设角度诠释行业科技发展方向》中提出了纺织一级学科的主要特征是纤维力学及物化过程。纺织学科有着博大精深的行业基础,是纳米技术、信息技术、生物技术、环保技术、材料技术的融合。在"十四五"时期,在世界经历百年未有之大变局和我国构建"双循环"新发展格局背景下,在国家碳达峰、碳中和目标导向下,纺织行业推动绿色低碳循环发展,促进行业全面绿色转型将成为大势所趋和重要之策。

《构建新格局下的产品竞争力》从产品开发角度介绍探讨新发展格局,新发展格局是科技、时尚、绿色的价值融合。新发展格局主要强调以时尚度和消费力两个角度分析的新消费趋势的重点是中国式机遇。同时呼吁大家以国家的科学减碳政策、消费数据、各品牌行为和消费者风险规避四方面诠释产品竞争力。以创新力、价格力、情感力、拉新力进行产品刷新。以内在的柔性共生、产品开发为导向的企业技术平台进行组织创新、协同创新。

《功能性针织品与军需应用》首先介绍了针织品军需应用现状与需求,由于军队实战需求升级换代,环境防护要求不断提高。当前高性能产品的技术发展方向是在材料与结构方向寻求创新。其次介绍了人因材料学及个体防护装备的选用规范以及未来针织品与军需装备的应用开发,提出军需装备服装的体系化、轻量化与数字一体化的未来发展趋势。

《针织物生态染整技术发展》介绍了生态染整的要求要低毒无毒、低污染、低消耗、高品质、多功能。发展趋势要清洁、环保、高效、智能。介绍了生态染料、生态染整技术、非水介质染色技术三方面。染料种类分为新型环保型合成染料、液体染料、天然染料三种。染整技术多为生态环保绿色染整,非水介质染色技术严格挑选,染色技术种类多,多学科交叉,应用范围广。《经编等无结网具在海洋工程中的应用与发展》《我国纺织行业经济数据运行分析》《几何结构智能柔性纤维在服装中的应用》《针织面料在新能源汽车行业中的开发与应用》《基于形态分级结构设计的零能耗光学超材料制冷织物》《冬奥备战训练比赛服研发进展》等技术报告分享了专家们在各自专业领域的真知灼见。

以轻量化和整体化优势为具体案例,介绍了针织技术和材料在汽车用和航空及土木建筑领域的应用。针织作为一种优选的汽车复合材料增强体加工方式,已受到业内的高度关注,针对该类材料和构建的研发力度逐渐加大,并在汽车轻量化方面发挥了显著作用。针织汽车复合材料具有可设计性,通过针织结构选择、3D形貌构建、铺层设计以及界面控制等手段,最大限度地达到预期的使用性能目标,针织汽车复合材料的材料与构件制造具有同一性,通过针织成形工艺,根据构件的最终形貌和性能需求实现增强预制体的制备,使增强体和基体具有形状同一与制备同步的特征。针织汽车复合材料有可能实现整体的综合优化设计,针织增强预制体设计与织造的灵活性、材料选择范围的广泛性为实现汽车用复合材料整体化设计以及对材料、结构和制造工艺的综合优化提供可能。

此外,利用特殊的纤维原料开发航空、高铁及汽车内饰材料,医疗卫生用防护服、建筑材料等。芳纶是高强纤维,可应用于军用防护服、防弹背心、登山鞋靴等。利用阻燃黏胶纤维的阻燃、抗静电、染色性佳和环保等特性,开发与高性能纤维混纺制备防护服、窗帘、沙发、桌布、地毯等室内装饰品,客机内饰材料如座椅、靠垫等。碳纤维较高的比强度、比模量,较小的体积质量,耐高低温,热膨胀系数较小,导电性好,耐酸、耐油,抗辐射,抗放射,加工性能较好,可适应不同的构件形状,成型较方便。利用针织的成形技术与轴向技术,开发碳纤维复合材料,广泛应用于火箭、导弹和战斗机机身、垂尾翼及蒙皮等部位,碳纤维还可开发体育运动领域产品,如高尔夫球杆、曲棍球杆、自行车架、钓鱼竿等;也可以应用于土木建筑领域,用于民用建筑物、隧道、塔结构等加固补强,补强混凝土结构等;用于能源开发领域,如风力发电叶片,尤其是翼缘等对材料强度和刚度要求较高的部位。

3.5 智能制造,实现纺织强国——针织智能生产案例设计

智能制造即制造业数字化、网络化、智能化,是新一轮工业革命的核心技术,也是《中国制造2025》的制高

点、突破口和主攻方向;加快互联网、云计算、大数据、物联网和人工智能技术在纺织行业的推广应用,促进纺织生产管理模式的变革,这是纺织行业提高国际竞争力、加快转型升级的重要途径。

从智能机器人在纬编上纱中的应用可行性、纬编织造过程中的断纱自动接头可行性、丝绸之路与"一带一路"的来源于发展现状及对我国纺织产业和行业的影响、针织生产智能化管理等生产实际及行业发展方面着手进行本章节的案例设计。以"丝绸之路与'一带一路'的来源于发展现状及对我国纺织产业和行业的影响"为例,介绍"一带一路"的根源、作用及举措,结合调研纺织业是中国国民经济的传统支柱产业,也是重要的民生产业和有明显国际竞争优势的产业,但近年来我国纺织业率先进入发展新常态。在国内,产能过剩、产业结构不合理、生产成本持续上升、资源环境紧张、核心竞争力不强等问题成为制约产业发展的瓶颈;在国际,纺织工业发展面临发达国家"再工业化"和发展中国家加快推进工业化进程的"双重挤压",结构调整和产业升级任务紧迫。在这一背景下,"走出去"布局全球、瞄准全球市场、整合全球资源,成为纺织业可持续发展的必由之路。

"一带一路"倡议,其深厚的根源,源自于我国与亚欧大陆国家悠久的贸易联系和历史情结。2100多年前,我国古代汉朝使者张骞出使西域,开辟了一条横贯东西、连接亚欧的陆上丝绸之路;2000多年前的秦汉时代,我国连接东南亚直至亚欧国家的海上丝绸之路也逐步兴起。陆上和海上这两条丝绸之路,共同构成了古代中国与亚欧国家贸易和文化交往的大通道。而以丝绸为主的纺织品贸易,成为这两条通道上绵延千年的血脉,源远流长,见证了中国曾经有过的历史辉煌。

3.5.1 以丝绸为主的纺织品贸易,见证了中国曾有过的历史辉煌

张骞两次出使西域,开辟了交通要道,打破了游牧民族对丝路贸易的垄断,让西行变得容易。后来,汉武帝为了促进这种贸易的发展,鼓励大家到西域各国去经商,还大量招募商人,并用政府配给的货物,吸引更多的人从事丝绸之路的贸易活动,从而推动了与西域之间的经济交流。

同样,西汉时期从中国广东向外开拓的海上丝绸之路,就已远航至印度洋的孟加拉湾。公元一二世纪,聚居在地中海的商人更是以印度东海岸为中转基地,从海上向中国伸出了触角,开始了贸易往来。到了唐代,这条运输丝绸到西方的航路,通到了东南亚、印度洋北部诸国,最远达至今天伊拉克境内的巴士拉。15世纪初郑和七下西洋,更是把海上丝绸之路带到了一个鼎盛发展的时代。

随着中国丝绸等纺织品源源不断地运往中亚、西亚及更遥远的西方,改变了西方各国对中国的印象,相当多的人认为,中国乃至东亚是一个物产丰盈的富裕地区。丝绸之路虽然以丝绸贸易为开端,但其意义已经远远超出了贸易的范畴,已成为东西方文明交流和人民友好交往的象征。那时中国对世界的影响,应该首推以丝绸为代表的包括茶叶、瓷器和四大发明在内的中国文化对世界文化发展的影响。

"一带一路"助开新局。一直以来,纺织业都是我国经济重要的支柱产业。在繁荣市场、吸纳就业、增加收入、加快工业化以及满足人们生活需求、提高生活品质、促进社会文明发展等方面,贡献良多、成就斐然。

3.5.2 在古时的中亚、西亚以至非洲、欧洲,丝绸都被视为珍品

据《当代中国对外贸易》一书记载:1978~1987年的10年间,创汇在10亿美元以上的商品,当时是3个,除了石油,还有两个是纺织品:服装和棉布;创汇在1亿美元至10亿美元的商品中,前15位中纺织品占了7席,分别是棉花、棉针织品、抽纱、棉涤纶布、绸缎、棉织品、棉纱。现在的外贸创汇大户,家用电器和彩色电视机,那时才刚刚冒个尖,排在13和15位。纺织品年出口总额,曾经超过石油居第1位,1988年达82.5亿美元,占当年整个出口总额406.4亿美元的20.4%,可见,纺织品贸易对我们国家有多么重要。

近年来,纺织品贸易格局又发生了翻天覆地的变化。商务部的数据显示,2015年我国纺织品服装出口已占全球份额的38.55%;而据海关总署统计,2016年,我国纺织品服装进出口贸易额为2906亿美元。其中,出口2672.5亿美元,约占我国当年出口总额的12.7%。这表明,我国的纺织品贸易占有相当大的比重。

权重大,责任也大,挑战更大。当前,我们面临着严峻的外贸形势和不少制约因素。一是国际市场需求低迷,全球经济复苏缓慢,主要出口市场需求回升的可能性较低,疲弱态势短期内难以改善。二是产业竞争更加激烈,东盟及非洲、拉美等一些劳动力成本低的国家和地区,正在进入和成为未来的纺织业制造基地,产业转移和行业订单外移,正在对我国纺织品贸易构成挑战。三是国内成本不断上升,近年来,我国纺织品原材料与人力成本逐渐上升,劳动力成本则接近东欧国家水平。四是缺乏有效的增长点,根据预测,今年纺织行业零增长可能性加大。五是我国纺织企业除了面对外部竞争外,还要面临更多国家的贸易保护主义。

面对各种挑战,我国纺织企业要加快转型、调整,积极响应国家的"一带一路"倡议,把眼光和视野,从传统市场转向更加开阔的世界,成就一个同样能够发展、能够取得成功的新格局。

新思路走出新出路。当前,我国纺织业正进入一个大调整、大发展的时期。随着"十三五"各项政策的实施和"一带一路"建设的推进,更多"一带一路"沿线国家将成为纺织品贸易的新增长点,我们适应全球竞争的能力将进一步增强,市场谋划和布局水平将进一步提升。对此,我们必须做好以下工作。

一是一定要调整市场布局。三大传统市场,依旧是我国纺织品出口的主战场,竞争要着力于全面提高质量,以发展中高端产品为主;对"一带一路"沿线国家市场,我们可立足于现有基础,大力开拓和深耕南亚、中亚和中东欧市场。对东盟,则要加强产业链融合,实现部分产业转移。通过平衡布局全球市场,实现我国纺织业的可持续发展。

二是企业一定要转型升级。信息时代由于科技进步,产品升级换代速度极快,人们对商品的需求方向以及商品的性价比要求趋于精准,数量需求在下降,质量需求在提高,致使市场竞争异常激烈。随着国际市场对中、高品质产品的追求,我国原有的纺织品外贸优势在减弱,原有的生产模式已难有大的发展。企业应该改变以往的生产策略,通过创新来增强竞争力,紧紧抓住"一带一路"的发展机遇,加快完成转型升级。

三是一定要精心做好产品。企业最核心的竞争力,就是要为市场或社会提供最好和最优质的产品及服务,从而获得利润,以保证企业的可持续发展。我们到"一带一路"沿线国家去开拓市场,不能因为其需求档次低,就粗制滥造,砸了我们的牌子,毁了我们的形象。

四是一定要注入文化元素。在"一带一路"上,我们要学会通过产品与各国进行文明的对话。我们的纺织品服装,既要善于用我们的文化精神和价值观念来影响人,也要善于用我们的文明发展和技术成果来感染人,从而引领潮流、引导消费。当然,这也应该成为我国纺织服装企业追求的更高目标和境界。

4 结论

本文针对"纬编产品设计"课程的教学内容和教学特点,将课程思政和课程教学相结合,通过建立课程思政案例库,从环保、绿色发展理念角度,植入全球关切,理解绿色生态制造是纺织行业全球重要议题,了解创新技术对纬编产品设计的重要作用,调研中国针织制造企业对前沿技术的运用和创新技术的产业化实施情况,深入分析绿色生态制造的解决方案,增强文化自信,提升社会责任感和爱国情怀;拓展纺织产品、针织产品的新用途,并分别将绿色制造、智能制造的研究范畴及其对中国制造业的紧迫性通过研讨等方式,燃起学生对纺织学科的热情和兴趣,培养中国青年的全球生态担当和对全人类关切,养成爱国情怀、责任担当、沟通和独立思考能力的良好人格。

致谢

本文为《课程思政教学改革研究》项目阶段性成果之一。

参考文献

[1] 中华人民共和国教育部办公厅.教育部办公厅关于开展课程思政示范项目建设工作的通知[Z].教高厅函〔2021〕11号.

[2] 林键."卓越工程师教育培养计划"专业培养方案研究[J].清华大学教育研究,2011,32(2):47-55.

[3] 曹笑笑,葛烨倩.纺织工程专业课程思政建设探索[J].现代交际,2021,4:170-172.

[4] 李建强,蔡光明,柯贵珍,等.国家一流课程"纺织材料学"融入课程思政的教学改革及实践[J].服饰导刊,2021,10(2):1-5.

[5] 王连军,陈镇,汤威宜,等.纺织工程专业课新型染料课程思政设计与实践[J].教育现代化,2021,7:178-181.

[6] 万爱兰,缪旭红,蒋高明.纬编牛仔面料的设计及其弹性回复性[J].纺织学报,2017,38(10):38-43.

[7] 李佳慧,丁雪梅,吴雄英.构建我国生态纺织[J].印染,2018,44(23):42-45,53.

[8] 李洋,张元明,姜伟,等.茜草植物染料染色莫代尔纤维的超声波处理[J].纺织学报,2019,40(4):83-89.

[9] 唐新玲."服饰品牌解析"课程思政教学改革探索[J].纺织服装教育,2021,36(2):122-126.

[10] 胡静."生物化学与分子生物学"融合课程思政教学探索[J].教育教学论坛,2021(15):177-180.

[11] 姜顺."现代控制理论"课程思政教学案例建设研究[J].教育教学论坛,2020(40):35-36.

Research and practice on teaching reform of fashion design and engineering under the background of artificial intelligence

LIU Zhengdong*, XIAO Boxiang

Fashion Art and Engineering School, Beijing Institute of Fashion Technology, Beijing, China

Email address

jsjlzd@ bift. edu. cn (LIU Zhengdong), boxiang_xiao@ 163. com (XIAO Boxiang)

Abstract: With the development of the Internet, big data, artificial intelligence and other new generation information technologies, the clothing industry is facing unprecedented tremendous changes. The industrial model of new retail and new manufacturing of clothing is quietly rising. Artificial intelligence technology has been more and more applied in the textile and clothing industry. In view of "new engineering" exploration and practice in education reform of textile specialty, this paper studies the teaching reform methods of the fashion design and engineering specialty under the background of artificial intelligence. Taking the construction of the "Clothing Big Data" course as an example, this paper makes systematic analysis and discussion from the perspective of teaching system design, teaching resource database construction, teaching effect evaluation and other aspects in combination with specific education and teaching practice. The work in this paper will promote the combination of emerging technologies such as artificial intelligence and traditional teaching of fashion design and engineering, to cultivate complex professional and technical talents who adapt to the new era, new technology and new application for the society. The work will also provide useful reference for the education and teaching reform of fashion design and engineering in relevant domestic universities.

Keywords: fashion design and engineering; artificial intelligence; clothing big data; teaching reform; new engineering

人工智能背景下服装设计与工程专业教学改革研究与实践

刘正东*,肖伯祥

服装艺术与工程学院,北京服装学院,北京,中国

邮 箱

jsjlzd@ bift. edu. cn(刘正东),Boxiang_xiao@ 163. com(肖伯祥)

摘 要:随着互联网、大数据、人工智能等新一代信息技术的发展,服装行业正面临着前所未有的巨大变革,服装新零售、新制造的产业模式悄然兴起,人工智能技术在纺织服装行业得到越来越多的应用。本文针对"新工科"纺织类专业改革探索与实践问题,研究人工智能背景下服装设计与工程专业教学改革方法,以服装大数据课程建设为例,从教学体系设计、教学资源库建设、教学效果评价等角度结合具体的教育教学实践,进行系统化分析和探讨,促进人工智能等新兴技术与传统的服装设计与工程学科教学相结合,从而为社会培养适应新时代、新技术、新应用的复合型专业技术人才,以期为国内相关高校的服装设计与工程学科的教育教学改革提供有益的参考。

关键词:服装设计与工程;人工智能;服装大数据;教学改革;新工科

1 引言

随着互联网、大数据、人工智能等新一代信息技术的发展,服装行业正面临着前所未有的巨大变革,服装

新零售、新制造的产业模式悄然兴起。服装新零售是以数字化为特征的零售创新,目的是为满足和引领消费市场的消费升级,与新零售相伴的是新制造,同样,新制造也是以数字化为特征的升级改造,目的是实现智能高效和柔性灵活的制造模式。对于服装企业来说,新零售与

新制造是一个不可分割的整体，新零售是新制造的前提，新制造是新零售的保障。服装企业加快向网络化、数字化、智能化的方向转型升级。服装行业新零售、新制造的典型应用场景包括在线虚拟试衣、在线服装定制、服装产品智能制造、服装产品大数据分析等。传统的服装设计生产模式难以适应新时代服装行业的变革，服装行业发展不仅对服装数字化技术提出更高的要求，也对高等院校本科教学和专业人才培养提出更高的要求，以适应新时代服装产业需求。对于服装工程专业基础课程，在理论与实践各方面探索新的培养目标，开展课程教学改革实践，提出新的课程群建设的教学模式，建设数字化资源平台，通过课程群和配套资源平台的建设实现对新型服装工程专业人才的有效培养，解决工程教育与企业实际需求脱节的问题，具有重要的现实意义[1-3]。

2 服装设计与工程专业课程现状

目前，服装设计与工程的传统课程主要以服装制板工艺中的工程问题教学为主，与互联网、大数据、人工智能等新一代信息技术结合不够紧密，为响应国家"人工智能+X"复合特色专业的号召，提高服装设计与工程专业学生对新一代信息技术的掌握与运用能力，继续加强建设一批人工智能相关的课程，强化服装工程中的人工智能问题提取和实践应用的能力。"新工科"人才培养指向的是多学科交叉融合的复合型人才，体现传统学科与信息技术的融合，在新一代信息技术背景下，为适应服装行业新需求，亟需推进"新工科"背景下服装工程学科的转型建设，在服装数字化、服装CAD、服装虚拟建模与交互、服装功能与材料数字化模拟等方面开展大量教改科研工作，将一系列科研成果融入本科生教学体系，推进课程群教学模式的改革，包括教学内容、教学计划、教学形式等方面，为未来服装行业新设计生产模式提供合格人才。

国家和各级政府高度重视人工智能在大学教育中的重要性，将人工智能作为国家重要发展战略。2017年，国家《新一代人工智能发展规划》也明确提出要建设人工智能学科，2018年教育部给出具体的量化指标：①到2020年建设100个"人工智能+X"复合特色专业；②到2020年编写50本具有国际一流水平的本科生和研究生教材，建设50门AI领域国家级精品在线开放课程；③到2020年建立50家AI学院、研究院或交叉研究中心。在服装设计与工程领域，国内诸多研究学者针对"新工科"背景下服装设计与工程专业的改革与实践[4]、专业实践教学体系的改革与建设[4-5]、基于人工智能和大数据等新兴技术的相关专业课程建设与教改实践等问题开展了大量研究工作[6-8]，分析了当前服装设计工程领域中新兴技术的应用前景，以及教育教学改革的具体措施，为进一步构建新技术融合的教学体系提供了有益的参考[9-12]。

3 服装大数据课程教学改革内容设计

北京服装学院是传统的纺织服装类高校，在服装设计与工程专业领域积累了数十年的教学改革经验，在新一轮的教学改革背景下，重点围绕互联网、大数据、人工智能等新一代信息技术与传统的服装设计与工程相融合，开展新一轮的教学改革实践，设置了"服装智能制造""服装大数据"等新型专业课程，主要面向服装设计与工程专业教学需求，根据服装设计与工程专业的特点，对服装行业大数据和人工智能交互方式的基本原理及应用场景进行理论讲解和实践训练。课程以有趣的实例论述数据分析的原理方法，并结合典型实例进行大数据应用程序的编写和实现，培养学生对理论方法的了解和对编程环境实践操作工具的掌握和应用能力。

"服装大数据"课程面向服装设计与工程专业本科生开设，课程包括理论教学16学时，上机实践操作10学时。"服装大数据"教学改革体系建设项目拟在多年积累的、教案材料和成套多媒体教学在数字资源基础上，进一步完善整理，建设形成数字化、体系化、标准化教材资源和教学平台，具体的建设内容架构如图1所示。

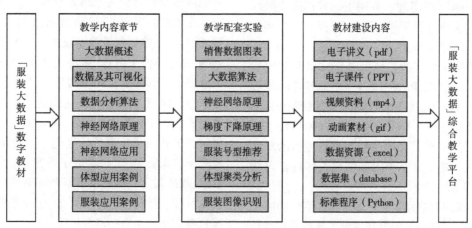

图1 "服装大数据"教学改革体系内容架构图

3.1　教学内容

根据"服装大数据"课程教学内容章节的设置,主要包括:

(1)大数据概述,讲解大数据的概念、大数据处理方法、大数据处理技术、大数据处理工具、各行业大数据应用、人工智能与大数据、服装大数据特点;

(2)数据及其可视化原理及方法,讲解数据的定义、数据的类型和表达方式、数据可视化原理及方法、数据可视化工具;

(3)数据分析算法,讲解数据统计分析和大数据分析的算法原理及实现方式、线性回归分析、聚类算法原理与分析应用;

(4)神经网络原理,讲解神经网络的起源、神经网络原理、神经网络的数学模型表示方法、神经网络的结构与扩展;

(5)神经网络应用,讲解神经网络的应用原理、典型神经网络的应用场景、神经网络模型训练的机制;

(6)体型应用案例,属于实践操作,讲解基于体型测量数据进行体型的聚类分析、基于图像实现人体特征点检测和体型参数的估计;

(7)服装应用案例,属于实践操作,讲解基于神经网络的服装图像分类识别、MNIST_Fashion 数据集的应用与识别任务实践。

3.2　教学配套实验

(1)销售数据图表实验。利用 Excel 工具、Python-Matplotlib 工具实现数据可视化图表的绘制与显示;

(2)大数据算法实验。利用 Python 语言和开发环境,进行基于标准数据的线性回归分析实验,使用身高体重数据进行线性回归分析;

(3)神经网络原理实验。利用 Excel 工具、Python 语言和编程工具实现神经网络的原理实践,实现给定输入向量、神经网络结构计算神经网络的输出;

(4)梯度下降原理实验。利用 Excel 工具、Python 语言和编程工具实现梯度下降算法的原理和实现,理解神经网络模型训练的原理;

(5)服装号型推荐实验。利用 Python 语言和编程工具实现基于主要体型参数的服装号型推荐算法与程序,训练使用 sklearn 机器学习库实现推荐算法和应用;

(6)体型聚类分析。利用 Python 语言和编程工具 sklearn 机器学习库基于体型测量数据进行体型的聚类分析,利用 Baidu-AI 平台基于图像实现人体特征点检测和体型参数的估计;

(7)服装图像识别应用案例。基于神经网络的服装图像分类识别,利用 Python 语言和编程工具和卷积神经网络实现基于 MNIST_Fashion 数据集的服装图像识别任务实践。

3.3　教材建设内容

(1)"服装大数据"课程教学电子讲义文本;

(2)"服装大数据"课程教学课件 PPT;

(3)"服装大数据"课程案例视频资源;

(4)"服装大数据"课程案例动画素材,嵌入教学课件中;

(5)"服装大数据"课程配套标准数据资源,包括人体测量数据表、服装销售案例数据;

(6)"服装大数据"课程配套标准数据集,包括人体测量数据表、服装销售案例数据、人体三维模型标准数据集、标准服装图像识别分类数据集;

(7)"服装大数据"课程配套实验 8 个,包括数据图表可视化、数据分析、梯度下降法、回归分析、神经网络原理、体型大数据分析、服装号型预测、服装产品图像分类识别。

最后,拟采用 BaiduAI Studio 平台基于在线 Paddle 框架建立集电子教案、电子课件、视频、数据集、程序集于一体的教学资源环境,建立集教学学习、资源管理、编程实践、作业提交、在线考核功能于一体的综合教学平台和数字资源体系。

4　服装大数据课程教学改革目标

结合服装设计与工程专业人才培养目标,建设服装大数据数字教材及教学资源体系,形成一系列标准的数字化教学配套资源和数据资源库,明确梳理服装工程中的人工智能问题和应用领域及应用方法,明确服装工程专业学生的人工智能理论方法技术的教育教学方法。有助于加强传统服装设计与工程学科与新一代信息技术的深度融合,优化服装工程学科课程结构,有助于加强学生对新一代信息技术的认识,提高运用能力。强化服装工程中的人工智能问题提取和实践应用的能力,更好地落实"新工科"人才培养目标。

在传统的服装工程问题中提取与人体体型、服装版型、服装产品数据分析等领域相关的大数据与人工智能问题,结合体型大数据、版型大数据、生产大数据、销售大数据等讲解参数化特征提取方法和大数据人工智能模型应用原理,并形成相对完整的成体系的服装领域大数据资源库和标准化数据集,建设完成完整的大数据应用案例 Python 程序源代码案例集。建设完成大数据实践教学体系资源,建立集电子教案、电子课件、视频、数据集、程序集于一体的教学资源环境,建立集教学学习、资源管理、编程实践、作业提交、在线考核功能于一体的综合教学平台和数字资源体系。

5 结论

本文围绕随"新工科"背景下纺织类专业改革探索与实践的需求,结合互联网、大数据、人工智能等新一代信息技术的发展以及新技术在服装领域的应用前景,研究探讨人工智能背景下服装设计与工程专业教学改革方法,以"服装大数据"课程建设为例,分析研究教学体系设计、教学资源库建设,并针对教学实践需求,进行系统化分析和探讨,建立课程教学内容体系和配套实验方案,力求促进人工智能等新兴技术与传统的服装设计与工程学科教学相结合,从而为行业培养适应新时代、新技术、新应用的复合型专业技术人才,以期为国内相关高校的服装设计与工程学科的教育教学改革提供有益的参考。

致谢

本文为基金项目:2020 年北京市高等教育本科教学改革创新项目《数字时尚赋能服装人才培养与融合创新》;北京服装学院教改项目《服装大数据与人工智能课程建设》(JG-2102);北京服装学院课程思政教改专项《服装智能制造创新精神课程思政建设》(KCSZZT-2103)的阶段性成果之一。

参考文献

[1] 国务院.新一代人工智能发展规划[Z]. 2017.

[2] 李申森. 课程育人背景下的服装设计专业创新人才培养模式构建[J]. 西部皮革. 2022,44(13):77-79.

[3] 安静."新工科"背景下服装设计专业的改革与实践分析[J].化纤与纺织技术,2021,11:143-145.

[4] 刘小红,刘东,陈学军."新工科"背景下服装设计与工程专业的改革与实践[J].纺织服装教育,2020,35(5):385-388,392.

[5] 田丙强,曲洪建,胡守忠.新工科背景下服装设计与工程专业实践教学体系的改革[J].时尚设计与工程. 2018(6):51-54.

[6] 王珊珊,刘素琼.人工智能对服装设计本科教学的影响[J].黑龙江纺织. 2021(4):38-40.

[7] 任若安,沈雷,李雪.服装产业智能化营销渠道的转型升级现状及其趋势[J].毛纺科技. 2021,49(12):93-103.

[8] 季勇.基于大数据平台的服装设计课程改革探索[J].山东纺织经济. 2021(11):41-42,52.

[9] 纪杨.大数据背景下高校服装与服饰设计专业教学研究[J].中国多媒体与网络教学学报(上旬刊). 2021(8):73-75.

[10] 阮艳雯,谈伊妮,顾力文,等."新工科"背景下服装设计与工程专业"服装设计基础"课程教学改革[J].纺织服装教育. 2021,36(5):455-458.

[11] 陈金玲.创业教育与服装艺术设计专业教育的融合路径[J].棉纺织技术. 2021,49(12):102-103.

[12] 马杨林.创新创业教育与服装设计专业课程的有效融合[J].西部皮革. 2021,43(18):125-126.

Improvement of innovation and entrepreneurship abilities for textile-major undergraduate students

XIAO Xueliang*, WANG Ruiyao, CHEN Yanjun, PAN Ruru

School of Textile Science and Engineering, Jiangnan University, Wuxi, China

Email address

Xiao_xueliang@ jiangnan. edu. cn (XIAO Xueliang)

Abstract：During the "12th Five-Year-Plan" period, our country began to implement the policy of "national innovation and entrepreneurship training program (NIETP)" for college students, which aims to improve college students' innovation and entrepreneurship awareness and ability in addition to their course study. However, after ten years of practical training, it is found that college students generally lack divergent thinking and lack of enthusiasm for course innovation and entrepreneurship. In this regard, the School of Textile Science and Engineering of Jiangnan University analyzed the NIETP status for the college students' entrepreneurship and innovation abilities, and then put forward relevant suggestions and measures to improve the trainning program. The School successively issued credit management methods for undergraduate quality, then established the innovative credit training mode, gradually strengthened the campus entrepreneurship and innovation atmosphere, and finally obtained remarkable undergraduate scientific research and innovation achievements.

Keywords：innovation and entrepreneurship trainning program; practical ability; comprehensive quality; textile engineering; undergraduate students

基于本科双创项目探讨纺织工程专业学生能力培养模式与路径

肖学良*,王睿瑶,陈艳君,潘如如

纺织科学与工程学院,江南大学,无锡,中国

邮 箱

xiao_xueliang@ jiangnan. edu. cn(肖学良)

摘 要："十二五"期间开始实施国家级大学生创新创业训练计划,旨在提高大学生创新创业意识与能力,培养高素质高能力人才。然而,经过多年的实践训练,发现大学生普遍缺乏发散性思维、创新创业积极性不足等问题。对此,江南大学纺织科学与工程学院对大创项目发展现状及大学生双创能力进行分析探讨,进而提出相关建议与措施,陆续发布了本科生素质学分管理办法,建立创新学分培养模式,校园双创氛围渐浓,并获得了显著的本科生科研创新成果。

关键词:创新创业;实践能力;综合素质;纺织工程;本科生

1 引言

通过实施大学生创新创业训练计划,加速高校的教育思想观念转变,改革高素质人才培养模式,强化创新创业能力训练,提高高校学生的创新创业能力和综合实践水平,培养适应新时代国家建设需要的高水平创新型人才[1]。在先前的应试教育观念下,学生的思维固化僵化,创新意识欠缺,在实际应用、实践操作中开始显露弊端。在当今的社会观念、发展趋势下,创新意识及实践能力的重要性日益凸显。

在纺织行业发展的大背景下,大学生应当合理认知

行业需求,正视自身不足,开拓创新,同时将理论知识充分运用到实践中。

2　本科双创能力培养现状

《2020 大学生创业调查报告》显示,2020 年毕业生自主创业率达 6.74%,已远超发达国家水平,但背后是大学生创业成功率低、大学生就业缺口问题严峻的事实。现阶段,国家对中小企业的大力扶持政策给大学生创新创业提供了机会与保障,而大创项目作为大多数学生对创新创业的初次接触,是对其创新意识及思维的写照。

2.1　纺织专业双创项目实施时存在的问题

纺织工程专业的学生在实施大创项目时常存在以下问题:

(1)思维活跃度不理想。以纺织专业为例,多数大创项目以面料、纺织纤维的新型、功能性材料应用为主体,不自觉拘泥于传统纺织的束缚中。

(2)试错坚持性低。理工类大创项目大多需要多次反复的实验、测试,才能逐渐得出结论、取得成果。而经过询问调查发现,现实中同学们课题探索的坚持程度普遍不高。

(3)重视程度不足。有相当部分学生仅仅将大创项目作为获得学分的途径,没有充分认识到创新性对于日后学习工作的重要性,从而导致项目课题进展滞后、质量不达标。

目前,在国家政策的积极引导下,对大学生创新能力及实践应用素质的要求越来越提高,学生、高校乃至社会对其提出更高的要求,大创项目质量和创业率逐步提升。

2.2　纺织专业学生双创能力培养的影响因素

有学者认为,个体创造力是一种人类特有的,能基于一定条件与目的产生新颖、独特、有价值产品的心理素质[2]或智力品质[3]。创造力作为创新创业能力的核心,影响创造力的因素应当作为影响大学生创新创业水平的主要因素给予重视。

(1)纺织专业学生自身知识储备及实操能力。纺织专业知识基础的广度和深度对创新产出数量具有显著的影响[4],对于纺织类大创项目推进及其实践,基础知识自然起到根本作用。纺织工程专业里,创造力与知识呈正相关,具备了足够充分的知识储备,才能够在其基础上进行思维创新,从而产出一定的价值。

(2)纺织高校氛围与思想导向。大学是学生向社会的重要过渡阶段,是其就业意识、创业能力的重要成型时期。对大学生创新创业意识的培养和将理论知识运用到实践中的教育导向对学生的思维、观念的形成起

至关重要的作用。因此,高校氛围与思想导向是影响学生双创能力培养的关键因素,特别是纺织类高校的学生受社会对纺织专业的偏见影响较大,更需要对学生的思想进行积极引导,才能提升学生的双创能力。

(3)社会方针政策对纺织专业创新能力的影响。政府和社会对于中小企业的方针导向会极大程度上影响创新创业率,从而在大学生创新创业项目的积极度上有所反应。除此之外,国家对于项目的资金支持、技术扶持都会影响到项目的水平及质量。社会大环境下的众创氛围也是不可忽视的因素。近几年,国家对纺织行业的转型升级关注较大,特别是这种劳动密集型企业,更需要创新创业的模式提升运行效率,更需要加强对学生双创能力的培养。

3　提升纺织专业学生双创能力培养的措施

3.1　学生层面的培养措施

针对双创主体,即学生自身进行探讨,要提升创造力,拓宽思维广度,增强实践操作素质,体现在以下方面:

(1)正确认知双创活动的本质。对纺织专业的大创项目的认知态度一定程度上反映出大学生的创新意识与创业意愿,在其创业实践程度上得以体现。首先,多数大学生认为纺织行业内创业成功率低、实践可行性差,不敢面对失败的风险,导致不愿挑战自我进行完全创新的项目研究,甚至直接选择放弃。其次,正确认识到当前纺织工程专业大创项目中存在的各项问题,是不容小觑的重要一环。在高校对学生做出正面思想导向的同时,学生自身更应当对自我观念进行深刻反省,不断提高创新实践的主动性。勇于尝试,正视困难与失败,正视自身知识与实操能力的不足。进行深度研学,从而做到本质创新。

(2)知识层面的前沿获取能力。知识是实践的基础,知识结构很大程度上决定着发展水平。我们认为大学生的知识结构是层次复杂的结构体系,它包括学科专业知识、思想政治理论、通识知识以及实践经验,这都是顺利完成创新创业项目的根本。在大创项目的推进过程中,真正操作起来才能意识到自身知识的匮乏。原料物化性质、纤维性状功能甚至药品取用、仪器操作都极其生疏。除此之外,在新媒体迅速发展的当下,知识获取途径更加广泛多样,工具使用也更加智能化。对于知识的学习不能局限于书本的理论知识,更需要拓宽视野,开拓思路,打开思维,与专业先进水平共进,与领域发展趋势同频。同时,保持对于新型仪器、材料、成果的

跟进了解，并不断应用到自身项目中去。例如，在压敏传感面料的研究中，需要掌握对于导电材料及其性能的相关知识，纤维改性的常见方法及作用效果，所用药品的使用、危险性以及处理等。因此完成一个大创项目需要的不仅是课本上的理论基础，更需要日积月累的经验。

(3)提升双创项目的实践操作能力。实操能力实则是人对于信息的理解、对知识的应用与对理论的延伸，当然还有必不可少的动手能力。实践才是检验真理的唯一标准，在课题项目中实践也是探究猜想的有力证据。而学生从小在理论知识的教育中成长，很大一部分学生缺乏甚至完全没有实际操作的经验。例如，在大创项目实验中，小组成员缺乏超声震荡和静电纺丝的操作经验。因此，在已有的知识基础上，多加锻炼自身的动手操作能力，将猜想方案转化为切实可行的步骤是当务之急；合理利用空余时间增强锻炼，并积极总结经验、勤加反思，在有限的时间内获得最大程度的实践锻炼。纺织专业是实践能力要求比较高的专业，更需要学生在实践中锻炼自身的业务水平，更需要学生将知识与实践能力结合起来，提升综合素质能力。

(4)调整心态应对双创项目的挫折。没有人希望自己的项目失败，但在实践过程中，或多或少都会遇到挫折与阻碍。溶剂的选择、温度的控制、时间的把控，都需要一次次的尝试，才有可能使项目顺利推进。要树立正确的阻碍认知，培养积极不懈的心态，在不断试错中探寻最佳方案。

(5)积极与师长、同学交流沟通。与同组成员的沟通作为完成任务的基础固然重要，但与其他研究领域的学生、导师的交流也不容忽视。及时的交流沟通可以帮助我们准确地了解到大致水平及自身竞争力，并对自我进度进行合理调整；汲取他人的成功经验或是失败教训，使自身少走弯路，高效地达到最佳目标。

3.2 高校、家庭、社会等大环境层面

积极的家庭、社会导向对于思想观念有着潜移默化的影响。开放的家庭环境对于活跃的思维形成密不可分；社会氛围及支持保障也为大创实践提供着空间。

家庭应当支持孩子的创新观念，支持所有正面的大胆实践；高校应将实践融入理论教学中，将"授之以鱼"改为"授之以渔"，重视观念输出；建立校企联合机制，为大学生创造众创空间与机会，使其看到双创的发展前景；制度上，为大学生项目提供足够的政策、资金支持，解决后顾之忧。同时改善材料信息的共享机制，使学生能够实时了解到所有领域的最新动向以及先进技术趋势，从而不断感知科技、激发灵感。

而对于纺织工程专业来说，应当结合区域经济建设和纺织行业发展对接的需求，完善课程体系[5]，丰富教学内容。以纺织行业的创新需求为出发点，加速课程的更新，促进学生对专业现状的了解、对新兴技术的掌握。

4　双创能力培养取得的成果

江南大学纺织科学与工程学院通过多年的双创项目实践，在对学生双创能力培养方面，取得了一系列成果。例如，2012年3月，2012届江南大学毕业生黄琳琦的淘宝网店正式开业，为大学生创新创业提供了新思路典范[6]。

(1)江南大学作为教育部直属高校，建有全国高校实践育人创新创业基地，拥有国家级创新项目百余项。

(2)江南大学纺织服装学院(现纺织科学与工程学院)纺织工程专业"卓越工程师计划"的实践与创新获得"纺织之光"2017年度特等奖。

(3)江南大学率先开展基于校企院所合作的"纺织+"跨学科协同创新人才培养模式研究，大力发展现代纺织跨学科领域，与航空航天、医疗器械、生物材料、美容医用等领域研究所建立紧密合作关系。

(4)彩色乳胶粒在喷墨印花中的运用[7]，传感面料应用于步态矫正中的探索，抗菌面料、经编工艺等方面的研究与改进都彰显着江南大学纺织工程的创新进步。

(5)江大学子在"大学生挑战杯"、科技创新创业等活动中取得瞩目成就，也获得来自社会企业的广泛资助，增设数项奖学金，进一步促进学生创新创业及学业积极性，形成不断推进的良性循环。与此同时，与无锡创意产业园区建立紧密合作，不仅为校内学生创业提供孵化机会、资金支持与模式参考，也起到模范作用，辐射带动区域乃至全国的大学生创新创业发展。

5　结论

纺织工程作为交叉学科，又处于传统与创新碰撞的关键时期，创新作为推动产业不断改革的关键要素对于科研发展、学科进步至关重要。江南大学积极面对大学生创新创业中存在的问题，并有的放矢地开展一系列教育实践举措。但是，在学生心理以及进展效率、良性竞争氛围等方面还存在不足。

不仅仅是纺织工程专业，所有学科领域都可以进行互相借鉴，取长补短。各领域间形成良性竞争关系，满足自身发展需求等的同时相互促进，达成双赢。在日后的部署中，仍需增设创新性课程，增加学生在校期间与实践机会、接触社会机会，加深对学科发展趋势的理解与感悟，以促进创新方向与灵感的产生，走好创新之路。

致谢

本文为江南大学 2021 年本科教育教学改革研究重点项目(JG2021120)和"纺织之光"2021 年中国纺织工业联合会高等教育教学改革研究项目的阶段性成果之一。

参考文献

[1]　教育部关于做好"本科教学工程"国家级大学生创新创业训练计划实施工作的通知[EB/OL].新华网,2012.

[2]　张庆林.创造性研究手册[M].成都:四川教育出版社,2002.

[3]　林崇德.培养和造就高素质的创造性人才[J].北京师范大学学报(社会科学版),1999(1):5-13.

[4]　魏玲,郭新朋.知识存量的动态量化测度研究[J].科技进步与对策,2018,35(5):120-125.

[5]　吴薇,王利平.纺织工程专业创新人才培养模式的研究[J].纺织报告,2021,40(7):96-97.

[6]　郝杰.江南大学创业氛围渐浓[J].纺织服装周刊,2012(30):26.

[7]　杜长森,杨羲,付少海.彩色乳胶粒的制备及其在纺织品喷墨印花中的应用研究进展[J].服装学报,2021(6):2-6.

A practical exploration of ideological and political integration in the curriculum of clothing design: taking *Lideshuren* as an example

XU Xingmei

College of Arts and Design, Sichuan University of Culture and Arts, Mianyang, China

Email address

xuxingmei1587@126.com(XU Xingmei)

Abstract: Clothing design is a comprehensive discipline. Under the background of the new era, new requirements are put forward for the education of contemporary fashion design. It should not only comprehensively educate students, but also integrate the moral education and professional education training on the basis of *lideshuren* (fostering virtue through education). Therefore, it is necessary to change the traditional mode of education from curriculum design to practical teaching, so as to give full play to the role of professional education and moral education.

Keywords: lideshuren; clothing education; practice

服装设计专业课程思政融入及实践探索
——以立德树人为例

徐兴美

美术设计学院,四川文化艺术学院,绵阳,中国

邮 箱

379268033@qq.com(徐兴美)

摘 要:服装设计是一门综合学科。在新时代背景下,对当代服装设计专业教育提出了新的要求。不仅要全方位育人,还要在进行技能培养的同时,将立德树人教育与专业教育融合,从课程设计到实践,改变传统教育模式,发挥专业教育与立德树人教育的同向育人效应。

关键词:立德树人;服装教育;实践探索

1 引言

我国是纺织品生产大国,随着人们生活品质的提高,对纺织服装的消费越来越大,要求越来越高。新时代要求下,培养什么样的服装专业人才,如何培养具有时代担当和职业水准的服装专业人才仍是服装专业教育者应考虑的问题。立德树人在高校专业教育与德育教育中具有一定的教化作用[1],服装设计专业具有较强的实践性,市场竞争下,对服装专业从业者的规范和道德提出更高的要求。近些年,服装设计行业设计导向不端、诚信缺失等问题频发,提醒了广大服装设计专业教师,专业教育德育不可缺。专业教育应建立在德育基础之上,要引导学生重视德育,德育引领专业教育,最终达到德育与专业教育两相长。

2 立德树人融入服装设计专业教育的必要性

服装设计是一门融合了艺术与技术、理论与实践相结合的专业性较强学科,其中还涉及多学科交叉内容。随着社会发展,市场经济对复合型、应用型人才的需求也越来越迫切,高校的教学质量和毕业生的能力水平,一直是社会各界及教育主管部门关心的重点。国无德不兴,人无德不立。育人的根本在于立德。落实立德树人根本任务,是我国高等教育事业不断取得新发展的关键所在,也是实现高质量发展、建设教育强国的必然要

求[2]。立德树人作为教学的核心，为专业教育中提出了德育为先，以德育引领专业教育的教育思路，只有立好了德，才能谈树人。树人的工作是影响学生本人乃至家庭、学校甚至社会、国家发展的百年大计。虽然如今大学生德育与专业教育由辅导员和专业教师及院系学生工作部门多方共同协作，但德育工作仍有挑战。例如，服装专业学生大多具有艺术背景，思维跳脱，部分学生没有明确的学习目标，刚入校的新生还没有完全脱离高中的管理模式，整体还比较有学习意识和纪律观念。当进入大二年级后，学生开始慢慢松懈学习。这有多方面的原因，从专业教学的角度来看，主要有以下方面的问题：一是部分同学对自己所选专业并没有深思熟虑，也没有规划，盲目选择了自己并不感兴趣的专业。二是学生学习积极性不高，大部分学生对所选专业的从业方向不够明确。三是教学与考核方式单一，导致学生还停留在以完成作业为己任，没有真正从专业发展及职业取向上深入学习。四是在学习态度和思想上松懈，对所学专业应遵循的道德观念模糊不清，导致出现学习中的刻苦钻研精神不够等问题。所以，立德树人工作仍需继续坚持，并应在专业教育中潜移默化地融入。

3 立德树人融入服装设计专业教学的路径

3.1 立德树人融入教学内容

立人先立德，立德树人为服装设计专业教育提供了有力的思想保障。立德树人不能停留在程式化的教育工作中，应该遵循因地制宜、因材施教，针对不同专业方向、不同层次学生进行摸底后，开展以人为本的立德树人工作，更利于专业教育效果。课堂教学中充分利用多种授课模式，丰富课堂教学形式，如采用案例讨论、互动活动等方式，形成学生认真学习、积极思考的良好氛围[3]，最终达到德育与专业教育并举的良好教育效果。

服装设计专业本属于工科与艺术学科交叉的学科，开设的课程涵盖中外服装史、材料学、工艺与结构、立体裁剪等实战性较强的课程。在课程教学的过程中，可根据专业课程内容采用多样化的教学手段，潜移默化中实现教育目标[4]，适时适量设计与学生成长相关的感恩教育、工匠精神、爱国教育和个人成长等元素，二者有机结合的授课模式，更利于立德树人融合服装设计专业教学效果。通常可以以具体案例与学生分享，让他们感受到本专业的前景和目标。例如，讲到设计师时，以该设计师的成长历程和对专业的坚守为范例讲述，让学生知道干一行爱一行，对专业的热爱和坚守，同时传达工匠精神在专业领域的可贵。在讲到材料方面的知识时，让学生去关注我国传统手工艺，如缂丝工艺、传统刺绣工艺等，让学生对传统手工艺感兴趣的同时，激发他们对老

一辈人留下的瑰宝进行传承和发展。在讲解服装款式结构的时候，既要有服装结构设计与工艺技术的专业技能培养目标，又要对人文素养、审美艺术、服装结构工艺发展等有所认知[5]。例如，讲解中山装时，可将中山装产生背景及款式结构代表的含义做系统分解学习，使学生不忘历史，继续开拓创新。

3.2 立德树人融入教学实践

立德树人作为教育的根本任务[6]，不只是在理论层面，还应体现在教学实践中。服装设计专业是一门秉承重基础、强能力及创新发展为理念的学科。理论终究要转化为实践，才能检验该专业的掌握情况。重视实践教学，培养具有更宽理论知识和更强实践技能的人才，一直是服装设计专业可持续发展的重要教学理念和举措。因此，实践教学在该专业教学中的地位十分重要，既要求学生掌握艺术与科学结合的设计理论，又需要学生具备将理论知识转化为实践的能力。将立德树人融入实践，无疑是专业教育的升华和提高。可以从以下方面体现立德树人在服装设计专业的融入实践。

3.2.1 感恩教育与专业教育结合

感恩教育是教育者运用一定的教育方法与手段，通过一定的感恩教育内容对学生实施的识恩、知恩、报恩、施恩的教育[7]。服装设计专业要求从业者从设计理念到成衣制作，动脑动手贯穿一体。在进行感恩教育上，要求学生设计并制作的成衣应包含人文情怀，比如，设计与工艺制作课上，第一件成衣是为父母或家人设计制作。将任务发布给学生，要求学生回家为父母量体，并亲自选料，根据父母的身材及需求进行款式设计。草图形成后与老师共商制板与制作，最终自己亲自制作成衣送给父母。通过这个实践任务，学生不仅从设计到制作全程得到了锻炼，更重要的是学生通过为父母制衣懂得了感恩父母。通过类似这样的教学手法，在专业教学内容中有机渗透感恩教育，达到立德树人融入专业教育的良好效果。

3.2.2 传统文化植入服装设计专业教育

立德树人以传统文化为突破口，寻找服装设计的灵感源泉，建立起当代人的文化自信。我国拥有五千年的文化宝藏，当国际时装周上，国外设计师行云流水般运用中国传统文化元素进行时装设计创作时，我们不禁感叹中国传统文化的博大精深，同时这是我们的文化自信，我们应该更了解它。文化自信是一个国家、一个民族发展中更基本、更深沉、更持久的力量[8]。在服装设计专业的课程设计中，可在"服装概论""服装设计基础"及设计项目课程中，教师给学生提供音视频、图文资料等感染学生对传统文化的兴趣，进而根据项目化方式，让学生提取传统文化元素进行现代服装设计创作。在学生研究传统文化并设计的过程中，从理论到实践，

系统性地认识我国传统文化,并将其运用到现代服装设计作品中,给服装设计专业教育提供了更多设计源泉的同时,也唤醒了学生对我国传统文化的深思,用我们自己的传统文化启迪设计思路,从中汲取营养、传承文化基因,使之生机勃勃,也达到了立德树人与专业教育的高度融合。

3.2.3 立德树人融入毕业设计

立德树人融入毕业设计,是对在校学生专业教育的最后教育环节。毕业设计是实践教学中的重要组成部分,也是学生大学四年学习成果的重要检验。对于培养学生自主学习能力、创新思维能力、实践动手能力、发现问题和解决问题的能力有着不容小觑的作用。毕业设计更是将所学的专业知识进行统筹规划,有条不紊地应用于设计作品中,这也是对学生所掌握专业能力的综合考验。每届毕业设计可适当增加立德树人元素,在检验所学的同时,教化毕业生立好德,为进入社会奠定基础。如我校在 2021 届毕业设计中,要求毕业生围绕"建党100 周年"开展毕业设计,在为期几个月的时间里,同学们由对建党历史一概不知到脉络清晰,并从中提取到了许多可用元素,设计出的系列作品纷纷展示了当代大学生对家国情怀的传承和发扬。如图 1、图 2 所示,以《新青年》报为主题进行成衣设计,将《新青年》报的封面、内容、插图等显性特征作为主要设计元素,并通过丝网印的手法将其呈现于服装表面。如图 3、图 4、图 5 所示,以五四运动背景为灵感,从五四运动中提炼元素,设计成图案运用到现代服装上,并结合现代审美取向,将解构主义运用在西装上,打破常规,充分展示现代服装的时尚性和不忘初心、砥砺前行的精神。

通过毕业设计的形式融入立德树人思想内容,学生得到了锻炼,教师拓宽了立德树人的教育渗透方式,整体收到了良好的效果,也突出了服装专业融入立德树人教育的有效性。

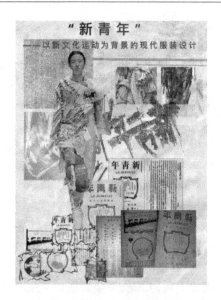

图 1 《新青年》设计灵感

图 2 《新青年》设计作品

图 3 以五四运动为设计灵感

图4 以五四运动为题的设计效果图

图5 以五四运动为题的成衣作品

4 立德树人融入教育工作的展望

立德树人是高校立身之本[9],它是一个系统性的工作,在专业教育中是动态并系统的。不是纸上谈兵,需要践行。学校要在制度及管理层面上,以教师和学生为核心,科学制定立德树人管理方案,从上而下以身作则。将立德树人贯穿于管理工作和教学工作中,才能以滴水穿石的力量感染学生,达到立德树人的教育目标。它不是教师的专属标签,单凭一线教师是完全不够的。从学校的角度,应当从学校大环境出发,管理者、领导者、教师以及学生,都应进行系统学习,上至学校校长、书记,下至保安、保洁工作人员,都应具备优良的道德品行,给学生一个良好的学习和生活环境,无形中给学生德育启迪。当然,立德树人也不是教育行业的专属工作,地方政府、学生个人及家庭,甚至全社会都应该参与全面育人工作,使学生在校园有良好的环境,走出校园还能感受到德育的力量。立德树人,任重而道远,需要全社会共同努力,只要我们不忘初心继续前进,相信立德树人工作会给每一位成长中的学子带来福祉。

5 结语

新时代的高等教育给教育工作者提出了更高、更实际的要求,且立德树人是高校思想政治教育和专业教育的主要内容和根本任务。作为专业教育,与学生最为密切的教育环节,无论从课程教学内容设计还是课程实践环节中融入立德树人思想及实施策略,都是专业教育结合立德树人在教学内容、教学方式方法、教学实践形式等方面的提高和改善。只有探索出一条适合专业教育与立德树人有机结合的教育路径,才能充分利用好课堂教学这个大舞台,使他们正确认识国内外发展趋势以及新时代赋予的责任和使命,提高在各种复杂环境中明辨是非和把握未来的能力,成为德智体美劳全面发展的社会主义建设者和接班人,达到"铸魂育人、立德树人"的目的[10]。

参考文献

[1] 光明网.立德树人文化内涵融入高校平面艺术设计专业的创新研究[EB/OL]. https://reader. gmw. cn/2020-09/21/content_34206817. htm,2020-09-21.

[2] 人民网.推进落实立德树人根本任务[EB/OL]. https://baijiahao. baidu. com/s? id = 1694429587504696611&wfr = spider&for＝pc,2021-03-17.

[3] 陈莉芳.高校服装设计专业"课程思政"的探索与实践:以《成衣立体剪裁》为例[J].轻纺工业与技术,2020(7):152-153.

[4] 郭凤臣.高校服装专业"课程思政"教学体系的构建,[J].白城师范学院学报,2019,33(4):81-83.

[5] 葛彦,傅海洪,吕冬云,等."服装结构与工艺"课程思政的探索与实践[J].纺织科技进展,2021(6):63-64.

[6] 龚成.高校立德树人的价值内涵与实践策略[J].煤炭高等教育,2014,32(6):69-72.

[7] 任庆祥.依托感恩教育践行立德树人[J].中国职业技术教育,2013,32:109.

[8] 沈晓洪.坚定文化自信促进文艺繁荣[N].宜春日报,2019-12-24.

[9] 李晓华,袁晓萍.高校立德树人的时代内涵和实践路径[J].高等教育研究,2018,39(3):70-73.

[10] 习近平.用新时代中国特色社会主义思想铸魂育人贯彻党的教育方针落实立德树人根本任务[N].人民日报,2019-3-19.

Analysis of body training of fashion model

YAN Jing*

Department of Clothing Art Teaching and Research, Wuhan Municipal Arts School, Wuhan, China

Email address

314069793@ qq. com(YAN Jing)

Abstract: With the rapid development of China's economy and the expansion of the garment industry, the modelling industry has met new opportunities for growth and increasing market demand for fashion models. Fashion model training on a larger scale is in line with the trend of the times, which can meet the needs of the market. Model body's training is an important part of teaching that reveal the quality and strengths of the models and improving their physical expression. Based on it, this essay mainly proposes several measures to optimize the teaching mode of body training in order to improve the professional competence of it.

Keywords: fashion model; body training; teaching mode

时装模特形体训练教学模式分析

严静*

服装艺术教学与研究系,武汉市艺术学校,武汉,中国

邮　箱

314069793@ qq. com(严静)

摘　要:随着我国经济的飞速发展和服装产业的不断扩大,模特行业迎来了新的发展机遇,市场对于时装模特的需求不断增多。时装模特培训朝向规模化发展顺应了时代发展的趋势,能够满足社会市场需求。形体训练是时装模特教学中的重要组成部分,它体现着模特的素质和优势条件,能够提高时装模特的形体表现力。基于此,本文主要提出几点优化时装模特形体训练教学模式的措施,以提高模特的专业能力。

关键词:时装模特;形体训练;教学模式

1　引言

对时装模特进行形体训练是培养和提升模特表现力的基础,通过形体训练,不仅能够提高时装模特的素质和专业能力,还能够提升模特的气质,增加时装模特的就业机会。但目前我国的时装模特形体训练的教学模式还比较单一,教学方法相对落后。因此,要不断学习国内外的模特教学模式,吸收借鉴优秀经验,在进行统一的模特教学大纲的前提下,将培训内容进行提炼创新,将原来分散的教学内容进行整合,培养更加优秀的时装模特,将更多的中国模特推向世界。

2　创新教学模式和教学方法,进行形体的再创造

时装模特具有严格的条件限制.不仅要有身高、体重以及长相的限制,还要有体态和气质要求。时装模特的形体训练主要是改善时装模特的体态,提升时装模特的气质,充分发展时装模特的身体素质和机能,纠正不良的身体形态,塑造形体,增加时装模特的优势和竞争力。原有的时装模特的形体训练只是简单的对时装模特进行基础性的训练,严格控制模特的体重,对时装模特的气质和形体改善不大。在新形势下,要创新时装模特形体训练的教学方法,不仅要进行基础能力训练,还要进行素质训练、芭蕾舞训练、健美操以及古典舞训练

等,通过将大量舞蹈、音乐以及艺术结合在一起,达到锻炼形体、提升乐感、增强节奏感、控制体重、愉悦身心的目的。首先,要增加基础性的训练内容,可以增加健美操和哑铃操,健美操不仅能够锻炼模特的形态,通过运动散发热量,燃烧脂肪,减轻体重,还能够跟随健美操的音乐锻炼时装模特的韵律感和律动性,增强时装模特形体训练的艺术性,提高了时装模特的表现力。哑铃操是有氧健身运动,在运动时会牵扯身体肌肉,能够拉伸肌肉线条,改善时装模特的粗手臂,在进行运动的过程中还会牵动腰部肌肉,不仅能够帮助时装模特瘦手臂、瘦腰身,还能够锻炼时装模特的形态。其次,要进行素质能力训练,合理安排训练的内容和训练时间,针对身体的不同部位进行教学安排,进行腰部训练、腿部训练以及臀部腰背训练等,训练时装模特的肌肉线条,增加肌肉群的灵活性,塑造完美的身体形态[1]。

3　注重模特体态和步态的艺术美

走台步是时装模特必备的专业技能.除了要关注时装模特基础的身体条件,注重基础的身体线条和形态,还要注重对时装模特动态的形体训练。台步是模特体态语中的重要内容,是一种动态的表演形式。时装模特在 T 台上有特定的行走路线,要求时装模特的线条流畅,形态大方,线条立体感强,无论从任何角度观察时装模特都具有规范性和完整性。在具体的教学过程中,要注意时装模特胳膊抬起的幅度、身体的形态、双肩的控制、走路的步速,在动态过程中也要注意时装模特的身体形态,体现时装模特走秀舞台表演的艺术性。因此,在实际的时装模特形态训练的教学中,首先,要将形体训练与动态表演相结合,将形体动作和表演动作相衔接,通过长期训练让模特在舞台上有挺拔的气质和修长的身体形态,注重对时装模特肩部的训练,让肩部一直保持的松弛的状态,提高模特肩部和跨部的灵活性,保持一个完美的体态。其次,要注意控制模特的步速,纠正时装模特不正确的走姿和不良习惯,让模特在动态表演中形成良好的步态和体态,在行走中保持良好的步伐感觉,提高时装模特身体形态和表演动作的优美性,增强时装模特舞台表演的艺术性,提高时装模特的竞争力,为时装模特的正式走秀奠定基础。

4　训练模特的身体表现力

对时装模特进行形体训练教学的最终目的就是提升时装模特的专业能力,增强时装模特的竞争力,让时装模特能够适应未来的工作生活。时装模特的工作不仅有动态地走台步以及舞台表演,还有静态的广告宣传图和拍摄写真硬照,这些都需要时装模特具有良好的身体形态和艺术表现力,都需要对时装模特进行形体训练。时装模特在进行动作表演时,身体形态会像 S,C,I 的字母形态,模特通过将身体塑造 S,C,I 形来塑造和表现时尚人物形态,展现时装的艺术价值,所以,在对时装模特进行形体训练时要注重提高时装模特的表现力,拓展时装模特身体的“变形”的可能性,注意表达动作美感。要不断创新教学模式,在具体的时装模特形体训练的教学内容中加入古典舞教学。

中国的古典舞将舞蹈、武术以及戏曲中的动作和造型融合在一起,体现着刚柔并济的东方美感,不仅能够训练时装模特的身体素质和身体形态,武术、戏曲等高难度动作,还能够锻炼时装模特的表现力,增加时装模特身体的柔韧度,从而使时装模特在塑造和摆拍时尚动作时,有更高的可塑性,提高时装模特的表现力。此外,对时装模特进行古典舞训练,还能够提高时装模特的气质和神韵。中国古典舞强调“以神领形,以形传神”,同一支古典舞,不同的人跳有不同的感觉,所以要不断完善古典舞的训练内容,不仅能够帮助时装模特训练形体,还能够提升时装模特的气质,使时装模特能够用身体表达情感,增强时装模特的表现力[2]。

5　结论

综上所述,随着我国服装产业规模的不断扩大以及人们艺术审美的不断提高,对时装模特的要求和标准越来越高。因此,在新形势下,要不断创新时装模特形体训练的教学模式,不断创新形体训练的教学内容,引入古典舞等训练内容,训练时装模特的体态,提高时装模特的竞争力。

参考文献

[1] 孙雨蓝,芮斐,孙妍妍.服装表演专业“形体训练”课程教学改革探索[J].纺织服装教育,2021,36(2):169-171.
[2] 莫丽琼,袁惠芬.形体训练教学的创新研究[J].山西青年,2021(5):79-80.

Exploration of teaching models for "Nonwovens" based on project-driven and industry-education integration

ZHOU Rong[1,2,*], WU Shaohua[1], ZHENG Jie[1,2], ZHOU Yanfen[1]

1 *College of Textile & Clothing, Qingdao University, Qingdao, China*

2 *Industrial Research Institute of Nonwovens & Technical Textiles, Qingdao University, Qingdao, China*

Email address

rzhouqdu@ 126. com(ZHOU Rong), wushaohua87@ 163. com(WU Shaohua), zhengjie2009123@ 126. com(ZHENG Jie), yanfen. zhou@ qdu. edu. cn(ZHOU Yanfen)

Abstract: In recent years, the nonwoven industry has developed rapidly. Particularly since the COVID-19 pandemic, the huge demand for masks, wipes, protective clothing and other materials has stimulated the development of the industry, and higher requirements have been put forward for the training quality of nonwoven professionals. As an important core course, the teaching mode of "nonwovens" also needs to be continuously improved to meet the requirements of the industry for talent training. Considering the current situation of the industry's demand for nonwoven talents under the background of new engineering, this paper explores project-driven teaching based on the integration of industry-education. Real cases, real problems and research projects were introduced into classroom teaching. Students have been guided to carry out problem-solving learning in the form of group discussions, classrooms flip and other seminar-style learning. The above activities develop students' creativity. And the quality of teaching and talent training has been significantly improved.

Keywords: industry-education integration; teaching model; project-driven; seminar-style learning

产教融合项目驱动探索"非织造学"课程教学新模式

周蓉[1,2,*],吴韶华[1],郑杰[1,2],周彦粉[1]

1 纺织服装学院,青岛大学,青岛,中国

2 非织造材料与产业用纺织品创新研究院,青岛大学,青岛,中国

邮 箱

rzhouqdu@ 126. com(周蓉),wushaohua87@ 163. com(吴韶华),zhengjie2009123@ 126. com(郑杰),yanfen. zhou@ qdu. edu. cn(周彦粉)

摘 要:近年来,非织造产业发展迅速,尤其是新冠肺炎疫情出现以来,口罩、湿巾、防护服等物资需求量巨大,催生了行业快速发展,对非织造专业人才的培养质量也提出了更高要求。作为人才培养中重要核心课程,"非织造学"的教学模式也需要不断改进创新发展以适应行业对人才培养提出的要求。本文从新工科背景下行业对非织人才的需求现状出发,基于产教融合探索项目式教学,课堂教学融入真实案例、真实问题和研究项目,引导学生开展以解决问题为目标的包括小组讨论、课堂翻转等研讨式学习,培养学生创新实践能力,提升教学质量,提高人才培养质量。

关键词:产教融合;教学模式;项目驱动;研讨式学习

1 引言

新一轮产业科技革命,迫切需要大批新工科领域的拔尖创新人才。新材料、大数据、智能制造、人工智能等成为国家发展战略方向和新兴产业,由此带来企业、产业包括人才观念的转变和升级换代。在此背景下,作为人才培养的高等院校,结合企业及行业需求,开展产教

研相融合的教学探索,提升本科工程教育的实践性、创新性成为当下教学改革的必然[1-3]。

非织造材料是新兴的材料工业分支,它源于纺织又超越纺织。非织造材料的生产综合了纺织、化工、塑料、造纸等加工技术,并运用了诸多现代高新技术,其产品广泛应用于航天航空、环境治理、农业、医用保健及人们日常生活等许多领域,被誉为发展前景广阔的"朝阳工业"。新冠肺炎疫情使得隔离服、防护服、医用口罩、消毒湿巾等一次性医用非织造材料需求剧增,许多企业在转产或新建口罩生产线的过程中缺乏专业人员指导,出现了各种问题,严峻的现实迫使我们在非织造专业人才培养的数量上和质量上需要有更大的举措。就山东省而言,拥有针刺、水刺、纺粘、热轧、熔喷等多条非织造生产线的大型非织造企业达数十家,设备基本为国外进口,高附加值、高端产品研发迫切需要大批能快速适应企业环境应对挑战的非织造专业人才。

基于以上分析,我们提出在非织造专业人才的培养上,将产业项目和科研课题与课程教学相结合,探索项目驱动式、案例式等教学模式,开展产教研深度融合的教育实践,培养创新性应用型工程人才,助力产业转型升级和行业发展。

2　非织造学课程目标及特点

"非织造学"是面向纺织及非织造专业学生开设的一门专业课,在我国绝大部分纺织相关院校均作为主要核心课设置,主要帮助学生了解非织造材料的发展现状,掌握主要工艺原理及加工技术,包括产品开发及应用等相关知识。

以我校为例,青岛大学纺织工程是首批通过工程认证的国家特色专业,结合学校办学定位以及纺织工程专业的人才培养目标,作为纺织工程大类本科生的专业平台课,我校"非织造学"本着以学生发展为中心的教学理念,以知识、能力、情感三维课程目标为指导,除了系统讲授非织造技术的工艺理论和典型设备,包括非织造用纤维原料、成网工艺、加固工艺以及不同非织造工艺对非织造材料的结构与性能的影响等理论知识外,在理论课之外增设了 32 学时实验课时,加强学生动手能力的培养,为今后从事纺织及非织造材料学科领域的生产、研发、经营管理等工作以及成为高层次研究人才奠定良好基础。

作为纺织工业的一门新技术,非织造产业近年来发展迅速,"非织造学"课程不仅是行业对人才需求的体现,更是产业对教育的推动,因此课程需要与产业发展相融合,积极探索新的培养模式[4],充分发挥行业优势,产教协同育人,培养具有创新意识、实践能力和国际视野,并在产业领域具有专长的复合型工程技术人才。

3　课程教学现状与存在问题

近年来,从教材编写、课程建设到各类教学改革,我校"非织造学"课程一直在不断进行教学探索以提升课程品质。课程团队先后编写和修订了"十一五"部委级规划教材《非织造布技术概论》,教材获部委级优秀教材奖,一直沿用至今。

课程建设方面,2013 年《非织造学》入选首批特色名校建设项目,2014 年建成校级精品课程,2015 年依托教研项目"基于校企合作的《非织造学》实践教学体系构建研究",积极探索校企合作的实践教学体系,进一步完善了课程的实践教学部分(获青岛大学教学成果二等奖),2016 年结合省教研项目"基于我省产业需求的非织造高端人才培养研究与探索",在校企结合、学科竞赛、大创项目等方面培养学生创新实践能力,我们进行了更多思考和探索,并进行了贯穿学生整个培养过程多环节多形式的工程训练实践。

考虑到非织造学学科交叉特点,基于申报立项项目,近年来我们进一步探索了专业教育与创新创业教育的结合,引导学生利用专业知识开展各类创新创业活动,形成了具有特色的非织造学专创融合课程。

上述课程改革和教学探索在很大程度上激发了学生学习兴趣,学生参与科研及大创项目的热情显著提升,同时多形式多环节的工程训练等活动强化了学生实践能力的培养。

虽然如此,我们发现课程理论教学存在不足。非织造学是一门典型的应用型工科课程,行业特点鲜明,产业发展迅速,反观校内课程教学,现有教学方法和手段相对单一,部分教师依然采用传统授课方式,同时课程团队引进的青年教师,从一个校门迈入另一个校门,缺乏工程背景,教学内容与产业发展存在一定脱节现象,教师教学能力和专业水平有待提高,针对当前教育部关于一流本科课程建设要求,根据课程的特点及企业人才需求,需要从高阶性、创新性和挑战度方面的要求出发进一步加强课程建设,推进课程改革,重点解决教学中存在的上述问题。对此,我们提出以下几方面课程改革思路:

(1)改变现有教学模式,产教融合,开展项目式、研讨式等教学方法,加强案例分析,设计综合性、研究性的问题作为学生自主学习内容,增大学习强度和挑战度。培养学生综合运用所学知识的能力,注重引导学生在掌握书本理论知识的基础上把知识、能力、素质有机融合。

(2)更新课程内容,体现时代性和前沿性,教学中将行业发展前沿、产业动态、学术研究等内容引入课程,创新教学模式,培养学生创新性和解决实际问题能力。例如,当前疫情下将口罩的生产涉及的非织造知识融入课堂教学,通过线下提交实物分析报告等探究式学习,以及 PPT 课堂研讨等形式多样的互动教学。

(3)注重立德树人,将素质目标与课程的知识能力目标相结合,情感目标融入专业知识,挖掘思政元素,制定可评测的情感目标,培养学生正确的价值取向、学术诚信以及批判性思维等情感特质。

(4)开展多形式多渠道的教研活动。例如,集体备课、教学研讨、教学观摩以及企业挂职等,提升教师专业水平和教学水平,以此促进和带动所教学生的整体水平。

4 教学模式创新与实践

针对上面提及的教学中存在的问题,基于产教研融合理念以项目驱动为引导进行课程理论教学创新[5],改变现有课堂教学重知识轻能力、重理论轻实践,教师传授为主的课堂教学,通过项目式、案例式等多元混合式教学模式强化学生能力和素质培养,培养学生为主导的探究式学习方式,创新课堂模式。

4.1 项目驱动教学设计思路

蓬勃发展的非织造产业为"非织造学"课程教学内容带来了大量生动鲜活的项目和案例,利用项目案例构建学习场景,整合课程内容,基于真实问题和科研项目导入,培养学生问题意识,开展项目式教学[6-9],培养学生从"学会"走向"会学"。教学中将具有应用背景和实际意义的产业项目及有待解决的问题融入非织造课程教学活动,引导学生开展以解决问题为目标的包括小组讨论、课堂翻转等研讨式学习,保证学生主体地位同时项目引领把控学习内容和学习节奏,达成课程知识能力和素质目标,提升教学质量,提高人才培养质量。

4.2 教学设计与实践

4.2.1 教学设计

基于上述思路,课程实施前需要进行课程教学内容、教学方式以及教学流程等方面的设计。具体如下。

(1)教学内容的组织和重构。非织造材料加工技术多样,产品结构和性能丰富,产品应用广,如果按照教材顺序逐章逐节进行讲授,不利于学生把握课程脉络和整个课程体系,难以形成完整的知识结构体系,因此我们提出以项目为驱动,重构教学内容。教学中根据内容把不同章节纳入不同模块,帮助学生提纲挈领,有效掌握所学知识及相互之间的关联,构建完整的知识图谱。具体如下,把整本教材(《非织造布技术概论》,中国纺织出版社)涵盖的 12 章内容[10]整合为 5 个模块,采用模块化教学,每一模块以一个或多个项目为引导,开

展模块内不同知识点学习,如图1所示。绪论模块除了教材中绪论部分,我们还把课程目标、考核评价方式以及行业发展动态、身边的非织产品、行业未来趋势包括省内外知名企业等内容融入其中,激发学生学习的内生动力。在成网模块,则会打破教材章节编排,通过与企业合作的纺熔卫生材料、吸油材料等相关项目作为引领,分别开展干法、湿法、聚合物挤压成网等不同成网技术的学习。同样地,加固模块涉及的水刺、针刺、热黏合、化学黏合等加固技术,引入与企业合作研发的水刺敷料、除尘针刺滤料以及其他项目,让学生明白每一种或几种技术的应用是基于什么背景、解决什么问题而被研究,不同加工技术及工艺参数所带来的产品结构和性能有什么不同,应用上有什么优势。

图 1 课程教学模块

(2)多元混合式教学模式设计。信息时代的学生更倾向借助移动互联网获取信息,讲授为主的传统课堂教学很难吸引学生也无法体现学生的主体地位,教学效果可想而知。在教学中有效利用线上资源、智慧教学工具等信息技术,采用多元混合式教学模式,设计学生探究和研讨环节,开展研究性学习,不仅能发挥学生自身优势,还能调动学生学习能动性,实现课程三维目标有效提高课堂教学效果。

针对不同教学内容,开展项目驱动的项目式、案例式、课堂翻转等多种形式的教学活动,例如,加固技术模块中针刺部分,以除尘滤料项目为引导,根据项目背景,我们设计了几个问题:烟尘特点及过滤材料需要具备的结构和性能、针刺滤料强力及孔径分布和影响参数、针刺滤料优点和存在问题等,采用小组学习方式,让学生在解决上述问题的过程中,既掌握了针刺原理、针刺设备及工艺流程等基本知识点,同时掌握理论知识的实际运用,在此过程中,团队合作、勇气、批判性思维等素养也得到训练,有效达成课程情感目标。再如,成网技术模块中聚合物成网,我们采用案例教学,针对当前反反复复的新冠肺炎疫情,教学中把各类防疫物资作为案例,让学生提前查阅资料,利用线上课程平台自主完成纺粘、熔喷等工艺学习,线下采用翻转课堂,让学生针对口罩、防护服等不同产品提出常规加工流程、产品性能以及某些特殊性能的获得方法,既满足了课程知识目

标,又对课程内容进行了适度拓展,启发学生创新思维,提高了学生分析和解决问题的能力。

(3)教学以学生为中心,线上线下相结合。教学流程包括课前、课中和课后三个环节,基于上述项目驱动的多元混合式教学模式,教学流程设计如图2所示。

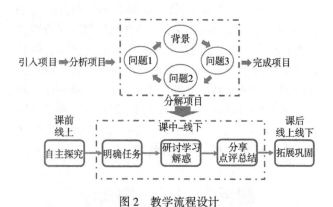

图2　教学流程设计

基于教学内容确定引入项目,对项目涉及的知识点和相关技能进行分析解剖,提炼出和课程内容相吻合的一个或多个问题,在线下课堂教学中明确学习任务,引导学生针对项目问题开展小组研讨式学习,在学习进程中教师发挥引领作用,采取陪伴方式与学生共同探讨问题,为学生答疑解惑,引导学生在知识能力和素质方面获得成长。上述流程主要强调线下课堂的3个环节,学生始终是学习的主体,而教师在整个教学活动中陪伴、引领、解惑、点评和总结,充分体现了学生为中心的教学理念。

项目驱动的线下教学模式离不开智慧教学工具的使用以及线上资源的支持,学生在课前需要充分利用在线资源完成基本知识点学习,这样在课堂上才能有的放矢解决课程难点和重点,而在课后也需要借助在线平台布置学生完成有一定挑战度作业对所学知识和技能进行巩固和拓展。

4.2.2　教学实践

基于上述设计,我们在三届学生的"非织造学"课程教学中开展了项目驱动的线上线下混合式教学,重点在线下课堂采用项目驱动、任务引领、情景创设、案例教学、小组探究及翻转课堂等多种教学方法开展教学活动。实施过程如下。

(1)课前线上自主学习。完成基础知识初探与自学。课前活动主要依托在线课程平台,在学习通发布任务单,其中包括观看相应章节的微视频、查阅线上学习资源等,让学生初步了解学习内容并就基础知识点开展自主学习,学习中记录存在问题及疑难点便于教师了解学情,实时调整课堂教学内容。

(2)课中研讨式学习。完成重难点及知识的灵活运用。明晰任务、研讨式学习及分享和点评总结三个环

节始终贯穿于不同形式的课堂教学活动,学生根据项目分解拟定的问题以小组合作方式展开研究性学习,随着问题的解决以及老师的指导、点评和总结,逐步达成教学所要求的知识能力和素质目标。线下课堂并非绝对不使用网络资源,在课堂中借助虚拟仿真实验平台,可以让学生快速了解某一工艺的流程及关键设备,借助学习通的提问、抢答、投票等工具,可以有效调节课堂气氛,让学生注意力始终围绕我们拟定的学习内容。教学实践发现,产教融合的项目驱动多元教学模式不仅使学生能将知识内化为自身能力,而且促使学生更多了解行业发展亟待解决的工程问题或前瞻性问题,为学生步入社会快速进入工作角色奠定了良好基础。

(3)课后巩固性训练。知识进一步拓展与升华。课后巩固阶段多采用线上线下相结合方式。学生基于所布置的线下作业,通过调研,小组分工及讨论、包括线上文献检索与归纳总结等过程,在线上平台进行作业提交或学习成果展示,教师也可以借助网络教学平台和学生展开线上讨论等互动形式,促成学生知识的内化与运用。

4.2.3　教学评价与教学效果

学生教学目标的达成度及教学效果等情况,主要通过定量和定性两个方面进行评价,除了作业质量、期末测试、小组打分及互评,我们也邀请专家听课,开展问卷调查、教师自评、企业反馈等定性方式,上述评价来源于教师、学生以及企业等不同渠道,通过多维度多层次的评价方式达到"以评促教"的目的。

通过项目驱动的混合式研讨式教学实践,发现学生学习热情和学习兴趣明显提升,课程目标达成度比传统教学模式较大提高,学生团队合作和项目汇报能力的能力有所提升,问卷调查显示见表1。

表1　研讨式混合式教学模式学生问卷调查结果

序号	调查问题	数据统计
1	你对线上线下混合式教学模式的总体评价如何?	非常满意55.56%,基本满意43.06%,不满意0,说不清楚1.39%
2	你对如今线下项目驱动研讨式授课的方式是否满意?	满意83.33%,基本满意16.67%,不满意0
3	混合式教学模式提高了学习积极性和主动性,你怎么看?	完全同意45.56%,基本同意45.56%,不清楚2.22%,不同意5.56%,完全不同意1.11%

由表中数据分析可见,项目驱动的混合式教学获得学生认可,学生总体评价满意度在98%以上,90%以上的同学认为"非织造学"课程教学模式提高了学习的积

极性和主动性,学习质量得到明显提升。

5　结论

　　针对现有教学存在问题,同时充分考虑到"非织造学"的产业背景及课程特点,我们进行了产教融合项目驱动的混合式课堂教学模式探索和教学实践,基于教学内容模块化设计和重组、多元化教学模式及符合项目式教学的流程设计,在教学实践中取得了令人满意的教学效果,学生学习的内生动力得到激发,学习能力大大提高,知识的内化的运用有了大幅提升,创新实践能力和专业素养也得到强化,为今后步入社会快速进入工作岗位进行角色转换奠定了良好基础。

致谢

　　本文为中国纺织工业联合会高等教育教学改革项目《新工科背景下产教研融合的非织造专业人才培养模式的创新实践》(2021BKJGLX763)的阶段性成果之一,为中国高等教育学会"数字化课程资源研究"专项课题《基于线上线下混合式教学的数字化课程资源建设与实践》(2020SZYB29)的阶段性成果之一。

参考文献

[1]　张会青,马洪才,杨洪芳."新工科"背景下《非织造学》课程教学改革的探讨[J].纺织科技进展,2020(7):62-64.

[2]　许明春,张君诚,赖祥亮,等.产教融合背景下项目驱动创新班的设计与实践[J].吉林农业科技学院学报,2020,29(3):58-61.

[3]　蔺代永,朱宗铭,黄仲喜.基于产教融合与项目驱动相结合的金工实习教学改革方案研究[J].科教导刊(中旬刊),2019(5):59-60.

[4]　刘超,汪泽幸,何斌,等.《非织造学》课程线上线下混合式"金课"建设探析[J].轻纺工业与技术,2022,51(3):126-128.

[5]　黄娟,张如全,刘延波,等.以工程素质和能力培养为导向的"非织造学实验"课程教学探索[J].纺织服装教育,2022,37(3):288-290,294.

[6]　陈春艳,雷霖,李志鸿,等.基于项目驱动的多元混合式教学模式的设计与实现:以计算机组网技术与工程课程为例[J].电脑知识与技术,2021,17(12):25-27.

[7]　高冬梅.基于项目驱动的工程审计课程改革研究[J].低碳世界,2019,9(12):306-307.

[8]　栾兰.应用型本科专业基于校企合作的项目驱动式教学模式研究[J].教育现代化,2018,46(5):34-35.

[9]　姜枫,贾波.项目驱动的应用型人才培养模式改革研究[J].高教学刊,2017(10):152-154.

[10]　马建伟,陈韶娟.非织造布技术概论[M].北京:中国纺织出版社,2008.

A preliminary study on the "Integration Through" teaching mode of "Women's Structural Design" Course

ZHU Shuxia*, ZHENG Gaojie, PENG Mingxuan

College of fashion and art design, Minnan Institute of technology, Shishi, China

Email address

470781080@ qq. com (ZHU Shuxia), 274276856@ qq. com(ZHENG Gaojie), 1249692452@ qq. com(PENG Mingxuan)

Abstract：As the poor courses through on the women's clothing structure design(WCSD) of applied university in the traditional teaching, we propose a teaching mode of course throughout "integration". And we analyze the application of this teaching mode, exploring the relationship between WCSD and women's clothing design(WCD), such as the influence and relation of each other, as well as the necessity of both in the costume design teaching. In this paper, we introduce the integrated studio, the integration of theory and practice, and the "integration through" teaching mode, and summarizes the teaching reform and development direction of the course WCSD. The construction of WCD and WCSD, which enables students to understand the whole process from design to production more thoroughly. This will provide a new idea for the teaching reform of clothing major.

Keywords：traditional teaching mode; "integration through" teaching mode; women's clothing structure design (WCSD); women's clothing design(WCD)

"女装结构设计"课程"一体化贯穿"教学模式初探

朱淑霞*,郑高杰,彭铭翾

服装与艺术设计学院,闽南理工学院,石狮,中国

邮 箱

470781080@ qq. com(朱淑霞), 274276856@ qq. com(郑高杰), 1249692452@ qq. com(彭铭翾)

摘 要:针对应用型高校"女装结构设计"传统教学方法与其他课程之间贯穿较差的问题,提出课程"一体化贯穿"的教学模式,分析该教学模式的应用实现,探讨"女装结构设计"和"女装设计"两者之间存在着彼此影响、相互依靠的关系,以及两者在服装设计教学中的必要性。介绍一体化工作室、理实一体化、"一体化贯穿"教学模式实践应用等方面的情况,归纳总结服装结构设计的教学改革发展方向。构建"女装设计""女装结构设计"两门课程贯穿的措施和方法,使学生更透彻理解从设计到制作的整体流程,为服装专业教学改革提供了新的思路。

关键词:传统教学方法;"一体化贯穿"教学模式;女装结构设计;女装设计

1 引言

中国服装产业的快速发展对高校教育提出了适应产业发展需要的专业技术性人才。人才培养依靠课堂的教学活动,课程教学在教育活动中起着决定性的作用,因而课程就具有研究价值。"女装结构设计"是服装与服饰设计专业的核心环节,是一门实践性很强的课程。它是服装造型设计物化的过程,从设计转变现实的过程,服装结构的好坏决定服装品质和成衣效果的重要因素,具有承上启下的作用(图1)。目前,在高校教学中,普遍存在学生对结构设计学习兴趣不高、结构制图公式理解抽象、结构原理理解不透彻、缺乏系统的结构设计思维、结构设计能力不强等问题[1]。因此,提高学生学习效率和质量至关重要。

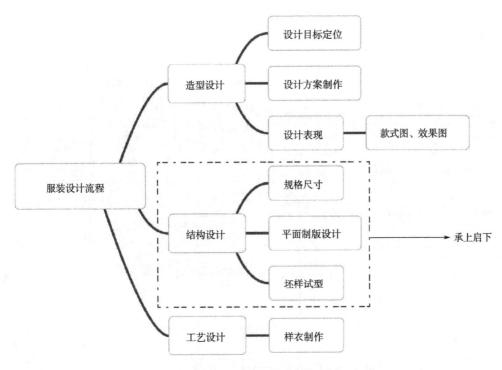

图1　服装设计流程示意图

文中从传统教学方法存在的问题出发,通过分析学生特点和培养方案,从构建一体化工作室、理实一体化和"一体化贯穿"教学模式角度,对闽南理工学院服装与服饰设计专业"女装结构设计"与"女装设计"进行课程重构研究,并指出课程"一体化贯穿"教学模式的措施与方法。

2　传统的"女装结构设计"教学方法

通过调研学生学习特点和梳理闽南理工学院服装与服饰设计专业培养方案中的服装核心课程体系,总结教与学的问题(图2)。大部分学生认识到此类课程的重要性,且对目前学习制版类课程比较努力。学生喜欢服装结构制版类课程的主要原因是实用且能获得一技之长,另外,对这门课程涉及的领域感兴趣。但是不少学生认为此类课程较枯燥,且理论太深奥。

目前教学主要存在以下问题:

(1)教学手段及教学方法不够多样化。目前学校老师基本使用的是课本、多媒体手段进行日常教学,不能满足学生的需求。调查数据显示,学生最喜欢的课堂教学手段——课本、电子视听设备和多媒体网络技术等,占62.65%[2];

(2)专业课程在教学上各自为政,服装与服饰设计专业一般按照服装造型设计、服装结构设计和服装工艺设计三大知识系统独立讲授。在学生方面,服装与服饰设计学生由艺术生升学来的,对于款式造型设计上会更加偏好,忽视了服装结构设计、服装工艺设计与专业学习密不可分的重要性。在培养方案方面,服装与服饰设计在课程的安排上会更侧重于学生设计能力的培养,导致学生在专业学习上知识框架的脱节[3];

(3)教学款例及版型过时,跟不上服装款式变化设计。服装往往具备很强的时尚性,因此服装版型连年更换是非常平常的事情。然而在"女装结构设计"课程教学当中,通常是以常见几种基本款例及版型作为教学内容,学生反复制作类似款例,并未根据时尚发展方向来适当的调整授课内容。款例与版型的过时还会影响到学生在后续课程学习与运用,如系列设计课程、毕业设计等课程遇见款例变化设计及制版时不止有制作难度还局限设计创意;

(4)学生技能训练与企业脱轨。在一些传统授课环节当中,服装款式设计、服装结构设计的技能训练,基本上是围绕教学大纲来进行授课的,并未考虑到企业对于求职者在服装技能上的能力的提升程度。不少学校在服装设计专业的相关硬件方面非常落后,因此最终的教学成效也会不尽人意[4]。因此从学校出来的服装设计人才,缺乏实践性,比较难胜任企业要求的服装设计工作。

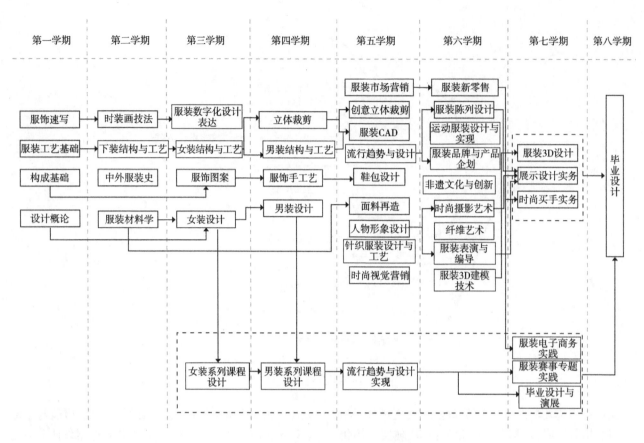

图 2　服装与服饰设计核心课程体系拓扑图

3　课程"一体化贯穿"教学模式应用实现

学生专业学习上不仅对款式造型设计要"天马行空",还应基于创意设计上赋予服装结构的科学性。鉴于以上问题,在教学上尝试将"女装设计"和"女装结构设计"两门课程一体化贯穿。

3.1　构建校内一体化工作室完整体系

闽南理工学院服装专业 2018 年建立一体化工作室教学模式改革,把服装款式设计、服装结构设计、服装工艺制作等实训环节一体化贯穿教学,工作室有效地提升了学生的专业核心知识技能。一体化教学模式改革实际应用按教学目标分类,知识目标要求学生掌握核心知识与技术;能力目标方面提升了学生的原创设计实践能力和学校知识与行业实际运作形式紧密结合,将企业的真实项目带入课堂,旨在学校教育贴近产业发展需求;素质目标建立学生专业自信心。

构建"女装设计"与"女装结构设计"两门课程"一体化贯穿"教学模式,教材推荐选用梁军教授"十三五"部委级规划教材《一体化服装款式结构设计》及团队教师自编服装款式造型与结构设计实训讲义,具备一套比

较成型的教学理念和教学方法。在课堂教学方法上,学生为学习主体,教师起主导作用。教师应以讲授法与演示法并行,讲解和演示服装的基本原理,采用项目化实例的分析与指导,从时装图片、制板、人台上纸样试型、结构数据校正和服装制作的一体化全过程。

3.2　理论与实践融为一体,实现综合能力的培养目标

针对"女装设计"与"女装结构设计"课程一体化的教学模式要进行合理的、适当的重构已迫在眉睫,我们可以从"实际问题与实际工作"入手,以项目建设为载体,实现服装款式设计与结构设计课程的互动、互补、相互促进的一体化教学模式,即理论与实践相结合,加强工程实践能力、概念、能力的教育教学,学习和培训的模式和体系。

女装设计与结构设计课程强调项目的适用性和培养学生的创新思维,使学生能够独立或分组完成项目[5]。只要学生每次完成项目任务,他们就能获得对于问题的思考以及解决问题的能力。这是课程实践当中观察学生整合问题以及进行服装创新设计的基础。还必须与团队其他成员进行沟通与交流,激发学生创新动力,适当地增强学生的协作能力,确保他们的能力相辅相成。同时,师生互动的教学模式也有利于实现综合能

力的培养目标。

3.3 女装结构设计"一体化贯穿"教学模式实践应用

本文以"女装设计"与"女装结构设计""一体化贯穿"教学模式实践应用为例,具体流程如图3所示。

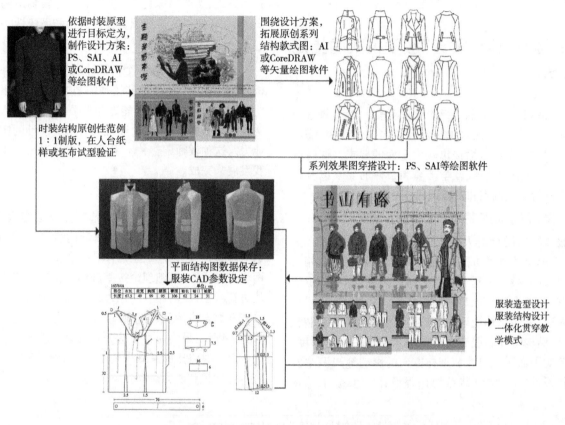

图3 "女装设计"和"女装结构设计""一体化贯穿"教学模式应用

3.3.1 学生款式确认

每一项设计的完成首先要有目标与针对性,有设计对象的选择。要求学生会大量阅读时尚资讯素材和选用具有代表性的结构时装,对结构服装有初步的认识,并确认款式。

3.3.2 确定设计方案

设计方案通常包括收集资料、设计方案构思、深化设计方案三个基本过程。设计方案所研究的要素有款式、色彩、面料、结构工艺、技术细节等几个方面,所有的内容都应该与设计定位和创意相吻合。在此环节,学生要善于运用思维导图的方式来衍生设想。

3.3.3 拓展系列结构款式图

学生依照确认的款式和设计方案基础上对款式进行拓展5~6款正背面款式图设计。要明确款式原型结构特点和设计方案的风格及理念。绘制时要注意结构线的整体和部位细节、分割装饰线,工艺的制作要点。

3.3.4 系列效果图穿搭设计绘制

学生完成系列设计效果图穿搭设计绘制,要求完整体现人物造型、着装效果、表现技法。人物造型与服装

风格、款式选择相符合;着装效果要考虑款式表现的准确性,包括服装的动感、面料的质感、工艺的表现、结构的表现等,又要考虑一定的艺术效果;表现技法整体上要求能充分体现设计意图,绘画技巧娴熟流畅[6]。

3.3.5 原创模拟打板

进行此项训练,是学习解读服装款式造型个性化设计及其结构关系的重要途径。初学结构的学生对结构各部位的组合关系缺少平面与立体形态转换的想象,只有通过纸样或坯布立体试型的直观性感受,才能够对服装衣型结构有较为深刻的理解。学生根据确认的款式原型进行原创模拟1:1打板,在人台上进行纸样或坯布试型验证制板,直至造型满意为止。将原有的服装款式制图结构关系进行改造制图,能够使学生在模仿与自主思考之间,获得更多对服装结构知识的认知和启示[7]。

3.3.6 服装CAD将纸质打板转化为电子版

从上述图2服装与服饰设计核心课程体系拓扑图获知,学院培养方案增加了服装数字化设计表达,为后续"服装3D建模技术""服装3D设计"奠定基础,要求学生运用服装CAD将1:1纸质版转化为电子版,同时

可以保存所模拟的原创结构制图数据。

综合以上,这两门课程内容相互补充,相互影响,构成了一个新的体系,学生掌握平面系列款式设计,完成这一过程有两种方式,一种是基于精细的理论解释,另一种是基于实践。两者完全满足内容组合的条件。

4　课程"一体化贯穿"教学模式的措施和方法

"一体化贯穿"后的两门课程联系教学始终,课程内涵更加丰富,学习方法更加灵活。在实施过程中,需要从教师和教学资源方面提出较为全面的要求。课时的设计、教学方法的改革、教学环境和条件的要求以及评价需要进行重大调整和重新设计。

4.1　课程的延续关系

服装结构设计与人体工学、材料科学、技术学、美学、心理学等学科密切相关,相辅相成。因此,建立相关专业课程的联系,有利于学生的循序渐进,学习知识体系更有效。"女装设计""时装画技法""服装材料学"等课程先于"女装结构设计"学习,可以让学生了解服装款式造型、结构特性和服装材料的缩水率、悬垂性、厚度、质地等对平面制版尺寸和纸样方向的影响等知识;"女装结构设计"又为"女装系列课程设计""女装工艺设计""3D 建模技术""服装 3D 设计""毕业设计"等建立结构基础知识和综合应用能力,所以"女装结构设计"既是造型设计的延伸,又是科学技术的前续。

"女装结构设计"和"女装设计"两门课程在教学中相互渗透、支撑和深化,有利于学生对服装结构设计知识的吸收,使得所学知识更具连贯性和系统性。

4.2　师资要求

重构的两门课程一个为设计造型能力,另一个为制板和制作能力,这就要求教师需要掌握"女装设计"和"女装结构设计"的教学能力和水平,不仅能深入讲解结构原理和平面设计方法,而且具有结构设计的实际操作能力。这种教师调整并不困难,可以通过短期学习或自我发展来完成。

4.3　课时设计

基于培养方案对"女装设计"与"女装结构设计"的课时安排,对两门课程重构教学内容和课时分配(图4)。在课时安排主要围绕基础理论和应用理论与训练两个方向进行,基础理论按基础训练模块和能力训练模块进行教学内容分配;应用理论与训练主要对专业核心技能和综合应用和创新能力两个模块对学生进行有针对性的训练,最终使学生达到具备原创模拟制版实践能力。总学时将比原来减少约1/3。为学生赢得更多的学习专业知识和能力时间。

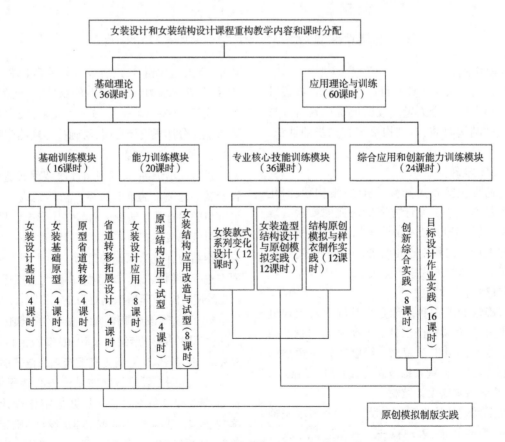

图4　"女装设计"和"女装结构设计"两门课程重构示意图

4.4 授课方法调整

在当下素质教育全面推行的过程当中,一方面要对当前的教学方法进行创新,另一方面教师要对学生实施启发式的教学,了解学生思考问题的方向以及在学习当中面临的问题,这样学生的创新设计能力会慢慢地得到培养[8]。改变传统的服装结构设计传统课堂上单一的模仿制板,加强学生看图制板的能力,学生通过纸样或坯布对自己原创结构试型验证,并修正数据。

4.5 教学环境与条件要求

由于"女装结构设计"的实际操作对课堂环境和条件有特殊要求,需要在专业立体裁剪教室的基础上增加多媒体设备来满足综合课程的要求。即:多媒体+黑板+模型+熨烫台,条件较好的可以配备录音和广播设备。

"女装设计"课程要求学生关注服装设计流行趋势、海量时装款式、原创图案等激发学生设计能力和获得设计素材,这就要求学校需要购买相应服装专业资讯网站、时尚书籍和报刊等资料。

4.6 考核方法的调整

两门课程的评价方法有理论和实践两个部分,其中理论部分不止能够体现课程的理论知识,也应有课程思政教学成效的评价,在试卷内增加职业道德和法律法规试题。实践部分,能够体现课程目标,且实现两门课程一体化贯穿教学改革后的教学目的。

在课程结束时,计算和分析每个课程目标的实现情况。课程目标的实现是由课程的过程评价和最终评价综合决定的(表1)。

表1 课程目标达成情况评价

项目	课程目标达成情况评价
课程分目标达成度	总评成绩中支撑该课程目标相关考核环节得分之和 / 总评成绩中支撑该课程目标相关考核环节总分
课程目标达成度	该课程学生总评成绩平均值 / 该课程总评成绩总分(100分)

5 结论

"女装结构设计"课程与"女装设计"课程的"一体化贯穿"教学,为服装专业教学改革提供了新的思路,既满足了本科专业培养的岗位技术需求,又满足了课程内容深度学习的要求。从课程整合的多角度探讨,整合教学具有很强的可行性,整合后的教学效果将大大提高,有助于学生在深入学习专业理论的同时增强实践能力。

致谢

本文为"纺织之光"中国纺织工业联合会高等教育教学改革研究项目《基于服装造型设计能力培养的专业课程内容重构的实践研究》研究成果之一;福建省教育科学"十四五"规划 2021 年度课题《服装专业教学中"看图制板"与"结构创新设计"一体化的分析与研究》(FJJKBK21-210)研究成果;2021 年度省中青年教师教育科研项目(社科类)一般项目《基于新时代教育评价改革的服装结构设计课程一体化实践研究》(JAS21396)的阶段性成果之一。

参考文献

[1] 李彩云.《服装结构设计》课程教学新思路探讨[J].轻纺工业与技术,2013,3(3):165-167.

[2] 周福英,张冠宇.服装平面结构设计类课程教学现状与改革探讨[J].山东纺织经济,2013(7):97-110.

[3] 田宏."服装结构设计"课教学内容和教学过程的设计与整合[J].纺织教育期刊,2009,24(6):39-41,48.

[4] 李祖华."服装结构设计"课程的改革与实践研究[J].韶关学院学报期刊,2013,34(5):181-184.

[5] 穆红,顾韵芬.服装专业综合能力培养的教学改革实践[J].辽宁高职学报期刊,2006(3):47-49.

[6] 崔玉梅.服装设计基础[M].北京:高等教育出版社,2011.

[7] 梁军,袁大鹏,孔祥梅.一体化服装款式结构设计[M].北京:中国纺织出版社,2014.

[8] 魏静,韩滨颖.我国服装结构设计教育的地位、现状与改革[J].宁波大学学报(教育科学版),2001(2):62-64.

In the context of epidemic prevention and control, the nine-step strategy of two-line synchronous teaching to improve the quality has been implemented ——take the "Garment Merchandising" course of secondary vocational school as an example

ZHUANG Pengji

Guangzhou Textile and Garment Vocational School, Guangzhou, China

Email address

582603635@ qq. com（ZHUANG Pengji）

Abstract：The paper deeply analyzes the difficulties and tests encountered by secondary vocational schools in carrying out dual-line synchronous teaching under the situation of epidemic prevention and control. And how to improve the teaching quality under the dual-line synchronous teaching mode is actively explored and practiced. Take the professional course "Garment Merchandising" as an example, summarized nine steps to improve the quality of dual-line synchronous teaching. The research results can be used as a reference for teachers in secondary vocational schools to carry out dual-line synchronous teaching, And it can be further popularized and applied to higher vocational colleges.

Keywords：epidemic prevention and control；two-line synchronous teaching；improvement of teaching quality；"Garment Merchandising" course of secondary vocational school

新冠肺炎疫情防控下双线同步教学提升质量的九步曲——以中职专业课程"服装跟单"为例

庄鹏姬

广州纺织服装职业学校，广州，中国

邮　箱

582603635@ qq. com（庄鹏姬）

摘　要：本文阐述了在新冠肺炎疫情防控状态下，中职学校开展双线同步教学遇到的困难和考验，并就如何在双线同步教学模式下提升教学质量进行了积极的探索与实践。以中职专业课"服装跟单"为例，总结出促进双线同步教学质量提高的九步曲。研究成果对广大中职学校教师开展双线同步教学具有积极的参考借鉴作用，并可进一步推广应用到高职院校。

关键词：疫情防控；双线同步教学；教学质量提升；"服装跟单"中职课程

1　疫情防控状态下中职学校开展双线同步教学遇到的五大考验

中等职业学校作为中国国民教育的重要组成部分，在提升国民职业素养、培育技能人才方面发挥重要作用。目前，我国中职学校招生以省内为主、面向全国，生源80%以上为农村户籍学生。中职生就读模式常常是住宿、走读两种形式并存。各地区、各学校、各专业根据生源情况与学校住宿条件的不同存在一定的差异，但住宿与走读并存是共性。

在新冠肺炎疫情防控常态化的今天，应防疫需要，在中职学校同步开展线上线下教学已成为一种新型教学模式。当中职学校所在城市一旦暴发疫情，当地的教育系统将会根据防疫的需要转为线上教学。基于中国中职生有大量的外地住宿生，当全校同步开展双线教学时，会在一个班级中同时出现一部分学生留在学校课室上网课(通常为外地住宿生)、一部分学生留在家里上网课(多数为本地走读生、少量外地住在亲戚家的走读生)。这种线上线下同步授课的模式,给教师顺利开展教学、保证教学质量带来了很多困难与严峻的考验。具体主要体现在5个方面。

考验一:自制力弱的在线学生容易挂网逃课

在双线同步教学模式下,缺乏自制力的、在家上网课的学生,如果缺乏家长监管,易出现挂网逃课情况。

考验二:在线学生遇疑问难以得到及时解答

在双线同步教学模式下,理解能力较弱的、在家上网课的学生,有疑问无法及时举手问教师;或教师需兼顾课室的线下教学而无法及时回应网课学生的疑问。

考验三:当教师指导线上或线上一方学生时,另一方学生出现教学空白

譬如教师对课堂线下的学生进行课堂辅导时,上网课的学生会出现教学空白,造成时间的空置。

考验四:教师难以及时获取线上学生的教学成效反馈

常规线下教学时,教师可通过观察课室学生的表情和动作,来获得教学是否有效的信息反馈,但对于线上上课的学生的信息反馈往往匮乏。这导致教师对本次授课的整体效果难以获得实时的信息反馈,学生是否达

到教学目标需要通过课后作业来检验。由于双线同步授课所带来的师生互动的反馈信息不同步,不利于教师根据实际情况及时调整教学策略。

考验五:实操课难以进行现场示范与过程指导

对于需要设备进行实操实训的课程,教师难以进行示范与过程指导。

以上种种困难与考验,会直接影响到双线同步授课教学效果。因此,在新冠肺炎疫情防控成为常态化、双线同步教学也有可能突然发生并常态化的今天,怎样解决以上难题、促进教学质量的提升,是广大中职教师亟待解决的难题。

2 促进双线同步教学质量提升九步曲——以中职课程"服装跟单"为例

笔者任职于广州市纺织服装职业学校,任职服装专业课教师。面对双线同步教学遇到的困难,笔者以中职服装设计与工艺专业的主干必修课程"服装跟单"为例,从怎样提升专业理论课的教学质量作为抓手,进行了深入的研究与探索。提出了促进双线同步教学质量提升的九步曲(图1):

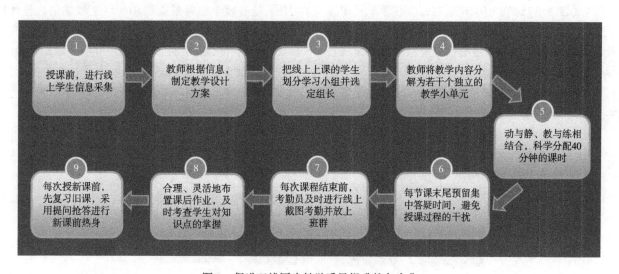

图1 促进双线同步教学质量提升的九步曲

第一步:双线同步授课前,教师利用问卷星在线调查采集学生信息

职业教育的专业课与文化课不同,是以每9周为一个教学周期,来展开每一门课程的教学。中职专业课程"服装跟单"作为服装设计与工艺的主干理论课程,也是9周内完成授课(含随堂考)。这样的教学周期与文化课从第1周上到第18周,从第一学期上到第二学期甚至第四学期不同,教师与学生的所有教学交流都在9周、36个课时内完成。因此师生的接触时间实际上是

非常短的。这么短的课时,如果缺乏面授课的直接交流,教师对学生有深入的认识实际上是非常难的。因此,在双线同步教学模式下,教师通过问卷星在线调查,深入了解学生的当前状况,对选定教学策略是非常有帮助的。

线上问卷调查的内容应包括学业基础、当前上网设备配置情况、期待的教学方式、双线教学学生当前遇到的难题、学生的学习认知特点等,例如,"服装跟单"课程是培养能够满足服装企业生产管理专业技能型人才,培

养能够围绕订单组织展开生产、跟进打板、报价、采购、生产,最终实现保质保量准时交货的服装跟单员。教师通过问卷星,可得知学生在设计、打板、采购、材料、质量意识等方面的初始能力,以及得知学生的组织协调能力等,这些信息可帮助教师快速地了解学生,从而有效制定合适的教学策略。避免走弯路,可有效促进教学目标的达成。

第二步:教师根据学生当前状况的信息反馈,制定教学设计方案

在调查问卷反馈的信息中,教师如果发现大部分学生倾向于外向、活泼、积极主动,且网络条件、计算机条件具备,教师可采取更积极灵活的、有趣的、生动的、可以发挥学生的主观能动性的教学方式,合理布置能够促进学生独立思考的学习任务,以与学生的学业能力和发展潜能相匹配。而如果在调查问卷中如果发现大部分的学生倾向于文静内向、独立思考能力较弱、网络条件不佳、不具备计算机条件(很多农村贫困学生家中没有电脑),教师就需要调整策略,多采用讲解的教学策略,以及提供更多的文字学习材料给学生进行参考。总之,教学的对象是学生,教师在选择教学策略时一定要根据学生的特点来制定,以及根据学生反馈的信息来进行个性化的设计。

以"服装跟单"课程为例,笔者在每个教学单元均准备了充分的学习参考材料,根据教学需求分别在课前或课后发送到课程群,指导学生提前做好预习以及课后复习与知识拓展。

第三步:把线上上课的学生划分学习小组,并选定组长

双线同步教学最大的难题,是教师难以同时兼顾全体学生的学习需求,及同步监督两批不同空间的学生的学习纪律。因此,当线上上课学生比较多,例如超过8人时,建议划分学习小组,以1:4比例选定组长。即4人为一个学习小组,每小组选定一个组长。上网课时教师提问,以组长为代表进行回答。组长的作用很重要,监督组员的出勤情况、组织组员进行课后讨论,在教师提问抢答题时,组长及组员的抢答正确则全组加分。组长的作用若发挥得好,将会在双线同步授课时成为教师教学的得力助手。有效降低教师整顿课堂纪律的时间,使教师有更多的时间专注在教学上,以促进整体教学质量的提高。

而对于线上上课的学生纪律,为了监督学生有无挂网逃课,教师可以在上网课过程中突击抽查点名学生有无回应,从而起到一定的监督作用。

第四步:教师把教学内容分解为若干个独立又有连贯关系小单元

每一门专业课的培养目标、教学内容与教学特点是不同的。教学有法、教无定法。以中职专业课"服装跟单"为例,笔者就通过"分解技能包"方式,将教学内容分解为若干个独立又有连贯关系的教学小单元(图2)。在每个技能包配套完整的教学材料、辅助教参与实训练习题。这些教学材料是能够用于线上教学的。教师根据课前问卷星所采集到的学生信息,可根据学生的实际情况,查缺补漏,根据学生的薄弱环节增补辅助教参,以帮助学生能够通过自学,实现课前预习与课后复习,以促进学生对知识点的理解与运用,巩固教学效果。

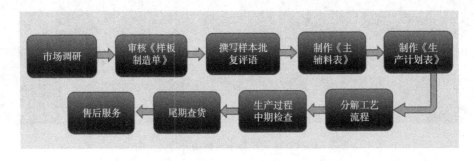

图2　将"服装跟单"课程分解为9个技能包

第五步:动与静、教与练相结合,科学分配40min内的学时

根据学习注意力原则,笔者在40min的授课时间里,做了以下的时间分配安排:

方案一:课前热身5min+授课15min+视频5min+布置练习5min+5min的答疑+5min的课程总结与布置课后作业。

方案二:课前热身5min+授课10min+视频5min+布置练习5min+10min的作业辅导与点评+5min的课程总结与布置课后作业。

张弛有度地开展教学,力求使教师与全体学生的学习时间得到最有效的利用。

第六步:每节课末尾预留集中答疑时间,避免干扰中途的授课

在面授课时,在一堂课中有很多师生互动的环节,有很多思维火花灿烂碰撞的节点,这些都会通过教与学、问与答来促进教学成效。但是在双线同步教学中，由于学生分布在两个不同的空间，一部分看得见、一部分看不见，如果学生同时提问教师将无法兼顾，为了避免中途授课被干扰，建议在每节课的末尾预留答疑时间，集中回答学生提出的问题。

第七步：每次课程结束前，考勤员及时把线上考勤截图并放在课程群

为了更好地考核线上上课学生的出勤情况，要求每次课程结束，考勤员把登录腾讯会议参加网课的学生名单的截图公布在课程群上，并作为课程平时成绩的考核依据之一。以此督促在家上网课的学生准时参加在线学习。

第八步：合理、灵活地布置课后作业，及时考查学生对知识点的掌握

教师在每次授课后布置的作业，形式可灵活多样，重点考查学生对本次授课知识点的掌握，作业量不宜多，但宜精。要能为教师后续的教学提供切实的参考依据，以利于教师及时对教学效果实时把控。

第九步：每次授新课前，先复习旧课，采用提问抢答进行新课前热身

"服装跟单"课程作为主干专业课程，每周授课一次。当采用线上线下双线同步教学，由于时隔一周，且授课时学生分布于两个空间，学生对所学的知识容易遗忘。为了更好地衔接好新旧课程，笔者根据实际情况，在每次讲授新课前先进行旧课复习，先在微信课程群中，以抢答形式进行旧课复习。回答正确的学生予以加分奖励。复习旧课的时间控制在 5min 左右。经过了课前热身后，再进入腾讯课堂进行学习，学生就可以很快进入学新课的状态。

3 双线同步授课九步曲取得的成效

经过上述教学实践，取得了明显的成效，主要表现为：

成效一：课前问卷调查为制定科学的教学设计提供了依据

在课前开展在线问卷调查，教师在短时间深入全面地了解学生，尤其是整个班的综合情况，通过调查获得班级初始学历的优势与劣势、熟悉学生的认知特点，为教师制定科学可行的教学方案提供了充分的依据。

成效二：过程性抽查有效监督学生出勤，提高了线上学生的出勤率

通过课前签到、课间抽查、点名提问、课后公布线上考勤纪律、划分学习小组进行竞赛等措施，可有效督促在家上网课的学生准时参加网课。

成效三：集中答疑与练习，节省时间、效率高

通过课程末尾集中答疑，教师可以将难点重点再强调一遍，同时可以避免教师在讲授课程过程中受到干扰，从而提高教学效率。同时，每节课中预留现场练习时间，这段时间教师可以用于辅导在课室上课的线下学生，也可用来回答线上学生留言提出的问题。既不会占用教师讲解课程的时间，也不会使上网课的学生出现教学空白。

成效四：作业设得巧，小步子前进见成效

根据学生的实际学习条件来合理设计少而精的作业，分小步子考核学生对知识点的掌握，学生容易完成且以较高质量完成。

实践证明，在防疫形势下突然从线下授课转为线上线下同步授课模式，采用以上的教学策略是有效的。

4 结论与展望

双线同步授课九步曲从目前的教学实践来看，效果是明显的。但是，如果疫情导致线上线下同步授课模式持续的时间较长，例如长达三周以上，学生还能否保持长久的注意力呢？教师又会不会因两端持续同步兼顾而产生疲劳感呢？在新的教学模式的新鲜感减退后，师生之间会不会均出现明显的倦怠感呢？如果出现了这种状态，需要教师做出怎样进一步的应对措施呢？

为了避免这种状况的发生，以及一旦发生后可及时进行干预与调整，从而避免教学质量的下滑，笔者认为，教师作为教学的主导者，可在以下三点上下功夫：

（1）教师在设计教学方案时，一定要结合课程特点、学生特点与当前教学设备的特点，围绕相同的教学目标，结合不同班情，制定符合班情的、具有一定弹性的、个性化教学方案。

（2）教师在双线同步授课时，应在心理上、教学策略上都尽可能做好线上线下的平衡，尽可能兼顾到两方面学生的学习需求，尽可能在满足两类学生的需求时做到平衡。

（3）教师需要密切关注学生学习主动性的变化，摒弃一劳永逸的想法，既要有全局的观念，也要用动态发展的观念来观察学生学习状态的变化，既要考虑整体，也要考虑个体，努力做到让全班的每一个学生都能通过双线教学而受益。

总之，当代职业教育在防疫常态化的形势下，怎样顺利地完成线上线下教学模式的转换，怎样在双线同步教学模式下能够保证教学质量并提升教学质量，将是全体教师需要共同面对的新考验。

Reform and practice in "Textile Physics" curricula for strengthening the cultivation of engineering practice ability

ZHOU Weitao[1,*], DU Shan[2], OU Kangkang[1], HE Jianxin[1]

1 *Research Institute of Textile and Clothing Industries, Zhongyuan University of Technology, Zhengzhou, China*

2 *School of Textiles, Zhongyuan University of Technology, Zhengzhou, China*

Email address

weitao. zhou@ zut. edu. cn(ZHOU Weitao) ,6611@ zut. edu. cn(DU Shan) ,kkou@ zut. edu. cn(OU Kangkang) , hejianxin771117@ 163. com(HE Jianxin)

Abstract: To meet the demand for professional and technical talents in the textile industry, the enrollment and cultivation scale of postgraduate students have been expanding constantly in China. Considering the cultivation characteristics of professional graduate students in textile science and engineering in Zhongyuan University of Technology, the curricula group of "Textile Physics" focuses on strengthening engineering practical ability cultivation and taking practical application as the guide to enhance the comprehensive quality and practical ability of professional degree masters. The teaching content, evaluation methods and the combination of teaching and practice of the "Textile Physics" curricular, are reformed to strengthen the engineering practical ability. The quality of talent cultivation was improved evidently. The postgraduates will serve the textile industry development and local economic construction better.

Keywords: Textile Physics; university-enterprise collaboration; knowledge utilization; comprehensive quality; practical application ability

强化实践应用能力培养的"纺织物理"课程教学改革与实践

周伟涛[1,*], 杜姗[2], 欧康康[1], 何建新[1]

1 纺织服装产业研究院,中原工学院,郑州,中国

2 纺织学院,中原工学院,郑州,中国

邮 箱

weitao. zhou@ zut. edu. cn(周伟涛) ,6611@ zut. edu. cn(杜姗) ,kkou@ zut. edu. cn(欧康康) , hejianxin771117@ 163. com(何建新)

摘 要:为满足纺织行业对应用型高级专业技术人才的需求,我国研究生招生、培养规模不断扩大。针对中原工学院纺织科学与工程学科专业学位研究生培养特色,课程组着眼于强化专业学科硕士实践能力培养,以实际应用为导向,职业能力培养为目标,以综合素质和实践能力的提升为关键,对"纺织物理"课程的教学内容、考核方式及与生产实践的结合进行改革,强化学生的实践能力培养,提高人才培养质量,服务行业发展和地方经济建设。

关键词:纺织物理;校企协同;知识应用;综合素质;实践应用能力

1 引言

为适应社会经济发展对应用型高级专业技术人才需求的快速增长,自 2013 年起,国家开始招收全日制工程硕士专业学位研究生[1-2]。全日制专业学位研究生的培养目标是培养具有较强的解决实际问题的能力的

高层次应用型的人才[3]。通过调查发现兄弟学校逐渐形成了"以实际应用为导向,职业能力培养为目标,以综合素质和实践能力提升为关键"的全日制专业学位研究生培养思路[4-5]。可见应用性是专业学位研究生培养模式特征的核心含义,实践能力培养是专业学位研究生培养模式创新的基本内涵,这就要求专业学位研究生在知识、能力和素质方面体现这一目标[6-7]。虽然硕

士研究生的培养结构已发生根本性改变,但全日制专业学位研究生的培养仍处于不断探索、不断完善的阶段,在满足培养特色和目标定位的前提下,各高校对如何保证专业学位研究生的培养质量还需要不断摸索和总结[8]。

"纺织物理"课程自专业硕士点成立以来就作为专业的学位课程,是研究生阶段必修的核心课程之一,对专业学位硕士的实践能力培养起关键的作用,但课程设置过多的偏重理论讲解。课程教学过分强调知识的完整性,强调老师讲课要面面俱到,而忽略了学生主体作用,在教学环节究竟学到了什么?哪些知识水平和实践能力得到提高?

因此,立足于本学科专业学位硕士实践能力的培养,从人才培养质量和水平的角度来说,对"纺织物理"课程进行教学改革迫在眉睫。

2 课程改革内容及建设成效

转变教学观念,以学生为中心,强调学生知识能力和水平的提升情况。弱化教学内容的全面和完整性。"纺织物理"课程着眼于强化专业学科硕士实践能力培养,以实际应用为导向,职业能力培养为目标,以综合素质和实践能力提升为关键,对课程的教学内容、考核方式及与生产实践的结合进行改革,强化学生的实践能力培养,提高人才培养质量。具体的课程改革内容和成效介绍如下。

2.1 建设课程学习网站

本课程基于学校超星泛雅平台已建成课程网站,资源完备,并已投入使用(图1)。网站门户网页包括课程介绍、教师团队、课程地位及作用、课程导学、教学方法、教学条件、教学大纲、教学日历等课程基本信息。课程网站资源分为14个教学子模块,其中教学模块1为课

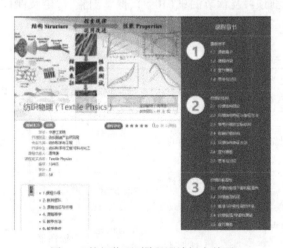

图1 "纺织物理"课程网站门户首页

程导学;模块2~8为纤维结构及性能;模块9~10为纱线结构与性能;模块11~13为织物结构、性能、风格及舒适性;模块14为课内实验,主要涉及纤维微观形貌结构观察、纤维热性能综合分析及表面润湿性测试3个实验(图2)。

每个子模块下面又包含不同层次的知识点,由于纺织物理课程的特殊性,课程内容既包含吸湿机理、拉伸断裂机理、导电机理、光降解机理、热传导机理及表面润湿等重要理论,又涉及各种性能、指标参数的测试与表征方法。这也是本课程建设的依据,充分把这些机理涉及的材料进行归纳和整理,认真设计教学内容,让这些理论和具体的纺织性能及现象结合起来(图2)。

图2 "纺织物理"课程模块与知识点分布图

为了方面线上线下混合式教学,让学生有一个好的学习平台,提升学生的自主学习能力和学习效果,针对每一个教学模块下面的知识点,明确学习的目标,引导同学们自主学习;上传了授课课件及授课讲义,给学生提供必要的学习资料;建设思考和讨论模块,给教师和学生提供一个讨论和交流的平台,实时留言,在线讨论。

2.2 教学实施过程

本科生学习过纺织材料学、纺纱、织造、染整等专业课,到了研究生阶段比较迷茫,不理解课程设置,觉得知识已学过。实际上好多问题只是学习了皮毛,知道纺织材料的分类、表观形貌和服用性能。对于微细结构、结构与性能(力热光电声等)的理解还不够深入。本课程就是纺织材料学的延伸和加强,着重介绍与纺织品(纤

维、纱线、织物)的结构与性能的关系,能从根本上提高学生的理论知识水平(图3)。通过增加问题引入、提问、课堂反转、资料查询、微信群推送前言内容及高端仪

器设备培训等方式,提高学生的能力,让其能张开嘴、会思考、能动手操作仪器、解决实际问题的高水平研究型人才。

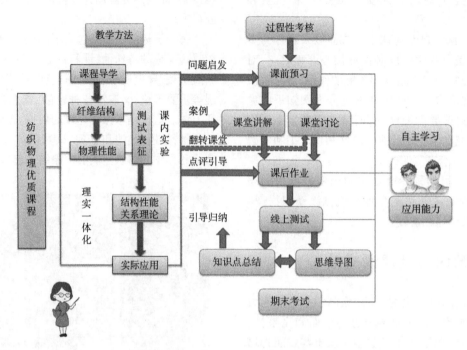

图3 "纺织物理"课程教学实施过程

2.3 校企合作,协同育人

专业学位硕士研究生是高层次产业人才的后备力量[9]。学校重视实践环节人才培养质量,制订了一系列校外实习实践基地的相关政策,将实践基地建设落到实处。先后与新乡白鹭化纤股份有限公司、海西纺织新材料工业技术晋江研究院、杭州万事利丝绸科技有限公司等签订了实习基地协议,其中省级研究生培养基地1个。实习基地按照计划进行建设,基地专业技术人员聘为校外研究生导师,并建立完备的校内、校外联合培养政策。建有一套实习基地建设、运行、座谈反馈机制,也为本项目的顺利实施提供基地保障。

2.4 实验室大型仪器设备资源的协调和共享

我校(中原工学院)纺织科学与工程学科是河南省重点一级学科,拥有"纺织服装新材料及高端装备"河南省特色骨干学科群,依托纺织科学与工程学科建设有纺织服装产业河南省协同创新中心、河南省功能性纺织材料重点实验室、河南省新型纺织材料与纺织品国际联合实验室等科研平台,拥有先进的纺织材料成形、加工设备与测试仪器,如批量纳米纤维纺丝机、熔融纺丝机、高速摄像机、台式扫描电镜、激光拉曼光谱仪、原子力显微镜、动态热机械分析仪、差示扫描量热仪、全自动滤料测试系统、动态激光粒度分析仪、总有机碳分析仪等大型仪器。这些大型仪器设备是高等学校开展科研创新、人

才培养的硬件基础。

2.5 构建公平科学合理的基于能力考核的考核评价体系

为了保障人才培养质量,团队借鉴本科一流课程理念和方法,构建以能力培养为目标,强化过程性考核,注重实际学习效果的综合评价方案[10]。2017年以来,修读本课程的硕士研究生稳定在20人/年以上,小班教学便于实施过程性评价。综合考核评价包含过程性考核(占30%)和终结性考核(70%)。其中过程性考核涵盖课前预习及章节测试(10%)、课堂测验、讨论及课内实验(30%)、课后作业(10%),见表1。

表1 全过程综合性性考核流程

教学阶段	教学模块	教学形式	考核途径	考核标准	占比
课前	MOOC学习	在线视频答题自主学习	章节测试查阅资料	信息获取量、反应力	10%
课中	课堂教学	阶段性测试	随堂测试	准确性	10%
		课堂讨论	互动讨论情况PPT汇报	参与度、积极性流畅度、逻辑性	

续表

教学阶段	教学模块	教学形式	考核途径	考核标准	占比
课后	实践教学	课内实验	实验操作	理解力、规范性	10%
	线上作业	自主学习	查阅资料、讨论	查阅数量、分析概括准确度	
期末	—	自主学习	概述性报告	逻辑性、准确性	70%

　　团队紧抓课前、课中、课后三个阶段,利用课程网站及其丰富资源,引导学生课前自觉预习课程内容,并完成章节测试,考查学生基础知识掌握程度和应用能力,提高自主学习能力;课堂教学针预习答题情况精准找到学习难点,并进行针对性的讲解和讨论,辅助现场教学、仪器培训操作、阶段性测试等环节,着重考查应用能力、操作水平、分析表达及团队协作能力;课后作业,考查学生查阅、归纳和总结资料的能力。期末测试引导学生按照要求就课题相关领域对测试方法和结果进行综述,考查学生综合能力,使学生掌握该领域的最新研究进展。通过建立过程性考核体系和综合性考核方案,学生的归纳总结能力、工程实践能力等大幅提高。部分同学在完成硕士课题研究的同时,也有高水平的研究成果发表于《纺织学报》、EI、SCI等。

　　学生课程满意度跟踪调查显示,85.3%学生满意,掌握了有用的纺织材料测试与表征方法及结构与性能关系;12.3%的学生表示学到了比较有用的测试表征方法,对教学方式满意,教学效果总体满意度达91.6%(图4)。本优质课程建设将为兄弟院校纺织类及材料类专业提供一个良好的学习平台,也为相关院校类似课程提供参考与借鉴。

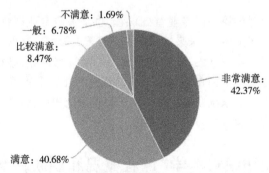

图4　"纺织物理"课程教学效果满意度调查结果

3　结论

　　本课程是纺织科学与工程专业学术型研究生和材料与化工专业型研究生培养的专业基础学位课程。学生通过本课程的学习,掌握纤维微细结构及理论、纤维材料吸湿、力学、电学、光学、声学、热学、表面性质及其与纤维结构间的关系;纱线几何结构、纤维集合体的结构理论及其力学行为;织物结构、基本性能、风格及舒适性,能够从纺织材料结构和层次出发分析其性能,归纳纺织材料结构(纤维—纱线—织物)与性能之间的规律,并利用规律进行目标纤维材料设计、实验、表征分析、性能评价和方案改进,从根本上提高学生的纤维结构理论应用水平,培养基础扎实、工程实践能力强、善于创新的复合型高层次工程技术人才。

致谢

　　本文为河南省青年骨干教师计划(2021GGJS108)、中原工学院研究生教育质量提升工程项目—教育教学改革项目(JG202008)、优质课程建设项目(KC201901)、专业学位硕士研究生课程教学案例库建设项目(ALK20221)的阶段性成果之一。

参考文献

[1] 陈刚.面向专业学位硕士研究生教育教学改革[J].教育教学论坛,2022,19:37-40.

[2] 教育部,人力资源社会保障部.关于深入推进专业学位研究生培养模式改革的意见[EB/OL].(2013-11-13)[2021-04-02].http://www.moe.gov.cn/srcsite/A22/moe_826/201311/t20131113_159870.html.

[3] 王峰,樊旭蕾,王淑美.硕士专业学位研究生教育的课程设置与教学改革[J].课程教学研究,2016,35:224.

[4] 李曼丽,金恩琪,方帅军.纺织工程专业《纺织物理》研究生课程的教学改革与实践[J].轻纺工业与技术,2020(12):144-146.

[5] 李曼丽,王双双,金恩琪.《纺织物理》实验课程的探索与实践[J].轻纺工业与技术,2021(1):175-176.

[6] 张林华,徐琳,曲云霞.全日制专业学位硕士课程教学改革研究:以山东建筑大学暖通空调方向为例[J].山东建筑大学学报,2018,33(2):90-94.

[7] 高媛,刘明亮,沈永梁.专业学位硕士研究生实践能力培养模式改革与探索[J].现代经济信息,2019(19):382-384.

[8] 魏兴琥,黄新雨,张英慧,等.地方高校工程专业硕士培养定位与举措:以佛山科学技术学院为例[J].教学论坛,2022(11):65-68.

[9] 赵磊岩.产教研深度融合背景下专业学位硕士研究生倒是培育机制研究[J]桂林航天工业学院学报,2021,26(3):384-388.

[10] 杜姗,杨红英,周伟涛,等.面向来华硕士留学生的《纺织材料测试与分析》课程建设的认识与实践[J].2022,51(3):129-131.

Discussion on the teaching design of "Textile Materials Science" course under the background of high-quality development of textile industry in the new era

WANG Liang*, YANG Jingwen, FAN Jie, YAN Jing, LIU Yong

School of Textile Science and Engineering, Tiangong University, Tianjin, China

Email address

liangwang@ tiangong. edu. cn (WANG Liang), 276294640@ qq. com (YANG Jingwen), fanjie@ tiangong. edu. cn (FAN Jie), yanjing@ tiangong. edu. cn (YAN Jing), liuyong@ tiangong. edu. cn (LIU Yong)

Abstract: "Textile Materials Science" is an important basic course for students who major in textile engineering. In order to solve the problems in the running teaching way and improve the quality and effectiveness of teaching, we propose the following suggestions. They are changing the sequence of textbooks, increasing discussion and self-studying, reforming assessment ways, combining scientific research with class and adding Chinese culture content. This study aims to improve students' autonomous learning ability and comprehensive quality.

Keywords: Textile Materials Science; teaching problem; discussion on instructional design

新形势下"纺织材料学"课程教学设计探讨

王亮*,杨静雯,范杰,闫静,刘雍

纺织科学与工程学院,天津工业大学,天津,中国

邮 箱

liangwang@ tiangong. edu. cn (王亮), 276294640@ qq. com (杨静雯), fanjie@ tiangong. edu. cn (范杰), yanjing@ tiangong. edu. cn (闫静), liuyong@ tiangong. edu. cn (刘雍)

摘 要:"纺织材料学"课程是纺织类专业本科生的重要基础课程,为了解决课程目前存在的问题,在教学过程中尝试从打破教材顺序、增加课堂讨论和自学时间、改革考核方式、教学与科研结合、增设课堂文化教育这些方面,改善课程教学效果,进而提高学生的专业综合素质与自主学习能力。

关键词:纺织材料学;教学问题;教学设计探讨

1 引言

纺织工业是我国重要的民用生产产业、传统的经济支柱产业和提升市场竞争力的产业[1],我国纺织业为促进国民经济的稳定发展做出了巨大的贡献。近年来,随着中国经济转向高质量发展阶段,我国核心技术、关键材料、高端装备等受制于人的发展短板日渐显露,纺织行业也面临同样的情况。人才是实现纺织强国战略目标的第一动能,提升高校纺织类专业人才的综合能力,对我国摆脱技术垄断具有重大意义[2]。

提升纺织类专业课程的教学质量,是提高专业人才综合能力的基础。"纺织材料学"是纺织工程专业本科学生接触的第一门专业基础课程,也是考研专业课程,对学生了解专业、未来选择职业有着重大影响。该课程主要讲授纺织纤维、织物及半成品的结构与性能,结构与性能之间的内在关系及其与纺织加工工艺和产品应用的关系。系统全面地学习纺织材料理论知识,为学生后续专业课程学习夯实基础。

2 "纺织材料学"课程概况和现阶段教学存在的问题

2.1 知识点多而课时量有限

目前,我校"纺织材料学"课程使用的教材是于伟

东教授编写的第 2 版《纺织材料学》，课程理论教学安排为 60 学时，其中包括作业展示、答疑和考试等。《纺织材料学》教材知识点过多，为适应少课时的形势要求，授课教师重新设计安排教学大纲。课堂教学通常以授课教师 PPT 讲解教材知识点为主的形式，这种传统教学手法难以调动学生的学习兴趣和积极性[3]。笔者在实际教学过程中逐渐发现，学生往往因知识点过多而产生迷惘甚至厌烦情绪，更达不到工程认证知识转化为自身能力的要求。如课程纤维部分包括纤维吸湿特性、力学性能、热光电性质等平行章节，涉及内容相互之间没有明显的逻辑联系。由于课时量有限，授课教师可能 2~4 学时讲完一章，导致学生在听课学习过程中很难把握重点，从而影响课后学习及利用现有知识解决复杂工程问题的能力。

2.2　学生课堂参与度低

在教学过程中，笔者发现能参与课堂互动的学生较少，课堂氛围不活跃。通过交流，笔者了解到部分学生认为教材内容晦涩难懂，比如，讲述纤维形态表征的章节中对纤维长度、细度的测量方法描述。另外，该课程理论性较强，如学习纺织材料的电学、光学、热学性质等章节都涉及对纺织纤维结构本质的理解，而本专业学生并未学习基础物理化学知识，部分学生甚至无法理解玻璃化温度、双折射、比电阻等概念。对知识体系逻辑关系的不理解导致学生课程参与度不高，而授课教师由于授课时长限制无法了解学生对知识点的掌握程度。虽然已通过课后作业拟增强学生对授课内容的熟悉程度，但习题多为名词解释和简答题，不能增进学生对知识体系的整体理解以及将知识转化为解决复杂工程问题的能力。学生作为知识探索者的角色得不到充分发挥，不能独立思考解释或解决日常生活常识及工程问题，无法达到工程认证要求。

2.3　考核评分方式不健全

该课程总成绩一般由平时成绩（30%）和期末考试成绩（70%）组成。笔者了解到目前本专业学生往往喜欢考前突击学习而不注重平时积累，这主要是因为期末考试所占权重过大。期末考试采取闭卷形式，题型包括填空、选择、简答、计算、论述，主要考察课程基础知识。在试卷评阅过程中发现，学生对客观题普遍掌握程度较高，而对主观论述题的回答不尽如人意。这表明学生仅对知识点形成简单的记忆，而未深入理解，故不能应用所学知识点分析解决专业问题[5]。笔者认为，这种考核方式着重于对理论知识水平的考核，忽视了对学生综合分析能力和解决工程能力的考察，也不太符合工程认证对毕业达成度的要求。

上述问题的存在使得授课教师很难精确掌握学生真实学习情况，学生很难将知识点转化为解决问题的能

力，甚至出现厌学情绪。这主要是因为教学过程中忽略学生主体地位或平衡教学任务与效果。以往经验表明，在这种模式下，学生的自主学习能力和专业知识水平得不到有效锻炼和提升[6]，更不能满足工程认证对课程目标达成要求。因此，如何通过改革教学设计提高教学质量，提高学生的学习热情和学习质量，更好地培养学生分析问题、解决问题的能力，笔者做了以下讨论。

3　"纺织材料学"课程教学方式设计

3.1　重新制订教案与课件

作者结合自身教学经验与学生反馈，认为《纺织材料学》教材涉及面太广，对初学者易造成知识体系混乱。以棉纤维为例，前三章分别介绍了棉纤维的结构与性能、初加工和形态表征，师生同时反应重复内容多、知识逻辑不连贯。故笔者认为授课教师在备课时应将同一模块的课程内容进行整合，重新设计教学课件，使课程内容结构脉络清晰且重点突出，这有助于学生对知识点的理解、吸收与运用。反之，如不对教材内容加以整理筛选，直接罗列呈现，学生易迷失在混乱的知识体系中。

3.2　增加课堂讨论和自学时间

"纺织材料学"课程重点是让学生掌握纺织材料结构性能及其内在关系，并且能够将这些基础知识应用于后续专业课学习及独立分析解决工程问题。为实现这一目的，应尽可能采用形式多样的教学手段，充分发挥教师的引导作用。例如，在每次课后预留 10~15min 的时间，组织单个学生或以小组讨论的形式回顾并总结所学内容；或教师提出针对本次课程内容的开放性问题邀请学生作答，帮助其巩固应用新知识的同时提升其语言表达能力和团队交流能力。此外，鉴于课时有限，某些教学内容模块应组织学生自学。比如，纤维是纱线与织物的基础，在学习完纤维章节后，学生此时已经掌握了该课程的基础知识和学习方法，纱线与织物的部分内容可安排学生自学。自主学习能够使得学生由"客"变"主"，有助于提高学生学习主观能动性和培养其终身学习能力。

3.3　改革课程考核方式

笔者认为考核机制的改革将推动教学改革的逐步深化，继而使课程教学进入良性循环，达到逐步改进课程目标达成度的目的[7]。课程总成绩集中反映了学生对该课程的掌握情况，要改变以知识掌握多少衡量学习效果的传统评价观念，应建立基于能力培养的多层次课程评价体系。拟提高平时成绩比重，可将平时成绩的比重由 30%逐步调整至约 50%，平时成绩主要由日常考

勤、平时作业、课堂互动表现、小组作业组成。使学生认识到知识与能力的区别,改变学生靠考前突击复习提高考试成绩的观念,转而注重平时积累知识逐步转化为个人能力的意识。拟建议采用超星学习通(APP)平台线上布置作业,便于授课教师线上批改作业与作业保留及节约用纸,课程结束后可由后台大数据整理成一份复习资料。团队作业评分要结合其整体水平和个人在其中承担的作用来综合考察,重点考查学生对相关知识点的实践运用能力以及对课程内容的掌握程度与思考方向[8]。平时成绩评定时,教师应分别考核学生的课程知识点、分析问题水平和创新能力评价。

4　"纺织材料学"课程教学内容设计

4.1　教学与科研相结合

随着纺织行业的不断发展,纺织新材料领域相关科研成果也在不断涌现。教师应关注与课程相关的纺织科技发展与科学研究,并及时在教学中补充更新内容,使学生能够了解学科前沿知识[9]。同时教师应充分结合自身科研工作,将相关研究成果适当转化为实践课程,以此更新教学内容,这将有利于激发学生的学习热情和科研兴趣。比如,在讲授高性能纤维时,芳纶1313具有优异的热力学性能和阻燃性能,可以在课堂上展示芳纶产品实物及性能效果,并结合芳纶分子结构进行讲解,促进学生形成"结构决定性能,性能决定应用"的解决问题思路。另外,也可就科研工作中的新产品如超纤革、电磁屏蔽服装进行展示,可以拓宽学生视野,进一步培养学生的创新能力。

4.2　教学融入课程文化

授课教师应充分深入挖掘本课程中蕴含的优秀传统文化精髓,将人文教育、爱国教育等融入到整个课程中[10],同时要注重将时事、传统文化与课程讲授相结合,培养学生社会责任感与爱国主义精神,引导学生关心社会、积极投入建设纺织强国中。比如,在具体的教学内容设计方面,安排学生主动了解古代丝绸之路及相关丝织品的种类与纺织品贸易,学习民族传统纺织文化,增强民族自豪感。在化学纤维章节与学生探讨使用石油基化纤对环境的影响。在碳纤维部分授课时,可配合播放我国中国碳纤维发展纪录片,让学生们充分体会到尖端材料对国防的重要性,进而激励学生用自己的专业所学回馈社会,解决当前纺织行业发展中所面临的问题,做有担当的纺织人。

5　结语

在倡导纺织工业高质量发展这一背景下,本文分析了纺织类专业基础课程"纺织材料学"目前存在的问题,并从授课方式设计和内容设计两个方面提出了课程教学设计的建议。通过课程的教学设计与改革,不仅能够提升授课教师授业解惑的能力和水平,而且能促进学生综合素养与工程能力的提高,对后续系列专业课程的学习奠定基础及纺织行业人才的培养至关重要。

致谢

本文为"纺织之光"中国纺织工业联合会高等教育教学改革研究项目(2021BKJGLX657,2021BKJGLX604),天津工业大学"课程思政"教育教学改革专项课题(2021-KCHSZHZX-1)的阶段性成果之一。

参考文献

[1] 徐珍珍,杨莉,阮芳涛."纺织材料学"课堂教学效果提升的实践探索[J].内蒙古民族大学学报(自然科学版),2017,32(4):317-319,364.

[2] 孙瑞哲.稳中求进,守正创新,开启高质量发展新征程[J].纺织服装周刊,2022(2):8-9.

[3] 刘涛,陈颖睿,丁新波,等.以实践为导向的"纺织材料学"课程教学改革[J].浙江理工大学学报(社会科学版),2019,42(1):103-108.

[4] 叶立军,彭金萍.课堂沉默现象的成因分析及其对策[J].教育理论与实践,2013,33(17):44-46.

[5] 夏克尔·赛塔尔."纺织材料学"课程教学的探索与实践[J].纺织服装教育,2018,33(3):236-238,244.

[6] 岳新霞,宁晚娥,黄继伟,等.基于对分课堂的"纺织材料学"课堂教学模式初探[J].纺织服装教育,2017,32(6):484-486.

[7] 包佳祺,俞侃,尹娟娟,等.独立学院光电信息专业的课堂教学改革及思考[J].教育教学论坛,2012,28:67-69.

[8] 王科平,张志刚,成凌飞.工科类学生专业课程考试方式改革的尝试[J].教育教学论坛,2012,28:66-67.

[9] 曹秋玲,王琳."纺织材料学"课程的教学改革与实践[J].纺织服装教育,2014,29(6):532-534.

[10] 李建强,蔡光明,柯贵珍,等.国家一流课程"纺织材料学"融入课程思政的教学改革及实践[J].服饰导刊,2021,10(2):1-5.

Exploration and practice of innovative talents training mode of Jingchu traditional valine dyeing under the new ecological background of sustainable development of textile intangible cultural heritage

WANG Ni[1,2,*], LI Yulian[1], LIAN Mantong[1]

1 *School of Fashion, Wuhan Textile University, Wuhan, China*

2 *Hubei Intangible Cultural Heritage Research Center, Wuhan Textile University, Wuhan, China*

Email address

740507552@ qq. com(WANG Ni) , 1097322521@ qq. com(LI Yulian) , 986957172@ qq. com(LIAN Mantong)

Abstract: Jingchu traditional dyeing valine technology is an excellent traditional process in China, and it is an important part of textile intangible heritage. Under the new ecological background of the sustainable development of textile intangible cultural heritage, the exploration and practice of the training mode of traditional valine dyeing talents in Jingchu is conducive to the combination of inheriting excellent traditional technology and talent training. This paper takes the "Fangda Ranyu" campus culture brand of School of Fashion in Wuhan Textile University as an example, relying on the Fangda Ranyu natural dyeing studio, combined with the resources of applied undergraduate institutions, through online lectures, docking research and training bases, in−depth field research, etc. , to cultivate a group of theoretical knowledge, practical skills and understanding of market demand innovative talents.

Keywords: textile intangible cultural heritage ; sustainable development ; Jingchu dye valine; talent training

纺织非遗可持续发展新生态背景下荆楚传统染缬创新人才培养模式探索与实践

王妮[1,2,*], 李玉莲[1], 连曼彤[1]

1 服装学院,武汉纺织大学,武汉,中国

2 湖北省非物质文化遗产研究中心,武汉纺织大学,武汉,中国

邮　箱

740507552@ qq. com(王妮) , 1097322521@ qq. com(李玉莲) , 986957172@ qq. com(连曼彤)

摘　要:荆楚传统染缬技艺是我国优秀的传统工艺,更是纺织非遗中重要的一部分。在纺织非遗可持续发展新生态背景下对荆楚传统染缬人才培养模式进行探索与实践有利于将优秀传统工艺与人才培养相结合。本文以武汉纺织大学服装学院"纺大染语"校园文化品牌为例,依托纺大染语天然染色工作室,结合应用型本科院校的资源,通过开展线上讲座,对接研培基地,深入实地调研等,培养一批掌握理论知识、具备实践技能、了解市场需求的创新型人才。

关键词:纺织非遗;可持续发展;荆楚染缬;人才培养

1　引言

传统工艺是中华民族优秀传统文化艺术形态的重要组成部分。近年来,随着人们生活方式改变、文化生态转变和现代工业迅速发展,中华优秀传统手工艺的保护和传承面临着巨大的挑战[1]。随着国家非物质文化遗产相关保护政策的出台,政府和相关部门对保护传统工艺进行了积极的尝试和探索,高校作为培养人才和传承文化的重要基地,也在积极地探索传统工艺人才的培养模式。2017 年在杭州千岛湖·文渊狮城举办的首届中国纺织非物质文化遗产大会上,中国纺织工业联合会

党委书记兼秘书长高勇发布了题为《共筑纺织非遗可持续发展新生态》的主旨报告。纺织非遗可持续发展新生态的构建要素与影响因素包含传承人与传承人群、企业家、设计师、品牌商、政府、行业组织、社会力量、现代传媒、影视、互联网科技、研究与教育、国际交流与合作等[2]。荆楚纺织非遗作为传统手工技艺凝聚着先人的智慧、情感与审美，需要当代人的保护与传承，而传承的关键在于要后继有人，因此人才的培养就显得至关重要。

2 荆楚地区传统染缬文化分析

荆楚文化是华夏民族文化的重要组成部分，是周代至春秋战国时期在江汉流域兴起的一种地域文化。湖北是楚文化的发祥地，楚国作为春秋战国时期的大国和强国之一，在800多年的历史长河中创造了灿烂辉煌的纺织文明成果。湖北古属楚国，早在春秋战国时代，楚国丝织品印染技艺领先于全国，染色色谱齐全，工艺先进。根据《礼记》等文献记载，古时楚国有主持生产靛蓝的"蓝尹"工官[3]。《尚书·禹贡》记载荆州产"玄纁"。玄是黑色，纁是用茜草多次浸染而成的红色。楚地盛产植物染料如蓝草、茜草和矿物染料丹砂等，是丝织物染色的重要原料。

湖北省的印染技艺有两项被列入省级非物质文化遗产，分别是天门蓝印花布印染技艺和植物染料染色技艺（表1）。

表1　湖北省省级非遗名录中的印染项目

序号	信息资源名称	类别	项目名称	申报地区或单位	入选时间
1	省级非物质文化遗产名录	传统技艺类	天门蓝印花布印染技艺	天门市	2011年
2	省级非物质文化遗产名录	传统技艺类	传统植物染料染色技艺	武汉市江汉区	2013年

2.1 天门蓝印花布印染技艺

蓝印花布是我国传统民间印染纺织品，作为手工业时代的产物，在很多地区都有存在。不同于江南地区蓝印花布的温柔细腻、温文尔雅，也没有山东蓝印花布的程式化特色，天门蓝印花布具有强健大胆、沉着朴素、抒情性强的乡土魅力，并于2011年被列入省级非物质文化遗产名录，编号Ⅷ-38。

蓝印花布是随着天门本地棉花的栽植和各地棉纺织行业的兴盛而发展起来的，久负盛名。早在明朝，植棉业的兴盛，带动地方棉纺织和传统印染技艺的繁荣，

当时民间广种蓝草，为制作蓝印花布就地提供了染料原材料。天门蓝印花布历史悠久，据《天门县志》记载，道光年间，天门县城就有作坊大规模生产蓝印花布。随着机印和工业染料的普及，原材料的短缺以及制作成本的提高，天门蓝印花布的产量逐年减少，后来天门蓝印花布产品由于缺乏创新以及越来越少的人从事这项行业，导致产品没有销售量，最后很多天门蓝印花布厂接连倒闭。县志上只有"因土靛缺乏和销路不畅，蓝印花布停止生产"的记载。

2.2 传统植物染料染色技艺

传统植物染料染色技艺是湖北省的另一印染类非遗项目，于2013年入选省级非遗名录，编号Ⅷ-44。"青，出于蓝而胜于蓝"讲的就是传统植物染料染色。以植物作为原料的天然染色技艺已经走过近3000年的历史，春秋战国时期的楚国便凭借其丰富的植物染色原料，使丝织品达到了极高的工艺和艺术水平[4]。

众所周知，化学合成染料的出现是在19世纪中叶，发展到现在，色彩种类已超过数百万种。但是在化学合成染料出现之前，先民们采用的便是传统植物染料染色，而这历史要追溯到原始社会时期，在采集、狩猎活动中，先民接触到各种植物或矿物色料，比如含铁质的黑泥、红土、木炭、含色素的花瓣、茎块等，将其捣碎，涂抹在织物上，织物便染了色[5]。

植物染料种类很多，按色系可分为红色系染材、黄色系染材、绿色系染材、青色系染材、紫色系染材、棕色系染材和黑色系染材等（表2）[6-9]。值得注意的是，同种染材在不同的面料织物上呈现的色相也有所不同。同种染材在不同的媒染剂、不同的煤染方法下得到的颜色也不尽相同。此处仅列出几种较为常见的染材，且以其最常见的色相对其进行划分、归类。

表2　植物染不同的色系与染材

色系	染材
红色系	红花、苏木、茜草
黄色系	槐米、栀子、姜黄、黄檗、黄栌、柘黄、黄洋葱皮、虎杖、黑茶
绿色系	艾草、石榴皮、
青色系	蓼蓝、木蓝、菘蓝、马蓝
紫色系	紫草
棕色系	薯莨
黑色系	五倍子、莲子壳、黑豆皮

与化学合成染料相比，植物染料具有以下特点：

（1）取材于大自然，健康、环保、绿色、无污染，对人

体无刺激性。

(2)植物中提取的色素多为复合性色素,不太容易染出高纯度的色相,且植物色料纯度一般不高,大多需要反复浸染才能获得理想中的色彩[5]。

(3)植物染料的色牢度不高,易褪色是其难以解决的问题。

3 人才培养路径探索

3.1 注重产品研发,培养设计人才

自纺织行业在“十三五”规划中提出绿色、环保、科技等可持续发展生态概念,环保型植物染料已经逐渐进入了人们的家居生活,尤其中高端婴幼儿、女装、内衣、家纺用品等领域已经有很多企业在尝试。由中国纺织工程学会主办的两届中国草木染大会成为企业、高校、工作坊等关注的热点,同时中国植物染产业联盟的成立也成为国内纺织品市场中关注植物染色与草木染色的契机。

武汉纺织大学纺大染语工作室成立于 2015 年 5 月,依托传统植物染色技艺研究的平台,以及“创意手工印染”课程的实践,结合校级与省级大学生创新创业研究的项目等多元化整合,形成了染语团队的原创手工印染服饰品研发基础。本项目品牌不仅能够成为校内学生体验、了解、感受传统染缬文化的基石,而且也为校外文化传播的途径。

如图 1、图 2 所示是笔者团队研发的系列文创产品和服饰产品,将传统染缬技艺应用于文创、服饰中,将古老技艺与现代审美相结合,既为传统染缬技艺提供了新的传播与应用载体,又为学生参与设计实践提供了机会。

图 1 蓝染文创产品研发(团队基地作品)

图 2 蓝染服饰产品

3.2 辅导学生参赛,提高合作能力

在长期进行田野考察的基础上,团队通过筛选优秀的研究生与本科生成员参加省级“挑战杯”大学生课外学术科技作品竞赛等方式来增加其自身科研能力与团队合作能力。在 2019 年湖北省第十二届“挑战杯”大学生课外学术科技作品中,团队以“荆楚纺织非遗传统印染技艺——湖北天门蓝印花布抢救性保护研究调研报告”荣获二等奖(图 3)。

图 3 第十二届“挑战杯”大学生课外学术科技作业竞赛

3.3 参与国家研培,传承非遗文化

2019 年 5 月 15 日~6 月 14 日,由文化和旅游部、教育部、人社部共同组织的中国非物质文化遗产传承人群研修研培计划——南通大学第五期传统印染技艺培训班在南通大学举行开班典礼。纺大染语成员董宇飞经过严格筛选成为湖北地区唯一的一名参加此次研培的大学生。自 2016 年开始服装学院纺大染语作为湖北省非物质文化遗产研究中心(武汉纺织大学)的研究分支与南通蓝印花布博物馆、南通蓝印花布国家级代表性传承人吴元新老师进行研培对接,截至目前已成功对接培养了四名研究生蓝印花布研培学员(图 4)。

图 4 研培学生与吴元新老师合影

3.4 邀请印染学者,开展线上讲座

2022 年 2~3 月,纺大染语天然染色工作室共举办 6 场线上讲座(图 5),分别邀请武汉青蓝调基地主理人杨青华、楚染工坊主理人丁会、蘭染工坊主理人亚蘭、求石民宿主理人晓梦、国家非物质文化遗产邵阳蓝印花布传承人赵顺艳、著名蜡染服装设计师成昊六位蓝染领域的

设计师、老师、专家、创业人,理论讲解与产品展示相结合,从不同的视角与方面为同学们讲解蓝染知识,传播

非遗文化,答疑解惑。最多在线人数达 280 人。

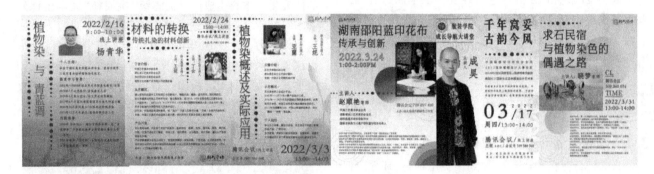

图5　线上讲座的开展

3.5　对接研配基地,优化管理岗位

武汉纺织大学纺大染语天然染色设计工作室成立于 2015 年 5 月,为"十三五"校园文化品牌。自成立以来,纺大染语天然染色工作室以荆楚纺织非遗文化传播、文创产品研发、设计人才培养为宗旨,以传承·设计·创新·服务作为品牌核心,搭建研究生、本科生创新创业教育与实践平台,通过科学研究、课堂教学、设计研发、产品销售等多元化资源整合形成品牌特色。

自 2018 年开始工作室就发起"城市合伙人合作计划",在前期对部分文创企业进行深入了解和合作对接的基础上,设立了七个校外研学基地:湖北武汉青蓝调布艺工作室、湖南湘西静静文化责任有限公司、湖北宜昌蘭染工坊、湖北黄冈楚蓝学堂、湖北武汉竹馨庄园、贵州黔东南月亮故乡文创中心以及湖北宜昌求实民宿,为筹备"荆楚染缬文化产业联盟"搭建平台。以此帮助学生更好地在就业和创业中对纺织非遗传统印染在目前市场中的发展状况有切实的了解,同时,为相关企业嫁接设计原创力,培养文创设计人才。

在采用工作室模式的人才培养中,高校如何对工作室进行设计是其中的重点,故此,在工作室的设计中,学校可以根据学生的需求对工作室进行科学设计,同时在设计的过程中要对工作室的规范和要求进行制定,进而保障工作室的正常运转[10]。因此,工作室下设四个部门:项目部、设计部、市场部和秘书部。项目部负责项目书的撰写、申报,协助老师保证每个项目的正常进行直至顺利结项。设计部主要负责文创、服装产品的设计、转化。市场部则根据市场情况制定年度营销计划、未来市场分析、发展方向和规划等。秘书部主要负责工作室日常的管理和运行。每个部门由研究生和本科生组成,不同部门学生可以得到不同的能力锻炼,为将来就业奠定基础。

4　结语

在构建纺织非遗可持续发展新生态背景下,荆楚纺织非遗可持续发展有利于实现区域文化产业的打造,带动区域经济发展。基于此背景下,武汉纺织大学纺大染语天然染色设计工作室通过注重产品研发、辅导学生参加比赛、对接研培基地等系列举措将传承优秀传统工艺与人才培养相结合,致力于推动荆楚纺织非遗可持续发展同时为荆楚纺织印染行业注入年轻力量。

致谢

本文为 2020 年湖北省教育厅哲学社会科学研究项目(20Y074)阶段性成果;2021 年"纺织之光"中国纺织工业联合会高等教育教学改革研究项目(420)阶段性成果;2021 年湖北高校省级教学研究项目(2021332)阶段性成果;2022 年度湖北省普通高校人文社会科学重点研究基地"湖北省服饰艺术与文化研究中心"基地项目(2022HFG07)阶段性成果。

参考文献

[1] 唐刚,孙培贤,卜俊,等.创新创业环境下传统扎染工艺创新人才培养模式及实践探究[J].纺织科技进展,2019(10):21-24.

[2] 高勇.共筑纺织非遗可持续发展新生态[J].纺织服装周刊,2017,46:20-21.

[3] 陈荣圻.天然染料及其染色[J].染料与染色,2015,52(3):1-11.

[4] 李昕宇.央视《国家宝藏》走进江汉区,聚焦湖北非遗的"有声有色"[N].长江日报,2021-12-04.

[5] 王兴业.古代民间植物染色技艺论析[J].民艺,2018(4):53-57.

[6] 王越平等.回归自然:植物染料染色设计与工艺[M].北

京:中国纺织出版社,2013.

[7]　箕轮直子. 草木染大全[M]. 郑州:河南科学技术出版社,2019.

[8]　萨沙·迪尔. 染色季充满生机的植物染色[M]. 武汉:华中科技大学出版社,2018.

[9]　黄荣华. 中国植物染技法[M]. 北京:中国纺织出版社,2018.

[10]　刘治国. 以工作室模式为载体的人才培养模式的探索与实践[J]. 现代经济信息,2019(17):461.

Construction ideas and exploration practice of textile and garment specialty group of application-oriented university

WANG Xu[1,*], GUO Rui[1], ZHANG Qiaoling[1], LIU Jie[2], CAO Jiliang[3], CHI Changlong[4]

1 *School of Fashion, Henan University of Engineering, Zhengzhou, China*

2 *School of Textiles, Henan University of Engineering, Zhengzhou, China*

3 *School of Chemical and Printing-Dyeing Engineering, Henan University of Engineering, Zhengzhou, China*

4 *College of Materials Engineering, Henan University of Engineering, Zhengzhou, China*

Email address

wangxu0086@ 126. com(WANG Xu), mypace008@ aliyun. com(GUO Rui), zqring@ 163. com(ZHANG Qiaoling), me_lj@ 126. com(LIU Jie), caojiliang301@ 163. com(CAO Jiliang), chichanglong123@ 163. com(CHI Changlong)

Abstract: Application-oriented undergraduate universities are an important force of higher education to serve local economic and social development. As an important content in the transformation and development of undergraduate universities, construction of specialty group provides a gripper for improving ability to service local industry, it also provides a carrier for enhancing scientific research level and innovation ability, in addition, it provides a path for exerting the intensive effect of educational resource. In this paper, combining with the construction practice of textile and garment specialty group of Henan University of Engineering, the necessity and objective of construction were analyzed in-depth, the construction ideas and development paths were discussed. The specific construction and implementation plans were put forward from aspects of platform construction, talent cultivation, teaching staff and security policy in order to provide references for specialty group construction of application-oriented textile and garment university.

Keywords: industry chain; professional chain; integration of industry and education; specialty group; textile and garment university; talent cultivation mode

应用型本科院校纺织服装专业集群的建设思路与探索实践

王旭[1,*],郭锐[1],张巧玲[1],刘杰[2],曹机良[3],迟长龙[4]

1 服装学院,河南工程学院,郑州,中国

2 纺织学院,河南工程学院,郑州,中国

3 化工与印染工程学院,河南工程学院,郑州,中国

4 材料工程学院,河南工程学院,郑州,中国

邮 箱

wangxu0086@ 126. com(王旭),mypace008@ aliyun. com(郭锐),zqring@ 163. com(张巧玲),me_lj@ 126. com(刘杰),caojiliang301 @ 163. com(曹机良),chichanglong123@ 163. com(迟长龙)

摘 要:应用型本科院校是高等教育服务地方经济社会发展的一支重要力量,专业集群建设作为本科高校转型发展的重要内容,为学校提升服务地方产业能力提供了抓手,为学校提高科研水平和创新能力提供了载体,为学校发挥教育资源集约化效应提供了路径。本文结合河南工程学院纺织服装专业集群建设实践,深入剖析专业集群建设的必要性和建设目的,探讨专业集群的建设思路和发展路径,从平台建设、人才培养、教师队伍和政策保障方面提出具体的建设和实施方案,旨在为应用型纺织服装院校的专业集群建设提供参考。

关键词:产业链;专业链;产教融合;专业集群;纺织服装院校;人才培养模式

1 引言

近年来,我国纺织服装产业通过转型升级促使产业规模效益稳定增长、产业结构得到优化,产业科技创新水平不断提高,纺织科技与时尚创新的融合进一步加强。纺织服装产业的发展为高等教育人才培养提出新的更高要求,高等教育发展需要服务于产业发展,专业建设应该与产业发展需求相对接。纺织服装类高等院校通过专业集群建设可以有效优化人才培养模式,为产业创新发展提供人才保障,助力纺织服装行业形成产业集群的强大合力,实现高质量可持续发展[1]。

专业集群是对应产业集群上同一产业链、创新链的岗位(群)需求,按照群落状建设的原则,以与主干学科关联度高的核心专业(优势、特色专业)为龙头,充分融合若干个学科基础、工程对象与技术领域相同或相近的、具有内在关联的若干专业的有机集合[2]。2015年,教育部、国家发展和改革委员会、财政部联合发布《关于引导部分地方普通本科高校向应用型转变的指导意见》,首次提出"专业集群"的概念。2016年,国家发改委、教育部、人社部《关于编报"十三五"产教融合发展工程规划项目建设方案的通知》明确将"专业集群"作为转型发展方案的重要内容[3]。2021年,《中华人民共和国国民经济和社会发展第十四个五年规划和2035年远景目标纲要》提出,要培育先进制造业集群,深入推进国家战略性新兴产业集群发展工程[3]。当下,专业集群作为地方高校深化转型发展、加强专业建设的重要突破口已经形成共识[4]。尤其是对于应用型本科院校,专业集群是实现内涵式发展的根本力量,有利于应用型本科高校从根本上解决人才培养与就业需求脱节、教学科研与社会需求脱节的问题[5]。

本文以全国纺织行业人才建设示范校、河南省重点建设的示范性应用技术类型本科院校——河南工程学院的纺织服装专业集群的建设为例进行深入探讨。

2 纺织服装专业集群建设的必要性

2.1 河南纺织服装产业发展需要

纺织服装产业作为河南省的传统支柱产业和重要的民生产业,在美化人民生活、增强文化自信、拉动内需增长、促进社会就业、稳定经济运行等方面发挥着重要作用。2021年1月25日,河南省人民政府办公厅发布《关于促进服装产业高质量发展的实施意见》(豫政办〔2021〕4号),到2025年,河南省服装行业要打造千亿级产业,同时在重点任务中提出优化发展布局,壮大产业集群,强化产业链配套,加快技术研究和推广应用,提高创意设计能力,强化产业集群公共服务能力,以集群集聚为依托,以产业链为主线,打造上下游贯通、左右侧协同的产业发展新生态,推进集群内资源共享,发挥规模优势。特别是在保障措施中提出要夯实人才支撑,鼓励高校与企业加强产教融合,大力推行订单式、冠名班技能人才培养,使我省从服装制造大省向服装制造强省迈进[6]。为此,适应河南省纺织服装产业转型升级、高质量发展的纺织服装专业集群建设势在必行。

2.2 学校优势学科转型发展需要

专业集群作为一种直面现代产业集群需求、优势资源集聚的专业组织形态已经成为地方高校专业结构调整与专业建设的战略选择[7]。纺织服装作为我校的优势特色专业,办学历史悠久,办学资源丰富,办学成效显著。近年来,在服务河南纺织服装产业的人才供给、科技转化及产业服务方面做出了积极贡献。面对新一轮科技革命与产业变革,根据我省纺织服装产业的发展现状,河南工程学院主动求变,积极应变,围绕学校应用型人才培养和转型发展目标,深化人才培养供给侧结构性改革,响应国家"围绕产业链、创新链调整专业设置,形成特色专业集群"的要求,跨学科、跨专业组建纺织服装专业集群,充分利用材料、纺织、轻化、服装等优势学科完整的专业链条(图1),组建纺织服装专业集群,通过专业建设和融合,发挥专业集群效应,破解专业建设与产业发展之间的矛盾,培养适合产业需求的复合型、应用型人才,全面提升我校产教融合水平和服务经济社会发展能力,为推动河南纺织服装产业高质量发展提供人才支撑与智力支持。

图1　专业链条图

2.3　纺织服装产业学院建设需要

2021 年 1 月,我校纺织服装产业学院获批河南省首批重点现代产业学院,按照现代产业学院建设指南要求,突出产业导向和应用导向,通过改造升级传统产业、发展新兴专业、孕育交叉专业等方式,着力打造专业亮点,凝练特色优势专业,对接纺织服装全产业链(图 2),推进一流专业集群发展,把现代产业学院打造成融人才培养、科学研究、技术创新、企业服务、学生创业为一体的示范性人才培养实体,提升服务区域经济社会发展和创新驱动发展能力,形成教育和产业统筹融合、良性互动的发展格局。因此,纺织服装专业集群建设是打造现代产业学院的必备任务、建设需要。

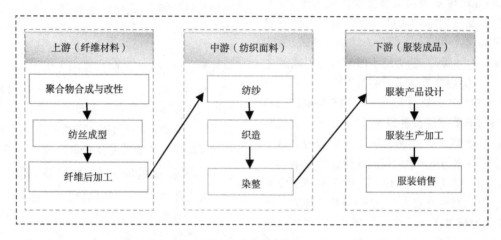

图 2　产业链条图

3　纺织服装专业集群的建设目标

根据河南省纺织服装产业布局,围绕纤维材料、纺织、印染、服装产业"科技、时尚、绿色"的产业发展新趋势进行专业集群定位,逐渐建成纺织服装产业链上有特色的专业集群,主动适应区域经济产业结构调整和转型升级需要,校地互动、校企合作,以人才需求为导向,以纺织服装产业为纽带,多措并举构建符合学校特色的高层次应用型人才培养体系,构建运转良好的产学研融合运行机制,形成一个内在联系紧密的有机专业组合,紧密对接产业链,在学院治理结构、专业产业对接、应用型人才培养、双师队伍建设、应用性科学研究、社会服务能力等方面实现实质性突破,在新材料应用技术、生态纺织印染应用技术、纺织服装新品开发、服装技术与管理、数字化服装创意设计、服装智能生产等方面为河南省纺织服装企业提供技术支持,发挥产业引领作用,促进河南省经济又好又快发展。同时,总结出一套专业集群建设理论和成果,并向区域、行业和国内其他应用型纺织服装院校示范辐射推广,推动纺织服装企业和高校实现自我完善和自我发展,此外,带动其他专业集群的教学改革,提高应用型本科高校教育教学改革的理论水平。

4　纺织服装专业集群的建设内容及实施方案

4.1　搭建产学研训共享平台,服务科技创新和实践教学

4.1.1　共建共享科研创新平台

全面统筹专业及科研平台建设,形成面向行业产业的协同创新中心,推动专业集群的应用型科技创新工作,加快应用基础研究成果向产业技术转化。目前,纺织服装专业集群已建成河南省稀土复合材料国际联合实验室、纺织新产品开发河南省工程实验室、河南省服用纺织新产品工程技术研究中心等 10 个省市级科研平台,并以河南省重振河南省科学院为契机,组建纺织服装产业研究院。对接专业链,构建 4 个特色研究中心,包括新型功能材料研究院、印染工程技术研究中心、纺织新产品技术研究中心、中原服饰文化与产品创新设计研究中心。

积极探索政、校、行、企合作新模式,共同组建校内外科研创新与实践平台,校企共享人才和技术资源,高校深度参与企业的自主创新和技术攻关,实现合作共赢;与当地政府及企业签署河南工程学院"豫发时尚产业研究院""印染产业研究院"等合作协议,与企业联合申报并获批了国家纺织服装人才双创示范基地、纺织服装创业设计试点园区、服饰创新产品创新设计河南省工

程实验室、服装面料艺术再造河南省工程研究中心等国家级、省部级平台,共建"河南省化学纤维研究中心"等校外科研基地。

4.1.2 融合共建实习实训基地

强化实践教学、建好实践教学基地是培养应用型人才的基本条件[8]。根据纺织服装产业未来技术发展趋势,按照专业集群的人才培养需求,构建产学研训一体化综合实践平台,共建河南省大学生校外实践教育基地,实现实习实训体系与产业链的对接,强化学生实践能力培养。

集中整合和改造专业集群内教学资源和实验室,构建体现专业集群特色的河南工程学院纺织服装博物馆、绿色智能制造中心等系列化实践教学基地;联合行业协会、企事业单位共建国家面料馆河南工程学院分馆,时尚智慧工场、锦荣时尚创意中心、智能穿戴实验室等校内实习实训基地。

联合省内纺织服装龙头企业,如河南平棉纺织集团有限公司、河南省纺织产品质量监督检验测试中心、新乡白鹭化纤集团、河南豫发集团等,遴选省外优质企业,如申洲集团、华芳集团、安正时尚集团、通标标准技术服务有限公司(SGS)等,重点建设一批生产性、区域性、综合性校外实训基地、实习基地和就业基地。

4.2 重构多主体协同育人机制,打通人才培养的专业壁垒

目前,纺织服装产业正经历着数字化转型升级,人才涉足越来越多的企业部门和领域,呈现出"多元化知识生产主体格局",企业对人才的要求也由传统的"专业型"向"一专多能"转型发展[9]。我校坚持"开放办学、协同育人"的多元化思路[10],以工程教育专业认证和国家一流本科专业建设为契机,推进人才培养模式改革,实施课程教学范式综合改革,集聚河南省纺织服装产业的优势资源,联合企业协调推进多主体之间开放合作,整合多主体创新要素和资源,提出将产业部门与学校教育融合,将工作体系与学科体系融合,以"专业+产业""教学+研发""就业+创业"一体化协作,构建跨学科专业、跨企业岗位的"跨界"的人才培养模式,切实推动学校应用型人才培养和转型发展落地落实,培养服务材料、纺织、印染、服装全产业链,适应和引领现代产业发展的高素质应用型、复合型、创新型人才。

4.2.1 完善校企双元育人机制

以提升学生应用能力为导向,实施应用型课程建设工程,形成基于行业实践需求的 DIO 课程体系,即 design(设计)—implementation(实施)—operation(运作),鼓励开设面向专业集群的行业或企业课程,充分发挥校企合作的优势,引入更多企业参与专业集群建设,发挥企业在人才培养方面的积极作用;推广项目化教学、学

科导师制等教学模式,提高学生分析、解决行业企业实际问题的能力。校企共同实施基于产教融合的"双轨管理、双轮驱动、双师教学"的高层次人才培养模式(图3),以校企混合式教学为手段,学校与企业实施双轨管理,专业对应职业实行双轮驱动,学校教师与企业导师开展双师教学,提升学生的专业技术水平和实践创新能力,引导学生顺利完成从学生到员工的角色转化,满足企业、行业对应用型创新人才的需求。

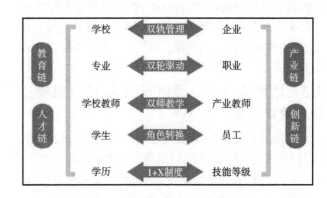

图3 "双轨管理、双轮驱动、双师教学"人才培养模式

4.2.2 构建集群资源共享机制

为满足当前纺织服装企业的多元化人才需求,推动产业创新发展,纺织服装院校的人才培养要突破单一学科的局限性,以多学科视角审视当前毕业生的职业发展,实现多学科融入专业课程,多专业融入课程内容,多专业课程互通,协力培养复合型、智慧型本科层次的专业人才。我校依托纺织服装产业学院和专业学位硕士点建设,加强学科专业集群的交叉融合,动态调整纺织服装专业集群人才培养方案,重组集群应用型课程体系,优化课程设置,丰富课程资源,共建功能纤维与智能材料、纺织品生产与工艺、非制造技术、纺织品染整工艺学、风格与时尚共5门专业集群课程(图4),实现集群内部师资相互贯通和优质课程资源共享,鼓励跨专业合作式学习,促进专业集群内学生的交流互动。

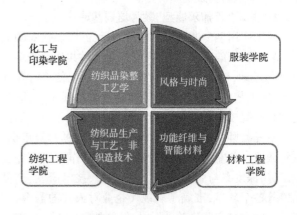

图4 专业集群共享课程

4.2.3　探索交叉学科联培机制

鼓励教师组建跨学科团队,开展学科交叉科研项目,并以项目为依托带领学生开展实践创新活动,提高学生的创新思维和综合应用能力;在开放实验室项目、学科竞赛和毕业设计等环节实行跨专业综合实践教学,鼓励学生跨院系组建学习小组,开展综合性专业训练;依托河南省大学生校外实践教育基地,组建跨专业创新创业团队,开展面向整个产业链条的创新创业训练和项目实践活动;调整教学管理政策,进行跨院系的学生学分认定和教师教学工作量认定,打通人才培养的专业壁垒,推动专业集群内部的深度融合,联合培养复合型创新人才。

4.3　培育高水平教师创新团队,构建双向交流的合作机制

根据国家级专业认证评估及双一流专业建设标准,面向专业链、产业链需求,打造高水平教学团队,积极推进"六个工程"建设——教授工程、专业带头人工程、硕博工程、双师双能型教师工程、教学团队工程、企业讲师工程。建立校企人才资源库,将学校专业教师和企业专业人才纳入其中,实施校企"互聘、互兼"双向交流的共享合作机制,促进校企双方各取所需、优势互补,学院和企业通力合作,达到人才培养过程中的高度协同。

4.3.1　完善企业高层次人才引进制度

探索实施企业教师(导师)特设岗位计划,完善企业兼职教师引进、认证与使用机制。一是设置灵活的人事制度,通过实施企业教师特设岗位或设立流动岗位等方式吸引企业专家、技术人员来校从事教学科研工作,承担应用型课程教学和实践教学任务,联合企业开展应用技术研发工作;二是实施应用型本科高校教师与企业专家协同育人,面向企业招聘高层次专业技术人员为学校的兼职教师,邀请各专业行业专家来校讲学,或进行校企联合授课,培养校企联合教学团队,补充专业链条上工程教育实践环节上的不足,增强学生培养的市场导向性,提升学生的实践创新能力。

4.3.2　共建"双师双能型"教师培训基地

根据应用型专业集群的建设目标,需要加强双师双能型教师队伍的建设,主动联系企业商讨共建师资培养(培训)基地,校企合作培育"双师型"教师,使得行业新技术、新工艺在学校人才培养和教学中得到应用,同时也有利于院校科研创新在行业的转化与应用[11]。面向学院专任教师,企业每年至少提供 1~2 次的师资培训,每年派遣 5 名左右的专任教师赴企业合作方挂职和实践锻炼,深度参与企业管理、市场分析、技术研发、产品销售等各个环节,准确了解现代企业对人才的需求,在帮助教师丰富实践经验的同时,促使教师在人才培养方案制定、课程体系构建、教学内容选定、实训基地建设和

实践教学组织等方面与企业、行业实际进行有效融合,校企共建联合培养课程,撰写出版专著和教材。

4.3.3　组建高校跨专业教师创新团队

组建一支由专业集群建设带头人、专业带头人、课程模块负责人、骨干教师组成的"金字塔"教师结构梯队,承担标准制定、课程开发、课程实施、技术研发、咨询服务等任务。并建立专业教师交流共享机制,鼓励和引导专业集群内教师定期开展学术、教学交流,促进专业之间的有机融合;鼓励跨专业教师共同承担跨专业综合实践教学指导,逐步在专业集群内形成几支跨专业的教师创新团队,能够对接整个产业链条帮助解决纺织服装产品开发、生产和销售等各个环节的技术难题,有效服务于地方产业发展和经济建设。

4.4　调整科研考评和管理制度,发挥政策牵引和激励作用

充分发挥政策牵引作用,鼓励教师开展校企合作工作,给予横向项目一定的科研激励和政策支持;设立协同育人项目,并给予一定经费支持,引导教师带领学生开展实战项目的研究工作,提高学生的实践创新能力;加强科技成果转化组织管理工作,建立多指标科研绩效考核评价体系,引导科研工作向专业应用领域延伸;不断优化教师职称评审政策,实行分类评价,将应用型科研成果纳入到职称考评中,重大的横向科研项目可认定为标志性科研成果;合理简化和放宽横向项目的经费报销政策,扩大项目经费管理自主权,为科研人员松绑。

5　结论

纺织服装产业是河南省重要的支柱产业之一,是实现"中原崛起"的战略支撑产业。根据河南省纺织服装产业的未来发展趋势,以及应用型本科院校的转型升级路径,构建以高分子材料与工程、纺织工程、轻化工程、服装与服饰设计、服装设计与工程等专业为主的纺织服装专业集群,坚持以教育链、人才链、产业链、创新链四链融合以及专业、行业、企业、就业四业贯通为目标,建立学生、学校、企业三赢的人才培养模式,构建资源共享机制,发挥专业集群效应,有助于提升应用型纺织服装院校的产教融合水平和服务经济社会发展能力,为纺织服装企业培养符合时代需求和产业发展的高水平应用型人才,有效助推河南省纺织服装产业的高质量发展。

致谢

本文为河南省高等教育教学改革研究与实践一般项目《基于校企融合度的行业学院教学质量评价研究》(2019SJGLX454)和河南工程学院教育教学改革研究项

目《纺织服装专业集群的构建模式和运行机制》(2021JYZD018)的阶段性成果之一。

参考文献

[1] 包忠明.对接纺织服装产业的高职专业群建设实践探索[J].中国轻工教育,2017(2):83-86.

[2] 杜娟,杜君楠,赵晓兵.应用型本科高校专业集群建设现状及对策研究[J].中外企业文化,2021(4):62-64.

[3] 顾永安.应用本科专业集群:地方高校转型发展的重要突破口[J].中国高等教育,2016(22):35-38.

[4] 中华人民共和国国民经济和社会发展第十四个五年规划和2035年远景目标纲要[N].人民日报,2021-03-13(001).

[5] 牟延林,李克军,李俊杰.应用型本科高校如何以产教融合引领专业集群建设[J].高等教育研究,2020,41(3):42-50.

[6] 河南省人民政府办公厅.关于促进服装产业高质量发展的实施意见[J].河南省人民政府公报,2021(5):16-19.

[7] 李银丹,金凌虹,施建祥.共生视域下应用型本科高校专业集群建设研究[J].江苏高教,2021(2):14-19.

[8] 许岚.吉林省应用型本科院校服装专业人才培养模式转型分析:以服装设计与工程专业人才培养为例[J].吉林工程技术师范学院学报,2018,34(12):46-49.

[9] 吴祎昉,李欣华,孙梦婕,徐崔春."多层次环形:垂直型"人才培养模式:应用型本科院校服装设计专业职业教育创新[J].湖州师范学院学报,2020,42(12):48-54.

[10] 张华,邢小刚.产业升级背景下服装专业新型应用型人才培养研究[J].文化产业,2020(27):156-158.

[11] 何方容."双高计划"背景下纺织服装专业群的组建及建设实践:以武汉职业技术学院为例[J].纺织服装教育,2022,37(1):21-24.

Historical data statistics and analysis of textile education institutions in modern China

WU Chuanling

Donghua University Press, *Shanghai*, *China*

Email address

superwu8@ 163. com(WU Chuanling)

Abstract: This paper analyzed the number, establishment time and geographical distribution of textile education institutions in modern China, introduced three types of textile education institutions: raw materials, industrial technology and handwork, and analyzed the development and influence of these educational institutions. Collected and sorted out 183 textile education institutions in modern China, from the establishment of Zhejiang Sericulture Academy in 1897 to the founding of New China in 1949, these institutions were distributed all over the country, three kinds of textile education institutions had their own characteristics. China's modern textile education institutions were characterized by their early running time and diverse running modes, which had trained a large number of talents for the textile industry in modern China and laid a good foundation for the textile education cause of new China.

Keywords: textile educaton institution; modern China; statistics and analysis

中国近代纺织教育机构史料考证与统计分析

吴川灵

东华大学出版社,上海,中国

邮 箱

superwu8@ 163. com(吴川灵)

摘 要:本文统计中国近代纺织教育机构的数量、创办时间和地域分布,分类介绍原料、工业技术和手工三类纺织教育机构,分析这些教育机构的发展与影响。搜集整理中国近代纺织教育机构183所,从1897年浙江蚕学馆创办至1949年新中国成立,这些机构分布于全国各地,三类纺织教育机构各具特点。中国近代纺织教育机构呈现办学时间较早、办学模式多样等特征,为中国近代纺织工业培养了大批人才,并为新中国纺织教育事业奠定了良好基础。

关键词:纺织教育机构;近代中国;统计分析

中国近代纺织教育事业可以追溯到1897年,经过50余年发展,至1949年新中国成立时已达到一定规模。一些学者从不同角度对此做了研究。文献[1]论述了中国近代纺织教育从初创阶段,到发展、转折、恢复阶段的发展历程,是系统研究中国近代纺织教育的重要文献。其余文献从各个角度探讨近代纺织教育相关问题。本文在整理文献史料及相关研究的基础上,对1897~1949年中国近代纺织教育机构做了梳理、统计和分析,以剖析我国近代纺织教育的发展历程,为中国近代纺织教育史研究提供翔实材料,也为当代纺织教育事业发展提供启示。

1 中国近代纺织教育机构的梳理

中国近代纺织教育机构,包括与丝、棉、麻、毛等纺织原料相关的原料类纺织教育机构,与机器纺织、印染等工业技术相关的工业技术类纺织教育机构,以及与手工染织、缝纫、编织、刺绣等手工艺相关的手工类纺织教育机构。根据教学层次的不同,它们又有高等教育、中等教育和初等教育之分[1-3]。经过统计整理,得到中国近代纺织教育机构183所。这一数据未包含大部分县级以下学校。

1.1　创办时间

1897年,杭州知府林启在杭州创办浙江蚕学馆,拉开了中国近代纺织教育事业的序幕。全国各地纷纷兴办与蚕桑教育有关的学校。20世纪前20年,这类学校蓬勃发展,县级以下的学校数量更多。随着机器纺织工业技术引入中国,以南通纺织染传习所为代表的纺织工业技术类教育机构相继诞生。20世纪20年代起,这类学校逐渐兴起,并延续至40年代。

以10年作为一个观察周期,从19世纪90年代至20世纪40年代,我国创办了许多纺织教育机构。表1为各年代纺织教育机构创办数量。1890年代创办的均为原料类教育机构,1900年代创办的大多为原料类教育机构,1910年代原料类教育机构数量仍占首位,1920年代工业技术类教育机构与原料类教育机构的数量接近,1930年代和1940年代工业技术类教育机构的数量最多,也即呈现出早期原料类教育机构多而后期工业技术类教育机构多的现象。这是因为早期的纺织教育多为蚕桑教育,与之对应的原料类纺织教育机构也就众多。随着机器纺织、印染技术的日益普及,需要更多的工业技术类纺织教育机构来培养相应的人才,因而,此类机构也就越来越多。

表1　各年代纺织教育机构创办数量

创办年代	数量/所	占比/%
19世纪90年代	3	1.6
20世纪00年代	44	24.1
20世纪10年代	67	36.6
20世纪20年代	28	15.3
20世纪30年代	26	14.2
20世纪40年代	15	8.2
合计	183	100

我国近代纺织教育开始于19世纪末,最早的教育机构有浙江蚕学馆、温州蚕学馆、湖北农务学堂农桑科等。自20世纪初开始,全国各地纷纷创办以蚕桑教育为代表的蚕桑学堂、农业学堂、蚕业讲习所等教育机构,省立、县立、私立的机构并存。由上述统计可知,20世纪前20年,创办的纺织教育机构数量占总数的六成多,说明纺织教育机构的创办时间较早,早期创办的教育机构的占比也较大。以后随着纺织工业的重心向棉纺织工业转移,蚕桑教育机构逐步减少,创办的教育机构的数量呈下降趋势。

1.2　地域分布

从所处的地域看,这些纺织教育机构分布于全国

22个省市,分布面较广,涉及全国大部分地区。其中,江苏24所,占13.1%,数量最多;浙江和上海各19所,各占10.4%,数量次之;再次为山东,13所,占7.1%;接下来依次为湖北、安徽、山西、四川、广东、湖南、河南、北京、天津、陕西、云南等;而广西、辽宁、福建、河北、江西、贵州和甘肃的数量为4所及以下。图1为具有5所以上教育机构的地域分布。

从教育机构的种类看,上海、天津、辽宁的工业技术类教育机构多于原料类教育机构,北京两者相当,其余地区均是原料类教育机构多于工业技术类教育机构。

创办的教育机构以江苏、浙江、上海、山东、湖北、安徽等沿海沿江地区居多。这些地区具有交通便利等优势,经济贸易活动频繁,促进了纺织业的繁荣。它们还是传统的丝业和棉业比较发达的地区,也是机器纺织业集聚的区域。纺织业越发达的地区,对纺织人才的需求越大,对纺织教育的要求也越高,相应地这些地区纺织教育机构的数量也越多。

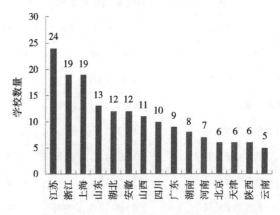

图1　具有5所以上教育机构的地域分布

2　中国近代纺织教育机构的分类整理

2.1　原料类纺织教育机构

中国近代以蚕丝为代表的原料类纺织教育机构创办时间较早,数量众多,分布区域广泛。原料类纺织教育机构大致可分为以下三种:①专门的蚕桑、棉业学校或传习所;②涉及蚕桑和棉业的农业学校或女子学校;③高等学府农学院中的相关专业等。在183所纺织教育机构中,原料类教育机构有111家,占总数的六成多。在这些教育机构中,专门的蚕桑或棉业学校51所,占46.0%;农业学校或女子学校47所,占42.3%;高校农学院13所,占11.7%。其中蚕桑教育占绝大多数。表2为其代表性机构[1,3,5-19]。

这些教育机构的办学层次不同,有初等、中等和高等之分。在整理文献史料时发现,县级以下的初等蚕桑学校数量较多,而省市级中等学校(或相关专业)和高

等学校相关系科的数量相对较少。从办学时间看，由于学校自身条件和外部环境的原因，一些学校的办学时间较短，创办没几年就停止了。另有一些学校则经历了历史的风雨，延续了很长时间，这些学校在发展过程中，多有沿革更名现象。如浙江蚕学馆，经历了浙江蚕学馆—浙江中等蚕桑学堂—浙江高等蚕桑学堂—浙江中等蚕桑学校—浙江省立甲种蚕业学校—浙江省立蚕桑科职业学校—浙江省高级蚕桑科中学—浙江省立高级蚕桑科职业学校—浙江省立杭州蚕丝职业学校等多次更名。其他学校也多有类似现象。

这些教育机构中，有影响的有浙江蚕学馆、江苏省立女子蚕业学校、国立浙江大学农学院蚕桑系、私立金陵大学农林科蚕桑系等。以浙江蚕学馆为例，其专业课程设置有桑树栽培论、蚕体生理、蚕体病理、蚕体解剖、蚕儿饲育法、缫丝法、显微镜、采种法、茧审查法、生丝审查法等，学制 3 年[13]。

表 2　代表性原料类纺织教育机构

机构名称	办学时间	所在地	教育层次
浙江蚕学馆	1897~1949	杭州	中等
湖北农务学堂农桑科	1898~1949	武汉	中等
江南蚕桑学堂	1901~1912	南京	中等
直隶农务学堂蚕科	1902~1949	保定	中等
私立上海女子蚕业学堂	1903~1912	上海	中等
云南农业学堂蚕科	1904~1949	昆明	中等
四川农政学堂蚕科	1906~1949	成都	中等
山东农业学堂蚕业科	1906~1926	济南	中等
江苏省立女子蚕业学校	1912~1949	苏州	中等
私立金陵大学农林科蚕桑系	1917~1949	南京	高等
私立岭南大学农学院蚕桑系	1920~1949	广州	高等
天津棉业传习所	1920~1924	天津	中等
国立东南大学农科蚕桑系、植棉专修科	1921~1927	南京	高等
公立四川大学农学院蚕桑系	1927~1949	成都	高等
国立中央大学农学院蚕桑系、植棉专修科	1928~1935	南京	高等
国立浙江大学农学院蚕桑系	1929~1949	杭州	高等
国立中山大学蚕桑系	1930~1949	广州	高等
河南大学农学院蚕桑专业	1930~1949	开封	高等
国立云南大学农学院蚕桑系	1938~1949	昆明	高等
国立湖州高级蚕丝职业学校	1946~1949	湖州	中等

2.2　工业技术类纺织教育机构

工业技术类纺织教育机构可分为以下三种：①专门的纺织学校或传习所；②涉及纺织的工业学校；③高等学府工学院的相关专业等。工业技术类纺织教育机构49家，约占总数的1/4。在这些教育机构中，专门的纺织学校 22 所，占 44.9%；工业学校 18 所，占 36.7%；高校工学院 9 所，占 18.4%。表 3 为其代表性机构[1,4,20-27]。

这些学校的教育层次也各有不同。有纺织企业创办的属于初等教育性质的职员养成所、培训学校等，也有属于中等教育的工业职业学校，还有属于高等教育的专科和本科学校。从学校的创办时间看，在 20 世纪 20 年代以前，多为工业学校中的相关专业；从 20 世纪 30 年代开始，多为专门的纺织院校。一些学校延续至新中国成立。与原料类纺织教育机构类似，它们也多有沿革更名情况。如南通纺织染传习所，经历了南通纺织染传习所—南通纺织专门学校—南通纺织大学—南通大学纺织科—南通学院纺织科等数次更名。

这些教育机构中，有影响的有南通纺织专门学校、北京工业专门学校机织科、江苏公立苏州工业专门学校纺织科、浙江省立杭州高级工业职业学校染织专业、交通大学纺织科等。以南通纺织专门学校为例，其专业课程设置有机织、织物组合、织物分析、纹织学、雕花纹法、棉纺学、染色学、织物整理、纺织实习等，学制 4 年[20]。

2.3　手工类纺织教育机构

与传统染织、缝纫、编织、刺绣等相关教学内容的手工课程分布于各类工艺学堂、女子职业学校和手工传习所。手工类纺织教育机构23家，约占总数的1/8。在这些教育机构中，工艺学堂 5 所，占 21.7%；女子职业学校 11 所，占 47.8%；手工传习所 7 所，占 30.5%。表 4 为其代表性机构[28-37]。

这些学校的教育等级多为初等和中等。其中属于初等教育的多为手工传习所，属于中等教育的多为女子职业学校。从学校的办学时间看，大多创办于 20 世纪20 年代以前，有些延续到新中国成立。这些学校同样有沿革更名情况。如广州市立女子职业学校，原名广州市立女子缝刺学习所，后来又改名为广州市立第一职业学校。

表 3　代表性工业技术类纺织教育机构

机构名称	办学时间	所在地	教育层次
南通纺织染传习所	1912~1949	南通	高等
北京工业专门学校机织科	1912~1929	北京	中等
济宁道立甲种工业学校染织科	1914~1937	济宁	中等

续表

机构名称	办学时间	所在地	教育层次
山西省立工业专门学校染织科	1917~1937	太原	中等
江苏公立苏州工业专门学校纺织科	1923~1949	苏州	中等
国立北平大学工学院纺织工程系	1929~1938	北京	高等
河北省立工业学院纺织工程专业	1929~1949	天津	高等
浙江省立杭州高级工业职业学校染织专业	1931~1937	杭州	中等
湖南省立长沙高级工业学校机织专业	1931~1949	长沙	中等
湖北省立汉阳高级工业职业学校纺织科	1935~1949	武汉	中等
上海文绮染织专科学校	1936~1949	上海	高等
交通大学纺织科	1937~1949	上海	高等
国立西北工学院纺织系	1938~1946	城固（陕西）	高等
国立中央技艺专科学校纺织染整专业	1939~1949	乐山	高等
私立诚孚纺织专科学校	1939~1949	上海	高等
中国纺织染工业专科学校	1940~1946	上海	高等
私立上海纺织工业专科学校	1942~1949	上海	高等
国立西南中山高级工业职业学校纺织科	1943~1949	昆明	中等
上海市立工业专科学校纺织科	1945~1949	上海	高等
北洋大学工学院纺织系	1946~1949	天津	高等

表4 代表性手工类纺织教育机构

机构名称	办学时间	所在地	教育层次
浙江私立富华工艺学堂	1906~不详	杭州	中等
福建省立女子职业学校	1907~1927	福州	中等
奉天八旗女工刺绣传习所	1909~不详	沈阳	初等
上海女子手工传习所	1913~不详	上海	初等
南通女工传习所	1914~1939	南通	初等
湖北省立女子职业学校	1914~1927	武汉	中等
河北省立女子职业学校	1919~1949	北京	中等

续表

机构名称	办学时间	所在地	教育层次
安徽省立女子职业学校	1921~1929	安庆	中等
广州市立女子职业学校	1922~1949	广州	中等
陕西省私立培华女子职业学校	1936~1949	西安	中等

在上述文献史料的整理考证过程中，发现同一所学校（或专业）的创办时间在不同的文献中有所不同，其差异在一年或以上，笔者认为，这是由于从批准成立到正式开学有一个时间差，不同文献的记载有所不同。另外，有一些学校只查到成立时间，而无终止时间，这有待进一步考证。

3 中国近代纺织教育机构的发展与影响

3.1 中国近代纺织教育机构的发展

中国近代纺织教育起源于蚕桑教育，前期的教育机构多与蚕桑教育有关，并且数量众多，对普及和提高育蚕植桑以及制丝水平起到很大的作用。随着机器棉纺织技术的引进，纺织工业技术类教育机构开始兴办，并呈上升趋势。随着时间的推移，工业技术类教育机构的比例越来越高，纺织教育机构由原料类向工业技术类发展。20世纪30~40年代，纺织工业技术类教育机构已占居主要地位。

在这些纺织教育机构中，有的是专门的纺织学校，有的是高等学校的相关系科，有的是农业学校或工业学校的相关专业，有的是女子职业学校的有关专业，还有的是企业或社会开办的培训机构。这些机构的教育层次各不相同，既有高等教育，又有中等职业教育，还有初级职业培训，形成了中国近代纺织教育办学模式的多样性，它们从各个层面助力推进我国近代纺织教育的发展。

3.2 中国近代纺织教育机构的影响

中国近代纺织教育机构在50余年的诞生、成长和发展时期内，为我国近代纺织工业培养了大批人才。他们在丝业、棉业、纺织印染等领域，有的成为技术人员，有的成为管理人员，有的成为教学和研究人员，为中国近代纺织工业做出了巨大贡献。以中国近代纺织出版物为例，教育机构出版的纺织期刊有60余种，这些期刊在介绍纺织科技知识、探讨纺织学术问题、展示教学研究成果等方面，为人才培养起到了积极作用。

中国近代纺织教育机构从无到有，从少到多，经历曲折发展,逐渐形成了一批较有影响的纺织院校,构建了具有特色的学科体系、课程体系。这些院校在师资队伍和学科建设等方面,为新中国纺织教育事业奠定了良好基础。新中国成立后建立的华东纺织工学院、天津纺织工学院、西北纺织工学院、武汉纺织工学院、浙江丝绸工学院、苏州丝绸工学院等,都与中国近代纺织教育机构有着千丝万缕的联系。其中华东纺织工学院就是在合并多所近代纺织院校或系科的基础上建立的,成为当时我国规模最大的纺织院校。

4　结语

研究中国近代纺织教育机构,梳理其发展历程,有着积极的意义。这些纺织教育机构记录了中国近代纺织教育从诞生到成长的历史轨迹,为研究中国近代纺织教育史提供了翔实材料,也丰富了中国近代纺织史的研究内容。同时,以史为镜,可为当代纺织教育事业的发展提供启示。先辈们怀着教育救国的理想,积极投身民族复兴事业。他们留下的科学精神、办学理念和民族气节是后人可贵的财富。他们在办学过程中所体现出的多元化大教育理念、开放的心态、注重实践的观念、国际化视野,对当今纺织教育仍有裨益。我们要继承中华民族优秀的传统文化,为当代纺织教育事业贡献力量。

致谢

本文为上海市哲学社会科学规划一般课题《以上海为中心的中国近代纺织服饰出版史料整理与研究(1891—1949)》(2020BLS005)的阶段性成果之一。

参考文献

[1] 《中国近代纺织史》编辑委员会. 中国近代纺织史:上卷[M]. 北京:中国纺织出版社, 1997:236-238.

[2] 《中国近代纺织史》编辑委员会. 中国近代纺织史:下卷[M]. 北京:中国纺织出版社, 1997:367-393.

[3] 王庄穆. 民国丝绸史[M]. 北京:中国纺织出版社, 1995:87-105.

[4] 《上海市志·纺织业卷》编纂室. 上海纺织工业一百五十年:1861—2010年大事记[M]. 北京:中国纺织出版社, 2014:28-29.

[5] 浙江大学. 中国蚕业史[M]. 上海:上海人民出版社, 2010:1463-1469.

[6] 朱新予. 浙江丝绸史[M]. 杭州:浙江人民出版社, 1985:168-172.

[7] 罗永平. 江苏丝绸史[M]. 南京:南京大学出版社, 2015:129-133.

[8] 汪若海,李秀兰. 中国棉史纪事[M]. 北京:中国农业科学技术出版社, 2007:82-91.

[9] 曹振宇. 我国近代纺织教育的创立及其历史贡献[J]. 郑州经济管理干部学院学报, 2006, 21(1):75-77.

[10] 苏轩. 中国近代纺织学科建制化研究[D]. 上海:东华大学, 2015.

[11] 李龙,窦永群,任永利,等. 民国时期中国蚕业的教育科研情况[J]. 丝绸, 2006(2):48-51.

[12] 张健熊. 我国近代蚕桑丝绸学校科研的形成与发展[J]. 浙江丝绸工学院学报, 1996, 13(5):57-60.

[13] 苏轩,杨小明. 蚕学馆在纺织丝绸教育发展中的重要作用[J]. 丝绸, 2014, 51(8):75-79.

[14] 羌建. 近代南通棉业发展研究(1895—1938)[D]. 南京:南京农业大学, 2010.

[15] 章楷. 江苏近代的蚕业教育[J]. 江苏蚕业, 1996(3):61-62.

[16] 黎飞,袁野. 晚清时期四川缫丝业的发展及其原因[J]. 丝绸, 2019, 56(8):106-112.

[17] 袁慧. 清末河南蚕桑教育与丝织业发展研究(1904—1911)[D]. 新乡:河南师范大学, 2016.

[18] 常梅子. 民国时期河南蚕桑教育研究[D]. 新乡:河南师范大学, 2014.

[19] 徐丽飞. 清末民初广东农业教育初探[D]. 广州:中山大学, 2010.

[20] 张廷栖,王观龙. 张謇创办南通纺织专门学校的历史贡献[J]. 南通工学院学报, 2001(1):58-61.

[21] 方家峰. 中国近代高等工业教育研究(1840-1927)[D]. 保定:河北大学, 2011.

[22] 袁宣萍. 从浙江甲种工业学校看我国近代染织教育[J]. 丝绸, 2009(5):45-48,51.

[23] 杨洪林,邱月. 张之洞对近代中国纺织教育的改革创新与历史贡献[J]. 武汉纺织大学学报, 2013, 26(4):1-4.

[24] 李和山,杨洪林. 武汉纺织大学百年发展史研究:兼论张之洞对武汉纺织教育的历史贡献[J]. 武汉纺织大学学报, 2011, 24(1):86-90.

[25] 杨洁. 天津工业大学百年跨越[J]. 纺织科学研究, 2013(1):130-133.

[26] 赵军,庞雪晨,杨小明. 近代山西纺织科技文化事业研究[J]. 科学技术哲学研究, 2015, 32(2):79-84.

[27] 李家祥. 云南近代职业教育发展历程与启示[J]. 职业教育研究, 2008(12):160-161.

[28] 张水娟. 近代杭州职业教育研究[D]. 杭州:浙江大学, 2009.

[29] 陈莎. 民国时期福州女子职业教育研究[D]. 福州:福建师范大学, 2015.

[30] 白中阳. 清末民初女工传习所探析[J]. 天津大学学报(社会科学版), 2018, 20(5):439-445.

[31] 王金进. 晚清和民国江苏女子职业教育研究(1840—1927)[D]. 苏州:苏州科技学院, 2011.

[32] 朱洁颖. 试论张謇的刺绣职业教育：以女工传习所为例[J]. 读与写杂志, 2013, 10(7)：52, 65.

[33] 刘美涛. 历经风雨 破茧成蝶：民国时期女子职业教育研究[D]. 西安：陕西师范大学, 2013.

[34] 李静体. 民国时期的女子职业教育研究：以河北省立北平女子职业学校为个案[D]. 保定：河北大学, 2009.

[35] 张仕玮. 民国时期安徽"女子学校"的教育研究[D]. 芜湖：安徽师范大学, 2014.

[36] 徐姗姗. 民国早期广州女子职业教育研究[D]. 广州：广东省社会科学院, 2019.

[37] 韩兵. 民国时期陕西省女子职业教育考论[J]. 教育与职业, 2019(8)：99-103.

Exploration of the training mode of art and design graduate students under the guidance of "Theory of Congyou"

WU Cong

Costume Institute, Zhongyuan University of Technology, Zhengzhou, China

Email address

5236@ zut. edu. cn（WU Cong）

Abstract：Following the requirements for the innovative talents cultivation of the construction of the new liberal arts, this article guides the training ideas of art and design graduate students with Mr. Mei Yiqi's "Theory of Congyou". The research forms an ecological postgraduate training model by constructing "Congyou" learning community of "teacher-student Congyou-Learning, student-student Co-learning, undergraduate escort-learning, and individual self-learning". "Theory of Congyou" is to apply the educational wisdom of "teaching benefits learning" among teachers and students, shape the academic research atmosphere, enhance the scientific research ability and professional skills of graduate students, empower "teaching" and "learning" to improve each other, and finally realize the common growth of tutors and graduate students, laying the foundation for the sustainable development of graduate education.

Keywords：Theory of Congyou; teacher-student co-learning; education paths; to teach is to learn

"从游观"引导下艺术设计学科研究生培养模式探索

吴聪

服装学院,中原工学院,郑州,中国

邮　箱

5236@ zut. edu. cn(吴聪)

摘　要：文章紧扣新文科建设提出的创新型人才培养要求,以梅贻琦先生"从游观"指导艺术设计研究生的培养思路。研究通过构建"师生从游,生生同游,本科伴游,个人畅游"的"从游式"学习群落,形成生态性研究生培养模式。"从游观"是将"教学相长"的教育智慧运用于师生、学生之间,塑造学术研究氛围,提升研究生科研能力与专业技能,赋能"教""学"双方相生,最终实现导师与研究生共同成长,为研究生教育的可持续性发展奠定基础。

关键词：从游观;师生共学;培养模式;教学相长

1　引言

在数智化社会飞速发展的当下,信息技术驱动着人们的时空关系、生活与学习方式、价值观念等均发生着巨大变化。信息洪流裹挟着前行的青年研究生群体更加注重自主意识的表达,崇尚自由、个性,渴望自我话语权的构建;大数据与算法筑起的信息茧房更是加剧师生之间的代际疏离,认知差异与观念固化使二者的沟通如鲠在喉。与此同时,研究生对于硕士阶段的目标认知不清晰,对自身的定位不明确,学习方式、思维观念未能及时转换,缺乏自觉意识、问题意识、创新意识。导师作为研究生学习生涯的重要引路人,与其朝夕相处。在后喻文化时代如何培养新时期的研究生,如何促使其与导师有效沟通,如何形成师生成长共同体,如何将显性的专业教育和隐性的立德树人教育相统一、如何落实习近平总书记在中国人民大学考察时强调的"教师既精通专业知识、做好'经师',又涵养德行、成为'人师',努力做精于'传道授业解惑'的'经师'和'人师'的统一者",是需要我们不断探讨、实践和总结的命题。基于此,围绕着新时代研究生的特点,笔者从教育的本质展开思考,由传统的"守城式"培养回应时代的需求转为"攻城式"培养,打破观念固化的牢笼,主动求变,激发"导"与"学"本体重心有效转移。导师以其行止语默煦育陶冶学生于无形之中,通过从游共学构建纺织服装艺术设计研究生系统化、立体化培养路径,推动学生主动探索求知、钻研求解,形成艺术设计研究生培养生态化良性循环发展态势。

2 梅贻琦先生"从游说"

我国近现代著名教育家梅贻琦先生在其《大学一解》一文中提出,大学生应该要像古之学子那样"从师授业,谓之从游,即学校犹水也,师生犹鱼也,其行动犹游泳也,大鱼前导,小鱼尾随,是从游也。从游既久,其濡染观摩之效,自不求而至,不为而成"[1]。"在'从游'模式中,教学在学生跟从老师'从游'的过程中完成,教学过程具有注重启发式、体验式、对话式的特点"[2]。梅贻琦先生将学校喻为水,师生喻为大鱼与小鱼,大鱼引领小鱼前行,这一描述生动形象地点明大学校园自由、平等师生关系,师者之责。从游,是一个师生间教学相长的人际互动过程,更是一种和谐民主求知求真的师生关系。在"从游"过程中,大鱼与小鱼随时随地进行沟通交流,对于生活的洞察,对于问题的理解,对于解决方案的探索均可以在不同学习情境中习得。教者以平等心与学生相处,加深彼此之间的理解与认同,为其营造和睦、宽松、愉悦的学习氛围,帮助其认知学习、想要学习,看到完成所要求之事的价值所在,学生才有可能真切地体会到学习是迭代自我、提升自我,为自己奋斗的一种方式,才能心甘情愿随之从游。从游观主导的大学教育从教与学双方动态持续发展的维度出发,聚焦培养过程中教育者自身的经验和文化影响,教者作为大鱼,其言传身教具有示范效应,起到潜移默化的作用,"教给学生一种不仅包括他所研究的特殊领域而且也涵盖了所有知识门类的整全意识"[3]。为师者之责不仅只是讲授知识、研究学问,更重要的是以其言行引导学生学习如何做人,求学与做人是大学教育本质之所在。梅贻琦先生的"从游观"教育意蕴丰富,既着眼于时代背景,又极具前瞻性,兼容东西方教育智慧菁华,通过营造积极向上学习氛围、良性生态的师生关系,从个体到环境如盐化水般影响着学生。在当下复杂社会环境中,从游观对大学教育,尤其是研究生培养极具借鉴意义。

3 "从游观"引导下的研究生培养模式

从梅先生的从游观出发,导师作为大鱼,"主持推

动跨年级流动学习小组,研究生(中鱼)与本科生(小鱼)组建'传帮带'学习梯队"[4]。在这个过程中,"大鱼前导,中鱼传感,小鱼尾随;学生在相互濡染中成才,由知识的被动接受者转变为具有知识探究精神的人"[5],最终形成"师生从游,生生同游,本科伴游,个人畅游"的"从游式"学习群落。

3.1 师生从游

师生从游的模式止于师长之观,转变观念从而重构自我身份,与学生共同学习,相互滋养,形成全新型师生关系。一者打破以往师生沟通方式单一的现状,多维度、多渠道运用信息化、场景化媒介与学生展开互动交流。作为导师,本人扮演信息过滤者角色,筛选出适合人文素养和学术内容拓展的信息,拓宽学生的专业维度与视界,从品茶到早午餐,从音乐赏析到当下影视剧,从生活方式到未来趋势,从经典小说到专业文献,从学术论坛到专题讲座,通过组织线下研讨沙龙、线上信息分享等方式,从茶馆到咖啡店,从北上南下观展到校园教室交流碰撞,随时随地展开情景化学习与交流,全方位引导培养学生的审美趣味与人文素养、专业前沿观念与探索求知精神;二者充分调动学生的积极性、主动性与创新性,以培养其持续、主动学习的能力为目标。作为授课教师,通过自身践行终身学习的方式引导学生主动参与课堂,借助课堂发问、小组研讨、案例分析、信息分享、调研访谈、展览观摩学习等情景化教学活动,增加学生的互动感和体验感,在课堂中通过互动知识转化为能力,引导其从不同维度看待问题、认知问题关键之所在,既关注完成任务时所需的创造力与创新力,又注意激发学生执行任务过程中所需的潜在能力;三者,在和学生从游共学的过程中,双方作为学习同行者,相互滋养,共同成长。尤其作为艺术设计专业,行业信息、时尚资讯瞬息万变,新技术、新材料、新观念、新术语不断涌现,"教师、学生因关注领域及信息获取渠道的不同,各自都携带了大量的信息,这种异质性为知识共享提供了强大的信息源"[6]。师生一起探讨专业平台、传播媒介、技术发展与设计观念,分享设计案例与学术资源,推动学生深度理解所学内容,拓宽知识获取渠道,促进师生之间知识体系流动。

3.2 生生同游

生生同游目的在于促使研究生团队之间相互帮助,共同成长,其本质是西方探讨的同伴互助学习法,强调在年龄相仿、水平相当的群体中有序展开学习活动。在研究生团队建设过程中,一方面打破专业方向、年级壁垒,通过周报汇报、研讨交流等方式推动不同方向、不同年级研究生展开分享知识、专业技能、学习方法和思想碰撞,从而提升专业能力、迭代思维方式。如21级纺织产品方向研究生通过向服装方向学姐学习立裁方法解

决课题研究的瓶颈,为其设计提供了不同角度的切入点,大家共同讨论、充分交流、共商解决问题之道。另一方面发挥高年级研究生引领作用,让具有一定论文撰写能力的高年级研究生引领低年级研究生展开提纲梳理、文章架构方面的探讨交流,这个过程是"做中学"的过程,在实践过程中不断总结反思。高年级同学积极支持和帮助低年级同学的同时,也认识到自身的局限于不足,促使其有目的有意识地巩固和提升理论知识和专业技能。生生同游是同道相益的过程,充分发掘学生的潜力,使其成为彼此的老师,"同伴之间对于彼此的思维方式与思想状况更容易相互理解或产生共鸣,同学之间很容易达到'相观而善'的效果"[7],从而有效提高研究生团队学习协作和沟通技能,提升研究生学术能力,从而脱离依赖导师个人的局面。

3.3　本科伴游

本科伴游源于我校产品设计专业由本科三年级推行的学业导师制,即每位导师负责一定数量的学生,形成学习小组,以学习规划为抓手,从专业认知、职业发展、心理调适等方面进行引导和辅助,通过学科竞赛辅导、毕业设计指导、项目实践等方式为本科生学业发展、专业成才提供助力。本科伴游过程中,充分发挥研究生的协助作用,利用自身在专业认知、学习方法、学习资源上的优势,在项目实践、毕业设计格式规范化、设计说明撰写等方面分组负责辅导,带领本科生团队一起前行。如与河南省博物院合作的文创开发项目中,通过组织由不同年级的研究生、本科生共同研发成员形成团队,优势互补,展开设计产品的研讨与开发,团队通过走访、考察、沙龙等方式展开思想碰撞,拓展对艺术、工艺、产品的认知。这种跨界组合,形成互补共生,并有效提升了研究生的组织协作能力,使其在合作学习中不断反思、不断成长,实现设计思维的多样化、知识谱系的丰富化。本科伴游本质上是"从游观"生态教育体系下的分支,是微观化"师生从游",研究生观摩导师教育教学方式,在本科生伴游过程中加以实践。"教"的过程也是自我提升的过程,比单纯个体学习收益更为深刻,也促使研究生思考教育并非单纯的线性知识传递,在琢磨引导本科生展开主动有效学习的同时反思自身学习态度。

3.4　个人畅游

事实上,通过师生从游、生生同游、本科伴游的方式,根本目的在于促使研究生在学习过程中由被动型学习转为主动型研究型学习,这种"学习—践行—学习—践行"的循环迭代模式必然促使学生由被动地接受教育转为主动地终身学习,最终形成个人畅游研学的状态。在个人畅游实施过程中,一者,开诚布公地与学生恳谈沟通,鼓励研究生根据自身专长主动探索科研选题、撰写学术论文、参与学科竞赛,提升专业实践能力,

告诉他们现在做的这些事情的意义和价值,分析这个过程中有哪些能力得到提升,而这些能力对于职场生涯、发展规划的作用是什么;二者,协助研究生进行研学、个人发展规划,对于有意愿继续深造的同学,帮助其分析学术简历与学术成果在申请审核制中的作用,鼓励其构建自身的学术简历,努力投稿核心期刊等高水平期刊;对于有意愿选择设计行业的同学,鼓励其积极参加专业比赛,提升其专业实践能力。21级研究生刘亚茹在2021"大浪杯"中国女装设计大赛取得银奖、网络人气奖等优异成果。通过这种方式,将学生的学习积极性、主动性充分调动起来,他们目标明确地朝着自己既定的方向前行,效果显著;三者,注意关注学生变化,及时疏导学生应对挫折、压力的消极情绪。在观察到学生有自我否定等心理变化时,主动与之沟通,分享自己在面对挫折、失败时自我调整的方法,譬如运动、自我对话等方式。

4　"从游观"赋能实现"教"与"学"相生

"从游观"引导下"师生从游,生生同游,本科伴游,个人畅游"的研究生培养模式是中国经典教育智慧在当代的传承与活化,更是将"教学相长"的教育智慧真正运用于师生、学生之间,塑造学术研究氛围,提升研究生科研能力与专业技能,为研究生教育可持续性发展奠定基础,最终实现教育者与学习者共同成长。

4.1　"教"与"学"相长

"从游式"学习群落促使研究生培养模式更为灵活、开放,"教"与"学"双方多元互动,共同发力形成相生相长的生态化可持续性新型教育发展观。一者,导师作为施教者的同时也是学习者,且并非学习的被动接受者,其个体自我成长遵循学习发展必然规律,教与学两种行为互为作用。正如《礼记·学记》所言:"学然后知不足,教然后知困。知不足,然后能自反也;知困,然后能自强也。故曰:教学相长也。"信息技术高速发展的当下,学生开拓的眼界与多样化信息反哺督促教师成长,导师应主动求变,一方面整合迭代知识维度,拓展学科的前瞻性与综合性,关注业界动态,建立起由现实世界延展至数字社会的更为开放设计观念,推动设计的形式与载体无限延展;另一方面"充分利用知识建构工具、知识展示工具、信息交流工具、评价工具以及增强现实工具等,助力知识建构、合作探究、评价反思、知识可视化等教学活动"[8]。二者,导师与研究生两个主体之间相互砥砺,强调师生平等互动,两者一起成为知识的创造者,推动启发引导讨论式培养,使学术话语权不再

困囿于教师一方，师生之间、生生之间展开思辨性讨论，研究生不再盲从于导师，勇于发表自我观点，促进观念互通与知识流动，形成"教"与"学"的转译与互动。"教"与"学"成为"学习上的合作者、学习体验的设计者、教学变革的推动者和领导者"[9]。

4.2 师生成长共同体

"从游式"学习群落的构建最终促使师生成为具有共同发展成长愿景的共同体，通过多维开放有效的互动使得"教"与"学"双方相辅相成共同成长，形成相生相长、互助共赢的生态性发展教育活动组织。作为导师，在探索"以学科为基础"转向"以问题为基础"的思考中，推动以设计思维为导向的教学改革。首先，从教师层面主动推进，以设计思维作为方法论指导教育教学改革，以教育主体作为改革目标，将设计思维嵌入课程改革环节，换位思考如何实现"以学生为中心"展开教学，改变传统"教"与"学"的观念，将学生作为服务的对象，从其角度思考、调整教学策略，设计教学方法，并及时监测实施效果，根据反馈调整迭代，从而实现"有效地运用设计思维及时更新教学内容，针对性地设计课程，将课程教学的目标从结果导向过程，从技术导向思维，从而解放学生的思维"[10]；其次，以设计思维为方法构建学生的问题意识，强化训练学生的分析、提炼、总结能力，要求其在整个实践运用过程中及时观察、记录，并形成总结文字，继而深度思考梳理研究主题，形成相关学术研究成果，"使学生产生有别于艺术性思维的研究性思维意识，形成如何在设计艺术领域开展研究活动的范式，从而达到培养学生设计研究能力的目的"[11]；最后，从学术层面推进夯实科学研究与项目实践相结合，促使学生由实践型学习转入研究型学习，这个过程也是知识再生产的过程，通过不断质疑提问、反思总结，研究生提升了思辨能力，实现个体知识经验的生长与自我迭代。例如，专业型研究生19级同学根据"纺织品设计与实践"课程梳理总结形成学术成果《基于用户行为观察的防护口罩人性化设计研究》并被《设计》刊发。

"教师是成长共同体的参与者、指导者，也是受益者之一，对其发展起重要作用"[12]，作为导师，针对学生的评价反馈，深入反思，及时调整教学方法，并将教学改革及时梳理总结形成相关教改研究成果。"教"与"学"双方共同成长，深化提升学术研究能力，彼此"通过知识的产生、生产和创新，来推动学术研究质量的提升，用知识服务于社会，这也是新文科建设的重要方向"[12]。

5 结语

习近平总书记在清华大学考察时强调"教师要成为大先生，做学生为学、为事、为人的示范，促进学生成长为全面发展的人"。从游共学本质上而言，正是落实总书记的指示，是教师将"为学为范"的教育思想以言传身教、润物细无声的方式感染学生，使之学会如何以严谨、认真、努力的态度做事情，求真、向善、尚美。"师生从游，生生同游，本科伴游，个人畅游"的"从游式"学习群落赋能"教"与"学"双方，使之相生相长，形成师生成长共同体。从而培育面向未来，融通中外，兼具理论素养和实践能力，具有建设性、创造性思维的新文科视野下的复合应用型设计人才，促进研究生教育生态化建设。

致谢

本文为河南省高等教育教学改革研究与实践基金项目（学位与研究生教育）（2021SJGLX145Y）的阶段性成果之一。

参考文献

[1] 刘述礼，黄延复.梅贻琦教育论著选[M].北京：人民教育出版社，1993.

[2] 胡疆锋.高校读书会与学术型研究生培养：在"从游"中学会创造[J].河南师范大学学报（哲学社会科学版），2021(3)：137-143.

[3] 雅斯贝尔斯，K.T.大学之理念[M].邱立波，译.上海：上海世纪出版集团，2007.

[4] 吴聪.国潮文化语境下专业课程思政教学改革研究[J].河南社会科学，2022,30(5)：116-124.

[5] 王一川.大学从游[M].北京：北京师范大学出版社，2009.

[6][12] 刘信阳，何云峰.论高校"师生成长共同体"[J].高等农业教育，2014(4)：44-48.

[7] 王有升，兰玉萍.同伴学习中的"教学相长"与课堂教学变革[J].课程.教材.教法，2018(2)：62-68.

[8] 甘容辉，何高大."互联网+"赋能课堂教学创新路径探究[J].中国教育信息化，2018(14)：78-81.

[9] 许涛，禹昱，郭强.2016年美国国家教育技术计划解读之教学篇：技术赋能的教师[J].现代教育技术，2016(10)：18-23.

[10] 张弛，陈洁.海外设计学科前沿人才培养模式趋势研究[J].设计，2020(09)：128-130.

[11] 甘容辉，何高大."互联网+"赋能课堂教学创新路径探究[J].中国教育信息化，2018(14)：78-81.

[13] 鲁晓波.《新文科建设语境下的设计学科建设》论坛发言[J].工业设计，2020(11)：14-15.

"Apparel and Apparel Function" course "Intellectual Property Literacy" condensation and teaching practice

WU Hongyan[1,*], ZHANG Yingchen[2]

1 *Library of Zhongyuan Institute of Technology, Zhengzhou, China*

2 *Textile College, Zhongyuan Institute of Technology, Zhengzhou, China*

Abstract: Deeply excavating the innovative educational resources of the course "Intellectual Property Literacy" contained in the course of "Apparel and Clothing Function", and condensing the dimension of the innovative resources of the course "Intellectual Property Literacy", will help to comprehensively improve the training effect and quality of textile and garment talents. Taking the teaching of course chapters such as "Medical Apparel and Function" as an example, innovation and professional education are integrated, and the teaching innovation design of the professional course "Intellectual Property Literacy" will be carried out, and the leading role of collaborative innovation in cultivating students' values and outlook on life will be brought into play. Provide reference for the establishment of the curriculum system.

Keywords: clothing and clothing function; curriculum; intellectual property literacy; teaching process; practice path

"服装与服装功能"课程"知识产权素养"凝练与实践

吴红艳[1,*],张迎晨[2]

1 图书馆,中原工学院,郑州,中国

2 纺织学院,中原工学院,郑州,中国

邮 箱

416101810@qq.com (吴红艳),yczhang2002@163.com (张迎晨)

摘 要:深入挖掘"服装与服装功能"课程中蕴含的课程"知识产权素养"创新教育资源,凝练课程"知识产权素养"创新资源维度,有助于全面提升纺织服装人才培养效果和质量。以"医用服装与功能"等的课程章节教学为例,创新、专业教育两融合,进行专业课程"知识产权素养"教学创新设计,发挥协同创新培育学生创新价值观、人生观的引领作用,为完成创新课程体系建立提供参考。

关键词:服装与服装功能;课程;知识产权素养;教学过程;实践路径

1 引言

知识产权强国建设的初心与使命在于尊重创新规律、发挥个人和集体,如科研团体、企业等的创新主体角色、合力构成强大的国家治理知识产权能力,优化营商环境,推进社会、经济高质量开展。习近平总书记指出:"产权保护特别是知识产权保护是塑造良好营商环境的重要方面"[1-2],"深入实施新时代人才强国战略,加快建设世界重要人才中心和创新高地。"[3]培养创新人才是高等院校的核心职能,其中大学生专业课程"知识产权素养"内容建设创新教学改革与实践是高等院校培育创新人才工作的中心环节。在我国高等教育进入创新人才培育提质的新时代,把专业课程"知识产权素养"贯通专业创新人才培养体系全过程,发扬每门专业课程"知识产权素养"的育人实效,全面提高创新人才培养质量,是高等院校落实创新的根本任务、培养社会主义合格创新建设者和创新型接班人的重要动作[4-5]。

"服装与服装功能"课程具有应用科学的特点:在纺织服装技术、验证试验、实践和理论等各教学环节中蕴藏"知识产权素养"显性创新元素,兼具创新思想、创新价值、理论性与理论应用价值,课程内容围绕环境条件—人体工学—服装功能—织物面料—服装结构脉络展开,系统介绍人体工学、环境条件、服装结构、织物面料结构特点、织物的服用和服装功能、特种服装面料的品种及其适用性,以及服装其他材料的种类、性能和选用方法等。课程内容与"知识产权素养"创新同向同行,应用技术和理论性较强,适时、适当地融入"知识产权素养"创新内容,达到创新教育润物无声的目的,是"服装与服装功能"课程建设中需要解决的关键问题。

2 "服装与服装功能"课程建设目标

2.1 专业教学目标

我校(中原工学院)纺织服装专业具有现代工程技术与艺术设计相互渗透、纺织服装与其他工程学科相互交叉的办学特色。纺织服装归属纺织科学与工程国家一级重点学科,是教育部"双一流"建设方向。为满足下一个一百年,培养纺织服装创新人才实现民族振兴、为中国赢得国际纺织服装竞争主动的创新人才战略资源储备需求、学校定位与发展目标以及学生自身发展与学生家长期望,围绕学生为中心,国家需求为导向,确定学科培育目标、毕业要求和课程体系,实现政府、社会及高校教学评价的"三循环"机制。中原工学院纺织工程专业先后通过工程教育专业认证并入选国家一流本科专业培育序列。

"服装与服装功能"是当前全球各国纺织服装学科教学的专业课程,是教育部高等学校纺织服装类教学指导委员会确定的纺织服装专业课程,也是中原工学院纺织服装相关专业的核心专业课程。"服装与服装功能"作为纺织服装专业的专业课程,为学生综合应用能力的培养、基本和复杂工程能力的训练提供支撑,该课程在介绍服装及功能基本概念、技术、理论和案例的基础上,重点讲授相关环境条件、人体工学、纤维、纺织面料、服装结构及服装功能的"知识产权素养",如著名品牌、专利技术、吊牌、标准、著作和其他知识产权宣明案例在纺织服装学科的应有影响和技术引领作用,促进全球纺织服装经济、产业、科学和技术的发展作用;使学生较全面地把握我国纺织服装学科的知识体系,培养学生运用纤维、纺织面料、服装及服装功能的"知识产权素养"衍生出的理论知识、国际贸易规则、技术贸易壁垒及标准规定分析和解决实际问题的能力,成为一名中国第二个一百年急需的高素质纺织服装创新人才打下坚实基础。"服装与服装功能"课程由理论课、知识产权检索、技术验证和市场调研四部分组成,形成了融合"知识产权素养"、技术、理论、技术验证和市场调研的五维立体式教学体系(图1)。

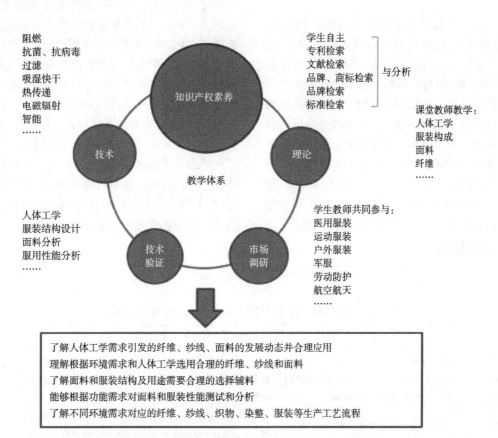

图1 "服装与服装功能"课程五维立体教学体系

（1）"知识产权素养"以学生提前预习及实际利用互联网平台、数据库（中国知识产权网、中国知网、读秀、SCOPE等）进行检索，包括专利技术检索、技术文献检索、品牌技术与技术商标检索、技术吊牌检索、技术标准检索等，建立学生个人的专业课程"服装与服装功能"创新"知识产权素养"构架体系，为进一步课程学习和掌握关键理论、技术提供基础。

（2）课堂理论和技术教学以教师讲授为主，穿插环境条件需求问题探究式教学，引导学生养成发现问题、提出技术问题的能力，分组讨论。教学目标是学生掌握服装与服装功能在环境条件—人体工学—服装构成—面料—纤维五个维度的构成、性能（阻燃、抗菌、抗病毒、过滤、吸湿快干、热传递、电磁辐射、智能）、表征理论知识和相关应用技能。

（3）技术验证以专利技术检索、技术文献检索、品牌技术、技术商标检索、技术吊牌检索、技术标准检索等结合纺织材料学已教授的纤维、纱线、面料、染整、服装构成实验室性能测试验证做铺垫，催生培养团队合作、亲自动手体验型、实操设计、自主开发为主解决关键应用环境条件下人体工学的需求；结合技术、流行趋势和知识产权、文献数据分析汇报，实现引导型、探索性学习，调动学生主观能动性和积极性。教学目标是使学生具备鉴识、应用、开发能力，提高灵活应用"知识产权素养"能力。

（4）市场调研以环境条件为主题，从人体工学入手，以师生共享分列项目为主，通过互联网大数据细分为：医用服装、运动服装、户外服装、军服、劳动防护、航空航天等。结合同步实施的纺纱、面料和服装企业创新产品调研等课程，使学生建立对"服装与服装功能"的科技特征、审美属性和商品价值等服装与服装功能"知识产权素养"的系统认知。教学目标是希望学生能够把握服装与服装功能在环境条件—人体工学—服装构成—面料—纤维五个维度的"知识产权素养"产业技术特征、使用需求、市场价值规律，解决环境条件—人体工学—服装构成—时尚领域相关复杂设计与工程交叉问题。

2.2　创新教学目标

"纺织服装工业是现代工业之母"，创新纺织服装是全球工业创新的定海神针，为全球科技、经济、贸易、金融和社会创新发展提供核心价值，满足全人类在各行业必须的需求创新。培养创新人才是高等院校本科教育的核心职能，其中大学生专业课程"知识产权素养"教学改革与实践是高等院校培育创新人才工作的中心环节。在我国高等教育进入创新人才培育提质的新时代，把专业课程"知识产权素养"贯穿专业创新人才培育体系全过程，发扬每门专业课程"知识产权素养"的育人实效，全面提高创新人才培养质量，是高等院校落实创新根本任务、培养社会主义合格创新建设者和创新型接班人的重要举措[5]。目前，专业课程动态"知识产权素养"内容建设是专业课程改革的引力和方向，鼓励大学生树立正确的世界观、社会观、人生观、创新观、价值观[6]。"服装与服装功能"课程的授课对象为大二、大三学生，他们正处于思想意识及价值意识萌动期和再塑阶段。将专业课程"知识产权素养"利用各门专业课程、课堂和教学方式中蕴藏的"知识产权"创新元素进行显性教育，实现对学生的创新思想和创新价值引领，使各类专业课"知识产权素养"与创新同向同行，形成高等院校各类专业课程"知识产权素养"教学与实践协同培育创新人才的新机制[5]，促使学生在学习专业知识的同时塑造正确的三观，成为中国特色社会主义创新型建设者和接班人。

"服装与服装功能"属于工学类专业课程，在课程教学中通过"知识产权素养"这个专业课程，把习近平治国理念、马列主义、毛泽东思想的唯物主义政治立场、辩证法观点、对立统一规律、矛盾规律、整体和部分、系统论等方法论与科学创新精神的培养相结合，以适应习近平新时代创新人才强国战略的未来需求，担当起培养本科生直面困难的勇气、解决不可协调的突出矛盾和问题的能力，在具体的本科生个体思想上融入中国特色社会主义伟大事业的整体自信，渗透"知情意行"的全面自信，汇聚磅礴力量的集体自信、共产主义理想信念、家国情怀，担当时代责任，练就过硬本领等；在"服装与服装功能"专业课程教学全过程，将专业课程"知识产权素养"采用恰当的教学方法实现课程教学目标，见表1。

表1　"服装与服装功能"课程"知识产权素养"教学目标

教学内容	教学目标	创新目标	知识产权素养
课程概要	在了解服装与服装功能发展历史、现状和前沿的基础上，感受"一带一路"倡仪和丝绸之路历史上的辉煌	增强道路自信、理论自信、制度自信、文化自信中国特色社会主义的重大理论创新，实现中华民族伟大复兴中国梦	
知识产权素养	围绕服装与服装功能提升课程"知识产权素养"	在百年奋斗，民族振兴，赢得国际竞争主动，综合国力竞争是人才竞争。人才是自主创新的关键，增强忧患意识，政治意识、大局意识、核心意识、看齐意识和创新意识	

教学内容	教学目标	创新目标	知识产权素养
技术	学习新型功能服装创新技术,调研当前服装功能的前沿需求	培养学生全球视野、着眼全人类共同体理念,树立创新绿色可持续发展理念	
理论	系统学习服装与服装功能,理解:环境条件—人体工学—服装构成—面料—纤维和谐统一的理念	培养学生作为现代纺织服装人坚持和认同以中国共产党领导的中国特色社会主义核心价值体系和马克思主义意识形态、制度、党与政府治国理政举措、生态文明建设,为建设绿色行业和美丽中国出力	
技术验证	从环境条件、人体工学、服装结构设计、面料分析、服用性能分析等掌控服装与服装功能的测试与表征方法及评判标准	把唯物主义的历史观、辩证法观点、对立统一规律、矛盾规律、整体和部分、系统论等方法论与科学创新精神的培养相结合,以适应新时代人才强国战略的实际需求,担当起培养本科生直面困难的勇气、解决不可协调的突出矛盾和问题的能力,在具体的本科生个体思想培养中融入中国特色社会主义伟大事业的整体自信,渗透"知情意行"的全面自信,汇聚磅礴力量的集体自信,厚植共产主义理想信念,坚定投身建设家国情怀,担当时代责任,练就过硬本领等	专利检索文献检索品牌、商标检索吊牌检索标准检索与分析
市场调研	了解全球纺织服装加工产业链、价值链的运行机制,学习纺织服装人助力全球人类经济社会发展的典型技术、专利、品牌	发展是第一要务、创新是第一动力、人才是第一资源,面向世界科技前沿、面向经济主战场、面向国家重大需求、面向人民生命健康,深入理解国家新时代人才强国战略,全方位培养、引进、用好人才,加快建设世界重要人才中心和创新高地国策需要工匠精神和社会责任意识	

3 "服装与服装功能"课程"知识产权素养"内容建设

3.1 创新"知识产权素养"内容建设分析

课程"知识产权素养"内容建设是开展课程教学的关键,充分挖掘课程中的课程"知识产权素养"建设内容,将专业"知识产权素养"内容与课程有机交融,有的放矢、精准施策,使课堂教学如盐入味、润物无声[10]。根据纺织服装专业特征和"服装与服装功能"课程教学特点,可将其蕴含的课程"知识产权素养"内容建设归于民族未来发展认同、家国情怀、文化素养、宪法法治意识、道德修养等重点优化课程内容供给,坚定学生创新理想信念[11]。实现对学生的中国梦创新教育、法治、中华优秀传统文化创新教育,全面提高纺织服装创新人才培养能力。

(1)"服装与服装功能"课程中涉及诸多与习近平总书记人与自然和谐共生、绿色经济发展相契合的专业创新内容与案例,引导学生了解当今全球疫情、国情、民情,将中国纺织服装行业在全球抗击新冠肺炎疫情中表现出来的辉煌业绩、成就和贡献相结合,使学生增强对创新理论的文化自信、政治认同、思想认同、情感认同。

(2)从历史的角度看中国纺织服装产业在全球产业链中的创新地位、承担的社会责任,"服装与服装功能"课程"知识产权素养"培育和践行创新价值观具有巨大优势,"服装与服装功能"课程"知识产权素养"揭示纺织服装行业的发展与国家、社会发展紧密相连,"知识产权素养"在教学过程中潜移默化地引导学生把国家、社会、公民的创新价值要求融为一体,自觉把小我融入大我,以建设纺织创新强国为己任的使命感。

(3)"服装与服装功能"课程"知识产权素养"中的创新发展积淀了悠久的历史。加强中华优秀传统纺织服装创新文化教育,弘扬以爱国主义为核心的民族精神和以改革创新为核心的时代精神,强化学生中华优秀传统文化思想精华和时代价值和文化记忆,增强学生热爱并传承中华文脉和文化创新自信。

(4)"服装与服装功能"课程"知识产权素养"最显化特征是科学精神,能直接引导学生理解并自觉践行纺织服装行业的职业创新精神和规范,增强职业责任感,培养遵纪守法、爱岗敬业、无私奉献、诚实守信、公道办事、开拓创新的职业品格和行为习惯,实现职业理想和职业道德训练。

(5)"服装与服装功能"课程"知识产权素养"本质特征是法治意识,知识产权法是知识产权的价值体现的保障,纺织服装专利、纺织服装品牌、纺织服装技术吊牌、纺织服装技术标准等让学生深刻体会纺织服装行业的各项工艺流程、规章制度的技术内在价值和技术创新动力,培养学生的社会责任心,引导学生做遵纪守法的从业者和创新者。法治教育引导学生学习依法治国新理念新思想新战略,通过相关服装与服装功能知识产权案例的辨析,牢固树立学生的法治观念,深化对法治理念、法治原则、重要法律概念的认知,提高运用法治思维和法治方式维护自身权利、参与社会公共事务、化解矛盾纠纷的意识和能力[7]。

3.2 "服装与服装功能"课程"知识产权素养"建设内容提取凝练

为实现"服装与服装功能"课程教学中把创新思想方法的教育与科学精神的培育联结起来,扎实学生正确认知问题、剖析问题和处理问题的才干,根据"服装与服装功能"课程各章节的教学任务,在设计教学内容时结合相关"知识产权素养"提取主要的创新内容并强化创新内涵。将专业课程内容、要点有机地融入教学内容,潜移默化地开展创新教育。结合时政和热点事件中的"知识产权素养"要点,及时更新与专业知识相关的"知识产权素养"教学案例,使学生能实时根据身边发生的事,主动地产生共鸣、思考创新,造就学生的价值创新、抉择能力和正确的志向信念,用科学思维方法的训练、工程伦理教育和科学伦理的教育,培养学生探索未知、真理、勇攀科学顶峰和精益求精的大国工匠精神,激起学生科技报国的历史感、责任感、使命感、家国情怀和使命担当,最大限度地发挥专业课程教育作用。

"服装与服装功能"课程的教学内容主要分为总论、人体工学、测量与服装、服装穿着舒适性的构成与设计、服装内气候舒适性的构成与设计、四季服装功能的构成与设计、服装卫生安全保健功能的构成与设计、服装社会伦理和文化功能的构成与拓展、服装高温防护功能的构成与设计、服装低温防护功能的构成与设计、服装特殊防护功能与开发、服装质量评价、未来服装发展的趋势、运动服功能的构成与设计、军服功能的构成与设计和航空航天服的构成与设计等。结合各章节内容,明确在教学中涉及的课程内容及相关"知识产权素养"教学案例,部分章节内容见表2。

表2 "服装与服装功能"课程"知识产权素养"建设内容

课程章节	创新内容	"知识产权素养"教学案例
服装人体工学	历史认同、文化认同、民族认同	治未病理念在中国传统服饰中—从服装人体工效学的视角
服装卫生安全保健功能的构成与设计	制度认同、国家认同	从抗疫看中国创新全球工厂的大国情怀
服装社会伦理和文化功能的构成与拓展	文化自信	"一带一路"、全球一体化命运共同体

续表

课程章节	创新内容	"知识产权素养"教学案例
服装高温防护功能的构成与设计	法制意识	知识产权素养的底线意识
航天服功能的构成与设计	国家情怀和自信	中国创新、中国制造、中国创造
军服功能的构成与设计	民族息信和家国情怀	边防部队电加热服的研制与功能评价
未来服装发展的趋势	创新意识	全球科学技术未来创新方向把握

4 "服装与服装功能"课程教学实践

课程建设工作要落实到课程教学各方面,贯穿人才培养的理论、实践等各环节[7]。在"服装与服装功能"专业课程教学中,将与教学内容相关的课程内容进行解构和重组,采用功能需求、专利、文献、技术、理论分析、故事、事件、视频等多元化的知识点讲授方法,利用专利、功能需求研究、技术互动交流、理论专题讨论等多维度的组织方式,组建多维度交叉认知网络,以"体验式"学习模式培养有担当、有责任的纺织服装专业人才。

4.1 服装卫生安全保健功能的构成与设计中的创新元素分析

"服装与服装功能"第六章为服装卫生安全保健功能的构成与设计,根据服装卫生安全保健功能(3卫生、安全、保健)、使用环境分析(2生化、非生化,4春、夏、秋、冬)、人体工学(2男、女,4老、中、青、幼)、服装结构设计(5头、手、脚、上衣、下装)、面料构成需求(3非织造、机织、针织)、织物组织(3 三原组织)、纱线特点(2短纤、长丝)和纤维原料(8大类)等可将服装卫生安全保健功能的构成与设计构成$3×2×4×2×4×5×3×2×8$的设计矩阵。由于服装卫生安全保健功能的构成与设计的终端应用需求种类繁多,在授课过程中仅依赖理论教学和罗列堆砌分析不仅枯燥无味,也难以深入挖掘服装卫生安全保健功能的构成与设计的人文内涵,无法达到创新"知识产权素养"融入教学过程的目的。下面以"服装与服装功能"课程中服装卫生安全保健功能的构成与设计章节的教学为例,剖析专业课程"服装与服装功能"创新教学方法和实践途径。

以抗击新冠肺炎疫情、清洁能源、绿色环保、低碳技术为代表的新兴制造业成为"后疫情时代"全球经济复苏的支柱和推动力。经多次工业革命历练,传统纺织业虽然不再位居科技领跑者地位,但现代纺织业却顽强的通过积极吸古纳新的变通使用新技术,成为技术革新的受益者。微纳米化、智能纺织品、产业用纺织品、医用纺织品等非传统衣着家用类领域的蓬勃发展以及各类信息化工具运用之后所带动的纺织业全球化进程,科学技术的创新对纺织产业发展产生深刻影响。

目前,生物、微生物、纤维、织物、服装和产业用纺织品的创新技术不断催化全球发达国家的纺织工业迈向超越传统思维的加工制造模式,急速向创新设计、功能化、智能化、个性化、绿色化方向发展,演变为基于新材料、节能环保、智能产品的创新业态。创新性的技术应用与理念升级赋予新一代微观材料、高分子、纤维、织物及技术纺织品拥有不同于传统的新功能与高性能,演化成特定级别净化、热传导、绝热、隔热、集成数据传输、能量自创造、能量存储及智能识别等全新应用。由于无人体异化、适用性强、柔性好、可加工性强、替代传统材料空间大,使用创新技术功能的纺织品广泛用于无土农业、交通、海洋应用、人体防护、健康医疗、环境保护、航空航天等诸多产业领域。根据研究和资料预测,到2050年,全球68%的纺织纤维将用于智能、功能、技术用纺织品服装。在"后疫情时代",欧美等发达国家越来越关注制造业回归的背景下,智能、功能、技术纺织品服装成为发达国家竞相发展的重点,纷纷出台措施持续打造纺织业的全球领先优势。"服装与服装功能"课程是随着全球科技同步发展和完善而逐步发展的,具有鲜活的生命力。

习近平总书记强调,知识产权保护工作关系国家治理体系和治理能力现代化、高质量发展、人民生活幸福、国家对外开放大局和国家安全;要研究制定"十四五"时期国家知识产权保护和运用规划,明确目标、任务、举措和实施蓝图[10]。国务院印发《"十四五"国家知识产权保护和运用规划》《知识产权强国建设纲要(2021—2035年)》,对我国未来15年的知识产权事业发展进行了全面谋划和系统部署,保护和激励创新,更好推动建设高标准市场体系,更好服务高水平对外开放,全力支撑构建新发展格局,面向全面开启知识产权强国建设新征程[11]。

我国知识产权事业蓬勃发展,促进了中国知识产权强国战略的有效施行。随着知识产权认知深化,大学生专业课程"知识产权素养"的教育、素养水平也亟需提升。其意义不仅在于能够促进大学生自身人格的完善,而且推动社会整体素质水准的提高。应用科学专业课程"知识产权素养"在讲解理论及技术时,将凝练出"服装与服装功能"的创新案例融入其中,增强"四个意识",坚定"四个自信",疏导学生深刻认识和加强"服装与服装功能"专业课程"知识产权素养"对推动中国第二个一百年纺织服装功能创新驱动型经济发展具有重要作用,增强学生的纺织服装专业自豪感和使命感。"服装与服装功能"专业课程"知识产权素养"在纺织服装科学、纺织服装技术、纺织服装文化等领域中所创造的知识创新产品氛围,将营造学生诚实守信、遵规守法的外部环境,推动学生形成维护公平有序的竞争秩序等方面的个人对世界和社会的认知构架。"知识产权素养"强化知识产权保护的认知,是弘扬和践行"公正、法治、爱国、诚信"等社会主义核心价值观的生动体现,据此将"弘扬知识产权文化、践行社会主义核心价值观"这一典型创新案例融入"服装与服装功能"开发设计伦理的讲授内容,促进学生了解、认同和尊重知识产权,引导学生尊重知识、崇尚创新、诚信守法,自觉遵循职业伦理规范,树立良好职业道德和操守,激发学生创新思维、崇德向善、奋发向上、刻苦学习,努力成为担当民族复兴大任成为能融入实施新时代人才强国战略,加快建设世界重要人才中心和创新高地时代新人[5]。

4.2　教学过程和实践路径设计

在教学过程中,需要坚持理论和实践有机结合,激励学生知行合一。为达到专业教学目标和创新教学目标,需要将新闻热点、历史故事、名人传记融入理论知识,在提高教学质量的同时加强课程教育。如图2所示为"服装与服装功能"第六章服装卫生安全保健功能的构成与设计章节的教学过程和实践路径设计。

以援助武汉抗疫医务人员脱下隔离服视频或照片的抗疫防疫新闻热点视觉冲击引入服装卫生安全保健功能的构成与设计课程,在讲述服装卫生安全时,注意引导学生了解"大国担当""人类命运共同体""专利技术垄断""脱钩抹黑"等对人类存续危机的影响。课堂上分享环境条件、人体工学、技术限制因素分析,结合美国3M口罩技术创新和中国过滤技术突破,以创新强国,彰显习近平总书记提出的"知识产权保护工作关系国家治理体系和治理能力现代化,关系高质量发展,关系人民生活幸福,关系国家对外开放大局,关系国家安全"[11]。在专利技术知识产权问题引入美国杜邦特卫强隔离服专利技术垄断对全球防疫安全防护问题引起的障碍,引导学生文献检索、专利技术挖掘、自主创新思考并进行小组讨论交流。最后通过专题汇报,锻炼学生自我探索能力,提高学习的积极性和知识运用能力。

5　结语

"服装与服装功能"课程"知识产权素养"内容建设教学改革的关键在于建立融合知识产权素养、技术、理论、验证和市场调研的立体式动态教学体系,将专业课程"知识产权素养"内容建设工作贯穿于人才培养各环节。根据课程特点,提取主要的"知识产权素养"专业课程建设内容,强化专业课程内涵,并适时、适当地开展创新教育,采用社会现实、全球突发事件、专利故事、专利

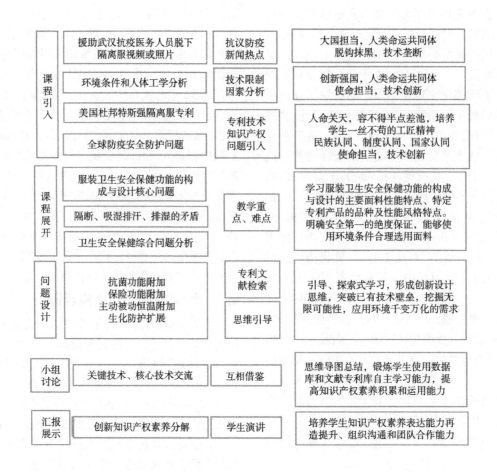

图 2　服装卫生安全保健功能的构成与设计章节教学过程和实践口径设计

鱼骨图、视频等多元化的"知识产权素养"知识点教授方法,利用事例研究、学生互动交流、专题讨论等多维度的组织方式,构建多相交叉学习网络,培养纺织服装专业人才。

参考文献

[1]　习近平.深入实施新时代人才强国战略加快建设世界重要人才中心和创新高地[J].中国民政,2021(24):4-9.

[2]　邓恒,王含.高质量专利的应然内涵与培育路径选择:基于《知识产权强国战略纲要》制定的视角[J].科技进步与对策,2021,38(17):34-42.

[3]　习近平.指导新时代人才工作的纲领性文献[J].小康,2022(1):21.

[4]　习近平.深入实施新时代人才强国战略加快建设世界重要人才中心和创新高地[J].求贤,2021(12):6-9.

[5]　刘冬梅,李雨.基于课程的"知识产权法学"课程教学改革与实践[J].黑龙江教育(高教研究与评估),2021(9):87-89.

[6]　马世栋."双一流"视野下的高校教育改革研究[D].黑龙江大学,2018.

[7]　教育部关于印发《高等学校课程建设指导纲要》的通知[EB/OL].中国政府网 http://www.gov.cn/zhengce/zhengceku/2020-06/06/content_5517606.htm.

[8]　各门课守好一段渠、种好责任田[EB/OL].人民网 http://theory.people.com.cn/n1/2020/0616/c40531-31747953.html.

[9]　王德忠.着力增强人民政协民主监督实效[J].江苏政协,2017(1):25-27.

[10]　习近平主持中央政治局第二十五次集体学习并讲话[OL].http://www.gov.cn/xinwen/2020-12/01/content_556618.

[11]　申长雨.奋力开创"十四五"知识产权事业发展新局面[OL].人民论坛网 http://www.rmlt.com.cn /2021/1029/629727.shtml.

Research on the development status and trend of minpai women's clothing industry

WU Huiwen*, LI Haojun

College of fashion and art engineering, Minjiang University, Fuzhou, China

Email address

651500084@ qq. com(WU Huiwen)

Abstract：The domestic apparel industry is flourishing. Several major apparel genres, such as Guangdong, Beijing, Wuhan, Hangzhou and Shanghai, have arisen. Fujian women's garment industry is also gradually developing in this wave. In the industry, a group of well-known brands have emerged, and the whole industry is still growing. This article gives an overview of the classification and current situation of Fujian women's clothing industry, looking forward to the prospects of futural development, by getting complete insight into the characteristics of styles, textures, crafts and marketing. Targeted suggestions are put forward in order to provide reference and practical significance for the sustainable development of Fujian women's garment industry in the future.

Keywords：Fujian women's clothing; garment industry; development status; trend

闽派女装成衣业的发展现状与趋势研究

吴慧雯*，李昊钧

服装与艺术工程学院，闽江学院，福州，中国

邮　箱

651500084@ qq. com(吴慧雯)

摘　要：国内的服装行业呈现出百花齐放的姿态，涌现出粤派、京派、汉派、杭派、海派等几大服装流派。闽派女装成衣业也在这一浪潮中逐步发展，在业界自成一派，产生了一批享誉神州的品牌，整个行业至今仍在不断地发展壮大。本文针对闽派女装成衣业的分类及其现状进行概述，深入分析款式、结构、面料、工艺和销售等方面的特点，并展望发展前景和方向，提出针对性的建议，望借此对其今后的持续发展有借鉴与实践意义。

关键词：闽派女装；成衣业；发展现状；趋势

1　闽派女装概况

服装产业作为我国传统的支柱产业之一，对国民经济的发展起着不可忽视的作用。服装行业根据不同的地域特征，不同设计风格与产业集群，分为众多派系，常见的有粤派、京派、海派等知名的服装"门派"。福建已成为全国五大服装大省之一，而闽派女装的提法在服装业界也源远流长。闽派女装成衣业经历了模仿阶段、造牌阶段、上规模阶段、调整阶段以及品牌提升和聚集阶段，至今仍在不断发展。

1.1　闽派女装的界定

目前，有关闽派女装的界定，有两种较有代表性的观点：一种认为是整个福建省女装业的统称；另一种则认为仅是厦门、泉州、晋江、石狮这些城市构成的闽南板块女装流派的统称。后者是现阶段比较主流的说法。

当服装行业在某一地区实现真正的产业集群，并且生产的成衣款式风格或是产业特征呈现出鲜明特点的时候，才能谓之一派。而"闽派"女装，虽然从字面上的理解应该是对福建省所有女装业的统称，但事实上福建省女装生产主要集中在以泉州、厦门为主的闽南板块。

1.2　闽派女装的总体特点

闽南板块的女装业之所以能成为闽派的代言人，有

以下两点重要的原因：一是其拥有较大的产业集群效应和鲜明的设计风格特征，在行业内有着不可小觑的影响力；二是在于它源远流长的发展历史以及独特的文化底蕴。

闽派服饰有其独特魅力，不同于粤派服饰的时尚前卫、海派服饰的精致优雅、京派服饰的豪爽大气，自有一番文艺与雅致。福建地区的女性相比北方或内陆地区而言，皮肤偏暗、骨架小且身材娇小平直，因而女装版型也有一定的差别，这无疑给闽派女装本土品牌留下一定的生存和发展空间。

2　闽派女装的现状

随着国民生活水平的逐步提高，消费者自身的品牌意识也随之潜移默化地增强。大部分女装企业为提升产品附加值纷纷成立品牌，因为女装品牌既是企业核心价值的重要体现，又是识别其产品的分辨器，更是质量和信誉的保证。

2.1　地位

我国的女装成衣业历经数十年的发展，具有代表性的流派包括粤派、京派、汉派、杭派、海派等。

闽派女装在中国八大服装派系中留有一席之地，其品牌女装成衣业亦颇具传奇特点。其设计蕴含鲜明的地域特色，保有历史文化沉淀下来的做工、用料、款式等特点，同时也大致能反映出福建当地的服装文化和时尚消费的取向。闽南板块包含厦门、泉州等城市，有"中国淑女装之乡"的美称，是中国淑女装的发祥地。

2.2　销售状况

闽派品牌女装主要品牌销售的核心品类以衬衫、连衣裙、套衫、风衣为主。

从福建乃至全国区域内各大卖场店铺的业绩排名情况中，可以发现闽派女装品牌的身影，如布瑞米、the MSLAN、克德伊、红馆、雅柔等新晋闽派女装。新奇的款式设计、令人舒适的装修风格、对消费群体的合理把控，使她们在商场竞争中脱颖而出。

2.3　主要代表品牌

（1）JORYA 卓雅。创于 1992 年，是极具代表性的闽派女装品牌。其精致而优雅的产品是对经典与流行的完美诠释，经典的设计元素包括荷叶边、马蹄袖、蕾丝、蝴蝶结等，并通过结构上的改良及搭配手法的变化呈现出新意。

（2）雅奴天使。隶属于厦门万达峰服饰有限公司，成立于 2003 年，消费群体以 18~35 岁时尚都市女性为主，产品构成包括淑女系列、优雅系列、经典系列、时尚浪漫系列。

（3）the MSLAN。成立于 2010 年，在省内的各种大型商场均有该品牌的身影，同时以福建为中心辐射至江苏、上海、成都、重庆、武汉、长沙、云南、新疆等省市，其品牌形象在全国范围内获得了广泛的认可，为新晋闽派女装品牌。

3　闽派女装的设计特点

3.1　款式

在"一路一带"战略的推动下，东西方的文化冲击下，新一代的闽派女装设计师们不断从多元的文化碰撞中汲取灵感，不断创新。

3.1.1　廓形

现代感十足的 H 和 A 廓形是当下闽派女装成衣产品的主流造型之一，能更有效地修饰福建女性身体线条较为平直的缺陷。如 the MSLAN 女装大部分产品几乎都沿用 H 廓形，并成为其他新晋闽派女装品牌成衣设计的主流廓形。

3.1.2　结构

福建女性身材线条不够突出，显得略微有些单薄。设计师在胸部或裙摆部分通过蕾丝堆叠或本布的褶皱设计，以增加服装的层次感（如卓雅品牌）。新晋品牌的成衣则更喜欢在结构设计上做文章，在衣身、袖型、领型等位置通过分解、变换、组合、立体等手法改变传统的衣片。

3.2　面料

3.2.1　常用面料

亚热带气候使福建的夏季漫长酷热，冬季稍短而无严寒，因而轻薄的面料更加盛行，如棉和高品质的仿真丝面料。而独特的地理要素也赋予了当地居民质朴的性格，更崇尚棉麻这类天然材料。此外，再生纤维素纤维、黏胶纤维、莱赛尔以及聚酯纤维也较常使用。

3.2.2　材质对比设计

闽南人相互包容的性格特征借由服装这一媒介，映射在设计师的笔下，使闽派女装对面料的运用更加丰富多彩，变化莫测。如卓雅品牌 2019 春夏系列中的一组材质对比：蓝色的牛仔面料，加上条纹面料，再搭配田园风的印花雪纺。将这三种反差极大的面料组合在一起，新奇特别；色彩上则采用近似色，使之达到均衡的效果。

3.3　色彩

闽派不同品牌女装之间设计风格不尽相同，自有不同的配色方式：

3.3.1　大地色系

新晋女装品牌，如 the MSLAN、红馆、Lee Monsan 等，主要以大地色系为主：古铜色、灰色、绿色、白色、蓝色等,很少出现鲜艳的配色,整体搭配含蓄而不乏味。

3.3.2 明丽色系

传统的闽派女装大牌喜欢大胆的色彩对比和组合。通常年龄层越高,对色彩的饱和度的需求越大,如宝姿、金苑、拉拉贝尔等,经常使用粉红、姜黄、嫩绿等明丽色彩。同时将无彩色与之进行中和搭配,在视觉上达到平衡效果。

4 闽派女装成衣业的前景

4.1 机遇与挑战

4.1.1 外来市场的冲击

纵观整个国内女装市场的情况,虽然闽南板块的纺织业产业集群具有强大的生命力,但经济环境日新月异,中国的女装市场正遭遇着激烈竞争及外来冲击。劳动力成本上升、服装进出口税率变化,以及人民币汇率上升、中国服装在国际市场上受到反倾销对待等因素,使得原先品牌女装的制作成本优势逐渐消失。

4.1.2 产业链不够完善

闽派女装在当下繁荣的景象背后,也埋藏着质量良莠不齐、市场监管不足、生产流程不合理、成衣销售盘点不及时、供应链反映缓慢等现状。女装产业面料、辅料和人工成本正不断增加,而消费者也更重视产品质量,使得闽派女装企业的生产和销售的利润空间正逐步缩水。

另外,江浙与广东等地的产业发展已相当成熟,产业集群现象明显,具有较高的市场占有率。因而闽派女装行业更迫切需求一个能适应产业升级需求的管控更高效、竞争更良性、功能更丰富的服装产业链。

4.1.3 同质化现象严重

当前阶段的闽派品牌女装的成衣产品,主要还是以模仿为主。由于缺乏产品的设计研发能力以及缺乏长远目光的战略性思维,导致整个行业还是局限于互相模仿的阶段。不但门店空间设计和产品同质化,而且延伸到战略的同质化。这无疑给闽派女装成衣业未来的良性发展,埋下了一颗定时炸弹。

4.2 发展方向

面对激烈的竞争与不利的外部条件,闽派品牌女装成衣业欲扭转颓势、逆市生长,势必要结合区域行业自身的竞争优势,摸索出一条可持续良性发展的道路。

4.2.1 品牌文化

正如科特勒先生所言:"营销的艺术大致上也就是建立品牌的艺术。"消费者对于服装产品的消费,同样更多地体现在品牌的附加值上。传统的营销模式从实体营销、产品营销,逐渐转向观念营销、品牌营销,更多的是传递品牌文化及价值观念,在精神的层面与消费者

产生共鸣。品牌文化的建设有时甚至重于产品,但又必须建立在优质产品的基础之上,二者互为表里。

近些年,由于海上丝绸之路的延伸,使得海博会、金砖五国会议、休闲服装流行面料发布会、中国国际橡塑展等活动的频繁举办,不仅培育了区域浓厚的文化产业氛围,也给闽派品牌女装与国际风潮接轨创造了机会。闽派品牌女装企业大可以借此机遇,从个性、美感、新颖等角度,从这些文化中汲取养分,为自身品牌的设计补充新的血液。

4.2.2 核心设计

(1)融合传统服饰元素。如借鉴闽东地区畲族服饰文化与特色;其图案纹样善于运用中国传统的线描式手法,将最具特点的动态用剪影的方式跃然于面料之上;崇尚黑色和蓝色,搭配别具民族风情的颜色鲜艳的头巾、围腰等配饰,在主色调凝重朴实的基础上增添情趣,同时又包含着一定的象征意义……将传统元素融入现代服装设计中,更能成为闽派女装不断发展的源泉和精神动力,同时也提高了闽派女装的辨识度。

(2)借鉴流行元素。运用当下流行元素,从造型、结构、工艺等方面,对款式进行创新设计;多采用些自然色系,如大地色、海洋色、冰川色等,从而让消费者感受到闽派服装所带来的舒适性。闽派女装的设计只有不断汲取时尚的流行元素加以融合和创新,才能更好地迭代提升产品,向世人展现闽派女装的崭新名片。

4.2.3 产业集群

由于女装企业对于面辅料的新意与多样性的需求,且闽南地区纺织业自给率较低,使得闽派女装企业不得不舍近求远。这不仅不利于产业集群效益的发展,而且在无形中增加了区域服装成衣的制作成本,降低其在价格方面的竞争优势。因此,对于闽南板块服装产业链的有效整合,以满足闽派女装企业对于面辅料的需求,是当下行业发挥区域产业集群效应从而获取更大利润的当务之急。

注重服装行业产业集群发展的重要战略思路,加速进行产业链的优化整合,同时加大资源投放力度,从而实现服装及服装面料产业链的不断延伸。只有充分发挥闽南板块服装的产业集群效应,将纺织、辅料和服装加工三者有机结合,才能促进闽派女装成衣业的良性发展。

4.2.4 众创平台

传统女装品牌,仅是把互联网当作销售渠道,除了销售终端触网,其他的运营体系全部是传统的模式。产品和供应链端缺乏竞争力,导致大量产品同质化严重,产品本身缺乏竞争力。即便用更好的手段,获得了更大的流量,短期能够产生一定的销量,但核心的产品问题不能解决,企业也终将日趋没落。

众创平台的兴起,给闽派女装业带来了新的生机。新兴女装企业为满足细分用户群的个性化需求,让独立设计师、设计工作室、设计院校学生等通过众创体系参与合作,通过平台将产业链的上下游资源整合到产品体系中。销售渠道端也采用众包方式,每个用户可以开设自己的买手店,进行单品组货和搭配推荐,形成众创内容和众包服务。

这种模式的运营体系的高效性,不仅体现在产品的生产周期上,更体现在产品的按需设计上。设计师第一时间接收用户的需求和反馈,并在极短的时间内推出更符合用户需求的产品。这是真正以用户需求为中心的互联网化产品体系,完全颠覆了传统女装企业的运作模式,在一定程度上推动了闽派女装设计的创新力度。

5　结语

业内策动泛闽南板块的服装业以"闽派"为名,其实是为进一步整合和凸显闽派服装的整体形象,使之有更鲜明的整体风格特征,使其被提起时也能像其他流派那样耳熟能详。

如今的闽派女装还算不上完整的"闽派"。闽派女装成衣业欲东山再起,重要的是着力营造板块的差异性优势,以独有的区域特色在中国乃至世界的服装产业分工中占有的一席之地。营造一个完整的闽派,使闽派女装成衣业更闻名于世的历史使命,还需要新时代的服装人共同来完成。

参考文献

[1] 连玉基,胡宝明. 大话"闽派"服装[J].中国服装(北京).2004(11):44-51.

[2] 尤晨.关于闽派服装产业品牌差异化的思考[J].漳州师范学院学报(哲学社会科学版),2011(3):31-34.

[3] 蒋红英.厦门服装业的现状与发展策略[J].鹭江职业大学学报,2001(4):34-38.

[4] 叶桦.畲族服饰图案的美术内涵[J].装饰,2004(7):71.

[5] 郭文琳.福建省服装业发展的几点建议[J].发展研究,2004(3):25-26.

[6] 徐四清.福建省石狮市服装业的现状分析及其对策[J].科技创业月刊,2006(12):17-18.

[7] 刘宝成,林秀芳.福建省纺织服装业结构优化与升级研究[J].现代经济(现代物业下半月刊),2009(10):21-22.

[8] 庞红琼,彬伊奴.引领闽派休闲女装潮流[J].纺织服装周刊,2009(34):36.

[9] 陈珍妮.从晋江看我国服装品牌国际化[J].经济,2008(7):87-84.

[10] 吴宣润.中国服装业的发展态势[J].经济论坛,2006(10):44-46.

[11] 庄乐文.关于"入世"后复兴闽派服装业的思考[J].厦门科技,2003(6):30-33.

[12] 薛丽娜.浅谈中国服装业的未来设计方向[J].国外丝绸,2004(5):26-28.

[13] 吕雅萍.石狮服装品牌营销研究[J].湖北科技学院学报,2014,34(7):35-36.

[14] 苏阳.女装品牌的消费表达[J].中国服装(北京)2010(3):76-77.

[15] 张君婷.浅析服装的流行要素及品牌服装的设计[J].文艺生活:中旬刊,2016,54-55.

[16] 刘雪婷.品牌服装的构建与品牌服装文化研究[J].河北纺织,2011(1):25-26.

Teaching reform of "Textile English" based on international talent training

XU Jianmei

College of textile and clothing engineering, Soochow University, Suzhou, China

Email address

xujianmei@ suda. edu. cn（XU Jianmei）

Abstract：The common problems in the teaching of "Textile English" are the old textbooks, the monotonous teaching methods, the emphasis on reading and translation and the neglect of listening and speaking. In view of this situation, this paper introduces the teaching reform measures that should be taken in this course in order to cultivate international talent. These measures include the content reconstruction of the course, the practical exploration of teaching methods, and the construction of the course website. It is proposed that some old knowledge should be removed and that some cutting-edge textile technologies should be added to the new course content system. These new contents can be added by adding English academic papers as reading training materials or by playing some English videos about the latest technologies on textile application and research. It is also suggested to put forward the method of combining online and offline organically to maximize the initiative and enthusiasm of students in learning, and emphasize that in classroom teaching practice, we should "seek change" to enhance the interest of the class and improve the enthusiasm of students in learning.

Keywords：international; talent training; textile English; teaching reform

基于国际化人才培养的"纺织专业英语"教学改革

许建梅

纺织与服装工程学院,苏州大学,苏州,中国

邮 箱

xujianmei@ suda. edu. cn(许建梅)

摘 要："纺织专业英语"教学中目前普遍存在的问题是教材偏旧、教学方法单一、重阅读与翻译而轻听说。本文针对这一现状,从课程内容体系的重建、教学方法的实践探索、课程网站建设的设想等方面介绍了为培养国际化人才,"纺织专业英语"课程的教学中所应进行的教学改革措施。提出了在课程内容体系的重建中应去掉一些陈旧知识,新增一些纺织前沿技术,这些新增内容可以是英文学术论文作为阅读训练材料,也可以播放一些最新的纺织应用技术与研究的英文视频;提出了线上与线下有机结合最大程度地提升学生学习的主动性与积极性的方法,并强调在课堂教学实践中应以"求变"来提升课堂的趣味性,提高学生的学习热情。

关键词:国际化;人才培养;纺织专业英语;教学改革

1 引言

近年来,随着全球化进程的加快,中国对外进口贸易快速增长,尤其是纺织行业。目前,中国已成为全球最大的纺织品生产国与出口国。而英语作为世界通用语言,也显得越来越重要。所以对于纺织专业的学生来说,学好纺织专业英语不仅大大提高学生阅读英文专业文献,获取国外的先进的专业知识与技术,更有利于学生在专业领域进行国际化交流。

目前纺织院校基本都开设"纺织专业英语"这门课,有选修,也有必修。在中国知网上查阅 2002～2022年有关这门课的教学改革论文,发现共有 68 篇。平均每年 3 篇,数量并不多,并且其中有 20 篇是关于《纺织专业英语》教材的评论文章[1-2]。其余 48 篇教改教学论文大多是一些纺织类高职高专学校[3-4],一些主要的

纺织类高校的相关教改研究论文并不多。在 20 年这么长的时间跨度里东华大学[5]、天津工业大学[6]、江南大学[7]均各自发表 1 篇,浙江理工大学 3 篇[8-9]。这说明有关本课题的研究还是相当欠缺,可供参考的研究成果并不多。虽然高职院校相关研究稍多,但是因为生源质量与目标定位存在较大差异,也不具有可参考性。对论文的主题词进行统计分析,可以发现现有研究有关该课程的教改研究着力点也较分散,特别是关于国际化人才培养中纺织专业英语的教学研究几乎没有。而在未来国际化人才的培养几乎成为普遍趋势,因此关于这方面的教学研究也显得极为迫切。

2 "纺织专业英语"的课程现状

国际化人才培养是苏州大学纺织与服装学院的一个重要特色。学院现有纺织工程专业的中外合作办学班级,虽然有部分专业课程是外教授课,但是外教教授的是专业课程,更注重的是专业知识的掌握程度,所涉及的英语也是某一门专业课程方向的。并且通过与学生沟通交流发现,大部分学生并不能适应全英文外教授课,能完全听懂外教授课的学生很少。这主要是几方面的原因,一是听力跟不上,听不明白;二是专业词汇量跟不上,加剧了听力理解;三是怕开口,有问题也不大会跟外教老师请教。基于这样的现象,从 2020 年开始我院纺织工程中外合作办学班的"纺织专业英语"的课程从选修课程改为必修课程。这门课传统的教法主要还是专业词汇的、课文的讲解授课,但是这种授课方法一方面比较单调枯燥,另一方面很难满足国际化人才培养的需求。为此,本研究拟从如图 1 所示的师资队伍建设、教学内容、教学方法和模式、教学评价方法等多个方面进行教学改革,以适应国际化人才培养,从读写听说四个方面全面提升学生的专业英语能力。

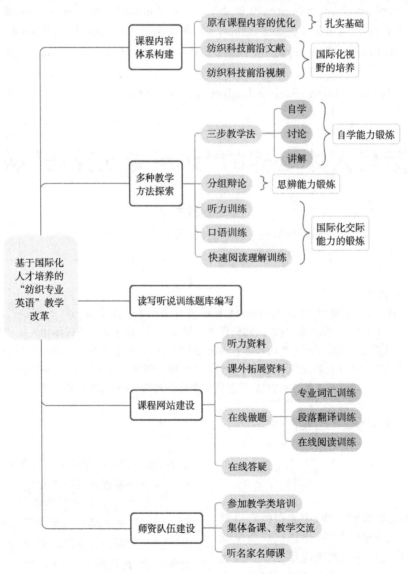

图 1 "纺织专业英语"教学改革框架

2.1 新课程内容体系的构建

笔者从 2011 年至今,承担与负责本院纺织工程专业的"纺织专业英语"课程的教学,亲身感受着科技的发展,尤其是现代纺织技术的巨大进步,给"纺织专业英语"课程带来的巨大挑战变化,见证了纺织领域的学术研究如何从传统纺织技术向高性能高功能纺织品研究纵向延伸,向材料、航天航空、军事、光电等领域横向拓展。并一直在思考着如何调整"纺织专业英语"课程的教学以跟上这种变化。在这个过程中,纺织专业的综合材料学、化学、物理学、数学、纳米科技、电子机械、艺术、时尚等的学科交叉性特点也越来越明显。既要让学生掌握纺织专业基础词汇,又最好能紧随科技发展,补充最新纺织专业词汇;既要注重读写还要有听说练习。原有的教学内容与体系显然无法适应新需求。

原来的教学内容虽然是原版英文影印教材 *Textile Fabrics and Their Selection*,但是该教材使用年限已经超过 20 年。虽然其中关于纺织的一些基本知识如纤维材料、纺纱、织造、后整理等仍属于必学内容,但是一些新型材料与技术比如石墨烯、柔性传感器、医用纺织品等就几乎没有涉及了。而单一目标的教学早已不适合当今国际化人才需求,因此纺织专业英语的教学应使学生在掌握基本专业词汇的基础上,接触与了解更多更新的专业词汇,在学习专业英语的过程中培养国际视野,紧跟现代纺织技术发展前沿。为此,课程内容体系的构建主要从以下三个方面展开:

(1)原有课程内容的优化,去掉或削减过时不用的技术如有梭织机织造;太偏太冷门的知识,如石棉纤维、美国纱线定长定重单位等。

(2)增加最新纺织科技前沿文献,如纺织功能材料与高性能纺织材料,纺织品加工技术等。

(3)新增最新纺织科技视频资料。

经过重新整合后新的课程框架体系安排如图 2 所示。

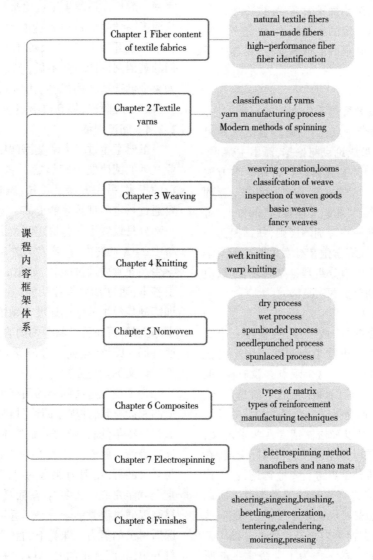

图 2 新课程内容体系

2.2 教学方法的实践探究

为了提高课堂的趣味性，提升教学的效果，在教学方法上应求多变，全面调动学生的学习积极性，通过各种方法促使学生被动地或主动地参与到课堂中来。笔者在长期的实践教学探索中逐渐形成了以下几种方法。

2.2.1 三步教学法

这里的"三步"是指"自学""讨论""讲解"。这种教学方法并不新鲜，可以说由来已久，但是真正落到实处却存在一定的困难。主要是要做到这三步，教师首先要在课前布置好自学的内容，其次要设计好讨论的主题、讨论的形式，并对学生讨论的结果有预判，从而结合实际情况，最后通过突出重点的讲解解决学生争论的焦点问题。这种方法的优势是知识点的讲解是学生通过自我思考后进行的，教学效果较好。缺点是部分学生不愿完成自学的内容，难点在于是讨论的时间与热度也比较难控制。要引导学生发言，有时因不便打断学生的讨论而使得讨论时间过长，影响正常教学内容的传授；而有时又可能会因为学生怕出错而不发言，导致冷场。这些各类情况都需要教师有一定的实践经验，做好充分的准备，制订好规则，才能做到很好的现场把控，令学生适应并喜欢上这种教学方式。

2.2.2 分组辩论法

这种教学方法是欧美教育体系中常用的一种方法。提出一个议题，分正反两个论点，学生通过自由选择组成两组，每组学生讨论并形成论点与论据，派出主辩手，陈述观点，双方各自陈述，并互相辩论。这种教学方法趣味性高，学生通过思考，形成观点，并表达出来，有利于口语能力的提高。考虑到"纺织专业英语"的特点，可以考虑在答辩过程中增加一些特别的规则，如每提到一个专业名词可加1分等，训练学生在有意识地运用所学的专业术语或名词。但是因为分组辩论费时较长，故应用次数不宜过多。一学期至多两次足够。

2.2.3 听力与口语训练

在以往的"纺织专业英语"教学中，一直有一个观点，就是专业英语的教学应注重于专业英语词汇的记忆、专业内容的翻译能力提升。这个观点并没有错，但是需要注意的是，不能忘了这门课学习的本质是什么。本质是"应用"，应用一方面是指学生通过这门课的学习专业阅读能力大大提升，可以轻松阅读专业学术论文，另一方面是学生可以在纺织专业领域进行国际交流，在国际学术会议中可以与国外学者进行专业沟通，在工作后的国际贸易中可以与国外客商进行贸易沟通。所以纺织专业英语的学习不应是哑巴式地学习英语，还应注意提升听力与口语的表达，而听力更是口语的基础。首先要听懂，其次才能沟通。本课程为了训练学生的听力，在每次课都会按排放一次听力训练。听力的内容精

选了纺织领域最新科技动态的原版英语视频。主要是一些纺织品应用方面的视频，比如汽车用安全防护气囊从织造、清洗、涂层整理、裁剪到成品的整个制备过程视频；碳纤维作为增强材料采用手糊法、真空辅助树脂传递膜塑法等制备可用作汽车部件、外壳的复合材料过程视频；人工草坪，从纱线生产、织造、割绒到成品的整个详细制作过程视频；人工血管与人工心脏的最新研究进展报道视频；纺织品在救生衣、救生筏等方面的应用；玻璃纤维棉作为绝缘材料在建筑中的应用；最新吸湿排汗面料在具有防风防雨同时又透气的冲锋衣中的应用；纺织工业在作为美国纺织工业发源地的北卡罗来纳州的兴衰历史的纪录片；纺织品的一些测试方法的解说视频，包括织物厚度、拉伸断裂强度、刺破强度及孔隙率等指标；聚氨酯泡沫用来做房屋隔热的应用报道等英语视频。

每次课堂上通过播放这些视频，不仅可以锻炼了学生的听力，而且使学生了解最新的纺织技术与研究。听完视频后可以请学生用英语来描述所看到的视频内容，从而提高学生的口语表达能力。现在的大学生学英语从小学就开始了，四六级英语的难度也在逐年增加，他们的英语阅读能力并不低，但是大多却是哑巴英语[10]。如果多创造这样的机会，让他们进行练习，一旦突破了开口的心理障碍，提高口语表达还是比较快的。

2.2.4 阅读训练

虽然学生过了大学英语四级甚至六级，但是对于专业文献的阅读能力却仍然不够。一方面是需要专业词汇的积累，另一方面是长句、难句的理解与翻译能力需要通过一定的训练才能提高。这方面我们分成两部分，一部分是设置了一些快速阅读训练的题目，通过指定教材中2~3页的内容，或者另外补充的学术论文文献，让学生在课堂内通过限时（如10min）的快速阅读，然后写出答案，通过QQ"作业功能"在线提交。但是快速阅读训练的是学生的阅读速度与领悟能力，还需要准备一些学术文献，可布置教材中的内容，让学生课后进行精读，通过深入阅读，全面掌握所遇到的专业名词，以及熟悉英文论文的撰写方式。

为了实现这两部分的阅读训练，笔者一直在收集合适的阅读材料，并根据阅读材料制作相应的题目。希望通过一年年的教学积累，最终能形成一个读、写、听、说训练题库。题库的建立有利于最大限度地提升学生参与学习的程度，因为课堂的时间是有限的，不可能在课堂上就能完成这么多内容，而且专业英语的学习能力的提高仅通过课堂的学习是远远不够的，更重要的是学生课后付出的努力。课堂上的教学只是给学生指明方向，打开思路，而真正的专业单词的掌握，阅读能力的提高往往需要学生在课后付出双倍甚至于多倍的时间来记

忆练习。所以题库的建立就是为了给学生提供更多的针对性的练习,给学有余力的学生进一步提升的途径。

2.3 课程网站的建设

那么如何把题库传递给学生?我们目前正在进行课程网站的建设,希望建成的课程网站上可以上传听力资料及课外拓展资料,这样学生可以进行在线做题。另外,还计划设立在线答疑板块,加强与学生的沟通交流。在线做题部分,就可以把读、写、听、说的训练题库上传上去,方便学生进行针对性的练习。

在专业英语的教学过程中,常常会发现一些长句、复杂句,学生在翻译时存在较大的难度。这时我们可以录制一些短视频,针对学生学习中的难点进行讲解,并将这些短视频上传到网站上。利用好课程网站,可以实现线上与线下的有机结合,最大限度地调动起学生的学习主动性、积极性。

3 结论

任何课程的教学改革都不是一蹴而就的,每一项的改革都意味着教师要付出大量的时间与精力。教育的本质是什么?笔者认为教育的本质是以学生为中心,全方位地培养学生各方面的学习能力、分析问题、解决问题的能力。那么"变"就应是在教学中需要一直遵循的道理。世界在变化,学生在变化,需要在变化,教学也要不断地探索,不断地改变,持续地改进教学方法、内容、手段。而"纺织专业英语"教学的本质是什么?就是要培养国际化人才,要培养学生阅读英文专业文献的能力、参加国际学术会议进行专业领域自由交流的能力、参加各类国际纺织品贸易交流会进行纺织品贸易沟通交流的能力。通过我们教学内容、教学手段的不断求变,希望可以全面提升学生的上述能力,助力培养国际化人才。

致谢

本文为"纺织之光"中国纺织工业联合会高等教育教学改革研究项目《基于国际化人才培养的"纺织专业英语"教学改革》(2021BKJGLX253)的阶段性成果之一。

参考文献

[1] 简仕慧.跨文化视角下纺织专业英语教学策略创新:评《纺织专业英语》[J].毛纺科技,2022,50(6):133-134.
[2] 刘艳春,李云.纺织专业英语教学质量的提升:评《纺织英语》[J].毛纺科技,2022,50(5):126-127.
[3] 景艳.纺织商务外贸英语翻译策略[J].棉纺织技术,2021,49(11):95-96.
[4] 陈秀芳.高职院校纺织服装专业英语教学实践[J].纺织服装教育,2018,33(5):423-426.
[5] 刘晓艳.纺织专业外语教学的思考与探索[J].教育教学论坛,2020(50):213-214.
[6] 李翠玉,王建坤.《纺织专业英语》教学方法的探讨[J].大学教育,2012,1(12):70,78.
[7] 杨瑞华,邱华,王鸿博.纺织专业英语课程的教学实践探讨[J].时代教育,2015(23):87-88.
[8] 翁鸣,陈慰来,王金凤."纺织专业英语"课程的建设与改革[J].纺织服装教育,2018,33(3):218-221.
[9] 周岚,雷彩虹,郑今欢,等.纺织学科专业英语教学方法探讨[J].广西轻工业,2010,26(12):177-178,180.
[10] 白静,郭平建.TEP框架下纺织服装专业学生英语口语教学改革初探[J].纺织服装教育,2014,29(2):180-182.

Study on deep integration of the core values of Chinese socialism and textile inspection & trade practical courses

XIA Zhaopeng[1,*], GAO Hanchao[1], WU Liwei[1], GONG Peng[2]

1 *School of Textile Science and Engineering, Tiangong University, Tianjin, China*

2 *Intertek (TianJin) Quality Technology Service Co., Ltd, Tianjin, China*

Email address

xia_zhaopeng@163.com (XIA Zhaopeng), gaohanchao@tiangong.edu.cn (GAO Hanchao), wuliwei@tiangong.edu.cn (WU Liwei), Patrick.gong@intertek.com (GONG Peng)

Abstract: Focusing on the low combination between textile commodity inspection practical courses and ideological education, the educational reformation of the deep integration of the teaching practice of textile commodity inspection and the socialist core values was carried out. The socialist core values of "patriotism" "dedication" "integrity" and "friendliness" were integrated into the teaching of the professional practical courses of "Experiments for Textile Commodity Inspection" and "Textile Quality Testing and Practice", combining knowledge teaching with value guidance to guide students to adhere to the spirit of patriotism, dedication, honesty and friendliness in textile quality inspection, deeply understand and fulfill the essence of the socialist core values. The feedback results of the students and questionnaire show that the students not only master the professional knowledge of textile inspection and testing, but also cultivate correct philosophy and values. The reformation has achieved good results.

Keywords: the core values of Chinese socialism; curriculum ideology and politics; textile inspection & trade; practical course

社会主义核心价值观与纺织商检专业方向实践课深度融合教学与实践研究

夏兆鹏[1,*],高涵超[1],吴利伟[1],龚澎[2]

1 纺织科学与工程学院,天津工业大学,天津,中国

2 天祥(天津)质量技术服务有限公司,天津,中国

邮 箱

xia_zhaopeng@163.com (夏兆鹏),gaohanchao@tiangong.edu.cn (高涵超),wuliwei@tiangong.edu.cn(吴利伟),Patrick.gong@intertek.com(龚澎)

摘 要:围绕纺织商检专业实践课程与思政教育融合度不高的问题,开展纺织商检专业教学实践与社会主义核心价值观深度融合教育改革实践,通过引进产业人才教学、将"爱国""敬业""诚信""友善"社会主义核心价值观贯穿到"纺织商品检验学实验"和"纺织品质量检测与实践"专业实践课程教学中,将知识传授和价值引领相结合,引导学生在纺织品质量检测中秉持"爱国、敬业、诚信、友善"精神,体悟践行社会主义核心价值观的精髓。课后学生调研问卷反馈结果表明,学生在掌握了纺织品检验检测专业知识的同时培养了正确的人生观和价值观,改革实践成效良好。

关键词:社会主义核心价值观;课程思政;纺织商检专业;实践课

1　引言

习近平总书记关注高校思政教育,他强调高校思政教育工作的开展关乎高校培养什么样的人、如何培养人以及为谁培养人等根本问题[1]。加强开展思政教育,营造专业技能同思想政治共同培养的一种气氛,是发挥好课堂教学的关键任务。学生应培养起爱国主义精神,在政治觉悟上对自己有所要求,加强自我道德修养,做社会主义核心价值观的深刻学习者和践行者,无愧祖国时代发展[2]。"教育要增强学生的'四个自信',立志肩负起民族复兴的时代重任"是习总书记关于高校教育的金玉良言,指明了新时期教育体制改革和发展方向[3]。高校教师应充分把握新时期教育任务,将思政教育贯彻到课堂专业课教学中去,协同发展,为培育新时代人才、向国家和社会发展进程中输送各专业人才贡献力量。

本论文针对实践教学中对本科专业课程教学中存在"社会主义核心价值观"专业课融合度和发掘情况都有待进一步提高的现状,同我校纺织科学与工程"双一流"学科建设要求相结合,以我院纺织工程专业纺织商务与检验方向实践课程为例,对实践课程与"社会主义核心价值观"的深度融合与教学实践展开研究。

2　课程特点及现状

天津工业大学纺织商检专业方向有两门重要的实践类课程,一门是"纺织商品检验学实验",共 30 学时,授课在学校实验室进行,课程根据 GB18401《国家纺织产品基本安全技术规范》中各项检验项目要求开展实际培训,运用标准及检测所得的数据评价所检纺织品的质量。在实践操作的过程中注重训练学生的综合实践和团队协作能力,使学生加深对纺织品检验的理解;另一门是"纺织品质量检测与实践",共三周集中实践教学,授课主要在第三方检验机构,主要任务是深入产业一线使同学加深对纺织产品标准、方法标准的理解,熟悉第三方机构纺织品检验流程,了解常见的检测仪器的操作,正确掌握如何利用检验数据对纺织品的质量进行科学的判定。

"纺织商品检验学实验"是学习"纺织品质量检测与实践"的知识储备和预先的操作练习课程,通过本课程的学习,同学们进入第三方检测一线检测岗位实践可以提前熟悉检测流程、报告以及重要设备,这样在"纺织品质量检测与实践"的课程中进入实际工作岗位就有了一定的基础。

3　具体措施

3.1　积极引入产业人才从事教学工作

为进一步提高教学与产业融合的程度[4-5],近些年学院从纺织行业中引进了多名具有深厚产业应用和研究背景的人才充实到教师队伍中,其中的大部分教师已经成为我院科研包括教学的中坚力量,并培养出多名既精通教学又深刻理解行业产业的"双能型人才"。"纺织商品检验学实验"和"纺织品质量评估与实践"课程主讲教师曾在山东省市场监督管理系统从事检验检测工作 10 年,具有深厚的纺织品检验检测行业背景和丰富的纺织品检验检测实践经验,是中国合格评定国家认可委员会 CNAS 技术评审员,长期从事纺织检验检测方法研究,行业实践经验丰富且教学研究基础扎实。

3.2　检测过程中所需要的严谨科学源自于敬业精神

为保障合格纺织品流通,提升消费者信心,企业、市场、海关等对纺织品进行检测必不可少[6]。影响纺织品质量、安全因素众多,比如外观、规格、化学性能、质量缺陷等,因此严谨的纺织品检测对于满足人们对健康保护、环保安全的需求尤为重要[7]。在实践教学学习中,注重培养学生操作技能的标准化[8],在众多程序复杂的检测项目中培养学生的"敬业"精神,严格要求每一项项目检验,为学生今后的社会生产实践打基础;同时,第三方提供的一线检测岗位为学生的实践教学提供宝贵的技术场所服务,在实践教学培训后,学生可以向第三方反馈交流意见并提出合理化建议,优化教学质量,培养实操检测严谨性高、专业技能好且爱岗敬业的优秀人才。

3.3　纺织品质量检验诚信是其公正性的基础

纺织品在质量检测过程中,检测结果除了受客观因素影响,检验员的诚信品质不容忽略,诚信是职业操守的体现,是检测结果公正的根基。学生在第三方检测岗位实践时,专业人员向学生强调诚信精神对于纺织品质检员的重要性,它不仅是纺织品质检结果具备可信性、公正性的保障,也是社会要求和实现人生价值的原则[9]。在"纺织商品检验学实验"和"纺织品质量检测与实践"两门课程的实践教学环节,教师在传授学生检验专业技能的同时加强诚信教育,将专业课程教学与育人教育有机结合,增强学生职业责任感,提高诚信品质。

3.4　设置岗位模拟实验,体验友善的团队才有战斗力的真理

在"纺织商品检验学实验"课程中,注重培养学生的纺织品检验类的专业技能,在学生熟悉专业技能并经

过实操培训后,由于一个合格的纺织品质检项目众多且复杂,因此课程中同样重视学生的团队合作精神、团队沟通能力,联合第三方检验机构为学生提供岗位模拟实验,旨在让学生切身体会质检工作,熟悉一线岗位安排。专业人员将学生分成不同小组,由小组成员共同完成岗位上分配的纺织品检验工作,挑选出合格纺织品并由专业人员鉴定,评选出"优秀小组",岗位模拟实验结束后,专业人员和老师请各小组同学发言并分享意见,促使同学们共同进步,深切领会到团队内部的友善精神、合作精神、沟通精神是小组成员拥有高工作效率、旺盛战斗力的根源。

4　成效评价

经学校实验室授课和第三方检验机构的实践教学后,从实践设备满意度、实践内容分配、实践效果和课程建议四方面对学生开展问卷调查,发现同学们整体上认同"纺织商品检验学实验"和"纺织品质量检测与实践"的课程设计方案,深刻认识到只有通过实践才能把握理论知识学习,做到知行合一,才能深入学习到纺织品标准、纺织品检验方法标准、纺织品检验技能使用、纺织品检验注意事项等内容。在检验过程中,轻视任何一个流程或细节都可能导致不合格产品在市场上流通。同学们不仅获得了纺织检验检测方面的知识技能,课程思政的融入也提高了同学们的道德修养、培养了爱国敬业、诚信友善、勤恳踏实、团结合作、不怕困难的精神,达到了预期教学目标。

5　结语

以社会主义核心价值观为切入点,充分将"爱国""敬业""诚信""友善"社会主义核心价值观贯穿到天津工业大学纺织商检专业特色实践课程"纺织商品检验学实验"和"纺织品质量检测与实践"的教学中,将知识传授和价值引领有机融合,引导学生在纺织品质量检验中秉持爱国、敬业、诚信、友善精神,在工作与生活中自觉践行社会主义核心价值观。同学们在掌握了纺织品检验检测专业知识的同时获得政治思想感悟,提升了道德修养,具备了新时代应该具有的责任与担当。

致谢

本文为"纺织之光"中国纺织工业联合会高等教育教学改革研究项目(2021BKJGLX662)、天津工业大学高等教育教学改革研究项目(2019-KCHSZH-ZX-02)的研究成果之一。

参考文献

[1] 吴晶,胡浩. 习近平在全国高校思想政治工作会议上强调把思想政治工作贯穿教育教学全过程开创我国高等教育事业发展新局面[J]. 中国高等教育, 2016 (24):5-7.

[2] 王轩,刘雅莉. 高职院校课程思政教学改革探索与实践[J]. 科技与创新, 2020(15):94-95.

[3] 李洁,李程,谢俊. 新时代以"人民为中心"发展教育的优化策略:基于习近平总书记2018年全国教育大会重要讲话的思考[J]. 湖北工程学院学报, 2020,40 (3):14-17.

[4] 孙芮. 基于产教融合下纺织品检验与贸易专业实践教学的创新[J]. 纺织报告, 2019(8):52-53.

[5] 陈春侠,黄素平,刘华,等. 纺织品检验与贸易专业校企资源共建共享深度合作模式探讨与实践[J]. 轻纺工业与技术, 2019,48(4):76-77.

[6] 包振华. 纺织品检验类课程实践教学标准化问题研究[J]. 武汉职业技术学院学报, 2021,20(6):67-70.

[7] 高鹏. 纺织品检验检测及发展趋势[J]. 化纤与纺织技术, 2020,49(12):39-41.

[8] 韩白冰. 浅谈质量监督在纺织品检验检测中的作用[J]. 中国纤检, 2021(9):73-75.

[9] 范立红,盛翠红,宋红. 专业创新能力和课程思政同向同行的教学改革:纺织工程"专业课程设计"的改革实践[J]. 教育教学论坛, 2021(37):53-56.

Organic integration of morality establishment and talent cultivation: exploration and practice of integrating ideological and political courses into fashion program

XIAO Aimin

School of Textile Fashion, Xinjiang University, Urumqi, China

Email address

495178065@ qq. com(XIAO Aimin)

Abstract: The integration of specialized education and ideological and political education is an important measure to conduct "comprehensively deepening curriculum reform and implementing the fundamental task of morality establishment and talent cultivation ". By combing the strategies and methods of ideological and political education, it combines with the characteristics of fashion industry and cultivates people with the thought of socialism with Chinese characteristics in the new era of Xi Jinping. From the design of the teaching syllabus to the course content, the "ideological and political elements" and "morality elements" should be fully tapped to ensure the two-way combination of fashion specialized education and ideological and political education, thereby forming a synergistic effect.

Keywords: fashion industry; ideological and political course; exploration; practice

立德树人、有机融合:服装专业融入课程思政探索与实践

肖爱民

纺织与服装学院,新疆大学,乌鲁木齐,中国

邮 箱

495178065@ qq. com(肖爱民)

摘 要:将专业教育与思政教育相融合,是贯彻"全面深化课程改革、落实立德树人根本任务"的重要举措。梳理服装专业课程思政教学的策略和方法,结合服装行业的特色,用习近平新时代中国特色社会主义思想铸魂育人,将思政教育以理论和实践同向同行的方式融入服装专业教学。从教学大纲设计到课程内容充分挖掘蕴含的"思政元素""德育要素",确保服装专业教育与思政教育双向结合,形成协同效应。

关键词:服装专业;课程思政;探索;实践

1 引言

习近平总书记在全国教育大会上强调,党的十八大以来,我们围绕培养什么人、怎样培养人、为谁培养人这一根本问题,全面加强党对教育工作的领导,坚持立德树人,加强学校思想政治工作,推进教育改革[1]。

我国的服装本科专业教育起步于 20 世纪 80 年代中期。当时作为艺术类学科,培养当时市场极为紧缺的服装艺术设计人才[2]。随着中国服装产业发展,服装专业人才培养提出更高的标准要求。随着课程思政在高校不断推进,服装专业也在着力推动课程思政建设,积极探索思政元素融入服装专业课教学中,服装专业课程包括专业必修课、专业选修课、专业实践课,课程具有理论与实践相结合的特点。从教学大纲设计到课程内容都充分挖掘蕴含的"思政元素""德育要素",确保专业教育与思政教育同向同行、形成协同效应。

2 专业课程增设思政教学目标

2013 年,十八届三中全会将"完善中华优秀传统文化教育"作为深化教育领域综合改革的举措之一[3]。中国的服饰文化蔓延五千年,从纺织品的织造、各种手工技艺到服装形制都是当代服装专业要去深耕与挖掘

思政元素及内容。

服装专业课程围绕课程思政教育目标,以工匠精神、创新意识和中华传统文化为抓手,从顶层构架设计教学目标中融入课程思政的框架及结构,在具体实施中有明确目标及方法进行实施。顶层的教学目标首先重新规划和设计课程大纲及课程内容结构,确定每门课程的思政目标。其次,深入挖掘课程蕴含的思政教育元素,丰富充实教学内容。最后,突出思政教育内涵,组织和安排教学内容,评价方式将思政与专业知识结合进行考核。

2.1　课程大纲融入思政教学目标

通常叫教学大纲,或者课程教学大纲。其主要功能是通过授课教师对课程的规划促进学生对课程目标的达成[4]。专业课的课程目标应包括传授知识与培养能力、训练学生科学方法、塑造学生健康心理与完善人格等[5]。在编写课程大纲时着重分析思政要素与课程特点,使思政与课程大纲教学目标达成一致。

课程教学大纲是每门专业课程具体内容的体现,编写教学大纲要根据课程的特点,分析课程内容,在课程章节中挖掘思政元素融入课程内容中。例如"服装人体工程学"课程教学大纲编写时,结合课程内容训练学生的科学思维方法,强化对学生工程伦理的教育,培养学生探索未知、追求真理、勇攀科学高峰的责任感和使命感,为学生日后从事人体工效与设计服装专业具体工作奠定严谨的科学精神。

2.2　教学大纲融入思政内容

以往的教学大纲注重培养学生的专业知识传授及学习能力培养。在开学第一讲中将思政内容以比较生硬的方式讲述,来完成课程思政的任务。通过探索课程思政的教学方式,将思政教育与课程内容相融合,专业教育与思政教育同向同行,形成协同效应。不仅学生提升专业知识的学习,而且对思政内容产生不排斥的态度。例如,"女装结构设计"课程教学大纲融入课程思政,中国服装产业快速发展,但品牌意识薄弱,在课程学习中着重提高学生创新意识,从专业学术研究中以问题为导向,创新研究方法,不断探索求真,培养创新和钻研精神。同时对存在服装消费过度需要关注和解决的问题进行分析,引发学生的社会责任感。

3　课程中融入思政教育的思路

专业课程中采用多种教学方法与教学手段,在课程教学过程中结合思想教育的切入点,精心设计教学内容[6],选取经典案例、流行元素、主流文化,增加课程思政教育的实用性、趣味性和时代性。在课程章节中,以往在教学中案例分析以西方服饰文化及发展展开课程

内容,学生学习过程中也会按照西方服饰的形制特征进行资料收集及作品设计,对中华传统服饰非常陌生或者没有兴趣。通过课程思政的推进,现在课堂中基于思政教育的教学理念,引入中华文化典型案例,从中国传统服饰形制的结构解析中华文化内涵,解读中华服饰文化蕴含的精神,了解其产生的文化背景及服装本身承载的文化意义。

特别是新疆地处祖国的西部,是多民族聚居区,在中华服饰文化中新疆各民族服饰也在不断融合中发展,在课程内容中突出中华民族共同体意识在服饰中的创新应用,学生掌握服装专业知识的同时树立创新意识,培养具有家国情怀的服装行业专门人才。

3.1　工匠精神融入课程

服装专业作为传承千年的手工艺行业,拥有灿烂的服饰文化及精湛的工艺技术。在当下更要最大化地发挥其教育作用,将工匠精神融入课堂。中国服装产业自改革开放以来快速的发展,最初的生产模式是代加工,没有中国自己的服装品牌,是一种粗放式的发展。随着产业的不断升级,服装产业在世界有了中国品牌,生产技术得到大幅提升,从大国的"工匠精神"融入专业课堂的知识里,培养学生对服装专业的技术方面钻研精神。培养学生专注、细致、严谨、负责的学习态度,以及对职业的认同感、责任感、使命感和荣誉感。

3.2　中国传统文化融入课程

习近平同志提出,中华优秀传统文化是人们进行道德教育修养的"好教材",它应"以人们喜闻乐见、具有广泛参与性的方式推广开来"[7]。

中国传统文化是中华民族辉煌的历史、灿烂文化和意识形态的突出反映[8]。中国服饰文化源远流长,不同历史时期有着不同的服饰特征,是服装设计重要的灵感来源,通过中国传统文化对学生进行思政教育,更有利于把爱国主义和民族情怀贯穿、渗透到课程教学中,帮助学生树立民族自豪感、提升文化自信心。

服装专业的毕业设计环节是服装专业学生四年学习的积累,通过寻找设计灵感完成服装的设计作品。引导学生积极主动从中华优秀传统文化中寻找创作灵感,学生在寻找灵感中感悟中华传统文化的辉煌及传统服饰艺术的魅力。2018 届 20 组学生的毕业设计参加首届新疆"丝路精神"设计大赛,并取得优秀奖的好成绩。

3.3　培养创新意识与探索精神

国务院《关于推动创新创业高质量发展,打造"双创"升级版的意见》中提出把创新创业教育和实践课程纳入高校必修课体系[9],从政策和资金两方面为大学生创新创业给予支持。国务院办公厅《关于深化高等学校创新创业教育改革的实施意见》支持地方将部分财

政资金用于创新创业活动；高校统筹支出结构，支持创新教育[10]。

在专业课堂里将服装研究前沿领域作为讨论话题，特别是中国载人神舟十三号航天员穿着中国人自己研制航天服，激发学生对专业的兴趣和热爱及钻研，不断在专业上培养创新意识及探索精神。2022年中国成功举办北京冬奥会，在冬奥会上运动员穿着我国自主研发的速滑服，提高运动成绩，取得奖牌，让学生通过文献资料探索其技术研发方法，学生进行讨论思考，如何结合自身学习及发现的问题提出解决的思路方法。在专业课程中结合不同的案例，提升学生对服装专业的热爱及钻研精神，激发学生作为中国人的自豪感和爱国热情。

3.4 实践环节融入课程思政

实践教学是充分锻炼学生知识体系掌握与实践应用的环节，一直以来与企业进行的实践内容以参观生产现场为主，将企业发展历程与产业发展结合，通过参观企业与建党100周年主题活动结合，学生了解企业发展过程与中国共产党奋斗实践取得的成果是密不可分的，实地参观生产车间及智能生产设备及工艺流程。新疆服装产业发展与国家对新疆纺织服装扶持政策密不可分。活动中在企业展史馆面对鲜红的党旗，党员纷纷高举右手，庄严肃立，声音坚定洪亮，体现了党员同志们对中国共产党的无限忠诚，坚定了入党使命，始终牢记初心，为新疆纺织服装产业更好发展而贡献自己的力量。每个身处现场的学生都体会到服装产业服装的历程与国家发展息息相关，只有国家强大产业才能发展得更好。

通过建党100周年专题教育与产业发展现状实践活动，将课程思政与实践教学有机结合，学生不仅能够从企业发展过程中感受社会责任、红色传承及奉献精神，在专业发展中确定各自的奋斗目标，实现个人价值。企业对活动给予高度评价和赞扬，促进高校与企业的产学研多方位深度合作模式。在建设课程思政中与校企实习基地在科研及教学方面进行探讨交流，同时将课程思政融入实习基地建设及实践教学中。

4 融入课程思政的评价

4.1 打破传统评价考核模式

课程评价是考核学生掌握学习目标的能力，前期以单一考核方式评价学生在专业知识能力方面进行考核，缺乏系统全面的评价体系，特别是思政内容没有融入课程里。通过课程思政建设，在讨论环节学生从专业角度深挖思政内容，例如，从中国优秀传统服饰文化中探索人与服装的关系，讨论中华文化的博大精深与璀璨服饰文化，通过专业知识更好地传承中华优秀传统文化。从

国家快速发展过程中，快时尚服装存在过度消费情况，如何结合国家发展战略，保护环境角度去研究探讨可持续发展与服装的二次利用等。学生自觉主动思考，建立起良好的思政学习方式。进一步探索思政元素融入专业课教学中，充分挖掘课程中蕴含的"思政元素""德育要素"。讨论环节学生通过思考引出的思政内容计入平时成绩中，使学生能够主动挖掘生活或学习中的各类思政元素，达到专业教育与思政教育同向同行、形成协同效应。

4.2 考核评价融入课程思政内容

课程思政考核评价主要围绕学生的知行合一，将课程思政的内容融入平时的学习生活中，根据课程特点结合具体案例有效融入课程思政，做到润物细无声，不使学生反感思政内容太生硬。在课程思政评价、考核方式中，调动学生的学习积极性，还要对学生做出公平、公正、客观的评价。采用课程讨论方式，在讨论中考核并结合学生自评及教师评价的方式，课堂表现与日常行为相结合进行评价等。通过学术问题研究、课内讨论等教学活动的考核，使学生在道德习惯养成上发挥课程思政的主渠道作用。通过课程思政的潜移默化融入，学生在学术不端行为、敬业精神、创新意识、家国情怀等方面都得到提升。

5 总结

服装专业融入课程思政从专业课程增设思政教学目标，教学大纲融入具体思政内容，课程在全教学过程贯穿思政教育，结合每门课程的特点，紧密围绕服装专业知识与纺织服装产业发展，培养学生严谨的学习态度，具有高度的责任感、认真细致的工作作风，这些是服装专业人员必备的职业素养。学生牢固树立标准、严谨的专业意识，并以服装专业知识的规范为基础，在各类实践中融入职业道德的教育，培养学生一丝不苟、精益求精的工匠精神，在学术研究中具有勇于探索和创新的钻研精神。使思政教育润物细无声的与课堂内容无缝衔接。

致谢

本文为新疆大学2021年研究生课程思政示范课程项目（XJDX2021YKCSZ18）的阶段性成果之一。

参考文献

[1] 石岩，王学俭. 新时代课程思政建设的核心问题及实现路径[J]. 教学与研究，2021(9)：9.

[2] 梁惠娥，崔荣荣，潘春宇. 服装专业设计与工程方向的

特色分析与研究[J].纺织教育,2006(5):42-44.

[3] 董育红.立德树人背景下广西地域文化"融入"高校课程思政教学与实践[J].现代职业教育,2022(3):4-6.

[4] 马萌,张阳.基于 OBE 理念的高校课程大纲的特点、价值与启示[J].德州学院学报,2022,38(3):107-110.

[5] 牛秋业.以专业课教学为平台创新思想政治教育模式[J].思想政治教育研究,2015,31(1):78-81.

[6] 丁枫.后冬奥时代服装设计专业课程思政教学研究[J].西部皮革,2022,44(7):85-87.

[7] 潘祥超,王海滨.在高校思想政治课中加强优秀传统文化融入的教学改革探索:基于习近平关于优秀传统文化思想政治教育价值的视角[J].绵阳师范学院学报,2018,37(12):21-26.

[8] 宋莹.坚守立德树人、推进课程思政:以服装设计与工程专业为例[J].辽宁丝绸,2020(4):66-67.

[9] 关于推动创新创业高质量发展,打造"双创"升级版的意见[Z].(国发[2018]32号).

[10] 关于深化高等学校创新创业教育改革的实施意见[Z].(国办发[2015]36号).

Research and practice of ideological and political teaching reform in course of clothing design and engineering

XIAO Boxiang, LIU Zhengdong*

Fashion Art and Engineering School, Beijing Institute of Fashion Technology, Beijing, China

Email address

boxiang_xiao@ 163. com（XIAO Boxiang）, jsjlzd@ bift. edu. cn（LIU Zhengdong）

Abstract：In order to implement the spirit of the 19th National Congress of the Communist Party of China（CPC）and the plenary session, promote the construction of high-quality curriculum ideological and political education comprehensively, the most important goal of the current education of colleges and universities in China is to integrate the ideological and political work system into the whole process of the talent training system, and build a comprehensive education mode for the whole staff. "Clothing Intelligent Manufacturing" is a professional course of clothing design and engineering. Under the background of emerging technology application needs, this paper carries out research and practice on ideological and political teaching reform of clothing design and engineering. Focusing on the intelligent manufacturing background, latest progress, key technologies, equipment for clothing products, and combining the case analysis and enterprise practices of intelligent manufacturing of clothing. It carries out ideological and political teaching system design, teaching resource case arrangement and research on the electronic resources construction of teaching courseware. It will help students to combine their clothing knowledge with the new generation of information technologies such as Internet of things, big data and artificial intelligence, and to achieve more comprehensive and accurate understanding of intelligent manufacturing in clothing industry. The work in this paper will promote the theoretical research and teaching practice of ideological and political content construction in "Clothing Intelligent Manufacturing" course, and innovate the ideological and political education mode of clothing design and engineering professional courses.

Keywords：clothing design and engineering；ideological and political education in course；teaching reform

服装设计与工程专业课程思政教学改革研究与实践

肖伯祥,刘正东*

服装艺术与工程学院,北京服装学院,北京,中国

邮 箱

Boxiang_xiao@ 163. com(肖伯祥) ,jsjlzd@ bift. edu. cn(刘正东)

摘 要:为贯彻落实党的十九大和全会精神,全面推进课程思政高质量建设,将思政工作体系贯通人才培养体系全过程,构建全员全程全方位育人格局,是当前我国高等学校教育的重要目标。"服装智能制造"是服装设计与工程专业课,本文开展新兴技术应用需求背景下,服装设计与工程专业课程思政教学改革研究与实践,围绕服装类产品的智能制造背景、最新进展、关键技术、装备等环节,并结合服装智能制造案例分析和企业实践,进行创新精神课程思政教学体系设计、教学资源案例整理、教学课件电子资源建设研究。帮助促进学生将所学服装知识与物联网、大数据、人工智能等新一代信息技术相结合,对服装智能制造有全面准确的认识。推进"服装智能制造"课程思政建设理论研究和教学实践,创新服装设计与工程专业课程思政建设模式。

关键词:服装设计与工程;课程思政;教学改革

1 引言

十九大以来,以习近平新时代中国特色社会主义思想为指导,贯彻落实党的十九大和全会精神,坚持立德树人,发挥教师队伍主力军、课程建设主阵地、课堂教学主渠道作用,强化示范引领,强化资源共享,全面推进课程思政高质量建设,将思政工作体系贯通人才培养体系全过程,构建全员全程全方位育人格局,是当前我国高等学校教育的重要目标[1-10]。习近平总书记在全国高校思政工作会议上明确指出:要贯彻落实思想政治工作,充分发挥课堂教学的作用,思想政治理论课程要不断创新改革,形成教育合力[1]。高校思政课是当前意识形态斗争的重要阵地,关乎广大青年学生世界观、人生观、价值观的塑造,为青年学生一生打下坚实的基础。

将思想政治教育工作与专业技术教育有机融合,将传统的思政课程转化为课程思政是我国新时代、新形势下高等教育的重要特点,全面推进大思政背景下的课程思政建设,是形成专业课与思政课协同育人的重要举措,不仅是高校完善思想政治教育工作、实现立德树人目标所面临的重大课题,也是专业课程改革的重要研究内容。围绕课程思政的意义内涵、实现途径、教学改革、评价体系等各个方面,国内众多研究机构和学者开展了大量的研究工作[1-10]。基本形成以下观点:

(1)高校课程思政建设具有重要的意义和时代发展必然性;

(2)高校课程思政建设亟需开展深入的理论方法研究建立科学体系;

(3)课程思政与专业课程教育教学紧密结合协同发展;

(4)在专业课程教学内容设计中挖掘课程思政的融入点和增量价值;

(5)需要建立科学合理的课程思政建设评价方法体系。

面向高等教育、职业教育的基础课以及理工、文史、财经、艺术等多个不同学科门类的教师也针对本专业的特点,开展专业课程思政元素的挖掘与融入研究,为各自学科的课程思政理论研究和内容建设提供了重要的研究基础,也为各个学科专业的课程思政实践提供技术参考。针对服装设计专业课程思政建设,许多研究人员等提出教学改革融入点和创业教育与服装艺术设计专业教育的融合路径[11-16]。

2 服装设计与工程专业课程思政内涵

服装设计与工程是纺织科学与工程下的传统学科,兼具设计学科和工程学科的特点,从设计学科的角度,重点在于培养学生的设计思维,体现新思维、新潮流、新时尚;从工程学科的角度,在新工科背景下重点培养学生对新技术的理解和掌握以及运用能力,体现学生对互联网、大数据、人工智能等新技术与传统的服装工程相融合创新的能力。因此,服装设计与工程专业课程思政内涵主要从以下几个方面考虑[14-16]。

2.1 设计思维培养中的课程思政

高等教育中课程思政的本质目的是贯彻落实党和国家培养合格的社会主义建设者和接班人的政策方针,在服装设计与工程专业课程中培养学生设计思维的角度,就需要从文化内涵、价值导向等方面入手。服装设计学科具有艺术设计的特点,而时尚行业又于国际潮流联系紧密,学生的思想容易受到国际上多种思想声音的冲击和影响,所以,需要强调文化自信,从我国优秀传统文化和新时代社会主义建设的精神财富中寻找设计源泉和设计力量;在课程思政教育教学方式和素材选择方面,要突出中华民族优秀文化元素和独立自主的精神思想;在服装服饰产品的设计目标需求导向方面,引导学生不要盲从西方社会的资本奢侈品文化错误导向,强化为服务我国当前的乡村振兴事业、脱贫攻坚事业、全面建成小康社会和中华民族的伟大复兴事业而服务的价值取向。从思想上、理论上、方法上建立正确的设计思维价值导向和理论体系,是服装设计学科专业课程思政内涵的重要体现。

2.2 新技术融合创新能力的课程思政

在互联网、大数据、人工智能等新技术应用背景下,服装设计与工程专业正面临着教学改革压力,针对智能制造大数据等技术,围绕服装类产品的智能制造背景、最新进展、关键技术、装备等环节,并结合服装智能制造案例分析和企业实践进行教学,使学生了解服装工程领域的国内外大环境背景,以及智能制造领域的最新进展,了解当前国际竞争的本质是科技实力和科技人才的竞争,强化学生时代责任感和历史使命感,培养学生勇于探索勇于创新的科学精神。结合服装产品的特征,学习服装智能制造概念、理论和主要技术,结合智能人体测量、智能辅助设计、计算机集成智能制造、企业智能化管理等环节的主题,学习相关的理论知识、技术方法和软硬件系统工具。"创新精神"逐渐成为科学研究和工程技术人员的必备素质之一,而"服装智能制造"课程在学生科学素质培养方面担负着重要任务,做好服装工程专业课程的思政教育建设十分紧要。

2.3 设计实践过程的课程思政融入点

服装设计与工程是学校的重点专业,也是国家和北京市一流学科建设专业,具有鲜明的艺工融合的特点,承担了建国 70 周年庆祝活动、建党 100 周年庆祝活动、2022 北京冬奥会等多项国家重大活动的服装设计任务,依托北京服装学院国家冬季运动服装装备研发中心、北京市服装产业数字化工程技术研究中心等实验室设备和项目开展技术实践,利用所掌握的信息化、智能化技术和知识,完成服装智能设计制版及服装智能制造实践。课程建设帮助学生将所学服装知识与物联网、大数据、人工智能等新一代信息技术相结合,对服装智能制造有全面准确的认识,为后期专业技术创新打下前期基础。随着科技的进步,智能技术应用几乎渗透到社会生产和生活的各个方面,既是未来科技创新的重要方向,也是科学思维的重要形式。为此,设计实践过程的课程思政融入需要在实践教学中挖掘学校艺工融合办学特色与"与美同行"理念,结合主流思政资源,为服装设计与工程专业课程梳理出具有一定指导意义的思政教育课程体系,努力做到专业课程不仅有思政要素,而且所述的思政要素可以促进、指导专业课程的学习。

3 服装设计与工程专业课程思政教学改革内容

服装设计与工程专业课程既包括传统的服装工艺、造型方法、生产管理等传统课程,也包括面临新技术需求导向的数字服装技术、服装智能制造、服装大数据等新兴课程,本文主要围绕新技术导向的服装设计与工程专业课程思政教学改革的需要,以理论讲授和实践操作结合的方式,讲述数据、数据可视化、数据分析以及支撑智能制造大数据的人工智能的理论、方法、工具和解决方案,培养学生对服装行业互联网、大数据人工智能等新一代信息技术的认知和理解能力,培养学生新产品新技术的实践能力和创造创新能力,通过本课程学习有助于学生未来在企业事业单位行业分析、数据整理、大数据系统设计、智能应用设计研发,以及新产品和流行趋势研究等工作。

服装设计与工程专业课程思政教学改革内容建设目标是通过搜集整理服装智能制造领域的创新精神相关内容资源,利用思维导图方式构建服装智能制造等新课程创新精神课程思政教学体系,完成融合教育教学过程的课程思政教学资源,包括教学目标、教案、电子资源、讲义、实验设计方案等,形成服装设计与工程中的课程思政教育教学方法的创新模式。重点解决服装工程领域的课程思政理论方法研究、课程思政资源搜集建设、课程思政教育教学体系建设等问题,强化课程理论技术知识点与课程思政要点的深度融合。

3.1 课程思政教育教学思维导图

思维导图(mind map)是表达发散性思维的有效图形思维工具,是一种简单有效的实用性思维工具。思维导图源于脑神经的生理思维模式和人类多感官的学习特性,采用以放射性思考为基础的组织方式,对学生提高学习效果有着重要的作用。思维导图在实施的过程中图文并重,把各级主题的关系用相互隶属与相关的层级图表现出来,把主题关键词与图像、颜色等建立记忆链接。服装设计与工程专业课程思政教育教学的内容和组织形式可以利用思维导图的方法,以服装智能制造创新精神教育为中心,以新一代信息技术的发展和应用为主线,将创新精神课程思政要点内容融入各级教学知识点,构建创新精神课程思政教育知识思维导图,突出创新精神培养教育的焦点;突出当代青年学生创新创造的时代需求的主题,结合国家政策和时代背景,以及新时代的经济社会发展趋势,分层次展开,建立各分支和章节技术知识点与创新精神的紧密联系,便于记忆整理,易于把握相互关系,从而明晰地表达服装工程新技术专业课程与思政教育有机融合的架构体系。

3.2 课程思政资源内容挖掘与整理

服装设计与工程专业课程融入新技术的应用,服装数字化、服装大数据、服装智能制造课程属于新兴技术专业课程,主要知识点与时政热点贴合度较小,因而构建思政教育与本课程融合度高、趣味性强、具有指导意义的课程体系具有一定的难度,为此,在内容建设中挖掘学校艺工融合办学特色与"与美同行"理念,进行服装智能制造创新精神课程思政资源内容挖掘与整理。主要包括唯物辩证法、党史理论著作、国家历史传统文化资源、国际形势时事政治热点事件等主流思政资源。例如,我国社会主义建设和改革开放以来取得的伟大建设成就,增强学生的四个自信;邓小平的科学技术是第一生产力,指出自然科学与工程科学的重要性;人工智能是当今时代发展前沿热点,引出本课程的重要性和前瞻性;习近平强调的"创新思维",引出对青年学生的创新创造能力培养的重要性;"卡脖子技术"危机教育,主流的二维、三维设计软件与国外相比我国尚有一定差距,增强学生的危机意识和报国意识;安全保密教育,增强学生的保密意识。介绍学校规划的主流学科竞赛,激发学生为母校争取荣誉的自觉性,增进学生解决现实需求的紧迫感,激发学习与应用的兴趣。

3.3 课程思政融合课件资源建设

在服装智能制造等新兴技术专业课程思政思维导图组织结构基础上,系统整理课程各章节的所有知识点,整理对应的创新精神教育课程思政资源要点,建立图谱,明确相互之间的联系和层次关系。然后按章节知识点分布,制作课程教案、PPT 电子资源,针对典型课程思政资源,制作专门的图片、图示、图标、视频等形式的教学资源,将课程思政建设资源以文字、图片、视频等方式与课程知识点深度融合,力求不流于表面,不拘泥于形式,融入课程内容而不突兀,体现在课堂教育教学和学生实验实践过程中自然地进行思政教育,在课程考试考核环节融入创新精神课程思政的体现形式,通过过程考核与结课考试的方式强化学生"学以致用"的能力;撰写配套的讲义文档,设计并撰写实验设计方案。最后按照培养目标和课程设置教学日历进行教学工作,并通过专家指导、专家听课评教、学生互动评教的方式实现课程内容的评价反馈,根据反馈意见进一步修改课程资源,改善教学方法。

4 结论

本文围绕服装设计与工程专业的课程思政建设与教育教学改革目标,针对目前课程思政理论体系不完善、教学资源缺乏等问题,结合当前我国高等教育课程思政的宏观政策,分析服装设计与工程专业课程思政内涵,探讨课程思政教学改革内容与资源建设方案。通过服装设计与工程专业课程思政建设,能够实现互联网、大数据、人工智能等新一代信息技术与服装生产应用融合的"创新精神"课程思政体系建设目标。信息技术与经济社会的交汇融合引发了数据迅猛增长和人工智能技术的迅猛发展。数据成为国家基础性战略资源,智能技术推动工业制造4.0的创新驱动发展。我校的本科教育逐步向时尚领域的特色培养发展,时尚设计很多离不开新技术支撑,要求设计人员具有很强的服装行业数据分析和市场把控能力,对于人工智能的交互手段也要有深刻理解。结合服装设计与工程学科专业特点和专业育人要求,挖掘"创新精神""工匠精神"的思政教育资源,优化课程思政内容供给。全面推进服装智能制造课程思政建设理论研究和教学实践,创新课程思政建设模式,体现学校艺工融合办学定位和与美同行理念目标,达到对学生价值塑造、知识传授与能力培养的效果。

致谢

本文为基金项目:北京服装学院课程思政教改专项《服装智能制造创新精神课程思政建设》(KCSZZT-2103);2020年北京市高等教育本科教学改革创新项目《数字时尚赋能服装人才培养与融合创新》;北京服装学院教改项目《服装大数据与人工智能课程建设》(JG-2102)的阶段性成果之一。

参考文献

[1] 习近平. 把思想政治工作贯穿教育教学全过程 开创我国高等教育事业发展新局面[N]. 人民日报, 2016-12-09.

[2] 姚静. 构建新时代高校理科课程思政教育长效机制的研究[J]. 高校地质学报, 2022,28(3):306-309.

[3] 奚丽萍. 课程思政的问题向度与逻辑分析[J]. 高教学刊, 2022, 17:173-176.

[4] 董必荣. 论课程思政的本质与内涵[J]. 财会通讯, 2022,12:21-26.

[5] 何玉海. 关于"课程思政"的本质内涵与实现路径的探索[J]. 思想理论教育导刊, 2019(10):130-134.

[6] 杨金铎. 中国高等院校"课程思政"建设研究[D]. 长春:吉林大学, 2021.

[7] 郝德永. "课程思政"的问题指向、逻辑机理及建设机制[J]. 高等教育研究, 2021,42(7):85-91.

[8] 王学俭,石岩. 新时代课程思政的内涵、特点、难点及应对策略[J]. 新疆师范大学学报(哲学社会科学版), 2020,41(2):50-58.

[9] 张大良. 课程思政:新时期立德树人的根本遵循[J]. 中国高教研究,2021 (1):5-9.

[10] 殷世东,余萍,张旭亚. 课程思政话语体系的历史演进、课程论意义及其未来路向[J]. 中国教育科学, 2022,5(2):95-106.

[11] 李申森. 课程育人背景下的服装设计专业创新人才培养模式构建[J]. 西部皮革. 2022,44(13):77-79.

[12] 王伟. 服装设计"课程思政"融入点思考[J]. 北京印刷学院学报. 2021,29(S2):176-178.

[13] 王倩. 生态教育视域下高等教育课程思政建设:以服装设计专业为例[J]. 艺术与设计(理论). 2021,2(12):147-149.

[14] 阮艳雯,谈伊妮,顾力文,等. "新工科"背景下服装设计与工程专业"服装设计基础"课程教学改革[J]. 纺织服装教育. 2021,36(5):455-458.

[15] 陈金玲. 创业教育与服装艺术设计专业教育的融合路径[J]. 棉纺织技术. 2021,49(12):102-103.

[16] 马杨林. 创新创业教育与服装设计专业课程的有效融合[J]. 西部皮革. 2021,43(18):125-126.

Ideological construction research on the integration of ecological civilization thought into textile professional courses in colleges

YAN Hongqin*, LI Wei, ZHANG Chaohui

Institute of textile and garment, Anhui Polytechnic University, Wuhu, China

Email address

52828516@ qq. com(YAN Hongqin) ,447499079@ qq. com(LI Wei)1732979620@ qq. com(ZHANG Chaohui)

Abstract：Aiming at the problems existing in the ideological and political education of "Textile Chemistry", according to the characteristics of the course content is closely related to the daily life and the sustainable development of the ecological environment, ideological and political elements of environmental protection were organically integrated into the knowledge system and experimental design taking daily life as mapping points, which were explored and practiced through many teaching methods such as video, group discussion, heuristic and example analysis, improving the ecological civilization literacy of students. We should adhere to the combination of professional knowledge imparting and thought guidance, outstanding historical stories and current political hot spots introduced in teaching content have strengthened students' traditional cultural identity and national feelings, which help to cultivate application technical talents of textile specialty who have environmental awareness and the concept of sustainable development.

Keywords：ecological civilization thought; textile speciality courses; ideological construction

生态文明思想融入高校纺织专业课思政建设研究

闫红芹*,李伟,张朝晖

纺织服装学院,安徽工程大学,芜湖,中国

邮　箱

52828516@ qq. com(闫红芹) ,447499079@ qq. com(李伟), 1732979620@ qq. com(张朝晖)

摘　要:针对目前"纺织化学"课程思政教育现状,结合该课程内容与日常生活和生态环境可持续发展息息相关的特点,以日常生活为映射点,通过视频、小组讨论、启发、举例等多种教学形式将环保思政元素有机融入教学内容和实验设计中,提高学生的生态文明素养。坚持德育和专业知识传授相结合,穿插优秀历史故事和时政热点,增强学生的传统文化认同感和家国情怀,有助于培养具有环保意识和可持续发展理念的纺织专业应用技术人才。

关键词:生态文明思想;纺织专业;思政建设

1　引言

作为我国重要的支柱性产业,纺织业呈现生态化、功能化、清洁化发展趋势,绿色纺织已成为我国纺织工业的新内涵和发展的新驱动力[1]。2016 年,习近平总书记提出[2]:"各类课程与思想政治理论课同向同行,形成协同效应。"2020 年教育部印发了高等学校课程思政建设指导纲要,提出全面推进课程思政建设,立德树人成效是检验高校一切工作的根本标准[3]。为适应纺织行业发展的需求,贯彻国家对人才培养的政策与精神,高校承担着专业知识传授和思想政治教育的双重功能[4]。"纺织化学"是纺织工程专业的核心课,是化学基础知识与现代纺织技术紧密结合的一门交叉学科,目前纺织企业对于节能减排技术的创新与绿色生产的要求,亟需大量具有纺织与化学交叉学科知识结构的复合型工程人才。因此,本文以纺织行业绿色发展背景和学校大力推动课程思政示范课建设为契机,将绿色生产可持续发展理念与"纺织化学"课程思政建设相结合,对相关课程思政建设及纺织行业人才培养提供一定参考。

2　环保思政元素融入课程内容的教学方法设计

要求学生通过该课程的学习理解并掌握纺织生产过程中的基本化学加工原理、工艺及方法，熟悉常用化学助剂的主要作用原理、性能和用途，具备对纺织生产领域涉及的化学问题进行分析并解决实际问题的能力，深刻理解纺织工程专业与环境保护和可持续发展的要求，以适应现代化纺织绿色生产对复合型技术人才的需求。

课时减少而考核标准未变动的情况下，如何巧妙地

将课程思政德育元素"生态文明精神"融入课堂教学内容中，是"纺织化学"课程组要解决的首要问题。该课程内容尤其是表面活性剂和日常生活相关性较大，可引入的思政元素丰富[5]。在相关知识点设计贴近生活的案例，使深奥复杂的理论知识通过常见的生活现象展示出来，以此为映射点依次展开原理、应用、工艺流程等相关知识，引导学生掌握化学基础知识中的内在规律，使复杂内容变得简单、形象。课程组以环保绿色生产为切入点，采取合适的教学方法将环保元素落实到每一章节课程教学内容中，见表1。

表1　环保思政元素融于教学内容及相应教学方法

教学内容	日常生活举例	环保思政元素	教学方法
洗涤剂	洗衣粉、洗衣液、肥皂、洗发水、沐浴露等	合成洗涤剂对环境和健康的危害 无磷配方洗衣粉 古人植物中药洗涤及配方	视频教学法 播放央视"洗涤剂的难言之隐"纪录片，强生婴儿沐浴露致癌索赔案
洗涤原理	自动洗衣机程序	家电企业开发自动回收洗涤水功能，节约用水	讨论式教学法 生活用水回收，低耗生活与社会可持续发展
拒水拒油原理	免洗织物	氟表面活性剂处理织物，使织物防水防油，无须洗涤；废弃纺织品吸附油污，水面油污染环境治理	启发式教学法 拒水拒油的反向过程是润湿渗透
成纤高聚物	常用纺织纤维面料	大部分化学纤维是石油副产品，不能自然降解 开发天然纤维	举例+讨论式教学法 介绍李毓陵团队开发牛角瓜纤维 白色污染问题
纺织浆料	浆糊、米汤	PVA合成浆料不分解，污染环境，欧盟已禁止 绿色环保浆料	启发式教学 完全无污染绿色浆料尚未开发出来
绢纺原料初加工	手工蚕丝被	目前工厂采用的精练方法高能耗，化学药品污染环境 唐代胰酶处理法	视频教学法 播放李子柒制作蚕丝被和香云纱视频
羊毛初加工	洗头发	传统洗毛法耗费大量水资源、化学试剂，对环境危害大	启发式教学法 超声波和微生物洗毛新技术
麻纤维初加工	沤麻	传统脱胶方法对环境影响大，探索新型脱胶技术	视频+讨论式教学法 播放"浏阳夏布"纪录片 麻纤维种类及开发

2.1　视频教学法

视频教学法是在课程中适当插播与授课内容有关的动画、纪录片、宣传片等影视资料，具有形象、生动、直观的特点。表面活性剂的分类和应用部分内容较多，为增强学生对知识点的理解和记忆，根据该部分内容和生活紧密相关的特点，采用视频教学辅助多媒体教学的方

式进行。例如，阴离子表面活性剂的结构和性能的讲授是通过生活中常见各类洗涤剂如肥皂、洗衣粉、洗衣液、洗发水、沐浴露等，课堂上播放"合成洗涤剂发展历史"动画，使学生了解古人纯天然洗涤剂到合成洗涤剂演化再到绿色环保洗涤剂的回归，是社会可持续发展的体现。表面活性剂的副作用是通过播放"洗涤剂的难言之

隐"纪录片,钟南山院士的谈话和鲜活事件与触目惊心的统计数据让学生对各类合成表面活性剂对生态环境、人体健康的潜在危害印象深刻。课堂上适当介绍一些生活小妙招、偏方,比如洗碗用碱面或面粉代替洗洁精、洗发用皂角或发酵淘米水。结合时下流行的古装剧宫廷剧出现的《本草纲目》中美发洁面养颜的中药配方,使学生产生浓厚兴趣。同时佐以美国强生婴儿沐浴露致癌索赔案例,从生活中接触到的各种化学表面活性剂扩展到纺织工业生产,引导学生对绿色表面活性剂的思索和探讨,使学生理解绿色生产可持续发展并不是高不可攀,而是体现在生活的方方面面与每个人息息相关[6]。

天然蛋白质纤维中绢纺原料初加工章节,从我国悠久而古老的丝绸文化展开,将优秀的历史故事引入课堂,如丝织业的发展,促进了我国与世界经济、文化的交流,极大地提升了对世界的影响力[7],从古代著名的"丝绸之路"引申到国家"一带一路"政策,将文化历史和国家现代化建设有机结合,课程讲授中增加了学生的文化底蕴、爱国信念和民族自豪感。而通过贴近生活的例子真假蚕丝被的鉴别,易使学生产生共鸣并激发学习兴趣。讲授绢纺原料传统化学精练工艺时,引入古人真丝水涑(浣纱)法引导学生思考新型绿色精练工艺的优缺点。适时将网络热点、网红现象穿插进课堂,播放"李子柒制作蚕丝被和香云纱"的视频节选,使学生对中华民族瑰宝的传承和文化自信有强烈认同感。

2.2 讨论式教学法

讨论式教学法能体现以学生为中心并且学生能真正参与到课程内容和进度的教学要求。根据授课内容可灵活安排讨论方式,教师可以先讲解知识点,随堂讨论;也可预先提出问题,课后学生以小组形式查阅文献资料,课堂上各组之间讨论、交流意见;为体现以学生为主体的课堂教学方式,部分内容可采取学生、教师角色互换的方式[8],如将知识点进行分解,各小组负责不同内容讲解,这种讨论形式要求小组成员全员参与资料搜集、整理、总结及汇报PPT制作,课堂上小组对相应内容汇报演示后各组之间进行讨论。不管采用哪种方式,教师都要做及时的提示和适当的总结与鼓励性点评。

2.2.1 随堂讨论

表面活性剂的应用中洗涤原理较深奥,学生不易理解和掌握,通过PPT演示洗涤过程的图示并结合自动化洗衣机程序设置(浸泡—洗涤—漂洗—脱水)的讲解,化繁为简,使复杂原理形象、简单易懂。随后引导学生思考洗涤各过程中用水量及洗衣水回收问题,扩展到其他生活用水如淋浴水的回收,通过随堂讨论,学生为家电企业和房屋建筑企业提出了一些有创新、有特色的意见,使学生体会到平常生活中节约用水低耗生活与社会可持续发展的关系。

2.2.2 分组讨论

成纤高聚物中的合成高分子材料在生活中大量使用,如塑料袋、外卖餐盒、饮料杯等塑料制品,带来日益严重的白色污染问题,生态环境恶化、濒危物种增加、人体健康受损。提出问题"什么是白色污染,如何减少"。学生自由组合3~5人/小组,课后查资料并分组讨论白色污染及解决途径,各组讨论后教师介绍可降解环保塑料和吃塑料的微生物等最新科学研究及技术,使学生进一步建立绿色环保生态意识,从自身做起,自觉地在日常生活中减少塑料制品的使用。

2.2.3 角色转换

天然纤维素纤维初加工章节概述部分以"各类麻纤维开发应用"为主题,提前至少一周布置小组知识点分支,小组成员内部自行分配任务,每组推选代表在课堂上进行汇报,小组成员对汇报内容进行补充,汇报结束后教师和其他组同学针对汇报内容自由提问,小组所有成员负责答复。实践表明,讨论式教学法能极大调动学生课堂参与度和学习积极性,课堂气氛活跃、思维开阔,带着问题听讲以及角色互换的方式使学生对知识点的理解更透彻,同时了解到学科发展前沿和高新技术,提高了学生对专业的认可度。讨论式教学法有助于培养学生团队意识,使学生懂得个人和整体的关系,只有全体成员的共同努力才能团队胜出,提高了学生团队协作能力。

2.3 启发式教学

表面活性剂的拒水拒油原理讲解时可以提出问题"为什么液滴在荷叶的表面滚动",引出防水材料的制备,进一步启发学生防油污材料的制备原理,比如用氟表面活性剂处理织物,使织物防水防油,可开发免洗织物、无需洗涤或减少洗涤次数,节约水资源;废弃纺织品用此类表面活性剂处理后做吸油材料,可用于水面油污的环境治理,使学生理解绿色生产的内涵不仅在于产品生产过程、使用过程的绿色环保,还包括产品废弃之后的回收再利用和自然降解,即"源于自然归于自然"。由拒水拒油原理的反过程引导学生思考润湿渗透原理和相应助剂的作用,用硅烷处理织物使其表面疏水亲油,则可作为油水分离材料。引申出任何事物及现象都有两面性、分析问题要一分为二,免洗织物虽然使用方便能节约用水,但成本增加使用一定时间后效果下降。纺织行业绿色生产虽然有的技术不成熟、成本高于传统方式,但对环境有益、资源消耗少,从长远来看企业、行业乃至整个国家都要坚定走可持续发展的道路,最终获得生态环境和经济效益的双赢,实现人类与自然的和谐共处。

2.4 举例教学

成纤高聚物章节涉及各种合成高分子纤维的结构性能和特点,使学生了解化学纤维逐渐取代传统的天然纤维已成为纺织工业的主要原料,但化学纤维来源于石油资源且其废弃物不可降解,面对全球石油资源的枯竭,从自然界中寻找并开发天然高分子纤维是未来民用纺织纤维发展的方向。介绍东华大学李毓陵团队坚持十几年在云南红河地区研究牛角瓜纤维,经过无数次试验,独创"微波开果"解决牛角瓜规模化种植后高质量提取果实纤维的农业问题,团队又坚持不懈地研究该纤维由于天然中空而导致的纺纱难题,纺制出各种性能良好的牛角瓜纱线,和企业合作开发出具有丝绸滑爽质感的机织和针织面料,已实现产业化生产。牛角瓜在红河地区规模化种植振兴了边远乡村经济发展,是当地扶贫帮扶的成功范例[9]。当代大学生应该学习李毓陵团队这种独辟蹊径、锲而不舍的科学精神和不畏艰苦、无私奉献的爱国精神。

3 环保思政元素融入实验环节的设计

"纺织化学"课程内容和实际生产联系密切。教学目标之一是学生能够在纺织工程实践项目(合成纤维生产、上浆、天然纤维初加工)中考虑环境保护和可持续发展的问题,并具备对纺织生产领域内涉及的化学问题进行分析、解决实际问题的能力。随着总课时压缩,实验项目也相应减少,改为小班制教学后,为保证授课效果,课程组对实验项目进行优化、整合设计,每组学生人数控制在 4 人以内,有助于增加团队凝聚力和荣誉感。实验内容设计见表 2。

以"天然纤维素纤维初加工"实验为例,实验类型由操作性更改为综合设计性后,保留了原来实验原理和仪器操作介绍,但脱胶工艺和具体配方要求学生查阅文献资料,结合所处理麻纤维的种类和特点以及纺织行业发展要求,通过综合、创新性设计,如何即能达到脱胶要求又能体现环境保护和可持续发展?麻类纤维脱胶方法很多,实验老师对各组实验方案把关并完善,试验结束后对各组结果进行对比分析总结,使学生深入理解实验原理和工艺,对绿色生产的切身体会有助于在以后从业中坚持环保理念。

表 2 课程实验设计

实验项目	实验内容	实验类型	环保思政元素
阴离子表面活性剂认识	洗涤剂配置	操作性	无磷洗衣粉、纯天然洗涤剂
天然蛋白质纤维初加工	羊毛洗涤	综合设计性	新型洗毛方法(干洗、超声波)
天然纤维素纤维初加工	麻纤维脱胶	综合设计性	新型脱胶方法(超声波、微波、生物酶、汽爆)

4 结论

随着社会经济的不断发展,绿色生产已成为纺织行业发展的主流和方向,高校承担着专业知识传授和思想政治教育的双重功能。"纺织化学"课程组挖掘并梳理与课程相关的德育元素,通过对课程内容教学方式和实验项目的设计,使环保思政元素真正有效融入课程,并结合专业课程特色及具体教学内容开展探索与实践研究。为培养具有生态文明思想和可持续发展理念的高素质应用型人才发挥积极作用。

致谢

本文为教育部产学合作协同育人项目《结合新工科建设的纺织化学课程体系改革》(202002015003)和安徽工程大学校级本科教学质量提升计划《纺织化学教学过程中课程思政建设与实践》(Xjky2020060)的研究成果。

参考文献

[1] 中国纺织工业联合会. 纺织行业"十四五"绿色发展指导意见[EB/OL]. (2021-07-10). http://news. ctei. cn/policy/hyzc/202107/t20210702-4156823.

[2] 习近平在全国高校思想政治工作会议上强调:把思想政治工作贯穿教育教学全过程开创我国高等教育事业发展新局面[N]. 人民日报,2016-12-09(1).

[3] 教育部关于印发《高等学校课程思政建设指导纲要》的通知[EB/OL]. (教高〔2020〕3 号)(2020-05-28). http://www. gov. cn/zhengce/zhengceku/2020-06/06/content_5517606. htm.

[4] 张俊,李屹旭. 课程思政推进中存在的问题及解决策略[J]. 教育教学论坛,2022(7):173-176.

[5] 吉婉丽,钟少锋,张奇鹏,等. 双向同行的课程思政模式研究[J]. 西部皮革,2022,44(5):66-68.

[6] 张晓普,饶品华. 习近平生态文明思想融入环境工程学科课程思政研究[J]. 六盘水师范学院学报,2022,34(2):82-87.

[7] 肖晓署. 课程思政视域下优秀传统文化融入中国民俗文化课程研究[J]. 景德镇学院学报,2022,37(1):75-78.

[8] 李婧,刘洪丽,李亚静等.《高分子材料成型模具基础》课程思政建设模式及评价体系探讨[J]. 高分子通报,2021(9):88-92.

[9] 东华大学新闻中心. 种瓜得"褂",东华纺织"科技+绿色"赋能红河谷乡村[OL]. https://news. dhu. edu. cn/2021/1215/c523a407399/page. htm.

New ideas and practices for the ideological and political construction of the course "Spinning Engineering" in the engineering education system

YANG Ruihua*, ZHANG Jing, SU Xuzhong, LIU Jihong, LIU Xinjin, FU Jiajia, XIE Chunping

School of Textile Science and Engineering, Jiangnan University, Wuxi, China

Email address

yangrh@ jiangnan. edu. cn (YANG Ruihua), 604463285 @ qq. com (ZHANG Jing), 5596924 @ qq. com (SU Xuzhong), 7485830@ qq. com (LIU Jihong), 782125286@ qq. com (LIU Xinjin), 37285425@ qq. com (Fu Jiajia), wuxxchp@ vip. 163. com (XIE Chunping)

Abstract: During the teaching of "Spinning Engineering", it was extracted he scientific development concept as the guide, philosophical thinking as the main line. It also concerned cultivating students' family and country feelings, personal character, perseverance and diligence. Especially, "the law of engineering" which included historical mission and social responsibility was correctly and naturally integrated into the ideological and political teaching process of the new engineering concept. With this teaching law, students can fully understand the engineering system in the new construction system during learning professional skills. Moreover, it will cultivate excellent engineers in the new era of socialism. In addition, the teaching concept of this course provides a guideline for the ideological and political teaching reform of other engineering courses.

Keywords: ideological and political education; new engineering; law of engineering; spinning engineering; implementation plan

工程教育体系内"纺纱工程"课程思政建设新思路与实践

杨瑞华*,张菁,苏旭中,刘基宏,刘新金,傅佳佳,谢春萍

纺织科学与工程学院,江南大学,无锡,中国

邮 箱

yangrh@ jiangnan. edu. cn(杨瑞华), 604463285@ qq. com (张菁),5596924@ qq. com (苏旭中),7485830@ qq. com (刘基宏), 782125286@ qq. com (刘新金),37285425@ qq. com (傅佳佳), wuxxchp@ vip. 163. com (谢春萍)

摘 要: 以"纺纱工程"课程为例,提炼出以科学发展观为指引,以哲学思想为主线,以培养学生的家国情怀和坚毅勤奋的个人品格为目标,将包含历史使命、社会重任和国家发展的"工程之道"正确且自然地融入"新工科"课程思政教学过程,使学生在学习专业技术的同时全面认识工程体系,培养社会主义新时代的卓越工程师,为其他工科课程思政教学改革提供参考依据。

关键词: 思政教育;新工科;工程之道;纺纱工程;实施方案

1 引言

朱熹《论语集注》中有言,"德者,得也,得其道于心而不失之谓也。得之于心而守之不失,同终始惟一,而有日新之功矣。"其意思为通过学习逐步了解道的真谛,并且能发自内心的认同它,将其作为处事待人始终如一的标准,这才是能保证不断进步的、正确的求学之路,也就是儒家学者修身的过程[1-3]。工程教育的一项重要任务是将传统工科教育聚焦技术而轻工程体系即"工程之道"的现状进行完善[4-6]。这就要求工程教育体系下需要深刻认识工程之道,并让受教育者内心认同,在学习和工作中始终以工程之道为行事原则[7-8]。江南大学"纺纱工程"课程在建设有国家精品课程、国家精品资源共享课、国家精品在线开放课程的基础上,率先展开以"工程之道"为依托的新工科建设,提炼出

以科学发展观为指引,以哲学思想为主线,以培养学生的家国情怀、个人品格、坚毅勤奋为目标的工程体系教育,将"工程之道"正确且自然地融入教学过程,使学生在学习专业知识的同时接收到正能量,在工程教育体系下培养社会主义新时代"卓越工程师"。

2 "纺纱工程"课程体系的"工程之道"元素挖掘

"纺纱工程"为专业核心课程,本课程以工程教育体系建设为指引方向,创新教学模式,提高教学质量,塑造特色品牌,提出4个"工程之道"建设目标:

(1)以纺纱工程的原材料、前纺、纺纱及后加工的专业体系为背景,提炼出体现蕴含历史辩证、思维辩证、系统思维和创新思维的课程体系,在工程教学中贯穿哲学思想;

(2)以专业案例为导向,引导绿色纺织、节能环保的工程行业社会责任感;

(3)以纺织服装文化为线索,充分认识行业的社会价值,培养纺织行业高智商大学生的健全人格和道德情操;

(4)以纺纱行业发展历程为平台,构建工程教育体系下全新的实验实践方案,指引学生求真务实、开拓进取、创新诚信的学习科研观,使学生在学习专业技术知识的同时全面认识纺织工程体系在人类历史发展中的作用,培养社会主义新时代"新工科"人才。

3 教学设计

3.1 课程实施方案

课程思政实施方案是让学生认识到工科课程不仅只是学习技术更是全面认识工程体系的关键,需要潜移默化中引人入胜,于无声处里见实效[9-10]。本课程安排25%的课时实施项目引导与任务驱动的研讨式教学,采取以学习产出为目标的教学模式,实施工程教育体系下全新的多角度多元化教学方案,培养学生社会主义道德观和科学发展观,引导历史责任感。在纺纱企业典型产品为载体系统基础上,增设工程体系相关研讨和调研专题,采用案例分析式、问卷式、调研采访式及小组讨论式等方式进行融入式教学。工程体系即工程之道实施的基础为实践性、活动性、主动性、参与性、情感性及体验性,侧重于情感体验和行为锻炼,对学生进行全方位的工程系统教育。本课程采用案例分析、问题导向、调研采访、小组讨论等方法来提高学生学习的主动性,增强课堂教学的互动性。

3.2 工程体系的成果导向模式

工程教育体系下培养学生需要符合现代纺织行业的发展需求,使其具备纺织专业的基础理论、专业素养、专业知识和专业能力的同时,具有社会主义核心价值观的健全的人格、批判与创新精神、高尚的职业道德和社会责任感,具备实现全面、自由和终身发展的能力[7-8]。工程体系尤其凝练出的"工程之道"的意义需要恰当的考核方法。本课程采取完成行业研讨报告的形式,即激发学生深层次的专业思考能力,又可以作为检查学生对"工程之道"掌握和认识程度的考核依据。主要包含3个报告:①纺纱行业发展历史及现状调研报告;②纺纱行业发展前景与智能化自动化展望;③纺纱行业资本在国民经济中的占比与金融地位调研报告。

3.3 "工程之道"案例讲解

工程体系教育如何将工程之道作为课程的一部分实施无缝切入,是实施的难点。本小节通过教学实践,以纺纱行业的简史为线索,抛砖引玉引导学生进一步深入了解纺纱工程体系的过去、现在和未来。讲解内容与方案如下。

纺织工程被称为传统行业中的高科技产业,其历史久远。纺纱承接了纤维原料和服装面料的中间工序,承上启下,没有纺纱,就无从谈起服装面料(图1)。纺纱是一个神奇的工序,将地里采摘来的棉纤维,经过一道道工序,最终变成连续的细长的纱线,有了纱线,才有生产各种织物和服装的可能性。因此,自从黄道婆发明了第一台手摇纺纱机以后,纺纱就开始了其家庭作坊式的产业化生产,人类就彻底走出了衣不蔽体的时代。经过近800年的发展,尤其是第一次工业革命的起源,第二次工业革命的主要改革产业,第三次与第四次工业革命的试点产业,作为衣食住行中的重要民生产业,纺织行业是高科技的重要施展空间。

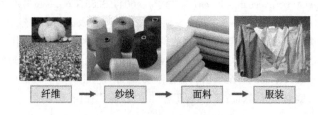

图1　纱线在纺织流程中的位置

其发展的过程也跌宕起伏,现在国内对纺织行业的认识多停留在纺织行业的疲软期,即第二次工业革命之后,19世纪90年代,由于产能与购买能力的不匹配而引起的行业灰色时期,而对国际国内现有纺织行业水平和消费能力认识不足。基于整个社会对行业的认识,学生对纺织专业缺乏信心和热情的现象,本案例从纺纱行业的过去、今天和未来进行讲解。随着自动化智能化的发展,现在纺纱设备的自动化水平日渐提高,粗细联、自动落纱、自动换筒等自动智能化装备日渐成熟,无人车间炙手可热,连德国工业4.0都把纺织工业纳入规划。20年前,万锭车间用工要400人左右,今天万锭用工10人左右,其中18000锭的细纱机车间用工可少到一人,

生产环境也得到彻底整治,清洁化去噪声化车间已经普及,无人车间推广范围激增等方面行业实际,引导学生以历史辩证、思维辩证、系统思维和创新思维的工程之道看待行业的发展,在工程教学中贯穿哲学思想(图2~图7)。

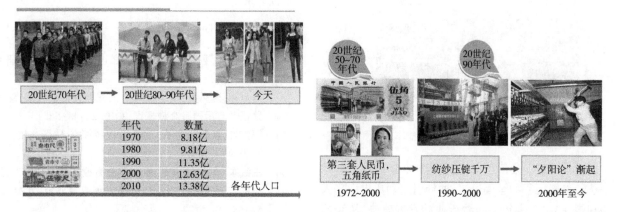

图2　中华人民共和国成立后纺织业的发展特征

图3　中华人民共和国成立后纺纱行业在国民经济中的地位

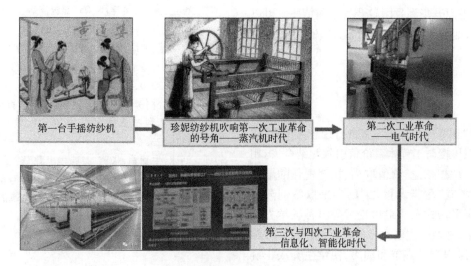

图4　全球纺纱行业的发展历程

图5　当前全球纺纱行业的现状

图6　世界纺纱工厂的智能机型

华兴基团万锭用工15人　　新疆溢达

无锡—棉长江精密纺纱车间

图7　我国现代纺纱工厂的智能车间

通过纺织行业发展历史,尤其近300年四次工业革命中纺纱发展历程的全面讲解,抽针引线剥离出中华人民共和国成立70多年来纺纱行业的发展轨迹,从全局和发展的角度清晰明了地展示纺纱行业的过去、今天和未来趋势,提升学生对专业的认知度,培养学生的专业热情和自信感,进而升华到爱国敬业的家国情怀。再以此为基础逐步按照表1实施相关内容,川流不息,潜移默化,润物无声。

4　结语

"纺纱工程"课程建设中以工程教育理念为指导,坚持工科技术知识传授与工程体系价值引领相结合,运用可以培养大学生理想信念、价值取向、社会责任的题材与内容,"工程之道"融于课程之"汤",采取案例分析式、问卷式、调研采访式及小组讨论式等多种教学方法进行融入式教学,并通过主题报告的考核机制检验教学效果,提升工程课程学习热情和动力,使学生养成正确的价值取向和理想信念,培养学生立足技术背景在工程体系内创新发展能力,成为德智体美劳全面发展的国家建设者和接班人。该门课程作为典型的工科课程教学,可以作为其他工科课程的课堂教学改革参考。

致谢

本文为国家精品在线开放课程(2018-1-0323)和江南大学本科教育教学改革研究项目(JG2019021)的阶段性成果之一。

参考文献

[1] 李培根,工程教育的"存在"之道,高等工程教育研究,2019(4):1-4,72.

[2] 肖凤翔,陈凤英.斯坦福大学工程教育创新发展:缘由、路径及启示[J].高教探索,2020(2):48-56.

[3] 郑洁红,新时代高等工程教育改革探究,中国高校科技,2020(4):67-70.

[4] 王武东,李小文,夏建国,工程教育改革发展和新工科建设的若干问题思考[J].高等工程教育研究,2020(1):52-55,99.

[5] 卡尔·米切姆.技术哲学[M]上海:上海交通大学出版社,2008.

[6] 鲁正,武贵,吴启晨,等.德国高等工程教育及启示[J].高等建筑教育,2014,14(6):54-58.

[7] 李明慧,曾绍玮.国外高等工程教育与产业的契合经验及启示:基于德国、美国、法国三国的分析[J].中国高校科技,2020,4:54-58.

[8] 张满,乔伟峰,王孙禹.引领工程教育创新发展　培养一流工程科技人才[J].高等工程教育研究,2019(2):117-123.

[9] 刘冰,牛莉莉,张璐."课程思政"建设中专业教师的主体作用[J].纺织服装教育,2018,33(6):439-442.

[10] 张兴海,李姗姗.高校课程思政改革的"四论",中国高等教育,2020(13):7-9.

Reformand practice of "Fibrous Materials Science" course for nonwoven materials and engineering major

YANG Xuhong*, LIU Yuqing

College of Textile and Clothing Engineering, Soochow University, Suzhou, China

Email address

yangxuhong@ suda. edu. cn (YANG Xuhong), liuyuqing@ suda. edu. cn (LIU Yuqing)

Abstract: In the traditional teaching mode, there are some problems such as passive learning, forgetting after learning and inactive thinking in class. In view of these problems, considering the features of Nonwoven Materials and Engineering major, the teaching reform and practice are carried out for the course of "Fibrous materials Science", mainly centering on the integration of knowledge points, the combination of a variety of teaching mode and the diversification of exams. It aims to improve the students' learning initiative and critical thinking, deepen the understanding of knowledge and its application, and enhance the sense of teamwork and communication skills.

Keywords: Fibrous Materials Science; Nonwoven Materials and Engineering; teaching reform and practice

非织造材料与工程专业"纤维材料学"课程改革与实践

杨旭红*,刘宇清

纺织与服装工程学院,苏州大学,苏州,中国

邮 箱

yangxuhong@ suda. edu. cn(杨旭红),liuyuqing@ suda. edu. cn(刘宇清)

摘 要:本文针对传统教学模式下学生被动学习、前学后忘、课堂上思维不活跃等问题,结合非织造材料与工程专业的特点,围绕知识点的贯穿融合、多种教学模式的有机结合和考核方式的多样化等对"纤维材料学"课程开展教学改革与实践,旨在提高学生的学习主动性和思辨能力,加深对知识及其应用的理解,并增强团队合作意识和沟通能力。

关键词:纤维材料学;非织造材料与工程;课程改革与实践

1 引言

"纤维材料学"课程是我院非织造材料与工程学科的重要专业必修课程,其前身为纺织大类专业基础课"纺织材料学"。针对"纺织材料学"课程,国内已有多所高校围绕教学内容组织、教学环节和教学方法等开展了各种积极的探索[1-3]。鉴于非织造材料与工程学科是以定向或随机排列的纤维为基体材料,通过摩擦、抱合或黏合等方式制成产品的特点,我院在2019级教学计划修订时,将课程更名为"纤维材料学",以强调基体材料及其制品的形属性,而不限制其特定的加工手段,如机织、针织或非织等。本课程是学习后续纤维材料及制品制造技术、纤维材料改性技术和纤维材料表征技术

等课程的必要基础。学生在学习本课程之后,将掌握纤维及其集合体的结构和性能特征,理解影响材料性质与功能的因素和机理以及材料结构与性能之间的相互关系[4],具备理解学科全貌的基础知识与技能,能够对本学科从纤维原料到加工到产品形成整体认识,熟悉专业的学科知识体系。

本课程涵盖范围庞大、知识内容繁多,为了在学时数较少的情况下更好地达成课程目标并提升课堂教学效果,本课程组结合苏州大学纺织与服装工程学院非织造材料与工程专业"纤维材料学"课程教学的实际情况,对课程的教学方法、教学内容和考核方式等进行了改革与实践,以期在多种方法有机结合的教学模式下,使学生了解非织造材料与工程学科的本质问题、研究方向和未来发展,掌握纤维材料及其制品的开发应用原

理,能够运用材料学的基础知识和工程原理对非织造工程中的复杂问题提出解决方案,并通过课外线上线下学习资源的使用和团队研讨式的学习,获得自我探索、凝练问题、反思学习及团队沟通合作的能力。

2 课程改革方案

本课程改革拟重点解决传统的讲授式教学模式下学生被动学习、前学后忘、课堂上思维不活跃等问题,引导学生将多学科思维融合、产业技术与学科理论融合,主动思考,训练学生贯穿式地应用学过的知识解决实际问题的思维方式,在知识传授的同时着力培养学生思考辨析能力及解决复杂问题的综合素质和创新精神。

2.1 教学内容的组织

非织造材料与过程专业与纺织大类中的纺织工程专业、针织工程专业的显著不同是:在产品加工成形中,通常无须经历纱线这个环节;但纱线成形的部分工艺和原理又与非织造材料的成网工艺和原理相似;而非织造工程中的聚合物成网工艺又与化纤纺丝工艺密切相关,因此,"纤维材料学"在内容组织上,主要分两大模块,一是纤维的结构与性能及其相互之间的关系,二是纤维集合体(包括一维集合体和二维集合体)的成形及结构与性能。在纤维模块,加大化纤成形工艺和理论的比重;在纤维集合体模块,注重影响纤维集合体结构和性能的一般性规律和原理的探讨。

同时,为了增强各部分内容之间的有机联系,避免死记硬背和知识碎片化导致的"考完就忘了",在教学过程中,改变了以往按教材章节顺序组织教学内容的方式,并充分利用教学网络平台发布学习资源和学习任务等,设计一些开放性的问题,引导学生课后思考并将前后知识贯穿起来。设计思路注重前后知识点的贯穿和融合,通过设计合适的研讨主题和实践活动引导学生从被动学习知识向主动思考和利用所掌握知识分析问题的方向转变。

2.2 教学模式的改革

本课程的改革,首先在教学模式上,从单一讲授模式,变为讲授式、研究性、自学式和翻转教学等的有机结合,以丰富教学形式,活跃课堂气氛,提高学生学习兴趣和学习主动性,加深学生对课程知识的理解程度,培养学生针对某一知识点开展资料收集、整理和重点讲述的能力。

2.2.1 研究性教学

在过去的十年中,国内外有大量关于探究式教学方法的文章发表,显然,这表明了教育实践的重大变化。这些文章提倡以探究为基础的活动,认为建构主义教学方法优于传统的讲授,特别是指导—探究方法,一种基于建构主义观点的方法,对教学特别有用。显然,对探究式教学方法的显著兴趣证明了进一步的研究不仅着眼于教学的有效性,而且着眼于通过探究式学习的重要认知方面。

研究性教学并没有一个统一的定义。在经常被引用的 Prince 和 Felder[5] 的著作中提出了一个更一般的分类,他们使用"归纳教学方法"这个术语来描述一类教学方法,包括研究性学习、案例研究、基于问题的学习和即时教学[6]。

相关理论认为,人们在对同一问题进行讨论时,会相互激发思路,使学习的效率大为提高。探究式学习是一种通过知识构建过程来加强学习的方法。研究性教学的优势是:促进合作学习;吸引学生自主学习;增加批判性思维。研究性教学作为大学水平的教学策略的潜力被广泛讨论,因为它允许深入的知识建设,增加学习动机,发展学生的研究技能,以及他们的自我学习、自信、批判性思维和学术表现。研究性教学通过提供一个由探究过程激发的知识创造空间,有利于大学生进行有意义的学习[7]。

研究性教学是学生在学习课程知识的概念与原理时,教师为学生提供一些问题与事例,由学生自己通过观察、阅读、思考、实验和讨论等方式进行主动探究。这种方法是以学生为主体,在教师的引导下,学生积极自觉地探索、分析与解决问题。学生在基于探究式教学法的机制下,其自身的主体地位与学习主动性在课程学习过程中均能够得到有效提升,从而保证良好的课程教学效果[8]。

在研究性教学中,教师的角色主要是问题的提出和引导,鼓励学生积极主动参与教学,让学生开动思维,充分运用所学知识进行分析、判断、争论、提出不同意见,通过辩而明理,从而调动学生的学习主动性,提高学习效率,加深对问题的理解。因此,研究性教学是传统讲授式教学的有效补充,在传统教学方法奠定的知识基础上,更好地激发学生的学习兴趣,提高思辨能力。

本课程的具体组织方法如下:

(1)系统梳理本课程的知识点,提炼出适合学生进行探究的问题;

(2)穿插在传统教学模式开展过程中,根据所学内容,鼓励学生发现问题、提出问题;或适时地将问题抛给学生,引导学生制订研究计划,并通过数字图书馆、互联网、各种期刊等查阅文献,撰写报告;

(3)组织学生对相关问题进行交流讨论,充分地运用所学知识进行分析、判断、争论、提出不同意见,表达自己的观点并相互辩论;

(4)督促学生在交流讨论的基础上进一步修改完善研究报告。

2.2.2 自学式教学

自学式教学也是现代教育中常被采用的方法[9]。在自学式教学中,同样是以学生为主体,教师引导学生自学。自学教学法是以思考为基础,讨论为关键,讲解为导学,归纳为升华,教师追求的目标和结果,是通过学生的"学"体现出来。学生在自学过程中,其思维和其他心理活动处于积极主动的状态,因而可充分发挥学生学习的主动性和积极性,激发学习兴趣并养成良好的学习习惯。当今社会知识爆炸性地增长,人们只有不断学习才能适应工作和生活的需要。因此,学生具备较强的自学能力,是时代的要求,也是学生适应社会的要求。

对于"纤维材料学"课程中较为简单的内容,教师采用提问引导,让学生通过自学来寻找问题的答案。其过程是:

(1)教师在明确学习目标与内容的基础上,以较为简单的问题引导学生进入学习状态;

(2)教师布置学习任务,安排学习小组,让学生自主学习、讨论并形成报告;

(3)教师对学生的学习效果进行归纳总结。

2.2.3 翻转教学

翻转教学法是当今我国高校教学改革探索的新方向[10-12]。翻转课堂是指在课前让学生通过自主学习去分析、归纳与总结新知识,然后通过课堂上的互动交流使知识点内化,课后学生在巩固知识的基础上,运用所学知识去分析问题、解决问题,从而获得掌握新知识的能力[13]。翻转教学目标的实现,需要在全程教学中充分调动学生自主学习的积极性,培养学生自主学习的意识和能力,因而常与研究性教学和自学式教学有机结合使用。

此外,本课程还采用体验法、演示法和实践活动法等多种教学方法。

2.3 考核方式的改革

传统的考核方式主要由期中、期末考试和平时成绩组成。课程改革中采用了过程化考核。即在整个教学过程中除了期末考试以外,另设置6个过程化考核点,涵盖了课程中的知识要点,考核题目为专业与产业相关、与时俱进的开放式主观题。

课程成绩构成方法如下:

(1)过程化考核,包括小组报告和翻转课堂交流及阶段性测验,占总评成绩的60%。

通过小组报告和课堂交流表现检验学生课后查阅文献和自主学习的能力以及对所学知识的理解、掌握和灵活应用情况;根据教学模块内容进行阶段性测验,检验学生阶段性的学习效果。

(2)期末考试,占总评成绩的30%。

(3)平时作业、出勤、在教学平台上参与话题讨论的活跃程度等,占总评成绩的10%。

3 课程教学模式改革实践

3.1 "研究性"教学实践

3.1.1 教学活动安排

在完成某些章节的教学任务后,引导学生在课外查阅文献,自主学习相关拓展知识,并对已学知识进行总结、归纳和思考。学生在课后组队、小组讨论、分配任务、查阅文献并完成小组报告和PPT后,在课堂上或利用腾讯会议等线上方式(根据实际情况)进行小组汇报交流、组间相互提问讨论。

3.1.2 教学案例

案例一:在完成"常用纤维结构与性能"和"纤维的结构特征"教学任务后,布置课后思考题:根据不同纤维的拉伸曲线,讨论以下问题:长绒棉、细绒棉和亚麻等同为纤维素纤维(大分子结构相同),为何力学性能有较大差异?同为蛋白质纤维的蚕丝和羊毛,为何力学性能有较大差异?纤维不同层次结构是如何影响纤维性能的?通过分析讨论,使学生对于常用纤维的结构与性能知其然并知其所以然,从而避免死记硬背、张冠李戴的现象出现,同时提高分析问题的能力。

案例二:在了解"常用纤维结构与性能"和"差别化纤维"的基础上,提出以下问题并组织学生讨论:人类从天然纤维的形态结构中能得到哪些启示?异形纤维、复合纤维的灵感来源是什么?有哪些开发思路?并启发学生如何设计仿生纤维,讨论人类如何从天然纤维中获得启示,人工模仿相似的结构,提出想法和思路。以此培养学生积极思考、独立探究、自行发现并掌握相应原理的能力和基于教材但不限于教材的自主学习和思辨能力。

3.2 "自学+探究"教学实践

3.2.1 教学活动安排

为了让学生体验纤维表面特征及其对纤维性能的影响,并应对学时数有限的现状,设计了"自学+实践活动+体验法"教学。具体安排:首先,教师对纤维表面的内涵、纤维表面特征、纤维的摩擦性质和纤维的浸润现象进行概括性介绍,随后布置学生在课后通过自学方法进一步学习基本知识;其次,根据教师设计的实践活动提示和引导,学生自行确定实践方案;再次,对实践方法、过程、结果进行描述和分析并形成小组报告;最后,在课堂上进行汇报交流,有条件的进行现场演示。

3.2.2 教学案例

设计如下实践主题:寻找身边的物品(如光滑或粗糙或起毛起绒等不同表面结构的织物,或特殊表面的树叶、荷叶等),并适当改变其表面结构(自行想办法,如碾平或打毛等),宏观测试观察其结构改变后的亲/疏水性,并通过理论分析,解释其亲/疏水性变化的原因。

通过此实践,学生对相关知识有更深的理解,并能结合具体实例运用所学知识对一些工程现象或问题进行解释。

3.3 其他教学实践

除以上教学实践外,本课程还采用体验法、演示法和实践活动法等教学手段。如体验法,通过设计简单实验,让学生体验毛纤维的定向差微摩擦运动,探讨差微摩擦效应对纤维成毡性的影响及在产品加工中应用。演示法,不同纱线的结构特征,对不同类型纱线如弹力纱线、花式纱线及其所构成的织物进行实物演示,组织学生讨论成形方式对纤维集合体结构的影响。实践活动法,以机织物和非织造布为对象,重点讲授结构特点,在此过程中,让学生对实物样品进行观察、触摸,然后拆解,从原料、工艺、结构等角度对织物性能和风格的形成进行探讨,以培养学生利用所学知识来分析工程问题的能力。

以上教学方法需要根据教学过程中的实际效果、学生对知识点的掌握和应用情况及反馈进行动态调整。学生对知识点理解程度不高时,适当增加演示法,或在讲授后续教学内容时,引导学生前后联系,结合前置难点内容进行讨论,强化知识掌握。另外,科学技术不断进步,纤维材料日新月异,在保持原理性、机理性内容基本框架不变的前提下,及时补充新材料、新技术方面的知识并引导学生通过自学方式跟踪学科前沿技术。

4 结语

本课程通过两年来围绕知识点的贯穿融合、多种教学模式的有机结合和考核方式的多样化等开展的教学改革与实践,丰富了教学形式,活跃了课堂气氛,提高了学生学习主动性,培养了学生自主学习、资料收集和文献整理能力,也增强了团队合作意识和沟通能力。学生对相关知识有更深的理解,并能结合具体实例运用所学知识对一些工程现象或问题进行解释。

另外,在课程学时数紧张的情况下,既要保证作为专业基础课和学位课的课程知识体系的系统性和完整性,使学生全面掌握基础性知识,又希望学生能在利用某些基础知识和理论对工程问题进行深入分析和自由探讨,这无论对教师课程设计和问题引导的合理性还是

对学生的自学能力和学习主动性都提出了极大挑战。

致谢

本文为苏大课程 2020—3I 工程——研究性教学标杆课程的阶段性成果之一。

参考文献

[1] 宗亚宁,徐淑萍. 基于工程能力培养的“纺织材料学”课程教学改革[J]. 纺织服装教育,2012,27(4):346-349.

[2] 曹秋玲,王琳. “纺织材料学”课程的教学改革与实践[J]. 纺织服装教育,2014,29(6):532-534.

[3] 岳新霞,宁晚娥,黄继伟,等. 基于对分课堂的“纺织材料学”课堂教学模式初探[J]. 纺织服装教育,2017,32(6):484-486.

[4] 于伟东. 纺织材料学[M]. 2版. 北京:中国纺织出版社,2018.

[5] Prince M J, Felder R M. Inductive teaching and learning methods:definitions, comparisons, and research bases [J]. Journal of Engineering Education, 2006(95):123-138.

[6] Michael Briggs, George Long, Katrina Owens. Qualitative assessment of inquiry-based teaching methods [J]. Journal of Chemical Education, . 2011(88):1034-1040.

[7] Santana-Vega LE, Suarez-Perdomo A, Feliciano-Garcia L. Inquiry-based learning in the university context:a systematic review[J]. Revista Espanola De Pedagogia, 2020, 78(277):519-537

[8] 石荣亮,陆东平,张烈平,等. 探究式教学法在《电力电子技术》课程教学中的应用研究[J]. 大众科技,2022,24(272):144-146,184.

[9] 谢勇. 如何提高机械基础课程的课堂教学效果[J]. 教学实践,2017(1):198,200.

[10] 候秀琴. 论翻转课堂教学下激发学生主动性学习的有效途径[J]. 福建轻纺,2022(7):56-59.

[11] 闫云辉,刘林霞,董丽,等. 医用化学多维教学平台构建与翻转教学[J]. 高教学刊,2022(21):17-20.

[12] 赵霞. 基于慕课平台的轻量级翻转教学模式教学改革[J]. 中国电力教育,2022(6):66-67.

[13] 何克抗. 从“翻转课堂”的本质,看“翻转课堂”在我国的未来发展[J]. 电化教育研究,2014,35(7):5-16.

Difficulties and promotion strategies of pilot 1 + X certificate system in industrial robot application field

Yao Lingfeng*, Li Shurui, Qin Junju, Zhang Jinyu

Mechanical Department, Chengdu textile college, Chengdu, China

Email address

1428603138@ qq. com(Yao Lingfeng)

Abstract：At present, there are four kinds of X certificates related to industrial robot technology. In the process of promoting the pilot work of 1+X certificate, Higher Vocational Colleges have encountered a variety of problems, such as the school itself does not pay attention to and lack of investment; the enthusiasm of teachers to invest in 1+X certification is insufficient; students are hesitant to choose which certificate to carry out assessment; enterprises' cognition of X certificate is not clear. For these problems, the author gives his own suggestions: bringing the 1+X certificate work into the government's assessment system for Higher Vocational Colleges; establish performance appraisal system inclined to 1+X work to enhance the enthusiasm of teachers' participation; strengthen the construction of teachers' team; strive to promote the integration of course and certificate; strictly control the quality of examination certificate and improve the recognition of certificate; actively promote the cooperation between Higher Vocational Colleges and enterprises integrating production and education, etc.

Keywords：industrial robot; 1+X certificate; vocational skill level certificate

工业机器人应用领域 1+X 证书制度试点工作难点及推进策略

姚玲峰*,黎书瑞,秦俊举,张晋瑜

机械工程学院,成都纺织高等专科学校,成都,中国

邮 箱

1428603138@ qq. com(姚玲峰)

摘 要：目前针对与工业机器人技术相关的 X 证书有 4 种,各院校在推进 1+X 证书试点工作过程中,出现了多种难题,如学校自身不重视,缺少投入;教师投入 1+X 认证工作的积极性不足;学生选择何种证书进行考核犹豫不决;企业对 X 证书的认知不清晰等。对于这些难题,文章作者给出了自己的建议:将 1+X 考证工作纳入政府对院校的考核体系;建立向 1+X 工作倾斜的绩效考核制度,提升教师的参与积极性;加强教师团队建设;努力推进课证融合;严把考证质量关,提升证书含金量;积极推进院校和产教融合型企业合作等。

关键词：工业机器人；1+X 证书；职业技能等级证书

2019 年 4 月,教育部等四部门印发《关于在院校实施"学历证书+若干职业技能等级证书"制度试点方案》(简称《方案》)的通知,部署启动"学历证书+若干职业技能等级证书"(简称 1+X 证书)制度试点工作[1]。

领会文件精神,国家希望通过 1+X 证书制度,在职业院校中培养复合型技术技能人才,提升毕业生的就业能力和创新创业能力。

目前,针对与工业机器人技术相关的 X 证书有 4种:工业机器人操作与运维职业技能等级证书、工业机器人应用编程职业技能等级证书、工业机器人装调职业技能等级证书和工业机器人集成应用职业技能等级证书。分析这些证书的标准,不难发现,X 证书对提升取

证人员的操作与应用机器人及维护机器人能力方面有很大帮助。

但在实际的实施过程中,在推动工业机器人相关的1+X 证书的试点工作中却存在一些难点,这些难点若不理顺,对开展 1+X 的培训认证工作,将是巨大阻碍。

1　工业机器人技术相关 X 证书推进工作中的难点

1.1　院校缺乏推进 1+X 证书试点工作的热情

我们调研了四川省 10 所高职高专院校,摸底了各院校工业机器人技术专业 1+X 证书试点工作的推进情况,普遍不是很理想。在调研的 10 所院校中,只有 1 所院校开展了关于工业机器人的 1+X 认证考核。其他未开展考核认证院校,其中最大原因在于学校缺乏考核认证的配套设备。

工业机器人技术专业的 1+X 认证不同于会计、Web前端开发等其他认证,在 1+X 的实施中,工业机器人技术专业需要有专门的工业机器人考核平台。通常来说,工业机器人的考核平台造价较高,一台 1+X 设备动辄在 40 万左右。高职高专院校作为 X 证书的考核点,如果要进行 1+X 证书考核,设备数量至少在 6 台以上。从这个角度来说,学校若要开展工业机器人技术专业的1+X 认证考核工作,需要投入相应资金,同时需开辟专门的理论和实操考核场地。这对于学校来说是一笔不小的开支。学校展开 1+X 证书试点工作的主动性便打了折扣。

另外,《方案》明确提出,1+X 证书制度的目标任务是"促进校企合作;建好用好实训基地",《方案》的意思在于利用实训基地的实训设备开展 1+X 培训和认证考核工作。但根据目前工业机器人技术相关的 4 种 X 证书的考核标准,各院校与企业共建的实训基地的实训设备不能满足 X 证书的考核要求,不管是重建,还是对现有实训基地设备的改造升级,都需要投入人力、财力和物力,对学校来说,同样是难题。

1.2　教师缺乏投入 1+X 证书试点工作的动力

首先,工业机器人技术专业不同于其他的专业,其包括机械结构、电气控制、智能传感、机器人编程等,是一个技术性很强的专业。在平时工作中,老师们将精力主要投入提升自身技术能力、教学能力方面。对于2019 年出现的 1+X 证书,短期来看,X 证书对老师们来说是个新事物,若让老师们投入其中,开展培训和考核工作,势必增加其工作量,这对老师来说是有抵触情

绪的。

其次,通过调查发现,对于多数高职高专类院校工业机器人技术专业的老师来说,他们对 1+X 证书考核设备普遍不熟悉,需要投入较大的精力去学习和操作该设备,这对教师自身的学习素养和钻研精神提出了较高的要求。

最后,若要使 1+X 试点工作取得好的效果,就需要教师修订现有的人才培养方案,改革现有的课程标准,采用新的教学方法,达到"课证融合",但这些工作通常没有额外的补贴。目前多数院校并没有出台与 1+X 证书工作对应的绩效奖补制度,这就导致老师们普遍具有"干与不干一个样"的心态。

1.3　学生考证的积极性参差不齐

在 1+X 证书实施之前,院校学生所考的证书通常为人力资源和社会保障部制定的证书,这些证书在社会上存在多年,有些证书一直受到社会企业的认可,并且部分证书不仅与城市落户挂钩,而且享有一定的补贴政策。新的 1+X 证书推出后,学生面临着考哪种证书的抉择。

同时,部分学生提出这样的疑问,自己在学校花了很大工夫和精力所考的 X 证书,社会和企业是否认可,能否比未考证的同学具有更高的待遇等。而机器人专业的 X 证书是个新事物,目前并没有得到市场的检验,没有老师能够回答类似问题,这也会造成学生选择何种考证证书的犹豫心态。

还有些院校,学生愿意考 X 证书,但苦于学校没有考核设备,无法进行考前培训,只能到具有考核设备的其他院校进行考核,导致考核成本升高、考核通过率低的现象,这也会打击学生考证的积极性。

1.4　企业对 X 证书的认知度不清晰

从目前的情况来看,部分企业参与了 X 证书标准的制定工作,但大部分中小企业并不清楚 X 证书,对就业者是否取得 X 证书并不关心,导致了两种学生同等待遇,并无区别。

同时,从调研的情况来看,调研对象普遍认为,若是机器人行业龙头企业或代表性企业所制定的 X 证书标准,多数企业表示认同。但现实情况是,并不是所有的第三方评价组织(标准制定者)都能得到其他企业的认可,这就为考证者对 X 证书的选择带来风险。

2　工业机器人应用领域 1+X 证书制度的推进策略

2.1　加强顶层设计,把 1+X 工作作为院校双高建设和质量工程建设的考核依据

2019 年 10 月,教育部公布了中国特色高水平高职

学校和专业建设计划,拟建设 197 所单位。教育部表示,"双高计划"每五年一个支持周期,全面实施项目绩效管理。对出现重大问题,经整改仍无改善项目,将终止项目建设。终止建设的项目单位不得再次申请双高计划项目[2]。

从文件中可以看出,"双高计划"建设和考核是一个动态的过程,进入建设计划的院校在一个建设周期内要防止掉队的风险,未进入计划的院校同样有机会在下一个周期进入"双高计划"。除了"双高计划",各省根据自身情况,针对本省院校推出了质量工程、优质校建设、职业教育提质培优行动计划等各种建设项目。针对此种建设项目,各省级教育主管部门也在加强对本省院校的质量工程、优质校建设、提质培优行动的考核。

若把 1+X 工作纳入相关的考核体系之中,那么各院校至少会在学校层面给予此工作以足够的重视,在自己学校未来的建设规划、政策制定、经费投入等方面都会有相关的考虑和安排。

2.2　建立向 1+X 工作倾斜的绩效考核制度

在我们调研的 10 所院校中,还没有发现以规章制度形式将 1+X 工作纳入当年的绩效考核的单位。1+X 工作的开展是相当复杂的事情,各院校应当建立专门的 1+X 绩效考核平台,将与 1+X 工作相关的课证融合、考生培训、考前组织准备、考中实施管理、考后总结汇报等工作量纳入此 1+X 绩效考核平台,充分调动教师参与 1+X 建设的积极性。同时,打破"学校绩效总量每年固定"的思路,推行弹性的绩效考核制,充分发挥绩效设计的激励作用。

2.3　加强教师团队建设

工业机器人技术专业的专业属性决定了本专业的教师必须具备机械、机电、气动、自动化、机器人编程等多方面的知识和技能。同时,为了应对 1+X 培训工作,教师需要有较高的自学和钻研精神。但大部分院校本专业的教师团队以年轻教师为主,虽然钻研精神足够,但知识储备欠缺,这就要求学校能够提供尽量多的机会,使团队中的年轻教师参与师资技能培训、参加国培项目、进企业挂职锻炼等,通过各种渠道提升教师的专业知识储备和实操技能,以适应 1+X 培训和考核工作的需要。

专业教师在日常授课时充当教师的角色,在 1+X 培训工作中充当培训师角色,在 1+X 考核实施中充当组织者和考核师的角色,不同的角色转变,给教师们提出了更高的要求,也更需要加强教师团队建设,适当分工,各自承担对应责任,统筹协调把 1+X 工作做好。

适当引入企业兼职教师,通过专职教师与兼职教师的搭配,实现优势互补,打造一支"专兼并存"的高素质教师队伍[3]。

2.4　努力推进课证融合

课证融合中的"课"是指课程,是 1+X 中"1"的范畴,"证"是指证书,是 1+X 中"X"的范畴,"1"为基础,"X"为补充,它们共同构成了新时代我国职业教育的教育目标。分析工业机器人相关的 X 证书的考核标准,不难发现,考核标准中的大部分技能要点与学历证书相关的课程是紧密联系的。

比如,工业机器人操作与运维证书中级标准中"对工业机器人系统进行基本参数设定、示教编程和操作[能熟练应用中断程序,正确触发动作指令,能进行多工位码垛程序编写,能完成工业机器人的典型手动示教操作(矩形轨迹、三角形轨迹、曲线轨迹和圆弧轨迹等)][4]技能点,对应的"1"中"工业机器人操作与编程"课程。再如,工业机器人操作与运维证书中级标准中"工业机器人周边设备编程"涉及 PLC 应用部分,对应的"1"中"机电传动与 PLC 控制技术"课程。

所以课证融合并不难,具体实施的建议是在每门学历课程的讲授中,引入证书考点相关案例,将证书标准中的每个考点以案例形式融入课程当中,在大三的专业综合课程"工业机器人系统集成应用"中,以证书对应的考核设备作为载体,拆分若干课程项目,如涂胶项目、码垛项目、焊接项目等,真正做到理实结合,课证融合,尽量减少 1+X 考证前的培训等额外工作。

2.5　严把考证质量关,提升证书含金量

X 证书是否能够长久推广下去,并被企业认同,关键在于证书是否具有含金量。这里的含金量有两层意思,一是证书标准是否满足企业对人才的需求;二是证书在考核实施过程中,是否做到严格管控,是否有监督机制。只有做到这两样,才能维护证书的公信度。目前来看,这 4 种关于工业机器人技术相关的证书标准都是以企业需求为依托而开发的,在后续的考证实施中,通过严肃考核过程监督,严控通过率,严格证书发放,打造 X 证书的"金字招牌",这样的证书才能得到企业的认可,学生也愿意考取这样的证书。

2.6　积极推进院校和产教融合型企业合作

产教融合原则是指"发挥企业重要主体作用,促进人才培养供给侧和产业需求侧结构要素全方位融合"[5]。学校在 1+X 考证中引入产教融合型企业,一是希望企业能就在考证中发挥监督作用;二是建立取证人员的就业通道,使企业能够选到自己满意的考证员工。

有条件的地区和院校可以探索建立混合所有制产教融合型实训基地,学校可以提供场地、教师、部分设备;产教融合型企业提供部分设备、部分企业师资;政府可以投入部分资金,由三方共同构建产教融合型实训基地,以股份制形式建立现代企业管理模式,对学校和社

会提供技术技能培训、1+X 培训和考核、技术支持和服务等,根据出资比例进行利益分配,学校利用产教融合型实训基地为社会输送合格的技术技能型人才,企业可以解决自身人才需求问题,从而达到共赢的目的[6]。

3　结语

　　1+X 证书制度是新时期国家推出的旨在提升职业院校输出高技能型人才的一项新举措,对于工业机器人这个涉及多种技术相融合的专业更是如此。在实施的过程中,总会有这样那样的难题,但只要我们抱着解决问题的态度,对症下药,相信可以将 1+X 证书工作做好,可以培养出让国家满意、企业认可、社会欢迎的高技能高素质人才。

致谢

　　本文为成都纺织高等专科学校教育科学研究项目《关于工业机器人应用编程"1+X"证书制度试点工作难点及推进研究》的阶段性研究成果之一。

参考文献

[1]　教育部等四部门.教育部等四部门印发《关于在院校实施"学历证书+若干职业技能等级证书"制度试点方案》的通知[EB/OL].[2019-04-10].http://www.moe.gov.cn/srcsite/A07/moe_953/201904/t20190415_378129.html.

[2]　新华社.中国特色高水平高职学校和专业建设计划拟建设 197 所单位[EB/OL].[2019-10-25].http://www.gov.cn/xinwen/2019-10/25/content_5445029.htm.

[3]　张大林,高科,李玫."1+X"证书制度下工业机器人技术专业课证融合探讨[J].职业技术教育,2020,41(26):37-40.

[4]　工业机器人操作与运维职业技能等级标准[EB/OL].[2019-11-10].http://www.eduiit.cn/robot/download?type=robot.

[5]　国务院办公厅.国务院办公厅关于深化产教融合的若干意见[EB/OL].[2017-12-19].http://www.gov.cn/zhengce/content/2017-12/19/content_5248564.htm.

[6]　李虔,卢威,尹兴敬.1+X 证书制度:进展、问题与对策[J].国家教育行政学院学报,2019(12):18-25.

[7]　蒋庆斌,陈小艳,周斌.工业机器人应用领域 1+X 证书体系构建研究[J].中国职业技术教育,2020(23):41-44,50.

[8]　周小青,姜乐军,肖红升,等.基础性条件保障:"1+X"证书制度下的实训基地建设[J].职业技术教育,2020,41(2):16-20.

The reformation and implementation of talent training mode for knitting with "two-track、multi-directional and four-way integration" based on "1+X" certificate

ZHANG Yuhong*, SONG Yalu, HU Xuemei

Textile Engineering College, Chengdu Textile College, Chengdu, China

Email address

7674263@ qq. com(ZHANG Yuhong) ,345059138@ qq. com （SONG Yalu）,123709742@ qq. com （HU Xuemei）

Abstract：The project aims at the problems existing in the talents training mode of knitting in higher vocational colleges. Relying on the high-level professional construction plan and the construction of national teaching resource database, constructed the talent training mode for knitting with "two-track、multi-direction and four-way integration" based on "1+X" certificate, set up the " modularized and standardized" course system for knitting, built the "double type" teaching and research team to adapt to the knitting industry, set up the practice teaching base working with companies, where the students can obtain study and practice even employment. The school-enterprise cooperation mode of " linking the course with post and the learning process with the working process" promotes the reform of "three education" and improves the quality of talent cultivation.

Keywords：1+X; two-track and multi-directional; post-course-competition-certificate integration

基于 1+X 证书的针织专业"双轨多向四融合"人才培养模式改革与实施

张玉红*,宋雅路,胡雪梅

纺织工程学院,成都纺织高等专科学校,成都,中国

邮 箱

7674263@ qq. com(张玉红) ,345059138@ qq. com(宋雅路) ,123709742@ qq. com(胡雪梅)

摘 要:项目针对高职针织专业人才培养模式中存在的问题,依托双高专业、国家教学资源库建设等项目,构建了基于 1+X 证书的"双轨多向四融合"针织专业人才培养模式,搭建起了"模块化、标准化"的针织专业课程体系,打造了与产业相适应的"双师型"教师教学科研创新团队,校企共建了"教学、实习、就业"一条龙实践教学基地,实施了课程对接岗位、学习过程衔接工作过程的校企合作模式,促进了专业"三教"改革,提升了人才培养质量。

关键词:1+X;双轨多向;岗课赛证融通

作为首批纺织面料开发职业技能等级证书的试点院校,成都纺织高等专科学校对纺织类专业中构建基于 1 + X 证书制度的人才培养新模式进行探索。以我校针织技术与针织服装专业为例,就当前高职人才培养模式和针织专业人才培养模式的改革实施策略进行深入分析探讨。

1 高职人才培养模式分析

就高等职业院校而言,由于人才培养主体的多元性,职业岗位的多样性和技能要求的差异性等特征的存在,必然需要各高校各专业制定不同的人才培养目标,来适应职业岗位需要的不同。目前主要的人才培养模式有订单式、现代学徒制、"岗课赛证"融合育人模式

等,下面就三种育人模式进行分析。

(1)订单式人才培养模式。院校根据与企业达成的人才培养订单,针对自身专业特点和学生实际组建特定班级,通过校企全方位合作培养专业化人才,最终经企业考核合格后定向就业的一种育人模式[1]。订单班的定向人才培养提高了人才培养的精准度,既缓解了企业人才缺乏的困境,又大大提高了学生就业的专业对口率,实现了多方共赢。但是不足之处在于:订单式培养中占主导作用的是企业,一个企业对某类人才的需求是有限的,这必将影响订单式培养的可持续性发展。

(2)现代学徒制人才培养模式。把传统的师徒制与现代职业教育结合而形成的一种新型人才培养模式。其基本特征为:以学生学徒的培养为核心,以岗位职业能力与企业用人需求为目标,以校企合作为保证,以边工边读、工学结合为形式,以核心课程为纽带,通过院校、企业、行业的广泛参与和教师、师傅、专家的深入指导,在实际工作岗位上师傅言传身教教导学生徒弟协作学习以掌握专业核心技能。学生在规定的年限内修完相应理论课程并学习一定技能,取得学历证书和职业资格证书;在实际工作岗位上,接受师傅的教导,最终成为一名专业技术人员[2]。实施现代学徒制,使企业、行业参与职业教育人才培养全过程,有利于提高人才培养的质量,增加人才培养的针对性;有利于教学团队建设,形成稳定的"双师型"师资队伍[3]。但是由于校内教师普遍存在企业实践经验不足,而从企业引进的导师又存在理论基础不足的问题,理论与实践很难有效融合,大大限制了产教融合的发展。同时,校企双方利益诉求存在较大差异,合作流于表面,学徒实践的"真实项目"训练难度大[4]。

(3)"岗课赛证"融通模式。"岗课赛证"融通模式是随着产教深入融合需求和职业技能大赛、1+X证书制度等作为产教深度融合"推进器"而被广泛认可[5]。"岗"即市场岗位能力需求,"课"即学校课程及教学体系,"赛"即校级、省部级、行业类、国家级和世界级五级技能大赛,"证"即1+X证书。多年来,高职院校关于"岗课赛证"综合育人的研究取得了一定成果。目前,颇具代表性的经验有深圳职业技术学院的"课证融通"模式、金华职业技术学院的"赛教融合"模式、山东职业学院的"赛证课相通"模式[6]和1+X制度模式。1+X证书制度试点在推动职业教育改革发展、凸显类型特征等方面取得了一定成效,但也存在证书由第三方机构发放,其权威性和行业认可度不够;学历教育"1"与职业技能培训"X"彼此分离、关联度不高、学习成果转换度不够等问题。

2　针织专业"双轨多向四融合"人才培养模式的构建与实施

2.1　针织专业"双轨多向四融合"人才培养模式的内涵

在新发展格局下,纺织行业技术变革和产业转型升级引起技术技能人才层次和素养需求的提升,企业人才断代形势严峻,迫切需要一批高素质技能人才,而纺织类高职院校现阶段的人才培养与产业行业对接不够紧密,社会各界参与融合育人的模式仍然停留在资源整合的浅层面,导致生产一线的技术技能人才无法匹配岗位需求,综合职业能力水平偏低。2019年以来,我校以"双高"建设为契机、依托国家教学资源库建设等项目,立足成渝双城谋发展,着眼纺织产业走出去,深化人才培养模式改革,在国内高职针织专业率先探索与1+X职业技能等级标准融合,校企共同制订人才培养方案,构建育训结合的"双轨多向四融合"三位一体针织专业人才培养模式。

"双轨"即双轨并行,校企联动,共建"教学、实习、就业"一条龙实践教学基地。充分利用浙江健盛集团股份有限公司、福建华宇织造有限公司等合作企业的产业优势,开展产教深度融合的职业教育实践教学基地建设和实践教学改革,探索2+0.5+0.5和2+1学制双轨并行模式。

"多向"即多向培养,融入多元化标准,构建"模块化、标准化"专业课程体系。以岗位需求和国家专业标准、职业技能等级证书标准为基础设置课程体系。校企共同制订课程标准、质量监控标准等,构建"模块化、标准化"专业课程体系,形成"平台课+按照工作领域和学生职业发展需求设立的不同职业方向模块"的1+X课程体系,实现课程体系设置与岗位需求相对接,学习任务与工作任务相对接。

"四融合"即因材施教,融合创新混合教学模式,搭建以"就业创业创新"为导向的产教协同实践教学体系,打造"岗课赛证"四融通的产教融合平台,探索赛教融合教学思路。有利于充分发挥第二课堂作用,切实做到"以赛促教、以赛促学",不断提高专业人才培养质量。

2.2　针织专业"双轨多向四融合"人才培养模式的实施要点

针织技术与针织服装专业是一个实践性很强的专业领域。仅依靠学校的硬件设施和传统的育人模式已经不能满足行业的发展需求,因此全面推进校企合作,探索协同创新的育人新模式势在必行。围绕服务区域经济背景下复合型技术技能人才培养目标,本专业在专业建设和人才培养方面做出如下改革。

2.2.1　课程体系改革

实施"岗课赛证"融通,构建"模块化、标准化"专业课程体系。探索并实践以岗位胜任力和创业能力培养为导向,立体化建设课程体系,对接行业企业岗位需求,融入国家专业教学标准、职业技能等级证书标准和创新创业教育,重构专业课程体系。校企共同制订课程标准、质量监控标准等,构建"模块化、标准化"专业课程体系。结合针织行业特点,形成"平台课+按照工作领域和学生职业发展需求设立的不同职业方向模块"的基于 1+X 证书的课程体系。实现课程体系设置与岗位需求对接,学习任务与工作任务对接。

因材施教,融合创新混合教学模式,搭建以"就业、创业、创新"为导向的产教协同实践教学体系,打造"岗课赛证"四融通的产教融合平台,探索赛教融合教学新思路。充分发挥第二课堂作用,切实做到以赛促教、以赛促学,不断提高专业人才培养质量。

2.2.2　课程改革

在开展 1 + X 证书型课程探索时,要根据职业活动的范围特征和职业能力的水平特征,将职业活动内容高度整合后,以多层次、模块化方式反映职业活动的内容,然后在细化的职业活动内容下抽取各种代表性和典型性的职业操作技能活动[7]。2021 年,由北京锦达科教有限公司职业技能培训评价中心出台《纺织面料开发职业技能等级标准》,同时系统化开发编订了机织、针织、纺织品图案设计三个方向初、中、高级相关教材。针织专业相关课程内容也围绕该证书的考核试点进行了适当革新。通过对每个模块的工作任务进行系统分析,根据岗位需求合理设计课程内容,将教学与就业有机结合,将课程内容与具体岗位职责挂钩,提高教学效率,使人才的能力符合企业要求,同时注重学生职业能力与综合素质的提升。本专业在课程改革中,充分发挥校内实训基地、校中厂和校外实训基地的作用,加强理实一体化课程改革,真正体现"学中做,做中学"的办学理念,切实提高学生的实际工作能力。其中涉及课改的国家级资源库建设课程、省级校级精品在线开放课程包括"针织服装工艺与制作""电脑绣花工艺与制作""针织技术""毛衫工艺设计""横机产品设计与生产"等[8]。

2.2.3　校企深度合作

产教深度融合,延伸产学研纵向一体化的教育生态链。统筹校企资源,校企共同打造"双师型"专兼结合的结构化教师教学科研创新团队,共建"教学、实习、就业"一条龙实践教学基地和教学资源,实现职业技能等级证书培训与专业教学实训过程一体化。搭建以"就业创业创新"为导向的产教协同实践教学体系,打造

"岗课赛证"为一体的产教融合平台,打通"教学+研发+应用"产学研实现路径。实现课程对接岗位,学习过程衔接工作过程,延伸职业教育生态链,打造针织校企命运共同体。

在此背景下,本专业先后与浙江健盛集团股份有限公司、福建华宇织造有限公司及成都青羊方达服饰、宜而爽、四川金哥、雅安俏佳人等川内针织企业展开不同形式的合作,尝试新型学徒制试点,充分利用企业优势资源,既弥补了校内硬件设施和师资的不足,又大大提升了教学和就业质量。同时在合作中也注重发挥学校服务行业的作用,与企业共同打造区域性职业培训,辅助当地人才建设。

2.2.4　师资队伍建设

德技并修,创新引企入教模式。统筹学校与合作企业成都青羊方达服饰、浙江健盛集团股份有限公司、福建华宇织造有限公司等的人力资源,校企共同打造"双师型"专兼结合的结构化教师教学科研创新团队,大大提升"双师型"教师教学团队胜任力,提高团队教师的德育教育能力、就业创业指导能力、真实项目开发能力、把"X"证书标准融入课程教学活动的能力和根据标准进行模块化课程开发的能力。共建"教学、实习、就业"一条龙实践教学基地,真正做到学生在校学习时有企业导师深入课堂教学,到企业实习时有一对一师傅指导。共建数字化教学资源完成国家职业教育专业教学资源库 2 项,主持国家资源库子项目 7 项、省级精品在线开放课程 2 项。

3　结语

根据四川省乃至西南地区行业、企业的人才需求,成都纺织高等专科学校针织技术与针织服装专业,为进一步提升专业服务产业发展能力,提高专业人才培养质量,进行了基于 1+X 制度的人才培养模式改革与实践,取得了以下成效。

(1)探索人才培养与岗位需求精准对接,解决"课岗证赛"彼此割裂、融合度不够的问题,提升学生职业素养。

(2)实现学历教育与技能培训深度融合,解决学历教育"1"与职业技能培训"X"彼此分离、关联度不高的问题,提升学生专业核心素养和职业能力。

(3)突破产教进一步深度融合的瓶颈,解决"产教融合"深度不够的问题,提高学生就业创业质量。

参考文献

[1]　陈慧.产教融合背景下高职院校订单班人才培养模式探索[J].教育与职业,2021(1):45-48.

[2]　王婷婷.高职院校现代学徒制试点的困境及对策探析

[J].清远职业技术学院学报,2013(2)：113-116.

[3] 廖礼平.现代学徒制人才培养模式现状、问题及对策[J].职教论坛,2019(6):134-139.

[4] 徐萍,向军,谢晓雄.高职院校"学徒制+导师制"产教融合模式研究[J].哈尔滨职业技术学院学报,2021(4):13-17.

[5] 张慧青,王海英,刘晓.高职院校"岗课赛证"融合育人模式的现实问题与实践路径[J].教育与职业,2021,21:27-34.

[6] 张国民,1+X证书制度的价值意蕴、现实困境与优化对策:基于职业教育"三个面向"的视角[J].中国高教研究,2022(4):103-108.

[7] 邓卓,余梦露,董静静."1 + X"证书制度背景下的高职课程改革研究[J].石家庄职业技术学院学报,2020,12:57-61.

[8] 张玉红,基于"产学研"协同创新的针织专业人才培养模式改革探索[J].纺织科技进展,2021(3):63-64.

[9] 潘建峰,基于现代学徒制的高端制造业人才培养研究与实践[J].中国职业技术教育,2016(5):46-49.

[10] 洪凯,周自波,张恕.基于产教融合背景的高职现代学徒制研究:以"农夫山泉"校企联合现代学徒培养为例[J].高等继续教育学报,2019(5)：48-54.

Teaching reform and practice exploration of "Spinning" course under the training mode of outstanding engineers

ZHAO Bo

Textile College, Zhongyuan University of Technology, Zhengzhou, China

Email address

zhaobohenan@ 163. com(ZHAO Bo)

Abstract：Based on the background of the "excellent engineer education and training program", and by means of the analysis of the problems in the teaching process of the "spinning" course. According to the excellent engineer education on the innovation ability, innovation spirit, innovation awareness, comprehensive quality and comprehensive quality of college engineering professionals. The requirements of engineering practice ability have reformed the teaching content, methods, means, assessment methods and teaching evaluation system of the "spinning" course. By adopting new teaching models, constructing new talent training programs, and which creating new effective measures such as teaching system, emphasizing students' innovation ability and engineering practice ability to improve teaching quality, cultivate students' comprehensive quality, and achieve the goal of cultivating outstanding engineers.

Keywords：excellent engineer training model; spinning science; teaching reform; practice; exploration.

卓越工程师培养模式下的"纺纱学"课程教学改革与实践探索

赵博

纺织学院,中原工学院,郑州,中国

邮　箱

zhaobohenan@ 163. com(赵博)

摘　要:基于"卓越工程师教育培养计划"背景,通过分析"纺纱学"课程在教学过程中存在的问题,根据卓越工程师教育对高校工科专业人才的创新能力、创新精神、创新意识、综合素质和工程实践能力等的要求,对"纺纱学"课程的教学内容、方法、手段、考核方式和教学评价体系等进行了改革,通过采用新的教学模式、构建新的人才培养方案、创建新的教学体系、重视学生的创新能力和工程实践能力等有效措施,以提高教学质量,培养学生的综合素质,达到培养卓越工程师的目的。

关键词:卓越工程师;培养模式;纺纱学;教学改革;实践;探索

1 引言

2010 年,教育部在天津大学提出了"卓越工程师教育培养计划",其目的是培养一大批工程实践能力强、创新能力强和适应社会发展需要的各类应用型卓越工程技术人才,这是一项促进中国从工程大国转变为工程强国的有效措施[1-4]。"纺纱学"是纺织工程专业的一门重要的专业基础课,具有实践性强的特点。卓越工程师教育培养计划的实施,不仅要求对纺织工程专业培养目标、模式和方案等进行改革,而且需要在"纺纱学"课程中能够体现工程技术人才的培养理念,在"纺纱学"课程教学过程中重视培养学生的创新能力、创新意识和工程实践能力等,为了确保"纺纱学"课程教学能够适应卓越工程师教育的人才培养要求,针对原有课程存在的问题,需要对传统的课程教学内容、方法、手段、考核方式和教学模式等进行改革,为把学生培养成为卓越工程师而打下坚实的基础。

2　"纺纱学"课程改革的背景和必要性

在卓越工程师教育培养计划的模式下,"纺纱学"课程教学改革是解决卓越工程师培养的目的、要求和目前落后"纺纱学"课程教学内容、方法、手段和模式等之间矛盾的必然选择。卓越工程师教育培养计划的目标是"面向工业、面向世界、面向未来",培养一大批创新意识强、创新能力强、工程实践能力强和适应经济社会快速发展的高素质应用型专门工程技术人才。为实现工业化和现代化奠定坚实的人力资源优势,从而增加我国的核心竞争力和综合国力。2012 年,纺织工程专业入选我校"卓越工程师教育培养计划"实施专业,为适应时代的需要,要通过课程体系的改革,建立校外实训基地和校企合作模式等,培养学生具有创新能力、工程设计能力、创新精神和工程实践能力等卓越人才需要具有的素质。在这个大背景下,"纺纱学"课程教学活动要在此目标下进行改革。另外,随着纺纱新技术、新设备和新产品的不断进步,该课程内容的重要性日益明显,但由于在实际生产过程中应用还不广泛,教学不够重视,使学生对这些新技术了解很少,认识比较模糊,教学效果不尽人意;该课程内容较多,但是课时较少,课堂上教师只能讲一部分内容,学生所学的内容很有限,导致教学效果差,没有达到培养学生创新能力的要求,因此,必须对该课程进行改革。

3　传统"纺纱学"课程的现状和存在的问题

3.1　教材的局限性,造成学生的理论知识不全面

目前,本课程所用教材很多,相同专业的各高校选用的教材完全不同,教学内容、方法和模式等都不同,学生的学习效果和效率也不同。随着纺纱技术的快速发展和广泛应用,原有的内容、教学方法、教学模式等都跟不上技术的发展。另外,各纺织专业都是大纺织,但是一些学校只讲授棉纺技术的内容,毛纺、麻纺和绢纺仅仅提一下,导致大部分学生不懂,加上缺乏实践,学生学完本课程后仍然不能从事技术工作,毕业后无法到毛纺、麻纺和绢纺企业就业,企业也招不来合适的技术人才,对企业和社会都带来很多不利的影响。

3.2　教学方式落后,影响学生学习的积极性

采用旧的"满堂灌、填鸭式"的教学方式,教师课堂上讲、学生下面听,教师照本宣科地讲解,学生囫囵吞枣地听、不求甚解和不理解,因该课程的理论性强、内容较

复杂和知识比较抽象等,尽管老师花了很多时间进行讲解,但是学生对很多内容并没有完全掌握和理解,考试前一人准备课堂笔记和复习资料,然后全班复印,考试前死记硬背,考试后完全忘记。另外,"纺纱学"的相关实习课和实验课程都是一些验证性实验,这种教学方法不仅不能调动学生的学习积极性,而且很难培养学生的创新能力和工程实践能力等。

3.3　教学手段单一,制约教学的效果和质量

现在,课堂教学主要采用多媒体技术,但是课堂上的内容大部分是教材内容的复制,没有最新的纺纱技术、纺纱设备和新的纺纱原理等,起不到任何对教学质量的帮助,不能扩展学生的视野,导致学生的学习印象不深刻,学习的热情不高,黑板上的板书具有直观性、灵活性和直接性等,它具有多媒体课件所没有的优点,因此,要把两种教学手段结合起来,充分发挥两者的优点,提高教学质量和效果。

3.4　考核方式不客观,无法积极调动学生学习的主动性

考核方式采用平时成绩和最后的考试成绩。这种考核方法有一定的合理性,但是有很多缺陷和局限性,它只能片面考查学生对书本上的理论知识记忆程度,不能考核学生利用理论知识解决问题的能力,既不能培养学生发现、分析、处理和解决问题的能力等,也不能培养学生的创新能力和工程实践能力等[5]。

3.5　过分强调理论知识的重要性,忽视实践教学的重要性

采用"重视理论、轻视实践、重课堂教学、轻课外教学、重视灌输、轻视自学"等方法,以教师为主导来传授理论知识,学生机械地、被动地接受,忽视了对学生工程创新意识、设计能力和工程实践能力等的培养,直接导致和影响学生的学习兴趣下降,造成学生的视野不开阔、思维不活跃和创新思维能力下降等,无法达到培养卓越工程师的目的[6]。

3.6　实验室条件有限,没有建立校外实习基地,没有构建校企合作模式

由于实验室条件和纺纱设备落后,尽管投入一些资金,但是近几年纺纱新技术发展很快,跟不上新型纺纱技术的发展,导致学生只能了解很有限的理论知识和新技术,这种情况不能培养学生的动手能力、创新能力和工程实践能力等[7]。

4　"纺纱学"课程改革的思路和目标

针对传统"纺纱学"课程的现状和存在问题,以及

卓越工程师教育培养计划对工科纺织工程专业人才培养的目的和要求,必须对传统"纺纱学"课程的教学进行改革,改革的思路和目标为:构建新颖的教学体系,改革教学内容,调动学生的学习热情、积极性和主动性等,不断开阔视野,促使思维活跃,提高创新思维能力,具有较宽的知识面和扎实的理论基础;采用新的教学方法,培养学生会理论联系实际,会灵活应用所学的知识解决实际问题;重视实践教学,提高动手能力、团队合作能力、创新能力和工程实践能力等,从而达到培养卓越工程师的要求和目的。

本课程是纺织工程专业的专业基础必修课。学生通过本课程的学习,掌握环锭纺纱的基本原理、纺纱工艺过程、关键设备和主要机构等基本知识。具备利用纺纱原理分析成纱质量与各工序工艺之间关系的能力。在纺纱工程实践中,能够进行纺纱工艺设计,确定纺纱工艺条件等。本课程是纺织工程专业培养纺纱设计与生产实践能力的基础课程。通过本课程的学习,学生应掌握的知识和具备的能力,能够在纺纱基本原理分析中运用数学、工程力学等知识,并用于判断和分析纺纱过程中的复杂工程问题,能够将专业知识等用于解决原料选配、梳理、牵伸等过程中出现的复杂问题;能够根据环锭纺纱中主要设备的构造及加工原理,合理分析主要工艺参数对半制品及成纱质量的影响,并提出相关问题的解决方案。

5　"纺纱学"课程教学改革与实践措施

5.1　改进教学方法,提高学习效果

改变传统的教学方法,采用启发式、互动式教学方法。采用现场教学:讲到每一工序都给学生展示各工序的机构,提高学生感性认识。通过课堂或网上讨论、问与讨论,锻炼学生综合思维能力。

5.2　改进考核方式,提高学生综合能力及分析和解决问题的能力

课程成绩由三部分构成,期末考试(占 70%):主要考核对本课程讲授内容的掌握程度,以及学生掌握的基本知识及知识的利用能力;期末考试采用书面闭卷形式,主要题型为简答题、综合题等。课堂讨论(占10%):设置专门的讨论课,通过具体的问题,分组进行讨论,让学生说明自己的观点与方法,锻炼学生的综合能力与分析问题的能力。作业(占20%):主要考核学生平时作业中对知识点的复习、理解和掌握程度以及综合运用知识的能力等[8-9]。

5.3　改进教学方式,调动学习的积极性

以课堂讲授式教学为中心,课堂教学采用启发式和引导式教学方式,注意加强与学生交流和沟通等,增加学生的互动性,充分调动学生的学习兴趣。增加学生获取知识的渠道和学习的知识量,提高了学习的积极性。

5.4　改进课程的内容,激发学生的创新潜能

以先进的教学理念进行教学设计,围绕课程重点内容组织和收集素材,形成丰富网络课程资源;课程的教学内容设置突出了研究性和学科前沿性,教学方法灵活多样。课程设计合理,教学内容不断丰富、完善和补充,激发学生的创新潜能。

5.5　改革课堂教学方法,提高学生学习积极性

课堂教学中确立以学生为主体,以教师为主导的双边教学模式,促使学生主动学习。教学是教与学的互动过程。从这个意义上看,新的课堂教学将没有严格意义上的"教"与"学",教师和学生彼此将建立一个真正的"学习共同体"。在这个共同体中,教师不再仅仅去教,也可以通过交流与对话被教;学生在被教的同时,也通过交流、互动相互说教和影响,也就是要形成真正意义上的"教师式学生和学生式教师"。

5.6　加强师资队伍建设

创新教育要求教师不仅要有较高的专业理论修养,而且要有一定的实践经验,更要有高的教学技巧和能力。对此,我们采取措施提高师资队伍的水平。重视提升教师的教学与研究能力,教师不定期进行讨论和交流研究成果;重视师资的教学培训,积极选派教师参加全国课程交流、软件学习等方面的短期培训;重视师资实践能力培养,鼓励教师承担企业横向课题,通过调研、咨询和顾问等形式开展与教学有关的实践活动。

5.7　扩大学生的知识面,提高教学质量

结合现有的教材,补充教学参考书、期刊的新知识,将新的信息及时补充到课堂中。例如,讲授"纺纱学"课程时,将有关纺纱技术中外文期刊中出现的有关这种最新纺纱技术、纺纱设备和发展趋势等,以及其他纺纱技术的应用补充到课堂中,让学生在学习专业基础理论的同时,对最新纺纱技术也有所了解。除此之外,还将老师的研究课题及项目的最新成果引入课堂。

5.8　建设校外实习基地,改进教学环境

随着学校建设和发展的需要,建立了一批高水平的实习基地和一批稳定的高素质的实习指导教师队伍,使接受纺织工程专业本科教育的所有学生都有参与科研素质训练的机会。为学生实习提供广阔的空间,使学生实践教学的整体条件和实践效果有显著的改善和提高,满足实践教学要求。为加强实习基地的规范化建设,建立了一系列实习基地管理细则和规章制度。

6 "纺纱学"课程教学改革后的效果与体会

通过对"纺纱学"课程教学进行改革,以"卓越工程师教育培养计划"为目标和指导思想,采用重视理论和强调实践作用的教学方式,加强对学生的动手能力和主动性的培养,突出纺织工程专业对卓越工程师人才培养的方案。在掌握好理论知识的前提下,注重实践能力的培养。建立和完善适合我校的"纺纱学"的教学模式,教学质量和效果明显提高,学生反映良好,提高了学生的学习热情,学生的动手能力、独立思考能力、自主学习能力、科学思维能力、创新能力、团队协作能力、解决实际问题的能力等都有了显著的进步,为学生毕业后成为优秀的卓越工程师打下了坚实的基础。

7 结语

基于卓越工程师培养模式,针对原有的"纺纱学"课程的现状和存在的问题,通过课程的改革和实践探索,可以体现工程特色、优化教学内容、丰富教学方法、重视实践环节和提高教学质量等,培养学生的动手能力、创新能力和工程实践能力等,以适应卓越工程师教育的需要,从而达到培养卓越工程师的目的。

参考文献

[1] 卓越工程师教育培养计划[OL]. http://baike. baidu / com.

[2] 林健."卓越工程师教育培养计划"专业培养方案研究 [J].清华大学教育研究,2011(2):47-54.

[3] 李永坚."卓越工程师培养"要重视教学方法[J].中国大学教学,2012(11):63-65.

[4] 彭亚萍.基于卓越工程师培养的混凝土结构课程教学改革探索[J].东南大学学报,2012(1):17-21.

[5] 肖闽进."卓越计划"中"通信原理"课程建设的探索与实践[J].常州工学院学报,2014(2):80-84.

[6] 夏新年.基于"卓越计划"的《化工分离过程》教学改革与实践[J].教育教学论坛,2014(32):54-55.

[7] 邱继生.基于卓越计划培养的结构力学课程改革与实践[J].当代教育理论与实践,2014(2):140-142.

[8] 傅昕.基于"卓越工程师培养"的分析化学课程教学改革研究[J].广东化工,2014(6):213-214.

[9] 万爱兰.基于"卓越工程师教育培养计划"的针织工程课程教学[J].纺织服装教育,2014(2):155-157.

[10] 陈光胜.面向卓越工程师培养的机械控制工程基础课程改革思路[J].教育教学论坛,2014(16):40-41.

Teaching practice on "Nonwoven Science" English course under the "Four Fulls" teaching reform model

ZHAO Huijing*, GAO Yingjun, WANG Ping, MENG Kai, XU Yukang, LIU Jinxin, DING Yuanrong

College of Textile and Clothing Engineering, Soochow University, Suzhou, China

Email address

zhhj@ suda. edu. cn (ZHAO Huijing)

Abstract：After nearly ten years of teaching practice and innovation, we have formed a "four fulls" teaching reform model："full time of teacher teaching", "full participation of student learning", "full direction of performance evaluation", "full view of quality assessment". The teaching reform and innovation was carried out from four aspects systematically in the mode of teacher's teaching, the mode of student's learning, the evaluation method of student's final score and the assessment of teaching quality. This paper mainly introduced the bilingual and English teaching practice of "nonwoven science" based on the "four fulls" teaching reform model, covering the problems encountered in English courses, the application of the "four fulls" teaching reform model, the application results of the teaching reform model and so on.

Keywords：nonwoven Science; English course; teaching reform; four "Fulls" teaching reform model

"四全"教改模式下的"非织造学"英文课程教学实践

赵荟菁*,高颖俊,王萍,孟凯,徐玉康,刘金鑫,丁远蓉

纺织与服装工程学院,苏州大学,苏州,中国

邮 箱

zhhj@ suda. edu. cn(赵荟菁)

摘 要:经过近十年的课程教学实践与创新,苏州大学纺织服装学院形成了比较完善的"四全"教改模式:"全时段教师教学""全参与学生学习""全方位成绩评定""全视角质量评价"。从教师教学模式、学生学习模式、学生成绩评定方式以及教学质量评价四个方面进行了系统的教学改革和创新。本文主要介绍了在"四全"教改模式基础上,开展"非织造学"的双语及全英文教学实践,涵盖了英文课程遇到的问题、"四全"教改模式的运用以及教改成效等方面。

关键词:非织造学;英文课程;教学改革;"四全"教改模式

1 引言

教育国际化是当代高等教育的重要理念。2017年,习近平总书记在党的十九大报告中指出,中国特色社会主义进入了新时代,建设教育强国是中华民族伟大复兴的基础工程,必须把教育事业放在优先位置,加快教育现代化,办好人民满意的教育。随着我国综合国力和高等教育水平的提高,加快高等教育国际化进程,培养和造就新一代具有国际视野和国际竞争力的创新型、复合型人才,成为国家提高国际竞争力和国际影响力的重要战略手段。开展全英文专业课程授课（english as a medium of instruction,简称 EMI）是高校国际化发展战略中的重要环节,也是培养具有国际竞争力的高素质人才的必要手段。

"非织造学"是苏州大学非织造材料与工程专业本科生的专业基础和核心课程,涉及非织造科学与技术相关知识。非织造科学与技术具有多学科交叉的特点,它综合了纺织、塑料、造纸、化学、印刷等的技术与装备,涉及物理学、化学、力学、工程学等各个学科分支,属于国家"十一五"以来的重点发展方向。苏州大学纺织与服装工程学院自设立非织造材料与工程本科专业以来就

开始开设"非织造学"这门课程,此前主要是中文教学。早在 2007 年,《教育部财政部关于实施"高等学校本科教学质量与教学改革工程"的意见》明确提出,高校要推动全英文课程建设,探索全英文教学方法。为培养具有国际化视野、具有较强的国际交流能力和国际竞争力的非织造高等人才,我们适时并逐步地将中文教学调整为双语及全英文课程教学。同时,将我们此前已形成的"四全"教改模式运用到课程的英文教学中,探索课程的英文教学模式。

2　英文课程教学中存在的主要问题

通过调研其他高校在本科生英文教学课程建设中的实践经验,结合我校刚刚起步的"非织造学"英文课程建设,总结出目前存在的主要问题有以下四个方面。

2.1　学生英文水平参差不齐,授课内容与课程目标不匹配

学生对英文的驾驭程度不一,加之对英文授课模式存在畏惧心理,容易产生对授课模式的抵触情绪,导致学生对本来就显得枯燥的理论课程缺失兴趣。再加上教学内容与课时不足的矛盾非常普遍和突出,导致本科生英文课程教学过程中,不得不降低课程难度、取易舍难,直接造成了实际授课内容矮化,往往无法与课程的目标相匹配。

2.2　师资水平参差不齐,课程缺乏稳定性和持续性

英文课程教学对师资队伍的配备相对于传统课程有更高的要求。目前英文课程的师资一般分为四类,一是具有一定中文教学经验且英文水平相对较好、具有海外交流经历的本土教师;二是在海外取得学位的以中文为母语的教师;三是有在海外有英文授课经验的中文为母语的教师;四是外籍教师。由于各高校发展水平的不平衡,开设英文课程的第三及第四类教师并不多,更普遍的是第一类教师。而这类教师的专业知识基础、讲课风格、英文水平、用英语进行专业知识讲授的能力等均存在差异,直接决定了英文课程的教学效果。

此外,目前绝大多数高等院校对本科生的英文教学课程采用项目制管理,即经过申报、评审等流程后最终立项的英文教学课程才会得到资金支持和教学任务的落实。这种项目制管理的方式是把双刃剑,虽然能够促进英文教学课程的建设及其数量的增长,但其现存的课程建设周期并不利于维持课程的长期性和稳定性。英文课程的备课、授课对教师具有不小的挑战,增大了教师的工作量。因此,有不少课程在完成一个建设周期后,不再继续开设,课程缺乏稳定性和持续性。

2.3　高质量核心参考教材缺失,知识获取碎片化

英文专业课程不是简单的英语语言课,学科内容才是教学的重点,目的是以英语为媒介学习专业知识。因此,英文专业课程教学内容的设计应该延续传统专业课程的要求及特点,以专业知识的传授作为最主要的课程目标。这就要求课程必须有高质量的核心英文教材。然而,很多课程缺乏明确的核心参考教材。由于在课堂上没有核心的参考教材可以使用,没有多少背景知识储备的本科生往往难以充分、有效地把握课程的教学内容,只能掌握碎片化的知识,不能形成完整和系统的知识体系。因此,核心参考教材对于本科生的英文教学课程而言是非常必要的,目前核心参考教材的普遍缺失是不少高校本科生英文教学课程建设均面临的一个较严重的问题。

2.4　课堂教学方式走两个极端,学生满意度差

好的课堂教学应在调动学生的学习兴趣和积极性的同时,使学生牢牢掌握核心知识。然而,目前英文课堂教学普遍存在两个极端,一是以填鸭式的知识灌输为主,学生感受不到学习理论知识的价值,从而其学习目标局限于通过课程考核,知识掌握变成了一种考前的突击活动,学习变得盲目和被动;二是课堂出现娱乐化倾向,有的教师为了提升课堂互动的广泛性,常常以课堂游戏取代了本该严肃谨慎的知识探讨。这样虽然课堂气氛很活跃,师生互动也比较多,但学生对知识的获取却大打折扣。正是因为有些学生敏锐地捕捉到了这一问题,对一些课堂气氛活跃、师生互动还算频繁的英文课程的满意度也较差。

3　以解决问题为导向的英文课程实践

针对目前英文专业课程教学普遍存在的问题,我们以目前已形成的比较完善的"全时段教师教学""全参与学生学习""全方位成绩评定""全视角质量评价"的"四全"教学体系为基础,从教学模式、学习模式、成绩考评以及教学质量评价四个方面对英文课程进行系统化的改革与创新。在此基础上,组织课程团队教师编写适合本专业学生以及符合培养目标的英文参考教材,研讨并制定授课内容。具体采取以下措施。

3.1　"四全"教改模式运用于英文课程教学

教师拟采用"雨课堂"辅助工具,通过课前布置预习课件、上传预习类文档,课中现场做题引导学生复习并引出新内容并设置题目即时测验,课后布置作业、答疑、提示重点复习内容的方式,实现对课程的课前—课中—课后全时段的教学设计。同时,教师采用多元化的方法来调动学生在课堂上的积极性和对课程的参与度,主要通过课上答题、课堂讨论、翻转课堂、学生参与成绩

评定、学生的课前预习与课后复习以及观摩及动手操作等6个方面实现学生的全方位参与学习。此外，推行全方位的成绩评价体系，除去期中期末考试之外，还要进行两次过程化考核，同时将平时成绩的内容扩增，增加翻转课堂大作业成绩比重。

在每一轮课程结束后，进行教学评价，其中主要包括教师自评、同事互评、督导评价、学生评价以及他方评价。教师自评是指教师根据本学期的教学情况对教学进行反思和总结，系统总结一学期的课堂情况、学生情况以及不足之处，形成的经验指导下一轮课程教学。同时给出的评价将是我们认识课程缺陷并进一步改进的有益参考。督导的评价将为我们改进课程指引了方向。学生评价是我们改进课程的原动力。课程团队的老师们也会积极参加国家级、省部级、学校、学院组织的教学竞赛以及教学评比，比赛取得的成绩即是他方评价，是我们课程改革成效的有力证明。

3.2 提升教师英文教学水平

教师之间专业知识基础、讲课风格、英文水平、用英语进行专业知识讲授的能力等均存在差异，教师英文教学水平将直接决定英文专业课程是否取得良好的教学效果。因此，课程团队的教师除了定期召开课程研讨会进行课程内容的研讨之外，还对英文教学技巧、方法、经验等进行分享，并进一步分析完善。除此之外，课程团队的教师还统一在线上学习2~3门国际名校全英文课程，学习结束后再进行集中研讨。这种方式有效提升了教师的英文教学水平。

3.3 编撰全英文教材及制订授课内容

课程团队成员均具有博士学位及海外研修经历，且在非织造材料领域具有多年的教学与研究经历，我们合力编写适合全英文课程及专业培养目标的英文教材。通过定期召开课程团队成员的碰头会，商讨并确定教材章节及内容，并分工合作进行编撰。在此基础上，确定了教学大纲，并根据课时数确定授课内容及授课重难点，课程团队教师根据个人专长认领授课内容，并制订授课计划。最终目的是使授课内容在学生英文水平以及课程培养目标之间达到平衡，既不矮化授课内容，又使学生能够在双语/全英文环境下掌握课堂知识。

4 教学实践成效

通过将"四全"教改模式应用于"非织造学"英文课程教学，创建了良好的双语/全英文课堂互动环境，提高了学生的学习兴趣和主动性，有效发挥了学生的主体作用，培养了具有独立解决问题能力、良好专业英文交流水平以及国际化视野的高等人才。

在课堂上形成多层次、多形式的互动教学模式，构建了良好、和谐的课堂师生关系，对学生的学习、处世产生积极、正能量的影响。

同时，教师自身的全英文教学水平也得到了显著的提升。课题团队成员通过深入学习教育教学理论、不断更新教育观念，为学院非织造专业整体的教育水平的提升做出了应有的贡献。

5 结论

通过将"四全"教改模式用于英文专业课程的教学实践，显著提升了课堂的活跃度和课程的挑战度，激发了学生的创新智慧，培养了学生对知识的运用能力、自主学习能力以及创新能力。除此之外，学生对专业知识的英文输入及输出能力显著提升。学生真正成为了双语/全英文课程教学的受益人。

致谢

本文为"纺织之光"中国纺织工业联合会高等教育教学改革项目《以"四全"教学体系为基础的"非织造学"全英文课程的改革探索》（项目号：2021BKJGLX252）的阶段性成果之一。

参考文献

[1] 赵荟菁，王萍，丁远蓉，等. "非织造学"课程的教学改革探索[J]. 中文科技期刊数据库(全文版)教育科学，2021,10:78-80.

[2] 赵荟菁，孟凯，王萍，等. 混合教学模式应用于《非织造学》的实践案例和改进方法[C].//2018第一届世界纺织服装教育大会论文集. 中国上海，2018.12.

[3] 段华美，李言栋，陈登福，等. 教育国际化背景下的全英文教学实践[J]. 教育现代化，2019,43:143-144.

[4] 翟良镨，胡晓夏. 中国高校全英文教学的研究综述[J]. 教育教学论坛，2019(13):53-54.

[5] 李扬. 高等教育国际化背景下全英文课程建设的目标模式及路径[J]. 黑龙江教师发展学院学报，2020(5):145-147.

[6] 任仕伟. 国内外教育资源深度融合的理工科全英文教学模式探索[J]. 教育教学论坛，2021(8):10-13.

[7] 孙珲. 本科生全英文教学课程建设问题及策略探析[J]. 黑龙江教育(高教研究与评估)，2020(6):44-45.

[8] 黄玉波，刘晓宇，陆小龙. 本科全英文专业课程建设的难点及挑战探讨[J]. 教育观察，2021(1):73-75.

[9] 柯勤飞，靳向煜. 非织造学[M]. 3版. 上海：东华大学出版社，2016.

[10] 赵荟菁，孟凯，丁远蓉，等. 生物医用非织造材料[M]. 北京：中国纺织出版社有限公司，2021.

[11] RUSSELL S J. Handbook of Nonwovens[M]. Woodhead Publishing Ltd, England,2007.

Research on the mode of "Internet+teaching" with online case based on OBE theory ——taking logistics management major of Wuhan Textile University as the background

ZHOU Xingjian[1], ZHANG Fei[1], ZHENG Li[1], CAI Lihua[2, *]

1 *School of Management, Wuhan Textile University, Wuhan, China*

2 *Logistics College, Wuhan Technology and Business University, Wuhan, China*

Email address

wuliuwtu@ 163. com（ZHOU Xingjian）, 466182080@ qq. com（ZHANG Fei）, 147535458@ qq. com（ZHENG Li）, wybuorg@ 163. com（CAI Lihua）

Abstract：Driven by online teaching in the post COVID-19, in order to solve the practical dilemma that students' interest in learning and the efficiency of classroom teaching is gradually reduced, it is an inevitable way to adopt online teaching, case teaching and professional teaching. Based on the analysis of the current situation of logistics management major teaching, the mode of "Internet+teaching" with online case based on OBE theory is proposed. Taking logistics management major of Wuhan Textile University as the background, the output goal of "Internet+teaching" is set as promoting students' learning initiative and effective interaction between teachers and students. Moreover, the strategy of "Internet+teaching" with online case based on OBE is formed from three aspects：the online case selection strategy, online case teaching path and online case teaching method. The strategy can provide references for online teaching innovation mode.

Keywords：OBE; the post COVID-19; Internet+teaching; online case; logistics management

基于 OBE 的"互联网+专业教学"在线案例模式研究 ——以武汉纺织大学物流管理专业为背景

周兴建[1],张飞[1],郑力[1],蔡丽华[2, *]

1 管理学院,武汉纺织大学,武汉,中国

2 物流学院,武汉工商学院,武汉,中国

邮 箱

wuliuwtu@ 163. com(周兴建),466182080@ qq. com(张飞),147535458@ qq. com(郑力),wybuorg@ 163. com(蔡丽华)

摘 要：在"后疫情时代"数字化教学理念的驱动下,为解决学生的学习兴趣及课堂教学效率逐步降低这一现实问题,采取因势利导的策略,将线上教学、案例教学与专业教学相融合是一条势在必行的途径。通过对在线案例与专业教学的现状分析,提出基于 OBE 的"互联网+专业教学"在线案例模式,并以武汉纺织大学物流管理专业的在线案例教学实践为背景,提出将激发学生主动学习、衔接理论与实践和促进师生高效互动作为"互联网+专业教学"的产出目标,进而从在线教学案例选择、在线案例教学路径和在线案例教学方式三个层面形成基于 OBE 的"互联网+专业教学"在线案例教学策略,为"后疫情时代"专业教学模式创新提供借鉴。

关键词：OBE;后疫情时代;互联网+专业教学;在线案例;物流管理

1 引言

互联网技术的应用普及在带来信息共享的同时,也因学生沉溺于手机、平板电脑等智能移动终端,被吸引过多注意力而对专业课程课堂教学造成影响,学生的学习兴趣及课堂教学效率逐步降低。为解决这一弊端,采取因势利导的策略,利用学生对手机、平板电脑等智能移动终端的熟练使用,将专业教学与互联网资源进行紧密结合以激发学生自主探讨学习的兴趣和动力,是一条势在必行的途径。这其中,最为可行的做法莫过于借助互联网丰富的案例资源,实施"互联网+案例教学"——基于在线案例的专业教学模式。同时,"后疫情时代"在数字化教学理念的驱动下,基于互联网资源的在线案例教学与案例库建设势在必行。案例能够将知识进行内化,并能将各学科理论进行有效地整合,通过师生间的相互探讨将所学的各种理论进行整合和融会贯通[1],进一步促使教师和学生很好地掌握理论,帮助教师理解教学中所出现的问题,对教学质量的提高及教学相长有着重要的作用。同时,考虑在专业教学中导入OBE(outcomes based education,成果导向教育)理念[2],还可以预期学习产出为中心来组织、实施和评价在线案例教学。为此,本文以武汉纺织大学物流管理专业的在线案例教学实践为背景,提出基于OBE的"互联网+专业教学"在线案例模式,探讨线上教学、案例教学与专业教学相融合的机制和策略。

2 线上教学、案例教学与专业教学现状分析

案例教学在实践中有两个方向[3]:一是"课堂案例教学"模式,基于"教师—课堂"这一主线,是工业文明中"标准化、可复制、大批量生产、质量控制"等特征在教育领域的反映;二是"在线课堂教学"模式,基于"学生—网络"这一主线,专业教育的驱动力逐渐由依靠生产要素的数量增加,转变为富有创造力、更具个性表达的个体需求。

2.1 课堂案例教学模式

课堂案例教学模式按照发展历程,经历了学科导向、能力导向和实践导向三个阶段。

(1)学科导向阶段。学科导向以专业学科知识为主线对学生进行系统知识的传授,以专业学科知识间的逻辑顺序进行课程与教学内容的组织和实施,以对学生进行理智训练和智力培养来引申课程与教学的目标,以课堂教学为主要途径。学科导向下,为了能够增强专业教学过程的趣味性和学生自主学习的积极性,出现了以案例教学方法。案例教学于20世纪80年代引入我国,随着其内容、方法和经验的逐渐积累,在大多数经济管理类专业教学中得到了广泛的运用[4]。由于学科导向型教学模式注重学科知识间的内在逻辑性以及学科体系结构的完整性,其课程开发与教学实施的主体是专业教师,尽管通过课堂案例教学的方式,能够一定程度上培养学生的学习兴趣和主动性,但是总体上看,学科导向下的课堂案例教学模式确定教学目标和评价标准的依据是事先预定的,而非根据社会需求的实际进行调整,不容易调动学生的学习积极性,是一种静态的教学模式。

(2)能力导向阶段。能力导向理念产生于北美,其中的"能力"指"职业胜任能力",即在社会环境中完成某项工作任务所需的专业技能、职业态度和鉴赏能力等。能力导向下,因案例教学被联合国教科文组织认为是在关于九种管理课程教学法中对学生分析能力培养居第一位的教学方法而得以广泛应用,案例教学能够启发学生运用基本概念和发散思维获得解决实际问题的能力[5]。尽管能力导向下的课堂案例教学模式强调学生能力本位,以专业能力培养为中心,一定程度上实现了课程与教学内容随着社会需求的变化而变化,但是该模式从本质上看依然是将教师和课堂作为主导,只是教学培养目标进行了转换,不容易实现师生的互动,没有完全摆脱传统静态教学理念的制约。

(3)实践导向阶段。实践导向注重通过个体的工作任务来达成教学目标,通过项目产品或主题拓展领域来评价专业课程与教学的效果。这其中比较有影响的有任务引领式、主题拓展式和项目驱动式等。实践导向下,案例教学被用来引导学生了解实际应用,建立对真实任务的感性认识,通过寻找知识形成规律以发现基本概念,并运用掌握的规律和概念去解决实际问题[6]。虽然实践导向下的课堂案例教学模式以真实任务为逻辑线索展开专业教学,但是这种模式过于强调任务的完成,学生获得的知识难以形成系统性,不容易将理论与实践很好的衔接和结合。

2.2 在线课堂教学模式

随着互联网技术逐渐成熟,借助互联网进行专业教学的在线教育开始迅猛发展。在线教育有UGC、MOOC和Flipped Class三种模式,其中UGC模式(user generated content,用户生成内容)通过用户来进行产生内容,并通过去中心化的市场自筛选机制,逐渐沉淀优秀的内容和课程,并将这些有价值的内容反馈给学习者;MOOC模式(massive open online corse,大规模开放在线课程)以各名校的课堂录像作为内容获取途径,并将这些录像、课程的课件以及参考资料等资源形成知识网络

上供学习者学习;Flipped Class 即翻转式课堂教学模式的核心概念是让学习者主动学习、主动参与、混成式课程设计以及 PODCasting 课堂(personal optional digital casting, 个性化可选择数字广播),通过整合新的科技工具,为学习提供便利性和随时性的自我学习[7]。

在线教育为专业教学提供了一个高效的自主学习平台,因而案例教学可以很好地融入专业教学中,形成丰富的网络化教学资源。但是,在线课程资源的固定性,以及线上教学缺乏外部(主要是专业教师)对专业教学过程进行主动干预的能力,也难以促进学生主动学习和形成有效的师生互动,"互联网+专业教学"亟须寻找一条解决以上不足的有效途径。

3 基于 OBE 的"互联网+专业教学"产出分析

OBE 这种基于产出的教学理念,可以将产出目标进行预设,对于专业教学的主动干预能力较强,因此将 OBE 与"互联网+专业教学"结合可以弥补目前在线案例与专业教学以及线上教学的不足。以武汉纺织大学物流管理专业教学为例,OBE 能够从如下三个方面明确"互联网+专业教学"的产出目标。

3.1 学生主动学习

学生主动学习是基于 OBE 的"互联网+专业教学"首要产出目标。在线案例教学具体实施中,教师可根据不同的教学内容创设生动、具体、真实问题情境,激发学生的求知欲[8]。例如,在"第三方物流管理"课程关于物流增值服务的教学过程中,采用"互联网+案例教学"模式后,学生先通过智能手机或平板电脑查阅一些国内的实例,如日日顺物流公司的物流管理、安达尔公司的一站式运输服务等,然后将学生分成小组进行讨论,激发学习兴趣,活跃教学气氛,学生产生主动学习的求知欲。教师对案例讨论中学生的不同意见进行一一评析,做出积极的评价并说明理由,让学生获取成功的喜悦,从而增加学习的兴趣,同时达到理解知识、掌握理论、增强能力的教学目的。

3.2 衔接理论与实践

理论联系实际是基于 OBE 的"互联网+专业教学"重要产出目标,强调与生产、科技和社会实践相结合,注重学以致用,使学生在理论与实际的联系中学习知识、认识社会,提高他们运用理论分析问题、解决问题的能力。在具体实施中,往往是从具体上升到抽象,即通过对具体案例的分析研究来探寻带有普遍指导意义的内在规律,从中导出一般的原理、理论,所以比较易懂好记、生动形象,有助于理论学习的进一步深化[9]。如在

"供应链管理"课程中介绍供应链管理模式的运作过程及应用价值等内容时,让学生自己通过智能手机或平板电脑查阅沃尔玛公司供应链的运作情况,来引起理论与实践结合学习的兴趣,通过分组模拟整个商品的物流过程,可以缩短理论与实践的距离。

3.3 师生高效互动

师生高效互动是基于 OBE 的"互联网+专业教学"关键产出目标。在线案例教学培养学生创造性思维的能力,在这样的情境中,学生能够主动参与学习活动,师生能够相互交流。学生能够形成一定的学习能力、社会能力和职业能力。因此,这样的教学使学生真正被摆到主体的位置上。例如,在学习"物流经济学"中有关市场营销环境与威胁的知识时,让学生自己通过智能手机或平板电脑搜索相关案例,如针对上海大众汽车物流公司,列举上海大众有关环境条件,要求学生分析大众集团面对现实的市场环境和自身的条件应采取的对策,经过师生反复讨论,大大提高师生间的互动。

4 基于 OBE 的"互联网+专业教学"在线案例教学

4.1 在线案例选择策略

基于 OBE 的"互联网+专业教学"产出目标,对案例所需要传达的信息进行倒推,并进行加工改造使之适合课堂教学[10]。案例选择时,一方面从各种类型的案例中看到世界各国现代物流的发展状况和实际运作,另一方面还要对相关的实际问题进行分析、鉴别,并尽可能找出适合学生理解的解决问题的方法。

4.2 在线案例教学路径

基于 OBE 的"互联网+专业教学"产出目标,注重教学中的循序渐进,根据教学内容和学生一起分析案例,逐步训练学生学会掌握发现问题、分析问题、找出解决问题的方法[11]。经过反复训练,待学生的能力逐步提高后,教师便可逐渐将课堂中心转向学生。

4.3 在线案例教学方式

结合基于 OBE 的"互联网+专业教学"产出目标、学生已有的经验和学习任务的不同来确定教学方式。例如,要突出学生社会能力的培养,就应较多地采用小组讨论形式,使学生交流更加频繁,让他们学会如何与他人打交道、如何合作、如何解决矛盾。同时采用实际模拟法激发学生兴趣和提高学生的操作能力。

5 结语

新冠肺炎疫情以来,依托互联网进行个性化、智能

化、感知化的专业教学数字化转型势不可挡。在专业课程教学中,基于 OBE 的"互联网+专业教学"在线案例模式是能够提高课堂教学效率及促进师生教学互动的重要途径,其有利于学生综合素质的提高。但是,也必须看到在线案例教学法只是专业教学数字化改革方法中的一种。同时,随着教学目标、教学内容和学生情况的不同而有所侧重,要不断优化专业教学方法,只有这样才能真正提高课堂教学效率和教学质量。

致谢

本文为 2021 年度湖北高校省级教学研究项目(2021335)、湖北省教育科学规划 2020 年度重点课题(2020GA037)、2021 年度"纺织之光"中国纺织工业联合会高等教育教学改革项目(2021BKJGLX374)、武汉纺织大学 2021 年度研究生教学改革与研究项目(武纺大研〔2021〕3 号)、2021 年武汉纺织大学新文科研究与改革实践项目(武纺大教〔2021〕41 号)的阶段性研究成果之一。

参考文献

[1] 安世遨.基于案例的大学对话教学模式设计与应用策略[J].中国高教研究,2017(3):83-87.

[2] 张男星,张炼,王新凤,等.理解 OBE:起源、核心与实践边界:兼议专业教育的范式转变[J].高等工程教育研究,2020(3):109-115.

[3] 周兴建,蔡丽华,万星.学科竞赛与案例教学融合下的"互联网+教学"模式[J].教育现代化,2016(6):102-103.

[4] 周兴建.物流管理专业课程案例教学策略研究[J].教育教学论坛,2014(1):82-83.

[5] 费梅苹,唐立.社会工作案例教学法的实践研究:兼论哈贝马斯共识真理论对案例教学的启示[J].中国社会工作研究,2019(1):63-85,212.

[6] 周兴建.基于案例教学的物流管理课程体系平台[J].武汉纺织大学学报,2011,24(2):45-47.

[7] 张建卫,周愉凡,宣星宇,等.疫情防控期高校在线教学与学生发展:基于 B 大学的案例研究[J].中国高教研究,2020(6):64-71.

[8] 田俊,王萱,王元宏,等.疫情时期在线教与学实践案例与经验[J].中国电化教育,2020(5):53-61,110.

[9] 赵存有,陈国晶,常禄.基于 OBE 理念的课程教学设计研究[J].黑龙江教育(理论与实践),2020(8):70-71.

[10] 祝衍军,叶广仔,彭勇.基于 OBE 理念的 SPOC 在线课程资源设计与实践[J].信息与电脑(理论版),2020,32(10):239-241.

[11] 周兴建,蔡丽华,司辉,等."互联网+"下的专业课程案例教学模式研究[C]//Proceedings of 2018 5th International Conference on Education Reform and Management Innovation. Singapore:Information Engineering Research Institute,2018:468-472.

Research on theconstruction and practice of "Nonwoven Product Design" golden course based on the improvement of students' learning ability

ZHANG Heng[1,*], ZHANG Haifeng[2], ZHEN Qi[3], YANG Hongying[1], QIAN Xiaoming[4]

1 College of Textiles, Zhongyuan University of Technology, Zhengzhou, China

2 Colkge of Clothing, Zhongyuan University of Technology, Zhengzhou, China

3 College of Textiles and Clothing, Nantong University, Nantong, China

4 College of Textile Science and Engineering, Tiangong University, Tianjin, China

Email address

zhangheng2699@ zut. edu. cn (ZHANG Heng) , zhanghf@ ntu. edu. cn (ZHANG Haifeng) , zhenqi7721@ 126. cn (ZHEN Qi) ,5721@ zut. edu. cn. cn(YANG Hongying) , qxm@ tiangong. edu. cn(QIAN Xiaoming)

Abstract：As a core course in nonwoven materials and engineering, "Nonwoven Product Design" requires students to master the principles of nonwovens, have the ability to design innovative products using the characteristics and design principles of nonwoven products, be able to study and deal with complex engineering problems combined with the application of advanced scientific and technological ideas and tools. However, the current teaching mode of this course is still based on theoretical learning through classroom lectures, lacking practical courses, and the assessment method is limited to theoretical closed-book exams, which is relatively single. Therefore, this paper takes "innovation ability cultivation" as the guide and adapts to the development of new nonwoven technology as the goal, carries out research on the gold course construction and research practice of "nonwoven product design" based on the improvement of students' learning ability, so as to make the practical and experimental aspects of the course scientific and reasonable, so that the teaching of the course is more in line with the needs of the actual production of talents.

Keywords：nonwoven product design; teaching reform; gold course construction; curriculum thinking; nonwoven materials and engineering

学生学习能力提升的"非织造产品设计"金课建设与实践研究

张恒[1,*],张海峰[2],甄琪[3],杨红英[1],钱晓明[4]

1 纺织学院,中原工学院,郑州,中国

2 纺织服装学院,南通大学,南通,中国

3 服装学院,中原工学院,郑州,中国

4 纺织科学与工程学院,天津工业大学,天津,中国

邮　箱

zhangheng2699@ zut. edu. cn(张恒) ,zhanghf@ ntu. edu. cn(张海峰) ,zhenqi7721@ 126. cn (甄琪) ,5721@ zut. edu. cn. cn(杨红英) , qxm@ tiangong. edu. cn(钱晓明)

摘　要："非织造产品设计"作为非织造材料与工程的核心课程,要求学生在掌握非织造原理的基础上,学习并具备运用非织造产品的特征和设计原则进行产品创新设计,以及运用所学专业知识解决复杂工程问题的能力。而当前"非织造产品设计"教学模式仍然以课堂讲授的理论学习为主,缺乏实践课程,考核方式也仅局限于理论闭卷考试,较为单一。因此,本文以"创新能力培养"为导向,以适应新型非织造技术的发展为目标,开展基于学生学习能力提升的"非织造产品设计"金课建设与实践研究,使"非织造产品设计"课程的实习、实验环节科学、合理,使该课程教学更符合实际生产对人才的需要。

关键词:非织造产品设计;教学改革;金课建设;课程思政;非织造材料与工程

1 引言

非织造材料(又称非织造布、无纺布),是一种新型纤维材料,隶属于现代纺织领域,归类于产业用纺织品。非织造材料是由定向或随机排列的纤维通过摩擦、抱合、黏结或这些方法组合而相互结合制成的片状物、纤网或絮垫[1-2]。非织造材料具有多孔、质巧、柔软、易成形的特性,在医疗卫生用品领域、个人护理领域、服用领域、保温领域、环保领域、土工建筑领域、汽车领域、农业领域、工业领域、家居领域以及军工领域等都具有非常广泛的应用[3-4]。非织造工业凭借其纤维原料来源广,加工方式复杂多变,应用领域多等特点,被誉为纺织界的"朝阳工业"。

随着非织造材料的不断兴起,我国非织造行业逐渐进入高速发展时期。根据中国产业用纺织品行业协会调研,2020年我国非织造材料的产量为878.8万吨,同比增长35.9%,"十三五"期间平均增长率为13.2%[5]。因此,对非织造材料工程相关专业的技术人才的需求逐渐增大。对于各大相关高校来说,培养的毕业生具备良好的专业知识、创新能力、综合素质,且能综合运用科学理论和技术手段分析与解决复杂工程问题的能力显得十分重要[6-7]。截至目前,我国各高校非织造材料与工程本科学生平均每年仅有700名左右的毕业生,而真正符合非织造行业要求的高素质创新技术型人才则更为不足,这也反映了我国非织造技术人才的匮乏[8]。

"非织造产品设计"课程作为非织造材料与工程专业的核心课程,是在系统学习非织造原理课程的基础上,综合运用非织造原理知识进行产品开发与结构设计的必修专业课程之一[9]。天津工业大学、东华大学、江南大学和浙江理工大学等都将其列为纺织工程专业的必修课程,十分重视该课程的设置和建设。课程系统地介绍了非织造产品设计目的和基本原则、非织造新产品的开发途径和典型的非织造材料的开发案例。其目的是可以使学生具备运用非织造产品的特征和设计原则进行产品创新型设计,具备运用所学专业知识解决复杂工程问题的能力,同时在教学过程中还重视学生的沟通交流能力的培养和职业素养的指引。

2 "非织造产品设计"金课建设与实践研究现状

"非织造产品设计"作为非织造材料与工程的核心理论课,除需要扎实的专业基础外,还需要具备一定的实践性质,这就要求学生在掌握非织造原理的基础上,学习并具备运用非织造产品的特征和设计原则进行产

品创新型设计,以及运用所学专业知识解决复杂工程问题的能力。但是,目前许多高校的"非织造产品设计"教学模式仍然以课堂讲授的理论学习为主,授课内容也仅按照教学计划或大纲设计的非织造产品设计理论内容,没有重视实践部分的内容,考核方式也是以理论的闭卷考试为主。因此,学生对"非织造产品设计"认识与了解受较大的局限,直接影响学生对该技术的掌握,发现、解决实际问题的能力也无法得到锻炼,使得所培养的学生的专业技术能力也和相关企业对专业技术人员的需求有一定的差距。因此,对"非织造产品设计"课程的实践教学内容的改革与完善迫在眉睫。

为此,我校非织造材料与工程教学团队紧密结合非织造技术的应用,以工程教育认证标准为依据,以"创新能力培养"为目标,对"非织造产品设计"实施了一系列建设与改革,在教学大纲制定、教材选用、教学方法及手段等方面做了充分研究,取得了一定的效果。例如,建立以企业为主体的工程实践体系,依托河南省产业用纺织品行业协会和先进纺织装备技术省部共建协同创新中心,与企业搭建的天然的产学研协同平台,和多家企业(如郑州豫力新材料科技有限公司、河南驼人医疗器械集团有限公司、郑州纺机工程技术有限公司)共同参与具体实践教学环节,并就某些具体的工程环节以现场教学的形式向学生传授实践经验,提高学生的学习积极性和实践创新能力;同时构建以学生参与为主体的实验设计,提高学生的积极性,培养学生的解决复杂工程能力。

基于此,本研究提出,紧密围绕工程认证的标准,以"创新能力培养"为导向,以适应新型非织造技术的发展为目标,切实培养学生的复杂工程能力,开展基于学生学习能力提升的"非织造产品设计"金课建设与实践研究,使"非织造产品设计"课程的实习、实验环节科学、合理,使该课程的教学更符合实际生产企业对人才的需要。通过对"非织造产品设计"的理论部分学习,学生能较好掌握非织造材料及产品的工艺技术和相关理论,对相关技术有专业上的理性认知;通过对"非织造产品设计"的实践部分学习,可以提高学生的动手能力,加强相关技术理论的感性认知,并进一步培养学生发现问题、分析问题和解决问题的能力,为今后从事非织造技术领域的生产、研发、经营、管理、贸易或继续深造打下坚实的基础。

3 "非织造产品设计"的课程教学内容改革

"非织造产品设计"的金课建设与实践研究包括课程的理论、实验、实习和毕业设计等各环节,使"非织造

产品设计"课程的实习、实验环节科学、合理,教学更符合实际生产对人才的需要,更符合培养学生实际动手能力和创新能力的要求。

(1)以纺织实验中心及 A 类重点学科建设为契机,改革教学模式、加强实践教学。传统的教学模式以课堂讲授为主,由于其技术加工工艺及设备的特殊性,这种模式很难适用于本课程的教学。因此,改革将传统的理论教学为主型的教学模式转变为理论教学与实践教学相结合的交互式教学模式,既能传授给学生专业理论知识,又可以加强学生的动手实践能力。

(2)改革教学内容,增加设计性教学。非织造材料的主要特点是其微观结构与功能特性,课程增加设计性方面的教学,培养学生创新设计非织造材料的结构以及应用于终端制品中的创新能力。围绕产品设计及功能性检测,实习教学主要以掌握产品生产工艺与材料结构为重点,编制实验指导书并进行教学实践。

(3)与毕业设计及教师科研项目紧密结合,开发应用性、综合性强,体现现代化实验技术的教学实验项目,以适应高级工程技术人员的培养。目前"非织造产品设计"课程的考核主要是通过闭卷考试的考核形式,仅局限于对理论知识的考察,难以体现学生的实践操作能力。课程改革考核方式,增加非织造材料的设计与评价考核环节,突出学生在非织造材料设计、生产以及终端制品设计与表征、评价等方面的能力考核。

4 "非织造产品设计"金课建设与实践方案及方法

开展"非织造产品设计"的金课建设与实践研究建设,增加学生的工程创新能力是深化工程类专业课程课改的第一大"战役";更新教学内容、完善教学方法,"学生为中心,深化专业认知"是深化工程类专业课改的第二大"战役"。以学生为中心,从改革教学模式、完善教学内容和增强工程能力三个方面开展工作(图1)。

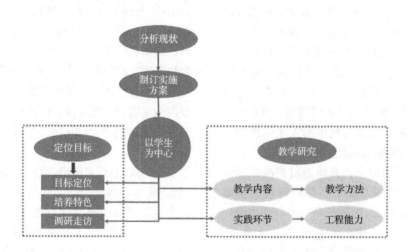

图1　改革内容

4.1　课程教学内容改革

我校非织造材料与工程专业的创建和发展始终紧密结合河南省产业用纺织品行业协会和先进纺织装备技术省部共建协同创新中心,具有以产学研深度融合为基础,高水平、多学科交叉的科研团队为师资,着力于服务企业,培养高水平创新型人才为目标的专业特色。这为加强综合性工程实验教学,培养学生复杂工程能力提供了基础[10]。

(1)基于"学生参与"为主体的模块性实验设计。非织造技术具有多学科交叉的特点,如图2所示。以培养非织造材料与工程专业类学生的非织造产品设计原理工程实践综合素质为出发点,将实践内容分三个教学模块,每个子模块的设计以"学生参与"为核心,以"原料—工艺—结构—性能—应用"的物理关系为主线,以

非织造产品开发原理的运用为目标。在每个子模块的实验中,学生分组并在实验课前参与实验准备,提高学生分析和解决工程实际问题的能力。

(2)增加企业为主体的工程实践。"非织造产品设计"作为工程实践性强的专业核心课,其实践教学环节一定是基于"工程实际"的设计。利用各类协同创新平台,构建"设备—非织造材料—应用"为主线的产学研实践基地,并聘请郑州豫力新材料科技有限公司(非织造材料)、郑州纺机工程技术有限公司(设备)和河南驼人医疗器械集团有限公司(应用)等多位非织造设备、非织造卷材生产和应用企业的高级技术人员,参与具体的实践教学环节,并就某些具体的工程环节以现场教学的形式向学生传授实践经验,提高学生学习积极性。

(3)基于行业发展进行教学内容的更新。非织造技

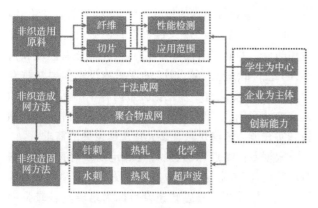

图2 实践环节优化

术随着行业发展而日新月异,如静电纺丝、双组分纺粘水刺和多组分熔喷等新产品和新技术不断涌现。因此,教师授课内容将新技术、新工艺进行及时更新补充,满足行业发展需求。

基于技术发展的教学内容更新是提高学生对非织造材料兴趣的关键一环,不仅有利于学生对非织造技术基础知识系统的掌握,还可以进一步引导学生思考不同非织造产品生产过程中的具体工程问题,实现"学生自主学习"的教学目标。

4.2 课程教学方法的多样化运用

(1)增强学习主动性的课堂教学。以教材为主线,保证专业知识的系统性、完整性,适当引入非织造材料生产的前沿技术、新设备、新工艺及新的科学研究成果,保证教学内容涵盖一定的先进性。图3为课堂教学设计实例。课堂上对学生感兴趣的知识点进行讨论,课下学生带着问题查阅相关文献资料等。通过不断进行课堂教学改革实践,提高学生的学习积极性,培养学生的学习兴趣,增强学习主动性,提升学生独立思考能力,同时锻炼其查阅文献资料的能力。

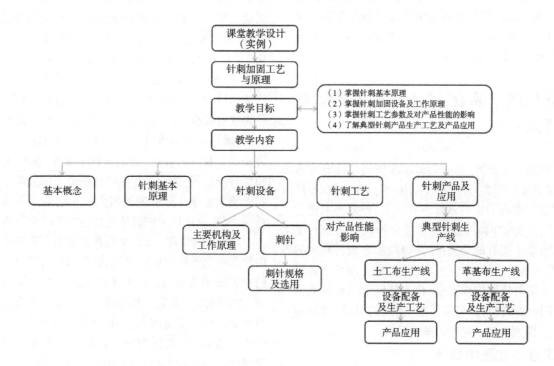

图3 课堂教学设计

(2)各种教学手段的有机结合。采用基于"问题探究"的案例教学法、基于"学习产出"的探究式教学法和应用现代教学技术的教学手段。基于"问题探究"的案例教学法是通过学生报告或课后作业的形式,形成"老师提出问题—学生预分析—老师进一步提出问题—学生进一步回答"的案例教学模式,其特点是"学习产出"。例如针对水刺工艺的讲解,老师课上提出水刺非织造材料的强度受纤维强力和非织造材料结构的影响,学生课下收集分析不同纤维原料的纤维强度并查阅水刺非织造材料结构的特征参数,形成分析报告;教师课上进一步提出"水刺能量、水刺压力分布和水刺速度"等

工艺参数对结构特征的影响规律,学生讨论实际案例,分享结果。

探究式教学是培养学生以工程师心态分析工程问题的能力,关键是对非织造技术核心概念、原理或者方法的运用。基于"学习产出"的探究式教学法的主线是"提出问题—自主分析—实证—表达",其目标是提高学生对非织造材料的内在理性认知能力。

应用现代教学技术手段的教学手段是指对于"非织造产品设计"中比较抽象的成型技术,充分利用视频展示、动画演示、实物分析等现代教学手段来提升教学效果。中原工学院建设有较为完善的慕课系统和期刊资

源,学生可以直接自主学习以增加对课程中理论部分的理解。

4.3　建立全面的考核机制

在原有闭卷考试的理论知识考核基础上,增加非织造材料的设计与评价的实践考核环节,突出学生在非织造材料设计、生产以及终端制品设计与表征、评价等方面的能力考核。

组织学生参加全国大学生非织造产品创新大赛、全国纺织品设计大赛、中原工学院纺织品设计大赛、创新创业大赛等活动;鼓励参加教师科研项目等。将学生参加比赛、项目的情况和其贡献程度作为课程考核加分项目。

4.4　建立课程教学质量跟踪调查及反馈机制,形成持续改进的教学理念

以"创新能力培养"为导向的"非织造产品设计"课程建设与教学模式改革要求对学生能力培养作为一个持续改进的过程,因此需要建立有效的跟踪调查方法,进而持续改进"非织造产品设计"的教学效果。

5　"非织造产品设计"金课建设的思政教学研究

"非织造产品设计"是一门针对非织造产品开发进行理论知识和实践能力传授的应用科学。在"非织造产品设计"课程中有潜在的思政教育内容,但需要通过挖掘和总结,才能把两者之间相互结合和映射的点找出来,上课教学才能有的放矢,这是课程思政能否起到教育作用的关键。在知识传授以及学生专业能力培养的过程中,团队教师细梳课程中的"思政元素",在专业课程体系中挖掘与德育知识体系的"触点",总结"非织造产品设计"课程内容中潜在的思政元素。

5.1　课程思政教学目标

在"非织造产品设计"课程教学过程中,从爱国主义教育、优秀传统文化教育、职业文化、工匠精神等方面找到融合点,以此提升学生的爱国情怀、科学维度、职业道德素养等。例如,纺织强国坚定学生"四个自信",产品和设备的革新蕴藏着"工匠精神",非织造行业的快速发展彰显了"敢为人先的首创精神"和"百折不挠的艰苦奋斗精神",生态变革肩负"社会责任",新冠肺炎疫情期间非织造人"甘于奉献精神"。学生在专业知识学习的同时培养良好的安全、品质、环保和效益意识,并树立正确的世界观、人生观和价值观[11-12]。

5.2　课程思政教学内容

"非织造产品设计"是一门运用性很强的课程,知识点较多,且蕴含着丰富的思政元素,基础与热点并重,因此"非织造产品设计"融入课程思政的必要性和可行性更加凸显。专业课不仅有专业内容,还应该有温度和情怀,因此,"非织造产品设计"的课程建设不但要注重专业知识传授,更应进一步挖掘教学内容中的品德培育和人文内涵案例,以培养学生的科学和团队协作精神、创新和实践能力来满足教育多元化快速发展的需求。

根据专业特点和课程特点,制定切实可行的"非织造产品设计"专业课程思政教育建设目标及预期学习成果教学实施计划。其思政建设目标为培养具备较强的创新力、扎实的专业知识、良好的职业素养、健全的人格、能适应现代化社会发展的优秀工程技术人才。通过丰富的思政触点和鲜活的工程案例,结合学生学习特点,制订对学生成长帮助大、兴趣点高的课程思政方案。

(1)政治认同。新中国成立后,我国人民在党的领导下,历经磨砺,不断摸索,积极追赶,最终实现了纺织工业的复兴。非织造企业也蓬勃发展,不断创新升级。稳健、恒天嘉华、金三发、奥美等非织造企业建成了智能化工厂,进入世界一流水平,非织造行业未来可期。2020年新冠肺炎疫情突然袭来,我国作为最先对外公布疫情的国家,在政府的正确带领下,全国人民积极配合,最终抗疫取得了阶段性胜利。与此同时,中国作为世界大国,展现了大国风范和大国担当,中国政府为国际社会提供了及时的援助,派出医疗专家组、提供抗疫物资和免费疫苗等,为全球合作抗疫所做出的贡献。上述内容可使学生体会到祖国的强大以及社会主义制度的优越性,矢志不渝地走中国特色社会主义建设道路。

(2)家国情怀。"非织造产品设计"课程开展过程中使用的化学纤维原料、非织造梳理设备等是一代代的纺织先辈艰苦奋斗,不懈努力开发完成。他们心怀天下,为我国纺织业的发展奉献了一生,为国为民的家国情怀值得每一位纺织人学习。"非织造产品设计"课程中将穿插讲述几位纺织行业前辈的故事,将非织造技术发展历程和现状进行介绍,通过知识迁移,启发学生创新意识,激发学生科技报国的使命担当和家国情怀;使同学们厚植爱国主义情怀、热爱祖国、热爱专业、坚定创新,为我国纺织业的发展不断贡献自己的力量。

(3)专业自信。将非织造产业背景、技术发展状况、非织造产业在国民经济发展中的重要性等贯穿于整个课程体系中,以非织造产业发展及产品使用领域为依托加强专业自信心。结合生动的语言和画面展示丰富多彩的非织造产品世界,让学生了解真实的非织造产业,切身体会非织造材料的发展及其在人们生活中的地位,对提高人类生活质量方面所做的巨大贡献,增加从事非织造工作的热情和社会责任担当。此外,以专业为载体挖掘学科发展史,让学生了解所学专业的历史背景与发

展前景,增加专业认同感和自豪感。

(4)科学精神。"非织造产品设计"是一门系统工作,从纤维准备、成网、固网到后处理,流程长、设备复杂、工艺变换多,针对不同的使用领域,其原料的筛选、制备方法的选择、加工工艺的确定等都是相互关联的。因此,"非织造产品设计"的各道工序都体现着科学精神的内涵。例如,辩证唯物主义中的对立与统一、探索求真、理性思考、去伪存真等,同时还有实事求是、团结协作、合作共赢、坚持创新等价值取向。此外,我们更要引导学生正确对待实验所获得的数据,根植"失之毫厘谬以千里"的思想,培养学生严谨认真、实事求是的科学精神和治学态度。

(5)职业素养。"非织造产品设计"涉及整个非织造产品的设计、生产、处理及检测等一系列环节。生产过程中工序多,各工序环环相扣,任意一道工序出现纰漏,都会直接影响最终非织造产品的质量。因此,"非织造产品设计"课程应培养学生具备爱岗敬业及精益求精的工匠精神。此外,从非织造技术和产品发展趋势的角度出发,需要向学生倡导及践行生态理念,推动纺织工业的可持续发展。

(6)诚信及法治。非织造产品的设计离不开技术的创新、产品的创新及产品质量的把控等。对于上述创新需要由相应的制度来保护。另外,在创新过程中的技术及产品开发的合理性需要相应的法律约束、非织造从业者的生命健康、非织造生产过程中对环境的保护等都需要相应的法律保护。因此,在"非织造产品设计"课程中,需要潜移默化地向学生传递法治和诚信意识。

(7)团队协作。课程考核中强化课程设计类部分。课程设计通过分组协作的方式,设计所选项目的实验方案,制备相关产品,并测试其相关性能和分析实验结果,完成报告。通过设计类考核的完成情况能够充分反映学生对专业知识的掌握程度,设计环节也更能培养学生的创新能力、团队协作精神、逻辑思维能力及严谨的科学态度。

(8)生态环保。"非织造产品设计"内容丰富,动手实践性很强,极具探究性,设计类考核部分要求学生在生产实践的各个环节始终将生态绿色环保放在首位,充分考虑原料的合理利用以及废水、废气、废渣的无害化处理,引导学生关注社会效益及经济效益的有机统一,将以人为本的意识深植于心,为未来留下绿水青山和蓝天白云。

6 结论

"非织造产品设计"作为非织造材料与工程专业的核心理论课程,并具备一定的实践性质要求,要求学生在掌握非织造原理的基础上,学习并具备运用非织造产品的特征和设计原则进行产品创新型设计的能力,以及运用所学专业知识解决复杂工程问题的能力。这就要求了该课程不仅需要传授一定的理论知识,同时还应注重实践研究。基于"创新能力培养"为导向的"非织造产品设计"课程建设与教学模式改革探索有利于培养具有解决负责工程问题能力的非织造专业人才的有效模式,为当前非织造材料与工程专业教育的工程创新能力的提升提供新思路和新方法,对于确立新的课程理念和实施新课程改革具有重要的作用,也为我国素质教育的有效推进提供了良好的范例。

通过对"非织造产品设计"课程内容改革和课程教学方法的创新,学生的学习热情明显提升,课堂教学中学生积极参与问题讨论的频率和人次明显增多。在实践教学中,学生对非织造产品的制备工艺和生产流程更加熟悉,为今后从事非织造材料领域的相关工作打下了坚实基础。

致谢

本文为国家自然科学基金资助项目(52003306)、先进纺织装备技术省部共建协同创新中心资助项目(2022-CYY-FZZ-001)、"纺织之光"中国纺织工业联合会高等教育教学改革项目(2021BKJGLX481,2021BKJGLX490)及2021年度中原工学院校级教学改革研究与实践项目的阶段性成果之一。

参考文献

[1] 张会青,马洪才,杨洪芳."新工科"背景下《非织造学》课程教学改革的探讨[J].纺织科技进展,2020(7):62-64.

[2] 魏朋,杨红英,张一风,等.多学科交叉融合工程人才培养模式探索与实践:以非织造材料与工程专业为例[J].高分子通报,2022(3):83-89.

[3] 付译鋆,李大伟,王海楼,等.《非织造布后整理》线上线下混合式金课的建设与探索[J].轻纺工业与技术,2021,50(12):155-157.

[4] 张哲,常丽,明津法.全球非织造布市场的发展现状及趋势展望[J].纺织导报,2019(6):96-99.

[5] 产业用纺织品行业进入快速发展窗口期[J].纺织检测与标准,2021,7(2):50-52.

[6] 陈思.新工科背景下工作室模式在纺织专业课程教学中的实践研究[J].纺织报告,2019(6):60-61,64.

[7] 张红霞,刘昌伟,杨笑春,等.以应用型人才培养为导向的材料科学基础课程教学改革[J].高分子通报,2020(6):78-80.

[8] 李霞,章伟,陈守辉.非织造材料与工程专业综合改革建设的探索与实践[J].河南教育(高等教育),2021

（1）：66-68.

［9］　丁远蓉，朱新生，杨旭红，等. 适应新工科建设的"非织造工艺与产品设计"任务型实践教学方法探索［J］. 纺织服装教育，2020，35（3）：265-267，279.

［10］　张恒，甄琪，杨红英，等. 基于工程认证标准的"非织造学"课程建设［J］. 科技资讯，2018，16（25）：138-139，141.

［11］　王建坤，张淑洁，李凤艳，等. 思政引领一流纺织课程建设与教学改革的探索［J］. 纺织服装教育，2022，37（1）：48-51，66.

［12］　黄相璇，刘啸天，邵友元，等. "课程思政"融入高分子化学混合式教学改革的实践［J］. 高分子通报，2021（11）：89-93.

The exploration and practice of talent training mode in textile and garment education: case study of multi-source talent recruitment

ZHANG Xiaohan[1,2,*] LI Jianzhao[1]

1 *Textile and Garment Department, Shandong Vocational College of Science and Technology, Weifang, China*

2 *College of Creative Arts, University Technology MARA, Shah Alam, Malaysia*

Email address

78676249@ qq. com（ZHANG Xiaohan）,114574467@ qq. com(LI Jianzhao)

Abstract：Higher vocational education in China has gradually improved with the progress of China's economy and society. Higher vocational schools have responded to the national strategy of multisource recruitment in recent years, and research into the reform of talent training mode has become a critical issue that must be addressed. The source structure of students in higher vocational schools has altered as a result of the development of higher education. Students in Chinese higher vocational schools now have a variety of options for further education, which has enriched the source structure for students. However, this also poses fresh difficulties to higher vocational schools' present talent development model. The difficulties of education and teaching are substantially increased due to student source variances and personalized development needs. In conclusion, this study examines the background of multisource talent recruiting in Chinese higher vocational schools, evaluates contemporary issues, and provides solutions.

Keywords：recruitment background；talent training mode；textile and garment education

多类型招生背景下纺织服装教育人才培养模式探索与实践

张晓寒[1,2,*],李剑钊[1]

1 纺织服装系,山东科技职业学院,潍坊,中国

2 创意艺术学院,玛拉工艺大学,莎阿南,马来西亚

邮　箱

78676249@ qq. com(张晓寒),114574467@ qq. com(李剑钊)

摘　要:随着中国经济社会的发展和进步,中国的高等纺织服装教育水平也在逐步提升。近年来,高等职业院校响应国家相关政策,开展多类型招生,关于人才培养模式的探索与实践研究问题成为当下急需解决的重要问题。在高等教育呈现大众化发展趋势的背景下,高等职业院校的生源结构呈现由单一向多元转变的趋势。当下,中国学生的升学渠道多种多样,这一趋势在丰富高等职业院校生源结构的同时,也对高等职业院校现行的人才培养模式提出了新的挑战。生源差异和学生个性化发展需求并存,大大提升了教育教学的难度。综上,本文立足于中国高等职业院校多类型生源招收的背景,分析了目前存在的问题并提出解决问题的措施,希望能够对现实有所裨益。

关键词:招收背景;人才培养模式;纺织服装教育

1　纺织服装类人才招收制度现状概述

1.1　多类型人才招收制度的形成和发展

　　为了进一步促进和深化中国职业高等教育的招生制度改革,中国政府早在 2010 年发布的《国家中长期教育改革和发展规划纲要(2010—2020 年)》中明确指出,要搭建终身学习的"立交桥",进而优化职业院校的毕业生的升学和继续教育制度,使得各级、各类教育能够连接共通。教育部于 2011 年 8 月 30 日印发的《教育部关于推进中等和高等职业教育协调发展的指导意见》中指出要探索中等、高等职业教育贯通的人才培养模

式。伴随着政策的深入和推广,2014 年《国务院关于深化考试招生制度改革的实施意见》中明确指出,"到 2020 年就要形成'分类考试、综合评价、多元录取'的招考模式,实现各级、各类教育相沟通,认可多种学习成果的终身学习'立交桥'。""立交桥"概念再次被强调。在 2020 年 9 月 29 日,教育部等九部门印发的《职业教育提质培优行动计划(2020—2023 年)》中政府对高等职业教育的发展提出了进一步的要求和指示,即把分类型招考作为职业高等教育招生的主要路径。时至今日,中国的高等职业院校经过近十年的招考优化已经构建起了符合技术、技能人才成长规律的多类型人才招收制度。

1.2　多类型人才招收制度带来的挑战

多类型人才招收已经成为保障高等职业院校生源可持续发展的重要途径,以山东科技职业学院(以下称"我院")时尚设计专业而言,近三年以来的招生包括三二转段(在中专学校就读完成三年之后通过"转学段"考试进入大专学校的相同专业再读两年)、单独招生、综合评价招生以及夏季统考招生共四种招收形式,在 2019 年国家提出了关于扩招的政策,我院的招生形式又增加了面向社会人员的招生形式。2021 年 11 月 17 日,教育部办公厅下发《关于进一步完善高职院校分类考试工作的通知》,进一步明确了多类型招生背景下技术技能人才招考工作的具体内容。至此,我院已经形成五种招生形式并存的局面。面对这样多层次、多类型的人才招收现状,必须正视不同生源在学习能力、认知水平、文化基础等方面的多样性,之前单维度的人才培养模式已经不能再适应现阶段的人才培养需求,必须探索出以市场需求倒逼培养模式的合理化、多维度、多样性、多层次的人才培养模式。

2　现阶段纺织服装类人才培养模式存在的问题

高等职业院校的人才培养模式囊括了"为谁培养人才"和"培养什么样的人才"两大关键问题[1],人才培养的理念、目标、方式及评价时刻围绕两个关键问题,但在多类型人才招收的背景下,之前的人才培养模式开始出现与现阶段新的人才培养需求脱节的现象。

2.1　人才培养模式的单一

现行人才培养模式以专业为单位制订,通常以专业为单位先统一制订一套人才培养模式,内容不限于教学条件(硬件条件包括实验实训场所、设施设备等,软件条件包括师资配备等)、教学内容、教学方法、课程设置等,然后在该人才培养模式下进行方向课程的微调,最

后形成针对不同类型生源的人才培养方案。在人才培养模式单一的前提下,人才培养方案很难突破单一性而呈现多样性[2]。

2.2　人才培养方案的内容更新滞后

现阶段,大多数高职院校对各专业人才培养方案的更新频次最快是每年一次,但当年人才培养方案的制订要根据去年该专业的毕业生的就业市场反馈为基础进行更新,在市场反应上慢了至少一年的时间,导致现有人才培养方案的制订和更新速度明显滞后于市场发展的需求[3]。

3　人才培养模式单一性和滞后性产生的原因

多类型人才招收背景下,同一个专业的生源既包括普教生,也包括中职生,甚至还有在职的企业技术技能人员,他们在文化素养、技能基础、社会阅历等各方面都有明显的差异。但由于招生人数和编班人数的原因,很多专业无法实现为不同生源进行单独编班教学,以至于多类型生源混合培养,导致了人才培养模式的单一性。

中国高等职业院校的人才培养,一直区别于普通高等院校的人才培养,关键在于"职业"一词,重视人才的职业性培养是高等职业教育人才培养模式的核心目标。培养职业性需要紧跟市场对人才的需求,而高等职业院校与企业的合作仅限于校企合作办学或师生参与企业实践,校企之间联系不够密切和深入,没有形成标准的校企联络制度,对于企业反馈的用工需求和社会呈现的就业形势,需要经过很长一段时间的收集和汇总才能体现在人才培养方案的更新上。在人才培养方案更新的流程上各个学校都有严格的审核流程和制度,其本意是为了保障人才培养方案的权威性,但也降低了人才培养方案更新的时效性。

4　多类型人才招收背景下高等职业院校纺织服装类人才培养模式改革的对策

4.1　分析生源特点

在中国,教育是有教无类的。教育者首先要坚信,无论是哪一类型的学生,只要采取合理的培养方案就能够培养出国家和社会所需要的人才。当下,中国正在不断鼓励学生找准自身发展定位,鼓励职业教育的发展,因此高等职业院校的生源也越来越趋于多样性。分析不同类型的生源情况是改革高等职业院校人才培养模

式的第一步。

对于生源的分析，要从知识、技术、能力三个方面入手对生源的文化素养和技能素养进行系统性的评价。首先是不同类型生源的文化素养分析，分为基础扎实型、基础一般型、基础薄弱型；其次是针对技术技能，卓越型（有丰富的企业技术技能实践经验）、精进型（经过前期职业教育学习有一定技术技能基础）、启航型（没有任何技术技能基础）。从以上两方面对不同类型生源进行大致分类以后，第三方面的能力再根据霍华德·加德纳教授的"智能结构理论"[4]从八个维度（分别是语文 Verbal/Linguistic、逻辑 Logical/Mathematical、空间 Visual/Spatial、肢体运作 Bodily/Kinesthetic、音乐 Musical/Rhythmic、人际 Inter‑personal/Social、内省

Intra‑personal/Introspective、自然探索 Naturalist）进行更为细致的分析，通过不同类型的生源在其特有的社会文化背景下面临不同问题所采取的解决办法来进行分类。在此方法的基础上再参照斯滕伯格（美国）在 1985 年提出的"三重智力"（分析性智力、创造性智力、实践性智力）理论[5]。三种智力的区别点在于问题的解决条件是否清晰、问题解决的方法和答案是否多样，将不同类型的生源划分为三个人才类别进行培养，分别是智造设计人才、创新设计人才和综合设计人才，其中，智造型人才的优势在于解决条件明确，方法和答案固定的问题；创新型人才适合解决条件模糊，方法和答案多样的问题；综合型人才解决条件模糊，方法和答案多样，且需要具备日常经验的问题[6]，详见表 1。

表 1　基于"三重智力"理论的人才分类

序号	三重智力	人才类型	问题的解决条件	问题的解决方法、答案	是否需要丰富的日常经验积累
1	分析性智力	智造设计人才	清晰	唯一	否
2	创造性智力	创新设计人才	模糊	多样	否
3	实践性智力	综合设计人才	模糊	多样	是

4.2　细化培养目标

在分析生源学情和前期技术技能储备的基础上，将山东科技职业学院时尚设计专业人才进行分类：智造型、创新型和综合型。为了使人才培养模式与社会需求完美契合，还需要进一步根据相关行业的工作岗位要求进行细分。以人物形象设计为例，美容行业的美容师这一岗位最新的岗位要求是：

（1）具备中级以上相关职业资格证书；

（2）形象气质佳；

（3）沟通能力强；

（4）美容手法熟练；

（5）产品知识掌握准确；

（6）能够操作相关仪器设备等。

根据这一市场需求，我们可以将每一条摘取出来进行人才培养目标的对标和细化，例如，第一条对职业资格证书的要求，在人才培养方案的中加入与 1+X 证书相关的培养目标[7]，更高效地为社会和企业培养和输送相关技术技能人才，详见表 2。

表 2　企业岗位需求与高等职业院校人才培养模式的细化

序号	岗位要求	人才培养细化
1	具备中级以上相关职业资格证书	增设 1+X 证书培养目标，在校期间考取中级美容师资格证书，可抵扣相关课程学分
2	形象气质佳	增设形象设计、社交礼仪等相关课程内容
3	沟通能力强	在课程实施过程中，增设课堂互动环节，着重培养学生的语言表达能力和理解沟通能力
4	美容手法熟练	合理分配理论教学与实践教学学时比重，针对不同类型的学生采取不同的实践课时分配方法
5	产品知识掌握准确	合理分配理论教学与实践教学学时比重，针对不同类型的学生采取不同的理论课时分配方法
6	能够操作相关仪器设备	引进新型教学设施设备，保障学生在课堂上能够体验到与在企业一样的实操设备

4.3　整合课程资源

资源整合分为校内课程资源整合与校外课程资源

整合，其中校外课程资源整合包括校企合作，学校与企业的合作不应只局限于学徒制订单培养的合作模式，还

应该加强与企业的日常交流,实时获取企业最新的用人需求,根据需求动态化调整人才培养的目标和内容。在校内课程资源的整合上包括学科内和学科间的资源整合[8]。

配合不同类型人才的分类和定位所形成特定人才培养的质量标准与规格要求,需要配套的课程体系和教学内容来保障目标的有效达成。

在不同类型的人才培养模式中,有两大变项可调整,分别是课程内容和课时比例。在课程内容方面有三个变项可以调整,分别是专业方向课程、专业选修课程、通识选修课程。

例如,技能型时尚设计专业人才,实践课程比例适度加大。教学重点在技术技能培养上。综合型时尚设计专业人才的专业课程设置范围更加广泛,这类学生的培养重点是培养他们的组织宣传能力以及社会活动能力。

4.3.1　学科内教学资源的整合

在学科内的课程资源的整合方面,包含学科内、学科间的教学资源的整合,体验活动和探究活动的整合,学生已知和未知之间的整合。

4.3.2　学科间教学资源的整合

是授课教师基于对教材资源的有效解读,而不是学科间教学资源单纯"相加",充分发挥学科间课程的整体性优势,使得学生习得的知识更加系统和完整。

4.4　个性化混合编班

在生源的多样性背景下,可将三类型生源进行个性化混合编班。在编班时,要兼顾到年龄、社会经历等文化素养和技术技能基础以外的条件[9]。其中,社会类生源的年龄与普通类生源年龄差距较大,30 岁及以上的人员在社会生源中占比较大,30 岁以上人员有社会工作经历,已婚已育,需要大量的自由时间,协调工作、生活与学习。此外,由于年龄较大,学习目标也更加清晰,对自己未来的职业发展有明确的规划,因此自学能力普遍比普通类生源要更强。该类生源适合单独编班。除此之外,剩余学生进行有机混合编班,编班的依据是前文提到的三类型人才培养分类,分为智造班、创新班、综合班。

4.5　针对性教学

针对不同类型的生源,采取针对性的分类教学方法。对于智能型人才培养,主要夯实其专业知识基础,采取任务驱动的教学模式,将课程任务模块化,环环相扣,循序渐进。对于创新型人才培养,在基础知识的学习上,更关注创新、创业能力的培养,以学生为主体,教师在课程中加入开放式任务,充分调动学生的发散思维。对于综合型人才培养,考虑到这类人才前期已经具备社会工作经验和技术技能基础,课程偏向培养其管理

组织能力,在教学上应采用学生主动提出问题,教师配合其寻找适合的解决方法,做好引路人的作用[10]。

4.6　多样性评价

传统人才培养模式一直以来都是以成绩定成败,一考或者多考定乾坤,这样的评价模式并不适于现阶段多元化的生源的培养,在革新后的人才培养模式中,应该采取多元化、多样性的人才培养模式,结合课程的理论与实操占比,合理的选择评价方式,理论性较强的课程应选取费曼学习法来进行评价,转换学生身份,让学生成为"老师",把已学的理论知识通过讲述的方式复述出来,进行评价。实践性强的课程,可采用参加大赛、考取职业资格证书等评价方式,无法参赛或者考取职业资格证书的课程,可以选择阶段性实操评价,阶段性不仅限于期中、期末,还包括学生在课前、课中、课后三阶段的表现的全过程的评价。在评价方法中,采取学生自评、生生互评为主,教师点评为辅的评价方法,该方法有利于学生发现自我优势和不足,促进个体表达能力的提升。对于有物化成果产出的课程,例如毕业作品设计等,可采取展览投票的方式进行评价,该方法有利于客观的获取其他专业师生的不同见解。

多样性的评价模式有利于不同类型的人才获得更多的肯定,也能够在不断地评价中找出自己的优势,更合理地选择适合自身发展的赛道[11]。

4.7　国际化培养

传统的人才培养模式中往往将中外合作办学独立编班,该类编班基本在报考时就确定了是否选择中外合作办学项目,但在实际人才培养中,我们通过实时问卷调查发现有大约 1/4 的学生会在大学二年级下学期对出国进修、短期留学等项目感兴趣,这些学生中有 80%的学生选择在大学三年级结束后出国研修本科,少部分选择本硕连读。针对该类情况,山东科技职业学院创办假期研学项目,例如,每年暑期的韩国研学项目深受学生喜爱,在名额有限的情况下,各专业择优推荐,保障了人才国际化培养的生源质量。线上教学越来越发达的当下,开发国际化课程也是实现人才国际化培养的手段之一,通过国际化办学、优秀师资共享、课程在线讲解等实现跨时空的教育连接,既能够应对多变的外部环境,又能够稳定国际化培养的效能。

5　结语

本研究在理论贡献上涉及三个方面,分别是人才的分类、目标的制订和方案的实施。

5.1　人才的分类

针对中国高等职业院校现阶段的多类型人才招收

背景下的人才培养模式的改革,提出了三种类型人才的内涵,丰富了高等职业教育中关于人才分类的理论。

本研究为精准解决的多类型人才招收背景下的人才分类细化问题,采用文献研究法、内容分析法、归纳法等研究方法,在大量梳理、综合提炼多种文本、文献成果的基础上,确定了关于智造设计类型、创新设计类型、综合设计类型的三类型人才的内涵,为后期针对性的人才培养模式的改革奠定了目标人才分析的理论基础。

5.2　目标的制订

针对人才培养目标的制订,提出了岗位目标与培养目标的高度匹配法,以现有岗位职业标准作为高等职业院校人才培养目标的重要参考,融入"1+X"职业技能证书,作为对取得该职业资格的重要补充,将两个方面的目标要求有机结合,优化现有的人才培育目标。该方法有效地解决了多类型人才招收背景下中国高等职业院校现有的人才培养目标与市场需求脱节的问题,为整个人才培养模式的改革提供切实可行的目标优化方法,为后续人才培养模式的改革实施提供了理论支撑。

5.3　方案的实施

本研究采用问卷调查法、归纳法等研究方法,针对人才培养方案的实施,从课程资源、编班教学、教学方法、教学评价四个方面归纳总结出一整套适用于解决当下中国高等职业教育的问题的解决方案,即在面对的多类型人才招收的情况下所产生的在人才培养方案实施过程中遇到的问题,为人才培养方案改革之后能够在中国高等职业院校落地执行,提供了理论保障。

在课程资源方面,提出充分整合专业课程内部及外部及各专业之间课程资源的主张,目的是建立必修课程与选修课程相辅相成、专业之间相互融通的人才培养模式。

在编班教学方面,本研究根据客观调研数据,提出尊重学生意愿,根据人才类型进行分类、分情况的个性化、有机混合编班的编班方法。本研究的个性化编班方法解决了多类型人才在校上课时由于年龄、学习基础、社会经历、生活习惯等方面的巨大差异造成的教学难题。

在教学方法方面,按照研究中的三种类型人才分类进行针对性的教学方法的革新,以人为本,从各类型人才的学生情况和培养目标出发,解决了中国高等职业院校现有的人才培养中针对不同类型的人才培养采用同样的教学方法的问题,使得改革后的人才培养模式在人才培养方面更具有针对性和灵活性。

在教学评价方面,采用归纳法,提出采取评价标准多样化、评价主体多元化、评价结构阶段化的方法进行教学评价的主张,确保人才培养模式改革成效的可评价性,为检验人才培养的成果提供了理论支持。

在当前中国高等职业院校多类型人才招收背景下,人才培养目标、内容和评价等关键要素的优化设计是高职院校时尚设计专业人才培养模式的优化路径。通过实时调研企业用人需求,加强校企合作,为培养目标进行动态的人才培养目标的设置,简化人才培养方案在特定情况下的更新流程,避免培养方案内容更新的滞后。在生源学情分析的基础上,利用霍华德·加德纳教授的"智能结构理论"和斯滕伯格的"三重智力理论"划分人才培养类别,针对不同人才类型设置人才培养内容,配合不同的教学方法和多元化的评价机制,把课程标准和岗位证书要求相结合,融入国内外技术技能大赛的参赛要求及标准,促进课程内容和考核标准的实用性和国际化,使各种类型人才都能够在培养的过程中,不断寻找自己的准确定位,明确自己的职业规划,实现高校对不同类型人才的全流程培养,解决当前多种类型人才招收背景下人才培养模式的单一指向培养的问题。

参考文献

[1] 黄柏江,林娟.高职人才培养方案设计的六个追问[J].教育与职业,2010(32):24-26.

[2] 王伟廉.提高教育质量的关键:深化人才培养模式改革[J].教育研究,2009(12):30-34.

[3] 李定清,陈芹.高职教育人才培养的新思路:需求导向[J].职业技术教育,2010(22):36-39.

[4] 孙小利,孙枫梅.多元智能理论综述[J].科教文汇(上旬刊),2009(8):7-8.

[5] 李其维,金瑜.斯腾伯格三重智力理论述评[J].心理科学,1994(5).

[6] 孙秀萍.斯腾伯格智力理论对教育的启示[J].当代教育科学,2007(18):48-50.

[7] 杜怡萍,李海东,詹斌.从"课证共生共长"谈1+X证书制度设计[J].中国职业技术教育,2019(4):9-14.

[8] 汤晓,彭振博.教育信息化2.0时代高职产教融合课程创新路径探索[J].教育与职业,2021(16):95-99.

[9] 王娜玲.高职院校"百万扩招"政策实施的现状研究[J].福建轻纺,2021(10):56-62.

[10] 徐国庆.中等职业教育的基础性转向:类型教育的视角.教育研究,2021(4):118-127.

[11] 张宇,解水青,郭卉.应用型本科院校双元课程体系的构建路径.教育与职业,2020(7):105-111.

Inheritance of culture in fashion design

BI Ran[1,*], YANG Jin[2], LI Wei[3]

1 Academy of Arts and design , Film character design , Beijing Film Academy ,Beijing , China

2 Academy of Arts and design , Graphic artist design , Tsinghua University ,Beijing , China

3 Academy of Arts and design , Fashion design , Tsinghua University ,Beijing , China

Email address

biran910603@ sina. com （BI Ran）, 463238757@ qq. com （YANG Jin）,liwei595959@ sina. com （LI Wie）

Abstract：

Themost difficult challenge that traditional culture faces is gaining acceptance in the modern social context. The significance of cultural heritage is to rebuild the link between tradition and this era using a contemporary Chinese artistic technique. Fashion design is an important means of preserving and transmitting China's excellent traditional culture, as well as enhancing national soft power and shaping national cultural image. This paper investigates the relationship between tradition and fashion in the field of fashion design, analyze the future clothing design development trend under the influence of science and technology. This paper discusses the design logic under the concept of context inheritance, and explores and practices the talent training mode of textile and garment education based on the innovative development of traditional culture, in order to promote the innovative development of garment design education in Chinese colleges and universities in the context inheritance process.

Keywords： fashion design；tradition；innovation；cultural heritage

服装设计中的文脉传承

毕然[1,*],杨晋[2],李薇[3]

1 美术学院电影人物造型设计教研组,北京电影学院,北京,中国

2 美术学院视觉传达艺术设计系,清华大学,北京,中国

3 美术学院染织服装艺术设计系,清华大学,北京,中国

邮 箱

biran910603@ sina. com(毕然),463238757@ qq. com(杨晋),liwei595959@ sina. com(李薇)

摘 要： 传统文化面临的最大挑战是在现代的社会语境中如何被人们所接受的问题。文脉传承的意义,是用一种属于当代中国的艺术手法去重建传统与这个时代的连接点。服装设计是传承与弘扬中华优秀传统文化、提升国家软实力、塑造国家文化形象的重要手段。本文通过梳理服装设计中传统与时尚的关系;分析在科学技术影响下未来服饰设计的发展趋势;探讨文脉传承理念下的设计逻辑,以此进行基于传统文化创新性发展的纺织服装教育人才培养模式的探索与实践,力求促进我国高等院校服装设计教育在文脉传承过程中的创新性发展。

关键词： 服装设计;传统;创新;文脉传承

1 引言

传承与弘扬中华优秀传统文化是提升国家软实力、塑造国家文化形象的重要手段。服饰设计作为基于现代科学技术创新发展下形成的一种艺术形式,是中华民族传统文化传播的重要载体,在民族形象、国家形象塑造中发挥着至关重要的作用。响应中共中央办公厅、国务院办公厅印发的《关于实施中华优秀传统文化传承发展工程的意见》中指出,对于优秀传统文化需要走

"创造性转化、创新性发展"的道路。本次研究基于传统文化创新性发展,对纺织服装教育人才培养模式进行探索与实践。在传统服饰设计教学模式的基础上,针对国内高等院校服装设计相关专业"高水平研究型创新型人才培养"的要求,在《国家"十三五"时期文化发展改革规划纲要》有关"传承弘扬中华优秀传统文化""中华文化传承工程、保护发展振兴传统工艺"的号召下,加强学生对传统文化的科研及创新能力培养,激活中华优秀传统文化资源,使其通过教学中理论与实践的结合在服饰设计领域中获得新的生长点,从而使我国高等院校服装设计教育在文脉传承过程中得到创新性发展。

2 文脉传承理念下的人才培养模式

2.1 文脉传承的定义

当下,传统文化面临的最大挑战即在现代的社会语境中如何被人们所接受的问题,"文脉传承"则寻找传统与当下的联系,站在时代的前沿,用一种属于当代中国的艺术手法去重建传统与这个时代的连接点。

以不同时期不同服装品牌对旗袍这一中国服饰元素的演绎为例(图1)。1977年,Yves Saint laurent 的中国风格比较直白地将旗袍、马褂等传统元素进行拼凑组合,现在看来显得老气陈旧;1997年,John Galliano 使用旗袍款式为载体,把东西方的服饰元素进行了混搭和解构,是一种目前较为常见的设计手法;2017年,Issey Miyake 用极具特色的褶皱面料让传统的旗袍造型显示出了新时代的气息;2019年,Iris Van Herpen 的旗袍造型设计则是通过3D打印等新材料新技术呈现出一种具有颠覆性的效果。这些不同时期的作品在其所属的时代均是代表最高设计水准的佳作,其中所用到的"旗袍"这一灵感元素也并没有改变,然而如今看来,这些作品所呈现出的面貌却有着很大的差异。

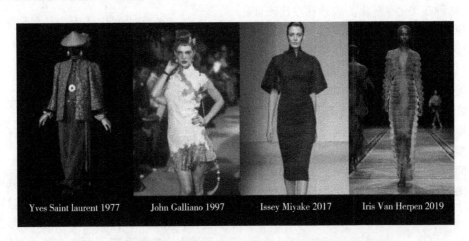

图1 不同时期不同服装品牌对旗袍这一中国服饰元素的演绎

其实历史传统并没有改变,改变的是人们的审美与认知。通过这组设计的对比可以看出,只有设计理念与时俱进,显示出时代审美,并通过当代的技术手段加以体现,才能让传统文化不断显示出新的生命力和影响力,这就是所谓的文脉传承。

2.2 文脉传承中的问题

改革开放以来,我国的服装设计教育发展时间较短,发展不够充分,对海外服装设计教育领先的国家进行模仿学习时,片面强调当代性,忽视了历史文脉和传统文化的挖掘和传承,因此呈现出表面化、同质化现象,缺乏自己的设计风格。

2.3 文脉传承的目的与意义

基于文脉传承理念的人才培养模式,是通过新的设计理念与技术手段批判继承、转化与创新,对于传统文化进行深入研究与应用转化,推动中国传统服饰文化的"现代化"。强调"科技性前瞻性""未来构建性""跨学科艺术融合性",以世界眼界和更高格局来弘扬中国文化精神,挖掘继承传统服饰文化的神韵,力求在设计与实践中抒发对中华民族传统文化的认识和理解,以中国大文化为背景,以服饰设计为表现语汇,传承我国的文化精髓。

建立文脉传承理念指导下的纺织服装教育人才培养模式,是在传承振兴传统服饰文化、保护和发展传统服饰工艺的基础上,建立多元化、多学科交叉的教学模式,打破学科界限,拓宽视野,提升跨界合作的综合能力,进而形成具有东方美学底蕴的当代前瞻性设计风格,将中国传统文化和当代国际化审美相融合,形成具有当代中国特色的服饰创新设计教学实践策略与理论体系。

基于传统文化创新性发展的纺织服装教育人才培养模式探索与实践,本次研究分为三个部分:首先梳理服饰设计中传统与时尚的关系;其次分析科技手段影响下未来服饰设计的发展趋势;最后探讨文脉传承理念下的设计逻辑。

3　服装设计中的传统与时尚

3.1　传统积淀

文脉传承离不开传统的积淀,继承传统绝不是直接的照搬传统,而是需要通过设计能力进行转化。

传统首先是历史文化的积淀,在设计中要做到对历史文化细节的理解、尊重与敬畏,能够用一种考究的匠人精神去再现我们优秀的传统文化。例如,对于旗袍的当代演绎,其中的所包含的历史文化、廓形结构、细节工艺等,本身就有具有一定的文化价值,这要求设计师对历史上的服饰文化有深入研究和再现的能力。当然,纯粹的传统已经无法贴合这个时代,优秀的设计一定要站在时代前沿,用一种中国当代的手法去重建传统与这个时代的连接点。此时在设计中需要继承的,更多的是深层次的文化精神,这种在文化意蕴上的表达往往比表面而局限的模仿复原更加直达人心。

学生在开始接触中国风设计时,会觉得传统的东西很土气,很难去设计转化。很大的原因是日常能接触到的传统元素大多被表面化、简单化了。例如,虎头帽(图2、图3),在民俗旅游市场常见的款式的确十分土气,然而通过认真深入地考察服饰史,便会发现历史上的虎头帽有着丰富的造型和细腻的表现形式。所以,在进行设计的时候不妨自问,我们是否真的了解我们的传统?有时候不知道怎么做设计,是不是因为文化积淀和素材的积累不够呢?

图2　目前市面常见的虎头帽

图3　中国传统虎头帽

如图4所示,Alexander McQueen 2006 年这一作品造型的灵感来自哥特时期的女子头饰,Givenchy 2015 年秀场的妆发造型与我国宋代的珍珠妆十分相似。由此可见,历史文化的积淀,是进行时尚转化的重要基础条件。如果能够在设计中结合当下的审美进行适当的转化,传统文化元素就是我们进行时尚设计取之不尽的灵感源泉。设计是连接传统与当下的桥梁,能够让传统文化显示出新的时尚生命力,深入了解服饰发展的历史,掌握更丰富的设计素材,正是服装设计教学的重要内容之一。

图4　哥特时期的女子头饰/ Alexander McQueen 作品/ Givenchy 作品/我国宋代的珍珠妆

3.2　时尚转化

Chanel 有一句名言:"时尚瞬息万变,但风格永存。"瞬息万变是不同时代人们的审美诉求,而永存的风格就是一个民族的文化内涵。首先分析时代变迁对审美诉求的影响。

社会环境和历史事件能够影响时尚的发展方向,在服装史中看到过很多这样的事件。例如美国的女权运动,使女性脱下紧身胸衣,穿上短裙,再到穿上裤装,很大程度上影响和改变了西方女装的面貌(图5)。正如时尚历史学家阿曼达·海莉所说:"时尚是一种回应,而不是一座孤岛。"因此,在看待时尚变迁的时候,不能简单地讨论当时人们审美的变化,而忽略影响审美诉求的本质上的社会原因。

图5　西方女装的变迁(20 世纪 00~30 年代)

旗袍的变迁史(图6)可以说是一部女性独立自强的历史,从早期为了追求男女平等,女人开始穿着宽松的类似男装的长衫,到修长的曳地旗袍,再到凸显女性曲线的尖胸旗袍,进而出现有宽大垫肩的宽肩旗袍,这些时尚细节的变化,展现了不同社会环境的时代风貌。

由此可见,想要做出符合当下审美诉求的作品,就

图 6　旗袍的变迁(20 世纪 20~50 年代)

需要更好地了解这个时代。在熟知服装史的基础上,捕捉当下的流行现象,思考时尚轮回的规律,这样才能做出具有前瞻性的设计。

4　科技与服装设计发展趋势

时尚变迁与科学技术的发展一直息息相关。例如,美国的登月计划,促使 20 世纪 60 年代的时尚界产生了未来主义的时装风格,如今,更是越来越需要多学科融合的创作手法带给时尚新的活力。科技为艺术带来了革新,艺术同时也为科技提供了新的想象,我们所处在的"科技艺术"时代,其实很像"文艺复兴",既是机遇又是挑战,机遇是技术的革新带来设计形式的革命,挑战是设计师要更善于跨界合作。

未来的设计发展趋势,是将艺术的理念与科学、技术、工程、数学等领域相互交融促进。基于新技术新材料的造型维度的革新、智能交互的可穿戴设备、设计打破虚拟与现实的边界,这三点将成为未来服饰设计的重要发展方向。

4.1　新的造型维度

3D 打印技术和材料的多元化打破了传统造型的方法和形态,这种从裁片缝纫到一体成型的造型方法革新,也需要如今的服装设计师掌握或是了解一些新的技术媒介,如 3D 建模、三维扫描等,需要设计师与技术人员能够进行更有效的沟通,发挥每一种技术的优势。

以笔者近期完成的一个 3D 打印服饰系列为例(图7),在这样的设计中,传统的打版变成了结构设计,其中有很大一部分工作就是设计服饰造型的立体穿插结构,而不再是平面维度上的板型了。这种新材料与造型方法带来的通透结构和立体张力,与传统的布料大不相同,为设计带来了更多可能性。

4.2　智能交互

服饰设计的另一个发展方向是智能交互,以智能可穿戴设备为主。智能可穿戴是一种身体感知的延伸方式,是通过服饰设备,将身体与数据相连,通过物理参数监测人体的生物体征,从而进行创新时尚、情绪表达,或

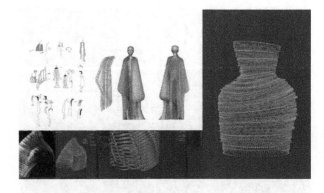

图 7　服装造型立体结构设计(作者:毕然)

是体现健康生活方式,实现混合现实与多维交互等。智能可穿戴设备通过新的媒介,使人们通过感应电路和程序算法分析生物数据,甚至通过脑机连接进一步了解身体和自我,未来的服装设计可能会呈现出"身体数据化"趋势。

图 8 所示的这件智能交互可穿戴装置作品是清华美院信息艺术设计专业的研究生姜嘉琪的毕业设计,乐手佩戴在手臂上的装置,可以在吹奏笛子时根据手势变化发出跟随节奏律动的光点,笔者为她设计了能够与装置融合的演出服,更加丰富了表演的视听效果。

图 8　智能交互可穿戴装置设计(作者:姜嘉琪、毕然)

4.3　打破虚拟与现实的边界

科技在服装设计中的应用可以打破虚拟与现实的边界。近年来,虚拟服饰逐步崭露头角,在时尚产业中占有一席之地。虚拟服饰不仅是模拟现实,更是增强现实,这种技术在服饰领域可以用于展示传播,以及新的商业销售模式的探索。通过虚拟服饰、动作捕捉等技术手段,在虚拟语境下,服饰的表现力大大增强,呈现出不同常规的视觉效果。图 9 是笔者正在进行的一件动作捕捉虚拟服饰新媒体艺术作品,将传统中国水墨画意境通过数字艺术的形式表现出来,赋予传统文化意蕴新的视听感受。

虚拟服饰的发展潜力无限。在游戏行业,几乎每个游戏都有自己的服装商城,虚拟皮肤道具设计是一个很有前景的方向;在电影产业,动作捕捉已经成为科幻奇

图9 动作捕捉虚拟服饰新媒体艺术作品(作者:毕然)

幻电影当中尤为重要的特效技术,虚拟服饰打破了传统道具化妆带来的限制,可以尽情地发挥天马行空的想象力;在时尚领域,已经出现虚拟的时尚博主、虚拟的秀场表演,虚拟服饰将会在时尚传播中体现更多的价值和意义。

目前,中国的虚拟服饰制作技术已经比较成熟,实践领域案例较丰富,而设计理论方面的研究相对缺乏。在虚拟时尚全球性普及的情况下,如何缔造中国特色当下设计研究的重点。

5 文脉传承理念下的设计逻辑

很多优秀的服饰设计,在展现现代时尚的同时,又能够使人体会到其中的文化底蕴,这种感受就来自严谨的设计逻辑。

例如,图10所示是Hussein Chalayan的经典设计,这条连衣裙的裙摆通过一些机械装置在秀场表演过程中向外展开,产生震撼的视觉效果。为什么将展开的部位设计在裙子的后摆,而不是前裙摆或者是后背呢?因为裙撑的造型在西方服装史里有很长的传统,Chalayan运用了前瞻性设计理念和技术手法,但他所表现的造型理念能够始终对应西方服装史里面流行了上千年的服装审美。由此可见,前卫科技与传统的关系,不是只有单纯的形式感,而是能通过一种逻辑关系使观者产生共鸣。对比Chalayan的作品与欧洲传统裙撑,我们能够清晰地看到这些前卫的造型技术与传统文化之间的关系。时尚设计的思路和历史传统能够相互对应、一脉相承,正因为有了这样一种对应的逻辑关系,使得时尚设计在大胆创新的同时能够得到社会的广泛认同。依据这种文脉传承理念下的设计逻辑,笔者完成了一系列具有中国特色同时兼具当代性的服装艺术设计作品。

笔者曾参与清华大学未来实验室"墨甲"机器人乐

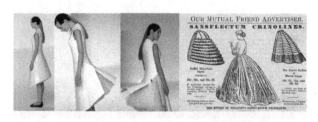

图10 Hussein Chalayan作品/欧洲传统裙撑

队项目,负责机器人乐手的造型设计,在机器人的服装和发式设计中使用参数化建模、3D打印等技术,挖掘继承传统文化的神韵,展现科技与文化相融合的东方视觉之美。笔者使用中国唐代女性的发髻样式、高腰襦裙等具有代表性的传统服饰元素作为灵感,在设计中用当代的技术手法和审美理念进行表达,这种传统、艺术、科技相结合的跨界创新,赋予传统文化颠覆性的时代面貌,收获了较好的传播效果(图11)。

图11 "墨甲"机器人乐队造型设计

笔者的另一系列作品《记忆的形状》(图12),用现代设计方式展现传统东方美学,通过超现实主义的创作手法,探索具有传统文化印记的潜意识,突破逻辑与现实,挖掘深层心理与梦境中的东方形态。作品灵感来源于对中国传统文化的当代解读,将记忆中模糊的东方文化形态结合3D打印、激光切割等技术,通过新技术手段描绘记忆中的形状,挖掘、继承传统文化的神韵,用当代语汇呈现科技与文化相融合的视觉美感,串联出历史、科技和未来的关系。在本次设计中,通过将旗袍、大袖衫、瓷瓶等中国元素结合当下的审美与技术手段进行转化,使传统文化显示出新的时尚生命力。《记忆的形状》系列作品阐释的正是当下的人们对于传统文化的理解,用一种属于中国当代的艺术手法去重建传统与这个时代的连接点。

6 结论

回到香奈儿的那句名言:时尚瞬息万变,但风格永存,永存的风格,实际上就是一个民族的文化内核,这种生生不息的文化内核便是本文所定义的文脉传承。体现文脉传承的设计中具有的中国韵味,同时它们的语言

图12 《记忆的形状》系列作品(作者:毕然)

是国际化的、开放的。本文基于文脉传承理念下传统文化创新性发展的纺织服装教育人才培养模式探索与实践,强调将传统文化元素设计与国际视野相融合,指导

学生建立从研究到创新的完整思维过程,掌握文脉传承理论下服饰设计的思维与方法。在教学中建立多元化、多学科交叉的教学模式,打破学科界限,拓宽学生视野,提升学生跨界合作的综合能力,引导学生运用现代多学科跨界融合的设计方法展现传统美学,将中国传统文化与当代国际化审美相融合,以此形成具有中国文化底蕴的当代前瞻性设计风格。

　　传承与弘扬优秀传统文化是提升国家软实力,塑造国家文化形象的重要手段。服饰是传统文化的重要载体,在民族形象、国家形象塑造中发挥着至关重要的作用。作为服装设计师要有一种责任感,以世界眼界和更高格局弘扬中华民族优秀的文化精神,提升我国的文化软实力,在世界舞台上展现中国文化的迷人魅力。

参考文献

[1] (英)恩特维斯特尔.时髦的身体:时尚、衣着和现代社会理论[M].桂林:广西师范大学出版社,2005.

[2] (法)罗兰・巴特.流行体系:符号学与服饰符码[M].上海:上海人民出版社,2000.

[3] 沈从文.中国古代服饰研究[M].上海:上海书店出版社,1997.

[4] 蔡子谔.中国服饰美学史[M].河北:河北美术出版社,2001.

[5] 黄能馥,陈娟娟.中国服装史[M].北京:中国旅游出版社,1996.

[6] 袁仄.百年衣裳:20世纪中国服装流变[M].北京:生活、读书、新知三联书店,2010.

[7] (英)乔安妮・恩特维斯特尔.时尚、衣着与身份:一个现代的矛盾−设计研究新范式[J].周至,译.装饰.2011 (3):179.

[8] 景庶鹏.近数十年来中国男女服饰变迁大势[Z].

[9] (美)保罗・M.莱斯特.视觉传播:形象载体信息[M].北京:北京广播学院出版社,2003.

[10] (美)弗朗西斯・福山.我们的后人类未来[M].广西:广西师范大学出版社,2017.

[11] (英)尼古拉斯・盖恩,等.新媒介:关键概念[M].刘君,周竞男,译,上海:复旦大学出版社,2016.

[12] 对外传播中的国家形象设计项目组.对外传播中的国家形象设计[M].北京:外文出版社,2012.

Exploration of curriculum reform of "Experiments of textile materials" based on teaching theory

CAO Jiqiang[1,*], LIU Xiang[1], LI Qunhua[1], LIU Hongling[2]

1 *College of Textile and Fashion, Xinjiang University, Urumqi, China*

2 *College of Textiles, Donghua University, Shanghai, China*

Email address

jqcao@ xju. edu. cn (CAO Jiqiang), lxjosh@ 163. com (LIU Xiang), 3569531584@ qq. com (LI Qunhua), hlliu@ dhu. edu. cn (LIU Hongling)

Abstract: Students mojoring in textile materials face a large number of complex experimental problems in professional experiments course, which brings new challenges for textile universities to train students to solve related experiments and practice. Herein, the "Experiments of textile materials" course as research object, based on the attributes of textile materials "shape" proposed by the theoretical course of "Textile materials science", following the three transformations in the theoretical teaching, which are organically integrated into the reform of the experimental curriculum. The current situation of the "Experiments of textile materials" course reform and the innovative methods adopted are elaborated, furthermore, the practical operation and curriculum reform are decomposed in detail, then, the "Experiments of textile materials" course reform system is designed. The "91+1" course evaluation system was established through the "3 courses and 12 links" reform program, which provided a reference for the textile professional experiment curriculum reform.

Keywords: experiments of textile materials; three transformations; teaching reform; evaluation system

基于教学理论构建"纺织材料学实验"课程改革体系

曹吉强[1,*],刘向[1],李群华[1],刘洪玲[2]

1 纺织与服装学院,新疆大学,乌鲁木齐,中国

2 纺织学院,东华大学,上海,中国

邮 箱

jqcao@ xju. edu. cn(曹吉强), lxjosh@ 163. com(刘向), 3569531584@ qq. com(李群华), 10054377@ dhu. edu. cn(刘洪玲)

摘 要:纺织类专业学生在专业实验课程中面临大量而细致的实验难题,为纺织高校培养学生解决实验问题带来新的挑战。本文以"纺织材料学实验"为例,基于"纺织材料学"理论课程提出的纺织材料"形"的属性,遵循理论教学过程中"三个转变"的创新,并将"三个转变"有机地融入实验课程体系改革中。本文阐述了"纺织材料学实验"课程改革的现状及采取的创新方法,对"纺织材料学实验"课程中遇到实验问题的实际操作和课程改革转变进行了细致分解,设计了"3课·12环节"教学改革方案,构建了"9+1+1"课程评价体系,为纺织类专业实践课程改革提供参考借鉴。

关键词:纺织材料学实验;三个转变;课程改革;评价体系

1 引言

纺织作为我国的传统行业,在国民经济中其举足轻重的作用,在国家纺织产业升级和纺织设备智能化的推动下,纺织行业的高速发展,开始了对纤维、纱线、织物的结构调整和加快转型升级。在《"十四五"东西部科技合作实施方案》重点任务中,明确提出实施"科技援疆"重点任务,在推动新疆棉花加工、数字化棉田、纺织智能制造等技术攻关方面,进一步提升高效管理和机械

化采收装备技术水平,急需纺织高校培养出具有检测能力和高技术水平的纺织人才。通过对国内2020届毕业生提出母校需改进的大数据问卷分析得出,排名前三的是"实习和实践环节不够""无法调动学生学习兴趣""课堂上学生参与不够",它们的占比分别是64%、43%和36%,其中,实验、实践环节排在首位。可见,推动实验课堂"教与学"变革、提升学生学习主动性、课程内容根据产业升级迭代与及时更新均是高校教学改进的重要内容,这些需要通过有效的教学方法才能实现高质量的教学[1-3]。纺织专业课程具有较强的专业基础性和实践性,开展实践教学有助于学生加强理解[4],如何让学生快速掌握课程的转变和基本操作方法并产生阶段性的逻辑关联,是"纺织材料学实验"课程的建设和实施过程中需要思考的问题。

本文针对纺织专业学生考研必考科目"纺织材料学"的教材及教学所面临的"三个转变","纺织材料学实验"采取对应的同步措施,遵循并实践"纺织材料学"的"三个转变",采用"3课·12环节"主要思路,开展"纺织材料学实验"课程的教学改革。

2 "纺织材料学实验"课程改革现状

"纺织材料学实验"在纺织、材料、纤维软物质等研究领域的科学研究和交叉学科的人才培养体系中具有举足轻重的作用。"纺织材料学实验"是纺织专业的重要教学基础和核心实验课程,针对纺织专业基础实验课程"纺织材料学实验"提出新的实验教学模式。2018年,第2版《纺织材料学》教材出版,新版《纺织材料学》教材在教学内容和课时量上都有较大改动[5],但"纺织材料学实验"的实验设计和教学大纲及实验教学内容体系还未及时更新。各大高校对纺织大类专业实践课程的文献,如新工科背景下交叉学科实验教学体系的探索,从实验内容与教学方式两个方面探索建立交叉学科人才培养的模块化实验教学体系和立体化教学模式[6],在卓越计划背景下,改革"纺织材料学实验"教学内容、方法、考核、条件等[7-8],满足卓越纺织人才的培养要求;还有对专业实验课程、创新实践课程、企业实践和毕业设计4个实践环节,探讨了实践教学改革方法[9],有通过整合教学内容,重视"纺织材料学实验"教学,使实验课程更好地服务于理论课程[10]。针对学生的实验课程改革由为提高学生主动学习能力及培养学生实践动手能力进行探索与实践,结合专业拓展实验内容,合理安排实验内容[11],为了提高纺织专业人才的时间水平和综合能力,有学者将实践内容分成为理论教学服务、加强工程实践、创新能力培养等环节[12],还有针对留学生纺织实验课程探索与实践优化了留学生实践教学模

式,建立全新的实践课程体系,减少个体之间的知识差异[13]。"纺织材料学实验"课程的实验内容未能得到有效提升和改革,同时以上改革没有结合"纺织材料学"理论课程的实际同步进行,应当加强对学生实践能力和解决实际问题能力方面进行培养,促进学生创新和综合能力的提升。

综上所述,"纺织材料学实验"课程的改革介绍目前还不全面,所面临课程改革的问题受到各大纺织类高校的重视,"纺织材料学实验"课程的改革势在必行。

3 教学中存在的主要问题

随着教学内容的具体化、逻辑化和形象化以及课程教学学时的调整,上述研究现状中了解到各纺织类院校近年来对"纺织材料学实验"的改革极为重视,故"纺织材料学实验"的教学模式创新和教学方法的改革对纺织专业人才培养的重要性更加突出。针对专业仪器设备多、需要操作方法精、技术含量要求高、实验性强的"纺织材料学实验"课程,前期的实验教学形式单一,教学课时量不足,教学内容陈旧,进而不利于培养学生独立思考和自主创新的能力,造成学生自主学习能力不足,自我认同感差;实验设备不足与现实设备脱节,不能满足学生实际操作的需求等都是目前"纺织材料学实验"课程面临的问题。

目前,除了上述问题,实验课程的具体项目没发生具体变化,实验课程的惯性实验教学模式未发生本质改变,教学方法和课堂环节还不能紧跟教材的转变而变化,对课程考评体系建立不完善,未能系统地介绍对此门课程构建详细的改革模型,而且无法与目前新材料和新技术相结合,无法带动学生学习的积极性和创新性。

4 课程转变的主要特征

针对"纺织材料学实验"所面临的最新教学改革问题,借鉴《纺织材料学》提出的纺织材料"形"的属性,遵循理论教学过程中的"三个转变",将此"三个转变"有机地融合入实验课程的改革中。"三个转变"的特征:以"质"为主的科学转向以"形"为主的科学,用形态、尺度、表面和结构这四要素更精准地描述纤维材料的特性,学生能够识别纤维、纱线和织物的种类、命名、结构及性能,鉴别和判断纺织材料应用中的基本问题,掌握加工原理及工程中存在的问题,在面对不同纤维材料的实际问题时,学生能判断将纤维应用到相应的场合;由"独立作用"为主的解释转向"相互作用"为主的客观介绍,重视"形"属性四要素与"相互作用"的关系,纤维集合体、织物组织间的摩擦、粘连、集聚等相互作用,与结

构、密度、表面与尺度之间的关联,应用纤维、纱线和织物的基本表征手段,针对纺织工程中特定的问题,提出实验设计方案,并应用所学的基础理论和实验知识对纤维间的"相互关系"进行分析和解释;由"定性"表述转向"定量"表述为主,将知识点表述定量化,对纺织工程中的问题进行实验研究,并对所得的实验结果进行数值化、图表化和公式化的分析与解释,更通俗易懂,符合本课程的实际操作。最后,改变课程考评体系解决传统方式考试的压力,分阶段考试使学生获得阶段性的释放与成就感,同时激发了学生学习兴趣。针对改革过程中遇到的主要问题采取课程内容的增减、教学方法的改进和材料性能的融合创新,完成课程改革方法在纺织专业其他课程中的推广。

5 构建教学与考评体系

5.1 教学体系的初步构建

基于"3 课·12 环节"的实验教学模式基本思路,教学内容涉及纤维、纱线、织物,遵循并实验"纺织材料学"的三个转变,课程教学内容及组织实施(图 1):

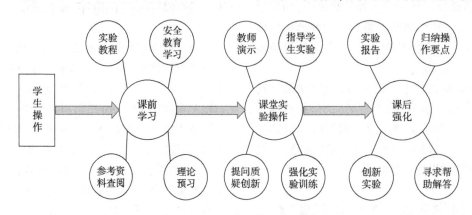

图 1 教学体系

实验课堂教学是课改的重点,是育人成才的主战场,"纺织材料学实验"课程遵循并实践"纺织材料学"的三个转变,构建了"3 课·12 环节"教改的核心理念,实验教学过程拆分为"课前学习、课堂实验操作、课后强化"三部分。采用"3 课·12 环节"的实验教学模式,3 课即为:课前学习—课堂实验操作—课后强化,结合 3 课内容采用 12 环节针对性实施,12 环节是指实验教程、安全教育学习、参考资料查阅、教师演练、指导学生实验、提问质疑创新、强化实验训练,实验报告、归纳操作要点、创新实验、寻求帮助解答。对照理论课程,实验课程同样采用、推行和强化三个转变,在实验中更易操作,以"质"为主的科学转向以"形"为主的科学,"形"包括形态、尺度、表面和结构这四要素,更易理解和描述材料的成形;由"独立作用"为主的解释转向"相互作用"为主的客观介绍,以往关注纤维的"独立作用"较多,而忽略了其间的"相互作用";由"定性"表述转向"定量"表述为主,定量化的表达更具体和更精确。

从教学角度出发,教师需要在课前做好安全教育,同步理论预习或选取适应的学习参考资料及实验操作视频,课中基于实际生活的纤维材料物品并引出需解决的专业问题,以多媒体演示的形式呈现,最终对学生的完成情况采用实验课程考评体系进行分析和评价;从实验的角度出发,在了解专业问题任务后,学生在教师指导下学习所需的实验操作方法,并对现有的操作方法提出质疑和自己的见解,此过程可完成方法和内容的创新;从实践角度出发,强化与实践基地的联系,去棉田、纺织企业和检测机构等场所,结合实际生产提高实践能力。此教学方法非常强调"课前""课中""课后"相结合,课前的资料学习、课后的反思与知识迁移等都是教师评价学生学习成效的重要因素。同时,以此课程改革为基础,鼓励学生参与国家大学生创新训练计划项目、全国大学生纱线设计大赛、"红绿蓝杯"高校纺织品设计大赛及大学生创新创业大赛等,以赛为练、竞赛励学,扩大了课堂的宽度和深度,并以此教改思路适用于纺纱实验、织物实验以及后整理实验课程中,做到专业间的融合、贯通和进步。

课堂实验操作中,让学生亲自动手操作,完成规定实验,意在培养学生的基本实验技能。采用线上视频操作作为课前预习和课后强化的内容,采取统一预约管理体系,增加了实验室额外开放时间,学生可进行综合创新实验。通过多媒体演示给学生介绍大型和精密仪器设备,让学生了解更多的先进测试仪器。

5.2 课程考评体系的构建

针对"纺织材料学"理论课程的教学改革,本实验课程采用新的教学模式和方法,教师提出推行评价鉴学,构建了多元化全过程的"9+1+1"课程评价体系。"9+1+1"是"90 分实验 +10 分综合 +10 分创新"的简称。"90 分实验"指实验过程性考核中,将实验分为纤维实验占30分、纱线实验占30分、织物实验占30分;"10分综合"指全课程中,报告占3分、课堂占2分、自评占5分;"10分创新"指学生创新额外加的附加分,主要体现在方法创新加10分、内容创新加10分、材料创新加10分。需要说明的是90分实验是对照理论课程中分为三部分考试来确定的;10分综合之所以选择自评占5分,是结合理论课程的自评分表加深对课程的理解与反思;突出的是额外的10分是提倡创新,但10分为上限,鼓励创新但不能无限制加分(图2)。

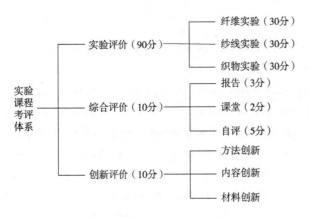

图2 实验课程考评体系

6 结语

本文通过构建完善的教学改革体系,创新课程考评体系,学生在学习完本实验课程后,其一,能辨认纤维的种类,根据纤维的种类可描述纤维的形态和性能,并可作对比分析和解释,扎实了学生后续专业课程的基础,提高了学生动手操作的技能,增强了学生的动手能力、思辨能力、创新能力,为纺织专业的其他课程和后期综合创新提供技术参考;其二,采用本项目采用"3课·12环节"教改模式学习"纺织材料学实验"能激发学生的创新性,科学的态度和创新方法,培养学生发现问题、分析问题的能力;其三,让学生理解纤维材料在实际生活中的实用性和重要性,不仅可以将所学专业知识用于生活实践,还能有效地帮助学生将理论知识转化为科研能力,是学生进一步深造;其四,保证检测结果的准确性、公正性、可靠性,可为纺织企事业单位输送基础扎实、动手能力强、创新动力足的综合型纺织人才。

参考文献

[1] 陈秉岩,朱昌平,郑忠梅,等. 团队培养本科生科技创新能力的实践研究[J]. 实验技术与管理,2013,30(12):158-162.

[2] 吴晓蓓.《中国制造2025》与自动化专业人才培养[J]. 中国大学教学,2015(8):9-11.

[3] 王启立,李小川,窦东阳,等.面向工程教育的实验教学与实践教育体系建设[J].实验室研究与探索,2016,35(12):178-181.

[4] 王姜,张玉泽,管晓宁,等.基于CAD技术的"机织实验"课程教学改革探索[J].实验室研究与探索,2017,36(10):227-230.

[5] 刘洪玲,章倩,于伟东.契入学科本征属性融合课程思政的"纺织材料学"教学探索[J].服饰导刊,2021,10(4):125-129.

[6] 马艳,黄宏佑,冉瑞龙.新工科背景下交叉学科实验教学体系的探索与实践[J].蚕学通讯,2021,41(2):54-60.

[7] 徐珍珍.卓越计划背景下《纺织材料学》实验教学改革的探索[J].轻工科技,2013,29(12):146-147.

[8] 张海霞,孔繁荣.纺织材料学教学改革的探讨与实践[J].河南工程学院学报(自然科学版),2009,21(4):60-63.

[9] 刘超,汪泽幸,周锦涛,等.新工科建设背景下纺织工程专业实践教学改革研究[J].轻纺工业与技术,2018,47(9):42-44.

[10] 曹秋玲,王琳."纺织材料学"课程的教学改革与实践[J].纺织服装教育,2014,29(6):532-534.

[11] 吴保平,曹成辉.纺织机电技术专业"气动控制集中实验"课程教学的探索与实践[J].纺织服装教育,2017,32(5):422-424.

[12] 刘铁山,叶仲琪,孙颖.纺织专业实践教学环节的改革[J].纺织教育,2008(1):37-38,36.

[13] 管晓宁,林婧,陈文娟,等."一带一路"背景下留学生纺织实验课程探索与实践[J].实验室研究与探索,2021,40(8):199-202,269.

Exploration on the curriculum system of "Smart textiles"

CHEN Fuxing[1, 2, 3], MIAO Jinlei[1], NING Xin[1, 2, 3], QU Lijun[1, 4], TIAN Mingwei[1, 4, *]

1 *College of Textiles & Clothing, Qingdao University, Qingdao, China*

2 *Shandong Center for Engineered Nonwovens, Qingdao University, Qingdao, China*

3 *Industrial Research Institute of Nonwovens & Technical Textiles, Qingdao University, Qingdao, China*

4 *Research Center for Intelligent and Wearable Technology, Qingdao University, Qingdao, China*

Email address

fxchen@ qdu. edu. cn （CHEN Fuxing）, jinlei. miao@ qdu. edu. cn （MIAO Jinlei）, xning@ qdu. edu. cn （NING Xin）, lijunqu@ qdu. edu. cn （QU Lijun）, mwtian@ qdu. edu. cn （TIAN Mingwei）

Abstract：Recent years have witnessed a rapid development in smart textiles and apparel market. Smart textiles and wearable technology are being applied to a wide range of sectors including medical care, health, entertainment, fashion, sports and fitness, military, personal protective equipment （PPE） and so on. The growing demand and increasing investment, and the advancements in smart fabrics technology are expected to drive market growth, leading to a higher level of intelligence in the textile and apparel market. In the meantime, there will be an urgent need for professionals who have interdisciplinary knowledge, applied skills and creative thinking for this emerging industry. With the aim of fostering the cultivation of creative spirit and scientific practice ability of students, this paper makes an exploration on the curriculum system of smart textiles and wearable technology which has multidisciplinary and practical characteristics. Different basic and advanced courses are offered for students at different levels. Basic courses emphasize on an overview of smart textile materials, processes and products as well as markets, and also allow students to gain hands-on experiences on the engineering principles in the technologies of smart textiles and apparel through a series of workshops and demonstrations, for example, handcrafting textile sensors using household materials and exhibiting prototypes and commercially available products. As a follow-on, advanced courses provide a guide for research students to carry out in-depth study in smart textiles and wearable technology, with an emphasis on the physical principles underlying the behaviors of smart textile materials, the current frontiers in this domain, and also an integrated knowledge in automation, electronics and information technology, etc., cultivating students' strong awareness of interdisciplinary crossover and developing a multidisciplinary integrated knowledge system and thinking habits. Through course study, students are expected to develop a comprehensive view of the entire industry and exercise their problem-solving skills in practical applications.

Keywords：curriculum system; interdisciplinary; practice ability

"智能纺织品"课程体系探索

陈富星[1,2,3]，苗锦雷[1]，宁新[1,2,3]，曲丽君[1,4]，田明伟[1,4,*]

1 纺织服装学院,青岛大学,青岛,中国

2 山东省特型非织造材料工程研究中心,青岛大学,青岛,中国

3 非织造材料与产业用纺织品创新研究院,青岛大学,青岛,中国

4 智能可穿戴技术研究中心,青岛大学,青岛,中国

邮 箱

fxchen@ qdu. edu. cn（陈富星）,jinlei. miao@ qdu. edu. cn（苗锦雷）,xning@ qdu. edu. cn（宁新）,lijunqu@ qdu. edu. cn（曲丽君）,mwtian@qdu.edu.cn(田明伟)

摘 要：近年来，智能纺织品和服装市场发展迅速，智能纺织品和可穿戴技术正在广泛应用于医疗、健康、娱乐、时尚、运动健身、军事和个人防护装备(PPE)等领域。不断增长的需求和投资，以及智能面料技术的进步将推动市场增长，使纺织服装市场的智能化水平更高。与此同时，这个新兴行业迫切需要具备跨学科知识、应用技能和创造性思维的专业人才。以培养学生创新精神和科学实践能力为目的，本文对具有多学科性和实践性特点的智能纺织品与可穿戴技术课程体系进行了探索。面向不同层级的学生开设不同的基础和进阶课程。基础课程强调对智能纺织材料、工艺和产品以及市场的概述，并让学生通过一系列研讨会和演示，获得智能纺织和服装技术工程原理的实践经验，如使用家用材料手工制作纺织传感器、原型和商品展示等。后续的进阶课程为研究生深入研究智能纺织品和可穿戴技术提供了指导，重点关注智能纺织材料行为背后的物理原理、该领域的前沿科技、自动化、电子和信息技术等方面的综合知识，培养学生强烈的学科交叉意识，养成多学科综合的知识体系和思维习惯。通过课程学习，使学生全面了解整个行业，并锻炼其解决实际应用问题的能力。

关键词：课程体系；跨学科；实践能力

1 引言

在纺织行业"科技、时尚、绿色"高质量发展的主旋律下，纺织科技创新能力的提升是行业发展的关键支撑和驱动，这也与"十四五"发展规划中进一步强调科技创新的战略支撑作用相契合。在新一轮的科技革命中，以高性能、多功能、轻量化、柔性化为特征的纤维新材料的开发和应用成了纺织材料创新的焦点。其中，智能纤维及纺织品作为纺织与柔性电子、信息技术等多学科交叉融合的新兴前沿领域，可在纤维及织物上实现传感、通信、储能和执行等功能，应用前景巨大。随着智能纺织应用领域的不断拓展，多国已相继提出"智能纺织计划"国家战略。2014年，德国制定"未来纺织(Future TEX)"研究计划，把对纺织行业的升级改造提升到国家战略层面。2016年美国成立由国防部牵头组建、麻省理工学院(MIT)负责管理的"革命性纤维与织物制造创新机构(RFT-IMI)"，开发面向未来的纤维和织物。2022年4月，工信部、国家发改委发布的《关于产业用纺织品行业高质量发展的指导意见》中，"加大智能纺织品开发推广"也成了五项重点任务之一的"促进两化融合，培育新业态新模式"部分所指出的具体任务之一[1]。以智能纤维及纺织品为基础的新兴技术产业将在国民经济的各个领域产生大量创新性智能应用，包括医疗、军事、建筑、防护、体育、健身、时尚、家居和娱乐等多个领域，甚至可能推动新的工业革命。智能纺织品的开发推广离不开相关行业技术人才的支撑，因此，学生培养和课程体系建设是有效推进智能纺织新兴技术产业发展的重要环节。通过对智能纺织课程体系的不断探索与改革，使学生具备跨学科实践创新思维的意识、经验和能力，也是高质量实施工程教育应用型人才培养的迫切需求。

2 团队简介

我校(青岛大学)纺织服装学院现有纺织工程、服装设计与工程和轻化工程等5个本科专业。其中，纺织工程专业是山东省"卓越工程师教育培养计划"立项专业，该专业于2019年通过中国工程教育专业认证。青岛大学纺织科学与工程学科也于2020年获批为省属"高峰学科"建设学科。学院积极建设纺织"新工科"教育教学平台，协同企业共建研究生教育联合培养基地，致力于培育纺织工业卓越工程科技人才。

为促进智能纺织科教与产教融合的健康发展，学院智能纺织品教学团队对智能纺织人才培养模式和智能纺织课程体系建设进行了探索与实践。教学团队积极开展系列课程建设与改革，并获得了一些成果。2021年获批中国纺织工业联合会高等教育教学改革研究项目1项和山东省研究生教育教学改革研究项目1项，2019年获批山东省"绿色功能纤维材料与智能纺织"研究生暑期学校。"智能纺织品与可穿戴技术"课程入选2020年山东省研究生教育优质课程。此外，2021年由智能纺织品教学团队负责人主编的《智能电子纺织品与可穿戴应用》一书入选纺织服装类"十四五"普通高等教育本科部委级规划教材。团队教学成果"'教研相长'—基于'基础—理论—创新—实践'四位一体培养体系的智能纺织品课程模块与构建"获得"纺织之光"2021年度中国纺织工业联合会纺织高等教育教学成果奖一等奖；研究生教育成果"'多核驱动、多元培养、多链融合'智能纺织研究生课程模块建设"获得2021年青岛大学研究生教学成果奖一等奖。

此外，我校智能可穿戴技术研究中心(research center for intelligent and wearable technology)在智能纺织品开发推广方面持续积累科研成果。以该科研创新平台为结合点，促进了智能纺织品教学与科研的有机融合，即以研促教，教研相长。该研究中心自2018年成立至今，围绕智能纺织品与可穿戴技术在医疗保健、运动健康和智能服装等多个方面的开发应用上开展了系统研究，在国际知名期刊发表多篇论文。技术研究团队中的研究生近三年获得山东省优秀硕士学位论文3项、"纺织之光"中国纺织工业联合会学生奖1项、山东省"互联网+"大学生创新创业大赛铜奖 1 项、中国纺织类高校大学生创意创新创业大赛二等奖 1 项和山东省研究生优秀成果奖三等奖等。

3 "纺织+可穿戴"模块课程建设简况

我校纺织服装学院对课程体系中的专业课进行了模块化建设。智能纺织品与可穿戴技术相关课程构成了"纺织+可穿戴"模块。该模块聚焦国内外纺织科技前沿，向学生介绍纺织品智能化的途径、智能材料、智能可穿戴器件、智能纺织品织物结构设计与应用及智能服装与时尚方面的基本理论、知识和技能等，在课程内容、重点和难度的设计上充分考虑了本科生课程与研究生课程的差异及衔接。"纺织+可穿戴"模块主要课程简介如下（表 1）：

（1）面向纺织类本科生，开设有"智能纺织品""智能材料"和"智能服装与时尚"等学科基础课程，学生可根据专业方向特点选择对应课程，构建符合自身需求的智能纺织品知识体系。

（2）面向纺织工程专业的研究生，开设有"智能纺织品与可穿戴技术"和"智能纺织品结构与设计"等专业选修课。通过介绍智能纺织材料的基本概念及分类、工作机理、制备方法及应用案例，使研究生掌握智能纺织品的开发原理、实现工艺、性能评价、最新的应用进展和研究动态，并结合学生的课题研究方向进行项目式学习。

（3）由于智能可穿戴是一个前沿理论与工程实践相结合的学科方向，涉及微电子、信息和计算机等多学科交叉融合技术，因此在研究生"学术与实践活动"课程中纳入了柔性电路设计、智能传感认知等实验及实践类内容，培养研究生对构建多专业融合的知识体系的习惯和意识，提升研究生在智能纺织品研发与应用上的工程实践和创新能力。

（4）由于该课程模块涉及较多现代纺织科技领域的前沿技术，需以广泛吸收国外先进纺织科技文献为基础，但由于科技类前沿文献一般具有术语多、理解难度大的特点，构成了研究生对文献内容快速和有效吸收理解的障碍。因此，"外文专业文献阅读与科技写作"也是该模块内必要的辅助性工具课。

（5）面向纺织类留学硕士研究生，还开设有"Smart Textiles and Wearable Technology""Structure and Design of Smart Textiles""Frontier of Modern Textile Technology"等全英文授课课程。

表 1 "纺织+可穿戴"模块的主要课程

序号	课程名称	授课对象	学时
1	现代纺织科技前沿	本科生	32

续表

序号	课程名称	授课对象	学时
2	智能纺织品	本科生	32
3	智能材料	本科生	16
4	智能服装与时尚	本科生	16
5	智能纺织品与可穿戴技术	专硕	32
6	智能纺织品结构与设计	学硕	32
7	学术与实践活动	专硕、学硕	64
8	外文专业文献阅读与科技写作	专硕、学硕	16
9	文献分析与科技写作	专硕、学硕	32
10	Smart Textiles and Wearable Technology	留硕（英文授课）	32
11	Structure and Design of Smart Textiles	留硕（英文授课）	32
12	Frontier of Modern Textile Technology	留硕（英文授课）	48
13	纺织前沿技术	博士生	16

注　"学硕""专硕"和"留硕"分别为"学术型硕士研究生""专业型硕士研究生"和"留学硕士研究生"的简称。

4 教学参考资料

智能纺织品相关课程是以智能纤维及织物为基础的交叉学科前沿技术类课程。该方向为研发热点，具有信息量大、创新性强、涉及内容丰富的特点，且技术发展呈现动态变化，科研成果不断更新，知识迭代速度较快。也因此，该方向尚未形成完备的课程体系，国内高校相关课程的课堂教学尚无统一的参考教材，教材选择自主性较大。笔者对现有相关中/英文参考书目进行了列举，详见表 2。

表 2 智能纺织品相关课程的部分参考书目

序号	书名	编著者	出版社	出版年
1	智能纺织品及其应用（原著：*Smart Textiles and Their Applications*）	Vladan Koncar（主编）；贾清秀，裴广玲，李昕（译）	中国纺织出版社有限公司	2021
2	智能材料：科技改变未来	由伟	化学工业出版社	2020
3	纺织敏感材料与传感器	胡吉永（主编）	中国纺织出版社	2019
4	智能纺织品与服装面料创新设计	Rebekah Pells-Friedman（作者）；赵阳，郭平建（译）	中国纺织出版社	2018

续表

序号	书名	编著者	出版社	出版年
5	智能纺织品开发与应用	姜怀(主编)	化学工业出版社	2013
6	*Flexible and Wearable Electronics for Smart Clothing*	Gang Wang, Chengyi Hou, Hongzhi Wang	Wiley-VCH	2020
7	*Wearables, Smart Textiles & Smart Apparel*	DominiqueParet, Pierre Crégo	Elsevier	2019
8	*Smart Textiles: Wearable Nanotechnology*	Nazire D. Yilmaz	Wiley	2019
9	*Smart Textiles and Their Applications* (译著:智能纺织品及其应用)	Vladan Koncar	Elsevier	2016
10	*Advances in Smart Medical Textiles: Treatments and Health Monitoring*	L. van Langenhove	Elsevier	2016
11	*Electronic Textiles: Smart Fabrics and Wearable Technology*	Tilak Dias	Elsevier	2015
12	*Multidisciplinary Know-How for Smart-Textiles Developers*	Tünde Kirstein	Woodhead Publishing	2013
13	*Smart Clothes and Wearable Technology*	Jane McCann, David Bryson	Woodhead Publishing	2009

由于读者定位和出版时期等的不同,各书籍内容在角度、深度、广度及侧重点上具有较大差异,且在内容的全面性、系统性、时效性和深入性上也各有区别。对比举例,2013 年化学工业出版社出版、姜怀主编的《智能纺织品开发与应用》仅以一章内容对智能电子纺织品进行介绍;而 2019 年中国纺织出版社出版、胡吉永主编的"十三五"普通高等教育本科部委级规划教材《纺织敏感材料与传感器》则专门深入讲解了智能电子纺织品中的智能纺织品传感器相关内容。再对比举例,《智能纺织品与服装面料创新设计》展示了大量不同于传统面料的智能纺织品及服装面料实例,例如情绪感知纺织品,但较少涉及技术实现思路或具体工艺,因而具有较强的科普性和启发性;而 *Smart Clothes and Wearable Technology* 由科技论文组合构成,注重技术原理与应用,对读者的知识基础有一定要求。因此,在选择教材时,需充分考虑书籍内容是否与学生已具备的知识体系、专业培养目标、课程教学内容及教学目标等相匹配。另外,由于英文教材含有大量专业术语和技术词汇,间

接影响到学生对较为复杂内容的理解吸收能力。目前,英文原书 *Smart Textiles and Their Applications* 已有中文译本《智能纺织品及其应用》。武汉纺织大学翻译专业的研究生王克洲也对智能纺织品方面英文教材的汉译实践进行了探索[2]。相关高校教学科研团队应进一步加强对最新中文原文/译文参考教材的建设工作,以丰富教材资源。

此外,与课程相关的国内外先进科技文献和前沿市场资料也是参考教材的重要补充。广泛搜集使用权威学术期刊论文、市场分析报告和新闻报道等多方位素材对保障教学内容质量具有重要意义。在教学资料准备中,也可结合学生专业方向特点整合或自编授课教材、制作多媒体课件。

还可参考国内外高校智能纺织品科研团队的研究课题网站资料,或借鉴相关课程网站开发经验。例如,麻省理工学院媒体实验室(MIT Media Lab)[3]、麻省理工学院的 The Computational Design & Fabrication Group[4]和德雷塞尔大学(Drexel University)的 Functional Fabrics Research Group[5]等研究团队将其智能纺织品相关研究项目及成果进行线上展示,例如可感知穿着者姿势和动作的智能织物[3]。麻省理工学院(MIT)媒体艺术与科学专业的研究生课程"Special Topics: New Textiles"教学团队将其课程教参资料、学生项目成果和实验教程及演示等展示于其课程网站[6],使没有专业基础的学生也能够按步骤制作出织物按钮、针织物柔性传感器等简单的智能电子纺织品。威斯康星大学麦迪逊分校(UW-Madison)的 MRSEC Education Group 教育团队利用常见家用材料对摩擦电纳米发电机(TENG)的原理进行实验演示[7]。搜集展示相关网站素材可极大激发学生对智能纺织品的探索欲和好奇心。

5 教学理念

由于智能纺织方向处于学科前沿,在医养健康、智慧服饰和体育运动等方面的应用潜力很大,因此,相关课程具有很强的实践上的应用性。又由于完整的智能纺织品与可穿戴技术离不开纺织、服装、材料、化工、机电、计算机、自动化、物联网、大数据、云计算和人工智能等多学科知识的交叉融合,因此,相关课程还具有很强的学术上的跨学科性。学科交叉是创新的重要源头,实践又是创新的基础。因此,智能纺织课程体系建设应引入多学科交叉融合和实践创新的教学机制,助力培养智能纺织方向的综合性、创新型和复合型人才,这对智能纺织产业的发展和升级也具有重要的支持作用。

5.1 多学科交叉融合

多学科交叉融合是未来智能纺织品的发展趋势,也

是创新思路的重要源泉。因此,在教科研平台建设、师资队伍建设及课程内容体系建设上,应搭建起跨学科的协同创新平台,利于培养学生多专业融合的思维意识、习惯和知识体系。

5.1.1 建设跨学科协同创新的教科研平台

以相关产业发展为引擎,发挥专业及学科集群优势,打造以纺织学科为引领、辐射医学/材料/化工/机电/计算机/信息等交叉学科的教科研平台,集中各学科科研和教学力量形成合力,发展多技术领域的协同创新共同体。多学科之间开展教科研及学术会议等活动,就智能可穿戴领域的前沿理论与实践问题进行深度学术研讨和教学合作。

5.1.2 组建多学科交叉的师资队伍

组建一支高水平跨学科的教学团队,除智能纺织研究一线的专任教师外,吸纳其他学科的教科研队伍优秀成员作为专任或客座教师,并辅以智能纺织相关企业的工程师或研发人员作为课程的校外导师。

5.1.3 建设跨学科创新课程体系

开设面向全校学生的智能纺织通识教育课,以适用多样化学科背景的学生对象;建立跨校、跨学科和跨专业的课程共享及学分互认机制,有针对性地培养学生的跨学科知识体系,实施跨学科课程教学系统和人才培养方案。可参考其它高校案例:香港理工大学纺织专业的研究生可以通过选修该校应用物理系开设的课程"Smart Materials and Structures"对智能材料进行系统学习;东华大学信息科学与技术学院电子工程专业开设的"感测技术"专业基础课引入了智能纺织品传感器相关内容[8-9]。

5.2 实践与创新

智能纺织方向具有很强的前沿性和应用性特点,因此在智能纺织课程体系建设中应注重对学生实践与创新能力的培养。构建包含课堂实践、工程实践和科研实践在内的多元实践教学体系,使实践性浸润在教学活动的多个环节,是培养学生创新意识、思维和能力的重要基础。

5.2.1 课堂实践

在教学实施中,采取举例教学法(例如科研及商业案例)、讨论式教学法(专题研讨会[10])和启发式教学法(例如实例拓展)等多样化教学手段,对学生进行引领启发;开设助教课堂,聘用从事相关科研的在读研究生担任课程助教,对课堂理论进行实验演示,培养本科生的实践能力与科研素质;创建课程微信公众号或课程网站,由学生自己进行维护更新,对学生课内实践项目成果、相关新闻报道和科研论文等进行展示,提高学生的参与度、积极性和信心。

5.2.2 工程实践

以任务为驱动,进行项目式学习实践。通过学术与实践课程、暑期学校等活动形式,指导学生自己设计并制作智能纺织品,例如柔性织物传感器、柔性织物开关和柔性电子线路板等可穿戴柔性电子器件,锻炼学生的分析解决问题的能力、实际动手能力和工程实践能力,培养其创新意识和思维;引入卓越工程师产教联合培养机制,以行业需求为驱动,通过校企共建大学生创新创业人才培养实践基地,促进产教融合,以工程实训锻炼学生的实践应用和创新能力,培养高质量应用型行业人才。

5.2.3 科研实践

以研促教,科研平台助力教学。积极引导学生参加教师科研项目、各级大学生创新创业训练项目及竞赛,鼓励学生走进实验室,使智能纺织真正从课堂理论进入到实际模型,激发学生对智能纺织科技的兴趣,拓展其视野;营造浓郁的学术氛围,组织国际、国内学术会议,定期举办专家讲座,使学生紧跟科技发展前沿,培养学生的学术及实践素养。

6 结论

在智能纺织课程建设中,除上述思考外,还应考虑:

(1)建立包括数字化网络教学资源在内的立体化教学资源平台,完善教学资源。

(2)以智能纺织在医疗、健康和军事等领域的应用为出发点,拓展课堂思政,增强学生的社会责任感和使命感。

(3)组建双师型教师队伍,引进企业导师,提供教师到企业锻炼的机会,从而提高专任教师的实践技能水平、专业素质能力和科研创新能力。

致谢

本文为山东省研究生教育优质课程"智能纺织品与可穿戴技术"(SDYKC20086)、山东省研究生教育教学改革研究项目(SDYJG21109)和中国纺织工业联合会高等教育教学改革研究项目(2021BKJGLX760)的阶段性成果之一。

参考文献

[1] 中国产业用纺织品行业协会官网. 聚焦"十四五"聚焦"纺织+"学科融合新战略,引领智能纺织品发展方向[Z]. 2022. http://www.cnita.org.cn/ch/newsdetail.aspx? ids=37_3752.

[2] 王克洲.《智能服装与可穿戴技术》(节选)汉译实践报告[D]. 武汉:武汉纺织大学, 2021.

[3] MIT Media Lab. Smart textiles sense how their users are moving [Z]. https://www. media. mit. edu/articles/ smart-textiles-sense-how-their-users-are-moving/.

[4] MIT University. CDFG Research Group [Z]. https://cdfg. mit. edu/.

[5] Drexel University. Functional Fabrics Research Group [Z]. https://drexel. edu/functional-fabrics/research/projects/.

[6] MIT OpenCourseWare. SPECIAL TOPICS: NEW TEXTILES [Z]. https://ocw. mit. edu/courses/mas-962-special-topics-new-textiles-spring-2010/pages/readings-lectures-tutorials/.

[7] UNIVERSITY of WISCONSIN - MADISON. MRSEC Education Group. Tapping Triboelectric Nanogenerator [Z]. https://education. mrsec. wisc. edu/tapping-teng/.

[8] 徐珑婷,田婉鑫,陆小辰,等. "感测技术"课程中智能纺织品传感器及其教学设计[J]. 纺织服装教育, 2022,37(2):158-60.

[9] 赵荟菁,王萍,孟凯,等. 纺织专业前沿课程教学方法探讨[J]. 纺织服装教育. 2014,29(6):530-1.

[10] 郑元生,辛斌杰. "智能纺织品与服装"研究生课程教学探讨[J]. 时尚设计与工程,2018(3):55-7.

The application of the way of thinking on numbers and shapes in the undergraduate teaching of "Sweater technology calculation"

CHEN Li*, QI Yexiong

School of Textile Science and Engineering, Tiangong University, Tianjin, China

Email address

clwsy@163.com (CHEN Li), qiyexiong@tiangong.edu.cn (QI Yexiong)

Abstract: Sweater technology calculation is the key to manufacture sweater. But most students had difficulties when they studied this lesson. It was more difficult when they solved practical cases with this technology. This paper puts forward a new mindset which is "shape first, number second". This new mindset will replace the old mindset of "number first, shape second". This new mindset is based on theory of the recent development area, and the cognitive level of junior. The new mindset not only fits the learning rules, but also helps students improve their skills to solve practical cases.

Keywords: sweater technology calculation; recent development area; mindset; number and shape

"毛衫编织工艺计算"本科教学中数形思维的应用

陈莉*, 齐业雄

纺织科学与工程学院, 天津工业大学, 天津, 中国

邮箱

clwsy@163.com(陈莉), qiyexiong@tiangong.edu.cn(齐业雄)

摘 要: 毛衫工艺计算是毛衫服装制造企业的核心技术, 但在教学过程中发现, 大部分学生在用所学的毛衫工艺计算公式解决实际问题时都会感到困难。本文以"最近发展区"的理论为基础, 分析大三本科生的认知水平, 提出教学中应采用"先形后数"的思维模式代替旧的"先数后形"的思维模式, 新的思维模式既符合学习规律, 又可以帮助学生提高解决毛衫工艺计算问题的能力。

关键词: 毛衫工艺计算; 最近发展区; 思维模式; 数与形

1 引言

毛衫编织工艺计算[1]是"成形针织产品设计与生产"课程中的重点也是难点。在教学过程中通常采用的方式是: 了解毛衫的款式, 了解毛衫从三维转化成二维图形的过程, 重点讲解毛衫工艺计算公式。在实际的教学中, 学生反馈: 教师讲解毛衫计算公式时, 对讲授内容能够理解, 可是当教师给一个具体的例子练习时, 学生又表现得无所适从。来自企业的反馈: 有些从业多年的工艺设计员, 能够计算出工艺, 但是对工艺计算的原理感觉还是有些困惑, 因而影响产品改进和创新的进程。随着针织产业转型升级的步伐不断加大, 毛衫企业面临着产业升级之后专业人才匮乏的困境[2], 因此, 如何进行教学, 构建教学设计过程, 成为教师需要解决的问题。

若想解决这一问题, 首先需要站在学生的角度了解怎样学习更适合理解和记忆。笔者在最近发展区理论的启发下, 结合教学内容, 分析学生的认知水平, 改进教学方法, 取得了较好的效果。

2 维果茨基的认知发展理论

维果茨基是苏联著名的心理学家, 他区分了儿童的两种发展水平[3]: 实际发展水平和潜在发展水平。实际发展水平是儿童身上已经成熟的心理机能, 其表现是儿童能够独立解决问题。潜在发展水平是尚在形成中的心理机能, 其表现是儿童在成人指导帮助下或与更有能

力的同伴合作而解决问题。在区分两种心理发展水平基础上,维果茨基提出了最近发展区的概念来解释如何促进儿童的认知发展。所谓最近发展区,是指个体不能独立完成但在更有能力的同伴或成人的帮助指导下能够完成的一系列任务。

最近发展区的实质[4-6]是强调在教学过程中学生的主体性、教师的引导性以及知识的社会性。

(1)学生的主体性。维果茨基的最近发展区理论看到了学生的主动性和决定性,强调教学的目的是激发学生潜在的能力,他肯定了教学要抓住学生目前的水平,教师根据学生现有认知发展水平针对学生特点从而激发学生,促进学生发展。

(2)教师的引导性。维果茨基的社会文化理论认为,认知发展依赖于社会文化,儿童认知发展并不是独立进行的,而是与周围社会文化相互作用的结果,换句话说,也就是父母、老师等他人的影响下形成的认知过程,教师的指导作用在学生学习过程中就必不可少。

(3)知识的社会性。维果茨基社会文化理论认为知识不是单方面的传授,理解也不是单方面的吸收,学习是一个双向互动的过程,即个体通过社会的互动然后才得以自主建构的过程,由学习者自己加工原有的知识然后进行理解和构建。

维果茨基认知发展理论对教学的重要启示是:教学要走在发展的前面,促进学生的认知发展。维果茨基的"最近发展区"理论认为,教师在教授知识的过程中扮演着"促进者"和"帮助者"的角色,教师的任务是指导、激励、帮助学生,从而促进学生的全面发展。教师引导着教学,使学生掌握、建构、内化那些能使其从事更高认知活动的技能,这种掌握、建构和内化是与其认知水平相一致的,但是,一旦他获得了这种技能,便可以更多地对学习进行自我调节。"最近发展区"理论所衍生出的支架式教学方法被广泛应用于教学实践中[7-9]。支架的概念来源于建筑行业的脚手架,是将建筑行业中使用的"脚手架"方式作为概念框架,形象地比喻为学习过程中的脚手架,支架主要是由教师、教科书等学生之外的主体提供。

依据维果茨基的认知发展理论,结合《成形针织产品设计与生产》课程中毛衫编织工艺计算课程教学中出现的困难,笔者重新梳理教学内容,对学生的现有认知水平进行分析和评价,然后重新设计教学过程,搭建学习框架。

3 依据"最近发展区"理论对教学内容和学生认知水平进行分析

3.1 "毛衫编织工艺计算"教学过程中遇到的问题

在毛衫编织工艺计算授课过程中,通常介绍几种常见毛衫的款式,介绍毛衫从三维转化成二维图形的过程,重点讲解毛衫编织工艺计算公式,采用这种方式教学效果并不理想,主要体现在学生能理解工艺计算的原理,但在具体应用时又显得无所适从。依据"最近发展区"理论对学生现有的水平进行分析。授课学生一般为大学本科三年级学生,处于当代这个年龄段的大部分学生以前很少有织过毛衫的经验,甚至并未见过手工编织毛衫的过程,用横机编织毛衫的过程也很陌生,因此,学生对服装的结构、服装各部位的名称和测量、横机的操作过程以及其中涉及的知识和技能都很陌生。按照现有学时(30学时)安排,也没有充足的时间去让学生体验横机操作毛衫的过程。在学生目前的认知水平基础上,按照旧的教学设计重点讲授毛衫编织工艺计算公式,学生在老师的讲授过程中表示理解这些公式中各参数所代表的意思,但是让他们独立计算一件毛衫的工艺单时又显得有些困难,尤其是改变新的款式更是无从下手,因此教师需要针对这一问题进行分析,以便寻求更好的教学方法。

3.2 "毛衫编织工艺计算"教学内容分析

把握规律,才能做到举一反三。笔者以前在学习毛衫编织工艺单计算过程中,无论是在企业还是在学校,计算毛衫的工艺单时首先考虑的就是计算公式,这种思维顺序是先数后形的思维。在毛衫计算过程中,结合学生现有的认知水平,这种先数后形的思维比较抽象,而且有许多公式中还带有一些经验因素值,这更让学生难以掌握毛衫编织工艺计算的规律。

对学生的认知水平进行分析。大三本科阶段的纺织工程系针织专业的学生,学科分类属于理工科,一般来说数学基础应该还是不错的,具有解决代数和几何相关问题的能力。在目前的学习过程中已开设了服装纸样裁剪课程,对服装的结构有一定了解。基于学生目前的认知水平,结合最近发展区的理论,学生对于数形问题具有一定的解决能力。依据这一特点,对旧的教学内容重新设计,将旧的"先数后形"的思维模式转换为新的"先形后数"的思维模式,即:先讲授三维立体的毛衫如何拆分成各个部分,一般分为一个前片、后片、两个袖片,还有一个领条;然后重点挖掘三维毛衫服装尺寸和二维衣片尺寸之间的关系,摸索规律;最后,引导学生根据密度的概念将二维衣片中各个部位尺寸转换为编织时的针数和横列数,即建立数学公式,而建立数学公式的过程一般学生是可以独立进行的。这种"先形后数"的思维模式,符合目前学生的认知水平,便于学生把握有关毛衫服装结构和毛衫工艺计算一系列过程的内在规律,从而有利于学生对这些知识的记忆和理解,并加以运用。同时,这种思维方式有利于学生举一反三,便于学生未来应对其他变化款式时,能够做到举一反三、解决新问题,为学生创新思维的培养奠定了基础。

4　"先形后数"思维模式应用于毛衫工艺计算教学的意义

4.1　符合学习的基本规律

序进累积规律是学习的基本规律之一[9]。序是任何知识结构都必须有层次序列,它包括纵横两个方面。纵是指知识的发展和深化,横是指知识的相互联系、相互渗透。不按照事物应有的层次序列去学习知识,就不会学有长进。同时,人类认识世界是从简单到复杂,从现象到本质逐步深化的渐进过程,相应的思维发展也是由形象思维到抽象思维,由低级到高级的过程,只有按照知识的逻辑系统有序地学习,才能符合学习的认识规律和思维发展规律。毛衫编织工艺计算教学,以前采用直接解释二维衣片各部位的计算公式进行授课,思维比较抽象,学生在课堂上虽然通过教师的讲解能够理解每个计算公式的含义,但是可能并未建立起各个公式之间的联系及其与三维毛衫之间的关系框架,所以当独立计算毛衫的工艺时有些难度,或者是更换一种新的款式显得无从下手。改变教学方法后,先建立三维毛衫转变成二维毛衫的形象思维,然后引导学生在初、高中数形认知的基础上,自己推导公式,这种学习方式符合序进累积规律。

4.2　构建框架,孕育创新

在从企业反馈中得知,有 10 多年工作经验的工艺师不晓得毛衫工艺计算的原理,遇到新款式顿足不前,缺乏创新思维,导致这一现象的可能性也许与旧的学习方式有关,学习时直接学习毛衫的计算公式,这样会产生一种思维定式,在遇到新款式的毛衫时,就会从公式方面去考虑如何修改公式,这种纯粹靠数解决问题的思维方式太抽象,以至于创新的过程有点艰难。如果从另一个角度看,毛衫工艺计算的实质就是做一件用毛线形成的服装,最终定位在服装上,我们就可以借助服装的制作原理去思考问题的解决方式。新的教学设计引导学生如何将三维毛衫服装转换成二维衣片,这里需要重点解决的问题是二维衣片的形状和尺寸与三维服装形状与尺寸的关系,这一问题解决之后,针对当代大学生的知识水平,有关二维衣片公式的建立和计算就迎刃而解。建立这样的思维框架,当学生遇到新的款式后,从直观具体的服装入手,根据形状变化建立新的工艺计算公式就不是问题了。

5　结语

在"毛衫编织工艺计算"教学过程中,分析学生的认知水平,采用"先形后数"的思维模式代替旧的"先数后形"的思维模式,这种思维模式的建立不仅有利于学生掌握常规毛衫工艺计算的方法,也能够帮助学生灵活运用、融会贯通,在遇到新的款式时会采取适当的方法去解决问题。

参考文献

[1]　宋广礼. 成形针织产品设计与生产[M]. 北京:中国纺织出版社,2006.

[2]　曹爱娟. 毛衫一体化人才培养背景下的教学策略[J]. 轻纺工业与技术,2020,49(6):142-143,156.

[3]　皮连生. 教育心理学[M]. 上海:上海教育出版社,2011.

[4]　徐美娜. "最近发展区"理论及对教育的影响与启示[J]. 教育与教学研究,2010,24(5):142-143,156.

[5]　王文静. 维果茨基"最近发展区"理论对我国教学改革[J]. 心理学探新,2000(2):17-20.

[6]　马月成,肖典慧. 维果茨基社会文化理论视域中的教师专业发展[J]. 继续教育研究,2020(1):24-29.

[7]　宁全利,房施东,邓海飞,等. 基于支架式教学理念的火炮构造原理虚拟仿真教学系统设计[J]. 高教学刊,2022,8(19):74-77,81.

[8]　邓浩义,张军朋,李德安. 基于科学思维培养的支架式教学模式研究:以新教材"楞次定律"为例[J]. 物理教师,2022,43(7):9-12.

[9]　李美林. 核心素养导向的支架式教学模式构建研究[J]. 中国多媒体与网络教学学报(上旬刊),2022(4):245-248.

Thinking and practice on postgraduate cultivation under cross-professional study

CHEN Ying*, CHEN Cheng, SHAN Guohua

College of Textile and Fashion, Xinjiang University, Urumqi, China

Email address

Yingchen0209@ dhu. edu. cn（CHEN Ying）, 450548205@ qq. com（CHEN Cheng）, 82427816@ qq. com（SHAN Guohua）

Abstract：In this paper, the current situation of application and admission for postgraduate was firstly analyzed. The purpose and meaning of recruiting for cross-professional postgraduates was elaborated. Moreover, some problems in the course of cultivating multi-specialty postgraduates were presented. A series of suggestions for solving problems were proposed：To establish cross-professional system for cultivation of postgraduates and increase the number of remedial and elective courses. To enhance practical skills of students through seminars and exchanges. Relying on scientific research projects, the undergraduate specialized knowledge and postgraduate subject should be combined. To establish off-campus practice bases for cross-professional innovation to provide conditions. Through display interdisciplinary advantages, innovative talents in textile discipline were cultivated. Cross-professional postgraduate cultivation was beneficial to make progress together for tutors and postgraduates, and develope new research mode and its fields.

Keywords：postgraduate; cultivation; cross-professional; innovation ability

跨专业硕士研究生培养的思考与实践

陈英*，陈诚，单国华

纺织与服装学院,新疆大学,乌鲁木齐,中国

邮 箱

Yingchen0209@ dhu. edu. cn(陈英) ,450548205@ qq. com(陈诚) ,82427816 @ qq. com(单国华)

摘 要:本文首先对研究生招生现状进行分析,对跨专业招收研究生的目的进行了阐述,然后提出了跨专业研究生培养过程中面临的问题,并对解决这些问题提出以下建议:构建跨专业的研究生培养体系,增加补修和选修课程,通过研讨交流提高创新能力;以科研项目为依托,发挥交叉学科优势,将本科专业知识与研究生阶段课题研究有机融合;建立校外实习基地,为跨专业创新实践提供条件;发挥跨学科优势,培养纺织学科的创新型人才;跨学科研究生培养有助于师生共同进步,开拓新的研究模式和研究领域。

关键词:研究生;培养;交叉学科;创新能力

1 引言

随着社会的进步、科技水平提高,我国对高等教育越来越重视,2000 年以来学科专业设置不断增加,研究生招生数量也持续增长。《国家中长期教育改革和发展规划纲要(2010—2020)》[1]中提出,到 2020 年,研究生在学总规模达到 200 万人的战略目标,为此 2017 年和 2020 年两次大规模扩招(表 1),为考研学生提供了更多升学的机会,2020 年的扩招一定程度上缓解了因新冠肺炎疫情带来的就业压力。

表 1 2016~2022 年研究生报考及录取人数统计[2]

年份	报名人数/万	录取人数/万	较上一年增加/万	较上一年增幅/%	报录比
2016	177	58.98	1.92	3.36	3.0∶1

续表

年份	报名人数/万	录取人数/万	较上一年增加/万	较上一年增幅/%	报录比
2017	201	72.22	13.24	22.45	2.8:1
2018	238	76.25	4.03	5.58	3.1:1
2019	290	80.38	4.13	5.41	3.6:1
2020	341	110.70	30.32	37.72	3.1:1
2021	377	111.40	0.70	0.63	3.4:1
2022	457	110.70	-0.70	-0.63	4.1:1

研究生教育是高等教育中人才培养的最高层次,直接体现一个国家高等教育的综合实力和整体水平,关系到国家科学技术的进步,也关系到莘莘学子的个人成长与发展[3]。随着研究生招生人数增加,报考研究生的动机更加多元化,有通过考研,提升自身的知识水平和能力,提升学校和学历背景,从而提高就业的竞争力,也有的通过考研缓解就业压力等。纺织类院校数量有限,扩大招生后,非纺织类专业的学生跨学科报考的比例逐年增加,跨学科、跨专业录取研究生已成为一种较为普遍的现象。

跨学科培养研究生有利于实现多学科(专业)的融合;有利于学位点的建设和发展,形成新的研究方向;有利于研究生在更宽广的领域进行创造性研究;有利于教师跨学科研究意识的萌发,提高跨学科复合型人才的培养能力。从用人单位的角度,企业更倾向于招聘具有多学科、多重背景的人才,这些人才的学习能力更强、知识面更广,符合社会对综合型人才的需求。

2　跨专业研究生培养过程中面临的问题

2.1　培养方案和课程设置方面

在很多院校中,还未形成专门针对跨专业研究生的培养方案,大部分学校还是专业类培养方案,主要基于本学科的研究方向和对学生的培养要求,在课程设置方面很少考虑跨专业研究生的本科学习阶段与研究生学习阶段的衔接,选修课和跨专业课程占比较小,此种培养方案的课程设置,已无法满足跨专业研究生越来越多的现实情况,不利于复合型人才的培养[4]。

2.2　教育教学方法

跨专业研究生对授课的要求更高,由于本专业研究生与跨专业研究生在专业知识积累方面的差异,对授课教师提出了新的要求,沿用传统教学方式,考虑了跨专

业研究生,那么本专业研究生会感觉"吃不饱",相反,如果仅考虑本专业学生,又会出现跨专业研究生跟不上的情形。如何在教学中既能弥补跨专业研究生的专业知识欠缺,又能使本专业研究生通过学习获得提高,做到因材施教,是当前跨学科研究教育教学中面临的棘手问题。

2.3　导师指导模式

跨专业研究生的不同知识背景造成导师指导压力增加。研究生导师大部分对本学科领域比较熟悉和精通,但对于跨专业研究生本科时所学的知识不熟悉或涉及较少,导师很难系统把握跨专业研究生的专业背景。若不能将本专业相关知识和跨专业的背景进行有效的结合,不利于跨专业研究生发挥其原专业的特长,在论文指导方面产生力不从心、指导不精准的情况,给师生造成压力,论文质量难以保证。

3　对跨专业研究生培养的思考和建议

2020年7月,在全国研究生教育大会上,习近平总书记指出:研究生教育在培养创新人才、提高创新能力、服务经济社会发展、推进国家治理体系和治理能力现代化方面具有重要作用。研究生教育必须加快培养以适应产业结构转型升级需求的跨学科复合型高层次人才,以应对新一轮科技和产业革命的兴起带来的挑战,可见创新能力是当前研究生培养的重中之重[5]。

3.1　构建跨专业的研究生培养体系,增加补修和选修课程,通过研讨交流提高创新能力

对研究生跨专业培养的目标要精准定位,根据学科特点和跨专业学生来源构建跨学科、跨专业的研究生培养体系,针对跨专业研究生专业基础知识的不足,开设补修课程,夯实跨专业研究生的专业基础;增设多学科交叉相关的选修课程,拓宽专业口径,着力培养研究生多学科跨领域的知识融合能力、多维度思考意识,强化创新能力培养;教学中避免"满堂灌",多采用启发引导的方式,加强自主学习能力的培养,通过师生之间的研讨和交流,碰撞产生新的火花,有利于创新意识建立;所在学院或学科搭建学术交流平台,组织学生聆听不同领域的专家学术讲座,有助于研究生开阔眼界,激发灵感,促进创新。

3.2　以科研项目为依托,发挥交叉学科优势,将本科专业知识与研究生阶段课题研究有机融合

研究生培养是以科研项目为依托,研究生在参与导师科研项目的过程中,有效地锻炼自身综合能力,补齐跨专业读研的短板。相比于专业知识学习,科研的过程

更加系统,涉及的知识面更广,可有效促进跨专业研究生进行有针对性的专业知识学习与补充;采用指导教师和指导小组相结合的形式来指导跨专业研究生更具可操作性,有利于发挥导师和学生的共同优势,促进学生科研能力快速提高;综合能力强的跨专业研究生可充分利用本科所学专业优势,与研究生阶段专业知识相融合,在交叉学科的交界处寻找创新点,师生共同发现并形成新的研究方向,这是跨专业人才培养的重要目标。

3.3 建立校外实习基地,为跨专业创新实践提供条件

积极争取社会和行业的支持,通过校企合作建立研究生校外实习实践基地,提高研究生理论知识与工程实践相结合的能力,提高分析和解决实际问题的能力,为研究生创新性的思维和方法提供平台[3]。对于跨专业研究生更需要创新实践平台,通过实习实践,能帮助他们快速掌握跨专业的理论知识和应用能力,在实践中学习各种形式的学科综合试验、跨学科案例分析,了解掌握工艺设计与设备参数的关系、产品质量与选用材料的关系,质量管理与技术管理的关系,传统工艺与前沿技术的关系等,这些知识难以在学校、在书本上学到,只有在企业实习才能学会。通过实习实践,还能帮助研究生了解用人单位对人才的需求,对今后就业有所思考,有所准备。因此,实习基地为研究生的成长以及跨专业创新实践提供一个良好的平台。

3.4 发挥交叉学科优势,培养纺织学科的创新型人才

为了培养研究生独立工作能力与创新能力,跨学科培养逐渐成为趋势[6]。纺织科学与工程学科与生物、化学、物理、机械、数学等专业均有交叉,因此,引入交叉学科研究生培养,借助跨专业研究生对生物、化学、物理、机械、数学等专业知识的理解与见解,应用于纺织生物技术、纺织化学、纺织物理、纺织机电一体化等研究中,通过正确的引导、个性化培养,以及研究生的自主思考、自主研发,可有效激发研究生的创新能力。跨专业研究生将不同专业领域的理论知识、研究思路、操作技能与纺织学科相结合,有助于提升研究生的独立工作能力,有利于培养纺织学科多元化创新人才。

3.5 跨专业研究生培养有助于师生共同进步,开拓新的研究模式和研究领域

"双一流"建设明确强调坚持以一流为目标和以学科为基础,突出中国特色,鼓励和支持不同类型大学的学科差别化建设与发展[7]。跨专业研究生培养具有开展跨学科研究的优势,应当鼓励,要有意识地培养研究生多学科交流能力,具体包含两个方面:一方面是团队协作能力,多种学科背景的师生组成的跨学科研究团

队中,导师与学生、学生与学生之间交流,可以是大团队多学科的研讨,拓宽知识的广度,也可以小团队小范围的交流,挖掘研究的深度,提出问题并且小心求证,开拓思路,激发创新。跨专业研究生应该充分发挥自身优势,拓展跨学科思维,破除对其他学科的偏见,与不同学科的师生共同合作、相互尊重,共同开拓新的研究模式与新的研究领域[8]。另一方面,要加强导师队伍建设,组建跨学科导师队伍[9]。导师团队的创新能力直接决定研究生创新能力培养的质量。构建由不同知识结构、不同研究方向的教师组成的指导小组即导师团队,在团队的支撑下焕发学生的创新意识与能力,拓宽与各领域导师的学习交流,加强与各领域导师之间的合作,有条件的学科还应定期组织学术论坛[10]、举行学术沙龙,拓展研究生的学术视野,激发创新灵感,有助于师生共同进步。

4 结论

随着研究生招生人数增加,报考研究生动机的多元化,跨学科、跨专业报考研究生已成为一种普遍现象,跨学科研究生培养逐渐成为趋势。虽然在培养过程中存在一些问题,但是国内外[11]大量的教学实践和经验总结使我们有理由相信,只要构建科学合理的跨专业的研究生培养体系,发挥交叉学科优势,正确引导跨专业研究生将本科专业知识与研究生阶段课题研究有机融合,建立校外实习基地,为跨专业创新实践提供平台,加强各种形式的沟通交流,团队交流和学术交流,就能在跨专业研究生培养同时,师生共同进步,开拓新的研究模式和研究领域,实现复合型人才培养的目标。

参考文献

[1] 国家中长期教育改革和发展规划纲要(2010—2020年)[EB/OL].[2012-02-12]. http://www.tjtdxy.cn/show.aspx?id=2763&cid=70.

[2] https://www.sohu.com/a/510687796_100198890

[3] 高振华,安立龙.跨学科(专业)研究生培养的探索[J].黑龙江畜牧兽医,2016(5):255-257.

[4] 葛巍,焦余铁,郭进军,等.基于跨专业研究生培养的思考[J].产业与科技论坛,2019,18(6):245-246.

[5] 李爱彬,邵楠,杨晨美子,等.一流学科群视域下研究生跨学科培养模式研究[J].研究生教育研究,2022(3):44-50.

[6] 赵晶,徐敏,葛晓宏,等."双一流"背景下研究生跨学科人才培养模式探索[J].教育教学论坛,2022(14):101-104.

[7] 武明花,朱海玲,刘志峰.我国高校跨学科复合型研究生培养实践与启示[J].高教学刊,2021,7(36):

159-162.

[8]　邵楠.一流学科群研究生跨学科培养影响因素与实现路径研究[D].徐州:中国矿业大学,2021.

[9]　张瑞晓.跨学科研究生学习困境及培养研究[D].石家庄:河北师范大学,2021.

[10]　程建军,张立钢,韩翠萍,等."双一流"背景下,跨学科培养对研究生创新影响力的调查及对策研究[J].农业技术与装备,2020(12):161-164,166.

[11]　程晋宽,李云鹏,薛李.如何改进跨学科研究生教育:基于美国的经验与启示[J].研究生教育研究,2022(4):90-97.

Cultivating innovative thinking to teach "Textile Applied Chemistry"

CHEN Changjie, GUO Lamei*

Textile Institute, Donghua University, Shanghai, China

Email address

changjiechen@ dhu. edu. cn（CHEN Changjie）, guolamei@ dhu. edu. cn（GUO Lamei）

Abstract：Textile industry is closely related to chemistry. Chemical theory and technology are applied in spinning, weaving, dyeing, and finishing with fiber as raw materials. The course "textile applied chemistry" is taught around the knowledge points during textile processing. Based on the traditional applied theoretical skills, the course has been dramatically improved to meet the need for new talents. They can apply chemical knowledge to textiles according to the development of modern textiles, clean production, and carbon reduction processing. Based on the cultivation of innovative applied thinking, various teaching methods such as industrial chain application systems, frontier new technology contrast, and design new technology experiment are adopted to cultivate multi-functional textile talents.

Keywords：textile applied chemistry; knowledge of cleaner production; new textile talents; curriculum reform

培育应用创新思维进行"纺织应用化学"教学

陈长洁，郭腊梅*

纺织学院，东华大学，上海，中国

邮 箱

changjiechen@ dhu. edu. cn(陈长洁),guolamei@ dhu. edu. cn(郭腊梅)

摘 要：纺织产业领域与化学密切相关，以纤维为原料进行纺纱、织造、染整、制成品一系列加工中都应用化学理论和技术，"纺织应用化学"课程围绕其中知识点展开教学。随着现代纺织技术的发展，清洁生产、减碳加工需要应用化学知识，课程在传统应用理论技能的基础上，做了大幅度改进。以应用创新思维培养为根本，采用产业链应用体系教学法、前沿新技术对比教学法、设计新技术实验教学法等，培养"一专多能"纺织人才。

关键词：纺织应用化学；清洁生产知识；纺织新型人才；课程改革

1 引言

纺织产业链体系是国民生产支柱工业体系，从普通衣用到航天衣用[1-3]、普通路基垫布[4]到航天抗蚀织罩[1]都应用纤维纺织制品。纺织产业链加工是以纤维为原料进行纺纱、织造、染整、制成品一系列加工，在加工过程中纤维从单维形态进入聚集体多维形态，发生的直观变化主要是物理形态改变。而实际上，从纤维原料制取到纺织制品的加工过程中，每个环节或多或少涉及化学问题。虽然在宏观上不一定显现，却真实影响纺织加工过程顺利进展和织物制品的质量。

纺织产业领域与化学密切相关性使纺织学科领域人才培养重视化学理论与技术应用知识的储备，纷纷为纺织工程专业人才开设"纺织应用化学"课程，以拓宽人才的知识储备体系。随着科技的快速发展，化学新技术应用越来越多，而纺织清洁生产、减碳排放新形势要求纺织工程专业人才培养需要有创新思维以适应现代纺织发展。基于时代要求，"纺织应用化学"课程在内容实质上进行改革，用理论学习作为指导，以应用创新思维培养为根本，使学生主动运用知识于应用练习中，获得创新思维和能力，获得具有清洁应用化学品处理纺织生产的能力，从而成为新工科技术人才，开始人才的转型培养和行业的转型升级结合的培养新模式。

2 基于创新思维的课程改革策略

2.1 产业链分析构建"纺织应用化学"课程技术创新思维体系

纺织整个流程与化学知识密切相关,而课程面对的纺织专业学生知识体系偏重于纤维物理加工成型,为使学生既具有纺织工程方面的知识和能力、又在本专业的某一方面具有专长的复合型人才,"纺织应用化学"课程因此而设。课程目的是对纺织过程中所应用的化学原理进行学习,对纺织过程中所应用的化学助剂和工艺技术处理进行专门的阐述,通过学习具备纺织过程中化学处理的基本知识和应用能力,课程的设置培养了一大批化学知识应用于纺织的复合人才。随着纺织清洁环保生产[5]、碳中和[6]理念的深入,相关工艺变革技术涉及大量化学处理技术变革,需要新技术人才,课程在新形势下作了教学内容变革,基于工艺传统技术应用化学的基础上,着重于技术问题解决关键点、创新思维培育方面教学,在技术创新思维体系、技术创新点、技术集成创新上进行教学实践,使学生了解技术前沿问题,参与问题探讨,具有动手解决问题的能力。

为了让学生获得全面而系统的纺织应用化学概念,我们首先对纺织产业链主流程应用化学理论技术的环节做系统描述(图1),提出每个环节的技术热点问题。例如,作为纺织原料纤维,有天然来源和化学合成来源,天然来源的纤维似乎与化学加工关系不大,但是实际上,棉、麻、丝、毛四大传统天然纤维,由于生长过程中都有伴生杂质,要在纺纱前或者印染前就要去除,否则无法加工或者品质不高。这些除杂过程就形成了棉煮练、麻脱胶、丝精炼、洗毛炭化的化学应用技术传统工艺。随着新型天然纤维的开发利用,新开发的竹纤维[7]、木棉纤维[8]品种或者其他待开发天然纤维,针对新纤维性质和伴生杂质应用化学技术传统工艺还是变革工艺,其中的技术方法需要创新思维引导。另外,面对清洁生产,棉、麻、丝、毛去伴生杂质的化学应用技术传统工艺应用大量药剂、产生大量废水不符合新要求[9-10],传统去杂技术工艺变革仍然是目前研究热点。通过两方面的探讨,纤维方面的创新应用和技术方面的创新变革都有了思维概念。

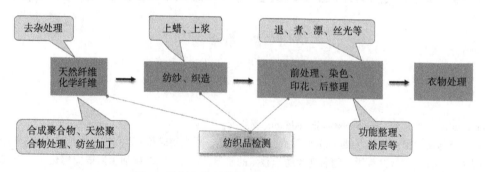

图1　纺织主流程化学理论应用技术示意图

从天然纤维到纺织制成品处理,对每个环节的应用化学知识描述,学生有了整体认识。在此基础上,再通过产业链上前后环节联动关系描述,使学生具有技术变革不孤立、具体整体性思维。例如,梭织物经纱上浆,为了织造顺利进行而使用,但是印染前需要退除,产生退浆废水。从化学应用纺织变革角度,通过使用原淀粉浆料、可降解聚合物,通过纱线结构改进不上浆,或者使用功能聚合物不退浆,各方面因素综合改进达到清洁生产、低碳排放的目的。

2.2 前沿技术比较教学法奠定"纺织应用化学"课程创新思维深度

纺织整个流程与化学知识密切相关,那我们怎么在有限的课时数情况下开展教学工作,嵌入技术创新思维呢?在教学过程中,通过以点带面,抓住典型工艺案例进行教学。

例如,涤纶的纺织染整加工,其中包含化学原理、技术工艺、工艺发展的创新过程,既是涤纶基本化学原理技术应用,又是在基本技术上创新发展典范,其超细纤维化、异型化应用前沿技术都是在基本技术上发展而来(图2)。

在教学时,把涤纶的分子结构和性能、工艺效果之间的关系连接起来,从基本化学方法处理常规涤纶织物开始,提升目前涤纶处理加工新技术。首先,讨论涤纶是聚对苯二甲酸乙二醇酯分子集合体,因其分子弱极性、规整、发生显著碱性水解反应,因此涤纶的染色可运用分散染料热熔染色,发展至今,可以用超临界流体染色[11-13],不产生废水。因其分子发生碱性水解反应而纤维结构疏水密堆,能够进行减量仿丝绸加工[14-15],但是产生废水问题对清洁生产不利,这方面新技术在研发中还没有达到工业化应用程度。再因其分子热塑性,涤纶制品热定形时,热定形效果与涤纶超分子结构、玻璃化温度关系。涤纶超细化、异型化产生新用途纺织制品,

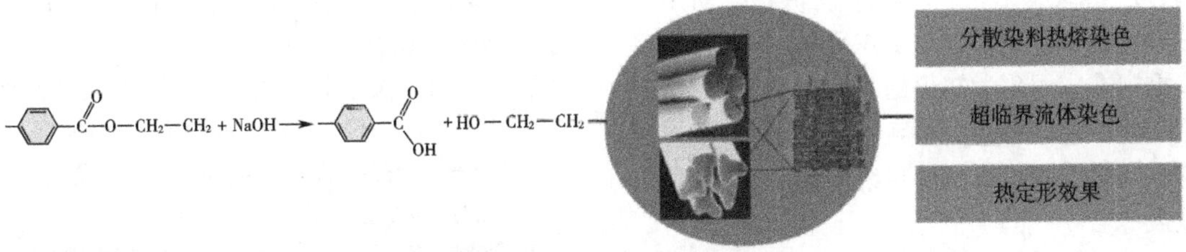

图2 涤纶制品加工技术进展

但是染色时,相同涤纶的化学结构特性却因表面体积比不同产生新表面现象,把超细涤纶结构和染色问题与常规涤纶的结构和染色进行对比,使学生感悟事物是在发展的,但发展不是完全无规律的,基本的原理不变,再针对新问题找新解决方法。

为了让学生觉得新技术发展不一定需要大而全,细微处技术变革也一样有益,提升创新兴趣,在教学时,注意和学生的日常生活联系起来,使得前沿新技术既高大上又触手可及。例如,学习表面活性剂部分时,纺织纤维油剂、印染助剂各种表面活性剂的作用,而它们在我们平常用的洗衣粉、肥皂、洗洁精、洗发成分中都是主功能剂,比较其原理和功能;并且提出由于其在纺织工业和日常生活大量使用,带来了生物环境问题,怎么解决面临的问题,参考前沿技术热点方法,通过配制绿色可降解洗涤小配方,体验创新点滴小行动。

2.3 应用新技术案例融入实验培养创新技能

化学在纺织上的应用学习,工艺原理为根本,是技术创新的源泉。但是化学是实验性科学,应用于纺织上更是如此,需要实验技能的培养。我们选择纺织产业链中典型性和操作性强的实验,应用于实验教学,例如聚合物凝固浴纺丝、织物洗涤液配制等。通过实验详细、具体的操作步骤,学生练习了配制溶液、因地制宜或者使用设备进行工艺处理的能力,掌握了基本操作技能。

纺织清洁生产重要性与日俱增,一些传统的污染性较重的工艺应用急需变革,我们的课程主动关注引用环

保性好的新试剂、新技术,并且设计改革工艺流程形成新型实验体系。比较典型的一个实验案例是印花面料制作的实验流程,按照传统的工艺流程,从坯布开始前处理的退浆、煮练、漂白、印花调色浆、皂洗,后整理柔软处理等,应用化学试剂多、产生污水多、工艺流程长。现在新试剂技术采用能够使污水量降低、工艺流程省略缩短,将其引入实验,我们设计了一个坯布→喷墨印花→柔软整理的综合实验。

该实验目的是通过净洗剂配制、应用处理棉织物、对织物进行颜料色素图案黏合处理和固着加工,使学生了解纺织应用化学的方法,化学助剂对纺织品清洁生产加工效果的影响。实验所含化学原理是原棉织物纤维含有浆料及天然杂质,可以通过净洗煮练予以去除,以提高棉织物的吸湿性与染整性能;对织物进行简单印花预液处理,使织物纤维表面张力及荷电性改变,能够含住颜色颗粒液体,边缘清晰,色素、黏合剂与助剂发生亲核取代反应,形成三维立体结构,不溶不熔,花纹牢固,加柔软剂后手感更舒适(图3)。通过用双氧水、烷基糖苷等生态性好的试剂组成前处理短流程配方处理织物,然后织物作预液烘干处理,在计算机软件中选择打印图案,通过四色颜料涂料墨水打印,烘焙得到数字印花织物,喷织物柔软剂干燥后即可。整个工艺流程仅退煮漂前处理有少量污水,其他过程全部清洁环保。对比传统试剂工艺实验,优点显而易见。

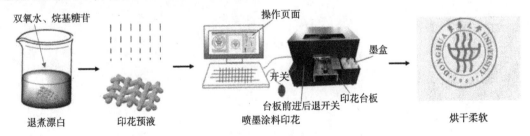

图3 纺织应用化学综合实验图

实验内容覆盖了从坯布到服装面料的整个工艺流程,涵盖了当前清洁生产、智能生产的新技术,体现了把化学应用于纺织课程内容紧密地融合于时代前沿技术。

3 结语

纺织工程长期以来为国家培养输送纺织高级专业

技术人才,通过"纺织应用化学"学习,认识到除纺织专业外相关的理论知识应用是当前纺织科技、生产技术发展的源泉。重视在应用化学知识的同时,具有将前沿研究成果应用于新工艺的思维。联系生产实际,创新实验方法。完善课堂教学知识体系的系统性和完整性,适应现代纺织发展。

参考文献

[1] 陶红. 我们的征途是星辰宇宙! 纺织科技助力神舟十三号乘组凯旋[J]. 纺织服装周刊, 2022, 1071(15): 8-9.

[2] 赵颖. 航空航天用纺织材料全球关注[J]. 纺织科学研究, 2021, 201(9): 24-25.

[3] 李峰,李仲暄,蔡敬刚,等. 航空航天系列降落伞材料防灼锦丝绸[Z]. 2019.

[4] 俞文凯. 市政道路施工中软基加固技术的运用与实施要点研究[J]. 建材与装饰, 2016, 453(49): 222-223.

[5] 蔡彬,王宇龙,檀笑,等. 推行清洁生产营造良好生态环境:以纺织服装行业清洁生产指标体系研究为视角[J]. 环境生态学, 2019, 1(1): 43-52.

[6] 王利. 落实双碳,行业在行动系列报道·纤维篇　减少"碳足迹",从纺织源头做起! [J]. 纺织服装周刊, 2022, 1070(14): 10-11.

[7] 张秋玉. 关于新型纺织纤维及其纺织品的性能探讨[J]. 纺织报告, 2021, 40(10): 78-79.

[8] 张丹. 可持续纺织的创新:木棉纤维[J]. 中国纤检, 2021, 545(2): 112.

[9] 黄鹏. 物化—生化—深度处理工艺处理苎麻脱胶废水[J]. 四川环境, 2009, 28(2): 39-41.

[10] 郭欣芸,孙晓明,徐红. 助剂 DW 在苎麻脱胶中的应用[J]. 上海纺织科技, 2016, 44(6): 18-20.

[11] 郑环达,郑来久. 超临界流体染整技术研究进展[J]. 纺织学报, 2015, 36(9): 141-148.

[12] 开吴珍. "超临界流体染色"技术进展及其原理[J]. 纺织信息周刊, 2005(15): 15.

[13] 徐锡环. 无水上浆、退浆和染色:超临界流体在纺织工业中的应用[J]. 江苏丝绸, 2008, 195(5): 47-48.

[14] 张环,吴坚. 涤纶仿丝绸整理技术分析[J]. 大连轻工业学院学报, 2007, 94(4): 381-384.

[15] 任春华,黄小群. 涤纶仿丝绸连续碱减量工艺探讨[J]. 印染, 1998(1): 21-24.

Methods and practice of professional apparel anufacture management under the background of engineering education accreditation

CUI Linlin[1,*], ZHANG Jihong[1], SHAN Yufu[2], CHEN Dongsheng[1], CHEN juan[1]

1 *School of Fashion Engineering, Jiangxi Institute of Fashion Technology, Nanchang, China*

2 *School of Textile Science and Engineering, Tiangong University, Tianjin, China*

Email address

xiatiandeshulin@ 126. com （CUI Linlin）, 239628292@ qq. com（ZHANG Jihong）, 1098221611@ qq. com（SHAN Yufu）

Abstract：Under the background of engineering education accreditation, this paper takes the clothing production management course, a compulsory course for clothing design and engineering, as the research object, and aims to improve the teaching quality according to the graduation requirements of engineering education certification for clothing design and engineering and the knowledge objectives of clothing production management courses. , made a comprehensive reform attempt from the teaching form, teaching content and assessment form. It is hoped that through the continuous improvement of curriculum teaching, a student-centered curriculum model will be established, which will fully mobilize students' subjective initiative in learning and improve their ability to comprehensively apply clothing production management theory to solve practical and complex engineering problems.

Keywords：engineering education; engineering accreditation; teaching reform; apparel anufacture management

工程教育认证背景下的"服装生产管理"课程设计改革探讨

崔琳琳[1,*],张继红[1],单毓馥[2],陈东生[1],陈娟[1]

1 服装工程学院,江西服装学院,南昌,中国

2 纺织科学与工程学院,天津工业大学,天津,中国

邮 箱

xiatiandeshulin@ 126. com(崔琳琳) ,239628292@ qq. com(张继红) ,1098221611@ qq. com(单毓馥)

摘 要:在工程教育认证背景下,本文以服装设计与工程专业必修课"服装生产管理"为研究对象,依据服装设计与工程专业工程教育认证毕业要求与"服装生产管理"课程目标,以提高教学质量为目的,从教学结构、教学内容和教学方法进行了改革尝试。希望通过课程教学的持续改进,建立以学生为中心的课程模式,充分调动学生的学习主观能动性,提高学生综合应用服装生产管理理论解决实际复杂工程问题的能力和服装生产工程项目管理能力。

关键词:工程教育;工程认证;教学改革;服装生产管理

工程教育是培养高素质工程人才的重要途径,是实现国家支撑产业转型升级的重要保障。工程教育专业认证是实现工程教育国际化的重要基础,标志着中国工程教育人才培养标准与国际接轨,符合工程技术人才国际化发展的大趋势。工程教育专业认证的核心是实施以成果为导向的教育(outcome-based education,OBE),

重视"产出",形成完整的"需求—培养目标—毕业要求—课程体系"支撑链。

"服装生产管理"是一门服装设计与工程专业教育必修课程。其目前在教学模式、内容和考核方式都存在着一定的不足,亟待具有创新的课程改革和实践方法。基于工程教育专业认证背景对"服装生产管理"课程进

行教育教学改革,支撑了面向产出的服装设计与工程专业的毕业要求的实现。

1 "服装生产管理"课程特色及教学目的

1.1 课程特色

"服装生产管理"课程重点讲解服装工业生产的基本知识,包括服装生产准备、裁剪、缝制、后整理全过程的生产组织;介绍服装现场管理的基本理论和基本技能,如生产计划控制、成本控制等管理科学。通过"服装生产管理"课程的学习,可以使学生掌握服装生产流程,熟悉服装生产计划制定、面料采购、样板试制等知识,培养学生的成本管理意识,使其具备运用工程管理和经济决策方法进行服装生产工程相关的裁剪方案设计、缝制流水线设计、装箱方案设计等方案设计能力,并使学生具有较强的实践能力、团队协作能力、创新能力和分析能力。采用讲授法、自主学习法、任务驱动法等教学方法和多媒体网络手段等,辅以线上课程平台,引导把课堂所学与就业相结合,要求学生制定好自己的人生规划,结合《中国制造2025》的背景,引导学生学生多关注服装生产的先进技术和前沿知识,养成自主学习、自主探索的习惯。

1.2 教学目的

本课程是服装设计与工程岗位方向课程必修课程,本课程坚持立德树人为根本任务,通过课程的教学,将学生培养成有一定成本管理意识和能力、具有管理理论基础和实际服装生产工程项目管理能力的服装专业型人才,为学生毕业后直接参与服装生产管理和品质管理做准备。具体课程目标及其与毕业要求的对应关系见表1。

表1　课程目标及其与毕业要求的对应关系

毕业要求	毕业要求指标点	课程目标	支撑强度
设计/开发解决方案	掌握服装结构设计、工艺设计、材料选择、生产管理等服装设计和产品开发全周期、全流程的设计/开发方法和技术,了解影响设计目标和技术方案的各种因素	掌握服装生产计划、物料采购、服装裁剪、服装缝制、服装后整理等服装生产全流程中每个生产环节的工艺设计方法和技术,了解服装专业领域的发展趋势、研究热点,了解影响服装生产计划方案、服装裁剪方案、服装流水线平衡方案、服装装箱方案等技术方案的各种因素	M
项目管理	掌握服装领域工程项目中涉及的成本控制、进度控制的基本方法与经济决策方法,了解服装领域内工程及产品全周期、全流程的成本构成,理解其中涉及的工程管理与经济决策问题	掌握服装工业生产全过程涉及的成本控制、进度控制的基本方法与经济决策方法,在服装生产过程组织中具有成本管理意识,了解服装生产全周期、全流程的成本构成及成本控制要点,理解其中涉及的工程管理与经济决策问题	H
	能在多学科环境下(包括模拟环境),在服装产品开发、生产加工等服装领域复杂工程问题解决方案的设计开发过程中,运用工程管理与经济决策方法	能在多学科环境下,结合给定的服装企业实际生产条件、具体订单技术要求,在服装产品开发、生产加工等服装领域复杂工程问题解决方案的设计开发过程中运用多订单协调、设备资源配备、人力资源配备、生产进度控制等工程管理与经济决策方法	H

1.3 改革前课程内容与课程目标的对应关系

学生从项目管理的角度运用工程管理和经济决策方法来思考和管理服装企业的生产工程项目是本课程最重要的目标,所以教学内容的改进也就尤为重要。改革前课程内容与课程目标的对应关系见表2。

表2　改革前课程内容与课程目标的对应关系

课程内容	支撑的课程目标	学时安排
第一章　服装产业分析	课程目标1	2
第二章　服装产前准备	课程目标1	4
第三章　服装生产过程管理	课程目标1	8
第四章　服装生产计划	课程目标2	4
第五章　服装成本管理	课程目标2	2
第六章　服装生产方案设计	课程目标3	12
学时合计		32

2 课程教学存在的问题

目前的"服装生产管理"课程教学结构比较重知识轻能力,无法适应工程教育认证面向产出教学的要求。

2.1 课程内容存在的问题

课程教学内容是以企业的生产管理内容来划分章节内容,以不同的生产管理环节作为不同的章节,这样的课程结构有优点也有缺点。优点是将企业的各生产环节相关部门的工作内容、工作要求、管理方法清晰地展现开来,但是缺点也很明显,各个章节相对独立,学生难以融会贯通,难以培养学生的成本管理意识,尤其是难以真正的培养学生工程项目管理的能力。

2.2 课程考核方式存在的问题

课程的考核方式主要由调研报告及汇报、BOM 表及报价表、大作业和期末试卷考试构成,其中各课程目标的考核方式中平时成绩与期末考试成绩比例关系均为 4∶6,不能很好地体现出不同的课程目标采用多样化的考核方式。

3 课程教学改革

3.1 课程结构及内容改革

为适应 OBE 为导向的教学模式,首先应该进行课程结构的调整,改变以不同的生产管理环节作为不同章节的课程结构,改革为以服装生产工程项目管理为主线展开各章节,如从产业现状分析、订单开发、生产运作管理、生产维护到生产过程综合设计的章节结构调整章节内容,根据调整后的课程内容经课程组研讨后,增加工程与社会的培养目标,调整课时安排,从 32 课时调整为 48 课时,从而更好地安排课程内容,支撑课程目标的达成,支撑毕业要求的达成,见表 3。

表 3 课程结构及内容设计

课程模块	模块内容	学时安排
模块一 服装产业分析	1.服装产业发展现状分析 2.服装产业现状及研究热点调研	6
模块二 服装订单开发	1.应对客户验厂 2.服装订单洽谈流程 3.成衣质量要求 4.订单验货方法	6
模块三 服装生产运行	1.服装生产计划的编制 2.服装订单物料采购 3.服装订单大货裁剪 4.服装缝制流程设计 5.服装大货熨烫及包装	18
模块四 服装生产维护	1.服装生产计划进度的管理与控制 2.服装生产成本的管理与控制	6
模块五 服装企业生产过程综合设计	1.订单开发 2.服装企业生产过程综合设计	12
学时合计		48

3.2 改革后课程目标与毕业要求的对应关系(表 4)

表 4 改革后课程目标与毕业要求的对应关系

毕业要求	毕业要求	课程目标	支撑强度
工程与社会	熟悉与服装产品开发、生产、运营等环节相关的技术标准、知识产权、产业政策和法律法规方面的知识,理解不同社会文化对服装工程活动的影响	能够熟悉与服装产品订单开发、生产等环节相关的产品技术标准、知识产权、产业政策和法律法规方面的知识,能够理解不同社会文化对服装生产工程活动的影响,并分析案例中存在的相关的问题及其影响	H

毕业要求	毕业要求	课程目标	支撑强度
工程与社会	能识别和评价服装产品、技术、工艺的开发和应用对社会、健康、安全、人文、法律、环境以及文化的潜在影响,并理解应承担的责任	在服装生产订单开发、生产加工过程中能识别和评价其对社会、健康、安全、人文、法律、环境以及文化的潜在影响,并理解作为相关生产管理人员及企业应承担的责任	H
项目管理	掌握服装领域工程项目中涉及的成本控制、进度控制的基本方法与经济决策方法,了解服装领域内工程及产品全周期、全流程的成本构成,理解其中涉及的工程管理与经济决策问题	掌握服装工业生产全过程涉及的成本控制、进度控制的基本方法与经济决策方法,在服装生产过程组织中具有成本管理意识,了解服装生产全周期、全流程的成本构成及成本控制要点,理解其中涉及的多订单协调、设备资源配备、人力资源配备、生产进度控制等工程管理与经济决策问题	H
	能在多学科环境下(包括模拟环境),在服装产品开发、生产加工等服装领域复杂工程问题解决方案的设计开发过程中,运用工程管理与经济决策方法	能在多学科环境下,结合给定的服装企业实际生产条件、具体订单技术要求,在服装产品开发、生产加工等服装领域复杂工程问题解决方案的设计开发过程中运用多订单协调、设备资源配备、人力资源配备、生产进度控制等工程管理与经济决策方法	H

3.3 改革后课程内容与课程目标的对应关系(表5)

表5　改革后课程内容与课程目标的对应关系

课程内容	支撑的课程目标	学时安排
模块一　服装产业分析	课程目标1	6
模块二　服装订单开发	课程目标2	6
模块三　服装生产运行	课程目标3	18
模块四　服装生产维护	课程目标3	6
模块五　服装企业生产过程综合设计	课程目标4	12
学时合计		48

3.4 教学方法改革

根据课程结构、教学内容调整教学方法,注重项目驱动法在教学中的运用,以项目引领方式,模拟实践体验式教学,促进课堂教学与未来职业需求相结合,促使学生对未来职业有所认识,使学生所学与就业接轨。采用产教融合的教学模式,激发学生学习兴趣,唤起学生求知欲,发挥学生的潜能和主观学习能动性,提升教学质量效益。同时结合线上课程教学,更好地掌握学生学习动态、学习情况。

3.5 考核方式改革

针对考核方式不够多样化的问题进行改进,比如毕业要求3设计/开发解决方案3.1指标点,需要学生掌握服装生产工程相关的工程管理方法和经济决策方法,了解相关的影响因素,可以通过课堂测验的形式考核学

生课程目标的达成情况;毕业要求11项目管理这个毕业要求为工程素养类毕业要求,应偏重采用间接评价法,达成情况的考核方式可以更多偏重平时成绩中服装生产工程综合方案设计考核的比例,减少期末试卷考试的比例等。同时可以结合线上测验、问题讨论等方式,更好地掌握学生的课程目标的达成情况。

4 总结

在工程教育认证背景下,以服装设计与工程专业必修课"服装生产管理"课程为研究对象,依据服装设计与工程专业工程教育认证毕业要求与服装生产管理课程目标,以提高教学质量为目的,从教学结构、教学内容和教学方法进行了改革尝试。希望通过以订单为导向的

课程结构及内容设置,采用项目驱动法教学,多样化的考核方式,建立以学生为中心的课程模式,充分调动学生学习主观能动性,提高学生综合应用服装生产管理理论解决实际复杂工程问题的能力和服装生产工程项目管理能力。

参考文献

[1] 郭兵,张海玲,张大富,等.工程教育专业认证背景下学生综合素质的多元化评价体系构建[J].产业与科技论坛,2022,21(9):54-55.

[2] 王立立,任刚,张娜,等.工程教育认证背景下的物理性污染控制工程课程设计改革探索[J].化工高等教育,2022,39(2):66-69.

[3] 陈晓敏,秦琳,徐淼淼,等.工程教育认证背景下的专业英语课程改革方法与实践:以通信工程专业英语为例[J].科技资讯,2022,20(8):132-134.

[4] 戴宏钦,潘妹雯,戴晓群.基于工程教育专业认证的"服装工效学"课程教学改革[J].纺织服装教育,2021,36(6):542-544,562.

[5] 杨勇,江京亮,孙瑞.面向工程教育专业认证的课程目标达成评价机制与方法[J].中国冶金教育,2021(6):12-17.

[6] 钱建固,彭慧敏.基于工程教育认证的《土力学》课程教学实践[J].水利与建筑工程学报,2021,19(6):193-197.

[7] 程晨,周祎,孟超.应用型本科高校背景下工程教育认证的可行性分析:以通信工程专业为例[J].科教导刊(上旬刊),2018(25):40-43.

[8] 黄文才,姚舜,李延芳,等.《制药工程导论》课程教学改革探索与实践[J].广东化工,2021,48(24):216-217.

[9] 周风.基于OBE理念的应用型本科高校创新创业教育评价体系的构建与分析[J].渭南师范学院学报,2022,37(7):37-45.

[10] 林青松,马黎明.基于OBE理念的现代教育技术课程教学改革与创新[J].南阳师范学院学报,2022,21(4):51-55.

[11] 陈铎,孙曙光,王曦."新工科"背景下基于OBE理念的环境工程专业人才培养探索[J].井冈山大学学报(自然科学版),2022,43(4):92-98.

[12] 张道华.基于"OBE理念+分层闯关"的应用型课程实践教学研究[J].廊坊师范学院学报(自然科学版),2022,22(2):118-122.

[13] 张坤,方威,李静姝.OBE理念下大学生"双创"能力提升路径探析[J].教育教学论坛,2022(26):177-180.

[14] 黄梦鸽.基于OBE理念的教育学专业课程规划研究[J].黑龙江科学,2022,13(11):147-149.

[15] 纪煦,付宏鸽,蔡毅,等.新工科背景基于OBE理念实践教学体系构建与实施[J].北华航天工业学院学报,2022,32(3):23-25.

Curriculum reform of "Production technology and equipment in apparel manufacturer" based on the ideological and political background

SHAN Yufu[1, *], GU Yi[2], SUN Huiyang[1], WANG Xiaobo[1], HE Yin[1], LIU Hongluan[1]

1 *School of Textile Science and Engineering, Tiangong University, Tianjin, China*

2 *School of Fashion, Wuhan Textile University, Wuhan, China*

Email address

shanyufu@ tiangong. edu. cn(SHAN Yufu), 1997031@ wtu. edu. cn(GU Yi), activator@ 163. com(SUN Huiyang), wangxiaobo@ tiangong. edu. cn (WANG Xiaobo), smileheyin@ yeah. net (HE Yin), liuhongluan@ 163. com (LIU Hongluan)

Abstract: "Production technology and equipment in apparel manufacturer" is a compulsory course for international students majoring in apparel design and engineering in Tiangong University, as well as a required course for foreign exchange students and short-term teachers of related majors in Tiangong University. As an integral part of the socialist higher education system with Chinese characteristics, it is of great significance and far-reaching to explore the implementation background, problems, challenges and implementation paths of the ideological and political curriculum for international students. This paper makes an in-depth analysis of the literature related to the ideological and political courses of foreign students in recent years. Based on the course of "Production technology and equipment in apparel manufacturer", this paper build a comprehensive ideological and political curriculum coverage system by benchmarking first-class courses, establishing ideological and political goals, exploring ideological and political contents, enriching teaching resources, innovating teaching models, improving evaluation systems. The ideological and political education of the course is internalized in mind and externalized in practice, so that the ideological and political education runs through the whole process of the course for international students. This paper provides an example for the realization of the same frequency resonance between the course teaching and ideological and political education.

Keywords: curriculum reform; literature review; Production technology and equipment in apparel manufacturer; ideological and political education; international students in China

基于思政背景下的"Production technology and equipment in apparel manufacturer"课程改革

单毓馥[1, *],古怡[2],孙慧扬[1],王小波[1],何鉴[1],刘红娈[1]

1 纺织科学与工程学院,天津工业大学,天津,中国

2 服装学院,武汉纺织大学,武汉,中国

邮　箱

shanyufu@ tiangong. edu. cn(单毓馥) , 1997031@ wtu. edu. cn(古怡) , activator@ 163. com(孙慧扬) , wangxiaobo@ tiangong. edu. cn (王小波) , smileheyin@ yeah. net(何鉴) , liuhongluan@ 163. com(刘红娈)

摘　要:"Production technology and equipment in apparel manufacturer"是天津工业大学服装设计与工程专业留学生的主干课程,也是天津工业大学来华交换生及相关专业短期进修教师的必修课。作为中国特色社会主义高等教育体系的组成部分,探究来华留学生课程思政的实施背景、问题挑战和实施路径等意义重大、影响深远。本文通过文献研究,对近年来留学生课程思政的相关文献进行了深入分析。并以"Production technology and equipment in apparel manufacturer"课程为基础,通过对标一流课程,确立思政

目标、挖掘思政内容、丰富教学资源、创新教学模式、完善评价体系等构建课程思政全覆盖体系,使课程思政内化于心、外化于行,为思政育人贯穿留学生课程全过程,为实现课程教学与思政教育同频共振提供了范例。

关键词:课程改革;文献研究;Production technology and equipment in apparel manufacturer;课程思政;留学生

1　引言

2016 年 12 月,习近平总书记在全国高校思政工作会议上发表了重要讲话,要求高等学校的各门课程都要"守好一段渠,种好责任田",与思想政治课程同向同行,形成协同效应[1]。2017 年 12 月,为认真学习贯彻党的十九大精神,进一步把贯彻落实全国高校思想政治工作会议和中共中央、国务院《关于加强和改进新形势下高校思想政治工作的意见》精神引向深入,大力提升高校思想政治工作质量,特制定《高校思想政治工作质量提升工程实施纲要》(以下简称《实施纲要》)。《实施纲要》提出构建课程育人质量提升体系,大力推动以"课程思政"为目标的课堂教学改革。坚持"立德树人",实施"课程思政"课堂教学改革,构建课程育人质量提升体系,培养德智体美劳全面发展的社会主义建设者和接班人[2]。

党的十八大以来,中国教育的国际影响力不断加强,教育对外开放取得显著进步,来华留学生规模不断扩大。2021 年留学生规模突破 44 万,中国已成为亚洲最大留学目的国,来华留学吸引力与国家经济实力和综合实力的匹配度进一步提升[3]。来华留学生是联系中国与生源地国家的重要纽带,他/她们是两国科技、文化、社会等多领域交流融合的催化剂;也是提升我国高等教育开放、教育质量、国家软实力和国际影响力的有效途径。将有助于提升我国高等教育在全球教育体系中竞争力和影响力。因此,通过对来华留学生思政教育,加深来华留学生对我国制度、国情、文化、科技全方位的正确认识,培养更多知华、友华、爱华的高层次国际人士,将有助于进一步提升中国的国际影响力和全球地位。

2　"Production technology and equipment in apparel manufacturer"课程背景分析

2.1　天津工业大学来华留学生概况

随着国际交流的加大及天津工业大学(简称我校)的发展壮大,越来越多的国外留学生来我校深造。截至 2019 年底,我校国际教育学院的留学生人数已经增至 2055 人,其中本科生 498 人,来自德国、加拿大、芬兰、波兰、韩国、俄罗斯、哈萨克斯坦、斯里兰卡、马来西亚、孟加拉国、印度尼西亚、蒙古、越南等 64 个国家。

2.2　课程概况

服装设计与工程专业作为我校的老牌优势专业和天津市优势专业及"双一流学科"纺织工程的二级学科,一直受到国外留学生的青睐。适应该需要,我校开展了一批全英文授课课程建设项目,"Production technology and equipment in apparel manufacturer"(服装生产工艺与设备)作为服装设计与工程专业留学生的核心主干课程,是其中重点资助项目之一。该课程以服装工业化生产过程为研究对象,系统地阐述服装工业化生产的过程、特点及所用设备。课程的特点是内容丰富,实践性强,很多教学内容涉及生产现场、生产实际,这些教学内容对于缺乏服装行业实践经验的外国留学生来说,无疑是一大难点。结合课程特点,实行线上线下结合教学,全英文课程线上平台如图 1 所示。课程平台内容包括课程介绍、教师团队、教学方法、教学条件、参考教材。同时上传了全部的教学课件、课堂教学视频、服装企业现场教学视频,方便学生随时浏览学习。通过线上线下混合教学模式,可以延伸教学时间和空间,提高教师教学效率,提升学生学习效果,教学模式的优化也有助于提升应对突如其来新冠肺炎疫情的能力[4]。

图 1　全英文课程线上平台

3 "Production technology and equipment in apparel manufacturer" 思政建设

3.1 留学生课程思政建设现状

3.1.1 年度趋势分析

在中国知网上,以"留学生"和"课程思政"为篇名、关键词及摘要进行搜索,共搜索到文章80篇,最早的文章发表于2019年2月25日,最晚的发表于2022年7月25日[5]。由此可见,该领域的重点研究集中在近四年,2019~2022年论文发布数量如图2所示。由图中可以看出,论文发表数量呈稳步上升趋势,截至统计时间点,2021年文章发表篇数为40篇,最多。2022年共发表了20篇文章,由于未到年末,增长趋势无法判断。

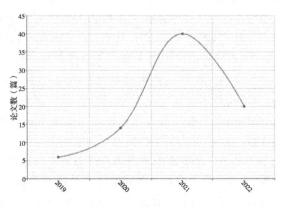

图2　论文发表年度趋势图

3.1.2 主要主题分布

系统通过分析篇名、关键词、摘要找出频繁出现的主题词或短语,据此可以分析主要研究主题。根据分析,可以得出"课程思政""留学生""来华留学生""思政教育"是出现非常频繁的词,然后是"教学改革""思政建设",再然后是"思想政治教育""思政教学""一带一路背景",还有"留学生课程""同向同行""医学院校"等其他出现频率不高的主题。主题的共现矩阵分析如图3所示[5]。

3.1.3 文献来源

通过对文献来源进行数据分析,数据集文献均可识别,共来自66个出版商,其中高教学刊、科教文汇(下旬刊)、中国中医药现代远程教育以3篇数量并列榜首,其他期刊文献数量均匀[5],这说明留学生思政已经引起了各个期刊的广泛关注。

3.1.4 学科分布

通过对文献学科分布可知,高等教育以65篇文献量高居榜首,医学教育与医学边缘学科以15篇文献量

位居第二,中国语言文字以11篇文献量处于第三位[5]。

通过对留学生课程思政主题文献的相关梳理,可以看出本课题已经成为近四年研究的热点,并且广受各个出版商的关注,从学科分布上来看目前还不均衡,随着来华工科留学生人数和质量的显著提高,在针对工科留学生的思政教育实践中仍有很多可深入研究的空间。

3.2 对留学生进行"Production technology and equipment in apparel manufacturer"课程思政建设的必要性

3.2.1 人才培养的需要

"Production technology and equipment in apparel manufacturer"课程是服装设计与工程专业的核心课程,性质属于工科类,但是由于专业特点,服装类的工科课程又包含少量艺术文化类内容。该课程主要面向"一带一路"沿线国家留学生。2018年教育部印发《来华留学生高等教育质量规范(试行)》,在人才培养目标中提出,来华留学生应当熟悉中国历史、地理、社会、经济等中国国情和文化基本知识,了解中国政治制度和外交政策,理解中国社会主流价值观和公共道德观念,形成良好的法治观念和道德意识[6]。

3.2.2 留学生思政课程体系建设的需要

从留学生课程思政建设现状的文献分析的学科分布中可以看出,工科类的思政建设少有涉及,大部分专业课老师都认为工科较少蕴含意识形态属性,认同科学技术是无国界的。然而任何一门科学技术的产生、发展和应用都与国家的倡导与需求息息相关,因此从这个角度来看,科学技术也是有国界的。由此可见,工科专业课程蕴含着丰富的思政元素,也有强烈的思政教育需求[7]。

3.2.3 向世界展示中国服装工业发展的需要

中国服装工业作为国民经济的支柱产业之一,在国民经济中处于重要地位。随着我国服装工业的快速发展,我们不仅仅是能为世界顶级服装品牌代工的服装大国,更可贵的是在新材料、智能服装、智能营销、智能研发、智能装备、智能制造及绿色可持续等领域的研发投入持续加大、创新技术持续涌现、创新效果日益凸显[8]。来华留学生是联系中国与生源地国家的重要纽带,留学生课程中融入思政具有更为重要的意义,他们是两国科技、文化、社会等多领域交流融合的催化剂,他们以亲历者身份传播中国服装工业的发展状况,话语更加令人信服[9]。

3.3 "Production technology and equipment in apparel manufacturer"课程思政体系构建

3.3.1 优化教学内容,确立思政目标

在贯彻教育部关于一流本科课程建设"把立德树人成效作为检验高校一切工作的根本标准,深入挖掘各类课程和教学方式中蕴含的思想政治教育元素,建设适应

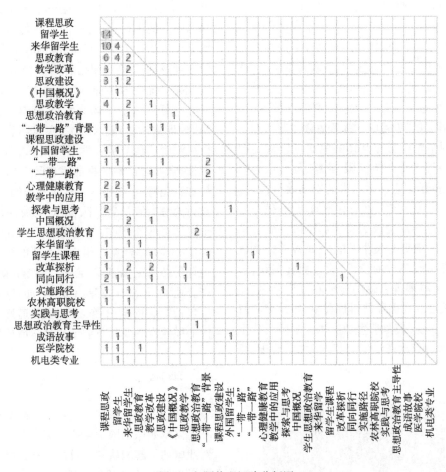

图3　主题共现矩阵分析图

新时代要求的一流本科课程"精神的基础上,结合我校留学生特点和课程特点,构建多层次有中国特色的课程体系。"Production technology and equipment in apparel manufacturer"留学生课程增加了代表中国传统技艺的内容,例如,在服装裁剪部分,增加了打线钉的定位方式;在服装缝制部分增加了我国传统服装旗袍的制作工艺,重点强调中国传统旗袍没有省缝,是通过归拔改变经纬纱线的走向,使布料形状符合人体曲线形态。现代旗袍吸收西方服装结构设计精髓,利用省道结构凸显女性形态美,是中西方结合的产物,旗袍的演变及工艺,也体现了中国文化的开放包容及中西方文化的完美融合。通过这些内容的调整加深留学生对中国传统服装技艺的认识和中国文化开放包容的大国气度。

我校留学生大多来自"一带一路"国家,在教学中可以借助本课程向留学生讲解古代的丝绸之路,宣传习总书记的"一带一路"思想和大国外交政策,弘扬中国优秀的传统制作技艺,这就使本门课不只是教授留学生专业知识的平台,也是天津工业大学对外宣传的名片。"自正衣冠明事理,朱砂开启读书智"。通过专业课程的讲授,向国内外学生传播我国的主流文化思想和价值取向,用社会主义核心价值观潜移默化地影响广大留学生,同时将我国在服装工业领域的发展、国际地位和最新研究融入课程体系,确立了"宣传大国形象,弘扬传统技艺、传播中国文化、加强沟通交流"的课程思政目标。

3.3.2　构建实施路线,夯实思政目标

主要通过挖掘思政内容、革新教学手段、延展融合过程构建课程思政的有效路径,确定思政素材与教学内容的契合点,设计融入方式,以达到情感认同与理论认知相促进,显性教育和隐形教育相统一。不论是课堂教学,还是实践教学环节都有机地融入思政元素,如盐在水,达到春风化雨、润物无声的育人效果[10]。

首先是教学内容上的融入,把课程涉及的思政内容与教学目标制定、知识点设定,教学环节设计有机结合,通过制作课程思政案例库、素材库,构建包含思政的完整的课程体系。例如,在第一章中,教学内容涉及中国服装工业的发展历史、现状及发展趋势,讲述中国由"服装大国"向"服装强国"发展的趋势日渐明显。在这里加入我校纺织科学与工程学院刘皓教授于2019年承担"科技冬奥"国家重点研发计划项目的教学案例,通过助力科技冬奥,为我国运动员在2022年北京冬奥会上为国争光,做出新一代服装人的贡献,完美诠释了中国服

装工业从"中国制造"向"中国智造"转型,塑造中国服装工业大国强国的形象。

其次是在教学方法上的革新,课程思政采用多元化的教学方法,通过现代化的多媒体、新技术教学手段,课程中运用案例式、互动式、讨论式的教学方法,引导学生能够主动参与、积极思考,打造有氛围、有温度的课堂。例如,以"传播中国文化"为目的的课程思政主题采用了本校本科生和外国留学生交流互动的模式,以"讲述中国故事"为主题,中国学生介绍汉服、旗袍、马面裙等中国传统服饰,然后展开讨论。通过讲述中国故事,一方面使留学生获得对中国传统文化最直观的印象,另一方面也架起了中外学生沟通交流的桥梁(图4)。最后是在过程上的融合。围绕实现全过程育人,延伸课程思政的教育环节。加强实践环节的设计,通过社会实践、志愿服务、实习实训拓展课程思政的途径和渠道,增强课程思政的整体实效性。在课程进行过程中,通过带领留学生走进服装生产企业,使留学生切实感受中国服装生产企业已经由传统的劳动密集型向机械化、自动化、智能化发展的过程(图5)。

图4 讲述中国故事(马面裙)

图5 服装厂参观

3.3.3 完善评价体系,检验育人效果

人才培养效果是课程思政建设评价的首要标准,要探索和创新以育人成效为导向的课程思政评价方法和评价体系,保证课程思政任务和效果的落实[10]。评价体系在教学过程中虽然处于最后一个环节,但在教学环节中是非常重要不可或缺的一环。我校留学生成绩的

考核体系一直缺乏统一的标准,有的教师采用期末试卷作为唯一的考核标准;有的教师则不组织期末考核,以留学生讲演作为考核标准;有的教师则采用出勤率与课堂表现及期末考核相结合的综合表现作为考核标准。因此建立统一的评价体系也是构建留学生课程思政体系必不可少的环节,本课程将思政融入"在线学习+专题研究+课堂讨论+期末考试+实践环节"的多模块考核评价机制中。线上平台学习考核留学生学习主动性和自觉性,学习时长要求留学生自己汇总,教师再与后台数据进行比对,考核留学生诚实守信的品德;专题汇报、课堂讨论考察留学生团队合作、交流沟通和表达能力,评价主体由教师、组内和组间三部分组成,形成教师评价学生、组内互评、组与组之间互评的多维度评价方式,使得评价结果更加客观、公平;实践环节主要包括服装生产企业实习及校内实验室教学,通过这些可以考察留学生包括专业技能、工作态度、职业道德、团队合作精神在内的职业素养及改革创新的科学精神与工匠精神。

4 结论

来华留学生课程思政是一项必要且重要的工作,但不能简单照搬中国学生的内容和方式,要从加强留学生对我国的了解和认同的目标出发,设计和实施适合外国留学生认知特点的思想政治教育[11]。本文以"Production technology and equipment in apparel manufacturer"课程为例,提出从优化教学内容、确立思政目标开始,到构建实施路线、夯实思政目标,最后完善评价体系、检验育人效果,贯穿教学全过程的课程思政体系。通过巧妙构建实施路线,灵活选择教学手段与载体把思想政治教育和专业教育高效融合,在潜移默化中提高留学生思想认知,加深来华留学生对我国制度、国情、文化、科技的全方位正确的认识,更好地展现出我国服装工业的发展成果,将中国服装工业的发展模式与发展经验传递给全世界,让中国技艺、中国文化、中国科技造福全人类。讲好中国故事,传播好中国声音,促进形成"共商、共建、共享、共赢"的全球治理体系。同时提升我国高等教育开放、教育质量、国家软实力和国际影响力,也将有助于提升我国高等教育在全球教育体系中竞争力和影响力。

致谢

本文为2021年"纺织之光"中国纺织工业联合会高等教育教学改革研究立项项目《基于后疫情和思政背景下的"Production technology and equipment in apparel manufacturer"课程改革》(2021BKJGLX732)的阶段性成果之一。

参考文献

[1]　习近平.全国高校思想政治工作会议[EB/OL].ht-tp://www. moe. gov. cn/jybxwfb/s6052/moe ＿ 838/201612/t20161208_291306.html.

[2]　https://baike. so. com/doc/27074626-28458416. html.

[3]　教育部.2018年来华留学统计[EB/OL].[2019-04-12].http://www. moe. edu. cn.

[4]　单毓馥,何鋆,孙慧扬.网络视域下的"服装生产工艺与设备"课程建设[J].纺织服装教育,2021,36(6):538-541.

[5]　https://kns. cnki. net/kns8/defaultresult/index.

[6]　陈宝生.落实落实再落实:在2019年全国教育工作会议上的讲话[J].中国教育报,2019(3):4-12.

[7]　贾启君.新工科课程思政建设的实践逻辑[J].中国大学教学,2021(5):50-53.

[8]　郭琪,王秀芝."服装生产管理"课程思政融合教育探索[J].纺织服装教育,2021,36(4):329-334.

[9]　张甲.新时期来华留学生课程思政建设初探[J].高教学刊,2022(4):14-17.

[10]　王建坤,张淑洁,李凤艳,等.思政引领一流纺织课程建设与教学改革的探索[J].纺织服装教育,2022,37(1):48-51.

[11]　沈庶英.来华留学课程思政:基于学科交叉的统整建构[J].教育研究,2021,42(6):92-99.

Practical points and implementation strategies of vocational undergraduate education ——A case study based on major of Textile Technology of North Carolina State University

DING Yongjiu

Office of Academic Affairs, Jiangsu College of Engineering and Technology, Nantong, China

Email address

taoyuan@ jcet. edu. cn（DING Yongjiu）

Abstract：Wilson College of Textiles at North Carolina State University offers a four-year bachelor's degree in textiles. Based on the analysis of talent training target and specifications, curriculum system, teaching mode and students' practical activities of the major of Textile Technology（Supply Chain Operations Concentration）, it is proposed that practical points and relevant implementation strategies should be adopted in the process of running a major in Chinese vocational undergraduate education. These include consolidating technical theoretical basis, strengthening general education, developing Internet + educational information technology, and enriching students' practical experience.

Keywords：vocational undergraduate education；textile major；practical points

职业本科教育的实践要点与实施策略 ——基于北卡罗来纳大学威尔逊纺织学院纺织 技术专业的个案分析

丁永久

教务处,江苏工程职业技术学院,南通,中国

邮 箱

taoyuan@ jcet. edu. cn(丁永久)

摘 要：美国北卡罗来纳大学威尔逊纺织学院提供纺织专业四年制学士学位教育。基于对该学院纺织技术专业(供应链运营方向)人才培养目标规格、课程体系、教学方式和学生实践活动的分析,提出在我国职业本科专业办学过程中应把握夯实技术理论基础、强化通识教育、发展"互联网+"教育信息技术和丰富学生实践阅历等实践要点和相关实施策略。

关键词：职业本科教育;纺织专业;实践要点

1 引言

美国北卡罗来纳大学纺织工程全美排名第一,为世界一流纺织类院校[1]。北卡罗来纳大学与一部分社区学院合作提出了"双入学"计划,进入社区学院学习即被视为北卡罗来纳大学入学。学生取得副学士学位后成功转学,考核合格即可获得学士学位。

北卡罗来纳大学社区学院四年制教学等办学行为与我国职业本科教育具有相似性,从而成为我国职业本科专业办学的"他山之石"。本文从专业视角切入,对美国北卡罗来纳大学威尔逊纺织学院纺织技术专业进行个案分析,以此为国内职业本科专业办学应该聚焦的实践要点、实施策略等问题提供对策与参考。

2　威尔逊纺织学院纺织技术专业介绍

北卡罗来纳大学纺织专业主要设在威尔逊纺织学院。威尔逊纺织学院有 11 个专业(方向)。纺织品技术专业的专业简介中写道:专业为学生进入新的国际化纺织品设计、产品开发和生产的职业生涯做好准备,专业学习涉及太空、医药、建筑、交通、制衣和体育用品等多个领域。专业将纺织纤维基础知识、纤维处理科技和产品设计开发交织在一起,使学生理解从材料选择到材料应用到技术应用的产品设计和开发过程。专业分为三个方向:医用纺织品、技术纺织品和纺织供应链运营[2]。其中,纺织技术专业(供应链运营方向)与国内现代纺织技术专业最为接近。

2.1　人才培养目标和规格

纺织技术专业(供应链运营方向)培养的是高端纺织生产、物流技术和管理人才。其人才培养目标是熟知从原材料转化到多样化成品生产过程和物流过程的采购员/策划人、库存经理、战略采购经理、物流经理、产品经理、供应商质量项目经理、全球采购总监。人才培养规格分为三个方面:

(1)毕业生将能够将基础科学、高分子和纤维科学、纺织技术和管理科学的原理和概念应用于分析和解决现实世界的问题,以及开发创新的纺织、纤维和高分子产品;

(2)毕业生将通过获取证书、高级学位和专业执照在个人和职业生活中寻求教育和发展机会并致力于成为终身学习者;

(3)毕业生将通过所学科学、专业、道德和社会知识、技能和态度,在公共、私有和学术领域展示出有生产力的技术技能、创业行为、研究主动性和领导潜力从而在复杂的现代世界中取得成功[3]。

2.2　课程体系

纺织技术专业(供应链运营方向)的课程既注重理论基础的广博,又注重技术应用的专精。课程共计 120 学时,分为五大部分内容。第一部分是学习向导课程,包括在威尔逊纺织学院取得成功的策略、学术写作研究,共 5 学时。第二部分是数学和自然科学部分,包括数学、科技、化学、通用化学实验室、物理,共计 22 学时。第三部分是专业课程,包括经济学基础、纺织工业、生物纺织产品开发、纺织湿处理技术、高分子科学工程简介、纤维科学简介、纺织技术简介、纱线生产和性能、纺织材料性能测试、针织品技术、纺织产品和过程、纺织服装系统管理和控制、纺织技术高级设计、纺织厂产品管理和控制、技术用纺织品设计与生产,共 56 学分。第四部分是供应链运营方向课程,包括纺织品运营管理决策、纺

织工业供应链管理、财务报告基本概念、财务管理,还有 6 学分的供应链运营选修课,共计 18 学分。第五部分是通识教育课程,共计 19 学分,包括人文选修课、社会科学选修课、健身健康课、健身选修课、额外拓展课程(从人文课程到社会科学课程到视觉行为艺术课程任选 3 学分)、跨学科视野课程。此外还有三门没有学分的、学习美国多元化通识课程、全球知识通识课程、外语流利程度的共修课程要求。通识教育的使命是为学生提供体验多样化和综合学科观点的机会,提高学生在专业中的智力参与,为他们应对职业生涯不断变化的需求做好准备,并为他们提供终生学习的机会,为他们作为负责任的公民和领导者参与社区活动奠定基础[4]。

2.3　教学方式

教学是社区学院工作的传统重心。教学方法以学生为中心,采用讲座、小组讨论、一对一辅导等多种形式。专业注重实践教学,建设了功能设施齐全的实验室等实训场地。适应“互联网+”教育发展,专业通过北卡线上和远程教育机构提供了纤维科学简介、纺织品湿处理技术等 68 门线上课程供学生学习,通过结构化的学习项目使学生增长对纺织品的知识。这些线上核心课程对于传统纺织业之外的人或产业来说具有强大的吸引力。专业支持线上、混合式学习方式以及对于现代教育信息技术的应用,使用 Moodle 或 Mediasite 等工具把教室和实验室搬到了线上,促进了教学过程中的沟通[5]。

2.4　学生实践活动

专业学生在教室内外的实践活动多种多样。学生可以选择参与多达 300 个以上的学生社团或组织进行“教室外的学习”,尤其是与纺织业相关的组织为学生锻炼领导技能、进行职业接触提供了良机。例如,非裔美国人纺织协会为在威尔逊学院及以外注册入学的学生提供了一个社会职业发展网络,提升学生学习体验以及职业生涯机遇。又如美国纺织化学家和染色师协会为学生提供有关测试开发质量控制材料和职业网络的教育和资源,以及赢得竞赛和奖学金的机会。学生组织会提前在网上公布,如活动主题、时间地点、联系方式等信息[6]。北卡罗来纳大学的出国留学、实习、服务学习和本科生研究等全球参与项目对专业学生开放,让他们在接受真正的国际教育的同时发展全球视野并获得跨文化技能。参与这些机会可以让学生成为全球化、多元文化社区的成员,让学生了解其他文化并结识来自世界各地的有趣人士,扩展了传统学校教育,让学生为日益全球化的工作场所做好准备[7]。

3　借鉴和启示

目前国内没有纺织职业本科专业。专科现代纺织

技术专业的人才培养目标定位在国内纺织生产、贸易企业的一线,强调道德品质的培育,毕业生初期就业以纺织品开发助理、生产调度助理、原料与产品检验、工艺设计助理、品质管理助理、纺织品跟单等等辅助职位为主,毕业 3~5 年后方能胜任纺织品开发、纺织生产管理、生产工艺设计与管理、产品品质管理、纺织品贸易等中级管理工作。中美两个专业在人才培养目标以及课程体系、教学活动的差异究其根本反映了专科层次和本科层次职业技术人才的规格不同,文化方面的差异倒在其次。借鉴美国社区学院四年制学士学位专业办学经验,在我国职业本科专业办学过程中应把握实践要点和实施策略。

3.1　夯实技术理论基础

技术形态的演变导致了技术知识结构内容的不断演变。中职阶段培养的是学生技术实践知识,专科阶段培养的是学生技术实践知识和技术理论知识,职业本科阶段培养的是学生技术实践知识、技术理论知识和学科理论知识[8]。技术理论知识和学科理论知识的学习是职业本科区别于专科层次和普通本科教学的关键所在。学生应该掌握一定的数学和自然科学知识以及必要的专业学科知识等,以深入了解和更加胜任即将从事的岗位工作。从而,在纺织职业本科人才培养目标上,要确立将基础科学、高分子和纤维科学、纺织技术和管理科学的原理和概念应用于培养学生分析和解决现实世界问题的观念,使学生有能力开发创新的纺织、纤维和高分子产品;在课程体系建设上,把纺织科学、纺织技术的基本原理、概念和应用包含在课程体系内,筑牢学生的技术理论基础。

3.2　强化通识教育

职业需要的活动大量是人本身道德的、情感的、文化的和人际交往的非专业性活动,而使人高质量进行非专业性活动是通识教育的任务[9]。通识教育对学生的价值体现在推动学生逻辑和创造性思维的发展,促进了学生对人类历史文化和科学知识的理解、对世界多元化和多样性的接纳、对艺术美和身心健康的关注等方面,是学生专业学习和职业发展的基础,也是学生融入社会和终身发展的基础。职业教育本科专业应坚持工作过程系统化课程开发的实践路线,同时把通识教育融入学生社会能力和方法能力的培养中。在立德树人根本任务的统领下,职业本科教育应贯彻落实德智体美劳五育并举的要求,把德育、体育、美育、劳育予以系统化的设计,构建具有中国特色的五育并举的通识教育体系。在具体实施中,把纺织强国、衣美天下等中国传统文化课程、学校或地区特色课程、语言学习课程纳入纺织类职业本科的通识教育体系,加强体验教学等实践环节。

3.3　发展"互联网+"教育信息技术

"互联网+"职业教育通过在线化和数字化促进职业教育与产业之间的跨界融合,可以实现柔性化人才培养和教育服务[10]。由于新冠肺炎疫情的负面影响,同时也出于提高复杂实践项目教学效率的考虑,职业教育本科应加强远程、定制、仿真课程资源的开发和应用。对应于社区学院的 Moodle、Mediasite 等应用工具,加大在线开放课程的开发力度,建设校本 SPOC 课程,在中国大学慕课等平台上线 MOOC 课程,建设 PPT、视频、动画、虚拟仿真技术等富媒体课程资源,并借助于课程管理平台实行对学生考勤、课堂内活动、作业、测试等全过程教学辅助和质量控制。对于纺织职教本科而言,要升级现代纺织技术等专业教学资源库,建设纺纱、针织等虚拟仿真项目,优化线上纺织博物馆等资源,把"建得好"提升到"用得好",把职业教育的线上教学再往前推进一步。

3.4　丰富学生实践阅历

实践教学是职业教育的核心教学方式。《本科层次职业教育专业设置管理办法(试行)》提出,本科层次职业教育专业实践教学课时占总课时的比例不低于50%[11]。除了课堂实践教学,还应有更多的课堂外的实践项目供学生选择。参考社区学院四年制专业的实践活动,职业教育本科应成立与行业、产业密切联系的学生组织,开展学生出国游学计划。当前职业院校的社团活动形式基本上是教师指导、学生照做,局限在院校内部科教或文艺活动。职业本科教育应把行业组织、企业组织在学校的一些活动面向学生,让学生参与进来。在当前国际形势紧张的前提下,利用"一带一路"建设契机,把学生更多的送往"一带一路"沿线发展中国家。就纺织职业教育本科专业而言,应考虑让学生参与纺织服装职业教育教学指导委员会和专业指导委员会等组织的一些活动,了解行业发展概况和未来趋势,与行业专家进行面对面交流,提高批判思维能力和创新应用能力;对应纺织业国际分工发展,开展出国游学项目,把学生派出到东南亚等棉纺织生产基地,拓展学生的国际视野,提升国际交流合作能力和领导能力。

4　结语

纺织业是传统民生产业,在国民经济体系中占据重要支柱位置。随着纺织产业走向绿色、高端、科技以及生源结构的变化,纺织职业教育也产生了提升办学层次、培养工程技术人才的需要。美国北卡罗来纳大学威尔逊社区学院纺织技术专业办学为国内职业教育在夯实学生技术理论基础、强化通识教育、发展"互联网+"教育信息技术、丰富学生实践阅历等方面发力提供了参考。纺织职业院校应抢占先机,发扬纺织产业在国家工业化的领头作用,率先探索职业本科教育人才培养路径,为纺织产业焕发新的活力做出贡献。

致谢

本文为"纺织之光"中国纺织工业联合会职业教育教学改革研究项目《纺织职业教育本科层次办学的研究与实践》(项目批准号:2020ZJGLX032)的阶段性成果之一。

参考文献

[1]　东华大学新闻中心. 美国北卡罗来纳州立大学一行到访我校[EB/OL]. [2022-05-09]. https://news. dhu. edu. cn/_s14/2019/1017/c523a219121/pagem. psp.

[2]　NC STATE UNIVERSITY. Undergraduate Admissions [EB/OL]. [2022-05-09]. https://admissions. ncsu. edu/apply/transfer/north-carolina/.

[3]　NC STATE UNIVERSITY. Textile Supply Chain Operations [EB/OL]. [2022-05-09]. https://textiles. ncsu. edu/tecs/undergraduate/textile-technology/textile-supply-chain-operations/.

[4]　NC State University. Registration & Records [EB/OL]. [2022-05-09]. https://webappprd. acs. ncsu. edu/php/coursecat/degree_requirements. php#requirement-courses-list.

[5]　NC State University. Textiles Creative and Technology Services [EB/OL]. [2022-05-09]. https://sites. textiles. ncsu. edu/tcts/teaching-with-technology/.

[6]　NC State University. Student Organizations [EB/OL]. [2022-05-09]. https://sites. textiles. ncsu. edu/student-resources/student-organizations.

[7]　NC State University. Global Engagement [EB/OL]. [2022-05-09]. https://textiles. ncsu. edu/about/international/.

[8]　王亚南. 本科层次职业教育发展的价值审视、学理逻辑及制度建构[J]. 中国职业技术教育,2020(22):59-66.

[9]　李曼丽. 再论面向21世纪高等本科教育观:通识教育与专业教育相结合[J]. 清华大学教育研究,2000(1):81-87.

[10]　南旭光."互联网+"职业教育:逻辑内涵、形成机制及发展路径[J]. 职教论坛,2016(1):5-11.

[11]　中华人民共和国教育部. 教育部办公厅关于印发《本科层次职业教育专业设置管理办法(试行)》的通知[EB/OL]. [2022-05-09]. http://www. moe. gov. cn/srcsite/A07/zcs_zhgg/202101/t20210129_511682. html.

Study on teaching model reform of textile inspection & trade practical courses under the background of industry-university-research collaboration

GAO Hanchao, XIA Zhaopeng*

School of Textile Science and Engineering, Tiangong University, Tianjin, China

Email address

gaohanchao@ tiangong. edu. cn（GAO Hanchao）,xia_zhaopeng@ 163. com（XIA Zhaopeng）

Abstract：Under the background of industry-university-research collaboration, the teaching models of textile inspection & trade major practical courses"Experiments for Textile Commodity Inspection"and"Textile Quality Testing and Practice"were reformed with the cooperation between Tiangong Univeristy and Intertek Corp. The teaching mode reform include the school-enterprise co-construction of course syllabus, establishing enterprise teaching case database, organizing students to practice in Intertek textile laboratory. The goal of teaching reform is to enhance creativity and ability of students to solve problems in the field of quality management of textile enterprises. The teaching model reform also cultivates talents with solid professional knowledge, rich practical experience and strong problems solving ability for the textile inspection industry.

Keywords：industry-university-research collaboration; textile inspection and trade; practical course; teaching model reform

产学研深度融合背景下纺织商检专业实践课程教学模式改革研究

高涵超,夏兆鹏*

纺织科学与工程学院,天津工业大学,天津,中国

邮 箱

gaohanchao@ tiangong. edu. cn（高涵超）,xia_zhaopeng@ 163. com（夏兆鹏）

摘 要:在产学研合作背景下,以天津工业大学纺织商检专业实践课"纺织商品检验学实验"和"纺织品质量评估与实践"为载体,进行校企共建课程方案设计及实践教学模式改革,充分发挥企业工程师团队的教学优势,将学校课堂与企业实践相融合,通过校企共建课程教学大纲,共建企业案例素材库,依托企业强大技术团队及实验室条件进行实习实践,着重提升学生的创新力和解决纺织企业质量管理领域复杂工程问题的能力,为纺织商检行业培养专业知识扎实、实践经验丰富、解决工程问题能力强、具备创新思维的应用型人才。

关键词:产学研合作;纺织商检专业;实践课程;教学模式改革

1 引言

在"新工科"建设背景下,产学研合作作为新工科建设的重要手段,为高校实践课程教学模式改革开拓了新思路,高校与企业合作共建实践课程是利用校企间不同教育资源培养适合行业需求的复合型人才为主要目的新型课程模式[1-3],通过将校企间的优势相结合,取长补短,将学生所学的学科专业知识与企业实践经验紧密联结,高校和企业各自发挥不同教育环境和科研资源优势,形成以培养创新型复合型人才、全面提升学生综合素质和就业竞争力的新型课程教育模式。

天津工业大学纺织科学与工程学科是国家级重点学科,国家"双一流"学科,在第四次全国学科评估中获

A+,"纺织商品检验学实验"和"纺织品质量评估与实践"是天津工业大学纺织商检专业的专业必修实践课,课程主要讲述纺织品检验检测相关国内外标准体系及重要法规,纺织品检验检测和认证市场的形成和发展,利用实验实践相结合的教学方式使学生全方面学习纺织品常见检验检测方法,并能够运用检验检测等质量控制工具及数据分析方法,对纺织品检验检测中工程管理及常见质量管理问题进行综合分析。该实践课程涵盖内容范围广,对纺织商检专业学生知识结构和专业技能培养具有重要作用。

本文以天津工业大学纺织商检专业实践课"纺织商品检验学实验"和"纺织品质量评估与实践"为载体,进行校企共建课程方案设计及实践教学模式改革,旨在为纺织类高校专业实践课程建设提供借鉴与指导。

2 校企共建课程的基本条件

2.1 校企合作具备成熟的实践基础

2020年,天津工业大学纺织科学与工程学院与天祥(天津)质量技术服务有限公司签订了合作协议。天祥(天津)质量技术服务有限公司是 Intertek(天祥)集团的子公司,Intertek 集团是世界领先的质量服务机构,集团开展有多行业业务,涉及但不限于纺织、电子电气、医疗设备及制药、化学品及石油、食品及农产品等行业,能够长期为集团客户提供产品测试、检验、认证、审核及体系的风险评估和管理,以及咨询、培训等服务,客户包括跨国公司、本地企业和政府机构等[4]。依托天祥(天津)公司强大的检测技术团队及实验室硬件条件,能够为天津工业大学纺织商检专业实践课程提供实践实验基地与平台。

天祥(天津)质量技术服务有限公司纺织品检测方向负责人与天津工业大学纺织商检专业课程教学团队教师进行了多次会议讨论和经验交流,建立了密切的交流合作关系,天津工业大学纺织商检专业实践教学团队与天祥(天津)专家团队精诚合作,共同合作开展纺织服装标准与检测专业方向本科生的教学工作,共同指导我校纺织检测专业方向的学生参加纺织质量实践课程,为校企共建实践课程方案设计及实践教学模式改革奠定了良好基础。

2.2 教师队伍具有丰富的一线实践经验

"纺织商品检验学实验"和"纺织品质量评估与实践"课程天津工业大学教学团队共有授课教师2人,主讲教师曾在山东省市场监督管理系统从事检验检测工作8年多,具有深厚的纺织品检验检测行业背景和丰富的纺织品检验检测实践经验,是中国合格评定国家认可委员会 CNAS 技术评审员,长期从事纺织相关检验检测

方法研究,教师队伍具有丰富的实践经验和深厚的教研基础。

天祥(天津)质量技术服务有限公司企业专家团队主要由企业资深专家、顾问和高级工程师组成,企业专家长期从事纺织品检测技术和检测设备的研究和开发,国际和国外标准的研究和应用等工作,具有丰富的纺织品检测技术管理经验,有力地推动了校企共建纺织商检专业实践课程方案设计及实践教学模式改革顺利进行。

3 校企共建课程设计方案

3.1 实践课程建设目标

基于产学研深度融合的校企合作纺织商检专业实践课程方案设计及实践教学模式改革,融合天津工业大学与天祥(天津)质量技术服务有限公司优势,通过校企合作共建课程教学大纲,共同进行教学内容模块设计、课程教材修订及教学方法改革,构建"专业知识—实践技能—自主创新"递进式课程,充分发挥企业专家团队优势,为纺织行业培养专业技能熟练、实践经验丰富、工程复杂问题综合分析解决能力强,具备创新思维的创新型、复合型、应用型纺织科技人才,为未来学生从事纺织品检验或者纺织企业的质量管理等相关工作打下筑牢的基础。

3.2 实践课程建设措施

3.2.1 校企共建课程教学大纲

教学大纲是指导教学的纲领性文件,其对教学目标要求、教学内容深度、学时安排、教材和参考书目等都做了详细要求,是开展教学工作、设计教学内容、编写教材的主要依据,对提升课程教学质量具指导意义。现有"纺织品质量评估与实践"教学大纲中,对纺织品物理及化学性能检测方法的讲授和实践学时较多,对实验室管理与质量控制的基本理论,以及纺织品检验、检测、认证过程的讲授和实践学时较少,然而现在纺织企业质量管理不仅要求从业人员掌握纺织品质量检测方法,还要求从业人员能够应用检验、检测、认证作为质量管理的工具,为企业等机构提出一系列的质量提升方案[5-6]。

针对上述问题,校企合作共同制订符合创新型人才培养要求的课程新的教学大纲,结合 Intertek 天祥集团在纺织品测试、检验、认证、审核、风险评估等方面的产业经验和优势,在课程实践中要求学生掌握检验检测方法同时,还要结合实验室管理与质量控制的基本理论与实践,使学生理解如何准确的通过检验、检测、认证等技术手段获得检验检测数据。

3.2.2 校企共建企业教学案例素材库

在课程教学与实践中采用案例教学模式,通过案例教学法将纺织品检验检测理论知识和工程实际相结合,

可提升学生面对复杂工程问题时分析解决能力[7-8]，培养学生的合作精神与创新思维，与纺织商检专业的实践应用性、复杂性特点及其对学生素质与能力的培养达标一致[9]。将 Intertek 天祥集团在生物降解性能测试、高性能纺织品测试、再生聚酯验证服务、绿叶标志生态认证等方面取得的最新成果以案例形式应用于实践教学中，同学们通过分组学习实践的方式对案例进行剖析与交流，最终由教师与同学们一起交流讨论得出结论。

　　例如，课程在讲授纺织品中化学物质限量要求及欧盟化学品 Reach 法规时，以"Intertek 天祥集团携手中国染料协会助推染料行业绿色发展"为教学案例，天祥集团与中国染料工业协会合作，将出口国的相应产品质标、化学品安全环保测试认证给染料协会的会员企业。Intertek 天祥集团以欧盟 Reach 法规及国际通行标准为依据执行，为染料协会下属企业提供纺织品生产过程中所使用的染料和助剂中是否含有禁用物质的评估认证，以及生态环保性测试。常规评估项包括禁用致敏染料、致癌染料、偶氮染料、有机氯苯和氯甲苯、重金属总量、甲醛等有害物质。从产业链的源头化学品的检测与控制开始，Intertek 严格按照各出口国标准检测，符合标准的化学品可以通过认证为产品树立权威的"绿色"形象，有效保障了中国染料和纺织品助剂行业健康稳定的发展，保障中国企业顺利打破各个出口国的"绿色"壁垒，提升产品在国际国内市场上的竞争力。在教学案例学习中充分借鉴 Intertek 天祥集团在纺织品测试、检验、认证、审核、风险评估和管理领域多年的实践经验，通过资料收集、案例撰写、教学设计等步骤开发企业教学案例[10]，使学生加深对纺织品检验检测、验货和认证过程的理解，学会应用检验、检测、认证作为质量管理的工具，为企业等机构提出一系列的质量提升方案。

3.2.3　校企共建课程"双导师"教学体系

　　成立由 Intertek 天祥集团企业资深专家、顾问和高级工程师组成的企业导师团，企业导师团参与课程建设目标及内容体系设计，在课程考核中，以"双导师"教学团队为基础，由企业导师出题，学生分组组建小组，针对题目展开深入研究，在全过程中，企业导师充分发挥自身优势，帮助学生提升职业素养和实践创新能力。针对课程中表现突出的同学，企业可协助其进一步开展本科毕业论文的研究，并提供岗位实习机会（图1）。

4　结论

　　在产学研深度融合背景下，以天津工业大学纺织商检专业实践课"纺织商品检验学实验"和"纺织品质量评估与实践"为载体，进行校企共建课程方案设计及实践教学模式改革，将高校专业教师团队、企业专家顾问

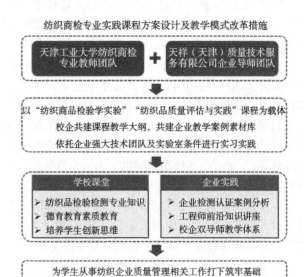

图1　纺织商检专业实践课程教学模式改革框架图

工程师团队的优势紧密结合，将学校课堂与企业实践互相配合，积极进行实践课程教学模式改革，通过校企共建课程教学大纲，共建企业案例素材库，依托企业强大技术团队及实验室条件进行实习实践，着重提升学生的实践能力和创新能力，为学生从事纺织企业质量管理相关工作打下筑牢基础，为纺织商务与检测行业培养真正的应用型复合型人才。

致谢

　　本文为中国纺织工业联合会高等教育教学改革项目《纺织质量实践产教协同教学中公民道德规范元素的发掘、融合与实践研究》（2021BKJGLX662）、天津工业大学校级教改项目《社会主义核心价值观与"纺织商品检验学实验"课程中的融合研究与教学实践》（2019-KCHSZH-ZX-02）的研究成果之一。

参考文献

[1]　张宏艳，刘雅晶，张海霞. 产学研合作体系中创新人才培养路径研究[J]. 就业与保障，2021(17)：116-117.

[2]　刘硕硕. 产学研合作模式下复合型创新人才培养实践路径研究[J]. 职业教育研究，2021(9)：81-86.

[3]　严丽纯，陈循军，黄云超，等. 校企产学研合作促进应用型本科人才培养的探索与实践[J]. 高教学刊，2022,8(9)：139-142.

[4]　Intertek 天祥集团概况[J]. 上海化工，2015, 40(11)：3.

[5]　袁利华.《纺织检测》课堂教学改革与实践研究[J]. 纺织报告，2019(2)：53-55.

[6]　程朋朋，陈道玲，甘应进，等. 基于培养检测实用人才的纺织与服装材料学实验课程教学改革[J]. 纺织科技

进展,2016(11):57-59.

[7] 胡海霞,王成军,刘志卫."先进制造技术"企业案例教学探讨[J].南方农机,2021,52(19):167-171.

[8] 杨奇星,陈家淳,江娟,等.案例教学法在创业实践教育中的应用[J].中国商论,2020(14):189-192.

[9] 谭燕玲,周献珠,亚力坤·吐尔洪.基于项目化教学的"纺织材料与检测"课程教学改革与实施[J].职业教育研究,2014(12):86-88.

[10] 张雪,赵媛,杜静怡.企业案例式教学课程开发研究[J].科教导刊(下旬),2019(33):116-117.

Research on systematic implementation mode of "Three circles" of ideological and political education in textile higher vocational colleges

GE Junwei*, LI Ying, SONG Yalu

Textile Engineering College, Chengdu Textile College, Chengdu, China

Email address

fcgjw0@qq.com(GE Junweii), 29703899@qq.com(LI Ying), 345059138@qq.com(SONG Yalu)

Abstract: For the purpose of further implementation of General Secretary Xi about the importance of education, the implementation of the strategy of central decision-making and deployment, promote college ideological instruction work quality improvement project implementation, full, whole process, all-around educational pattern formation, all teachers of textiles inspection and trade major actively explore high-quality skilled personnel training system and the personnel training mode, vigorously promote the "all three education" comprehensive reform. With "practicing morality, cultivating people and inheriting textile culture" as the traction, with "professional teaching layer, cultural infiltration layer and practice and innovation layer" as the focus, the cultivation goal is to achieve the professional ability of "mastering major, mastering foreign trade, loving post, respecting industry, good practice and brave innovation". Reconstruct the curriculum system of skill connection course and certificate integration and online and offline collaboration, build the training base of school-enterprise integration inside and outside the college, and carry out the professional ideological and political education mode of "major-branch - enterprise" three-way collaboration. Under the continuous improvement closed-loop implementation mode of professional ideological and political education, professional teaching is significantly improved, the effect of ideological and political education is obvious, and the evaluation of graduates by enterprises is improved.

Keywords: courses for ideological; political educatio; higher vocational education; textile; personnel training

纺织类高职专业思政教育的"三圈层"系统化实施模式研究

葛俊伟*,李颖,宋雅路

纺织工程学院,成都纺织高等专科学校,成都,中国

邮　箱

fcgjw0@qq.com(葛俊伟),29703899@qq.com(李颖),345059138@qq.com(宋雅路)

摘　要:为深入贯彻落实习近平总书记关于教育的重要论述,落实中央的战略决策和部署,推动实施高校思政工作质量提升工程,形成全员、全过程、全方位育人格局,纺织品检验与贸易专业积极探索高素质高技能人才培养体系和人才培养模式,大力推进"三全育人"综合改革,以"践行立德树人、传承纺织文化"为牵引,以"专业教学层、文化浸润层、实践创新层"为着力点,将"熟专业、会外贸、爱岗位、敬行业、善实践、勇创新"的职业能力达成作为培养目标。重构技能衔接课证融通、线上线下协同的课程体系,共建校企融合校内外实训基地,开展"专业—支部—企业"三方协同的专业思政教育模式。在这种持续改进的闭环式专业思政教育实施模式下,专业教学效果明显提高,思政教育效果明显,企业对毕业生评价提高。

关键词:课程思政;高职;纺织;人才培养

　　纺织品检验与贸易专业是一个面向纺织品生产与贸易行业的专业,在人才培养中的知识涵盖范围横跨纺织专业知识与外贸营销知识,主要为社会培养纺织品跟单人员、纺织品销售人员、纺织品检验人员和纺织品外贸人员。学生毕业后大多会进入纺织品销售、外贸和质量管理岗位。因此,纺织品检验与贸易专业对人才的综

合素质培养要求较高。

1 专业人才培养目标融入思政元素

专业人才培养必须将思政教育贯穿到专业教育过程中的整个环节。所以在进行思政教育前,我们先从纺织检验与贸易行业的岗位出发,梳理职业素养,并以此确定毕业要求,然后再进一步的完善专业中各个课程的教学目标。在这个人才培养逻辑线上挖掘教学内容中的思政元素,寻找有效的课程思政融入方法,整理思政教育资源。设计开展思政教育的教学环节,丰富授课手段,对学生实施多样化、嵌入式的思想政治教育。

纺织品检验与贸易专业人才的培养目标是:培养践行社会主义核心价值观,具有良好思想品质和道德修养,德智体美劳全面发展,基础理论扎实,富有创新精神和创业能力,具有纺织文化特质和国际视野,系统掌握纺织服装材料、生产加工、国际贸易、营销策划等领域的基本理论和纺织外贸相关行业管理与经营的专业知识,熟悉纺织产品质量控制及国际通行的经贸规则,认识与把握国内外经济、贸易的运行机制和发展规律,具有良好的沟通、协调能力,适应我国数字经济发展需要、具有全球视野和完备知识体系的应用型、复合型、创新型人才。

2 确定专业思政体系

2.1 归纳专业课程思政体系

整合校内外觉悟高、能力强的精英与模范成立思政教学指导专家小组(其中包括了疫情防控工作先进个人和思政教学研究中心研究人员),有组织、有计划的挖掘课程思政元素。在挖掘的过程中,更要充分的让全体教师参与进来,在小组的指导下,挖掘和整理思政内容。挖掘的角度是开放性的,内容也是广泛且碎片化的,但是整理必须秉持分门别类,审核和使用更要坚持严肃谨慎,反复论证。

2.2 确立专业各课程思政教育目标

课程的思政教育,不能依靠教师的自发的、无计划的、不成体系的进行(这恰恰是目前常见的课程思政教育的常态)。专业必须站在系统的人才培养方案的角度上,给每个课程制定特定的思政教育目标。只有这样才能够保证专业的课程思政教育内容是完整的、思政元素的挖掘是充分的、思政教育过程是成体系的,持久的、稳定的。

同时我们注意到,专业课程思政目标必须是具体的、可实现的,有着力点,抓得起来,使得上劲。例如,"纺织服装材料"这门课程。该课程主要是纺织服装常

见的原材料和检测方法。在课程教学内容和授课各个环节都要系统的融入思想政治教育元素。比如:在织物风格部分,介绍了军装服所需要的风格,进而引入香港回归时,驻港部队所着服装的面料风格。不但介绍了风格的特点和应用,同时为学生强调了国家统一的重要性。又比如,在"功能性纤维"部分中,讲述航天服的开发,了解航天服材料的开发,教育学生弘扬工匠精神,贡献自己的力量,助力中国梦的实现,早日实现中华民族的伟大复兴。

2.3 形成专业与思政协同融合的育人体系

2.3.1 构建专业与思政协同融合的纺织类人才培养模式

我们深入企业和高校调研,通过行业转型升级对纺织服装检测与贸易行业的强大带动效应,自2013年依托央财支持高等职业学校提升专业服务产业发展能力项目与省级重点(骨干)专业建设项目,构建了服务西南区域经济、传承和弘扬纺织文化的专业与思政教育协同融合的三层人才培养模式。这三层分别是专业教学层,文化浸润层,实践创新层。三者之间相互协作,共同作用。

(1)专业教学层。基于服务西南区域经济为目标、传承和弘扬纺织文化的理念,确定纺织类人才培养目标,反向设计用来支撑该培养目标的毕业要求,确定实现该毕业要求的课程体系,以及课程体系相应的师资队伍、教学内容和教学资源。立德树人是整个人才培养的"一条主线",在支部协同参与下,贯穿于课堂教学和第二课堂,紧抓期初教育和期末教育以实现全员、全过程、全方位"三全育人",坚持"四观育人"与"五育并举",培养符合培养目标的高素质应用型人才,依托线上线下反馈通道,对教师与学生反馈的问题进行评价与动态诊改。

(2)文化浸润层。我们结合纺织品检验与贸易专业的特点和优势,充分发挥文化的"价值引导和规范作用、情感激励和凝聚作用、精神熏陶和感染作用",将六大文化有机融合,形成文化浸润育人体系,实现学生思想政治教育"无时无刻"的"潜移默化"。大大改善了课程思政的教育环境,促进思政教育与专业教育有机融合。

(3)实践创新层。创新实践是高等教育中一个必不可少的环节,它培养着学生纺织和营销的专业素养与应用创新素养,我们将纺织专业能力、外贸营销能力以及思想品德修养有机地融入认知实习、专业实训、调研实习、社会服务、创新创业等实践教学中,构建了具备课程思政教育内涵的实践创新层,促进学生的思政素养、纺织专业能力与应用创新能力协调发展(图1)。

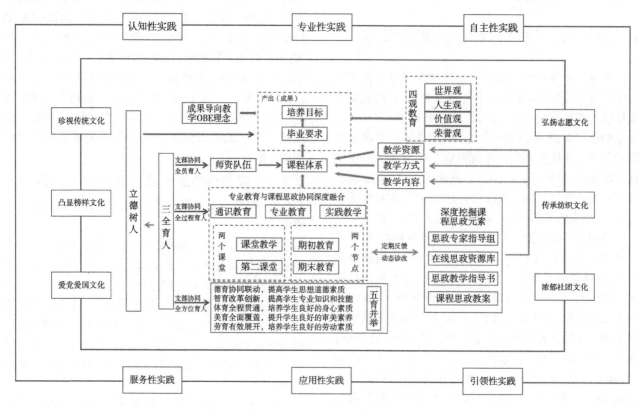

图1 专业思政教育体系

2.3.2 实现课程思政专业建设和基层党组织建设协同发展

需要注意的是,党的领导是各项工作推进必不可少的工作基础,思政教育更是如此。学院党支部在纺织品检验与贸易专业的课程思政教育工作中,在教师自身的思政教育意识和思政教育能力中起到了指导作用。在"三全育人"过程中,全程参与,发挥了统筹协调作用,也在课程思政效果考核评价与激励机制中起到了监督保障作用。

3 建立多维度的课程思政成效考核评价体系

我们建立了多维度的课程思政建设成效考核评价体系和监督检查机制,制订了科学多元的课程思政评价标准,通过动态分析和整改系统,不但能够及时对课程思政教育的效果进行考核和评价,也能实时的反馈到教研室和专业层面,在专家小组的指导下,对发现的问题进行改进,并且立刻落实,从而形成了执行、监督、改进的闭环。

(1)课程思政参与情况评价。课程思政教育,学生是主体,但执行者还是教师。认识到这一点,一方面加大了教师参与课程思政的支持力度,比如,积极鼓励专

业教师参与各种课程思政培训,开展如集体备课、教研交流的思政教育交流平台,组织思政专业的教师与专业教师进行开放式的交流;另一方面,对专业教师的课程思政建设情况和教学效果进行考核评价,以评价结果作为各个学期评优、绩效的重要内容。

(2)专业课程思政的课堂教学评价。采用督导听课、期初期末检查、学生不记名调研的方式对教师课堂教学的课程思政执行情况进行考察。定期对教师的教学大纲、教案以及教学资源进行集中审核,考核其是否符合专业人才培养目标的要求,其教学理念和教学执行环节有没有把课程思政元素融入其中。

(3)专业课程思政的学生评价。学生的课程思政教育效果,始终是一大难点。我们对学生的评价主要还是分为主观和客观两方面。客观评价主要是通过教学过程中的过程考核、期末考试、学生的大作业以及教师对班级的观察认知进行考核。通过这些方式,来判断学生是否符合了专业人才培养体系中思政教育目标,其世界观、人生观、价值观以及荣誉观是否正确;主观评价主要通过对日常言行、思政类活动积极性、师生谈心、企业评价等等方式进行考核。必要的时候可以采用问卷调查。综合这两个方面,才能较为真实地反映学生课程思政教育效果。不过需要注意,无论是客观评价和主观评价,都要反应学生的真实情况,绝对要杜绝进行"考前突击""事前准备"的行为。思政教育与专业教学不同,仅仅知

道或者了解绝对不是我们课程思政教育的目的。

4 结语

纺织沿着丝绸之路见证着中国盛唐的繁盛。纺织品随着郑和完成了世界上最早的一次远航。孙中山抱着让中国人都能穿上自己的鞋子的理想发起了革命，推翻了腐朽的封建王朝。转动的纺车见证着延安根据地老一辈共产党人为了新中国的殚精竭虑。现代纺织伴随着中国弄潮儿，坚持着中国特色社会主义信仰一同走进了改革开放，现在，纺织依然与中国追梦人肩并肩走向伟大复兴的征程。

从古至今，纺织都饱含着丰富的文化内涵，拥有者丰富的课程思政资源。以"践行立德树人、传承纺织文化"为牵引，纺织品检验与贸易专业构建"三圈层"课程思政教育体系，把价值塑造、知识传授与能力培养融为一体，通过全员、全过程、全方位育人格局，积极探索高素质高技能人才培养体系和人才培养模式，大力推进"三全育人"综合改革，以"专业教学层、文化浸润层、实践创新层"为着力点，将"熟专业、会外贸、爱岗位、敬行业、善实践、勇创新"的职业能力达成作为培养目标。重构技能衔接课证融通、线上线下协同的课程体系，共建校企融合校内外实训基地，开展"专业—支部—企业"三方协同的专业思政育模式。在这种持续改进的闭环式专业思政教育实施模式下，专业教学明显提高，思政教育效果明显。

（1）促进了就业，提升了学生的职业竞争能力。通过团队的思政建设，有效提升了纺织专业学生的整体素质，为纺织行业培养和输送了大批素质高、实践能力强的技术技能型人才。

（2）提升了学生的专业职业素养。近三年，专业学生数十人次在省级、校级纺织类和外贸类比赛中取得优异成绩。

（3）毕业生高水平人才辈出，受到社会广泛认可。培养了许多具有良好的伦理道德、社会公德和职业道德修养的学生。专业学生省校级优秀毕业生数十名，多名学生在校期间荣获多个省级乃至全国级别奖项，毕业后更是在纺织行业不同层次持续发展。各位纺织行业的专家领导对我院学生予以期望，根据对近几年毕业生的企业反馈，我院学生就业稳定，就业质量良好。

参考文献

[1] 于莉莉,张磊,李晶.学科交融、通专结合的程序类课程改革研究[J].黑龙江教育学院学报,2018,37(6):40-41.
[2] 余江涛,王文起,徐晏清.专业教师实践"课程思政"的逻辑及其要领:以理工科课程为例[J].学校党建与思想教育,2018(568):64-66.
[3] 施煜,张春莹,张伟玉,等.专业课教师发挥思想政治教育功能的实践与思考:以工科专业为例[J].大学教育,2018(9):134-136,168.
[4] 陆道坤.课程思政推行中若干核心问题及解决思路:基于专业课程思政的探讨[J].思想理论教育,2018(3):65-69.
[5] 左勇超.新时代高职院校"三全育人"的着力点[J].边疆经济与文化,2021(10):91-93.
[6] 胡颖蔓,欧彦麟.提质行动:高职院校"三全五育"创新研究[J].教育与职业,2021(19):53-57.
[7] 徐媛媛,朱秋莲,王维智.新时代民办应用型高校"三全育人"协同机制构建研究[J].教育与职业,2021(19):89-93.
[8] 龙婷婷."三全育人"视域下高职院校育人机制的探索研究[J].湖北开放职业学院学报,2021,34(18):89-90.
[9] 陈哲明,燕允学.三全育人视域下高职院校资助育人工作探析[J].文化创新比较研究,2020(9):105-106.
[10] 方媛."三全育人"视域下高职院校思想政治教育的问题与对策[J].河南农业,2020(21):19-20.
[11] 张雪梅."三全育人"背景下高校网络思政教育路径探究[J].湖北开放职业学院学报,2020(19):114-115,118.

The teaching design and typical cases of "Course ideological politics" of fashion show

GUO Haiyan[1,*], Feng Juan[2]

1 *Institute of FashionWuhan Textile University, Wuhan, China*

2 *School of Art, Design College of Inner Mongolia Art College, Hohhot China*

Email address

50154681@ qq. com(GUO Haiyan)

Abstract: The costume performance course is open and practical. The training goal is to require students to have the ability of fashion performance, theoretical knowledge and practical ability, but also have good professional ethics, humanistic quality and correct values, leading high-quality talents as the main goal. The costume performance course integrated with ideological and political courses can guide students to establish a correct world outlook, outlook on life and values, and improve moral education quality. Based on the combination of theory and practice, the integrated use of literature study method, practical correction method, case analysis and other research methods, how to embody the teaching of the fashion show will be dominant curriculum education goal, mining course itself contains the home country feelings, political identification, cultural self-confidence, quality training and so on ideological and political elements. The integration of teacher resources, optimization of teacher team, the establishment of clothing show "curriculum ideological and political" element library, the use of online and offline mixed teaching mode to enrich the teaching form, broaden the path of curriculum ideological and political construction, is conducive to the cultivation of innovative talents with both moral and ability.

Keywords: costume show; curriculum ideology and politics; teaching design; the feelings of home and country

服装表演课程思政教学设计与典型案例

郭海燕[1,*], 冯娟[2]

1 服装学院,武汉纺织大学,武汉,中国

2 艺术学院,内蒙古艺术学院,呼和浩特,中国

邮 箱

50154681@ qq. com(郭海燕)

摘 要: 服装表演课程具有开放性和实践性,以培养兼具服装表演展示理论知识和实践能力,具有良好职业道德和人文素养及正确价值引领的高素质人才为主要目标。融入课程思政的服装表演课程能够引导学生树立正确的世界观、人生观和价值观,提升德育素质。本文以理论与实践相结合,综合运用文献研读法、实践修正法、案例分析法等多种研究手段,来体现服装表演教学中如何体现课程思政目标,挖掘课程本身所蕴含的家国情怀、政治认同、文化自信、品质培养等思想政治元素[1]。整合教师资源,优化教师团队,建立服装表演课程思政元素库,运用线上线下混合教学模式丰富教学形式,拓宽课程思政建设路径,有助于培养德才兼备型创新性人才。

关键词: 服装表演;课程思政;教学设计;家国情怀

1 引言

　　课程思政教育是指以构建全员、全过程、全课程教育模式的形式,将各类课程与思想政治理论课放在同一个方向上,形成协同效应,把立德树人作为教育的根本任务。全面推进思想政治课程建设,是在教学中引导价值观的知识和能力培养,帮助学生形成正确的世界观、

人生观和价值观,是人才培养的必要内容。2018 年,在全国高校思想政治工作会议明确指出,思想政治工作要以立德树人为核心,贯穿于教育教学的全过程,强调要充分利用课堂教学的主渠道,使各门课程与思想政治理论课共同发挥协同作用,使思想政治教育融入职业教育教学和教育的全过程,使教学思想和价值观引领和谐统一[2]。

随着服装产业的快速发展,人们对服装展示环节的文化内涵要求不断提高,服装表演的特殊性应运而生。表演专业的毕业生将成为时装相关行业的人才,如表演教师、表演编导、时装设计师、模特经纪人等。对于服装表演这一特色专业来说,如何在课程中潜移默化地实施课程思政,提升学生德育素质,培育新时代全面发展型人才,值得专业教师深思。目前,服装表演专业的人才不仅具有较强的艺术审美能力、较高的文化艺术修养、扎实的理论知识、表演技能、创新意识和综合实践发展能力,而且具有社会责任感、职业道德和人文素质。

2　服装表演课程思政育人优势

2.1　服装表演课程的美育优势

服装表演课要求学生始终保持挺直美丽的体态,因此长期坚持将使学生的形象更具气质。此外,表演采用行走艺术在音乐伴随中进行展示,使学生在表演过程中感受到服装的文化美、艺术美和音乐美的影响,随着时间的推移,训练提高了学生的文化、艺术和美学素养,提高审美能力[3]。

2.2　服装表演课程对学生团结合作精神培养的优势

服装表演包含丰富的育人优势。长期的学习和训练可以提高学生的团结合作精神。对每个学生来说,为了更好地完成任务,成员需要在其他地方进行合作、交流和思考,这不仅培养了集体主义的观念,而且提高了组织、协调和决策的能力。

2.3　服装表演课程对学生的人文和艺术教育的优势

服装表演的人文知识、服饰知识、音乐知识和形体知识对学生的气质、形象、艺术素养的提高具有良好作用。经过服装表演训练的学生,形体姿态、形象气质、人文艺术气息一定较为突出;服装表演技能训练很比较枯燥和辛苦的,同时也可以培养学生吃苦耐劳、持之以恒、精益求精、积极进取的优良品质。这些品质和人文精神正是现代社会人才必备的素质。另外,服装表演是在音乐的伴奏下进行训练的,在学习过程中可以欣赏音乐、享受艺术和形体意蕴美,学习中愉悦了身心,有利于提高人的大脑皮层的兴奋性,使学生的分析和综合能力得到提高,尤其创编组合的学习,可激发学生的想象力和创造力,使大脑反应更灵活,最终实现提升学生人文、审美、艺术素养的终极目标。

3　服装表演课程思政教学设计实施步骤

依据服装表演课程特点进行思政元素挖掘与嵌入,通过课程内容、目标、结构、模式等方面的改革,把政治认同、国家意识、文化自信、人格养成等思想政治教育元素转化发展为全面而深刻的挖掘体育课程中蓄积的服饰文化、凝聚精神、蕴含的美育价值,形塑的美育风貌,运用服装表演课程思政来提升学生的展示能力、表达能力、健康行为、健全品质等核心素养。

3.1　整合教师资源,优化教师团队

将服装表演、形体训练、传统文化、美学哲学、思想政治等课程教师进行资源整合,形成多学科背景互助支撑,拓宽学习资源,实现良性互助。通过专题讲座,集体备课,课堂"双师制"等一系列活动来提升教师的课程思政运用水平以及育人能力。

3.2　建立服装表演课程思政元素库

建立服装表演"课程思政"的元素库,围绕价值塑造、能力培养、知识传授的课程建设目标,团队教师充分挖掘自身课程中蕴含的思政元素,并贴合自身课程特点搜集整理契合度较高的相关"思政"元素文字、图片以及影像资料,不断积累课程思政元素,资源共享并不断地进行甄选提炼、加工、整合,达到和谐自然的融入。

3.3　运用线上线下混合教学模式

线上线下混合教学相结合切实理论结合实践,提升课堂质量。课前,利用线上平台,发送服装表演相关学习视频与理论知识,便于学生提前预习。运用慕课形式,实现学生线上自主学习与线下面授课的不同方式,如智慧树平台以及学银在线平台的"秀场内外——走进服装表演艺术"课程(图1、图2)。在线平台的慕课课程是在教学中的"精品化"和"精细化",课程内容与进度是经过教师精心编排和反复推敲的,课程资源不仅可以使本校服装表演专业学生受益,在通识课中,服装表演的选修课学生以及全国的服装表演的爱好者都可以同步受益。学生在自主学习中如果没有明白可以随时与教师交流回放,实现了教学过程的"个别化"和"个性化"。

图1　智慧树"秀场内外——走进服装表演艺术"线上平台

图2　学银在线"秀场内外——走进服装表演艺术"线上平台

在线下环节重点解决线上不懂的问题和纠正动作,有针对性的与教师交流讨论,提升服装表演的学习效果。将理论与实践相结合,让学生站在全新的角度去认识服装表演,让秀场变得生动有趣,变得贴近生活,让"思政"元素的融入更加自然和谐,达到"润物无声"的效果,提升学生的学习兴趣。课后教师利用线上交流平台推送技术动作详解视频,便于学生复习巩固,同时可以通过平台检查学生课后作业完成情况。线上学生也可以对教师的教学进行评价反馈,并对自己学习中存在的问题及时与教师沟通讨论,形成一个良好的互动。

3.4　课程大纲中增加思政课程目标

服装表演知识与技能目标体现在基础知识目标以及技能应用目标,具体包括研究服装表演与服饰审美的变迁,体会秀场编导的流程与思路;增强服装表演创编的艺术造诣;用设计原理、方法进行表演设计;运用所学知识判断和分析表演中的各种现象与问题,掌握正确解决问题的思路与方法;激发大学生对于多种学习能力的培养。

服装表演思政育人目标体现在家国情怀、道德品格、正确的人生观和科学观,具体包括培养社会主义核心价值观,民族精神和时代精神,引导学生自觉传承和弘扬中华优秀传统文化,增强文化自信以及中华传统文化的认同和坚持;引导学生正确的艺术观和创作观,坚定学生理想信念、厚植爱国主义情怀、加强品德修养、培养奋斗精神;建立科学的认识论和方法论,使学生能实事求是的分析、解决问题。

3.5　教学设计中的思政元素

梳理服装表演课程中蕴含的思政元素,并贴合服装表演课程各教学环节内容、教学方法、教学模式等特点,寻找与其契合的思政素材。将课程思政自然有机地融合(表1)。

表1　服装表演课程中的部分课程思政元素

课次	教学要点	课程思政
1	服装表演历史溯源;服装表演起源与发展;20世纪初期中国服装表演的开端;改革开放40年中国服装表演发展历程	从历史与现实、理论与实践等维度,培育和践行社会主义核心价值观[4],切实增强学生的"四个自信"
2	服装秀场与编导;服装表演的种类与特性;服装模特形体测量与评价;秀场编导与团队构成;服装表演场地与舞台;服装秀主题与时长;试装与排练;服装的不同风格与表演	引导学生坚定理想信念、厚植爱国主义情怀、加强品德修养、增长知识见识、培养奋斗精神、增强综合素质

续表

课次	教学要点	课程思政
3	百年中国服装表演发展历程;从服装表演的视角探究中国服饰审美变迁	弘扬中华优秀传统文化、社会主义先进文化。了解中国博大精深的文化,引入知行合一的礼仪规范作用,明德修身、以德树人的精神涵养,由内而外塑造自身形象气质[5]
4	姿态与造型:叉腰造型;整体造型;局部造型;坐姿与其他造型	以美育人、以美化人;渗透中华优秀传统文化,弘扬爱国主义精神
5	服装表演基础技能:走姿与停步;台前展示基础转体;台前展示组合转体;教师示范与展示	培养精益求精的大国工匠精神。工匠精神的核心是追求专业主义、极致精神,这是中华民族传统的优良精神[6]
6	"中国元素"服装表演创编:表演剧目"灯火里的中国""东方情愫",运用中国音乐的行走艺术	唤起学生对中国文化的认同感与自豪感;歌颂祖国的表演音乐可以更好地传达作品的情感和灵魂,与表演产生共鸣
7	表演展示与运用:非遗服饰秀;汉服展示;旗袍与道具折扇的运用展示	了解了中国服饰文化,探求中国传统服饰元素,弘扬中国传统文化;传承中华礼仪文化,丰富精神涵养,塑造自身形象气质,以时代新风貌展现中华美育精神
8	分组创编:学生3~5人一组,共同创编走秀剧目,以课程教授动作作为基础进行创编,音乐自选	培养团队精神,提升了团队协作能力,激发学生的学习兴趣与和创编思维

另外,还有重视成效,关注学生课堂呈现和课后反馈。学生是教学的主体,一切课程教学设计都是服务于学生的,最终是以学生的获得感为检验标准。除了知识的掌握,还要关注学生的成长与进步,关注学生综合素质的提升,对于课程中团结协作、无私奉献、吃苦耐劳等良好的意志品德方面有突出表现的同学予以一定的加分奖励。

4 服装表演课程思政典型案例——"灯火里的中国"

服装表演形式丰富,风格多变,具有很高的审美和大众娱乐价值。能有效地提升学生的审美能力、沟通能力与协作能力、团队意识、塑造良好体态,培养坚忍不拔,勇于拼搏的意志品质。从课程性质来看,课程本身就蕴含着丰富的思想政治元素、资源、功能和价值。

4.1 教学目标

掌握12点位的多角度展示技巧与叉腰造型展示方法;通过对《灯火里的中国》曲目学习,唤起学生对中国文化的认同感与自豪感;歌颂祖国的表演音乐可以更好地传达作品的情感和灵魂,与表演产生共鸣。

4.2 音乐情感

《灯火里的中国》磅礴而灵巧地歌颂发展、献礼时代。歌词中反复出现的"中国""中国梦",凝聚了千百年的历史,在语境中突显为新中国特别是改革开放以来的发展缩影;"渐渐""小康"等词激起人民对四十余年"小康社会"建设,特别是全面建成小康社会伟大历程的

回忆;"时代的巍峨"直指新时代的历史坐标;"万里山河"成功将叙事空间由"湾区"转喻到广袤的中国;"初心"紧扣"不忘初心"的时代要求;"百年承诺"点出"建党百年"的重要节点。"灯火"里的中国姿态万千,可以"小"到一个人、一个家庭,也可以"大"到国家和人类,鼓舞着"人"去延续、创造新时代的温暖与光明。

4.3 思政元素

家国情怀、文化自信、坚强毅力、工匠精神。通过组合《灯火里的中国》主题学习,培养学生家国情怀,爱国主义精神,培育学生工匠精神。思政元素融入课程通过服装表演在中国的发展历程,让学生了解到一个专业的兴起到繁荣承载的是一个强大国家的支持,没有强大国家的支持,就没有服装表演如今的国际地位。以此激发学生爱国主义情怀,增强民族自信。同时培养学生工匠精神,一个行业的成功,必须具备超强的毅力,追求卓越的精神。

5 结论

高校是为社会主义培养接班人的场所,要充分发挥学生的学习动力和潜力,培养思想过硬,专业高强的艺术人才[7]。服装表演课程思政是高校艺术课程中的良好开端,应在服装表演课程的全过程中融入课程思政理念,积极丰富服装表演教学内容,不断开发教师课程思政能力,才能收获立德树人的成效。服装表演教师的师德师风,教学水平,教学能力,文化素养,思想政治觉悟等直接影响到教学效果。因此作为教师,需要不断提高自身的文化修养,专业水平,思想境界,以身作则,不断

地提升自身的教学水平与能力,以培养高素质、高水平的人才为己任,为国家培养更优质的社会主义接班人。

参考文献

[1] 韩咏梅.大思政背景下高职公共基础课"课程思政"的路径探究[J].湖北开放职业学院学报,2020,33(8):66-68.

[2] 金继宏.线上线下混合式课程思政体系研究与实践:以服装表演专业为例[J].黄河.黄土.黄种人,2021(15):39-40.

[3] 许志琳,林万雷.体育舞蹈"课程思政"资源开发研究[J].当代体育科技,2019,9(19):140+142.

[4] 鲁彩苹.师范专业认证背景下课程教学目标体系的重建:以《大学写作》为例[J].西北成人教育学院学报,2021(2):46-49.

[5] 苏灿."文化自信"融入"形势与政策"课教学探析[J].北京教育(德育),2020(1):87-92.

[6] 冒绮,赵蒙蒙."服装表演技巧"课程思政教学的探索与实践[J].时尚设计与工程,2021(5):37-40.

[7] 靳旭莹.高校课程思政研究[J].计算机时代,2021(7):81-84.

The construction and practice of "Clothing major" cross integration and discipline optimization for new liberal arts "Art + Science and Technology"

FENG Jie*, ZHAO Wu, XU Bo

School of Light Industry Science and Engineering, Sichuan University, Chengdu, China

Email address

jane_mail@ qq. com(FENG Jie) ,zhaowu0220@ 163. com(ZHAO Wu) ,228447319@ qq. com(XU Bo)

Abstract: Based on the guiding spirit of the Ministry of Education on "Comprehensively promoting the construction of new liberal arts, the goal of Sichuan University is to cultivate research oriented high-level comprehensive talents and to building a world-class and Chinese featured liberal arts talent training system". The Clothing major of Sichuan University has carried out practical exploration on two levels of the training system and curriculum system for "+Internet" or "+information" discipline talents. The logic structure between theory and design courses is firstly resorted out. On this basis, the cross courses of digitalization, interconnection and informatization of clothing are constructed, and the theory of art design is strengthened while the technology of the times is combined. In the meantime, modular teaching practice is implemented, and different curriculum modules cover multiple professional courses. Through new curriculum modules such as "clothing informatization and digitalization", "healthy clothing research", "research direction on big data stores and fashion trends" and other modules, we can meet the needs of comprehensive high-end talent training, explore the innovative talent training path of integrating advantages. It is intended to provide the textile and garment education industry with a benchmark case of "art+technology" cross disciplinary advantages in the field of new liberal arts.

Keywords: new libera arts; integration of discipline; Art + Science and Technology

新文科"艺术+科技"服装专业交叉融合与学科优化的建设与实践

冯洁*,赵武,徐波

轻工科学与工程学院,四川大学,成都,中国

邮 箱

jane_mail@ qq. com(冯洁) , zhaowu0220@ 163. com(赵武) ,228447319@ qq. com(徐波)

摘 要:立足于教育部关于"全面推进新文科建设,构建世界水平、中国特色的文科人才培养体"的指导精神,以四川大学培养研究型高水平综合性人才培养的目标为指导思想,四川大学服装专业以面向"+互联网"或"+信息"的学科人才的培养体系和课程体系进行了两个层面的实践探索。首先,重新梳理理论与设计课程之间的逻辑结构,此基础上架构服装数字化、互联化和信息化交叉课程,在加强艺术设计理论的同时结合时代科技;其次,实施模块化的教学实践,不同课程模块涵盖多个专业课程。通过新增课程模块如"服装信息化和数字化""健康服装与服饰科研""大数据门店与流行趋势研究方向"等的学习,满足综合性高端人才培养,探索服装与服饰专业的融合优势与教学的创新型人才培养路径,立意为纺织服装教育行业提供新文科领域"艺术+科技"交叉融合学科优势的标杆案例。

关键词:新文科;专业融合;艺术+科技

1 引言

四川大学服装与服饰设计专业创办于 1988 年，是我国西南地区率先开办本科层次的服装专业教育，2019 年起招收服饰工程博士，并于 2021 年入选国家级一流本科专业建设点[1]。在教育部"全面推进新文科建设，构建世界水平、中国特色的文科人才培养体"的指导精神下[2]，四川大学服装与服饰设计专业首先重新梳理理论与设计课程之间的逻辑结构，并对专业课程架构进行了服装数字化、互联化以及虚拟仿真实践方向的搭建，在艺术设计与时代科技之间寻找联结纽带；新增"服装信息化和数字化""健康服装与服饰科研""服装三维虚拟试衣"等课程模块，以探索专业的融合优势与教学的创新型人才培养。

2 构建"艺术+科技"的数字化特色教学体系

2.1 教学体系改革的主要思路

在"+互联网""+信息"的时代趋势背景下，四川大学服装系在学科人才培养体系和课程体系的确立中，以培养研究型高水平综合性人才培养的目标为指导思想，改革教学体系的固有模式，提升"艺术+科技"的数字化相关课程的比重。为构建"艺术+科技"的数字化特色的教学体系进行了教学改革，着眼于服装数字化、互联化和信息化交叉的课程设置，开设服装三维数字化虚拟实践、服装材料和功能设计、流行趋势大数据等方向基础课和专业基础课。

在课程的学期分配中，植入与数字化信息化相关的课程，从大二开始实施模块化的教学实践。不同课程模块涵盖多个专业课程，通过交叉学习满足综合性高端人才培养，探索服装与服饰专业的融合优势与教学人才培养路径。充分结合艺术类服装设计方向的服装创意设计和服饰品设计方向工程设计的优势，广泛展开两个专业方向的优势融合与互补。通过新增课程模块，如"结构设计与功能设计方向""服装与人体工程学方向""新兴服装信息化和数字化设计方向""健康服装与服饰科研方向""大数据门店与流行趋势研究方向"等，培养服装与服饰专业创新型人才。

2.2 依托互联网与数字化信息技术的课程设置

随着科学技术的发展，特别是当前互联网和信息化技术的进步，服装设计行业已广泛地融入了"+互联网"或"+信息"的进程，并涌现出诸如报喜鸟、红岭等工业

互联网标杆；作为服装工业人才培养的阵地，服装设计学科具有应用性强、学科交叉程度高、行业特点鲜明的特色。面向信息化转型人才的培养，在传统专业课程中引入信息科学和技术内容，避免艺术类学生对前沿科技的"陌生感"。

在教学计划中结合服装流行趋势、服装设计数字化、服装科技与材料、人体工程科学设计等基础学科，融合大数据和人工智能方法的新模式，培育适应新经济交叉产业企业对学生能力的培养要求。在课程结构中从"结构设计与功能"设计方向入手，教学内容中体现人机工程学科研方向、健康服装与服饰科研方向、大数据门店与流行趋势研究方向。体现高水准艺术的服装设计，加重数字化相关课程占比[3]，开设人体工学的革制品设计方向，通过不同的学科类别，从不同的学科方向优势融合与互补，以更好地培养创新人才。

在信息化、数字化技术不断发展的今天，艺术设计专业的学科体系也在不断地更新和拓展，呈现出跨领域、跨学科的特点。单一模式下的艺术设计学科培养的专业艺术设计人才虽然有较强的专业基础知识，具备一定的专业设计能力，但与社会实际所需的能处各种复杂问题的综合人才还是存在一定距离的，难以满足当下社会的实际的或特殊的需求。因此，在面向"+互联网""+信息"时代发展趋势中，服装设计学科培养模的培养目标从面向传统产业企业就业，过渡到面向新经济交叉产业，要求学生具备基础设计能力的同时掌握数字化、互联化和信息化思维能力。课程体系中设置服装数字化虚拟仿真设计、服装材料和功能设计、流行趋势大数据等基础课和专业基础课。构建在线的数字化平台共享资源，将非遗与数字化相结合[4]，建设了与数字化资源和数字化设计方式相结合的非物质文化传承与创新设计课程，结合同步在线教学的方式，探索出具有"艺术+科技"的综合性高端人才的培养路径[5]。

各高等院校应打破艺术设计、科技、工程、经济、社会学等学科之间的隔阂，不断探索不同学科的交叉、渗透和融合，建构起跨学科融合的艺术设计专业人才培养机制，以培养出适应多元社会需求的具备跨学科知识、创新型的艺术设计专业人才。

3 学科交叉融合的模式探索

3.1 相关院校"艺术+科技"交叉模式研究

国内外相关院校在"艺术+科技"的跨学科交叉融合创新人才培养中的成果值得学习与借鉴。广东工业大学黄花明等人开展了"跨学科融合的艺术设计专业人才培养模式研究"，研究显示进一步打破学科隔阂、突破艺术设计专业局限，以艺术设计与其他学科领域的

交叉、融合与关联为出发点,为培养适应社会发展需求的艺术设计专业人才提供借鉴[6]。

深圳大学以"艺术+科技"为引领的跨学科发展方向,深入探索人文社会科学与自然科学的相互交叉和相互融合;开展文化艺术科技产学研工作,将科学技术上的突破全方位运用于艺术的创意创作中;依托实验室平台,培养学生跨界创新创意思维和实践能力。实验室成立3年来,已发起包括艺术品指纹信息研究、艺术品修复与创意设计、数字经济研究、沉浸式数字场景应用、创新创业跨界交流分享在内的多项跨学科研究和教学项目,凝聚了一批校内青年教师组成的团队,初步建立了涵盖艺术学、设计学、化学、材料学、计算机科学、机械控制学、经济学等在内的跨学科总体格局[7]。

国外的类似专业有意大利米兰理工大学的服装设计与纳米技术、生物科技相结合,美国帕森斯设计学院的服装设计专业课程设置特点包括鼓励跨学科学习培养复合型人才,注重学科与领域间的交叉[8]。帕森斯设计学院专门设立了设计与科技专业、数据可视化专业,英国北安普顿大学的鞋类专业与艺术设计的融合办学等例证,充分说明艺术与工科结合办学的优势明显。

3.2 专业交叉融合的目标确立

通过院校调研与分析,进一步确立了四川大学服装专业在"艺术+科技"方向交叉融合的目标。规划服装设计学科面向"+互联网"或"+信息"的人才培养模式与路径方法,建立符合专业背景的信息化和数字化融合课程体系,赋能新型培养目标的综合性高端人才;服装设计学科师生共同参与,共同面向"+互联网"或"+信息"转型,以"艺术+科技"的特色教学体系为基础,探索围绕服装设计学科的教学实践和产业联动的行动路径。

通过结合四川大学服装与服饰设计专业和学科优势,与"企、政、会(行业协会)"等协作以实现专业交叉融合培养目标。对专业信息化、数字化进行系统研究和实践,对基于工业互联网的专业与产业的深度融合具有开拓性意义;制定新的人才培养方案,为服装与服饰重点产业技术创新和信息化提供多方协同培养、多学科交叉培养的高层次技术人才;发挥艺术和工程技术的互补优势,打造深入融合"艺术+科学"的新型服装与服饰设计专业课程体系,为新型的综合性服装与服饰高水平人才打造提供重要的知识支撑体系。

3.3 艺术设计特质的服饰设计与富于科技的革制品设计方向的融合

服装与服饰设计专业的培养目标方面有较强的艺术设计特色,培养的是具备服装设计、服装结构工艺及服装经营管理理论知识和实践能力的高级专门人才。毕业生能在服装设计、服装生产和销售企业、服装研究单位、服装行业管理部门及新闻出版机构等从事服装产品开发、市场营销、经营管理、服装理论研究及宣传评论等工作。四川大学工科背景的革制品设计专业方向有较强的科研实力,依托于皮革工程国家专业实验室[9],培养具有扎实的皮革制品基础知识和基本理论、皮革制品设计创作及艺术学素养以及革制品工艺、人机工程学、材料学、运动学、3D结构设计、品质管理学等较高综合素质,并具备从事鞋类、皮具行业的产品创新设计、生产管理、质量管理及科研岗位的复合型高级革制品设计人才。学生主要学习皮革学科和皮革产品造型结构的基础理论和基本知识,针对性培养学生的设计素描、图案与构成设计、设计色彩等基础知识,和产品创新设计、造型设计、革制品功能设计以及革制品结构设计能力的方面具备综合运用能力。皮革制品设计专业方向的产品以鞋和箱包的设计为主线。

艺术类服装设计专业与工科类革制品设计的整合是"艺术+科技"层面的互补性探索实践。二者间的融合,将革制品科研能力、学术能力和产品结构与功能设计能力保留,通过服装设计的专业优势弥补革制品设计的艺术方面设计的不足,有效提升融合后的综合优势、行业地位和综合实力。在师资队伍增强补充了服装的人才结构,为打造高水平的人才队伍提供了支持条件。同时拓宽了服饰专业的设计宽度,通过"服装设计+鞋类设计+箱包设计"的方向呈现完整的服装与服饰设计整体,可发挥整体综合的实力优势。

3.4 交叉融合的方法与措施

在实践中通过以"三化融合"(信息化服装、数字化服装、功能化服装)方式提升艺术服装与科技革制品设计的深度融合。其中信息化服装的内涵为创意时尚服装设计、虚拟仿真教学、流行趋势分析与研究等,通过云端数据库串通达到智慧共享教学和研究的目的;数字化服装的内涵为包括先进的数字技术对服装进行改造升级,最终将技术交给电脑;功能化服装通过材料和结构的创新,满足市场消费者对舒适、个性、功能的不断提升的需求。

在服装与服饰设计与革制品设计方向课程深度融合的基础上,走有科技底蕴的研究性的综合能力发展之路。推进特色课程培育,加快服装与服饰设计专业与革制品设计专业方向在教学、科研以及外部资源等方面的整合互补,发挥各自在艺术设计与革制品工程科技上的优势。打造具有鲜明的"艺术+科学"特色的"新服装设计"模块方向,以及原革制品设计的靴鞋及箱包设计为主的特色方向的"新服饰品设计"模块方向。

同时面向多元化人才培养需求进行课程模块建设(表1),以满足学生的多种兴趣爱好和宽广的行业视野的需求。其中服装设计模块由服装设计和服装结构设计工程构成,着眼于培养高端服装设计综合人才;专业核心课程在注重历史与艺术的同时提升数字化服装CAD 的占比[10];模块化课程的设置以区分不同的培养目标。学服饰设计模块内涵为革制品方向的靴鞋、箱包

设计和原服装的服饰设计。大一和大二的教学计划为统一的公共基础课和专业基础课;大三和大四按特色模块课程方向选课,按兴趣进行培养,在这种多元的特色培养环境下,学生也可以多选模块课程。

表1　文科服装设计与工科服饰设计的特征比较分析

项目	文科服装设计主干课程特点	工科服饰设计主干课程特点
主干课程	时装设计作品集制作、服装历史与发展趋势、服装创意设计、服饰配件设计、服饰美学、少数民族服饰、图案与设计构成等	服装结构工程设计、革制品工艺学、革制品人机工程学、皮革制品设计与开发、时尚手袋创意设计、革制品结构设计、计算机 3D 革制品虚拟辅助设计等
课程特点	主干课程具有模块特色、有"艺术+科学"特色。有"新服装设计"模块课程,以及原革制品设计的靴鞋及箱包设计为特色的"新服饰品设计"模块课程	以革制品为基础的服饰品设计方向,通过增加帽饰设计、首饰设计,实现拓展设计内涵,弥补革制品的短板

4　结论

四川大学"服装与服饰设计"专业课程通过与革制品设计专业方向的深度融合,走有科技底蕴的"艺术+科技"的综合能力发展之路。紧随时代脉搏深化专业内涵建设,推进特色课程培育,加快科研以及外部资源等方面的整合互补,发挥各自在艺术设计与革制品工程科技上的优势。打造具有鲜明的"艺术+科学"特色的"新服装设计"模块课程,在原革制品设计的靴鞋及箱包设计为主的特色方向上设置了"新服饰品设计"模块方向。通过由龙头企业、行业协会、高校组成的三方联盟,通过学习指导与实践过程使学生在培养过程中拥有艺术与科技相结合的学习成效,在"艺术+科技"的数字化教学体系探索中取得一定成效。

致谢

本文为教育部办公厅首批新文科研究与改革实践项目立项项目《新文科"艺术+科技"服装专业的交叉融合学科优化建设与实践》(2021060065)的阶段性成果之一。

参考文献

[1]　川大新增 30 个国家级一流本科专业建设点[DB/OL]. https://mp. weixin. qq. com/s/vtYXA0NDWWCGG dxmc-TiGUA.

[2]　教育部. 全面推进新文科建设,构建世界水平、中国特色的文科人才培养体系[DB/OL]. https://www. sohu. com/a/500731659_100016406.

[3]　冯洁,申鸿. 高校服装教育课程结构与体系思考[J]. 四川师范大学学报(社会科学版)增刊,2007(6):193-194.

[4]　刘正宏. 民族文化传承与创新专业教学资源库项目全集[M]. 北京:中国纺织出版社,2018.

[5]　冯洁,李晓蓉,赵武,等. 服装与服饰设计专业的课程建设思考[J]. 服装设计师,2020(4):99-103.

[6]　黄华明,陈怡妮. 跨学科融合的艺术设计专业人才培养模式研究[J]. 美术教育研究,2020(6):125-128.

[7]　探索交叉学科建设 激发学生跨界思考能力 深圳大学艺术与科技跨界创新实验室揭牌成立[DB/OL]. https://news. szu. edu. cn/info/1004/7374. htm.

[8]　李蕙廷. 美国帕森斯设计学院服装设计专业核心课程分析[J]. 服装设计师,2022(8):132-139.

[9]　学院简介[OL]. https://qfsp. scu. edu. cn/xygk/xyjj. htm.

[10]　冯洁,赵武,李晓蓉,等. 以项目制为导向的专业教学组织与创新实践[J]. 西部皮革,2020(3):29-30.

Research on the training mode of technical talents in textile and garment industry cluster

BAI Zhigang

Daly College of women's wear, Hangzhou Vocational and Technical College, Hangzhou, China

Email address

148151108@ qq. com （BAI Zhigang）

Abstract：The paper first described the current situation that skilled talents of China's important production and marketing base of home textile and fabric in Xucun Town, Haining City had become the bottleneck restricting the development of the industry, and explored methods to break the dual pattern of urban and rural education. The paper also proposed specific methods such as introducing high-quality urban resources, establishing industrial colleges, building a three-level organizational structure, establishing a operation guarantee mechanism, constructing a "1315" teaching organization model based on needs of small and medium-sized enterprises, breaking down the elements of product design, building a "multi-professional integration" team, insisting on two visits and three arguments, posts in line with industrial upgrading, etc. In addition, the educational concepts of contacting the demand for talents in the textile industry cluster area, breaking the dual pattern of urban and rural education, introducing high-quality urban resources, and training technical talents to enable rural revitalization were innovated and implemented, so as to construct the "dual subject" model, and achieve the sharing of educational resources. Moreover, the problem that the professional capacity of students trained by the school always cannot meet the job requirements of enterprises was effectively solved, and the benign operation of product research and development center was promoted. Problems such as outdated talent training programs and weak technology research and development ability of enterprises were solved, and the new product research and development ability of enterprises was improved.

Keywords：integration of enterprises with vocational schools and universities；serve the society；occupational ability

基于纺织服装产业集群背景下的技能人才培养模式探索

白志刚

达利女装学院,杭州职业技术学院,杭州,中国

邮　箱

148151108@ qq. com(白志刚)

摘　要:本文首先描述了海宁市许村镇中国重要家纺布艺产销基地技能人才已经成为制约产业发展的瓶颈的现状,探索了打破城乡教育二元格局,引入城市优质资源,建立产业学院,构建三级组织架构,探索保障运行机制,针对中小微企业需求,构建"1315"教学组织模式,分解产品设计要素,组建"多专业融合"团队,坚持"两走访三论证",岗位契合产业升级等具体方法,创新实践了对接纺织产业聚集区人才需求、打破城乡教育二元格局、引入城市优质资源、技术人才培养赋能乡村振兴的教育理念,构建"双元主体"模式,实现教育资源共享。有效解决了学校培养的学生职业能力永远滞后于企业岗位要求的问题,推进了产品研发中心的良性运转,解决了人才培养方案陈旧老化和企业技术研发能力薄弱的难题,提高了企业的新产品研发能力。

关键词:产教融合;服务社会;职业能力

1　引言

1.1　海宁市许村镇是中国重要家纺布艺产销基地,目前技能人才的数量的不足已经成为制约产业发展的瓶颈

随着互联网技术的发展和生产效率的提高,技术技能人才的培养及农民工的培训已成当务之急。浙江省海宁市许村镇人民政府、杭州职业技术学院、海宁市职业高级中学、海宁市家用纺织品行业协会四方共建"许村龙渡湖时尚产业学院"。产业学院与当地纺织企业共建生产性实训中心、探索技能人才赋能乡村振兴背景下的"1315 教学组织模式"开展职工技能培训服务,赋能乡村振兴战略,让许村学子成为本地纺织产业聚集区企业的技术骨干,当地农民成为新型产业工人,让许村镇成为安居乐业的美丽家园。助力浙江省成为全国高质量发展建设共同富裕示范区。

1.2　镇、校、会共建产业学院,解决纺织产业聚居区技能人才需求问题

许村用"家家织机响,户户织布忙"来形容许村镇的产业特征最为准确,但是随着产业的发展,技术的更新,技术工人和技术管理人员面临紧缺的状态,海宁许村镇地处杭州海宁之间,名牌高校毕业生在许村生根发展的却很少,许村镇、高校、协会共建,"许村龙渡湖时尚产业学院"从本地招生,让这些从小听着织布机长大的孩子得到技术的培养,留在许村镇,为家乡的纺织产业贡献力量。

1.3　构建"1315"教学组织模式,解决中小微企业不同人才需求问题

学院针对许村镇中小微纺织企业多,研发力量弱等特点,与中小微企业作成立 20 个产品研发工作室,学生根据个人职业发展规划与企业双向选择,建立研发团队,构建"1315"教学组织模式即 1 个工作室,3 个专兼结合的专业教师团队,15 个学生组成一个产品研发团队。针对不同的企业人才需求,制订个性化人才培养方案,企业参与实践教学,工作室以企业岗位任务作为课堂教学内容,使培养的学生的专业技能更加符合当地纺织企业一线的需求。

2　依托产业聚集区,四方共建产业学院,解决技能人才紧缺问题

2.1　打破城乡教育二元格局,引入城市优质资源,建立产业学院

为了使许村镇及周边农民转变为新型产业工人,使在岗员工技术得到提升,促进许村纺织产业的发展,杭州职业技术学院协同海宁许村镇政府、海宁市家用纺织品行业协会、海宁市职业高级中学四方联动成立"杭海龙渡湖国际时尚产业学院",产业学院由许村镇政府牵线组织协调,立足海宁许村镇,依托海宁职业高中,以盐官镇、长安镇、马桥镇等地生源为主,协同海宁家纺协会,引入国家双高校杭州职业技术学院共同搭建技能人才培养培训平台,设置与当地产业链深度对接的纺织品设计、纺织服装电商等专业,与海宁伦迪纺织有限公司、杭州新欧纺织有限公司、杭州森染传播有限公司等 20 余家纺织服装企业深度合作,同时打破学科壁垒,实现教育链、产业链、创新链、人才链的深度融合。培养适应地方经济发展的高素质技能型、创新性人才(图 1)。

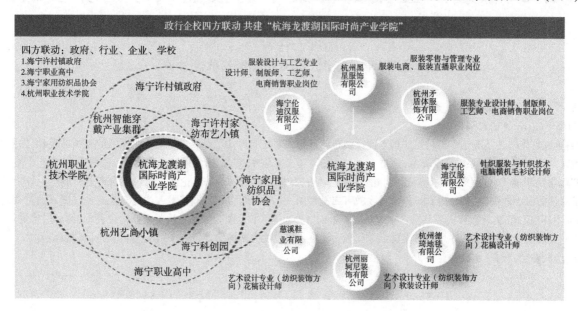

图 1　打破城乡教育二元格局,引入城市优质资源

2.2 构建三级组织架构,探索保障运行机制

传统的学院设置以专业导向为主,专业之间的校内藩篱很难打破,在产业合作方面存在一定的弊端与界限。产业学院根据杭州区域纺织服装产业发展需求,构建了理事会、院长、教学委员会分工负责、协调运行的三级管理组织架构。以产业学院为主体,联合牵头政府部门、协会、企业等成立理事会,产业学院负责人和牵头企业负责人共任理事会理事长和常务执行副理事长;实行理事会领导下的产业学院院长负责制,政府领导兼职任产业学院院长,副院长分别来自学校、政府部门、企业等理事单位;领导机构下设教学指导组、办公室、后勤保障组三个工作机构主任。理事会是决策机构,负责审定产业学院章程、发展规划、管理架构以及引进的重大项目(团队)及相关支持政策,考核产业学院工作情况和运行绩效;院长负责拟定产业学院发展规划、运行管理制度、人才培养方案、课程建设方案、师资调配、教学资源建设等;各工作组具体负责学院的专业建设、教学、科技成果转化、行政管理、学生管理、外联服务等工作(图2)。

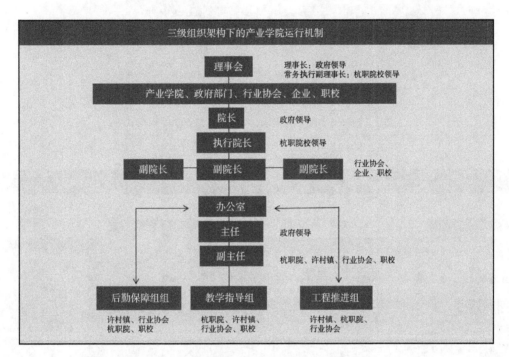

图2 构建三级组织架构,探索保障运行机制

2.3 针对中小微企业需求,构建"1315"教学组织模式

由行业协会根据不同品类纺织服装企业人才需求遴选有强烈合作意向的优质企业,同产业学院合作成立20个产品研发工作室,合作企业集中向学生宣讲企业现状即未来发展方向,工作岗位发展空间,学生根据个人职业发展规划与企业双向选择,建立研发团队,构建"1315教学组织模式"即1个工作室,3个专兼结合的专业教师团队,15个学生组成一个产品研发团队。工作室针对企业岗位人才需求,制定个性化人才培养方案,企业真实项目导入课堂教学,用企业岗位工作任务引领提升学生技能水平。"1315教学组织模式"1:5的专业教师师生比和"真实项目引领课堂教学"初步实现了高等职业教育的精英教育(图3)。

2.4 分解产品设计要素,构建"多专业融合"团队

本着"率先示范、能力互融,递进指导"的原则实现企业产品的开发与教学任务的实施。即教师互融专业团队通过打破原有专业壁垒,发挥专业群复合型育人优势,进行了"多专业融合"组织形态下的产业学院建设实践。围绕产业升级发展对高素质技术技能人才的需求,专业群来源于服装设计与工艺、针织服装设计与技术、艺术设计纺织装饰艺术设计方向、服装零售与管理3个专业4个方向所形成的国家"双高专业建设群"包括一个杭州特色专业(针织服装设计与技术)。充分发挥了各方优势作用,目前,"多专业融合"组织形态下的产业学院建设方兴未艾,已成为推进专业交叉融合、深化教育教学改革的重要着力点(图4)。

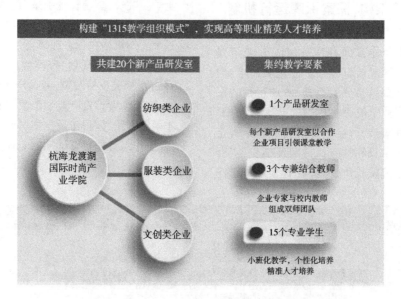

图3 针对中小微企业需求,构建"1315"教学组织模式

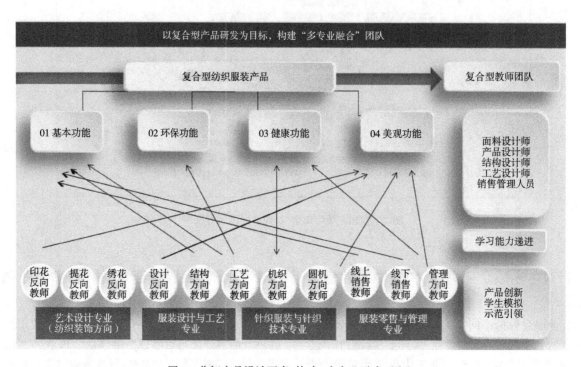

图4 分解产品设计要素,构建"多专业融合"团队

2.5 坚持"两走访三论证",岗位契合产业升级

针对企业产品升级、设备升级和技术升级,产业学院通过"两走访三论证"的人才培养方案修订机制,保障所培养的学生掌握技能适应企业岗位要求,即走访不少于30家许村镇纺织服装企业、深入调研了解企业用人现状及未来发展规划,用人规格,走访毕业三年以上的学生,了解他们在工作中的职业发展情况,对所学内容应用的有效性,听取他们的建议,汇总调研意见分解职业能力动向,及时修订人才培养方案,并通过专业组论证、企业专家论证和专业教学指导委员会论证后实施(图5)。

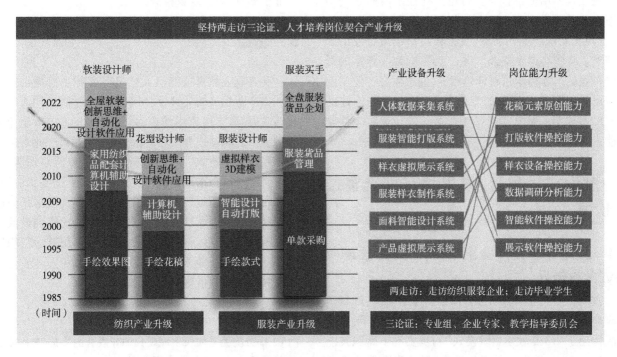

图5 坚持"两走访三论证"，岗位契合产业升级

3 创新高职教育服务地方产业的新模式，发挥"双高校"示范引领作用

3.1 创新实践对接纺织产业聚集区人才需求，打破城乡教育二元格局

引入城市优质资源，技术人才培养赋能乡村振兴的教育理念，将国家"双高校"杭州职业技术学院优质教育资源引入中国纺织重镇海宁许村镇，共建"杭海龙渡湖国际时尚产业学院"，从当地生源、当地培养、当地就业等方面构建四方协调保障机制，促进了地方村镇技术人才的培养，促进了地方经济的快速发展。

3.2 构建"双元主体"模式，实现教育资源共享

同时对接地方中小微纺织企业，在产业学院共建了"双元主体"的新产品研发室，即企业主导、投入项目、资金，学校主体，投入研发场地和研发团队，构建对接企业新产品研发的人才培养课程体系，进行创新性人才培养，通过新产品研发引领，满足技术技能人才、职业技能培训和新技术推广需要，创新提出职业院校、行业企业共享的"双元主体、双元共享、双元治理、双元服务"的"双元模式"。

3.2.1 "双元主体"有效解决了学生职业能力滞后于企业岗位要求的现象

在"企业投资支撑主体、学校提供场地及人力支撑

主体"的产品研发室共建模式下，校企共同构建了对接企业新产品研发的人才培养课程体系，用新产品研发带动创新性人才培养，有效解决了学校培养的学生职业能力永远滞后于企业岗位要求的现象。

3.2.2 "双元共享"推进了产品研发中心的良性运转

在"企业统筹规划、学校管理运作、教师研发引领"的新产品研发中心的管理模式下，构建了合作企业共享产品研发成果，高职院校共享人才培养成果共享模式，推进了产品研发中心的良性运转。

3.2.3 "双元管理"化解了人才培养方案陈旧老化的问题

在校企共建共管新产品研发室的前提下，对课程体系进行动态管理，将下一年度企业新产品研发内容，及时转化为课程内容，指导学生参与企业产品开发，有效解决了人才培养方案陈旧老化的问题。

3.2.4 "双元服务"提高了企业的新产品研发能力

构建了满足"创新型技术技能人才培养、和新技术（新工艺、新岗位）推广"等需要的产品研发室社会化模式，有效解决了企业技术研发能力薄弱的难题。

3.3 构建"1315"教学组织模式适应中小微纺织企业个性化技能人才需求

纺织产业产品种类众多，产品种类之间差异化比较大，从纱线的设计到纺织面料组织结构设计以及成品的款式设计和产品的推广，需要的技能型人才差异也比较大。由于许村镇纺织企业规模不大，对技能型人才的需求种类差异较大，对技能型人才种类的需求也比较多，

而高校在人才培养的岗位契合度上往往不能照顾到中小微企业的岗位需求。"杭海龙渡湖国际时尚产业学院"立足于纺织产业聚集地,直接面对中小微企业的人才需求。与中小微企业合作建立工作室,以工作室的形式对企业的人才需求进行订单培养,使学生在产业学院就可以学习到企业岗位的专业技能,产业学院构建的"1315"教学组织模式解决了中小微纺织企业对个性化技能人才需求的难题。

4　建设成效显著,成果具有可借鉴推广价值

4.1　立足许村镇产业聚集区,生源定位培养促进乡村振兴

政府行业企业学校四方合作创新办学模式,许村镇吸收当村镇生源培养培训成为当地企业技术骨干,产业学院构建了"1315 教学组织模式"初步实现了高职技能人才培养模式,学生质量逐年提高,年均初次就业率达98%,专业对口率达 85.5%,远超全省平均水平。毕业生留杭率超 60%,位列在杭高校第一。毕业生就业起薪达 4100 元/月,基本实现体面就业。

4.2　深化产教融合,赋能村镇经济,打造共同富裕示范区

4.2.1　以学促研,服务企业成效明显

许村镇投资 6000 余万元兴建的产业学院与许村镇纺织企业积极合作,以杭州职业技术学院为依托的产业学院投入优质教师资源,企业累计投入新产品研发 1000余万元,共同成立 20 个产品研发室累计为各中小微企业开发产品 2000 余款,针织样片 2000 余件,面料纹样2000 余款,合计 6000 余款。平均占企业研发项目投入市场比重的 26%,产值达 3000 余万元。

4.2.2　真实项目引领教学内容,促进课程开发水平不断提高

参与主持编写教育部针织技术与针织服装专业教学标准,开发"纺织服装类产品研发课程"18 门,开发了16 部系列产品研发项目教材。400 余个教学视频的建设。1500 人/年接受了新产品研发课程的培训。

4.2.3　参与国家重要研发项目,助力杭州区域纺织服装产业在全国的领先地位

参与了 G20 峰会国家领导人服装面料款式设计,对接小微企业的新产品研发室研发成果促进了许村镇家用纺织产业在新技术方面的应用与推广,促进村镇地方产业发展,助力实现乡村振兴。

5　总结

高等职业教育技能型人才培养赋能乡村振兴是促进地方产业发展的关键,杭州职业技术学院协同海宁许村镇政府、海宁市家用纺织品行业协会、海宁市职业高级中学四方联动成立"杭海龙渡湖国际时尚产业学院",构建新型教学模式,积极开展开展职工技能培训服务,让许村学子成为本地纺织产业聚集区企业的技术骨干,当地农民成为新型产业工人,让许村镇成为安居乐业的美丽家园。助力浙江省成为全国高质量发展建设共同富裕示范区,其办学模式,人才培养模式及教学组织对于产业聚集区技能人才培养数量的增加和人才质量的提高具有较强的借鉴作用。

参考文献

[1]　国务院关于加快发展现代职业教育的决定[EB/OL].[2014-06-23].教育部网站.

[2]　赵志群.职业教育的工学结合与现代学徒制[J].职教论坛,2009(36).

[3]　王剑,宋建军.校企合作产教融合与高职院校人才培养模式改革的路径探索[J].常州信息职业技术学院学报,2016(3).

[4]　杜旭东.产教融合、校企合作路径的探讨与实践[J].河南教育(职成教版),2015(2).

[5]　吴祝平.从校企合作走向产教融合:高职院校不可叶公好龙[J].黄冈职业技术学院学报,2015(1).

[6]　周萍.高职院校校企合作深度融合研究[J].教育与职业,2015(13).

[7]　陈锦琪,张梅,高宏.亮点五:创立校企合作模式 实现产教融合办学目标[J].中国培训,2015(19).

[8]　疏靖.高职教育与地方经济的共同发展[J].安徽商贸职业技术学院学报(社会科学版),2013,21(3):189-190.

[9]　段素菊,庄曼丽,董新稳,等.企业参与职业教育:现状、问题与对策:基于对北京部分大型企业的调查分析[J].中国职业技术教育,2012,10(3):100-101.

[10]　刘红.协同发展走大型国企与职业教育互动共赢之路:"鲁商集团"职业教育办学的理念、策略及探索[J].中国职业技术教育,2011,11(28):15-17.

[11]　程培塏,顾金峰.校企合作的企业决策模型:基于成本和收益的理论分析[J].高教探索,2012,10(5):88-89.

On the course construction and reform of clothing education ——from the perspective of first class curriculum construction

WU Qiong

College of Fine Arts and Design, Tianjin Normal University, Tianjin, China

Email address

544311376@ qq. com(WU Qiong)

Abstract： In order to improve the quality of the course, curriculum construction should be carried out with the goal of "first-class" curriculum construction. Firstly, we should pay attention to the combination of teaching content, cutting-edge development information and scientific research results. Curriculum should reflect the breadth and depth. Secondly, we should integrate advanced teaching methods with modern information technology, and understand the statistics of learning situation. We should reasonably adjust the teaching content and form to reflect the advancement and innovation. Moreover, we should design the teaching process based on students' "learning". It can cultivate students' ability of analysis, evaluation and innovation, and reflect the course challenge. Finally, we need establish an academic achievement evaluation system that can reflect comprehensive ability training and learning challenges for students. It can improve students' sense of achievement in learning. Of course, we also need the support and assistance of the teaching department in the construction of curriculum and teaching reform. It can establish a reasonable teaching management system, and become the strong backing of curriculum construction in terms of hardware equipment, recording, editing video and so on.

Keywords： first class curriculum; two characteristic and one level; promotion of information technology; curriculum design; participatory learning; achievement evaluation system

关于服装教育专业课程建设与改革的探讨 ——基于一流课程建设视角

吴琼

美术与设计学院,天津师范大学,天津,中国

邮 箱

544311376@ qq. com(吴琼)

摘 要： 以一流课程建设的标准进行课程建设,提高课程质量,首先,要注重教学内容与前沿发展信息、科研成果结合,体现课程的广度、深度。其次,要将教学方法与现代信息技术深度融合,了解学情统计,合理调整教学内容与形式,体现先进性与创新性。再次,要进行以学生"学"为主的教学过程设计,培养学生分析、评价和创新能力,体现课程挑战度。最后,要建立能够反映学生的综合能力培养与学习挑战度的学业成果评价体系,提升学生学习的成就感。当然,在建设课程与教学改革中,还需要教学部门的支持与辅助,建立合理的教学管理制度,在硬件设备、录制、编辑视频等方面,成为课程建设的有力后盾。

关键词： 一流课程;两性一度;信息化;课程设计;参与式学习;成果评价体系

1　引言

2019 年 4 月，教育部"六卓越一拔尖"计划 2.0 正式启动，其中一项核心任务是开展一流课程建设的"双万计划"，即建设 10000 门左右国家级"一流课程"和 10000 门左右省级一流课程，包括线上课程、线下课程、线上线下混合课程、虚拟仿真实验教学课程以及社会实践课程。因此"双万计划"一流课程已成为近年高等学校本科教育研究与课程建设的热门议题。对于服装与服饰设计专业本科教育来说，应该准确理解"一流课程"概念与建设标准，针对目前本科教育存在的问题进行课程改革实践，使服装教育得到良性发展[1]。

2　"一流课程"的定义

"一流课程"即"金课"，第 11 届中国大学教学论坛上，教育部高教司司长吴岩做了"建设中国'金课'"的报告，提出"两性一度"的理念，即课程要达到高阶性、创新性、挑战度。高阶性就是"培养学生解决复杂问题的综合能力和高级思维"，高校的教育目标则不能仅仅定位于学生学会知识和技能，更要注重思维的训练、能力的培养，有能够面对复杂问题时的综合素质。创新性首先要保证课程内容的前沿性与时代性，及时更新教学内容；二是要使教学形式先进性与互动性，运用先进的教学设备和教学方法，与学生能够充分沟通交流，而不是单一的讲授；三是学习成果具有探究性和个性化，不能一成不变，也不能简单的指出对错，而是要让学生能够充分的思考，发挥个性特点。挑战度是指课程要有一定难度，要拓展课程深度。陈宝生部长也提出要对大学生"合理增负"，使老师要认真备课，以学生"学"为中心设计课程，激发学生的兴趣与潜能，学生则要在课上课下用更多的时间和精力用于学习和思考[2]。

3　服装教育专业课程的现状与问题

通过对一流课程的了解，能够看出今后高校教育中课程建设的目标和方向，也是服装教育课程建设的目标与方向。服装与服饰设计专业课程是属于艺术类的课程体系，艺术本身是具有时代性和个性化的，其课程形式与内容应该更具有丰富性，但目前服装教育专业课程还存在着许多的不足。

3.1　课程内容的前沿性不足，教学形式单一

课程内容和知识结构还存在时代性、前沿性不足的现象，如课件中的图例更新不及时，很多样例图都是许多年前的服装，甚至有些课程应该有图例的却很少，不利于学生理解。知识结构里也缺少前沿的新知识、新思想。教学形式上，现在很多课程都采用的是多媒体课件教学，但课件设计存在图片、文字搬家的情况，没有充分将多媒体的特点发挥出来。有些课程还在用传统黑板式教学，虽然是课程性质决定，但也不免有占时多、进度慢的缺点，例如服装结构设计类课程，老师在黑白上演示，学生做笔记，这样有利于学生跟上制图进度，理解手工制板的工具运用与制图技巧，但耗时较多，课堂时间有限，课时用于基础板型绘制多，用于创新就十分有限。并且，传统的教学形式也使得老师不能及时充分掌握学生的学习进度和理解程度，往往作业交上来再去指正，课程已经进入了下一环节。

3.2　课程注重讲授知识技能，忽视了能力培养

服装教育目前大多数还是采用传统教学思路，以教材或教学大纲内容为出发点，以讲授重点、难点为中心展开，专注老师教授知识点。如在理论知识课程，重在讲课，互动少，气氛不活跃，学生学习效率不高。技术、技法类的课程，主要在于教会学生技能，如服装结构设计课程，服装工艺课程等，一半课时都是老师技术演示，另一半时间是学生基础经典款型实践训练，让学生掌握制板和缝纫技术。老师能做到对技术进行一对一的指导，但却很少有让学生提问思考、自主创新的环节，即使有创新设计的课后的设计作业，但由于课时有限，引导不充分，使得学生思考不足，创新能力不强。从而导致学生还是拿到复杂款式时，制板、制作都不能达到理想效果。

3.3　教学过程没有进行系统设计，课堂学习效率不高

由于传统教学是以老师"教"为主，因此，教学过程通常是老师讲授的过程，教学方法往往根据教师的经验，没有考虑学生如何去"学"，不了解学习与记忆的规律性，没有对课程进行系统的设计。有些学生学了后面忘了前面，或者学的浅显不够深入，掌握了基本技能却不能举一反三，学习效率不高，达不到高阶性要求。经过教师长期的教学实践和理论研究得知，教学传播是一个复杂的过程，包括了教学信息来源、教学内容、教学媒体、教学对象和教学评价，而"教学设计是一个系统化规划教学系统的过程"[3]，因此只有通过老师精心的设计，采用恰当的方法才能够有高质量的教学效果。

4　服装教育专业课程建设与改革

4.1　注重教学内容与前沿发展信息、科研成果结合

课程前沿性与时代性的体现，首先要注重教学内容

与前沿发展信息结合,优化资源配置。服装行业本身是时尚性行业,设计理念、设计手法、流行趋势都在不断地更新,掌握最新的时尚资讯对于服装教育来说是不可或缺的。在教学上不能仅仅以教材为内容,而是要以课程知识点为基础,充分利用网络资源将最新时尚资讯、服装款式、设计理念、前沿信息融入教学内容,丰富学生的学习资源。还可以以优质的线上慕课作为参考优化课程,以实地考察、实际操作等视频为辅助,以此充实教学内容。其次,教师也应该不断提高自己的专业素养与科研能力,对当代技术、创新课题进行深入探究,将学术研究、科研成果运用于教学,作为学生深入理解、知识拓展部分,体现课程的广度、深度。

4.2　教学方法与现代信息技术深度融合

随着信息技术的发展,实现了通信现代化、计算机化,网络已经进入我们生活和学习的各个方面,信息成倍增长,知识更新快,使得现代教育必须面对这种变化,因此信息化已经成为当今教育发展的趋势,"以信息化带动现代化,通过技术支持促进教育跨越式发展也已成为世界各国发展教育的一个共识"[4]。并且信息技术与智能设备也在改变人们的行为观念、阅读习惯和写作方式,尤其对于从小就处在信息化时代的学生们来说更是如此。将教学方法与现代信息技术深度融合,使学习方式符合时代发展趋势,让学生建立良好的课下自主学习,课上勤于思考解决问题的习惯。教师也能通过信息化的数据统计及时掌握学情信息,梳理学生的学习轨迹,反思学生的学习效果,帮助教师更好的引导学生的学习。

服装作为产品需要艺术与技术融合,服装教育则需要有艺术理论的基础,又要有技术操作的实践,根据理论与实践的比例,服装与服饰设计专业课程大体可以分为史论课、专业基础类课程、专业设计类课程和实践类课程。前者为纯理论课,后者为纯实践课,中间两类为理论和实践并重的课程。根据一流课程的建设分为五大类课程,线上课程、线下课程、线上线下混合课程、虚拟仿真实验教学课程以及社会实践课程。"线上"就是依托互联网平台进行教学,是信息化体现的基本形式之一。其优势在于可以远程传播与共享,即在有互联网的前提下,不受地理限制,不限制人员类型,极大程度为学习提供了便利。包括录播和直播两种形式,在一流课程建设中以录播形式为主,课程内容经过精心的设计与视频编辑,可以回看的特点有利于学生对难点的复习。现在的很多的教学直播平台也支持视频回看。此外,学习分析技术的运用可以对大规模学生数据进行分析,现在许多教学平台都能够对学生的学情进行统计,教师可以掌握学生的任务点完成状态、回看率等学习动态,了解学生的学习需求与能力水平,促进提供个性化学习支

持[5]。这也是信息化的核心优势。线上课程适合史论课,不涉及实践与辅导,可以通过线上视频讲解与互动答题来完成学习内容。专业基础类、设计类课程由于需要实践与辅导可以建设为线上线下混合式课程,线上预习基础内容,线下进行深入分析与创新设计。对于一些现实操作困难,有硬件和技术难度限制的课程可以建设虚拟仿真实验课程。

"线下"就是不依托互联网平台,师生面对面进行教学,传统教学模式下的课程就属于线下课程,有着便于学生提问,教师及时答疑的便利师生互动的特点,并且面对面讲授使教师有亲和力,使课堂相对线上教学更有"温度"。但由于课时的限制,即使是难点也不能够反复多次的讲解,实践训练环节也相对受限。当然将课程内容和形式进行精心设计也能够成为优秀的线下课程。在信息化教学方面也可以与教学软件与平台结合,现在一些教学平台也支持线下课程,在互联网环境下,将智能手机与电脑结合可以进行签到、讲课、答题、讨论,并可以对课堂学情进行统计。

4.3　以学生"学"为主进行信息化教学设计

在信息化时代的教学设计应该是"运用系统方法,促进以学生为中心的学习方式的转变,充分地、恰当地利用现代信息技术和信息资源,科学地安排教学过程的各个环节和要素,意识形态教学过程的优化"[6]。其核心内容就是,在信息化环境下,以学生"学"为中心进行系统的教学过程设计。

教学设计首先要遵循记忆曲线的规律,也被称为"艾宾浩斯(H. Ebbinghaus)记忆遗忘曲线",曲线显示遗忘是伴随学习之后就开始了,遗忘速度呈先快后慢曲线下降的趋势,6天之后只剩下25.4%的记忆。因此,在课程中不能够一直灌输知识,要将讲授与复习、反思、翻转课堂交错进行,使学生循序渐进地掌握知识,使得学习曲线呈现波浪的曲折反复形态,最终达到记忆深刻[7]。教师应该以学生为中心为教学理念,将课程模块化,可以设置为一周一模块;教学结构化,每堂课都设置教学目标、内容,包括测验、学习、总结的学习过程设计。例如,采用加拿大教师技能培训 ISW 中心提出的 BOP-PPS 教学模式,即导言(bridge-in)、明确学习目标或成果(objective/outcome)、先测(pre-assessment)、参与式学习(participatory learning)、后测(post-assessment)、总结(summary)。首先导入课程主题,明确本次课程需要达到的目标,对以前的内容进行复习测试,参与式学习,课后测试,学习总结[8]。

服装专业课程是以设计为目标的,有很多设计课程成果本就需要学生的参与,因此参与式教学是非常适合服装专业课程的。具体的教学形式有很多类型,如基于资源的学习(resource based learning,RBL),教师推荐各

种资源,设定目标,引导学生利用资源进行学习,使他们在学习中获得基本知识,并能够形成独立的学习技能,适合理论性课程。"基于案例"的教学方法(case-based learning, CBL),以案例为基础,设置问题,进行讨论,这既适合理论教学又适合设计实践的分析[6]。以团队为基础学习(team-based learning,TBL),以个人测试、小组测试以及应用性练习为主的教学模式。还有基于问题的学习(problem learning,PBL),提出较为复杂、有意义的问题,学生可以带着问题学习,并且可以以小组合作的形式共同解决问题,促进学生自主学习、分析问题、解决问题的能力,培养协同合作精神,适合专业设计实践类的课程[9]。这些都适合设计实践性的课程,例如,对复杂款式的制板,对创新主题的设计等。这些都是以学生为中心的教学模式,现代化信息技术环境下,让学生充分参与到教学中,促进学生自主学习,培养学生分析问题、解决问题的能力,以及协同合作精神。

4.4 建立相应的学习成果评价体系

学习成果是指学生学习完成课程后所达到的预期目标,由于教学理念的改变,学习成果评价也要相应的变化,建立以学生"学"为中心的评价体系[10]。首先按照一流课程的建设的标准,在进行教学活动设计时就要有意识的涉及认知、技能、情意三方面的课程目标,然后根据课程的教学模式,制订每项教学活动设定相应的成果评价分值,如线下课程的评价体系需要包括出勤、互动、小测试、平时作业、调研、分析汇报、结课作业、期末测试等。包含线上学习的课程则还需要包括在线的视频学习、作业、练习、互动,翻转课堂的作业反馈、测试成绩等,做到评价内容系统化、指标设置多元化[11]。严格考试评价,增强学生经过刻苦学习收获能力和素质提高的成就感,反映学生的组织、分析、协作、应变、表达、数据处理等方面综合能力培养与学习挑战度。

5 结语

以一流课程建设的标准进行课程建设,提高课程质量,首先要注重教学内容与前沿发展信息、科研成果结合,体现课程的广度、深度。其次要将教学方法与现代信息技术深度融合,了解学情统计,合理调整教学内容

与形式,体现先进性与创新性。再者,要进行以学生"学"为主的教学过程设计,培养学生分析、评价和创新能力,体现课程挑战度。最后,建立能够反映学生的综合能力培养与学习挑战度的学业成果评价体系,提升学生学习成就感。当然,在建设课程与教学改革中,还需要教学部门的支持与辅助,建立合理的教学管理制度,对于线上课程部分的教学工作量的审核与认定、在线教学时的教师岗位认定等方面做到明确、合理。在课程建设与改革方面,提供硬件设备、视频录制、编辑等方面的辅助支持,成为课程建设的有力后盾。

参考文献

[1] 教育部高等教育司. 中国高等教育的质量革命启动实施"六卓越一拔尖"计划 2. 0 有关情况[EB/OL]. [2019 - 04 - 29]. http://www. moe. gov. cn/fbh/live/2019/50601/sfcl/201904/t20190429_379943. html.

[2] 吴岩. 建设中国"金课"[J]. 中国大学教学,2018(12):4-9.

[3] 徐丹旭. 美术信息化教学设计[M]. 重庆:西南师范大学出版社,2018.

[4] 徐丹旭. 美术信息化教学设计[M]. 重庆:西南师范大学出版社,2018.

[5] 靳晓燕. 十大新技术 教育大变样[N]. 光明日报,2014-6-26(12).

[6] 李文高. 教学设计的新领域:信息化教学设计[M]. 昆明:云南大学出版社,2013.

[7] 施小明,王娟玲. 基于艾宾浩斯遗忘曲线理论的实践教学组织设计[J]. 中国教育技术装备,2016(7):88-89.

[8] 曹丹平,印兴耀. 加拿大 BOPPPS 教学模式及其对高等教育改革的启示[J]. 实验室研究与探索,2016(2):196-200.

[9] 曹净植. PBL 与 TBL 两种教学模式之比较[J]. 教育教学论坛,2014(5):88-89.

[10] 王新颖. OBE 工程教育模式下学生学习成果达成度评价方法研究:以贵州理工学院为例[J]. 教育教学论坛,2019(12):215-217.

[11] 曹清清,袁馨怡,宋丹萍. 基于学生学习成果导向的教学质量评价体系研究[J]. 改革与开放,2019(19):71-73.

Practical research on promoting the regional non-material cultural heritage in the integration of culture and education by local universities ——take Wuhan Textile University as an example

ZHANG Dan[1,*] ZHAO Jinlong[2]

1 *School of Communication, Wuhan Textile University, Wuhan, China*
2 *School of Fashion Technology, Wuhan Textile University, Wuhan, China*

Email address

10053433@ qq. com(ZHANG Dan) ,fzgh@ wtu. edu. cn(ZHAO Jinlong)

Abstract:As the regional cultural center, local universities gather a large number of resources in the region, which is an important driving force for regional cultural construction. The advantages of local universities, such as human resources, material resources, intelligence and discipline integration, scientific research platforms, and academic atmosphere and so on. Provide good conditions for the regional non-material cultural heritage. Taking Wuhan Textile University as an example, this paper analyzes that local universities promote the regional non-material cultural heritage and realize the deep integration of culture and education.

Keywords:local universities; non-material cultural heritage; inheritance culture; practice

文教融合中地方高校推动区域非遗传承的实践研究 ——以武汉纺织大学为例

张丹[1,*],赵金龙[2]

1 传媒学院,武汉纺织大学,武汉,中国
2 服装学院,武汉纺织大学,武汉,中国

邮　箱

10053433@ qq. com(张丹) ,fzgh@ wtu. edu. cn(赵金龙)

摘　要:地方高校是区域文化中心,聚集了区域内众多资源,是区域文化建设的重要驱动力。地方高校所具备的人力、物力、智力和学科融合、科研平台、学术氛围等优势,为区域性非遗的传承提供了良好的条件。本文以武汉纺织大学为例,分析了地方高校推动区域性非遗传承,实现文化和教育深度融合。

关键词:地方高校;非遗;传承;实践

1　引言

非物质文化遗产(以下简称"非遗")是文化遗产的组成部分,是中华优秀传统文化的重要载体与表现形式,集中体现为各民族长期生产生活的传承实践成果[1]。非遗具有区域性的特点,是地方优秀文化的代表,突出表现区域的历史内涵和文化底蕴、道德风尚。区域性非遗的保护传承对于发扬民族文化优秀传统,增强民族文化自信,促进区域经济文化建设都具有重要而深远的意义。

高等院校肩负着为社会培养人才、学术研究、社会服务以及文化传承四项基本功能[2]。地方高校是区域文化中心,聚集了区域内众多资源,是区域文化建设的重要驱动力。地方高校所具备的人力、物力、智力和学科融合、科研平台、学术氛围等优势,为区域性非遗的传承提供了良好的条件,地方高校推动区域性非遗保护传承成为文化和教育深度融合的典范[3]。

2 地方高校推动区域非遗传承的可能性

当前,非遗工作由文化部门或非遗保护部门牵头来管理,但从事非遗保护传承的力量并不仅仅只有传承人和文化部门,高校、学者、广大的师生、爱好者也是一支雄厚的力量。按照管理的权限,文化部门或非遗保护部门没有直接的权限对其他人群的非遗保护和传承工作进行管理,文化部门或非遗保护部门必须实现文化和教育的深度融合,整合这些非遗保护传承资源,将资源掌握者纳入非遗保护传承的体系进行管理和指导[4]。

2.1 地方高校的职能契合了非遗传承的需求

高校人才培养、学术研究、社会服务以及文化传承的职能契合非遗传承的需求。目前,区域性非遗面临严重的人才短缺危机、传承危机,地方高校可以利用高校的教学资源,为非遗传承培养合适的人才。2015 年,文旅部联合教育部、人社部实施"中国非物质文化遗产传承人研修研习培训计划",自实施以来,截至 2019 年 6月,全国有 110 余所高校(其中大部分为地方高校)积极参与研培计划,已举办研修、研习、培训 670 余期,培训传承人群近 2.8 万人次;加上各地延伸培训,全国参与人数达 9.7 万人次,极大地提升了非遗保护传承水平[5];区域性非遗研究的滞后也影响非遗的保护传承,需要借助地方高校的研究平台、学者和研究人员就非遗的理论问题、实践难题等展开研究,提升非遗保护传承的根基。国家社科基金、国家艺术基金和地方社科基金资助高校开展非遗研项目的研究越来越多,据不完全统计,近五年来,高校在国家社科基金、国家艺术基金关于非遗研究的立项达 200 多项,项目研究除在艺术学、民族学、社会学、人口学、文学外,历史学、哲学、法学、体育学、管理学、经济学、图书馆情报学、新闻传媒学等都有涉及,目前,基本上每个省级以上非遗项目在当地高校都有相关研究在开展;高校培养的非遗相关人才直接充实到非遗的管理、保护等相关部门和机构,越来越多的非遗传承人通过研培计划,接受高校的优质教育,提升了自己的综合素质,提高了非遗传承的能力,越来越多的研究成果被政府和企业采用,转化为非遗保护传承的动力,越来越多的高校将非遗引入高校,让中华优秀传统文化内化为高校的校园文化,越来越多的师生成为非遗的爱好者和传播者,成为中华优秀传统文化的坚定传播者[6]。

2.2 地方高校的参与提高了非遗传承的能力

地方高校利用学科、科研、教学、人才的优势,提高区域性非遗传承的能力。湖北省既是高教大省,也是非遗大省,具备普通本专科招生资格的高等学校 127 所(含部委所属院校 8 所),在校大学生 120 多万人[7]。湖北省有人类非物质文化遗产代表作名录 4 项、国家级名录 100 项(127 个项目保护单位),省级名录 351 项(546个项目保护单位),有国家级项目代表性传承人 103 人,省级项目代表性传承人 671 人,有国家级文化生态保护实验区 1 个,省级文化生态保护实验区 13 个,国家级非物质文化遗产生产性保护示范基地 5 个,省级非物质文化遗产生产性保护示范基地 19 个[8]。丰厚的教育资源与丰富的非遗资源在湖北有效的结合,2013 年开始,湖北省文化厅、教育厅联合在 20 所高校建立非物质文化遗产研究中心,湖北也成为全国首个在高校建立非遗研究中心的省份。地方高校依托自己的优势学科,先后展开了非遗十大门类的研究和传承工作,其中,武汉纺织大学依托纺织服装学科优势,开展湖北纺织、印染传统美术、手工技艺保护与传承研究;中南民族大学依托民族学的优势,开展湖北少数民族非物质文化遗产研究和传承;湖北大学依托文学优势,开展民间文学、地方戏曲研究;武汉体育学院依托体育学科优势,开展湖北传统体育、竞技研究与传承;武汉音乐学院依托音乐学,开展湖北传统音乐、传统舞蹈研究与传承;湖北中医药大学依托中医药学科优势,开展湖北中医、中药保护研究与传承,湖北美术学院依托艺术学科优势,开展湖北传统美术、手工技艺研究与传承,地方高校的加入,丰富了非遗保护的举措,激发了非遗传承的活力,促进了非遗与现代生活的融合,在增加城乡居民就业、促进精准扶贫、带动地方经济社会发展等方面发挥了积极作用[9]。

2.3 非遗保护传承提升了地方高校办学水平

区域性非遗在地方高校的传承也密切了院校与地方社区的联系,促进了地方高校相关的学科专业建设,增强了高校的文化传承和文化创新能力。区域性非遗作为优秀传统文化被引入校园,最具代表性的传统美术、音乐、技艺,民间文学等融入现代课堂,增强了教育的文化内涵和课堂的吸引力,深受广大学生的喜爱,广大师生植根优秀传统文化所进行的创作和设计,在国内外设计、创作大赛中屡次获奖[10];地方高校在开展区域性非遗研究中,涉及艺术学、社会学、民族学、文学、工学等多学科知识,很多高校在学科资源整合的基础上开设非遗方向,这都极大地促进了高校的学科交叉融合;非遗的民间性和活态性引导师生开展广泛的调研和田野考察,这夯实了研究的基础,提升了高校的研究水平和实力,密切了院校与地方社区的联系;区域性非遗在地方高校的传承为高校传承中华优秀传统文化提供了有力的抓手和载体,区域性非遗中的优秀传统文化基因浸润和丰富了高校的文化内涵,非遗活态传承的感染力激发了广大学生认知、学习中华优秀传统文化的热情,校园非遗传承社团和活动此起彼伏,极大地丰富了高校的校园文化,增强了高校的文化传承和文化创新能力[11]。

3　武汉纺织大学推动区域非遗传承的实践

武汉纺织大学是目前国内唯一一所以纺织命名的大学,学校植根荆楚地区纺织类非遗的沃壤,依托纺织、服装、艺术等学科、人才优势,与地方文化部门、传承人群、文化企业等非遗保护组织形成联动,探索一条"科学研究为基础、教育教学为抓手、创新开发为途径、保护传承为目标"地方高校推动区域非遗的系统化保护传承之路。

3.1　打造非遗研究平台,深挖非遗文化内涵

非遗研究是非遗保护传承的基础,2009 年,学校率先成立非遗研究室,开展湖北省纺织、印染传统美术、手工技艺保护与传承研究;2013 年,学校获批成为首批湖北省非物质文化遗产研究中心,并建成 1000m² 的独立学术研究平台,以研究平台为基础,将艺术、服装、纺织、印染、传媒等相关学科进行整合,在学报《服饰导刊》开辟"非遗研究"固定栏目,加强区域非遗研究;2014 年,学校在艺术学科单独设立非遗方向,并招收硕士研究生、培养高素质非遗研究、保护、传承专门人才,非遗方向研究生招生每年爆满。经过多年的努力,学校形成了以教授、博士、工艺美术大师和传承人为主导的 40 多人的研究团队,对荆楚地区纺织非遗进行全面、数字化调查、记录、整理与保存,较为全面地掌握了荆楚纺织非遗的数量、空间分布、传承与保护等生存状态;近十年来,学校非遗研究中心先后承担并完成国家社科基金、艺术基金 3 项,教育部、文化部以及湖北省、武汉市社科基金等科研项目 30 多项,发表非遗相关学术论文 180 多篇,出版专著和教材 28 部,其中《荆楚汉绣》填补了国内该领域研究的空白;学校还积极推动研究成果的转化,相关研究已引起国家非遗中心、湖北省文旅厅、湖北省非遗中心、武汉市政府等政府、研究机构、社会团体的高度重视,先后协助湖北省文旅厅起草了《湖北省手工技艺振兴计划实施意见》,帮助湖北省质量技术监督局起草并发布了《汉绣行业标准》,协助湖北省文化厅和武汉市文化局举办两届湖北省和武汉市非遗产品设计大赛,部分非遗研究成果,通过人大代表和政协委员,转化为议案和提案,推动政府、社会对非遗的关心和关注,督促非遗相关问题的解决。

3.2　建设非遗传承基地,推动非遗活态传承

非遗的活态传承是非遗保护的根本,学校积极搭建区域非遗在校园传承的舞台。2015 年,学校建成 500m²

的湖北省纺织非遗传习馆,汉绣、黄梅挑花、红安绣活、阳新布贴、西兰卡普、红安大布等代表性非遗项目在学校传承;2017 年,学校在湖北省纺织非遗传习馆基础上申报的《鄂东民间挑补绣传习基地》(荆楚纺织非遗馆)项目入选国家《"十三五"时期文化旅游提升工程》重大建设项目储备库,中央、地方、学校共同投资 1000 万元,2018 年建成全国高校首个中央投资建设的非遗传习馆,3000m² 的非遗馆汇集了荆楚地区 22 个省级以上纺织类非遗项目,年参观学习 20000 多人次,成为学生和周边社区居民非遗传承的"打卡地",极大地丰富湖北地区纺织非遗文化内涵;2019 年,学校《"汉绣"传承基地》被教育部认定为全国普通高校中华优秀传统文化传承基地,未来将通过抓实非遗的课程建设、社团建设、工作坊建设、科学研究、辐射带动、展示交流等环节,有力地推进中华优秀传统文化全方位融入高校教育。

3.3　实施非遗进课堂,丰富高校教学形式

非遗进课堂是高校非遗传承的主要途径,传统美术、手工技艺类非遗项目是高校艺术教育的文化源泉,学校作为艺术特色院校,大力实施"非遗进课堂"活动。2010 年,学校将汉绣、黄梅挑花等极具荆楚地域特色的国家级非遗项目引进校园,在湖北省高校首开非遗公选课,聘请汉绣国家级传承人黄圣辉、黄梅挑花国家级传承人石久梅等传承人担任指导老师,开展非遗的理论和实践教学,十年来,传承人、教师共同授课的非遗课程成为纺大"最火爆"的人文通识课,并被评为纺大的品牌课程;学校还将艺术设计、服装设计、染整设计、纺织工程等特色专业、课程进行改革,融入区域纺织类非遗项目,采用非遗传承人与专业教师联合备课、共同教学的模式,推动优秀传统文化融入现代时尚设计,既提高了课堂的吸引力,又增强了设计的民族性,还促进了非遗项目时尚化、生活化;2016 年学校成为文化部、教育部首批研培计划实施高校,四年间先后承办了六期传承人群研培班,培训了全国及湖北省的 300 多名纺织类非遗传承人和从业者,学校探索的"不失其本,强化基础,保持特色,个性研培,教学相长,学研结合"的培训模式,受到培训学员和文旅部的充分肯定,研培成果"挑绣之韵""新织楚裳"先后入选文旅部 2018 年、2019 年"锦绣中华"非遗服饰秀展演,亮相北京恭王府和景山公园,成为全国非遗年度大事;非遗研培、非遗公选课、非遗设计课深受广大同学的欢迎,每年毕业生多篇非遗研究论文获得湖北省大学生优秀成果奖,带有非遗元素的设计作品,先后荣获全国非遗大展金奖、俄罗斯设计金奖、法国院校时尚设计大奖、全国设计院校设计金奖、新人奖等的国内外大奖 50 多项,非遗教学成果先后荣获湖北省教学成果一、二等奖、中国纺织工业联合会教学成果二等奖等奖项。

3.4　推动非遗进校园,凝练校园文化品牌

区域非遗在高校的传承,极大地丰富了校园文化,学校将"崇真尚美"的校训融入非遗传承的过程,凝练出特色鲜明的"美在纺大"校园文化品牌。学校将非遗传承作为学校文化建设的重要工作,通过开展汉绣T台秀、黄梅挑花成果展、红安大布技艺展、非遗大讲堂、非遗服饰秀、非遗社团行等形式多样的非遗传播活动,推动非遗保护传承;2015年,学校申报的《弘扬荆楚文化　传承汉绣技艺》成功入选教育部第一批"礼敬中华优秀传统文化"系列活动全国高校特色展示项目;每年寒假、暑假,在老师的带领下,非遗社会实践分队开展田野调查社会实践活动,为非遗的研究、保护、传承积攒了大量的一手资料,以荆楚非遗调研为主题的项目先后获得全国"挑战杯"大赛银奖、累计进步奖、湖北省"挑战杯"大赛特等奖、一等奖、二等奖等10多项,社会实践团队连续四年被共青团中央、教育部评为"优秀社会实践分队",并被中国教育报评为"2011年感动中国高等教育十件新闻大事";带有浓郁区域非遗特色的"美在纺大"校园文化品牌先后荣获全国高校校园文化建设二等奖、湖北省高校校园文化建设一等奖,《光明日报》《中国教育部》《中国文化报》《湖北日报》等主流媒体多次聚焦纺大,对非遗融入大学的经验进行专题报道,"美在纺大"成为纺大的"文化名片"。

3.5　联合非遗保护力量,优化非遗传承生态

非遗保护传承,需要社会各界力量的支持,学校充分发挥联络广泛的优势,通过校企、校地、校政合作的形式,扩大非遗朋友圈。通过研培和研发,积极筹备非遗文创产品"走出去",学校设计师与非遗传承人牵手创作,在尊重和理解传承人手工技艺特征的基础上,针对荆楚地区的纺织类非遗进行相关文创产品的开发,帮助传承人群改良和提高非遗文创产品的品质和质量,支持非遗传承人参加中国非遗博览会、国际非遗节、中国长江非遗展等各种非遗展会,鼓励非遗走出国门,走向世界,增加传承人的市场收入,实现非遗传承人"手工养民";2013年,学校与武汉旅游发展投资集团有限公司、《长江日报》报业集团签署武汉汉绣产业发展战略合作协议,成立武汉汉绣产学研发展中心,共同组建汉绣发展公司,这是武汉市首个具有自主研发、设计、生产和销售能力的汉绣产业链发展平台。2017年,学校与武汉市政府签署市校合作协议,曾任湖北省委副书记、武汉市委书记陈一新表示,发挥武汉市成为中国第四个"世界设计之都"优势,携手武汉纺织大学打造中国时尚名城,积极保护和传承汉绣技艺,重振汉派服装荣光。2019年,携手武汉市政府、江汉区政府共同建设集设计、制作、教学、体验、展示、交流、销售为一体的国内唯一的汉绣聚集地"中国汉绣圈";学校积极响应国家扶贫政策,开展"非遗+扶贫"工作,与国家级贫困区恩施土家苗族自治州土家山寨公司共同设计开发的非遗——西兰卡普系列皮包、家居用品,带动贫困山区非遗传承人群就业,非遗文创产品走出国门,受到了新西兰、俄罗斯、德国民众的欢迎;持续八年支持国家级贫困县红安县探索传统工艺助力精准扶贫的"红安模式",带动建档立卡户1000人,扶持非遗项目红安大布、红安绣活开展"合作社+农户+市场"的传承,帮助红安县开发红安大布系列产品,从大布配色、织造到家纺产品设计,全民提升红安大布的产品附加值,设计制作的非遗文旅产品深受市场欢迎,切实增加了非遗从业者的收入,实现了"精准扶贫"。

4　结论

区域非物质文化遗产文化在地方高校的传播与传承为教育和文化的深度融合提供了可行路径,地方高校(纺大模式)的有效探索使区域文化和高等教育都受益匪浅,扩大和加深文教融合,是提高地方和高校治理体系和治理能力现代化的可行探索,也是推动地方经济社会文化高质量发展的必由之路,更是增强文化自信的必然选择。

致谢

本文为湖北省教育科学规划2019年度重点课题《高校思政融入艺术教育的路径研究》(2019GA027)的阶段性成果之一。

参考文献

[1]　联合国教育、科学及文化组织.保护非物质文化遗产公约[EB/OL].2006 - 04 - 20. https://www. un. org/zh/ documents/treaty/files/ich. shtml.

[2]　刘春惠.试论大学功能的扩展[J].大学(研究与评价), 2007,12(8):81-86.

[3]　翁颖萍.地方高校如何传承区域非遗[N].光明日报, 2019-02-08(5).

[4]　文化和旅游部.文化部近年来非遗保护工作回顾[EB/ OL]. [2014 - 03 - 10]. https://www. mct. gov. cn/whzx/ bnsj/fwzwhycs/201403/t20140310_765192. htm.

[5]　文化和旅游部.中国非物质文化遗产传承人群研修研习培训计划实施方案(2018—2020)[EB/OL]. [2018 - 04 - 26]. http://zwgk. mct. gov. cn/auto255/ 201805/t20180503_831970. html.

[6]　罗微,高舒.2016年中国非物质文化遗产保护发展研究报告[J].艺术评论,2017,4(2):21-33.

[7]　湖北省教育厅.2017年湖北教育事业发展概况[EB/

OL]. [2018 - 02 - 09]. http://www. hubei. gov. cn/
fbjd/xxgkml/sjfb/201802/t20180209_497126. shtml.

[8] 文俊. 非遗网络传播湖北行启动[N]. 湖北日报,2017-
09-25(3).

[9] 郑翠仙. 周峰. 湖北省非物质义化遗产与高校艺术教育
的融合[J]. 湖北社会科学,2014,11(3):68-70.

[10] 宁峰,马小妹. 近十年来高校参与保护与传承非物质
文化遗产的回顾与前瞻[J]. 南昌师范学院学报,
2017,38(1):45-48.

[11] 龚春英. 地方高校传承本土非物质文化遗产的路径研
究[J]. 长春大学学报,2019,4(4):59-62,67.

Exploration of nonwoven technology teaching reform during the novel coronavirus epidemic

WU Qinghua, LIN Junyu, HUANG Weigeng, WU Yuxiao*

School of Textile Materials and Engineering, Wuyi University, Jiangmen, China

Email address

2431137301@ qq. com (WU Qinghua), 757690054 @ qq. com (LIN Junyu), 1696990157 @ qq. com (HUANG Weigeng), 453822577@ qq. com(WU Yuxiao)

Abstract: The novel coronavirus epidemic has brought challenges and opportunities for education. The necessity and urgency of higher education teaching reform has once again been highlighted. Taking the nonwoven technology course as an example, this paper initially discusses the reform ideas of teaching methods, teaching content and assessment methods under the influence of the novel coronavirus epidemic, and provides a reference for the reform and innovation of college education in the new era.

Keywords: Nonwoven technology; teaching reform; teaching methods; curriculum politics

新冠肺炎疫情背景下的"非织造技术"教学改革探索

吴清华,林俊裕,黄伟庚,吴玉潇*

纺织材料与工程学院,五邑大学,江门,中国

邮　箱

2431137301@ qq. com(吴清华),757690054@ qq. com(林俊裕),1696990157@ qq. com(黄伟庚),453822577@ qq. com(吴玉潇)

摘　要:新冠肺炎疫情给教育带来了诸多考验和挑战的同时也带来了新的机遇,高等教育教学改革的必要性和迫切性再一次凸显。本文以"非织造技术"课程为例,初步探讨了在新冠肺炎疫情影响下教学方法、教学内容和考核方式等的改进思路,为新时代高校教育的改革创新提供参考。

关键词:非织造技术;教学改革;教学方法;课程思政

1　引言

2020 年伊始,一场突如其来的新冠肺炎疫情对高校线下教学模式产生了前所未有的冲击。鉴于新型冠状病毒传播的特殊性,全国各地延迟开学;同时为了不影响正常的教学秩序,教育部号召全国各高校通过在线教学方式实现"停课不停教,停课不停学"。随后,全国各高校纷纷制定出台教学实施方案,并积极组织教师参加各种网络授课平台培训,确保线上教学的正常进行,最大限度降低新冠肺炎疫情对正常教学的影响。当下,随着后疫情时代的到来和高校复学、复课,对于开学后线上教学将何去何从,如何将前期线上教学与线下教学

有效衔接,使传统教学与网络教学形成优势互补,由此各高校也纷纷踏上了后疫情时代教学模式探索、创新之路。

本文以"非织造技术"教学为例,研究如何利用网络教学资源和线上授课平台,并结合以往线下授课经验优化教学设计,丰富教学内容,促进教学组织方式重构和教学方法创新,实现线上和线下授课的有机结合。

2　课程教学内容的改革

2.1　基于新冠肺炎疫情背景的教学内容更新

由于新型冠状病毒可经呼吸道飞沫传播,因此佩戴口罩成为防控新冠病毒、降低个人感染的十分方便、有效途径。针对目前这一现状,教师可使用口罩作为熔喷

非织造产品代表进行重点讲授,不仅促进学生对熔喷法非织造材料的理解,还可以提高学生对口罩的科学认识。具体授课内容顺序如下:

2.1.1 口罩的分类

口罩的种类繁多,不同类型的口罩其外观特点、执行标准、过滤效率都有一定的差别,因此要根据使用场景选择合适的口罩。常用口罩可按照佩戴方式、材料、用途、性质进行分类。如按佩戴方式可分为头戴式、耳戴式和颈戴式三类;按材料可分为纱布口罩、布料口罩、海绵口罩、非织造布口罩等;按用途可以分为医用口罩(一次性医用口罩、医用外科口罩、医用防护口罩)、工业防护口罩、防雾霾口罩、防寒保暖口罩等[1]。

2.1.2 口罩的组成

当下使用最广泛的医用口罩由等规聚丙烯为原料生产出的纺粘非织造布和聚丙烯熔喷布组成,包括三层无纺布结构:外层的防漏层由纺粘非织造布制得,具有抗湿功能;中层为等规聚丙烯熔喷非织造布,作为过滤吸附层,内层也是等规聚丙烯纺粘非织造布,为亲肤吸湿层,一般用SMS表示。目前国内最多的层数是5层,中层由三层熔喷非织造布组成,通常用SMMMS表示。由于口罩中间层的熔喷非织造材料具有独特的三维立体网络结构,且材料中的纤维较细、孔径小、比表面积大、孔隙率高[2]。经过静电驻极处理之后熔喷非织造材料的过滤性得到显著提高,赋予口罩将新冠病毒(飞沫或气溶胶)阻挡在外,不与人体呼吸系统接触的功能。

2.1.3 口罩的防护机理

口罩的防护机理可从空气过滤技术层面分析。根据粒子的截留和相互作用方式,一般是基于以下五种过滤机理:拦截效应、惯性效应、扩散效应、静电效应和重力效应。上述5种防护机理,在医用口罩材料里发挥主要作用的是拦截效应、惯性效应和静电效应[3]。

2.2 基于行业发展的教学内容更新

非织造材料不同于传统纺织材料,其原料来源更加广泛,产品种类繁多且已广泛应用到航天航空、节能环保、能源、交通、农业、建筑、医疗卫生等诸多领域。非织造技术只有不断进步才能满足各个行业快速发展的需求。因此,教师在授课内容上理应将行业新要求、新技术、新工艺更新在教学内容中。

汽车领域是非织造材料应用增长最快的市场领域之一。随着时代的发展,人们对汽车的安全性与舒适性也提出了更高的要求。如使用经热风黏合、缝编等工艺制得的具有蓬松与优良弹性的三维非织造材料,替代车内的聚氨酯泡沫材料后实现降低车内味道、循环再生和表面更加均匀等目的。另外,开发新工艺及新材料有利于提高材料性能,降低材料综合成本,改进材料质量[4],提升汽车性能。例如,为达到吸声效果好且质轻的目的,目前开发出了熔喷细"新雪丽"毡、熔喷三聚氰胺毡等产品。

随着人们生活质量和生活水平的不断提高,纸尿裤已成为婴幼儿和老年人护理当中不可或缺的日常生活必需品。纸尿裤是一个多层材料的组合体,主要由表面层、导流层、吸收层、防漏底层、防侧漏和弹性腰围等组成[5]。其中,表面层是直接与人体皮肤接触的部分,所以要求具有触感柔软、干爽舒适、光滑无毛羽的特性。在纸尿裤的使用过程中,尿液需快速透过面层,所以面层还要满足较好的亲水性和多次渗透且回渗少的要求。由此面层非织造材料生产企业需要不断研发创新,使面层材料更加功能多样且舒适,才能提升自身的市场竞争力和行业影响力。

2.3 基于学术前沿的教学内容更新

通过将非织造技术相关研究前沿融入课堂教学,可实现学生对抽象知识的形象化理解,提升其主动学习的兴趣。例如,静电纺非织造材料具有纤维直径小、材料孔径小、孔连通性良好、比表面积较大等优点,已成为空气过滤和吸音降噪材料的重要研究方向[6];随着生物医用材料的迅速发展,静电纺丝纤维以其良好的性能在生物医用领域得到了广泛的应用和积极的探索,比如药物运输、组织工程、伤口敷料、固定生物酶、抗菌膜[7]。教学内容的更新不仅激发学生对专业学习的兴趣和求知欲,还有利于开拓学生视野,培养学生的创新思维。

3 课程教学方法的多样化运用

3.1 课前

教师利用问卷星设计调查问卷,并借助雨课堂将问卷发给学生。通过问卷结果教师可初步了解学生的非织造产品和技术方面等的知识储备情况。

教师根据学生的知识储备情况制定教学内容和计划,并通过雨课堂发布非织造技术课程的学习任务书,使学生提前了解本课程的教学目标和学习目标。

教师将课程PPT,网络搜集的各类与课程相关的文件、图片及视频等资料通过雨课堂发布到相应的班级,并要求学生根据相关学习任务做好课前学习笔记。

教师根据雨课堂生成的数据了解学生查看资料和完成学习任务的情况;

教师根据学生课前学习情况和提出的问题,及时对课程的难点和重点内容进行调整,达到持续改进的目的。

3.2 课堂

3.2.1 探讨式教学

探讨式教学是以问题为导向,学生为主体开展的课堂授课方式。例如教师第一次课可以提问学生"非织造技术与传统纺织技术的区别",先让同学讨论并自由发言,随后教师再做归纳总结。类似的问题还有诸如纺粘法和熔喷法固网工艺原理、主要生产设备相似,而二者的主要差别在哪;水刺法和热熔黏合非织造技术工艺中都包括烘燥工序,那区别是在原理还是在设备配置方面,等等。最终实现引导学生积极主动思考,并提高学生课程的参与度与激发学生学习兴趣的目的。

3.2.2　实物教学

实物教学是将非织造设备上的某些零部件如针布、螺杆、刺针、喷丝板等带进课堂,作为实物教具在课堂上进行演示和直观讲解教学。例如,教师在讲解纺粘法非织造技术时,可将纺粘设备上的螺杆作为实物向学生展示。通过观察具体实物,学生更容易理解并掌握螺杆的基本参数,并加深对熔融挤出原理的理解;刺针是针刺机最重要的机件,它的规格、质量对针刺产品有直接的影响。因此,教师可以用一根刺针为代表给学生讲述刺针的结构、刺针规格的表示和刺针选用原则等内容,引导学生思考如何设计针刺非织造材料结构并保证材料质量稳定性。

3.2.3　案例教学

由于非织造技术工艺多变,即使是同一种加工方式也能赋予产品不同的性能特点,杜邦公司的 Tyvek® 就是典型案例。纺粘法非织造材料通常可加工成土工和防水基材,也可用作汽车尾箱衬垫布和高档地毯布。不同于前面所述的纺粘非织造材料,杜邦科学家 20 世纪50 年代采用 100% 聚乙烯为原料,通过闪蒸法纺粘制成的 Tyvek® 材料,结合了纸张、织布和薄膜的材料特性于一身,已广应用于化学防护服,医用包装材料,印刷包装,创意设计,工业包装以及各类防护罩等[6],极大地拓宽非织造材料的应用领域。

3.2.4　实践教学

由于学校非织造实验设备缺乏,且操作水平要求较高,目前非织造技术课程是纯理论教学,无法培养学生实际动手操作非织造仪器设备的能力,也不利于学生掌握非织造专业知识。因此,在今后的课程内容设置中需要加开线上和线下相结合的非织造实验,如不同非织造材料结构分析,特殊非织造产品的性能测试等可采取线下测试;教师可带领学生到非织造材料生产企业参观,近距离接触仪器设备,让学生更直观了解非织造材料的实际生产工艺,深化对课程理论知识的理解;利用虚拟仿真实验平台学生可实现对针刺、纺粘、熔喷等设备进行不限次数的拆卸和装配等线下无法进行的实验操作,还能清晰地观察到机器设备各个部分的结构。通过虚拟仿真技术,不仅突破实验资源的限制,还使学生完成了对非织造技术从抽象到具象认识的过程。

3.3　课后

课堂授课是以往大学教育传授知识最主要的途径,但是课堂教学在时间、空间上都存在一定的局限性,因此需要教师在课后与学生保持联系并建立有效的沟通机制,打破课堂教学的局限性,更深入了解每个学生的学习情况和需求。教师可借助信息化网络手段如 QQ、课程微信群或者腾讯会议等进行课后答疑及互动,确保学生能及时获得帮助。另外,还可通过问卷星发布调查问卷,了解学生在本课程的学习期间学到了什么,收获了什么技能、对以后的学习是否有帮助、还存在哪些问题,对课堂教学有哪些意见和建议等,促使教师不断完善和丰富教学内容、教学方法。

3.4　多元化的考核方式

课程的考核方式通常会在一定程度上影响学生课程学习方式和学习投入程度。目前非织造技术课程学生成绩的考核由"考试成绩和论文成绩"两部分组成。这种考核方式容易导致学生忽视学习过程,仅仅在考前突击记忆,所提交的论文存在内容陈旧、逻辑混乱等问题。因此需要弱化考试成绩的比重,增加平时成绩:具体包括课前预习、课堂出勤率、课堂表现(表达观点、参与讨论等)、随堂测试、分组 PPT 汇报五部分组成。为了做到对平时成绩的评价有据可循,任课教师利用信息化手段,加强对学生学习过程的监控,如利用雨课堂签到、雨课堂查看学生的课前预习情况、PPT 汇报时团队合作和各个成员的贡献情况。通过合理强化学习过程评价指标,对学生进行正向引导,在潜移默化中影响学生的意识和行为,达到纺织工程专业学生具备解决复杂工程问题的能力。

4　在"非织造技术"教学中融入课程思政

作为纺织工程专业的一门重要课程,"非织造技术"也具有专业知识教育和思政教育双重功能,承载着培养学生正确世界观、价值观、人生观的使命。因此,教师应在设计教学内容的同时发掘课程蕴含的思政元素充分发挥非织造技术课程作为专业理论课的育人功能。

4.1　课程思政案教学案例一:培养学生爱国主义情怀,增强民族自信

水刺非织造布产品具有手感柔软、吸湿性好、透气性好、无化学黏合剂等特性,被广泛应用于医疗、卫生护理和美容用品等领域,因此推动了国内水刺设备的开发。之前关于水刺设备主要以国外 Dupont 公司和 Chicopee 公司作为代表进行讲解。而在新的课件中则重点介绍了郑州纺机厂和常熟飞龙机械有限公司的水刺设

备,让学生领略中国制造的魅力。除此之外还有青岛青锋无纺科技有限公司生产研发的非织造设备如梳理机、交叉铺网机、针刺机等技术指标已达到国际领先水平,处于行业领军地位[8]。

4.2 课程思政案教学案例二:培养学生可持续发展观,发展绿色生态技术

目前非织造布及其制品,如口罩、医用防护服、一次性鞋套、湿纸巾、面膜布、纸尿裤等一次性医卫产品,凭借使用简单方便、用即弃等特点,迅速融入日常生活中每个角落。尤其是在新冠疫情防控的过程中,口罩、防护服、消毒湿巾等不可降解的非织造布制品的使用量更是剧增。教师可引导学生思考如何解决这些防护用非织造制品造成的环境污染问题,以及非织造技术在保持高效、快速发展的同时,如何同时实现绿色、可持续发展,并助力达到国家提出的"3060""碳达峰碳中和"的政策中的二氧化碳净零排放的目标。

4.3 课程思政案教学案例三:培养学生精益求精的工匠精神,勇于实践

李克强总理曾在《政府工作报告》中提到"鼓励企业开展个性化定制、柔性化生产,培育精益求精的工匠精神,增品种、提品质、创品牌",这是工匠精神第一次出现在政府工作报告中。其实,工匠精神在我国老一辈科研工作者身上得到了充分体现。例如,出于对国家资源发展前景的远虑,张俐娜院士努力探索纤维素、甲壳素、多糖等可再生资源利用新途径。凭借世界首创的一种低温水溶剂"秘方",张俐娜教授于2011年获得纤维素与可再生资源材料领域的最高奖-安塞姆·佩恩奖,成为半个世纪以来第一位获得该奖项的中国人[9]。

5 结语

本文以"非织造技术"为例,探讨新冠肺炎疫情背景下通过线上和线下双管齐下的教学模式,来实现资源整合,激发学生学习兴趣,提高学生的学习能力和教师的教学效果,增强师生交流和沟通。另外,通过课程思政的引入,在教授"非织造技术"知识的同时培养学生的爱国情怀和可持续发展的科学观。

致谢

真诚感谢五邑大学 2019/2020 年度教学质量工程与教学改革工程项目（JX2020008，JX2019032，SZ2019013）,五邑大学大学生创新创业训练计划项目（S202011349102,202011349165）,2022 年度广东省本科高校在线开放课程项目指导委员会研究课题（2022ZXKC460）的支持。

参考文献

[1] 靳向煜,赵奕,等. 战役之盾:带您走进个人防护非织造材料[M]. 上海:东华大学出版社,2020.

[2] 刘永胜,钱晓明,张恒,等. 非织造过滤材料研究现状与发展趋势[J]. 上海纺织科技,2014,42(6):10-13.

[3] 叶小波,唐林,等. 医用口罩非织造材料研究进展[J]. 纺织科技进展,2020(10):11-18.

[4] 郭琪,郁崇文. 车用纺织品材料应用现状与发展趋势的研究[J]. 山东纺织经济,2012(2):53-55.

[5] 王洪,靳向煜,吴海波. 非织造材料及其应用[M]. 北京:中国纺织出版社有限公司,2020.

[6] 李琴,李兴兴,解芳芳,等. 静电纺丝和炭化法制备纳米纤维素储能材料研究进展[J]. 纺织学报,2022,43(5):7.

[7] 李亢悔,蔡佳伟,张自航,等. 天然高分子静电纺丝水处理膜的研究进展[J]. 高分子通报,2022(3):9.

[8] 陈楠. 非织造材料发力绿色科技[J]. 纺织科学研究,2019(7):26-29.

[9] 沈勇,李志波. 庆祝张俐娜院士80华诞专辑前言[J]. 高分子学报,2020(8):1-5.

[10] 一款多才多艺的材料[Z]:Tyvek®. https://www.dupont.cn/brands/tyvek.html.

"Three Qualities Mutual Promotion": the integration mechanism of industry and education in the digital economy era

HE Tao[1,*], LI Peng[2]

1 *School of Economics and Management, Chengdu Textile College, Chengdu, China*

2 *Information Management Center, Chengdu Textile College, Chengdu, China*

Email address

1070027477@ qq. com(HE Tao)

Abstract: In order to promote the deep integration of industry and education, promote the digital transformation and upgrading of the industry, improve the service efficiency and enhance the service effect of "intellectual resources" such as talents and achievements for the high-quality development of the industry, this paper discussed how to build a "three nature mutual promotion" industry education integration mechanism, which includes integration (stickiness), industry attribute (commonness) and service (characteristics), through the linkage of enterprises, governments and colleges in the guild Park, industrial cooperation, school-enterprise cooperation, school-school cooperation, focusing on Integration (stickiness), industry (commonness), service (characteristics), and proposed to explore "digitization and collaboration of industry education integration" and jointly build "Industrial Intelligence Source Internet Platform" (IISIP). Then jointly create a new situation for coordinated innovation and development of all parties in the industry.

Keywords: intelligence source; internet platform; Three Qualities Mutual Promotion; integration of Production and education; ecology

"三性互促":数字经济时代的产教融合机制

何涛[1,*],李鹏[2]

1 数字经贸与管理学院,成都纺织高等专科学校,成都,中国

2 信息管理中心,成都纺织高等专科学校,成都,中国

邮 箱

1070027477@ qq. com(何涛)

摘 要:为推进产教深度融合,助推产业数字化转型升级,提升人才和成果等"智力资源"对产业高质量发展的服务效率,增强服务效果,探讨通过行会、园区、企业、政府、院校联动,行指委、专指委与行业合作、校企合作、校校合作,聚焦融合性(黏性)、行业性(共性)、服务性(特性)等,构建"三性互促"产教融合机制,并建议探索"产教融合数字化、协同化",共建"产业智源互联网平台"等,数字赋能激发产教融合、协同育人实效,全面提高纺织服装院校对经济社会的贡献度,共创产业各方协同创新发展新局面。

关键词:智源;互联网平台;三性互促;产教融合;生态

1 引言

百年未有之大变局的今天,信息科技正在推动经济社会加速向数字化转型。数字化是未来教育的必然趋势,是我国职业教育进位赶超、变道超车的重要契机,要把数字化转型作为职业教育整体性、系统性变革的内生变量,用数字化思维系统谋划和推动职业教育改革发展,要实施职业教育数字化战略行动,重构教育生态,促使职业教育成为产业进步的参与主体、技术变革的重要力量,职业教育增强适应性就要抢抓数字化的战略机遇[1],数字赋能职业教育,数字赋能产业升级。

我国虽然已成为世界纺织强国,但是,纺织服装产业的数字化远远不够,智能制造、制造服务化程度较低,

工业互联网、产业互联网应用方兴未艾。在向服务型制造的转型过程中,供需(院校—企业—客户)交互与上下游协同是关键,应建设开放、共享、共赢的产业生态系统,推动企业、产业集群与客户的协同创新[2]。产教深度融合,就是要破解产教"两张皮"问题,形成数字时代的产业生态系统,实现教育、产业系统之间的有机连接、良性互动和优化整合。

"两张皮"问题的一方面,是工程教育滞后于产业技术变革,行业院校培养的人才和科研成果等"智力资源"(专家库、知识库、技能人才库)对产业高质量发展的服务效率不高、服务效果不好,另一方面,企业技术资源、行业资讯大数据等(智力资源与技术资源以下合称"智源")未能有效参与协同育人、和院校成果聚合裂变发挥出更大效益,严重影响了产业高质量发展。因此,必须加快实施开放在线高效的产业互联网等数字化战略性举措,促进数字化教育生态融入数字化产业生态,才有望除去产教分隔、校企疏离、人才供需两张皮、院校成果转化难等沉疴。

2 产业数字化转型的关键抓手及生态要素

开放在线高效的产业互联网是数字化转型战略性举措,能够促进数字化教育生态融入数字化产业生态,使得教育链、人才链与产业链、创新链有机衔接。

2.1 产业互联网是产业数字化转型的关键抓手

产业互联网是基于互联网技术和生态,重塑和改造各垂直产业的产业链和价值链而形成的互联网新生态,也是一种新的经济形态,利用信息技术与互联网平台,充分发挥互联网在生产要素配置中的优化和集成作用,实现互联网与传统产业深度融合[3],空前提升产业生产力和竞争力。产业互联网在发展中会不断夯实和积累产业洞察、资源整合、平台赋能、技术实现和运营管理方面等核心能力[4]。

2.2 产业互联网的关键——产业生态的要素

人才和成果等"智力资源"是产业互联网的关键(生态)要素。它们形成产业互联网核心"软"子系统,基于生产装备"物"的"硬"子系统的工业互联网平台建设已经展开,因此,"产业智源互联网平台"成为创新重大平台载体,建设迫在眉睫。

3 产教深度融合的"三性互促"机制

目前的产教融合不足,表现在宏观层面,教育和产业统筹融合、良性互动格局尚未根本确立,人才供需结构性矛盾凸显;表现在微观层面,校企协同、实践育人的人才培养模式尚未根本形成,校企合作处于浅层次、自发式、松散型、低水平状态,企业参与办学积极性不高,校企协同创新稀少且不成体系(国务院办公厅《关于深化产教融合的若干意见》)[5]。而当前产教融合制度供给呈现出积极变化,由碎片性政策条款到整合性体系化政策融合、由供给不足到有效供给、由政府单一主体到多元主体互动三个显著特征[6]。加之数字经济时代启幕,通过数字赋能而创新机制和创新抓手,大有希望推动产教深度融合。

3.1 "三性互促"产教融合机制

笔者认为,融合性(黏性)、行业性(共性)、服务性(特性)即为产教融合"三性"。

其中,融合性(黏性)是根本要求,不融合则"我不知你、你不知我",始终只是"两张皮",一旦融合则"我中有你你中有我",需求互感、交织共生、协同共进(如产业学院);行业性(共性)是必然表征,它统一体现在同一产业生态与教育生态各个方面,如产业特色和人才精神面貌(如航空士官生);服务性(特性)是创新源泉(如行业智库),它反映产业人才和成果等"智力资源"是否在用、能用、够用?它越彻底越显著越能够激发创造力、形成新动能,持续推动产业发展。

产教融合的融合性(黏性)、行业性(共性)、服务性(特性)等"三性互促",才能推动产教深度融合(图1)。

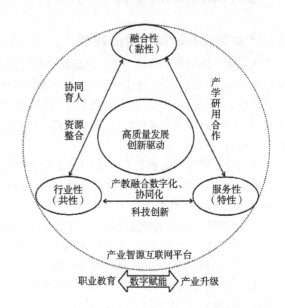

图1 产教深度融合的"三性互促"机制

"产教融合"是集成创新、系统性创新,最重要的是将政府、高校、产业组织三类社会组织整合成"产教融合共同体联盟"形成合力,明确共同诉求,构建多维赋能的互动演进机制[7]。

因此,一方面,必须深入研究如何实现融合性(黏性)、行业性(共性)、服务性(特性)等产教融合"三性互促",另一方面,要充分应用新科技,构建多样化、高效的产教融合方式(有机连接、良性互动和优化整合),加快探索"产教融合数字化、协同化"方向。

3.2 "三性互促"机制创新突破口

数字经济时代来了,开放高效的产教融合方式首选"产业智源互联网平台"(或称产业智联网)。"产业智源互联网平台"着眼服务产业全局瞄准创新导向破解产教"两张皮",将全行业高等职业教育师生资源与企业技术资源全面有机连接、优化整合、互相赋能,急产业所急,为产业所用,能够实现产教融合数字化、协同化,恰好可以作为"三性互促"产教融合机制的创新突破口。

产教共建"产业智源互联网平台"与"三性互促"产教融合机制势在必行。它有助于企业作为组织主体履行人才培养、协同创新、成果转化等职能,建立健全行业企业深度参与职业教育和高等教育校企合作育人、协同创新的体制机制,推动产业需求更好融入人才培养过程,构建服务支撑产业重大需求的技术技能人才和创新创业人才培养体系,形成教育和产业统筹融合、良性互动的发展格局,基本解决人才供需重大结构性矛盾,显著增强教育对经济发展和产业升级的服务贡献。

4 产业智源互联网平台

4.1 产业智源互联网平台的功能

产业智源互联网平台集人才源、创新源、技术源与信息源为一体,通过数字化、网络化、智能化系统使产教各方面持续、深度参与到产品设计研发、生产制造、物流配送、品牌运营、迭代升级等环节,广泛满足用户协同创新和个性化定制需求。

产业智源互联网平台要实现企业—院校互相赋能,激发产教融合、协同育人实效,推动产教融合型专业共建、实训基地共建、产教融合型企业共建、产学研用合作、校企共同发展。院校能够建立行业需求大数据支撑库,实现人才个性化定制,以真实需求为导向,聚焦市场、产业需求、创新创业、科技成果转化、师资提升等;企业主体能够聚合智慧推进协同创新和成果应用;行业得以实现创新驱动发展、高质量发展。

4.2 产业智源互联网平台的架构设计

产业智源互联网平台架构包括资源层、平台层、应用层、模式层。

第一层是资源层,可称为"智源层"(涵盖行业大数据,知识库,专家库,技能人才库等)。它开放聚合纺织服装全行业"智源"(院校师生资源与企业技术资源),实现各类"智源"的分布式调度和最优匹配。

第二层是平台层,可称为"智链层",即围绕产业链的智力价值链,它对应软件的具体功能模块,项目成果转化,企业技术研发需求,人才培训等板块,支持科技成果应用的快速开发、部署、运行、集成,实现技术软件化。

第三层是应用层,为园区企业提供互联工厂科技应用服务,形成全流程的应用解决方案。

第四层是模式层,依托互联工厂科技应用服务实现模式创新和资源共享。第三层和第四层可合称为"智享层"。

5 结语

产教深度融合需要强化融合性(黏性)、行业性(共性)、服务性(特性)以及"三性互促","产业智源互联网平台"通过"智源层、智链层、智享层"系统集成,能够实现产教融合数字化、协同化,能够服务产业全局、瞄准创新导向、破解产教"两张皮",促进数字化教育生态融入数字化产业生态,使得教育链、人才链与产业链、创新链有机衔接,可作为"三性互促"产教融合机制的创新突破口。

行会园区企业政府院校应该联动,共同推进产教深度融合相关机制、策略、模式、架构设计、政策等研究和实践,共同致力于协同创新发展。在产教深度融合实践中,通过调研典型的产教融合型专业(实训基地、企业),尤其是国家优质校、"双高校"建设单位等的产教融合模式、经验,以及主流典型的产业互联网(及工业互联网)平台建设运营模式和经验,总结借鉴应用于"三性互促"产教融合机制,共建(全行业、产业集群)产教融合联盟(产教共同体),多方协力推进纺织服装业的产业智源互联网平台的架构设计、构建和试运行等。如此,产教融合自然形成新的产业生态,更深入、更有力、更高效地助推产业数字化转型升级。

致谢

本文为教育部行指委"科创融教"职业教育改革创新课题《校行、校企、校校"三性互促"产教融合机制研究》(HBKC212006)的成果。

参考文献

[1] 把握数字化契机,推动现代职业教育高质量发展:专访教育部职业教育与成人教育司司长陈子季[J].中国职业技术教育,2022(13):5-11.

[2] 何涛,姜宁川.纺织服装业服务化转型及价值链优化[J].纺织导报,2018,896(7):23-26.

[3] 陈春春. 产业互联网的定义和分类[J]. 互联网经济, 2018(9):30-35.

[4] 2019 产业互联网白皮书[EB/OL]. https://www.sohu.com/a/337129894_694623.

[5] 国务院办公厅印发《关于深化产教融合的若干意见》深化产教融合,促进教育链、人才链与产业链、创新链有机衔接[J]. 中国培训,2018(2):4.

[6] 欧阳恩剑. 我国职业教育产教融合的制度变迁:制度供给理论的视角[J]. 中国职业技术教育, 2020(13):5-12.

[7] 谢笑珍. "产教融合"的平衡点在哪里[EB/OL]. https://m.gmw.cn/baijia/2019-01/22/32388153.html.

"Business, study and use" integrated production, education and collaborative education mode
——taking Yiwu seamless knitted garment industry as an example

HONG Wenjin*, MIAO Yu

Faculty of Creative and Design, Yiwu Industrial & Commercial College, Yiwu, China

Email address

hwj881018@163.com(HONG Wenjin)

Abstract: "Business, study and use" integrated production, education and collaborative education mode —— taking Yiwu seamless knitted garment industry as an example, it is a strategic measure to promote talent led development and industrial innovation development under the economic structural adjustment of the textile and garment industry. Based on the Yiwu seamless knitted garment industry cluster, the clothing and clothing design specialty of the university has achieved the "four excellence" effect of "optimizing the training base, optimizing the teaching team, optimizing the teaching content and optimizing the professional connotation", and gradually strengthened the two-way connection between the University and the enterprise through the joint construction of the productive training base (factory middle school), the joint development of the teaching plan and the goal, and the joint completion of the "three common" initiative of the collaborative education project.

Keywords: integration of industry and education; collaborative education; modern apprenticeship; business study; knitted garment

"工商学用"一体化产教协同育人模式
——以义乌无缝针织服装产业人才培养为例

洪文进*,苗钰

创意设计学院,义乌工商职业技术学院,义乌,中国

邮 箱

hwj881018@163.com(洪文进)

摘 要:在纺织服装产业经济结构性调整下,为了推动人才引领发展、产业创新发展的战略性举措,学校服装与服饰设计专业立足义乌无缝针织服装产业集群,通过校企双方共建生产性实训基地(厂中校),共同制订教学计划与目标,共同完成协同育人项目的"三共"举措,实现了优化实训基地、优化师资队伍、优化教学内容、优化专业内涵的"四优"成效,逐步加强了校企共同的双向联通。

关键词:产教融合;协同育人;现代学徒;工商学用;针织服装

1 引言

当前我国纺织服装经济发展正处于产业结构升级、经济增长方式转轨时期,劳力密集型、粗放型和低附加值型产业将逐步被高新技术型、集约型和高附加值型产业取代,这需要数以亿计的高素质劳动者和实用型技能人才[1]。同期,在国家战略和职业教育发展的新要求下,高中毕业生和退役军人、下岗职工等多元化生源结构带动了职业教育的供给侧改革。为此,国务院、教育部相继出台了教职成〔2019〕5号、〔2019〕11号、〔2020〕7号等系列文件,大力发展职业教育的政策,明确指出

职业学校要加强"产教融合、协同育人"的人才培养模式改革,为社会经济的发展提供人力支撑。

以无缝针织服装产业集群为特色的义乌现有袜业及针织服装服饰生产企业1225家,规上14家,产业集群营业收入336亿。庞大的产业集群,需要提供大量能够满足企业岗位需要的针织服装服饰实用型技能人才,客观上需要改革人才培养模式,提高学生技能水平,缩短企业用人培训周期。

由此,迫切的需要我们转变观念,加强实训基地建设,实施协同育人策略,突出学生动手能力的培养。而目前制约学生技能训练的一个瓶颈就是学校缺乏真实有效且灵活地企业化实训环境,学校教育与企业之间存在"需求鸿沟",不能完全对接,造成企业招不到合适的员工,学生找不到合适的工作,形成"两难"的局面。

综上所述,义乌工商职业技术学院服装与服饰设计专业通过形成"工商学用"一体化产教协同育人模式,与浙江宝娜斯袜业有限公司、浙江梦娜袜业股份有限公司、浙江蓝天制衣有限公司共建生产性实训基地(厂中校),实施"设备共享、师资共享、任务共享"的"三共"模式,引入企业化实景管理机制,达到优化实训基地、优化师资队伍、优化教学内容、优化专业内涵的"四优"成效。

2 "工商学用"协同育人模式

"工学商用"一体化产教协同育人模式是突破专业人才实训技能,成果转化的瓶颈,畅通作品向商品转化的"最后一公里",人才培养与区域产业无缝衔接,培养"擅创意、精设计、懂科技、通商道、厚人文"的实用型技术技能人才,打造行业范式与标杆(图1)[2]。

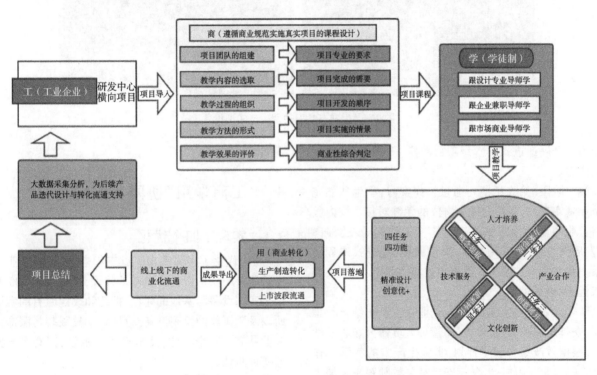

图1 "工学商用"一体化产教协同育人模式

2.1 校企协同共享生产实训设备

校企双方经过双向考察后,签订合作协议,以与浙江宝娜斯袜业有限公司、浙江梦娜袜业股份有限公司合作为例,按照缝制岗、制板岗位生产要求,共享无缝针织生产设备、智能染整设备、产品智能检验设备等。同时,企业提供生产技术人员和管理人员,师生每周定时定岗在生产技术人员的指导下,按照教学要求,参照企业标准,协同使用设备,达到"教—学—需"三方获益效果(图2)。

2.2 校企协同共享师资

服装与服饰设计专业联合企业师傅成立"无缝针织服装设计与工艺教学指委员会",校企协同制订教学计划、教学内容和培养目标并约定双方的职责,实施以企业为本的"多级项目"岗位课程新路径。

具体路径实施计划分三阶段推进:

第一阶段(第1学期):以专业基础课程开展服装服饰创意基础素质的培养,校内教师完成专业群共享平台课、职业素养和岗位基础课程的传授。

第二阶段(第2~5学期):联合区域产业集群中的袜业、无缝针织产业,引入企业真实项目驱动培养方式,

图 2　师生共享学习使用生产实训设备

企业师傅开展递进式的多级项目教学,工学交融,养成职业能力。

第三阶段(第 6 学期):通过顶岗实习,学生独立完成企业真实项目,实现与就业岗位的无缝对接。校内教师与企业师傅共商形成"三二岗"(工作岗位/迁移岗位/发展岗位+岗位学习模块/岗位课程)递进式课程新体系。用细分与进阶方式层层递进岗位职责与任务,聚焦课程的"时效性"。

整个人才培养实施过程中,企业在生产中结合教学需要,安排定岗师傅、技术人员、管理人员作为兼职教学人员,根据教产结合教学计划,实施生产中的教学工作以及提供教学见习机会,学校安排有关教师跟班参加生产兼指导、辅导学生学习生产技术。在进入校内生产性实训基地进行教学生产之前,学校在企业的配合下,完成学生双基知识和专业技能系统模块的训练,初步具备从事真实生产的职业技能和职业道德素养。

2.3　校企协同实施生产实训项目

成果转化第一课堂即是"生产实训项目"[3]。生产实训项目教学内容源于市场需求、企业要求,优秀的课堂创新作品被企业采用和购买,形成了学生就业创业的雏形;成果转化第二课堂即是设立"任务空间"[4-6]。成果转化对接企业真实任务,实现课堂作品到流通商品的成果转化。

服装与服饰设计专业机"协同实施生产实训项目"

模式流程如图 3 所示。

3　"工商学用"协同育人实施

3.1　实现了四个优化

(1)优化了实训基地。近三年来,学校和企业大力支持服装与服饰设计专业基地建设,先后投资 500 万元用于实训设备与基地的建设,扩建和改建原有的实训场所以及购买新的设施设备。目前,学校服装与服饰设计专业共有 300 个工位,1600 余万元的设备,有自己独立的实训基地。

(2)优化了师资队伍。一方面,产教融合单位选派富有经验的专业技术人才或者生产骨干担任实训指导教师,充实了教师队伍,优化了教师结构比例;另一方面,学校专业教师参与真实的企业生产实践,提高了职业技能,积累了生产经验,锻炼了动手示范能力。

(3)优化了教学内容。教学内容结合学生实际和企业生产项目需要进行创新,用实训操作手册和项目工艺流程图(校本教材开发)代替传统的教材。校本教材中特别注意实用性、适用性以及安全性。2020 年,服装与服饰设计专业机构获得纺织职业教育教学成果奖二等奖优秀的成绩,同时,成果呈现之一的三种校本教材得到了评审专家的一致好评。

(4)优化了专业内涵。服装与服饰设计专业引入优

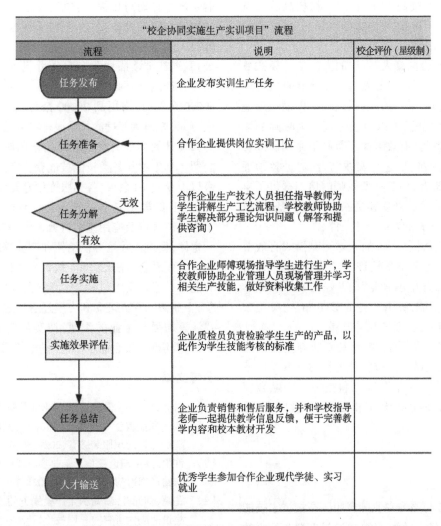

"校企协同实施生产实训项目"流程		
流程	说明	校企评价（星级制）
任务发布	企业发布实训生产任务	
任务准备	合作企业提供岗位实训工位	
任务分解	合作企业生产技术人员担任指导教师为学生讲解生产工艺流程，学校教师协助学生解决部分理论知识问题（解答和提供咨询）	
任务实施	合作企业师傅现场指导学生进行生产，学校教师协助企业管理人员现场管理并学习相关生产技能，做好资料收集工作	
实施效果评估	企业质检员负责检验学生生产的产品，以此作为学生技能考核的标准	
任务总结	企业负责销售和售后服务，并和学校指导老师一起提供教学信息反馈，便于完善教学内容和校本教材开发	
人才输送	优秀学生参加合作企业现代学徒、实习就业	

图3 "协同实施生产实训项目"流程图

秀的企业文化作为内涵建设有益补充，实训场所的布置、规章制度、实训标语以及现场管理等完全按照企业"6S"要求运行，学生进入实训场所必须着工装，"进校如进厂，上课如上岗"的氛围初步形成。

3.2 实现了"三个提高"

（1）提高了师生技能水平，提升了学校形象。师生在真实企业场景下进行操作，技能水平提升很快，在各级各类技能比赛中，师生获奖比以往明显增多，省级获奖也有了突破，2019年下半年，专业机构有7人次在省级服装服饰创意设计大赛中获银奖，2020年，学生在各级比赛中捷报频传，仅6~7月就有10人次获奖，有力提升了学校形象。

（2）提高了服装与服饰专业建设效益，提升了专业服务地方经济的能力。校内实践教学紧密结合义乌区域经济特点，融入地方产业链中，直接进入企业生产环节，初步形成了"产学结合，以产促学"[7-8]的生产性实训基地建设和管理模式。专业中的义乌服饰用品研发中心为当地企业针织无缝服装服饰设计研发中转站，极

大地提高了学生的自信心，服装与服饰设计专业学校服务社会经济的职能明显得到增强。

（3）提高了学生学习满意度，促进专业可持续发展。学生自信心提升了，技能水平增强了，质量规格提高了，得到了企业的青睐。主动来校洽谈合作的企业明显增多，学生就业质量明显提高，就业率达到98%，对口率也上升到70%以上，稳定率上升为60%。学校办学吸引力增强了，在近几年随着生源自然下降引发的白热化招生大战中，学校服装与服饰设计专业机构仍保持了年招生300人以上的规模，始终保持在全市乃至全省的前列。由于学生参与实训的劲头足了，不和谐的现象逐渐消失了，学生的流失也从几年前的10%降低到目前的2%。

4 "工商学用"协同育人推广

（1）"工商学用"一体化协同育人的人才培养模式能够有效实现教学过程与生产过程的对接，教材内容与职业标准的对接，技能与岗位的对接，缩短专业与用人

单位需求之间的差距,提高人才培养质量,提高就业竞争力,加强双师型教师培养,增强办学吸引力,更好地发挥职业教育为社会、经济服务的职能。

(2)"产教融合,协同育人"[9-10]的人才培养模式尊重了学生好动、喜欢动手的身心规律。学生在真实环境中训练,熟悉企业管理、熟悉岗位操作要求,能缩短就业时,企业的培训时间,甚至可以直接上岗。为教师的职业技能培养创设了基地,有效解决了教师下企调研或者挂职锻炼操作上的困难,理论与实践结合,促进教师理论水平和实践能力提升,为双师型教师的培养提供了丰富的土壤。在教学内容的处理和更新方面有了基础,校本教材的开发有了根基和实验论证条件。

(3)"产教融合,协同育人"的人才培养模式有效节约了教学实训成本,有利于学校进一步改善办学条件,加强教师队伍建设,提升办学实力,更好的发挥职业学校服务地方经济的职能,吸引了企业参与办学、参与教学管理,实现学校与社会、经济互动发展。

但同时,也存在一些不足,主要是专业与企业岗位之间的协同程度不深,缺乏岗位技能的针对性教学。下一步,服装与服饰设计专业将深化和完善教产融合模式,与地方企业经济联动发展,取得更大"产教融合,协同育人"成绩。

5　结论

(1)带动了服装与服饰专业师资团队高端技术技能的提升。服装与服饰设计专业教师通过实施"工商学用"一体化产教协同育人人才培养模式,转变了传统教育教学模式,摒弃传统说课模式,一方面将课堂带入企业需求的真实岗位,另一方面在课堂中导入现代信息技术,从"线下操作、线上辅导"的混合形式,提高教师应对新技术、新方法做出的反应,从技能内容和实施手段提高教师教育教学能力和职业技能。主要完成人获得全国纺织服装信息化教学能力比赛中的优秀奖、浙江省信息技术教学能力比赛中的二等奖等,团队教师在浙江省教师教学能力比赛中获得三等奖、浙江省教师微课大赛中获得二等奖等,在多项全国服装与服饰设计大赛中均获得入围奖。学校依托服装与服饰专业成功当选为纺织服装领域"岗课赛证"融通职教联盟理事长单位,专业骨干教师入选专家委员会委员。

(2)提升了学生专业技能学习能力,拓展了学生技能培养范围。通过共建生产性实训基地(厂中校),共同

制定教学计划与目标,共同完成协同育人项目,将所学的服装与服饰设计、工艺制作、直播营销、平面宣传等技能投入到商业化运转中,先后为浙江梦娜袜业股份有限公司、浙江宝娜斯袜业有限公司、浙江蓝天制衣有限公司设计产品、咨询直播销售业务。其中设计并生产服装50000余件、服饰用品20000余件,企业盈利总额8000余万元,苏州达菲过滤技术股份有限公司把学生工作室为其设计的春夏两款工装推向全国旗下100多家连锁公司。学生参与各类技能技能获奖率达80.2%,获得省级以上获奖10余项,各类服饰创意设计大赛20余项。

"工商学用"一体化产教协同育人模式可普遍应用于职业教育以及应用型本科教育中,实现技能教育的双元主体,促进人才培养供给侧和产业需求供给侧结构要素全方面融合,提升了职业教育服务经济社会高质量发展能力。但在实施过程中,仍然存在"校热企冷"的现象,企业协同育人理念和力度还有待进一步加强,因此,要注意加强与企业的沟通,切实从双方利益的角度出发,实现消除"校企需求鸿沟"的最终目的。

参考文献

[1] 白静,倪阳生.升级改造专业目录服务纺织服装产业发展:《职业教育专业目录(2021年)》纺织服装相关专业解析[J].纺织服装教育,2021,36(4):305-309.

[2] 许悦.共生理论视角下企业参与现代学徒制的责任分析与路径调适[J].职教论坛,2021,37(9):21-25.

[3] 花鸥,刘元芬.新知识生产模式下的现代职业教育课程建设适应性研究[J].职教论坛,2021,37(9):44-50.

[4] 王梅.产教融合促进高职新工科专业劳动教育的实践与研究[J].工业技术与职业教育,2021,19(3):55-58.

[5] 杨善江.产教融合:产业深度转型下现代职业教育发展的必由之路[J].教育与职业,2014(33):3-6.

[6] 张俊竹.基于产教融合的应用型艺术设计人才培养模式研究[J].教育与职业,2015(28):4-7.

[7] 吴飞,吴超,朱强.科教融合和产教协同促进人工智能创新人才培养[J].中国大学教学,2022(1):5-8.

[8] 陈洪军."互联网+"背景下高职院校产教融合人才培养策略研究[J].南方农机,2022(17).16-19.

[9] 雷望红.组织协作视角下产教融合实践困境与破解之道[J].高等工程教育研究,2022(1):6.

[10] 张静.服装设计职业教育产教融合分析:评《职业教育产教融合制度创新》[J].上海纺织科技,2019,47(1):1-6.

Thinking about sustainable fashion in the context of commercialism

HUANG Shuying*, HU Yue

Textile and Clothing College, Shanghai University of engineering and technology, Shanghai, China

Email address

1257697245@ qq. com(HUANG Shuying) , huyue2006_1@ 126. com(HU Yue)

Abstract:From its inception, commercialist design has had an indelible place in the rapid economic development. Its essence, "planned obsolescence", has been gradually over-capitalized. Form following function is replaced by design following sales. Behind this is the desire for profit and the logic of symbolic coding embedded in commodities by businessmen from all walks of life, which has caused a huge waste of resources that cannot be ignored. The fashion industry is a typical high-consumption industry that cannot be separated from the iteration of renewal, and in today's rapid economic and technological development, more attention should be paid to thinking about the development of sustainable fashion.

Keywords: commercialism; planned obsolescence; sustainable fashion

商业主义背景下的可持续时尚思考

黄书颖*,胡越

纺织服装学院,上海工程技术大学,上海,中国

邮 箱

1257697245@ qq. com(黄书颖) , huyue2006_1@ 126. com(胡越)

摘 要:商业主义设计从其兴起在经济快速发展中就具有不可泯灭的地位。发展至今,其本质"有计划废止制"已经逐渐过渡到资本化,形式追随功能已被设计追随销售所取代。隐匿于这背后的是各行各业商人追求利益的欲望和商品所蕴含的符号编码逻辑,由此造成的大量资源浪费已不容忽视。时尚行业是一个典型的无法脱离更新迭代的高消耗型产业,在经济和科技快速发展的今天,应该更加关注思考可持续时尚的发展。

关键词:商业主义;有计划废止;可持续时尚

1 引言

"这是最好的时代,也是最坏的时代"。狄更斯用这句话来描绘18世纪轰轰烈烈的法国,而现今奔流激荡的21世纪也适用这句话。当人类在享受经济社会发展带来的先进高新科技和浮华的纸醉金迷同时,也在承受着无节制浪费导致的复杂环境问题。如今社会对环保和生态问题非常重视,时尚行业也在致力于需要与自然之间的平衡点,可持续时尚势在必行。

2 商业主义的兴起与商品符号逻辑

2.1 商业主义的兴起

商业主义设计最早是在美国诞生,第二次世界大战后,几乎整个欧洲和亚洲笼罩在战后重建家园的阴霾中,长期的物质匮乏和精神压迫,使得大众极度渴望新奇与刺激,任何标新立异的设计都能激起人们狂热的消费欲望。而由于美国本土没有受到战火的攻击,它的经济和科技保持高速发展。设计作为商品的创作手段,必然会被资本家们当作敛财的工具,他们把设计完成当作商业竞争的武器,使设计活动带有浓厚的商业色彩。美国自身带有的商业文化气息也使得这种设计必然是趋

向于市场化、物质化。这种商业性的设计本质就是形式主义,它在设计中强调形式第一,功能第二。设计师们不断地变着花样更新商品,以潮流来吸引消费者的眼球,以此带动商品的销售,增加经济效益。

20 世纪 50 年代,美国经济空前繁荣,刺激了商业设计的进一步发展。为了满足商业的需要,不断更新商品样式,最早是在汽车行业。通用汽车公司总裁和设计师厄尔为了增加汽车的销量,提出的"有计划商品废止制"。"有计划废止"包括使用功能、外观样式、质量耐用等三个方面的废止。即有目的、计划地在设计商品时,考虑后期的更新迭代,以便不断推出外形新颖、功能更加齐全的产品,甚至预先设定好产品的使用周期,造成商品的过时和失效,刺激消费者去购买新的产品。厄尔的"有计划废止制"直到今天仍然为各种商人所推崇。"计划废止"一方面有利于经济的发展,另一方面也造成了资源的巨大浪费,污染生态环境。然而巨大的利润使得资本逐渐盲目,设计也偏离了最初的目的,设计不再是为人而设计。

2.2　商品符号逻辑

在《墨子·节用》中提到"诚然,则恶在事夫奢也。长无用,好末淫,非圣人之所急也。故食必常饱,然后求美;衣必常暖,然后求丽;居必常安,然后求乐。为可长,行可久,先质而后文,此圣人之务。"意思是先要解决温饱、安息等基本物质生活,才可考虑美、乐等精神层面的享受。当前的时代,是一个消费的时代,对于物质文化生活的需求也转变为对于美好生活的需要。求新求异的消费心理在人们心中占据了主导,人们渴望特立独行来彰显自己的个性、地位。不同的经济基础、文化程度、生活背景等造成了社会的阶级属性,区分社会阶层最明显的一个依据就是消费能力,而消费能力对应最直接的就是物质产品。

商品在无形中被附加上了特殊的意义,在一定程度上,除去商品本身的物理价值,它还具有一定象征意义的精神价值,它代表的是一种财富、权利、品味、地位等。商品也就变成了一种符号。根据商品的不同属性和差异,凸显出商品之间不同符号价值,与之对应的是不同的社会阶级。在消费的过程中,人们消费的早已不是物的本身,是物所能带来的自我彰显。消费成为在复杂社会中标记个人坐标的行为。"有计划废止"之所以能够成功,离不开商品的符号化。昨天的时髦潮流,今天可能就过时老化。商品的更新反应消费的更新,对应的是购买能力的大小。只要社会的分层继续存在,那商品的符号意义便不会消失。只要消费者信仰这种符号,那便能促使消费者不断更新消费,为"自我实现"买单。

3　时尚对商业设计的影响

时尚行业似乎绕不开与商业的关系,商业主义的利与弊也在时尚中展现得淋漓尽致。时尚为人类的生活带来了审美的享受和快速变化的刺激,然而快速变换的时尚也使得它们必然产生大量的浪费,从而导致不可逆的负面影响。这其中,最具典型特征的就是快时尚品牌,也称为"快消"品牌。字面理解就是快速销售,追求销量,品牌的上新速度也达到一周一更。极大地贴合了人们追赶潮流的消费心理。价格低廉款式新颖刺激着人们不断去更新自己的衣柜,甚至出现"一次性穿衣"模式。这种"过度消费"是以巨大的生态成本为代价。不断的消费造成旧衣堆积,在我国每年丢进垃圾桶的旧衣高达 2600 万吨。旧衣的处理目前一般采用填埋和焚烧,而这两种方法对于环境的污染都是巨大的。因为快时尚服装的价格低廉,只求销量,也必然造成其对合成纤维的依赖,尤其是聚酯纤维。聚酯纤维生成的二氧化碳量是棉花的三倍,自然降解需耗费数十年时间,其中所含的塑料纤维还对海洋造成威胁。根据研究显示,在海洋中发现的 34% 的微塑料来自纺织和服装工业,其中大部分是由聚酯、聚乙烯、丙烯酸和弹性纤维制成。快消的以低廉、快速为竞争核心,主要服务大众。与之相反的,高端奢侈品牌就能避免污染吗?奢侈品一般是一年两更,生产的数量也不会控制。为维护其品牌形象,对于挤压的库存商品会进行统一销毁,以此奉行自己只为少数人服务的宗旨。

现在,服装行业每年产生的微纤维超过 50 万吨,最终都是排入海洋,这相当于 500 亿个塑料瓶同时进入大海。高度浪费的生产状态,使得纺织业已经成为仅次于石油化工业的全球第二大污染行业。可见环保、可持续对于时尚业已经迫在眉睫,是刻不容缓的话题。

4　今天的可持续时尚

4.1　概念

在环境问题越来越严重的今天,环保与可持续已经成为每个人类共同的责任。意识的觉醒也使得一味地只靠跟新款式、迎合视觉感官的表面时尚已经不能满足消费者的需求。消费者开始更趋向于理想化、合乎发展的设计,偏向于选择舒适、质量优、功能性、可穿戴的商品。设计师也开始更加关注人性化设计。可持续看似与潮流时尚是对立的,实则不然。这是一个促进时尚产品和时尚系统向生态完整性和社会正义转变的行为和过程。可持续时尚不仅仅是时尚的纺织品或产品是包含了整个时尚系统,社会、文化、生态、经济等庞大的依存体系都囊括其中。可持续时尚已经受到众多设计师、企业家、品牌的重视。但可持续时尚仅靠设计师的理念和消费者需求的单一变化很难得以长久发展。还需要多方的资源协调，需要高新技术和坚实的物质支撑。

4.2 现状

服装生产需要的织物纤维本身就是一大污染来源，所以很多品牌也在致力研究创新服装的材质，开发可持续型纤维和面料。例如，Stella McCartney 品牌就不采用皮革来制作商品，在面料上除了自己研发环保面料、染料之外，设计师也鼓励同行研发新面料替代非环保材料。在 2020 年春夏发布会上更是将品牌可持续贯彻到底，其中 75% 的成衣都实现了生态环保和可持续，所有的针织服饰都使用了可持续材料，包括有机棉、再生聚酯、可持续人造丝和可溯源羊毛，而外衣则是由有机棉和人造丝的混合面料制作而成（图1）。

图 1　Stella McCartney2020 春夏

此方法从生产角度解决污染的源头，是可持续时尚的应用方法。但众所周知，在服装行业中要想品牌能生存下去，成本是需要考虑的问题。再生面料所需要的是强大的技术和资本的支撑，在目前，并不能大范围的适用。于是，设计师推出"服装重组再利用设计"。旨在对废弃和库存服装进行回收再进行有效重复利用。使用解构重组等将废弃的衣服变成一件可再穿着的服装。这种充满趣味的方法，既迎合了人们的猎奇心理，又符合可持续理念且以低廉的成本就可以实现。著名品牌马丁马吉拉贯彻了重组服装这一理念。2012 年秋冬马吉拉利用他从世界各地收集来的旧衣服、配饰等进行重新组合再利用。此次秀场非常特别，除了常见的服装材料外，还有一些非服装材料（如门把手、旧棒球手套等）。马吉拉将其融合在一起，创作出全新时髦的服装，再搭配怪诞的面具配饰。这场时装秀除了带给人们前卫奇异的视觉感受，更具有先锋环保的意义（图2）。

图 2　马吉拉（Margiela）2012 秋冬

发，也进一步突破了传统面料的界线。对于材质的一个优化，已经成为可持续时尚发展的一个重要方法。

4.3.2 基础情感层面的可持续时尚

除了在设计层面的可持续，还有情感层面的"慢时尚"也算得上是可持续时尚的一种体现。慢时尚主要是基于消费者的一种价值观念，使用经久耐用的产品，在设计生产方面，利用传统生产技术或季节性设计概念。对市场而言，慢时尚意味着产品的设计和制造都需要更加细致和高质量的工艺；从环境的角度来看，慢时尚意味着减少使用的衣服和工业废料。慢时尚是一种时尚

4.3 趋势

4.3.1 基于设计层面的可持续时尚

在贯彻可持续发展，人类都在贡献自己的智慧。对于可持续时尚，在设计层面，许多设计师已经着手于可穿戴式服装、可拆解式服装、虚拟服装等，以达到"一衣多穿"的目的，从功能上落实可持续时尚。除了这些，在设计层面还可以通过对材质的优化，以达到设计的可持续目的。3D 打印服装、环保水洗、生物印染等是采用比较多的环保方式。而可降解海藻纤维和再生纤维的研

概念,反映了一种尊重人类生活条件、生物、文明多样性和全球稀缺资源的观念。

可持续不只是口号,实现真正的可持续,不是一朝一夕就能成功的,在整个产业链中,每一个环节都无法脱离该主题,从原料到消费者以及旧衣回收,每个部分都应真正参与其中。

5　结语

商业主义助长的消费社会已经不可逆转,经济的发展离不开商业的刺激,而人类要社会的进步必然离不开经济基础。可持续时尚设计归根结底就是时尚与自然的关系,人类赖以生存的地球只有一个,如何在经济发展中协调好节约资源,如何在时尚更迭中平衡环境保护,是未来设计师们应该重点关注的领域。助我们成长的武器不应成为最后杀害我们的利器。

参考文献

[1]　崔晓. 商业设计与人本设计之碰撞:论设计的可持续性[J]. 美术大观,2008(11):110-111.

[2]　张红岩. 商业风格设计之旨趣[J]. 南昌教育学院学报,2011,26(3):190-191.

[3]　高梅军,胡军. 从"有计划废止制"谈商业化设计的时代性[J]. 艺术品鉴,2019(23):266-267.

[4]　王战,张弘韬. 时尚、消费与设计符号——从消费文化的角度解读有计划商品废止制[J]. 装饰,2011(5):94-96.

[5]　贾曙洁. 可持续时尚:服装重组再利用设计研究[D]. 北京:北京服装学院,2019.

[6]　魏道培. 未来时尚十大特征:从可持续时尚到数字自我认同和人工智能人格[J]. 中国纤检,2021(1):110-111.

[7]　宋炀. 时尚·道法自然:时尚与自然的关系史及时尚可持续发展问题研究[J]. 艺术设计研究,2020(5):5-15.

[8]　马馨悦. 可持续时尚不是选择,而是必须[J]. 中国服饰,2021(4):17.

[9]　杨文妍. 探析可持续时尚商业模式创新路径[D]. 北京:北京服装院,2020.

[10]　郭春花,徐长杰,董笑妍,等. 当可持续时尚成为一种时尚[J]. 纺织服装周刊,2021(6):17.

The construction and reform of "Apparel marketing" course combine with clothing trends from the front line and flexible teaching mode

HUI Jin*, TANG Hong, SHEN Yue

School of Textile and Clothing, Nantong University, Nantong, China

Email address

Huijin@ ntu. edu. cn (HUI Jin), tang. h@ ntu. edu. cn (TANG Hong), shen. y@ ntu. edu. cn (SHEN Yue)

Abstract: A college education in the United States allows students to develope the unique personality, the teacher's teaching with humor and lively, student's mind are more active, and the teacher-student relationship are more equal. A college education in Japan are pay more attention on student analysis ability and practical ability, help students to develop careful and serious attitude. The Chinese textbooks are perfer theoretical needs teacher explain patiently, it is hard to understand when they just entry. Therefore, it is more important to inspire students using individualized teaching and flexible teaching mode, and pass on advanced idea, knowledge and information to students, broaden student's horizon and learned the advantage of education mode in foreign countries. This paper based on the construction and reform of Apparel Marketing Course, the purpose of this paper is to study the flexible teaching mode, teaching contents, clothing marketing case, bring the formalist theory and concept alive, arouse student's interest of study and avoid rote learning, training the student's ability to think independently. Comprehensive improve the quality of education of clothing specialty, transport more talents for the society.

Keywords: course construction and reform; flexible teaching mode; clothing marketing case

紧贴前沿服装动态与灵活教学模式相结合的"服装市场营销"课程建设与改革

惠瑾*,唐虹,沈岳

纺织服装学院,南通大学,南通市,中国

邮 箱

huijin@ ntu. edu. cn(惠瑾),tang. h@ ntu. edu. cn(唐虹),shen. y@ ntu. edu. cn(沈岳)

摘 要:美国的大学教育允许学生个性化发展,教师教学幽默不死板,学生思维比较活跃,课堂师生关系更加平等。日本的大学教育更注重学生的分析能力、实践能力,培养学生认真严谨的态度。中国的教材偏理论,学生入门时很难读懂,全靠教师传授与讲解。因此需要教师因材施,教运用灵活的教学方式启发学生,传授国内外最先进的理念、知识和信息,拓宽学生的视野,在学生心里埋下种子,汲取国外教育模式的优势,扬长避短。本文基于"服装市场营销"课程建设与改革,旨在通过研究课程中灵活教学方法、教学内容、最新服装营销案例、服装动态与理论相结合的教学模式,将死板的理论和概念在学生的脑海里生动起来,引起学生学习的兴趣,培养学生独立思考的习惯。全面提升服装专业人才培养质量,为社会输送更多拔尖型服装人才。

关键词:课程建设与改革;灵活教学模式;服装营销案例

1 课程教学改革的背景

国内国外目前教材,教学方法和教学改革各有优势,但都存在弊端和种种问题。

1.1 国外现状与趋势分析

美国各州地方政府统一调拨经费采购教材,但部分地区经费时常不足,导致美国教材循环使用,专家教授选用教材过程中也存在敷衍了事的现象;但美国教材内容书写较为细致、详细、厚实且直白,方便学生自学;美国大学教育允许学生个性化发展,聪明有天赋的学生可以不受刻板教条规矩的约束,学生思维比较活跃,课堂师生关系更加平等。

日本的大学课程相对来说较为轻松,选拔方式虽然也是应试教育,但要求不是特别严格,学生课余时间基本就是参加各种社团活动以及社会打工;相比学习成绩,日本大学教育更注重学生的分析能力、实践能力,培养学生认真严谨的态度;学生在大学读书的同时是和社会接轨的,不光学习理论,更重视理论联系实践以及基础研究,教师支持鼓励学生的想法而不是一味批判打击。20 世纪 90 年代初,日本大学高等教育改革提出:①编制具有特色的课程和设计灵活而充实的教学组织;②充实教学内容,改善教学方法,调动学生学习的积极性,培养学生适应社会国际化和信息化的发展能力;③在考虑传授各个专业的专门知识的同时,还必须适当注意培养学生的广泛修养、自主综合的判断能力、思考能力和丰富的人性。

当你把所学过的东西通通忘掉,剩下的就是教育的本质,教师要注重培养学生独立思考的能力以及学习方法、思维方式、内在精神品格、素养修养。

1.2 国内现状与趋势分析

中国的教材偏理论,学生入门时很难读懂,全靠教师传授与讲解。"百年大计,教育为先",我国大学部分教材远落后于科学的发展和时代的快速发展,国内部分教师思路跟不上时代的步伐。大学的商业气息日益浓重,教育功能退化,让学生学习前沿、先进知识的目的却被遗忘在角落。高校教师存在发表高影响因子期刊文章的科研压力,无法静下心来研究教学,更无法真正发现科学中的真理。急功近利的灌水文章不仅拖垮中国的科研,还削弱了中国的教育水平,不合理的制度埋没了更多新时代有潜力的青年教师。

习近平总书记 2021 年 3 月就教育问题指出:要围绕建设高质量教育体系,以教育评价改革为牵引,统筹推进育人方式、办学模式、管理体制、保障机制改革。要增强教育服务创新发展能力,培养更多适应高质量发展、高水平自立自强的各类人才。教师是教育工作的中坚力量。有高质量的教师,才会有高质量的教育。做好老师,就要执着于教书育人,有热爱教育的定力、淡泊名利的坚守,就要有理想信念、有道德情操、有扎实学识、有仁爱之心。

不光需要把培养规规矩矩、刻苦努力的人才作为建设国家的基石,"中国的教育体系还是要多训练一些拔尖的人才",这就需要教师因材施教运用灵活的教学方式启发学生,传授国内外最先进的理念、知识和信息,拓

宽学生的视野,在学生心里埋下种子。汲取国外教育模式的优势,扬长避短。在"服装市场营销"这门课程中,教师仅按照教材中理论性的知识点死板教学是远远不够的,教师需要结合当今世界最前沿的服装营销案例与服装最新动态,灵活、不死板、不照本宣科,重在启发学生。打造有趣幽默的课程体系,引起学生学习的兴趣,杜绝死记硬背,培养学生独立思考的习惯[1-2]。

2 课程建设研究理论根据和意义

2.1 课程建设存在的问题

"服装市场营销"教材中的服装营销实例与部分知识早已落后,枯燥死板,存在理论性过强的缺点。课本中老套陈旧的服装营销案例跟不上学生对新资讯的猎奇。教师存在照本宣科的情况,教师仅按照课本中陈旧的营销案例传授给学生,会造成学生就业时遇到所学知识与社会需求脱节的现象。

教师教学方式单一,教学过程中没有及时发现学生的问题,问题没有针对性地解决,教学方式不灵活,教师课堂应变能力弱。纯讲理论性的东西,而不与生活中实际现象和例子联系,没有讲出通俗易懂的实际例子来让学生更好地理解。教学过程中没能有效调动学生积极主动思考,无法提起学生学习的兴趣。学生为了考试而死记硬背书上理论性的东西,却不理解自己在背什么,为了考试而学习从而白白浪费青春时光[3]。

2.2 拟解决主要问题的方法

如果陈旧的教材问题在短时间内无法改善,教师教学应该跟上知识更新的速度。教师首先需要学习和了解服装市场的最新动态、服装企业与品牌最前沿的营销案例,把枯燥无味的理论讲"活"。这就要求提高教师队伍自身的教学素质素养,从一个前沿知识点启发学生,在学生心里埋下种子,从而促使学生利用课余时间继续通过阅读相关书籍和互联网的方式自主学习[4]。

无聊的课堂转换成有趣的课堂,让学生愿意听,有兴趣听,对教师的教学怀有期待。灵活教学、因材施教,注重启发学生,引发学生思考,教学过程中发现问题,及时调整解决,不断优化教学内容。

2.3 课程建设预期目标与研究意义

收集服装行业前沿营销知识,将这些最新服装营销案例融入教学课堂中,营销案例结合理论知识的传授,理论联系实际,使学生更好地理解服装市场以及服装如何进行营销;采用灵活的教学模式,教学过程中充满激情和幽默,吸引学生听课的兴趣,利用网络多媒体技术,用有声视频和动画等形式让学生脑海里死板的概念"活"起来。及时发现课堂教学中学生的反应,针对性

做出调整;建立课程改革评价方法,对学生学习效果进行全方位判断和评价。学生走上工作岗位可以用到以前学校里所学习过的服装营销知识,为社会输送更多有实际专业知识能力、有素质修养的服装人才。

引进和介绍国内外前沿的服装资讯与营销案例给学生,结合营销案例和生活中实际的例子把死板的理论形象化。教师拓宽思路灵活教学,尽力打造灵活有趣的课程,引起学生听课的兴趣,调动学生积极思考。从一个营销案例或者一个知识点启发学生,使学生有兴趣利用课余时间继续自主学习。不仅要教学生如何记住营销规律和结论,更重要的是掌握营销的方法和研究,比如,如何进行服装市场调研、总结归纳服装消费者心理,如何向服装消费者提供一个有针对性的营销方法和手段。让学生通过对服装市场营销的学习感受到其中的奥妙,养成自己独立思考的习惯,敢于大胆表达自己的意见和思想。

重在理解,不要死记硬背,扭转学生为了适应考试养成的死记硬背而不去理解的模式。本文重视研究理论教学与生活中实际现象和例子的联系,自由探索去学习营销知识的规律,培养学生自己看待营销事件的方式,帮助学生扩大视野,可以让学生有更深刻的启发和思考认识。根据不同类型的学生,在教学内容的设置和教学方法上加以区分,灵活变通,因材施教。

3 课程改革的主要内容

3.1 主要思路

教师运用新思维为课程注入新鲜的血液,教学水平与国际接轨,分享国内外最新服装营销知识与案例。鼓励学生重在理解,知识点与案例如何应用在今后的工作生活中,相互融会贯通,不要死记硬背,注重培养学生独立思考的习惯。在课堂上对所学知识有自己的见解,并大胆提出想法。教师可用幽默的言语和激情的课堂感染学生,引起学生的兴趣。在课堂中重在启发学生,使学生利用课余时间继续保持兴趣自学。

学习服装产业成功的中国服装品牌,传授给学生这些品牌的理念、品牌内涵、品牌故事与文化、品牌的营销策略。分析国外(如意大利、巴黎和纽约)是如何成为时装中心,如何培养国内自己的优秀服装设计师、服装工程类人才的。学习国内外服装产业不断创新的新技术,如新零售、5G 技术、线上直播等。以及现在国内外灵活的经营模式。如何将服装业的艺术与科技相结合,例如智能面料、智能服装得到更多的推广。提出更多新思路、新问题作为课程作业,让学生有自己思考的习惯,从课堂作业也可以了解学生,理解其思想。理解课程中基本的重要概念,例如国际贸易理论知识(关税与非关税壁垒需要学生着重了解)、顾客服装消费的心理与行为。学会做服装市场调研与预测,了解服装市场,如何策划品牌方案,学习国内外其他成功品牌是如何进行品牌策划。

灵活的教学,更有利于挖掘教师和学生的潜力。抛开传统的"教",教师重在启发。著名心理学家皮亚杰所言:"所有智力方面的工作都依赖于兴趣。"在课堂教学中设法引起学生的兴趣,调动学生学习的积极性,激活学生的思维。从而让学生主动学习与思考,复杂的知识点简明扼要地解释清楚,让学生理解[10-11]。

不断吸引学生的注意,语言表达也至关重要。要求教师语言要有幽默感,生动活泼,讲课时要有激情,充满乐趣,调动学生积极的情绪,引起学生共鸣。物理学家费曼曾在书里写道:"大家都能通过考试,都能'学会'这些玩意;除了他们背诵下来的东西之外,他们什么都不知道。大家考试过关,再去教别人考试过关,但没人理解任何东西。""他们不是通过理解事情来学习;他们凭别的什么名堂。他们的知识如此脆弱不堪。"

学什么理论,都需要一些实际的例子来说明它有什么用处。"传授知识比教人容易,如果只教书而不教人的话,书绝对教不好,而要教好人,必须注意身教和言教,更重要的是身教,处处严格要求自己,以身作则。"《傅雷家书》中也强调教师言传身教的重要性,用教师真实行动来影响学生[5-7]。

3.2 具体措施

增加与时俱进的例子并结合当今最前沿的发展案例。不能按照教材中过时的服装品牌案例对学生进行知识传授。更新课本中陈旧的内容,专业的概念性词汇要加以解释,尽量鼓励学生不懂就问,不要不懂装懂。结合最新的服装流行趋势。摒弃空话,去除繁复冗杂、无用空洞、晦涩难懂的理论,争做实打实为了学生就业和知识储备为主的教学,不要泛泛而谈。一个概念或者一个理论要拓展开来,举出实例。结合当今服装产业快速发展的新营销模式,最新动态与流行趋势来拓宽学生的视野,需要学生了解网络直播带货、数字化服装等营销方法,国外服装品牌的最新营销策略以及前沿科学技术(自动收银、为用户快速结账,线上下单数、百家门店自提等),但实质还是要加强学生的素养,以及对专业知识的不断挖掘[8]。

不光要着眼于国内动态,更要紧跟国外服装动态趋势,培养具有国际化视野和知识储备的服装人才。更要学习扎实的纺织服装营销知识,了解国内外最新的动态,培养学生独立思考。更需要教师不断吸取最新、最前沿服装营销动态与案例,服装流行趋势。

4　结论

　　"服装市场营销"课程改革建设旨在培养学生在学校课堂中所学知识以后可以实实在在地运用于到工作实践中去,激发学生的学习兴趣,从而自主学习、主动探索,培养学生批判性思维和独立思考的习惯;教师更应该在教学中以德树人、以身作则,用自己的实际行动感染学生,引导学生,从一个营销案例和一个知识点启发学生,在学生心里埋下种子;灵活宽松的教学模式,让学生自由发展与思考,不局限于框架教学模式,不压抑每个学生的天赋和想法,注重学生个体化,强化教学多样性[9];结合前沿营销知识,让死板的理论和概念在学生的脑海里生动起来,弥补教材中陈旧老套的营销案例与知识体系,将枯燥无趣的课本理论转换成有趣的教学课堂;有效利用多媒体课件与视屏,让理论知识更有画面感;除了让学生单方面接受知识,还要引入研究型话题,培养学生研究能力和创新思维。本项目旨在全面提升服装专业人才培养质量,为社会输送更多拔尖型服装人才。

致谢

　　本文为"纺织之光"中国纺织工业联合会高等教育教学改革研究项目《紧贴前沿服装动态与灵活教学模式相结合的"服装市场营销"课程改革与实践》(2021BKJGLX168)的阶段性成果之一。

参考文献

[1]　王忠安. 瓦拉赫效应的启示[J]. 教育文汇,2004(5).

[2]　从费曼的物理教学思想谈教学改革[J]. 内蒙古电大学刊,2005(5).

[3]　刘联,蓝云. 教学改革中存在的几个问题[J]. 赣南医学院学报,2007(5).

[4]　V Singer, G Joan. How to develop Entrepreneurship education at Non-entrepreneurial Universities[J]. Advancing Entrepreneurship & Small Business,2003.

[5]　王永斌,蔡中宏,柳德玉. 大学生学习方式变革:理念与策略[J]. 教学研究,2008(4).

[6]　庄汉武. 体验式学习法在市场营销教学中的实施[J]. 学园(教育科研),2012(15).

[7]　王雅丽. 市场营销案例教学的问题与对策分析[J]. 教育教学论坛,2013(49).

[8]　刘智运. 学改:高教改革的新亮点[J]. 教学研究,2002(4).

[9]　金一斌. 在保持和发展学生个性上下功夫[J]. 中国高等教育,2011(14).

[10]　张建林. 论杨振宁教育思想(一):科技与教育[J]. 科学学与科学技术管理,2001(8).

[11]　李家杰. 杨振宁教授比较中美教育[J]. 山东教育,2004(28).

Analysis on collaborative education of textile engineering in Xinjiang universities based on the structural equations model

JIA Lixia[1*], XIAO Yuanshu[1], MENG Lili[2], HUAN Guanghui[3], TAN Yanling[4], LI Guofeng[5]

1 College of Textile and Fashion, Xinjiang University, Urumqi, China

2 Changji State Fiber Inspection Bureau, Changji, China

3 Xinjiang Tianshan Hair Textile Co., Ltd., Urumqi, China

4 Department of Textile and Fashion, Xinjiang Light Industry Vocational and Technical College, Urumqi, China

5 College of Textile Engineering, Aksu Vocational and Technical College, Aksu, China

Email address

lixiajia@ xju. edu. cn（JIA Lixia）, xiaoyuanshu005@ 163. com（XIAO Yuanshu）, 765626629@ qq. com（MENG Lili）,1941810045@ qq. com（HUAN Guanghui）, tanyanling@ 163. com（TAN Yanling）, 15739291562@ 163. com（LI Guofeng）

Abstract:This article summarizes the five aspects gap of the textile talent training in Xinjiang through enterprise research and data analysis. Using the structural equation model（SEM）, 5 first-level indicators with 18 second-level indicators were constructed. Empirical research have tested that some collaborative education factors, such as education concept, training mode, curriculum system, guarantee mechanism and collaborative subject, are of reliability and feasibility for the evaluation of the collaborative education of textile engineering professionals in Xinjang, which will provide reference for the collaborative education of Xinjiang textile industry and for the reform of textile talent training mode in textile universities.

Keywords: textile engineering; collaborative education; structural equation model(SEM); evaluation

新疆高校纺织工程专业协同育人影响因素分析与结构方程评价模型的构建

贾丽霞[1,*]，肖远淑[1]，孟莉莉[2]，浣光辉[3]，谭艳玲[4]，李国峰[5]

1 纺织与服装学院，新疆大学，乌鲁木齐，中国

2 昌吉州纤维检验局，昌吉，中国

3 新疆天山毛纺织股份有限公司，乌鲁木齐，中国

4 纺织与服装系，新疆轻工职业技术学院，乌鲁木齐，中国

5 纺织工程学院，阿克苏职业技术学院，阿克苏，中国

邮　箱

lixiajia@ xju. edu. cn(贾丽霞)，xiaoyuanshu005@ 163. com(肖远淑)，765626629@ qq. com（孟莉莉）,1941810045@ qq. com（浣光辉）,tanyanling@ 163. com(谭艳玲)，15739291562 @163. com(李国峰)

摘　要:通过企业调研与数据分析等多种途径，本文凝练出新疆纺织人才培养存在的5个方面的差距。利用结构方程模型，构建5个一级指标与18个二级指标，并通过实证研究，检验了协同育人教育理念、协同育人培养模式、协同育人课程体系、协同育人保障机制、协作主体等因素对新疆纺织工程专业人才协同育人评价的可靠性与可行性，旨在为新疆纺织产业协同育人提供借鉴，为纺织院校纺织人才培养模式改革提供参考。

关键词:纺织工程;协同育人;结构方程模型;评价

1 引言

自 2013 年以来,新疆维吾尔自治区的纺织服装产业发展迅猛,已经初步实现了建成中国重要的棉纺产业基地的目标。但是,新疆纺织服装产业表现出来的阶段性问题和发展短板也不容小觑,包括适应市场及抵御风险能力有待提高,产品开发及自主创新能力相对薄弱,企业队伍与人才供需矛盾相对突出等。根据《2019—2020 全球竞争力报告》(The Global Competitiveness Report 2019—2020)[1],中国在全球竞争力排名中位居第 28 位,保持了极具竞争力的新型市场地位,但高等教育对国家竞争力的贡献提升不够。

2 新形势下新疆纺织人才协同培养问题分析

实现纺织强国战略目标的关键在人才,高校的首要任务是人才培养[2-3]。纺织人才培养质量的关键在于协同育人系统中的培养指导思想、培养目标、培养主体、培养内容、培养路径与培养评价等要素,必须符合纺织行业的发展需求与纺织企业的要求。

2.1 培养数量和结构与行业需求存在差距

随着《发展纺织服装产业带动就业规划纲要(2014—2023 年)》各项优惠政策的实施,全疆纺织服装产业向南疆四地集聚效应令人瞩目。仅 2019 年,新疆纺织服装产业新增就业 11.18 万人,但各类纺织专业技术人员不超过 5%,复合型的人才更为短缺,这对实现百万人就业目标产生巨大隐患。目前,全疆虽然具备同时培养硕士、本科、高职(专科)、中职、技工等类型纺织人才的体系,但纺织类人才培养的规模有限、结构不完善。新疆大学每年硕士招生 80 人左右,本科招生不超过 300 人。石河子大学 2020 年已经报教育部备案撤销了纺织工程专业,新疆工程学院纺织工程专业在校生规模有限,塔里木大学 2020 年才实现纺织工程专业独立招生,喀什大学、新疆科技学院和新疆理工学院目前尚未有纺织类专业毕业生。据初步统计,全疆每年培养各类纺织人才的数量不超过 2000 人,这与纺织服装产业极速扩张的现实需求差异较大。另外,根据产业需求的"金字塔理论",技工、中职、高职(专科)、本科、硕士等的结构应该维持在合理的比例。在高职(专科)人才培养方面,新疆轻工职业技术学院、巴州职业学校、阿克苏职业学院是最重要的主力军,同时这几所学校也培养了一定数量的中职毕业生或技工。相对而言,中职与技工人才的培养较为分散,培养规模也有限,培养质量差异

较大。因此,目前新疆纺织类人才培养结构失调,需要推动中职、高职、本科教育衔接形成人才成长的"立交桥"。

2.2 人才就业取向与行业需求存在差距

通过调研,发现新疆纺织类专业人才的供给与行业需求关系可以用"冰火两重天"来形容,多年来纺织工程专业存在"二低一高"现象:第一志愿录取率极低,生源主要以调剂生为主;学生专业思想不稳定,在校期间转专业的比例高;毕业生到纺织行业就业的少,多数学生选择转行。即便有毕业生在纺织服装行业就业,但思想不稳定,少则 1 年,多则 3~5 年,就多有跳槽或改行的可能,留下来的专业人才非常有限。在疆内与纺织服装相关的质量技术监督、纤维检测部门、大中专院校、地区工业园区工作的毕业生有限,在疆内纺织服装企业一线就业的毕业生更是屈指可数。另外,数据显示,新疆规模以上纺织服装企业从业人员占同期新疆第二产业从业人员总数的 13.4%。其中专业技术人员仅占从业人员的 1%。从业人员中,一线工人整体文化水平低,劳动生产率明显低于东部发达地区。由于纺织服装产业急需的专业人才不能得到及时补充,已经进一步加剧了技工荒、技术人员荒、中层管理人员荒等矛盾,人才匮乏已经成为制约新疆纺织服装产业发展的瓶颈。

2.3 培养目标定位与行业需求存在差距

新疆纺织服装产业正在力图实现从数量扩张向质量和效益提升的战略性内涵转变,这对纺织人才的知识、能力、素质提出了新的要求,需要大量既具备扎实理论知识,又有较强实践技能的工程技术技能型人才。基于工程教育的 OBE 理念(Outcome Based Education),需要以预期学习产出为中心来组织、实施和评价教育,对毕业生的要求包括工程知识、问题分析、设计/开发解决方案、研究、使用现代工具、工程与社会、环境和可持续发展、职业规范、个人和团队、沟通、项目管理、终身学习等能力[5-8]。

协同育人[9-10]在纺织高等教育发展中发挥着重要作用,但协同育人各主体积极性不高,使得协同育人无法达到预期效果。政府对于协同育人各方合作的职能服务较少,发挥的作用较为薄弱,使得各高等院校与纺织企业的主体作用不对等。目前入疆企业的功利性和实用心理较强,不愿投入资源先期培养学生,使得协同育人流于形式。部分企业不认可学生专业技能,不太主动参与人才培养过程。各类纺织院校多注重传授知识,容易忽视学生专业技能与综合素质培养,使得人才培养目标不符合产业实际情况,造成教育质量滞后的局面。目前,专业教学多是延用以学科为中心或以教师为中心的模式,因条件设课或教师设课的现象仍然存在,脱离社会需求与产业发展的闭门教学现象依然存在,最终造

成部分毕业生从心理和能力方面难以适应或胜任纺织行业的技术与管理方面的挑战，甚至产生惧怕心理或逃避行为。因此，专业人才培养的课程体系、课程资源、教学方式也应围绕预期人才培养目标的要求来进行改革。

2.4　综合能力与行业需求存在差距

（1）在教学改革方面滞后。需要进一步在课程设置、实习实训环节设计进行重大改革，包括如何落实大比例的实践教学环节？如何科学合理地在教学内容里引入纺织新技术与科技成果？如何利用现代教育手段和方法进行课堂革命？如何以成果为导向改革课程体系？如何以毕业要求预期课程达成度及学习程度和教学策略？

（2）双师双能型教师队伍匮乏。通过调查发现，一方面纺织类专业师资多数具有学术型背景，鲜有来源于纺织企业一线的工程技术或管理人员，尽管学历很高，但总体缺少工程背景，从事工程教育存在先天缺陷。另一方面，受制于目前高校对教师的考核评价体制，尽管部分院校允许教师去纺织企业进行实践锻炼以丰富相关的知识与技能，但没有配套的激励措施或强制要求，受趋利行为的影响，能够不计名利、潜心工程实践的纺织类专业教师比例或程度有限，直接影响了纺织类专业人才的培养质量。

（3）实习实训环境欠缺。受资金、场地、利用效率等方面的制约，校内纺织服装实习实训基地设备不完整、不配套、不先进等方面的问题。企业需要毕业的学生熟悉设备运行机理，会操作、能维护，还需要掌握智能生产设备应用。但是，生产类设备需要资金量多，需要的实验场地大，中试类设备需要定制开发，对学校存在困难。因此，实训平台主要依赖对传统纺织设备的粗略了解，也严重影响了学生获取智能设备所需的核心职业能力。

（4）培养评价机制相对单一。随着纺织科技的飞速发展，社会对纺织专业人才的职业素养、专业知识与职业能力要求越来越高。经调查研究，目前各类高校对纺织专业学生的评价主要侧重于对学生课程学习的终结性评价，疏于对学生过程性学习和综合运用知识的评价，侧重于对学生学习效果和教师能力的内部评价，疏于企业专家及第三方机构的外部评价，迫切需要形成多元化和多角度的人才培养评价体系。

2.5　培养知识体系与行业新需求存在差距

在《中国制造2025》战略背景下，我国纺织工业"十三五"期间已经在高端化、智能化、绿色化、服务化转型方面飞速发展，而现实情况是，复合应用型工程专门人才问题已成为制约我国纺织服装产业发展的主要瓶颈。尽管我区是纺织产业的重要基地，拥有棉纺生产的技术

优势，设备信息化、数字化、智能化程度相对较好，但智能装备联网、过程监控管理透明化、纺纱生产无人化、印染生产智能化、服装生产柔性化、纺织电商平台应用与快速响应机制等方面，与珠江三角洲、长江三角洲等地区尚存在较大的差距。

除了纺织服装产业整体缺少系统集成与数据标准化、产业链缺乏有效协同和集成创新外，主要的原因之一是缺少相应的数字化纺织人才的支撑。一方面是企业内部人员的知识结构不合理，很多技术人才缺乏云计算、大数据、人工智能等知识的储备和应用经验，不能很好地将数字化技术与纺织服装业务进行有效融合；另一方面是纺织人才培养缺乏数字化思维，课程目标设定模糊不清。现有的纺织人才培养体系不能敏锐地感受外部纺织行业的技术变化，不能及时从上到下推动人才培养体系进行变革。因此，新疆高校培养复合应用型工程专门人才的责任重大而迫切。

3　结构方程模型构建协同育人评价体系

结构方程模型（Structural Equation Model，简称SEM）是在传统的探索性因子分析的基础上，将验证性因子分析、路径分析、多元回归分析等多种统计方法综合运用而发展出来的一种新的多因素分析方法。与传统统计分析方法相比，SEM具有测量范围宽、同时处理的因变量多、测量误差限制少、模型调整范围大、模型拟合灵活等优势，目前已在多个行业与学科领域得到了广泛应用，尤其在国际上的研究涉足更加广泛[1-12]。

3.1　基于SEM的影响因素评价流程

针对协同育人的研究，目前的研究多是直观的定性分析或简单的定量分析，尚不能较好地定量揭示多因子间的内在逻辑关系。因此，把结构方程模型运用到协同育人研究中，不仅可以弥补方法上的不足，还可以很好地把定性与定量相结合，提升研究水平与质量（图1）。

3.2　协同育人影响因素评价指标的建立

综合确定出新疆地方高校纺织工程专业协同育人影响因素的评价指标包含5个一级指标为外生或内生潜变量，即协同育人教育理念（Q1）、协同育人培养模式（Q2）、协同育人课程体系（Q3）、协同育人保障机制（Q4）、协同育人主体（Q5）；18个二级指标，具体见表1。将协同育人各个主体类型作为控制变量Q。并假设潜变量之间存在相互影响，以及潜变量与对应的观测变量均存在正影响。

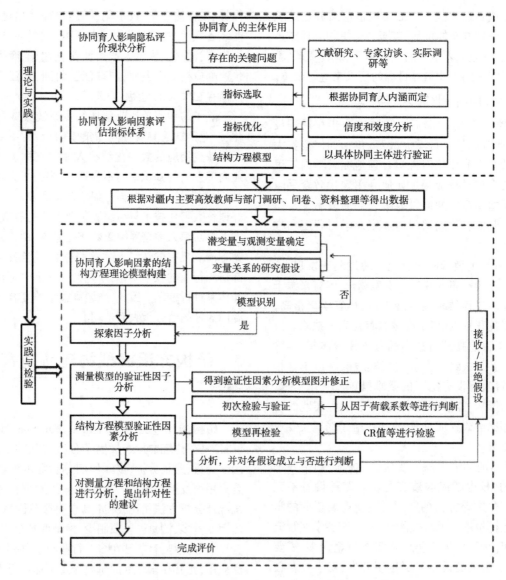

图 1　基于 SEM 的影响因素评价流程图

表 1　协同育人影响评价指标权重　　　　　　　　　　　　　　　　　　　　　　　　　　　续表

潜变量	一阶指标权重	观测变量	二级指标权重	二级指标综合权重	潜变量	一阶指标权重	观测变量	二级指标权重	二级指标综合权重
协同育人教育理念（Q1）	0.162	教育质量观（Q11）	0.361	0.060	协同育人课程体系（Q3）	0.212	实践教学（Q33）	0.318	0.053
		现代教学观（Q12）	0.325	0.054	协同育人保障机制（Q4）	0.221	组织架构（Q41）	0.192	0.064
		协同育人观（Q13）	0.314	0.052			师资队伍（Q42）	0.171	0.057
协同育人培养模式（Q2）	0.176	协同类型（Q21）	0.489	0.054			合作平台（Q43）	0.162	0.054
		模式类型（Q22）	0.511	0.057			协同机制（Q44）	0.156	0.052
协同育人课程体系（Q3）	0.212	教学模式（Q31）	0.365	0.061			文化环境（Q45）	0.158	0.053
		课程设置（Q32）	0.317	0.053			质量评价体系（Q46）	0.161	0.054

续表

潜变量	一阶指标权重	观测变量	二级指标权重	二级指标综合权重
协作育人主体（Q5）	0.229	地方高校（Q51）	0.253	0.056
		科研机构（Q52）	0.249	0.055
		行业企业（Q53）	0.246	0.055
		政府部门（Q54）	0.252	0.056

二级指标下也可有不同的内涵。例如，二级指标协同类型中包含：校内协同、校际协同、校所协同、校企协同、校政协同、校地协同等；二级指标模式类型中包含：协同订单式培养模式、分阶段弹性培养模式、以项目合作为载体的培养模式等等；二级指标合作平台中包含：工程实践平台、工程研究平台、工程仿真平台；二级指标育人机制中包含：互利共赢的选拔机制、运行机制、责任机制、激励机制、评价机制等。

4 基于 SEM 的协同育人影响因素评价的实证

4.1 问卷设计与样本回收

协同育人影响因素的调查主要分为基本信息、专项问卷两部分。专项问卷中包括四个主题满意度和重要度的评价，以及协同育人总体评价两部分。问卷设计紧紧围绕研究目的，由一级指标到二级指标。满意度（重要度）等的测量采用李克特5级量表：1级最低，5级最高。累计发放纸质问卷100份，共收回有效问卷的有效率为96.0%。电子问卷共收到1227份，有效率100%。经验证性别、年龄、学历、专业、职业的频率有一定的差异，但均有一定的覆盖率，因此问卷具有较好的代表性。

4.2 观测变量分量的相关性分析

（1）保障机制对个人能力的影响。12个观测变量的分量：工程思维能力、了解行业发展能力、国际化视野能力、分析测试能力、融合创新能力、终身学习能力、解决复杂工程问题能力、抗压能力、沟通交流能力、团结协作能力、项目管理能力、领导能力。分析可见，观测变量分量的均值均在4.03以上，与观测变量 Q41~Q46 的满意度的相关度比重要性的相关度相对较高。

（2）保障机制对个人素质水平的影响。8个观测变量分量：人文素养、诚实守信、公正公平、社会责任感、爱岗敬业、职业忠诚、求真务实、可持续发展理念等，分析方法类同，认为问卷调查的满意度与重要性规律基本一致。

（3）课程体系对掌握知识的影响。12个观测变量的分量：针对纺织材料知识、纺织工艺知识、机械基础知识、工程力学知识、电工电子知识、数理统计知识、纺织经济知识、贸易与营销知识、项目管理知识、经济决策知识、互联网知识、大数据与人工智能知识等。分析可见，观测变量分量的均值基本在4.0以上。

（4）协同育人主体的作用。12个观测变量分量：应在战略目标上高度一致、应在方式上彼此相容、应在培养过程中衔接紧密、应优化配置相关资源、应建立共同的培养愿景、应缩短适应期或磨合期、应共同解决冲突或矛盾、应共建专业实践平台、应增加知识的流动性、应提高知识或技术的交流、应提升培养人才的积极性、应提升纺织人才的稳定性。分析可见，问卷调查的满意度规律基本一致。

4.3 验证模型指标的合理性

通过调查样本的信度分析、调查样本的效度分析、结构模型的检验、二阶模型验证性因素分析、各潜变量权重分析等，认为构建的二级结构模型指标合理，协同育人教育理念、协同育人培养模式、协同育人课程体系、协同育人保障机制、协作主体对新疆纺织工程专业人才培养影响明显，不同协同育人指标之间相互关联且均与整体成效成正相关关系。

4.4 影响协同育人因素的分析

根据表1计算，针对新疆纺织工程专业人才协同培养总体成效，5个一级指标中，协作主体所占一级指标权重最大，故其对人才培养的影响有比较显著的作用。协同育人课程体系与协同育人保障机制所占一级指标的权重值次之，对人才培养的影响有着重要影响。

协同育人教育理念中，教育质量观、现代教学观、协同育人观等三者的权重相差不大，其中教育质量观的权重为0.361，相对较高；协同育人培养模式中，模式类型的权重相对较高，为0.511，协同类型的权重次之，为0.489，说明订单委托、项目合作、实习实践等模式类型，以及校校、校所、校企、校地等协同类型在新疆高校纺织工程专业人才培养中发挥着重要的作用。

协同育人课程体系中，教学模式、课程设置或实践教学的权重相当，分别是0.365、0.317或0.318。协同育人保障机制中，组织架构在6个观测变量中最高，为0.192。协作主体中，地方高校比科研机构、行业企业或政府部门的权重相对较高，因此，各高校应该主动作为，积极发挥应有的主体或主导作用。

5　结论与展望

利用结构方程模型研究了影响新疆纺织工程专业协同育人的因素,有助于完善协同育人的方法研究。一是能够掌握和梳理出目前新疆地方高校纺织工程专业协同育人的主要影响因素与制约条件,有利于高校通过有针对性的改革进一步提升高校学生的职业认知力和综合实践能力,为新疆的纺织产业培养合格的工程技术应用人才。二是能为政府、高校与企业等协同育人主体提供推进协同育人的思路与建议,并积极采取措施,积极应对目前协同创新与协同育人中存在的难以协同等困境。

但是,协同育人是一个系统工程,尚需协同育人各主体和全社会共同努力,在更深的层次、更广泛的领域进行探索与研究,以取得可推广和可复制的成果。后期需要对协同育人的实现路径提出建议,包括如何更新协同育人教育理念、发挥协同育人主体作用、创新协同育人培养模式、完善协同育人课程体系、健全协同育人保障机制等,旨在为新疆纺织产业协同育人提供借鉴,为纺织院校提供改革方案。

致谢

本文为教育部第二批新工科研究与实践项目《面向新疆新工科人才培养需求的新形态复合型教学资源体系构建》(E-XTYR20200667)、教育部人文社科工程科技人才培养研究专项《基于结构方程模型的新疆高校纺织工程专业"协同育人"影响因素的评价研究》(17JDGC036)的阶段性成果之一。

参考文献

[1]　Klaus Schwab. The Global Competitiveness Report 2019 [M]. The World Economic Forum,2020.

[2]　统筹推进世界一流大学和一流学科建设实施办法(暂行)[Z]. 教研[2017]2号.

[3]　李立国.工业4.0时代的高等教育人才培养模式[J].清华大学教育研究,2016(1):7-15.

[4]　刘立柱,汤卉,康福伟,等. OBE理念下材料专业本科生工程实践能力培养创新[J].高教学刊,2019(10):36-38.

[5]　丁晓红,李郝林,钱炜.基于成果导向的机械工程创新人才培养模式[J].高等工程教育研究,2017(1):119-124.

[6]　孔韬.产教融合深化创新创业协同育人机制研究[J].山东农业工程学院学报. 2020,37(2):153-155.

[7]　王英华,于海龙.基于产教融合、协同育人理念的工程造价专业应用型人才培养模式[J].高等教育,2020(1):190-191.

[8]　张辉,王学川,许伟,等.产教融合背景下的轻工类专业新工科建设与探索[J].包装工程,2020(4):38-42.

[9]　Chaoyi Chen,Bo Wang,Luo Chen. Performance Evaluation of the Regional Innovation in the Integration of Production, Education and Research[J]. Business, Economics, Financial Sciences, and Management, 2012, 143:53-60.

[10]　Yadan Xu, Zhibin Li. On the Technological Innovation Path of Artificial Intelligence in the Integration of Production and Education[C]. //The International Conference on Cyber Security Intelligence and Analytics, 2021, 1342:809-815.

[11]　Gun-Britt Wärvik, Viveca Lindberg. Integration Between School and Work: Changes and Challenges in the Swedish VET 1970—2011[C]. //Integration of Vocational Education and Training Experiences,2018,29:279-301.

[12]　Yusra Ahmed, Richard K, Wagner. Reading-Writing Connections: A "Simple" Illustration of a Joint Model of Reading and Writing Using Meta-analytic Structural Equation Modeling (MASEM)[M]. Springer, 2020:55-75.

Investigation and research on the practice of Chinese socialist core values in clothing consumption market

JING Xiaoning[*], ZHU Jiani

School of Textile Science and Engineering, Tiangong University, Tianjin, China

Email address

jingxiaoning@ tiangong. edu. cn(JING Xiaoning) ,2367469678@ qq. com(ZHU Jiani)

Abstract：This article is a study under the background of ideological and political curriculum construction. The research is to improve the level of teaching theory, to solve the curriculum problems in the new era, to achieve the objectives of ideological and political education. So that the students can better understand the ideological and political connotation in teaching content. In teaching of "Clothing consumption psychology", it carry out the investigation in clothing consumption market with the practice of socialist core values, and understand the cognition of values among consumers, as well as the roles and needs in consumption guidance. Through investigation and analysis, this paper provides reference for constructing the clothing consumption guidance platform, as well as solving clothing consumption problems, guiding consumption decision-making and protecting rights, enhancing consumption professional knowledge, and promoting the scientific development of consumption market.

Keywords：curriculum thought and politics；clothing consumption problem；clothing consumption rights protection；the core values of Chinese socialism；demand analysis of consumption guidance

社会主义核心价值观在服装消费市场中践行的调查与研究

景晓宁[*]，祝家妮

纺织科学与工程学院,天津工业大学,天津,中国

邮　箱

jingxiaoning@ tiangong. edu. cn(景晓宁) ,2367469678@ qq. com(祝家妮)

摘　要:在课程思政建设背景下,为提升教学理论水平,解决新时代课程问题,达成本科课程思政教育目标,让学生结合实际问题更好地理解教学内容中体现的思政内涵,在"服装消费心理学"课程教学中,展开服装消费市场的社会主义核心价值观践行情况调研,了解价值观在消费者中的认知情况、在消费中的指导作用及消费指导需求等内容。通过调研分析对建设服装消费指导平台提供参考,以期提供解决服装消费问题、指导消费决策和维权、增强消费专业知识、促进消费市场科学良性发展的思路。

关键词:课程思政;服装消费问题;服装消费维权;社会主义核心价值观;消费指导需求分析

1　课程思政建设背景下课程问题挖掘

1.1　课程目标单一

以掌握知识为主,缺乏解决实际问题的能力;抗挫折能力、勇于担当精神的培养欠缺[1]。

1.2　课程内容孤立(理论和实践脱节)

学生难以建立知识图像和构成科学谱系[2-3],无法综合运用各学科知识解决问题,有点无面。缺乏理论应用于实践的机会,学生的基本实践能力偏弱。教学内容形式单一,重内容推导,轻案例,不具时代性,与科学前沿和实际应用联系不够紧密。

2　课程思政教育目标

2.1　立德树人的时代性

育人,育学生,培养"五育"融合、全面发展的建设

者和接班人[4-5]。

2.2 教育主体的融合性

提升教师的教学积极性和学生的学习主动性,从传统意义上师向生的单向知识传授转变为新时代下的师生研讨[6-7]。

2.3 教育环境的适应性

新时代下的课堂延伸到教室内外、校园内外和线上线下,信息技术改变了教室形态。适应无边界教育空间带来的教育方法、内容和手段的更新[8-9]。

2.4 教育目标的长期性

新时代的教育是要基于人的成长规律,终身学习,瞄准教育的未来效应。实现基于 OBE 的"三全育人",培养面对未来的人才[10-11]。

3 "服装消费心理学"课程思政教学实践

3.1 服装消费市场社会主义核心价值观践行情况调研

3.1.1 问卷设计

问卷设计包括 4 大类型,包括 18 个小问题。拟解决 5 个问题:消费心理分析及消费心理对消费行为的影响机制;我国服装消费市场发展现状与存在的问题;服装品牌科学营销策略建议;消费指导平台的需求与形式研究;社会主义核心价值观在服装消费市场中的运用。

3.1.2 问卷结果统计及分析

本次共发放问卷 212 份,根据年龄和职业进行划分,主要为高校学生和其他社会人士两部分。

3.1.3 问卷调查者基本情况

(1)职业调研。如图 1 所示,在有效问卷 212 份中,其中学生共计 108 人,占总人数的 50.95%;其余为教师、管理人员、专业人士(如会计、律师、医生、记者等)、其他职业人员。分析不同职业人的消费心理与行为有助于增强调查的普遍性。

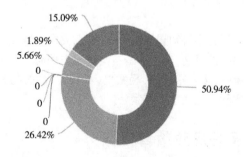

图 1　职业调研比例环形图

(2)年龄调研。如图 2 所示,可以看出,18~35 周岁年龄段的人占大部分,这个年龄段的人是消费市场的主力军。

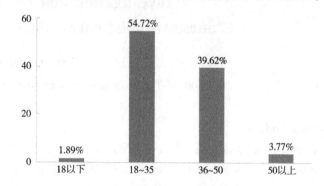

图 2　年龄调研比例柱形图

(3)性别调研。如图 3 所示,问卷调查者中,男性 76 人,女性 136 人,女性占多数。

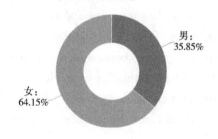

图 3　性别调研比例环形图

3.2 消费心理调查及消费市场问题调研

(1)目前服装消费方面存在的问题调研。如图 4 所示,被调查者中,服装消费方面存在问题选择频率从高到低依次为:消费者容易掉进消费陷阱、服装市场同质化竞争严重、服装市场存在消费乱象扰乱市场秩序、缺乏相关服装消费指导平台导致盲目消费退货率高、服装市场需求不平衡。可以看出,以上提出的五种情况都是消费者认为我国当前服装市场普遍存在的消费问题。

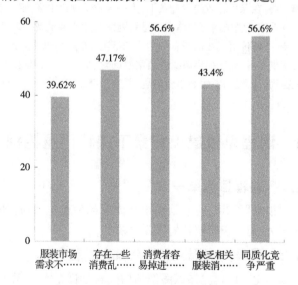

图 4　目前服装消费问题认知调研柱形图

（2）遇到过的消费陷阱调研。据问卷结果显示，在消费过程中，消费者遇到各种消费陷阱的频率如图5所示。由此可见，当前的服装市场中存在各种形式的消费陷阱，指导消费者识别并避开消费陷阱是有必要的。

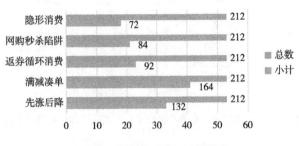

图5　亲历消费陷阱调研条形图

（3）产生冲动消费的原因调研。产生冲动消费的原因选择频率如图6所示。由此可见，绝大多数消费者都会受到商品打折降价时产生的求廉心理影响，从而冲动消费。

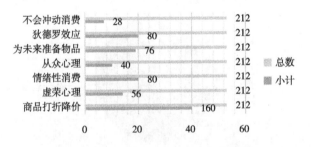

图6　产生冲动消费原因调研条形图

（4）诱导消费者购买不必要商品的营销手段调研。诱导消费者购买不必要商品的营销手段选择频率如图7所示。这道问题的设置可以从侧面体现出市场存在的一些消费陷阱，同时也体现出绝大多数消费者会在各种消费心理的驱使下购买自己不需要的商品。

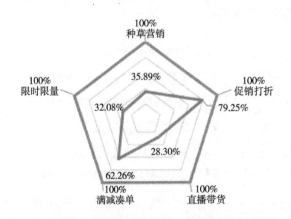

图7　诱导消费者购买不必要商品的营销手段调研雷达图

（5）服装消费习惯调研。对消费者的服装消费习惯进行调查，选择频率如图8所示。可见，绝大多数消

费者比较理性，更加注重服装商品的实用和性价比。

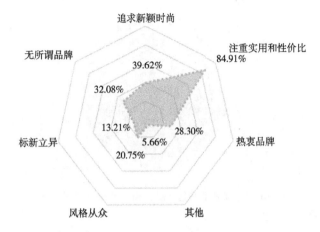

图8　服装消费习惯调研雷达图

3.1.5　消费者维权指导需求调研

（1）维权途径了解情况调研。如图9所示，被调查者中表示了解如何维权的消费者较多；过半数消费者对消费者权益保护具有一定的关注度，但约四成的消费者维权意识仍然薄弱。因此，有必要向消费者普及消费者权益保护知识及相关法律。

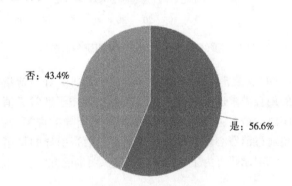

图9　维权途径了解情况调研饼形图

（2）服装消费指导平台需求调研。如图10所示，被调查者中需要相关平台指导服装消费的消费者占绝大多数，说明消费者对自身权益保护十分重视，但由于相关知识不足，需要专业平台作为参考，以帮助和指导消费者有效地应对服装消费中遇到的疑难问题，解决购物时发生的矛盾纠纷。

（3）服装消费指导方式偏好调研。如图11所示，在遇到服装消费问题时，希望通过网络平台搜寻到类似案例以寻求解决方法人数最多；希望通过媒体推送服务得到消费案例的专业分析，获得消费者法律知识科普的排第二；希望得到来自相关人员咨询服务的排第三；希望通过宣传讲座来获得指导的排第四；希望通过论坛讨论来寻求帮助的排第五。可见，消费者获取消费问题指导渠道的需求呈现多样化，大多数消费者愿意运用网络平台获得指导。

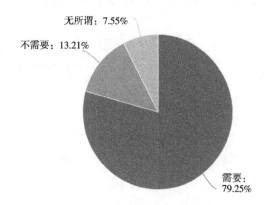

图 10　服装消费指导平台需求调研饼形图

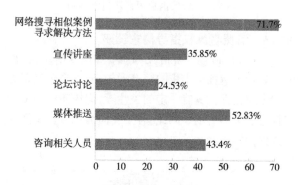

图 11　服装消费指导方式偏好调研条形图

（4）服装消费专业指导内容需求调研。对消费指导的内容需求进行调查,如图 12 所示,希望了解常见消费陷阱的最多;希望得到规避陷阱策略指导的排第二;希望通过消费心理学科普而得到正确消费引导的排第三。该项调研可为平台指导内容提供明确的方向。

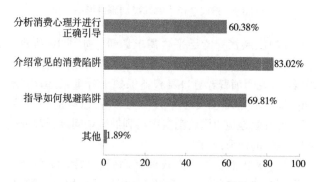

图 12　服装消费专业指导内容需求调研条形图

（5）服装消费案例及消费指导平台形式调研。对服装消费指导平台的呈现形式进行期望调查,选择频率如图 13 所示。该项调研可为平台指导形式提供明确的方向。

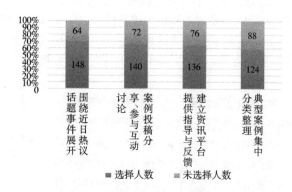

图 13　服装消费案例集消费指导平台形式偏好调研分段柱形图

3.1.6　消费者社会主义核心价值观理解考察

（1）社会主义核心价值观内涵了解情况调研。如图 14 所示,大部分消费者对社会主义核心价值观比较了解。说明社会主义核心价值观已经融入国民教育事业中。

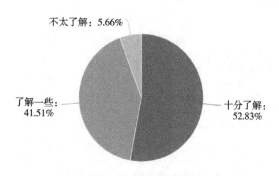

图 14　社会主义核心价值观了解情况调研饼形图

（2）社会主义核心价值观与生活实际联系的理解调研。本题针对消费者对于社会主义核心价值观的个人理解及态度进行调查,如图 15 所示,大部分消费者持积极态度,社会主义核心价值观正在被民众普遍接受、理解和践行,已逐步与生活对接,成为人们的正确价值理解和行为规范。

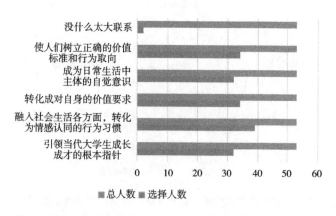

图 15　社会主义核心价值观与生活实际联系理解情况调研条形图

（3）社会主义核心价值观在服装消费现象中体现的理解程度调研。本题目在于考察消费者对各服装消费现象中社会主义核心价值观体现的感知以及理解程度。共设置12组实际消费现象简述与12组社会主义核心价值观主题词的匹配，通过列举正反面的服装消费现象案例，让消费者对应解读。结果如图16所示。

"因显示富贵而购买动物皮毛服装"，该题选择"富强"的人最多；选择正确答案"和谐"的较少。

"国内山寨服装鱼龙混杂"，该题选择正确答案"诚信"的人最多。

"服装国际贸易中的保护主义与单边主义"，该题选择正确答案"公正"的人最多。

"中国自主品牌发展的技术壁垒"，该题选择正确答案"富强"的人最多。

"频频爆出的外来服装品牌辱华事件"，该题选择正确答案"爱国"的人最多。

"3·15曝光网购服装质量问题"，该题选择"诚信"的人最多，选择正确答案"法治"的人其次。

"新疆棉事件后的国货消费热潮"，该题选择正确答案"爱国"的人最多。

"为肢体残障者设计的服装"，该题选择正确答案"友善"的人最多。

"文化影响下服装流行变迁"，该题选择"文明"的人最多，选择正确答案"民主"的较少。

"智能服装应用于医疗健康领域"，该题选择"富强"和正确答案"文明"的人一样多。

"服装绿色化生产及环保材质的运用"，该题选择正确答案"和谐"的人最多。

"中国纺织服装业积极应对自由贸易新挑战"，该题选择"富强"的人最多，而选择正确答案"自由"的较少。

可见，多数消费者对社会主义核心价值观的理解基本到位，但对各服装消费现象中社会主义核心价值观的体现感知还有欠缺。

（4）在服装消费市场中践行社会主义核心价值观的必要性和重要性理解调研。本题调查社会主义核心价值观在服装消费市场中践行的现实意义。选择频率如图17所示，认为践行社会主义核心价值观能树立大众正确的服装消费观念的占总人数86.79%；认为践行社会主义核心价值观能为大众服装消费者提供科学专业指导，避免掉进消费陷阱的占总人数79.25%；认为践行社会主义核心价值观能帮助行业洞察消费乱象、整顿市场秩序、治理恶意竞争以促进科学管理的占总人数71.7%；认为践行社会主义核心价值观能帮助企业把握消费需求、产品研发方向的占总人数56.6%；认为通过践行社会主义核心价值观可以分析消费背后的原理和本质，让消费者明白购物理性消费的占总人数52.83%。说明在消费者心中认为在服装消费市场中践行社会主义核心价值观是很有现实意义的。

（5）建设服装消费案例平台建议调研。本题为选填，消费者希望消费案例平台呈现高效性、实用性、专业性、趣味性、多样化为一体，成为真正为民所用的科普平台。

4 问卷调研分析与结论

（1）消费者们遇到过各种形式的消费陷阱，同时部分消费者维权意识较差，指导消费者识别并避开消费陷阱、普及消费者权益保护知识及相关法律是有必要的。

（2）消费者愿意了解消费心理学相关内容，希望通过消费心理学科普而得到正确消费引导。

（3）大多数消费者愿意运用网络平台以获得消费问题指导，服装消费案例平台会是绝大多数的消费者都能接受且乐于使用的。总结被调查者给予平台建设的建议，总结为下几条：深入浅出，专业易懂；注重内容实用性；平台形式多样化。

（4）大部分多数消费者对社会主义核心价值观的理解基本到位，且认为社会主义核心价值观在服装消费市场中的践行具有积极的现实意义，但由于对日常生活事件中社会主义核心价值观的体现感知还有欠缺，因此研究服装消费市场中各消费现象中存在的社会主义核心价值观思政内涵具有教育意义。

5 结语

本文以"服装消费心理学"课程教学中的思政内涵挖掘研究为例，展开服装消费市场的社会主义核心价值观践行情况调研，了解价值观在消费者中的认知情况、在消费中的指导作用及消费指导需求等内容。探索课程思政建设背景下，提升教学理论水平、解决新时代课程问题、达成本科课程思政教育目标的思政教学改革思路，让学生结合实际问题更好地理解教学内容中体现的思政内涵，通过调研分析对建设服装消费指导平台提供参考，以期提供解决服装消费问题、指导消费决策和维权、增强消费专业知识、促进消费市场科学良性发展的思路，使学生更好地将理论结合实践，理解服装消费方面的专业知识及思政内涵。

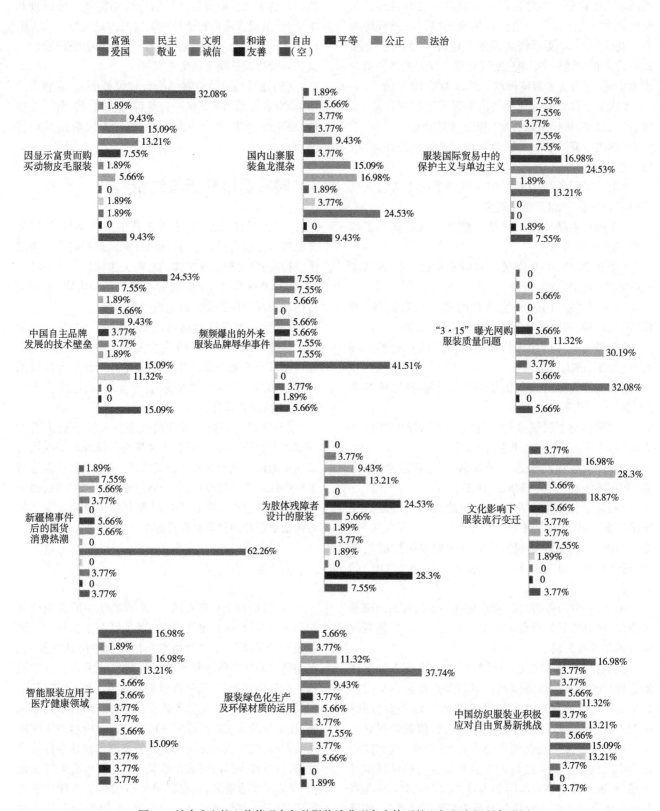

图 16　社会主义核心价值观在各种服装消费现象中体现的理解程度调研条形图

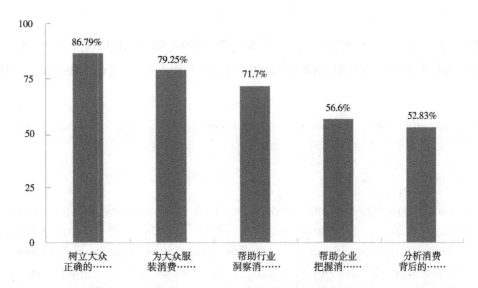

图17　在服装消费市场中践行社会主义核心价值观的必要性和重要性理解调研分段条形图。

参考文献

[1] 梁青春.大学生抗挫折能力培养问题探析[D].苏州:苏州大学,2010.

[2] 沈红."谱系"记录:引领学生在探究中建构科学大概念[J].基础教育论坛,2021(8):109-110.

[3] 罗明.教育测评知识图谱的构建与应用[D].北京:北京工业大学,2019.

[4] 王智超,尹昊.高校教师立德树人的困境根源、认识澄清与实践进路[J].高校教育管理,2022,16(2):75-82.

[5] 王鑫,鞠玉翠."五育融合"课堂教学实践:经验、障碍与路向[J].中国电化教育,2022(4):85-92.

[6] 曾令辉.论新媒体环境下思想政治教育主客体关系融合性[J].思想政治教育研究.2019,35(5):149-156.

[7] 丁冬汉."专题研讨—师生互动式"教学方法在"形势与政策"课教学中的应用[J].2010(5):60-64.

[8] 邓秋池.基于无边界教育理论的中国在线教育发展探析[J].教育教学论坛,2022(1):21-25.

[9] 戚瑞静.新媒体环境下高校思想政治教育工作适应性研究[J].教书育人(高教论坛),2020(12):60-61.

[10] 沈馨怡."三全育人"视域下实境学习评价指标体系的构建研究[J].教育教学论坛,2022(11):45-48.

[11] 孙作青,何旷怡,窦广会."大思政"背景下我国高校学生"终身学习"教育的实践进路[J].沈阳建筑大学学报(社会科学版),2021,23(6):638-643.

Research on the development and application of a new type of loose-leaf textbook for the costume courses under the 1+X certificate system

LI Gongke

Department of Textile and Costume, Shandong Vocational College of Science and Technology, Weifang City, China

Email address

59276902@ qq. com(LI Gongke)

Abstract: As a system that organically combines academic certificates with vocational skill grade certificates, 1+X certificate system has played a significant role in deepening the reform of training mode and evaluation mode of compound technical talents, which can facilitate the improvement of the flexibility, adaptability and pertinence of professional talents training. The course of "Costume Display Design" in higher vocational schools is taken as an example to study the development and application of a new type of loose-leaf textbook. By taking the deep integration of vocational skill grade standards the goal and the vocational post ability acquisition as the main line, a new type of loose-leaf textbook that are deeply integrated with "1+X" certificate courses is explored and developed. The information technology means is reasonably selected, and the relevant supporting digital resources are developed. The reform of "online, offline, workplace-based" teaching and learning mode in line with the in-depth application of textbooks is implemented. The development demand of "Internet + vocational education" can be satisfied, and the reference can be provided for the development and construction of a new type of loose-leaf textbook for textile and costume majors.

Keywords: 1+X certificate system; the costume courses in higher vocational schools; a new type of loose-leaf textbook; development and application

1+X 证书制度下服装类课程新型活页式教材开发与应用研究

李公科

纺织服装系,山东科技职业学院,潍坊,中国

邮 箱

59276902@ qq. com(李公科)

摘 要: 1+X 证书制度是将学历证书与职业技能等级证书有机结合的制度,是深化复合型技术技能人才培养培训模式和评价模式改革的重要抓手,有利于提高专业人才培养的灵活性、适应性、针对性。以高职"服装陈列设计"课程为例,着眼于新型活页式教材开发与应用,以深度融合职业技能等级标准为目标,以职业岗位能力习得为主线,探索开发与 1+X 证书课程深度融合的新型活页式教材,合理选用信息技术手段,开发相关配套数字化资源,实施基于教材深度应用的"线上、线下、职场化"教与学模式改革。适应"互联网+职业教育"发展需求,为纺织服装类专业新型活页式教材开发与建设提供参考。

关键词: 1+X 证书制度;高职服装类课程;新型活页式教材;开发与应用

《国家职业教育改革实施方案》(以下称《职教 20条》)为我国新时代职业教育改革和发展制定了总体方略,明确提出启动 1+X 证书制度试点工作。截至目前教育部立项了四批共计 447 个职业技能等级证书,在公布的第四批名单中"服装陈列设计"职业技能等级证书成功入选,这也是纺织服装类专业的第一批证书。《职教 20 条》明确提出要建设一大批校企"双元"合作开发的国家规划教材,倡导使用新型活页式、工作手册式教

材并配套开发信息化资源[1]。"服装陈列设计"1+X 证书发布后,从零售管理、卖场陈列、橱窗陈列和陈列管理等方面对职业工作领域、典型工作任务等提出了新要求,现有教材内容及配套资源等已不能满足教学需求,急需对接 1+X 证书标准进行新教材的开发与应用,以满足复合型技术技能人才培养需求[2]。

1 当前教材面临的问题

1.1 教材内容陈旧与产业发展不匹配

内容陈旧是当前教材面临的主要问题,而 1+X 证书的显著特点就是紧密对接产业发展,因此对标证书标准进行教材内容构建是 1+X 证书制度下新型活页式教材建设急需解决的首要问题,确保教材内容科学先进、针对性强,及时把成熟的新技术、新工艺、新规范等纳入教材内容[3]。

1.2 教材呈现形式与学生学习需求不对接

传统的教材形式较为单一,基本以文字和图片为主,新型活页式教材借助信息技术手段,开发教材及配套的数字化资源,实现教材与课程平台的交互对接,活页式形态方便内容更新,进一步丰富教材呈现形式和教材结构形态,方便教师和学生使用。

1.3 教材应用场景与教学模式改革不适应

传统教材应用场景单一,教材在教与学的过程中应用成效低,与"线上、线下,职场化"教学模式改革不相适应。借助信息技术手段,让教材成为承载学生深度学习管理的平台和载体,实现新型活页式教材及其配套资源与课程平台实现交互对接,满足以学生为中心的教与学模式改革需求。

2 新型活页式教材开发的重要意义

2.1 适应"互联网+职业教育"发展需求,为纺织服装类专业新型活页式教材开发与建设提供参考

"职教 20 条"中提出要适应"互联网+职业教育"发展需求,就是将信息技术与职业教育深度融合,充分发挥"互联网+"优势,实现优质资源共享,以适应"互联网+"背景下的职业教育复合型技术技能人才培养发展需求。建立对接 1+X 职业技能等级证书的新型活页式教材开发标准,为纺织服装类专业新型活页式教材的开发提供参考和指导。

2.2 深度融合对接职业技能等级证书的教材内容结构设计,能有效推进"课证融合"教材建设和教学改革

对接 1+X 职业技能等级证书标准,基于职业岗位能力模块,整合、序化教学内容,系统化构建教材内容体系,实现"课证融合"教学改革,借助信息技术手段,实现教材与配套数字化资源的联动应用,满足学生自主学习和教师辅助教学,能够有效加快职业教育专业教材建设和教学改革,提升育人成效。

2.3 对接 1+X 证书标准的新型活页式教材的开发,有助于丰富教材多样化发展需求

当前的职业教育专业教材呈现形式较为单一[4],面对产业和信息技术的不断发展,单一的教材形式已经不能满足学生的学习需求[5]。新型活页式教材的开发,不仅仅是教材的组装形式的改变,更重要的是教材能根据教学需要及时与产业发展需求相对接,同时借助信息技术手段,使原来单纯的纸质文字和图片,变成学生乐于接收和学习使用的视频、动画等数字化资源,满足在内容呈现和使用场景等方面的教材多样化发展需求。

2.4 校企"双元"合作开发新型活页式教材,能有效促进结构化课程团队建设与发展

新型活页式教材的开发是一个系统工程,从内容设计与组织,到资源的建设与开发,都需要与产业发展需求相适应,当前企业人员参与教学及课程教材资源开发的积极性不高,因此,除了需要企业相关人员的支持和参与外,教师自身专业能力和水平的提升也尤为重要,借助 1+X 证书制度试点,可以有效整合校企优势资源,有助于打造专兼结合的结构化课程团队,对复合型技术技能人才培养具有重要的影响。

2.5 基于深度学习管理的教材应用体系构建,提高教材应用成效

课题研究以 1+X 证书制度驱动教材改革思路为引领,基于专业人才培养目标,按照能胜任典型职业岗位实际工作任务所需的知识、能力、素质要求和职业技能等级标准,设计教材结构和内容[6],以学生为中心、以应用为驱动,创新新型活页式教材应用场景设计,改变传统教材的单调和乏味,借助信息技术手段,提高教材的应用成效。

3 活页式教材的开发思路

着眼于新型活页式教材开发与应用,以深度融合职业技能等级标准为目标,以职业岗位能力习得为主线,探索开发与 1+X 证书课程深度融合的新型活页式教材,合理选用信息技术手段,开发相关配套数字化资源,实施基于教材深度应用的"线上、线下,职场化"教与学

模式改革。

3.1 结构化教材内容设计

对接1+X职业技能等级证书标准，系统梳理职业岗位及能力需求，序化教学内容。强调教材对接产业发展，具有正确的导向性；突出理论和实践相统一，强调实践性；对接1+X证书标准，强调"课证融合"。

3.2 新型活页式教材及配套数字化资源开发

按照"职业岗位—职业能力—典型工作任务—学习内容—配套数字化资源开发"的步骤开发对接职业技能标准并能有效解决教学重难点所需要的相关数字化资源，整体考虑教材应用场景需求，整合校企优质资源，合理选用信息技术手段，开发对接产业发展的教材及配套数字化资源，解决传统教材形式单一、与产业发展对接度不高等问题。

3.3 新型活页式教材教学应用

借助信息技术手段丰富新型活页式教材的应用场景，实现教材与课程平台的有效对接，改变传统教材应用观。在具体的教学过程中对比新旧两种教材的应用效果，形成应用方案。探索基于新型活页式教材应用的"线上、线下，职场化"教与学新模式，使师生能够在全息化的环境中，基于新型活页式教材完成学习、测验、实习实训、评价等教与学任务，以此推动专业教学改革，提升育人成效。

4 开发与应用方案设计

以"课证融合"新型活页式教材建设为目标，以职业能力习得为主线，开发与1+X证书标准相对接的新型活页式教材，强调教材及配套数字化资源与线上课程平台的对接，实施基于新型活页式教材应用的"线上、线下，职场化"教学模式改革。

4.1 基于职业岗位系统整合教材内容

对接1+X职业技能等级标准，按照职业成长规律及学习内容的难易程度，结合学生认知特点，系统整合序化课程教材教学内容[7]。一是强调教材要凸显国家意志，引导学生树立正确的世界观、人生观和价值观，培养德智体美劳全面发展的社会主义建设者和接班人；二是强调教学内容对接产业发展需求，及时把成熟的新技术、新工艺、新规范等纳入教材内容，确保教材内容先进、针对性强[8]；三是对接先进职教理念，突出理论与实践相统一，强调实践性；四是满足项目学习、模块化学习、1+X证书等不同方式要求，把职业活动、课程思政和专创融合职教改革理念等融入教材内容，以适应教法改革。

4.2 对接产业发展开发教材及配套数字化资源

按照"职业岗位—职业能力—典型工作任务—学习内容—配套数字化资源开发"的步骤开发解决教学重难点所需要的数字化教学资源，开发包括教学资源、虚拟仿真、企业资源、动态题库等方面的多形态数字资源。搭建基于教材应用的信息化教学环境，借助信息技术手段，实现教材与课程平台的联动，构建基于教材应用的深度学习管理体系，通过信息技术手段，可以通过教材完成学习、测验、实习、实训、评价等各环节的教学实施（图1）[9]。

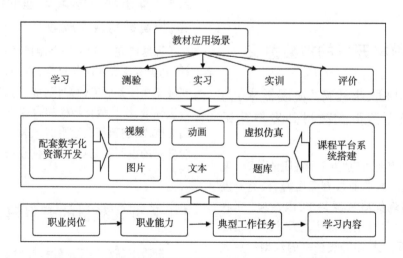

图1 教材及配套数字化资源开发与应用设计思路图

4.3 新型活页式教材课堂应用设计与实践

传统的教材形式较为单一，内容呈现单调，不利于教师和学生使用，借助信息技术手段丰富新型活页式教材的应用场景，形成教材与课程平台的有效联动，探索实施"线上、线下、职场化"教学模式改革,构建基于深度学习管理的教材应用体系,真正使新型活页式教材成为培养复合型技术技能人才的利器,以此推动"课堂革命"。

4.3.1 新型活页式教材应用场景设计

按照以学生为中心的教学理念,以提高教材的课堂教学应用成效为出发点和落脚点,通过丰富多样的教材配套使用的数字化资源建设,系统进行新型活页式教材的应用场景设计。通过信息技术手段,使教材在满足常规的学习需求的同时,借助课程平台,还能够基于教材完成视频学习、测验、实习、实训、评价等教与学环节的使用需求,进一步丰富教材的应用场景,不断满足学生的学习需求。

4.3.2 基于新型活页式教材应用的课堂教学应用方案设计

如图2所示,改变传统的教材应用观,对接"线上、线下,职场化"教与学模式改革需求,依托课程平台,借助信息技术手段,实现教材与课程平台的有效链接,并实现数据互通共享,以此进行基于教材应用的教学设计与实施[10]。

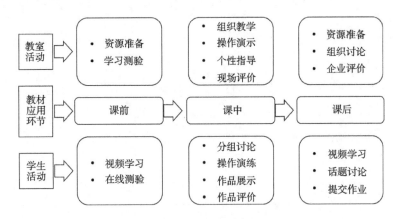

图2 教材课堂教学应用设计思路

5 新型活页式教材的创新之处

5.1 突出教材的"新"

(1)突出教材内容上"新"。基于1+X职业技能等级标准,紧密对接产业发展,及时把相关新工艺、新标准、新技术融入教材,有效解决了教材内容与企业生产实际需求不对接的问题,使教材内容在人才培养的过程中一直处于产业的最前沿,带给学生最"新"的知识和技能。

(2)突出建设机制上"新"。通过引入企业高水平专家,组建高水平、结构化教材开发团队,让企业真实的职业活动和典型工作内容进入教材,并根据产业的发展,及时更新教学内容,打造产教深度融合的教材开发建设机制。

5.2 突出教材的"活"

(1)突出教材形式上"活"。相较于传统教材,活页化是新型活页式教材最显著的外在特征,通过活页化教材形态设计,有效解决过去一直存在的教材内容更新不及时等顽疾,及时根据产业发展灵活构建教学内容,确保教材内容鲜活。

(2)突出教材应用上"活"。改变传统教材应用观,把教材由过去单纯的纸质教学材料,变成重要的"活"的学习平台和载体,借助教材可完成学习、测验、实习、实训和评价等内容,构建基于教材应用的深度学习管理体系,使教材不断适应教与学模式改革,以此推动"课堂革命",满足复合型技术技能人才培养需求[11]。

6 结语

1+X证书制度下,职业教育将会面临着全面改革,职业院校对教材的开发会越来越重视,本课题研究成果,可以为同类院校专业教材开发与建设提供参考。同时,通过教材改革,推动"课堂革命",为复合型技术技能人才培养提供支撑和保障。

参考文献

[1] 孙善学.对1+X证书制度的几点认识[J].中国职业技术教育,2019(7):72-76.

[2] 瞿彭亚男,周向群.1+X证书制度下高职学生职业生涯教育体系探索[J].长沙民政职业技术学院学报,2020,27(4):97-99.

[3] 麦晓雨.高职院校活页式教材的开发与应用研究:以《财务会计实务》为例[J].经济管理文摘,2021(19):142-143.

[4] 于佳琳.从教材到学材:中职旅游服务礼仪教材优化研究[D].桂林:广西师范大学,2021.

［5］ 张海云,江爱莲.能力本位导向的英语人才培养［J］.英语广场,2016(11):135-136.

［6］ 李红丽,徐芳.项目教学法在中职 CAXA 电子图板课程中的应用［J］.中国教育技术装备,2018(21):76-78.

［7］ 孙金平,魏晓辉."女装纸样设计"课程资源的开发与应用［J］.纺织报告,2020,39(7):118-119.

［8］ 王斌.面向职业岗位融入课程思政的创新创业项目化校本教材编写:以中职数媒类专业群为例［J］.创新创业理论研究与实践,2020,3(16):72-73,95.

［9］ 李公科.高职《服装陈列设计》信息化课程建设实践［J］.山东纺织科技,2018,59(4):44-47.

［10］ 李公科.高职《服装陈列设计》课程岗课赛证融通教学研究与实践［J］.鞋类工艺与设计,2021,1(24):72-74.

［11］ 闫金龙,李焱."1+ X"证书制度下的职业院校人才培养模式改革的重点与方向选择［J］.焦作师范高等专科学校学报,2021,37(3):57-61.

Curriculum reform of higher vocational education on digital industry structure —— take the clothing major as an example

LI Hongjie

School of Applied Art Design, Guangdong Women's Vocational and Technical College, Guangzhou, China

Email address

15957965@ qq. com(LI Hongjie)

Abstract: In recent years, with the employment pressure brought by the epidemic and the rapid transformation of the social digital industry structure, the country has set new requirements for vocational education: Building vocational undergraduate courses, strengthening continuing education in vocational schools, deepening school-enterprise cooperation in vocational education and so on. Under the guidance of national policies, higher vocational colleges have established intelligent comprehensive training bases by fully integrating intelligent technology, new standards of enterprise technology and professional craftsman spirit. Through "production, teaching, competition, research" and other methods, gradually explore a new practice teaching mode. In the curriculum reform to stimulate the innovative consciousness of teachers and students, to achieve the school-enterprise "co-construction, sharing, joint research".

Keywords: digitization; vocational education; integration of production and education; industrial structure; model of instruction

数字化产业结构下的高职教育课程改革 ——以服装专业为例

李红杰

应用设计学院,广东女子职业技术学院,广州,中国

邮 箱

1597965@ qq. com(李红杰)

摘 要:随着新冠肺炎疫情带来的就业压力和社会数字化产业结构快速转型发展,国家对职业教育有了新的要求:建设职业本科,强化职业学校继续教育功能,深化职业教育校企协作育人机制等。高职院校在国家政策的指引下,充分结合现代智能科技技术,融入企业技术新标准和专业工匠精神,建立智能综合实训基地,修改教学评价体系。师生共育,通过"产、教、赛、研"等方式方法,逐步摸索出新的实践教学模式。在课程改革中激发师生的创新意识,实现校企"共建、共享、共研"。

关键词:数字化;职业教育;产教融合;产业结构;教学模式

1 引言

2020 年教育部等九部印发的《职业教育提质培优行动计划(2020—2023 年)》提出,未来三年应强化职业学校的继续教育功能,建设一批具有辐射引领作用的高水平专业化产教融合实训中心,深化校企合作协同育人机制。

2022 年 5 月 1 日,随着新《中华人民共和国职业教育法》的正式实施,肯定了职业教育与普通教育有同等重要的地位。职业教育的要求及标准提高,更加侧重于实践技能和实际工作能力的培养,不再单指中专技校,在本科将开设职业教育专业,部分专科院校也将向职业本科教育转型发展,培养更多掌握复杂工艺操作的高层次技术技能人才,更好满足产业升级和经济结构调整不断加快的需要,促进教育链、人才链与产业链、创新链的

有效衔接。

2 高职院校实行多项教学改革推进职业教育发展

职业本科的出现使职业教育培养向产业方向加速靠拢。随着产业升级和经济结构转变的需要,与普通本科教育相比,在培养定位上,职业本科教育以培养联结研发环节与生产环节的高层次技术技能人才为主;在培养模式上,以校企合作、工学结合贯穿培养全过程;在评价方式上,更加要求注重行业企业评价,重点评价学生的职业岗位适用度。

如果将职业专科教育过渡到职业本科,不仅只是延长一年学制的问题,而是更加适应职业岗位的需要,更注重学生理论知识、复杂问题的综合解决能力以及技术创新思维的培养,突出技术技能的复合性。

为了更好地适应转型升级,现在的中高职院校必须根据当前社会需求和产业化结构来调整专业人才培养目标。以就业为主要目标、社会发展为主要依据重新制定教学方案、进行专业教学改革。职业教育要抓实践、抓技术、促融合、促创造。通过切实可行的、脚踏实地的方式方法进行校企融合,学校和企业发展齐头并进、并驾齐驱。职业教育和产业发展相辅相成,在解决就业问题的同时,促进行业向前发展。

当前我国数字产业化结构在高速发展,结合智能制造,网络电子化,制造业正在发生天翻地覆的变化,纯手工操作时代已被机械化、智能化设备代替,仅保留了少量手工艺,定制个性化高端精品。针对这一现象,近年来,很多职业院校已经打破原有的常规教学,融入现代高科技时代变迁中。墨守成规会被社会淘汰,与时俱进才有生存发展的机会,如何因地制宜,把握现状做好专业课程改革是我们职业教育者应该思考的。作为一名专业教师,接下来结合我校服装专业发展谈一下专业课程改革,希望能够得到更多的共鸣和指导。

我校地处广州,珠三角沿海地区,交通便利,纺织服装发展迅速,品牌众多,企业一线信息及生产革新较为突出。依托这一地域优势,我校服装专业课程采取了系列改革措施,分层次逐年推进,近十几年来,摸索出了校企合作—校企融合—产教融合等系列人才培养模式,循序渐进理清了学校和企业之间的合作关系。通过建设教师工作室、校外实训基地等多个平台,结合生产项目进行虚拟和真实生产实训演练。渗透智能制造,运用智慧教学、信息化大数据等多种途径实施课程改革,推进多元智能实训教学,提高人才培养质量。

2.1 在新时代背景下课程教学模式发生根本性转变

服装专业课程逐步从单一的课堂讲练教学模式转变为素质优先、智能传达、校企贯通的"一通两联三位四体,产学研虚实结合"实践教学模式。"一通"即校企共建、共育、共享;"两联"即教师联合企业专家、工匠,教学内容联合思政、生产、科研、竞赛、服务等不同项目;"三位"即课堂加强师生互动的"教做练"、企业名匠加入的"产学研"、渗透服务创新的"用赛展";"四体"即通过教室、智能平台、教师工作室、校外实训基地等不同平台实施教学活动。运用线上线下虚实结合,以学生为中心,进行全面、科学、综合的教练和实践(图 1)。

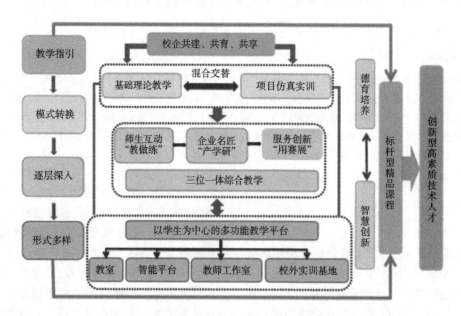

图 1 "一通两联三位四体、产学研虚实结合"专业课程教学改革与实践

(1)科技引领,虚实结合,重塑师生角色。开发以学生为中心的在线课程资源,改革教学评价,丰富实践教学模式。将"导"与"学"融入"师与生、校与企、教与学、练与研",有效引导学生自主探究学习、协同学习。课堂采用混合式教学,基础课程翻转教学,虚拟仿真模拟生产教学等科技引领,虚实结合,重塑师生角色,开发以学生为中心的在线课程资源。科学管理、规范考核、多元评价。充分使用智能创新技术,将工作室教学渗透企业任务进行信息整合,增值增效。

(2)新型教学模式调动学生学习兴趣,挖掘学生创造潜能。"一通两联三位四体,产学研虚实结合"实践教学模式包括对专业知识认知、浅学、深入、实践、贯通的全过程,以产品研发的生命周期为载体,通过理实一体的教学,让学生以主动的、实践的、创造的方式学习项目及专业技能。强调"在真实的产品生产环境中",基于"真实的项目载体"的"做中学""学中创",让学生在学习专业理论知识的同时,掌握实践操作技能,并通过不断提升的实践经验获得创新灵感,课堂教学形成认知结构,工作室实训熟练专业能力,校外实践平台同步企业生产提升解决实际问题能力,结合发展提升创新能力,激发学生潜能,发展学生个性、引领学生创业就业。

(3)校企深度融合,打造智慧教育实训新模式。"一通两联三位四体、产学研虚实结合"服装专业课程实践教学模式,引进企业研发项目作为教学主要载体,依托国家数字教育资源,提升数字资源的产业贡献,将校内工作室3D为主的虚拟仿真实训和校外实训教学基地的企业生产实训有效结合,线上线下,构建智慧教育的实训新模式。智能结合实训的推广,促进校企合作的"共建、共享、共研",有效支撑专业可持续发展,构建高职院校高质量教育典范。

2.2 在课程综合实践教学中融入智能数字化结构

服装专业的课程教学紧紧围绕高等职业教育"What、How、Who——培养什么人、如何培养人、为谁培养人"教学宗旨,依托"综合服装设计"中国特色高水平专业群建设,分析服装制造业转型期对职业技能人才需求的趋势,开展"多元化智能实训",通过信息化支持、一体化服务、智能化管理,构建"互联网+教育"时代背景下的服装智能实训中心。

(1)智能化成果协助教学,提升专业技能训练效率。基于企业实训生产项目及虚拟仿真系统开展线上+线下混合式教学,满足学生个性化学习的需求。针对教师实操演示"一人对多人"的问题,引入手机及设备直播、录播等实训示范方式,利用投屏技术将教师的操作演示实时传递到电子大屏上。运用结合实训机械的多媒体综合式智慧教室,打造现代化多功能的活动场所,解决了

师生互动信息化教学的需求;同时学生通过手机学习通等网络课程软件随时随地课下在线观看内容回放,全方位、多层次学习专业知识,快速提升学习效率,掌握职业技能。

(2)将智能技术融入教学,解决企业技术要求与传统校内教学的衔接问题。聚合各类教育应用,搭建面向各种不同阶段学习的开放平台。实施微课上云,通过提供便捷、优质、可选择的云应用,开展理论教学、虚拟产品教学和线下实训教学,扩大课程服务范围。专业教师发挥个人特长,组建精准对接企业的校内教师工作室,业务涵盖设计、制作及智能软件开发等。加大虚拟设计平台与实训室的融合力度,减少实践浪费,节约实践成本。以教师工作室为研发基地,共同承接服装产品项目,依据企业标准,完成相关任务。

(3)智能系统对接教学及评价,全方位综合评价学生职业素养。课程创新化、模块化、片段化,将知识点打散重组成微课、慕课,添加社会热点和工匠精神,重组课程评价体系和评价标准;扩展学习时间,提升学生学习兴趣,推进教育信息化建设,创新信息化评价工具,运用大数据全面记录学生学习实践经历,客观分析学生能力,检验学生技术水平和协作能力,支撑各学段、全过程纵向评价和德智体美劳全要素横向评价。

2.3 通过"产、教、赛、研"进行专业技术创新,共建共享、优势互补

参照新型基础设施建设标准,以新发展理念为引领、以技术创新为驱动、以数据为核心、以信息网络为基础,对课程进行数字转型、智能升级、融合创新等方向改革。在提升自主创新能力前提下,加强服装产业技术研发和成果转化,借助现代智能平台、虚拟软件,构建多层次、宽领域、高水平的科技创新型课程教学。通过承办和参加专业技能竞赛,选拔优秀人才特殊培养,融合创新思维,进行产品技术研发。"产、教、赛、研"融合,发挥带动服装产业结构调整的引擎作用,推进企业科技进步,带动服装产业整体升级。

(1)产:校企项目合作、劳务置换,打开企业生产实训新局面。专业与广东省服装设计师协会、福建泉州匹克体育用品有限公司等行业协会及33家企业建立合作关系,依托校内外丰富的实践教学基地,构建9间校系教师工作室、2间大师工作室和3个企业教师工作站,由企业教师、校内教师和学生共建项目团队,承接企业项目。学校开展与企业开展劳务置换、创新技术研发、开拓市场等多种合作形式,不断深化人才"共育"、产品"共研"、师资"共享"、中心"共建"理念,按照"依托中心、借力项目、加强培训"的思路,深入实施师生服务企业生产的合作计划,为学生顶岗实习及就业奠定基础。教:企业项目逐层深入,渗透课程实践教学,实现校企

"共建、共研、共享"。

（2）教：探索并形成高职服装类专业数智化人才的培养模式和体系。通过构建基于企业数智化转型发展的服装类专业人才培养体系，调整课程结构，更新课程内容，建立以服装数智化技术人才培养为核心的"基础平台+模块"的课程结构，完善"通识教育+专业教育+方向教育+拓展能力"的课程体系和评价机制，形成"一通两联三位四体、产学研虚实结合"现代综合服装专业实践课程教学体系。有效整合学校与企业的教育教学资源，创建产教融合的学习情境，课程体系与能力培养相匹配，学生学习与就业岗位紧密关联，打破空间、时间、形式的局限，极大地缩短学校与企业之间的空间距离、文化距离和知识距离，使学生的知识、能力、素质得到了全面协调发展，提高了学生的创新能力与就业竞争力。

（3）赛：企业项目贯穿课程教学，参照职业技能竞赛标准，提升技术要求。承办及参与省级职业技能竞赛，密切关注行业发展，掌握革新技术；对接"1+X"中"X"行业认证标准，融入企业新技术、推进智慧课堂教学，合理运用3D虚拟技术，逐步实现传统实训到智能实训的转变，进行教材创新与教法革新。鼓励师生参与国内外科研项目和各种专业技能竞赛，培养学生的职业应变和创新能力，融合毕业设计，育训结合、教学联动，以赛促教，改革创新，开发丰富的课程教学资源，成就优秀的教学团队和实用型人才。

（4）研：师生共长，服务、生产、创新、研发共促双向发展。持续推进"双师型"教师培养计划，不断提升教师教学能力和实践能力。促进产教深度融合，引进高水平技能大师和行业领军人才，打造一支高水平科研服务师资团队，加强科研平台和团队建设。打造开放共享型智能平台，将企业技术需求投射到日常教学，校企师生共同研发专业发展任务，培养学生职业素养。助力项目研究和产品开发，承载双创项目孵化，研发领域新技能，反哺企业生产，提高学生创新创业能力的同时提升专业社会服务能力。

2.4 开展专业思政教育，逐步培养学生职业素养，增进学生的爱国情怀

运用远程智慧教学将现代技术和企业需求即时反馈，将智能制造专业知识和职业素养融入课程中，通过课堂信息化实践教学，培养学生的职业技术能力和应变能力，树立学生积极的职业心态、严谨的职业道德和良好的职业习惯。

强化德育教育，引领课堂建设，在德育教育指导下在每个课程项目环节中融入职业美德和奉献精神。开展"为家人做一件衣服，为老师烫一次外套，为同学修改一次裤脚"等公益活动，提升学生的存在感和社会责任感。"少年强则中国强"，鼓励学生参加各类专业竞赛，挑战自我、超越梦想，体验竞赛的拼搏精神，学习精益求精的工作态度，展现中华民族的自强自立，生生不息，培养学生自主学习的热情和能力、锤炼"工匠"精神。

3 小结

高职院校是高素质技术技能人才培养的主阵地，是职业教育高质量发展的主力军。新时期，高职院校应坚持质量治理，彰显职教类型特色，抓牢高质量产教研融合、高规格人才培养、高水平科技服务、结构化教师队伍、现代化治理体系五个核心支点，守正创新，培养新时代工匠人才，服务高质量经济发展。

紧跟时代发展，各兄弟院校需要健全具有高职特色的治理体系，构建人本、技术、社会三元价值维度的治理文化，形成内外有效衔接、相互促进、高效运转的双循环治理新格局。

参考文献

[1] 金伟林. 中国职业教育产教融合校企合作模式[M]. 北京:经济科学出版社,2021.

[2] 秦凤梅. 职业教育产教融合质量评价探索[M]. 重庆:重庆大学出版社,2021.

[3] 杨永杰,胡军珠,汪海燕,等. 开展现代学徒制试点工作探索深度产教融合机制:北京农业职业学院教学改革实践(上) [M]. 北京:中国农业大学出版社,2020.

[4] 华师慧教育科技院. 课程思政:"一依据三结合四融入"挖掘课程思政元素方法论探析 [C]. 广州,2022.

[5] 2022年1~3月中国服装行业经济运行简报[R]. 广东:广东时尚发布,2022.

[6] 谢红越. "一体两翼、三段四步、导学融合"混合式教学研究与应用成果总结[J]. 教育教学研究,2020,23(3):204.

[7] 孙迪,陈雪. 高职院校服装设计专业课程改革研究与实践[J]. 吉林省经济管理干部学院学报,2014,28(1):2.

[8] 王正云,战旭梅,刘萍. 新形势下高职院校课程改革与实践研究[J]. 湖北开放职业学院学报,2022,35(5):3.

[9] 章瓯雁.《服装立体裁剪》课程的项目化教学改革 [J]. 职业技术教育,2018(23):32.

[10] 王靖高. 高职高质量发展的五个支点 [J]. 教育之弦,2022,7:2.

Practice and innovation of online teaching for performance major under the time of "internet +"
——using the course of "Costume performance" as an example

LI Jun

School of Textiles and Fashion, Shanghai University of Engineering Science, Shanghai, China

Email address

09050904@ sues. edu. cn(LI Jun)

Abstract：Online teaching practice faces many challenges and difficulties, which need the guidance of techniques and strategies, and finding solutions through practices. This paper takes the online teaching of "Costume Performance Skills" course in the Fashion Performance and Planning major at Shanghai University of Engineering Science as an example, on top of the "trinity" online teaching model of teacher, student, and SPOC, adding objectives throughout the teaching process in addition to achieving the course objective of knowledge and skill. This paper discusses the innovative practice of online teaching from the perspective of integrating teaching materials and evaluating through process of the course, sorts out and analyzes the problems encountered in online teaching along with improvement solutions, and puts forward suggestions to ensure the high quality of online education.

Keywords：trinity；teaching process；online teaching

"互联网+"时代高校表演专业线上教学实践与创新
——以"服装表演技巧"课程为例

李军

纺织服装学院,上海工程技术大学,上海,中国

邮 箱

09050904@ sues. edu. cn(李军)

摘 要:线上教学实践面临诸多挑战和困难,需要方法和策略的指导,也需要在实践中寻找对策。文章以上海工程技术大学表演(服装表演与策划)专业中"服装表演技巧"课程的线上教学为例,教师、学生、SPOC"三位一体"的线上教学模式,在知识与能力达成的课程目标中加入教学过程性目标。以教学内容与过程目标评价融合的角度对线上教学创新实践进行探讨,整理和分析线上教学中遇到的问题和改良方案,为保障表演类课程线上教学的高质量开展提出建议。

关键词:三位一体;过程目标评价;线上教学

1 引言

"互联网+"时代的混合式教学,我国高校多以线下为主,线上为辅的教学模式;由于新冠肺炎疫情防控的需求,上海各高校在 2022 年 3 月中旬开展线上教学工作,所有课程的教师及时调整教学方式,以适应线上教学的条件。其本质是教学模式的变革,是对教学的再设计。我校表演专业的课程中,纯理论课,线上教学相对是把教室搬到学习通或者腾讯会议等线上平台;动作类课,做成单一的 SPOC 教学就存在诸多问题和困难。本文将从新冠肺炎疫情开始的 2020 年以及 2022 年的两次线上教学过程中所遇到的问题进行整理和分析,以"服装表演技巧"课程为例,讲解在线上教学中遇到的问题以及改良方案。

2 "互联网+"线上教学案例呈现

上海工程技术大学的表演(服装表演与策划)专业,其课程的设置是以服装表演为主方向,时尚策划与时尚传播为辅方向形成课程体系,主要分为表演与服装表演系列、服装服饰系列、时尚策划系列及时尚传播系列等。"服装表演技巧"隶属于表演与服装表演系列,是一门学科基础必修课程,分为服装表演技巧(一)、(二)、(三)、(四),共128学时,8学分,分别安排在第三~第六学期。该课程在近几年的教学设计中,实施线上线下混合式教学,把部分专业理论知识、拓展知识等移到线上教学平台,完成课前导学、课堂互动、课后强化的课程环节。在线上教学阶段中,教师秉承一个学习活动的组织者、设计者,作为学生学习的引导者、促进者、激励者的职责,该课程遵循教师、学生、SPOC"三位一体"的线上教学模式(表1),在完成课程目标以及最大化提升学生对线上教学的满意度,本人对课程的教学内容、教学方法、课程考核进行了调整,在知识与能力达成的课程目标中,加入教学过程目标,从不同维度去考核学生,尽可能避免学生线上考核时受到非个人因素的制约。

表1　"三位一体"线上教学模式

SPOC课程	教学模式	教学媒介	参与者
课前导学	录播教学	学习通	教师、学生
课堂互动	直播教学、录播教学	腾讯会议、学习通	教师、学生
课后强化	文字教学	学习通、微信	教师、学生

2.1 "互联网+"线上教学内容的调整

在满足专业培养目标以及课程的教学目标前提下,其课程教学内容整体设计为表演技巧教学与主题实践两大模块,在两模块中,教学内容的设计侧重点不一样,表演技巧模块中,侧重理论知识及个人技巧的练习、掌握;主题实践模块中,侧重表演组合、整体的专业技能练习、运用,理论知识穿插其中。两大模块的教学内容是围绕服饰的风格、展示的产品种类、表演艺术三个方向,理论知识、专业技能、创新能力三个课程目标方向分散在其中。本文以本学期教学内容为例,教学内容以及课时的分配(表2)。

表2　"服装表演技巧四"教学内容分配

教学模块	教学内容	课时	课程目标
表演技巧	第一章:旗袍、中山装以及其配饰的表演技巧	6	理论知识 专业技能
	第二章:晚礼服、珠宝的表演技巧	6	理论知识 专业技能
	第三章:舞台创意装、影视剧人物形象的表演技巧	4	理论知识 专业技能 创新能力
	第四章:新概念时尚秀场的表演技巧	6	专业技能 创新能力
主题实践	第五章:主题表演实践	10	专业技能 创新能力
共计		32	

线上教学因受教学场地的限制,教学效果达成度等的影响,部分教学内容无法通过线上教学实施,教师因此根据课程目标,对教学内容进行适当的调整。其中表演技巧教学模块中,第四章新概念时尚秀场的表演技巧,课堂上的实践环节无法模拟操作,因此教学内容上紧密结合"首季数字上海时装周"时尚活动,让学生在充满科技感的创意秀、沉浸式的时装数字影像、剧场式的演绎呈现等线上秀场中,学习、研究新模式、新场景下的模特表演技能。主题实践模块中,无法完成线下课堂的组合表演、整体练习,这部分的教学内容只能把主题实践改成命题作业,让学生借助短视频软件进行创意编辑,指导学生以小组为单位,小组成员个体跨时空结合,制作多人组合的表演练习,组合的表演设计要吻合教师发布的任务点和知识点,线上课堂则做作业点评。

2.2 "互联网+"线上教学方法的调整

线上线下混合式教学中,在课前导学环节,借助学习通平台,以引导式的教学法进行理论知识点的学习;课堂互动环节以教师演示法、讲解法等输出性教学方法为主,学生边学边练;课后强化环节以理论实践一体化教学法进行学习巩固。

线上教学须避免以"教师为中心",应展开教师、学生、SPOC融为一体。教师根据教学内容的调整,教学方法也随之变动。体现在课堂互动环节,线下课堂中教师演示教学法为主要的教学方法,线上课程中教师演示法只能应用在局部的肢体语言演示,不能为主要的教学方法。在强调过程性目标评价中,线上课程的教学方法就变得多元化以及灵活性,比如在表演技巧教学模块中,进行分组任务,生练生评;根据"首季数字上海时装周"时尚活动进行的案例分析教学法、主题研讨法;以及主题实践中的模拟教学法、项目教学法等。

2.3 "互联网+"线上课程过程目标评价的强化

过程目标评价具有的诊断功能,强化评价对教育过程的反馈效应,促进评价对教育目标的服务功能,平时成绩则着重考核学生对过程目标评价完成的程度,过程目标是一种新的"学习体验",更加关注学生视角,利用互联网、移动技术教学为学生创造一种真正高度参与的个性化的学习体验,是对线上课堂教学的提升与改进。

对过程目标的设立,最终导向是课程的教学目标,所以需先了解该课程的教学目标。"服装表演技巧四"课程的教学目标是要达到知识目标、能力目标、价值目标,其中知识目标包含,了解表演艺术的基础理论,掌握服装表演艺术的理论;熟知模特风格的时代特征;把握时尚前沿的流行趋势。能力目标是指能达到对服装表演艺术理论的肢体表现能力,符合一名职业模特的专业技能能力;具备表演艺术审美及鉴赏能力,能够独立完成对模特舞台表演的系统培训及指导;能够自主运用表演理论解决时尚新概念秀场下遇到的表演问题。价值目标是具备本土文化自信、德艺双馨的职业模特使命感;具有中国艺匠精神、时尚表演的树立、传播意识。

结合该课程的教学目标,确立过程目标的内容,通过教学媒介"学习通"平台对过程目标的评价尺度进行量化。本课程中过程目标设定三个,一是理论知识,包含表演艺术理论知识、服装理论知识、行业内的潮流信息等内容的理论知识掌握及运用程度;二是专业技能,包含表演技巧的肢体语言、面部神情、动静态造型等专业技能的设计及运用;三是创新能力,对时尚表演艺术的鉴赏能力以及表演形式的创新创作。分别在课程的课前导学、课堂互动、课后强化环节中进行教学设计,对过程目标进行评价量化,使用学习通的成绩管理,先对成绩进行权重设置,并且能有效地观察到学生的学习状态,能避免以往平时成绩流于形式的弊端(表3)。

表3 过程目标评价的教学设计

过程目标	教学设计
理论知识	知识点自学、课后作业、专业视频剖析、章节测试
专业技能	课堂练习、生演生评、问题回答、案例解析、章节测试
创新能力	课后作业、主题讨论、课堂练习、章节测试

教学实践中把教学内容与过程目标评价融合,例如在本学期第一章旗袍、中山装以及其配饰的表演技巧,在理论知识过程目标中,需考核学生对该章节理论知识的完成度,以及问题导学的回答正确程度。理论知识以完成学习课堂板书、教学视频为依据;该章节的问题导学设计了"如何评价不同时期的模特风格对表演效果的影响",学生通过观看20世纪30年代民国旗袍秀、1997年CHRISTIAN DIOR品牌改良旗袍时装秀、2022年SHANGHAI TANG品牌"霁·雪"艺术项目中装秀,近100年历程的中装表演视频,学生以完成视频的观看以及回答中的知识点数量为评价依据。在专业技能过程目标中,需考核学生自身表演中对知识应用的程度,这方面是无法直接用平台进行量化的,课堂上直播教学,教师播放事先录制的教学视频,学生将进行练习,之后对学生分组,分为表演组和点评组,进行生演生评;课前导学的问题在课上师生互动进行案例解析,且设计模仿秀环节,学生在这些教学设计中的表现情况为评价依据。在创新能力的过程目标中,主要以课后作业、章节测试的完成质量,也结合主题讨论中学生提出的新观点。

2.4 "互联网+"线上课程考核的调整

本校该专业服装表演基础类的课程,期末考核一直坚持使用"年级集中考试制"的形式,即四个年级的所有动作类专业课程集中在一起考试,动作类专业课程包含"形体训练""服装表演基础""服装表演技巧""镜前造型""舞蹈基础",由教研室专业课教师统一评分。其中期末考核占比60%,期中考核占比40%,考核的体现更加侧重在期末,往往受到学生个体的基本外形条件制约,自身条件相对欠缺的学生,在自身表演展示的效果中,存在视觉效果欠缺性。平时成绩又流于形式,多为对学生日常课堂的表现印象及课后作业分值,并不利于全面、准确地评价学生在学习过程中的成效。基于本学期的线上教学,线下期末考核的方式无法完成,且存在期末考核内容的局限性限制,按照以往的考核设计,期末考核成绩的占比就不合理,需进行调整。

最终课程的总成绩,依据过程目标评价体系的平时成绩结合期末成绩,具体的分配如图1所示。

3 线上教学中存在的问题

习近平总书记在2019年国际人工智能教育大会的贺信中提出,"积极推动人工智能和教育深度融合,促进教育变革创新。"在大力推动将人工智能、大数据等信息技术作为教育变革创新的驱动力,其中始终有两个着力点和关键词,即教学模式创新和教师专业能力提升[2]。当下的新冠肺炎疫情是对整个教育变革进度的推进,教师、学生与SPOC是相互成就的一个过程,对教师、学生的能力提出新的目标要求,同时为教师提供了新的教学方法手段以及学生新的学习驱动力。但是否受用于任何课程还需要实践来考证,尤其是线下面对面

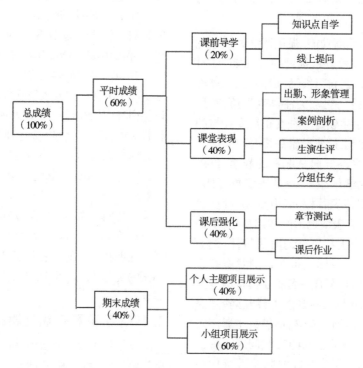

图 1 "服装表演技巧四"课程考核设计

教学依赖性比较强的动作类课程来讲,线上教学还是存在诸多不便,本文在对专业教学的过程中出现的问题进行梳理,主要存在以下三个方面。

3.1 线上课堂教学的局限性

　　线上教学因受教学场地的限制,部分教学内容无法正常实施,例如"服装表演技巧四"课程中主题实践教学模块内容,以及表演技巧模块中的组合性训练。除了教学内容外,课堂教学的质量也收到较大的影响,"服装表演技巧"课程的线下课堂是需在专业教室内完成的,线上授课不具备专业的场地,在有限面积的场地里练习,教师与学生的肢体展示动作都受到影响。在教学中虽然教师利用上直播、录播、文字不同的教学模式,但是直播、录播都受到摄像头的角度、距离、像素,教师拍摄技术、拍摄环境等客观元素的影响,学生在观看清楚教师演示的肢体动作以及面部神情方面存在弊端,无法完成线下课堂教学中的无死角性观察。

3.2 学生的学习满意度欠缺

　　线上授课学生的反馈整体满意度普遍较低,主要从学习感受的角度分析。虽然教师在课程教学中,不断调整教学方法以调动学生的学习积极性,但对表演类课程来讲,面对面的指导,教师与学生肢体之间的接触与沟通,学生能较快地意识到自身问题以及解决问题,并增强学生的学习动机和学习感受。线上授课对学生的自律性要求更高,在一个复杂的学习环境中,学生的学习氛围受到影响,很难集中注意力于课堂;以及部分学生

对自身上课场地局限性的悲观态度,在学习上的感受较差,直接影响了学生的学习效果。

3.3 线上课程考核的非专业影响因素过多

　　该课程考核内容中虽然强化了过程目标的占比,尽量避免因受学生个体自身外形条件的影响,力求有效、公正地给出学生分数,但在课后作业、章节测试、期末考核实施中,学生都需进行肢体表演的演示。日常线下教学,教师可以客观地判断学生在表演中的专业技能以及表演效果,但线上教学,这些内容需要学生通过视频录制、直播展示给教师。对于视频录制的效果,会受到诸多非专业影响因素,比如拍摄的技能、场地的选择、短视频编辑等;直播展示时学生选择表演的角度、距离,周边环境等都会对教师的判断产生影响。

4　结论

　　"互联网+"时代以大数据、人工智能为代表的新兴信息技术不断渗透教育行业,改变了传统的教育生态体系,如何在教育教学过程中解决人和技术结合的问题、提升学生的学习满意度,是教师不断学习和完善的重点。根据该专业动作类课程的教学实践总结,目前存在着线上教学实施的不便性以及局限性,"互联网+"混合式教学更加适合表演专业动作类课程,线上、线下、现场教学的相辅相成是高效教学的关键;在教学设计上,教学内容与过程目标评价的融合效果实践成效明显,过程

目标设计与评价体系需要教师紧密结合教学内容与课程目标,真正落实"以学生为中心"的教学设计。

参考文献

[1]　覃思婧."三位一体"混合式教学在高校教育学课程中的设计研究[J].高教学刊,2021,7(16):112-115,119.

[2]　冯晓英,郭婉瑢,黄洛颖.智能时代的教师专业发展:挑战与路径[J].中国远程教育,2021(11):1-8,76.

[3]　冯晓英,孙雨薇,曹洁婷."互联网+"时代的混合式学习:学习理论与教法学基础[J].中国远程教育,2019(2):7-16,92.

[4]　高巍,杨根博,蔡博文.高等学校四种线上教学模式效果比较研究[J].黑龙江高教研究,2022,40(2):155-160.

[5]　李军."服装表演技巧"课程教学改革的探索[J].纺织服装教育,2019,34(6):543-545.

[6]　芮斐,袁惠芬,孙雨蓝."翻转课堂"在服装表演课程中的教学改革探索[J].轻工科技,2020,36(4):150-151.

[7]　冒绮,赵蒙蒙."服装表演技巧"课程思政教学的探索与实践[J].时尚设计与工程,2021(5):37-40.

[8]　韩佳璐.模特的形体美感对服装表演技巧的影响[J].鄂州大学学报,2021,28(3):66-67.

[9]　郭海燕.服装表演静态造型研究[J].服饰导刊,2021,10(3):77-83.

[10]　冯晓英,郭婉瑢."互联网+"时代的混合式教师研修:理念与实施路径[J].教师发展研究,2021.5(1):33-40.

Opportunities and challenges of textile higher education under the normalization of epidemic situation

LI Weitao*, REN Gaihuan, HE Jianxin

Textile and Garment Industry of Research Institute, Zhongyuan University of Technology, Zhengzhou, China.

Email address

liweitao@ zut. edu. cn（LI Weitao）, 15866708890@ 163. com（REN Gaihuan）, hejianxin771117@ 163. com（HE Jianxin）

Abstract：Since the COVID-19 epidemic in 2020 became a global public health security, masks have become a necessity for people to travel. At present, we are in the post-epidemic era coexisting with COVID-19, which is a new challenge to textile higher education. During the period, teachers and students mostly study through the network, which is a new challenge for some practical instruments. Secondly, the demand for nonwoven fabrics has increased significantly in the epidemic, while there are certain opportunities for the development of the textile industry. How to build and improve the textile higher education network platform in the post-epidemic era and provide high-quality, efficient and portable digital resources for universities, enterprises and society is of great significance to the development of textile higher education.

Keywords：COVID-19; textile education; opportunities

新冠肺炎疫情常态化下纺织高等教育的机遇与挑战

李伟涛*，任改焕，何建新

纺织服装产业研究院，中原工学院，郑州，中国

邮　箱

liweitao@ zut. edu. cn（李伟涛）, 15866708890@ 163. com（任改焕）, hejianxin771117@ 163. com（何建新）

摘　要：自2020年新冠肺炎疫情暴发以来，口罩成了人们出行的必需品。目前，我们处于与新冠共存的后疫情时代，这对纺织高等教育是一种新的挑战。在此期间，学生大多时候通过网络平台进行学习，对一些实际操作型仪器的课程是一种新的挑战。另外，在疫情期间，非织造布的需求量大幅度增加，因此纺织专业的发展又存在着一定机遇。如何在后疫情时代，搭建完善的纺织高等教育网络平台，为高校、企业、社会提供优质、高效、便携的数字化资源和信息化服务，对纺织高等教育的发展意义重大。

关键词：新冠肺炎疫情；纺织教育；机遇

1　引言

　　新冠肺炎疫情的暴发是一场系统性的危机。它不仅仅是一次医学病毒的肆意蔓延，对全球的经济、政治、文化、环境带来前所未有的伤害；更是对全人类的身心健康造成极大的威胁。此次新冠肺炎疫情从社会诸多方面引发人们对公共卫生危机事件的关注，人们在此次战"疫"斗争中，最可贵的就是认识到了纺织在病毒防护中的价值[1]。因此，在高校的教育工作中，纺织教育需要再次被提出来并加强宣传。正是因为公共卫生危机的突发性、广泛性、群体性、复杂性、易变性及危害性的特征，对高校的纺织教育带来巨大的挑战，但与此同时，在抗疫过程中，相比较其他公共卫生危机的影响力，加之主客观环境的巨大变化，自然对教育工作，特别是纺织教育的发展指明了另一条道路，换句话讲，疫情的暴发让人们对纺织的关注增强，为高校的纺织教育创造了新的发展机遇[2-4]。

2 延伸纺织教育深度

在新冠肺炎疫情暴发前,我们注重的纺织教育更多是源于对纺织传统行业的理解,都是一种短暂的、浅显式的教育,具有一定的偶然性、工具性和滞后性,从而使得纺织教育实践更注重于对传统的认知,在此意义上,强调对安全知识的学习、对纺织本身的期望以及对防御能力的训练都是基本的教育内容,然而这只触及纺织教育的一小部分,可以说是最浅显的内容,远达不到对纺织真谛的思索。所以说,危机下对纺织教育的探索,要从所谓的追求自然纺织的层次上升到追求精神纺织乃至社会纺织的高度,让学生从此次危机中深刻感悟到纺织与社会公众健康权益的关系,在个人利益与集体利益的抉择中纺织的价值真谛,理解危机下纺织共同体的价值内涵,尤其是新冠肺炎疫情的蔓延,让我们看到了纺织不只是传统的纺织,还有时代性的纺织,让我们看到了纺织体之间的联结,我们身处严重疫情下,身心与全球所有人类都联系起来了,面对病毒的肆意传播,我们对纺织的把握已经超越了个体,对纺织认知教育有了新的理解角度。高校也因为此次疫情的发生,对大学生的纺织教育内容进行了更加全面且有价值的补充,从社会现实背景、学科交叉的角度、多元化的思维视角等重新定义大学生的纺织教育。正如此次新冠肺炎疫情赋予了纺织教育新的内涵,它是人与人、人与社会、人与自然之间的纺织共同体教育;它是一种体现人生价值与幸福质量的纺织教育,强调我们要提高生存能力,把握幸福,更要为社会做出有价值的贡献[5-7]。所以说,新冠肺炎疫情从另一种角度上延伸了高校纺织教育的深度。

3 丰富纺织教育资源

此次重大疫情,作为公共卫生危机事件的典型,对政治、经济、文化等造成了重大影响,教育显然也在其中。疫情的长期性从时间和空间上限制了人们的学习与生活,特别是在疫情面前,为了有效地实现教育的持续性进展,社会、高校教育者利用网络技术突破地域、场域阻碍,将危机的威胁变为契机,以达到最大化的资源共享,开展纺织教育,切实有效地做好重大疫情下的教育学习工作。其一,各种媒介传播阵地循环播放、投送疫情下的纺织教育相关的事实案例,为教育者的教学内容准备开辟了新的素材积累,同时也为受教育者认知理论接收提供了真实资源的对照,更有利于认知深化。其二,由于疫情的影响力波及范围较广,在往常教育资源的收集过程中加大了阻碍力度,但也正是因为疫情不能停止对教育的影响力度,各种网络渠道逐步开展,最大限度地为受教育者提供丰富的教育资源,例如各种学习课堂的应用与推广,更多的教育者通过学习平台推出纺织教育课程。更有高校借助软件平台推出自己特色的课程,方便疫情下大学生选择。总之,重大疫情对于纺织教育内容来讲,就是一次“纺织反思课”,除此之外,也由于疫情对人们的条件限制,看似阻隔了很多学习机会,从另一个角度将讲,倒迫使社会寻找更多方式扩充教育资源,使大学生共享资源便利。

4 拓展纺织教育途径

此次新冠肺炎疫情的发生,与以往任何一次公共卫生危机事件不同,其传染性极其严重,破坏性极大,在党中央的严格防控之下,全国所有人民都遵守国家防疫要求,居家隔离。在全国的教育教学工作中,也是采取停课不停学,特殊情况时居家线上学习的方式。在这一段特殊的时期里,相信所有人都对教育有了更深的认识,疫情一定程度上对教育的发展带来了极大影响。疫情的出现倒逼教育要在短时间内在时空上做出改变,在线教育的蓬勃发展,既是对当下教育困境的应对,也是对未来教育新形式的探索和尝试。从这个角度来讲,此次疫情虽然给教育教学带来了巨大影响,但是整个疫情防控对所有的教师和学生来说,无疑不是一节前所未有的纺织教育体验课。加之疫情防控要求的限制,高校在进行纺织教育的过程中也不再是传统的教育模式,不再是线下定期的主题安全教育等方式,而是选择利用网络平台开展教育教学工作,服从党中央疫情防控要求,成为每一位师生疫情期间的健康守护。由此可见,疫情打破了传统教育途径——课堂授课学习,因为时间空间受限于疫情,对教育者与受教育者来说,是一种学习方式的革新,一定程度上发挥网络平台教学的优势,让高校纺织教育不再停留于理论说教、死板空洞的传授,反而是可以随时随地、形式多样地参与纺织教育教学。“具有说服力和感染力的教学内容会吸引学生的关注,充满理论性但又具有故事性的教学内容也会形成视觉与听觉的冲击力”。纺织教育课程不能局限于理论认知的学习,纺织本身就是一种动态的发展状态,对纺织的领悟需要情感的投入和身心的体验。各种教学软件、社交软件等开始与教育进行高效率的结合,这是在疫情背景中寻找新的教育途径来弥补疫情带来的各种不便。从教育领域讲,不能受制于疫情带来的种种挑战,而是应该寻求突破,从挑战中找到机遇,这不仅是对重大疫情的适应,也是对纺织教育发展的创新。

5　纺织教育是保障疫情防控决胜的基本需要

在此次疫情防控期间,在党和国家防控政策的号召下,广大师生也严格遵守高校的具体防疫要求与规定,居家隔离,不随意外出与奔波,在家借助互联网平台及教育学习软件,开展线上教学,坚持跟进学习进度和教学质量。正是因为居家线上上课还存在一定的不可控因素,高校管理无法完全做到全面监控,所以在这样的特殊时期,更是要加强对学生的纺织教育,尤其是纺织健康教育、纺织责任教育,教育学生们理性对待重大疫情的防控工作,遵守规定,保护自己与家人的健康,特别是增强对纺织本身的认知和纺织情感的谅解,理解每一个个体都肩负着重大的责任。这也是重大疫情防控取得胜利的重要手段。

参考文献

[1]　张峥,董思宜,苏梦辰.新冠疫情下我国纺织服装出口的发展与对策[J].商场现代化,2022(15):77-79.
[2]　程醉.后疫情时代,我国纺织服装行业如何转型升级?[J].中国纤检,2021(7):110-113.
[3]　2022 年上半年我国纺织行业经济运行承压回升,具备恢复向好基础[J].印染,2022,48(08):67-68.
[4]　张峥,董思宜,苏梦辰.新冠疫情下我国纺织服装出口的发展与对策[J].商场现代化,2022(15):77-79.
[5]　陈荣.后疫情时代高等教育重新定义教学[J].中国教育网络,2022(7):10-12.
[6]　郝军红,张悦,张思倩,刘芙,陈立佳.后疫情时代高等教育发展新思考[J].辽宁广播电视大学学报,2022(2):76-79.
[7]　朱天翔.后疫情时代全球高等教育信息化的新趋势与关键新技术分析:《2021 地平线报告(教与学版)》解读[J].中国教育信息化,2022,28(2):58-66.

Research on the quality improvement path of clothing majors in local universities

LIANG Lili[1,*], SUI Hui[2], SUN Renbao[3]

1 College of Textile Science and Engineering, Yantai Nanshan University, Yantai, China

2 Shandong Nanshan Zhishang Technology Co., Ltd., Yantai, China

3 Clothing college, Shandong University of Art and Design, Jinan, China

Email address

47887049@qq.com (LIANG Lili), SUIHui@nanshan.com (SUI Hui), 1836960097@qq.com (SUN Renbao)

Abstract: Aiming at serving the development of local industries, taking the construction of industry and scientific research platforms as an opportunity, and relying on the construction of the municipal cultural and art center, the national industrial center and the school-level research center, we have explored a "cultivating morality" first, "production, teaching and research". A new path for improving the quality of talent training that enhances students' sustainable development ability: promotes the multi-dimensional linkage of industry, schools and research centers in the whole process of educating people, promotes the integration of information technology into the whole process of professional education; promotes cultural heritage, curriculum thinking Integrate government into the whole process of curriculum construction; build a multi-subject and diversified evaluation mechanism, adjust and improve the construction of the clothing curriculum system in a timely manner according to the needs of enterprises and social feedback, and improve the flexible cooperation mechanism between schools and enterprises; practice the whole process of improving the quality of applied talents.

Keywords: local university; integration of production and education; improve the quality of talent training

地方高校服装专业人才培养质量提升路径研究

梁立立[1,*], 隋辉[2], 孙仁宝[3]

1 纺织科学与工程学院, 烟台南山学院, 烟台, 中国
2 山东南山智尚科技股份有限公司, 烟台, 中国
3 服装学院, 山东工艺美术学院, 济南, 中国

邮　箱

47887049@qq.com(梁立立), suihui@nanshan@com.cn(隋辉), 1836960097@qq.com(孙仁宝)

摘　要: 以服务地方产业发展为目标, 以产业与科研平台建设为契机, 依托烟台市文化艺术中心、国家级产业中心及校级研究中心的建设, 探索出一条"立德树人"为先, "产教研赛创"深度交融, 增强学生可持续发展能力的人才培养质量提升新路径: 推动产业、学校、研究中心多维度联动育人全过程, 推动信息技术融入专业教育全过程; 推动文化传承、课程思政融入课程建设全过程; 建设多主体多元化评价机制, 根据企业的需求与社会的反馈意见及时调整和改进服装课程体系建设, 完善校企柔性合作机制; 践行应用型人才质量提升全过程。

关键词: 地方高校; 产教融合; 人才培养质量提升

1　引言

地方应用型高校肩负"立足地方,服务地方",以服务经济发展为目标,培养高水平应用型人才的使命。产教融合是加强学生实践能力培养、匹配职业需求的途径之一。深化产教融合是实现教育与产业双向对接的重要基础,也是助推经济社会发展的根本保障[1]。

2　研究背景

2.1　地方应用型高校产教融合模式的困境

"产教融合"是地方应用型大学技术技能型人才培养的重要模式,是支撑现代化产业体系建设的重要途径,也是校企深度合作的催化剂。由于受体制、意识、政策、资金、参与主体利益等各方面因素的影响,部分高校在实施产教融合人才培养模式的过程中遇到不同的困境,进而影响了人才培养质量。主要包括以下几个方面:

第一,前期调研不够充分,导致高职院校人才培养目标与企业需求不匹配,学生的能力和素质无法得到企业的认可;第二,高校专业和课程建设与企业生产不匹配,专业方向与课程内容无法与企业项目以及岗位需求对接,导致学生所学无法满足企业所需,人才培养质量无法满足企业需求[2];第三,师资水平无法满足产教融合需求,同时具备高水平理论知识和实践能力的教师较少,制约了产教融合的进一步发展;第四,缺乏相应的制度保障,在产教融合人才培养模式实施过程中,缺乏完善的管理制度和监督体系,无法及时监控产教融合的运行状态,导致人才培养与企业需求出现偏差[3];第五,产教融合参与主体各方利益不够明确、政府引导不到位、企业参与积极性不高等,都制约了产教融合的发展[4]。

2.2　"智造"时代,服装专业人才质量与岗位新需求存在差距

制造业强国战略的实施关键是人才,企业和行业对人才需求发生重大变化,迫切需要专业人才培养紧跟行业产业发展,探索人才培养新途径,培养出适应智能制造业需要的复合型人才[5]。高校应探索新型人才培养机制,充分利用校企联合等方式,吸引企业研发部门与高校深度合作,共同开发课程,联合开展人才培养,为智能制造提供支持。目前,高校服装工程人才的培养与强国战略人才目标还存在一定差距。

究其原因:第一,课程建设滞后于产业技术发展。专业课程设置与企业实际生产脱节,企业新技术、新工艺没有进入课堂,教材陈旧、教学内容不更新、教学方法不能适应时代要求,培养的学生缺乏综合实践能力。第二,大学与企业在课程开发、双师团队组建、实践平台搭设等方面联系不紧密,校企合作缺乏持续动力。导致学生就业后重新学习、企业不断重复培养岗位技能人员等资源浪费的情况。第三,师资"非工化"现象较严重。教师缺乏现代化工业企业的科技研发、工程设计和生产管理等岗位的实际经验,产、科、教融合程度不高[6]。

针对上述背景,培养面向地方产业发展新需求的服装工程技术人才,迫切需要产教融合协同发展和培养。以产业与科研平台建设为契机,推动政府、产业、学校、研究中心多维度联动育人全过程,推动地方大学服装人才培养质量提升,这是为向数字化工厂转型的服装企业培养高素质、高技能人才的一个尝试[7]。

3　研究现状

3.1　国外研究现状

德国较早提出校企合作概念,在"现代学徒制""双元制"方面积淀了较多经验;英国、日本为发展本国人才的知识与技能双提升,在教学内容上进行高等教育本科学位课程与国家执业资格标准相衔接的改革。法国高等教育改革的方案中包括关于专业和课程的内容,按就业方向分成几组专业,教学内容包括科学入门、职业准备和方向指导三个方面[8];英国牛津大学尝试将企校两种实践模式结合在一个课程中形成复合课程;在全球制造业走向智能制造大潮下,澳大利亚羊毛组织的Allan Deboos博士指出,"智能型+技能型"人才是未来应用型人才培养的方向。国外的一些著名高校正在实施的课程改革中,也体现了产教融合的理念。比如综合课程和融合课程的倡导及运用,促进高校课程与社会就业的联系等等。

综合国外研究成果可以看出,国外为抢占制造强国地位,为培养创新、高技能人才,对技能型专业人才的教学内容与教学方法不断进行动态化的改革;产教融合模式的建构和研究主要是在综合学科中展开,但是立足于服装生产技术课程群的研究目前较少。

3.2　国内研究现状

从课题的研究现状分析,文献检索结果如下:在中国期刊全文数据库中,以"产教融合+质量提升"为关键词检索,共搜到282篇相关文章。纵观这些文章,在"中国制造2025"宏观政策指引下,各层次各类型学校根据自身特色在人才培养目标和实践教学模式上进行了积极探索,其中,中高职教育占大多数,本科教育占比较少,而论述范围具体到某一专业上的文章更少。"服装+产教融合"检索的研究文献有246篇,另外也有从文化传承、思政教育角度提出产教融合对人才综合素

提升的促进研究,相关文献为本课题研究提供了有益的思路。在所查阅的文献中,以职业需求为导向进行课程建设的,主要是针对高职或专科院校,而针对服装专业本科的研究十分有限,在地方大学人才质量提升角度的研究也较少。

综上所述,目前地方大学服装专业人才培养质量提升及产教融合模式常见以下问题,本文将以我校服装专业多年的产教融合实践经验分析切实可行的实践平台建设与人才培养提升路径。

(1)专业人才的综合素养如何满足"智造"时代地方产业需求变化的问题;

(2)以人才质量提升为目标,深化产教融合环境下课程改革的问题;

(3)汇聚优质教学资源,构建开放式教学环境,实现即时师生互动、自适应教学服务等功能的问题;

(4)教师队伍自身综合素质和实践教学能力提升的问题;

(5)评价主体和评价方式多元化指标的构建问题,以评促建。

4 "平台引领,多位联动"的产教融合教学平台构建

依托市文化艺术中心、依托国家级产业中心及校级研究中心的建设,探索"立德树人"为先,夯实文化底蕴,"产教研赛创"深度交融,增强学生可持续发展能力的人才培养质量提升新路径:以产业与科研平台建设为契机,推动产业、学校、研究中心多维度联动育人全过程,推动产教柔性机制建设;推动信息技术融入专业教育全过程;推动文化传承、课程思政融入课程建设全过程[9];践行综合能力全面提升全过程。"平台引领,多维联动",推动服装人才培育与质量提升(图1)。

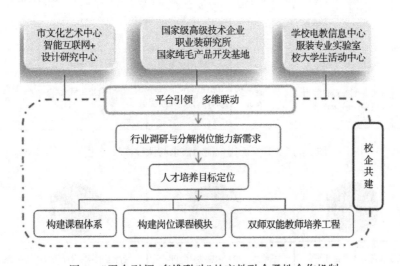

图1　"平台引领,多维联动"的产教融合柔性合作机制

4.1　明确定位,规划"双体系+岗位模块"的产教融合实践课程体系

以培养服务地方产业发展的生产技术应用型人才为目标,以智能时代服装企业生产技术岗位能力新需求为导向,依托高新技术产业平台与研究平台的建设,深化产学研融合培育机制,构建"双体系+岗位模块"的产教融合实践课程体系。生产实践体系分为智能纸样设计模块与先进工艺模块强化实践能力培养,文创实训体系下的智能设计项目模块强化创新能力培养,满足新时代学科交叉、知识融合、技术集成的人才需求(图2、图3)。

4.2　构建开放式教学环境,构建以学生为中心的学习共同体

从人才培养目标定位、课程体系调整、线上线下混合课堂、教研科研立项、艺术创作与参赛、课程思政建设等领域着力,校企共同进行核心课程群教学内容、方法改革。多向拓展企校共育教学活动,课程结构革新与多样化教学方法有效促进人才实践能力、创新能力、综合能力提升(图4)。

岗位名称	传统产业岗位能力需求	课题任务	产业升级岗位能力需求	课题任务	课程群课程模块定位
服装版型设计与研发	1.熟悉各类面料特性 2.具备基本的服装制图技能 3.掌握各品类服装的平面制版方法	调研企业	1.具备一定的版型创新设计与研发能力 2.具备数字化人体测量能力 3.具备数字化定制制版能力 4.具备CAD软件后台编程能力 5..具备服装立体裁剪能力	校企共建	智能纸样设计
工艺技术员、线长	1.了解各品类服装缝制工序、工时 2.熟练制作工艺单、工序文化 3.按需进行工序安排	调研企业	1.具备自动化流水线工序编排的能力 2.使用软件制作工艺单的能力 3.熟悉智能设备使用方法 4.具备自动化流水线后台编程能力	校企共建	先进生产工艺现代生产管理
工艺技术岗：面料检测、样衣师、缝纫工	1.熟悉工艺要求及面辅料特性 2.熟练进行样衣制作 3.熟练设备及工序操作	调研企业	1.具备传统样衣岗位能力 2.熟悉智能化设备的使用方法 3.具备数字定制服装制作能力 4.具备面料的智能化检测能力	校企共建	先进生产工艺
生产管理运营管理	1.具备生产管理能力 2.熟悉服装生产模式 3.熟悉服装质量检验和品质控制方法 4.具备服装跟单能力	调研企业	1.具备先进的生产管理理念 2.熟悉智能化服装生产模式 3.熟悉先进的服装生产数据化管理体系 4.熟悉数字化定制流程与运营模式	校企共建	现代生产管理
服装及文化创意产品设计	1.熟悉绘图软件 2.市场反馈转化能力 3.具备创新设计能力 4.具备团队合作能力	调研企业	1.具备职业素养与人文素养 2.熟悉多元文化知识 3.熟悉知识产权基础知识 4.具备科技转化能力 5.熟悉数字化设计手段	校企共建	智能设计

图2　产业升级后岗位能力需求与课程模块变化

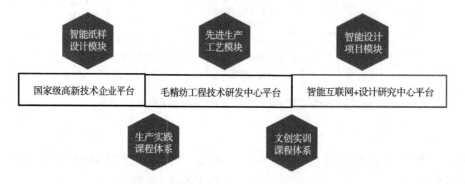

图3　以平台为依托的"双体系+岗位模块"的实践课程体系

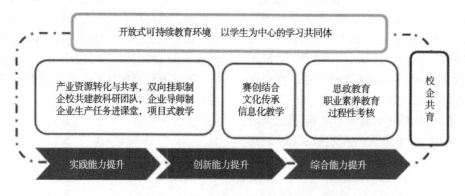

图4　构建开放式教学环境，打造师生学习共同体

（1）构建"校企开发课程+跨学科课程+资源共享网络平台"的课程结构。课程作为人才培养的载体，要承载职业岗位的能力要求。在强调通识教育的同时，要改革现有的专业课程内容结构，强化课程知识点之间的内在联系，实施"纸质教材与电子教材、单课程教材与课程群教材、多媒体软件与网络平台相结合"的策略，完成了课程群的教学整体方案。随着校企共建课程群项目的深入，将陆续与企业合编与服装数字化生产相结合的系列实训实习指导书，根据服装生产岗位的典型能力需要，合作编写相关课程的教学大纲、实验指导书，更切实有效地服务实践教学。建设开放式教学环境，打造以学生为主，教师为辅的学习共同体[7]。

（2）实施"项目整合+展赛结合+实践教学平台"多样化教学方法。

①项目整合：将企业生产实践编制为教学任务，使学生在产业任务情境氛围中完成诸如"计算机+服装""互联网+服装""人工智能+服装"等多种多样的项目形式的学习任务，拓宽了学生的知识领域，提升了实践技能。

②展赛结合：举办课程展与课程联展，同时企业对作品进行讲评与挑选，调动学生的学习积极性。组织学生参加省市至全国的各种比赛，如全国美誉大赛、山东省服装制版大赛等，同时组织学生参与企业举办的各种技能大赛，与企业的技术人员同台竞技，通过学生自我比较，调动学生的学习积极性和对岗位人员素质的全面了解。

③实践教学平台：探索校企合作内容和形式的可持续性与产业融合新业态，整合资源以打造实践教学平台支撑新机制，将企业先进技术与学校教学深度融合，拓宽适合学生的实践创新能力培养的有效活动载体和平台；为学科发展提出新的挑战（图5）。

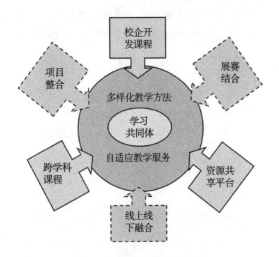

图5 多维联动的教学模式

（3）课程思政贯穿理论与实践课程，推进"立德树人"方针。秉承"校企一体，协同育人，德育为先，能力为重"的办学理念，坚持行业引领、艺工融合、实践创新，遵循新工科、新艺科的建设要求，根据社会、经济、教育等的变革，进一步突出专业建设与思政融合的内涵与外延，将精益求精的工匠精神融入课程思政教学实践，实现知识传授与价值引领相结合的教学目标，是本课程教学团队面临的重要问题[8]。为此，组建专门的课程与教材建设小组，启动并落实五育并举、德技双修、三全育人的要求。构建了"产学研赛创"五位一体的思政全过程融入的课程教学模式，推进课程思政目标量化，强化内容前沿性与引领性，实现目标与内容达成及课程对毕业要求的支撑。

（4）加强校企双向融合力度，多角度实施"双师双能教师"培养工程。加强校企双向融合力度，多角度实施"双师双能教师"培养工程，打造具有"智造"技术的教师队伍。突破各专业独立屏障，打造跨专业、跨学科的综合型教师队伍。"智造"时代的到来，迫使各行业、各专业打破专业概念，联合研发项目，探讨多专业深度融合的教学内容改革，联合各专业优势进行项目申报、科技研发等，使教学团队向持梯次性和多元化结构发展。

（5）以多元化多主体的评价方式促进教学质量提高。构建多元评价机制。企业作为服装生产课程群建设的承担方，能够保证评价的多元化与公正化，客观及时地反映出企业最新的岗位；行业专家，站在整个行业发展的高度，从专业性、可持续性等层面纵观评价课程群建设的是否全面、科学、符合可持续性发展；学校作为课程群建设的直接参与者，对整体课程群有着最真实和具体的了解，将其作为评价主体可以确保课程群建设质量评价的务实性、具体性和真实性。

5 研究价值

5.1 理论价值

"智能制造"时代背景下，针对应用型人才与岗位能力新需求，探索地方大学与产业相衔接的质量提升路径改革模式。在产教融合方面创新举措，例如依托产业平台、科研平台、设计研发中心进行课程体系的改革，校企共建共育岗位课程模块，不断改革课程的教学内容与方法；建设与企业互动机制：企业导师制、教师挂职制、动态建设机制、多元评价机制，对丰富相关的课程与教学内容体系改革、创新产教融合机制理论方面具有重要意义，同时为其他专业或课程建设改革提供更多切入点。如图6所示。

5.2　实践价值

与企业建立柔性合作机制,共同进行岗位课程模块建设与实践教学改革。依托高新技术产业平台与研究平台的建设,深化产学研融合培育机制,提高了学生的岗位适应能力和科技创新能力,培养适应行业发展和社会需求的服装工程专业创新技术人才[7]。可为其他院校服装专业及其他专业的教学改革和创新技术人才培养研究提供借鉴和参考。促进为服装工业"智造"发展服务的人才培养目标的实现,促进行业经济发展,对推动应用型人才质量提升研究有着重要的示范价值。

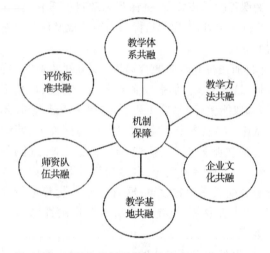

图 6　以多种机制保障产教多方位共融

6　结语

深化产学研融合培育机制,提高人才培养质量,关键字是"融":教学体系、教学方法、教学基地、师资队伍、企业文化、评价标准共建共融,并通过行之有效的机制推动产教深入融合,建设可持续的柔性合作机制,包括企业导师制、教师挂职制、动态建设机制、多元评价机制,有效促促进课程结构转型升级,提高人才质量,解决产业升级发展中人才需求变化的实际问题。

致谢

本文为中国高等教育学会 2022 年度高等教育科学研究规划课题《地方大学产教融合人才培养质量提升路径研究》(22DF0406),山东省教育科学和教学研究项目《多元协同视角下高校创新创业人才培养模式的探索与实践》(22JX213),中国纺织工业联合会高等教育教学改革研究项目《"校企共育、科创并举"服装工程智能化技术技能型人才培养模式创新与实践》(2021BKJGLX746)的阶段性成果之一。

参考文献

[1]　姚瑶.高职院校深化产教融合的研究与实践——以南京旅游职业学院为例 [J].教育教学论坛,2019(29):177-178.

[2]　蔡琪琪.中职校企合作人才培养模式研究:以杭州市 LZ 职高烹饪专业为例 [D].杭州:杭州师范大学,2019.

[3]　孙硕,胡小勇,张华阳.面向教育信息化的产教深度融合机制研究[J].教育信息技术,2018(12):3-7.

[4]　李欣怡.地方本科高校转型发展中的产教融合机制研究 [D].桂林:广西师范大学,2019.

[5]　俞彬,叶巧清.基于"学研互动"的智造类人才培养行动研究[J].科技资讯,2018(23):145-146,148.

[6]　刘碧俊,李萌."中国制造 2025"背景下高技能人才培养模式的探索和实践[J].现代职业教育,2017(28):26-27.

[7]　杨雅莉,梁立立,张媛媛,左洪芬.智能制造背景下服装生产应用型人才培养的方法[J].纺织服装教育,2019(4):307-310.

[8]　张洁.中医药院校课程思政内涵及实现路径研究[D].郑州:河南中医药大学,2019.

[9]　张笑盈.耗散结构理论视野下的高校课程群建设研究[D].重庆:西南大学,2014.

[10]　李丹.高职酒店管理专业课程信息化教学设计与实践:以"客房个性化服务"为例[J].科教导刊,2020(22):122-123.

The exploration and practice of reform on course teaching of "Knitting Special English" in the context of first-class major construction

LIU Liyan

School of Textile Science and Engineering,Tiangong University, Tianjin, China

Email address

liuliyan@ tiangong. edu. cn(LIU Liyan)

Abstract:The reform on course teaching usually goes together with the construction of its major. Knitting Special English is one of the core curriculums of the major of textile engineering in advance knitting technology and product development field. It plays an important role on cultivating the international textile professionals. In the context of first-class major construction of textile engineering, the course reform has been carried out in objectives, content, teaching mode and methods, assessment respectively. It shows that the learning interest, ability and effect of students have been enhanced through revising the course objectives, enriching the content with new era's elements, employing the on-line and off-line teaching mode and relative methods, and improving the assessment measure as well.

Keywords:first-class major; Knitting Special English; teaching reform; ideological and political courses

一流专业建设背景下"针织英语"课程教学改革的探索与实践

刘丽妍

纺织科学与工程学院,天津工业大学,天津,中国

邮 箱

liuliyan@ tiangong. edu. cn(刘丽妍)

摘 要:课程教学改革与专业建设同向同行。"针织英语"课程是纺织工程专业先进针织技术与产品开发方向的专业领域核心课程,对培养国际化纺织专业人才具有重要作用。在纺织工程一流专业建设背景下,从课程目标、课程内容、课程教学模式、教学方法及考核评价等方面实施了教学改革。实践表明,通过修订课程目标、赋予课程新的时代元素、运用线上和线下混合式教学模式及方法、改进课程考核评价方式,提高了学生对专业英语的学习兴趣、学习能力和学习效果。

关键词:一流专业;针织英语;教学改革;课程思政

1 引言

为全面振兴高等教育,提高人才培养能力,自 2015 年国务院提出《统筹推进世界一流大学和一流学科建设总体方案》[1]以来,教育部发布了一系列一流本科专业及课程建设方案和纲领性文件[2-4],推动高校以建设一流大学、一流学科、一流专业为引领的教育教学改革。教育部高教司长吴岩指出,建设高等教育强国,要统筹做好"四个一流",即一流大学是目标、一流学科是条件、一流本科是根本、一流专业是基础[5]。建设一流大学和一流学科的基础在于专业建设[6]。

课程是实施专业建设和实现人才培养目标的主要载体和重要途径[7]。笔者所在高校的纺织工程专业,具有学科和专业特色优势,多年来为我国纺织领域培养了大量优秀的专业人才。经过持续建设,于 2019 年获批国家级一流专业建设点。"针织英语"课程是纺织工程专业先进针织技术与产品开发方向的专业领域核心课程,对培养国际化纺织专业人才具有重要作用。本文以"针织英语"课程为例,分析其在传统教学过程中存在的主要问题,探讨在纺织工程一流专业建设背景下,围绕课程目标、课程内容、课程教学模式、教学方法及考核

评价等方面实施的系列教学改革措施,以持续提高学生的学习能力和效果。

2　一流专业建设背景下"针织英语"课程存在的问题

一流专业建设要求专业定位明确优势突出、教育理念先进,教学内容不断更新,方法手段不断创新,师资力量雄厚,培养质量一流[8-9]。同时,国际教育专业认证为一流专业建设提供了参照模板;"新工科"建设为专业转型升级提供了新的路径。在此背景下,对标纺织工程国家级一流专业建设要求,"针织英语"课程传统教学过程中存在着教学目标不明确、课程内容缺乏时代特征、教学模式与教学方法较为单一、学生学习效果不够理想等问题。

2.1　课程教学目标不够明确

"针织英语"课程随着针织专业及纺织工程专业针织方向的设立和课程体系的制定,已有数十年的开课历史。以往课程大纲中对于课程目标,限于学生所获取的专业英语的相关的识和能力,以及仅限于本门课程的教学目的。对照工程教育专业认证基于产出的教育理念乏将课程置于整个课程体系,建立课程目标与毕业要求指标点以及专业人才培养能力达成之间的具体支撑关系。换言之,需要进一步厘清和明确教师为什么教、学生为什么学。

2.2　教学内容缺乏时代特征

早期"针织英语"课程内容围绕针织技术及其产品设计及应用等方面的专业知识,自编适合本专业学生学习的英文教材。随着针织技术的不断发展和教学改革的实施,自2007年开始,选用英国著名针织专家David J Spencer 的经典著作 *Knitting Technology* 原版内容,进行适当翻译成为适合本土学生学习的双语教材,并沿用至今。时代的发展以及社会的进步对高校课程教学提出了新的要求,传统教学内容由于缺乏时代特征有必要进一步调整和补充。

2.3　教学模式与方法较为单一

"针织英语"传统教学过程中所采用的教学模式和方法较为单一,多采用面对面线下授课模式,以课堂讲授和学生阅读和翻译练习为主,缺少适应于现代大学生学习行为和习惯的更为灵活多样的教学手段,对应课程教学目标,学生进行独立思考及探索性学习机会不多,教学互动不足,不能有效激发学生的学习兴趣。

2.4　学生学习效果不够理想

专业英语类课程既是大学英语学习的延续,又是专业知识的另一种语言表达。针织专业英语词汇非日常用语,有的较为难记,对于有些英语基础原本较差、对英语学习缺乏兴趣的学生来说,学习过程并不轻松。而对于专业知识掌握不扎实的学生来说,用英文表述的技术原理理解起来更加困难。对于这类情况,如果不想办法调动其学习的积极性,学生的学习效果很难达到理想状态。

3　"针织英语"课程教学改革实施路径与措施

3.1　对焦工程认证毕业要求明确课程教学目标

对焦纺织工程专业工程教育认证的标准要求,转变教学理念,以学生为中心,基于产出[10],进一步明确课程目标。"针织英语"课程授课对象为纺织工程专业大三年级的学生。通过该课程的学习,使学生充分了解国内外针织技术原理及发展现状,能够掌握针织知识的英文表达、具备基本的针织英语阅读、翻译、写作等能力,具备基本的工程素养和国际化视野。对应工程教育专业认证毕业要求和纺织工程专业相应毕业要求分解指标点,进一步梳理和明确针织英语课程的教学目标:

(1)通过该课程的学习,掌握基本的针织专业英语词汇,具备跨文化交流的语言和书面表达能力;

(2)具备终身学习的针织英语知识基础,掌握自主学习的方法,通过外语学习,具备拓展、归纳、总结相关专业知识和信息的能力。

课程目标与毕业要求指标点对应关系见表1。

表1　课程目标与毕业要求指标点对应关系

课程目标	毕业要求指标点	支撑度
课程目标1	掌握一门外语,具备跨文化交流的语言和书面表达能力,能够在跨文化背景下开展纺织工程技术的对外交流	H
课程目标2	具有自主学习的能力,能适时地补充新知识和新技能,具有对技术问题的理解能力、归纳总结能力和提出问题的能力等	M

注　H指高度支撑,M指中度支撑。

3.2　与时俱进将时代元素融入教学内容

首先教学内容突出重点,及时补充和更新,拓展中英文专业知识面。对于教材中的经典章节,如第一章 General terms and principles of knitting technology,第二章 Basic mechanical principles of knitting technology,第四章

The four primary base weft knitted structures 以及横机、圆机、经编部分的基础知识章节,对应前序中文专业课程内容,作为精读知识进行重点讲授和学习。此外,补充针织技术的最新信息,如针织机的主要机构、运转方式、运转速度及编织能力和产品等的最新进展情况以及针织企业发展的相关信息等;如结合新冠肺炎疫情,补充针织机编织口罩的最新研究进展的英文报道、各种功能口罩的英文表达等;另外,结合针织企业外贸实务,将产品跟单的部分英文信件实例引入课堂。

其次,思政元素融入课堂内容。2020 年 5 月,教育部印发《高等学校课程思政建设指导纲要》指出:全面推进课程思政建设,就是要寓价值观引导于知识传授和能力培养之中,帮助学生塑造正确的世界观、人生观、价值观,这是人才培养的应有之义,更是必备内容。所有课程所有教师都要担负思想政治教育的责任,在知识传授和能力培养中发挥价值塑造的作用[11]。

"针织英语"课程结合课程思政要求,针对学生对课程的认识和学习特点,深入挖掘课程中蕴含的思政元素,丰富和充实思政素材,增强课程思政的鲜活度和吸引力,有机融入课堂教学内容。具体为:融民族自信于针织技术的发展历程及现状,与国际接轨,使学生充分认识和了解国内外针织技术及其产品对提高人民生活所起到的重要作用,树立针织工业的民族自信心,增强对专业的认同感;融工匠精神于针织技术及编织原理,培养学生的工匠精神,精益求精,专注做好每一件事,为实现纺织强国积蓄力量;融社会主义核心价值观于课堂教学过程,注重发挥引领作用,注重学生思想品德、专业技术能力和科学素养的综合培养,使学生树立专业自信和学习志向。

3.3 用好现代网络资源改变教学模式和教学方法

当代大学生是在多维立体虚实融合的时空场域中成长起来的,他们习惯于运用网络随时随地获取知识和信息。随着近年来 MOOC、SPOC 课程的普及和推广建设,加之新冠肺炎疫情的影响,"针织英语"课程也由线下教学为主转变为线上线下相结合的混合式教学模式。利用超星学习平台,将课程学习资料上传至学习网站,建设视频及非视频学习资源,学生在规定的时间内,按计划完成教学内容的学习和课后习题,并根据表现获得平时成绩。课上使用全英文多媒体教学,图文并茂,加大信息量,加深学习印象。讲授过程中英语和汉语各占50%,为学生营造英语听说氛围。

教学方法上,改变以往传统单一讲授的教学方式,借鉴国外小班化教学模式与方法,采用问题式、探究式和启发式,引导学生带着问题学习,主动思考。例如,讲到 interlock structure(双罗纹组织)特点时,请学生结合

学过的纬编知识,如何设计得到 horizontal stripes(横条纹)和 vertical stripes(纵条纹)并用英文来讲解。又如,在纬编横机编织技术的英文讲解过程中,对于纬编横机编织机件的各部分英文名称,通过带领学生去实验室,面对纬编横机的各个编织机件,逐一从教材中找到对应的英文术语,用英文表达进行直观记忆。

另外,课程设置课堂训练(class training)环节,经过一定学时的学习后,教师设置若干训练主题,学生进行分组和选题,合理分工,通过查阅、整理文献资料,并制作 PPT 或视频文件,用英文讲解和展示,老师和同学在每组讲解结束后,可以进行自由提问,小组学生回答,增加课堂环节的师生互动和生生互动。以此培养学生的专业知识综合运用、交流和合作能力,提高学习的挑战度。

3.4 优化考核评价方式提高学生学习效果

为提高学生的学习动力,课程结合学生的专业及外语学习基础和学习习惯以及更新的教学模式及方法,及时优化和调整考核评价方式。首先,提高平时成绩的占比,鼓励学生利用好课堂时间,积极参与,勤阅读常背诵,大胆说畅快写,加强专业英语的日常积累,增加学习的获得感;其次,对标工程教育专业认证要求,注重非标准化考核所占的比重,平时考核及期末考试中50%左右为非标准化测试内容,着重考察学生的主观思考和解决问题的能力。平时成绩除出勤、课堂表现、完成作业情况外,课堂训练环节占平时成绩的50%;期末考核中,中英文翻译、简答问题以及写作部分为主观题,不设定标准答案,着重培养学生思考问题、解决问题以及英语运用的能力。对于每学期的期末考核结果,针对课程目标达成情况进行数据计算和科学分析,查找薄弱环节,持续改进。

4 结论

"针织英语"课程基于一流专业建设要求实施了一系列改革,通过进一步明确教学目标、完善教学内容、及时补充更新专业英文素材、融入工程认证教育及课程思政要求、充分利用现代化网络资源及教学手段、优化课程评价方式,突出了学生的中心地位,将以"教"为主,变为以"学"为主,发挥了学生的主观能动性,培养和提高了学生的英语应用能力、专业素质、终身学习和团队合作能力。近 3 年"针织英语"课程目标的平均达成度为 0.8 以上(达成度最高为 1.0),有效支撑了对应专业的毕业要求和人才培养目标。通过课堂调研,学生普遍反馈认同改革后的学习模式,对课堂训练环节印象深刻,阅读、撰写及口语能力得到锻炼,收获很大。专业建设任重道远,课程改革持续推进,"针织英语"课程将持

续改进,传播先进的科技力量,培养爱党爱国、敬业乐业的纺织领域国际化人才。

致谢

本文为天津工业大学纺织工程国家级一流专业建设的阶段性成果之一。

参考文献

[1] 张珂,袁勇."双一流"背景下地方高校一流专业建设研究与探索:以沈阳建筑大学为例[J].沈阳建筑大学学报(社会科学版),2020,22(10):517-522.

[2] 吴岩.一流本科一流专业一流人才[J].中国大学教学,2017(11):4-12,17.

[3] 王玉婧,刘甜.一流课程与一流专业关系及建设思路分析:以应用型大学国际经济与贸易专业为例[J].高教学刊,2021(3):25-29.

[4] 李明磊,王战军.新时代一流专业建设应转向成效式评价[J].江苏高教,2020(9):20-23.

[5] 世界教育信息编辑部.打造一流本科培养一流人才:访教育部高教司司长吴岩教授[J].世界教育信息,2018(7):3-12.

[6] 贾丽娜,张伟,杨斌.地方新建本科高校一流专业建设的探索与思考[J].枣庄学院学报,2021,38(1):135-139.

[7] 吴仁华.提升服务能力是地方新建本科高校加强学科专业建设的基本路径[J].中国大学教学,2015(1):36-39.

[8] 仇一微,舒凯征."双一流"背景下行业特色地方高校一流专业建设路径研究[J].中国轻工教育,2020(5):66-70.

[9] 胡玉.浅谈应用型本科高校一流专业建设的发展路径[J].陕西教育(高教),2021(1):54-55.

[10] 刘六生,宋文龙.我国地方高校一流本科专业建设的困境与出路[J].云南师范大学学报(哲学社会科学版),2019(11):111-119.

[11] 张香萍.数字化生存下高校课程思政的挑战与应对[J].湖北师范大学学报(哲学社会科学版),2022,42(3):136-140.

Exploration and practice of first-class specialty construction in local colleges and universities under the background of engineering education professional certification ——taking the textile engineering specialty of Nantong University as an example

LIU Qixia*, GUO Ying, PAN Gangwei, SUN Qilong, GE Jianlong, SHAN Haoru

School of Textile and Clothing, Nantong University, Nantong, China

Email address

lqx@ntu.edu.cn (LIU Qixia), gy2014@ntu.edu.cn (GUO Ying), pangangwei@ntu.edu.cn (PAN Gangwei), sunqilong001@ntu.edu.cn (SUN Qilong), gejianlong@ntu.edu.cn (GE Jianlong), hrshan@ntu.edu.cn (SHAN Haoru)

Abstract: In the process of "double first-class" construction, local colleges and universities undertake the important task of cultivating professional talents to meet the needs of local industries in the new era and promoting the coordinated development of regional economy. The engineering education professional certification has triggered a profound change in the talent training system and mechanism, provided a reference template for the construction of a first-class specialty and also pointed out the direction for the specialty construction. This paper introduces the exploration and practice of first-class professional construction of textile engineering specialty of Nantong University by taking engineering education professional certification as an important starting point. Their practice on promoting the integration of disciplines and majors, the construction of talent training systems, the revision of talent training programs, the update of educational and teaching concepts, the optimization of curriculum systems and teaching content, the innovation of teaching methods and assessment methods, the improvement of teachers' professional skills, as well as the practice teaching and laboratory safety construction were introduced, aiming to provide certain reference and practice for engineering majors in other local colleges and universities to carry out engineering education professional certification and first-class specialty construction.

Keywords: engineering education professional certification; first-class specialty construction; local colleges and universities

工程教育专业认证背景下地方高校一流专业建设探索与实践 ——以南通大学纺织工程专业为例

刘其霞*,郭滢,潘刚伟,孙启龙,葛建龙,单浩如

纺织服装学院纺织工程系,南通大学,南通,中国

邮 箱

lqx@ntu.edu.cn (刘其霞),gy2014@ntu.edu.cn (郭滢),pangangwei@ntu.edu.cn (潘刚伟),sunqilong001@ntu.edu.cn(孙启龙),gejianlong@ntu.edu.cn(葛建龙),hrshan@ntu.edu.cn(单浩如)

摘 要:在"双一流"建设过程中,地方高校承担着培养新时代适应地方产业需求专业人才和推动区域经济协调发展的重任。工程教育专业认证引发了人才培养体制机制的深层次变革,为一流专业建设提供了一个参照模板,也为专业建设指明了方向。本文介绍了南通大学纺织工程专业以工程教育专业认证为重要抓手,在推进学科与专业一体化建设、人才培养制度建设、人才培养

方案修订、教育教学理念更新、课程体系与教学内容优化、教学方法和考核手段创新、教师业务技能提升、实践教学与实验室安全建设等方面开展的一流专业建设探索和实践,以期为其他地方院校开展工程教育专业认证和一流专业建设的工科专业提供一定的借鉴和参考。

关键词:工程教育专业认证;一流专业建设;地方高校

1 以工程教育专业认证为抓手助推一流专业建设的意义

建设高等教育强国,"四个一流"是切入点,即一流大学、一流学科、一流本科和一流专业[1]。一流专业是一流人才培养的基本单元,是建设高水平本科教育、培养一流人才的"四梁八柱"。如何推动专业建设,如何做好本科教育是当代高等院校急需解决的问题。2019年4月2日,教育部办公厅发布《教育部办公厅关于实施一流本科专业建设"双万计划"的通知》,这对地方普通本科院校来说既是发展机遇又是重大挑战[2-3]。

工程教育专业认证是目前国际上占主导地位的工程教育质量保障制度,也是实现工程教育国际互认和工程师资格国际互认的重要基础。工程教育专业认证强调"以学生为中心、产出导向、持续改进"三大核心理念,旨在构建"产出导向"的人才培养体系,强调基于培养目标和毕业要求的产出设计来实施和评价教育教学活动,并根据反馈结果开展持续改进,以确保毕业生达到工程教育质量标准。我国自2006年开始逐步在工程专业开展认证工作,2016年6月,我国成为《华盛顿协议》正式成员,标志着我国工程教育专业认证进入了一个全新的发展阶段。工程教育认证通告〔2022〕第3号公布截至2021年底,全国共有288所高等学校的1977

个专业通过了工程教育专业认证。近年来,工程教育专业认证作为一种实现工程教育与工业界对接、提升工程人才培养质量的有效途径,引发了各高校人才培养体制机制的深层次变革,已经成为建设"一流专业"、实施"双万计划"和掀起"质量革命"的重要抓手和载体[4]。

图1给出了工程教育专业认证通用标准要求和一流专业建设内容的对应关系。可见,做好工程教育专业认证提倡的"以学生为中心",全员全程全方位育人,便能成就一流的生源质量、一流的学生创新成果和一流的就业质量;按照工程教育认证"产出导向"理念制定合理的专业培养目标和毕业要求,构建科学合理的课程体系,是建设一流专业的重要途径和抓手;工程教育专业认证对师资和支持条件的要求也是与建成一流专业所必备的一流的师资队伍和教学条件相一致的;工程教育专业认证的"持续改进"理念更是建设一流专业所必需的育人机制之一。此外,工程教育专业认证重在评价学校和专业的教学和管理机制的建立和运行情况,而健全、有效的领导和组织管理机制是助推一流专业建设的有力保障[3]。

因此,以工程教育专业认证为重要抓手,修订人才培养方案,重构课程体系,健全评价机制,扎实开展本科教学质量持续改进工作,对于加快推进"一流专业"建设和提高人才培养质量具有重要意义[5-8]。

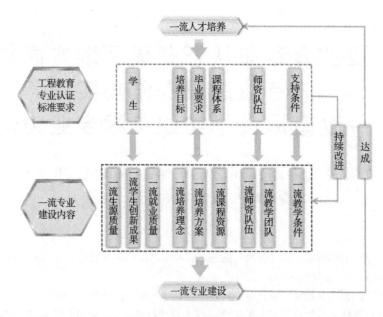

图1　工程教育专业认证标准要求和一流专业建设内容的对应关系

2 基于"专业认证"推动一流专业建设的主要思路

进一步理解和强化工程教育认证的三大核心理念,充分认识到专业认证是提高工科人才培养质量的重要抓手,在"双一流"建设过程中自觉将工程教育认证的理念贯穿到人才培养的全过程,坚持"以学生为中心、以产出为导向、以持续改进为关键",从推进学科与专业一体化建设、人才培养制度建设、人才培养方案修订、专业思政、教学改革、课程和教材建设、校企地协同育人、师资队伍建设等方面扎实开展专业建设和持续改进工作,从而加快推进一流专业建设。具体建设路线如图2所示。

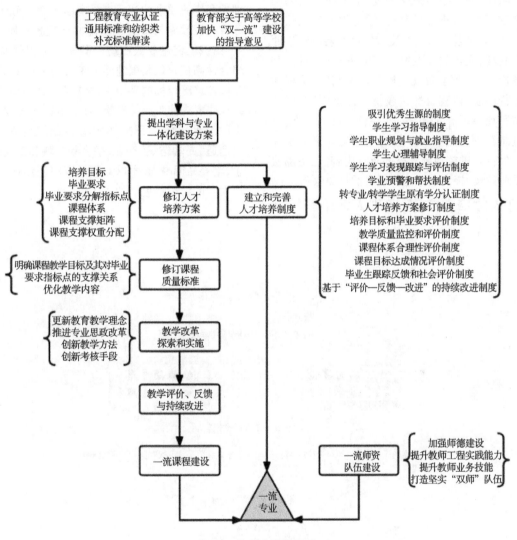

图 2　专业建设路线图

3 基于"专业认证"推动一流专业建设的具体措施

3.1 深化科教融合,推进学科与专业一体化建设

进一步明晰了纺织科学与工程学科和纺织工程专业的内涵和辩证关系,在专业建设过程中用学科建设引领专业建设,深化科教融合,将学科建设的成果转化为专业和课程建设的成果,提高人才培养质量。依托国家地方联合工程研究中心等高水平科研创新平台及其科研优势,构建本科学生"早参与、深融合、多产出"特色鲜明的实践教学体系,强化"学以致用"理念,在科研实践中培养学生解决"复杂工程问题"的能力。启动教师科研创新与实践应用能力提升计划,为应用型创新人才培养提供强有力的支撑与保障。同时,利用专业建设中的师资队伍建设和本科人才培养为学科发展提供优质的人力资源支撑。通过采取上述措施,较好地促进了学科与专业的一体化建设,专业于2021年入选江苏省一流

本科专业建设点,学科于 2022 年入选"十四五"江苏省重点学科。

3.2　建立和完善人才培养制度,保障人才培养质量

在专业建设过程中始终坚持制度建设先行,专业依据工程教育认证通用标准要求,在现有规章制度的基础上,进一步建立和完善了人才培养制度,主要包括吸引优秀生源的制度、学生学习指导制度、学生职业规划与就业指导制度、学生心理辅导制度、学生学习表现跟踪与评估制度、学业预警和帮扶制度、转专业/转学学生原有学分认定制度、人才培养方案修订制度、培养目标和毕业要求评价制度、教学质量监控和评价制度、课程体系合理性评价制度、课程目标达成情况评价制度、毕业生跟踪反馈和社会评价制度、基于"评价—反馈—改进"的持续改进制度等。这些规章制度不仅是专家审核专业认证自评报告和进校现场考查的重点内容,也是加快推进一流专业建设、提高人才培养质量的重要保障。

3.3　修订人才培养方案,实现人才培养精准定位

随着工程认证工作的逐步开展,本专业按照工程教育认证通用标准和纺织类专业补充标准对人才培养方案进行了重新审视,依据人才培养方案修订制度,组织由行业企业专家参与的人才培养方案修订小组,结合区域社会经济发展需求和学校办学定位,确立了专业人才培养定位,明确了人才培养目标和能支撑培养目标达成的毕业要求,准确地将毕业要求分解为二级指标点,合理设置支撑教学环节(课程),并定期评价培养目标的合理性和毕业要求的达成度。南通大学起源于纺织,是江苏省人民政府与交通运输部共建院校中唯一的纺织高校,纺织工程专业依托纺织科学与工程学科优势、地方综合性高校定位及国地联合工程研究中心的平台支撑,在人才培养目标的确定中,坚持与"211"高校错位发展,秉承张謇先生"忠实不欺,力求精进""学必期于用,用必适于地"的教育思想,面向现代纺织经济,服务长三角及南通"高端纺织"产业,融合新工科和工程教育认证理念,培养品德高尚、学以致用的应用型创新人才,彰显南通大学的纺织特色。如图 3 所示。

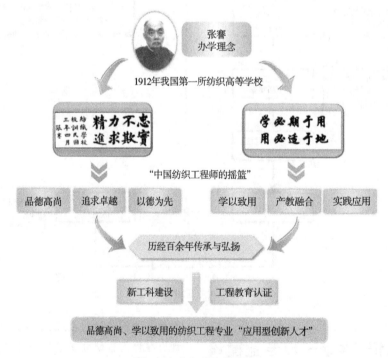

图 3　专业人才培养定位

3.4　坚持德育为先,加强顶层设计,构建基于专业认证模式的专业思政体系,推进课程思政与工程教育专业认证的融合

培养高质量的专业人才,除了具有深厚的专业知识、扎实的专业能力外,必须要具备过硬的思想政治素质和正确的世界观、人生观、价值观。课程思政旨在回应"培养什么人,怎样培养人,为谁培养人"这个教育的根本问题。课程思政就是高校的课程设置除了原有的思想政治理论课之外,其他所有课程都要发挥思想政治教育作用。专业思政相较于课程思政而言,更加注重从专业整体的角度,对人才培养的价值塑造功能提出具体

要求,以实现思政教育贯通专业人才培养的全过程[9-10]。工程教育认证强调知识、能力和素养三位一体,与课程思政、专业思政对价值、知识、能力三者融为一体的要求也高度一致[11]。

专业按照产出导向理念,以专业认证模式为基础,在培养目标上做加法、在支撑体系上做强化、在教学设计上做融入,构建了具有专业特色的系统性、兼容性、实效性的专业思政体系和教育教学整体方案,建立并推行了"构建思政指标点—建立课程支撑矩阵—开展思政教学"的专业思政建设策略。首先,分析工程教育认证标准中毕业要求的思政教育要求,如工程与社会、职业规范、环境和可持续发展、个人和团队等这些非技术层面的素质和能力要求,结合学校定位和专业人才培养目标,设计了"思想意识—职业素养—个人品格修养"三层次的专业思政元素体系,与工程认证的非技术指标点结合,形成新毕业要求中的素养指标点;其次,参考专业认证模式,结合不同类型课程特点,建立了多维度的专业思政课程支撑矩阵,并对课程教学大纲进行修订;最后,从师德建设、思政教学、思政实践三方面积极推进专业课程思政改革(图4),把思政教育融入人才培养全过程和各教学环节,弘扬张謇"教育救国""实业救国"精神,引导学生树立"纺织强国"的远大志向,实现学生在引领中塑造,在感悟里成才。

通过围绕工程教育专业认证对专业思政体系进行整体性设计,较好地推进了课程思政与工程教育专业认证的融合。在践行"价值引领"和"以学生为中心"理念的同时,实现了专业和课程的同步提升。专业于2021年入选南通大学课程思政示范专业,获校级课程思政示范课程1门和课程思政优秀教学案例5个。

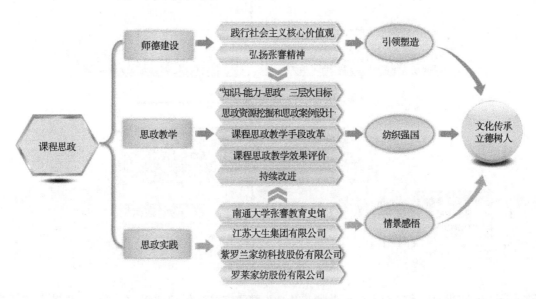

图4 专业课程思政改革措施

3.5 基于成果导向的教学体系设计,加强课程和教材建设,深化教育教学改革,助推一流专业建设

专业基于工程教育专业认证成果导向理念,开展了反向教学体系设计,以重构课程体系、优化教学内容为主线,以加强"金课"建设、深化教育教学改革为抓手,培养具有南通大学特色的新工科人才。参与东华大学、苏州大学申报的教育部虚拟仿真教研室2个,共建省级线下、社会实践、虚拟仿真实验教学一流课程各1门,校级一流课程5门;出版部委级规划教材7部,其中1部获2021年教育部全国优秀教材一等奖;近年来,承担中国纺织工业联合会教改项目10余项,获省部级教学成果奖10余项。

3.6 重构专业实践教学体系,实施校企地协同育人新模式,培养紧密对接产业需求的高素质人才

专业依据认证标准设置了较为完善的实践教学体系,在建设过程中与产学研合作企业、地方政府共建了江苏省现代家纺重点产业学院、5个校内联合创新实验室和15个校外实践基地,搭建了"实践教学—科学研究—技术开发—创新实践—工程训练"五位一体的校企地协同育人平台,坚持产业需求导向与教育目标导向相统一,培养出创新意识和动手能力强、善于解决复杂工程问题的"应用型创新人才",紧密对接纺织产业链与创新链需求[12-13]。如图5所示。

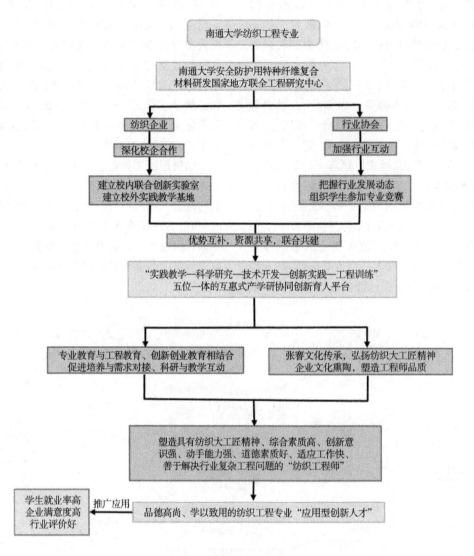

图5 专业协同育人机制

3.7 加强师资队伍建设，打造坚实"双师"队伍，提升教师工程实践能力和业务技能，为培养应用型创新人才提供师资保障

在工程教育认证通用标准中，有8条毕业要求涉及"复杂工程问题"。要培养学生解决"复杂工程问题"的能力，教师首先要具有工程实践背景或企业工作经历。专业完善了教师培训制度，支持教师到国外高校进修或下企业锻炼，提高教师工程实践问题研究能力以及将科研资源转化为教学资源、将最新科研成果运用于本科教学的能力，为培养应用型创新人才提供师资保障。目前专业拥有江苏省"双创博士"（科技副总）12名，具有海外研修经历教师11人。同时，整合校企师资力量，打造坚实"双师"队伍，聘请了21名企业兼职教师（其中江苏省产业教授4名）共同参与人才培养方案修订和生产实习、毕业设计（论文）、创新创业教育等教学环节指导。

此外，定期开展教研活动，组织教师集中备课、研讨

教学方法改革和课程设计等，不断提高教师的教学水平。为增强青年教师的教学能力，还充分发挥教学经验丰富的教师的示范引领和传帮带作用，采取青年教师导师培养制度，有效提高了青年教师的基本教学技能和专业实践能力。

4 结语

在"双一流"建设过程中，地方高校承担着培养新时代适应地方产业需求专业人才和推动区域经济协调发展的重任。地方高校工科专业应在深刻理解和把握专业认证的三大核心理念内涵的基础上，把工程教育认证作为一流专业建设的重要抓手，基于"专业认证"背景积极探索一流专业建设的有效路径。南通大学纺织工程专业从推进学科与专业一体化建设、人才培养制度建设、人才培养方案修订、专业思政、教学改革、课程和教材建设、校企地协同育人、师资队伍建设等方面扎实开

展专业建设和持续改进工作，从而加快推进了"一流专业"建设。相关做法对于其他地方院校开展专业认证和一流专业建设的工科专业具有一定的借鉴意义。

致谢

本文为中国纺织工业联合会高等教育教学改革研究项目（2021BKJGLX159）、江苏高校品牌专业建设工程项目（纺织工程专业）的阶段性成果之一。

参考文献

[1] 陈宝生. 在新时代全国高等学校本科教育工作会议上的讲话[J]. 中国高等教育,2018(Z3)：4-10.

[2] 吴岩. 一流本科 一流专业 一流人才[J]. 中国大学教学,2017(11)：4-12,17.

[3] 郭荣春. 以工程教育认证助推地方高校一流本科专业建设研究[J]. 科技视界,2021(9)：67-69.

[4] 高新勤,陆馨,王浩. 以工程教育认证为抓手推进"一流专业"建设[J]. 大学教育,2020(11)：63-66.

[5] 朱凯,王仪. 以专业认证促工科"一流专业"建设的探讨[J]. 大学,2021(23)：31-33.

[6] 王彪,崔慧娟. 一流专业建设和工程教育专业认证背景下教育教学研究[J]. 内蒙古财经大学学报,2022,20(1)：34-37.

[7] 田青云. 基于"专业认证"的车辆工程一流专业建设探索[J]. 内燃机与配件,2020(13)：245-247.

[8] 宋海燕,王玉峰,高文华,等. 工程教育专业认证背景下包装工程国家级一流专业建设[J]. 包装工程,2021,42(S1)：6-9.

[9] 虞晓芬,孙建强,袁旦. 基于专业认证模式的专业思政体系构建与探索[J]. 浙江工业大学学报(社会科学版),2022,21(1)：74-79.

[10] 王迎春,杨福平,姜丙坤. 关于课程思政和专业思政的认识和思考[J]. 现代交际,2020(16)：142-143.

[11] 张丽芳,程晔. 关于课程思政与工程教育认证融合的思考[J]. 高等建筑教育,2022,31(1)：181-185.

[12] 付宏鸽,纪煦. 工程教育专业认证背景下产教融合的校企深度合作人才培养模式实践[J]. 北华航天工业学院学报,2020,30(2)：43-45.

[13] 王红,苗强,李慧. 基于产教融合的应用型人才培养研究与实践[J]. 计算机教育,2021(1)：101-105.

Thoughts on classroom practice based on the fashion virtual simulation platform

LU Mengxia

Design school, Tongmyong university, Busan, South Korea

Email address

1078835273@ qq. com(LU Mengxia)

Abstract: The post-epidemic era has accelerated the arrival of virtualized human production and lifestyles, as well as the development of emerging technologies such as virtual exhibitions, virtual shows, and virtual try-on. Therefore, the training of textile and fashion talents in colleges and universities also needs to quickly adapt to the changes of the times. With the help of the fashion virtual simulation platform, it can realize real long-distance classrooms, immersive experience of modern garment production and operation scenarios, and complete tasks that are difficult to achieve in practical training courses. For college students, the practical courses based on the virtual simulation platform will also help them maximize their design creativity based on theory, improve their practical skills, and better adapt to the needs of the times.

Keywords: post-pandemic era; virtual simulation platform; classroom practice

基于服装虚拟仿真平台课堂实践方式的思考

鲁梦霞

设计学院,东明大学,釜山,韩国

邮　箱

1078835273@ qq. com(鲁梦霞)

摘　要:"后疫情时代"加速了虚拟化人类生产生活方式的到来,也加剧了虚拟陈列、虚拟秀场、虚拟试穿等新兴技术的发展。因此,高校纺织服装人才培养也需要快速适应时代的变化。借助服装虚拟仿真平台,可以实现真实的远距离课堂,沉浸式体验现代服装生产经营场景,还能完成实训课程中难以实现的任务。对于高校学生而言,基于虚拟仿真平台的实践课程也更有助于他们在理论的基础上最大限度地发挥设计创意性,提高实践技能,更好地适应时代的需求。

关键词:后疫情时代; 虚拟仿真平台; 课程实践

1　引言

时代的发展,不断改变人们的生活、学习方式,也加速了信息化教育的进程。服装专业是一门综合性较强、实践性要求较高的综合类学科,教学课程内容中涉及面料、服装、绘图、设计、制作、管理等多学科知识体系。除了传统的基础性理论教学,近年来,为了更好地实现和企业接轨目标,培养实践能力突出人才的教学方针的需求日渐显著。再加上后疫情时代的催化作用,互联网信息技术的深入发展,结合高校服装专业教育教学培养计划改革创新的迫切需求,虚拟仿真平台理念的提出和引入,成为一个转变契机和突破口。

2　服装与虚拟仿真平台

虚拟仿真也称虚拟现实(virtual reality,简称 VR),借助于仿真技术、网络技术、传感技术等来实现一种可创建虚拟世界的计算机系统[1]。即用一个虚拟的系统模仿某个真实系统、体系、场景的技术,用户可以在虚拟仿真平台中进行沉浸式的交互。基于虚拟仿真平台的课堂实践是信息技术与教学深度融合的产物,具有情境性、交互性、开放性和共享性的特征,同时兼具时空无限制性、可复制性、快速传播性、呈现方式丰富等优势[2]。虚拟仿真技术和教学的融合,一方面可以弥补传统教学的不足;另一方面,可以有效地将现代信息技术融入教学,实现真正的信息化教学,提升高校教育教学的质量和水平[3]。早在2015年,教育部办公厅就批准建设了清华大学数字化制造虚拟仿真实验教学中心等100个国家级虚拟仿真实验教学中心。并且,在目前的教学应用中也取得了很大的进展和教学成果。

服装专业是一门理论知识基础要求扎实,实践专业技能要求高,动手实践能力需求强的综合类学科。目前大多数服装院校的课程设置仍然是理论性课程为主,比如"服装材料学""女装结构设计""面料纹样设计""中西服装史"等。虚拟仿真技术在服装专业教学过程中的引入,不仅能增加课堂的趣味性,还能有效地提高学生对理论知识的理解力和实践能力、创新力[4]。目前,国内已有浙江理工大学、北京服装学院、苏州大学、陕西服装工程学院等高校的纺织服装类专业成功运行了虚拟仿真平台。虚拟仿真技术不仅成为其重要的硬件支撑,还在教学模式教学方法的创新和应用层面扮演重要角色[5]。

3 服装虚拟仿真平台课堂实践的建设意义

3.1 课堂创新

服装虚拟仿真平台课堂实践开创了线上+线下、虚拟+现实、理论+实践这种全新的教学模式。传统教学模式是单一化的线下授课,以老师的理论教学为主导,实践性不够;虚拟仿真平台将线下实体无法满足的内容搬入课堂,一方面线上线下的结合使课程内容更丰富[6],创新了课堂模式,即使是在发生疫情的特殊时期,也能进行正常的教学;另一方面有助于学生综合能力的培养,在理论基础上进一步加强了实践性训练。

服装虚拟仿真平台课堂实践突破了时空的限制。学生只需要登录平台,就可以不受时间和空间限制进行实操练习,大大增加了学生实践的机会;老师也可以根据虚拟仿真平台后台的数据采集,掌握每个学生学习的情况和进度,根据学生的具体学习状况及时调整后期课程安排。

服装虚拟仿真平台课堂实践构建了"设计—制版—缝纫"一体化教学目标的实现。服装专业课程当中,二维平面到三维立体造型之间的转变是课程的难点也是其重点。而服装虚拟仿真软件的介入成功实现了"设计—制版—缝纫"一体化教学目标,使得设计课程、

制版课程、工艺课程之间的衔接性更强,改变了传统教学当中需要通过缝制样衣才能看到效果的弊端,学生也更加容易理解教学难点[7]。

服装虚拟仿真平台课堂实践有利于激发学生的潜在创意性。服装专业对设计的创新性要求很高,所以在教学过程中更要注重培养学生的创新能力。创新能力不仅源于老师教学和个人天赋,更重要的是后天的学习和培养,在不断实践和尝试的过程中,激发学生的无限创意和灵感。服装虚拟仿真平台课堂更能满足学生多次的实践需求,也更有利于创新性人才的培养。

服装虚拟仿真平台课堂实践强化了课堂学习的体验感和参与感。传统教学大多数是以老师为主导的灌输式授课模式[8],老师和学生是单向输出和输入的关系;对于学生而言,缺少体验感和参与感,对于老师而言,无法准确掌握学生的学习情况;虚拟仿真平台360°全景、三维交互等技术的应用,可以显著改善这一方面问题,实现了沉浸式体验教学[9],增加了学习的体验感、参与感。

3.2 节约费用提高效率

目前很多高校的服装专业都存在机器设备老化、落后于市场等问题[10],这是由于高校一般所需机器设备的数量较多,导致购入的成本较高,资金投入大,所以难以随着市场的变化及时购入新的机器设备,机器设备置换频率就相对较低,因此出现了这样的问题。服装专业课程当中除了机器设备支出之外,学生实操训练过程中所用面料,辅料等也需要投入大量的资金。资金不足,以至于难以满足学生大量的实践需求。而学生实践能力的不足,也造成了高校专业教学与企业需求脱节这一现实问题。虚拟仿真技术的有效介入可以极大改善这一问题,系统可以根据市场变化进行更新,从而节约大量购入机器设备的费用,既能节约费用;又能极大满足学生实践需求,提高学生的学习效率,实现高校教学与市场发展同步与企业需求同步。

4 服装虚拟仿真平台课堂实践方式探索

高校服装专业在虚拟仿真平台课堂实践,以线上+线下、理论+实践、虚拟+现实全新教学模式为中心,与基础教学课程设置深度融合,将其细化为:虚拟仿真服装博物馆平台、虚拟仿真服装材料平台、虚拟仿真服装设计平台、虚拟仿真服装制作加工平台、虚拟仿真服装策划平台等五个服装虚拟仿真平台。具体分类见表1。

表1　虚拟仿真平台分类

名称	功能	对应课程
虚拟仿真服装博物馆平台	服装、服饰品虚拟展出	中西服装史,少数民族服饰等
虚拟仿真服装材料平台	面料库、虚拟面料实验、虚拟纺纱、虚拟面料生产	服装材料学,面料纹样设计,面料塑型,纤维艺术等
虚拟仿真服装设计平台	三维人体尺寸测量、仿真缝纫、仿真面料效果、虚拟试穿	服装结构设计原理,服装CAD,女装结构设计,男装结构设计,毕业设计等
虚拟仿真服装制作加工平台	虚拟剪裁、虚拟排料、虚拟缝纫、虚拟熨烫	服装制版与工艺,毕业设计等
虚拟仿真服装策划平台	虚拟网络营销、虚拟陈列	服装商品企划,服装市场营销,服装展示与陈列等

虚拟仿真服装博物馆平台利用声音解说、360°全景、三维交互等技术,参考真实博物馆和服装书籍相关记载,将东西方历史中出现的服装与服饰品进行1∶1的还原,以博物馆的形式进行虚拟展出。学生戴上头盔或立体眼镜,通过VR技术辅助支持,进入虚拟博物馆场景,不仅能直接观赏不同时期、不同国家的服装服饰品,以及服装上出现的纹样和图案,还能用手触摸到服装面料的质感。课堂教学中,在传统服装史理论基础之上,结合虚拟仿真平台的沉浸式体验,学生可以更加形象化地认识到服装发展的演变过程及其特点。同时,老师可根据不同情景对学生进行提问,有利于学生更加生动灵活地理解原本枯燥的基础理论,迅速捕捉与运用知识点。既增加了学习的趣味性又极大提高了学习效率。

虚拟仿真服装材料平台借鉴目了目前市面现有的面料和前沿纺纱设备,通过数字化程序,建立虚拟的真实系统,其中包括虚拟面料库、虚拟纺纱等内容。学生进入系统,通过虚拟面料库收录的面料,从触感、面料简介、面料实验全方面学习掌握面料各项性能,面料库还会根据市场的更新迭代不断更新。同时,学生还可以通过虚拟纺纱设备实现纺纱的练习,从中了解机器的构成、使用技巧、参数设置等,体验纺纱和面料生产的过程。尝试调节各项参数反复作业,观察参数差异带来的面料变化和整体效果。课堂教学当中,巧妙地将材料学课程中的疑难点融入虚拟仿真服装材料平台的实验当中,有利于全面提高学生个人的专业能力,进一步达到高校培养实践性人才教学的目的。

虚拟仿真服装设计平台借助CLO 3D、style 3D等三维虚拟仿真设计软件,实现三维人体测量、三维虚拟设计、三维面料仿真、三维虚拟试衣等多项功能。传统服装设计课程中,设计是通过服装结构的设计、制版、缝制、试穿得以最终呈现的。学习平面制版之前,学生需要了解人体尺寸测量的方法,所以老师必须对人体尺寸测量进行单独讲解和演练,后期再进行服装工艺缝制等实操训练。整体课程时间线较长,且相对独立,衔接性不高,导致学生理解困难,教学质量受到影响。三维虚拟仿真设计软件可以一键实现360°预览人体尺寸测量示图,快速掌握人体尺寸测量方法。同时,软件可直接导入服装的平面纸样裁片,实现左右2D和3D效果对照,2D窗口对平面纸样进行仿真缝纫,3D窗口通过虚拟模特同步预览试穿效果,同时还可以反复调整色彩搭配和面料效果。课堂教学当中,虚拟仿真设计平台的引入可以帮助学生更好地理解从平面二维纸样到三维立体服装结构的转变,并且在操作过程中,通过虚拟模特试穿可以快速发现纸样出现的错误,及时修改,节约时间和资源。

虚拟仿真服装制作加工制作平台通过数字化程序设计,建立了虚拟的服装加工制作场景系统,实现了虚拟排料、虚拟剪裁、虚拟缝纫、虚拟熨烫等功能。学生登录系统,戴上头盔或立体眼镜即可进入系统,根据练习需求选择一款成衣,按照真实的服装加工制作的步骤和方式,进行一系列成衣缝制工艺的实操技能训练。课堂教学中,虽然虚拟仿真平台不能完全代替线下真实的实操训练,但是,将其作为线下实操前的预习或者是之后的练习,以虚补实,这对于学生实操技能的培养都能带来莫大的帮助。学生只需要连接互联网,登录平台,就可以不受场地、设备、缝制工具的限制,快速进行服装加工制作训练。校方也可以很大程度上节约实训需要的材料和机器设备方面的资金投入。并且,系统设置的机器设备可以根据市场和企业变化进行更新,良好对接市场的发展和企业的需求,有助于深化校企合作。

虚拟仿真服装策划平台主要包括虚拟网络营销、虚拟陈列设计等内容。与传统市场营销课程不同,虚拟网络营销的设置建立在类似于淘宝网的一个模拟商城系统。学生通过模拟实习账号在模拟商城系统开设店铺,一方面可以体验开设网络店铺的整个过程,全方位掌握并熟知店铺设计、装修、货品管理、上架、物流、宣传推广等一系列知识;另一方面,也可以激发学生的无限创意和创业的兴趣。传统陈列设计教学基本都是搭建真实陈列方案,在服装搭配、店铺搭建方面耗材较大,而虚拟陈列设计通过三维软件来实现,可以更好地发挥学生的创意,尝试更多个性化的搭配方案,快速完成三维陈列设计,避免了搭建真实陈列设计过程中浪费过多的时间和物力。课堂教学中,虚拟仿真服装策划平台的引入,更好锻炼了学生在市场企划、营销、策划方面的实操能力,有利于培养服装市场营销方向的专项人才。

4 结论

高校纺织服装类专业担负着培养专业性人才的重任,在教育信息化、现代化快速发展的良好环境下,高校对学生的教育教学方式更应该与时俱进,同步市场需求。特别是后疫情时代,人类生产、生活、学习都受到了极大影响,高校的教学模式也亟须改革,确保各项教育教学任务能有条不紊地进行。文章通过服装虚拟仿真平台课堂实践方式探索分析,剖析了虚拟仿真平台给学生创造的沉浸式的学习环境,不仅能帮助服装专业学生更好地理解教学内容,同时,可以弥补高校理论性人才培养与企业实践性人才需求矛盾等问题。虚拟仿真技术的有效介入,可以解决课堂形式单一、课堂实践性弱、课堂参与感低、机器设备资金需求大等问题,在高校的服装专业人才培养教育过程中,形成了积极的推动作用。服装虚拟仿真平台课堂不仅能提高学生的综合能力,更能促进校企合作的深化,培养理论性和实践性兼备的企业型人才,是适用于后疫情时代高校纺织服装类专业人才培养的新方向、新动力。

参考文献

[1] 何斌,刘超,等. 虚拟仿真在纺织类实验教学中的应用[J]. 纺织科技进展, 2017(6):62.

[2] 张元美. 服装结构工艺课程教学中虚拟仿真技术的应用[J]. 美与时尚, 2021(5):126-129.

[3] 杜磊,王来力,等. 新工科背景下现代成衣生产工艺虚拟仿真实验教学探索[J]. 纺织服装教育, 2021(36):282-286.

[4] 李晓旭. 虚拟仿真技术在服装专业教学中的应用[J]. 纺织服装教育, 2019(4):363-364.

[5] 余新泳,代演莉. 高校美术专业仿真实验教学中心建设的若干思考[J]. 北京印刷学院学报, 2021(29):141-145.

[6] 杜劲松,陈清婷. "服装厂设计与现场管理"虚拟仿真实验教学改革与实践[J]. 纺织服装教育, 2021(36):175-178.

[7] 李娟. 信息化虚拟仿真在高职实践教学中的创新研究[J]. 教学与管理, 2019(3):146-148.

[8] 李充和,郑丽莉. 服装与服饰专业虚拟仿真实训教学的构建与应用探究[J]. 中国文艺家, 2019(11):196.

[9] 王玥. 基于虚拟仿真实验的服装教学资源建设与应用[J]. 教育观察, 2020(21):105-107.

[10] 赵磊,张荣华,等. 纺织服装专业虚拟仿真实训云平台的建设[J]. 纺织服装教育, 2018(2):154-157.

Study on the mode of textile education optimized by the excellent traditional culture concept "Bo Ya Hui Xing" —— taking the cultural education program of Boya College, Tiangong University as an example

NI Juan

Boya Academy, Tiangong University, Tianjin, China

Email address

29009937@ qq. com(NI Juan)

Abstract：Chinese excellent traditional culture is of great significance to the ideological and political education in colleges and universities. To build the excellent traditional culture education mode of "Bo Ya Hui Xing" promotes the textile college to effectively cope with the challenges of cultivating textile talent in the new era. This paper analyzes the idea of optimizing the textile education mode by the concept "Bo Ya Hui Xing," and further takes Tiangong University as an example to propose the construction of excellent traditional culture education mode based on the concept of "Boya Academy".

Keywords：ideological and political education; Chinese traditional culture; Bo Ya Hui Xing; cultural education

"博雅慧行"优秀传统文化优化纺织育人模式研究——以天津工业大学博雅书院文化育人项目为例

倪娟

博雅书院,天津工业大学,天津,中国

邮 箱

29009937@ qq. com(倪娟)

摘 要：中华优秀传统文化对高校思想政治教育意义重大,打造"博雅慧行"优秀传统文化育人模式,有助于纺织学院有效应对新时代纺织人培养的诸多挑战。文章在探讨优秀传统文化对高校思想政治教育重要价值的基础上,分析了"博雅慧行"优化纺织育人模式的思路,以天津工业大学为例提出基于"博雅书院"构建优秀传统文化育人模式研究。

关键词：思政教育;优秀传统文化;博雅慧行;文化育人

1 引言

中华优秀传统文化是中华民族在数千年历史发展中传承和发展的文化精华,是中华民族伟大复兴的坚强基石,是文化强国的历史支撑[1]。习近平总书记提出"四个自信",并指出最根本的是文化自信。2014年3月,教育部印发《完善中华优秀传统文化教育指导纲要》,要求把中华优秀传统文化融入课程和教材体系,有序推进中华优秀文化教育[2]。2017年12月,教育部颁发《高校思想政治工作质量提升工程实施纲要》,提出要深入推进文化育人[3]。为落实《中国教育现代化2035》《关于深入推进世界一流大学和一流学科建设的若干意见》和全国教育大会精神,天津工业大学于2018年11月成立博雅书院。书院建有博园、雅园、慧园、行园四个园区。在文化育人方面,书院以"博雅慧行"为主线,开展线上和线下特色文化育人教育教学实践活动,赓续中华文明,形成独特的文化育人模式。书院建有超星学习通学习平台,在平台上设有"博、雅、慧、行"四个专栏,博园包含歌德每日新书、国学经典诵读、文化互鉴、艺术鉴赏、哲学思辨;雅园包含琴、棋、书、画、诗、花、茶、礼、艺;慧园包含博雅辩论、演讲口才、表单采集和读书分享;行园包含实践创新、能力测评、分园活动和成果荟萃。博雅超星学习通平台的访问量已达到19.53亿人次,平台使用人数达到35931人(截至2022年7月),实现书院"大众化"育人目标。

2　博:博通上下,探究文化源流

博园,面积300平方米,藏有国学经典、文化互鉴、哲学思辨、艺术品鉴四类图书,共计12000册。书院博园主要培养学生胸怀广博、知识广博和眼界广博。书院每周开展"书香天工·博雅阅读"活动,取得了很好的阅读效果。在此基础上,书院以"读书点亮生活,书香润泽心灵"为号召,随新生录取通知书寄送精美书单,希冀莘莘学子在大学阅读学习中重塑完美人格,从圣贤豪杰智慧中吸取有益营养,为未来的发展打下坚实基础。书院"书香天工·博雅阅读"获2021年书香天津"优秀阅读品牌"。2022年获中国大学生在线"悦读青春"全国百场百所百名读书优秀特色活动奖。

2.1　走进博园,领略国学与艺术的魅力

博园积极打造"一本书,一杯茶,一窗景,一盆花"的优美阅读环境,吸引我校师生爱上阅读。自2020年起,书院开展"走进博园,领略国学与艺术的魅力"阅读活动,使师生了解博园藏书,领略艺术、国学、哲学文化的魅力。2021年书院每周一开展读书沙龙活动,纺织学院组织师生积极参与,选择"四书五经"经典书籍阅读,或领读经典名著,或学生自读分享。纺织学院每学期参与学生达1000多人。

2.2　名师相约,落实育人培养目标

博雅书院利用超星学习通平台,选择各高校的大师为我校学子开展"名师相约"讲座活动,每月推出15场,全年120场,内容涉及抗疫健康、中国古典文学、西方文学、科学探索、哲学、语言文学、诗词、音乐等领域。比如:"超星名师讲坛"在线等你,名师在线解读,为学生开启哲学之旅。"名师相约"为我校学生在探索与发明的同时给自我价值以肯定,在享受科技带来的福祉的同时也收获了成长的快乐。

2.3　博雅课程,培养学生人文素养

书院建有课程教育资源库,结合我校学生特点,架构对应的育人环境和氛围,开设四门线上课程,分别是"口才艺术""形象礼仪""大学美育""走近中华优秀传统文化",并为研究生专门开辟了"人文修养(讲座)"课程。在美育的基础上,积极挖掘中华优秀传统文化,确保美育和思政教育相互融合,由此构建更加理想的"美

育+文化"思政育人教育课程体系。为实现该目标,书院举办口才艺术考评和形象礼仪讲座,进一步丰富纺织学院学生对口才和礼仪的认知。纺织学院2019级和2020级本科生全员参加"口才艺术"学习以及3分钟视频录播,进一步锻炼口才表达能力。在完成线上视频学习的基础上,书院举办"读书点亮生活"演讲比赛,推动书香天津·校园"悦读之星"评选大学组选拔、推选活动,历年都取得了较好成绩。2021年法学院江垚同学获得总决赛二等奖,2020年纺织科学与工程学院吴娟同学获得总决赛一等奖,2019年人文学院孙颖同学获二等奖,经济与管理学院邓思敏同学、纺织科学与工程学院徐世伟同学、纺织科学与工程学院彭丰同学获"悦读之星"网络人气奖。

2.4　经典共读,增加学生对国学经典的认知

书院通过"四书五经"经典共读活动,确保美育、思政教育和传统文化教育三者的关系朝着更加融洽的方向发展。指导学生开展国学经典线上阅读活动,学生进行学习交流分享。书院连续三年开展"四书五经"经典共读活动,每月一本经典,每读一篇,学生都会写出读后感悟,近1万人次参与该项活动。

3　雅:雅集古今,认知传统文化

书院雅园以培养学生举止文雅、气质优雅、情趣高雅为宗,主要开展琴、棋、书、画相关课程和艺术实践活动。2020年博雅书院获批首批全国围棋师资培训试点单位。

3.1　"文化+美育",培育学生文化自觉

雅园课程涵盖琴、棋、书、画、乐等多项内容,每年吸引近400名师生参与学习。老师授课内容丰富、讲解深入浅出,师生互动积极、学习氛围欢快,学生收获颇丰。书院还开设古琴、围棋、书法、绘画、声乐、鞠球制作、萧说管子、茶文化与茶健康、珠绣艺术设计等博雅特色课程。书院在开展丰富多彩的活动中弥补学生对传统文化内容和形式主观认识的缺乏,以"看得见""摸得着"的形式感受优秀传统文化魅力,在美育实践中增进文化认同,形成"文化+美育"优秀传统文化育人体系建设[4]。

3.2　"感恩+手创",培育学生感恩情怀

书院每年开展"感恩·手创"教育活动。新生通过参与衍纸、国画、扎染、尊师礼、手绘彩釉、剪纸、手鞠球制作、手工月饼制作等活动,陶冶心灵,回顾了成长过程中父母点点滴滴的爱,亲身感念养育之恩,表达对父母感谢、牵挂和祝福,进而树立回报意识。2019年9月,面向2019级新生共举办了17个项目37场活动,1080

余名学生参加了创作活动,4000 多名学生进行了观摩;2020 年 9 月,面向 2020 级新生开展为期 8 天 37 项 82 场感恩手创活动,内容丰富、形式多样,覆盖 2000 多人;2021 年 9 月,开展 30 项 70 场感恩父母手创活动,覆盖新生 2000 人左右。"感恩·手创"已成为书院的一个品牌,一张名片。

4 慧:慧心巧思,创新传统文化

书院慧园以培养学生具有灵心慧性、慧心巧思、秀外慧中为目标,建有"诸子百家文化长廊"和"中国二十四孝"等展示区域。

4.1 "慧园杯"新生辩论赛,用语言享受思维盛宴

书院开展"慧园杯"新生辩论赛活动,引导学生进行批判性地传承,将文化糟粕剔除,让优秀传统文化精髓滋润学子的思想、道德、心理、意志和身体健康。真理不辩不明,辩场如战场,辩论赛场上学子们据理力争,用实力和语言享受思维的盛宴。

4.2 开展主题活动,培养学生家国情怀

博雅书院创造性开展工作,不断优化体现"文化创新+时代需要+引育新人"三重价值的活动模式。在 2020 年新冠肺炎疫情肆虐的特殊年份,在宅家抗疫的特殊情况下,博雅书院创造性地开展特色工作。为抗击疫情、打好战"疫"开展了一系列活动,旨在培养学生的家国情怀,与国家同呼吸共患难。比如,在学习平台专栏,开展答题战"疫"知识挑战竞赛;"以致敬战役英雄"为主题的画信创作活动;邀请艺术家为师生党员开展复工不忘抗"疫"版画创作活动,等等。2021 年,建党百年,举国同庆,书院开展"弘扬红船精神传承红色基因"主题剪纸、"中国共产党人精神谱系"主题剪纸系列活动;为传承书法文化,举办"国学雅集 翰墨书香"第一届硬笔书法作品展览大赛,共收到作品 150 余件,覆盖全校 16 个学院。

4.3 "文化创新+时代需要",开发文创产品进行创新转化

开发文创产品,博雅书院积极推动和落实"两创"工作,即中华文明创造性转化和创新性发展。比如,在博雅剪纸创作基础上,将剪纸图案延伸至书院靠背、坐垫等物品上,效果良好,深受师生欢迎。运用国家非遗物质文化遗产景泰蓝,变化传统掐丝的基底,创新为手机壳现代材质,让景泰蓝掐丝充满新意,书院的文化传承与创新发展使文化走进了生活,融入了生活。天津市多家媒体都有报道,《人民日报》对我校的报道中也曾提到过"红色剪纸"。博雅书院作为天津市首家服务全

体师生的书院,也吸引了市内外多家单位的来访,自成立以来接待外访人员百余场次。

5 行:身体力行,传承传统文化

书院行园以培养学生嘉言懿行、学行修明、笃行慎行为指向,以中华优秀传统文化为素材对学生进行文化自信培育,提升青年对国家与民族文化的认知与认同,促使学生将中华优秀传统文化内化于心、外化于行。

5.1 举办艺术展览,提升艺术审美修养

为弘扬建盏艺术,书院举办"弘扬传统文化 对话千年之约"建盏捐赠及艺术展览。为引领广大师生在美的享受中感受到源远流长的民族传统文化,提高文化品位,促进积极人生态度和价值观的形成,书院举办了"指尖上的美学——手鞠球展览",并开展手鞠制作特色课程。书院始终坚持以美育人、以美化人、以美培元,不断提升审美和人文素养,让更多的学生在实际参与中领略传统文化的魅力,增强传承文化的决心和使命。

5.2 举办专题活动,提升文化自信

唤醒中华优秀传统文化的时代生命力。一是要加强对中华优秀传统文化的保护传承;二是拓宽中华优秀传统文化的传播路径;三是大力推动文化创新,适应社会发展。文化是时代精神的体现,随着时代的发展而发展[5]。只有进行创新性转化和创造性发展,才能提高中华优秀传统文化的传承,发挥中华优秀传统文化的育人作用[6]。书院每年邀请天津非遗传承人来书院开展文化育人主题活动和美育实践体验活动。2021 年书院邀请"风筝魏"世家、天津市民俗文化学会会长魏国秋开展《风筝魏的魅力传承》专题讲座,天津"牡丹张"传人冯字锦开展《弘扬中华文化精粹 学习画好写意牡丹》专题讲座、天津市曲艺团国家二级演员李梓庭作题为《继承传统文化 打造相声名片》的专题讲座等。书院每一场活动均取得较好育人效果。

5.2.1 茶文化与茶健康

博雅书院将茶文化教育融入高校实践育人工作中,实现立德树人与茶文化传承的有机统一,有助于增强大学生的文化自信[7]。2020 年 9 月新生入学,书院组织了"一杯香茗敬父母"的茶文化推广活动,得到师生家长一致好评。同时书院微信公众号连续推出了 6 期茶文化知识介绍,达到较好育人效果。书院开设《茶文化与茶健康》夏令营选修课程,形成较为有效的茶文化实践教育模式。书院"君禾茶艺协会"已成立 13 年,师生通过茶文化实践活动增长了茶文化知识,增强了中国文化自信。在此基础上,书院拟开展高校茶文化实践育人三个方面研究:一是高校茶文化育人的深化与拓展的必要性、可行性研究,如研究茶文化具有热爱国家、文化自

信、工匠精神等新的时代涵义;[8]二是高校茶文化育人在思政教育工作中的应用研究,如依托茶文化实践提升大学生思政教育育人成效[9];三是高校茶文化育人功能的深化与拓展研究相关理论与方法研究,如传承茶文化实践特色,践行社会主义核心价值观[10]等等。

5.2.2 "你好天工"手机摄影

为强化中华传统文化实践教育,打造"知行合一"的育人新路径,书院开设"你好天工"手机摄影课程,并开展了"天工之春、夏、秋、冬"手机摄影比赛,取得非常好的爱校荣校育人效果。

5.2.3 "我是中国人"中华优秀传统文化传承与创新

书院2021年7月建成天津高校第一家"数字国学馆"。"数字国学馆"是以国学经典为基础,以数字技术为手段,集经典收藏、图书阅读、资源检索、实物展览、生活美学、互动体验于一体,将信息终端、显示设备、交互系统与国学环境有机结合的新型育人空间,是传承中华优秀传统文化的有效工具和手段,是贯彻习近平总书记提出的"将经典嵌到学生们的脑子里"暨国学经典进校园的良好实现形式。"数字国学馆"的建成为学校建设具有世界一流办学目标、一流师资队伍和育人平台,培养一流拔尖创新人才,服务国家重大战略需求的普通本科高校开展文化育人提供了基础平台。建馆以来,书院积极开设传统文化课程,如经史子集国学、汉服礼仪文化、尊师礼实践活动等,旨在服务于师生传承、弘扬和创造光耀时代、光耀世界的中华文化。"我是中国人"项目是在"数字国学馆"已有硬件基础上进行内容建设及运营创新,通过开设"国学+中华优秀传统文化"系列课程,举办"我心目中的国学经典"大赛,创建古籍数字化传承人基地,推动落实学校文化育人工作有效开展。

6 经验启示

中华优秀传统文化是中华民族在数千年的历史中积累、沉淀、创造的灿烂文化,博大精深[11]。因此,博雅书院致力于提升师生在哲学、伦理学、美学、逻辑学、"琴棋书画礼仪诗酒花茶美食"等方面素养,通过博雅教育与专业教育相结合,使博雅情怀与专业知识互为补充,交相辉映,达致人格健全与专业精神完美融合的仁

人,为天工大一流人才贡献智慧。书院坚守中华文化立场、传承中华文化基因,让学子在"博雅慧行"的学习过程中,培育深厚的民族情感,增强文化自觉和文化自信。博雅书院"礼敬中华优秀文化 博雅慧行引育新人"项目获2020年天津市中华优秀传统文化系列活动"爱国心、奉献情、抗疫行"优秀成果奖,该项目入选2021年度天津市学校"三全育人"优秀工作案例。

致谢

本文为天津工业大学2022年度思想政治工作精品一般项目《"我是中国人"中华优秀传统文化传承与创新(文化育人)》的阶段性成果之一。

参考文献

[1] 郑秋月,郭亚苹.论中华优秀传统文化在思想政治教育中的"文化育人"及促成路径[J].学校党建与思想教育,2018(1).

[2] 习近平.决胜全面建成小康社会夺取新时代中国特色社会主义伟大胜利:在中国共产党十九次全国代表大会上的报告[M].北京:人民出版社,2017.

[3] 薛琳钰,孟宪平.中国共产党从优秀传统文化中汲取自信精神的方法论分析[J].广西社会科学,2018(6).

[4] 陈爱爱.发挥优秀传统文化育人作用的意义及路径[J].人民论坛,2021(2):107.

[5] 刘萌.高校优秀传统文化育人体系构建路径研究:以曲阜师范大学为例[J].汉字文化,2021(7).

[6] 彭澎.运用优秀传统文化构建多维度育人体系[J].实践探索,2022(2).

[7] 王岳飞,周继红.中华茶文化在高校育人实践中的功能及其实施路径探析[J].高教论坛,2020(11).

[8] 李雪娇.茶文化传承与高校实践育人的结合[J].福建茶叶,2021(3).

[9] 李乾坤.茶文化视阈实践育人与大学生思想政治教育耦合路径研究[J].福建茶叶,2020(5).

[10] 张水勇.传承茶文化实践特色,践行社会主义核心价值观[J].历史文化,2018(7).

[11] 李华琼.中国优秀传统文化的当代价值在高校育人中的有效体现[J].科教文汇,2021(14).

Creative nail patch design research with frog buttons

PENG Hong*, LEI Saixi

College of Art and Design, Wuhan University of Science and Technology, Wuhan, China

Email address

395155952@ qq. com(PENG Hong), 2863949299@ qq. com (LEI Saixi)

Abstract: "Nail Patch", a sort of fashion product, has exposed the lack of innovation and cultural connotation in the market. The nail patch which with Chinese traditional aesthetics is still scarce in international and domestic markets. With the continuous improvement of material levels, the demands of nail patches to ordinary people are higher and higher, and it presents the trend of diversity and individuation. This study aims to explore the application of national costume culture in the design of modern fashion products. Firstly, this study started from Chinese and foreign nail cultures, traced back to the origin of body decoration, and found out the decorative characteristics, types and materials of nails. Secondly, used the research methods of image science and other research methods to lay a foundation for the subsequent designs. And then summarized the "hot" nail patch products in the market and formulated the design principles and paths that could integrate knot button culture into the nail patch. Finally, this study designed and produced a series of nail patches and actualized the recessive inheritance of culture.

Keywords: knot button; nail patch; traditional culture; creative design

盘扣元素创意穿戴甲设计研究

彭红*, 雷赛西

艺术与设计学院, 武汉科技大学, 武汉, 中国

邮 箱

395155952@ qq. com(彭红), 2863949299@ qq. com(雷赛西)

摘 要: "穿戴甲"是一种时尚单品, 但在市场中却暴露出创新性与文化内涵的不足, 具有中国传统美学的穿戴甲在国内外市场中还较稀缺。随着物质水平的不断攀升, 普通民众对于美甲的需求越来越高, 并且呈现多元化、个性化趋势。本研究旨在探索盘扣这一民族服饰文化符号在现代时尚产品中的应用。首先, 从中外美甲文化开始梳理, 从身体装饰溯源, 找出美甲的装饰特征、形式种类及材料工艺; 其次, 运用图像学等研究方法为后续设计奠定基础; 归纳美甲市场"爆红"的穿戴甲产品, 制订将盘扣文化融入美甲产品的设计原则和路径; 最后, 设计、制作系列穿戴甲产品, 实现文化的隐性传承。

关键词: 盘扣; 穿戴甲; 传统文化; 创新设计

1 引言

盘扣, 集文化性、装饰性、功能性为一体, 承载着中华民族独有的文化内涵。当前, 随着人们对传统美学需求的增加, 盘扣重新登上时尚舞台。但受现代服装形制西化等因素的影响, 可运用的范围较窄, 这也影响到盘扣的继承与发展。

美甲, 已有长达几千年的发展历史。随着人民生活水平的不断提高, 美甲融入各国女性的生活之中。而穿戴甲受其佩戴耗时短等特点的影响, 成为现代美甲最受欢迎的产品之一。目前市场上穿戴甲的款式和颜色丰富, 但是在设计中缺乏一定的创新和传统文化内涵。

基于此, 本文将从盘扣的造型美学、文化寓意及中外美甲演变的角度出发, 对盘扣元素创意穿戴甲设计进行思考, 一方面, 解决穿戴甲的创新性和文化内涵问题, 为文化艺术与穿戴甲结合探索更多的可能性; 另一方面, 继承和发扬盘扣文化, 为盘扣提供新的传承设计领域。

2 美甲历史概况

2.1 起源——公元前 3000 年前

美甲艺术最早可以追溯到商周时期[1]。贵族女子使用橡胶、蛋白等材料制作甲油,受原材料稀缺的影响,美甲被认为是阶级地位的象征。

2.2 演变——7~17 世纪

7 世纪后,美甲的材料和使用方式进一步演变。唐代,凤仙花染甲取代了早期甲油。由于新型原材料简单易得,美甲在社会大众中流行开来。初唐的敦煌壁画中,甚至出现了男子美甲的场景[2](图 1)。

图 1 初唐敦煌壁画中的男子

美甲文化除了受到审美需求的影响,传统的思想观念也是其流行的深层原因之一,这也促进了蓄甲风俗的形成[3]。

17 世纪,中国贵族女性普遍蓄有长甲,美甲的新形式——指甲套在宫廷贵妇中风靡一时。这一时期,清王朝政治经济逐渐强大,造型精美的指甲套可以说是社会富裕的产物。而其背后蕴含的社会内涵是封建王朝背景下的阶级划分(表 1)。在同时期的西方社会,蓄甲传统也同样存在,西方贵族以保留洁白的指甲作为身份地位的象征。

表 1 美甲清代指甲套图像志分析示例

名称	图像	内容分析
银鎏金累丝嵌珠石指甲套		长度:9 厘米 工艺:累丝、银鎏、点翠 图像:蝙蝠、寿字图案 图像志:寓意吉祥长寿
金指甲套		长度:7 厘米 工艺:雕刻 图像:莲花纹、古钱纹 图像志:寓意福瑞吉祥

2.3 现代美甲——20 世纪至今

20 世纪初,阶级意识逐渐淡化,美甲走向普罗大众的时尚生活。20 世纪 20 年代,现代意义上的指甲油在法国诞生[4]。随后至今的 100 年间,现代美甲衍生出穿戴甲、美甲现代艺术等多个领域。

2.4 美甲的装饰特征

2.4.1 形态的多元性

美甲最初的形态是修长的本甲。随后,出于保护指甲的目的,古人设计了护甲。近现代社会,美甲形态从单一的细长转变为椭圆款、方形款、方圆款等[5]。21 世纪初,穿戴甲诞生,成为现代装饰时尚中最流行的产品之一(图 2)。

图 2 美甲形态的演变

2.4.2 主题的时代性

美甲的主题受到社会背景及审美需求的影响,呈现出具有划时代背景的象征意义。古代社会,美甲主题较为单一,追求过度修长且以吉祥象征实物为题,这是受到传统思想影响的结果。基于搭配服装、追求自我而形成的现代美甲,则与各类艺术风格、时尚主题相互融合,紧贴流行思潮下的审美需求。

2.5 美甲的形式种类及材料工艺

从美甲艺术的四个类别出发,对其形式种类和材料工艺做出了划分(表 2)。

表 2 美甲的形式种类及材料工艺

分类	概述	工艺	主要材料
染甲	古埃及染甲	摩擦甲床发亮,涂抹植物汁液上色	膐羚毛皮、散沫花汁
	商周指甲油	自制甲油	蜂蜡、橡胶、蛋白等
	凤仙花染甲	凤仙花捣碎加入明矾覆盖	凤仙花、明矾
蓄甲	贵族将指甲留至 5 寸左右		
指甲套	汉代指甲套	卷曲而成	黄金
	清代指甲套	累丝、镶嵌等	贵金属、珐琅等

续表

分类	概述	工艺	主要材料
现代美甲	甲油胶美甲	彩绘、浮雕等	软化剂、甲油胶等
	穿戴甲	果冻胶连接	果冻胶、塑料甲片等
	美甲现代艺术	3D打印等	聚乳酸(PLA)等耗材

3 盘扣的基本概述

3.1 形成发展

盘扣最初由结绳记事发展而来,在文字尚未出现之前,承载着记录的主要功能[6]。唐宋以后,特别是民国时期,盘扣的造型、结构、材质逐渐完善,被广泛运用于传统服饰的设计中。

随着社会经济的不断发展,传统盘扣难以满足当代民众的使用需求。设计师将盘扣的造型、功能进行改良,运用到珠宝设计等领域(图3),盘扣的发展迎来了新的生机,但目前的受众普遍性仍不高。

图3 盘扣胸针

3.2 造型分析

盘扣由扣结、扣门和扣花三部分组成[7],扣结和扣门用于盘扣的组装环节,承担功能作用;扣花又称盘花,承担连接和装饰作用(图4)。

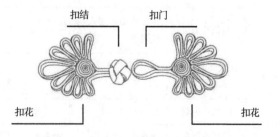

图4 盘扣的基本结构

回顾盘扣历史发展的全阶段,其在造型上大致可以分为直盘扣(一字扣)和花盘扣两大类(表3)。

表3 盘扣形态分类

形态类别		图像
直盘扣	布制直盘扣	
	金属直盘扣	
花盘扣	软花扣	
	硬花扣	

3.3 文化寓意

郭沫若曾说[8]:"工艺美术是作为测定民族文化水平的标准,艺术与生活紧密相连。"工艺美术作品,除了反映某一时代的审美趋势,更可以从中考证出那一时代的生产方式、风俗习惯。盘扣除了我们带来视觉审美,其背后所暗含的文化寓意更值得我们发扬。盘扣吉祥寓意主要通过以下三种途径表现:

(1)谐音表意。中国历代人民常通过谐音的途径隐喻各种吉祥寓意,将对美好生活的祝愿寄托其中[9]。如,"葫芦"谐音"福禄",寓意子孙兴旺、长寿吉祥,盘扣中的葫芦扣的内涵就是取自这一点(图5)。

图5 葫芦盘扣

(2)吉祥文字。制作者将一些本身具有吉祥寓意的文字以盘扣的形式制作出来,运用到旗袍或装饰品的设计上。比如,"喜"字盘扣就常被运用到中国传统婚礼的服饰中,表达喜庆吉祥的美好祝愿(图6)。

图6 "喜"字盘扣

(3)象征表达。象征手法是中国传统文化中最为常见的一种表达手法,以某种客观存在的事物为媒介,将美好祝愿暗蕴其中。在盘扣的设计中,常选用具有代表性的象征事物为主题进行创作。如"兰花"盘扣,兰花是高洁典雅的象征,寓意高洁的君子品格(图7)。

图7 兰花盘扣

4 从美甲到穿戴甲的综合分析及创新路径

穿戴甲是一种可以随时摘取、便于携带、佩戴简单的现代美甲产品(图8)。它区别于传统美甲制作时间长、一次性使用等特点,可以根据佩戴者的需求在短时间内使用。最早兴起于欧美市场,2016年左右由普瑞缇公司引进国内[10]。

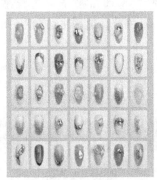

图8 穿戴甲

4.1 穿戴甲流行原因

2020年开始,穿戴甲占据美甲市场的主要份额。根据调研,可以归纳出穿戴甲流行的三个主要原因:

(1)价格低廉。传统美甲制作的价格为160～500元。而穿戴甲的价格为15～150元,并且可以重复使用。

(2)穿戴方便。传统美甲的制作至少需要消耗1～2小时。"快文化"下追求速度和效率的主旋律是现代女性选择随摘随取的穿戴甲的深层原因。

(3)款式多样。传统美甲受到制作材料、能力等因素的制约,完成度波动较大。穿戴甲则可以根据消费者的需求进行个性化定制。物流和互联网的成熟发展,也解决了线下美甲店带来的地域局限。

4.2 市场分析

穿戴甲作为风靡于世界的现代装饰产品,研究者对其领域展开了一定的研究,但多未对穿戴甲市场做出系统的梳理。下面从三个方面对穿戴甲市场做出分析,为其发展提供一定的参考。

(1)主要类型(表4)。

表4 穿戴甲类型

类别	特点	图片
法式穿戴甲	色调柔和,甲片上有一道分界线	
日式穿戴甲	跳色较多,时尚精致	
绘画风穿戴甲	以手绘表现,具有欣赏价值	
韩系穿戴甲	风格简约,艺术感较强	
肌理风穿戴甲	将服装面料等肌理运用到穿戴甲上	
复古风穿戴甲	东西方传统风格	
现代风穿戴甲	现代主义审美,未来感	
文化元素穿戴甲	提取文化元素创作	

（2）设计要素。颜色、材质等要素作为穿戴甲的设计符号，为穿戴甲传递审美风格、文化内涵等信息发挥着作用（表5）。

表5　穿戴甲设计要素

颜色	材质	装饰	创新/文化元素
粉色系	磨砂	浮雕	博物馆文物系列
蓝色系	丝绒	珍珠	世界名画/手绘风景系列
绿色系	亮片	水钻仿真宝石	宝石/面料肌理系列
红色系	光疗甲/亮面	立体饰品	马赛克瓷砖系列
黄色系	毛呢	亮片闪粉，玻璃纸	浮雕系列
紫色系	金属	贴纸蕾丝金属	波西米亚民族风系列
深色裸色系			

（3）现存问题。

①创新性不足。受到互联网信息快速传播特点的影响，穿戴甲设计存在相互借鉴的情况，部分穿戴甲款式相近。

②缺乏一定的文化内涵。市场上大多数穿戴甲的设计仅停留在外观层面。忽视了穿戴甲作为新兴装饰产品可以承载文化传播的功能。

③缺少中国传统美学的运用。根据史料记载，中国早在商周时期开始关注美甲艺术。到了清代，精巧昂贵的指甲套成为身份和地位的象征。由此可见，美甲文化在中国流行甚早。

4.3　装饰性在穿戴甲设计中的构建

盘扣题材丰富、造型精美，是中国传统美学与装饰的结合。穿戴甲作为现代装饰产品，"装饰性"是二者共同拥有的特性。因此，可以从装饰性思考，阐扬盘扣的肌理美、造型美，并丰富穿戴甲的视觉感和装饰性。具体有两种途径：

（1）分析盘扣的立体肌理。"盘绕"的制作技艺决定着盘扣简洁立体的造型特点。结合流行元素创新，保留立体肌理的基础上，将流行元素以盘扣的形式表现出来。

（2）提取传统盘扣的造型。运用现代设计手法，将其解构重组，使二次设计后的盘扣元素符合现代设计风格、设计语言，传递"传统时尚"的美学精神。

4.4　文化性在穿戴甲设计中的构建

盘扣融入穿戴甲产品的另一路径，在于其文化性在穿戴甲设计中的构建，使穿戴甲从基础的美观化向情感化、内涵化的方面发展。将具有象征意义的盘扣与穿戴甲结合，使消费者在佩戴时，感受盘扣在文化层面上带来的体验。

4.5　功能性在穿戴甲设计中的构建

功能性是传统盘扣的基础属性。对于本课题研究的穿戴甲来说，暂未发现二者的契合点。但作者对此提出了一定的思考：可以将功能性与美甲现代艺术结合起来。以夸张、个性、大胆的设计手法，将传统盘扣的造型、功能、文化表现其中（图9）。

图9　美甲现代艺术

5　设计实践

装饰性、文化性和功能性是盘扣的基本属性，其中蕴含的是盘扣功能美、结构美与形式美的结合。从造型方面来看，盘扣独特的立体肌理下带来的韵律感与生动性贴合强调平衡、统一等现代设计的基本原理，立体简洁的盘扣造型传达着独有的美学魅力。

基于前期对创新方向的理论研究，在设计中转化为实际应用。在初期十多个方案的基础上，对不满足大众审美等要求的方案进行删减，同时优化产品的色彩、纹样、尺寸等，最终确定了五款设计方案。

5.1　"柿柿"如意

传统盘扣文化中，"柿"谐音"事"，寓意事事如意。"如意"是盘扣中常见的一种扣型，象征万事顺利。本款设计将盘扣的文化性与穿戴甲结合，将吉祥寓意蕴含其中，给予佩戴者"柿柿如意"的美好祝愿。同时，结合盘扣的肌理特点，使整体造型生动立体（图10）。

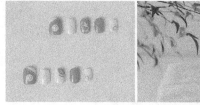

图10　实物图

5.2　蝴蝶盘扣

蝴蝶盘扣是民国常见的一种扣型,常被用作比翼双飞、福运送至的象征。本款设计,从盘扣的文化性与装饰性出发。使用解构主义的设计手法,将蝴蝶盘扣分置于两指,体现出盘扣在造型上独特的对称美学。同时,也有对佩戴者爱情美满的祝愿(图11)。

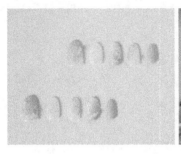

图 11　实物图

5.3　盘香兔

盘香扣是盘扣的一种常用扣型,诸多盘扣都是在其基础上设计的,本设计将盘香扣的造型特点(螺旋环绕)与兔子结合,使兔子盘扣造型圆润生动。在中指和无名指处,将"兔子望月"的情景以盘扣的方式表现出来(图12)。

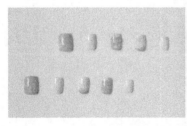

图 12　实物图

5.4　水墨熊猫

大熊猫是最受欢迎的设计元素之一,本款穿戴甲结合盘扣的装饰性,以水墨熊猫为题。造型上将大熊猫进行现代化提取,以盘扣的立体肌理表现出来。装饰上使用穿戴甲市场流行的金属饰品,具有时尚感(图13)。

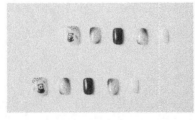

图 13　实物图

5.5　指尖芭蕾

以舞剧《吉赛尔》为灵感,从盘扣的装饰性出发,将芭蕾元素与传统盘扣相结合。在大拇指的设计中,将足尖鞋的造型进行抽象提取,以嵌芯盘扣的立体肌理表现出来,造型简约优雅。在中指的设计中,通过传统人物盘扣的造型来表达芭蕾舞者的形象(图14)。

图 14　实物图

6　结语

随着时代的进展,文化传播的形式日趋丰富,传统文化的发展迎来了新的生机。本课题就盘扣的继承发展与穿戴甲创新这两个问题之间的关联性进行深入探讨。

研究前期,通过史料文献总结盘扣、美甲的历史起源、文化寓意等相关背景。同时,也对穿戴甲行业进行市场调研,从中探寻传统盘扣元素与穿戴甲设计的融合方向。通过对盘扣元素与穿戴甲的创意设计,促进文化性与现代设计的融合,贴近现代审美的精神世界需求,并使盘扣通过穿戴甲产品在世界时尚文化中焕发光彩。

随着时代进步和社会的不断发展,从国家到人民,对产品的需求从基础的功能需求逐步上升到文化层面的精神需求,穿戴甲的文化内涵问题值得进一步解决。因此,想要促进盘扣的继承与发展,就需要把握盘扣的主要内涵和现代设计的发展趋势,积极思考传统文化与现代设计的融合创新问题,使盘扣文化历久弥新、与时俱进。

参考文献

[1]　董倩倩.指尖上的风情:古代女子美甲琐谈[J].传奇.传记文学选刊(理论研究),2012(2):100-105.

[2]　王义芝.古代敦煌的奇异美甲习俗[J].陇右文博,2013,37:54-55.

[3]　董倩倩.流淌于指尖的绚丽:清宫旧藏指甲套的前世今生[J].文物鉴定与鉴赏,2013(3):77-83.

[4]　N Dinani. Nail cosmetics:a dermatological perspective[J]. Clinical And Experimental Dermatology, 2019, 44 (6): 599-605.

[5]　孔诗曼琦.中国当代女性美甲艺术研究[D].上海:东华大学,2016.

［6］　杨娜.传统盘扣造型的发展演变[J].艺术品鉴,2020(5):54-55.

［7］　董玉媛,李国杰.传统盘扣元素在现代包装设计中的应用[J].美术教育研究,2021,15:60-61.

［8］　沈从文.中国古代服饰研究[M].北京:商务印书馆,2011.

［9］　姜露露.中华盘扣的艺术特色及在现代设计中应用[D].曲阜:曲阜师范大学,2015.

［10］　商闻.网易严选与迪丽雅品牌强强联手穿戴美甲线上发布[OL].https://www.yxzg001.com/a/view/opinion/2022/0129/444.html.2022-1-29.

Exploration and practice of talent training mode of nonwoven materials and engineering major guiding by perspective of professional certification in engineering education

Ren Yu*, Zhang Yu, Zhang Wei, Zhang Guangyu, Zang chuanfeng

School of Textile and Clothing, Nantong University, Nantong, China

Email address

ren. y@ ntu. edu. cn(Ren Yu) ,z. yu@ ntu. edu. cn(Zhang Yu) ,zhangwei@ ntu. edu. cn(Zhang Wei)

Abstract：Nonwoven industry is a strategic new industry with rapid development in recent years. High quality application-oriented engineering talents are the decisive factor to promote the rapid development of nonwoven industry. Based on the core concept of OBE engineering education certification, the talent training objectives and graduation requirements have been actively adapted to the development needs of the industry. The interdisciplinary and integrated curriculum system and a mutually beneficial innovation and education platform have been constructed and a multi-dimensional collaborative "continuous improvement" mechanism of "tracking—evaluation—feedback—improvement" has been established. The teaching practice achievements effectively promote the cultivation of innovative and application-oriented nonwoven engineering and technical talents.

Keywords：professional certification in engineering education；nonwoven materials and engineering major；talent training mode

工程教育认证视阈下的非织造材料与工程专业人才培养模式探索与实践

任煜*,张瑜,张伟,张广宇,臧传锋

纺织服装学院,南通大学,南通,中国

邮 箱

ren. y@ ntu. edu. cn(任煜) ,z. yu@ ntu. edu. cn(张瑜) ,zhangwei@ ntu. edu. cn(张伟)

摘 要：非织造材料产业是近年来高速发展的战略性新型产业,高素质的应用型工程技术人才是推动非织造产业快速发展的决定性因素。本专业基于 OBE 工程教育认证核心理念,制订主动适应行业发展需求的人才培养方案,构建跨领域全覆盖的"多链协同"专业教学体系,打造互惠式产学研协同创新育人平台,建立"跟踪—评价—反馈—改进"多维协同的"持续改进"机制,有效促进创新应用型非织造工程技术人才的培养。

关键词：工程教育认证；非织造材料与工程专业；人才培养模式

1 引言

非织造材料是新兴的材料工业分支,它源于纺织又超越纺织,糅合了纺织、造纸、皮革和塑料四大柔性材料加工技术,并充分结合和运用了诸多现代高新技术,成为一种制备新型纤维集合体材料的必不可少的重要手段。非织造材料应用广泛,在航天技术、环境治理、农业技术、医用保健及人们日常生活等许多领域都发挥着重要作用。因此,非织造产业被誉为"朝阳工业"。新兴非织造材料产业的发展急需大批具备工程实践能力、创新创业能力、国际竞争力的高素质应用型工程技术人才[1-2]。

工程教育专业认证核心是确认工科专业毕业生达

到行业认可的既定质量标准要求，是一种以培养目标和毕业出口要求为导向的合格性评价。工程教育专业认证已经由单一国家的认证制度向双边和多边的国际互认发展演变。高等教育国际化是未来教育发展的必然趋势，如何使本国本专业培养的毕业生得到国际认可，是各国高等教育面临的共性问题，而工程教育专业认证为解决这一问题提供了非常好的平台，因此，开展工程教育专业认证对我国高等教育尤其是对我国高等教育中工程人才的培养具有十分重要的作用和现实意义[3-4]。

近年来，南通大学非织造材料与工程专业以工程教育理念为引领，合理确定非织造人才的知识、能力、素质要素，建立新工科专业人才培养体系，通过产教融合，构建先进的互惠式产学研协同创新育人平台，建立"跟踪—评价—反馈—改进"多维协同的"持续改进"机制，以满足国家、社会对高素质创新型非织造专业工程人才的需求。

2　工程教育认证视阈下非织造材料与工程专业人才培养模式存在的问题

国际工程教育认证是具有国际标准和规范的工程技术人才培养体系。该体系的基本原则是要求人才培养坚持"以学生为中心、以成果产出为导向，持续改进"，切实提高工程技术人才的培养质量，其核心是以产业和社会发展需求为导向，以专业工程认证为载体推动工科专业改革，培养高质量高素质的工程技术人才[5-6]。但是传统教育基本理念落后，仍以"教"为中心，面向学生培养需求开展教学活动，不能有效适应行业快速发展对人才的需要，造成毕业生能力与社会需求脱节，难以满足高素质人才的培养，通过具体分析，主要存在以下几个方面的问题。

2.1　教育供给与社会需求的供需系统性失调

地方高等院校工程教育在社会、学校、学生构成的大系统中，学校供给与社会需求的融合度不高。一方面人才培养模式不能及时准确把握社会和企业快速变化对人才的需要，培养人才的规格与社会用人的标准不一致；另一方面，培养的学生不能很快适应工作岗位的要求，造成毕业生能力与社会需求脱节问题，导致毕业生需要较长的过渡期[7]。

2.2　高等工程教育人才培养模式的结构性缺失

目前，高等工程教育人才培养理念体系、方法体系与支撑保障条件建设上普遍存在要素缺失与协同性不高的结构性缺失问题。首先，在学校教育理念以及层次体系上，缺乏先进性、科学性和系统性，导致学生培养方向不够明确；其次，缺少培养学生自我学习、自我管理、自我实践、自我改善等个性化的方法，因而影响了工程教育以及学生成长的效率和效果；最后，人才培养保障条件缺少有效的支撑，导致学生工程实践能力培养的效率以及质量不能满足行业企业的需要，形成了毕业生"就业难"与企业"用人难"的两难窘境[8]。

2.3　教学体系改革滞后于工程教育的飞速发展

随着现代科技的迅猛发展，新技术新知识不断更新换代，而原有的教学体系未能完整而系统地跟上新技术发展的步伐，导致教学体系的改革和发展滞后。首先，在课程设置方面，传统教学体系主要基于知识的系统性和完整性，未能以学生毕业时社会对学生的需求进行课程设置。其次，教学内容上，重点关注教学环节中知识的完整性和系统性，忽略学生"学习成果"，未能以学生实际掌握各种所需知识和素质能力为核心开展教学。再次，在教学组织过程中，多以现有教学条件和教师为中心，学生被动学习多于主动思考。教学组织中学生参与度不高，课堂互动浅尝辄止。最后，从教学评价角度看，传统教学体系评价多以各种考试及试卷分数为主，评价方式单一，评价重点多在于"教"而非"学"；且评价多为单次性，没有有效的反馈和改进。

3　工程教育认证视阈下非织造材料与工程专业人才培养模式改革

南通大学非织造材料工程专业以工程教育认证理念、内涵为指导，构建特色鲜明、适应新工科人才培养要求的非织造材料与工程专业模块化课程体系。确立以"学生发展为中心、职业能力为引领、实践创新为重点、一流人才为目标"的工程教育理念，从知识、能力、素质三方面构建以学生学习成果为导向的协同育人机制，探索并构建特色鲜明、适应多学科交叉的非织造材料与工程新工科专业人才培养机制。结合工程教育认证要求，规范课程体系评价机制，并基于毕业生跟踪调查和社会评价，对毕业生质量进行跟踪反馈，进而对人才培养目标、毕业要求和课程体系进行持续改进。本专业工程认证基本架构如图1所示。

3.1　以行业对非织造高素质人才的持续需求为导向，制订主动适应行业发展需求的人才培养方案

从全球来看，非织造材料的生产、贸易和创新都保持非常旺盛的局面。但是我国非织造行业在体制机制、加工水平、纤维原料、应用领域拓展等方面与国外仍存

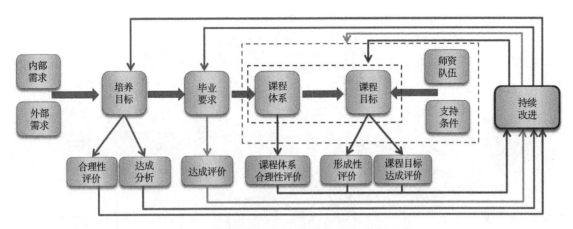

图1　非织造材料与工程专业工程认证基本架构

在较大差距。应用型高素质专业人才的短缺已成为许多企业发展的瓶颈。本专业围绕《中国制造 2025》《2020 建设纺织强国纲要》《江苏省"十三五"纺织产业发展规划》等国家战略，立足南通、服务长三角、面向全国，培养主动适应区域经济社会发展需求，创新 100 多

年传承积淀的张謇"忠实不欺，力求精进""学必期于用，用必适于地"理念，发挥学科优势，制定主动适应行业发展需求的人才培养方案(图2)，促进具有新工科特色和工匠精神的应用型工程技术人才的培养[9]。

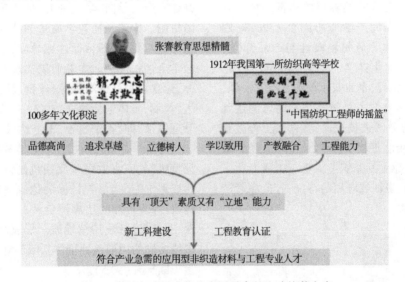

图2　制订主动适应行业发展需求的人才培养方案

3.2　构建跨领域全覆盖的"多链协同"专业教学体系

本专业秉承张謇"父教育，母实业"的思想，通过将产业元素有机融入专业实践教学，统筹兼顾课程要素和生产要素，根据生产、服务的真实技术和流程构建知识教育体系、技术技能训练体系和实验实训实习环境、平台和基地，创造了"做中学"的产教融合实践教学条件和实习实训平台，构建了非织造专业跨领域全覆盖"多链协同"的创新教学体系。针对现代非织造产业特点，通过实质性的产学研合作，建立了纤维材料为主线的"技术链"课程模块和强化工程能力的"产业链"实践体系(图3)。将产业案例及新材料创新成果融入实践教学

环节，提升了学生解决实践复杂工程问题的专业能力和综合素质，形成了学科融合、多维度、产教深度融合"创新链"的非织造专业实践教学体系。邀请企业或行业专家参与实践教学的全过程，共建了校内外产教融合教学管理体系。进一步完善科学合理的实践类课程，把"第二课堂"实践活动纳入人才培养方案，面向全体学生，开展课外创新和实践活动。

3.3　打造互惠式产学研协同创新育人平台

产学研协同创新是我国国家科技创新战略的一个重要举措，也是产学研发展的最新阶段。协同创新的目标是汇聚高校、企业、研究机构的创新资源，形成强大的创新合力，进而加速推进科技成果的产业化和进一步人

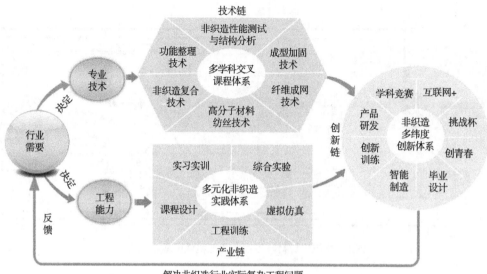

图 3　"多链协同"专业教学体系

才培养质量[10]。根据本专业行业急需特色和学生职业发展能力需求,围绕 OBE 教育理念,企业行业专家与专业教师逆向设计构建了与人才培养定位相符的科学合理产教融合课程体系,强调产学研协同育人机制(图4)。开设"非织造学""非织造材料设计与产品开发""非织造布性能与测试""生产实习"和"毕业设计(论文)"等 10 门校企联合课程,企业兼职教师承担专业课、实习实训等环节的教学时数占总教学学时的比例达到30.5%。邀请校外指导教师进校授课,将创新工程教育理念、行业发展状况、企业工程实际和国际先进经验融入理论教学中,使学生感受到非织造材料与工程专业多学科交叉、多行业融合、多领域应用的特征,打造深度产教融合应用型一流课程。

才培养和教育教学的主要环节,唤起每个主体的质量意识、质量责任,形成自省、自律、自查和自纠的质量自觉,并建立产出导向、学生中心、持续改进的质量运行与保障机制。构建课程教学质量的持续改进机制需要把握三个基本要素,即目标达成导向、闭环运行和贯穿课程教学全过程[11-12]。本专业以实现专业内涵式发展为目标,建立切实可行的跟踪、评价、反馈和改进的"持续改进"机制,具体包括建立"4-3-3"模式的全面教学质量管理体系,即"4 个机制、3 个达成评价、3 方面改进"。"4 个机制"是指教学过程质量监控机制、毕业要求达成评价机制、毕业生跟踪反馈机制、社会评价机制;"3 个达成评价"是指培养目标的达成评价、毕业要求的达成评价、课程目标的达成评价;"3 方面改进"是指向好的改、有依据地改、持续地改。形成"评价—反馈—改进"多维协同的周期性评价体系闭环管理模式,推进教学质量不断提升(图 5)。

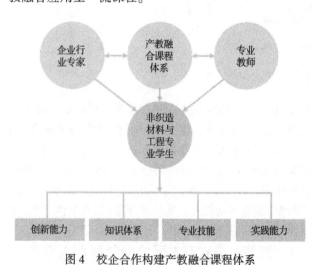

图 4　校企合作构建产教融合课程体系

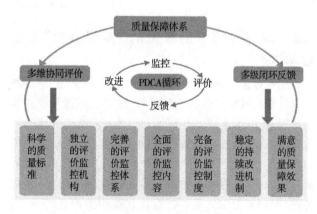

图 5　多维协同的周期性评价体系

3.4　建立"跟踪—评价—反馈—改进"多维协同的"持续改进"机制

工程专业认证 OBE 理念要求将质量标准落实到人

4　以工程教育理念为引领的非织造材料与工程专业人才培养模式改革的实施成效

经过近10年的改革探索与实践,通过教育理念、方法、体系及评价的研究与实践,特别是借助于工程教育体系的先进性、适用性,并结合行业的实际情况与特殊需要,构建了以工程教育认证理念为引领的非织造材料与工程专业人才培养模式,在专业人才培养方面取得了显著的成果。

南通大学非织造材料与工程专业于2019年入选国家首批一流本科专业建设点,依托江苏省非织造材料与工程实践教育中心、江苏省现代家纺产业学院等平台,推动线上、线下、虚拟仿真、社会实践等教学模式改革。拥有人才培养基地国家级2个、省部级7个;主持教育部新工科研究与实践项目等国家级教学改革项目4项、省部级4项,省部级教学成果特等及一等奖5项;建设教学资源国家级1项、省部级6项;形成省级一流课程3门,国家级优秀教材1项,省级教材2项。近三年就业率达100%,升学率逐年递增(2019届26.47%;2020届28.07%;2021届38.89%),位于同类高校、专业前列。

本专业第一个完成非织造材料与工程专业工程认证现场考查。同时,联合合作企业围绕国家重点重大工程需要、行业“卡脖子”问题,积极融合产教资源优势,大力推进纺织产业的智能制造和绿色制造,补足产业短板,推动产业业态升级,取得重大突破。获国家首批重点研发计划项目、教育部高等学校优秀成果奖科技进步二等奖、中国产学研创新成果一等奖、中国纺织工业联合会科技进步奖一等奖等标志性成果。

本专业依托江苏丽洋新材料、浙江金三发集团有限公司等校外实践教学基地的平台功能,让企业深入参与人才培养的全过程,在专业教学中充分融入非织造产业元素,实现产教融合。由校外实践指导教师引导学生深入生产实际,完成非织造加工方法、加工设备、加工工艺、非织造产品设计与开发、测试与分析等实践教学活动,使学生不仅了解企业的实际生产、研发工作、技术改造等情况,并得到企业文化的熏陶,使实践平台成为学生实践能力、创新精神和创新创业能力培养的有效载体。学生获国家及省部级大学生创新创业训练项目23项(含校企合作项目7项);获全国及江苏省“挑战杯”课外科技作品大赛、“创青春”江苏省大学生创业大赛、“互联网+”江苏省大学生创新创业大赛、全国大学生非织造材料类大赛等国家及省部级大赛奖项23项。

5　结论

南通大学非织造材料与工程专业以工程教育认证为契机,积极探索新工科专业人才培养体系,推动现有专业的升级改造,实现专业内涵建设,培养具有创新能力的工程技术人才,满足地方经济和社会发展需求,助力“中国制造2025”,同时也为相关专业改革发展提供有益的实践经验。

致谢

本文为2021年“纺织之光”中国纺织工业联合会高等教育教学改革项目《基于工程教育新理念非织造材料与工程专业人才培养机制探索与构建》的阶段性成果之一。

参考文献

[1] 张瑜,张伟,李素英,等.“新工科”非织造材料与工程专业课程思政体系的构建[J].纺织服装教育,2021(3):226-229.

[2] 任煜,李素英,张瑜.以行业需求为导向的非织造材料与工程专业人才培养模式探索:以南通大学为例[J].纺织服装教育,2013,28(3):189-192.

[3] 李志义.解析工程教育专业认证的成果导向理念[J].中国高等教育,2014(17):7-10.

[4] 杨坤,赵同彬,谭涛,等.基于工程教育认证理念的工程力学专业创新型人才培养体系构建[J].高教学刊,2019(19):38-40.

[5] 张锦朱,小梅.基于国际工程教育视域的新工科人才培养模式研究[J].高教学刊,2019(6):143-145.

[6] 王孙禺,赵自强,雷环.中国工程教育认证制度的构建与完善:国际实质等效的认证制度建设十年回望[J].高等工程教育研究,2014(5):23-34.

[7] 周振雄,麻丹丹,辛平.工程教育视角下地方高校人才实践能力自我成长培养模式创新[J].实验技术与管理,2021,38(2):11-15.

[8] 程新,李昆太,黄林.工程教育认证视角下地方高校创新创业教育体系建设[J].大学教育,2020(7):160-162.

[9] 张瑜,李素英,张伟,等.传承张睿教育理念协同创新培养非织造本科人才[J].纺织服装教育,2017(2):103-105,142.

[10] 嵇留洋,刘良灿,张渊.互惠性偏好下产学研协同创新演化博弈分析[J].科技管理研究,2018(18):74-78.

[11] 施晓秋.遵循专业认证OBE理念的课程教学设计与实施[J].高等工程教育研究,2018(5):154-160.

[12] 韩晓燕,张彦通,王伟.高等工程教育专业认证研究综述[J].高等工程教育研究,2006(6):6-10.

Elements exploration and integration of the labor education into the course via Chinese textile history

SUN Xiaoxia*, ZENG Yongchun, YU Chongwen, WANG Xinhou, JIANG Hui, WANG Jun, LAO Jihong

College of Textiles, Donghua University, Shanghai, China

Email address

xxsun@ dhu. edu. cn (SUN Xiaoxia), yongchun@ dhu. edu. cn (ZENG Yongchun), xhwang@ dhu. edu. cn (WANG Xinhou), yucw@ dhu. edu. cn (YU Chongwen), jhui@ dhu. edu. cn (JIANG Hui), junwang@ dhu. edu. cn (WANG Jun), ljh@ dhu. edu. cn (LAO Jihong)

Abstract: From the perspective of Chinese textile history, this paper aims to explore the suitable labor education elements for the textile courses, on the basis of which, the integration of labor educaiton into textile course is designed and established. For example, the labor education process of ancient Chinese hand spinning machine and ancient Chinese loom are integrated into the courses of spinning technology and weaving technology respectively. By integrating the labor education into the course, the students can improve their understanding of textile process intuitively, enhance the interest of learning the textile courses, and deepen the understanding of the professional textile knowledge.

Keywords: labor education; Chinese textile history; textile course

中国纺织历史视域下劳动教育元素发掘与课程融入

孙晓霞*,曾泳春,郁崇文,王新厚,江慧,汪军,劳继红

纺织学院,东华大学,上海,中国

邮 箱

xxsun@ dhu. edu. cn(孙晓霞),yongchun@ dhu. edu. cn (曾泳春),yucw@ dhu. edu. cn(郁崇文),xhwang@ dhu. edu. cn(王新厚), jhui@ dhu. edu. cn (江慧),junwang@ dhu. edu. cn (汪军),ljh@ dhu. edu. cn (劳继红)

摘 要:本文从中国纺织历史的角度出发,对适合纺织专业教学体系的劳动元素进行充分发掘。在此基础上,对纺织专业课程内容进行改革与设计,建立劳动教育融入的纺织专业课程教学体系。以"纺纱学"及"机织学"课程为例,将中国古代手摇纺纱机和中国古代织机的劳动教育过程融入课程。具有中国纺织历史特色的劳动教育融入纺纱学的教学体系中,可以提高学生对纺织各工序的直观认识,增强纺织专业课程的趣味性,还可以加深对专业知识的理解。

关键词:劳动教育;中国纺织历史;纺织课程

1 引言

2018 年的全国教育大会上,习近平总书记明确提出,"要在学生中弘扬劳动精神,教育引导学生崇尚劳动、尊重劳动,懂得劳动最光荣、劳动最崇高、劳动最伟大、劳动最美丽的道理,长大后能够辛勤劳动、诚实劳动、创造性劳动。"这一重要论述强调了劳动教育的重要意义[1]。2020 年 7 月,教育部印发《大中小学劳动教育指导纲要(试行)》,文件中明确指出,"高校学生应在完成系统的文化课学习的同时,积极参与到劳动中去。"这也为高校开展大学生劳动教育提供了可遵循的指导意见[2]。

高校劳动教育课程体系的构建及创新机制研究近年来获得了越来越多的关注。众多学者分别从高校劳动教育核心内涵的理解、高校劳动教育课程的建设、劳动教育与高校专业课的融入、高校劳动教育机制的构建等方面进行了详细的阐述,并取得了丰富的成果[3-5]。然而,目前高校劳动教育的开展仍存在一些问题,导致其对新形势新要求仍存在一定的差距。首先,由于对劳

动教育内涵的认识存在一些差异,高校劳动教育存在理论教育多于劳动教育的情况;其次,由于缺少实体建设主线,高校劳动教育课程在实施过程存在劳动主体缺失、课程零散、劳动过程虚化、教学形式单一等问题;最后,高校劳动教育与专业课程脱节现象严重,未能进行有机融合。

本文从中国传统文化的角度出发,提出以高校的办学特色为导向,根据纺织高校自身特点发掘中国历史中优秀的劳动教育元素;将劳动教育课程内容有机融入专业课程,通过劳动教育与专业课的融合,提升高校专业课的教学效果;在此基础上,将劳动理念通过课程思政等形式融入课堂,使学生通过劳动教育课程及劳动教育融入专业课程的学习,强化理解劳动理念。通过中国传统文化中的优秀劳动教育元素的融入,提升专业课程的趣味性,丰富教学手段,提高学生劳动的积极性。本项目的实施将为高校劳动教育融入专业课程的特色化建设提供新思路。

2 基于中国纺织历史的劳动元素发掘

中华民族在几千年的历史长河中创造了无数璀璨的劳动果实,在劳动教育中养成的优秀传统美德也被传承至今。作为一个在历史上以农耕文明为特征的民族,几千年以来,中国劳动人民在各行各业兢兢业业,努力耕耘,在为社会创造了巨大财富的同时,也不断推动了社会和科技的进步。更为重要的是,在夜以继日的辛苦劳动下,中华民族形成了吃苦耐劳的优秀传统美德,并将其刻入了中华民族的基因中,代代相传[6-8]。当今,各行各业在中国几千年的历史长河中都有迹可循,特别经过各个时代的洗涤,却仍然被保留下来的宝贵劳动成果,更是现代各行各业的发展基石。英国著名物理学家贝尔纳曾评价"中国许多世纪以来,一直是人类文明和科学的巨大中心之一"。

中国纺织历史可以追溯到旧石器时代。纺织业是古代中国的支柱产业之一。大量的中国古代劳动人民通过从事纺织行业的劳动维生,除了为社会贡献了巨大的经济价值,在一代代劳动人民的辛苦劳作下,纺织技术也在不断地被推动和发展,很多技术经历了历史的过滤和沉淀流传下来,为我们留下了许多珍贵的纺织方面的劳动成果。

现代纺织工程专业涉及纺织原料、纺纱、织造、后整理等若干环节。由此延伸出的纺织工专业平台课包括"纺织材料学""纺纱学""机织学"及"纺织品染整学"等。上述课程构建了当前纺织工程专业的课程体系,其知识体系也是本专业学生必修的内容。对于上述平台课程进行简单梳理不难发现,纺织工程专业设计的纺织专业的知识体系与古代纺织技术一脉相承,当今课程中提及的理论、技术及方法,很多都出现在古代纺织历史中。

因此,梳理中国纺织历史中的劳动教育精髓,对于当代高校中的纺织类专业课程的传承具有重要意义。此外,通过古今纺织技术的关联,将当今的纺织专业的某些重要知识内容,通过古代纺织劳动更加直观地向学生展示,可以提升学生对纺织专业课程知识内容的理解,有利于学生对知识的掌握,同时还可以促进大学生的劳动教育。

2.1 古代纺织原料的劳动元素发掘

纺织原料的选择和处理是纺织工序的第一个重要环节。蚕丝和麻是我国传统的两大类纺织原料,具有悠久的历史。我国更是世界上最早养蚕制丝的国家。在对于纺织原料的处理上,我国古代劳动人民充满了智慧。以缫丝为例,在远古时代,我们的祖先就发现野蚕茧经过雨水浸泡后就可以抽出丝缕来。通过不断地尝试和发展,缫车被发明出来,缫丝技术有了巨大的突破,生产力也随之有了巨大的提升,到了汉代,每年可以生产万匹以上的丝织品。

除了蚕丝,麻和棉花的处理技术在中国历史上也是非常成熟的。通过与现代纺织工程专业的专业课程"纺织材料学""纺纱学"等课程内容结合,可以发掘适当的劳动元素。

2.2 古代纺纱技术中的劳动元素发掘

作为人类进化的一个重要链条,纺织技术与人类的起源和发展有着密不可分的联系。通过考古发现可知,中国古代纺纱技术可以追溯到新石器时代。陕西半坡遗址发现的281枚骨针,被认为是古人掌握了植物纤维绳索编制技术的象征。"纺专"是中国古代纺纱设备的雏形,在距今7000多年的河北磁山遗址中被发现。在此基础上,手摇纺纱机、脚踏纺纱机、大纺车等相继出现。随着纺纱设备的不断完善,纺织工序也慢慢稳定下来。现代纺纱中的纺纱原理,与古代纺纱的纺纱原理有着紧密的联系,同时,古代纺纱设备与现代纺纱设备相比,虽然生产力低下,但是机构简单,各个工序容易理解。因此,根据课程内容,选择合适的古代纺纱劳动元素,让学生在"纺纱学"专业课程学习前进行接触,有利于学生更好地掌握"纺纱学"的相关知识。

2.3 古代织造技术中的劳动元素发掘

同纺纱技术一样,织造技术也同样起源于中国。中国的织机历史悠久,种类繁多。中国早期的织机一般称为原始腰机,其最早的可考年代与"纺专"类似,也是距今7000多年。原始腰机的出现奠定了织机的基础,随着历史变迁,织机也在不断地改良,先后出现了踏板织机、提花织机等。汉代时期的提花技术,技艺复杂,将中国古代织造技术推向了一个高峰。现代织机中的"五大运动",与中国古代织机的工艺并无不同,其原理具有高度的一致性。因此,我们可以挑选合适的古代织机,如踏板织机,作为劳动元素,将其融入"机织学"的课程教学中去,与"纺纱学"一样,让学生增强感性认识。

2.4　中国古代印染技术的劳动元素发掘

我国是最早使用天然染料染色的国家。新石器时代,我们的祖先就学会了使用染料,他们在应用矿物染料的同时,也使用天然植物染料。随着人们的不断尝试和修正,天然植物染料染色技术被古代人民掌握。早在周朝就有了专门部门,负责植物染料的收集和管理,这也说明植物染料染色在当时已经形成了相当的规模。我国古代劳动人民在不断的染色劳动过程中开发出各种各样的颜色。东汉《说文解字》中记载了 39 种色彩名称,到了清代的《雪宦绣谱》中更是记载了 704 种色彩名称。

我国古代印染技术与现代纺织工程专业中的纺织品后整理部分密切相关,因此,可以通过梳理专业课程的知识体系,发掘相应的古代劳动元素。

3　纺织劳动教育融入的专业课程构建

纺织工程专业具有鲜明的工科特色,学生在学习理论知识的同时,还需训练工科思维和动手能力,因此,纺织工程专业课程内容往往以课堂教学与生产实践相结合的方式进行授课[9]。然而,由于纺织专业课程中的工艺流程长,设备种类多,每种设备蕴含的理论又各有差异,因此学生在学习过程中,往往会遇到一些问题,例如,无法充分理解纺织技术原理,对纺织设备的操作短时间内难以上手等。

3.1　完善课程体系

通过对中国纺织历史的梳理,我们不难发现,中国古代纺织技术与现代纺织技术一脉相承,但其设备构造、工序、流程等则更为简单。此外,作为支柱产业之一的纺织业,一直是我国古代人民赖以维生的劳动之一。因此,梳理纺织专业课程发展历程,凝练发展主线,明确专业课程内容与中国纺织历史中劳动技术发展有关联的部分。在此基础上,充分利用已建设的劳动教育课程资源,选取合适的内容,将劳动教育有机融入专业课程,对专业课程体系进行改革与设计,建立劳动教育—课堂教学—实验实践三位一体的新型专业课程教学体系。

3.2　优化教学大纲体系及课程内容

以"纺纱学"或"机织学"为例,在其课程教学中,将

中国纺纱织造发展历史在绪论部分进行充实,使学生对纺纱及织造有更为直观的认识。在此基础上,可以让学生分小组对手摇纺纱机或者古代织机进行实际劳动操作,在操作过程中,提示学生注意观察纱线或织物形成的过程,并对在纺纱或织造过程出现的问题进行记录与思考。在纺纱或织造劳动结束后,各小组需对手摇纺纱机或古代织机的劳动过程形成报告,并在课堂上进行交流和汇报。授课教师在学生报告中可以针对学生提出的重要问题,与"纺纱学"或"机织学"的课程教学内容相结合,对学生有疑惑的问题在课堂授课时进行重点讲解,以加深学生对专业课程的领悟与理解,进而改善"纺纱学"或"机织学"课程中部分专业知识晦涩难懂的问题。

3.3　"互联网+"劳动教育专业课程模式探索

依托信息化平台建设教育信息化平台,对大学生劳动教育融入专业课程进行系统评价,探索完善"互联网+劳动教育融入专业课程"模式,使劳动教育实践更具有实效性、系统性和延续性。利用线上课程,在专业课程的基础上,结合中国传统文化的优秀劳动思想、对劳动教育进行普及,与实践类的线下劳动教育融入专业课程相互补充,有效融合。鼓励学生充分利用第二课堂,结合自身专业扩展劳动教育课程的范围与内容,如组建基于中国传统文化的劳动教育社团、开发微信公众号、相关 APP 平台等,充分利用时间、空间及互联网的便利,探索线上线下融合、基于"互联网+"的新型高校劳动教育融入专业课程模式。

4　劳动价值观融入的专业课程思政建设

在中国传统文化的传承中,除了劳动技艺,劳动思想也是一个非常重要的部分。而高校专业课程思政建设中,也有让大学生正确看待劳动、珍惜劳动果实、建立正确的劳动价值观的部分。这些劳动价值观与专业课程思政的目标是高度重合的[10]。因此,将劳动教育中的劳动价值观融入专业课程思政有助于提升大学生对劳动认识、树立正确的劳动观念,也可以为专业课程思政体系的构建提供新的思路。通过对中国传统文化中的思想渊源进行归纳,根据已构建的专业课程思政内容,选择匹配的思政元素,在学生进行线上、线下劳动教育融入专业课程学习的过程中,将思政元素有机融入其中,利用课程思政进一步加强学生的劳动教育观念,最终使学生建立更为深刻的劳动价值观念。

5 结论

通过"劳动教育—专业课程—生产时间"的渐进式劳动教育融入专业课程体系的建立,不仅可以使学生树立正确的劳动价值观,还可以打通劳动教育与专业课程之间的壁垒,使二者有机融合,进一步加强劳动教育对高校专业课程的影响力,推动学生对专业知识的深刻理解。

致谢

本文为东华大学劳动教育精品课程建设项目、教育部虚拟教研室建设项目及东华大学虚拟教研室建设项目的阶段性成果之一。

参考文献

[1] 中华人民共和国教育部. 坚持中国特色社会主义教育发展道路 培养德智体美劳全面发展的社会主义建设者和接班人 [OL]. http://www. moe. gov. cn/jyb_xwfb/s6052/moe_838/201809/t20180910_348145. html.

[2] 中华人民共和国国务院. 中共中央国务院关于全面加强新时代大中小学劳动教育的意见 [EB/OL]. [2020－03－22]. http://www. gov. cn/gongbao/content/2020/content_5501022. htm.

[3] 于玺,刁衍斌. 新时代大学生劳动教育优化路径[J]. 中国高等教育,2022(2):50-52.

[4] 兰海,涛王琼. 新时代大学生劳动教育的创新路径研究[J]. 中国高等教育,2021(Z2):72-74.

[5] 杨劲松,王丹,陈其晖,等. 新时代加强高校劳动教育实践路径研究[J]. 中国高等教育,2021(9):7-9.

[6] 尹冬梅. 用劳动教育新要求指引高校实践育人[J]. 中国高等教育,2021(5):27-29.

[7] 吴泽强. 新时代高校劳动教育的实践思考与探索[J]. 中国高等教育,2020(Z3):15-17.

[8] 倪志宇,白金,李卫森. 高校劳动教育课程的体系建构[J]. 中国高等教育,2022(1):36-38.

[9] 郁崇文,劳继红,江慧,等. 纺织工程专业平台课程"纺纱学"的教学改革[J]. 纺织服装教育,2017,32(5):399-400.

[10] 孙晓霞,刘雯玮,王新厚. 纺织工程专业平台课"纺纱学"课程思政建设的路径研究[J]. 纺织服装教育,2021,35(2):122-125.

Ideological and political education in "Fashion and apparel design" professional basic course

SUN Ye* , ZHANG Yuanjun

Textile and Garment College , Nantong University , Nantong , China

Email address

sun. y@ ntu. edu. cn(SUN Ye) ,383749674@ qq. com(ZHANG Yuanjun)

Abstract：This article analyses the training objectives of the basic courses of fashion and apparel design. It expounds the importance of ideological and political education in "fashion and apparel design" professional basic course. The content of ideological and political education of professional basic courses is expounded from the aspects of designers' aesthetic values, social responsibility, cultural confidence. It further puts forward the methods of teaching ideology and politics in basic courses. The ideological and political education in the basic course of fashion and apparel design requires overall design and implementation. While consolidating the professional foundation, it is integrated with the course objectives as well as combined with the characteristics of the course, so that the content of ideology and politics and the content of the course form the whole teaching content. While experiencing various forms of teaching, it can achieve the effect of influencing unconsciously.

Keywords：fashion and apparel design；professional basic course；ideological and political education

服装与服饰设计专业基础课与课程思政

孙晔* ,张圆君

纺织服装学院,南通大学,南通,中国

邮 箱

sun. y@ ntu. edu. cn(孙晔) ,383749674@ qq. com(张圆君)

摘 要：文章通过对服装与服饰设计专业基础课程培养目标的分析,阐述了专业基础课程思政的重要性；从设计师的审美价值观、社会责任、文化自信等方面阐述了专业基础课程思政的内容；并进一步提出基础课程思政实施的方法。服装与服饰设计专业基础课的课程思政需要整体的设计与实施,在夯实专业基础的同时,与课程目标相融合,结合课程特色,让思政内容与课程内容形成教学内容的一个整体,在各种教学形式体验中达到"润物细无声"的效果。

关键词：服装与服饰设计专业；专业基础课；课程思政

1 引言

服装与服饰设计专业的专业基础课包括绘画类基础课程,如"素描""色彩""人物速写"；以及设计类基础课程,如"构成""服饰图案""服饰色彩""时装画""计算机绘画"等；文化基础课程,如"中外服装史"等课程。这些课程组成了服装与服饰设计专业的专业基础课程群,侧重于技能、方法的传授、设计表达能力的训练,以及文化素养的提升,其中更多地突出了技术层面

的基础,是直接为以后的专业设计服务的,长期的教学实践形成了一套固定的教学方法与实践体系。

课程思政是党中央在新时代背景下对高校思想政治工作的新要求。习近平指出:"要用好课堂教学这个主渠道,思想政治理论课要坚持在改进中加强,提升思想政治教育亲和力和针对性,满足学生成长发展需求和期待,其他各门课都要守好一段渠、种好责任田,使各类课程与思想政治理论课同向同行,形成协同效应。"

如何在服装与服饰设计专业基础课教学内容中体现思政教育,如何打破思政教育与服装与服饰设计专业

基础课教学相互隔离的"孤岛效应"是本文要深入探讨的问题。

2 服装与服饰设计专业基础课程的目标任务

服装与服饰设计专业基础课程的任务在于为专业的学习打好基础,包括技术技能的掌握与文化素养的提升,目的在于培养学生服装艺术设计的表达能力、鉴赏能力,以及较好的专业素养。

2.1 专业技术技能的训练

专业基础课中大部分内容是有关专业技术层面的,如绘画基础的技法、图案的表现技法、服装画的表现技法,以及电脑绘画都是偏技能技法的训练,这些技术技能的掌握是后期专业学习的基础,是设计表达能力的重要方面。

2.2 设计思维与设计方法的基础训练

设计思维与设计方法的基础训练包括了绘画的写实思维、构成的抽象思维、图案设计的装饰思维等,不同的思维方式,不同的形式表现,形成不同的设计风格,对学生进行不同思维方式表达的训练,是后期服装专业设计中创新设计思维的基础。

2.3 审美力、鉴赏力的引导

服装的设计本质上是关于"美"的设计,如果不知道什么是美,又如何做出美的设计?在专业基础课程的学习中,引导学生的审美是很重要的,如服饰图案、服饰色彩、服装史的教学中,对学生审美力与鉴赏力的培养,这是后期专业设计中内在文化基因呈现的基础。

2.4 主动、持续的学习能力的培养

在基础课阶段,让学生了解所学专业,以及以后作为设计人的使命与责任,激发学生学习专业的热情,培养学生良好的学习习惯与自主学习能力,这是服装设计专业基础课程的重要任务,也是今后在专业上不断提升的基础。

3 服装与服饰设计专业基础课程中思政教育的必要性

根据以上对服装与服饰设计专业基础课程目标的分析,可以了解基础课程的内容本身就包含了思政的元素,因为其作用的隐性特征而显得不够突出。事实上,不断挖掘、丰富思政内容对专业的学习以及职业的发展都具有重要意义。

3.1 从短期效果来看,课程思政可以帮助提升基础课程的学习效果,为专业课的学习打好基础

服装与服饰设计专业基础课程思政以隐性的特质为后续学习提供内在的动力与正向的引导。专业基础课程不仅包括设计技术、理论的基础,也包含设计观、价值观、审美判断等的认识基础。专业基础课是专业课的基础,也是课程思政的载体,将思想政治教育的内容融入课程教学的各个环节,让学生明确学期的目的、激发学习热情,养成良好的学习习惯,使学生在意识形态上形成正确的价值观,具备审美判断能力,从主观上把被动的学习转为主动的学习,保持学习的初心,从而提升课程学习的效果。为后期专业课的开展在文化素养、技术技能,及设计创新思维等方面打好基础。

3.2 从长远的角度讲,课程思政将赋予学生长久的精神力量——在职业生涯中走得更远的内在力量和面对挫折的支撑力

多年来,服装与服饰专业保持着良好的就业态势,这与各高校对就业率的重视是分不开的。就业率是衡量一个专业好坏的重要指标之一,以就业为导向的课程设置与课程内容,也更加注重技术技能的传授与训练。我们也发现,相当部分同学毕业后就改行了;进入纺织、服装岗位的同学跳槽的现象也比较普遍;学生在工作中也暴露出一些问题,比如怕吃苦,缺乏工匠精神、责任心、恒心、感恩心等。近两年来的就业形势开始严峻,面对残酷的竞争现实,不仅要有较好专业能力,还要有精神层面的力量。服装与服饰设计专业基础课的学习阶段,是学生从中学到大学进入专业学习的过渡阶段,这个阶段增强学生对专业学习的信心,树立学生正确的人生观、设计观、价值观,培养学生的社会责任感、进取心等具有重要意义,这是推动学生在今后的职业生涯中走得更远的内在力量和处理挫折的支撑力。

4 服装与服饰设计专业基础课程思政的内容

4.1 明确专业学习的目的与自身的发展方向

很多学生在刚进大学时,对所学的服装与服饰设计专业了解甚少,甚至会把这个专业的前途与过去的裁缝划等号,简单地把设计理解成画服装效果图,导致了进校就想转专业的状况,所以专业教育是专业基础课思政的重要内容。专业基础课的学习阶段不仅要打好专业基础,更重要的是要稳定专业思想,让学生了解我们灿烂的服饰文化,服装行业发展现状、就业方向,以及作为

专业设计人的社会使命与责任,培养工匠精神,在专业基础课的学习过程中逐步确立个人专业发展的目标——想做什么、能做什么、怎么做。

4.2 培养健康的审美价值观以及正确的设计观

技术是有用的,有用的技术要"无用"的思想观念做支撑。客观地讲,技术无好坏善恶,指导思想不同,观念不同,技术发挥的作用就不同。正念支撑下的技术发挥的作用就能引发"真善美"的情感体验,好的设计具有引导审美的作用。服装与服饰设计专业是与时尚紧密相关的专业,但是我们的设计不能只是追求短暂的时尚,我们更需要的是经历时尚,而后能在时间的过滤中创造的经典。时尚流行的快速更替,表现在学习方面就是不断追求更新更多的工具材料,教学中学生纸笔颜料等工具材料的浪费现象比比皆是;而审美上的创新追求,更多表现为形式上的新、奇、怪,而缺乏深层的文化内涵。从专业基础课开始,就要把"惜物养德""大道至简"的观念融入课程的教学中,使之成为植入内心的价值认同,培养学生健康的审美价值观,以及正确的设计观;要让学生知道什么是设计、为什么要设计、为谁设计,以及什么是美的设计。20世纪50年代工艺美术设计的原则——"经济、适用、审美",现在仍然适用,还要加上健康的原则,这是新时代赋予设计的理念,也是可持续发展的设计观的内容,从专业基础课就要开始融入这些思政内容,而不是等到专业课才去涉及。

4.3 培养作为设计人员的社会责任感

设计是为人服务的,好的设计不仅方便生活,而且陶冶情操,引导审美。课程中要培养学生作为设计师的社会责任感,这是作为设计师必须具备的良好的设计思想构架的基础。很难想象一个不爱人的人,如何为人做出好的设计。一个好的设计师一定是具有社会责任感的:一是历史传统文化的传播责任;二是社会审美导向的责任。服装是与人们生活息息相关的,对人们的精神能够起到潜移默化的作用。在设计中传播传统文化,用健康美好的设计美化人们的生活,为树立正确的社会审美导向而努力,是设计师的社会责任,这种责任感要从基础课开始,在学习设计过程中逐渐培养起来。

4.4 加强对传统文化的理解,建立文化自信

"文化自信是一个民族、一个国家以及一个政党对自身文化价值的充分肯定和积极践行,并对其文化的生命力持有的坚定信心。"建立学生的文化自信,往大里说关系到文化强国与民族复兴,往小里说关系到个人专业的发展。中国古代的哲学思想、美学思想、传统的设计文化、服饰文化、艺术形式等是服装设计中文化自信的基础。让学生在灿烂历史文化的熏陶中,加强对传统

文化的理解,产生强烈的民族自豪感与自信心,在今后的设计中为发扬光大中华文化打好基础。所以在专业基础课程中不仅要有与时俱进的内容,还要有传统传承的内容,好的设计一定不是无根之木,没有根的时尚,终究只能昙花一现。

5 服装与服饰设计专业基础课程思政的实施

服装与服饰设计专业基础课的课程思政内容丰富,需要整体的设计与实施。课程思政实施中,教师是主体,学生为中心,思政内容要与课程目标相融合,通过不同形式的教学实践,让思政的内容与课程的内容形成教学内容的一个整体,达到潜移默化的作用。

5.1 谨慎选择教材,防止错误思潮渗透

课程思政的实施,首先要把好教材关。教材是课程思政的最直接的载体。教材内容直接呈现的是专业知识,但其背后折射的是政治理念与价值观念,具有价值导向的功能,所以教材的选择要谨慎。服装与服饰设计专业基础课的教材所涉及的不是某一本教材,而是一系列的教材,有时一个课程就有多本参考教材,在选择的时候就要严格审核,防止错误思潮的渗入。

5.2 整体设计课程内容,顺势而为地融入思政内容

课程内容设置上要突出体现政治认同、国家意识、文化自信等核心内容,突出立德树人的根本任务,培养学生的社会责任感与使命感。这些内容的融入要因势利导,顺势而为,不能生搬硬凑,否则效果将是适得其反。比如,技术方面的基础课程,要培养学生精益求精的工匠精神,工匠精神是专业素养的重要方面;再比如,"大道至简""藏礼于器""天时地利材美工巧"等中国古代哲学思想与设计方法可以与"构成基础""服饰色彩""服饰图案"课程的内容相结合,服装史的课程内容可以通过中外服装的对比,来加强学生对中国古代服装背后的文化内涵的理解,从而增强对民族文化的自信。

5.3 丰富教学手段,挖掘思政元素

单纯的说教显然是没有说服力的。课堂是课程思政的主要阵地,利用线上课堂与线下课堂,实施理论教学与实践教学,依据课程的特色,以学生为中心,开展多种形式的教学活动。让优秀的企业设计人员走进课堂,分享设计的经验、传播设计文化,宣扬爱岗敬业的精神与民族文化;让学生走进企业、设计工作室等服装相关单位或部门,观摩或参与到实际工作中,实践课程思政的内容,提升专业素养;以创业创新竞赛促进教学,培养

学生团队合作的精神,增强学生的集体荣誉感。通过多种教学方式,让思政内容在各种教学形式体验中起到"润物细无声"的效果,达到立德树人的目的。

5.4 设计与时俱进的课程思政内容

服装与服饰设计专业作为一个与时尚紧密结合的专业,课程思政的内容也要体现出它的时代性。比如,2022年春晚中的舞蹈节目《只此青绿》就是对传统文化的传承与表达的典范,它的整体色彩的设计就是"服饰色彩"课程很好的思政内容,是传统美学的现代诠释。现代服装设计中的"东方元素""中国风"的潮流也是日渐显现,中国风的服装受到越来越多人的青睐,这不仅是时尚现象,更是文化现象,这些具有时代性的内容更能引起学生的兴趣与共鸣,更具说服力。

5.5 培养和提升教师课程思政的能力

教师是课程思政的具体实施者,教师的言传身教是对学生最好的教育,建立一支"又红又专"的教师队伍对专业基础课程思政的实施就显得尤为重要。有责任心、有使命感、能力强、水平高的教师队伍不仅是上好专业基础课程的前提,也是课程思政实施的基础。因此,提升专业基础课程教师的人文素质,提高教师的课程思政实施能力,发挥教师在课程思政中的主体作用,是课程思政实施是否成功的关键。

6 结语

为国家培养德才兼备的人才是大学办学长期以来的目标。"德才"中"德"排在前,没有"德"的"才"是祸。课程思政的重点内容在于"德"的培养,"德"的培养不是单纯思政课程的任务,应该融合在所有课程的内容中。将思政教育融入服装与服饰设计专业基础课程是一项复杂的系统工程,需要我们在教学中不断地探索

与实践。服装与服饰设计专业的专业基础课有其自身的特点,与课程目标相融合,结合课程的特色因势利导,顺势而为地设计课程思政的内容,丰富教学的手段,在课程教学过程中,在知识传授的同时激发学生的爱国情怀、帮助学生建立正确的设计观、引导学生为人处世、培养爱岗敬业的职业操守是教师实践专业基础课程思政的方法与目标。

致谢

本文为2021年"纺织之光"中国纺织工业联合会高等教育教学改革项目《"服装与服饰设计专业"学科基础课程的教学改革与实践研究》(2021BKJGLX158)、2021年江苏省高等教育学会"十四五"规划课题《OMO教学模式建设与教学实践改革》(YB153)阶段性成果之一。

参考文献

[1] 李有桂,吴祥,朱成峰,等."课程思政"视域下高校教师人文素养的培育[J].高教学刊,2020 (31):169-171.

[2] 张建武,李伟只,张艺馨,等.研究生"政治经济学"课程思政的内涵、目标、实施路径[J].新疆财经大学学报,2022(2):18-24.

[3] 顾晓英.教师是做好高校课程思政教学改革的关键[J].中国高等教育,2020(6):19-21.

[4] 唐淑娥.服装专业课程思政的探索[J].西部皮革,2020(2):128.

[5] 陈万柏,张耀灿.思想政治教育学原理[M].北京:高等教育出版社,2016.

[6] 熊红丽,李娜.美术史课程思政教学的探索与实践[J].海南开放大学学报,2022(2):44-50.

Cultivation mode of "New Engineering" innovative talents of textile and garment engineering

WANG Xiuchen[1,3,*], LIU Zhe[2,3,*], WU Long[1], XUE Yuan[1], WANG Yue[1], MA Fei[1]

1 *School of Apparel and Art Design, Xi'an Polytechnic University, Xi'an, China*

2 *School of Textile Science and Engineering, Xi'an Polytechnic University, Xi'an, China*

3 *Key Laboratory of Functional Textile Material and Product (Ministry of Education),*
Xi'an Polytechnic University, Xi'an, China

Email address

nbwangxiuchen@163.com (WANG Xiuchen), xyliuzhe@163.com (LIU Zhe), 83618518@qq.com (WU Long), 279180311@qq.com (XUE Yuan), 3318800158@qq.com (WANG Yue), 472845141@qq.com (MA Fei)

Abstract: According to the requirements of the "new engineering" construction and combined with the problems existing in the cultivation of innovative talents of textile and garment engineering, this paper establishes a "scientific research driven" training mode of the engineering innovation talent. The mode is driven by the scientific research and starts from the training program and path. This research provides a new training mode and implementation method for the cultivation of the engineering innovative talents in textile and garment engineering. Through the establishment of scientific research driven tutor teams, "autonomy, exploratory and individuation" training program and "iterative and progressive" training path are carried out. The cultivation of innovative thinking and innovative ability of textile and garment engineering talents has been realized and good results have been achieved.

Keywords: new engineering; scientific research driven; engineering innovative talents; cultivation mode

纺织服装工程"新工科"创新人才培养模式探讨

汪秀琛[1,3,*]，刘哲[2,3,*]，吴龙[1]，薛媛[1]，王悦[1]，马飞[1]

1 服装与艺术设计学院，西安工程大学，西安，中国

2 纺织科学与工程学院，西安工程大学，西安，中国

3 教育部功能性纺织材料及制品重点实验室，西安工程大学，西安，中国

邮 箱

nbwangxiuchen@163.com（汪秀琛），xyliuzhe@163.com（刘哲），83618518@qq.com（吴龙），279180311@qq.com（薛媛），3318800158@qq.com（王悦），472845141@qq.com（马飞）

摘 要：本文根据"新工科"建设的新指导，结合纺织服装工程创新人才培养存在的问题，以科学研究为驱动，从培养方案和培养路径入手，构建了"科研驱动式"工程创新人才培养模式，为纺织服装工程创新人才培养提供了新的培养模式和实施方法。通过建立科研驱动式导师团队，实施"两性一化"培养方案和"迭代递进"培养路径，实现了纺织服装工程人才的创新思维和创新能力的培养，并取得了良好的成效。

关键词：新工科；科研驱动式；工程创新人才；培养模式

1 引言

面对我国科技和工业的不断发展，以及国际竞争力提升的需求，国家接连出台了关于"创新驱动""一带一路""互联网+""中国制造 2025"等的重要发展战略[1-2]，科技创新和产业升级成为当前国家经济发展及行业重塑的首要任务，这就需要大量的创新性工程科技

人才。高校是我国科技创新型人才的重要基地,承担着为各行各业提供创新型人才的重要任务。在过去的20多年,教育部针对我国的工程人才培养需求,部署了系列工程教育的改革[3-4],例如工程教育认证(2006年)、CDIO工程教育改革(2008年)、卓越工程师教育培养计划(2010年)、大学生创新创业等各种全国性竞赛的推出(2013年)、新工科建设的启动(2017年)等。自教育部推进新工科建设,先后又发布了"复旦共识""天大行动"和"北京指南"等建设指导[5-6]。所以,在新工科建设理念的引导下,对工程教育及工程人才培养进行变革探索已是新时期的必然。然而,当前我国各行业中的工程创新人才还是严重缺失[7-9]。作为我国重要的传统支柱行业的纺织服装业,肩负着国民经济与社会发展的重任,也面临着产业升级转型的迫切需求,特别是在当前的形势下,呈现出工程创新人才短缺的境况。因此,我们需要不断探索新形势下的创新人才培养模式和方法,加大新工科建设环境下的纺织服装工程人才培养力度,为我国纺织服装业提供产业升级匹配的工程创新型人才。

2 纺织服装工程创新人才培养现状

随着中国纺织服装业的不断发展以及在全球地位的变化,科技革新成为重塑产业和产业升级的关键要素。无论是在设计、制造方面还是运营方面,都亟待新思维、新技术和新工艺的升级、交叉与融合,对拥有独立研究和创造的人才的需求量急剧增加,特别是跨学科、跨行业的复合型工程技术人才出现了严重的结构性不足,难以适应行业转型升级的要求[10]。然而,当前的纺织服装工程人才培养仍以理论教学为主,注重对专业的基本知识的传授和运用技能的培训,对学生的创新意识和创新思维的培养还很欠缺,特别是对创新能力的提炼方面还存在很多不足[11-12],其中包括以下内容。

2.1 科学有效的纺织服装工程创新人才培养模式还没有完全形成

现行对创新人才教育和培养的政策、制度和措施在不断地出台,各大纺织院校在制定培养计划和培养方案时,也在进行一系列的调整,提出了一些改革方案和措施。然而,当前纺织服装工程人才的培养模式仍没有得到根本性转变,重点还是集中在传统培养计划、培养方案、课程设置等方面进行改革与实施,而在培养过程中,如何运用一种更科学、更有效的方式对工程人才的创新思维、创新理念与创新能力的培养尚未落实到真正的培养环节中。

2.2 纺织服装工程创新人才的现实需求与人才培养还存在不匹配现象

虽然在新工科环境下,对创意教育的重视程度很高,纺织院校也在大力推动纺织服装工程教育认证、卓越工程师等方面的人才培养和认定,但针对目前纺织服装行业工程人才的实际需求,还是有明显的不匹配现象。纺织服装院校在培养行业人才的过程中,缺乏与产业发展进行良好衔接,缺乏对创新型人才培养的有效引导。

2.3 高质量的纺织服装工程创新人才培养的师资还不完善

尽管当前在各纺织服装院校的不断努力下,纺织服装师资在知识的更新和教育水平上都有所提高,但仍有许多工程专业教师并未进行实际的创新科研与实际创新实践,同时有些拥有行业一线实践经历的指导老师并不能参与到培养队伍中。这就造成了纺织服装高校在开展创新工程教育和培养中缺少一批富有前沿科学性和创新应用型的教师。

3 "科研驱动式"纺织服装工程创新人才培养模式构建

纺织服装业作为我国的支柱工业,各纺织服装院校长期担负着人才的培养任务,并形成了一套完整的培养机制。在传统的培养模式下,重点注重学生的理论知识架构和通用技术能力的培养,也为纺织服装业输送了大批行业工程技术人才。在当前产业重塑和升级的需求下,创新人才的培养模式和培养成果必须与现代的产业发展相适应,必须变革现有的工程人才培养模式,培养具有综合专业知识,并具有跨学科、跨行业的交叉复合型应用创新人才,也是当前人才培养的新方向和新目标。

以此为宗旨,以"新工科"建设为主要指导思想,结合纺织服装产业的特点,以产业对创新型人才的迫切需求为导向,建立"科研驱动式"导师团队。根据当代学生的特点,激发学生的求新和求知欲,引导学生积极学习、探究思考及个性发展的培养,建立一个符合纺织服装特色的"两性一化"的培养体系,构建一个自主学习和专业知识反哺的"迭代递进"的创新能力培养路径和通道,形成一个以学科融合、学生为本、科研探索为动力和创新思维迭代推进的创新人才培育环境,使学生在思维、素质和能力方面得到全方位发展,实现为纺织服装行业培养一批具有专业综合知识且创新能力强的工程创新复合型人才,其培养模式如图1所示。

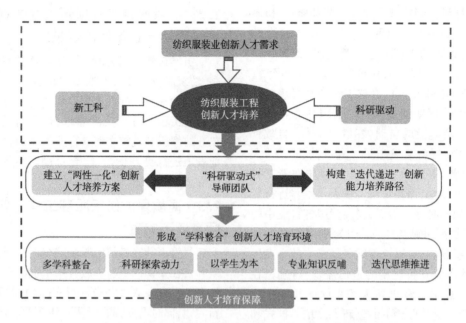

图 1 "科研驱动式"纺织服装工程创新人才培养模式

4 "科研驱动式"纺织服装工程创新人才培养模式的实施

4.1 导师团队构建

由具有科研和创新经验丰富的教师为组长,学校内和行业内具有科研和创新人才培养经历的教师和工程师为成员,构成"科研驱动式"导师团队。在这个导师团队中,组长一般具有主持国家级和省部级科研项目的经验,能把握纺织服装领域前沿动态,掌握先进的高科技和新方法,了解本行业发展变革需求,拥有丰富的创新科研成果和培养学生经验。团队成员进行结构性梯队选择与组合,在年龄、职称、学科背景及创新实践经验等多个维度上进行结构合理化配置。

本文以西安工程大学为例,根据"科研驱动式"导师团队的构建指导思想,首次组建了"新型功能性纺织导师团队"和"新型功能性服装导师团队",如图2所示。

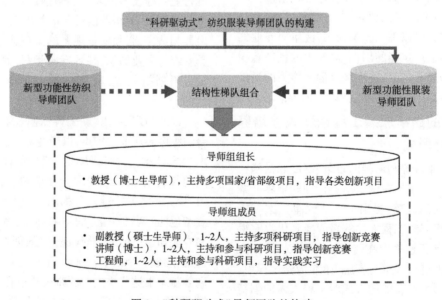

图 2 "科研驱动式"导师团队的构建

各导师团队均有一名教授(博士生导师)担任组长,成员有副教授(博士、硕士生导师)1~2 名,讲师(博士、年轻导师)1~2 名,校外企业实践导师 1~2 名组成。构建的"新型功能性纺织"和"新型功能性服装"导师团队,一方面由科研经验丰富的组长带领年轻又富有创新精神的教师,完成师资的培养和传承,实现了创新人才师资可持续性发展;另一方面根据导师团队的国家级和省部级的创新型研究课题,以及企业和公司发展和提升需求项目,以学生为核心,采用"两性一化"创新培养方案,培养学生积极、主动、探究学习的习惯,使学生逐渐养成勇于创新的思维方式和应用能力,从而达到新形势工程人才的培养目的。

4.2 "两性一化"培养方案的实施

"两性一化"培养方案是以学生为主体,导师团队科研项目为依托,构建具有自主性、探究性和个性化的方案。主要有培养方案制定、培养方案实施和培养成果验证三部分组成,如图3所示。

在实施"两性一化"培养方案过程中,采取了一种开放式的执行体制。每年从低年级学生中进行定期入组选拔,学生所学的专业不受限制,并鼓励多学科跨专业交流和融合。入组后导师针对学生的专业与爱好,制定"两性一化"的创新培养计划。学生根据培养计划中的培养目标和培养内容,结合导师的课题,进行科研启蒙和探索能力的培育。以每年全国大学生创新训练计划为基础,探索新型功能性、智能性等纺织服装领域的前沿技术、研究热点及产业瓶颈问题,进行创新思维的培养和创新能力的训练。

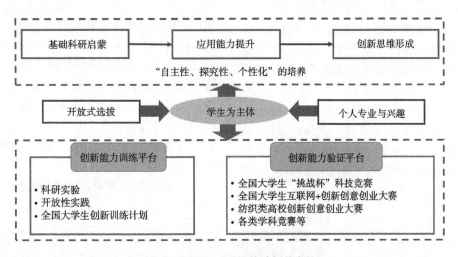

图3 "两性一化"培养计划的实施

培养内容主要包括三个方面:基础科研启蒙,应用能力提升和创新思维形成。按照学生的专业及入组的时间,采取阶梯式组队方式,分别以大学生"挑战杯"、互联网+创新创意创业、纺织类高校创新创意创业、工业设计、数学建模等各类学科竞赛为创新能力培育与验证平台,对研究的成果进行了阶段性的检验。通过"两性一化"的培养体系的培育,培养学生对科研的浓厚兴趣,提高对问题探究的反复思考能力和对创新的自觉,从而达到对学生的创新能力的培养和提升。

4.3 "迭代递进"培养路径和"学科融合"培育环境的实施

依托导师团队的科研平台,构建一条"迭代递进"的工程创新性人才培养发展路径。在这个通道中,学生结合各自的专业知识进行多学科的自主式学习和探究,达到积极地进行知识的不断更新与递进,形成了一个以学生为主体并有利于创新型人才培育的"学科融合"培育环境,如图4所示。

新成立的两支团队,学生主要来自纺织和服装工程专业,也选拔了部分电信工程及计算机工程专业的学生。在全新的培养路径和培育环境下,教师充分发挥学生小组的时间灵活性和专业开放性,举办了各类科技启发式的演讲,并为学生提供了一系列科学实验和企业实践机会。同时以讲座、交流会等为研讨平台,开展导师和学生相互之间的交流和讨论。学生在学习本专业课程的同时,进行了跨学科、跨专业自主创新的学习和培养,从被动灌输式学习转化为积极探索式学习,根本性转变了学生的学习方式和氛围,极大地提高了学习的积极性,实现了"迭代递进"和"学科融合"的自主学习,有效地解决了学习目标模糊,学习积极性低,学习动力欠缺等当前大学生普遍存在的问题。

在这两支团队里,导师依托纺织服装学科及重点实验室等研究平台,结合纺织服装行业聚焦的新热点、新方向、新需求,以科研促进教学,反哺专业教学,激活了学生内在的自主性和个性化学习细胞,为学生提供了高水平的思维领域,创设了一种崭新的培育环境,完成了创新能力的迭代提升,进一步内化了学生的科学素养和专业素养,极大地促进了学生的求知和求新欲望,实现了学生的创新意识和创新应用能力的培养。

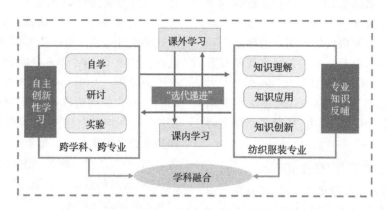

图 4　"迭代递进"培养路线和"学科融合"培育环境

4.4　"科研驱动式"创新人才培养的保障

为了更有效实现"科研驱动式"创新人才的培养,从导师团队成员选择和培育,学生的选拔与分流,学生创新能力评价和检验,创新学分申请和获取等方面,建立了一系列培养保障制度,如图 5 所示。

在导师团队成员选择和培养实施中,对导师组成员规定了导师的相关职责、权利与任务,并明确了校内和校外导师之间的合理分工与合作要求,并且每年积极吸纳一些年轻有创新精神的校内外导师加入团队中,对已培育并有经验的导师进行适当的分流。在学生的选

拔与分流过程中,制定了选拔、分流等考核指标,并对学生的创新能力培养进行系列的考核评估。针对学生的创新能力评估和创新学分,结合学校文件和相关政策,分别制订了能力评定考核和创新学分申请的要求,以保证学生的创新能力评定和学分获取。通过制定合理的创新人才培养保障相关制度,保障了一个科学和有效的创新人才培育模式,为纺织服装工程专业培养了一批具有专业知识、综合素质高、创新能力强的专业创新人才。

在新组建的"科研驱动式"的创新人才培养模式的

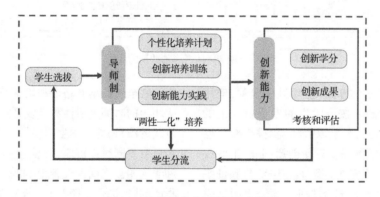

图 5　"科研驱动式"创新人才保障

实施下,两支导师团队形成了一个合理结构的组合,并对青年教师进行了培育和提升,取得了较好的成效。对学生进行了评估考核与甄选,分别结合导师的科研项目和企业需求项目,实施了"两性一化"的培养方案。在新的人才培养通道和培养环境中,学生的创新思维和创新能力得到了培养和锻炼,先后获得了国家级和省级的大学生创新训练计划项目,多次参加全国大学生"挑战杯""互联网+"和纺织类高校创新创意创业大赛等,取得了良好的成绩和成果,完成的创新学分领先于同年级学生,实现了企业需求的对接,培养效果明显。

5　结论

(1)在新工科环境下,面对纺织服装业新的发展机会与新的挑战,以科学研究为驱动,以学生为本,建立了"科研驱动式"工程创新人才培养模式。

(2)创设了"两性一化"创新能力培养路径和"学科融合"创新人才培育环境,实现了培养具有创新能力和创新思维的纺织服装工程创新人才的目标。

(3)构建的创新人才培养保障体系科学有效,为纺织服装工程专业培养具有专业知识、综合素质高、创新能力强的创新人才奠定了基础。

（4）提出的"科研驱动式"工程创新人才培养模式具有一定的推广性，能够有效地满足现代工程创新人才需求，为纺织服装业工程人才的培养提供有力的支持。

致谢

本文为2021年"纺织之光"中国纺织工业联合会高等教育教学改革研究项目《新工科背景下"科研驱动式"纺织服装创新才培养模式探究与实践》（2021BKJGLX054）的阶段性成果。

参考文献

[1]　钟登华.新工科建设内涵与行动[J].高等工程教育，2017(3):1-6.

[2]　顾佩华.新工科建设发展与深化的思考[J].中国大学教学，2019(9):10-14.

[3]　林健.新工科建设:强势打造"卓越计划"升级版[J].高等工程教育研究，2017(3):7-14.

[4]　刘坤,陈通.新工科教育治理刍议[J].中国大学教学，2020(1):37-41,64.

[5]　"新工科"建设行动路线("天大行动")[J].高等工程教育研究，2017(2):24-25.

[6]　龚胜意,应卫平,冯军."新工科"专业建设的发展理路与未来走向[J].黑龙江高教研究，2020,38(4):24-28.

[7]　殷朝晖,刘子涵.知识管理视域下新工科人才培养模式研究[J].高校教育管理，2021,15(3):83-91.

[8]　谭轶群,马辉.一体化视域下应用型本科高校创新创业人才培养模式探析[J].大学教学，2022(2):171-174.

[9]　刘江涛.基于新工科建设的创新型人才培养机制研究[J].中国轻工教育，2022,25(2):67-72,79.

[10]　孙瑞哲.稳中求进守正创新开启高质量发展新征程[J].纺织导报，2022(1):9-18.

[11]　卢业虎,刘海,戴晓群,等.纺织类专业大学生"双创"能力培养模式的探索与实践[J].纺织服装教育，2020,35(4):316-319,334.

[12]　郁崇文,郭建生,刘雯玮,等.纺织工程专业"新工科"人才培养质量标准探讨[J].纺织服装教育，2021,36(1):18-22.

Socialist core values lead the value implication and practice path of "Fashion Design" teaching

HU Dandan[1,*], HU Yi'ang[2]

1 *Fashion Institute, Zhongyuan University of Technology, Zhengzhou, China*
2 *Marxism Institute, Beijing University of Posts and Telecommunications, Beijing, China*

Email address

joda13@ 126. com(HU Dandan) , asuka0931@ 126. com(HU Yi'ang)

Abstract: Socialist core values are the concise expression of socialist ideology, and also the core teaching reform goal of College Students' Ideological and Political Education under the curriculum ideological and political concept. At present, our society is in a period of transformation, and the integration and development of curriculum ideology and politics and various disciplines are in a deep-water period of overcoming difficulties. In the face of the intrusion of adverse social trends and increasingly diverse youth cultural psychology, as an important subject course closely integrating theory and practice, subject teachers should adhere to the guidance of socialist core values and grasp the internal relationship between the two key points of "Chinese characteristics" and "socialist teaching direction" and subject teaching. And teachers should attach great importance to the leading value of core values on the political dimension, educational dimension and cultural dimension of clothing design teaching. Teachers also should pay attention to the practical path of core values on symbolic schema, practical learning and value construction in clothing design teaching in the leading process. So as to realize the socialist core values and fashion design teaching in the same direction.

Keywords: socialist core values; fashion design teaching; value implication; practice path

社会主义核心价值观引领服装设计教学的价值意蕴与实践路径

胡丹丹[1,*],胡屹昂[2]

1 服装学院,中原工学院,郑州,中国
2 马克思主义学院,北京邮电大学,北京,中国

邮　箱

joda13@ 126. com(胡丹丹) , asuka0931@ 126. com(胡屹昂)

摘　要:社会主义核心价值观是社会主义意识形态的价值凝练表达,也是大学生思想政治教育在课程思政理念下所要达到的核心教学改革目标。当前,我国社会正处于转型期,课程思政与各个学科的融合发展正处于攻坚克难的深水期,面对不良社会思潮的侵扰和愈发多样的青年文化心理,"服装设计"课程作为一门理论与实践密切结合的重要学科课程,学科教师应当坚持社会主义核心价值观的引领,把握好"中国特色"与"社会主义教学方向"两个关键点与学科教学之间的内在联系,高度重视核心价值观对服饰设计教学的政治向度、育人向度与文化向度的引领价值,同时注重引领过程中核心价值观对于"服装设计"教学内容、教学方式、教学理念方面的实践路径,从而实现社会主义核心价值观与服装设计教学的同向同行。

关键词:社会主义核心价值观;服装设计教学;价值意蕴;实践路径

1 社会主义核心价值观及其教学引领

社会主义核心价值观是马克思主义意识形态思想、中国优秀传统文化以及时代精神的凝练表达,是在中国社会主义建设和改革开放的实践中形成的,关于社会主义价值本质相对稳定的价值理念[1]。正是因为社会主义核心价值观根植于中国特色社会主义实践道路,面向世界与时代浪潮中的优秀文化思想,因此社会主义核心价值观具有强大的价值凝聚与塑造共识的作用,能够引领全国人民共同为实现中国特色社会主义伟大事业奋进,为实现中华民族伟大复兴的中国梦做出具体的理论导向与实践导引。

习近平总书记在2014年5月4日北京大学师生座谈会中发表《青年要自觉践行社会主义核心价值观》的讲话,强调青年要从现在做起、从自己做起,使社会主义核心价值观成为自己的基本遵循,并身体力行大力将其推广到全社会去[2]。这意味着青年不仅是社会主义核心价值观理论学习的主体,更是核心价值观的主要践行者。那么我们如何才能在青年的学习成长中涵育社会主义价值观呢?这就需要我们发挥课堂这一主渠道,利用课程思政的理念统领具体学科的教学工作,在具体学科的教学工作中解决好"培养什么人,怎样培养人,为谁培养人"的问题,只要解决好这一核心问题,那么我们就可以说具体学科的教学工作与社会主义核心价值观才是真正的同向同行。

"服装设计"的课程设置具有学科特殊性,属于理论与实践结合紧密,又独具创新性的工学与艺术学相结合的应用型学科。这意味着"服装设计"课程的教学工作一方面需要重视学科理论的学习,如中外服装设计发展史、中外美学发展史、中外优秀服装设计案例、中外服饰文化图式及历史渊源等;另一方面需要重视学生理论实践、社会实践的方式方法,如参加国内外服装设计类比赛、参与校企合作的服装设计类项目、学生个人进行服装专业类大学生创业项目等等。我们常说"传播好中国声音,讲好中国故事",实际上中国叙事的讲述是见微知著的,是具体细化在每个行业领域的。对于服装行业的广大教师与教育工作者来说,在"服装设计"课程中把握时代脉搏,吹奏世界号角,同时不忘扎根中国传统文化,坚守中华文化价值,这就是当代中国服饰叙事的基本视角,也是我们广大服装行业教育工作者以社会主义核心价值观引领服装设计教学工作的基本立场。文化是民族之根基,青年是民族之希望,只有服装行业教师充分理解社会主义核心价值观对服装设计教学的引领功能及其价值和路径,才能培养出堪当时代大任,具有中国特色社会主义共同理想、具备优良职业道德精神和工匠精神、充分具备文化自信和民族自信的服装行业应用型高级专业型青年人才。

2 社会主义核心价值观引领服装设计教学的价值意蕴

青年自觉践行社会主义核心价值观是"两个一百年"奋斗目标的要求,也是实现中华民族伟大复兴中国梦的必然要求。因此,以社会主义核心价值观引领课堂这一教学主渠道是使青年对社会主义核心价值观产生价值共鸣的最优解。社会主义核心价值观并非是一种不可拆解的宏大理论,而是涉及政治向度、育人向度、文化向度的具体价值意蕴,这三重价值意蕴决定了社会主义核心价值观不仅仅属于课程思政元素,更能作为课程思政元素引领其他具体学科教学工作,特别是在服装设计教学中,教师需要在教学前线从知识教育与价值引导两方面入手,利用专业知识深化核心价值观的亲和力和影响力,使青年在潜移默化中对核心价值观实现理性认同和情感认同。

2.1 政治向度:高举社会主义伟大旗帜,抵御不良思潮侵扰

社会主义核心价值观的根本向度是政治向度。这就意味着教育工作者在进行"服装设计"教学工作时,应当坚持社会主义意识形态在高校意识形态工作的主导性地位,高举社会主义旗帜,以马克思主义为方法论作为教学总原则,把握教学内容是否与马克思主义基本原则相一致,是否与中国特色社会主义建设的发展目标相一致。

在"服装设计"教学过程中,特别是在服装设计专业发展历史与理论知识学习当中,我们教育工作者需要正确对待服装设计中多元思潮及观念的碰撞和交锋,要教导学生如何正确对待和处理古代服饰与现代服饰之间的关系以及中国本土服饰文化与西方外来服饰文化之间的关系。当今世界处于百年未有之大变局,各路社会思潮风起云涌,正在利用各种新情况新表现来侵扰中国转型发展中的各行各业。"服装设计"教学作为服装行业的理论学习前沿,"服装设计"课程任课老师作为广大学生思想上的引路人,需要对各种反映在服装设计中的思潮进行理性辨析,运用马克思主义世界观及其方法论来自觉抵御不良社会思潮对于青年学生在专业学习上的侵害。

如西方解构主义思潮,虽然其在一定程度上能够使服装更具有潮流感和流行性,但是对特定文化符号进行毫无原则和逻辑的拆解则会使服装成品蕴含的价值内容成了为符号形式服务的"边角料",消解文化符号潜

在的美学意义与哲学审思;再如历史虚无主义思潮,表现为将我国本土特色文化符号或服装形式进行"去历史化",并赋予其全新的品牌含义或所谓时代含义,实际上这是资本逻辑主导下的"文化挪用",是一种基于东方主义视角的文化霸凌;还有市场经济下的实用主义与消费主义,助长了我国服装市场频繁的"抄款"现象以及对于服装设计师知识产权的侵占,会误导青年学生对于设计与市场原则把握上发生失衡,不利于中国本土服装市场的长远发展。

2.2 育人向度:型塑青年思想道德标尺,体现课程人文关怀

育人向度是社会主义核心价值观的潜在向度,这是由社会主义核心价值观作为社会主义意识形态的凝练表达,从而具有意识形态教化功能决定的。如果说知识学习是课堂教学的显性表达,那么价值观和学生思想道德建设就是与专业知识理论相适应的隐性教学内容,这就要求专业课程任课教师立德树人,型塑青年思想道德标尺,体现课程人文关怀。

在"服装设计"课程教学中,由于服装设计专业具有极强的实践导向性和操作性,其培养目标一般是应用型高级人才,因此,对于服装设计专业来说,核心价值观引领下的育人方式应当是多维度的。因此,教学工作者应当在两个方面型塑青年思想道德标尺,第一是职业道德方面,第二是个人思想品德方面。在职业道德方面,"服装设计"教学应当强调青年学生的职业道德与职业素养,型塑职业道德标尺。伴随改革开放进入"深水区",我国市场经济发展日趋迅速。面对这种市场环境的变化多端,服装设计教学必须搭好青年学生由课堂走向社会的桥梁,让学生学会用工匠精神对待每一件作品、每一款设计,不仅拥有过人的服装设计理论知识和实践技能,更重要的是拥有匠人品格。一方面,应当以"尚巧"的创造精神在服装设计领域开拓创新,不仅在服装作品中体现自我意志以及审美旨趣,更要在与前人的比较中推陈出新,革故鼎新。另一方面,应当以"求精"的工作态度严谨对待自己的服装设计作品,不对市场浮躁现象随波逐流,从绘图到打样再到成品研发精雕细琢,坚守匠人初心。另外,在个人思想品德方面,服装设计教学应当能够使学生由"技"悟"道",型塑青年学生思想品德标尺。不仅在服装设计专业的技艺磨砺上游刃有余,还要拥有从手到心的生活哲理的体悟和融渗。即以服装设计专业的行业标尺与个人人生道德标尺相贯通,不仅以严谨认真的态度对待学业和职业,更要将这种精神寓于日常生活之中。

职业道德与个人思想品德的型塑实际上是检验具体专业课程有没有落实立德树人根本任务的具体体现,也是检验课程究竟有没有把握育人这一大方向的问题。

对于教学来说,干巴巴的服装知识理论教学一定是乏善可陈的,收益极低的,也是无人问津的。只有知识理论辅之以价值涵育,课程才是丰满的,能够令人回味的,也是能够令学生信服的,激起学生学习热情和理想信念之力的。因此,任课教师在服装课程实践教学中,应当更加注重人文关怀,在具体实践情境中言传身教,使学生在课堂实践中通过对职业道德的体悟加强自我道德素养,从而走向社会能够更加以积极心态践行社会主义核心价值观。

2.3 文化向度:涵育中国优秀传统文化,彰显我国文化自信

文化能够集中反映一个国家、一个民族的共同价值取向,因此,社会主义核心价值观的重要向度是文化向度。每个时代都有每个时代的价值取向,核心价值观的时代性决定了其发展性。同时,核心价值观是基于本民族历史文化心理与特性的沉淀,民族性决定了其文化内核的相对稳定性。中国优秀传统文化是滋养社会主义核心价值观的思想土壤,具有极强的内生性力量,尤其是对于服装设计专业来说,各民族间的传统服饰文化的审美意识中的共性成分会在"取长补短、不断完善与发展本民族服饰文化"的同时不断重合[3],中国优秀传统文化并非是仅停留在观念,而是能够落实的服饰设计理念与服饰设计元素。因此,社会主义核心价值观引领服装设计教学能够涵育中国优秀传统文化,彰显我国文化自信。

在"服装设计"教学中,课程理论知识融渗中国优秀传统文化知识应当成为教学共识。使学生在浓厚的文化氛围中感受中国传统服饰、中国传统纹饰图样的美学思想,并将这种审美体验与个体生活经验相融通,最终体现在服装设计的理念和元素上,这样在学生的服装设计与创作中便能形成独特的个人创作风格的同时彰显中国文化底蕴与特色,增强对中华文明的民族情怀与价值认同。另外,随着我国已经成为全球第二大经济体,经济的飞跃意味着我国的文化事业与文化产业也应当跟紧发展的脚步。我们所说的涵育中国优秀传统文化是在社会主义文化强国的具体语境下进行系统规划发展的。习近平总书记认为,中华传统文化积淀着中华民族最深沉的精神追求,包含着中华民族最根本的精神基因,代表着中华民族独特的精神标识,是中华民族生生不息、发展壮大的丰厚滋养[4]。文化强国建设需要我们在推进中国特色社会主义事业发展的框架下继承和发展中国优秀传统文化,增强人民的文化自信与文化自觉。服装设计专业的老师和学生作为中国服饰文化的主要继承者,应当深刻领会中国服饰文化中的哲学审思,如"天人合一"的美学观念、历代服饰的形制观念、服饰色彩运用、天然材质的物料选择等,从中感悟中国

传统意识形态中崇尚自然、返璞归真的自然意境之美，从而更为深刻地把握好传统服饰文化之"根"与世界时尚前沿之"流"之间的辩证关系，让中国服饰文化在现代化实践中找准自身定位，在世界之林中展现自身独有魅力，在国际舞台中持续发光发热，这是文化自信的价值所在，也是社会主义核心价值观引领服装设计教学中的意蕴内涵。

3 社会主义核心价值观引领"服装设计"教学的实践路径

学校课程教学是社会主义核心价值观实现引领和认同的主要渠道。教学工作者作为学校课程教学的主要责任人，应当在教学内容、教学形式以及教学过程中对核心价值观内容与价值进行充分整合，这样才能确保核心价值观在课程教学中的引领地位及其功能发挥。

3.1 在教学内容上注重传承创新，提高学生对中国传统服饰文化图式的美学鉴赏力

在教学内容上，首先教师应当谨防历史虚无主义侵袭，在服装理论学习过程中帮助学生进行唯物史观的建立。中国服装史的学习包含着不同地区民族的历史文化心理、地域特色以及人文因素，服装设计中诸多设计原型都是内蕴于源远流长的传统文化之中的，因此对于中国服装史理论知识学习的过程就是对本民族优秀传统文化思想的学习过程。教师应当在服装史论学习中利用多媒体工具辅助，通过图片、史料、纪录片等形式帮助学生充分理解和尊重中华服饰的设计理念和社会功用，感受中国传统服饰的鲜明特色与文化魅力，培育学生的民族自豪感和文化自信。其次，教师应当注重培养学生对中国传统服饰文化图式的理解和感受能力，使学生的服装设计作业能够扎根中华文化。教师应当对中国传统服饰图式进行充分讲解，在理论教学中通过对不同民族的服饰图式、色彩运用、表现手法、材料区别的讲解加强学生的本土文化意识。

更进一步地，本土服饰文化意识能够在服装设计与实践的过程中不断深化。服饰设计与制作的过程实际上就是本土服饰文化意识与设计者风格进行深度结合的过程。因此，教师在"服装设计"教学中应当鼓励学生创造性地运用这些中华传统文化中的经典图式进行二度创作，并使这种二度创作成果滋养我们本土的服饰审美文化。如对传统服饰材料进行重组使用、对中国神话中的神兽进行夸张化、符号化运用、将各民族服饰进行潮流化创作等等，这些改动和创作理念凡是符合核心价值观的、凡是能够弘扬并创造性发展中国优秀传统文化的，都应当得到教学工作者的鼓励和提倡。只有创造

源于中国传统文化又高于中国传统文化的社会主义核心价值观，才能使社会主义核心价值观既有深厚的历史文化底蕴，又充满时代气息；既能实现对传统文化价值观的继承、创新、发展和升华，又能充分体现社会主义的本质属性[5]。实现服装设计中"我性"与"他性"的完美融合，是社会主义核心价值观引领服装设计教学的应有之义。

3.2 在教学方式上注重多样结合，增强学生在服装设计实践过程中的社会适应力

在教学方式上，教师应当在注重理论涵养的同时加强针对性、实用性和市场性的服装设计课程实践，引导学生在课程中学思并行，增强学生在服装设计实践过程中的社会适应力，这不仅仅是服装设计专业教学的基本要求，更是符合马克思主义实践观的教学要求。服装设计教学方式的多样化需要以学生自主学习为主，包括不仅限于课堂内学生进行服装设计实践操练，更要重视学生在课堂外、社会中的服装设计实践深入，如国内外专业比赛中进行实践磨炼、在校企合作或企业中进行服装项目实习，鼓励学生在实际活动和工作中锻炼自己解决专业问题的能力。学生是否能够拥有独立设计款式的能力与实际动手操作能力是服装设计教学目标的重中之重，因此，教师在教学实践环节中应当摒除应试教育的惯性思维，注重培养学生的动手能力和创新能力，鼓励学科交叉和团队协作，拓宽学生对服装概念的理解，加强服装的应用和探索；鼓励学生将脑子里学到的东西通过双手带到现实实践中来，将关于中国优秀传统文化与核心价值观的理论内容通过优异的实操能力展现在大家的面前。另外，任课教师需要将服装设计课程实践性与校园文化实践渠道相融合，通过服装设计教学改革，创新传统文化进校园的表现形式，丰富传统文化进课堂的教学手段，使之与服装设计有效融合，让学生了解、热爱我国的优秀传统文化[6]。

设计专业类学生的评价与别的专业有很大的不同，因为设计方案没有绝对的好坏或对错标准，受众或市场的检验是参考之一[7]。因此，成品设计成果后，教师应当对学生的服装设计成品做出既合乎市场标准又合乎价值标准的作品评价指导，帮助学生做出总结。教师在对作品进行课堂指导的过程就是言传身教的过程，在教导的过程中，教师必须端正态度，将自己关于服装设计的经验与心得体会进行传授，使学生能够在榜样的力量中奋发前行。这就要求教师具有深厚的爱国情怀与崇高的理想信念，提高自身的德育意识、课程思政元素的运用能力以及德育题材的时代性、可理解性[8]，在言传身教中立德树人，不仅将自身作为课程教学的老师，而是更为重视教师身份的育人特性，在培养技能的同时注重学生德育工作。用自身的设计观、人生观、价值观感

染学生,传承社会主义核心价值观,把握学生心理,真正督促学生在专业学习和人生道路上勤学、修德、明辨、笃行。

3.3 在教学理念中注重以文化育人,孕育学生对中国特色社会主义事业的理想信仰

教师是开展课堂教学的主要力量,教师教学水平的高低决定着课堂教学质量的优劣[9]。而教师教学理念作为课堂教学环节的顶层设计,与教师教学质量是息息相关的。教师最重要的任务就是教书和育人,二者是一体两面又极具张力的运动关系。作为服装设计专业任课教师,如要真正将社会主义核心价值观通过课程思政元素体现在专业性极强的"服装设计"课程中,在教学过程中必须以文化人,即以摆事实、讲道理的形式感化学生,这样才能使核心价值观在青年学生心中产生最大公约数,形成最大规模的价值认同。

在授课过程中,教师要以文化人,使学生对核心价值观产生亲近性。一方面,教师应当"关心学生之所关心",对学生在专业领域和生活领域所关心的问题有所思考,并拿来在课堂上广泛讨论,尤其是服装设计领域中前沿性、争议性的争鸣和设计,需要教师拿到课堂教学中来对学生进行针对性的价值引导,对于一些敏感性的问题,教师需要晓之以理动之以情,运用核心价值观理念,把涉及国家、社会、公民的价值要求融渗一体,使学生能够对核心价值观实现最大程度的内化。另一方面,教师应当运用多种技术形式,形象化呈现核心价值观在服饰设计与创作中的元素和理念,如多媒体平台、直播、VR、3D打印、软件虚拟换装等,使以文化人的形式尽可能的丰富多彩,学生才能对多元化的设计类型元素以及价值元素进行沉浸式体验,在多元化的文化符号和元素中汲取思想营养,滋养中国元素。服装设计教学老师应当明白,"服装设计"课程是核心价值观融入学生日常生活与学习生活的主渠道和主形式,"服装设计"课程内容是核心价值观融入青年学生日常生活及学习实践的"沟通桥"。因此,服装设计教学一方面具有文化性,一方面具有宣传性。也正是因为如此,服装设计学生不仅需要作为传统服装行业的"领头雁",还

要作为践行社会主义核心价值观的"领头雁",从一开始就扣好人生的第一粒扣子。习近平总书记指出[10],"中华民族具有五千多年连绵不断的文明历史,创造了博大精深的中华文化,为人类文明进步做出了不可磨灭的贡献。"服装设计专业的学生作为堪当时代大任的社会主义新人,应当怀揣对中华文化的亲近性与自信心,更应当从"服装设计"课程中汲取中华文明营养,坚定对中国特色社会主义事业的理想信仰。

致谢

本文为"纺织之光"中国纺织工业联合会高等教育教学改革研究项目(2021BKJGLX492)、中原工学院研究生教学质量提升工程项目(JG202219)、中原工学院教学改革研究与实践项目(2021ZGJGLX006)阶段成果之一。

参考文献

[1] 冯留建.社会主义核心价值观培育的路径探析[J].北京师范大学学报(社会科学版),2013(2):13-18.

[2] 习近平.青年要自觉践行社会主义核心价值观[N].人民日报,2014-05-05(002).

[3] 张席森.论中华民族传统服饰文化的审美特质[J].宁波大学学报(人文科学版),2009,22(5):136-140.

[4] 中共中央宣传部.习近平总书记系列重要讲话读本[M].北京:学习出版社,人民出版社,2016.

[5] 欧阳军喜,崔春雪.中国传统文化与社会主义核心价值观的培育[J].山东社会科学,2013(3):11-15.

[6] 骞海青.中国传统文化融入服装设计课程教学改革初探[J].纺织报告,2018(12):61-62,65.

[7] 张露,刘水."职业服装设计"课程教学方式的探索与实践[J].纺织服装教育,2014,29(6):541-543.

[8] 宋莹.坚守立德树人、推进课程思政:以服装设计与工程专业为例[J].辽宁丝绸,2020(4):66-67.

[9] 王志生,边胜潮.服装设计专业课程思政育人机制研究[J].科教文汇(中旬刊),2019(9):123-125.

[10] 十八大以来重要文献选编(上)[M].北京:中央文献出版社,2014:234.

Research and practice on talent training model of "323" modern apprenticeship in integrated fashion display major
——take Zhejiang Fashion Institute of Techonogy as an example

WANG Zhenglian*, ZHENG Ning, HU Haiou

College of fashion, Zhejiang Fashion Institute Of Technology, Ningbo, China

Email address

172124038@ qq. com(WANG Zhenglian) ,61506570@ qq. com （ ZHENG Ning）,haiou1212@ qq. com （ HU Haiou）

Abstract: With the rapid development of new technology, new formal, new modes on Fashion enterprise innovation promoting, new requirement have been rendered for the high-quality technical and skilled personnel in fashion display and show design major. Take Zhejiang fashion institute of technology as the study sample, this paper analyses the disadvantage of traditional teaching mode, explore and practices "323" modern apprenticeship talent training model in integrated fashion display major with the cooperation of regional leading enterprises. Since students' vocational ability and quality are promoted, pilot work of modern apprenticeship is successfully progressed in industrial region, practice approaches for Chinese characteristic modern apprenticeship can be further applied.

Keywords: employment orientation; fashion display; modern apprenticeship; talent training model; cooperation between school and enterprise; integration of production and education

协同融合的服装陈列专业"三二三"现代学徒制人才培养模式探索与实践
——以浙江纺织服装职业技术学院为例

汪郑连*,郑宁,胡海鸥

时装学院,浙江纺织服装职业技术学院,宁波,中国

邮 箱

172124038@ qq. com(汪郑连),61506570@ qq. com （郑宁）,haiou1212@ qq. com （胡海鸥）

摘 要:新技术、新业态、新模式发展迅猛的服装产业结构调整对服装陈列与展示设计专业高素质技术技能人才提出了新的要求。本文以浙江纺织服装职业技术学院为例,对传统教学模式进行问题分析,依托区域龙头服装品牌企业,探索、实践协同融合的服装陈列与展示设计专业"三二三"现代学徒制人才培养模式。该模式提升了学生的职业能力和职业素养,推动现代学徒制试点工作在区域的顺利进行,为探索中国特色现代学徒制提供可借鉴的实践路径。

关键词:就业导向;服装陈列;现代学徒制;人才培养模式;校企合作;产教融合

1 引言

2022 年 5 月 1 日起施行的新《职业教育法》明确规定:要深化产教融合、校企合作,完善职业教育保障制度和措施,推行中国特色学徒制,更好推动职业教育高质量发展。至此,学徒制上升为国家层面的制度,并以法律形式得以确立,成为职业教育的基本模式之一。

宁波是全国最重要的服装产业基地,拥有博洋、太平鸟、GXG、雅戈尔等多家龙头服装品牌。我校作为全国最先成立的服装陈列与展示设计(以下简称"服装陈列")专业,针对"十四五"以来,新技术、新业态、新模式

发展迅猛的服装产业与传统服装陈列人才培养模式不匹配导致学生职业适应能力差、就业竞争力不强、职业发展后劲不足等问题，依托区域龙头服装企业，改革推广了就业导向、协同融合的服装陈列专业"三二三"现代学徒制人才培养模式。

该模式贯彻落实新《职业教育法》，推行中国特色学徒制，对标产业发展与龙头企业需求，定制人才培养目标，实施以学生为中心，基于工作岗位"产业班轮企学训—项目组定向学做—学徒制定岗学创"的"三阶段、二方向、三迁移"渐进适岗、能力三进阶的分类、分层培养模式，创设了多元组合的教育生态闭环。

2　现代学徒制的逻辑成因

学徒制是一种古老的职业教育形式，在职业学校产生以前，这种以师傅带徒弟的学徒制逐渐成为知识、技术、文化传承的主要形式[1]。随着人类社会的发展，这种古老的技能培养模式不但没有消失，而且逐渐与学校教育相结合，重新焕发生机，演变成如今的现代学徒制。现代学徒制已经被德、英等国证明是行之有效的新型技术技能人才培养模式。我国推行的现代学徒制不仅是对国际成功范例的借鉴，而且具有其自身发展的内在逻辑。

2.1　推行现代学徒制是发展现代职业教育的战略选择

发展现代职业教育是新时期党和国家提出的明确要求，也是当前我国职业教育改革的重点。作为技术技能人才培养的重要手段与途径，随着经济发展进入新常态，现代职业教育必须提升内涵质量，突出强调教育与现代产业的深度融合，人才培养必须紧跟产业发展的步伐，密切与行业企业的联系。而现代学徒制就是一种强调把现代学校职业教育与传统学徒培训方式相结合，把专业、教学与产业需求、企业生产有机结合，是以企业的深度参与为支撑的新型职业技能人才培养模式。我国著名职教专家赵志群教授指出，只有现代学徒制，才有可能提供职业教育情境学习（即"学会工作"）所需要的、真正的"工作与学习情境"[2]。综观当今世界，职业教育发展较好的德国、澳大利亚、英国、法国、丹麦、奥地利、瑞士等，都采用了学校与企业联合育人的现代学徒制，很多国家还通过了有关学徒制的专门立法。正是基于对现代学徒制培养模式的高度认可，2014年6月，我国开启了中国特色学徒制的探索，国务院要求职业院校探索和试点现代学徒制，实现校企一体化育人。

2.2　推行现代学徒制是推动高职教育转型发展的现实路径

随着职业教育的快速发展，职业教育已经成为我国类型教育的重要组成部分，高职院校更已经占据我国高等院校数的半壁江山[3]。每年大量的高职毕业生为我国产业升级和经济转型发展提供了充足的人才保证。然而，我国高职教育虽然已经形成了较为系统的学校教育体系，但其仍未彻底摆脱"学校主导"的传统教育模式，"工学结合、校企合作"人才培养模式并未彻底落到实处。高职教育企业参与育人的深度和热度不够，导致人才培养离国家的期待和社会的需求还有一定距离。因此，充分调动企业的积极性，实施校企一体化联合育人已经成为我国高职教育走出困境的关键。经验表明，学徒制是实现产教融合的最佳方式，能最大限度发挥企业育人的主体作用，具有全面实施素质教育，提高职业技能和培养职业精神高度融合，培养学生社会责任感、创新精神、实践能力的优势，是有效促进职业教育教学改革的重要手段。

3　目前服装陈列专业学徒制推行中存在的问题

3.1　人才培养规格与产业人才高质量需求不同步

随着服装产业的转型升级以及"十四五"以来，国家经济进入提挡加速关键期，新经济、新业态、新模式发展迅猛，线上服装搭配、线上视觉营销等新运营模式结合新的技术带来行业对服装陈列专业人才提出新的需求。而传统高职院校服装陈列专业缺乏行业敏锐性，缺乏科学的合理规划，没有跟上本地区产业发展现状和企业人力资源的实际需求，人才培养规格与产业技术发展水平脱节，导致毕业生就业通道狭窄、职业适应性差、就业竞争力不强。

3.2　课程内容和岗位标准不吻合

要提供符合岗位标准和企业文化要求的综合性人才，就必须依托企业岗位标准，联合企业共同制定符合各自利益需求和人才培养目标的课程内容[4]。然而，当下传统的校企合作中，产业行业先进理念和技术等对职业岗位的关键要求没有及时融入专业教学标准和教学内容，课程技术含量没有提升，出现毕业生难以满足企业需求和融入企业文化等问题；另外，虽然一些企业参与了学校教材编写和课程设置，但因为没有及时更新相关数据和信息，或者提供的仅仅是内部短期培训资料，导致学生实际所学跟不上行业企业发展步伐，毕业后岗位适应期长、职业能力、职业素养不高。

3.3　教学资源与实训需求不匹配

服装产业具有多品牌、多风格等特点。首先，一家服装企业往往会主营一种风格一个品牌服装产品,传统"一校一企"校企合作中,企业资源单一,导致学生无法在短期内认识、实践众多品牌类型,学徒在岗培养技能单一;其次,企业导师常常被安排与其他紧迫的工作同时执行,加之"一对多"的指导模式,实训教学效果不理想;最后,校外实训基地主要功能是完成特定的生产任务,保证企业正常的运作流程,无法长时间提供大批学生完成相应的实践任务。以上原因导致仅仅联合一家服装品牌企业共育现代学徒,导致培养的现代学徒能力不足、学徒双重身份保障不力、学徒岗位标准不明、工学内容对接不畅等一系列问题。

4 "三二三"现代学徒制人才培养模式探索与实践

按照"项目引领—研究先行—夯实基础—构筑高地—培育高峰"的总思路,浙江纺织服装职业技术学院服装陈列专业坚持以产业发展为核心,构建以企业用人需求和学生就业需求为导向的协同融合人才培养模式,对服装陈列人才培养全要素、全过程进行持续优化和不断创新,先后完成了"一校一企订单培养"→"一校多企订单定向培养"→"协同融合现代学徒培养"三次人才培养模式革新,激活产教融合动力。

4.1 协同融合,定制对标产业发展与龙头企业需求的现代学徒培养目标

选择宁波本土优质品牌服装企业群、企业集团深入合作,厚植龙头企业承担专业职业教育环境,坚持"人才导向、多方协同、互利共赢"的企业群合作原则,实施"人才共育、过程共建、成果共享、风险共担、协同融合"的校企合作机制,推动服装陈列专业现代学徒培养目标对标产业龙头服装企业人才需求,紧密围绕企业群或各品牌陈列相关岗位群的典型工作任务与职业能力进行共同探讨,动态确立以代表企业的龙头企业为主要需求导向的人才培养目标,系统化定制企业群人才培养方案(图1),确保人才培养目标高站位、前瞻性及适配性。

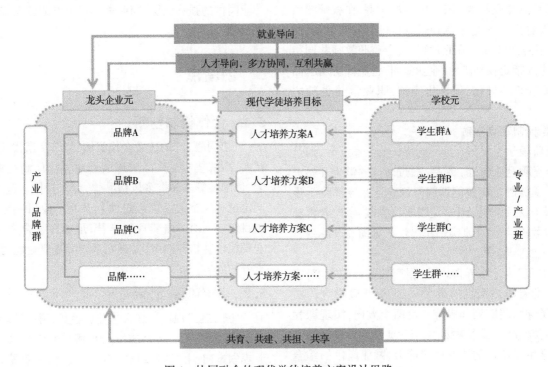

图1 协同融合的现代学徒培养方案设计思路

4.2 渐进适岗,构建"三二三"现代学徒人才培养模式

以学生的就业生存与可持续发展为最终目标,紧密围绕高职学生的个性特点及企业陈列营运岗位群人才需求,在企业、行业专家顾问及专业教学指导委员会的指导下,构建全新的基于工作岗位的"三二三"(即"三阶段、二方向、三迁移")现代学徒培养模式(图2)。

4.2.1 产业班轮企学训

该阶段教学中,合作企业集团旗下多个子品牌或企业群资源渗透到课程中,企业提供岗前培训和行业企业认知培训,学生体验不同服装品牌的企业文化、陈列营运岗位环境,感知岗位要求。通过"体验式"培养,学生可以对自己未来职业发展和技能要求有更为真实的感受和目标。

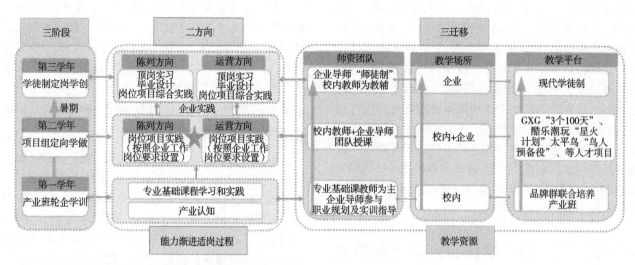

★：第四学期，举办企业赞助的《橱窗设计》《店铺运营企划》大赛

图 2　"三二三"现代学徒制人才培养模式

4.2.2　项目组定向学做

在经历通识性陈列营运认识与实操训练后，学生对自己个性特点和职业擅长有了一定的了解，在教师的引导下，根据自身职业规划，选择适合自己的专业方向，进行专门岗位技能训练。在此过程中，专兼职教师共同指导，学生进入指定校外基地（企业集团/企业群所属子品牌），开展精专小班化、项目化实训，职业素养也随之养成。

4.2.3　学徒制定岗学创

在此阶段学生根据自身专业特长及兴趣喜好，通过面试答辩竞聘企业岗位。最后，通过面试的学生开始进入一对一学徒制定岗技能训练阶段。企业导师将学生直接带到企业工作现场开展定岗实习实践，学校教师辅助教学和考核，学生在真实工作岗位上巩固提升陈列营运职业技能和职业素养。

"三二三"人才培养模式，挖掘产教融合的宽度，实现教学资源管理适配度的最大化；挖掘产教融合的深度，从而延伸服装陈列和服装营运两个方向，实现课程内容和岗位标准的紧密对接；加强学徒制项目设计与管理，促进学生岗位群的职业适应能力、就业岗位的综合职业能力、就业竞争力的提高，最终实现零距离对接的职业角色培育。

4.3　就业导向，创设自主创新的教育生态闭环

运用生态学方法研究教育与人的发展规律，着重围绕教育生态平衡，以就业为导向，创设真实职场育人环境，加强企业技术技能人才队伍建设，对接不同企业的专业相关岗位群，使多元化企业资源融入教学，促进校企协同开展虚实结合的实训基地建设、竞赛项目开发、

课程体系完善等，建立开放、生动、更具自主性、创新性的职业教育生态环境，为学生完成岗位群的全面认知、专业岗位的强化训练、职业素养逐步养成的系统教育提供保障。

5　创新点

5.1　合作机制创新

"协同融合"的校企合作机制，集结多家代表产业新技术、高端技术龙头品牌服装企业/集团（涵盖男装、女装、休闲装等多品类多风格品牌）深入合作。过程中，不同定位和风格的品牌经过协同共育产业班—精专培养项目组——对一培养现代学徒，形成育人合力，提升企业现代学徒培养能力，促进高素质学徒职业能力和职业素养的养成。

5.2　培养模式创新

"三二三"现代学徒人才培养模式，第一阶段采用岗位轮训，熟悉各个品牌的特点及感知岗位要求，明确职业规划方向；第二阶段根据自身特长和兴趣爱好，选择其中一个合作品牌定向精专学习；第三阶段通过竞聘定岗训练。充分尊重学生个性特点，分阶、分类教学，定岗成才，为其职业可持续发展奠定基础。

5.3　教学环境创新

"就业导向"自主创新的教育生态闭环，校外资源整合成教学资源的成果物化模式，推动学校在技术技能人才队伍、实训基地、课程体系、教材等领域与产业需求对接，教学过程与企业生产过程对接[5]，融入先进的教学资源，开拓学生的视野，提高学生的岗位实践能力、培养

创新能力。

致谢

　　本文为浙江省教育厅 2021 年度职业院校产教融合项目《基于产教融合的陈列运营人才定制模式建设》(2021cjrhjg03)的阶段性成果之一。

参考文献

[1]　杨黎明. 关于现代学徒制(一):什么是现代学徒制[J].职教论坛,2013(6):1-1.

[2]　胡新建. 高职院校试行现代学徒制的实践与探索:以宁波城市职业技术学院为例[J]. 中国高教研究,2016(7):102-105.

[3]　康忠香. 在高职院校中开展体育文化活动对学生人文素养的影响探求[J]. 中国多媒体与网络教学学报,2018(11):54-55.

[4]　张少侠. 现代学徒制视域下金华市高职校企合作"365策略"创新研究[J]. 宁波职业技术学院学报,2021(6):25-29.

[5]　文广会. 学徒制背景下高职院校大学语文应用性教学方法的实施[J]. 陕西青年职业学院学报,2017(3):28-31.

[6]　田红磊. 企业新型学徒制背景下技工院校"双师型"教师团队构建策略研究[J]. 工业技术与职业教育,2019(12):24-25.

[7]　卜立新. 中小企业现代学徒制参与性研究[J]. 职业教育研究,2022(5):55-60.

[8]　苏玲利. 现代学徒制班校企互动探索与实践[J]. 现代商贸工业,2022(18):99-100.

[9]　教育部关于开展现代学徒制试点工作的意见[EB/OL]. http://www. moe. edu. cn/publicfiles/busi_ness/ht-mlfiles/moe/s7055/201409/174583. html.

[10]　宋瑾瑜. 高职院校与企业合作共生体系构建研究[J]. 教育与职业,2022(12):55-61.

[11]　高鸿. 职业教育现代学徒制试点:先行突破与实施策略[J]. 职教论坛,2016(3):10-13.

First-class undergraduate major construction of nonwovens and engineering towards new materials and intelligent manufacturing

WANG Hong[1,*], ZHAO Yi[1], LIU Li[1], WANG Rongwu[1], HUANG Chen[1], SHAO Zhuang[2]

1 *Key Laboratory of Textile Fabric Technology of Ministry of Education, Donghua University, Shanghai, China*

2 *Dagong (Qingdao) Research Institute, Qingdao, China*

Email address

wanghong@dhu.edu.cn(WANG Hong), zhaoyi@dhu.edu.cn(ZHAO Yi), liliull@dhu.edu.cn(LIU Li), wrw@dhu.edu.cn(WANG Rongwu), hc@dhu.edu.cn(HUANG Chen), 408946146@qq.com(SHAO Zhuang)

Abstract: Based on long-time teaching experience in the major of nonwovens and engineering, the authors propose the construction perspectives towards "Nonwovens and Engineering", which is the world-class undergraduate major facing to new materials and intelligent manufacturing. Through the reformation of the curriculum system of nonwovens and engineering, we should pay more attention to discipline in study, establish the system of checking duplicate papers and drawing blind examination, strengthen the relationship between practice and experiment as well as engineering certification, and cultivate innovative and applied qualified graduates for the society and for textile and garment industry.

Keywords: new materials; major of nonwovens and engineering; intelligent manufacturing

面向新材料和智能制造的非织造材料与工程一流本科专业建设

王洪[1,*]，赵奕[1]，刘力[1]，王荣武[1]，黄晨[1]，邵庄[2]

1 纺织面料技术教育部重点实验室，东华大学，上海，中国

2 大工(青岛)研究院，青岛，中国

邮　箱

wanghong@dhu.edu.cn(王洪)，zhaoyi@dhu.edu.cn(赵奕)，liliull@dhu.edu.cn(刘力)，wrw@dhu.edu.cn(王荣武)，hc@dhu.edu.cn(黄晨)，408946146@qq.com(邵庄)

摘　要：论文作者结合自己在非织造材料与工程专业的丰富教学经验，提出面向新材料和智能制造的"非织造材料与工程"世界一流大学本科专业建设方案，通过对非织造材料与工程专业课程体系改革，狠抓学风，建立论文查重和抽盲审制度，加强实践实验环节、工程认证等工作，为社会和纺织服装行业培养创新型、应用型的德智体美劳全面发展的社会主义事业合格建设者和可靠接班人。

关键词：新材料；非织造材料与工程专业；智能制造

自"双一流"建设启动以来，中国高校在建设学科、综合改革、内涵发展等方面都取得了阶段性成果，高校在世界排名不断上升，教育的国际影响力加快提升[1]。非织造材料综合了纺织品、纸张、塑料、皮革等柔性材料的特点，具有原料来源广泛、工艺种类多、技术变化灵活及生产成本低等特点，广泛应用于医疗卫生、过滤分离、美容护肤、环保治理、土工工程等国民经济的各个领域[2]。东华大学是首批经教育部批准设立非织造材料与工程专业的高校，经过十五年的建设，该专业于2020年入选国家级一流本科专业。

非织造行业是纺织领域的朝阳产业，近年来工艺技术创新发展，智能化水平不断提升，涉及领域不断拓展，

国际著名的北美非织造布协会(INDA)和欧洲非织造协会(EDANA)已经把多孔薄膜等材料纳入非织造材料[3]。在强化新工科的形势下,我们全面分析总结非织造材料与工程专业教育工作经验,提出面向新材料和智能制造的一流本科专业建设方案,培养社会主义建设者和接班人,下面展开具体探讨。

1 课程体系建设

1.1 全面改革课程体系

目前高校的专业教育课程体系与市场有脱节,影响了大学生到工厂就业的积极性。同时,课程体系建设是推动本科专业教育高质量发展的重要抓手,也是贯彻落实全国教育大会精神的重点工作[4]。全面分析总结非织造材料与工程专业教育工作经验和面临的新形势及新任务,强化新工科背景下非织造材料与工程专业的新材料和智能制造特色,将课程思政、新材料、智能制造与非织造材料与工程深度融合,打造优质教学课程体系,培养出多学科融合的高层次复合应用性创新人才,提高大学生就业率和用人单位满意度。

融合现代信息技术与教育教学为一体,研究如何将纸质和在线教材课程进行深度融合,推进课程内容更新,发展案例教学,形成一批专业精品课程。将学科研究新进展和数字化、智能化最新技术引入课程内容,实现"以研促教,教研相长"。融入新材料、机械、智能制造、化学、生物等交叉学科知识,实现"纺织+";建设在线课程,增加自动化和智能化生产视频和录像,建立突出非织造材料与工程专业人才培养定位与特色的非织造材料与工程专业课程体系。

另外,改进教学方法与教学手段,将多媒体教学、实验教学、仿真教学、视频教学、现场实训结合,丰富教学手段内容,提升教学质量。构建基于"学生体验"的课程体系,提高学生的自主参与度,激发学生学习兴趣。

1.2 全面推进课程思政建设

由于获取信息的便利性,当代大学生在思想方面较为活跃,容易受西方思想的影响[3]。站在新百年的新征程的新起点,必须贯彻新发展理念,服务构建新发展格局的人才培养模式,深入贯彻落实国家教育现代化方案,不断推进教育改革与创新,为党育人,为国育才,培养德才兼备的高层次创新型复合人才[5]。

以习近平新时代中国特色社会主义思想为指导,融入课程思政建设。把思想政治教育贯穿人才培养体系,将价值塑造、知识传授和能力培养三者融为一体,着力推进从课程思政向"专业思政""学科思政""科研思政"的探索,大力推进课程思政建设,提高学生对当前社会发展阶段的认知,为纺织产业转型升级培养高水平人才,助力我国初步建成纺织强国。对标国内外一流高校、一流学科的标准,编制课程思政教学指南,深入挖掘专业课程的德育内涵和元素,根据社会需求和时代变迁特色,相应修正课程授课内容。以为党育人,为国育才,培养德才兼备的高层次创新型复合人才为目标,在专业授课的同时融入思政内容,同时创新教育教学方式方法,提高学生对思政课程的兴趣,提高学生的政治素养。

1.3 制订课程学分修读办法

落实以人为本、学生为中心的教育理念,充分发挥学生的兴趣与特长,切实提高毕业生质量水平,引导学生有针对性地修读专业课程。结合《东华大学本科学分制管理规定》,规定学生的课程学分为:

(1)专业必修课6学分。

(2)将"非织造前沿技术与实践""非织造产品与应用""非织造技术与资源利用""新型非织造加工技术""专业外语""专利与文献检索"6门课程作为引导选修课,学生至少修满8学分,提高学生的非织造专业特色。

(3)学生可根据个人兴趣,选择其他专业方向的选修课,最多选修6学分。

2 狠抓学风,每学期发布学风建设报告

学风教育是贯彻落实全员、全方位、全过程育人要求的重要举措[6]。加强学风建设是提升高等学校人才培养质量和科学研究水平的重要保证。认真贯彻落实国家和上海市关于学风建设的相关文件精神,按照"全覆盖、制度化、重实效"要求,整合资源,积极推进学风宣讲教育工作,切实加强学风建设。每学期发布一次学风建设报告,表彰学风建设先进个人,包括国家奖学金、上海市奖学金获得者,先进班集体代表、学习型寝室和保研寝室等,并为东华大学"杰出纺织人"荣誉学生颁奖等。同时,也给学分绩点低的同学敲敲警钟,以了解缺项、弱项,并采取有效对应措施。

严抓课堂纪律,加强与学生的互动,提高学生的学习积极性。严格考试监考和违纪处置制度。主监考老师提前15分钟到考场、副监考提前10分钟到岗,迟到为教学事故。考前事先提醒考场纪律,把学生的违纪念头扼杀在摇篮里,避免考试违纪的发生。如果在监考时发现学生考试违纪行为,一定要当场在考场记录表上详细记录事实及经过、两位或两位以上监考或在场人员签名、作弊考生本人在记录上签名,附上作弊证据。在涉及"携带具有发送或接收信息功能的设备"和"使用具有发送或接收信息功能的设备"(也就是发生手机或智能手环作弊时),一定要根据事实写清楚是携带还是使

用,并拍照保留证据。在涉及"身上或其他物品上写有与考试有关内容的""抄袭考试内容相关资料的"(也就是发生小抄作弊时),一定要根据事实写清楚是携带还是抄袭,并保留相应证据。根据相应证据给予学生处分等级。

3　建立论文查重和抽盲审制度,提高高等教育含金量

毕业论文是本科教育极其重要的实践性教学环节,是检查学生在校期间知识水平、应用能力、创新精神的一次总测试、总检验,也是毕业生走向社会前的一次大练兵[8]。但是,近几年来,随着本科学生考研比例的大幅提升,以及就业实习的影响,学生们在本科毕业课题方面投入的精力有限,东拼西凑写论文。为了防止论文抄袭事件,加强对学术不端行为的打击力度,学位论文查重和抽检成为学位质量保障的重要手段。为更好对接国家本科专业教育指导委员会关于人才培养的相关要求,契合人才培养特点,提高学生论文评价的科学性,必须对本科生学位论文进行抽盲审和查重,建立论文评价指标体系。

同时,为了让中国的高等教育追上世界上最强的国家,必须让大学的"金专、金课、金师"随处可见,让"水专、水课、水师"无处安身。"要让学校的那些质量不高的专业难以为继,要让质量不高、不用心、没含量的课下岗"。教育教学不再是一个宽松软的状态,要让学生毕业和课程难起来,不能是一进了学校就进了安全箱,不好好学习的学生毕不了业。要让学生忙起来,"让那些天天睡大觉、天天打游戏、天天喝大酒的醉生梦死的日子一去不复返"。与之相配合,针对考核形式为文献综述或者报告的专业课程,学生提交的报告必须也经过查重,以提高高等教育的含金量。

4　加强实践实验环节,增强学生动手能力,德智体美劳全面发展

当前劳动教育被淡化、弱化。教育是国之大计、党之大计,习近平总书记对新时代教育工作进行全面部署,强调"培养德智体美劳全面发展的社会主义建设者和接班人,加快推进教育现代化、建设教育强国、办好人民满意的教育"。新时代,我们需要培养德智体美劳全面发展的人才,在学生中弘扬劳动精神[9]。

深化教育体制改革,解决教育评价指挥棒问题,培养满足社会发展需要的人才。适应当前制造业转型升级要求,顺应纺织工业发展规划,进行课程体系改革,加强教育过程中的实践实验环节,增加学生动手能力,形成面向新材料和智能制造的"非织造材料与工程"世界一流大学本科专业课程体系,为社会和纺织服装行业培养创新型、应用型的高素质人才。强调学生创新能力和实践能力培养,特别注重校内教学实践与校外工程实践相结合,充分利用政产学研等外部资源和地域优势,与工业界建立紧密联系,通过实习、实践和各类学科竞赛活动,丰富学生实习实践阅历,强化创新创业教育。先后与东方国际、通标技术(上海)公司、浙江严牌过滤技术股份有限公司、浙江华基环保科技有限公司等行业领军企业联合建立了校外实践基地。

5　通过工程认证,培养工程化人才

2021年12月15日,由中国工程教育专业认证协会发起的2021年工程教育国际研讨会以在线方式顺利召开,本次会议是国际工程联盟与世界工程组织联合会正式发布2021年毕业要求和职业能力国际标准后第一次大规模的国际研讨会,指出了工程演化推动联合国可持续发展目标的实现路径,提出将可持续发展目标纳入工程教育的相关政策、最佳实践和教学方法,建立可持续发展与工程教育的共享研究模式,真正让学生认识到全球可持续性和气候变化的共同责任[10]。

东华大学纺织工程学科分别于2016年和2019年通过工程教育专业认证,坚持以专业认证为导向,提高专业教学质量,以工程教育专业认证为契机,强化特色专业教学,体现"学生中心、成果导向、持续改性"的工程教育认证理念。非织造材料与工程专业属于纺织工程一级学科下的二级专业,通过参加纺织工程学科的工程认证,不断提高专业建设质量,并于2021年提交非织造材料与工程专业工程认证申请书,旨在培养掌握现代非织造专业知识和基本技能,具有发展创新精神和国际视野,能服务于现代非织造行业相关领域,从事非织造原材料制备与选用、非织造工程设计与工艺控制、非织造产品开发设计与检测,以及相关领域管理和贸易等工作的高层次应用型创新人才。相信通过开展工程认证工作,可以更好地为行业培养工程化人才。

6　结语

本文从非织造材料与工程专业课程体系、学风、论文查重、实习实践和工程认证等角度,探讨了如何进行面向新材料和智能织造的世界一流大学本科专业建设,希望在课程体系和人才培养方案改革的基础上,通过产教融合和校企合作,为社会和纺织服装行业培养创新型、应用型的德智体美劳全面发展的社会主义事业合格

建设者和可靠接班人。

参考文献

[1] 张娟,项文姬.基于世界一流设计学科的评价指标探究[J].纺织服装教育,2021,36(5):409-413.

[2] 王洪,靳向煜,吴海波.非织造材料及其应用[M].北京:中国纺织出版社有限公司,2021.

[3] 王洪,靳向煜,吴海波,等.具有国际视野的创新型非织造材料与工程专业人才培养模式的构建与实践[J].纺织服装教育,2019,34(5):390-393.

[4] 邹红军.挑战与使命:教育学一流本科专业建设研讨会综述[J].教育学报,2021,17(6):204-205.

[5] 王忠堂,李永华,马明,等.基于新时代教育理念的本科专业建设与成效[J].教育教学论坛,2021,51:1-4.

[6] 郭琳.新媒体背景下大学生思想政治教育多元化路径的可行性分析[J].现代职业教育,2021(50):20-21.

[7] 陈静,曾毅.弘扬科学家精神与加强作风学风建设的思考[J].中共杭州市委党校学报,2021(6):81-87.

[8] 潘金林.在投身学习中打造顶峰体验:以国家一流本科课程"教育科学研究方法"教学改革为例[J].中国大学教学,2021(11):58-64.

[9] 张烁.在学生中弘扬劳动精神[J].上海教育,2020(13):1.

[10] 罗静,刘仁,施冬健,等.工程认证背景下高分子材料与工程专业实验教学的改革初探[J].高分子通报,2021(5):107-114.

Reconstruction and practice of "Color design and application" course under the integration of Ideological and political elements

WANG Lei

Clothing department, Zhongyuan Institute of technology, Zhengzhou, China

Email address

1054570395@ qq. com(WANG Lei)

Abstract：In the view of "morals can improve skills" from ideological and political courses, this essay combines "Tao" with "Skills" in "color courses", so as to systematically plan the curriculum concept—attaching importance to the organic combination among different courses, and to the collaborative innovation of course group, in order to apply the use and design of color in a flexible way; reconstructing the content of the course: basic module (comparative study of Chinese and foreign colors) ~ advanced module (special research) ~ application module (refining and application). From the lower level to the higher one, this essay microscopically summarizes the diversified expression of colors in different fields, and microcosmically focuses on the causes of "native language" of colors. Therefore, it compares and analyzes the expression laws and paths of colors in different cultures from multiple angles, so as to break the current curriculum structure and find a new way to create the "Chinese theory and paradigm" of color courses and, as a result, to stimulate "nationality and patriotism" among students.

Keywords：ideological and political elements; color course; reconstructing and practice of the course content

思政元素融入下的"色彩设计与应用"课程重构与实践

王蕾

服装学院,中原工学院,郑州,中国

邮　箱

1054570395@ qq. com(王蕾)

摘　要:本文以思政元素为视角,提倡以"道"载"技",将思政元素中的"道"与"色彩"课程中的艺术性、技术性结合,对课程理念系统规划:重视多种课程资源的有机结合,构建课程群组协同创新,让色彩的设计与应用有"来"有"去";对课程内容打破重构:基础模块(中外色彩对比研究)→进阶模块(专题研究)→应用模块(提炼与应用)。知识内容层次递进,宏观归纳不同领域色彩的多样性表现,微观聚焦色彩的"本土语言"成因,多角度对比解析不同文化下色彩的表现规律、表达路径,打破现有的课程结构,另辟蹊径创建色彩课程的"中国理论和范式",引出设计的"民族性",激发学生的爱国意识和家国情怀。

关键词:思政元素;色彩课程;重构与实践

1　引言

课程思政是高校落实立德树人的根本任务,是铸就教育之魂的理念创新和实践创新[1]。"色彩设计与应用"课程是设计学类服装与服饰设计研究生培养的一门重要专业必修课,在课程革新实施中,通过以"道"载"技",将思政元素中的"道"与"色彩"课程中的艺术性、技术性结合,改变学生对本课程、本专业"重技"而"轻道"的问题。让研究生从思想的高度,厘清认识的根源,"技"亦有"道"。本文以思政为抓手,构建大课程体系,注重学科交叉融合,组建课程群组;坚持创新与时代精神,重构课程内容。思政元素融入后的课程重构与实施,在坚实本课程基础属性的同时,"育人"与"育才"将双向同行,使本课程意义与影响更加深远。

2 "色彩设计与应用"课程的现状

"色彩设计与应用"课程,旨在通过系统的色彩理论与实践,使学生掌握正确的色彩思维方法,具备高层次的理论研究水平和设计创新的实践能力。本课程的理论基础,建构在西方成熟、科学的色彩认知理论下。以孟赛尔色彩体系为主导,在 20 世纪 80 年代引入,贯穿在我国高等艺术院校本科的三大构成之一"色彩构成"课程中[2],也奠定了设计学类研究生的专业基础课"色彩设计与应用"的理论基础。这套嫁接在以德国包豪斯教育体系为指引的设计教育的理论和方法,在我国的艺术设计学科发展初期,具有积极的促进作用,但经过几十年的学习、发展、沉淀,在我国经济、政治、文化等急剧蓬勃发展的今天,其围绕西方色彩认知体系与应用习惯的课程内容,与作为高阶设计人才的研究生的培养目标越来越不和谐。长期的跟跑,致使我们的审美与语境均过于西化,设计缺失"本土语言";设计思维薄弱且固化,针对中西方文化缺少辩证思考;教学理论、手法及成果形式单一,评价主观性强,缺少实践创新及人才培养的方向性引导。综上,结合服装设计基础课程组的长期教学积累,本文通过思政元素的融入,探讨对"色彩设计与应用"课程进行的重构与实践。

3 思政元素融入下的"色彩设计与应用"课程重构策略

作为服装与服饰设计研究生专业核心基础课程,"色彩设计与应用"课程的革新以立德树人为教学目标,以"三全育人"为指导,将"时代精神"融入人才培养全过程,探索跨院系、跨学科、跨专业交叉培养创新人才的新机制。以此为背景,重构课程内容,形成"明暗"两条教学线。明线以课程本身的知识点内容串联,用以传道授业解惑;暗线彰显丰富的课程思政内容,润物无声

的传递社会主义核心价值理念。明暗交织、互相推进,实现知识传授与价值引领的有机结合。在实施过程中,重视多种课程资源的有机结合,构建课程群组协同创新,让色彩的设计与应用有"来"有"去";对课程内容打破重构:基础模块(中外色彩对比研究)→进阶模块(专题研究)→应用模块(提炼与应用)。知识内容层次递进,宏观归纳不同领域色彩的多样性表现,微观聚焦色彩的"本土语言"成因,多角度、对比、解析不同文化下色彩的表现规律、表达路径,打破现有的课程结构,另辟蹊径创建色彩课程的"中国理论与范式",引出设计的"民族性",激发学生的爱国意识和家国情怀。

4 思政元素融入下的"色彩设计与应用"课程实施

4.1 "三全育人"思想下课程体系的重构

以育人、育才为中心,体现重构后课程的知识性与价值性的统一;以"三全育人"为指导,重视多种课程资源的有机结合,构建课程群组协同创新。课程群组以"大课程"的整体意识,将"色彩设计与应用"做纽带,把"设计思维""民族服饰""品牌设计与实践"课程融入其中,进行系统规划,强调课程教学设计的核心是"让学生有机会经历完整的工作过程"[3]。由课程教学转向课题教学,加强理论课程与实践课程之间的融合,由讲授课程向混合教学转变,完善多元化评价体系。

"设计思维"课程作为基础理论课,学生在课程中学习设计学的研究方法,重在设计思维的逻辑、创新训练[4]。思政元素融入下的设计思维的培养与专业的观察视角训练,为后期的专业课程保方向、打基础;民族服饰通过深入学习服饰文化的人文特征及造型特点,积累了丰富的服饰素材及民族文化内涵,具象化了前期思维训练的研究内容;"色彩的设计与应用"课程,以色彩的视角,通过系统、严谨的色彩认知体系,为深入解读、学习、研究前期课程中形成的问题,提供了具体的解决方

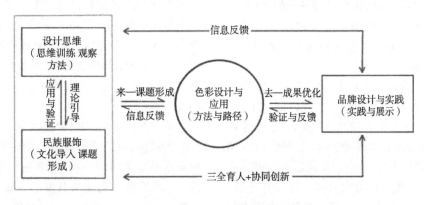

图 1 "大课程"思路下课程群组的设置

法与手段;最后的学习落实到"品牌设计与实践"课程,用品牌的形式,转化课题内容,串联各个知识点。品牌的包容性与鲜明的识别性,将知识、理论、实践有机融合,更加激发学生的创造性与获得感。

"大课程"思路下课程群组的设置,使知识衔接更为紧密,课程之间优化组合,层次递进,注重"艺术性"与"实用性"结合,"理论性"与"应用型"课程交叉,形成多课程优势互补的多元一体的闭环教学建设机制;构建了"多门类、多学科+思政"的课程思政模式,形成课程与思政同向同行的育人新体系(图1)。

4.2 "时代精神"弘扬下课程内容的重构

习近平总书记在党的十九大报告中指出,"创新是引领发展的第一动力,是建设现代化经济体系的战略支撑。"如何在原有知识结构的基础上整合出一条更科学、更合理的知识链,使这条知识链中的每一个知识点环环相扣,更符合时代精神[5]?一直是我们课程内容重构的关键。

4.2.1 课程环境创设

在教学中,构建以学生为中心的学习模式,教师要积极转换角色,从以往单一的"讲授""辅导"转变为复合型、融合型引导,帮助学生提高发现问题、分析问题、解决问题的过程性创新实践能力[6]。同时,教师能将前沿知识与技术引入课程教学之中,利用混合式教学,采用线上线下相结合的方法,进行新的教学环境创设与授课模式建立。课前,依托自建教学平台及丰富的网络资源,发放任务,引导学生进行资料搜集整理,寻找研究方向,从而完成初阶任务的学习目标。在这个过程中,学生作为学习的主体,要转化以往的被动学习模式,结合任务目标,进行素材积累,完成基础知识储备,并能够凝练问题,为后面的深入研究奠定基础。课中,老师通过线上教学的数据分析,将问题导入设置在线下课程中,通过问题导向引导、案例分析等,层次递进,逐步深入,激发学生探究式学习;课后,导师需将科研项目积极引入课堂,将专业理论知识与创新实践相结合,将企业实践与课题方向对接,形成团队,进行学习及延伸实践,拓宽研究生学习的情境,为学生提供真实的创新实践平台,促使学生在知识上完成高阶层次的融会贯通。

4.2.2 教学设计与实施

以"道"载"技",将思政元素中的"道"与"色彩"课程中的艺术性、技术性结合。在实施中,以"能力本位、知识共享、老师引导、学生主体"的原则,从知识、兴趣点生发研究方向[7];以研究方向凝聚3~4人的团队;以团队共享、互助,凝练课题内容;教师根据课题内容进行任务分解,对不同课程设置考核方向、内容、标准与评价。在"色彩设计与应用"课程教学中,以前期课程中形成的课题方向为引领;以色彩认知系统为研究方法与路径;

以课题组形式推进,采用"大综合、小深入"的方法,在集体的智慧下共同完成大的研究课题任务,随着课程内容的推进,在大课题下细化出不同子课题,由对应学生独立深入,形成课题研究成果。

课程模块化设置。在第一个"基础模块"中,强调集体精神。第一阶段的课题组合作形式,将全面考察学生的整体素质与能力,为顺利实施以学生为本,高效完成课程初期知识的储备提供条件。设计专业强调观念先行,强调思辨[8]。导师在基础模块的任务设定,重在用不同的手段,开阔学生的视野,对学生进行创新观念的引导。在教学中,大课题的设计主线有以下几个方向供参考:中西方不同典型历史时期用色对比与表现;中日色彩的差异与文化解读等[9]。也可鼓励学生自拟,重在体现不同文化下色彩的差异性表现。差异需要某一共性做串联才有可对比性。可锁定某一历史时期或节庆、习俗等作背景,从政治、文化、艺术、服饰等入手,了解色彩的多样性表现与内在动因。横向侧重课题组内与组之间形成的共享与启发,通过课题汇报、讲评,以更开阔的视域探寻不同意识形态下艺术表现路径与规律。纵向深入,横向交叉,以课题项目为驱动的第一阶段"基础模块"中,需要导师的及时引导,并不断进行过程性评价,从而及时调整学生的研究内容及方法,提高效率,激发学生的主动探究能力。

第二个"进阶模块"中,倡导"大国工匠"精神,注重传承与创新。课题化整为零,将开放的视域聚焦到某一具体研究内容上,由团队成员个人进行课题转化、元素挖掘、传承与变化。在此阶段,学生需合理选择具有典型性的艺术形式,探寻表达规律。老师需引领学生的视野从宏观走向局部,在传承中求新求变。具体的教学实践中,将文化与课题融合,依据蒙赛尔色彩理论,对课题中的典型性图片进行色彩提炼,并通过色相、明度、纯度的不同搭配变化,获得经典用色与丰富的组合用色。色彩离不开图形去承载。课题中典型图案的提炼与转化同样是重点。将课题中典型性的图案,手绘采集,利用电脑转化为矢量图形。通过形式美法则将矢量图形转成丰富的图形组合变化。最后,色与形结合,完成典型视角元素的系列开发。此阶段理论与实践结合紧密,同时在形、色的传承与变化中,即要有代表性,又要有丰富性,对学生的专业能力与求精、求变的专业态度提出较高要求。

第三个"应用模块"中,从"设计为人"出发,构筑学生务实精神,勉励学生树立专业信仰,并在中西方优秀色彩作品案例比较分析中,聚焦色彩的"本土语言"成因。本阶段重点将前期开发的元素,进行图形优化,落实到"应用"上,与我们当下的日常生活发生联系。让传统走入生活,并焕发生机。如图2所示,学生的课题选自敦煌图案。作者选用莫高窟艺术中具有典型代表的"联珠团窠纹"进行图形提炼与转化,利用莫高窟五代第98窟女供养人像及其服饰复原图,进行色彩提炼,当形、色组合优化后,在手机壳、书籍封面设计上呈现丰富的色、形变化。色彩关系在变化中保持了莫高窟色彩的

华丽,图形在多种组合方式下保持原图基本特征,合理的载体的选择,使传统艺术焕发生机。学生也在实践中,举一反三,尝试更宽范围的生活结合,探索出设计表达的新路径。

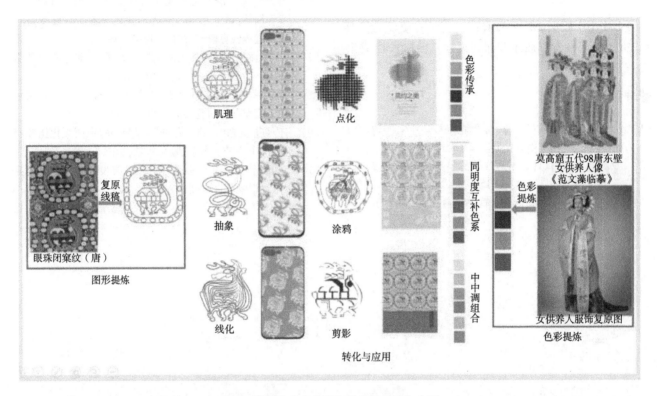

图2 敦煌艺术在当下生活中的传承与应用

通过以上三个课程模块的教学实施,学生以色彩为切入点,开阔了设计思维,系统掌握了色彩提炼与应用的路径与技巧。值得说明的是,本课程的设计,受课程学时所限,在深度及扩展性上不足。这也为后期在"品牌设计与实践"课程中实施留下空间。教师需要做好课程交接,学生应该明白后续发展的方向与必要性,让设计、文化、品牌真正融合,引出设计的"民族性",树立文化自信,创建艺术课程的"中国理论和范式"。

4.2.3 教学评价

针对课程群组化构成,模块化设计,教学评价采用多维度、多元化形式,注重对学习过程的评价。阶段性评价,可以保证及时调整师生在课程中的表现,修正行为,调整进度。平时成绩占总成绩的70%,由多个阶段性任务组成,能客观、全面地考察学生的品质、毅力、学习力及创造性。结课成绩占总成绩的30%,以大综合的形式呈现。作为评价主体,参与评价的教师为"大课程"群中所有授课教师和辅导教师。在成果展示阶段,应邀请校内外专家和企业人士,进行多角度的评判,力求做到多渠道、立体化评价,引导学生的学习与市场需求接轨。教学评价的目的,重在启迪开发学生的形象

思维,与学生教学相长、师生共进,推动课程正向的建设发展。

5 结语

以"立德树人"为目标,以"三全育人""时代精神"为驱动,在课程结构、教学策略、教学设计及实践上,进行全面革新与重构。在实践过程中,以形载色,以物载德,通过宏观视域的打开,微观专题的聚焦,探索"本土语言"和"中国审美"的色彩研究路径。提出以大课程概念下的课程群组的建立,让学生经历完整的教学流程,让文化融合于技法理论,让设计走向展示与实践。同时,混合式教学方法的践行,将社会发展与技术进步的前沿知识引入课程教学之中,通过引导式、探究式的教学方法,培养学生的创新思维[10]。在教学评价上,提出应积极采用多维、多级的评价方式,以评促改,通过形成性评价,反映学生的成长发展历程,完成实用创新型高级人才的培养目标。

色彩的课程不单纯是一门以技法理论为目的的课程,应与文化结合,回到生活中去。学生更应该学会以

"色彩"为切入点,在多元的文化视角下,挖掘本民族文化艺术,为形成与世界对话的语言范式做出新生代设计师的有力尝试。

致谢

本文为中原工学院 2022 年研究生教育质量工程项目、2021 年河南省思政示范课建设项目的阶段性成果之一。

参考文献

[1] 韩宪洲.课程思政"三问":课程思政是什么? 为什么? 怎么干? [J].中国教育报,2020(3).

[2] 汤颖凡.试述设计色彩课程的教学改革及探索[J].西部皮革,2021,43(24):14-15.

[3] 符小聪.纺织服装类专业教学资源库的"建"与"践" [J].高教学刊,2018(17):45-47.

[4] 王海威.论高校课程思政的核心要义与实践路径 [J].学校党建与思想教育,2018(14):32-34.

[5] 王雪青.二维设计基础[M].3 版.上海:上海人民美术出版社,2011.

[6] 万力勇.数字化学习中的学习者参与:联结学习动机与学习绩效:访俄亥俄州立大学知名学者谢魁教授[J].现代远程教育研究,2019,31(4):11-12.

[7] 孔令奇.基于服饰文化传承与创新的课程群组建设与实践[J].中原工学院学报,2019(30):12.

[8] 李德平.高校创新人才的培养与实践教学体系的构建 [J].辽宁教育研究,2007(4):75-77.

[9] 任永进 贺志涛.跨文化交际背景下的中西文化比较研究 [M].北京:中国大地出版社,2019.

[10] 李翔宇.基于项目驱动模式的服装设计课堂教学研究 [J].课程教育研究,2019(36):165.

Teaching reformation of "double basic" teaching demonstration course "Women's Clothing Structure 2" in colleges of anhui province based on OBE concept

WANG Lijuan[1], YUAN Jinlong[1], HE Yindi[1], LIU Na[1], ZHANG Huijuan[1], SHEN Guocui[2]

1 *Academy of textile engineering and art, Anhui Agricultural university, Hefei, China*

2 *Anhui Yiliton Group, Hefei, China*

Email address

736780113@ qq. com (WANG Lijuan), 36002786@ qq. com (YUAN Jinlong), 231000215@ qq. com (HE Yindi), 57329026@ qq. com (LIU Na), 56362524@ qq. com(ZHANG Huijuan), 995987145@ qq. com(SHEN Guocui).

Abstract: Based on the OBE concept of engineering education certification, teaching reform and exploration are carried out from five aspects: course objectives, teaching contents, teaching methods, assessment methods and course achievement evaluation to build a provincial "double basic" teaching demonstration course in the teaching process of " Women's Clothing Structure 2" which is a major course of fashion design and engineering. It provides a good foundation for continuous improvement of the course and the achievement of graduation requirements, and also provides reference for the construction of other "double basic" teaching demonstration courses.

Keywords: OBE concept; demonstration course of "double basic" teaching; teaching reformation

基于 OBE 理念安徽省高校"双基"教学示范课"女装结构 2"教学改革实践

王丽娟[1],袁金龙[1],何银地[1],刘娜[1],张慧娟[1], 沈国翠[2]

1 轻纺工程与艺术学院,安徽农业大学,合肥,中国

2 安徽依立腾控股集团,合肥,中国

邮 箱

736780113@ qq. com(王丽娟),36002786@ qq. com(袁金龙),231000215@ qq. com(何银地),57329026@ qq. com(刘娜),56362524@ qq. com(张慧娟),995987145@ qq. com(沈国翠)

摘 要:为建设省级"双基"教学示范课程,在服装设计与工程专业的专业核心课"女装结构 2"教学过程中,遵循工程教育认证OBE 理念,分别从课程目标,教学内容、教学方法、考核方式、课程达成度评价五个方面进行教学改革和探索,为该课程的持续改进及达成毕业要求提供良好的基础,也为其他"双基"教学示范课程建设提供参考和借鉴。

关键词:OBE 理念;"双基"示范课;教学改革

1 引言

随着全球一体化进程不断加快,高等教育领域也开展相应的改革。1989 年,美国,英国,加拿大等国签订《华盛顿协议》,该协议承诺签署国通过认证的工程类相关专业的培养方案具有等效性,毕业生均满足从事工程师职业的学术要求和基本质量标准,毕业证书在签署国间是互认的。2016 年,中国正式加入该组织,成为国际工程联盟的成员国之一,标志着我国工程类专业人才培养与国际接轨,步入国际化,对我国工程教育乃至整个高等教育改革具有重要意义。工程教育认证的三大教育理念:以学生为中心(教育的属性)、持续改进(教育的过程)及成果导向(教育的准则)。其中,成果导向(Outcomes-based education, OBE)理念是以学生为主体,以学习为中心,更加注重学生在学习过程中取得的

成果[1]。因此,深入研究 OBE 理念要求对专业核心课程体系建设显得尤为重要。

2020 年,安徽省教育厅在全省普通高校开展"基层教学组织"和"基本教学活动"(简称为"双基")标准化建设和示范创建工作。"双基"之一——基本教学活动标准化建设设置五个一级指标:教学规范、教学组织、学生管理、实验教学和实习实训教学,每个一级指标又分解若干个二级指标,每个二级指标又有多个观测点。教学示范创建达标也设置三个指标:教学目标、教学方式和教学研究,每个指标下面也有多个观测点。OBE 理念和"双基"建设均强调教学活动"以学生为主体,以学习为中心"的教育思想。因此,结合工程教育认证的 OBE 理念能够更好地完成"双基"标准化建设和教学示范课创建。

"女装结构 2"是服装设计与工程专业纸样设计系列课程的一门主干课程,也是该专业的核心基础课之一,其课程内容多,课程难度较大。本课程在专业课程体系中起到承上启下的作用,上承服装造型设计、款式设计、服装材料与选择等课程,下启服装成衣工艺学、服装产品开发、生产加工及管理、服装销售等课程。本课程主要围绕女装结构设计原理和技巧,结合人体与服装、结构与工艺,解决成衣生产过程中,尤其是针对特定人群,特定客户所产生的实际复杂服装工程问题。该课程既有艺工紧密结合的特点,又有实际工程问题综合性、应用性强的特点。鉴于此,本文将工程教育认证 OBE 理念应用于"女装结构 2"课程的"双基"省级示范课建设,在满足学生毕业要求目标达成的基础上,明确课程目标,重新修订教学大纲,按照"反向设计"的原则,分别从教学内容、教学方法、考核方式三个方面设计教学,并以课程目标达成度评价为依据进行正向实施,从而不断完善"女装结构 2""双基"教学示范课,如图 1 所示[2-3]。

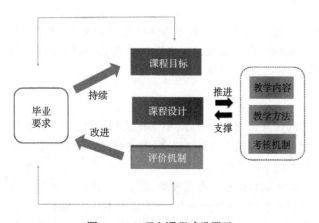

图 1　OBE 理念课程建设图示

2　明确课程目标

在服装设计与工程专业工程教育认证对应的 12 条毕业要求下,对该课程进行教学大纲的重新修订,重新确立课程目标,分别从知识、能力和素养三个方面来表现,具体如下:

(1)了解女装基本纸样相关知识,掌握女上装标准基本纸样的绘制方法(女上装原型)。掌握省道转移的基本原理与方法,掌握省、分割线及褶裥等之间的结构关系,掌握女上装结构设计的基本规律及方法,能够针对具体服装款式进行结构设计与纸样绘制,并能将其运用于成衣中验证结构设计的有效性及合理性。培养学生服装平面结构设计思维,能够独立完成具体服装款式到服装结构制图再到成衣验证整个闭环。

(2)了解女上装衣身与局部的结构关系,掌握常见袖型、领型的平面结构制图方法及结构变化原理。

(3)了解女装款式分析,掌握各类女上装基础款的平面结构制图方法,并熟练运用于各类复杂女上装变化款式的结构设计应用,培养学生女装结构设计的整体意识,具备能够独立进行结构设计向成衣样板转化的能力。

(4)了解服装结构设计相关课题的国际发展趋势,研究热点,培养学生较强的自主学习能力,主动探索和独立思考能力,提高学生的创新意识和实践动手能力,增强学生对本专业认识。

"女装结构 2"课程教学目标与毕业要求指标点的对应关系见表 1。

3　精简教学内容

以课程目标为导向,精简"女装结构 2"课程的教学内容,更注重内容的紧凑性和递进性,将其划分为 3 个大模块:女上装原型法结构设计及变化原理、女上装零部件结构设计与变化原理、女上装整体结构设计,共 48 学时,细分为 16 个单元。教材选用东华大学出版社的《女装结构设计(下)》,教辅材料有中国纺织出版社的《服装纸样设计原理与应用(女装篇)》《品牌女装结构设计原理与制版》及东华大学出版社的《服装细部件结构设计与纸样》。在实际教学中,依据 3 大模块对教材中相关知识点进行删减、梳理和重组,符合学生能接受的循序渐进思维模式,除了注重教材的基础性学习外,结合网上优质的教学资源进行拓展性训练,共同服务于该课程的课程目标(表 2)[4]。

表 1　OBE 理念"女装结构 2"课程目标与毕业要求指标点的对应关系

毕业要求	指标点	课程目标
工程知识:能够将数学、自然科学、工程基础和专业知识用于解决复杂服装设计与工程问题	指标点 1.4:掌握从事服装产品设计与开发工作所需的材料、结构、工艺等专业知识,能用于解决服装设计与工程中的复杂工程技术问题	课程目标 1 课程目标 2 课程目标 3
问题分析:能够应用数学、自然科学和工程科学的基本原理,识别、表达,并通过文献研究分析服装复杂工程问题,以获得有效结论	指标点 2.1:能够应用数学、自然科学和工程科学的基本原理,识别、判断和表述服装领域复杂工程问题的关键环节	课程目标 1 课程目标 2 课程目标 3
	指标点 2.2:能够认识到解决问题有多种可选方案,并能够通过文献研究寻求可替代的解决方案	课程目标 1 课程目标 2
设计/开发解决方案:能够设计服装复杂工程问题的解决方案,设计满足特定需求的服装或工艺流程,并能够在设计环节中体现创新意识,考虑社会、健康、安全、法律、文化以及环境等因素	指标点 3.1:了解服装设计与工程前沿现状和发展趋势,熟悉新时尚、新材料、新技术和新工艺研究、开发的基本流程,在解决复杂服装设计与工程问题中具有追求创新的态度和意识	课程目标 3 课程目标 4
	指标点 3.2:完成课程实验、实习、创新实践、生产实习和毕业设计等教学环节,完成服装款式、结构、工艺、材料和营销方案等单元设计,体现创新意识	课程目标 4
使用现代工具:能够针对服装复杂工程问题,开发、选择与使用恰当的技术、资源、现代工程工具和信息技术工具,包括对复杂工程问题的预测与模拟,并能够理解其局限性	指标点 5.2:学会使用相关的网络资源、数据库、现代工程工具等信息技术,针对服装款式设计、结构设计、虚拟仿真、智能制造及营销管理等问题,进行分析、计算与设计	课程目标 1 课程目标 2 课程目标 3
工程与社会:能够基于工程相关背景知识进行合理分析,评价服装工程实践和复杂工程问题解决方案对社会、健康、安全、法律以及文化的影响,并理解应承担的责任	指标点 6.1:了解服装设计与工程专业相关的历史、文化和行业背景,能够正确认识服装设计与工程和生活的相互关系及相互影响,熟悉服装设计与工程专业研发、生产、运营在社会、健康、安全等方面的方针、政策、法规	课程目标 3
沟通:能够就服装复杂工程问题与业界同行及社会公众进行有效沟通和交流,包括撰写报告和设计文稿、陈述发言、清晰表达或回应指令并具备一定的国际视野,能够在跨文化背景下进行沟通和交流	指标点 10.2:了解服装专业领域的国际发展趋势、研究热点,理解和尊重世界不同文化的差异性和多样性	课程目标 4

表 2　OBE 理念"女装结构 2"与教学内容与课程目标的对应关系

模块划分	单元名称	学时分配	基础知识点	拓展知识点	对应的课程目标
模块一:女上装原型结构设计及变化原理	女上装原型法结构制图	2 学时	1.标准女上装基本纸样的绘制方法 2.女上装造型设计特点,省道转移基本原理和变化设计 3.女上装造型分割线、褶裥结构设计原理	1.新、旧原型法结构制图的比较 2.女上装比例法制图方法 3.结合女装造型设计,自行设计女上装衣身款式,并独立完成结构制图	课程目标 1 课程目标 4
	省道转移的原理及应用	4 学时			
	女上装造型分割线、褶裥的结构设计	4 学时			
	女上装衣身变化款的结构设计	2 学时			

续表

模块划分	单元名称	学时分配	基础知识点	拓展知识点	对应的课程目标
模块二：女上装零部件结构设计与变化原理	衣领结构设计原理	4学时	1. 衣领的结构设计要素，衣领与人体颈部形态的对应关系 2. 领型变化与结构设计 3. 衣袖的结构设计原理 4. 衣袖变化与结构设计	1. 独立完成翻驳领的结构设计 2. 合体两片袖结构设计 3. 连身袖的结构设计及袖裆结构设计	课程目标2 课程目标4
	立领结构设计	2学时			
	平领结构设计	2学时			
	翻领结构设计	2学时			
	驳领结构设计	2学时			
	衣袖结构设计原理	4学时			
	装袖结构设计	4学时			
	连袖结构设计	4学时			
模块三：女上装整体结构设计	女上装衣身结构平衡	2学时	1. 女式衬衫基本款结构设计 2. 女式连衣裙基本款结构设计 3. 四开身女式西服结构设计 4. 女式风衣结构设计	1. 宽松版女式衬衫纸样绘制 2. 旗袍结构设计及纸样绘制 3. 讨论中式女装结构设计 4. 自学变化款女外套的结构设计	课程目标3 课程目标4
	女衬衫结构设计	4学时			
	女西服结构设计	4学时			
	女上装变化款结构设计	2学时			

4　创新教学方法

"女装结构2"课程传统的教学方法即教师为学生选定固定教材，以教师课堂讲授为主。事实上，大多教师都以课本为主，结合课件PPT进行一味地知识灌输，学生参与度较低，而没有留给学生去独立思考的空间和解决问题能力锻炼的机会。这种单一的教学方法慢慢地让大多数学生丧失学习兴趣和动力。结合工程教育认证OBE理念——以学生为中心，对该课程的教学方法及形式进行创新，由原本灌输式教学模式向任务式和能力式课堂转变[5-6]。

（1）采用非固定教材形式，以"教辅书＋参考文献"形式，增加文献检索环节。学生对老师提出的重要知识点进行文献检索，搜集国内外最新研究进展，并在课上开展讨论交流会，这既有助于学生对关键知识点的理解，又扩展学生的知识面，增强学生的求知欲[7]。

（2）充分利用互联网技术，开展线上＋线下混合式教学。主讲教师整合优秀的线上教学资源，包括：其他兄弟院校MOOC教学资源，教学课件，已有的教学视频及本校启用的雨课堂互联网教学平台等。课前借助雨课堂平台线上发布课程任务，学生通过教辅书及已上传的教学视频和教学课件自主预习。并引导学生通过查阅相关文献资料对预习内容进行初步了解和加深，对疑惑之处做好记录，学生带着问题去听课更易代入课堂。课中采用线下启发式教学，通过重难点讲解＋专题讨论＋小组汇报＋案例分析等多种方法，提高学生学习的逻

辑性，并联系企业技术人员进课堂，了解该课程涉及的实际工程问题和前沿动态，培养学生的自主创新能力。课后线上布置章节练习，学生可以利用线上教学资源有针对性的复习巩固所学知识点。学生提交作业至教学平台，并完成互评与自评任务。教师依据学生反馈问题进行线上答疑解惑，并反思教学过程，及时调整教学进度和教学方法[8]。

（3）活跃教学氛围，增强师生、生生（学生之间）互动。传统的教学方法缺少了课程教学中的重要环节——交流与互动，使得课堂上教师讲得无聊，学生听得乏味。"女装结构2"具有数学和工程的双重交叉，是一门实践性，操作性很强的课程，因此，采用理论教学和实践教学相结合的教学方法，实践教学是培养学生学习兴趣的好机会。以衣领结构设计与变化原理单元为例。在衣领结构设计影响因素及结构设计变化原理等理论课的基础上，通过项目式教学方法进行实践教学，老师给定衣领款式选题或学生自主衣领款式设计选题下达任务书，以3~4人/组为单位，每个人的分工和责任明确，完成由衣领款式成品开发。撰写服装成品开发报告（PPT），并由小组一名成员汇报项目完成过程及成果展示。课内各小组对项目完成过程中存在问题进行交流和讨论[9]。

（4）课程思政建设。课程思政建设是高校教书育人的重要任务，紧密结合课程特点与建设要求，找准课程中的思政映射与融入点，凝练课程的"育人，育德"核心价值观。"女装结构2"主要包括女上装原型制图，女装零部件的款式变化与结构制图，女上装款式变化与结构

制图等内容,在教学过程从知识点中发掘思政素材:工匠精神的价值观,寻找中国元素,中国服饰文化及实践过程严谨、客观、细致的价值观。例如,汉服元素和旗袍元素在女上装款式设计中的应用及结构设计方法,讲述中国服饰的变迁及对当时政治、经济的影响;服装匠人对尺寸一分一毫的苛刻和严谨;太空服的开发对祖国航天事业的贡献等[10]。

5　优化考核方式

以往"女装结构 2"课程考核方式较单一即平时成绩(30%)+期末考核成绩(70%),不利于激发学生学习主动性和积极性。按照 OBE 理念,针对"女装结构 2"课程性质,加入学习过程考核,并调整各项成绩占比,采用课内学习过程评价(50%)+期末考核(50%)相结合的方式。其中,学习过程评价方式设计了考勤、线上学习、课后作业、课内讨论及项目实践五个环节。考勤要求学生不迟到,不早退、不旷课等,培养学生的时间及组织纪律观念。考勤分为全勤和缺勤,缺勤 5 次及以上的学生不能参加期末考核。根据雨课堂线上教学平台统计线上

学习数据,如课前视频预习、访问次数、在线时间、互动频率等。每章均布置课后作业,并采用随机抽查方式检查学生的完成度及完成质量。针对章节关键知识点设置课内讨论环节,学生分组协作开展知识点文献检索和 PPT 汇报,汇报时,学生要回答教师的现场提问。这一环节既有助于学生对关键知识点的理解及深度和广度的扩展,又培养和锻炼了学生的解决问题能力、沟通表达能力及团队协作能力[11]。"女装结构 2"是门实践性很强的课程,开展课程教学时增加项目实践环节,学生分组开展成衣研发项目,具体如下:老师下达项目任务书,学生从老师给定的女上装款式图中选择或自主选择一件女上装,以 3~4 人/组为单位,每个人分工和责任明确,完成由女上装款式图到成品,并撰写和汇报策划书(PPT 形式),展示项目完成的过程及结果。最后是围绕课程目标,设定期末考核内容,明确考核知识点。"女装结构 2"课程的最终成绩评价更注重过程化管理,每一环节根据课程目标设计评分标准、及格标准(表 3)。成绩均设百分制,各考核环节所占比例见表 3。真正做到以"能力"为指标,以"产出"为导向。

表 3　"女装结构 2"课程过程考核评价细则及权重

考核环节		考核评价细则	成绩占比%	
			占比	总占比
过程考核	考勤	1. 全勤:无请假、旷课记录且上课不迟到,不早退 2. 缺勤 5 次为及格标准,5 次以上不能参加期末考核	5%	50%
	线上学习	1. 考核学生通过雨课堂网络平台课前线上预习情况(30%) 2. 考核学生通过雨课堂网络平台推送课件及在线优质课程资源的访问次数(20%) 3. 考核学生线上教学的在线时间和互动频率(50%)	10%	
	课后作业	每章布置课后作业,采用随机抽查方式检查学生的完成度及完成质量,每次作业按百分制单独评分。课后作业步骤不完整,答案正确率为 60%~70%,要点不够明确,离标准答案和能力达成要求有一定差距的为及格标准	15%	
	课内讨论	1. 对于关键知识点进行文献查阅和资料整理,积极参与讨论,制作 PPT 2. 按时上交材料,格式规范,条理清晰,内容翔实 3. 课堂讨论有独特见解。阐明观点有理有据,讨论问题思维敏捷,表达清晰有条理 4. 具有团队意识和沟通能力,在团队中发挥积极作用	10%	
	项目实践	1. 项目总体方案合理清晰,能实现项目预期目标 2. 完成项目规定的各项任务,项目结果丰富,能体现整体设计内容 3. 项目论述具有整体创新性。汇报时表达清晰有条理,项目成员有较强团队意识和沟通能力,积极参与项目的各个环节且在团队中发挥作用	10%	
期末考核	作业	1. 设计 7~8 款女上装成衣款式,款式新颖独特,不重复,工作量饱满 2. 利用女上装结构方法与原理进行结构设计。作业整洁干净,正确使用制图符号,结构线圆顺流场,尺寸标注清晰,款式图和结构图一致 3. 按时上交作业,作业格式符合要求	50%	50%

6　评价课程目标达成度

课程目标达成度评价是课程目标达成的重要指标，也是课程持续改进的依据。课程目标达成度评价主要通过收集和确定体现学生学完本课程的产出成果等相关评估数据，并对这些数据进行统计分析后，对该课程目标达成度做出定性和定量评价。定性评价通过设置课程目标达成情况问卷调查表，从课程目标学生自我感觉完成度、关键知识点掌握程度、学生已获得的能力与素养等方面对学生开展调研。定量评价对课程目标达成度进行计算，包括单项课程目标达成度和总体课程目标达成度。先设置课程目标权重、课程目标的评价依据及各考核环节的权重(4)，再以课程目标各考核环节的学生成绩作为评价依据进行计算(表4)。

表 4　课程目标达成情况评价依据及权重

课程目标 CO_i	评价依据	课程目标权重 w_i	各考核环节权重 p_j					
			考勤	课后作业	线上学习	课内讨论	项目实践	期末考核
目标 1	考勤、课后作业、项目实践操作、期末考核	30%	2%	5%			10%	20%
目标 2	考勤、课后作业、课内讨论、期末考核	30%	2%	5%				10%
目标 3	考勤、线上学习、课后作业、期末考核	20%	1%	5%	5%	5%		10%
目标 4	线上学习、期末考核	20%			5%	5%		10%
合计		100%	5%	15%	10%	10%	10%	50%

具体公式如下：

(1)计算各考核环节分项达成值 T_j。

$$T_j = \frac{\text{第 } j \text{ 项考核环节学生的平均成绩 } b_j}{\text{第 } j \text{ 项考核环节满分 } M_j} \quad (1)$$

(2)计算单项课程目标得分 B_i。设某单项课程目标有 m 个考核环节，第 j 项考核环节的权重为 p_j，则：

$$B_i = \sum_{j=1}^{m} T_j \times p_j \quad (2)$$

(3)计算单项课程目标达成值 OB_i。设第 i 项课程目标的权重值为 w_i，则该课程目标的达成值为：

$$OB_i = \frac{B_i}{w_i} \quad (3)$$

(4)计算课程的总体目标达成值 C。设课程有 n 个课程目标，则课程的总体目标达成值 C：

$$C = \sum_{i=1}^{n} OB_i \times w_i = \sum_{i=1}^{n} \frac{B_i}{w_i} \times w_i = \sum_{i=1}^{n} B_i \quad (4)$$

每次课程结束后都应根据对定性和定量评价结果的分析，了解教学过程中的薄弱环节，分析课程目标未达成的原因，并提出持续改进措施。

7　结论

在安徽省普通高校开展"双基"标准化建设和示范创建背景下，遵循工程教育认证理念对"女装结构2"课程建设进行总结并不断完善。在服装设计与工程专业工程教育认证对应的12条毕业要求下，对该课程进行教学大纲的重新修订，重新确立课程目标。以课程目标为导向，精简"女装结构2"课程的教学内容，划分为3大模块，细分为16个单元。克服传统灌输式教学方法中学生参与度较低，积极性不高等不足，对该课程的教学方法及形式进行创新，包括利用互联网平台开展线上、线下混合式教学，课程思政建设等，提高了师生及学生之间的互动，增强学生专业自信心。尤其在课程考核方面，突出能力考核环节，更注重过程考核，根据课程性质，设计了"5+1"式考核体系。最后对课程目标达成度进行评价，提出问卷调查形式的定性评价和计算公式得到的达成度评价。

本研究在该课程的教学设计方面进行了深入的研究，将工程教育认证的OBE理念和课程教学充分结合，形成一套较为完整的课程建设体系，为教师提供一个"双基"教学示范课的建设案例。下一步将在此基础上完成该课程的课程目标达成度评价体系及课程持续改进机制。为其他"双基"教学示范课程建设提供参考和借鉴。也有助于服装设计与工程专业的工程教育认证工作开展。

参考文献

[1] 余军霞，董永权. OBE 课程教学设计与实践[J]. 软件导刊. 2021,20(10)：219-224.

[2] 田合伟,李英淑. 服装结构与工艺课程思政教学探索与实践研究[J]. 纺织科技进展,2022(1):57-60.

[3] 黄紫薇,余卫华. 工程认证背景下"服装结构设计"课程的教学改革实践[J]. 湖北理工学院学报(人文社会科学版),2021,38(4):57-60.

[4] 肖亚涛,袁志华,田辉,等. 工程教育专业认证背景下农业院校"材料力学"课程教学思考[J]. 科技视界,2021:82-83.

[5] 桂成梅,赵娣芳,李宏林,等. 工程认证背景下政"粉体工程"混合式教学模式改革与实践[J]. 广东化工,2021,48(21):243-244.

[6] 邓岳川,王延霞,杨灿灿,等. 基于 OBE 理念和混合式教学的"卫星导航定位"教学改革研究[J]. 测绘工程,2021,6(30):57-60.

[7] 徐艳芳,刘瑜,李修,等. 基于工程教育认证理念的"虚实结合"实验教学模式探索[J]. 北京印刷学院学报,2021,10(29):96-99.

[8] 姜晓伟,刘峰. 基于工程教育专业认证的信号与系统课程教学改革研究[J]. 中国现代教育装备,2021(11):64-66.

[9] 王艳玲,巩慧玲,李志忠,等. 基于工程认证 OBE 理念生物化学混合式教学改革与探索[J]. 生命的化学,2022,41(11):2512-2518.

[10] 陈晓娜,李艳梅,孙光武,等. 面向工程教育专业认证的"服装工效学"课程教学改革[J]. 纺织服装教育,2019,5(34):426-430.

[11] 杨勇,江京亮,孙瑞. 面向工程教育专业认证的机械原理课程目标、过程考核与评价标准[J]. 中国冶金教育,2022(5):11-15.

Exploring the reform of fashion talent cultivation mode in colleges and universities under the background of cultural and creative industry

LI Zihan[1,2,3,*], GU Wenbo[1]

1 *Art College, Northeast Electric Power University, Jilin, China*
2 *College of Liberal Arts and Social Sciences, City University of Hong Kong, Hong Kong, China*
3 *Art College, Yanching Institute of Technology, Langfang, China*

Email address

mrlizihan@ 163. com (LI Zihan), 17718132916@ 163. com (GU Wenbo)

Abstract: The study takes on the perspective of cultural and creative industries. Looking at the correlations and especially the relevance between the university level education of fashion students and the demand of fashion insiders in the cultural and creative industries, the essay aims to find out the existing problems as well as upcoming challenges that the current mode of fashion education faces. It is high time that insiders updated the prototypes of education and constructed interdisciplinary education systems. Both personal competitiveness in the job market and overall industry-wise development call for the advance of production and education.

Keywords: cultural and creative industry; fashion talent; cultivation mode

文化创意产业背景下高校时尚人才培养模式的改革探索

李子晗[1,2,3,*]，顾文博[1]

1 艺术学院，东北电力大学，吉林，中国
2 人文与社会科学学院，香港城市大学，香港，中国
3 艺术学院，燕京理工学院，河北，中国

邮 箱

mrlizihan@ 163. com(李子晗),17718132916@ 163. com(顾文博)

摘 要:本文以文化创意产业为视角,在审视当前高校时尚人才培养模式与文化创意产业中时尚产业人才需求之间的关系以及契合度的基础上,分析当前文化创意产业背景下高校时尚人才培养存在的问题。通过更新教育范式,构建跨学科教学体系,促进产学研协同发展,培养出适应产业需求发展的复合型人才,从而提高时尚人才的就业竞争力,推动时尚与文化创意产业的发展。

关键词:文化创意产业;时尚人才;培养模式

1 引言

文化创意产业近年来在我国得到了快速的发展,其不仅丰富了人民大众精神娱乐生活,使得高质量的文化作品得以广泛传播,更成为未来第三产业中国民经济的新增长点。文化创意产业涵盖广泛,时尚产业具有鲜明的文化创意产业属性,作为一种对于美丽文化追求的行业,其夹杂着人民对于美好生活向往与追求的情感。时尚产业的蓬勃发展,极大地促进了民族地域文化的广泛传播,并使得中华文化得以向世界展示,并推动了产业升级。然而与文化产业较为发达的其他国家相比,我国时尚产业仍然非常薄弱,作为拥有丰富历史文化积淀的大国与世界经济大国、文化强国的地位与目标不匹配。长远来看,文化创意产业的发展前景依旧十分光明,而人才作为其竞争核心要素,其在文化创意产业中的作用不可小视。然而当前人才是时尚产业发展的较大短板,是影响时尚产业健康长效发展的当务之急。高校作为时尚类人才培养的重要输送源头,如何基于学科发展与时尚行业融合的特点建设全新的学科课程体系架构,革

新人才培养模式,培养出匹配行业发展前景与趋势的复合型时尚人才是亟待探讨解决的问题。

2 文化创意产业时尚人才的定义与需求现状

2.1 定义

文化创意产业以文化资源为依托,以艺术创新和科技支撑为双翼,实现产品的人性关怀和文化传播,是崇尚创新创造的一种新经济形态[1]。随着文化创意产业在产业规模上有所扩大,涉及内容上更加全面,对文化内容的开发不断加深,近年来文化创意产业逐渐成为社会经济发展的强力支柱。

当今文化创意产业中,科技的作用进一步凸显,艺术与科技的全新碰撞与结合使得文化内容迸发出前所未有的强大生命力。时尚产业作为文化创意产业的一个分支,体现了人们自古以来对于自身美丽装扮的心理诉求表现的不断丰富,是文化创意产业当中与民生息息相关的产业之一,取之于人也用之于人,因此人才成为了时尚产业乃至文化创意产业发展的牢固根本。文化创意产业借助科技实现腾飞之势,数字化发展的时尚产业使得其对于行业人才需求有了新的标准。

2.2 需求数量多

改革开放以来,我国文化市场经历了一个从无到有从弱到强的发展过程。近年来,我国文化创意产业在国民生产总值中已经占据 5%的贡献量,可谓发展迅猛。然而与文化创意产业的发达国家相比,我国却还有很大不足。早在上个世纪末,英国就于 1993 年发布了《创造性的未来》的国家艺术发展战略[2]。根据英国政府统计数据显示,到 21 世纪初,英国的文化创意产业就占据了国民生产总值 8%的惊人数字。

随着"一带一路"的发展对各国之间文化交流的带动,我国将会有更加广阔的对外文化传播市场。我国作为一个拥有丰富文化资源以及广阔内在市场的国家,各地区、民族都有其根据自身特色所产生的独特服饰文化与时尚文化。因此我们需要更多数量的时尚人才对内在文化资源加以发掘和传承,并进行一系列的加工与输出。时尚产业人才的数量成为当前文化创意产业背景下时尚产业未来发展的基础。

2.3 质量要求高

文化创意产业的发展是在文化资源基础的基础上进行创意制作并进行推广。文化创意产业是一个多学科、多门类相互交叉又互通其中的综合性极强的集群。仅以时尚产业为例,面料的加工制造、服装的创意设计制作、艺术设计理念的推广、消费终端的信息反馈等多

行业交叉协作才完成了一件时装的从创意到实际的复杂过程。同时,信息时代下的文化创意产业增添了数字化这一强劲推手,使得文化能够以空前的广度、深度、密度渗透到人们的生活当中,浸润人们的精神内在。

文化创意产业发展源于知识经济、人力资本和科学技术的互动[3]。因此,时尚产业将更加需要富有多元化教育背景以及工作背景的人才进入,而不再仅仅限于艺术类、设计类的人才。时尚产业人才的平均质量成为当前文化创意产业背景下时尚产业发展上限的标尺,对时尚产业的发展起到了坚实内在、拓宽渠道的重要作用。

3 高校时尚人才培养的共性问题

时尚人才是基于高校设计类、艺术类人才发展衍生出的"学以致用"能力更强的一类人才。与广义的艺术类人才相比,时尚人才应具有扎实艺术功底、丰富的文化知识并且精通或熟练某项技能,并能够以行业发展的眼光解决相应问题。然而,我国高校在面临这一问题时,却暴露出诸多短板,人才质量的欠缺成为阻碍行业发展的关键一环。

3.1 产教衔接松散,人才供需失衡

高等教育区别于其他教育层次,是成熟化人才培养的前沿阵地。高校与行业之间关于人才培养输送存在的矛盾体现为行业需求与高校培养成果的供需失衡[4]。当前,高校的培养体系主要表现为技能输出型人才,缺乏对于行业总体具有较深入了解的创新型应用人才,典型表现为学生在校期间技能学习与日后工作实践的脱节。在大学期间,学生缺乏对于当下行业情况的独立思考与审视,缺乏对于行业前沿信息的捕捉,缺乏对于行业未来发展趋势的独立预测,进而缺乏对于自身未来职业的整体规划及当下技能水平着重提升的目标点。同时,从数量的维度上来看,人才的供需也存在着失衡。产业作为经济效益产生的直接环节,其对于人才的需求是动态变化的,是在不断发展与改变的[5]。因此高校作为人才供给侧,需要紧跟行业走向,动态调整人才培养成果,以保证行业新鲜血液的充足养分。

3.2 培养模式单一,缺乏多元视野

传统的时尚类人才教育注重的是理论与技能层面的培养,然而在文化创意产业蓬勃发展的背景之下又有诸多新职业诞生,多元背景的应用人才亟待补充。"它山之石可以攻玉",时尚产业更像是一个大杂烩,众多行业相互汇集,多学科背景的人才往往能给行业发展带来许多新思路。以往教育模式下只针对设计类、艺术类人才等进行学科门类的知识灌输与技能提升,因此单一模式培养下的时尚类人才往往只熟练掌握一个或多个

技能,缺乏对行业脉络的深刻剖析以及以自身长处为中心进行对行业的深入,因此很难再适应未来行业发展和社会的需要。同时,单一专业背景下的培养模式使得学生无法在以学科门类为中心进行发散性拓展进行延伸,很多具有熟练技能及天赋的优秀人才往往因为兴趣等原因离开专业甚至本行业,从另一角度来说这无疑是对于教育资源的浪费。因此,如何构建丰富多元的培养模式,拓宽视野广度并加深学习深度成为当前高校面临的问题之一[6]。

4　高校时尚人才的培养路径

在我国,时尚虽不是一门具体的学科,但从产业发展来看,时尚是以设计类学科为支点的。而对于大众来说,服装设计专业更是能够代表时尚发展的前沿学科。高校教育不仅是一项面向行业当下人才需求的补给站,更需要培养面向行业与社会未来发展的预备军。因此高校在时尚人才培养时不单单要扎实基础,还要将拓宽眼光视野。为了提高行业人才的就业竞争力,必须从以下几个方面入手。

4.1　以成果导向教育范式创新时尚人才培养目标

成果导向教育理论是指教学设计与实施的目标是学生能在通过教育过程后取得最大学习成果,这里的学习成果包括学生通过教育教学过程所取得的知识、能力(技能)、情感、思想方面的成长和收获[7]。设计类、艺术类人才培养中往往已经践行了成果导向教育范式的基础理论,即学生通过阶段课程的学习后所能够了解熟记相关专业知识或对某项既能达到精通。然而这样的教育范式还只停留在表面,对知识的理解熟知以及技能的熟练更要以产生价值为导向,这是更加宏大的教育目标。

成果导向教育范式在时尚人才培养切入应用要以人才最终培养目标为教育的目的,是将学生培养成为能够适应何种工作的复合型人才,而不是简单掌握专业技能的基础型人才。时尚人才的培养成果更应该根据行业的发展要求,对其应有的素养提出具体的硬性指标,该指标是评定学生考核毕业的重要评价因素。对于时尚人才培养,我们应采取多元评价方式,综合评价培养结果。“不以考试论英雄”,对于本行业来说表象知识能力的表达与内化的隐性能力同样重要。相比与专业知识的熟练掌握,时尚类人才应更注重多元能力的复合培养。

4.2　以学科门类特性为中心构建跨学科培养体系

时尚产业是一项汇聚人文、艺术、科技、商业等等多种行业门类的交叉行业,因此对于人才的种类需求广泛,同时对于人才的数量更是需求巨大。以学科门类为中心构建跨学科培养体系就要求学生首先要精通或熟练本专业对于知识技能素养的基础要求,同时要紧跟时尚产业的发展进行深入学习[8]。

从时尚产业角度来讲,其内容包罗万象,行业发展更是快速进行中。因此,面对动态不定的就业形势,高校应基于自身办学和学科建设优势,结合行业前沿用人需求,充分考虑学生自身特长及兴趣进行“因材施教”,对专业方向及培养重点进行进一步的细分。例如以专业方向成立相应的工作室及教学团体进行教学活动,做到优势背景下专长学科为中心的跨学科兴趣培养教学。跨学科培养体系将更加有助于学生成为复合型人才,多学科背景下的人才往往具有更加多元化的理论知识储备[9]。因时尚产业涵盖较广,以中心学科为主进行跨学科培养的体系将人才天赋最大限度发挥出来。

4.3　促进产学研协同发展完善时尚人才培养链条

产学研合作是指高校和产业两个属于不同领域的行为主体,通过相互影响产生协同作用,进而提升各自发展潜能的合作过程[10]。高校是时尚类人才的培养摇篮,行业内的企业及团体机构是时尚产业人才最终发挥价值的阵地。高校在进行人才培养要注重与行业前沿的接轨,与企业合作开展科研与项目,既能拓展学生的前沿实践,又能促进学术研究与产业的协作发展。这样,高校进行学术理论研究,同时进行基础教学任务,再与企业合作进行理论实践的夯实,高校和行业互相得到反馈进行不断地动态更新。这样的一个链条中,学生所处的位置是介于高校与行业之间的“游离”状态,更像是高校教育与产业实践之间的传递介质。高校在进行教育之后开展阶段性的实践,学生在这一阶段能够扎实理论知识及技能水平,并将产业实践心得及收获反馈给高校,同时认识到自我与行业前沿的差距,以便果后更好地进行有方向的学习。

5　结论

我国经济的快速发展使得文化创意产业逐渐成为社会经济发展的新增长点与着力点。时尚产业不仅是推动民族与国家之间交流的新渠道,更像是精神食粮一样能够丰富人民群众的文化生活。因此,文化创意产业背景下高校时尚人才培养更应该与行业发展紧密结合,不能够脱离行业发展进行,根据文化创意产业背景下时尚产业的需求改革人才培养模式,通过以成果导向教育范式创新时尚人才培养目标,以学科门类特性为中心构建跨学科培养体系,促进产学研协同发展完善时尚人才培养链条,进而提升时尚人才的整体水平与就业竞争力,推动时尚类专业学科与时尚产业的长效健康发展。

参考文献

[1] 王永进,衣卫京,席阳.设计教育助力国际时尚消费中心城市建设的研究[J].服装设计师,2022(1):129-132.

[2] 王飞鹏.文化创意产业人才的开发与培育研究[J].人口与经济,2009(5):41-45.

[3] 郭强.比较与启示:从英国创意阶层的崛起看我国高校文化产业人才培养模式[J].黑龙江高教研究,2017(7):16-21.

[4] 李雅丽.我国文化创意产业人才培养模式探析[J].郑州航空工业管理学院学报(社会科学版),2019,38(1):139-144.

[5] 李垚,夏杰长,刘奕.文化产业人才的培养:需求分析与政策建议[J].经济研究参考,2018(54):3-10.

[6] 旋天颖,王玉晶,杨程.我国文化产业人才培养模式的现状分析及其改进策略[J].中国人民大学教育学刊,2014(2):40-49.

[7] 华正伟.我国文化创意产业人才培养模式的构建[J].沈阳师范大学学报(社会科学版),2009,33(3):39-41.

[8] 汪瑞霞,秦佳,刘永刚.成果导向教育范式下艺术设计人才培养的创新路径选择[J].职业技术教育,2019,40(32):27-30.

[9] 李晓溪.高校文化创意产业人才培养研究[D].上海:上海大学,2014.

[10] 朱雯.关于文化创意产业背景下设计人才培养的思考[J].美术大观,2018(10):138-139.

Research on the reform of academic credit system based on "professional studio model"

ZHU Yansheng[*], XING Dan

School of Art, Tiangong University, Tianjin, China

Email address

zhuyansheng@ tiangong. edu. cn(ZHU Yansheng) ,1427900590@ qq. com (XING Dan)

Abstract: This paper studies the cooperation and communication between different professional studios under the same subject category, forms a practical teaching system composed of basic link, innovation link and social practice link, constructs the teaching link characterized by "cognition, foundation, application and synthesis", and brings the professional curriculum design, professional practice, research practice, graduation design and other practical links into the curriculum module, and arranges the teaching hours as a whole. It forms a practical teaching platform with the characteristics of sharing resources. Through the teaching reform and practice of the innovative links of production, learning, research, exhibition and competition among the teaching teams in the studio, it breaks down the professional barriers, realizes the mutual recognition of credits, and realizes the sharing of resources across specialties, departments and even schools.

Keywords: academic credit system; professional studio model; teaching reform

以"专业工作室制"模式为依托的学分制改革研究

朱艳声[*], 邢丹

艺术学院, 天津工业大学, 天津, 中国

邮 箱

zhuyansheng@ tiangong. edu. cn(朱艳声) ,1427900590@ qq. com (邢丹)

摘 要: 本文以天津工业大学学分制改革为切入点, 研究相同学科门类下不同专业工作室之间的合作与交流, 形成由基础环节、创新环节和社会实践环节组成的层次分明、结构合理、相互衔接、交叉融合的实践教学体系, 构建以"认知、基础、应用、综合"四个模块为特点的教学环节, 将专业课程设计、专业实践、调研实习、毕业设计等实践环节纳入课程模块中, 统筹安排课时。使之形成与理论教学紧密契合、富有共享资源特色的实践教学平台。通过工作室教学团队之间的教学研讨、交流和实践教学中的产、学、研、展、赛等创新环节的教学改革与实践, 打破专业壁垒, 实现学分互认, 实现跨专业、跨院系乃至跨校资源共享。

关键词: 学分制; 工作室制; 教学改革

1 引言

学分制改革是为了贯彻全国教育大会、新时代全国高等学校本科教育工作会议精神, 加快本科教学改革步伐, 完善教育教学管理模式, 充分发挥教育实施过程中教师的主导地位和学生的主体作用而实施的[1]。早在2010年《国家中长期教育改革和发展规划纲要》中就有明确的要求: "要深化教学改革, 推进和完善学分制, 实行弹性学制, 促进文理交融"。这里的学分制指的是完全学分制, 与之前所施行的学年学分制相比, 最大的不同是在选课模式上: 学生需要根据自身的实际情况, 在一定范围内自主选择所修课程和安排学习进度, 修满一定学分即可毕业, 学制是弹性的, 不再拘泥于统一的教学进程和班级课表。

这样的学分制尊重学生个体的差异, 不安排固定的教学进程, 赋予了学生自主选择课程和教师的权利; 对教师而言, 需要适应教育教学过程中教学模式和人才培

养体制的深度转变和创新;对教学管理部门而言,则需要加强顶层设计,保证建立完善与完全学分制改革相适应的教学管理机制与运行机制,防止出现因为选课不一致而出现的教学过程管理混乱、师资资源不充沛、开课数量达不到选课要求、教务管理系统不完善、教学效果评价片面等一系列的教学管理问题[2]。

"专业工作室"在艺术学院实施已经有近十年的时间,在探索应用型、创新性人才培养新模式上积累了一定的经验。工作室中实施的教学模式与包豪斯的"学徒制"教学模式相类似,负责人是班主任也是学业导师,对学生进行"选拔+培养+考核"的过程管理,同时对学生的思想教育和培养质量负责[3]。在这种相对集中的"师徒式"管理模式下,导师可以按照每个学生的特点,制定专属的培养方案,在指导阶段根据学生需要,进行一对一的辅导。同时工作室负责人会按照课程开设的需要,邀请各个专业领域的教学来加入工作室教学,组成小型的教学团队,形成侧重点不同的研究方向。

2 建立以专业工作室为载体的课程实践教学体系

工作室培养具有创新精神和实践能力的高级设计专门人才,需要夯实质量工程建设,把"强基础、增学养、拓眼界"作为教学理念,构建以认知、基础、应用、综合四个递进的教学层次,将课程设计、专业设计实践、调研、实习、毕业设计等纳入其中,统筹安排课时,形成系统合理、基础宽厚、层次分明、环节严密,符合专业属性和人才培养要求的实践教学体系,以改变教学体系松散、各自封闭、实施随意、质量无法保障的弊端,突出自主学习与创新实践:

2.1 认知教学环节

在认知环节中,课程以教师传授与示范为主,向学生传授课程的理论基础,基本技能和实践要求,科学研究方法,文献查阅方法,设计说明书的撰写等。学生根据指导教师布置的内容,完成操作训练。

2.2 基础教学环节

在基础层次中,最重要的是培养学生思考问题和解决问题的能力。在这个层次的教学环节中,学生是带着问题,有目的的完成课程既定的要求。他们边实践,边思考,边分析问题。在教师的指导下,运用所学知识去解决问题,提高自主学习的能力。

2.3 应用教学环节

在应用层次中,学生除了完成课程规定的基本内容外,还可以根据指导教师设定的各个情景模式与实题,利用工作室优良的教学仪器设备和场地完成创作。尤

其是通过参加各个专业赛事,一方面锻炼了学生学以致用的能力,另一方面通过实题实做,积极与社会需求接轨,不断更新课程实践内容,拓宽眼界和动手能力。

2.4 综合教学环节

在综合层次中,学生已经具有一定的理论基础和实际动手能力,可以把原创设计转化为现实的产品。尤其是毕业设计,涉及社会、文化、经济、市场、科技等诸多方面,代表了学生四年的学习成果,是对专业水平的一个综合评价[4]。在此环节中,指导教师指导学生完成有难度的课题,或者学生参加老师的项目,共同组成课题组接受企业的设计项目,这个过程中,侧重于知识的应用和解决问题能力的培养,学生学到从作品到产品的转化,为步入社会,融入社会做良好的准备。

2.5 考核环节

考核是保障教学质量的重要环节之一。设计类课程教学不同于传统的理论课程那样,有统一规范的标准,其考核结果既没有标准答案也无法进行量化评价。因此在教学过程中学生的实际动手能力和设计水平的提高,是考核的主要内容。平时作业、出勤、实际操作、设计报告、结课作业、作品展示、现场会评、答辩等多元实验考核方法,准确地反映了学生的实践能力,学生通过考核能自我评价课程作业中的优势和不足。同时,学生在评比和激励中,增强了自信心和上进心,激发了动脑、动手的兴趣。

3 共享设计类工作室教学资源,加强平行课程组建设

突出课程,淡化专业是学分制改革的特点[5]。课程是培养学生的最小单位,课程的改革应该说是学分制改革的抓手,起到实质作用。把课程编成课程体系,以培养目标为纬线,大量具有相关性和迁延性的平行课程为经线,利用知识点从易到难进行缀连,共同编织一张扁平的知识结构网[6],解决自由选课容易造成知识体系的结构松散、零碎等问题,同时打破不同专业工作室之间的壁垒,使得整个教育流程分层次、个性化、重基础、强能力、开放式。

推进并完善设计学门类下不同专业工作室之间的合作与交流,形成层次分明、结构合理、相互衔接、交叉融合的平行课程组,使之形成与学分制改革紧密契合,实现跨专业乃至跨院系资源共享。通过从单独的课程到平行课程组的转变,同组具有相近的培养目标和考核要求的课程可以相互替换学分。通过课程的自行选择,学生构建起完全个性化的知识结构体系,创建带有自己标签的私人定制专业,以便他们在未来的职业生涯中能

够很好地适应社会需求。

4　推动工作室智慧建设,助力教学质量提升

5G 时代,网速飙升,万物互联成为现实,融合物联网技术的智慧教室在不断普及推广[7]。尤其在疫情期间,线上教学的刚性需求充分显示出来教育信息化的重要性和必要性,也启发人们思索关于教育改革的新方式。信息化技术的运用,告别了单一、枯燥和合班大课堂的授课方式,打破了以教师教授为主导的传统教学模式。利用智慧树、雨课堂等线上教学平台,甚至微信、QQ 等社交媒体就可以很流畅地开展线上教学,这就意味着绝大部分课程都可以根据分成线上和线下两大部分,满足不同层次学生的学习需求。

可以预计,智慧工作室的推出和线上课程的应用,使得选课不再受到场地的限制。而智能教学设备,改变传统课堂 PPT+板书的模式,借助例如虚拟现实等技术,将彻底改善教学氛围,全面提升教学质量。教学模式和授课方法的转变,使学习过程更加丰富有趣,增强了学生在各授课环节的参与度,有利于培养学生的兴趣,强化了学生主动学习的意识,充分调动了学生学习积极性。

5　贯彻立德树人,强化学业导师的指导作用

学业导师制滥觞于 14 世纪的牛津大学,时至今日仍然是牛津大学教育体制中最值得称道的地方之一[8]。导师的职责主要包括学业指导和精神关怀,基本涵盖了学生学习、生活的方方面面[9]。哈佛大学教务长翰菲德(Hefferd)如是说:"导师所指定的工作,主要目的是要帮助学生把他们主修领域所修读的课程能够联系起来融合在一起,帮助他们了解各科问题的背景和培养独立阅读的能力,使学生对于他们所修读的领域有一种更完全的了解和系统化的知识,使他们能够把那种知识看成一个整体而不像一串无互相关系的事实、观念或学科。"[10]

因此,在学分制改革中,导师起到至关重要的作用,不仅在学业上给予学生指导,还要结合学生的职业发展规划和本专业发展前景进行课程的合理安排,进行有针对性的选课指导,避免学生盲目选课。所以,从选入工作室学习伊始,导师和学生就有明确的职业规划,对学生就业有明确而一致的期待,而不是等到了快就业时才人云亦云从善如流,考研考公考教师资格证,没有自己

就业的方向。

6　加强跨校合作和校企合作,突破师资瓶颈

学分制改革最大的特色在于,要开得出足够多的高水平课程来供学生选择,这样师资问题就成为学分制改革的关键问题。工作室课程的开设有其优越之处,可以利用工作室与其他学校工作室及合作企业共同搭建教学平台,通过学术合作和学分互认,形成像常春藤盟校那样的教学联盟,从而解决平行课程匮乏,课程种类稀少的问题,既优势互补,又可以填补师资缺口,共同提高教学质量。同时,建立起专业工作室、企业用人单位和行业部门共同参与的学生质量评价机制,以培养学生的实践动手能力和创新意识为核心,积极推进团队式、课题式、项目式的实践教学组织模式,能够比较客观反映学生的水平,提高学生就业能力和创新创业能力。

设计类专业学生的创意设计作品,往往会停留在设计阶段,其中不乏具有开发价值和发展前景的优秀作品。通过教学平台,将学生的作品与企业指导教师的项目相结合,结合学校每年发布的"教师科研招募""师生合作项目""大学生创新创业训练项目"等实训项目,使学生所学、所设计的内容与社会需求相结合。如各种标志设计、展示设计、室内外环境设计等,充分调动学生的积极性和创造性,使得教学与生产实际相结合,加强了学生实际动手的能力。

7　结论

以教师为主导转向以学生为主导是学分制改革的关键。教育理念上的转变,体现在培养过程的每个节点上。作为改革的基础,课程的改革是最有代表性的,不是将原有的课程,简单拼凑到选课课表上,而是对课程和授课方式进行优化重组,大力推动平行课程建设,促进了学科与社会生产实践的横向联系,拓展了教学环节,促成了"学分制"广纳海川、兼容并蓄的完善与修正过程[11]。通过工作室教学团队之间的教学研讨和实践教学中的产、学、研、展、赛等创新环节的教学改革与实践,打破专业壁垒和地域局限,实现高水平课程学分互认,以期培养符合社会发展需求的、具有创新精神和实践能力的高级设计人才。

致谢

本文为天津工业大学高等教育教学改革研究项目《以"专业工作室"模式为依托的学分制改革研究》的阶

段性成果之一。

参考文献

[1] 天津工业大学本科生学分制改革实施方案[Z].2019.

[2] 张蕾.核心素养视域下学分制实践教学模式的重构研究[J].高教学刊,2019(24):95-98.

[3] 李宜勇.包豪斯"学徒制"教学模式的启示[J].职业,2014(32):70-71.

[4] 孙磊.艺术设计专业本科毕业设计工作体系构建研究[J].技术与市场,2016(23):186-187.

[5] 邬烈炎.学分制机制中艺术设计学科的课程实验[J].南京艺术学院学报(美术与设计),2003(2):64-69.

[6] 冯阳.学年学分制下的艺术设计学科课程体系研究[J].南京艺术学院学报(美术与设计版),2009(5):119-124.

[7] 倪石梅.教育信息化背景下高职院校学分制改革路径探析[J].现代商贸工业,2020(2):174-175.

[8] 资虹.欧洲学分转换系统对我国高等教育学分制改革的启示[J].科教导刊(中旬刊),2019(11):5-6.

[9] 周珞晶.牛津剑桥本科生导师制的发展及借鉴[J].高等教育研究学报,2018(2):75-81.

[10] 高迎爽.美国高校学分制发展历史考察[D].保定:河北大学,2005(19).

[11] 焦自英.从课程体系建设的角度谈学分制改革:以复旦大学上海视觉艺术学院为例[J].美术教育研究,2014(1):120-123.

"Just do it"
—— The inheritance and innovation of traditional weaving, embroidery, printing and dyeing skills in fashion design teaching

WANG Li

School of Fashion Art and Engineering, Beijing Institute of Fashion Technology, Beijing, China

Email address

1195189821@ qq. com（WANG Li）

Abstract：In the design of basic courses for clothing majors, by teaching and demonstrating a variety of clothing and fabric production skills, understanding the fashion trends of new clothing and new processes, exploratory research and realization of innovative processes and technologies, can lay a solid foundation for students. In the process of teaching methodology, some representative content with practical teaching conditions is used to explain the technology, so that students can master the method, draw inferences from one another in practical use, and make the materials, crafts and shapes in the design process. The final design works have the original value of "knowing where to go, where to go", reflecting the curriculum concept of "hands-on-design". Focus on the cultivation of the contemporary transformation ability of traditional weaving, embroidery, printing and dyeing technology, so as to achieve the new teaching goal of inheriting and transferring traditional technology.

Keywords：design practice；hands-on design；teaching exploration；weaving；embroidery；printing and dyeing skills

"动手即设计"
——服装设计教学中传统织绣印染技艺的承转出新

王丽

服装艺术与工程学院,北京服装学院,北京,中国

邮 箱

1195189821@ qq. com(王丽）

摘 要:在服装专业基础课程的设计中,通过讲授、示范多种服装、织物制作工艺技巧,了解新服装、新工艺的流行趋势,探索性地研究和实现创新工艺和技术,为学生的专业学习奠定坚实基础。在方法论的教授过程中通过讲解一些有代表性的、具备实践教学条件的内容进行工艺,让学生掌握方法,并使其在实际运用中做到举一反三,让设计过程中的材料、工艺、造型等每一环节都有据可依,最终的设计作品才具有"知来处,明去处"的原创价值,体现出"动手即设计"的课程理念。着眼于对传统织绣印染工艺当代转化能力的培养,以达到将传统工艺承转出新的教学目标。

关键词:设计实践;动手即设计;教学探索;织绣印染技艺

1 引言

笔者近些年所教授的"服装设计基础"课程,着眼于学生对传统织绣印染工艺当代转化能力的培养,以达到将传统工艺创新再设计的教学目标。在有限的学时内,将重点放在理解创新设计与传统织绣印染工艺的依存关系,提取织、绣、印、染环节中具备演示制作条件的内容,重点示范综版编织、手工刺绣、传统型版印花、天然染色的方法,在了解传统基础工艺方法上,创造性地应用新工艺。此外,在课程中也贯穿流行、创意与工艺设计的微妙关系与应用法则,准确传达设计概念。

"根深方可叶茂,习古是为创新",经过几年的教学互动及思考,笔者认为,在课程教授的实践探索中,将"动手即设计"的理念与传统工艺的传习代入本科生专业课教学中具有积极的现实意义。

2 "动手即设计"的思想内涵解析

2.1 技艺构成新的文化体系

技艺一直以来被认为是"中立"的,没有自身的价值内容,这种观念认为技艺是用来服务于使用者目的的"工具"。然而雅克·埃吕尔和马丁·海德格尔的实体理论认为,技艺不是简单的手段,而是已经变成了一种环境和生活方式,技艺构成了新的文化体系。传统手工技艺与创意设计互相推动,彼此助长,因为工艺技术含有可在不同文化情境中实现的潜能。和实体理论相对应的,是连续多年艺术类全球排名第一的英国皇家艺术学院在历次改革中强调的"实践教学"理念。1896年,英国工艺美术设计师 W. 科瑞恩担任英国皇家艺术学院的校长,对"实践""工艺质量""技巧水平"给予高度重视,并且要求设计工作要以传统为基础。20世纪初,这种思想也影响了包豪斯强调手工艺与艺术相结合的教育理念。这种重视实践动手能力的教学主旨在第二次世界大战后体现得更为突出。皇家艺术学院在第二次世界大战后进行了现代设计教育改革,重点转移到实践教育,建立和充分利用设施齐全的实验室和车间工坊,为学生实现实验室浸泡式教学环境,要求学生了解从理论到实践、从设计到制作的一整套流程。经过百余年的积淀、洗礼,成为全球艺术类大学的标杆。

2.2 设计中体现传统工艺的新生

服装设计中常用的传统手工艺相对有限,种类也相对固定,如果在课堂中只是单纯讲授某种传统工艺,那么服装专业教育必然会滞后于产业的需求。因此,在教学中,让学生能够将技艺紧密结合创意设计变成不可或缺的,对充分提升服装价值的元素具有极大的实践意义。学生学会触类旁通、举一反三、由此及彼、融会贯通,这也是将"动手即设计"理念代入服装设计基础课程的重要内驱。

在课程的内容设计方面,教师将织绣印染的传统技艺融汇到教学中,通过讲授、示范多种服装、材料制作工艺技巧,了解服装新工艺的流行趋势,探索性地研究和实现创新工艺和技术,为使其真正应用于服装生产而奠定基础。学生在技艺的学习过程中充分体会"动手即设计"的真正要义,从工艺、材料的层面出发做设计,鼓励自我表现力和创造力,力求培养学生的综合素质和解决问题的创新能力,强调"动手即设计"的课程设计理

念。使学生在"学"与"做"中完成"知来处,明去处"的设计创新应用。学生以创新设计实践为契机,在学习传统技艺、探索新工艺新方法、丰富传统织绣印染的美学样式与设计形态等方面努力尝试,在与当下设计审美的转化与联动中,使历久悠久的传统工艺技法焕发新生。

2.3 多技艺复合运用呈现设计形式的多种样貌

设计师费雷曾经说过:时装是由色彩、图案、面料、工艺所呈现出来的综合印象和感觉。英国作家卡西亚也曾讲到,织物和用来编制的线自古以来都是比喻人类生活本质的意象。所以服装创新设计是在创新概念的引领下,由具体的材料与工艺呈现出来的。可以说,工艺及材料样貌成为服装的风格载体。在服装的设计创新中,工艺手法的变化和组合可以为设计师开拓更为广阔的创意空间。

在传统的服装纺织品中,我们也经常可以看到一件作品中织绣印染工艺的复合运用(图1~图4)。例如,出土于福州南宋黄昇墓葬品中,有一条刺绣花边,运用了"压金彩绣"的工艺(图3)。在这条花边上,有写实刺绣的花蕊、花萼、叶脉,花边间隔处有印金的形状(印金的具体纹样虽已不清楚,但轮廓依然清晰可见)。这件出土纺织品即是印花与刺绣工艺相结合的精细之作,在其作为服饰使用之时应当如绘在衣服上的工笔画,体现出高超的技艺与艺术美感。在今天的服装设计作品中,更是不乏多种工艺复合运用的范例,例如,日本高档和服中将鱼子缬、印花、刺绣结合在一起形成的独特面料材质,不仅是对传统织绣印染工艺的延续,也体现出这些工艺在当下设计中的活化应用所形成的多种样貌。还有,在爱马仕旗下的设计品牌"上下"设计品中,也无处不在地体现对传统工艺的多元转化运用。正如设计总监蒋琼尔女士所说:"上下"的设计是当代设计讲述着的传统工艺。例如,将白瓷烧制工艺与竹编工艺相结合设计的竹丝扣瓷餐具系列,不同的工艺在这里相遇,融合出新的美感。

图1 (元)百纳刺绣枕顶

图 2 　(元)拼布刺绣装饰圆形饰件

图 3 　(南宋)压金彩绣服饰花边

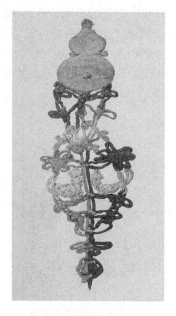

图 4 　(元)刺绣编结装饰香囊

在服装设计教学过程中,也应启发学生在了解基本工艺的同时,思考如何将各种工艺适时、合理地结合,去探索新的设计形式,形成设计语言的当下转化。多种技艺的复合运用可以为设计师提供更为广阔的创意空间。

3　承转出新是对传统工艺的生产性保护

与服装设计密切关联的传统织绣印染门类中,我们根据授课条件选取其中具有代表性的、能够进行丰富拓展的内容进行深化教学,所取内容之间具有关联性与代表性。通过结课作业的整合,使学生以工艺技法为切入点与支撑条件,进行服装创意设计,提供给学生充分的想象空间,为主题概念的表达增加更多的设计可能性。

学生作为设计创作的实践者,通过学习掌握服装相关的织绣印染传统工艺,根据个人兴趣点,寻找激发其设计的某些传统技艺对象,并对其进行了解学习,要求学生同时展开动手实践与设计创作,在动手实践的基础上逐渐形成设计语言的转化,并通过实验小样将其描述出来,在取得语言转化的实验成果后进行系列作品的创作。这是一个"动手即设计"的过程,可以触摸到服装创新设计如何接入"传统技艺"的转化中来,并以当下的设计思考和设计方式进行传统工艺的传承,将这些传统技艺拉进都市消费族群的前沿领域,将传统技艺通过设计创新进行生产性保护。学生通过本课程的学习训练,其个人设计创作也获得了将设计方法更新的实践机会。

4　结语

服装设计中所运用的传统手工艺,如刺绣、编织、印花、染色等,这些工艺是动态变化的,经过很多代人的摸索、总结、传习,形成不断发展延续的形式,不断拓展之前工艺的范围,增添新的工艺技法、材质、风格和品类,这些传统工艺能否与当下的艺术、科技、设计概念相结合,能否适应当下生活方式的需求,能否创新运用出现新的形式感,最终体现在传承基础上的创新设计中。

因此,将传统织绣印染技艺的研习与"动手即设计"的理念代入本科生服装专业课教学中具有现实意义。首先,相较于单一的传统手工艺传承,通过设计创新"推陈出新",使传统工艺在设计应用中"活化",重新定位其在当下生活方式中的坐标,来符合今天的消费审美和需求,可以使传统织绣印染技艺得到承转出新。

其次,通过对织绣印染中有代表性的传统工艺进行实验性研究,通过多手法、多技艺的复合运用,探讨传统手工艺创新设计的多种可能性,可以拓展现代服装设计新语言。用传统手工艺的语言形式,传达当下设计思考的内核,依托传统手工艺的资源制造"创新价值",可以帮助设计师寻找自身的文化价值支点,引导当下中国服装设计语言的话语建构,使年青一代服装设计师由追随、模仿国际时尚转化为时尚设计的引领者和缔造者。

另外,挖掘织绣印染传统工艺的感性价值属性,将其转化为设计要素,可以提升设计产品的情感附加值、创造设计价值,也是有利于当下服装设计创新和传承传统手工艺的双赢方式。艺术类院校作为培养产业设计师的摇篮,在课程设计思路与教学方向上,应该有将培养学生传统技艺的研习与开拓性创造思维相结合的前瞻性。

原研哉在他的《设计中的设计》中说:我们能否发现一把开启我们创造力的钥匙,不是在那全社会瞩目的遥远目标处,而是在一种从往昔纵览社会的目光延伸处。未来在我们面前,我们背后亦有着历史的广大积淀——想象力与创造力的一份资源。中国的传统织绣印染工艺便是这样的资源,是使我们受到长期滋养的设计的美学,可以带领我们创建出流动于未来与过去间的思维构想。希望本文中所探讨的内容通过"动手即设计"的教学设计方式能引领学习者进入这种创意思维的尝试。

参考文献

[1] 卡西亚·圣克莱尔. 金线—织物如何改变了历史[M].马博,译. 长沙:湖南人民出版社,2021.

[2] 原研哉. 设计中的设计[M]. 桂林:广西师范大学出版社.

[3] 清华大学艺术学院中国艺术设计教育发展策略研究课题组.中国艺术设计教育发展策略研究[M].北京:清华大学出版社,2010.

[4] 国际高等院校服装设计教学高层论坛[C].杭州:浙江人民美术出版社,2005.

[5] 陈岸瑛. 工艺当随时代:传统工艺振兴案例研究[M].北京:中国轻工业出版社,2019.

[6] Reiko Sudo. Nuno Visionary Japanese Textiles [M]. Thames&Hudson Ltd. ,2021.

[7] 鲁思·史密斯、吉娜·科里根. 折纸针线包:鲜为人知的中国民间艺术[M]. 刘琦,译. 北京:中国纺织出版社,2021.

[8] 盐野米松. 留住手艺[M]. 英珂,译. 桂林:广西师范大学出版社,2012.

[9] 石声汉. 齐民要术今释[M].北京:科学出版社,1957.

[10] 陈维稷. 中国纺织科学技术史(古代部分)[M].北京:北京科学技术出版社,1984.

Analysis on the current situation of the outflow of high-quality papers in textile science and its regression strategy

ZHAO Jian*, ZHANG Run

School of Textile Science and Engineering, Tiangong University, Tianijn, China

Email address

zhaojian@ tiangong. edu. cn (ZHAO Jian) ,674751103@ qq. com (ZHANG Run)

Abstract: With the continuous growth of scientific research level and influence of textile discipline in China, the outflow of high-quality papers in textile discipline is becoming more and more serious. This paper analyzes the reasons of outflow and then proposes the strategies for the situation change. The following measures should be adopted, including the adjustment of the domestic paper evaluation system, the release of domestic high-quality journals and developing the awards of textile discipline paper, to alleviate and change the current situation of paper outflow. And finally, the aim for publishing the paper on the motherland will be realized, which can promote the coordinated development of China's textile industry, and promoting industry-university research cooperation.

Keywords: textile discipline; high-quality paper; outflow; regression strategy

纺织学科高水平论文外流现状分析及其回归策略

赵健*,张润

纺织科学与工程学院,天津工业大学,天津,中国

邮 箱

zhaojian@ tiangong. edu. cn(赵健) ,674751103@ qq. com(张润)

摘 要:随着我国纺织学科科研水平和影响力不断增长,纺织学科高水平论文外流问题也愈发严重。文章分析了外流原因,提出了改变的策略。建议调整国内论文评价体系、建设国内高质量期刊和设立纺织学科论文评奖机制等措施以控制论文外流现状,扭转国内纺织学科论文外流的趋势,将论文写在祖国大地之上,助力中国纺织产学研协同发展。

关键词:纺织学科;高水平论文;外流;回归策略

1 引言

近年来,国家主席习近平在中国科学院第十八次院士大会和中国工程院第十三次院士大会、全国科技创新大会、中国科学技术协会第九次全国代表大会上作对科研工作者的重要讲话,多次强调[1]:"广大科技工作者要把论文写在祖国的大地上,把科技成果应用在实现现代化的伟大事业中。"进入 21 世纪以来,受科研环境发展的影响,我国纺织学科科研工作者的高水平论文发表到国外科技期刊上的倾向越发严重[2],国内纺织学科论文外流情况越来越严重。本文以纺织学科高水平论文在国外的发文量出发,分析纺织学科论文外流现状及其发展趋势,探究论文外流的原因,并提出对策。

2 纺织学科高水平论文外流现状

我国自然科学类期刊数量繁多,但是截至 2020 年,我国现有 SCI 收录期刊数占 SCI 总期刊数的 2.59%,仅有 243 种。最新数据显示,2021 年共有 257 种学术刊物被 SCI 收录,到 2022 年,这一数字增至 273 种。然而,SCI 收录的中国论文数量却连续数年迅猛高速增加。自 2009 年起,中国 SCI 期刊论文发表数仅次于美国达到世界第二,中国的科研人员在国外期刊投稿的中国论文连年持续增多,近 2 年外流率达到 90% 以上。显而易见,我国已成为世界上高质量论文外流量最大的国家,如果不及时加以制止的话,这个现象将会持续下去[3],纺织学科高水平论文外流状况也不容乐观。纺织学科

高水平论文主要集中在七所拥有博士点的高校中,本次外流论文数量统计主要统计七所高校。七所拥有纺织科学与工程博士点的高校分别是东华大学、天津工业大学、苏州大学、江南大学、浙江理工大学、西安工程大学和武汉纺织大学。图 1 为此七所高校2012~2021 年纺织学科高水平论文外流数量统计图,十年论文总产出为 24283 篇,其中发表在国内期刊的有 2122 篇,发表外国期刊的有 22161 篇,外流率为91.26%。显然,中国纺织学科高水平论文外流情况十分严重。

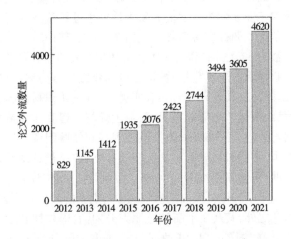

图 1　2012~2021 年纺织学科高水平论文外流数量

图 2 是 2012~2021 年天津工业大学纺织学科高水平论文的外流数量统计图,反映出 2012~2021 年天津工业大学高水平纺织学科论文产出数量逐年增加,2012年的数量为 138 篇,到 2020 年数量增至 654 篇,平均增速为 16.83%。

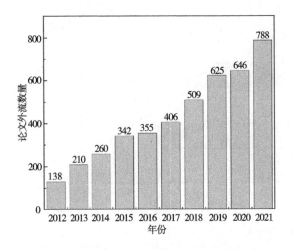

图 2　2012~2021 年天津工业大学纺织学科
高水平论文外流数量

3　纺织学科高水平论文外流的影响

3.1　科研经费损失

曾有学者曾把我国科研界所面临的问题用“两头在外”概括,即仪器买进来、论文发出去[4]。纺织学科论文的产出不仅需要科研人员辛苦工作,还需要国家投入大量经费进行资助。高水平纺织学科论文的成本一般包含研究领域信息资料调研购买、科研设备和原材料的购买和折旧费、实验耗材、学术交流花费和研究调查费用以及科研人员劳动时间成本等。每年纺织学科高水平论文的大量外流不仅致使国内期刊稿件资源匮乏,阻碍国内科技期刊的发展,还危及我国科技论文版权资源[5],每当我国的纺织学科科研人员需要查阅我国科研人员发的文献,还需向外国期刊支付费用,同样不利于我国纺织学科的健康发展,造成资金浪费。图 3 为 2021年天津工业大学纺织学科高水平论文资金主要来源,其中 96.52%的资金源自国内。

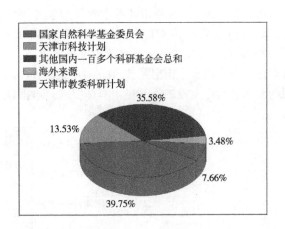

图 3　2021 年天津工业大学纺织学科高水平论文资金主要来源

我国的科研人员在外国期刊发表论文,论文的版权并不属于科研人员个人,版权属于所出版的期刊。因此,国内的每一所大学每年都要使用大量的预算用于购买各大数据库的使用权,过期不续费则无法再使用数据库和查阅文献。这也是国有经济因论文外流而产生的巨大损失。

3.2　阻滞国内期刊的发展

在目前的学术政策导向体系中,国内期刊的影响力比起国际期刊望尘莫及,论文发表在外国期刊就比国内期刊好,发表 SCI“一区”就比其他 SCI 期刊好,这样的价值导向会使国内学者倾向于选择外国期刊,最终论文并没有发表在最适合的期刊上,而是发表在影响因子更高、分区更高的期刊。

国内高水平论文纷纷投向国际期刊,致使国内期刊在目前的论文评价体系中沦为次等、三流期刊,使我国期刊质量和水平的发展与外国期刊的发展脚步渐行渐远[6]。建设高质量期刊的基础在于高质量的论文投稿,大量的高质量论文外流,致使我国科技期刊失去竞争力,难以形成产业化、市场化。

4 外流的原因

4.1 高校职称评审要求

全国高校和科研院所根据人员职能不同,设置了相应的职称评聘要求的论文篇数和级别。目前,国际刊物的等级和发表论文数量已成为职称评聘的重要指标。不仅理工类教师需要在国际期刊发表 SCI 论文,才有晋升高级职称资格,经管类教师也需要发表专业相关的 SSCI 或 EI 论文来获取学术业绩。

不同的高校对教师的科研业绩评价标准不一样,但都以在国际核心期刊发表论文为主流,且国外期刊的论文在评价中远高于国内期刊。以天津市为例,2019 年天津市教育局发布《天津市高等学校教师职务评审条件(试 行)》,规定申报理工农医科讲师职务对论文成果的要求为:公开发表教学或科研论文一篇以上,并没有对论文发表期刊作指定要求,但是对申报教授和副教授的要求就对论文发表期刊做出具体要求。申报理工

农医科副教授的要求为:一篇论文被 SCI、EI 或 IM 所收录;申报理工农医科教授的要求为:两篇论文被 SCI、EI 或 IM 所收录。由此可见,在国际刊物发表论文已成高校职称评聘的重要指标。实际上,由于职称的晋升存在"僧多粥少"的现象,内卷严重,发表多篇高水平 SCI 论文才能迈进高级职称的门槛。

4.2 研究生投稿倾向

为研究纺织学科高校硕士研究生论文投稿是否更加倾向于国外期刊,采用调查问卷的方式获取国内纺织学科高校硕士研究生结合自身影响因素和环境因素,对天津工业大学纺织学院的硕士研究生进行调查获得研究数据。调查填写问卷的人数为 59 人,其中有效作答人数为 57 人。被调查者均为天津工业大学纺织科学与工程学院硕士研究生,被调查者的年级分布为研一、研二和研三,其研究方向共有四类,分别是纺织材料与工程、纺织化学与染整工程、服装设计与工程和非织造材料与工程。图 4 所示为投稿外国期刊的原因调查统计结果。"学校或导师对投稿期刊有要求"是被选次数最多的,被选频竟达到 75.44%。由此可见,高校政策导向是硕士研究生更倾向于投稿到国外期刊的最主要原因。除此之外,其余 3 个高被选原因分别为:国外期刊学术质量高、国外 SCI、EI 收录期刊更多和国外期刊影响力大。

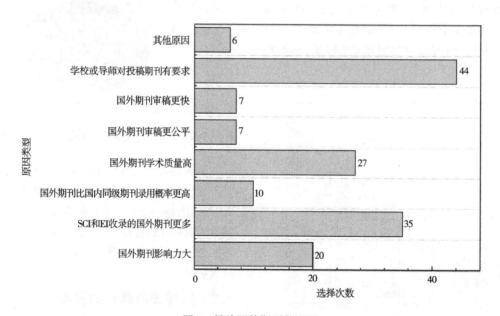

图 4　投稿国外期刊的原因

目前,大多硕士研究生都以发表国外期刊论文为目标,而且当前许多院校在学生毕业和职称评定上都有对期刊论文的等级和数量的硬性规定[7]。还有一些院校出台了各种根据期刊等级来设定对学生论文发表的奖

励政策。高校政策导向直接导致学生倾向于投稿国外期刊。由此可见,建设国内高质量期刊,从而改变国内政策导向才是解决纺织学科高水平论文外流的主要任务。

4.3 国内缺乏有国际影响力的期刊

根据科睿唯安在 2022 发布了 2021 年度《期刊引证报告》,该报告中的数据显示,2021 年 SCI 收录的期刊影响因子排名前一百的中国期刊只有五本,其中 *Cell Research* 以 46.297 的影响因子列中国大陆第一名。而影响因子总排名第一的是被誉为神刊的 *ca-a Cancer Journal for Clinicians*,其影响因子为 286.13,与其前一年 IF=508.27(史上唯一过五百的期刊),有所下降。表 1 和表 2 分别为国际期刊影响因子前五和中国期刊影响因子前五[8]。

表 1 国际期刊影响因子排名前五

期刊名称	影响因子
Ca-a Cancer Journal For Clinicians	286.13
LANCET	202.731
New England Journal of Medicine	176.071
JAMA-Journal of the American Medical Association	157.335
Nature Reviews Molecular Cell Biology	113.915

表 2 中国期刊影响因子排名前五

期刊名称	影响因子
Cell Research	46.297
Signal Transduction and Targeted Therapy	38.104
Cell Discovery	38.079
Military Medical Research	34.915
Electrochemical Energy Reviews	32.804

据 2021 年发布的《中国科技期刊引证报告》及中国科技论文与引文库(CSTPCD)统计,中国期刊在 2020 年被 CSTPCD 收录的期刊中自然科学类总期刊为 2084 种,其中文期刊为 1952 种,英文期刊则有 132 种,我国高质量期刊数量虽说不少,但是具有一流国际影响力的期刊却仍然非常稀少。

论文发表的期刊等级是目前学术评价体系中非常重要的指标,由于国内缺少国际影响力的期刊,使国内科研人员更倾向于投稿国外期刊。所以国内科研人员的投稿次序是,优先将自诩高水平的论文投于国际一流期刊,如果发生退稿情况再将其投给次等级国外期刊,最后实在不行再将论文投在国内期刊。由此形成一个恶性循环,高水平论文大量外流造成国内期刊水平下降,进而水平不高的国内期刊留不住高水平论文[9]。这也是基于国内缺少国际影响力期刊的现状所导致的。

5 应对策略

5.1 建设国内高水平期刊

为建设国内高质量期刊,应立足优势学科,集中国内一流学者、广纳国际知名学者,以建设世界顶级期刊为目标。国家每年用于期刊建设的经费,集中经费,重点资助优势学科集中打造各学科专业期刊,打造中国的 *Science*、*Cell*、*Nature* 和各学科的顶级期刊。

整个纺织学科高水平期刊较少,发展的潜力巨大。2019 年,由中国科学院院士、纤维材料改性国家重点实验室主任、材料科学与工程学院院长朱美芳教授主编的期刊 *Advanced Fiber Materials*。发表论文类型包括原创研究、综述文章、前瞻性快报、观点、新闻和亮点。期刊面向国家重大需求,聚焦纤维学科发展前沿,为科研工作者搭建学术交流平台,引领纤维学科发展,为国家经济社会建设和产业发展服务,刊登纤维领域的新概念、新理论、新方法、新技术和新成果,致力于打造成为一本纤维领域具有国际影响力的学术型刊物。*Advanced Fiber Materials* 最新影响因子为 12.958,填补了国内外高水平变革性纤维前沿期刊的空白,同时也为中国的纤维领域优秀科技成果更好地走向世界搭建桥梁,为全国乃至世界的纤维领域发展提供更加强劲的人才和科技支撑。此刊可参照为纺织学科高水平期刊创办的标准,建立一系列高水平期刊,供纺织学科科研工作者将学术成果在国内发表。

5.2 提高国内期刊国际影响力

《中国科技期刊发展蓝皮书(2020)》中提到,我国期刊的刊均总被引频次 2018 年仅为的 2255.6 次,相较于 2014 年六年中只增加了 6.38%。这表明中国科技期刊影响力有待提高。建设国内纺织学科高质量期刊,在于提高期刊论文质量,继而提升期刊影响力。

全球性信息分析公司爱思唯尔(Elsevier)发布了 2021"中国高被引学者"(Highly Cited Chinese Researchers)榜单。表 3 为此榜单中收录的纺织科学与工程高被引学者名单。显然,中国纺织学科并不缺乏人才,有创办国内一流期刊的必要条件。

表 3 2020 年、2021 年纺织科学与工程高被引学者

2020 年	王潮霞、陈宇岳、何吉欢、肖长发、丁彬、莫秀梅、蔡以兵,等
2021 年	刘燕平、莫秀梅、史向阳、魏取福、覃小红、丁彬、肖长发,等

因此,国内纺织学科期刊发展国内期刊可采取的策

略是,集中国内一流学者,通过政策引导和高福利政策,邀请国内纺织学科领域高被引学者将高质量文章发表于国内期刊[10],使国内纺织学科期刊论文质量有大幅提升,提升期刊影响力。进而吸引国内学者和其他研究人员相继将优秀论文发表于国内。

5.3　设立纺织学科论文评奖机制

目前,国内仅有陈维稷论文优秀奖、中国化学纤维工业协会"恒逸基金"优秀学术论文等少数专家、企业资助设立的论文奖。建议设立纺织学科论文国家级、省部级和高校级别的奖励体系,仅限评于国内纺织学科期刊论文,使国内学者和学生主动积极将高水平论文投稿于国内期刊。每年开展国内期刊论文的高水平论文评奖活动,吸引更多高水平论文发表于国内期刊,逐渐形成竞争。同时,可以提升我国期刊的整体学术水平期刊整体影响力。论文奖励可以改善科研人员或学生的科研条件和生活环境,高校师生对于稿件投稿决策时会权衡利弊,被奖励政策有所吸引,会做出利益最大化的选择方式,奖励政策会有显著的推动和激励作用[11]。如此我国期刊在国内得到足够的关注,才有望为打造顶级期刊奠定基础[12]。

6　结论

我国纺织学科高水平论文的外流情况十分严重,外流的数量以高速增长的趋势发展。如果不及时加以制止,我国大量的科研经费将流失海外,也不利于我国国内期刊的发展。国内高校的政策性导向是外流的主要原因之一,导致国内科研人员对 SCI 期刊的狂热追求。打铁还需自身硬,通过国内高影响力期刊的建设以及相关政策引导,如将科研基金资助项目做出硬性规定或给予国内期刊论文适当荣誉性奖励,二者相互作用形成良性循环。定能把优秀的学术成果留在国内,减少纺织学科高水平论文外流数量,把论文写在祖国大地上。

致谢

本文为天津工业大学研究生课程思政优秀教学团队项目(YJS202109)的阶段性成果之一。

参考文献

[1]　广大科技工作者要把论文写在祖国大地上[OL].[2022-07-015]. https://www.sohu.com/a/82418182_119832.

[2]　付晓霞,游苏宁,李贵存.我国优秀论文外流的现状与对策[J].编辑学报,2013,25(4):325-328.

[3]　吴锋,何锋.我国优秀科技论文外流的历史演进及对科技期刊的启示[J].出版发行研究,2013(3):75-78.

[4]　朱作言院士谈科学研究与科学期刊[OL].[2022-7-15]. https://www.cas.cn/ys/gzdt/201003/t20100329_2808759.shtml.

[5]　Ding J, Lu Y. Research on the history and current situation of academic exchange[J]. Library Journal, 2019, 38(6): 15-23.

[6]　曾建勋,杨代庆.关于扭转我国科技论文外流局面的政策性思考[J].编辑学报,2020,32(6):600-604.

[7]　赵芳,贺楚涵.对北京建设高品质科技期刊的必要性和建议的研究[C].//创新发展与情报服务,2019:325-331.

[8]　Clarivate. Journal Citation Reports [DB/OL]. [2022-07-07]. https://jcr.clarivate.com/.

[9]　孙静,韩颖,张陈,等.从科技期刊作者角度分析稿件外流的原因[J].中国科技期刊研究,2019,30(7):707-714.

[10]　Lippi G. The impact factor for evaluating scientists: the good, the bad and the ugly [J]. Clinical chemistry and laboratory medicine, 2009, 47(12): 1585-1586.

[11]　Quan W, Chen B, Shu F. Publish or impoverish: an investigation of the monetary reward system of science in China (1999-2016)[J]. Aslib Journal of Information Management, 2017, 69(2): 1-18.

[12]　蒋重跃.以学术期刊高质量发展助力文化强国建设[N].中国社会科学报,2022-02-22.

Ideological education practice of "Textile physics"

FAN Jie*, WANG Liang

School of Textiles Science and Engineering, Tiangong University, Tianjin, China

Email address

fanjie@ tiangong. edu. cn (FAN Jie), wangliang@ tiangong. edu. cn(WANG Liang)

Abstract："Textile physics" is a core curriculum for the academic postgraduate student majored in textile science and engineering. As the ideological education practice constantly carried out, "Textile physics" course presented important effect on cultivating research interest, improving science and humanity accomplishment, enhancing major acceptance, and motivating feeling of scientific research to serve our country. This paper summerized the ideological education practice of "Textile physics" course in recent years.

Keywords：Textile physics; professional basic course of graduate student; ideological education

"纺织物理"课程思政教学实践

范杰*,王亮

纺织科学与工程学院,天津工业大学,天津,中国

邮 箱

fanjie@ tiangong. edu. cn(范杰), wangliang@ tiangong. edu. cn(王亮)

摘 要："纺织物理"是天津工业大学纺织科学与工程专业学术型研究生开设的一门重要专业基础课程。随着课程思政建设的不断深入,"纺织物理"课程在培养研究生从事纺织基础理论研究的科研兴趣、提高科学和人文素养、增加专业认同感、激发科研报国情怀等方面发挥着重要的作用。本文对近年来天津工业大学"纺织物理"课程开展课程思政建设的教学实践进行总结。

关键词：纺织物理;研究生专业基础课;课程思政

1 引言

研究生是从事学科专业相关科学研究工作的主体。科技的发展重在人才培养,习近平总书记指出:"党和国家事业发展迫切需要培养造就大批德才兼备的高层次人才。研究生教育在培养创新人才、提高创新能力、服务经济社会发展、推进国家治理体系和治理能力现代化方面具有重要作用。"[1]同时,李克强总理做出重要批示指出:"研究生教育肩负着高层次人才培养和创新创造的重要使命,是国家发展、社会进步的重要基石。"[1]

"纺织物理"是我校纺织科学与工程专业学术型研究生的一门重要专业基础课程,对纺织纤维材料的结构及其力、热、声、光、电等物理性能进行系统的理论阐述[2],为研究生开展纺织专业相关的基础理论研究工作提供了必要的专业基础理论知识,对于提升研究生的理论研究水平,提高科研质量具有重要的作用。同时,"纺织物理"课程是研究生接触最早的专业课程之一,在夯实研究生的专业基础理论知识的同时,充分发挥课程的育人作用,将思政教育元素融于专业教学,拓展专业课程的广度、深度和温度,展现研究生专业理论课程的知识性、人文性、引领性和开放性;突出把爱国主义、专业情怀、科学精神、科学研究方法贯穿渗透到课程教学中,帮助学生树立文化自信、道路自信和专业自信,通过系统设计、全程融入,推动实现课程思想政治教育与专业知识体系教育的有机统一[3]。为此,我们对近年来我校"纺织物理"课程开展课程思政改革的实践工作进行总结,以更好地提升课程内容和价值,提高学生学习课程的获得感。

2 夯实基础理论知识,培养科学思维

从事基础科研理论研究工作,扎实的专业知识是基础,对于本课程而言,同学们在本科学习阶段系统学习了先修课程"纺织材料学",对纤维材料的基本物理性状有基本的了解,同时,也系统地学习了数学、物理等基础理论课程,具备深入研究纤维材料理论研究的基础,那么如何将基础理论用于描述纺织纤维材料的物理特性,通过开展理论研究工作,得出纤维材料结构对其性能影响的本质规律则是研究生学习阶段和研究生在从事科研工作中需要解决的问题,也是本课程培养学生创新能力的核心任务。因此,在教学过程中,不但要将课本中列举的纺织纤维材料结构与性能关系的理论模型讲解透彻,还要将前人从事这项研究的研究思路进行细致的梳理,让学生着重去体会,前人是如何将我们在本科阶段通过对纺织材料开展实验,所得出的纤维材料性能的实验数据,通过怎样的思路,结合哪些基础学科的知识开展理论,建立了不同参数之间的理论关系,这一理论关系能够为我们指明哪些参数对纤维材料的性能具有什么样的影响关系。培养学生将基础学科知识运用于开展专业理论研究的思路,树立科学思维方法,启发他们从事纺织纤维材料基础理论研究的兴趣[4-6],培养学生的创新研究能力,为提高学生科研水平打好基础。

3 注重学科交叉,提高创新能力

科技进步和创新是增强综合国力的决定性因素,创新能力关系到中华民族的兴衰存亡,在研究生阶段培养学生创造性解决纺织学科专业科学问题的能力是推动纺织科学与纺织产业高质量发展的基础工程。然而创新并不是一蹴而就的,是学生需要根据科研中遇到的问题,不断学习和吸收来自不同学科的新知识,并善于将其应用于解决科学问题的实践过程[7]。在"纺织物理"各章节中,教学案例涉及了化学热力学、传热学、流体力学、结晶学、高分子物理学等众多学科在解决纤维材料物理行为方面的应用,同时,在授课过程中,我们将不同章节内容涉及的特色研究报道作为案例引入,进一步丰富其他专业学科知识在解决纤维物理问题中的研究方法,例如,利用分形学的研究方法来认识纤维集合体的传热传质行为、利用模糊数学来认识纤维的老化行为等,引导研究生注重基础理论的深入学习,让他们认识到学科交叉对于创造性解决科学问题和创造新知识的重要意义,注重基础学科知识的学习,培养研究生热爱科学研究,投身纺织科学研究事业,提高我国纺织产业

竞争力的信念[8]。

4 在线教学平台引入教学全过程,培养学生的专业认同感

"纺织物理"专业课程教育的根本任务是为我国纺织科学研究事业和纺织行业发展培养德才兼备的接班人,因此,我们希望通过教学使同学们深入理解,高科技时代纺织品的作用已远远不止遮身蔽体,而是在天宫探月,蛟龙探海,工业生产,特种防护、医疗卫生、智能服装等重要的国计民生产业中发挥了关键作用,而这些前沿领域的成果都离不开科技的支撑,从而让同学们充分认识到纺织行业未来的发展必定是以科技为基础的柔性化高科技产业,而科学研究是行业发展和产品研发的重要支撑,从而增强学生对于专业的热爱和认同感,积极地投入科学研究,树立科研报国的远大理想。为了达到这一目标,在授课过程中,将线上教学平台引入教学全过程,开展课下课外阅读和专题讨论,结合时事新闻,以我国当代纺织相关研究成果在我国国防、能源、环境、医疗卫生、体育竞技等领域的相关应用实例为素材,对纺织品的功能及其涉及的相关理论和机理及其功能进一步提升的方案进行分析讨论,引导同学们思考如何运用基础理论、从哪个角度出发对纺织材料性能进行阐释,启发同学们思考如何改进现有产品技术,开展课堂讨论及在线讨论[9-10]。比如,基于蛟龙号绳索的研发过程及产品的性能相关素材,对此类特种用途的绳索的结构与性能进行分析和讨论。我国刚刚举办的北京冬奥会运动员滑雪服的结构与性能对纤维材料导水机理和产品开发进行讨论。从而,提高学生学以致用的能力,了解产业和行业最新发展动态,提高学习兴趣,树立热爱纺织投身纺织科技工作的激情。

5 开展荣校爱校教育,为学生树立身边的榜样

天津工业大学的纺织学科具有百年历史,在不同历史时期为我国纺织行业的发展做出了重要的贡献,例如,我校复合材料所早年就开始参与我国航空事业的发展,制作的碳纤维复合材料航天光学支架,近年来复合材料研究研发的高性能纺织复合材料助力"嫦娥"奔月,为返回舱"定制"研发了耐高温多向编织增强材料,此外,我校复合材料研究团队还研发大型碳纤维基海上风电扇叶领域处于领先水平。我校智能服装团队为冬奥会研制了加热服装,助力奥运健儿为国争光;染整教学团队研发的生物酶防缩整理加工技术获得了澳大利

亚羊毛局的竞赛大奖;非织造团队开发的非织造布海水淡化技术荣获 WFI 年度产品大奖国际大奖等等,通过将我校教师的科研成果和科研事迹引入教学,树立学生的荣校爱校精神,并为学生树立身边的榜样,激发学生投入科研工作和热爱科研事业的热情。

6 结语

"纺织物理"课程作为纺织工程学术型研究生的一门专业必修基础课,在研究生课程体系中占有重要的地位,在课程思政建设过程中,以教学内容为依托,通过培养科学思维能力,提高创新能力,培养专业认同感,开展荣校爱校教育,不但夯实专业基础理论知识,具备创新性解决科研问题的能力,并且使学生深入了解纺织科学问题对于提高我国纺织产业核心竞争力的重要意义,树立立志成才的远大理想,通过课程学习过程中激发学生的学习热情,培养学生求真务实、乐于探索专业科学问题的学习态度,建立专业自信,课程思政改革取得了良好的教学效果。

致谢

本文为天津工业大学"纺织物理"研究生课程思政示范课程培育项目(YJS202121)的阶段性成果之一。

参考文献

[1] 习近平对研究生教育工作做出重要指示[R].

[2] 于伟东,储才元.纺织物理[M].上海:东华大学出版社,2009.

[3] 杜震宇.一切有形,皆含道性:高校理工科课程的课程思政原则与教学策略[J].高等理科教育,2021(1):19-25.

[4] 郭彦霞.研究生科学思维能力发展的研究[J].中国高教研究,2005(9):35-38.

[5] 陈建兵.从科学思维规律的角度谈研究生的科学思维训练[J].学位与研究生教育,2022(3):22-32.

[6] 宋晨鹏.研究生独立科学思维的培养[J].科学咨询,2016(32):96.

[7] 李晓娟,马振亚,要培养研究生科学思维及创新能力[J].中国研究生,2006(6):4-5.

[8] 李曼利,金恩琪.方帅军.纺织工程专业《纺织物理》研究生课程的教学改革与实践[J].轻纺工业与技术,2020(12):144-154.

[9] 侯秀良,张海泉,高卫东.《纺织物理与纺织材料测试技术》课程教学的实践与思考[J].纺织教育,2004(5):29-31.

[10] 范杰,刘雍,刘维,等.研究生课程"纤维物理"的教学[J].纺织服装教育,2014(6):526-527.

Exploration and practice of the teaching reform of "Weaving experiment"

DENG Nanping*, ZHOU Baoming, HU Yanli

School of Textile Science and Engineering, Tiangong University, Tianjin, China

Email address

dengnanping@ tiangong. edu. cn（DENG Nanping）, zhoubaoming@ tiangong. edu. cn（ZHOU Baoming）, huyanli72 @ tiangong. edu. cn(HU Yanli)

Abstract：The course of "Weaving experiment" is a very important course for undergraduate students majoring in textile engineering who is studying at the School of Textile Science and Engineering of Tiangong University. The main target of the course is to greatly enhance the practical abilities of students for meeting the requirements of the evolving society. For some main problems existing in the teaching practice course of "Weaving experiment", this paper makes a more in-depth exploration for the experimental teaching about the course of "Weaving experiment" from the aspects of teaching content, teaching mode and teaching assessment. The purpose of this paper about the course is to continuously improve the students' comprehensive abilities in "Weaving experiment", and strive to enhance and improve the students' abilities of design innovation ability and engineering practice ability in weaving. Finally, the course can lay a solid foundation for the continuous enhancement of the comprehensive ability of students majoring in textile engineering, and provide textile inter-disciplinary talents for society.

Keywords："Weaving experiment" course; teaching content; teaching mode; teaching assessment; exploration and practice

"机织实验"教学改革的探索与实践

邓南平*，周宝明，胡艳丽

纺织科学与工程学院，天津工业大学，天津，中国

邮 箱

dengnanping@ tiangong. edu. cn(邓南平), zhoubaoming@ tiangong. edu. cn(周宝明), huyanli72@ tiangong. edu. cn(胡艳丽)

摘 要："机织实验"课程是天津工业大学纺织科学与工程学院纺织工程专业本科生的一门十分重要的课程，其主要目的是提高学生的实践动手能力，以满足社会不断发展的需要。本文主要针对在"机织实验"教学实践课程中存在的一些问题，从"机织实验"所涉及的教学内容、教学模式与教学考核环节等方面对该实验教学进行了较为深入的探索，以不断提高学生在机织实验方面的综合能力，努力改善与提高学生们在机织织造方面的设计创新能力和工程实践能力，为实现纺织工程专业学生综合能力的不断改善奠定坚实的基础，为社会输送纺织复合型人才。

关键词："机织实验"课程；教学内容；教学模式；教学考核；探索与实践

1 引言

天津工业大学(简称我校)纺织科学与工程学院的纺织工程专业通过长期不断地发展与进步，当前已成为国家级的特色专业、天津市的品牌专业与天津市"十三五"优势特色专业，并且学院的纺织工程专业也顺利通过了工程教育专业认证。此外，学院拥有纺织实验教学中心、先进纺织及检测技术协同创新实验室与国家级虚拟仿真纺织实验教学示范中心等基地，这些将为"机织实验"教学顺利进行奠定坚实基础。尤其纺织工程专业是一种应用型较强学科，表现出良好实验实践性、动手操作性与思维创新性。这样以提高学生创新性实践能力的"机织实验"课程就成为纺织工程专业教学工作

中十分重要的一部分。这就使得"机织实验"能满足国家对纺织人才实践需求,对于未来纺织不断发展壮大奠定坚实基础[1-3]。

当前,为适应社会与纺织专业不断发展的需要,培养更多纺织复合型人才,我校(天津工业大学)纺织科学与工程学院在纺织工程专业学生的教学培养上,加强学生在实验实践课程方面的支持,其旨在培养与改善学生的理论联系实际的思维。也主要针对以往教学内容、教学模式与教学考核环节等方面存在内容陈旧、模式单一、考核方式不全面、很难有效调动学生们的积极性等问题提出有效的解决方案[4-6]。其实教育部在 2017 年就提出了"积极推进新工科建设计划",该计划积极鼓励对理工科专业教学进行与之相适应的改革,且强调了努力加强培养理工科类专业学生的实验教学与工程实践能力的重要性。这也相对于对纺织工程专业的实验课程给予一定的改革与探索,既是为培育高素质纺织复合型人才做铺垫,也是为了能够更好地满足社会对创新性人才的发展需求。

2 教学内容改革

2.1 实验教学主要内容

"机织实验"课程的教学内容一直是纺织工程专业教学中十分重要组成部分,在整个"机织实验"教学过程中占据举足轻重的作用。当前"机织实验"课程在实验教学内容主要包含演示性实验、验证性实验、工艺性实验、综合性实验与设计性实验五大板块,但各分类板块之间也没有很严格的限制,这样就使得这五大板块之间常常存在或多或少的交叉。"机织实验"课程中演示性实验是指以教师展示演示"机织实验"课程的实验过程为主,其隶属于一种直观教学过程,学生通过观察教师所展示的机织实验,引发学生能依据所观察到的实验现象或实验结论,学会分析其中原因,并引导学生对实验现象与过程的思考。"机织实验"课程中验证性实验是指在机织学理论的基础上,预知所进行的机织实验的结果规律及其发展趋势,然后通过所进行的实验给予一定实验性验证。验证性实验在强调学生的机织织造理论基础的同时,能有效地进一步强化对该理论知识的认识。"机织实验"课程中工艺性实验是指以工艺流程为主题,重点强调各个实验工艺与步骤对所制机织物的物理与化学性能的影响,并通过对不同工艺所制备的机织物的各项性能进行相关的测试,获得在众多工艺中较为完备的工艺条件。以往的纺织工程专业中机织实验教学主要以演示性实验、验证性实验与工艺性实验为主,也就是以教师知识灌输为主,学生还是缺少主观能动性,使大家只注重于理论知识的学习,缺少对学生主观

能动能力和着力培养创新意识。且演示性、验证性与工艺性实验往往其实验的目的、实验的条件、实验的工艺及其所用仪器与设备大部分都是先前就准备好的,这只是简单重复与验证,缺乏创新意识的培养,这样也会减弱学生分析思考问题与解决问题能力的培养,导致其意义性还有待改善。

2.2 实验教学内容改革案例分析

为了强化纺织工程专业学生的实验积极性和着力培养学生的创新性实践能力,对于传统的纺织工程专业中的机织实验教学内容进行适当地补充与完善,其添加内容包括"机织实验"课程中的综合性实验与设计性实验等项目。"机织实验"课程中的综合性实验主要是指在教师的指导下,由学生们进行自主对综合性机织方面知识的学习与实施的活动。综合性实验的学习,有利于培养学生对本学科以及本学科以外的其他学科的多学科知识进行系统综合地学习,能够有力地培养学生对复杂问题的分析能力,并能较好地解决这些复杂问题。如在进行"机织实验"中络筒工艺的教学过程中,主要讲述了两种络筒的机器,其主要包括 1332MD 型半自动络筒机与青岛宏大纺织机械公司 JWG1001 型全自动络筒机,1332MD 型半自动络筒机主要运用于络筒张力的测定与分析,因为其络筒速度小,方便进行对络筒张力的影响因素建立感性认识,并有效分析络筒张力的变化规律。而 JWG1001 型全自动络筒机便于分析自动络筒机清纱工艺与络筒工艺参数,以便了解该自动络筒机的工艺设计原则及方法,并掌握不同纱线的工艺设计方法。与此同时,在该项目教学中,引导学生深刻领会到了先进科学技术给络筒工艺的生产效率带来的显著改善。且从纺织机械智能制造的角度来进一步使得学生们加深对纺织机械的认识。使同学们不仅仅只是局限于对纺织本专业知识学习,还要求能了解纺织以外的其他知识,为培养复合型纺织人才做好铺垫。"机织实验"课程中的设计性实验是指在深刻了解与认识专业课的基础上,对于未知知识领域进行合理的探究与不断地完善设计,且该设计性实验往往更多强调团队的合作,通过共同努力来有效地克服探索未知过程中的更多挑战,从而极大地改善与提高学生的不断摸索的精神与团结合作精神。如在"机织实验"课程中有一个"机织物新型工艺设计"项目,其主要是掌握新型织机的工艺参数有哪些以及模拟纺织厂在收到客户对某一产品的需求时,如何进行正确的纺织产品的工艺设计,并且明晰织物的上机张力、后梁高度以及开口时间等织机工艺参数及其与织物形成的关系。在该设计性实验中,该实验是多个纺织知识点的汇集,其主要涉及"纺织材料学""纺织机械""织物结构与设计""纺织材料与检测""纺织工艺设计以及可编程序控制器""伺服电机教程"等多门学

科课程。该项目的设计与实施将类似为一次纺织综合性设计与实施的"大考",可使学生综合知识得到全方位检测,并能显著提高学生的创新意识,为纺织工程专业学生综合素质提高奠定坚实基础[7]。

3　教学模式改革

3.1　教学模式存在问题

目前,实施更为多元与丰富的教学模式成为纺织实验教学发展中不可缺失的组成部分。众所周知,传统单一的教学模式,使得学生纺织工程专业的理论知识尽管十分优异,但学生实践动手能力较差,学生不愿动手,也经常有一种"众多理论知识我都清楚,我只是不愿意动手操作而已"或者"对于整个实验流程我都很明晰,实验我们能够很快完成,因为理论知识与操作步骤我们都很清楚,"的思想,这样或多或少会存在一些盲目的自信,这些将导致大家真正动手能力并没有达到预期的效果、团队合作意识淡薄以及创新意识不强等缺点较易出现。因此,加强"机织实验"课程的教学模式的改革,以此来提高学生实验的激情与兴趣,着力培养学生的动手能力与创新意识变得十分重要。

3.2　教学模式改进措施与意义

当然,无论"机织实验"课程的教学模式怎么改革,必须强调的依然是机织实验教学中所涉及的基础性实验,其主要是培养学生据所观察的实验现象进行实验的记录与分析,最终判断该实验是否具有一定的规律,以及其主要规律是什么,尤其通过该项目,能够得到什么重要启发,其也是后期开展其他类型纺织机织实验的基础知识。在此基础上,结合其他众多教学手段,极大激发学生实验的兴趣,培养学生动手能力与创新意识,"机织实验"课程主要教学改进措施与意义见表1。

表1　教学改进措施与意义

序号	改进措施	改进意义
1	通过走访与"机织实验"课程的教学内容契合度较高的纺织企业,录制播放一些实际生产的机织流程图	根据实际生产的机织流程图录制播放内容或具体实验相关视频,鼓励学生进行更多思考,提出问题,师生之间展开有效地讨论,并给予一定的解决方案,使学生更深层次地理解理论联系实际的含义
2	老师利用课余时间将"机织实验"课程中相关仪器的原理、操作步骤以及注意事项同样录制成视频录像,并作为预习实验课程让学生提前了解	
3	随着翻转课堂、慕课以及虚拟仿真教学网络的出现,能够有效地充实学生们"机织实验"课程的内容[8-9]	学生可依据个人的兴趣爱好和不同的关注角度,选择自己想要深入研究的方向,这样不仅有利于后期学生毕业设计课题的完成,且对于学生工作或者考研深入学习都有十分重要的意义[10]
4	包含大学生创新训练计划项目、"互联网+"大学生创新大赛等在内的一些研究性项目与学科竞赛的提出可较好地将"机织实验"中的一部分实验转化为创新训练的项目	能够极大地提高学生们进行实验的积极性与主动性,从而较好地改善学生的创新实践能力
5	与其他实践课程相结合,增加课程之间的相互融会贯通。比如与纺织智能制造综合实践,可以将最新的纺织方面的实践成果在课堂中给予分享,或者聘请企业纺织相关专家给学生们讲座	使得"机织实验"课程能够尽可能满足不断更新的需求

总之,"机织实验"课程教学模式改革必须以学生为导向,充分体现学生在"机织实验"课程教学的主体地位,并以适应未来纺织发展趋势为目标,为国家输送更多的纺织类高素质人才。

4　教学考核方式改革

4.1　教学考核方式存在的问题

"机织实验"课程是一门涉及知识面广、内容多但教学时间有限的特殊性课程,使得其考核方式也存在一定特殊与复杂性[11-12]。传统关于"机织实验"课程的教学考核方式往往以实验报告评价的单一方式进行考核,使学生往往只注重于撰写优质的实验报告,对实验预习、实验操作及思考存在轻视对待的现象。在实验过程中遇到的一些实验性问题,往往自己不主动独立思考,没有思考就寻求帮助或许会成了较为常见一种现象,使学生很难通过纺织实验认识到纺织工艺中存在问题的广度与深度来提高学生的实践动手能力。

4.2　教学考核方式的改进措施

"机织实验"课程是一门多维度、多层次与多步骤的教学过程,其考核的方式也涉及实验前的预习、实验中的操作以及实验后的分析等方面。按照该综合考核执行后,这样更为客观地反映学生的实际成绩,尤其能充分地调动学生的学习积极性、主动性,提高学生的创新能力。对于实验前预习方面考核,我们主要通过在授课过程中提出一些问题,考核学生对问题的回答正确性来给予适当的评判。另外,在书写实验报告过程中,也将学生所撰写的实验预习报告的情况纳入成绩判定。对于实验中的操作环节也是整个实验评价极为重要的环节,所以教师应该能洞悉每位学生实验操作的规范性、标准性与准确性,并对实验过程中所遇到的问题能够正确分析,并给予解决的能力。在实验评判过程中要时刻准确记录每位学生的实验过程的量化分数。对于实验后的分析方面的考核,主要是通过学生所上交的实习报告给予考核评价。其涉及部分包括实验报告规范性、实验报告记录准确性与详细性、实验报告中所遇到的问题及分析与解决问题的能力、对实验结果的分析和讨论以及对思考题的回答情况进行综合评判。

总之,教学考核方式改革以能够培养具有较强动手能力与创新能力的学生为宗旨,使得考核目的不仅是评判学生成绩如何,更应以提高学生实验的主动性、积极性,并能更好地培养学生独立思考、运用理论联系实际及创新实践的能力。

5 结论

"机织实验"教学改革的探索与实践对学生们未来能较好地吻合时代的发展需求具有十分重要的作用。本文主要基于在"机织实验"教学实践课程过程中存在的问题,从"机织实验"的教学内容、教学模式与教学考核环节等方面,对该实验教学进行了较为深入的探索,这将极大地提高学生进行机织实验的主动性与积极性,并能着力培养学生分析问题与解决问题的能力,进而不断完善其创新能力,使得"机织实验"课程能够更好地为广大纺织工程专业的学生服务,也能更好地满足快速发展的社会对高素质纺织人才的要求。

致谢

本文为教育部产学合作协同育人项目《纺纱工艺设计与纱线质量评定虚拟仿真实验》(201902044011)的阶段性成果之一。

参考文献

[1] 韩振邦,杨文芳,杨丽,等.轻化工程专业实验课程教学改革探索[J].轻工科技,2014,30(1):140-141.

[2] 季萍,王春霞,宋孝浜,等."双一流"背景下基于机织产品设计实践课程群的教学团队建设[J].纺织报告,2021,40(7):85-86.

[3] 钱现,沈艳琴,郭嫣,等."机织学"课程教学改革的探索与实践[J].纺织服装教育,2018,33(6):471-473.

[4] 周宝明,王建坤,刘建中,等."纱线设计实验"教学改革的探索与实践[J].纺织服装教育,2014,29(1):67-69.

[5] 孙洁.《机织工程》课程讨论课教学模式的探索及实践[J].内江科技,2015,36(7):149-151.

[6] 谢胜,武鲜艳,易洪雷."机织学"课程教学的几点体会[J].纺织服装教育,2018,33(4):317-318.

[7] 包振华.产业融合与专业融合协同发展问题研究:以纺织服装产业为例[J].纺织服装教育,2021,36(3):202-206.

[8] 孙洁,徐阳."机织产品设计"课程的线上线下混合教学模式探索[J].纺织服装教育,2022(4):355-358.

[9] 王坤,何斌,谭冬宜,等."互联网+"背景下线上线下混合式教学研究与实践:以"机织学"课程为例[J].西部皮革,2022,44(17):73-75.

[10] 王姜,张玉泽,管晓宁,等.基于CAD技术的"机织实验"课程教学改革探索[J].实验室研究与探索,2017,36(10):227-230.

[11] 王铃丽,陆浩杰,等.《机织学》实验课程模式改革的思考[J].轻纺工业与技术,2017,46(6):100-101.

[12] 全建业.机织工艺与设备课程教学改革的探索与实践[J].课程教育研究,2018(14):220-221.

Research on the small corpus construction for textile English (ESP)

GAO Xiaoyan[1, *], LIU Meina[1], WANG Xiao[1], Allan De Boos[2]

1 *College of Textile Science and Engineering, Yantai Nanshan University, Yantai, China*

2 *Wool Education Department, The Woolmark Company, Sydney, Australia*

Email address

gaoxiaoyan19871213@ 126. com (GAO Xiaoyan), lmn613@ 163. com (LIU Meina), wangxiao1095@ 163. com (WANG Xiao), allan. deboos@ wool. com (Allan DeBoos)

Abstract: Textile English is a kind of English for specific academic purposes, which emphasize on specialty and subject content teaching. The small corpus can provide a new way for textile English teaching. The corpus should reflect and represent the linguistic features of textile field, the authenticity of language materials and professional documents should highlight specialization and practicality. The construction of textile English small corpus is conducive to provide resource support for learner-centered teaching.

Keywords: textile English; corpus; English for specific purposes

纺织专业英语(ESP)小型语料库构建探究

高晓艳[1, *],刘美娜[1],王晓[1],Allan De Boos[2]

1 纺织科学与工程学院,烟台南山学院,烟台,中国

2 羊毛教育部,羊毛发展公司,悉尼,澳大利亚

邮 箱

gaoxiaoyan19871213@ 126. com(高晓艳), lmn613@ 163. com(刘美娜), wangxiao1095@ 163. com(王晓), allan. deboos@ wool. com (Allan De Boos)

摘 要:纺织专业英语属于专门学术用途英语,注重专业性和学科内容的教学,小型语料库为纺织专业英语教学提供新的路径。纺织专业英语小型语料库要反映和代表纺织专业领域的语言特征,语言材料和专业文献的真实性突出专业性和实践性,为以学生学习为中心的教学提供资源支持。

关键词:纺织专业英语;语料库;专门用途英语(ESP)

1 引言

随着经济全球化以及高等教育国际化的飞速发展,各行各业对既精通专业知识又有较强的英语能力的人才的需求量越来越大[1],这其中也包括纺织行业。由于纺织行业的供应链系统在全球范围内不断延伸、纺织产业的转型升级和创造世界品牌的步伐也在加速推进,因此培养专业业务过硬、英语能力较强的纺织人才成为纺织类高校的重要任务,在培养这类纺织人才的过程中,"纺织专业英语"这门课程是不可或缺的。

纺织专业英语属于专门用途英语(ESP: English for Specific Purposes)的一种,将通识英语知识与纺织专业技能相结合,是与职业领域相适应的英语[2],其特点是专业性强、实践性强、综合应用性强等。具体来说,纺织专业英语属于 ESP 分支——专门学术用途英语(ESAP)的研究范畴,ESAP 课程主要以专业文献为载体,使学生熟知本专业词汇特点和篇章结构。在我国纺织专业英语的教学过程中,可选用的教材较少,且教材内容缺乏实用性和创新性,教学方法单一,从而使学生缺乏学习兴趣和积极性,学习效率较低[3-5]。近几年来,语料库受到了语言教学研究者的关注,在纺织专业英语的学习过程中,师生共建开放型语料库,可以更好地发挥学生的主观能动性,突出学生的主体地位,激发学生对

专业英语学习的兴趣和积极性。因此,进行纺织专业英语小型语料库的建设初探,以期待构建新的纺织专业英语教学体系,改变传统的讲述翻译型教学模式。

2 语料库简介

语料库是一种依靠计算机和网络技术建设而成的语言资源库,它是依据特定的语言规则,运用随机抽样方法,收集自然出现的连续语言,运用文本或话语片段建成的具有一定容量的大型电子文件库。语料库依托于真实语境的语言数据,可以收集大量的语言事实并对其进行高效的分析,是语言运用的样本,因此具有较强的实用性[6]。基于计算机和网络平台建设而成的电子语料库可以作为教学的辅助工具,实现教学资源的整合、创新教学方法,构建灵活多样的学习环境,激发学生的学习兴趣,从而有效地改善教学效果。

语料库可以分为专用语料库和通用语料库[7]。通用语料库一般是全世界通用的大型语料库,目前国内外已建成的且成功应用的大型语料库有很多,如国际上的COBUILD语料库,由Collins出版社和伯明翰大学的专业研究人员联合建立,其容量超过4亿个词汇;英国国家语料库(BNC),由英国牛津出版社和朗文出版公司等联合建立的开放型语料库,其容量为1亿个词汇,而且公布在网络上,可以供读者学习使用[6]。专用语料库一般是指针对于某种专门用途的英语的小型语料库,近几年来,国内有学者开始研究专用小型语料库的建设用于专业英语的教学,例如,电力专业英语语料库[5]、环保专业英语小型语料库[6]、建筑工程英语小型语料库[7]、物流专业英语语料库[8]、体育英汉平行语料库[9]、交通运输英语语料库[10]、美术类小型平行语料库[11]。但是,关于纺织专业英语语料库的研究还很少。

3 纺织专业英语小型语料库的建设

高质量、详细、清晰的语料库才能更好地为教学、为广大师生服务,因此在初建的过程中,从以下几个方面入手保证所建设的语料库的质量。

3.1 语料库的规模

所要建设的语料库是纺织专业英语小型语料库,是专门针对和应用于纺织专业英语的教学和纺织专业词汇研究的专用语料库,因此初次开发建设时将其容量设定为1万个词汇,建设时间为1年,由于纺织产品、设备、工艺技术等的更新非常迅速,所以为了更有效地满足纺织专业英语的教学需要和语料库的实用性,每隔半年对语料库的内容进行更新并扩大其容量,利用5年时间,逐渐建设完成开放性的动态语料库。

3.2 语料的来源

所要建设的语料库中语料的来源应该比较广泛,以具有代表性,语料主要从以下材料中进行选取:纺织英语的相关教材、纺织行业权威的中文和外文期刊、网络电子图书、英文原版的学术及会议论文、英语国家以及纺织企业的纺织技术及设备资料、纺织专业标准、纺织英语网页等。我校与澳大利亚羊毛发展公司于2012年开始合作,主要是羊毛模块课程及英文教材的开发,目前已经比较成熟,这些英文教材是澳大利亚羊毛发展公司组织不同国家的毛纺织教学专家及企业专家共同编写完成的,比较有代表性和实践性,可以作为语料库的语料来源,而且外教可以对语料库进行校正,这为语料库的建设提供了坚实的保障。

3.3 语料的采集

语料的采集时,不能简单地仅对搜集到的语言材料进行堆砌,而是应该遵循特定的原则,分门别类地对语料进行科学且细致的加工。根据纺织行业的特点,按照纺织加工的流程,将所要建设的语料库分为纤维原料、纺纱、织造、后整理、新产品五个方向。在语料的采集与加工过程中,需要专业课教师、纺织企业技术人员、专业课基础扎实且英语基础好的学生、大学英语教师的共同合作。专业课教师根据自己的研究方向进行分工,分别负责其中一个方向的语料采集,羊毛模块的语料采集主要由随堂翻译的专业课教师负责。

在建库过程中,有一部分学生切实参与了语料的采集及加工,以学生为主体,可以使学生能更好地掌握纺织领域常用的英语词汇以及基本的纺织英语资料文献的翻译技巧,全面提高其对纺织英语的掌握和应用。

在语料采集时,应注意:语料的新旧程度,语料越新越好,初建纺织专业英语语料库时将语料的时间跨度设定为最近10年;语料的难易程度应该与使用者的英语水平相适应,贴近应用型本科高校学生的英语水平;语料采集时,应加入贴合工作过程的、与实际工作环境密切相关的语言样本,这些可以由纺织企业的技术人员提供,以增加语料库的典型性与实用性。

3.4 语料的加工

语料采集完成后,还需要对其进行更深层次的加工,如对单词拼写、语法、汉语译文等的校准和核对,这项工作由纺织专业知识丰富的教师、纺织企业的技术人员、大学英语教师以及外教共同合作来完成。专业词汇的拼写及汉语翻译的准确性由纺织专业课教师和纺织企业技术人员联合进行校正,基础英语知识(如语法、句式等)的准确性由大学英语教师和外教联合进行校正。

目前,纺织专业英语小型语料库的初建工作基本完成,采集的语料主要是纺织的基础词汇及用语、现行的纺织标准,规模还比较小。由于纺织行业的设备更新换代以及新工艺新产品的研发速度均较快,纺织的相关标准也在逐年进行更新,因此需要及时地在语料库中添加这些新的知识,这需要纺织专业教师、纺织企业技术人员及学生及时关注并进行更新。此外,如何将建设完成的语料库与纺织专业英语的教学更好地结合起来以改善纺织英语的教学效果,此项工作还需要进一步的研究探讨。

4　语料库在纺织专业英语教学中的应用

"纺织专业英语"课程教学目前存在的主要问题为:授课方法和教学模式比较陈旧。一般是采用课堂讲授法,教师对课文中的专业词汇进行讲解并对课文逐一进行翻译,此教学方法只是教师单纯地灌输,师生之间缺乏交流互动,忽略了学生的主体地位,学生学习专业英语的主动性和积极性不高,教学效果无法达到预期。学生能力培养方面也比较单一,仅关注翻译能力的培养,对听、说、读、写、自学能力等实际应用能力的培养严重缺乏,从而使学生在就业后无法运用所学到的纺织英语专业知识解决实际问题[12]。而实践应用能力对于纺织工程专业的学生是至关重要的,在纺织专业英语的学习过程中,同时建设语料库,有利于提高学生自主学习的意识。

首先,学生在学习纺织专业英语的过程中,切实参与到语料库的建设中,主动地对特定的语料进行采集并加工,这有助于学生对纺织专业英语知识的主动探索,将以教师为中心的教学模式转变为以学生为主体。

其次,语料库初步建设完成后,将语料库应用至纺织专业英语的课堂教学中,有助于学生更好地理解和应用专业英语术语。很多单词在专业英语和普通英语中的意思有很大的差别,如果学生利用普通的英语词典查询,很难查询到正确的解释,如果运用语料库进行查询,不仅能得到正确的解释,而且能查询该单词如何用于专业英语的表达与写作中。

最后,可以将语料库应用于"纺织专业英语"的课程考核中,课堂学习完成后,让学生结合本次课堂的教学内容,课后自主搜集与教学内容相关的语料信息,并对其进行归纳、分析、总结,每位学生建设自己的语料库,在这个过程中,学生不仅获取了相关知识,而且通过对语料的思考、检索、分析加工等更好地培养了学生自主学习的能力,激发学习兴趣。将学生自主建设的语料库作为课程考核的一部分,可以更加全面地反映学生对纺织专业英语的理解及应用情况。

5　结语

基于专业英语语料库的语言学习是对传统基于教材的语言学习的重要补充,可为专业英语的研究和学习提供大量的素材,且有助于"纺织专业英语"课程教学模式的改革与创新。目前,我校对纺织专业英语语料库的研究还处于起步阶段,在整个开发和应用过程中,还需要借鉴一些应用比较成功的专门语料库和开放型语料库的建设经验,将英语知识与专业技能进行有效的融合,使建成的语料库适用于纺织行业及本校学生。日后将进一步研究如何更好地将建成的语料库与纺织专业英语教学相结合,构建新的纺织专业英语教学体系。

致谢

本文为 2020 年山东省本科教学改革研究项目《纺织工程专业"校企行"三方协同人才培养改革与实践》(M2020070)、2022 山东省教学研究项目《"全渠道型"专业课程教学体系的建设与实践》(22JX210)、2021"纺织之光"中国纺织工业联合会高等教育教学改革研究项目《应用型本科高校纺纱课程群教学改革与实践——以烟台南山学院为例》(2021BKJGLX747)、烟台南山学院纺织工程课程思政示范专业(NSSFZY202210)的阶段性成果之一。

参考文献

[1] 刘彬,李广伟. 基于语料库的 ESP 教学平台构建与研究[J]. 湖南第一师范学院学报,2014(12):61-64.

[2] 陈兆军. 专门用途英语小型语料库信息构建与教学应用[J]. 教育信息化论坛,2018,2(2):66-67.

[3] 李翠玉,王建坤.《纺织专业英语》教学方法的探讨[J]. 大学教育,2012(12):70-78.

[4] 王凯军. 浅谈如何提高纺织专业英语教学质量[J]. 山东纺织经济,2007(4):81-82.

[5] 郎倩雨,李海生,樊清山. 电力专业英语语料库在电力专业学习中的应用[J]. 学理论,2014(11):205-206.

[6] 杨帆,谌桂君. 对接环保专业的小型英语语料库建设构想[J]. 湖南税务高等专科学校学报,2014(1):53-56.

[7] 韩薇. 建筑工程英语小型语料库的形成及应用探讨[J]. 中国建材科技,2015(3):113-114.

[8] 喻萍芳. 特色化高职物流专业英语语料库构建研究:以武汉软件工程职业学院为例[J]. 职教通讯,2014(12):78-80.

[9] 陈羲,李仁熙. 体育英语教学中的体育英汉汉语平行语料库建设[J]. 文体用品与科技,2017(2):78-79.

[10] 冯恩玉. 交通运输学术英语语料库建设[J]. 英语教

师,2017(19):25-28.

[11] 王珏.自建小型美术类平行语料库在 ESP 教学中的应用[J].湖北美术学院学报,2015(2):61-63.

[12] 高晓艳,曹贻儒,刘美娜,等.借鉴外教的教学模式 探索"纺织专业英语"课程教学改革[J].纺织服装教育,2016(6):508-513.

Teaching innovation and practice of online and offline co-creation teaching

HE Yin*, GONG Xueyan, LIU Li, LI Tong, WANG Xiaoyun

School of Textile Science and Engineering, Tiangong University, Tianjin, China

Email address

smileheyin@ yeah. net (HE Yin), 34130698@ qq. com (GONG Xueyan), f0103@ 126. com (LIU Li), 495987518 @ qq. com (LI Tong), kanxinwenlianbo@ 163. com (WANG Xiaoyun)

Abstract: Aiming at the Demand of Scientific and Technological Development of Modern Garment Industry for Talents Training in Colleges and Universities, relying on the textile top disciplines, and combined with the garment specialty features, an in-depth study of the "introduction to cloth" discipline was conducted in this paper. By means of Networked Multimedia and other technologies, online and offline classes were established to solve a number of existing problems, including the difficulties for students to pay enough attention and understand caused by the boring and abstract course contents; the unitary and fragmented teaching mode and lack of connection between courses; obstacles in the Integration with innovation and entrepreneurship education; and the inapplicability of the existing teaching resources to international students, ultimately, this paper aims to realize the multi-innovation of teaching modes.

Keywords: online and offline teaching; curriculum reform; innovation and practice; clothing major

线上线下共创课堂的教学创新与实践

何鉴*,龚雪燕,刘利,李彤,王晓云

纺织科学与工程学院,天津工业大学,天津,中国

邮　箱

smileheyin@ yeah. net(何鉴)

摘　要:针对现代服装产业科技发展对高校人才培养的需求,本文依托纺织一流学科优势,结合服装专业特色,对"服装导论"课程进行了深入的改革研究。通过采用网络多媒体等技术,创建线上线下教学课堂,解决了该课程内容枯燥抽象,不易被学生理解和重视,教学模式单一、割裂,课程间联系缺失;难与创新创业教育融合;现有教学资源无法适用于国际学生等教学薄弱的问题,实现教学模式的多元创新。

关键词:线上线下教学;课程改革;创新与实践;服装专业

1　引言

在"互联网+"的时代背景下,现代服装产业发展需要大量具有良好的创新意识、实践能力和国际视野的应用型高级专业人才。这就要求高校中的服装专业教育以坚持学生中心、持续改进为理念,以立德树人为根本,创新人才培养模式,深化教学改革。

本研究依托我校纺织一流学科优势特色,以及服装设计与工程专业创新创业型人才培养方案,结合学科特点和专业特色对"服装导论"课程进行深入的教学创新与实践。服装导论作为服装专业的基础必修课程,是通过科学的引导与教授,使学生能够建立专业学习的理论概念,形成行业意识,了解现代纺织服装产业体系的需求的多样性、复合性、交叉性对人才的需求的全多样性,明确服装产业对社会及各行业的支撑的深度与广泛,从而促进学生创新、融合、成长,合理开展行业发展规划。但传统的课程面临着内容枯燥抽象、不易被学生理解和重视;目前割裂式教学,课程间联系缺失的问题;非实践教学,难与创新创业教育融合等问题,亟待解决。

另外,随着"一带一路"国家战略的推进,越来越多的留学生来华学习服装相关专业。自我校开设英文授

课服装设计与工程专业以来,"服装导论"课程作为基础必修课,已成为专业主干课程。该课程是一门面向留学生的全英文通识课程,通过该课程的学习,使留学生全面地认识和理解服装行业,建立完整的纺织服装专业知识理论框架,并向留学生传授中国传统服饰技艺和传播中国传统文化。而课程在教学过程中面临着英文教学资源缺乏、教师语言水平薄弱、授课留学生教育水平参差不齐等问题。

2 创新实践的改革方法

(1)采用三维可视化交互式多媒体网络课件将线上与线下学习融合起来,实现混合式教学模式,解决课程枯燥、模式单一的问题改革传统课堂教学,利用互联网络技术将教学从课堂延伸到课外。

课堂上通过多媒体网络课件使教学内容生动多彩,充分激发学生的兴趣。课堂外学生在各种移动电子设备上在线对课堂所学内容进行课前预习、课后复习,拓展学习,进行自我检测和评价,并将学习的效果进行及时反馈。通过混合式教学模式,提升学生自主学习的能动性,加强学习效果。

改变传统教学中课堂授课与课外学习脱节的现象,采用互联网技术打造的三维交互式多媒体网络课件,可形成线上线下的混合式教学,并丰富了在线教学的考核手段,解决了基础理论课程枯燥无味的问题,充分调动学生的参与意识,激发学生的主观能动性,有效地提高教学效果。

(2)借鉴优质的国外教学资源,采用专题式教学,解决与其他专业课脱节的问题。

以德国原版服装专业教材为基础,将课程知识结构划分为专题,如"服装的诞生""设计与生产""服装的主人""中国服饰"等,将教学内容与后续专业课程科学的连接起来,有助于学生形成专业知识架构。"分层次、个性化的课程新体系"是通过设置科学性的教学内容,使课程的横向学习广度和纵向学习深度教学思路清晰,促进与后续其他专业课程衔接的连贯性,提高学生专业知识水平和对专业的认知程度。

(3)以应用为导向,设置模块化教学环节,解决课程理论脱离实际的问题。

将课程设置为基础认知、重点讲解、课后问答、专题研究、实践项目等多个模块,培养专业学习方法。重点将课堂教学延伸到课外创新实践活动中,引导学生在学习知识的过程中能够根据实践经验进行联想与深入思考,增加学习兴趣,形成创新意识,并通过参加创新性科学研究和技能大赛,提高学生的应用能力。通过导论课程引导学生参与科学研究,学生逐渐领会专业知识的重

要性,学会将所学的理论知识变为解决实际问题的方法和工具,并将科研与实践活动结合,为以专业导论课程为引领的应用型人才培养模式打下基础。

(4)打造全英文网络教学平台,实现教学语言多元化建设,解决授课本土化的问题。

根据留学生基础背景、学习能力和习惯不同的特点,依托校级网络教学服务平台建设的全英文服装导论网络教学资源,包括英文课件、英文讲义、全英文授课视频及课外阅读材料等,不仅能够将"服装导论"作为通识课程面向全球学生教学,还可以为本国学生开拓专业视野提供有利条件。全英文的网络学习平台,可实现"服装导论"课程全球化教学,并促进我国服装专业人才的国际化、先进化。

3 创新实践的效果分析

教学创新实践的综合应用后,对改革的实施对象,关于教学内容、方法手段及教学效果进行调查分析,结果显示:

(1)模块教学,实现教与学的互动性和个性化。师生通过模块化的教学模式,便可快速获取相关学习内容。在教学中,模块提供教师和学生的双向选择机会,调动学生的参与意识,激发学生的主观能动性。另外,通过模块中关键词的搜索,可获得有针对性的实例,使学生有目标地进行学习,培养学生独立的分析问题、解决问题的能力,满足教学的个性化需求。

(2)交互式多媒体课件,实现教学的引导性。在教学中运用具有交互功能的多媒体课件,解决了传统教学枯燥乏味的问题,并大大丰富课堂知识容量。它以形象生动的画面,友好交互的功能,及时有效的反馈,使学生保持旺盛的学习精神,调动学生的积极性,吸引长期的注意力,以轻松愉快的心情参与到课堂教学中来。在教学中通过多媒体技术把抽象的问题形象化、把静止的图像生动化,更加具体的反映思维过程,开阔学生视野、开拓学生创新思维。

(3)可操作学习平台,实现教学无局限。全英文的网络学习平台中包括程的大纲、学习目标、课后习题、教学讲义、课件、录像、参考文献、教学团队介绍及课外阅读材料等内容,不仅方便在校学生有效学习,还可以将"服装导论"作为通识课程面向全球学生,展示中国服饰文化和产业优势。

(4)相关教学经验积累,推动教学的改革。为探索数字化资源和教学的高效结合,教师团队不断进行研讨和学习,解决课件制作过程中遇到的各种问题,交流多媒体的技巧与经验。在实际运用后,提高了对数字化教学资源认识。课堂教学过程是由教和学两方面构成的

有机的、活动的过程。在这一过程中,教师需要根据各种不同的情况包括课堂生成的教学资源,适时调整教学方案;多媒体演示是辅助教学的手段,要配合教学内容适当地使用,才能达到良好的教学效果。

4 结语

服装专业课程的创新实践改革仍有许多问题需要深入研究,基于现有的教学方式,需要更多的利用互联网络技术将教学从课堂延伸到课外,科学的设计线上线下教学环节,实现优质的混合式教学模式;还需重点建设双语网络教学平台及优质教学资源,实现教学语言多元化建设,进一步解决授课本土化的问题;以及认真考核课程改革成果的应用效果,充分调研应用与评价结果,不断摸索成功的混合式教学模式,更好地实现课程培养目标。

致谢

本文为 2021"纺织之光"中国纺织工业联合会高等教育教学改革项目(2021BKJGLX611)、天津市教委科研计划项目(2019KJ001)、校级一流本科课程建设项目(2019~2020)的阶段性成果之一。

参考文献

[1] 规划纲要工作小组办公室. 国家中长期教育改革和发展规划纲要(2010—2020)[EB/OL]. [2020-03-01]//http:www. china. com. cn/polioy/txt/2020-02/01/ content_19492625. htm.

[2] 戴晓群,曹元娣."服装导论"课程双语教学的创新实践[J].纺织服装教育, 2018(5):390-393.

[3] 李国萍,王涛. 服装设计专业课程"互联网+课程思政"的设计与实践:以《服装概论》课程为例[J]. 纺织科技进展, 2020(9):59-61.

[4] 支娜娜. 互联网云平台空间视域下的高校思政课翻转课堂的实证研究:以"概论"课为例[J]. 科教导刊, 2018(6):86-87.

Blended teaching reform design and practice exploration of the course "International trade practice"

JI Yiping[1,*], YANG Yunhui[2], LI Shufeng[1], ZHANG Lu[1]

1 Department of Textile Commodity Inspection, School of Textile Science and Engineering, Tiangong University, Tianjin, China

2 School of Software, Tiangong University, Tianjin, China

Email address

thymeping@ 163. com (JI Yiping), yang. yh@ 163. com (YANG Yunhui)

Abstract: This paper introduces the learning resources, teaching methods and advantages compared with traditional teaching methods in the online open course "International Trade Practice" which teaching in English; it focuses on three aspects of the online SPOC teaching mode reform of the course; it also introduces the integration methods of the trade theories and the practical training practice; finally, it reflects on the areas that need to be further improved in the online course teaching.

Keywords: International trade practice; blended teaching mode; online and offline; ideological and political; integrated practice

"国际贸易与实务"英文课程混合式教改设计与实践探索

季益萍[1,*],杨云辉[2],李树锋[1],张璐[1]

1 纺织科学与工程学院纺织商检系,天津工业大学,天津,中国

2 软件学院,天津工业大学,天津,中国

邮 箱

thymeping@ 163. com(季益萍),yang. yh@ 163. com(杨云辉)

摘 要:本文介绍了"国际贸易与实务"英文在线开放课程在开展教学时学习资源、教学方式及与传统教学方法相比的优势;重点阐述了该课程在线 SPOC 的教学模式改革的三个方面,也介绍了"国际贸易与实务"英文课程与实训实践的融合方式,最后,反思了在线课程教学中需要进一步完善的地方。

关键词:国际贸易与实务;混合教学模式;线上线下;思政;融合实践

1 引言

"国际贸易与实务"英文课程是本校纺织学院纺织工程专业留学生与国际班本科生的专业基础课程,属于限选课程。由团队精心打造的线上课程,于 2019 年 2 月在泛雅学习通平台正式上线,目前已经顺利运行 5 轮,国内外受益学生近 1000 人,在广大师生中反响甚好。

2 "国际贸易与实务"英文在线课程基本情况

"国际贸易与实务"英文课程在泛雅平台上有如下资源:

(1)"资料"区,学生能查阅课程简介、教学大纲与日历、相关英文教辅(recommended textbooks)、课件(courseware)、各章的知识导图(knowledge map for each chapter);

（2）"章节"区，主要有课程目录、教师录课与辅助教学/培训视频，共 49 个任务点；

（3）"讨论"区，每次课都会发布有趣的贸易话题，每学期有更新；

（4）"作业"区，包括课后习题与测试、调研与实践项目，共 15 个任务点；

（5）"通知"区，随时发布教学计划与安排；

（6）"考试"区，发布期末考试试卷若干。

根据"国际贸易与实务"英文课程的标准，团队在教学方法等方面做了一些有益的尝试与研究，秉承"英语+专业"的人才培养理念，帮助学生快速转化吸收理论知识并能使用英语解决国际贸易中的实际问题，实现国际贸易知识性与实务性的统一，并取得了令人欣慰的改革成果。

3 基于泛雅 SPOC 的在线开放课程教学模式的优势

泛雅 SPOC（small private online course）平台（即"小规模限制性在线课程"），其可由授课教师加载丰富且有针对性的教学资源，且其具有智能统计功能，可有效地对学生的学习行为进行记录和分析，以便于授课教师及时调整授课内容并对学生进行实时监控和督促，SPOC 在很大程度上弥补了线下教育的缺陷，更适宜于在高校推行[1-3]。

SPOC 在线教育有很多的优势，虽然它不会取代线下教育，但是近几年在线教育的快速发展，两者已经属于共同发展了。依托于泛雅平台的"国际贸易与实务"英文在线课程有如下几个优势。

（1）时间灵活。在线教育可以随时随地进行学习，打破了受时间的限制，还能支持课后重温，也就是说当你忘记了某个知识点，或者没听明白，又或者在听某节课分心了的时候，你都能对课程进行重新学习，无论何时何地，只要你想进行重温即可马上进行。

（2）成本低。在线教育中，一个老师可以同时上几个班，几百人的课堂。在录播课程中，将一次课程录制完毕，可以多次播放给众多学生，而老师只需要讲好录制的那一次就可以。从这些方面来看，线上教学可以节省师资成本与课程制作成本。教师有限的时间可以更多地关注教改，增加学生满意度。

（3）突破教育限制。受地域和时间的限制，经济发展水平不同的地区，教育教学资源水平可能也会相差巨大。在线教育能够让即使是在偏僻山村的学生，也可以享受到一二线大城市的教学课程和资源，有利于实现教育公平，缩短地区的教育化差异做出了巨大贡献[4]。团队打造的"国际贸易与实务"英文在线课程，属于天津市高

等教育资源共享课，受益的不仅仅是本校学生，同时普通社会大众在线申请之后，也能随时开启学习之旅。

（4）自动化管理。在线教育与教学息息相关的教学管理自然也基于互联网。这其中包括学生的签到、答疑、参与讨论、阶段自测、作业与考试管理等，都可以通过网络交互的方式完成，高效便捷。

（5）形式多样。在线教育教学形式越来越多样化，包括图文、音视频课程也方便学生对具体的知识进行学习巩固，直播教学更具时效性，课后学生也可反复观看，互动直播更是解决了线上教育缺乏活跃性的痛点，多人在线视频通话，还原了传统的教室教学。另外，针对学生的实时反馈，也有利于教师提供更加针对性的指导，以保证学生学习的有效性。

4 "国际贸易与实务"英文在线 SPOC 的教学模式改革

4.1 师生沟通模式

"国际贸易与实务"英文课程采用录课的方式解说基本理论，配以定期腾讯会议+微信课程群与学生实时沟通，进行答疑解惑；课程"讨论"区（图 1），每次课都会发布有趣贸易话题，鼓励学生在线踊跃发言，师生点赞互评，形成良性互动；针对"作业"区，每次课后发布的习题与测试，教师也总能通过平台很快收集到学生错项，同时在线纠正并给出解释。学生反馈，在线学习模式跟老师与同学沟通更便利，沟通次数更多，渠道也更多，他人的疑惑正好也是自己的疑惑，他人的经验很容易借鉴到，因而相比传统线下教学，学习效率更高。

图 1 课程讨论区截图

4.2 知识呈现可视化、系统化

传统的国贸教学，很多都会侧重于某个知识点或者某个贸易环节的解说。学生往往记住了当下知识点的分说，就忘了之前的学习内容，更不明白当前所述与后面知识的联系。因而团队老师精心绘制了"国际贸易与实务"英文课程整体体系与各章的全套知识导图，通过泛雅资料区提前发布给同学，以供随时翻阅，巩固所学。

另外，由于"国际贸易与实务"英文课程是理论性与实践性高度统一的学科。课程涉及的案例分析与讨论特别多，结合纺织工程专业的学科特色，团队老师将所有案例更新成了 5 年内的纺织品贸易相关的案例。同时在案例的展现上，不同于普遍做法大段文字的描述，而是将所有案例以时间轴的方式重新架构(图 2)。

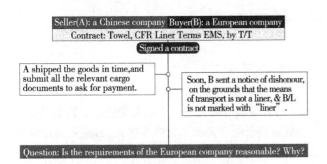

图 2 以时间轴方式展现的案例

在案情的布局上，卖家发生的事情放在左边，买家发生的事情放在右边，需要讨论的问题放在了最下方。这种方式让学生一目了然，抓住案情关键，对于学习效率的提升帮助极大，学生也给予了正向的反馈。

4.3 融入思政元素

"课程思政"对课程育人及教学质量的提升意义非凡。"国际贸易与实务"英文课程高度挖掘家国情怀、敬业精神、法制意识、社会责任、全球视野、勇于创新等"思政元素"，使思想教育融入课堂教学各环节，实现思想政治教育与知识体系教育的有机统一。这样可使学生在学习专业知识的过程中构建自己完整的三观，同时也能使学生更清楚地看到自己身上所担的责任，真正成为国之栋梁，推动国家发展[5]。

国贸教学团队结合课程内容和思政化教学需求，融入了以下的课程思政教学元素，以实现专业知识技能学习与思政育人有机统一。

第一部分概述课程介绍模块，融入社会主义核心价值观——"富强"，介绍中国改革开放以来外贸发展取得的突飞猛进的发展，成为货物贸易量居全球第一的贸易大国[6]。搭配视频"日本小哥把家里的'中国制造'都拿走之后……"引导学生领会当代中国制造的无穷魅力，激发学生对中国品牌的热爱。

第二部分合同的磋商与订立模块，搭配中国茶文化斟茶礼的视频，让同学认识到良好的礼仪能给交易对方留下好印象，促进合同尽快达成，因而学生在与外商洽谈业务时，注意以下礼仪问题：有约在先、守时践约、友善自信、举止文明、衣着得体、尊重对方风俗习惯等。本着平等自由的原则，实施平等谈判，要对本土产品有信心，不卑不亢，有理有据，和而不同，才能维持长久业务合作关系[7]。

第三部分合同的履行模块，让学生认识到合同履行到任何时候，都要建立在爱国的基础上从事外贸业务。面对纷繁复杂的国际形势，面对中外贸易摩擦，面对国外客户和外贸利益，要以国家尊严和国家利益为先，有原则地进行外贸业务。

期间搭配《中华人民共和国反不正当竞争法》、知识产权相关的视频，让同学加深对贸易规则背后的诚信意识与契约精神的认识；同时通过探讨一个优秀贸易人才应当具备的品质，使学生进一步加强对单证制作中字斟句酌的工匠精神，报检报关中的规章制度的遵循，外贸业务繁杂流程面前抗压的耐挫能力等的理解。

讲授国际货物运输的时候，穿插播放上海洋山港的视频，通过观看上海港集装箱码头全自动化无人堆场，让学生感受我国国际海运业先进技术、管理模式，增强学生的民族自信心。

讲授国际货物运输保险的时候，教师通过讲授保险条款体现防范意识、未雨绸缪(风险的特点)，强调条款拟定时，切记做到一丝不苟、发扬工匠精神[8]。

讲授货款收付时，通过信用证诈骗案例的讨论，了解"信用"的重要性，使学生清楚在日后工作实践中，无论是企业信用还是个人信用都需要很好地维护。

在讲授争议的处理阶段，告知学生处理任何贸易纠纷，都要坚持和谐、公正、法治的原则。最佳纠纷处理方法是友好协商，其次是仲裁，中国成功的仲裁经验，尤其是仲裁调解制度非常成功，可举例，中国做法比较独特，增强中国学生文化自信和制度自信[9]。

在授课过程中，老师反复强调准确的英文表述很重要，需要学生通过各种渠道不断学习，提升自己的职业能力和职业素质，与外宾用合宜的英语进行沟通，本质上都是在进行文化交流，可以说是一种对外传播本国文化的方式，学生必须在交流中体现文化自信，才能向外方顺利宣传本国的优秀传统文化，使双方在和谐的文化氛围中发展亲密的伙伴关系[10-11]。

4.4 "国际贸易与实务"英文课程与实训实践的融合

如今，经济文化高度国际化，国际贸易已成为纺织行业不可避免的贸易形式。专业的贸易人才的知识体系要与时俱进、不断更新,同时培养自身创新创业的综合能力,因而"国际贸易与实务"英文课程体系中融入了与人交往、国际礼仪相关的内容与实操,跨境电商相关的知识,以及其他相关的实训实践项目,具体如图3所示。

图3 国贸课程体系融合实训实践导图

（1）在绪论部分,加入国际礼仪的相关内容,重点介绍一个合格的外贸人员在商务场合,什么是该做的,什么是不该做的。鼓励同学将某些商务场景创造性的再现出来,如互发名片,西餐就餐等。

（2）在贸易谈判这块,给学生提供实际贸易谈判演练的机会。

（3）在贸易条款中,教师引入了跨境电商等新贸易形式下的知识进行了有益的补充。比如,将品牌建设的思路引入了商品标的物相关内容中去;在国际货物运输这块,重点介绍如何选择合适的物流方式,比如:选邮政小包还是选其他快递方式? 补充介绍跨境电商邮政运输针对性的险种,如出口货物"描述不符""延迟""丢失"下,卖家损失可向保险公司索赔的险别。补充介绍了现在国际上流行的paypal和支付宝这样的收付款方式及纠纷处理方法。重点介绍了纺织品检验的相关知识。

（4）实训部分,基于浙科国贸实训平台,让每个学生,按角色扮演的方式,共同构建一个虚拟的贸易环境。让学生熟悉每个贸易角色的运作方式。最终达到在"实践中学习"的目的。

（5）让学生亲自在热门的eBay跨境电商平台上模拟开店,通过基本运营,进行消费者调查研究等环节,深入了解纺织品在国际大环境下的真实需求。

（6）学生亲自参与服装贸易公司的进出口运营业务,加深学生对问题的理解。

上述知识体系的更新与实训实践项目的参与,都显著提升了学生在纺织品国际贸易方面的实践能力,有助于学生毕业后快速获得社会认同,在解决学生就业问题,提高学校教育水平等方面均有重要意义。

5 教学反思

（1）教学资源尚需进一步创新突破。尽管本国贸英文在线课程已经实现教学资源多样化,目前能满足学生所需,但还有不少地方需要改进。国贸知识体系体现一个"广"字与"新"字。因而在教学部分,专业教师一定要更多地加入相关的其他学科知识,包括人文地理、金融时政、法律法规等。同时还要注意国际贸易的时效性,加强时事政治以及重大事件在实务课程教学中所占的比例,增加了课程的生动性。同时提高学生兴趣和参与度,如结合国家发布的双碳政策,增加纺织品贸易中如何实现碳中和路径的相关内容等。

（2）团队教师对实施课程思政的意识与能力还需加强。虽然此次国贸英文线上课中已经融入了不少思政元素,也获得了学生认可,教学效果不错。但是后期教师需要对案例的思政进一步深入挖掘,以形成体系。由于课程思政是近几年提出来的新概念,学校虽然大力推广,但缺乏针对课程思政实施明确的指导思想、具体路径与操作策略。教师缺乏课程思政理论和实践相关的培训。所有高校的课程思政也尚处于探索之中,不足以用于指导实践,限制了针对教师培训学习、指导交流的机会。当然,教师自身对课程思政的认知也还不够深入。教师对全国高校思想政治工作会议等一系列会议、讲话及文件精神领悟尚不够,不能完全理解实施课程思政的育人功能和政治功能,无法准确把握其科学内涵,这些都需要进一步消化与提升。

（3）课程最终的考核与评价体系要更科学。目前国贸英文在线课程,最终成绩主要由平时表现（10%）,作业完成率（10%）,实习报告（20%）以及期末考试（60%）

组成。前两项,平时表现与作业完成率,并不能很好地体现学生的学习状况;而期末考试更多地偏向于理论知识的考察,学生只需在考试前适当记忆与多加练习就能轻松通过考试,对于学生实际的学习质量也不能做出准确的评价。这样下来,学生常常容易投机取巧,规避考核,从而忽略学习的本质要求。鉴于国贸课实践性强的特点,后期将增加实习实训的分值占比。同时,平时表现中的课题讨论环节有学生的互评,今后互评成绩也占最后总评成绩一定比重。

想要提高国贸英文课的教学质量,就离不开科学有效的课程考核办法,这既是课堂教学质量的体现,也是促进学生积极学习的有力手段。

总之,"国际贸易与实务"英文在线课程的完善,工作量非常大,因此需要教师团队的共同努力和革新。

参考文献

[1] 熊雅芬.《国际贸易实务》课程教学模式改革浅析[J]. 文化创新比较研究,2017,1(8):57-59.

[2] 赵丽. 国际贸易实务双语教学模式的研究与实践[J]. 赤峰学院学报(自然科学版),2012,28(12):282-223.

[3] 吴术团. 高职院校《国际贸易理论与实务》教学改革实践与建议[J]. 现代企业教育,2013,13(6):222-223.

[4] 李晓华. 高职《国际贸易实务英语》课程教学改革实验研究[J]. 经济研究导刊,2010,18(92):263-266.

[5] 江彬. 国际贸易实务课程思政路径研究[J]. 对外经贸,2022,335(5):122-125.

[6] 张春明等. 服装设计与工程专业课程思政教学探索与实践[J]. 纺织服装教育,2020,35(6):504-507.

[7] 郝凯. 国际贸易类课程的思政教学设计探索[J]. 对外经贸,2020,317(11):140-143.

[8] 李昕. 国际贸易实务专业课程"课程思政"实践研究[J]. 重庆电力高等专科学校学报,2020,25(2):29-32.

[9] 李燕. 探索课程思政与商务英语实践教学之融合[J]. 湖北开放职业学院学报,2021,34(7):100-101.

[10] 李晓欣. 国际贸易课程思政教学探讨[J]. 湖北开放职业学院学报,2020,33(8):107-108.

[11] 徐可. 新冠肺炎疫情冲击下的国际贸易课程思政研究[J]. 辽宁高职学报,2021,23(3):77-82。

The exploration of ideological and political elements in the course of "Fundamentals of mechanical design" for textile engineering

JIN Xiao*, HU Xiaoqing, WANG Xiao, QU Yanmei, LIU Gangzhong

Department of Textile Science and Engineering, Yantai Nanshan University, Yantai, China

Email address

jinxiaoyt@ 126. com (JIN Xiao), 187131261@ qq. com (HU Xiaoqing), wangxiao@ 163. com (WANG Xiao), 2230036857@ qq. com(QU Yanmei), liugangzhong@ nanshan. com. cn(LIU Gangzhong)

Abstract: Ideological and political education in professional courses is an important measure to implement "Comprehensively deepening the curriculum reform and implementing the fundamental task of moral education and cultivating people". The introduction of ideological and political objectives in the curriculum objectives reflects the requirements of moral education and all-round education. In order to complete the ideological and political goals, the teachers of professional courses combined with the knowledge points of the taught courses to deeply explore the ideological and political elements was the basis for the ideological and political education during the curriculum. Combined with the characteristics of engineering major, the ideological and political elements of the course "Fundamentals of mechanical design" were thoroughly excavated from three aspects, that is, the patriotism education, the shaping of outlook on life and values and professional quality training, making it smooth and natural integration with the professional knowledge. By integrating the ideological and political education into the curriculum teaching in a silent way, it helped students to firmly establish a correct world view, the outlook on life and values, so as to realize an all-round education.

Keywords: Fundamentals of mechanical design; mechanical principles; mechanical design; ideological and political courses; ideological and political elements; ideological and political points

纺织工程专业"机械设计基础"课程思政元素的挖掘

金晓*, 胡晓青, 王晓, 曲延梅, 刘刚中

纺织科学与工程学院,烟台南山学院,烟台,中国

邮 箱

jinxiaoyt@126. com(金晓),187131261@ qq. com(胡晓青),wangxiao@ 163. com(王晓),2230036857@ qq. com(曲延梅),liugangzhong@ nanshan. com. cn(刘刚中)

摘 要:学科专业课进行课程思政教育是贯彻"全面深化课程改革,落实立德树人根本任务"的重要举措。在课程目标中引入思政目标,体现了立德树人、全方位育人的要求。为完成思政目标,专业课老师结合所授课程的知识点深入挖掘思政元素是进行课程思政教育的基础。结合工科专业特点,从爱国主义教育、人生观价值观塑造和职业素养培养三方面深入挖掘"机械设计基础"课程的思政元素,使其与专业知识的结合流畅自然,润物细无声地融入课程教学中,帮助学生牢固树立正确的世界观、人生观和价值观,从而实现全方位育人。

关键词:机械设计基础;机械原理;机械设计;课程思政;思政元素;思政点

1 引言

习近平总书记2016年在全国高校思想政治工作会议上指出:各类课程与思想政治理论课同向同行,形成协同效应[1]。国内对于思想政治教育的研究由"高校思想政治理论课"转为"高校思想政治理论课"和"学科专业课",以达到二者协同育人的目的。

学科专业课课程思政着力探索构建价值塑造、能力培养、知识传授"三位一体"的人才培养模式,分别对应着专业课程的思政目标、能力目标和知识目标。课程思政既不能生搬硬套,也不能牵强附会,学生要产生情感共鸣,自然而然地接受。课程与思政不是物理相加的混合物,而是产生新物质的化学反应。

在工科课程的课堂教学上,普遍存在着只重视知识的"硬教学",轻视科学观、世界观和辩证法等哲学思想对学生人格的"软塑造"现象。高校教育肩负着育人使命、文明使命和发展使命,通过多途径全面实现课程思政应该是每一个工科老师都努力去探究和践行的课题。

2　教育界专家和学者对专业课课程思政建设所做的种种探索

南开大学马克思主义学院博士生导师付洪在对"课程思政"内涵做了明确界定基础上探讨了专业课课程思政的现实可能性[2]。江苏大学教师教育学院陆道坤教授认为课程思政是一项系统工程,要坚持科学理念、秉持系统思维,借助周详的规划与设计、卓有成效的实践加以推进。这一系统工程中,专业课程思政是最为关键和最难解决的部分[3]。作为科学、先进的教育教学理念,课程思政倡导高校教师挖掘学科专业文化中的思想政治教育资源并将其有机融入专业课课堂教学。天津商业大学教务处处长成桂英教授认为"课程思政"是对高校思政教育直接渠道"思政课程"的拓展和深化,是建构高校"大思政"教育体系的重要举措。推动以"课程思政"为目标的教学改革,首先需要在"深入挖掘专业课中蕴含的思政元素"方面着力下功夫[4]。上海高校思想政治理论课改革领导小组组长、上海大学忻平教授提出:专业课思政的关键是在专业课程中纳入那些能够引导学生树立正确价值观和世界观的内容。

3　"机械设计基础"课程思政元素的挖掘

我校的纺织工程专业2022年被评为山东省一流本科专业,同时也是我校的课程思政示范专业。"机械设计基础"课程是纺织工程专业的专业基础课,是纺织专业专业课程的排头兵,该课程主要讲解机械原理和机械设计的基本知识,使学生能够对简单机械装置的运动特性进行分析,旨在培养学生解决工程实际问题的能力,结合各种实践教学环节,进行工程技术人员所需的基本训练。通过学习本课程可使学生早早地触摸到纺织专业的脉搏,为专业课程的学习及今后适应实际工程环境打下基础。

针对"传统课堂教学只注重知识传授,忽视专业课程的育人功能"问题,同上本课程的教师组成了课程思政团队,结合课程内容和知识点,通过课程思政教学研讨,从爱国主义教育、人生观价值观塑造和职业素养培养三方面深入挖掘"机械设计基础"课程的思政元素,使其与专业知识的结合流畅自然,润物细无声地融入课程教学中,实现全方位育人。

3.1　爱国主义教育案例

3.1.1　培养学生的民族自豪感和文化认同感,践行文化自信

在绪论教学中通过案例我国古代的机械发明"记里鼓车"(图1)和"指南车"(图2)来认识机械,原来它们分别是现代"计程车"和"导航仪"的鼻祖。2000多年前的汉代,我们智慧的先民发明了计算里程用的计量机械记里鼓车,又叫记道车、大章车,外形为一辆车子,车上设有两个木人和一个双面鼓,车内装有一齿轮系,当车行驶1里时控制两个击鼓木人的中平轮正好转动一周,木人击鼓一次,根据木人击鼓次数可知行驶里程。记里鼓车是现代汽车里程表和齿轮减速器的祖先,其精巧的结构设计,反映了我国古代机械工程技术的高超水平,是中国古代机械史上的伟大成就之一。我国古代的导航仪指南车,又叫司南车,是用来指示方向的一种机械装置,与指南针利用地磁效应指南的原理不同,它是依靠内部七个大小不同的齿轮自动离合,实现无论车轮怎么转动,车上的小人手臂始终指向南方。指南车展示了我国古代劳动人民的聪明才智和丰富的创造力,在我国的机械史和创造史中占有重要地位。通过介绍记里鼓车和指南车,学生们的民族自豪感和文化认同感油然而生,以此践行文化自信。

可布置课后作业,让学生查阅资料,了解东汉水排——齿轮连杆组合机构、地动仪机构。下节课一上课可以让学生起来介绍并说明感想,以此培养学生的民族自豪感和文化认同感,践行文化自信。

图1　记里鼓车　　　　　图2　指南车

3.1.2 领略中国智慧,加强理想信念教育

通过中国现代高科机械"高铁""国产大飞机 C919""港珠澳大桥"等大国重器,领略中国智慧,践行中国道路自信,加强理想信念教育培养爱国主义精神。在绪论教学中介绍"中国骄傲——港珠澳大桥"(图3),港珠澳大桥是一座跨海大桥,连接香港、澳门和广东珠海,集桥、岛、隧道于一体,是世界上桥梁史上里程最长、投资最多、施工难度最大的跨海大桥。港珠澳大桥岛隧工程项目总经理、著名桥梁专家林鸣说:以前是有多大的设备干多大的工程,现在是干多大的工程,我们就可以造出多大的设备。

可布置课后作业,让学生查阅资料,了解大国重器"中国最快——高铁"和"国产大飞机 C919",下节课一上课可以让学生起来介绍并说明感想,以此领略中国智慧,引导学生对国家智能制造政策的认同和社会主义发展道路的认同。

图3　港珠澳大桥

3.2 人生观、价值观塑造案例

3.2.1 树立正确的人生观

在讲解平面四杆机构的基本特性之一死点时,机构在死点位置不管从动件受到多大的力,从动件都不能运动。引导学生思考死点现象好不好呢?很多同学都会说不好,死点有"弊"。这时再向学生举出利用死点的实例,比如飞机起落架机构和夹紧机构,这时同学们恍然大悟,原来死点也有"利"的时候。这时引导学生得出:事物都有两面性,不存在绝对的好和绝对的坏,事物作为矛盾的统一体,都包含着相互矛盾对立统一的两个方面,这是因此我们看问题不能片面,都要一分为二,全面看待人或事物。

既然死点有"弊",如何克服呢?在讲完克服死点(渡过死点)的几种方式后,引导学生思考讨论:人生也会遇到许多"死点"——挫折,那我们如何面对?是逃避还是迎难而上积极想办法?引导学生事物都是发展变化的,"唯有砥砺前行,人生之路终将越走越宽"。

在讲解知识点"机构具有确定运动的条件"时,主动件的数目小于自由度时,机构的运动不确定;主动件的数目大于自由度时,机构的薄弱环节会发生破坏;唯有主动件的个数等于自由度,机构才具有确定的相对运动。由此引入人生的平衡点,凡事都要有度,找到平衡,过犹不及。

3.2.2 树立正确的价值观

在讲解知识点"平面机构的自由度和运动副约束的关系"时,引入社会中自由与法治的关系,强调世界上没有绝对的自由,任何自由都是相对的,都是在一定的法律框架、道德约束范围内的自由。以此培养学生的法治观念,增强自律意识[5]。

在讲解知识点"平面四杆机构的基本特性之一急回特性"时,从动件往复运动的速度不同,速度较大时用于空回行程,这样在生产上就可以节省空回时间,提高生产效率[6]。由此引导学生树立时间观念,有效利用时间,珍惜时间,充分利用学习的大好时光,努力提升自己。

在讲解知识点"齿轮的强度计算"时,根据木桶原理,按照最薄弱的部位进行强度计算[7],而我们每个人也有弱点,就像学习有缺腿学科一样,在工作学习过程中,可能就是这个弱点制约着我们的进一步发展,因此我们要改正自身缺点,努力提高自己。

3.3 职业素养培养案例

3.3.1 培养团队协作精神

把"多个齿轮组成齿轮系实现多功能传动,多个螺栓构成螺栓组实现可靠连接,两个定位销组合实现精确定位"与"个人与团队(社会)的关系"联系起来,我们每个人好比是一个齿轮,一个螺栓,一个定位销,如果人人争做合格的齿轮、螺栓和定位销,那么我们的团队(社会)就会更加和谐。个人的成长和生存离不开团队和社会,团队的成绩和社会的发展需要个人各尽其责,各尽其职。以此培养学生的团队意识和协作精神。

3.3.2 培养精益求精的工匠精神

在讲解知识点螺纹连接件时,介绍永不松动的哈德洛克螺母(图4)发明人日本的若林克彦,他用了20年时间设计,计算和实验,才完成了这一发明,所以任何一项成绩的取得都不是轻易能得来的,必须努力,坚持和保持精益求精的态度[8]。

作为一名工程技术人员,严谨和精益求精的工作态度是攻坚克难最有效的利器[9]。机构运动简图的测绘、减速器拆装实验、带传动的弹性滑动和打滑实验、齿轮的几何尺寸计算,都要求学生做到一丝不苟和精益求精。通过学习机械标准和行业规范等,结合大国工匠案例,培养学生严谨求实、精益求精的"工匠精神",以此进行职业素养教育。

图 4 哈德洛克螺母

1912 年 4 月 14 日,号称"不沉之船"的泰坦尼克号豪华巨轮在救援到来的两个小时之前沉没了。此前,人们一直认为,导致这起事故的原因就是它撞上了冰山,但英国最近公布的一份文件称,真正的事故原因是连接船体和船尾的铁制铆钉强度不足引起的。在讲解螺纹连接的强度计算知识点时,英国的 BACI-11 型飞机事故,因为飞机固定风挡的螺栓尺寸在设计是有微小偏差,差点造成飞机失事[10]。通过以上海难事件和飞机事故,让学生明白科学问题来不得半点马虎,必须严谨和一丝不苟,否则造成不良安全隐患后果不堪设想。

通过合理的引用,借鉴,延伸,挖掘出思政元素,然后润物细无声地将习近平新时代中国特色社会主义思想以及社会主义核心价值观传递给学生,使学生在学习专业知识的同时树立正确的人生观、世界观和价值观[11]。

4 结论

纺织工程专业是我校的课程思政示范专业。"机械设计基础"课程是纺织工程等工科专业的专业基础课。机械设计基础课程主要讲解机械原理和机械设计的基本知识,是一门集理论、实践、经验和标准于一体的综合性课程,知识内容很多,其中所蕴含的思政元素和思政点丰富。将从爱国主义教育、人生观价值观塑造和职业素养培养三方面深入挖掘的思政元素,通过教学设计,潜移默化地融入课堂教学当中。通过价值塑造、能力培养、知识传授"三位一体"的人才培养模式,在完成知识目标、能力目标的同时完成思政目标,培养德智体美劳全面发展的社会主义建设者和接班人。

致谢

本文为 2022 年度山东省教学研究项目《新工科视域下基于"CDIO-OBE"理念的纺织工程专业"机械设计基础"课程教学创新研究》(项目编号 22JX271),2022 年度烟台南山学院教学改革研究项目《"新工科"与"课程思政"背景下的纺织工程专业"机械设计基础"教学资源库建设与应用研究》(项目编号 NSJM202225)和纺织工程课程思政示范专业(NSSFZY202210)的阶段性成果之一。

参考文献

[1] 习近平在全国高校思想政治工作会议上强调:把思想政治工作贯穿教育教学全过程,开创我国高等教育事业发展新局面[N].人民日报,2016-12-09(1).

[2] 田鸿芬,付洪.课程思政:高校专业课教学融入思想政治教育的实践路径[J].未来与发展,2018,42(4):99-103.

[3] 陆道坤.课程思政推行中若干核心问题及解决思路:基于专业课程思政的探讨[J].思想理论教育,2018(3):64-69.

[4] 成桂英.推动"课程思政"教学改革的三个着力点[J].思想理论教育导刊,2018(9):67-70.

[5] 卢昊,王威.机械设计基础课程思政教学设计与实践[J].教育教学论坛,2020(30):81-82.

[6] 黄瑜,陈国赞,薛小刚.《机械设计基础》教学中课程思政的探索与实践[J].广西物理,2021,42(1):77-80.

[7] 陈晓.《机械设计基础》"课程思政"改革探索与实践[J].文化创新比较研究,2020,4(30):73-75.

[8] 杨福芹,闫纪媛,邹玉静.机械设计基础课程思政教学改革与实践[J].中国教育技术装备,2020(8):92-93,96.

[9] 郭宗祥.《机械设计基础》课程思政元素的探索与挖掘[J].绿色科技,2021,23(11):277-279.

[10] 蒋东升,胡珊珊,雷声,等."机械设计基础"课程思政的探讨[J].合肥学院学报(综合版),2021,38(5):140-144.

[11] 郁崇文,李成龙,许福军.纺织类专业课程思政教学的策略[J].纺织服装教育,2021,36(5):422-425.

Reform and practice of "Spinning technology" based on case learning

LI Fengyan*, WANG Jiankun, ZHANG Shujie, ZHAO Lihuan, ZHOU Baoming

School of Textile Science and Enginneering, Tiangong University, Tianjin, China

Email address

fengyanli@ tiangong. edu. cn (LI Fengyan), wangjiankun @ tiangong. edu. cn (WANG Jiankun), zhangshujie @ tiangong. edu. cn(ZHANG Shujie), zhaolihuan@ tiangong. edu. cn(ZHAO Lihuan), zhoubaoming@ tiangong. edu. cn (ZHOU Baoming)

Abstract:The case learning reformation on "Spinning technology" was practiced based on the teaching conditions. Both the knowledge and the ideological and political education were integrated into the Spinning course. By the optimization on implementation of case learning and reformation on the traditional teaching methods, the consciousness to positive exploratation from students were improved. The teaching mode was changed from authorization to discussion, further increasing the communications among students. This practice will provide references to course reformation for cultivation of students with high comprehensive capabilities.

Keywords：Spinning technology；case learning；mixing teaching；English course

"纺纱学"全英文课程案例式教学改革与实践

李凤艳*,王建坤,张淑洁,赵立环,周宝明

纺织科学与工程学院,天津工业大学,天津,中国

邮 箱

fengyanli@ tiangong. edu. cn(李凤艳),wangjiankun@ tiangong. edu. cn(王建坤),zhangshujie@ tiangong. edu. cn(张淑洁),zhaolihuan @ tiangong. edu. cn(赵立环),zhoubaoming@ tiangong. edu. cn(周宝明)

摘 要:基于"纺纱学"全英文课程的软硬件教学基础,实践案例式教学改革,将纺纱相关知识点和课程思政融入工程案例中。通过优化案例教学实施过程,革新传统的教学模式,提高学生主动探索的意识,变权威教学为共同探讨,增进学生之间的横向交流,减少师生之间的纵向交流,为实现具有较高综合能力的高素质纺织工程专业人才的培养提供课程改革思路。

关键词:纺纱学;案例教学改革;混合式;全英文课程

1 引言

纺织工程专业留学生教育质量不仅直接关系到我国纺织工业在国际上的影响力,从长远来看,也影响着跨国布局下我国纺织企业培养本土化国际人才的未来发展。因此,随着从事纺织工程专业学习的来华留学生数量的不断增加,国内相关院校对于国际教育培养方案进行全面深入的改革势在必行。当前受新冠肺炎疫情影响的环境和背景使国际教育处于一个沉淀期,但也正是高等院校可以把国际教育做大做强的有利时机。

天津工业大学纺织科学与工程学院"纺纱学"全英文课程自 2015 年设立以来,一直面向"一带一路"国家的留学生以及国内 2+2 国际教育学生同期开设。在天津工业大学留学生精品资源共享课建设以及 SPOC 在线课程建设等项目资助下,"纺纱学"全英文课程在教师英文能力水平提升、教师队伍组建、教学资源更新与完善、教材建设、线上线下混合式教学模式实践等方面均取得了一定的成果[1-3],为继续优化和创新教学模式的改革提供了基础。

案例教学是一种开放式、互动式的新型教学方式,重视学生之间的横向交流与协作,可有效激发学生的学习兴趣、促进思考,培养和提高学生分析和解决实际问题的能力,达到掌握和灵活运用知识的效果。在工程教

育认证背景下,这种案例浸润式的教学模式实施效果不断被认可,并逐渐引入到工科类教学中[4-6]。基于我校"纺纱学"全英文课程的建设基础,本文提出结合国际教育学生语言和学习等特点,通过线上线下的混合教学模式进行案例教学改革,培养学生在短纤维纺纱设备、原理和工艺等认知方面进行积极思考、主动学习和深度学习的能力。

2 依托课程建设基础,设计案例教学改革思路

2.1 课程教学改革基础

案例教学的有效实施需要特殊的教学环境、特定规模的教学对象、精心设计的教学案例、内容全面并获取便捷的教学资源以及具有丰富理论与实践教学经验的任课教师等。依托我校纺织科学与工程学院建设的智慧教室,本课程由从事纺纱理论与实践教学10年以上的教师承担教学任务,授课对象为纺织工程专业国际班学生和留学生,平均15~20人/届。

截至目前,"纺纱学"全英文课程学习网站涵盖了课程所用的全部教学课件、习题与作业、参考教材与资料,以及约2/3课时的课程录像;设计并实践了线上线下混合教学模式。精选部分章节的理论课,课前布置线上学习内容并预留思考题、课中通过提问考查学生对线上学习内容的掌握程度并及时进行反馈和讲解;设计所有的实验部分实现线上线下混合教学,通过课前布置线上学习内容、课中学生根据线上预习内容自主进行实验并得到教师的指导、课后提交实验报告的全流程实验教学设计,增加学生之间的横向交流机会,激发学生不断探索和学习的兴趣。

2.2 案例教学改革思路

基于线上线下混合教学资源和已有的教学模式进行案例教学改革思路如图1所示。以案例式教学为切入点,以生产实践中的典型案例为抓手,通过学生对案例内容的分析,提出并描述相关的问题,结合小组讨论、线上学习、设计方案、实验验证、学术展示汇报以及教师总结等多个环节,将相关的知识点和价值引领作用通过案例渗透,借此继续优化"纺纱学"全英文课程教学模式。

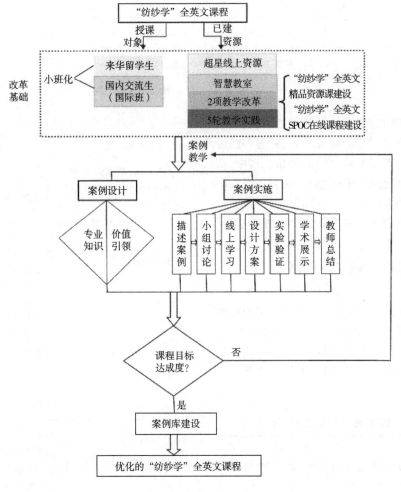

图1 教学改革思路

3 梳理知识点,以工程案例达成课程教学目标

3.1 编制典型案例,讲授纺纱理论

在案例教学中,所使用的案例应是为了达成明确的教学目的,基于一定的事实而编写的。将案例用于课堂讨论和分析之后会使学生有所收获,从而提高学生分析问题和解决问题的能力。"纺纱学"全英文课程具体设计思路如图2所示。

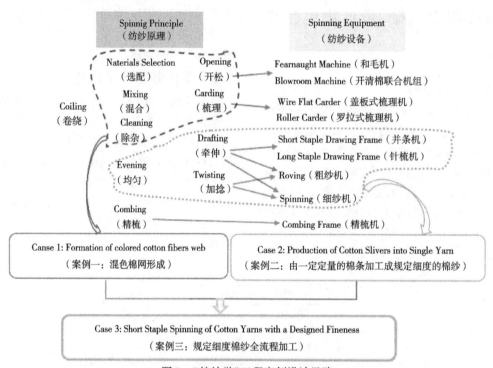

图2 "纺纱学"工程案例设计思路

以传统的环锭纺纱工艺流程为主进行讲解,其教学目标是:掌握短纤维纺纱工艺过程、纺纱设备、各种纺纱原理,以及纺纱原理与工程实践之间的关系。其中,需要掌握的纺纱原理包括选配、开松、梳理、牵伸、加捻、精梳、除杂、混合、均匀和卷绕等[7-8]。根据该课程目标以及教学内容,依托线上教学资源和我院实践教学平台,设计典型的纺纱案例,将相关知识点进行串联。

3.2 融入思政元素,体现专业价值

对于来华留学生以及国内互换交流学生的教育培养,除了专业基础知识的传授之外,另一个重要的目的是促进中华文化的传播,弘扬中国的先进制造水平,提升社会责任感、沟通交流等综合素养[9],以扩大我国纺织工程教育的国际影响力。表1列出了挖掘的部分思政元素及落实的相应教学内容。

表1 思政元素的提炼与对应教学内容

思政元素	对应教学内容
贯彻"青山绿水就是金山银山"重要思想,融入"碳达峰、碳中和"国策	1.引言:纺纱用纤维原料和短流程高速纺纱技术 2.案例一:混色棉网加工中的染色

续表

思政元素	对应教学内容
"作茧自缚、破茧成蝶、春蚕到死丝方烬"重要行为准则	引言:动物的纺丝,以蚕丝为切入点,通过介绍蚕的一生融合该思政元素
创新与创意设计	1.引言:长丝纱的制备起源,受动物纺丝过程人为创新设计纱线 2.案例一:混色棉纺加工,通过色纺过程创意设计不同外观效果的纱线
"中国制造"的民族自豪感	1.每个案例学习中,以我国新型智能纺纱视频为引导,提升"中国制造"的形象和地位 2.每个实验环节以学院自主开发的数字化纺纱设备为依托,体验"自主研发"的成果
"团结协作能力"的培养	1.案例二和三,以加捻作用的介绍引出团结协作的重要作用 2.以实验环节的小组合作分工,践行团结协作能力的培养

续表

思政元素	对应教学内容
"终身学习能力"的提升	1. 以每个案例教学中的线上自学环节培养学生终身学习能力 2. 以每个案例教学中的口头汇报环节检验学生终身学习能力

在"纺纱学"全英文课程的已有基础上,通过课程设计主动考虑并充分发挥其价值引领作用,借助"纺纱学"全英文课程所设计的案例,将中国纺织的良好发展态势、中国制造的自信等渗透其中,有助于以润物细无声的方式实现国际教育环节的专业价值引领作用。

4 整合优化实施过程,构建教学案例库

4.1 精心设计教学环节,促进案例教学有效实施

案例教学实施过程不同于传统的教学,需要指导学生针对特定案例提前储备一定的理论知识,并以此为基础在师生、生生之间展开讨论,构造反复互动与交流的良好氛围。借助我院智慧教室,提供研讨式教学环境;利用该课程及其相关课程("纺纱原理"国家级一流本科课程和"纺纱认识实习"省部级一流本科课程)的线上教学资源[10],打造自学平台;借鉴工程教育认证理念,通过学时整合、教学文件再设计,创造讨论、线上学习、设计与实验等全流程一站式解决案例问题的学习形式;教师跟踪全过程并给予关键性指导,保留过程记录;规范各环节评价标准,并依据该标准,考量学生表现,最终实现以过程评价代替结果评价。

4.2 建设案例库,形成案例教学核心文件

建设了3~4个"纺纱学"全英文课程案例教学模式案例库,内容涵盖以下几个方面。

(1)案例描述:可充分体现"纺纱学"全英文课程教学目标的案例内容,完整而具体地描述题目;

(2)问题/目标:通过分析教学案例,引导学生发现问题,以及要解决问题的途径,明确特定案例要达成的学习目标;

(3)参与者及其职责:实施分析的学生小组,需明确不同人员的职责划分、任务分配;

(4)理论及学习渠道:分析和解决问题时需要用到的理论和设备,要求条理清晰,逻辑缜密;提供线上教学具体知识点以及相关书籍、文献;

(5)实践渠道:完成案例内容要求的实验实践过程,要求主动思考,积极动手;提供实践教学线上学习渠道及线下实验实践教学平台;

(6)结论及呈现:针对同一案例,不同小组的学习结果可能是不同的,包括结论、过程和心得体会等。要求以小组为学习团队,汇报案例具体学习过程及收获;

(7)评价与建议:由指导教师进行,并依据特定案例及学生学习效果进行知识的补充和拓展。

5 结语

"纺纱学"全英文课程案例教学已在我院开展实施,教学效果得到了肯定。"纺纱学"是纺织工程专业的基础课,在我校及国内外纺织类高等院校中普遍开设,因此,对于该课程的教学改革具有广泛的示范效应,其教学改革成果具有重要的推广价值。并且,随着OBE教育教学理念在我国高等教育中的不断推进和深化,专业教育体系中的理论教学学时进行了很大程度的缩减,如继续采取原有的教学模式,讲不完、听不懂等问题凸显;同时,在新改革浪潮下,相关院校均开设了诸如新工科和创新班等培养适应时代需求的拔尖和创新人才新方向。因此,本研究关于"纺纱学"全英文课程案例式教学模式改革经验,也可推广应用至国内纺织工程专业相关院校在创新人才培养的中文课程的改革。

致谢

本文为2021年中国纺织工业联合会教育教学改革项目(2021BKJGLX622,2021BKJGLX604)的阶段性成果之一。

参考文献

[1] 李凤艳,王建坤,张淑洁,等. 纺纱系列课程思政教育共性元素的凝练与实践[J]. 纺织服装教育,2021,36(1):35-37,41.

[2] 李凤艳,王建坤,张美玲,等. 纺纱系列国际教育课程建设与实践[C].//2018世界纺织服装教育大会论文集. 上海,2018:336-338.

[3] 李凤艳,王建坤,刘建中,等. 纺纱系列课程实践教学体系的构建与实践[J]. 纺织服装教育,2014,29(4):329-331.

[4] 陈磊,朱民高. 案例教学法、PBL教学法在实习教学中的应用[J]. 中国继续医学教育,2021,13(8):1-4.

[5] 韩宪军,王立平. 地下工程结构案例库教学改革与实践[J]. 大学教育,2021(4):52-54.

[6] 何春燕,陈云,余峰,等. 有效案例教学与主动学习能力的培养[J]. 基础医学教育,2021,23(3):167-169.

[7] 张淑洁,王建坤,王瑞,等. 基于"金课"标准的"纺纱原理"课程教学改革[J]. 纺织服装教育,2022,37(1):

7-10.

[8] 张美玲,王建坤.《纺纱原理》金课的建设及教学改革[J].教育学文摘,2021(8):14-16.

[9] 王建坤,张淑洁,李凤艳,等. 思政引领一流纺织课程建设与教学改革的探索[J].纺织服装教育,2022,37(1):

8-11.

[10] 张美玲,王建坤,张淑洁,等. 新工科理念下"纺纱原理"课程教学模式的研究[J].纺织报告,2020(2):120-124.

Research and practice of engineering practice teaching mode to improve innovation ability from the perspective of new engineering

LI Huiqin*, GONG Jixian, LI Zheng, NIU Jiarong, YANG Wenfang, CHEN Lei

School of Textile Science and Engineering, Tiangong University, Tianjin, China

Email address

zhxlihuiqin@163.com (LI Huiqin), gongjixian@126.com (GONG Jixian)

Abstract: Reform of the teaching mode of engineering practice was been performed to improve the ability of engineering innovation in the background of challenge of a new round of scientific and technological revolution and industrial transformation. The novel mode of engineering practice teaching was been constructed by innovating the teaching mode, reforming the teaching method, updating the teaching content, and integrating the teaching resources. This work was a kind of strong support to New Engineering.

Keywords: practice; teaching mode; new engineering; innovation ability

新工科视域下提升工程创新能力的
工科实习教学模式研究与实践
——以纺织学科为例

李辉芹*,巩继贤,李政,牛家嵘,杨文芳,陈磊

纺织科学与工程学院,天津工业大学,天津,中国

邮 箱

zhxlihuiqin@163.com(李辉芹),gongjixian@126.com(巩继贤)

摘 要:面对新一轮科技革命和产业变革的挑战,提出在新工科视域下,以提升工程创新能力为中心,进行工科专业实习教学模式研究与改革。通过创新教学模式、改革教学方法、更新教学内容、整合教学资源,创建工科专业实习教学建设新范式,对新工科建设形成有力支撑。

关键词:实习;教学模式;新工科;创新能力

1 新时代工科实习教学的发展

当前,世界范围内新一轮科技革命和产业变革加速进行,我国进入经济发展新常态。对标世界工程教育的新特点,对接社会和行业需求,高等工程教育中实践环节[1-4]重要性日益凸显,是培养学生实践创新能力的重要手段。近年来,在工科专业课程体系中更强调实践类课程比重,工程教育认证要求工程实践与毕业设计(论文)至少占总学分的20%,"轻工类专业知识体系和课程体系"规定,实践类课程在总学分中所占比例不少于25%。

但是,面对时代发展与产业变革的挑战,传统实习教学模式面临问题日益凸显[5-7]。近年来,为应对产业发展与教育变革新要求,各工科院校在实习教学方面进行了大量研究[8-12],研究背景从工程教育认证、创新驱动战略、"卓越计划"、一直到新工科建设,研究对象涵盖从应用型工科院校到研究型大学。这些研究做了大量有益探索,提出一些很好思路,形成一系列很有价值的经验,如校企合作实习实践基地建设、将生产实习与卓越工程教育结合、用项目式教学进行毕业实习、多模式分散实习、生产实习中"翻转课堂"教学等。

总的来看,目前工科专业实习教学的研究主要集中在教学方法改革、教学基地建设方面,涉及教学模式改

革的相对较少。有关研究多是从开展实践教学角度进行的研究,而从人才培养模式出发的探索较少。这些研究更多的是分别针对认识实习、生产实习和毕业实习进行的,鲜见将实习教学作为一个整体进行研究。

国外工程实践教学开展较早,在高等工程教育中受重视程度也高[13-14]。美国是世界公认的工程实践教学发达国家之一。在经历了短暂的偏离工程实践之后,20世纪80年代高等工程教育提出了"回归工程"口号,随后又提出培养"面向21世纪的新一代工程师"目标[15]。英国工程实践教学也在不断更新,在2009年开始推行"国家实习计划"。德国制造业地位要归功于高等工程教育,其教学模式是教育与训练一体化,注重实践过程,注重方法训练,注重能力培养[16]。借鉴德国经验我国开展了"卓越计划"。比较中外大学生实习制度特点与差异可知,我国实习制度还存在目标不够具体、考评方式片面、高校角色被动等方面不足。

为主动应对新一轮科技革命和产业变革的挑战,培养满足产业需求、面向未来发展的工程科技人才,国家推出"新工科"战略,这为工科院校专业实习教学的改革提供了重大机遇[17-20]。为此,我们提出在新工科视域下,以提升工程创新能力为中心,进行工科专业实习教学模式研究与改革。该研究的学术价值与应用价值主要体现在:

(1)面向科技与产业发展,积极优化实习教学内容,锐意创新实习教学方法,大力整合实习教学资源,主动适应新技术、新产业、新经济发展,切实提高新形态下的工科专业实习功效。

(2)主动对接新工科建设,围绕工程教育新理念、学科专业新结构、人才培养新模式,探讨工科专业实习教学发展路径,创建工科专业实习教学建设新范式,对新工科建设形成有力支撑。

(3)适应行业与社会变革,以专业实习教学为着力点,探索人才模式的创新,实现学生"知识—能力—素质—品格"培养的融合,突出工程能力与创新能力培养,造就在来能够支撑产业发展、引领科技创新和产业变革的拔尖创新人才与领军人才。

2　新工科视域下工科实习教学改革应关注的内容

面向新工科建设,要更新实习教育理念,重新定位目标,强化工程训练,整合教学内容、改进教学方法、丰富教学资源。

2.1　重定实习目标

认识实习目标从认识生产企业发展到认识学科与产业,从仅关注生产流程扩展到也要了解研发过程。

生产实习目标从简单了解生产实际提升为培养工程能力,从培养动手能力提升为培养解决复杂工程问题的能力,进而培养创新精神。

毕业实习目标从在企业完成见习任务升级为承担课题任务,从适应企业生产拓展为熟悉解决实际问题,增加工程能力,锻炼创新能力。

在实习教学过程中,让学生通过"科学认知—专业实践—技术创新—能力提升"过程,掌握新产品研发、新技术形成、产业发展动态,具备专业知识的综合应用能力,解决专业领域复杂工程问题的能力,能够达到轻化工程领域复合型高端人才水平。

2.2　重建教学模式

(1)构建数字化教学资源体系。以行业动态与产业现状为主体,建设认识实习网络资源系统;以设备运行和技术实现为中心,建设生产实习单元视频课程;以企业生产运行过程为核心,建设毕业实习虚拟印染厂系统。

(2)构建多元化教学活动方式。线上资源学习与线下参观走访结合,进行认识实习;视频远程授课与实训操作结合,进行生产实习;虚拟仿真与实地体验结合,进行毕业实习。

(3)构建实战化实习训练模式。在生产实习去开展学生所承担的学科竞赛、创新课题;利用毕业实习的机会去完成自己毕业课题。

2.3　重构评价标准

构建结果导向的专业实习评价标准,提升仅以实习报告为依据的简单评价体系。

将生产实习与学科竞赛、学生项目结合,在生产实习中去完成研究任务,提升解决问题能力,培养工程能力。

将毕业实习与毕业设计结合,引导学生在毕业实习中寻找毕业设计课题解决方案,解决复杂工程问题,培养学生创新思维与创造能力。

将毕业实习与就业创业结合,启发学生在与企业接触中发现职业兴趣,确定目标岗位,或发现产品开发新契机、行业领域新商机,为创业奠定基础,培养从"适应需要"到"引领发展"的新时代领军人才。

3　新工科视域下工科实习教学改革应采用的研究方法

3.1　创新教学模式:构建多方向、多层次、个性化的教学模式

根据技术发展方向,设置各具特色的若干教学方

向,让学生自主选择。在实习过程中,学生可重点参访与所选方向相关课题组、实验室,可重点了解所选方向相关技术、产品与企业。由此实现对学生个性化培养,更好激发学生主动性与创造性。

依据学生意愿与能力,开设创新实验班,实施拔尖创新计划,结合本科生导师制人才培养模式,通过课题研究进行创新训练,提升学习难度。通过个性化、分层次培养,解决了实习教学中拔尖人才培养与普通学生创新能力全面提升关系的问题。

实施导师组制培养模式,建立由校内导师、企业导师、责任研究生组成的指导组。学生根据学术兴趣,选择导师。由此推动实习指导从个体向团队模式转变,为学生提供更优化的师资力量配置。

3.2 改革教学方法:激发学生主动性,促进深度学习,实现教—学—研深度融合

改革传统教学方式,实现多途径、多渠道、多方式教学。充分利用视频资料、虚拟仿真、线上技术等资源,让学生多途径、多渠道了解企业及技术、产品、设备,不局限于参观单一企业;学生走进科研实验室、工程中心、研发基地,了解前沿技术、新兴技术与创新产品;学生将实习与专业兴趣课题、大学生创新创业项目研究、毕业课题相结合,将学科交叉知识、实践能力与实际应用相结合,将工程能力、创新思维与解决复合实际问题相结合,将科学研究与技术研发和产品开发相结合。由此引导学生进行积极思考、深度学习,切实培养工程设计、工程建造、创新创造、团队合作和项目管理、领导与执行能力。

3.3 更新教学内容:构建以能力单元为链条的教学内容体系

传统工科专业实习教学模式中,对教学内容的设计较为薄弱。本研究拟以能力单元为链条构建教学内容体系,构建"平台化、模块化、项目化"实习教学体系,以多层次、多阶段方式贯穿于本科生三次实习全过程,将行业新趋势、产业新技术、专业新知识、实践新能力融入教学,并以动态方式保持持续更新,满足现代工程人才对知识体系和能力素质新要求。

就我校纺织学科专业而言,以既有的特色专业平台课和创新实践课为基础,以工程能力为主线,突出创新因素,进行轻化专业实习教学内容的构建,将相关技术按照前沿技术、共性关键技术与先进适用技术进行排列和布局,在每一阶段教学中都体现典型技术、创新思维和成功案例有机融合,使教学内容与行业动态、企业实际和项目课题融合衔接。

3.4 整合教学资源:实现教学与科研、学校与企业的协同育人

构建工科实习教育的教学模式,对现有校内外教学资源进行整合。依据新工科理念,强调多元主体协同育人。除与学校签订协议的实习基地企业,进一步挖掘有科研合作关系乃至有校友关系的企业资源,拓展合作领域,通过实习实训、项目研发、定向培养等开展合作。科研团队实验室面向本科生,使之成为学生了解学科前沿,熟悉研发过程的育人基地。

教学团队是实习教学的关键,建设一支负责实习教学的导师团队。除了专门负责实习工作教师,还包括为每一名学生配备的专业导师、校外企业导师以及具体负责指导本科生开展项目研究的责任导生。

通过组建导师团队,完善实践平台,发挥科研团队与课题项目作用,协调学校与企业力量,实现实习过程协同育人。

参考文献

[1] 王志梅,龚青,李骏婷,等. 大学生实习:概念、测量、影响因素及作用效果[J]. 中国人力资源开发,2017(1):134-143.

[2] 魏勇,吴江. 大学生集中实习:内涵特征、比较优势与制度建设[J]. 西南师范大学学报(自然科学版),2018,43(6):195-200.

[3] 徐国正,张坤,曹璐. 中英高校大学生实习制度的比较与启示[J]. 大学教育科学,2017(6):106-110.

[4] 朱菲菲,丁小浩,马世妹. 大学生实习参与方式与就业关系研究[J]. 华东师范大学学报(教育科学版),2018(5):33-41.

[5] 冯爱秋,杨鹏,牛爱芳,等. 地方普通高校本科生毕业实习状况调查分析[J]. 实验技术与管理,2018,35(10):156-161.

[6] 吕小艳,文衍宣. 地方高校工科学生工程实践能力培养对策研究[J]. 实验技术与管理,2016,33(1):13-16.

[7] 吴祝武. 本科实习教学改革的探索与实践[J]. 实验技术与管理,2017,34(7):155-157.

[8] 武卫莉,于博文,李莉,等. 基于工程认证的毕业实习教学环节建设与管理研究[J]. 高分子通报,2019(11):78-82.

[9] 黄海燕,续智丹,杨福源,等. 基于校企深度合作的学生工程实践教育模式研究[J]. 实验技术与管理,2019,36(4):188-192.

[10] 李文川,高思源,章鑫,等. 工业工程专业多主体协同渐进阶梯式实习实训模式探究[J]. 实验室研究与探索,2019,38(2):208-213.

[11] 李臻,于歆杰,朱桂萍,等. 在生产实习中践行"三位一体"教育理念[J]. 实验技术与管理,2020,37(3):196-199.

[12] 刘洪涛,王延庆,罗勇,等. 以专业认证为导向的材料专业认识实习教学改革[J]. 实验室研究与探索,

2018, 37(10): 251-253.

[13] Burnik U, Burnik U, Košir A, et al. Industrial product design project: building up engineering students' career prospects [J]. Journal of Engineering Design, 2017, 28 (7-9): 549-567.

[14] Streiner S C, Besterfield-Sacre M. Measuring the Relative Impact of International Experiences on Engineering Students [J]. International Journal of Engineering Education, 2019, 5(35): 1503-1517.

[15] 胡美丽,黄慧,睢琳琳. 美国工科院校培养学生工程实践能力的经验及其启示[J]. 当代教育科学, 2015 (15): 51-53.

[16] 王平. 德国高等工程教育的成功经验对我国的借鉴意义[J]. 教育教学论坛, 2018(38): 59-61.

[17] 顾佩华. 新工科建设发展与深化的思考[J]. 中国大学教学, 2019(9): 10-14.

[18] 李华,胡娜,游振声. 新工科:形态、内涵与方向[J]. 高等工程教育研究, 2017(4): 16-19.

[19] 吴爱华,杨秋波,郝杰. 以"新工科"建设引领高等教育创新变革[J]. 高等工程教育研究, 2019(1): 1-7.

[20] 吴岩. 新工科:高等工程教育的未来:对高等教育未来的战略思考[J]. 高等工程教育研究, 2018(6): 1-3.

Course construction of "Garment customization" under the background of new engineering education

LI Xiaozhi*, JIANG Lei, WANG Xiaoyun

School of Textiles Science and Engineering, Tiangong University, Tianjin, China.

Email address

22721500@ qq. com (LI Xiaozhi), layla_lei@ live. cn (JIANG Lei), kanxinwenlianbo@ 163. com (WANG Xiaoyun)

Abstract：The transformation and upgrading of the garment industry increases the demand for professional and technical talents who master information processing, digital technology, intelligent production and manufacturing. In order to enhance the ability of higher education to support the development of clothing industry, the major of garment design and engineering in our school added the new course of garment customization under the background of new engineering education. This paper disscussed the teaching objectives, teaching contents, teaching methods, the assessment methods, ideology and politicsideological of the course, and preliminarily constructed the teaching system of the garment customization.

Keywords：new engineering education；Garment customization；course construction

新工科背景下"服装定制"课程建设初探

李晓志*,蒋蕾,王晓云

纺织科学与工程学院,天津工业大学,天津,中国

邮 箱

22721500@ qq. com(李晓志),layla_lei@ live. cn (蒋蕾),kanxinwenlianbo@ 163. com（王晓云）

摘 要：服装产业转型升级,增加对掌握信息化、数字化、智能化专业技术人才的需求。为提升高等教育支撑服务产业发展的能力,在新工科建设背景下,本专业增设"服装定制"新课程。本文对该课程的教学目标、教学内容与教学方式、课程思政建设、课程考核方式进行探索,初步构建"服装定制"课程教学体系。

关键词：新工科;服装定制;课程建设

1 课程设置背景与定位

我校(天津工业大学)服装设计与工程专业始建于1985年,是国内第一批开设服装专业的高等院校之一。本专业坚持把立德树人作为根本任务,培养符合社会需求的高素质应用型服装专业人才作为目标。

传统服装商业模式为"生产→销售→消费",服装企业开发生产什么样的服装,消费者被动的购买什么样的服装,这种以企业作为主导的模式,由于无法全面了解消费者需求,导致服装库存大量积压。随着人们生活水平的提高,消费者品质化消费再次升级,消费者在购买服装时,更加注重追求能体现自我审美的个性化服装。国家"供给侧结构性改革""互联网+""中国制造2025"等政策的提出以及新技术(如互联网、云计算、大数据、物联网等)的成熟运用,基于互联网的现代化服装定制模式为服装企业转型提供契机,该模式融合了服装行业的"科技创新与商业模式创新、技术创新与消费文化创新、供给侧改革与需求升级创新",成为承载服装行业谋求"国家之强、企业之赢和人民生活之好"的前沿高地[1]。

现代化服装定制发展呈现定制流程模块化、定制场景虚拟化、全品类定制平台化、"互联网+"和智能制造一体化的趋势[1],新兴技术与服装产业的跨界融合,增加对掌握信息化、数字化、智能化专业技术人才的需求[2-3]。

工程教育与产业发展紧密联系、相互支撑,新产业的发展要靠工程教育提供人才支撑,特别是应对未来新技术和新产业国际竞争的挑战,必须主动布局工程科技人才培养,提升工程教育支撑服务产业发展的能力[4]。2017 年教育部开始推进新工科建设,对传统工科注入新的内涵以适应新经济发展需要,新工科建设与改革要坚持"学科建设、专业建设、课程建设的统一,以课程改革为切入点,将新技术、新知识引入教学内容,创新教学模式,积极探索综合性课程、问题导向课程、交叉学科研讨课程,重构人才培养体系,帮助学生形成复杂工程的系统视野和跨学科知识结构,养成前瞻交叉思维方式,培养知识综合、技术集成和跨界整合的能力"[5]。开展新工科教育是实现我国从高等教育大国向高等教育强国的历史跨越[6]。

我校服装设计与工程专业中服装定制相关课程,虽然已有"服装结构设计""服装工业纸样""服装电子商务""服装企业生产管理"等课程,但这些课程内容较为基础,未融入现代化技术,无法客观反映现代化"服装定制"中的工程特征,难以满足服装新工科人才培养的需求。因此,本专业在修订 2018 级培养方案时,在以上课程的基础上,增设"服装定制"这一新型课程。该课程面向服装设计与工程新工科建设要求,重点讲授现代化服装定制模式、技术、运营流程和涉及的数字化软硬件设备,培养学生具有时代责任感,具有综合应用知识能力、使用现代化智能设备的能力、树立自主学习和终身学习的能力,使学生能够从"数字化""智能化""互联网+"等跨专业、跨学科知识入手,掌握现代服装定制流程、方法、技术,适应未来服装产业发展趋势,以满足现代服装企业对工程人才的需求。

2 课程的构建

根据"复旦共识""天大行动""北京指南"等一系列相关文件的指导,本课程立足服务服装定制行业,从服装定制内涵入手,明确工程信息获取要求,通过前期科研积累和各种手段调研,构建服装定制课程教学目标、教学内容、教学方法以及课程评价体系。

2.1 教学目标

论文标题、作者名字、单位信息、摘要内容和关键词须翻译成英文。且中文在前,英文在后。论文标题应简明、具体、确切,能概括论文的特定内容,符合编制题录、索引和检索的有关原则,一般不超过 25 个字,不能有结束性标点符号。必要时可加副标题,用较小字号另行起排。

课程建设目标要体现"知识之新"和"人才之新"[5],培养学生具有"跨专业知识、创新能力、批判与

跨界思维、使命担当与全球视野的价值观"的新工科核心素养[7],"服装定制"课程教学目标设定为:

(1)了解服装定制发展历史、市场概况与分类、工匠精神,掌握不同时期服装定制模式,了解服装企业转型趋势,培养学生具有自主学习的能力。

(2)理解"互联网+"现代化大规模服装定制、智能化服装定制模式,了解服装定制相关新技术、新设备,理解非接触式人体测量技术与设备、数字化制板技术、智能 IC 卡技术等,具有综合应用数学、图形图像处理技术、计算机编程技术等知识处理服装定制中相关问题的能力。

(3)在社会发展的大背景下,了解服装定制行业相关最新研究内容,具有自主和终身学习能力及全球视野。

2.2 教学内容与方式

依据教学目标,本课程按照过程性教学原则将课程内容分为六部分,第一部分通过国家标准、权威期刊科学准确地介绍服装定制含义、服装定制模式与市场分类,使读者初步了解服装定制的内涵。第二部分为服装定制发展历史,阐述近现代国内外服装定制发展历程,包括服装定制技艺与传承、品牌文化与发展、人物精神与事迹。第三部分为互联网+服装定制,主要介绍基于互联网现代化服装定制产生背景、定制模式、技术构成,使学生掌握现代化服装定制流程,理解在科技创新、绿色发展、文化升级过程中服装产业转型趋势。第四章为服装定制新技术与新设备,包括人体测量技术、人体体型分类技术、样板快速生成技术,这些技术除了本专业知识外还涉及高等数学、图形图像处理、计算机程序设计、信号处理等专业知识。第五章在当前经济状态下,结合服装定制特点,探讨适合基于互联网现代化服装定制的营销方式,与前几章内容结合,培养学生全面思考问题能力。第六章对国内外基于互联网服装定制品牌定制模式、定位、运营进行分析。

课程采用理论与实践相结合的方式,采用讲授法、启发法、演示法、课堂讨论法、自主探究法、虚拟实验教学法、现场参观教学法(表1),以达到课程教学目标。

表 1　课程教学方式

教学内容	对应课程教学目标	教学方式
第一部分　绪论	(1)(2)	讲授法、启发法
第二部分　服装定制发展历史	(1)	讲授法、演示法、启发法、课堂讨论法
第三部分　互联网+服装定制	(2)(3)	讲授法、演示法、启发法、课堂讨论法、虚拟实验教学法

续表

教学内容	对应课程教学目标	教学方式
第四部分　服装定制新技术与新设备	(2)(3)	讲授法、演示法、启发法、现场教学法、自主探究法
第五部分　基于互联网服装定制营销模式	(2)(3)	讲授法、启发法、课堂讨论法
第六部分　基于互联网服装定制品牌分析	(2)(3)	讲授法、演示法、启发法、课堂讨论法、自主探究法

2.3　课程思政

习近平总书记在 2016 年 12 月 7 日在全国高校思想政治工作会议上讲到"我国高等教育发展方向要同我国发展的现实目标和未来方向紧密联系在一起,为人民服务,为中国共产党治国理政服务,为巩固和发展中国特色社会主义制度服务,为改革开放和社会主义现代化建设服务"[8]。教育德为先,"育人"先"育德",育人与育才的和谐统一,一直是中华民族的优良传统。

新工科建设的内涵之一是"立德树人",本课程不断深入挖掘能够促进学生爱国情怀、民族自豪感、社会责任、文化自信等思政元素[9],并融入教学过程中,本着"教""育"并重的原则[10],实现学生专业能力培养与价值观引领的统一。课程思政内容主要包括:

(1)工匠精神与职业素养。课程通过对中国近现代服装定制发展历程中服装定制师傅从学徒、包袱裁缝到自立门店以及精湛的手工技艺的学习,引导学生培养务实肯干、坚持不懈、精益求精的工作态度,激励学生勇于创业,专注自己的职业,追求突破与创新、卓越的担当,培养学生干一行、爱一行、专一行、精一行的精神。

(2)家国情怀与文化自信。在服装定制发展过程中,涌现出一批爱国人士。抗日战争时期,他们团结一致抵抗外来侵略势力,并把服装业发展到世界各地;新中国成立后,他们积极响应国家号召,推动我国服装业发展。同时,政府也出台各种政策鼓励现代服装业的发展,使纺织服装行业走在世界强国之列。本课程将爱国人物事迹、国家鼓励措施进行整合,使学生了解我国服装定制行业的悠久历史,了解我国服装定制文化底蕴,了解我国与世界发展的关系,引导学生热爱中华传统文化,增强学生爱国情怀与文化自信,进而激发他们的时代责任感与历史使命感。

(3)科学精神与创新意识。通过现代化服装定制新技术与新设备、相关定制品牌崛起过程中人物事迹的学习,提升学生综合应用知识的能力,具备数字化服装技术实践能力,未来能够继续深造或从事服装专业相关工作;引导学生客观理性地思考问题和着眼国际树立创新发展的意识,激发学生求真求实、创新改革、勇于探索

未来并坚持奋斗到底的精神。

2.4　课程考核方式

课程考核是评价教学质量和学生学习情况最直接、有效的方法。根据"服装定制"课程教学目标、定位与特点,对考核标准进行细化,客观评价学生的学习过程与学习效果。

经历三次授课实践,最新考核中各个细节比例分配见表 2,课程考核主要由平时考核和期末考试考核,平时考核占50%,主要考核学生出勤情况、学习态度、回答问题情况,完成虚拟仿真实验与作业情况;期末考试考核占50%,主要考核学生对服装定制发展历程、现代化服装定制新技术新设备、服装定制面对的困境、服装定制发展前景等的专业知识与创新性个人观点。

表 2　考核成绩比例分配

课程教学目标	成绩比例/%				比例/%
	平时表现	虚拟仿真实验	课后作业	期末考试	
(1)	5	0	5	15	25
(2)	5	10	15	25	55
(3)	5	0	5	10	20

3　总结

服装产业不断升级,各种新技术与新设备不断涌现,服装定制课程建设是一项长期的过程,在教学实践中需要反复的检验与修订,对课程内容、授课方式进行持续改进,使课程产出与服装产业相对接,培养学生具有服装定制领域国际视野和创新意识,满足现代服装定制企业需求的"新工科"专业人才。

参考文献

[1] 孙瑞哲. 科技智性、绿色理性、时尚个性之美[J]. 中国服饰,2018,(6):18-19.

[2] 阮艳雯,谈伊妮,顾力文等. "新工科"背景下服装设计与工程专业 "服装设计基础"课程教学改革[J]. 纺织服装教育,2021,36(5):455-458.

[3] 刘小红,刘东,陈学军. "新工科"背景下服装设计与工程专业的改革与实践[J]. 纺织服装教育,2020,35(5):385-392.

[4] 张大良. 因时而动 返本开新 建设发展新工科:在工科优势高校新工科建设研讨会上的讲话[J]. 中国大学教学,2017,(4):4-9.

[5] 刘吉臻,翟亚军,荀振芳. 新工科和新工科建设的内涵解析:兼论行业特色型大学的新工科建设[J]. 高等工

程教育研究,2019(3):21-28.

[6]　郑庆华. 新工科建设内涵解析及实践探索[J]. 高等工程教育研究. 2020(2):25-30.

[7]　卢晓梅,喻雯,梁瑾等. 全球化语境下的新工科人才核心素养研究[J]. 科教导刊(下旬). 2018(15):5-6,21.

[8]　习近平. 在全国高校思想政治工作会议上的讲话[Z]. [2016-12-7.] http://www. moe. gov. cn/jyb_xwfb/ s6319/zb_2016n/2016_zb08/16zb08_gj/201612/ t20161209_291428. html.

[9]　孙莉,袁惠芬,孙玉芳. "新工科"背景下"成衣设计与工艺"课程教学改革[J]. 纺织服装教育. 2021,36(4):347-350.

[10]　王轶卿,张翔. 新工科建设中实施课程思政的理论与实践[J]. 河北师范大学学报(教育科学版),2020,22(6):59-62.

Exploration and practice of teaching mode of "Textile material experiment" based on virtual simulation technology

LIU Shengkai*, LIU Siqi, WU Liwei

Email address

liushengkai@ tiangong. edu. cn（LIU Shengkai）, lsq15522135037@ 163. com（LIU Siqi）,wuliwei@ tiangong. edu. cn（WU Liwei）

Abstract：According to the talent training program of Textile Engineering and the teaching objectives of the course "Textile Materials Experiment", a virtual simulation teaching platform based on the course "Textile Materials Experiment" was constructed. We integrate curriculum ideology and politics into teaching, improve the course content system, reform the online and offline mixed teaching mode, and implement diversified assessment and evaluation methods in the whole process. We combine virtual simulation platform with experimental teaching. The course effectively promotes the effect of teaching and learning and improves the comprehensive quality of students.

Keywords：virtual simulation；Textile materials experiment；mixed teaching mode；diversified evaluation system

基于虚拟仿真技术的"纺织材料学实验"
教学模式探索与实践

刘胜凯*,刘思琦,吴利伟

纺织科学与工程学院,天津工业大学,天津,中国

邮 箱

liushengkai@ tiangong. edu. cn(刘胜凯),lsq15522135037@ 163. com(刘思琦),wuliwei@ tiangong. edu. cn（吴利伟）

摘 要：依据纺织工程类专业人才培养方案和"纺织材料学实验"课程教学目标,构建了基于"纺织材料学实验"课程的虚拟仿真教学平台,将课程思政融入教学,完善课程内容体系,改革线上线下混合教学模式,实行多元化全过程考核评价方法,以虚促实、虚实结合,有效促进了教与学的效果,提高了学生综合素质。

关键词：虚拟仿真；纺织材料学实验；混合教学模式；多元化评价体系

1 引言

新一轮科技革命和产业变革加速进行,纺织行业作为"国民经济与社会发展的支柱产业、解决民生与美化生活的基础产业、国际合作与融合发展的优势产业",已进入高质量发展阶段,对创新型、应用型复合人才需求不断增加。高等学校是科技和人才的重要结合点,承担着培养具备良好创新意识和工程实践能力的复合型人才、推动科研创新的重要使命。纺织工程实验类课程具有很强实践性,对培养学生创新和实践能力、解决复杂工程问题的能力起着关键作用。但目前由于我国高校学生数量众多,由于资金、场地等限制大多数高校仪器设备数量无法满足学生正常实验教学需求,学生的实验教学需求与实验仪器的矛盾日益突出,传统的实验教学模式已经无法适应新的培养目标,实验课程教学改革刻不容缓。

随着科学技术发展,虚拟仿真技术可以很好地满足新工科背景下实验教学需求,提升实验教学水平和效果,为上述问题提供了很好的解决方案[1-3]。国家也对虚拟仿真在实验课程和理论课程中的应用和建设工作愈加重视。自 2013 年教育部在全国范围内启动国家级虚拟仿真实验教学中心建设工作以来[4],各学科实验教学项目的提升和可持续发展被极大推动,最近几年虚拟仿真实验教学项目建设更是呈现稳中向好的发展态势。尤其是在疫情常态化的趋势下,理论课程可以通过线上

模式进行教学,但对于实践性很强的实验课程,线上教学事倍功半。虚拟仿真技术可以突破时空限制,弥补传统实验教学存在的短板,将虚拟仿真与传统线上教学资源进行有机结合,可对线下实验教学起到有效补充,帮助学生提前熟悉实验场景、自学实验内容、学习实验室规章制度和注意事项,课后反复练习、掌握仪器操作,可有效提升实验教学质量,因此实验课程虚拟仿真平台的建设势在必行。国外很早就开始探索虚拟仿真技术在教学中的应用,并且取得了良好的效果。2016年,美国《校园科技》杂志首次开展了关于技术辅助教学的调查,调查结果表明,71%的教师在教学中混合使用了在线教学和面对面教学。MIT的TEAL研究组对800名学生进行了实验组和对照组的对比研究后发现,相较于传统传授式的教学模式,实验组对概念的理解把握得更好,学生对师生交互性、软件可视化和动手实验等教学新方法有很高的认可度。同时,新教学策略使学生的及格率明显提高。在纺织领域,诸多纺织高校在纺织相关课程中进行了虚拟仿真技术的应用实践,将计算机虚拟仿真技术引入各类实验课程中。如东华大学,中原工学院,江南大学分别针对"服装厂设计与现场管理"[5]"纺织品检测"[6]以及"织造实验"[7]课程构建虚拟仿真平台,在项目中实现虚实相结合的教学。以江南大学"织造实验"为例,平台将各类织造工艺参数模块化、细致化,经过在线虚拟运行后,给出反馈信息和调整意见。以平纹织物为例,学生输入纱线、织造和工艺参数后,从参数输入、动作运行、织物效果等角度,展示织机虚拟仿真各阶段的模拟效果,弥补了传统实验的不足,在培养学生综合能力方面起到了积极作用,在教学实践中取得了非常好的效果。

目前在"纺织材料学实验"课程中,多数学生学习效果不佳,对仪器设备和实验原理缺乏深入理解,导致学生对实验课程的知识普遍具有只知其一,不知其二的现象,这由于客观和主观多方面因素所导致,主要因素如下[8]:

(1)教学资源与学生人数矛盾突出。由于一些仪器价格昂贵,学校无法大规模采购,在"纺织材料学实验"课程过程中几乎都是多名学生共用一台仪器,仪器台数与学生人数之间的矛盾非常突出。此外对于一些精密仪器,如英斯特朗(INSTRON)万能强力机,对操作人员的要求很高,需要细心、熟练操作,并定期对仪器进行检测保养,即使开设实验课,也仅限于教师演示学生观摩,学生无法亲自操作仪器设备,这些都导致学生对仪器了解不够透彻,也无法真正掌握仪器操作方法,教学效率低下,效果不佳。

(2)学生对仪器了解不透彻。"纺织材料学实验"中用到的仪器基本都是封闭的,大部分零部件嵌于仪器内部,无法拆解。学生做实验时无法直接观察仪器的内部构造,只能从老师讲解以及视频中抽象地理解。即使是半封闭的设备,课程教学过程中由于时间、技术等因素限制,无法对学生进行拆解或者更换配件。这些因素都不利于学生对仪器工作原理的加深理解和对操作过程的掌握,影响教学效果。

(3)虚拟仿真教学体系不完善。随着互联网+教学改革的深化,各大纺织高校开始重视虚拟仿真技术对实践教学的作用,纷纷投资建设虚拟仿真实训基地或中心。但是大多数高校都处于起步阶段,没有成熟的教学体系可供参考使用,并且虚拟仿真实训平台的运行尚缺乏一定的标准和规范。其次存在问题是专业性较强的虚拟仿真软件的开发缺少专业与教学人员的参与,尤其是对于"纺织材料学实验"这种纺织专业基础实验课程,如何根据虚拟仿真技术的特点,使技术与专业、演示与教学紧密吻合,并且在教学实施、系统运行等方面形成自己的标准加以固化及成果推广,是关系到虚拟仿真实践教学在纺织领域可持续发展的一个重要问题。

基于以上基础及问题,课程教学团队以"纺织材料学实验"为教学模式改革对象,本着培养高素质复合应用型高层次人才的理念,通过与企业合作,创建虚拟仿真实验教学平台,由任课教师与学生一起组成团队,师生联动对实验教学平台进行持续开发,解决了教学资源与学生人数矛盾突出、实验设备内部结构不易呈现、纺织实验类虚拟仿真课程内容体系不完善等问题;同时对课程教学模式和考核方式进行了改革。

2　基于实验课程的虚拟仿真平台建设

2.1　课程内容和教学体系完善

以纺织工程类专业人才培养方案和"纺织材料学实验"课程教学目标为基础,着眼于如实验仪器与学生人数无法匹配、实验仪器无法拆解教学等因素导致目前传统实验课程教学存在教学效果不佳等问题,开发虚拟仿真教学平台,实行"课程教学、线上辅学、校企联合"多维度教学体系。教师队伍将科研前言内容引进教学内容、学生团体反馈学习效果、企业专家根据教师和学生反馈及时更新平台内容,通过教师队伍、学生团体和企业专家三方联动,不断完善基于虚拟仿真平台的"纺织材料学实验"课程内容体系。如在传统实验课程纤维拉伸强度实验中,教师队伍将课程内容向科研领域延伸,将基于INSTRON万能强力机的先进纺织复合材料拉伸、弯曲等实验引入教学内容中,同时将INSTRON万能强力机实验夹具的更换、万能强力机拆解等内容添加至教学内容(图1);学生根据学习效果向教师队伍反馈,不断修正教学内容;最后学生和教师需求反馈至企业专家,将实验教学模块化、多元化,持续完善虚拟仿真平台。

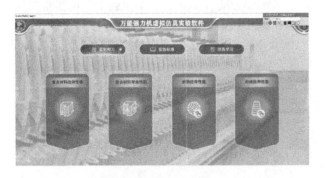

图1 虚拟仿真平台界面

虚拟仿真教学平台主要包括实验预习、实验标准以及仿真学习三个模块,如图1所示。实验预习模块中包含了复合材料拉伸和弯曲性能测试、织物拉伸性能和纱线拉伸性能测试,学生对各部分进行实验目的、实验原理、实验方法和参数设计进行填写。对应的实验标准可在实验标准模块中进行查找,学生可清除了解实验所对应标准以及实验参数的设置范围。在仿真学习模块中,通过交互式学习方法,展示强力机工作原理,介绍仪器配件以及构造组成,模拟逼真的实验过程和实验场景(图2),按照实验步骤完成实验内容,同时将注意事项和安全守则穿插到实验过程中,使学生高度重视实验室仪器和自身安全,系统地掌握实验课程原理和仪器操作相关知识。

图2 交互式学习场景

经过以上方法训练,极大地提高了学生学习的主动性和积极性,学生不仅仅是课堂的聆听者,更是参与者和设计者,有效培养了学生的工程能力及行业发展的适应能力,提升了学生专业水平和解决实际问题的能力,提高了课程实践教学质量和教学效果。

2.2 虚拟仿真平台建设

受实验教学设备台套不齐全等客观条件的制约,原有教学平台已无法满足现代纺织行业对人才的需求。虚拟仿真和传统实验课程相结合的模式成为解决上述问题的良方。因此教学团队以实验内容为驱动,通过虚

实结合的教学方式,打破时间和空间的限制,构建了纺织材料学实验虚拟仿真平台。主要包括以下三方面:

(1)实验前安全培训。学生首选需要通过虚拟仿真实验平台学习实验涉及的仪器设备安全操作、危险试剂安全操作及处理、实验室安全规范及隐患排查、相关突发事件应急处理等,只有通过培训才可正常进行实验课程学习,训练和考查学生的主动安全意识和操作技能。通过虚拟仿真实验教学,可以进一步加强学生安全教育,降低实验危险性,保障人身和实验室安全。

(2)虚拟仿真教学。学生可通过线上虚拟仿真平台,以第一视角沉浸式进入虚拟实验室场景,直接在虚拟实验场景中完成"纺织材料学实验"课程中涉及实验的原理、操作及影响因素等。虚拟仿真实验教学可以帮助学生直观看到实验过程以及对应实验结果渐进过程,使学生了解不同实验对象的实验结果,掌握数据处理方法等,提高教学效率和成功率,减少实验耗材的用量,节约经费。

(3)交互式实验内容和开放式实验结果。交互式实验内容可以使学生每一步操作都有对应反馈,帮助学生更好地理解实验课程原理和熟练掌握实验操作过程;开放式实验结果可以提供多种实验参数供学生选择,不同实验参数组合得出不同实验结果,可以有效培养学生独立思考的习惯,拓展学生思维。

(4)灵活性学习模式。教学团队构建的虚拟仿真平台为学生提供了电脑端和移动端两个学习平台,学习方式灵活,可随时随地进行课前预习和课后复习。持续开放平台,学生可以对实验内容进行反复操作,多次熟练实验操作和流程,提高学习效率。

2.3 多元化评价体系

"纺织材料学实验"作为纺织专业学生必修课程,对培养学生实验技能、动手能力、实践能力和综合素质有非常重要的作用。目前传统实验课程对学生考核和评价方式过于注重结果,而忽略了对实验过程、学生综合能力的评价。这就导致个别学生实验时不动手,抄袭别人的实验报告,甚至出现编造实验数据也可得高分的现象[9-10]。无法反映学生真实学习情况,并且影响学生学习主动性和积极性。

教学团队基于搭建的"纺织材料学实验"课程虚拟仿真教学平台,遵循OBE教学理念,重点考查学生实践能力和综合素质,通过"虚拟仿真平台操作—团队整体考勤—实验过程考核—个人实验实践报告"四要素评价方式实现全过程考核,具体为:

(1)虚拟仿真平台操作。学生实验课程前基于虚拟仿真教学平台进行线上学习和预实验,平台实行交互式实验内容,学生每一步操作都有对应评价和反馈,如图3所示,为线下实验提供基础,提升教学效果,使学生

更好地掌握实验内容。

(2)团队整体考勤。学生线下实验时,将学生分为不同团队,实施团队考勤,将团队考核与个人考核相结合,培养学生协调能力和团队意识。

(3)实验过程考核。在实验过程中通过课堂随机提问的方式了解学生对实验原理、实验操作以及实验过程中需要注意的问题等内容的掌握程度,培养学生独立思考和解决问题的能力。

(4)个人实验实践报告。学生线下完成实验以后,根据实验结果撰写实验报告,教师根据实验报告的格式、实验步骤的记录、实验数据的记录和处理、实验结果的分析以及思考题的分析讨论进行评价。

复合材料拉伸性能　操作得分：24.000　质量得分：0.000　扣分：0.000

类型	实际角色	考核角色	组态分	实际得分	操作步骤	备注
操作分	0	0	1.000	1.000	点击电脑屏幕	
操作分	0	0	1.000	1.000	打开操作软件bluehill	
操作分	0	0	1.000	1.000	点击测试按钮，进行实验测试	
操作分	0	0	1.000	1.000	选择测试方法为"复合材料拉伸性能"	
操作分	0	0	1.000	1.000	点击下一步按钮，开始实验	
操作分	0	0	1.000	1.000	关闭操作界面操作设备	
操作分	0	0	1.000	1.000	点击高亮夹具，将夹具固定在万能试验机上	
操作分	0	0	1.000	1.000	点击试样，将试样放到夹具中	
操作分	0	0	1.000	1.000	点击气压泵，将上方管路与夹具连接	
操作分	0	0	1.000	1.000	点击气压泵开关，将试样上方夹紧	
操作分	0	0	1.000	1.000	点击万能试验机下降开关，将试样下降到合适位置	
操作分	0	0	1.000	1.000	点击气压泵，将下方管路与夹具连接	
操作分	0	0	1.000	1.000	点击气压泵开关，将试样上方夹紧	
操作分	0	0	1.000	1.000	点击高亮处启动按钮，启动万能试验机，测量数据	
操作分	0	0	1.000	1.000	点击试样，将断裂的试样拆下	
操作分	0	0	1.000	1.000	点击气泵关闭开关，将气泵关闭	
操作分	0	0	1.000	1.000	点击气泵，将气管从夹具上拆下	
操作分	0	0	1.000	1.000	点击夹具，将夹具从试验机上拆下	
操作分	0	0	1.000	1.000	试样断裂，关闭万能试验机	
操作分	0	0	1.000	1.000	点击高亮机箱，关闭电脑	

复合材料弯曲性能　操作得分：24.000　质量得分：0.000　扣分：0.000

织物拉伸性能　操作得分：24.000　质量得分：0.000　扣分：0.000

图 3　虚拟仿真平台操作过程评价

以上多元化全过程评价体系的实施能够较为综合、客观、公正地反映学生实验课程的学习情况,有效提升了实验教学质量和学生学习的主观能动性。

3　结论

基于"纺织材料学实验"课程构建了集"实验前安全培训、虚拟仿真教学、交互式实验内容、开放式实验结果、灵活性学习模式"于一体的虚拟仿真教学平台。同时对基于虚拟仿真平台的线上教学和线下教学混合教学内容和教学体系进行了探索和实践,形成了"课程教学、线上辅学、校企联合"多维度教学体系以及"虚拟仿真平台操作—团队整体考勤—实验过程考核—个人实验实践报告"四要素全过程考核评价方式。虚实结合、以虚促实、互动互补的教学体系,有效提高了"纺织材料学实验"课程教与学的效率及效果,培养了学生创新能力、团队意识、独立思考能力和实践能力,实现了学生综合素质的有效提升。

致谢

本文为"纺织之光"中国纺织工业联合会高等教育教学改革项目《纺织材料学实验虚拟仿真平台建设》的阶段性成果之一。

参考文献

[1]　程思宁,耿强,姜文波,等. 虚拟仿真技术在电类实验教学中的应用与实践[J]. 实验技术与管理,2013,30(7):94-97.

[2]　张敬南,张镠钟. 实验教学中虚拟仿真技术应用的研究[J]. 实验技术与管理,2013,30(12):101-104.

[3]　严金凤,居里锴,周成. 新工科背景下机械安全虚拟仿真实验教学探索[J]. 实验技术与管理,2022,39(1):98-102.

[4]　中华人民共和国教育部高等教育司. 关于开展国家级虚拟仿真实验教学中心建设工作的通知[Z]. 2013-08-13.

[5]　杜劲松,陈清婷. "服装厂设计与现场管理"虚拟仿真实验教学改革与实践[J]. 纺织服装教育,2021,36(2):175-177,186.

[6]　于保康,王明环,王曦,等. 现代纺织加工及检测虚拟仿真实验教学研究[J]. 文化创新比较研究,2018,2(23):193,198.

[7]　刘基宏,肖学良,李聪慧,等. 基于在线虚拟仿真技术的织造实验教学探索[J]. 纺织服装教育,2021,36(1):

82-85.

[8] 李新荣,王建坤,王浩,等.基于仿真软件的纺织工程类课程虚拟资源建设及教学实践[J].纺织服装教育,2022,37(3):248-250,283.

[9] 张艳明."针织物组织与产品设计"课程多元化评价体系的构建与实践[J].纺织服装教育,2021,36(3):261-265.

[10] 任秀艳,李美茹,乔洁,等.生物化学实验课程多元化评价体系的构建与实践[J].廊坊师范学院学报(自然科学版),2014,14(4):115-117.

Discussion on curriculum ideological and political of "Textile chemistry" under the background of "new engineering and technical disciplines"

LIU Xiuming*, WANG Wei, LI Qiujin

College of Textile Science and Engineering, Tiangong University, Tianjin, China

Email address

liuxiuming@ tiangong. edu. cn(LIU Xiuming), weiwang@ tiangong. edu. cn (WANG Wei), vicmaldini@ 126. com(LI Qiujin)

Abstract: Under the new engineering specialty background, this paper can make students define the important role of "Textile Chemistry" very clearly, especially in solving the problem of textile industry. To meet the demand of social economy development and talent training, the paper is integrated with the course highlights of "Textile Chemistry", the teaching content and methods are well designed by diversified teaching methods such as heuristic method, question and answer method, and osmosis method. The particular example of ideological and political theory can be integrated in the teaching contents, the rich material of ideological and political theory can also be explored, and it can create students' interest of learning and inspire their potential. In the meantime, it has special advantage in bringing up students' innovative consciousness and the sense of mission and responsibility.

Keywords: new engineering and technical disciplines; curriculum ideological and political; osmosis teaching method

"新工科"背景下"纺织化学"课程思政教学探讨

刘秀明*,王维,李秋瑾

纺织科学与工程学院,天津工业大学,天津,中国

邮 箱

liuxiuming@ tiangong. edu. en(刘秀明), weiwang@ tiangong. edu. cn(王维), vicmaldini@ 126. com(李秋瑾)

摘 要:本文在新工科背景下,立足经济社会发展需求和人才培养目标,结合纺织工程专业基础课"纺织化学"的课程特点,通过对教学课程中部分教学内容的教学环节、方法和内容等方面进行设计,采用多元化的教学方法,如启发式、问答式、渗透式等,让学生充分明确"纺织化学"课程对解决纺织领域问题的重要作用。利用几个思政元素与教学内容融入的实例,发掘教学内容中丰富的课程思政元素,激发学生对课程的学习兴趣和潜能,培养学生的创新意识,提升学生的使命感和责任感。

关键词:新工科;课程思政;渗透式教学

1 引言

基于国家战略发展新需求、国际竞争新形势、立德树人新要求,近年来我国提出了新工科、"互联网+""中国制造2025"等一系列关系国家发展的重大举措,对新时期的人才数量和素质也提出了更高的要求[1-2]。在这种形势下,我国纺织工程专业高等教育也面临着经济社会发展的现实要求、新时代内外环境的客观要求以及科技发展的必然要求,因此必须加速转型,加快实现以新工科为目标对传统纺织工程专业进行升级改造,满足新经济对高层次人才培养的需求,助力经济转型升级和产业高质量发展[3]。

新工科的内涵主要为:以立德树人为引导,学校以培养具备多元化能力和创新精神的卓越工程人才为目标[4]。因此,"新工科"背景下的工科专业有着极其强烈的课程思政教育需求,新工科的发展离不开思想政治理论课和专业课的教学改革,课程思政是落实立德树人的根本所在。工科专业课程的学习内容专业性强,学生在学习掌握专业知识的同时,如何把思政元素润物无声

地融入教学内容中去已经成为工科专业课程与课程思政建设需要研究的关键问题。

因此，为适应国家提出的新工科发展的目标，当前高等学校的思政课需要改革与创新，改革与创新的方案是思想政治教育所面临的重要问题。目前采取最多的方案是进行思想政治课程改革的同时，各类专业课程与思想政治理论课协同进行[5]。

"纺织化学"课程是纺织工程专业本科生的一门专业基础课程。这门课程是将化学知识与现代纺织技术进行有机结合，因此涉及基础理论知识广。课程的目的是通过课程教授使学生了解和掌握包括无机化学、有机化学、物理化学、分析化学以及生物化学等在内的化学体系与纺织工业的基本关系，熟悉与纺织工业有关的化学基本理论。重点培养学生学会利用相关的化学知识解释及处理纺织工业中的一些常见的情况，并为学习后续相关专业课程以及进一步学习和应用纺织化学方面的新知识、新技术打下必要的基础。

本文结合新工科专业"纺织化学"课程特点和学生实际情况，通过对教学课程中部分教学内容的教学环节、方法和内容等方面进行设计，并融入了思政元素，让学生充分明确纺织化学对解决纺织领域问题的重要作用，提升学生学好专业和学好"纺织化学"课程的信心、责任感和使命感[6]。

2 课程教学内容与思政元素融入

教授专业知识是课程专业知识与思政元素融合的主要环节，结合不同科学问题的特性与当前国家的时事热点，可以将思政元素有效融入到培养学生发现问题和解决问题能力的各个环节之中。

"纺织化学"这门课程内容涉及到无机化学的物质结构基础知识中中原子核外电子的排布，有机化学的目标产物合成、有机物的化学性质及反应、染料等，这些基础知识中蕴含着哲学思想、生态文明、资源节约、爱国情怀和科学精神等丰富的思政元素。在知识教学过程中，可以从两个方面展开知识教学与课程思政的融合。第一，深度挖掘中华优秀传统文化与工科知识的融合点，为课程在中华优秀传统文化中寻找应有的价值属性。第二，将不同科学问题与国家当前的发展现状及社会热点相结合，激发学生的家国情怀[7]。因此，从课程教学环节中找到思政元素，从内因层面激发学生的学习积极性，提高学生的专业自信和课程学习效果是非常有必要的。下面我们将通过几个专业知识教学环节中的实例来体现出课程专业知识与思政元素的融合。

2.1 教学内容设计思路

以学生的全面发展为中心的教学理念，简单介绍我

国的重大科技创新成果，通过这些科技成果来创设问题情境，指出"科技是国家强盛之基，创新是民族进步之魂"，引出科技创新的重要性和科学家刻苦钻研的精神，将课程内容与思想政治教育紧密结合。

2.2 多元化的教学方法

该课程面向纺织和服装工程专业的大一新生。本课程采用多媒体结合板书教学，通过创设生活中小现象为教学情境，进行启发式、问答式、渗透式、知识拓展、课后思考和在线课程自主学习结合的方式，加深学生对知识的理解与记忆。课堂上的互动环节还可加强师生间的交流，影响学生的情感态度与学习态度。线上自主学习可实现学生知识的拓展与延伸，培养学生从不同视角看问题的习惯。将多种教学方式方法带入课堂，以习近平新时代中国特色社会主义思想为指导，培养专业理论过硬、实践经验丰富、思想行为优秀的栋梁之材。

2.3 理论联系实际的教学过程

将教学与科研有机结合，将获得的科研成果转化为教学资源，融入教学内容，将化学知识在现代纺织技术中涉及的高性能纤维及复合材料、高性能功能性材料及服装等诸多方面的应用引入课堂，将抽象的化学知识与纺织行业前沿技术联系起来，大大丰富了课程教学内容，实现科研反哺教学，学生能比较直观地接触到课程前沿知识，使学生觉得化学与自己所学的专业息息相关，激发学生的学习兴趣和动力，加深学生对其所学专业的理解和认识，提高教学效果[8]。首先在创设的情境下抛出问题，如嫦娥五号返回器携带月球样品成功着陆，卫星中使用的超轻金属材料，与非金属材料的性质不同的原因是什么？提高学生发现问题的能力。不断设问，循序渐进地解答问题，提高学生分析问题，解决问题的能力。特别是知识拓展环节，将所学的理论知识指导实践，用实践辅助教学，使学生获取知识的同时，实现创新能力的提高。

2.4 思政元素与教学内容的融入

我国伟大的科技事业与我们日常所学有着千丝万缕的联系，本课程更是结合纺织与基础科学化学的交叉型学科，与国家科技发展事业建设密不可分。通过对中国的科技与国防科技领域重要成果进行简单介绍，如运载火箭发射技术，培养学生的大国情怀，科技强国，从我做起，从点滴做起，进而激发学生学习"纺织化学"的热情与兴趣。

实例1："纺织"，早已不仅仅是过去工厂中一排排的机器和戴着口罩的纺织女工，它已经与科学技术联系在了一起。"天宫一号"上有提供能源动力的"航天器电池基板"；体内的人造血管、人造肺；身上穿的防弹衣……曾是"传统"代名词的纺织业开始"上天入地"。

基于化学、材料、医学等多学科基础知识及实验方法,纺织材料可与其他材料实现结合,形成更软、更软、更有韧性的新材料,以适应各种应用领域,包括多种极端应用领域。不仅是在航空航天、特种防护、军工生产、建筑、环保、智能可穿戴等领域,在纺织业都初露峥嵘,它已不是一张简单的布,而是不断给人们带来意想不到的惊喜。为了适应纺织前沿的科技发展,目前很多高等院校将纺织专业与材料专业相融合,培养研究新材料的纺织类人才。我们纺织学科基础教育的重要目标之一,就是在深空探测、深海领域、大健康和人体器官再造等领域深耕,让更多纺织产品,加入高科技内核。因此,掌握基础有机化学知识、高分子基础理论、高分子化学基本聚合方法、合成纤维的制备及结构特性,将是学生储备基础学科理论知识、掌握多种实践应用技能、将所学与国家发展重大科技事业联系起来的桥梁,是我们科技强国的基础之一。

实例2:"神舟十三号"载人飞行任务中,不少高校贡献了重要力量。我校纺织未来技术研究中心陈利教授团队用新一代"天工编织技术"守护着航天员的回家之路。为了保障航天员顺利返回,陈利教授带领团队突破了多项关键技术,为神舟十三号返回舱"定制"研发了耐高温多向编织增强材料。当神舟十三号载人飞船返回时以每秒数千米的速度与大气层发生剧烈摩擦,燃起 2000 多度的高温火焰,这种增强材料可以为返回舱关键器件提供优异的结构增强与性能强化,精准满足了返回舱关键器件的防护结构复合材料"耐高温烧蚀、坚固抗冲击"要求,为航天员安全着陆再立新功。通过对学校科技成果的介绍,让学生从小到大、从微观到宏观,了解元素的结构组成、原子核外电子排布,不仅可掌握量子数目与元素种类及性质的联系,更能体会科技事业由小到大的构筑建设,培养学生浓厚的学习兴趣,让学生落实理论与实践相结合的重要性,培养学生学习的主动性与责任感,让学生懂得科技创新的前沿永无止境,科技创新的前景定会鼓舞人心。

实例3:介绍纺织化学的学习目的时,引导学生应当自觉地运用唯物辩证法的基本原理指导学习和实践,对人类已有的知识既要虚心学习,又要敢于质疑、打破常规和勇于创新。如我国科学家屠呦呦创制新型抗疟药——青蒿素和双氢青蒿素及其衍生物是世界治疗疟疾效果最好的药物。2015 年 10 月,中国科学家屠呦呦与另外两位科学家获 2015 年诺贝尔生理学或医学奖,因为她创制的青蒿素和双氢青蒿素,对世界抗疟工作做出了突出贡献[9-10]。通过这个实例在揭示自然规律服务于人类的同时,培养学生的团队合作精神、民族自豪感、社会责任感和使命感。

3 结束语

在新工科背景下,对"纺织化学"课程的思政教学模式探讨也是提升人才培养水平的途径之一,思政元素的融入在整个课程教学中具有重要意义。结合专业特点和学生实际情况,设计教学环节,采用多元化的教学模式将思政元素融入课程内容,有助于学生从整体上认识这门课程,并激发学生对本门课程的学习兴趣,增强学生对所学专业的信心,提升学生的使命感和责任感,激发学生的爱国热情,为培养纺织工程工业高层次应用人才发挥积极作用。

参考文献

[1] 侯慧,甘铭,李向舜,等.工科专业课程融入课程思政的思考[J].中国现代教育装备,2022,9(393):90-92.

[2] 朱广琴.基于立德树人的"课程思政"教学要素及机制[J].南京理工大学学报(社会科学版),2019,32(6):84-87.

[3] 刘雍,王润,范杰,等."新工科"背景下纺织工程专业人才培养模式探讨[J].教育园地,2022,6(3):102-104.

[4] 林雯.新工科背景下地方高校思想政治理论课教学的改革与创新[J].学校党建与思想教育,2019(2):69-70,74.

[5] 熊小庆,钱永芳,赵虹娟.新工科背景下《高分子化学与物理》课程的思政教育[J].高等教育,2020,27,114.

[6] 周小英,周先波,毛红.课程思政视域下新工科专业大学化学绪论课教学设计[J].广东化工,2022,49(476):238-240.

[7] 孙志伟.理工类专业课程开展课程思政建设的关键问题与解决路径[J].思想政治课研究,2019(1):93-97.

[8] 徐丽慧,沈勇,王黎明,等.现代纺织背景下"纺织化学"课程教学改革与实践[J].纺织服装教育,2020,35(6):508-510.

[9] 刘桂梅,蔡楠,谢静,等.青蒿素及其衍生物用于治疗新型冠状病毒肺炎的探讨[J].现代药物与临床,2020,43(4):606-612.

[10] 黎润红,张大庆.青蒿素:从中国传统药方到全球抗疟良药[J].中国科学院刊,2019,34(9):1046-1057.

Analysis on production mode under the background of intelligent manufacturing ——taking nanshan fashion Sci-Tech Co. ,Ltd. as an example

MA Teng*, GUO Qiang

College of Textile Science and Engineering ,Yantai Nanshan University, Yantai, China

Email address

3186162261@ qq. com （MA Teng）, dbqp1986@ 163. com （GUO Qiang）

Abstract：As the aging trend of society intensifies, the demographic dividend of the labor-intensive clothing industry will not be sustainable, and the labor cost will increase significantly. At the same time, European and American industrialized countries occupied the high-end product market by implementing the re industrialization strategy. Developing countries with low cost and low price advantages actively explored the market for middle and low-end products, and international competition became increasingly fierce. These internal and external factors have brought great challenges to China's clothing industry. China's textile and garment industry needs to improve the level of informatization, automation and intelligence to achieve high-quality sustainable development. In this paper, the basic theory of intelligent manufacturing is expounded with the help of existing literature; Taking Nanshan Fashion Sci-Tech Co. , Ltd. as an example, this paper discusses on the production mode and existing problems of clothing enterprises under the intelligent environment, and puts forward the corresponding intelligent promotion countermeasures. Through the exploration of the case company's intelligent manufacturing improvement scheme, it provides reference for other garment manufacturing enterprises to carry out intelligent transformation. The development of the clothing industry has always been accompanied by the progress of science and technology. I hope this article can provide some ideas on how to adapt to the trend of the times to carry out internal reform.

Keywords：intelligent manufacturing; production mode; innovative development

智能制造背景下服装企业生产模式分析
——以南山智尚为例

马腾*,郭强

纺织科学与工程学院,烟台南山学院,烟台,中国

邮　箱

3186162261@ qq. com(马腾),dbqp1986@ 163. com(郭强)

摘　要:随着社会老龄化趋势加剧,作为劳动密集型的服装行业人口红利将不可持续,劳动力成本将大幅度增加。与此同时,欧美工业化国家通过实施再工业化战略占领高端产品市场,具有低成本、低价优势的发展中国家积极开拓中低端产品市场,国际竞争日趋激烈。这些内外因素都给中国服装行业带来了巨大的挑战。中国纺织服装行业需要提升信息化、自动化、智能化水平,实现高质量可持续发展。本课题借助现有的文献资料阐述了智能制造基本理论;以南山智尚科技股份有限公司为例,论述了在智能化环境下,服装企业的生产模式及存在问题,并提出相应的智能化提升对策。通过对案例公司智能制造改进方案的探究,为其他服装制造企业开展智能化转型提供参考。服装业的发展始终伴随着科技的进步,服装企业该如何顺应时代潮流进行内部改革,希望本文可以提供一定思路。

关键词:智能制造;生产模式;创新发展

1 引言

受新冠肺炎疫情影响,世界经济体系受到极大冲击,在全球经济充满不确定的情况下,数字经济却增长强劲,成为经济复苏新动能。疫情危机加快了技术的创新与突破,也加速了新技术在国民经济生产、流通、消费等各个环节的应用,各行各业都在加速数字化进程。

2021 年 7 月 19 日省政府印发《山东省"十四五"数字强省建设规划》,提出加快数字技术赋能新制造。加快推进装备制造、原材料、消费品等重点领域数字化、网络化、智能化改造,聚焦重点行业领域,实施传统产业智能化技改三年行动计划。滚动实施万项技改、推动万企转型,推进企业智能化改造和数字化转型。

2 智能制造理论综述

宾夕法尼亚大学的瑞恩教授和怀特教授于 1987 年出版了《智能制造》一书,第一个将智能制造概念引入商业领域。1990 年初,日本启动了智能制造系统国际合作计划,并与欧美许多工业化国家进行了讨论,以推动未来十年全球智能制造的发展。

2.1 智能制造的概念

智能制造是指在产品全生命周期过程中,在新一代自动化技术、传感技术、拟人化智能技术、网络技术的基础上,通过智能手段达到智能化感知、交互、执行,实现制造装备和制造过程智能化。智能制造作为新的生产模式,与传统生产模式比较,有着独特的特点。

(1)智能制造是一项高协同性的系统工程。智能制造的流程包含了从产品设计和制造、使用和维护、最终推出等涉及产品全生命周期的全过程。其宗旨是在全产品寿命周期内,尽可能少地降低生产成本,降低能源消耗,增加产品价值。此外,智能制造的流程不仅要求企业内部各个部门协同工作,而且要求相关产业或者企业也要参与进来,让产品生产全过程构建起相互合作的体系。

(2)智能制造与传统的生产模式比是场颠覆式的生产模式变革和创新,高度智能可制造这种新生产两种模式具有灵活机动性高、更稳定高的特点。传统生产模式中各个环节都是孤立的,各个环节信息传递缓慢、效率低下,一旦系统故障发生,就不能被及时地发现并排除,致使系统不能够正常运行,给企业带来严重的损失。而在智能制造技术背景下的新型生产模式,引入了先进的互联网技术,信息技术和人工智能技术,把产品生产全过程中各个环节有机地连接在一起,使得各环节间信息传递的速度更快、效率更高,能够实现自动诊断,自动

决策和自动修复的功能,减少不确定因素对生产过程的影响,提高生产稳定性[1]。

2.2 智能制造架构

服装行业生命周期由一系列相互联系、相互影响的价值创造活动组成,其智能制造架构可分解成如下几个环节:

(1)智能设计。智能设计包括产品设计、产品线设计和智能工艺设计三个部分。智能技术可以与生产链的任何环节相结合。要想得到智能设计的需求信息,必须对智能数据进行综合分析,然后通过实验抽样的方法对概念进行提取、检验和优化,尽可能保证设计的科学合理。

(2)智能产品。智能产品主要指具有一定程度的自我意识、自我可持续性和适应能力的产品和设备。与非智能产品相比,智能产品自我意识更强、故障检测能力更强、网络通信能力更强、数据接口更加开放。

(3)智能生产。智能生产的信息内容为:智能相关技术和智能装备。智能化程度是衡量品牌企业智能化趋势的重要标志。高度智能化的设备能过和智能生产流程紧密配合,帮助运营商提升设备的运营水平。

(4)智能化管理。采用生命周期管理、虚拟数字化生产、同步工程等方式,将先进的理念、制造方法和时间过程体系融合在一起,从而使企业的生产技术得到持续提高。利用智能化的管理技术,可以帮助企业实现大批量定制生产,以满足客户大批量定制要求。

(5)智能服务。通过产品与服务的结合,支持企业产品的发展,组织和加快产品的转型升级,逐步改变传统观念,实现服务型观念的转变[2]。

3 南山智尚智能化现状及问题

山东南山智尚科技股份有限公司由中国 500 强企业南山集团控股,于 2020 年在深交所上市(南山智尚,股票代码 300918),持有"南山""缔尔玛"两个中国驰名商标。主营业务涵盖精纺呢绒及服装产品的研发、设计、生产与销售[3]。公司服装业务依托"面料+服装"完整产业链的整合研发优势,实施自有品牌与 ODM/OEM 业务共同发展的战略。公司定制服装业务是以下单为主系统,以量体服务、研发设计、着装搭配、供应资源、技术服务为分支机构,以实现个性化定制为目标的综合性服务供应链。

3.1 企业生产模式

南山智尚服饰成立之初,其主要生产模式是标准化生产和定制。标准化生产,即传统的流水线生产,主要优点是效率高,但缺点是种类单一。随着互联网的发展以及大数据时代的到来,传统的生产模式已经不能满足

消费者的个性化需求,因此南山智尚服饰就开始寻求生产模式的转变。目前,服装企业的"智能制造"主要包括以下两种模式:

(1)大规模自动化制造模式。企业注重柔性生产,一是积极将自动化设备应用到工厂,实现工具、流程、流水线、工厂等的自动化,有效推动工厂从自动化向智能化、人性化的提升。最后,它创建了一个灵活的智能制造平台,大大提高了生产效率和质量稳定性。

(2)小批量个性化定制模式。企业建立客户、版型、款式、面料等大数据库,依托大数据进行智能匹配,满足客户个性化定制需求。借助物联网和自动化技术,企业推动整个生产过程在流水线上进行个性化定制。公司拥有较成熟的 MTM(量身定制)系统,可满足不同消费者的需求,使产品多样化。公司定制服装业务通过信息化和工业化的深度融合,构建了全品类私人定制平台,是工业和信息化部认定的 2017 年智能制造试点示范项目。

3.2 存在问题

(1)定制化生产模式效率低下。对服装制造业而言,满足客户个性化需求就成了今后的一个重要发展方向,即"以人为本"的生产模式会是今后的一个主流,然而传统生产模式下流水线并无法直接应用于定制化生产当中,所以转型的过程当中,若无法有效地解决定制生产效率低下这一难题,服装企业的生产模式转型就难以取得成功。

(2)自主创新能力较差。自主创新能力较弱,产品风格不够突出,造成了公司产品的生产和销售出现延误。传统的生产管理模式主要依靠管理者,管理者对企业的综合管理素质要求很高,包括专业能力和管理能力,即所谓的人文管理。精益思维通过智能制造解决方案,在研究端和生产端实现准时生产、均衡生产和过程生产。

(3)企业理念冲突。南山智尚成立多年,大多数员工包括公司的中层员工,无法很好地了解服装行业的变化趋势,对迎接新挑战缺乏信心,包括对智能制造计划本身的质疑。在构建企业数据库时,会遇到团队不稳定、团队冲突等问题。首先,时间比较短,因为员工自己承担着相关的责任和任务;其次,数据库的建立必须以项目人员近几年甚至十几年的相关知识为基础,在数字化方面投入大量精力和时间,紧张的工作过程难免与此会产生矛盾和问题。这些因素都会影响整个智能化改造项目的进度和实施。

4 南山智尚智能化生产提升对策

(1)公司高层支持。南山智尚公司智能制造方案

的实施,是应对市场变化,提高公司整体竞争力的改进项目。为了消除这种阻力,需要强有力的管理支持。首先,是宣传理念。公司的高层管理人员要想执行这个项目,就必须具有较强的市场洞察力、卓越的变革意识和坚定的信念。持续强化宣传,提高员工对智能制造体系执行的认识,消除思想障碍,支持项目实施。其次,在政治支持方面,要积极推进企业智慧转型方案的实施,同时要注重项目执行,并在政策和技术上给予足够的支持。只有如此,才能使项目的实施更加顺畅,从而增强公司的整体实力,增强公司的竞争力,给企业和个人创造更多的收益[4]。

(2)加强完善管理机制。根据项目管理框架,进行计划准备阶段。在每个阶段,都制定了详细的计划,确定了阶段目标并确定了任务负责人。在项目实施阶段,根据各阶段的目标对工作完成情况进行审核,待所有任务完成后进行下一步。重要的可交付成果,例如流程文件,必须由软件公司的经理、团队用户和顾问签署。严格实施变革管理。当实施过程中出现问题,需要改变原实施体系时,项目组成员进行全面评估和认真识别,充分考虑可能产生的结果和影响。申请必须以正式文件的形式提交,并经上级批准。变更后,严格执行实时监控管理,处理突发事件[5]。

(3)打造智能制造人才队伍。智能工厂是基于数字化工厂的智能生产系统,将信息和数据整合起来,实现企业价值链活动的整合。更加注重人机交互、虚拟仿真和智能决策,构建端到端的自动传输管道。企业智能工厂建设的一个重要环节是提高员工素质,建立强大的运营体系。减少一线员工的数量,以降低制造成本和公司的直接工作[6]。

(4)推进智能化服装生产设备的研发和应用。服装设备为服装行业推行智能制造提供了物质基础,也为新一代信息技术融入服装技术提供了媒介。为提升利润率,增强核心竞争能力,企业需要提升服装加工缝制、吊挂传输、仓储分拣等服装设备的数字化,自动化以及智能化水平,促进智能工厂的发展,开发出智能制造缝制过程中系列化的产品,除吊挂外,还包括智能悬挂式仓储以及面辅料仓储等[7],从而解决企业所面临的面辅料积压严重,造成资金紧张的难题,而智能化系统则可以较为显著地缩减少用工量,帮助企业降低资金、人工和物流等成本,实现生产设备及生产过程智能化。

5 结论

智能制造不仅仅是用机器代替部分劳动力,而是使整个过程智能化,包括订单接收、供应链、设计、生产、销售和服务。对南山智尚企业生产智能制造及生产流程

的剖析,可以看出南山智尚服饰在"智能化"方面还有很大的提升潜力:

(1)公司应该在维持现有智能模式的基础上,改进传统的生产模式,用管理简化技术问题,注重管理技术人才培养,学习智能管理技术,实现企业大批量定制生产,满足市场大批量定制需求。

(2)加强员工智能化技术水平及培养员工的创新能力、专业能力,调动员工积极性,根据员工工作表现采用绩效考核进行管理、督促,同时对项目实施的质量严格管控。

(3)企业需借鉴目前国内外服装企业实施智能制造的经验,引入设备与技术,依托自动化、数字化和智能化设备,提升生产效率。

参考文献

[1]　姚丽媛,王健.智能制造概念、特点与典型模式研究[J].智慧中国2017(9):4.

[2]　伏广伟,贺志鹏,刘凤坤.纺织服装业智能化与智慧化发展探究[J].毛纺科技,2019,47(8):1-6.

[3]　夏小云.把党建融入企业发展全过程 访山东南山智尚科技股份有限公司党[J].纺织服装周刊,2021(20):8-9.

[4]　吴彦君,冯蕾,卢金宝,等.服装智能化生产车间建设方案[J].天津纺织科技,2018(2):10-13.

[5]　姚炯辉.智能制造驱动福建省纺织行业转型升级研究[J].福建轻纺,2019(11):44-46.

[6]　袁春妹,徐盼盼,武筱婷.用智能制造支撑产业提升[J].纺织机械,2018(6):53.

[7]　宋宁宁.智能制造技术在纺织领域中的应用[J].化纤与纺织技术,2020,49(10):19-21.

Research and practice of model of web politic−ideological education in the universities and colleges

MEI Siqi

School of Textile Science and Engineering, Tiangong University, Tianjin, China

Email address

meisiqi@ tiangong. edu. cn (MEI Siqi)

Abstract：Web politic−ideological education（WPIE）is very important for promoting comprehensively the physical and mental health of students and ideological and political work. In this work, we presented the case in School of Textile Science and Engineering in Tiangong University as an example to summarize the working effect and feature, study the multi−level and all−round work path of WPIE based on the aim of first−class discipline construction and first−class talent training. We established a new model and brand of WPIE to take students as the central task. It provides new idea and method to the theory and practice of WPIE in universities and colleges.

Keywords：universities and colleges；politic−ideological education；talent training；working mechanism

高校网络思政育人模式的探索与实践

梅思琦

纺织科学与工程学院,天津工业大学,天津,中国

邮 箱

meisiqi@ tiangong. edu. cn (梅思琦)

摘 要：高校网络思政育人工作,对于促进学生身心健康发展、全面推进思想政治工作具有重要意义。本文以天津工业大学纺织科学与工程学院网络思政育人体系建设为例,提出了"一流学科建设与一流人才培养"核心目标,构建以学生为中心的、特色鲜明的网络育人模式和网络育人品牌,探索符合学生成长规律的多层次、全方位网络育人路径,总结了育人成效及特色,为高效思政育人体系的建设提供了应用和示范。

关键词：高等学校；网络思政；人才培养；工作机制

1 引言

"互联网+"时代的到来为高校网络思想政治工作带来了新机遇,也提出了新挑战[1-3]。当代大学生所面对的网络空间存在信息过于饱和、话语权分散等特点,与此同时,网络思想政治教育也面临着优质网络育人资源不足、育人队伍短缺、育人形式呆板等问题[4-8],究其原因,主要是网络思政教育难以形成品牌化。

互联网是高校思政工作发展的最大增量[9]。2022年初,教育部等三部委印发的《关于深入推进世界一流大学和一流学科建设的若干意见》中明确指出,世界一流学科建设要以促进学生身心健康全面发展为中心,全面推进思想政治工作。《高校思想政治工作质量提升工程实施纲要》则指出,要大力推进网络教育,加强校园网络文化建设与管理,拓展网络平台,丰富网络内容,建强网络队伍,净化网络空间,优化成果评价,推动思想政治工作传统优势同信息技术高度融合[10-11]。

2 高校网络思政育人的探索与实践

作为全国仅有的两个国家级纺织双一流建设学科之一,天津工业大学纺织科学与工程学院党委高度重视网络育人和网络思政品牌建设工作。学院党委聚焦世界一流纺织学科建设与一流人才培养,坚持以习近平新时代中国特色社会主义思想为指导,建强网络育人队

伍,拓展网络育人平台,打造优质网络文化作品,初步形成了具有"天工纺织"品牌特色的网络育人体系。对于高校思想政治教育工作质量和实际效能提升、培养世界一流人才、建设世界一流学科具有重要意义。本文以天津工业大学纺织科学与工程学院网络思政育人体系建设为例,为网络思政育人工作提供新的思路与借鉴。

2.1　网络思政载体平台建设

纺织科学与工程学院党委牢牢把握网络思想育人主阵地,突出"教育、管理、服务"功能,建设了五个载体平台,并根据网络育人效果,不断调整和规划建设新平台。

(1)学院官网:完成全面更新升级,下设 11 个栏目、36 个子专栏,涵盖教育教学、科学研究、师资队伍、中外合作办学、党建工作、学生工作、招生就业、校友之家等内容,是学院最具权威的宣传窗口。

(2)微信公众平台:建设"天工纺织"官方微信公众号,推文质量与数量双优。数十篇推送阅读量破千,推送新闻被央视新闻、人民日报等 20 余家权威媒体报道,已成为广大天纺师生群众的"学习新阵地""精神加油站"。

(3)微信视频号:开通"天工纺织"微信视频号,结合热点热闻,展现青年学生思想动态、学习生活,传递青年之声,把握时代脉搏。平均观看量 2167 人次,师生反馈育人效果良好。

(4)抖音短视频号:建有"职为等你"抖音短视频号,下设企业宣传、HR 有话说、指点迷津、风华正茂、就业指南、院系风貌 6 个专栏,累计观看量 20 万+,为学院师生、招聘企业提供"24h×365 天"的就业云服务。

(5)事业发展大数据系统:收录学院各部门和全体师生的工作数据,提供各项线上服务,系纺织科学与工程学院"党建、行政、教学、科研、学生工作"五维度一站式管理服务平台。

2.2　网络思政育人工作机制建设

为建设好网络思政育人平台,学院成立了由学院党委书记任组长,学院党政班子、辅导员、班导师、专业课教师、学生任成员的网络育人专项工作小组,统筹一流学科网络教育资源,明确了"线上线下联动 网内网外互通"的"互联网+"网络育人思路;以思政教师+专业教师为依托,建强工作队伍,打造了一支政治素养高、业务能力强、掌握校情民意、知网懂网且善于用网的网络信息员、新闻通讯员、网络评论员队伍;推进院内各部门网络平台资源共享、同频共振,建设网络协同育人矩阵。在做好协同育人矩阵的同时,聚焦一流学科建设与一流人才培养内需,深入推进网络育人内容供给侧改革,定期开展网络媒介素养培训,实施"好网民"选树计划、"网络文明传播使者"培育计划,引导广大学生投身网络文化建设;加强网络媒介联动宣传,建设"活动共推、资源共享、声音共鸣"的协同育人网络矩阵,促进网络文化互联互通,促进网络育人内容供给机制。

2.3　网络思政育人的工作实践

以网络育人专项工作组为主体,网络协同育人矩阵为延伸,联通线上线下开展"四位一体"网络育人工作。开展"学术讲堂""交叉论坛""返乡日记"等线上线下活动,制作视频、海报、图文等网络育人作品,突出学生的受教育主、客体双重身份,强化自我教育过程,对标一流学科建设需要培养学生的综合素质。建设"网络思政教育工作室",推进"网络媒介素养"培训计划等,年均开展相关培训 50 余场,培育和发展网络工作骨干 100 余名。以一流人才培养内需为指引,在党建、思政、学术、文化四个方面推进网络育人内容供给侧改革,打造了《新时代天纺人》等优秀微信、视频号、抖音专栏,2022 年累计阅读量 50 万+,单篇最高阅读/观看量 6000+。纵向联结学院—教师—本硕博学生,横向覆盖党建、思政、学术、文化等体系内容,形成了"多方联动立体辐射"的协同育人矩阵。全年推送课程育人、科研育人、实践育人、文化育人、组织育人、心理育人、服务育人等相关内容数百篇,力求在学生成长的全员、全方位、全过程加强思想引领。

3　网络思政育人效果与特色

经过建设,所构建的网络育人培养体系已在天津工业大学纺织科学与工程学院运行三年,受益学生 4000 余人。三年之中,学院师生参与度较高,受教育效果十分明显。具体表现在:各网络平台用户人数增幅明显,年均增长率达 40%～200%;"天工纺织"微信公众号在天津工业大学团学组织微信公众号排行榜常年霸榜前五,曾创下连续 9 周排名第一的记录,WCI 指数持续增强。问卷调研、师生访谈、主题座谈等数据显示,师生的受到的正面价值观引导和思想政治教育效果年均上升 30%。

经过建设,全院师生网络育人效果满意度较高,在青年学生的时代使命感和历史责任感强化、学生理想信念、实践与创新能力提升等方面育人效果尤为突出,该网络思政育人工作体系已逐步形成了"天工纺织"思政教育品牌的特色与亮点,育人效果显著。近三年,学院被评为教育部"全国教育系统先进集体"、学院党委被评为"天津市党建工作标杆院系建设单位"、"天津市教育系统领航工程标杆单位"等荣誉 9 项,多人次被评为"宣传思想先进个人""新媒体工作先进个人""优秀学生记者"等,15 项作品荣获"天津市高校大学生思想政治理论课公开课大赛校一等奖""我心中的思政课"全国高校大学生微电影展示活动二等奖等。学院纺强化榜样引领与先进人物事迹宣传被央视新闻、《人民日报》《科技日报》《今晚报》等 20 余家权威媒体报道。

4 结束语

天津工业大学纺织科学与工程学院所构建的"天工纺织"网络育人模式，是以一流学科建设为背景，用"三全育人"理念指导高校网络育人工作的全新探索。突出了"一流学科建设与一流人才培养"核心目标，构建以学生为中心的、特色鲜明的网络育人模式和网络育人品牌，探索出符合学生成长规律的多层次、全方位网络育人路径，为培养高素质纺织人才和拔尖创新人才奠定了基础。该品牌具有推广效应与辐射效果，对于一流学科建设高校的网络育人工作具有很强的示范性和引领性。

致谢

本文为天津市高校思想政治工作精品项目《"云上思政 赋能青春"——一流学科建设背景下"四位一体"网络育人模式探究》成果和教育部产学合作协同育人项目（BINTECH-KJZX-20220831-93）的阶段性成果。

参考文献

[1] 郑骊君,李石纯.加快深度融合 做大做强网络思政育人主阵地[J].中国高等教育,2022(12):39-41.

[2] 刘静洋.新时代高校网络思想政治育人体系的构建[J].沈阳大学学报(社会科学版),2022,24(3):295-301.

[3] 肖敏,易辉."三全育人"视域下高校网络思想政治教育探究[J].教育教学论坛,2022(21):9-12.

[4] 李婷,罗少杰,王旭东."三全育人"视野下高校网络育人工作的路径探究[J].大学教育,2022(5):255-257.

[5] 于扬,杨萍,张桂荣.高校新媒体建设与网络育人体系建设研究[J].新闻传播,2022(8):117-118.

[6] 张坤美."互联网+"背景下的高校网络育人体系建设对策研究[J].湖北开放职业学院学报,2022,35(15):52-55.

[7] 秦慧,孙玲玲.高校网络育人质量提升的重大意义、现实困境与路径选择[J].西部素质教育,2022,8(14):23-26.

[8] 吴素红,陈庆宾.三元交互理论视角下高校交互网络育人模式的构建与实践[J].黑龙江教育(理论与实践),2022(7):30-32.

[9] 马丽.全媒体时代高校网络思政育人的问题与对策研究[J].科教导刊,2022(19):77-79.

[10] 徐争,朱佳君.高校网络思政教育媒体平台多维育人模式的构建[J].天水行政学院学报,2022,23(3):76-79.

[11] 郭巍巍.新时代高校思想政治教育网络育人的价值意蕴和有效路径[J].黑龙江教师发展学院学报,2022,41(6):88-90.

Establishment & practice of "446" education system of graduate students in the new era

MEI Siqi*, SHI Lei, GONG Jixian, LIU Yong

School of Textile Science and Engineering, Tiangong University, Tianjin, China

Email address

meisiqi@ tiangong. edu. cn (MEI Siqi), 383740776 @ qq. com (SHI Lei), gongjixian@ 126. com (GONG Jixian), liuyong@ tiangong. edu. cn (LIU Yong)

Abstract：It is very important to improve the quality of practice education of graduate cultivation for graduate students. In this work, we summarized the working path, content, guarantee mechanism and cultivation achievements of graduate practice education using the case of 446 graduate education system in School of Textile Science and Engineering in Tiangong University as an example. We provided new idea and methods to the theory and practice of graduate student education system.

Keywords：graduate students；practice；education system；working path；guarantee mechanism

新时代高校研究生"四四六"实践育人体系的构建与实践
——以天津工业大学为例

梅思琦*,石磊,巩继贤,刘雍

纺织科学与工程学院,天津工业大学,天津,中国

邮　箱

meisiqi@ tiangong. edu. cn (梅思琦), 383740776 @ qq. com (石磊), gongjixian@ 126. com (巩继贤), liuyong@ tiangong. edu. cn(刘雍)

摘　要:研究生实践育人工作,对于提高研究生培养质量具有重要意义。本文以天津工业大学纺织科学与工程学院新时代高校研究生"四四六"实践育人体系为例,总结了实践育人工作的路径、体系内容、保障机制体制以及实践育人成效,为研究生培养体系的理论与实践提供了新的思路和借鉴。

关键词:研究生;实践;育人体系;工作路径;保障机制

1 引言

研究生教育是国家高等教育的重要环节,是国家培养高精尖人才的重要途径[1]。对研究生实践创新能力的培养,关系到国家在未来全球科技竞争中的地位。近年来,国家越发重视研究生实践育人工作,出台了一系列提升研究生创新能力、实践能力的平台与政策,特别是在全国建设"世界一流大学和一流学科",将研究生培养作为国家和行业领军人才培养的重中之重。做好研究生实践育人工作,对于提高研究生培养质量和研究生教育内涵发展具有重要意义,因此,"研究生实践育人"越发受到学界关注。

2017 年教育部《高校思想政治工作质量提升工程实施纲要》将"实践育人"纳入高校"十大"育人体系,对高校实践育人工作提出了更高标准和要求:坚持理论教育与实践养成相结合,整合各类实践资源,强化项目管理,丰富实践内容,创新实践形式,拓展实践平台,完善支持机制,教育引导师生在亲身参与中增强实践能力、树立家国情怀[2-3]。随着实践育人工作在高校人才培养中的地位日益凸显,其研究热度逐渐上升。石泽平等[4]认为研究生实践育人是以研究生所获得和掌握的理论知识和社会经验为基础,引导研究生参与各种实践活动,促进研究生提高思想政治素养和能力的一种思想

政治教育手段和方式。姜晓庆等[5]总结了研究生实践育人的三阶段:第一阶段是只有在理论教学达不到教学效果时,才会运用实践方式来理解和巩固理论知识,实践育人处于从属地位;第二阶段是认识到实践育人对于学生身心发展等方面的重要作用,但只是停留在教育工作者和研究者的范围内;第三阶段会出台鼓励高校实践育人的相关政策法规,高度重视大学生的实践育人工作。他们认为国内高校大多停留在第二阶段。谭静等[6]认为研究生实践育人活动组织指导的专业性不强、学科特色有待凸显,高校对研究生实践育人的重视不够、资源投入不足,研究生实践育人活动的连贯性与持续性难以得到保证,研究生实践活动成果转化率较低。左征军等认为不同群体研究生参与实践育人活动及频率差异明显、研究生实践育人的供需矛盾突出、高校对研究生实践育人的效果评价不一。围绕研究生实践育人的困境原因和提升策略,国内高校做出积极探索,涌现了一批示范、引领性学校,如清华大学、浙江大学、南开大学和天津大学等。但总体来说,学界和高校在研究生实践育人的工作理念、队伍建设、机制体制和载体平台等方面还需进一步探索[7-10]。

2 研究生"四四六"实践育人体系的构建

2020年,习近平总书记在全国研究生教育会议中指出:研究生教育是国民教育的高端,是国家创新体系的重要组成部分,高等学校要以"立德树人、服务需求、提高质量、追求卓越"为指导思想,着力构建高水平人才培养体系,培养研究生拔尖创新人才[11]。此次会议为我国研究生教育的高质量发展绘制了蓝图,也为研究生实践育人工作指明了方向。

近年来,天津工业大学纺织科学与工程学科建设成绩斐然,在全国第四轮学科评估中获得A+,2017年和2022年分别入选第一、二批国家"双一流"建设学科,研究生教育成果丰硕。为了进一步把握新时代高校研究生的群体特质、成长需要和成才要求,明确优化研究生实践活动内容、开展方式和预期目标,用于指导研究生实践育人工作,不断增强研究生培养质量与实际效能,天津工业大学纺织科学与工程学院以习近平总书记在全国研究生教育会议讲话精神为指引,积极探索研究生"四四六"实践育人模式和体系,构建了新时代高校研究生实践育人工作新策略,取得了良好效果。本文以该实践育人工作体系为例,探索新时代研究生实践育人的工作路径和内容,希望为研究生培养提供新的思路和借鉴。

2.1 研究生"四四六"实践育人工作的路径

为了分析新时代研究生成长路径,准确把握研究生实践育人工作内涵,结合文献分析、问卷调查、个人访谈和实地调研等多种方法,进行研究生实践育人工作路径的探索。首先,通过查阅大量的文献资料,系统化梳理分析、整合国内高校研究生实践育人工作的相关成果,力求在后期研究中产生有效的理论指导。其次,以"新时代高校研究生实践育人工作"为主题进行问卷设计,搜集可靠资料,了解新时代高校研究生的群体特质、成长需要和成才要求,分析研究生实践育人工作的现状问题与影响要素。接着,对高校师生进行一对一访谈,找准研究生实践育人工作存在的主要问题,并分析原因。最后,开展新时代高校研究生实践育人工作的实地调研,总结梳理各高校在研究生实践育人方面的先进工作经验,尤其关注其在创新实践育人形式、优化实践育人内容,搭建实践育人平台等方面的新思路、新方法、新途径,关注研究生实践育人工作的常态化、长效化机制,为拟开展的研究生实践育人策略研究奠定基础。

经过前期工作,发现存在以下问题。

(1)研究生对实践育人的认识度不够,调研发现仅有约20%的研究生经常参加实践教育,而大约10%的研究生从不参加实践教育。从问卷调查和访谈得知,部分学生认为研究生阶段的主要任务是学习和科研,认为参与实践活动与个人能力的提升关系不大。

(2)研究生课程中实践环节偏少。部分老师在研究生课程中仍采取以讲授教学为主,已不能满足新时代研究生的需求。调研中,约87.4%的研究生认为课程中增加实践环节十分重要,更加有利于教学效果和学生能力素质提升。

(3)研究生实践模式单一、育人体系有待完善。不少研究生培养单位在不断探索实践育人体系,但是在模式上创新度不够,特别是与课程、课题、科研等紧密相关的实践内容较少,对研究生吸引度不足,尚未形成完善的实践育人体系。

(4)保障机制不够健全。

2.2 研究生"四四六"实践育人体系的构建

结合前期工作中发现的研究生实践育人存在的问题,在明确研究生实践育人价值内涵、分析研究生实践育人之学生、学校、家庭、社会要素的基础上,针对国内高校研究生实践育人困境,构建了新时代高校研究生"四四六"实践育人工作体系。

(1)聚焦"四力",优化研究生实践育人内容体系。

天津工业大学纺织科学与工程学科研究生教育以培育适应未来纺织发展的高层次人才为目标,打造"中国特色、世界一流"的纺织学科研究生培养体系,面向国家重大战略需求和科技前沿,重点聚焦研究生的"四力"，即战斗力、竞争力、创新力和服务力。聚焦研究生理想信念，培育实现中华民族伟大复兴的战斗力；聚焦研究生研究能力，培育面向世界科技前沿的竞争力；聚焦研究生学术视野，培育支撑高水平自立自强的创新力；聚焦研究生应用水平，培育推动经济社会发展的服务力。以"四力"为目标，在课程建设、授课教师选聘、教学模式改革、监督保障体系、研究生评奖评优等方面突出实践育人的重要性，提高研究生实践意识和实践过程的参与感，优化研究生实践育人内容体系。

（2）着眼"四维"，打造研究生实践育人综合平台。

以科研为载体、实践为动力、竞赛为手段、服务为核心，整合利用国家重点实验室、国家地方联合工程研究中心、国家级创新人才培养示范基地等科研育人平台，结合全国示范性工程专业学位研究生联合培养示范基地、天津市研究生校外创新实践基地等实习实践平台，组织研究生积极参与创新创业大赛，以及校内外共建的"幸福西青—美丽工大"1+1实践育人共同体、大中小思政一体化平台、"6+1"志愿服务基地等数十家政府、社会、教育部门、企事业单位，从"科学研究、实习实践、双创竞赛、志愿服务"四个维度，打造多模式多场景研究生实践育人综合平台。

（3）创新"六制"，构建研究生实践育人保障机制。

学院成立研究生实践育人领导小组，在研究生培养方案、工作细则等方面建立了研究生实践育人制度，健全导师队伍和辅导员队伍，以多学科交叉、多教师协同构建了年龄和知识结构合理、科研能力突出、合作意识强的思想政治教育团队，增加课程评教、导师评学、专家评导等评价反馈机制，在人事分配制度、研究生名额分配、课程建设等多方面形成实践教育的激励机制，通过学院公众号、视频号、网站、宣传栏等大力宣传实践教育成果，不断优化和创新组织保障、制度保障、队伍建设、评价机制、激励机制和宣传保障等六制，为研究生实践育人提供有力的保障机制。

3 研究生"四四六"实践育人工作的实践与成效

3.1 聚焦"四度"培育"四力"，实践育人体系托举高水平研究生教育

在实践过程中，立足"两个大局"、立足新发展阶段制定研究生实践育人内容体系。该体系聚焦研究生理想信念、研究能力、学术视野、应用水平四个维度，培育实现中华民族伟大复兴的战斗力、面向世界科技前沿的竞争力、支撑高水平自立自强的创新力、推动经济社会发展的服务力，清晰指明了研究生实践育人从"怎么

看"到"怎么办"的新方法新路径，解答了研究生培养教育的时代新课题，能够有效促进高素质人才和拔尖创新人才培养，为我国全面建成社会主义现代化强国提供人才与智力支撑。

3.2 创新驱动，需求导向，综合实践平台助力复合型人才培养

在研究生培养过程中，瞄准科技前沿和关键领域，以立德树人为根本，以科技创新为驱动，以社会需求为导向，利用学校、社会、企业等多方资源，搭建"科学研究—实习实践—双创竞赛—志愿服务"四维实践育人平台，提升了研究生的创新能力、应用能力、服务能力，加快科技成果转化和复合型人才培养，解决我国高校创新人才供给能力不足、服务国家战略需求不够精准、资源配置亟待优化等问题。

3.3 全面建制，良性循环，"六制"为研究生实践育人工作保驾护航

以PDCA循环理论为指导，从组织、制度、队伍、评价、激励、宣传六个方面建立研究生实践育人保障机制，形成"计划—执行—检查—处理"的良性循环和良好的示范推广效果，使研究生实践育人工作具有科学性、准确性、高效性。

3.4 强基增能，研究生实践育人工作成效显著

所构建的研究生"四四六"实践育人工作体系，近年来在我校纺织学科研究生教育中连续实施，为高层次纺织人才与拔尖创新人才提供了科学优化的成长路径和富有生机的培养机制，实践教育对提升人才培养质量成效显著。近年来研究生在各类科技和行业竞赛中获奖100余项；纺织学科研究生的科研创新能力和实践能力受到用人单位的充分肯定与好评，毕业的研究生大部分已成为所在单位的技术骨干或科技领军人才。我校纺织学科研究生服务国家急需的能力显著增强，其科研成果应用于众多国家战略领域，如：自主研发智能控温服装、加热手套、加热头套，应用于2022年北京冬奥会5个类别运动队，科技部和国家体育总局冬季运动管理中心发来感谢信；为神舟七号至神舟十三号载人飞船返回舱定制研发耐高温多向编织增强材料，科技助力航空航天；开发口罩和防护服面料，为新冠疫情防控做出重要贡献；研发同质增强型中空纤维膜材料，广泛应用于工业废水处理，助力"绿水青山、美丽中国"建设……充分发挥了高层次纺织人才服务国家高质量发展、人民高品质生活的科技主力军作用，其事迹受到央视新闻、中国日报、天津日报、天津教育报、今晚报等20余家权威媒体宣传报道。相关成果多次在全国纺织学科研究生教育工作会议、全国工程专业研究生联合培养基地经验

交流会等会议上进行了典型经验交流,受到与会专家的高度认可和关注。

4 结束语

所构建的新时代高校研究生"四四六"实践育人体系,是在新的历史方位与发展阶段下,综合考虑研究生实践育人的内容特质、影响要素、育人功能,在内容体系、实践平台、保障机制三个方面提出的多元化、立体化实践育人策略。该体系既是深化新时代教育改革、培养高精尖人才的有力举措,又符合中国高等教育发展进程、社会主义现代化强国建设需要,能够为服务国家战略和行业经济发展培养创新型、应用型、复合型的高素质人才。相关成果可为研究生实践育人工作提供研究资源和理论支撑,为高校及其教育管理部门制定合理的育人制度、政策提供决策参考。

致谢

本文为天津市高校实践育人工作创新举措研究基地(天津工业大学)2022年度大学生"实践育人工作创新举措"专项课题"新时代高校研究生'四四六'实践育人工作策略研究"成果和教育部产学合作协同育人项目(BINTECH-KJZX-20220831-93)阶段性成果。

参考文献

[1] 教育部等部门关于进一步加强高校实践育人工作的若干意见[EB/OL]. http://www.moe.gov.cn/srcsite/A12/moe_1407/s6870/201201/t20120110_142870.html, 2012-02-03.

[2] 中共教育部党组关于印发《高校思想政治工作质量提升工程实施纲要》的通知[EB/OL]. http://www.moe.gov.cn/srcsite/A12/s7060/201712/t20171206_320698.html, 2017-12-06.

[3] 教育部、国家发展改革委、财政部关于加快新时代研究生教育改革发展的意见[EB/OL]. http://www.moe.cn/srcsite/A22/s7065/202009/t20200921_489271.html, 2020-09-22.

[4] 石泽平. 研究生实践育人长效机制的构建研究[D]. 重庆:西南大学,2016.

[5] 姜晓庆. 创新视角下研究生实践育人体系的构建:以上海大学为例[J]. 科教导刊,2019(10):3-4.

[6] 谭静,何陈晨,王雨璇,等. 研究生实践育人模式探讨[J]. 学校党建与思想教育,2021(18):76-78.

[7] 殷昊翔. 构建研究生实践育人体制机制探索[J]. 学校党建与思想教育,2021(16):80-81.

[8] 应中正,刘梦然. 研究生实践育人长效机制探索[J]. 国家教育行政学院学报,2018(3):63-68.

[9] 左征军,司文超. 新时期高校研究生实践育人状况分析:基于全国部分高校实践育人的调查研究[J]. 思想教育研究,2017(12):92-95.

[10] 李春梅,王如意. 研究生实践育人平台建设的三重维度[J]. 武汉理工大学学报(社会科学版),2021,34(5):141-145.

[11] 刘宏林,高明,林晗,等. "双一流"建设背景下高校研究生思想政治教育实践育人模式的构建[J]. 西部素质教育,2019,5(22):21-23.

Exploration on enhancing practice teaching effect of light chemical engineering

NIU Jiarong*, TIAN Junying, YANG Li, REN Haitao, YANG Wenfang, LIU Yuanjun, LIU Xiuming

School of Textile Science and Engineering, Tiangong University, Tianjin, China

Email address

niujiarong@ tiangong. edu. cn（NIU Jiarong）, tjy68@ 163. com（TIAN Junying）, linyinan22@ 163. com（YANG Li）, renhaitaomail@ 163. com（REN Haitao）, yangwf2@ 126. com（YANG Wenfang）, liuyuanjunsd@ 163. com（LIU Yuanjun）, yushimylove@ 163. com（LIU Xiuming）

Abstract：The current situation and issues of practice teaching of light chemical engineering was expounded firstly. With consideration of the problems and existing conditions of the faculty, methods and reform plan for enhancement of practice teaching effect were proposed. The effect and problems of the plans was summarized. It was expected to provide reference for the reform of light chemical engineering practice teaching.

Keywords：light chemical engineering; practice teaching; teaching effect; enhancement

强化轻化工程专业实践教学效果的探索

牛家嵘*,田俊莹,杨丽,任海涛,杨文芳,刘元军,刘秀明

纺织科学与工程学院,天津工业大学,天津,中国

邮 箱

niujiarong@ tiangong. edu. cn(牛家嵘), tjy6818@ 163. com(田俊莹), linyinan22@ 163. com(杨丽), renhaitaomail@ 163. com(任海涛), yangwf2@ 126. com(杨文芳), liuyuanjunsd@ 163. com(刘元军), yushimylove@ 163. com(刘秀明)

摘 要:本文阐述了轻化工程专业实践教学的普遍状况及存在的问题。针对这些问题,结合本专业现有的实习条件,提出了强化实践教学效果的思路及具体实施方案,总结了相关方案的实施成效和存在的问题。以期对轻化工程实践教学的改革提供借鉴和参考。

关键词:轻化工程;实践教学;教学效果,探索

1 引言

天津工业大学轻化工程专业根据多年的专业建设经验和优势,传承并确定了以"染整工程"为特色的建设思路,重点发展染整工程专业方向,强化和突出本专业的原有优势和特色,重点培养掌握现代染整工程专业知识、具有开拓精神和实践能力的高级工程技术人才。

经过多年的建设和发展,轻化工程专业在特色专业建设、创新人才培养等方面取得了一些成果。但是,在"新工科"建设、"一流"专业建设的背景下,在"工程认证"的推动下,实践教学暴露出一些薄弱环节,成为提升整个专业教学质量的"痛点"。如何有效地提高实践教学质量、切实提高学生实践能力也是其他高校面临的问题[1-4]。

2 实践教学现状及问题分析

2.1 实践教学普遍状况及本专业现状

随着新型染整技术、工艺、设备的快速发展,新型纤维材料的不断涌现,环保要求的不断提高,学科交叉特点突出,轻化工程专业的学生必备的专业基础知识和专业实践技能繁多,传统的教学内容、课程体系、培养方案难以满足行业发展对人才的需求[5-7]。实践教学环节问题尤为突出。实践教学的质量不仅取决于教学内容和模式,还受地域行业发展状况和发展水平的影响。各

种影响因素交杂,导致实践教学普遍存在"工程实践能力要求高"与"工程实践教学薄弱"的矛盾。学生如何有效开展实习实践活动、深化专业内容学习、提高理论联系实际的能力、提高创新意识成为实践教学亟待解决的问题。

针对上述问题,本专业在教学模式、课程设置、课程内容、实践条件及实践基地建设方面开展了大量的工作[8-10]。通过"一流专业"建设、天津市"特色专业建设"、"品牌专业"建设、创新拔尖人才培养计划等一系列改革举措,实践教学在"硬件"和"软件"的建设上取得了诸多成果:建立了完整的纺织品颜色管理系统、测配色系统(图1)、数字化自动输送系统(图2),开设了内容丰富的开放性实验,完善了综合性较高的课程设计,与京津冀地区行业龙头企业进一步加强合作,建设实习基地。

图1　纺织品颜色管理及测配色系统(部分设备)

2.2　实践教学环节中突出的问题

尽管在持续的专业建设中取得了很大的进步,但是目前在实践教学环节仍然存在一些较为突出的问题,主要表现在:

(1)某些实践性教学内容还是在各自的课程框架内运行。例如,虽然经过相关理论课程的学习和实验课程的操作,学生能够熟练掌握测配色技术,利用自动滴

图2　数字化自动输送系统(部分设备)

液系统进行颜色打样、利用颜色管理系统评价、调整染色工艺、操作自动送料系统运行染色机台,但是难以把这些内容有机地组织起来。在仿色实验中,染色结果通常在实验室内进行评价,缺少"放样"环节的检验,对于设备、生产环境、生产条件对工艺的影响,学生很难获得具体的、深入的认识,难以由"实验"角色进入"实践"角色,更谈不上在"生产"中发现问题、认识问题、解决问题。

(2)因实习岗位性质或特殊情况制约,学生难以开展有效的实习、实践活动。例如,受疫情影响,很多学生无法在工厂开展实地实习,能力的锻炼和培养受到影响。受实习单位生产经营范围和生产状况的影响,学生在实习期间难以获得比较全面的认识和锻炼。在有限的实习期限内,很多学生难以更换实习场所或岗位,实践效果也会受到影响。另外,在见习岗位上学生获得实践操作的机会非常少,或仅能开展一些简单的、重复性的、辅助性的工作。上述情况在认识实习和毕业实习环节是比较普遍的。

(3)在毕业实习环节中,实习效果还会受到单位导师、校内指导教师和学生主观意愿的影响。

这些问题不仅影响学生实践能力的培养和提高,还会对学生迈向社会的态度、职业选择产生直接影响。对于新的知识、技术从掌握到应用,必须在实践中反复磨练。染整专业具有典型的工科教育特点,学生学习的专业理论知识很多都需要通过实验、实践来掌握;产品设计、工艺开发等必须具备的经验和能力更是只能通过工程实践来积累和培养。学生的实践能力和创新意识是通过有效的实践训练而螺旋式建立和培养起来的。只有通过亲自参与、亲自操作、亲自总结的实践过程,学生才能有真正利用理论知识的机会,才能真正对工艺技术做自发的思考、总结和观察,进而才能在理论层面获得进一步的提高和认识。走马观花式的实习、机械式的轮岗实习只能使学生获得浅层次的感性认识,远远达不到"理论联系实际"的目的。

因此,合理、有效地解决上述问题,实践教学效果才能有更大的提升。

3　提高实践效果的方案及实施情况

3.1　思路与对策

鉴于上述状况,首先需要打通实验教学与实践教学之间的隔膜,同时通过综合手段弥补实地实习中的不足。着眼于强化学生工程实践能力的培养,加强实践效果,回归工程本质,本文提出如下思路及对策:

(1)对"开放性实验"和"课程设计"教学内容进行调整,设计跨课程的"数字化染色综合教学实践"环节。充分利用本专业的"全自动测配色系统""自动滴液系统""Envision 颜色评价匹配系统"及"数字化输液系统"的优势,"复刻"企业生产工艺过程和产品开发过程,深化实践教学内涵,提升实践教学品质。通过强化工程实践内容,使学生充分体验染整工艺设计与生产应用过程中的"知—行"关系。

(2)线下—线上相结合。对于具有"实践"属性的课程来说,实地开展教学无疑是最佳方案。但是,"线上"方式只要内容得当,执行有效,对实践能力的培养还是能起到必要的辅助作用,弥补"线下"实践的不足。线上实践教学应以线下难以开展的内容为主,要区别于理论教学,要与生产实际中的常见问题紧密结合,要有启发性。线上内容的组织应由实践经验丰富的教师和企业导师合作,充分推敲,不断完善。

3.2　实施方案

无论课程内容的组织,还是具体的实施过程,无论"线上"还是"线下""有效性"是关键。结合实训教学团队、实训中心装备、实习基地和校内外导师的情况,重点开展以下方面的工作:

(1)调整优化实践课课程体系,创新教学内容及方式。合理调整"课程设计""开放性实验""认识实习""毕业实习"的教学重点,提高"综合性"实践内容比例,构建必要的实践课程模块体系,满足不同学习阶段对学生"理论联系实际"能力的锻炼与培养需求;加强实验—实践教学体系的有机联系,强化综合实践能力的培养。

(2)搭建综合实验、实训教学和"线上"实训教学平台,促进学生实践创新能力培养。平台搭建以提高"专业认知、综合技能训练"与"创新实验、工程实训实践"融合性为目标,通过构建完整的实践教学体系、完善的实践教学内容、可靠的实训设备运维机制,保障校内实习、实训教学活动的有效开展,使学生能够从原料选配、工艺设计、染整加工、产品评价得到综合性、系统性的培养与训练。同时,进一步加强轻化工程实训中心装备条件,充分发挥实训中心在工程技术人才培养过程中的作用。

(3)完善实践教学质量保障体系。进一步健全制度、明确责任,完善实践教学管理运行机制。在现有的实践教学、考核、评价等质量标准下,加强过程管理,持续提高教学效果。同时,以"工程认证"为契机,根据专业自身的教学特点,推进相关课程教学内容的修订,提高考核评价的准确性和合理性,使实践教学的管理和保障更加行之有效。

(4)在认真执行学校各项制度和规定的基础上,进一步提高青年教师实践课程指导能力。

3.3　成效及问题

3.3.1　实践成效

自 2019～2020 学年第 2 学期开始,按照 3.2 的实施方案重点对实践课程体系、实践课程内容及评价考核方法进行调整优化,并在教学计划中逐步推进。具体情况见表 1。主要成效如下:

表 1　2020—2022 实践课程学生参加情况

实践课程	学年-学期	学生班级	学生数/总数
认识实习	2022—2023-1	轻化 2001-02 轻化 C2001	67/67
	2021—2022-1	轻化 1901-03 轻化 C1901	80/80
毕业实习	2021—2022-2	轻化 1801-04 轻化 C1801	56/80
	2020—2021-2	轻化 1701-04 轻化 C1701	19/98
	2019—2020-2	轻化 1601-04 轻化 C1601	107/107
课程设计	2021—2022-1	轻化 C1801	6/20

（1）建立并完善了"线上"实习内容。依托泛雅学习通线上教学平台，通过教师自录视频、企业提供视频及网络视频，建成有近200段视频的网络视频库，内容涵盖行业龙头企业的介绍、主要工艺生产车间的状况、实验（化验）室的运行、不同产品的生产流程、设备结构及运行原理等各个方面。近半数视频配有解释，注明了视频观看重点。结合企业导师和实践经验丰富的教师意见，设计了87道开放性思考题，有参考答案和评价标准。根据实践课层次、教学目标和课程具体需要，指导教师可自由组合教学内容。

例如，2019—2020-2学期，2016级全体学生开展线上毕业实习，实习内容需要全面充实，考核指标以线上内容进行程度为准；而2017级只有部分学生开展校内集中实习，实习内容以实训中心上机操作为主，线上内容为辅，因此在数量和内容方面做了相应的调整，对学生线上、线下完成情况进行综合考评。两个学期的基于OBE的毕业实习考核结果如图3和图4所示。图中条带1是对工程实践能力的考核，分数占比最高，条带2和3分别是对职业道德规范和社会责任的考核。总体来看，各考核指标保持了相对的稳定性，学生的总体完成情况良好。

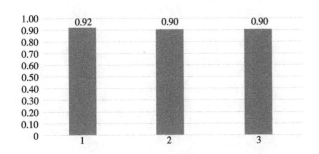

图3　2019—2020-2学期毕业实习考核结果

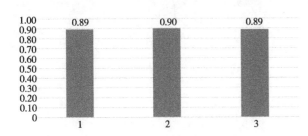

图4　2020—2021-2学期毕业实习考核结果

（2）抽选2018级创新班学生按照企业生产模式进行工艺和产品开发，参与学生情况见表1。目前，结合课程设计，依托实训中心的自动输送系统，开展了"仿色"实验的放样工作。通过这两个环节的衔接，使学生认识实际生产工艺与实验室工艺的联系和区别，加深工艺条件的"工程"属性认识。

3.3.2　现存问题

在加强实践教学效果的活动中，问题主要在于以下两个方面。

（1）如何进一步提高线上内容的质量。通过前期教学实践发现，线上实践课程对深化学生的工程认知、提高工程实践能力颇有裨益，不能简单地把线上实习定性为"纸上谈兵"。但是，为了实现良好的效果，必须对线上内容精心组织安排。目前，很多视频资料不能契合实践教学需求，视频资料的深度制作和编辑需要与专业的多媒体制作人员合作完成。另外，线上内容的互动性需要加强，这也需要专业制作人士的参与。这些工作无疑需要资金、人员和制度方面的保障与支持。

（2）如何充分发挥工程实训中心的作用，深挖实训设备的潜力。保障实训中心的设备长期、稳定地处于良好的工作状态是一个挑战性的工作。这项工作同样具有很高的专业性，需要资金和人员保障。否则，每次开展实训教学活动前都要预先排查、解决各种设备问题和安全问题，势必影响教学进度和教学效果。

4　结论

目前，在真正的生产环境下较为全面地锻炼和培养学生的实践能力、提高专业认识是很困难的，时间和人力物力成本是非常高的。因此，必须革新观念，综合利用各种实践教学手段，深化实践教学内涵。在实践教学环节设计综合性的、典型的、实用的、检验性的内容，同时实践内容应该与学生能力培养目标相匹配。在贴近真实生产的情况下，引导学生认识生产中的技术要素，促进学生主动思考，学习如何看待生产问题和解决实际问题，培养学生在专业理论和技术应用方面的自信心。

在新工科建设的大背景下，依照纺织印染行业对人才需求的内涵，进一步深化实践课程的建设与改革，科学地开展实践教学研究，进一步优化实践教学内容、强化实践教学环节，完善教学质量保障体系，将对高素质专业技术人才的培养起到积极的推动作用。

致谢

本文为"纺织之光"中国纺织工业联合会高等教育教学改革项目《"深化课程内涵，强化实践效果"——轻化工程实践教学改革与研究》（2021BKJGLX673）的阶段性成果之一。

参考文献

[1]　宋强,胡亚茹,等."新工科+工程认证+双一流"背景下地方高校材料卓越工程师培养实践教学体系构建[J].高教学刊,2022(25):6-13.

[2]　陈英,何瑾馨,等.轻化工程(染整)专业实践教学体系建设[J].纺织服装教育,2015,30(2):134-136.

[3]　杨文秀.新工科背景下轻化工程专业实践教学改革探讨[J].纺织科技进展,2020(5):60-62.

[4]　孙晓磊,刘文贵,等.新工科背景下实践教学模式的探究[J].创新创业理论研究与实践,2022(10):156-159.

[5]　王灵利,吕冰,等.新工科建设背景下基础工程实践教学改革探讨.科教文汇[J].2022,563(11):75-78.

[6]　习智华,任燕,等.轻化工程专业校内创新实践教学体系构建[J].教学研究,2017,2:53-56.

[7]　胡会超,黄六莲.关于建设轻化工程专业产教融合教学体系的探讨[J].行业教育,2020,39(5):50-53.

[8]　杨丽,田俊莹,等.染整原理课程实验教学改革探讨.中国教育技术装备,2021(18),9:116-118.

[9]　杨文芳,杨丽,等.轻化工程专业实验教学网络资源建设与应用[J].中国教育技术装备,2019(2):24-25,28.

[10]　韩振邦,杨文芳,等.轻化工程专业实验课程教学改革探索.轻工科技,2014,30(1):140-141.

Agame study on international economic cooperation with the textile industry of potential countries

QI Shuoliang[1,*], LI Sha[2]

1 *School of Economics, Tianjin University of Finance and Economics, Tianjin, China*

2 *School of Textile Science and Engineering, Tiangong University, Tianjin, China*

Email address

beaumec@ yeah. net (QI Shuoliang) , lisha@ tiangong. edu. cn (LI Sha)

Abstract: The textile industry is one of the crucial pillar industries of China's national economy. Going out to "open new frontier" is an important mission and the essential way for the development of the textile industry. Although China is a developing country, as one of the powerful and home countries of the textile industry, it has an organizational effect on the textile industry of the host country. When entering the host country, it is wisely to perform the position of the local green and sustainable development needs, so that home country can get positive feedback and reaction from the host country in today's complex economic environment. It is fully respect toward the interactive characteristics of international economic and technological cooperation between the home country and the host country. At this stage, China's textile industry is facing fierce homogenization competition from neighboring Southeast Asian countries. How to break through the bottleneck and realize the "win-win" development of the potential host country and China is worth studying and significant. Therefore, based on the CAGE distance theory proposed by PANKAJ GHEMAWATT and PORTER's five forces analysis, we can accurately and quickly determine the potential countries for international economic and technological cooperation with China in the textile industry. On this basis, we can seek for the best output for textile industry to enter these potential countries through the method of STACKLEBEGR game theory to ensure that the host country can obtain sufficient technology spillovers. While protecting the environment and reducing the damage of externalities to the host country, it should gradually master independent development and be able to achieve win-win results with the home country enterprises in the competitive game and campaign.

Keywords: international economic cooperation; textile industry; potential countries

与潜力国家纺织产业国际经济合作的博弈研究

齐硕樑[1,*],李莎[2]

1 经济学院,天津财经大学,天津,中国

2 纺织科学与工程学院,天津工业大学,天津,中国

邮 箱

beaumec@ yeah. net(齐硕樑),lisha@ tiangong. edu. cn(李莎)

摘 要:纺织产业作为我国重要的国民经济支柱产业之一,走出去"开源"是纺织产业发展的重要使命、必由之路。中国虽是发展中国家,但作为纺织产业的强国、母国之一,对东道国可形成纺织产业组织效应。进入东道国时,需考虑当地绿色、可持续发展的需求,这样才能在当今复杂的经济环境中,得到东道国积极的反馈和回馈,即充分尊重母国与东道国国际经济技术合作交互性的特征。现阶段,我国纺织产业面临周边东南亚国家激烈同质化竞争的情况下,如何突破瓶颈,实现潜力东道国与我国的"双赢"发展是十分值得研究的。为此,我们首先基于 Pankaj Ghemawatt 提出的 CAGE 理论和波特五力分析,精准、快速地判断出在纺织产业领域与我国开展国际经济技术合作的潜力国家。在此基础上,可通过斯塔克伯格博弈论的方法,寻求纺织产业进入这

些潜力国家的最佳产量,确保东道国可以获得足够的技术溢出。保护环境、减少对东道国外部性损害的同时,使其自主发展,并与母国企业在竞争博弈中实现共赢。

关键词:国际经济技术合作;纺织产业;潜力国家

1　与我国纺织产业开展国际合作的潜力国家

当前我国开展对外国际经济合作,既需要提质增效来"节流",也需要与潜力国家互动来"开源"。潜力国家是指一些资源具有吸引力、市场发展潜力巨大的发展中国家。对我国而言,主要涉及三类国家:进入较晚、合作较浅,特别是新建交或复交的国家,本文着重关注 2016 年以来出现的此类国家;天然或人造纺织纤维原料丰富,但因缺乏技术或产业导向,有发展纺织产业空间的国家;市场广袤、人力资源丰富,适合纺织加工产业或者对于纺织产业具有重要战略价值的国家。上述这三类国家,在"一带一路"战略的带动下,中非合作论坛、中国—拉共体论坛平台的促进下,所剩不多,且总体上呈现出以中国为雁头的新雁阵发展模式。这种发展模式强化中国与雁身(东盟诸国)、雁尾(非洲、拉美地区发展中国家)的经济联系。事实上,所剩国家从区位上来看,主要分布在非洲内陆、中美及拉丁美洲大西洋沿岸的国家,这需要通过科学的方法来进一步遴选、验证这些国家的潜力大小。由于纺织产业与粮食、能源等对于潜力国家的意义有所不同,传统投资 FDI、援助为主的国际经济技术合作模式,已逐渐不合时宜或无法支撑与新潜力国家的合作,不得不探索新的方式来适应与这些国家在纺织行业的交互发展。在进入东道国后,通过创新型的供求关系,积极面对世界经济的深度结构性调整,与潜力国家携手并进,为母国中国的经济发展实现"开源"。

2　纺织产业进入潜力国家可采用的新方法

2.1　CAGE 四维距离法

根据林季红的《跨国公司前沿理论与专题研究》,我国纺织产业进入潜力国家的方法可分为自然资源寻求型、市场寻求型、效率寻求型、战略资产寻求型。相较于简单笼统的 SWOT 分析和波特五力模型对潜在市场竞争程度的逐一评级,2001 年 Pankaj Ghemawatt 在哈佛

商业评论(HBR)中发表的文章,认为距离仍对纺织等各类企业开展国际合作时有着相当大的影响力。此后,CAGE 方法得到了 Sjorerd Beugelsdijk 等人的应用与推广,尝试着通过四维距离的分析,得到对投资等不同国际经济合作模式的启示。这对于遴选出我国纺织业开展国际经济合作的潜力国家有着重要启示,即综合距离越远,排序越靠后。随着当今世界全球化的推行,进入潜力国家后,其纺织产业在一定的时间内会呈现不完全竞争寡头垄断的局面,而且与母国会存在明显的交互行为。

2.2　斯塔克伯格博弈论

在遴选目标市场后,需要根据最新的国际经济技术合作形势,改变传统的古诺模型分析方法,利用斯塔克伯格博弈论的方法进行标准化的分析,抓住与潜力国家开展国际经济合作的要点,懂得换位思考,打造可持续的合作共赢局面。

3　CAGE 模型下筛选的发展纺织产业的潜力国家

虽然全球交通、通信成本等贸易便利化条件的发展已大大减少了距离的影响,但在开展国际合作的现实中,对于综合距离远近不同的国家,还是需要采取差异化的战略来进入。在对纺织产业潜力国家初筛的过程中,一方面需要用波特模型对进入难度即竞争程度进行评测,尤其是要考虑上下游的议价能力、替代性等因素;另一方面,需要充分考虑实体地理距离、文化距离、行政与制度距离和经济距离,这四个维度的距离差异对进入潜力合作国家的优先次序进行综合排序。现有研究证明,跨国资金流动与地理距离呈负向关系,综合距离越远,则开展国际经济合作的不确定性因素和风险成本就越高,这为纺织产业选择潜力国家提供了重要依据。本文以纺织行业为例,依据 CEPII 的基础数据,用 FUZZY-AHP 和 FUZZY-MCA 的方法,按照每部分权重 $a=0.2$ 的方式,赋予各部分拟合参数后的距离,筛选出了以下 26 个潜力国(表 1)。不难发现,进入的顺序还是资源型的非洲潜力国家总体排在前面,而中南美洲进入时应抓住新契机,抓住重点,以点带面。

表1 中国纺织产业与潜力国家的 CAGE 与波特的五维距离

地区	国家	入选原因	核心竞争力	文化距离（语言等交集数）	行政制度距离（含人口因素）	地理距离/km	经济距离（含内陆与否、贸易额）	波特进入难度（竞争程度、议价能力）	综合距离	建议进入次序
非洲	毛里塔尼亚	新增长点	毛	3000	3000	11903.59	981.02	5000	23884.61	12
	布基纳法索	新关系	棉花市场	3000	3000	11404.37	1096	3000	21500.37	2
	贝宁	新增长点	棉花	4000	2000	11545.88	978.02	5000	23523.9	9
	马里	新增长点	棉花	3000	3000	11841.6	1094	5000	23935.6	14
	乍得	新增长点	棉花	3000	3000	10103.65	1092.81	5000	22196.46	4
	中非	新增长点	棉花	3000	4000	10367.61	1099.15	5000	23466.76	8
	突尼斯	技术合作	茅草	3000	3000	8646.59	983.5	7000	22630.09	6
	尼日尔	新增长点	石油	3000	3000	11024.17	1094.7	5000	23118.87	7
	刚果（金）	新增长点	棉花（重振）	4000	2000	11274.53	860	5000	23134.53	8
	摩洛哥	技术合作	棉花	3000	3000	9951.11	956.1	7000	23907.21	13
	阿尔及利亚	新增长点	市场石油	3000	3000	9117.68	920	5000	21037.68	1
	喀麦隆	技术合作	棉花	3000	3000	11002.26	972.26	7000	24974.52	17
	冈比亚	新关系	市场	3000	3000	12365.75	994.34	3000	22360.09	5
	安哥拉	新增长点	石油麻、棉	2000	1500	11769.51	766.6	6000	22036.11	4
	圣多美和普林西比	新关系	市场	4000	4000	11671.2	999.927	3000	23671.127	10
中南美洲	乌拉圭	技术合作	毛、皮革	3000	3000	19175.59	962.5	7000	33138.09	
	巴西	技术合作	棉	3000	3000	17614.3	22.5	7000	30636.8	
	阿根廷	技术合作	毛、皮革	3000	3000	19297.47	837.2	7000	33134.67	
	苏里南	新增长点	市场	1000	3000	14866.92	991.5	5000	24858.42	16
	哥伦比亚	新增长点	石油	3000	3000	14937.48	844.1	5000	26781.58	
	委内瑞拉	新增长点	石油	2000	1500	14402.5	914.6	6000	24817.1	15
	圭亚那	新增长点	市场	3000	3000	14808.48	994.3	5000	26802.78	
	巴拿马	新关系	市场	4000	4000	14352.56	907.6	3000	26260.16	
	多米尼加	新关系	市场	4000	4000	13500.16	973.08	3000	25473.24	18
	尼加拉瓜	新关系	市场	4000	4000	13785.57	991.9	3000	25777.47	20
	萨尔瓦多	新关系	市场	4000	4000	13507.86	982.62	3000	25490.48	19

4 斯塔克伯格博弈论指导下进入潜力国家的交互策略

斯塔克伯格博弈论也称主从递阶决策问题，通常是由多个具有层次性的决策者组成的，当组成这种系统的上下级关系不止一个时，称为多级博弈系统。当只有一个上下级关系时，称为两级博弈系统。上级决策者为主方，下级决策者也称从方。主从递阶博弈系统，各自调整自己的策略，使自己的收益最大化。对于下级而言是通过最小的代价获得最多的收益。当主方策略固定且效用最大时，所有从方的策略使得从方之间实现纳什均衡。映射到纺织产业,母国依靠自身先进技术等产业优势成为斯塔克伯格模型中的领导者,具有优先决策的价格以及达到自身利益最大化的优势地位,那么潜力东道国被视作从方。不考虑作为潜力国的东道国,其国内少量其他国家跨国纺织类公司进入的情况,可得到:母国 i(中国)纺织业和东道国 j(表1中26国),建立的模型是多期的,国家 i 和国家 j 在第 t 期进行产量竞争。母国进入东道国纺织行业后,东道国的相关产业获得水平和垂直溢出后也会跟进。此时,第 t 期又被分为两个阶段,即第一阶段 t_A 和第二阶段 t_B,得到博弈的过程如下:

①在 t_A 阶段,母国 i(中国)先进入东道国市场发展纺织业,为母国和东道国统筹规划后,确定自身的进入策略后的产量为 Q_1,此时对东道国环境的破坏为最小;

②在 t_B 阶段,东道国 j 看到母国 i(中国)实施进入策略后,面对技术溢出,会确定是否也采取措施配合或反馈。如果有互动,控制碳排和污染等外部性后,在纺织行业的产量为 Q_2。

$$市场的反需求函数是 P=1-Q \quad (1)$$
其中 Q 是市场产量,P 是市场价格。

③假设东道国 j 进入该市场的时候要面临着母国 i(中国)初期进入时未遇到的一个固定进入成本(被税费减免抵消的先期投入等沉没成本),这个进入成本只在第 t_0 期有,而我们把东道国 j 所支付的固定成本抽象为 $C_f(C_f \geq 0)$。除此之外,母国 i(中国)和东道国 j 不需要再支付额外的可变成本。

④如果东道国 j 顺利吸收溢出,自行生产进入这个市场,母国 i(中国)和东道国 j 的产量都有利润的情况,此时就可视为典型的斯塔克伯格博弈模型。

⑤可采用逆推法分析出,t_B 阶段,由于东道国 j 进入,所以市场的产量是 Q_1+Q_2,市场价格为 $1-Q_1-Q_2$

⑥东道国 j 在该阶段的利润最大化为题可表示为:
$$\max Q_2 \pi_2=(1-Q_1-Q_2)Q_2-C_f \quad (2)$$
求得一阶条件为:$1-Q_1-Q_2=0 \quad (3)$
得到东道国最佳的响应函数为
$$Q_2(Q_1)=\frac{1-Q_1}{2} \quad (4)$$
东道国在 T_A 阶段的利润最大化问题为:
$$\max Q_1 \pi_1=[1-Q_1-Q_2(Q_1)]Q_1 \quad (5)$$

⑦在斯塔克伯格模型下,根据母国 i(中国)和东道国 j 的产量及利润,可最终求得市场价格为:

$Q_1^S=1/2$ $Q_2^S=1/4$ $\pi_1^*=1/8$ $\pi_2^*=1/16-C_f$ $P=1/4$

不难发现,母国 i(中国)在东道国纺织业产量显然要比古诺模型下平等寡头的产量 $Q_1^C=1/3$ 高,东道国 B 的产量比古诺模型下的产量 $Q_2^C=1/3$ 小,这是由于母国 i(中国)具有先动优势。当然如果东道国因为无法获得母国的技术溢出,纺织行业固定进入成本 C_f 居高不下的情况下,东道国的利润为负,即 $\pi_2^*=1/16-C_f<0$ 推导

可得 $C_f>1/16$,那么东道国自己就不会学习生产纺织品,不会进入这个市场细分,那么就无法实现母国(中国)借助纺织产业"授人以渔",与潜力东道国共赢发展的目标。在此基础上,母国 i(中国)如果规模进一步扩张,会造成纺织品市场价格的下降,进一步影响东道国 j 进入的利润,从而更加遏制了东道国 j 的进入可能。因此,如果想可持续发展的话,需要注意确保技术溢出可得性的同时,要注意控制自身产量,从时间维度确保自身利润不下降过多的同时,使东道国能够有时间做出交互决策、经营自身的发展,实现真正的双赢。

⑧那么母国 i(中国)的适宜产量应为:
$$Q_1<1-2\sqrt{C_f} \quad (6)$$
换言之,如考虑多期模型,$\pi_2=[1-Q_1-Q_2(Q_1)]Q_2-C_f>0,Q_2(Q_1)=\frac{1-Q_1}{2}$,第 n 期后,母国 i(中国)与东道国 j 为古诺模型,母国 i 国未来多期的利润范围可预测为:$1/8+n/9, 2\sqrt{C_f}(1-2\sqrt{C_f})+\frac{1}{4}n$。

5 结论

为突破当前国际经济合作的瓶颈,本文将 PORTER 五力理论融入更具量化可能的 CAGE 模型,对当前我国纺织产业可进入的潜力国家进行筛选和排序,并在此基础上,利用斯塔克伯格博弈的方法,确定我国作为母国,在新形势下,应该吸取以往的经验教训,充分考虑国际经济技术合作的交互性,创新性地把东道国纺织产业乃至经济,能够健康、可持续地发展作为己任。通过达到适宜产量平衡,确保我国在国际经济合作中摆脱常见的投资、援助再免除债务的被动、不可持续的局面,并争取在不久的将来获得利润,与东道国在国际经济技术合作中共同发展。

参考文献

[1] 黄速建,刘建丽.中国企业海外市场进入模式选择研究[J].中国工业经济,2009(1):108-115

[2] 杨洋,陈艳,熊洛奕,等.综合国家距离对中国入境旅游的影响:基于 CAGE 距离框架的实证研究[J].旅游学刊,2022,37(2):62-74.

[3] 蒋敏,孟志青,周娜,等.基于差价补偿策略的斯塔克尔伯格博弈协调优化[J].运筹与管理,2020,29(10):40-48.

[4] 贾仁甫,张茜.政府住房限购政策的实效性分析:基于斯塔克伯格博弈模型的研究[J].科技与管理,2019,21(3):56-62.

[5] 杨易,陈瑞剑.农业走出去模式研究[J].农村工作通讯,2016(15):20-23.

[6] 苏珊珊,霍学喜,黄梅波.中国与"一带一路"国家农业投资合作潜力和空间分析[J].亚太经济,2019,(2):112-122.

[7] 黄速建,王钦.中国企业发展环境的评测:基于 AHP 方法合成的指数[J].经济管理,2006(2):4-15.

[8] 朱雅妮."一带一路"对外投资中的环境附属协定模式:以中国—东盟自由贸易区为例[J].江西社会科学,2015

(10):189-195.

[9] 陈伟光,郭晴.中国对"一带一路"沿线国家投资的潜力估计与区位选择[J].宏观经济研究,2016(9):148-161.

[10] 商务部《对外投资合作国别(地区)指南》编制办公室.投资项目信息库/国别(地区)指南[DB/OL].http://fec.mofcom.gov.cn/article/gbdqzn/,2018-04-23.

Study on value engineering theory of textile product improvement design in Shandong province

WANG Ming

College of Textile Science and Engineering ,Yantai Nanshan University, Yantai, China

Email address

wm5688@ sina. com(WANG Ming)

Abstract：Under the background of new industrial development, this paper analyzes the advantages and disadvantages of textile and clothing product design and development in Shandong Province by investigating the development of textile and clothing industry in Shandong province, combining with the understanding and understanding of the value engineering theory, and puts forward the basic idea of the application of value engineering theory in the optimization design of textile and clothing products. Combined with the actual design work, from the value analysis, material selection design, process design, this paper discusses the application of value engineering theory in product design and development from the perspective of color design and supply design, analyzes the design methods in terms of the function and quality of textile clothing cultural products and reducing product costs from the perspective of value engineering theory, discusses the relationship between textile clothing cultural product design and value engineering in tourism products, and aims to improve the understanding of product designers and various relevant personnel on the application of value engineering theory in product design, Achieve the purpose of improving the value of product design.

Keywords：value engineering; Shandong textile and clothing; product optimization design; market competition

山东省纺织产品改进设计中的价值工程理论研究

王鸣

纺织科学与工程学院,烟台南山学院,烟台,中国

邮 箱

wm5688@ sina. com(王鸣)

摘 要:在新工业发展背景下,本文通过对山东省纺织服装业发展调查,结合对价值工程理论的认识和理解,分析了山东省纺织、服装产品设计开发的优势与不足,提出了价值工程理论在纺织服装产品优化设计中应用的基本思想,结合设计工作实际,从民用纺织服装产品功能的价值分析、选材设计、工艺设计、色彩设计、供应设计角度论述了价值工程理论在产品设计开发中的应用,也从价值工程理论分析了纺织服饰文化产品功能与质量和降低产品成本方面的设计方法,探讨了旅游用品中纺织服饰文化产品设计与价值工程的关系,旨在提高产品设计人员及各类相关人员对产品设计中应用价值工程理论的认识,达到提高产品设计价值的目的。

关键词:价值工程;山东纺织服装;产品优化设计;市场竞争

1 研究背景

纺织服装产业我国九大支柱产业,也是相当成熟的外贸创汇产业。其中浙江、江苏、广东、山东以及福建等几大省份的纺织业最为发达。纺织服装产业也是山东省重要的传统支柱产业,是全国纺织工业重要的生产和出口基地之一。疫情前的 2019 年,山东省规模以上工业企业实现营业收入 8. 45 万亿元,占全国总量的 8%,全省规模以上工业企业工业总产值达 150750. 13 亿元,其中纺织业、纺织服装服饰业、皮毛羽及制鞋也工业总产值 12502. 84 亿元。2019 年我省规模以上工业企业

26363 户,纺织服装企业出口 1558.1 亿元,同比增长 2.4%,连续 4 年实现同比增长。

山东纺织服装产业基础雄厚、链条完整、企业众多,近年来通过"科技、时尚、绿色"发展,全行业智能化水平不断提高,产业生态日趋完善。但和其他沿海产业发的地区相比,不论是用工成本持续上涨、设计观念落后,还是智能化技改水平总体不高,都存在着产业智能化技改质量亟待提升,服务商队伍发展的问题。目前山东省共有国家级产业集群 17 个,规模以上企业户数约占全省纺织行业规模以上企业数的 40%左右。

山东需要优化纺织服装产业集群布局,推进纺织服装产业集群化,要推进青岛针织、童装、纺织机械、滨州纺织、绳网、烟台毛衫、家纺、潍坊男装、家纺、淄博纺织服装、临沂男装加工、济宁手套、休闲服、德州土工用纺织材料、棉纺织、菏泽棉纺织、枣庄针织服装、聊城棉纺织、蜡染、烟台龙口智尚集团的纺织材料、纺织品服饰出口产业及等特色产业集群进一步做大做强,加快实现高质量发展。

完善产业集群服务。进一步提升济南泺口、青岛即墨、临沂兰山、烟台龙口南山智尚、淄博淄川等纺织服装市场对于消费升级及服装产能的支撑服务。支持在产业集群细分领域,强化差异性发展和集群配套,打造一批创新活力强、产业特色鲜明的纺织服装特色小镇。

通过调查,山东将推进纺织服装产业高端化,促进产业结构优化升级,以服装家纺、产业用纺织品为产业增长点,进一步优化产业结构,逐步改变我省纺织服装产业棉纺占比大、终端产品占比少、印染环节相对缺乏的产业现状,不断推动产业向价值链高端延伸。推进重点领域高端化,大力发展新型纤维材料、高端纺织制造、智能绿色印染、时尚家纺服装、高端产业用纺织品、高端纺织机械 6 大领域。推动产业数字化转型,推动工业互联网、大数据、云计算、人工智能、区块链、5G 等新一代信息技术在纺织服装行业深度应用。

2 价值工程理论及应用

2.1 价值工程

价值工程(VE)是降低成本提高经济效益的有效方法。价值工程是一门新兴的管理技术于 20 世纪 40 年代起源于美国。劳伦斯·戴罗斯·麦尔斯(Lawrence D. Miles)是价值工程的创始人,他发表的专著《价值分析的方法》,是对产品的功能、费用与价值进行深入的系统研究,提出了功能分析、功能定义、功能评价以及如何区分必要和不必要功能并消除后者的方法,最后形成了以最小成本提供必要功能,获得较大价值的科学方法。使价值工程很快在世界范围内产生巨大影响。

价值工程(Value Engineering)简称 VE,又称价值分析(VA),它是通过对产品的功能分析,正确处理器功能与成本的关系,从而降低成本的一种科学方法。价值 V、功能 F、成本 C 的关系式: $V = F/C$ 。公式表明:价值的高低,取决于功能的大小和成本的高低,也取决于功能和成本的结合情况。降低产品的生产成本能够提高它的价值。

2.2 基本原理

价值工程原理,是具有普遍意义的基本规律。价值工程原理的主体内容反映在价值、功能和成本之间的关系:价值=功能(效用)/成本,即 $V = F/C$ 。这个公式一方面客观地反映了购买者的心态,即想买到物美价廉的产品,即价值系数的高低,另一方面,又预示着企业或产品生产者可通过以下途径提高产品设计的价值(表1)。价值工程的目的是以最低的成本使产品具有适合的功能价值。

表 1 价值工程的基本原理

途径	模式	特点
功能不变,降低成本 功能略下降,成本大幅度下降	$\dfrac{F\rightarrow}{C\downarrow}=V\uparrow$ $\dfrac{F\downarrow}{C\downarrow\downarrow}=V\uparrow$	着眼于降低成本
成本不变,功能提高 成本略提高,功能大提高	$\dfrac{F\uparrow}{C\rightarrow}=V\uparrow$ $\dfrac{F\uparrow\uparrow}{C\uparrow}=V\uparrow$	着眼于提高功能
功能提高,成本降低	$\dfrac{F\uparrow}{C\downarrow}=V\uparrow$	理想途径

2.3 产品价值链模型

产品价值链模型由迈克尔·波特提出,该模型明确了产业内的各种活动的组合完美结合。主要依靠四种手段完成:一是成本领先,二是产品差异化,三是产品功能策略,四是可持续发展策略。在我省纺织服装产品的开发过程中包含资源的整合、价值链的重组过程。运用产品价值链的结构与基本活动将省内的纺织服装产品和旅游纺织类产品的改良设计开发纳入市场运作的轨道,形成与市场机制相匹配的产品资源开发、价值产生与管理模式是纺织服装品资源。纺织服饰产品设计创新通过产品价值链模型,通过其形式、功能、价格、服务等优势持续发展,通过构建产品的价值链结构来系统规范地表达产品销售与服务信息。采用功能要素、产品差异化设计和服务创造价值,并在竞争中取得明显优势而获利。

产品价值链中的每一个环节都为产品或服务增加价值,因此,它们之间不是相互竞争而是相互合作的。

只有完成了价值链中的最后一个环节,这个产品或服务才是完整的。价值链中的每一个环节都可能拥有自己潜在的价值链,例如,原材料供应商必须先购买到产品,然后对它进行提取、开采、再加工、精炼及销售,任何一个单独环节都可以同前面或后面的环节联合以便创造更多价值。

波特的价值链,还包括价值增加链和全球商品链。在 1985 年科洛特提出了价值增加链(Value‑Added Chain)的概念来进行解释,将技术与原料、劳动融入到一起形成各个投入环节,这一系列环节最终组成了商品,而商品到消费、实现价值的整个过程就是价值增值链的实现过程。与波特相比,科洛特的价值增值链理论更加强调企业的垂直分工和资源范围内的再配置。在 1994 年格里芬和库兹涅威茨结合对美国零售业价值链的研究,将价值链与全球范围内的产业组织相结合,提出了全球商品链的概念,在经济全球化背景下,产品从设计生产到销售由世界不同的产业组织协作完成,构成一个完整的全球商品产业分工体系。在全球商品链中,格里芬同时还提出了生产者驱动和购买者驱动两种商品链类型,同时指出商品链是建立内在组织化的网络系统(图 1)。

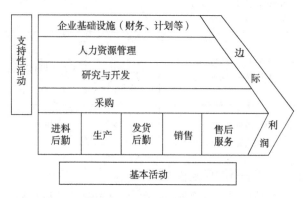

图 1　波特价值链模型

2.4　价值工程应用

(1) 通过产品的功能分析,找出必要功能,剔除过剩功能,补足不足功能,使产品的功能既无亏空也无浪费,以便更好地为用户服务。产品改进设计工作是在产品的研发阶段就充分考虑到功能、技术、生产、材料、销售之间的关系,创造出具有高价值和具有好的技术经济效益的产品,提高得到的效用与投入的劳动消耗之间的比值。

(2) 价值工程把用户的需求、产品的功能和成本等因素看作一个系统。它不是强调一个或某几个因素最优化,而是强调整个功能费用系统的最优化,以达到以最低的费用可靠地实现产品总体功能来满足用户需求的目的。在价值工程应用的基本活动中,产品改进设计

中应用价值工程的步骤,从产品功能的价值分析、材质选择、工艺设计、色彩设计、供应链条设计角度思考,并举例分析具体产品的造型、工艺、设备改进方案等进行设计。

(3) 产品价值关系中,产品设计的成本构成包括造型系统设计费用和样机试制费用两部分。一是产品外观设计费用又包括前期调研费、造型系统设计费用(新产品开发、产品时代感的造型设计、流行元素的色彩设计、新开发材料使用费用等)。二是产品改进设计中样机试制费又包括新工艺的选用和设备的调试费用等。

(4) 价值工程特点进行思考如何提高企业经济效益的产品问题,首先要有开展 VA 活动的基本思想,要从重新系统设计开始以产品功能为思考中心,而不是以产品本身为思考中心,在产品设计时首先应运用价值工程确定产品的必要功能,剔除产品过剩质量设法消除不必要的成本。根据市场预测确定新产品的目标成本运用价值分析将目标成本分解到整体设计及局部设计。比照其他近似产品的价格作为现实成本求出产品成本降低的幅值,即期待值。

(5) 运用价值工程降低成本的具体方法是按照每个设计环节的组成对下列问题求得其必要的功能,思考如下:

A. 该产品是什么?有何使用价值?

B. 该产品的价格、用途与成本相比有何价值?

C. 该产品的性能、质量如何?产品是否过剩、有无同样功能的替代品,有无更节约材料的制造方法。

D. 是否寻找替代品?其替代品价格如何?

E. 其产品设计是否满足该产品需求的功能和质量?

根据上述问题提出改进方案。通过价值分析应该得出真正要求的功能和质量并在满足功能和质量的前提下找出最低成本。

3　纺织服装产品设计的价值工程

价值工程 VA 在纺织服装、服饰产品设计开发中其最终目的是通过设计而制造出既物美价廉又能降低成本达到消费者与企业双赢效果。

3.1　山东省纺织服装产品设计开发

2021 年 8 月山东省工信厅等 11 部门联合印发《关于加快纺织服装产业高质量发展的意见》,山东将支持青岛、济南、威海等时尚城市建设,打造"时尚山东"的构想,这一信息给作为山东省九大产业集群之一的纺织服装产业高质量发展注入新动能。如何提高纺织、服装、家纺产业时尚创新能力,打造国内外知名品牌,赋予纺织服装设计产品高附加值是山东省纺织服装产业发

展亟需解决的问题之一。将此作为重要着力点,强化品牌打造,引进高端人才,支持青岛、济南、威海等时尚城市建设,深入推进产业基础高级化、产业链现代化,"时尚山东"的打造切中肯綮。山东纺织服装行业将以数字化、网络化、智能化为主攻方向,以技术改造为重要途径,推进产业数字化转型和智能化重塑。这也给山东省纺织服装文化旅游产品发展带来喜讯。整合现有旅游产品资源,打造具有地区内生力的名人文化、名著文化、红色文化、养生文化等特色文化品牌,纺织服装旅游产品规模不断扩大,文化旅游产业项目建设将得到健康发展。

3.2　旅游纺织类产品设计与VE

纺织服装文化旅游产品与VE,表现在以下几个方面:

(1)将地域性文化资源转化为创造价值的链条,并将该资源进行充分的挖掘与扩大利用,最终形成上下游的关系的生产集合。

(2)从地域性的纺织服饰这种特色旅游产品设计研发思维,如旅游文化T恤衫、纪念书包、纺织丝绸、服装刺绣、纺织工艺品、"手伴人物"服饰、旅游专用鞋、唐装、汉服、特色旗袍等。如,对某一产品(如"手伴服饰"工艺品)从调研、设计、生产、供应、销售以及衍生品着手进行开发与研究。

(3)选择具有地域特点的纺织材料,让旅游纺织类产品更具有纪念意义,满足消费者的个性化发展需求。注意产品的外在形象与流行元素,纺织产品的外在形象是通过设计、工艺加工带来的,要注意产品外形是消费者选择商品的主要依据。旅游纺织类产品设计需要将传统工艺表现与现代化工艺相结合,突显地域性特点和蕴含时代潮流气息。

(4)对纺织服饰文化产品开发的成本降低、两个效益(社会效益、经济效益)、组织生产、服务模式等做出正确的决策,形成对特色文化资源产品开发的最优化。纺织服饰文化产品的价值链模型,构成了产品价值向多样化发展,其产品价值折射出了社会价值、文化价值和经济价值。纺织服饰文化产品价值链模型把胶州半岛地方性文化元素作为重点考量,产出特有的价值,其产品服务具有收藏性、纪念性、回溯性。

(5)旅游纺织类产品价值链显示了在文化产品开发中的调研、设计、供应、生产、销售等各个环节的系统化,使各链接点形成了$(1+2+\cdots+n)\geq n$模式,突破了传统的文化旅游新产品开发的旧有模式,使旅游文化产品开发与服务链条呈现出了微笑曲线。

3.3　旅游纺织类产品设计的微笑曲线模式

旅游纺织类产品友好设计"微笑曲线"模型,是诞生于20世纪90年代初的一套企业中长期发展策略理论,最初用以指导制造业企业的战略规划,引导企业将经营重点合理地转入产业链当中附加值较高的环节,此后近20年间,微笑曲线理论在实践中进一步丰富,被证明了在其他许多行业的实践中同样具有指导意义。

微笑曲线中间是制造环节,左边是技术研发,是产品的优势竞争,中段为制造、组装,右边是品牌、服务、营销,而曲线代表的是获利。微笑曲线在中段位置为获利低位,而在左右两段位置则为获利高位,整个曲线看起来像是个友好的微笑符号。微笑曲线的含意即是:要增加企业的盈利,绝不是持续在组装、制造位置,而是往左端或右端位置迈进。不同年代,中间的曲率是不同的。(图2、图3)。

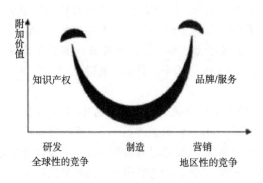

图2　产品设计友好模型"微笑曲线"

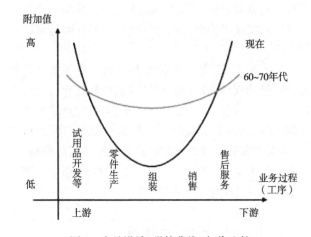

图3　产品设计"微笑曲线"年代比较

(1)微笑曲线给我们的启示是:旅游纺织类产品企业生产应该提高自主创新能力,依靠科技进步,树立竞争优势,提高产品的附加值;诚信经营,树立良好的信誉与形象,注重品牌的打造和提升售后服务质量。在旅游纺织类产品产业链条中包括:设计、开发、专利、品牌、生产、物流、渠道、营销这些环节,旅游纺织类产品不能只是模仿生产,而其上述环节要掌握在自己手中。如果设计、专利、开发、品牌运作能力,或这些核心内容都掌握在其他企业或是竞争对手那里,不管生产制造环节如何辉煌、如何先进,都无法独立生存,也无法突破现有的形式。微笑曲线的含意即是:要增加企业的盈利,绝不是持续在组装、制造位置,而是往左端或右端位置迈进。

(2)友好的"微笑曲线"图形原理告诉我们,在进行旅游纺织类产品的设计开发时,要不断改变创意文化产品的结构、考虑"资源优先""产品优先""成本优先"和"投入节约"。降低成本,加大产品价值创造,提升产品的附加值,并把创意文化产品的开发与服务作为重点来考虑。VE(价值工程)在旅游纺织类产品开发中的优越性还在于寻找到了一种特定文化产品先期开发模式的结构规律,能用此模式采用探索式设计实践,为后续完成旅游纺织类产品设计及与之配套的新型市场服务模式搭建架构服务平台。

(3)以旅游纪念品设计、生产、服务为主导的服务模型框架体系的设计与实施,需要较长时间的检验。但是有了 VE(价值工程),就为旅游纺织类产品设计服务模式理论及模型的建立起到思维导向的引领作用。为项目、产品研发过程中提供理论基础,也节省了时间,避免走弯路。

(4)旅游纪念品是山东省的名片,如何使这张名片典雅华丽,又具有较高艺术价值、较高的收藏价值和丰富的文化价值,就要通过对旅游纪念产品设计开发进行正确的决策。VE 理论为胶州半岛的旅游纺织类产品开发设计中的对象选择、资料收集、功能成本分析、方案创新设计与方案分析与评价,发掘具有潜力价值的产品项目开发与实施提供出理论与管理技术等方面起到了指导作用。

(5)运用 VE 理论及模型,展开旅游纺织类产品资源的存量调查、资源开发,项目的规划与设计、管理,文化产品的经营管理、文化市场的拓展与文化产品营销等具体实践,从地方文化资源的产品开发的实际需要出发,多渠道和有针对性地制定产品开发形式与策略,并不断通过大学、研究机构培养专业人才,这样才能够形成地域特色的文化旅游产品。

4 运用 VE 与设计储备

在旅游纺织类产品服务决策的应用中运用 VE(价值工程)把产品服务模式这个看不见的"支持环节"视为重点考虑的要素。产品营销服务是市场竞争中不可或缺的一个重要部分,它能保持产品市场的竞争力,能提高知名度与诚信度,为更好地开拓市场打下良好的基础。在旅游纺织类产品开发与服务决策中,应认真进行其他文化产品服务模式的市场调查,在研判与预测的基础上,正确选择产品的服务方向和手段,保证产品服务决策正确性。在选择服务方向时,首要的应考虑符合客户需要,还要充分发掘类似产品工艺相似、结构相近的产品,包括售后服务的模式。以诚信为根本。

旅游纺织类产品开发设计与服务模式中的 VE 攻略要为齐鲁元素的文化产品设计及关联信息的服务组合,应制定与文化产品择优决策方法及理论。VE 开发的宗旨是为山东旅游业和经济发展服务。在运用齐鲁文化元素文化产品开发中,运用 VE 战略,不断改变产品的结构、考虑"投入节约"、降低成本,提升旅游文化产品的附加值。要适时抓住机遇,扩大旅游消费群体,大力发展满族特色旅游产品,并把这些内容作为项目的重点来考虑,拓展山东文化旅游产品的外延。

5 结论

价值工程在山东省旅游纺织类产品设计服务模式理论及模型开发中体现了现代科学管理观念与思想。对创造能力的开发起到了指导作用。运用系统的价值工程体系,对文化产品及产品以外的有关程序、艺术设计、组织生产、流通、扩大再生产、服务维修、组织体系等进行有效的关系控制,减少资源消耗,出现了更高的成功概率。运用价值工程开发纺织服装旅游产品,可以遵循创造思维方法与规律,通过这种思维方法树立起正确的创新生产、服务与观念。价值工程方法强调不断改革和创新,开拓新构思和新途径,获得新方案,从而简化产品结构,节约原材料,提高纺织服饰文化旅游产品的社会与经济效益。

参考文献

[1] [美]迈克尔·波特. 国家竞争优势[M]. 北京:华夏出版社,2002.

[2] 陈红娟. 彭星辰. 价值工程在产品创新设计中的应用研究[J]. 包装工程. 2011(4).

[3] 梁红岩. 白建国:整合价值链构建区域产业集群[J]. 山西大学学报,2005(6):5-14.

[4] 建启. 新论工业设计融合价值工程的理念[J]. 武汉理工大学学报 2002(5).

[5] 王鸣. 价值工程在清代文化元素产品开发与服务决策中的应用[J]. 价值工程,2012(28).

[6] [美]约翰 H·法索. 使用价值分析方法[M]. 上海:上海翻译出版社,1986.

[7] 年桂芳,等. 价值工程[M]. 吉林:吉林人民出版社,1986.

[8] 王鸣,李慧. 辽宁清代文化元素的旅游产品开发的商业价值[J]. 商业文化. 2012(6).

[9] 陈大龙. 基于全球价值链的浙江省纺织服装业转型升级研究[D]. 杭州:浙江财经大学,2016.

[10] 谢立钦. 中国地方纺织产业集群嵌入全球价值链与升级研究:以绍兴纺织产业集群为例证[D]. 杭州:浙江大学,2005.

[11] 刘达斌,刘伟,徐晓刚. 基于价值创新的产品开发成本设计[J]. 重庆大学学报(自然科学版),2001,5(24):8-10.

Research and exploration of "Textile materials" teaching based on curriculum ideology and politics

WANG Xiao*, LIU Meina, GAO Xiaoyan, QU Yanmei

College of Textile Science and Engineering, Yantai Nanshan University, Yantai, China

Email address

wangxiao1095@ 163. com(WANG Xiao) ,120832227@ qq. com(LIU Meina) ,472363874@ qq. com(GAO Xiaoyan) , qumei12@ 163. com(QU Yanmei)

Abstract:Textile materials is the basic core course of textile engineering major. In this paper, the present situation of the course construction of textile materials and the necessity of integrating ideological and political elements into the teaching of textile materials were analyze. Combined with the goal of moral education, the integration point of ideological and political education and textile material science course teaching is deeply explored, and ideological and political elements are introduced into each link of course teaching. China's fine traditional textile culture has been promoted. Students' professional interest and cultural attainment are enhanced, strengthen moral education and cultivate people.

Keywords: textile materials;teaching research;course education

基于课程思政的"纺织材料学"教学研究与探索

王晓*,刘美娜,高晓艳,曲延梅

纺织科学与工程学院,烟台南山学院,烟台,中国

邮 箱

wangxiao@ 163. com(王晓),120832227@ qq. com(刘美娜),472363874@ qq. com(高晓艳), qumei12@ 163. com(曲延梅)

摘 要:根据我校"纺织材料学"课程教学的现状,探讨思政元素融入"纺织材料学"教学中的必要性。为更好地培养专业人才,深入挖掘思政元素与"纺织材料学"课程教学的融入点,提出思政融入课程教学的模式与教学方案,弘扬中国优秀传统纺织文化,通过思政教育和课程教学的有机结合提升学生的专业兴趣和文化素养,培养高质量的纺织类专业人才,落实立德树人的根本任务。

关键词:纺织材料学;教学研究;课程思政

1 我校"纺织材料学"课程建设的现状

纺织工程专业是我校重点建设专业,也是山东省优势特色专业,该专业的重点核心基础课是"纺织材料学",该课程是纺织科学与工程学科课程建设以及教学研究、教学改革的重点。它从传统意义上的纤维、纱线、织物迅速扩展到装饰、产业用、航空等领域[3,9],是一门专业性、实验性较强的课程。纺织材料学开设在大一的第二学期,教材使用的是于伟东主编"十三五"普通高等教育本科部委级规划教材。该课程以理论为基础,更注重与实验相结合,以提高学生的实践应用能力及解决实际问题的能力和提高教师的工程实践能力和工程技术的应用能力为目标。构建了涵盖纺织材料"纤维组成与结构→纤维性能→纤维性能与纱线结构→纱线性能→纱线性能与织物结构→织物性能→织物性能与后整理→最终成品"全过程的相互衔接、逐级递进、理论与实践并重的课程体系。以往的课程教学主要以理论讲解为主体,以学生动手实验为辅来传授知识,忽略了专业课程在思想政治教育中的作用。

2 "纺织材料学"开展课程思政的必要性

2016年习近平总书记在全国高校思想政治工作会议上的讲话中提出,要把思想政治工作贯穿教育教学全过程,实现全程育人、全方位育人[1]。近年来,我校根据形势在教学改革过程中不断地提出专业课程思政的理念,对专业教师在专业课程思政建设上加以引导,强化教师的思政育人意识,落实立德树人的根本任务。

目前国内各纺织高等院校基本上实行大纺织体系,包括棉纺织、毛纺织、麻纺织以及丝绸工程四大领域[2],其中"丝绸文化"举世闻名,是我们中华文明的重要特征之一,为世界精神文明和物质文明做出了巨大的贡献,而"纺织材料学"课程作为专业基础课程,几乎包含了纺织工程专业课程的大半理论知识,思想政治元素颇为丰富。因此,在新时代实施"一带一路"发展战略和增强文化自信背景下,挖掘"纺织材料学"与思政元素的结合点,对弘扬优秀传统纺织文化,提升学生文化素养,都具有重要的现实意义。

3 "纺织材料学"课程思政的开展的意义

3.1 依托学科特点,引导学生坚定文化自信,增强专业兴趣,承担起纺织行业发展的时代重任

纺织工程专业在社会上认知度比较低,要想增加学生的专业兴趣,需在学生大学阶段的早期对其加以引导,而"纺织材料学"是学生大学阶段最早接触的一门专业课,因此需要在课堂应用大量的案例以及传统的纺织文化、技艺来引导学生,将中国传统的纺织技术、纺织文化进行传播,让学生了解我们中国人民的勤劳智慧,并从中使学生获得一定的自豪感,增强学习专业的信心。例如,讲述蚕丝纤维这一部分内容时,因为中国蚕丝绸有五千多年悠久历史和深厚文化底蕴,中国人民创造了先进的纺织生产技术和精湛的纺织工艺以及灿烂的纺织文化艺术,可以将中国悠久的蚕丝绸历史以及"丝绸之路"的故事、精湛的丝绸工艺进行贯穿,让学生清楚丝绸是中华文明的重要特征之一,丝绸与中国的礼仪制度、文化艺术、风土民俗、科学技术等有极多的联系[5]。又如:在差别化、高性能纤维这一部分内容时,可以将智能化的纺织品及纺织品在交通运输、航空航天、医疗防护等领域的广泛使用,传述纺织与现代科技的关系,这些都与国家经济、文化的迅猛发展不可分割,随着国家"一带一路"的经济与文化战略思想的开展,纺织

行业迅猛发展,在授课过程中将纺织行业的发展现状以及发展前景贯穿到课程的教学当中,纺织行业的发展同时也是时代的发展,是中国人民积极进取、坚持不懈的信念,树立起学生高度的爱国主义情感,积极承担起行业发展的时代重任。

3.2 弘扬中国优秀的传统纺织文化,形成人文素质教育教学模式

根据思政课教学内容的相关要求,对"纺织材料学"进行教学设计,引导学生结合中国传统纺织文化中爱国主义、民族精神、理想信念、道德等主题,开展交流体会、制作PPT、图片、视频等课堂实践活动,实现教学理论与实践的结合,达到培养大学生实践能力、提升大学生人文素质的实践效果,形成了"文化挖掘—课堂教学—课堂实践"三位一体的大学生人文素质教育模式。

3.3 培养生态文明思维,推进生态文明建设

绿水青山就是金山银山,生态文明建设是关系民生的重大问题。绿色可持续、科技创新也是"十四五"期间中国纺织行业新的定位与发展目标[6,10]。纺织加工过程必然涉及化学试剂的使用、废水废气等的排放,以及车间生产产生的噪声问题,在授课过程中融入生态文明的理念,提高学生的环保意识,培养生态文明思维,树立高度的社会责任感。

例如,在讲纤维的初加工处理及化学纤维的制造时,纤维的脱胶以及黏胶的制造都会用到碱液在讲纺织品整理部分内容时,其后整理会用到酸碱以及各种表面活性剂,纺织品的印花染色等这些都会产生废水、废气、固体废物。我校因有南山集团办学的先天性优势,进行组织机构改革,实现产教融合,纺织工程专业与山东南山智尚科技股份有限公司进行了密切的产业对接。企业直接参与教育活动,形成了独具特色的产教融合。多数的实践课程都是在企业实践教学,在实践环节的学习中会发现一些问题,例如在洗毛厂会发现设备庞大复杂、气味比较难闻、车间比较潮湿闷热,在纺纱织造车间会产生较大的噪音、飞花较多,在印染车间会产生部分废液以及较大蒸汽还有烧毛发的臭味,对此学生对纺织生产中的一些环节会产生抵触情绪,身为纺织专业人才,在教学过程中要引导学生,要让学生学会通过自己所学的知识努力克服这种现象,学以致用在保持经济发展的同时也要保护好大气环境。

3.4 保护纺织非遗文化,潜移默化地培养学生的民族自豪感和传统文化修养

我国纺织非遗产品主要是各种传统的手工,包括纺、织、染、绣等以及各种传统的民族服饰。大多数非遗属于传统手工技艺的范畴,而且随着时间的流逝,这些宝贵的非物质文化遗产将面临濒危[4]。因此,对纺织类

非遗的传承、保护与创新要做到以人为本,人才是关键。因此在我国传统文化遗产传承和创新运用的战略背景下,对于纺织非遗的人才培养显得尤为重要,授课过程中引入非遗文化,例如,染织纹样的设计,苏绣、缂丝、织锦等工艺,从传统文化艺术中汲取营养,鼓励大学生多参加创新设计类活动,增强学习兴趣和动手能力,使学生的创新设计带有更多的文化底蕴,潜移默化地培养学生的民族自豪感和传统文化修养,也能充分调动学生的创新创业能力,培养创新型人才。

3.5 关注形式,站在学科发展的前沿,展示纺织与人类生活、纺织与现代科技的关系,使纺织元素无处不在

以生活中的纺织为切入点,使学生广泛了解现代纺织技术及其产品,融入到社会生活的各个方面。它为我们的衣食住行提供了性能更加优良、功能更加多样、更加时尚的产品,提高了我们的生活质量,美化了我们的生活[7]。例如,2020年年初新冠肺炎疫情暴发时,医疗人员冲在第一线,用到的医疗防护产品主要是口罩和防护服,这与我们纺织材料密切相关,口罩属于非织造材料,它的生产采用了熔喷技术,很多纺织服装企业开始转型或者扩大规模进行防护产品的研发与生产,一些即将倒闭的企业抓住了机遇迎来了第二次生机。同时,很多科研院所开始研究各种抗菌产品,功能性抗菌纺织品的研发出现了一股热潮,引导学生要抓住各种形式拓展研究视野,将所学的知识深入开展理论研究并用于解决实际问题,关注社会关注形式这充分体现了纺织与人类生活、与现代科技的关系,也为学生的价值观提供一定的导向。

4 "纺织材料学"课程思政开展目前存在的主要问题

4.1 学生对专业思政不够关注,兴趣感不强,对中国优秀传统纺织文化的理解不深入

针对这种现状,可以发挥学生课前学习、课后思考的自主性,引导学生主动参与到教学实践中,开展多彩多样的课堂教学实践,在实践课中将中国传统纺织文化融入爱国思想、民族精神、工匠精神、文化自信、艰苦创业、开拓进取等主题,坚持问题导向的原则,让学生搜集资料并分析资料,寻找与专业思政的契合点,以专业课程为基准点,辐射至思政内容,引导学生结合中国传统纺织文化开展制作主题课件、视频、图册集等实践。使学生将思政课理论知识内化于心、外化于行,提升学生对中国优秀传统纺织文化的领悟力,自觉成为中国优秀传统纺织文化的传承者。

4.2 师资队伍建设有待进一步加强

"纺织材料学"课程中思政元素虽多,但是课程内容比较繁杂,而且课程思政对于高校专业教师来说是一种从未接触过的模式,这就要求专业教师必须深入挖掘思政元素并进行总结归纳,这需要一个长期的过程,需要在连续几届的授课过程中进行探索研究。因此专业课程教师首先需要提高思政意识,充分认识到思政教育贯穿专业课程教学中的重要性。其次,可以通过建设课程团队,团队人员可以包括高校思政课专业教师或者是相关研究人员以及纺织专业教师,进行不断地探索学习,将专业课程内容与思政教育内容有机的结合,使课程的专业性提升到思政教育的高度,实现对学生世界观、人生观和价值观的引领[8,11]。最后,可以建立有效的评价考核机制,一方面可以激励教师有效地开展课程思政建设,另一方面可以拓展授课教师的教学视野,建立起一支思想政治觉悟高、情怀深、素质优良的专业教师队伍。

4.3 体制保障制度不成熟

课程思政建设的主体是教师和学生,我校现有的支持服务体系还不健全,从而导致思政教育平台建设、师资培养、资金支持、政策保障等方面的不完善。要构建"纺织材料学"的课程思政体系,第一,应推动政府、学校、院系多方协作联动,以现有实践平台为基础,建设和完善校内外实践平台,与兄弟高校和科研院所建立合作关系,加强师生学术交流和科研合作等活动,建立专业课程思政建设联盟。第二,引入强势的企业资金的支持,为课程思政建设提供保障,利于突破课程体系建设的各个环节和功能单元间的壁垒,消除协调障碍,深度融合和调动各方资源,实现高效运行。

5 结论

思政教育是一项漫长的系统性的工作,专业课程思政以一种全新的理念出现在教育教学中,就要求教师不断地提升自我、深入挖掘课程中的所有思政元素并融入进教学的各个环节中,实现"润物细无声"的教育理念。

在"纺织材料学"教学过程中实行课程思政教育,要坚持以人为本的理念、不断加强师资队伍建设、开展有效的多方协作联动,做好体制机制保障,将中国优秀的传统纺织文化进行传播,实现全方位育人,培养服务于中国特色社会主义事业的纺织类专业人才。

致谢

本文为校级课程思政示范专业纺织工程专业建设(NSSFZY202210)的阶段性成果之一,也是山东省本科

教学改革研究项目（M2020070、M2021187）以及"纺织之光"中国纺织工业联合会高等教育教学改革研究项目（2021BKJGLX744）的研究成果之一。

参考文献

[1]　尹翠玉,冯霞,陈英波,等."纺织新材料及其识别"课程思政建设[J].科教导刊,2019(9):91-92.

[2]　陈春晖,李治江.《纺织材料学》教学过程中"课程思政"研究与探索[J].科技资讯,2020(9):60-61.

[3]　郑元生,辛斌杰,陈卓明,等."织造学"课程思政的实践与思考[J].轻工科技,2019(11):192-193.

[4]　尹艳冰.《中国纺织类非物质文化遗产概论》课程思政教学实践探讨[J].当代教育实践与教学研究,2020(4):164-165.

[5]　曹笑笑,葛烨倩.纺织工程专业课程思政建设探索[J].现代交际,2021(4):170-172.

[6]　孙晓霞,刘雯玮,王新厚.纺织工程专业平台课程"纺纱学"的课程思政建设[J].纺织服装教育,2020(4):122-125.

[7]　崔红,吕立斌.基于课程思政的纺纱工程课程教学设计[J].山东纺织经济,2020(11):44-47.

[8]　缪宏超.基于协同育人的高校工科专业课程思政教学思考:以《纺织工艺设计》课程为例[J].轻纺工业与技术,2018(11):66-69.

[9]　陆赞.新形势下纺织类专业课程思政教学新路径[J].科技导刊,2020(11):103-104.

[10]　许佳,张维.轻化工程专业课程开展思政教育的思考与建议:以"染料化学"课程为例[J].案例研究公关世界理论版,2020(2):63-64.

Research on teaching reform in "Marketing" based on experiential teaching mode

XU Jun*, LEI Zhenzhen, WANG Xiaoyun, JIANG Lei

School of Textile Science and Engineering, Tiangong University, Tianjin, China

Email address

msdrxujun@163.com(XU Jun), lzz20000727@163.com(LEI Zhenzhen), kanxinwenlianbo@163.com(WANG Xiaoyun), jianglei@tiangong.edu.cn(JIANG Lei)

Abstract: Marketing is a subject that requires a close combination of theory and practice. However, the teaching mode adapted in most marketing courses is still the traditional teaching mode, in which teachers impart knowledge to students in one direction, and students passively accept it. Previous teaching practice has proved that this traditional teaching mode is not very useful. Therefore, this paper analyzes the characteristics of the traditional teaching mode and then puts forward the experiential teaching reform. In addition, a series of experiential teaching activities such as round tables, role plays, classroom debates, project teaching, and event experience are added to the experiential teaching reform. Through these activities, students can participate in the classroom independently, learn knowledge, and master practical skills in practice.

Keywords: marketing; experiential teaching; application exploration

基于体验式教学模式在"市场学"中的教学改革研究

邮 箱

msdrxujun@163.com(许君),lzz20000727@163.com(雷珍珍),kanxinwenlianbo@163.com(王晓云),jianglei@tiangong.edu.cn(蒋蕾)

摘 要:市场学是一门需要将理论与实践紧密结合的学科,然而目前大多数市场学课程中采取的教学模式还是由老师单方面向学生传授知识,学生被动接受的传统教学模式。以往的教学实践证明,这种传统的教学模式效果不佳。因此,本文首先对传统教学模式和市场学的特点进行了分析,提出了体验式教学改革,然后通过圆桌会议、角色扮演、课堂辩论、项目教学和赛事体验等一系列体验式教学活动让学生自主参与到课堂中来,在实践中学习知识,掌握实用技巧。

关键词:市场学;体验式教学;应用探索

1 引言

市场学是建立在经济学、行为科学、现代管理等科学理论的基础上,对市场营销活动进行研究的学科。随着近年来市场经济的高速发展,市场也对专业营销人才的要求不断提高。因此,如何培养迎合市场需求、实践能力强的专业人才是目前高校所面临的一个问题。随着老师们的不断探索,各高校在市场学课程中逐步开始使用体验式教学模式。体验式教学以学生为主体,能让学生在学习理论知识的同时,通过实践来加深理解,达到更好的教学效果。另外,在实践中也对学生的独立思考和团队协作能力进行了锻炼。

2 传统教学模式存在的问题

虽然传统教学模式还适用于目前大部分学科教学,但是在实践性很强的市场学中表现出以下局限性:

2.1 理论与实践结合度低

很多时候,教学设计的理念和教学的达成,是两个不同的方面。教育中预设的想法和最后与生成的结果之间总是会出现一系列的差异,因此教师在后面的组织教学中,应该合理安排,来消除这一差异[1]。然而,传统教学模式注重老师单方面的知识传授,课堂上讲解的多为书本上的知识,理论与实践联系不够密切,预设和结果之间差异更大,这就导致很多学生在毕业出去找工作的时候觉得上课教的知识根本没有什么用。其实并不是知识无用,而是在传统教学中缺乏实践,学生无法在实际中灵活运用上课所学到的知识。市场学又恰好是特别需要实践的一门学科,要根据不同的情境制定不同的方案策略,这就导致学生在传统教学模式下收效甚微。

2.2　学生参与度低,积极性差

传统教学中学生处于被动接受的状态,学生上课能够做的事情就是听老师讲和提出问题,但是当老师在课堂上提出问题的时候,往往大部分学生都是保持沉默,只有极少数同学会跟着老师的思路来回答老师的问题,教学中很少能有自主学习、自由讨论的组织形式,学生只能被动接受知识,课堂成了教师的课堂,教师的讲授成了课堂的主线[2],这种刻板、拘束的学习氛围无疑成了学生学习的枷锁。另外,教学过程以注入式为主,教师一讲到底,滔滔不绝,或一问到底,或以问代讲,有时甚至自问自答。这样,学生的思维自始至终都在教师的语言轨道上运行,成为"听客"和"看客",而不能成为课堂教学的参与者。于是,学生的主体地位失落,积极性下降。

2.3　授课方式单一,缺乏创新

传统课堂教学老师的"教",是照本宣科,教师只把学生当作接受知识的容器,教师的教和学生的学在课堂上最理想的进程是完成学校要求的教学任务,而不是"节外生枝"。另外,在整个学习过程中,学法单一,过程单一,缺乏创新。时代在变化,教学条件也在慢慢改变,从最开始的板书到现在的多媒体教学,所以教学方式也需要一些创新。当代课堂教学信息接收的主体即学生,大多是伴随着互联网成长起来,接受的是图像化、数字化信息,他们获取信息的渠道十分丰富[3]。但是传统教学并没有将多媒体合理利用起来,为了改变这一现状,应结合新媒体时代的特点,构建一个"师生共动,教学相长"的课堂教学模式。

3　体验式教学概述

因为传统教学模式在市场学的应用中具有一定的局限性,没办法完全满足市场学教学的要求,因此我们引入新的教学模式——体验式教学。体验式教学作为一种新兴的教学模式具有极大的潜力,它能够充分发挥学生的创造性,营造良好的学习氛围,为以后的工作实践打下良好的基础。

3.1　体验式教学含义

体验式教学就是指在教学过程中,根据学生的认知特点和规律,从教学需要出发,通过创造实际的或重复经历的情境和机会,呈现或再现、还原具体场景和教学内容,以引起学生的情感体验,使学生在亲历的过程中理解并建构知识、发展能力、产生情感、生成意义的教学观和教学形式[4]。体验式教学是一种互动的交往形式,强调重视师生的双边情感体验。与传统教学模式不同,体验式教学的主体是学生,让学生充分参与进来,而不是旁观者。传统教学讲究记忆,体验式教学模式讲究学习主体的领悟和体会;传统教学以接受程式化的知识为导向,体验式教学模式以解决问题为导向;传统教育强调在课堂中学知识,体验式教学模式强调在具体的学习情境中通过体验来学习。传统教学中的"教"不一定导致"学",更不一定产生"会"。而在体验式教学中学习者通过具体情景来获得认知上的突破,基于理论知识的实践经验作为落脚点,同时也体验到了学习的快乐。教师也能够从中汲取教学经验,提升自己的教学水平[5]。

3.2　体验式教学特征

3.2.1　自主性

体验式教学的主体是学生,通过彰显学生个性提升职业生涯规划课程的授课效果,在体验式教学模式借助各种创新的教育活动让学生在参与中积极进行职业体验、职业探索,进而锻炼职业规划意识,提升职业规划能力[6]。由学生自己主动参加课堂,主动获取知识。老师在课堂中起领导和指引作用,通过设计各种情境让学生自主参与进去,运用理论知识在具体实践中去解决问题,查漏补缺,更利于知识的掌握。并且这样也能锻炼学生的思考能力,在实践中也能拉近学生与老师之间的距离,创造更加良好的学习氛围。

3.2.2　丰富性

与传统单一枯燥的教学模式不同的是,体验式教学的内容和形式都是丰富多样的,更具有趣味性。老师可以根据不同的课题设计出不同的情境,比如今天这堂课你的角色是老板,就需要你从老板的角度来分析,到了明天你的角色就可能转变成消费者,从另外的角度来进行分析。在不同的情境中还可以采用不同的形式,比如小组谈论或者课堂辩论等形式。这些不同的情境和角色转换让原本枯燥的课堂丰富起来,增强了课堂的趣味性也提高了学生的学习效率。

3.2.3　创造性

创造力的培养离不开实践和想象力的锻炼。在体验式教学的各种模拟情境中,学生沉浸在自己的角色中,设身处地。在这个过程中能激发学生的创造性,因为学生是主动的,思考的,比如在根据市场情况来设计营销方案中,创造力能让方案在竞争中脱颖而出。并且在体验式教学中能提高学生的沟通能力和团队协作能力,这些在以后的学习工作中都是很有必要的。

4　体验式教学在市场学中的应用探索

基于市场学教学的要求和体验式教学自主性、丰富性、创造性的特点,创造性地提出了以下五个体验式教学在市场学中的应用:

4.1　圆桌会议

圆桌会议指围绕圆桌举行的会议,圆桌并没有主席位置,亦没有随从位置,人人平等。在课堂上,所有的学生大家围桌坐下,大家就一个主题进行讨论,所有的同学对这个问题发表自己的意见和假设,但是不能对其他人的观点进行评论。在市场学课堂上,大家可以从不同的角度对问题进行讨论分析,各抒己见畅所欲言。当我们在听取别人的想法时可以帮助我们分析问题更加全面和客观。比如市场营销新趋势,你看好哪一种?学生们可以从电子商务、体验营销、客户定制、顾客忠诚、特许经营和因特网广告中挑选一种或几种来集中讨论,讨论结束后进行 PPT 汇报。在汇报中可以从宏观角度了解市场营销受哪些因素影响,也可以从微观角度分析不同因素对市场营销的具体影响。这对以后的工作实践也是大有裨益的。圆桌会议的好处之一是便于沟通,与会成员之间的沟通可以帮助我们理解专业知识,从不同角度去看待问题。另外一个好处是促进会议协调发展进而取得我们理想的效果。

4.2　角色扮演

角色扮演首先是由老师在课堂中根据相关背景设置不同的虚拟情境及问题,再结合不同的角色特性和学生的兴趣来挑选适合每个角色的学生,对于未扮演角色的学生,安排他们当观众并及时记录在观看别人角色扮演中的一些具体想法,以便在角色扮演结束后进行谈论。然后是进行正式的角色扮演,在正式角色扮演前也可以进行简单排练以便在正式表演时呈现出更好的效果。最后是表演结束后的自由谈论环节,在此环节中,教师要控制场面,保持课堂的热烈气氛,让学生畅所欲言,锻炼他们的反应能力,增强他们的团队精神的同时又要确保争论不偏离主题,否则,极有可能达不到预期的效果。在讨论结束由老师对本次角色扮演进行总体评价,对表演的亮点和创新之处进行表扬,同时指出表演的不足并引导学生在下次表演时进行完善[7]。在角色扮演之前,学生必须认真复习之前所学的知识,预习未讲过的内容,还要查阅资料。角色扮演一方面在活跃课堂氛围的同时又能调动学生的学习积极性。另一方面,这种特定情境下的角色扮演、个人展示和课堂讨论有助于学生加强对营销策略、沟通技巧、客户角色和自身责任等方面的认知。还可以使学生对营销活动有更为直观的认识和体会,提高其理论联系实际的能力、决策能力、语言表达能力、应变能力、创新能力等,这是传统教学法所不具备的。

4.3　课堂辩论

学生在课堂中可以自主选择自己感兴趣的辩题,因为市场学中很多章节都是相对独立的,学生在不同章节里面可以自己选择与章节内容相关的课题,自行决定辩论的正反方[8],比如一个企业的前期发展是营销重要还是实力重要。学生可以根据这个辩题来进行辩论,阐明自己的立场,对对方的辩论进行反驳。辩论对知识的掌握能力要求很高,在准备辩论的时候,需要事先学习基本的知识和掌握一些案例,为自己的观点和见解提供佐证,这样在辩论的时候才能快速辩驳。这样不仅能够让学生主动学习,提高学习效果,还能在辩论中增强对知识的理解能力和实际运用能力,这也激发了学生学习的兴趣,一举多得!而且在辩论以后,可以由旁听的学生在对本次辩论进行一个总结,也可以提出自己的新观点,在过程中也增加了学生的思考,这样在提升了学生参与感的同时也增强了他们的自主学习意识。

4.4　项目教学

项目教学法也是体验式教学过程中比较重要的一个学习方式,目前的应用也越来越广泛[9]。项目教学法是由老师交给学生一个相对独立的项目,由学生来独立完成信息的收集、方案的设计与实施,到完成后的评价。该教学不是注重最后结果,而是注重每个学生参与的过程。传统教学中的许多案例都比较简单并且不太贴近日常生活,导致学生学习了以后也无法运用到实际中来,而项目教学里面选取的项目贴近生活,促使学生把书本上的知识运用到具体的工作实践中,发挥自己的能动性来创造性地解决问题。市场营销作为一门实践性和社会性极强的综合性应用学科,在教学过程中,设计以实践为导向的教学方法,将项目教学引进到市场营销课程的教学中,对于培养专业兴趣、全面提高综合素质大有裨益。与传统的市场营销教学模式相比,项目教学法具有以下相对优势:教学形式发挥学生主导性、学习内容上强调综合性、学习方式的自主性以及学生参与程度的深入性,易于课程授课内容的学习与理解。

4.5　赛事体验

通过让学生参加市场类的创新创业大赛,在实战中学习。同学们可以根据自己的兴趣来选择不同的比赛项目,比如如果对市场分析感兴趣的可以参加全国大学生市场调查与分析大赛,把比赛也当成一次学习,在比赛中感受市场变化,了解消费者需求[10]。想锻炼自己的营销能力可以参加市场营销技能大赛,它包括数字营销、方案策划和情景营销三个竞赛模块,能在比赛中锻炼选手的市场调查与分析能力、目标市场选择与定位能力、竞争策略分析能力、客户服务能力以及团队合作能力等。大赛引导大学生创新和实践,提高学生的组织、策划、调查和数据处理与分析等专业实战能力,培养学生的社会责任感、服务意识、市场敏锐度和团队协作精神。只有真正参与到比赛中,我们才能发现在课堂教学中发现不了的问题,发现了问题才能解决问题,并且在比赛中我们还可以学习其他小组的一些比赛技巧和专业知识,查缺补漏,共同进步[11]。

5　结语

　　体验式教学作为一种新兴的教学模式已经被广泛应用于多个学科的教学当中,体验式教学模式的引入也给实践性很强的市场学教学带来了新的生机。时代和科技的不断改变也促使教学模式的不断创新。如何提高学生上课的效率以及学习的自主性是当代传统教学中亟待解决的问题。而体验式教学能凸出学生在课堂中的主体地位,调动学生学习积极性的同时又符合市场学的特点,让学生们在实践中收获知识,锻炼能力,在有限的时间内获得最大的收获。本文体验式教学在市场学中的应用探索也给教学改革提出了一个新的参考。

参考文献

[1]　魏锦. 试论体验式教学在市场营销教学中的应用[J]. 科技创新导报,2019(25).

[2]　魏建,桑学峰,杜坤. 泛在学习理念下高校传统教学模式优化策略研究[J]. 软件导刊(教育技术),2019(8).

[3]　卢伟. 新媒体背景下高校课堂教学模式的重构[J]. 山西青年,2021(23).

[4]　邵曼. 试论体验式教学在市场营销中的运用[J]. 现代职业教育,2021(21).

[5]　黎娟. 体验式教学在市场营销教学中的应用[J]. 江西电力职业技术学院学报,2021(8).

[6]　石超. 新形势下体验式教学在职业生涯规划课程中的应用研究[J]. 大学,2021(23).

[7]　李华. 市场营销体验式教学模式的建构和应用[J]. 产业与科技论坛,2021(20).

[8]　Fan F L, Sun K J. Research on Experiential Teaching Method in Physical Education of Higher Vocational Colleges[J]. Journal of Hubei Correspondence University, 2018.

[9]　姜寒. 金融科技背景下《金融市场学》教学改革探讨[J]. 才智,2021(30):97-99.

[10]　徐璨,姚鸟儿.《金融市场学》三方联动的课程思政教学改革实践[J]. 质量与市场,2020(22):144-145.

[11]　张昀倩.《金融市场学》课程教学模式改革研究[J]. 广西民族师范学院学报,2020,37(5):151-154.

Construction and practice of practical teaching system for light chemical engineering specialty

YANG Wenfang*, HAN Zhenbang, YANG Li, ZHAO Jin

College of Textile Scieuce and Engineering, Tiangong University, Tianjin, China

Email address

Yangwf2@ 126. com（YANG Wenfang）, hanzhenbang@ tiangong. edu. cn（HAN Zhenbang）, linyinan22@ 163. com
（YANG Li）, tjpuzhaojin@ 163. com（ZHAO Jin）

Abstract：This paper analyzes the new requirements of employers for undergraduates under the influence of the instant development of textile industry and interdisciplinarity, and the position and functions of practice teaching in undergraduate teaching of light chemical engineering. Furthermore, the deficiency of practical teaching system before reform, and the changes of teaching system and mode after reform are also expounded. The new practical teaching system aiming at the cultivation of students' practical ability and innovation ability has been constructed, which uses six hierarchical and complementary modules. Finally, the teaching efficiency after teaching reform has been summarized and evaluated.

Keywords：light chemical engineering; practical teaching system; teaching mode; teaching reform

轻化工程专业实践教学体系的构建与实践

杨文芳*,韩振邦,杨丽,赵晋

纺织科学与工程学院,天津工业大学,天津,中国

邮 箱

Yangwf2@ 126. com(杨文芳),hanzhenbang@ tiangong. edu. cn(韩振邦),linyinan22@ 163. con(杨丽),tjpuzhaojin@ 163. com(赵晋)

摘 要:在产业高速发展和受交叉学科的影响下,用人单位对毕业生有了新的要求,本文分析了实验实践教学在轻化工程专业本科教学中的地位与作用;阐述了在新产业背景下,改革前实践教学体系的不足,改革后教学体系、教学模式的变化,即形成了以突出学生的实践应用能力、创新能力培养为目标的六大模块、分层次、相辅相成的实验实践教学体系,并对教改后实践教学效果进行了总结与评价。

关键词:轻化工程专业;实践教学体系;教学模式;改革

1 引言

近年来,受相关产业高速发展和交叉学科知识应用的影响,纺织印染产业在理论研究和生产实践上都发生了重大变革,社会对毕业生的要求也发生了很大变化,培养适应新工科背景下具有实践能力、创新能力和创业精神的应用型人才是社会发展的迫切需要[1-2]。轻化工程专业(染整方向)为应用型学科,具有非常强的技术实践性,理论教学的同时必须保证实践环节的有利支撑。因此,重建与新产业形势要求相适应的实验、实践

教学体系,改革创新教学方法、内容和教学模式,使之不断跟踪纺织产业与技术发展的新趋势、与社会和科技发展相适应尤为重要[3-5]。因此,在分析现行教学体系不足的基础上重构专业教学体系、改革创新教学模式并加以实施。

2 重构实践教学体系使之适应新形势下培养目标

梳理现行的实验、实践体系、教学内容发现:课程归属设置分散,例如课内实验以及独立设课号的实验课

程、实践课程,存在着或与理论课教学捆绑编制,或独立编制,实验内容各自拟定,缺乏连贯性和递进性,有的内容重点相似度高,这样难以形成实践动手能力、创新能力培养相互融合的实践教学体系。随着实验、实践教学环节在学生培养方案中所占比例的不断提高,它已逐渐形成专业教学这辆马车的另一个车轮(一个车轮是理论教学)[6-8],因此,理清、理顺并形成与理论教学相辅相成的实践教学体系,有利于发挥实践教学课程在人才培养中的作用,构建从"纺织(品)材料前处理→染整加工→产品加工全流程设计→质量检验与评价"全过程的分层次、多模块、相互衔接的实践教学体系,是保证学生培养目标达成的重要一环,重构实践教学体系的具体做法是:

2.1 整合模块教学内容,形成"生产线"

将现有模块化的实验、实践教学内容进行调整、整合,强化实践课程之间内容的交互与统一,将能够形成"产业"上连续化的教学内容整合起来,形成"生产线"。

2.2 利用大型综合设备开展实践教学

充分利用先进的"流亚"智能系统(自动化料、输料、织物染整"生产线"),将与实践联系紧密的教学内容依托于此系统展开,并考虑突出各自课程的教学重点,避免重复,如课程设计、认识实习、毕业实习等。

2.3 统筹整合课内实验与独立实验课内容

加强课内实验与独立设课实验内容整合,内容上的相互支持与补充,形成有效发挥二者协同作用的实践教学环节,实现课程的高效运行。

依照本专业实验、实训课程的设置及教学内容的整合,构建了如图1所示的轻化工程专业(染整方向)实验实践教学体系。

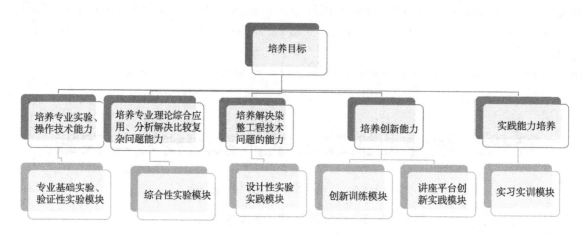

图 1　实践教学培养目标及教学体系

教学体系中不同模块的主要教学目标:

(1)专业基础及验证性实验模块。重点使学生掌握织物染整实验方法、操作技能、工艺实施的一般流程。

(2)综合性实验模块。重点培养学生解决比较复杂工艺问题的能力。将多个知识点综合运用到一个"产品"的染整加工过程中,实验过程的实施手段和影响因素复杂化,锻炼和培养学生综合运用所学知识多视角综合分析问题、解决问题的能力。如"数字化测配色综合实验"运用了测配色仪、自动滴液系统、染色机等大型仪器设备,完全模拟企业从数据库建立、测色、配色、自动滴液、打样、品质评价的全流程,使学生获得了准零距离染色生产过程锻炼.

(3)课程设计性实验模块。重点培养学生应用理论知识解决染整工程技术问题的能力,在验证和综合性实验的基础上,将学生所学的基础理论、基本技能、一定的专业能力综合运用到纺织品的染整工艺设计中。教学模式是模拟工厂从接单至成品产出的全过程,学生接受从织物的练、漂、染、印、整全流程染整工艺设计、设备选择、实验、产品品质检验的完整训练。

(4)创新性训练模块。主要是培养学生的创新能力。基于本学科专业知识对前沿性的科研问题或工程问题以项目研究的形式开展教学,教师结合自身的科研课题或行业的工程问题提出项目,学生在教师的指导下,设计路线、实施方案并加以实施。

(5)讲座平台创新实践模块。该模块注重培养学生的科研、创新能力。实施本科生培养的"讲座"导师制是本专业的特色之一,学生根据自己对专业方向的兴趣,选择导师团队,并进入"纺织实验教学示范中心"轻化工程实验室、导师研究室,在导师指导下参与课题研究工作,开展创新性实验项目。

(6)实习实训模块。该模块主要培养学生的工程实践能力,通过实习实训达到,依托校内建成的"工厂化"的实训教学平台(数字化染色技术工程师实训基地)和多个实习基地(与国内有特色的企业建立的实习基地)进行实践环节教学。

2.4 实践教学环节的硬件保证

实验实践环节的建设更加注重专业实验教学平台的建设,构建了融"专业基础认知、综合技能训练与创新实验、工程实训实践"的教学平台。

原有的实践教学体系与实训方案是基础认知实验、验证性试验和综合性实验,工程训练和工程实践主要在工厂完成,由于企业技术保密、安全等一系列问题,导致工厂的工程实践存在一定困难。轻化实验室、工程中心装备的电脑测配色仪、自动滴液机等与生产中的装备规格等同,"学术版数字化精准计量与纺织材料染整系统",是生产装备的缩小版。目前这些装备在教学中的应用局限于实践教学的一部分,尚不成系统。充分利用实验室、试训中心装备的仪器、设备,创建成融"专业基础认知、综合技能训练与创新实验、工程实训实践"的实验、实践教学平台,以满足实践教学培养目标的需求。

利用专业装备的"学术版数字化精准计量与纺织材料染整系统",代表了现代染整产业的新水平。这套系统由染化药剂的精准计量、精准化料、精准输送至目标染机和染色机群以及全自动染色机中央监控系统组成,各组成部分均由终端微机根据既定的工作程序和参数统一管理与控制。染色机群包括了能够完成中样染色的溢流染色机、染纱机、成衣染色机,这些染机兼有多功能性,可完成染整加工全过程。该系统可与现有的电脑测配色仪、自动滴液系统、数字化染色机配套,提供"染整生产"一体化的完整解决方案。可用于纺织品及其材料的前处理、染色、后整理。

3 促进实践教学模式改革

在实践教学模块化改革的同时,将多媒体技术引入实践教中,立体化的改革强化了实践教学效果[9]。如在实验教学中引入多媒体手段辅助实验教学,促进了教学方法、模式的改革,有助于提高学生自主学习的能力。如教学程序发生了变化[10]。

改革前实验教学一般程序为:

学生预习实验讲义并书写预习报告→教师检查预习报告→教师上课讲解,包括实物讲解,操作示范→学生完成实验→课下完成报告。

改革后实验教学一般程序为:

结合实验讲义,多媒体视频预习→师生讨论要点→启发学生示范操作要领→老师引领、点睛→学生完成实验→课下完成报告。

实验教学方法的改革,激发了学生的自主学习热情,在提高学生创新能力方面显示了优势,对特色专业建设、拔尖创新人才的培养具有重要作用;通过在本科

实验教学中使用多媒体视频,改变了专业实验教学一直以来依赖纸介质指导书的现状,在使用视频辅助预习中,学生能够较全面地掌握实验的整体要求、难点、要点、重要的操作方法等,改变了指导书预习后仍存在动手困难的现状;在提高预习质量的同时提高学生自主学习的能力、实践创新能力,并进而为实验教学改革、为实验室更深度的开放奠定基础。

4 教学改革效果分析

经几年来的实践及不断积累、完善,形成了以突出学生的实践应用能力、创新能力培养为目标的六大模块化、分层次、相辅相成的实验实践教学体系,在重构的教学体系下,设计并实施了融入大型仪器、设备、数字化染整系统等大型综合性、设计性实验,其中"数字化测配色综合实验",运用电脑测配色仪、无管路自动滴液系统、自动控制染色机等大型颜色数字化仪器设备和颜色品质评价系统,使学生完成数据库建立—电脑配色—染色—结果评价—修色等数字化染整全流程;结合实训教学平台的设计性实验;织物从前处理—印染的综合实验等,学生接受从织物的练、漂、染、印、整全流程工艺设计、设备选择、实验、品质检验的完整训练。显著提高了学生综合运用理论知识解决染整工程技术问题的实践能力、创新能力。例如,有一名学生因接受了电脑测配色全过程的实验实践,在实习期间正值公司装备测配色系统,这名学生很快上手,并被公司安排对相关员工进行培训,学生受到公司好评,对学校人才培养效果给予高度评价。这样的例子在毕业中还有很多。

参考文献

[1] 张爽,赫海灵.基于"新工科"背景下应用型高校专业实践教学平台的建设[J].黑龙江教育,2021,1341(1):80-81.

[2] 孙一民,李明弟,李大勇.我国高等教育实验教学体系研究现状[J].山东建筑大学学报,2012,27(2):250-254.

[3] 郭栋才.基于创新型人才培养的实践教学新体系的探索与实践[J].实验技术与管理,2013,30(11):141-143.

[4] 徐向伟,姚建涛,金森.工程教育认证背景下机械类专业项目式实践教学体系的构建与实践[J].教学研究,2020,43(6):83-87.

[5] 陈文倩,宋军,颜忠诚,等.高校实验教学体系创新性构建研究[J].实验技术与管理,2019,36(3)44-26.

[6] 苑磊,陈林.传统实验教学改革路径探究[J].教育教学论坛,2019,15(4)277-278.

[7] 楼盛华,戴文战,叶秉良,等.基于培养创新实践能力的高校实验教学体系改革探索[J].高等理科教育,2008,

(3):109-113.

[8] 严碧歌,韩静.高等教育实验教学的作用与改进措施[J].陕西教育学院学报,2008,24(2):13-14.

[9] 杨文芳,杨丽,韩振邦,等.轻化工程专业实验教学网络资源建设与应用[J].中国教育装备,2019,425(2):24-25.

[10] 霍晓峰.现代教育技术在高校模块化课程教学中的应用探究[J].科技视界,2021(11):12-13.

Research on the training mode of "double-subject" talents of garment engineering specialty under the background of intelligent manufacturing

YANG Yali[1,*], ZHANG Yuanyuan[1], LIANG Lili[1], AN Lingzhong[1], ZUO Hongfen[1], ZHAO Liang[2]

1 *School of Textile Science and Engineeringt, Yantai Nanshan Universityn, Longkou, China*

2 *Shandong Nanshan Zhishang Technology Co., Ltd., Longkou, China*

Email address

yaqi0509@ 163. com (YANG Yali), zyy850911@ 163. com (ZHANG Yuanyuan), 47887049@ qq. com (LIANG Lili), 443904976@ qq. com (AN Lingzhong), 516096264@ qq. com (ZUO Hongfene), 1143282668@ qq. com (ZHAO Liang)

Abstract: This paper explores the training mode of the talents with two main bodies in the clothing engineering school and Enterprise. this paper aims to find a way to meet the talents demand of the intelligent manufacturing enterprise through the co-education of the school and Enterprise, Science and innovation, Innovation and development, to construct the talent training mode based on the ability of post demand, to realize the connection of the school's specialty chain with the regional economic society and the intelligent garment industry chain, to improve the degree of conformity, dependence and sharing between school majors and industries, to improve the degree of social satisfaction of specialty construction and personnel training. At the same time, it summarizes the experience of the reform of the double-subject talents training in our college, which can provide reference for the transformation and development of the garment specialty in other colleges.

Keywords: major in garment engineering; technical skill type; talent training model

智能制造背景下服装工程专业
"双主体"人才培养模式的研究

杨雅莉[1,*],张媛媛[1],梁立立[1],安凌中[1],左洪芬[1],赵亮[2]

1 纺织科学与工程学院,烟台南山学院,龙口,中国

2 山东南山智尚科技股份有限公司,龙口,中国

邮　箱

yaqi0509@ 163. com(杨雅莉),zyy850911@ 163. com(张媛媛),47887049@ qq. com(梁立立),443904976@ qq. com(安凌中),516096264@ qq. com(左洪芬),1143282668@ qq. com(赵亮)

摘　要:本文通过探索服装工程校企双主体人才培养模式,旨在寻求一条校企共育、科创并举,满足智能制造企业人才需求的创新发展道路,构建以岗位需求能力培养为主线的人才培养模式,实现学校的专业链与区域经济社会、智能服装产业链的对接,提升学校专业与行业产业的符合度、依存度和共享度,进而提高专业建设和人才培养的社会满意度。同时总结我校服装工程专业校企双主体人才培养改革的经验,为其他高校服装专业转型发展提供借鉴和参考。

关键词:服装工程专业;技术技能型;人才培养模式

1 引言

"十三五"期间，我国大力实施创新驱动战略，积极落实"中国制造2025"相关措施，努力建设创新型国家。积极推进传统产业改造提升，开展新一轮技术改造提升工程，推动传统产业智能化改造和创新转型，推动生产方式向数字化、精细化转变。面对新的发展形势，服装生产企业纷纷进行技术革新，引入智能化生产线，节约人力成本，提高生产效能，促进产品和服务升级，提升企业竞争力。2017年12月国务院办公厅印发的《深化产教融合的若干意见》中明确指出，深化职业教育、高等教育等改革，促进人才培养供给侧和产业需求侧结构要素全方位融合，培养大批高素质创新人才和技术技能人才，加快建设实体经济、科技创新、现代金融、人力资源协同发展的产业体系。同时国家在"十四五"规划教育建议中也明确提出高等教育应立足当下，需融入社会发展需求，加强创新型、应用型、技术技能型人才培养[1]。服装企业智能化转型过程中，需要大量支撑产业创新发展的高素质人才，这对服装专业教育发展提出了新的要求与挑战。但是长期以来学校与企业在合作过程中出现动力不足、管理主体不明确等各种问题，导致校企融合无法深入、切实的落实和执行。为此，本文以服装工程专业人才培养现状入手，积极探索校企深度融合下的校企双主体培养模式的改革，为企业培养、输送智能制造所需人才[2]。

2 服装工程专业人才培养的现状

目前，我国服装院校服装工程专业在校企融合及人才培养中存在着普遍问题，具体表现为以下几个方面：

(1)校企合作体制不健全、关联性较弱和相互支撑力度不够。目前高校在校企合作过程中禁锢于学校的教学主体地位，企业的产业优势、人才优势、创新优势未充分发挥，区域产业、教育、科技资源的统筹和各部门之间未充分协调。校企合作的形式仅限于毕业生实习、岗位招聘，实现的校企合作教育方案的执行深度和力度不够，导致校企合作形式化，面对较大的局限性，其内容单一[3]。

(2)服装人才培养标准与行业企业人才需求不匹配。课程体系偏重学科体系，教学内容强调系统性的学科知识传授，与日新月异的产业转型升级、快速发展的新知识、新技术相脱节，与地方产业发展的实际需求更无法对接。

(3)学生技能水平欠缺，由学生到企业工匠角色转变无法贯通。学校与企业在课程开发、双师团队组建、实践平台搭建等方面联系不紧密，校企合作缺乏持续动力。导致学生就业后需要重新学习、企业不断重复培养岗位技能人员等资源浪费现象。

(4)教师专业实践能力低，师资建设普遍存在重学历、重理论水平的倾向，同时缺乏有效制度引导教师进行必须的企业实践，忽视教师将理论转换为技术、将技术转换为现实生产力的专业实践能力。

这些问题直接造成人才供给与需求在人才培养规格上的错位对接，出现大学毕业生的结构性失业。大学生结构性失业现象反映出人才培养和社会政治经济、文化传统、科学技术等外部关系的失调，而这种外部关系的失调将直接波及并作用于专业建设的内部。因此人才培养方案需在培养目标、专业设置、课程结构、教学模式等方面做出相应的变革。

3 校企双主体人才培养理念及实施思路

智能制造时代下，服装工程专业人才培养模式的创新应当立足智能制造企业产业发展人才需要，发挥企业的主体地位，结合专业教学的实际需求，充分发挥"互联网+"的技术优势，实现二者的有机结合，从整体上创新人才培养模式[4]。基于此，本文构建"柔性理论课程体系""叠进式实践教学体系"和"产赛研科创体系"校企双主体人才培养新模式，并通过学校保障机制的有效运行和多元师资队伍的建设，实现"人才培养面向智能制造企业、服装工程专业建设目标可证、毕业就业数量达标、教学质量持续改进"的目标。具体项目建设思路如图1所示。

4 服装工程校企双主体人才培养的实施方法

4.1 服装工程专业人才培养方案制订路径

以"行业发展方向和企业人才需求为导向、职业能力为标准、岗位任务为纲目"校企共同制订服装工程专业人才培养标准。通过调研山东服装产业、智能制造服装企业、毕业生就业情况，明确行业、企业对服装工程人才需求，把学生从业需求、专业发展需求与行业发展、岗位需求结合起来[5]，确定满足智能制造服装企业人才培养的方向，明确要掌握哪些知识、培养哪些能力和具备哪些素质。以产业发展方向和企业人才需求为导向构建服装职业教育人才培养目标矩阵，以企业岗位任务为知识框架，校企共同编制专业标准与课程标准，构建课程体系。结合行业前言技术，共同开发课程内容(图2)。

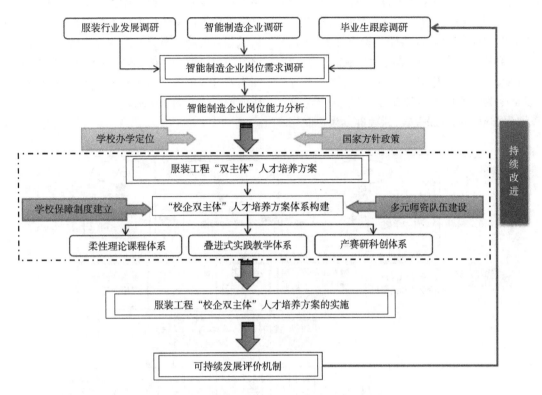

图1　服装工程专业人才培养模式建设思路

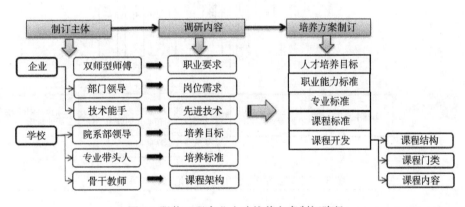

图2　服装工程专业人才培养方案制订路径

4.2　服装工程专业"校企双主体"人才培养方案制订

　　结合烟台南山学院校企办学的优势,依托烟台南山集团自有产业南山智尚科技股份有限公司智能制造产业链和创新链,凭借烟台南山学院与南山智尚科技股份有限公司长期合作基础和合作优势,以"校企双主体"为建设思路,打破企业和职业教育的体制边界,统合两者之间的发展关系,发挥企业实践培养的主体地位和学校教学的主体地位。着力从规划、投入、运行、管理等四方面进行架构。管理层面,校企共建管理委员会和学术委员会,系部中心管理人员由校企双方成员共同担任。教学运行层面,企业结合行业用人标准参与人才培养的制订。形成"校企管理双主体、人才培养与评价双结合、学

校实验场所与企业实践场所双基地、学校导师与企业导师双导师育人"的四双校企组织协同模式。最终从"半完全学分制"的柔性理论课程体系、"学习领域与工作领域叠进式"的实践教学体系[6]、搭建产赛研三位科创体系、"多元化"教师队伍四方面制订面向智能制造企业的智能化技术技能型人才培养方案。

4.3　服装工程专业"校企双主体"人才培养具体实施过程

4.3.1　搭建"半完全学分制"的柔性理论课程体系

　　以学生为中心,以课程群为思维,搭建"基础课程+课程群选修课程+跨学科公选课程"的"半完全学分

制"的柔性理论课程体系。将学生的授课按照学期分为四个阶段。1~2学期为第一阶段,3~4学期为第二阶段,这两个阶段以学校为主体,以接受通识教育、专业基础教育、公共基础教育为主,采用学期学分制。第5~7学期为第三阶段,该阶段实行学校、企业双主体的教育模式,实现以学生为中心的教学理念,采用半完全学分制。实施以课程群形式的选课模式,课程群分为智能化生产技术课程群、智能化生产管理课程群,学生根据自己的发展方向修读该方向下的课程群,同时需修读辅佐该课程群的跨学科公选专业课。第8学期为第四阶段,该阶段以企业为主体,学生在企业完成顶岗、轮岗实习,在实习过程中选定所研究的论文主题,完成毕业设计与毕业论文。如图3所示。

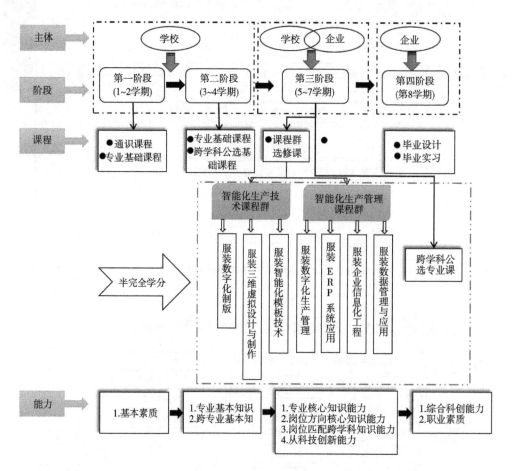

图3 "半完全学分制"的柔性理论课程体系

4.3.2 构建"学习领域与工作领域叠进式"的实践教学体系

本专业基于企业岗位需求,对学生实行校企双主体培养,通过模块化和项目化的形式,开展实训教学内容的系列化建设,将教学过程与企业生产运作环节相结合,毕业设计、毕业论文与企业实际问题相结合。具体图4所示,第1~2学期采用校单导师制,学生进入校内基础实训基地,进行服装智能化制造必修的基础实训。第3~7学期,采用校企双导师制,分为以校内指导教师为主企业为辅的校内专业实践和以企业师傅为主校内教师为辅的企业专业实践。校内专业实践分服装项目工作室、服装虚拟项目实践;企业专业实践分为企业单品类项目实践、企业数字化制版实践、企业智能制造管理实践。第8学期采用校企双导师制,学生进入企业顶

岗实践,在实践过程中发现企业存在的问题,并根据问题确定毕业论文、毕业设计的研究方向。通过创建学习领域与工作领域叠进式的实践教学体系,创新多方共建、共管、共享的运行机制,激发校企"双主体"育人动力,形成产教融合的实践教学模式。

4.3.3 搭建"产赛研"三维科创体系

鼓励学生进行科技创新,搭建"产赛研"三维科创体系。组织学生参与企业举办的各种技能大赛,与企业的技术人员同台竞技,通过学生自我比较,调动学生的学习积极性和对岗位人员素质的全面了解[7]。成功举办课程展与课程联展,同时还得到企业对作品的讲评与挑选,极大地调动了学生的学习积极性。组织学生参加省市至全国的各种科技创新大赛,培养学生的科技创新能力。学生参与指导教师科研项目,协助指导教师完成相

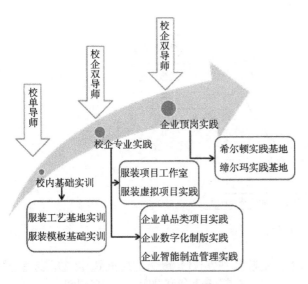

图4　"学习领域与工作领域叠进式"的实践教学体系

关工作,提高学生的学术研究能力。通过搭建产赛研三位科创体系,提升学生的科技创新能力。

4.3.4　建立"套班式"的班级管理模式

打破现有高校固定式的班级管理模式,将班级划分为普通班、校企合作班、冠名班,不同班级形式的人才培养目标不同,普通班培养服装技术型人才,校企合作班培养服装职业技能人才,冠名班培养服装卓越工程师。第一、二学年根据前期入学填报志愿分为普通班和校企合作班,完成通识课程及专业基础课程的学习;第三学年普通班学生根据自己选择的课程群方向模块重新组合班级;第四学年从校企合作班及普通班级中挑选优秀学生组成冠名班,冠名班的学生全年在企业接受岗位技能培训,完成轮岗、定岗等企业实践环节,通过以师带徒的方式实现学生到企业工匠的无缝贯通。班中班的套班式组织管理模式有利于学生的精益化培养,形成具有竞争性和充满活力的教学运行机制。

4.3.5　建设"校企融合"的"多元化"教师队伍

加强"校企双向融合"力度,积极搭建沟通平台。多角度实施"双师双能教师"培养工程,快速打造一批具有"智造"技术的教师队伍[8]。"双师双能"教师指的是具有"专业知识+专业技术、教学能力+实践能力"的教师。以深化校企合作为切入点,安排教师实践挂职顶岗锻炼,采取技术工作实习、合作研发、调查研究等多种形式。积极开展校企师资双向交流沟通,共建专业与课程,联合编写教材,共同实施教学实训项目,共同落实学生实习与就业,形成了师资共建共享的专兼职结合的"双师双能"结构教学团队。通过挂职顶岗实践锻炼让教师深入企业、行业一线,真切感受到实践与理论教学的差距,及时了解企业的发展动态,了解在"智造"背景下生产、管理一线对人才的知识、能力、素质的要求,积极参与企业的技术改造或革新等活动,提升教师实践教学能力。在企业参与新技术、新设备的学习,充分利用企业接近生产的优势,鼓励校企合作研发项目,提高教师自身综合素质和实践教学能力,以促使教师从单纯的教学型向教学、科研、技能实践型转变。

冲破各专业独立屏障,改变专业独立观念,联合多专业打造一批跨专业、跨学科的综合型教师队伍。"智造"时代的到来,迫使各行业、各专业打破专业概念,联合研发项目,探讨多专业深度融合的教学内容改革,联合各专业优势进行项目申报、科技研发等,这为各专业的教学与科研拓宽了知识领域,为培养"计算机+服装""互联网+服装""人工智能+服装"等相关人才打下良好基础。

4.4　探索多元监督路径,构建可持续发展的评价机制

建立多元化逐层递进的评价体系。以学校、服装企业、同行作为服装工程智能化技术技能型人才培养方案实施效果评价三大主体,如图5所示。每个主体中采用有底层至高层的递进式层级评价。智能制造服装企业作为人才培养效果的检验方,能够保证评价的多元化与公正化,客观及时地反映出智能化技术技能型人才培养的效果。在此评价体系中建立企业导师评价、部门领导评价、企业整体评价的递层评价方法;同行站在整个行业发展的高度,从专业性、可持续性等层面纵观评价此人才培养方案是否全面、科学、符合可持续性发展。在此评价主体中建立同行专家评价、同行学校评价、行业协会评价的递进评价方法;学校作为此人才培养方案直接参与者,对人才培养方案的实施有着最真实和具体的了解,将其作为评价主体可以确保人才培养质量评价的务实性、具体性和真实性,并最终根据企业的需求与社会的反馈意见及时调整和改进此人才培养方案。

5　结论

服装工程专业人才培养模式的改革应以教育现代化建设的思路为引领,从智能制造服装企业需求入手,从课程体系、实践体系、科创体系、评价体系、师资体系五方面构建系统完善的人才培养专业矩阵。实现学校的专业链与区域经济社会、智能服装产业链的对接,提升学校专业与行业产业的符合度、依存度和共享度,进而提高专业建设和人才培养的社会满意度。

致谢

本文为"纺织之光"中国纺织工业联合会高等教育教学改革研究项目(2021BKJGLX746、2021BKJGLX745)、

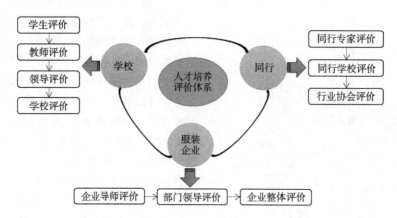

图 5　多元化评价体系

2022 年山东省教学研究项目(22JX212)、2021 年山东省本科教学改革研究项目(M2021187)、2021 年校级教学改革研究项目《"大思政"视域下服装设计与工程专业工匠精神培育路径研究与实践》的阶段性成果之一。

参考文献

[1] 童世骏,徐辉,陈锋,等.聚焦 2035 中国教育现代化(笔谈)[J].中国高教研究,2018(2):18-21.

[2] 项贤明.创新人才培养是教育现代化的战略核心[J].中国教育学刊,2017(9):71-75.

[3] 张卫丰,邢云凤.新技术革命背景下的校企产教融合路径研究 [J].高教学刊,2021,23(7)77-80.

[4] 蔡志奇.地方高校培养复合应用型人才的逻辑与进路[J].黑龙江高教研究,2021(15):154-160.

[5] 钟安华,王捷,等."阶梯式"探索型服装创新人才培养模式的构建[J].服饰导刊,2020,2(9):105-109.

[6] 曾敏.职业教育基于项目实践的服装人才培养模式研究[J].中国多媒体与网络教学学报,2021(11):188-190.

[7] 李卉,严加平.基于职业院校技能大赛的"赛教融合"高职服装人才培养模式研究[J].轻工科技,2019,35(3):150-151.

[8] 朱洪峰.新时代基于产教融合的服装专业实践教学师资队伍现状与规划[J].纺织报告,2020,39(5):117-118.

Research and construction of "Textile and clothing foreign trade" course under the background of "Double First-class"

ZHANG Lu[1,*], XIA Zhaopeng[1], JING Miaolei[1], WANG Chunhong[2], JI Yiping[1]

1 *School of Textile Science and Engineering, Tiangong University, Tianjin, China*

2 *Office of Academic Affairs, Tiangong University, Tianjin, China*

Email address

Zhanglu@ tiangong. edu. cn(ZHANG Lu), xia_zhaopeng@ 163. com(XIA Zhaopeng), jingmiaolei@ 126. com(JING Miaolei), wangchunhong@ tiangong. edu. cn(WANG Chunhong), jiyiping@ tjpu. edu. cn(JI Yiping)

Abstract："Textile and Clothing Foreign Trade" is a basic course of textile engineering which contains rich ideological and political elements. In order to integrate ideological and political education into this course, our team takes the training goal of "Double First-Class" discipline as the standard. We take professional characteristics as the starting point and focuse on the teaching goals of knowledge, ability and quality. We also adopt rich teaching methods, ideological and political education resources to teach students. Through ideological and political education, we can strengthen the cultivation and establishment of students' patriotism, craftsman spirit, sense of responsibility for our country and we make the students know what's team cooperatio. Our team enrich the classroom teaching content, improve the teaching effect, and highlight the necessity and significance of ideological and political education in the course of "Textile and Clothing Foreign Trade".

Keywords：textile engineering major; Double First-class; Textile and clothing foreign trade; ideological education; political education

"双一流"背景下"纺织与服装外贸"课程思政的研究与建设

张璐[1,*]，夏兆鹏[1]，荆妙蕾[1]，王春红[2]，季益萍[1]

1 纺织科学与工程学院,天津工业大学,天津,中国

2 教务处,天津工业大学,天津,中国

邮　箱

Zhanglu@ tiangong. edu. cn(张璐), xia_zhaopeng@ 163. com(夏兆鹏), jingmiaolei@ 126. com(荆妙蕾), wangchunhong@ tiangong. edu. cn(王春红), jiyiping@ tjpu. edu. cn(季益萍)

摘　要："纺织与服装外贸"是一门蕴含丰富思政元素的纺织工程专业基础课程。为了将思政教育融入该课程教学,笔者以"双一流"学科培养目标为标准、以专业特色为抓手,围绕知识、能力和素质三方面的教学目标,采用丰富的教学方式,深入挖掘思政教育资源,达到通过课程思政教育加强学生的爱国情怀、工匠精神、大国担当意识以及团队协作等能力的培养和建立,同时丰富课堂教学内容,提高教学效果,彰显了思政教育在"纺织与服装外贸"课程教学中的必要性和重要意义。

关键词：纺织工程专业;双一流;纺织与服装外贸;课程思政;思政教育

1 引言

立德树人是教育的根本任务,也是发展新时代中国特色社会主义教育事业的核心所在。课程是传授知识和塑造灵魂的主要载体,将专业知识与思政教育高度融合,是培养学生践行社会主义核心价值观,成为优秀社会主义接班人的重要举措。因此,采用"课程承载思政,思政寓于课程"的育人理念,深入研究"纺织与服装外贸"课程中的思政资源,构建正确价值观、传授知识和培养能力三者为一体的教学目标[1],在课程教学过程中实现思政教育的全覆盖,全面提升学生的政治觉悟、道德品质、文化素养,既达到高等教育立德树人的根本目的,也符合"双一流"学科的建设和人才培养的发展需要。

2 "纺织与服装外贸"课程思政建设的意义

近年来,国务院先后出台了一系列加强大学生思想政治教育的文件,习近平总书记也多次强调加强高校思想政治教育的重要性和必要性[2]。作为拥有"双一流"学科的天津工业大学为响应教育部"全面推进高校课程思政建设"的号召,一直以来都积极组织教师开展课程思政建设,纺织科学与工程学院作为培养我国纺织工程专业人才的平台,为更好地满足我国纺织服装产业及贸易发展的需要,开设了一系列关于纺织品服装对外贸易的课程,"纺织与服装外贸"课程基于纺织品服装的对外贸易业务学习,介绍了纺织品进出口贸易相关流程、法律法规等知识,阐述了纺织品服装贸易过程中准备、磋商、订立和履行合同所涉及的专业知识,是一门理论和实践性都很强的课程。根据"双一流"学科培养方案,该课程的学习目标定位于培养学生能够根据经济、政治、文化和地理等因素制定合理的纺织品服装贸易方案,并具备完成纺织品服装贸易流程的能力。自设立该课程至今,一直受到纺织贸易方向本科生和行业内企业的认可,取得了良好的教学效果和社会效益。然而,随着课程思政教育在高校课程中的逐步推进,如何把思想政治教育贯穿纺织工程专业教学全过程,尤其是"纺织与服装外贸"课程中,使之与思想政治理论课同向同行、互相渗透,最终实现高等教育"三全育人"与"立德树人"的根本目标,是笔者和授课团队一直以来不断探索的课题[3]。

3 "纺织与服装外贸"课程中蕴含的课程思政元素

在"坚持全面对外开放及经济全球化"和"建立世界经济共同体"两大全球化经济背景下,我国纺织品服装国际贸易行业发展势头良好,采取的贸易方式也是多种多样,作为世界上最大的纺织品服装生产和输出国,保持纺织品服装出口的持续稳定增长有利于我国外汇储备,同时也有助于增加社会就业并促进纺织业可持续发展[4]。然而,由于经济形势复杂多变,行业内经常出现缺乏诚信、虚假信息、违背职业道德、违反职业操守、损害国家和集体利益等不良现象。同时,纺织品服装对外贸易工作容易受到国外各种不良价值观的影响,这就需要从业人员具有更高的思想政治素养与觉悟。因此,纺织品服装外贸从业人员不仅需要受到法律法规和职业操守的约束,还要具备更高的思想政治素养。

基于此,我们结合"纺织与服装外贸"课程的特点,挖掘出其蕴含的课程思政元素(表1),立足于社会主义核心价值观,培养学生的爱国主义情怀,坚决做到文化自信、制度自信和民族自信。

表 1 "纺织与服装外贸"课程思政元素

教学内容	细分知识点	重点内容	课程思政元素
纺织与服装外贸概述	对外贸易基本概念、纺织品服装外贸基本业务流程	掌握国际货物贸易基本概念及其特点;对比国内和国际贸易不同特点	加强纺织品服装国际贸易行业认知,充分响应国家经济政策
对外贸易合同	合同条款、拟订合同的基本要求	了解名称条款、品质条款、数量条款、包装条款、运输条款及支付条款等重要条款	加强道德建设、建立正确的价值观,培育社会主义核心价值观,具备团队合作意识
贸易术语及价格核算	贸易术语、国际贸易惯例、价格计算	了解贸易术语的含义和特点、掌握不同国际惯例对贸易术语解释的要点	坚持科学辩证思想,全面落实科学发展观
对外贸易的支付	对外贸易常见支付手段及支付工具	掌握各种支付手段及支付工具的特点及纺织品服装对外贸易常用的支付方式	弘扬"企业家精神",宣扬诚实诚信价值观

4 "纺织与服装外贸"课程思政的实施方法

4.1 依托"双一流"背景,重构教学目标

根据"双一流"人才培养目标,结合课程思政要求重新构建教学目标,将学生思想道德品质建设加入到课程目标中,即"情感目标"。思政元素出现在每一章节、每个知识点中,在传授专业知识的同时润物细无声将思政元素教授给学生,最终达到理论认知与情感认同、显性教育与隐性教育相统一的教学目标[5]。在"双一流"和"课程思政"背景下,制定的课程教学目标更加符合新时代中国对大学生的要求,通过加入思政元素,学生可以将纺织专业内的相关知识与对外贸易理论及商务活动相关的专业知识联合起来,形成全新的纺织品服装外贸知识体系,以达成本课程的"知识目标"。同时,学生可以结合纺织领域专业知识与本课程的贸易相关知识,以解决实际贸易环境中所遇到的问题,达到"能力目标"的培养。除了达到上述的"知识目标"和"能力目标"之外,课程思政元素的引入可以激发学生的爱国主义情感,从而达到"情感目标"。例如,理解对外贸易对我国社会和经济的重要影响,培育学生社会主义核心价值观和爱国主义情操;在实际业务操作过程中遵守职业道德和规范;培养学生具备良好的文化自信及开阔的国际视野。

4.2 丰富教学手段

课程引入丰富的教学手段,如视频教学、互动式教学、案例嵌入式教学、启发式教学等[2]。在教学过程中,根据不同的教学目标选择不同的教学方法,有效地将思政元素与专业知识融合在一起,潜移默化地达到课程育人目标[6]。例如,在讲授对外贸易支付知识点时,可以选择案例教学方式,通过引入"一带一路中的很多国家都开始使用人民币作为结算货币"的案例,既让学生掌握专业知识,又让学生认识到这种现象的出现是我们祖国经济发展日益强大的结果、是我国在对外贸易中国家声誉不断提高的结果,这就可以提升学生的专业自信和民族自豪感。

此外,在课程思政教学环节中借助多媒体课件、实物、影像资料、运用"互联网+课程思政"的手段,引领学生学习先进思想与现代文化元素。同时,天津工业大学网络教学平台上还有纺织类相关课程的思政板块,推送各类纺织历史、纺织文化、纺织科技人员的先进故事等内容,为学生提供文字、音频、微课等形式的思政报道[7]。

4.3 培养团队合作精神

习近平主席强调,推进"一带一路"建设,要诚心诚意对待沿线国家,做到言必信、行必果。要本着互利共赢的原则同沿线国家开展合作,让沿线国家得益于我国发展。要实行包容发展,坚持各国共享机遇、共迎挑战、共创繁荣。因此,我们在教学中引入"一带一路"精神,利用团队合作完成大作业或是调研工作,培养学生的团队合作精神、培育合作共赢理念。"纺织与服装外贸"课程中涉及到贸易合同的履行,在实际工作中,这个环节往往是周期长、任务重、突发事件多,需要项目团队的很多员工共同协作完成。在课程的讲解中,这一部分的知识点需要同学们分组准备素材,课上进行专题演练,通过大家分工合作完成一个贸易合同。在前期准备和课堂演练的过程中,我们引导学生懂得"独木不成林"的道理,引入树立团队合作精神,培育合作共赢理念;引导学生从点滴知识进行积累,使其成为改变生活的强大武器。

4.4 以赛促学,增强创新思维意识

培养创新型人才是高校教育的首要任务,当今世界竞争日趋激烈,一个真正对社会有用的人才必须是一个高素质的创新人才[8]。专业竞赛一般具有实践性和创新性,以赛促学对学生创新思维发展有积极的促进作用,竞赛的内容又与所学课程有着紧密的关系[9]。根据高校学生的专业课程和课外实践开展的各类竞赛,要求学生拥有运用专业知识分析问题、解决问题的能力,学生在参与竞赛过程中可以提高分析问题和解决问题的能力,锻炼创新思维,从而使学生从被动式学习转变为在实践创造中主动学习。笔者和课程团队老师每年都会带领学生参加"全国大学生纺织贸易与商业策划创新能力大赛",并取得较好成绩,且参赛人数逐年增加,不仅调动了学生对专业知识的浓厚兴趣,也促使教师将创新、创业教育引入本科生教学中,实现了"以赛促学、以赛促教、以赛促用"的良好效果。

4.5 提升专业教师的课程思政建设能力

作为课程思政的实施者,专业课教师首先应接受相关的教育与培训,这是教师否能将课程思政做好做精的前提之一。因此,作为"双一流"学科,天津工业大学纺织科学与工程学院把课程思政纳入师德师风、教学能力等各类专题培训中,通过开展系列思政专题培训,提升教师在课程思政建设方面的能力,根据专业课程思政建设的特点、重点、难点和关键性、前瞻性问题,进行系统的、有针对性的培训,同时搭建专业课教师、思政课教师与辅导员的交流互动平台,使教师之间相关学习、取长补短,提高和促进了教师的思政教育能力。

4.6 优化课程评价指标

"立德树人"是实施课程思政的根本目的。为了达

到理想的教学效果，需要将教学效果具体化，使之具有可评价性，这样"立德树人"的目标才能落地[10]。为此我们开展了一系列工作，课程的考核环节包括"在线学习+专题汇报+课堂讨论+期末考试"的多模块考核评价机制。线上学习模块考核学生学习的主动性和自觉性，如学习时长及学习效果，教师可通过泛雅教学平台查看后台数据，培养学生诚信做人；期末考试模块要求学生进行考前教育并签署《诚信考试承诺书》；专题汇报、课堂讨论考核学生团队合作精神和能力。

5　结束语

　　"纺织与服装外贸"课程是纺织工程的专业基础课程，在专业教学中起到重要的作用。将思政元素引入课堂，有效地使学生学习专业知识，培养创新思维，建立正确的价值取向，真正实现了教书与育人的有机结合。笔者在教学设计中以"双一流"育人目标为前提，以学科专业建设特色为抓手，顺应时代发展，挖掘出具有课程特色的思政元素和资源，利用丰富的教学方法和手段，在传授专业理论知识的同时将爱国情怀、团队协作精神、合作共赢理念、大国担当责任等思政元素融入课程的教学之中。教学中积极引导学生参与学科竞赛，实现"以赛促学、以赛促教，以赛促用"的教学效果，培养具有正确世界观、人生观、价值观、职业技能卓越的纺织专业人才，彰显思政教育在专业课程教学中的重要性。

参考文献

[1]　郁崇文，李成龙，许福军. 纺织类专业课程思政教学的策略[J]. 纺织服装教育，2021(36)：422-425.

[2]　杨雪，辛斌杰. "纺织测试新技术"课程思政教学改革[J]. 纺织服装教育，2022(37)：131-132.

[3]　朱婕，高伟洪，陈卓明，等. 课程思政在纺织品服装进出口实务课程中的体现与融入路径[J]. 教育探索，2021：99-101.

[4]　李建峰，唐振华，陈绍华. 纺织业现状与发展趋势[J]. 福建轻纺 2010(12)：40-42.

[5]　谭玉鑫. 浅谈中小学心理教师的心理健康问题及有效应对[J]. 心理与健康，2021(9)：30-31.

[6]　金晶. 依托项目教学生成思维可见的课堂[J]. 文理导航，2020(11)：11-13.

[7]　李勇，邓敏，吴禧，等. 纺织工程专业课程思政建设的探索[J]. 福建轻纺，2021(12)：66-68.

[8]　崔金香. 以赛促学，提高学生创新能力的研究[J]. 才智，2019(23)：65.

[9]　孙晓霞，刘雯玮，王新厚. 纺织工程专业平台课程"纺纱学"的课程思政建设[J]. 纺织服装教育，2020(2)：122-125.

[10]　王建坤，张淑洁，李凤艳，等. 思政引领一流纺织课程建设与教学改革的探索[J]. 2022(37)：48-51.

Innovative teaching research about spinning series theory courses

ZHANG Meiling[*], WANG Jiankun

School of textile science and engineering, Tiangong University, Tianjin, China

Email address

zhangmeiling@ tiangong. edu. cn（ZHANG Meiling）, wangjiankun@ tiangong. edu. cn（WANG Jiankun）

Abstract：Spinning theory courses are important courses for textile engineering. There are some problems to be solved in traditional teaching, such as difficult contents, insufficient moral education, and simple assessment methods and so on. However our teaching team has built the spinning principle into a national first-class course as a model. we updated the teaching contents and improved online teaching resources and teaching methods. The ideology and information technology were integatrated into the classes. The whole teaching process was evaluated. The new teaching methods are suitable for students' cognitive and learning habits. The teaching objectives can be highly ensured. It has greatly played the role of guidance and has extensive popularization effect.

Keywords：theory course；teaching methods；first-class course

纺纱系列理论课程教学创新的研究

张美玲[*]，王建坤

纺织科学与工程学院，天津工业大学，天津，中国

邮　箱

zhangmeiling@ tiangong. edu. cn（张美玲）, wangjiankun@ tiangong. edu. cn（王建坤）

摘　要：纺纱系列理论课程是纺织工程专业的重要课程。传统教学中存在内容难度大、德育功能发挥不足、考核方式单一等问题。教学团队通过更新教材内容、完善线上教学资源、积极探索并实践多样化的教学方法，专题讨论融入思政，融入信息技术，全过程性地评学等，将纺纱系列课程中的"纺纱原理"打造成两性一度的国家级教学金课，解决了教学中存在的痛点问题。全新的教学模式更符合学生的认知规律和学习习惯，有效提高了学生的学习效果，有力保障了教学目标的充分实现，充分发挥了示范引领作用，具有广泛的推广应用价值。

关键词：理论课程；教学模式；金课

1　引言

　　天津工业大学办学历史悠久，积淀深厚，纺织学科是天津工业大学最早的学科。2017 年，纺织科学与工程学科入选国家"双一流"学科建设序列；纺织工程专业是国家级一流本科专业建设点，纺纱系列理论课程是纺织工程专业的重要课程，其中"纺纱原理"被评为国家级线上线下混合式一流课程，"新型纺织技术"支援西部，慕课西行。

2　纺纱系列理论课程教学中的问题导向

2.1　创新教学模式，加深课程内容的理解度

　　纺纱系列理论课程是基于力学综合的纤维运动学和动力学，工程性、实践性很强，学生对教学内容理解存在较多难点。为此课程利用线上资源学习基本知识和原理，线下领学重点难点；及时更新教材，制作课件、视频、动画，采用提问，抢答，讨论、翻转课堂等形式提高课堂参与度，提高学生学习兴趣，加深对知识的理解和掌握；分组专题讨论拓展课外知识；精心搭配理论与实验

教学提高实践能力。多样化的教学模式,提高了学生对内容的理解度。

2.2　融入课程思政,教书与育人密切结合

课程主要讲授工科专业技术,与德育内容语境跨度大,存在德育内容少、作用不充分等问题。因此在教学内容中,科学安排课程思政元素。在课程的主要知识模块,设置由学生自主完成的专题内容。如在"纺纱原理"的课程中,关于"梳理"章节的内容,设置专题为"论述现代高产梳理机发展的主要进步",将人工智能、大数据技术、纺织强、中国强等技术和理念融入;如在"新型纺织技术"的课程中,关于"紧密纺"章节的内容,设置专题为"紧密纺的必要性及主要进步",以习近平总书记"绿水青山就是金山银山"为引领,以中国提出的两个阶段碳减排为奋斗目标,将绿色发展、美丽中国等发展理念融入,实现课程教学与思政教育同频共振。

2.3　强化过程评价,激发自主学习能力

传统课程考核更注重期末考试,不利于有效评价学生学习效果,激发学生的自主学习意识。课程采用了"在线绩效+平时考核成绩+期末考试成绩"的全过程成绩评定方式。充分调动学生学习的自觉性和主动性,全面分析课程目标的达成情况,不断持续改进教学方法。

3　课程教学的创新性

教学团队采用线上与线下混合式教学方式,对教学内容、教学活动、教学方法和教学评价进行了精心的设计和实施,以有效地解决教学中存在的问题,更好地实现课程目标。对于课程教学中存在的 3 个问题,分别采取了创新教学模式、融入课程思政、强化过程评价的解决方案,每一种解决方案由具体的措施来支撑,例如教学内容、线上线下混合、多层次问题以及教学方法来支撑创新教学模式等[1]。

3.1　课程目标与科技发展及社会需求紧密结合

纺纱系列课程以学生发展为中心,充分激发学生的创造潜能。将教学内容通过线上线下合理配合、课内课外有效结合,如以"纺纱原理"为例,使学生掌握不同纤维在不同生产系统、流程和设备进行纺纱时的基本原理和共性知识,理解纺纱过程的理论体系和实际应用规律;具备运用基本理论识别、分析、判断纺纱关键环节与参数,以及根据要求开发纱线的能力;将我国在纺织领域的发展、地位和最新应用等内容融入,在专业素质教育中强化国家意识、传承民族情怀,树立理想信念,培养学生社会责任感[2]。

3.2　线上与线下密切结合,混合式教学

3.2.1　更新教学内容

教材是课程的基础,为适应高等纺织教育厚基础、宽口径的培养要求和纺织工业的最新发展,本教学团队主编了教材《纺纱原理》,于 2020 年 10 月出版。高度凝练和深入分析了纺纱加工中原料选配、开松、梳理、精梳、牵伸、加捻、卷绕等模块的基本概念、基本原理及其在成纱工艺中的应用,使学生掌握纺纱加工的基本原理和应用规律。该教材为线上线下教学内容提供了最新的素材。如在 2019 年编写了《新型纺织技术》中的《新型纺纱技术》,系列课程同时制作了与教材配套的集图片、动画和视频为一体的多媒体课件,配置了纺织实验课程,促进了理论内容的理解。

3.2.2　线上线下混合式教学方式

纺纱系列课程基本都采用了线上线下混合式教学方式。如"纺纱原理"课程自 2010 年一直在建设和应用网络课程资源。2019~2020 学年秋学期,开通了泛雅网络教学平台和"学习通"线上教学平台。采用"线上自学一般内容,线下教学内容以重点难点知识和体现新技术、新应用、新发展的专题内容为主"的混合式教学方式。如"新型纺织技术"自 2020 年在泛雅网络教学平台和"学习通"建设了网络课程资源,网络资源的建立与应用使教学从课堂内延伸至课堂外,有效地缓解了教学课时不足的矛盾,实现了教学时空的穿越[3]。

3.2.3　多样化的教学方法和活动

教学团队内部的教学活动:学习教学团队负责人的全程授课视频。该教学视频是教学团队每个成员的宝贵学习资源,是每位团队授课的模板。教学团队还学习老教师传承的教案和讲稿。教学团队的成员之间,都会定期或自发地讨论和解决随时碰到的难点。教师们苦练内功,打造一流课程。

模块化多层次问题的学习:对于主要模块,围绕知识、能力和素质三个方面,开展问题引导式学习。对于素质层次的问题,以体现新技术、新应用、新发展的专题内容为主,如在"纺纱原理"课程中开展专题"论述现代高产梳理机发展的主要进步",将智能制造、大数据等新发展融入,增加内容的高阶性与创新性,提高学习挑战度。如在"新型纺织技术"课程中开展专题"紧密纺的必要性及主要进步",以科技不断创新、节能降耗为使命,引导学生勇攀高峰、保护环境为己任。

其他方法:组织学生参加企业专家课堂,进一步学习一线纺织专家的经验智慧。增强学生学习的主动性,如学生讲问题:老师可以指定或随机抽取问题,学生讲解。生讲生评:学生讲解,学生评价。生问生答:学生提问,学生回答。生生讨论:学生分组讨论。平台答题或随堂练习等。设立班级教师助理,网络教师助理。通过

多种教学方法,调节课堂气氛,吸引学生的注意力,增强学生对专业知识的掌握[4]。

3.2.4 全过程性的教学评价

线上绩效主要考查学生线上章节自测题、登录次数、章节视频学习时间等线上学习行为。平时考核成绩:主要考核学生课堂提问、抢答、专题汇报和课后作业等平时学习情况。如讲解评价,主要考查学生讲解的清晰度,准确度等,满分 10 分。互动环节,学生回答问题或讨论问题,满分 5 分。平台测试,平台对客观题自动计分,主观题由教师和教师助理打分,满分 20 分。专题汇报,教师审核通过文字报告,满分 10 分;学生汇报,教师和学生代表打分,满分 10 分。以上平时考核由平台采集过程数据并记录成绩。期末考试成绩:主要考核毕业要求指标点的达成情况。采用笔试、闭卷,题型以填空、选择、判断、简答、计算等题型为主。全过程性考核由在线绩效 20%、平时考核成绩 30% 和期末考试成绩 50% 组合而成。

4 课程与信息技术的高度融合

课堂团队把握新时代学生学习特点,利用现代信息技术手段开展课程教学活动。PPT 课件配有大量图片、动画和视频等,生动展示教学内容,促进学生的知识吸收;充分利用超星教学平台,开展课程教学活动;利用超星平台开展课程学习评价[5]。

5 课程教学创新成果的推广应用

5.1 教学效果

根据课程目标的达成度报告,近三年课程的四个目标达成度平均都在 80% 以上;我校学生评教,团队教师都被评为优秀;基于学生的问卷调查进行分析与总结。48 人参加了问卷调查。经汇总整理,大部分学生喜欢采用线上线下混合式教学方式,问题引导式的学习,利用教学平台进行主题讨论、随堂练习、提问、答题的方式。认为查找各知识点的新技术和新发展对课程学习有很大帮助。

5.2 学生学习成果

指导学生参加第六届中国国际"互联网+"大学生创新创业大赛;指导的学生关于涡流纺中纤维的运动获得了校级优秀毕业论文。近五年,我校纺织工程专业学生,参加全国大学生纱线设计大赛,参赛人数与获奖学生人次均名列前茅。每年申请大学生创新创业大赛十项以上等。

5.3 教学成果

学校与团队投入大量人力物力长期致力于"纺纱原理"一流课程的培育与建设,于 2020 年建成国家级线上线下混合式一流课程,全新的教学模式更符合学生的认知规律和学习习惯,有效促进了教学。也带动了"新型纺织技术"纺纱系列理论课程的同步改革和创新。团队的教学设计与改革实践多次在全国纺织类专业教学研讨会和纺织相关院校做交流发言,发挥了示范引领作用。

6 结论

教学过程采用多样化混合式的教学新模式,有效地提高了纺纱系列理论课程的理解度,实现了知识传授与价值引领相结合,解决了过程性考核评价不足等普遍性问题。提高了学生学习的挑战度,增强了学习的积极性与主动性,形成了教师与学生共融、知识与创新共生的良好学习氛围,有效促进了课程目标的达成。未来将紧跟时代步伐,持续改革和创新教学,为国家和社会培养出有担当、有使命的爱国专业人才。

致谢

本文为国家教育部产学合作协同育人项目《"纺纱原理"金课的建设及教学改革》(202101293061)和天津工业大学校级项目《新工科理念下纺纱原理课程教学模式的研究与创新》(2017-2-01)的阶段性成果之一。

参考文献

[1] 赵小蕾,刘金秀,许喜斌."双一流"背景下的"四部曲"教学模式改革创新[J].高等教育研究学报,2021,44(4):18-21,60.

[2] 邢至晖.数字化转型背景下的双线混融教学实践创新[J].中小学数字化教学,2022(1):83-87.

[3] 陶慧,孙业红.身体与空间的互构:具身教学的创新路径研究[J].黑龙江高教研究,2022,40(1):156-160.

[4] 杨爱英,徐军锋,王德胜.教学资源新平台的构建:以信息素养与创新能力课程为例[J].高教学刊,2022,8(1):49-53.

[5] 门金龙,欧杨柳,郑鸿区,等.基于项目式教学的石化安全应急创新人才培养[J].化工高等教育,2021,38(6):75-81.

Exploration on the practical teaching system for the cultivation of innovative and applied talents under the background of the integration of production and education

ZHANG Shumei[1], WANG Wenzhi[1], QU Yanmei[1], GUO Xiaoyun[2]

1 College of Textile Science and Engineering, Yantai Nanshan University, Yantai, China

2 Shan Dong Nanshan Zhishang SCI-TECH Co. , Ltd, Yantai, China

Email address

942818158@ qq. com(ZHANG Shumei) ,414424613@ qq. com(WANG Wenzhi) ,2230036857@ qq. com(QU Yanmei) ,526590265@ qq. com(GUO Xiaoyun)

Abstract: Under the background of the integration of production and education, with the goal of cultivating high-quality innovative and application-oriented talents, our school makes full use of the excellent resources of the whole industrial chain of the enterprise, schools and enterprises jointly formulate talent training plans, optimize and improves the curriculum structure system, build practical teaching platforms and a two-way exchange platform for school-enterprise personnel, jointly build a practical teaching quality assurance system and a practical teaching evaluation mechanism, and integrate enterprises into all aspects of innovative and applied talent training, strengthen practical teaching links, and comprehensively improve the quality of innovative and applied talent training.

Keywords: integration of production and education; practical teaching; talent development

产教融合背景下创新应用型人才培养实践教学体系探索

张淑梅[1],王文志[1],曲延梅[1],郭小云[2]

1 纺织科学与工程学院,烟台南山学院,烟台,中国

2 山东南山智尚科技股份有限公司,烟台,中国

邮　箱

942818158@ qq. com(张淑梅) ,414424613@ qq. com(王文志) ,2230036857@ qq. com(曲延梅) ,526590265@ qq. com(郭小云)

摘　要:在产教融合背景下,以培养高素质创新应用型人才为目标,充分利用企业优良的全产业链资源,通过校企共同制定人才培养方案,优化完善课程结构体系,搭建实践教学平台和校企人员双向交流平台,共建实践教学质量保障体系和实践教学评价机制,将企业融入创新应用型人才培养各个环节,强化实践教学环节,全面提高创新应用型人才培养的质量。

关键词:产教融合;实践教学;人才培养

1 引言

中国纺织工业"十四五"规划明确定位:纺织工业是国民经济与社会发展的支柱产业。当前,随着新材料、绿色制造技术、先进纺织品生产技术、智能制造关键装备等领域的创新与发展[1],我国纺织行业正处在高质量发展新阶段,而新材料、新技术、新业态、新模式的发展与应用迫切需要一大批具备创新能力的应用型人才支撑。创新应用型人才培养的关键在于创新能力和工程实践能力的培养,实践教学是巩固理论知识的有效途径,是培养学生创新能力和工程实践能力的重要环节。

国务院办公厅在《关于深化产教融合的若干意见》中指出,要深化产教融合,加大行业企业参与办学的深度与广度,将教育链、人才链、产业链、创新链有机衔接起来,发挥企业和学校的双主体作用,紧密围绕产业需求,强化实践教学,完善创新应用型人才培养体系[2]。本文以应用型本科院校烟台南山学院纺织工程专业为例,秉承"校企一体,协同育人,能力为重"的办学理念,充分发挥集团办学优势,以高素质创新应用型人才为培

养目标,以产教深度融合为背景,校企协同构建与完善科学有效的实践教学体系。

2 普通本科高校实践教学中存在的问题

2.1 实践教学体系建设不完备,教学重理论、轻实践

第一,部分普通本科高校仍受传统的教育教学理念影响,教学过程普遍以理论教学为主,实践教学只作为理论教学的补充[3],实践教学内容设计大多以验证性实验为主,实践教学过程也以教师为主体,将实验的原理、方法和结果直接展示,使得实践教学流于形式,忽视对学生工程实践能力和创新能力的培养。第二,实验室、实验设备和实习基地等建设经费投入不足,造成实践教学设施配备不齐全,设备陈旧落后,甚至部分设备损坏,维修不及时而不能满足正常实践教学的需要[4]。第三,教师对课程评价以理论知识考核为主,不注重对工程实践能力的评价,导致学生缺乏主动参与实践教学活动的积极性。

2.2 实践教学培养目标不明确

部分普通本科高校没有针对产业需求准确定位人才培养方向,高校单方面制定人才培养方案,专业设置与地方产业发展脱节,课程设置与企业岗位需求脱节,学生在校的实验实训内容与企业不接轨,造成学生的知识结构和社会需求的专业技能严重脱节[5],企业对学生的工程实践能力不认可,最终导致学生就业难。

2.3 教师缺乏实战经验,双师型教师配备不足

具有丰富的工程实践经验的高素质双师型教师团队是有效提升创新应用型人才培养质量的关键。目前,我国普通本科高校的师资队伍结构单一,大多教师是从高校毕业后直接进入学校从事教育工作[6],理论知识相对丰富,但缺乏进企业的工程实践经验,造成"双师型"教师比例失衡,不能满足实践教学需要,最终影响实践教学质量的提升。

2.4 校企合作存在单向性、暂时性,缺乏协同育人长效机制

一方面,由于普通本科高校教师缺乏企业实践经验,产品研发能力和为企业提供技术服务的能力不强[7],另一方面,学生掌握的知识与合作企业的岗位需求不匹配,达不到实习顶岗的要求,导致企业参与校企合作的积极性不高或流于形式,即使合作也仅停滞在学生实习层面,缺乏从人才培养方案制定、专业课程开发

建设、实验实训基地建设到实践教学管理评价体系等方面更深层次的合作,导致高校培养的人才有效供给和区域经济产业发展实际需求脱节。

3 产教融合背景下实践教学体系的构建与完善

产教融合是培养高素质创新应用型人才的必由之路,把产教融合贯穿于创新应用型人才培养全过程,能够更好地培养适合社会经济和行业发展的高素质创新应用型人才[8]。

3.1 产教融合,校企联动,共建以应用能力培养为主线的应用型课程体系

以地方经济和产业发展对人才的需求为目标,以就业为导向,围绕培养创新应用型人才的办学定位,依托集团化办学的地理优势和先进的产业链资源优势,以产教融合为切入点,校企联动,共同制定人才培养方案,全面推进创新应用型人才培养"专业与产业、课程内容与行业职业标准、教学过程与生产过程"三对接[9],确保人才培养与企业岗位需求无缝有效衔接。

3.1.1 建立模块化课程体系动态调整机制

针对集团纺织服饰全产业链资源,开展了纺织工程专业岗位群调研,整合了基于工作过程的课程设置,建构了纺、织、染、整四个方向的精细培养模块化课程体系。

3.1.2 创新实践教学方法,深化实践教学改革

增加实践课程课时,动态调整实践教学内容,将专业课程的教学带入生产基地,探索实施了多元化的实践教学模式。如,专业课程"课内实验"与企业一线生产相结合;课程设计、岗位综合训练、毕业论文等"集中实践环节"采取以"课堂进车间"的一线生产实地授课模式;"创新训练课程"与学科专业竞赛有机结合,构建"赛学一体"的实践教学模式。

3.1.3 基于生产岗位,优化课程标准

将一线生产岗位的新工艺,新技术标准向专业课程融合渗透,实现了"岗位技术标准"融入"教学大纲",优化了课程标准。

3.1.4 基于校企一体化,开发课程教材

以校企合作最新科研成果和一线生产案例为素材,将理论知识教学和生产实践过程进行融合,校企共同编写基于企业实际生产过程对接的配套教材,实现人才培养与企业岗位的零距离接轨。

3.2 校企协同搭建实践教学平台

3.2.1 校企共建"校企互赢"的校外顶岗实践基地

依托集团完整的产业链资源,以资源共享为切入

点,建立实体性实践教学基地和实习实训基地。通过"课堂进车间"的形式,以企业实际工作项目为导向,根据工作过程,通过工作任务展开实践教学,并以学生为主体,激发学生参与实践的主动性,使师生在"做中教、做中学、做中练、练中导",实现了课堂与车间、理论与实践、教学与生产有机结合,提高了学生的实践技能,实现了教学内容与岗位工作的无缝对接。

3.2.2　建立专业创新工作室

学校和企业研发中心共建专业创新工作室,为师生搭建一个集教科研课题研究、产品设计研发、学科专业竞赛于一体的互动共赢平台。通过该平台学生直接参与企业的新产品开发研制、技术攻关及横向课题研究,将创新性设计与企业产品融合,将教育力以最快的速度转化为生产力,同时满足对学生的个性化人才培养。

3.2.3　搭建学科竞赛平台

整合学校和企业的优质资源,以创新性实践课程为基础,以学科竞赛为导向,以大学生科技创新项目为载体,构建"赛学一体"的实践教学模式,为学生搭建"校级—省级—国家级"三级学科竞赛和科技创新项目实践平台。校级竞赛突出学科和专业特色,扩大覆盖面和参与度,强调长效性;校外竞赛以省、国家级科技竞赛项目为依托,在校内竞赛的基础上,选拔组建多元化的科技创新团队,强调竞赛的针对性和成果转化[10];利用"互联网+"建立科技创新网络系统,营造适合科技创新人才成长的校园文化环境和学术氛围,激励更多的学生参与到科技创新竞赛中。

3.3　搭建校企人员双向交流平台

3.3.1　校企共建教师"双师素质"培养平台

学校有计划有组织地选派专业教师到合作企业挂职锻炼6~12个月,让专业教师以技术人员身份参与到企业的生产过程管理、项目研发和科技创新中,提升专业教师的科技研发能力和实践教学能力。

3.3.2　校企共建专兼结合"双师结构"教学团队

发挥学校与集团同根同源的人才资源优势,探索灵活多样的人员聘任方式。一是聘请企业技术人员进校做兼职教师。二是聘请企业高管和行业专业人士兼职院系部领导或担任客座教授。三是引进既有较高理论水平,又具备高技能的人才到校任教等[11]。通过校企人力资源的合理流通与共享,优化"双师型"师资队伍结构,提高专业实践课程教学质量。

3.3.3　校企联合组建科研团队,共建科技研发平台

以校、企、教师三方资源优势为结合点,以教科研项目为纽带,校企联合组建多方向的教科研团队,共建工程技术研发中心,通过开展基于产业链的技术创新与攻关以及新工艺技术的应用研究,提高了研究成果的实用性和转化率,同时提升教师的科技创新研发能力。

3.4　完善实践教学管理制度,构建实践教学质量监督保障体系

完善的制度建设是保证实践教学质量的关键。首先,校企联合设立了产教融合办公室,并通过健全校企合作监督与管理各项制度,强化了日常组织与管理工作,明确了校企双主体责权利。其次,完善了实验教学管理规定、实习教学管理规定和本科生毕业论文(设计)管理工作实施细则等实践教学管理规定,强化了对实验教学中心、实践教育基地建设和实践教学活动的全程监督与管理,规范了实践教学运行[12],切实保证了实践教学质量。最后,加强对实践教学经费的评价与评估,结合不同学科专业的教学发展需求,学校按需调配相关经费,并定时投入到各专业的实验、实习实训等实践教学活动中。

3.5　建立和完善实践教学评价机制

立足实践教学规律,对实践教学主要环节的组织管理、教学过程、教学效果制定科学、合理的评价标准[13]。首先,建立教师、学生、用人单位和社会多元化的评价主体。其次,设置多元化的评价指标,在实训实习实践性课程的考核中,采用过程性与终结性相结合的考核方式,并以学生成果产出过程为重点,注重人才培养过程和潜能的发挥,突出过程化、经常化。最后,评价方式多样化,采用教师和企业导师共同评价、学生互评、学生自评,以及学生对教师(企业导师)评价相结合的评价方式。在考试评价中减少标准化内容,增加开放性考核内容,激发学生的开放性思维。同时,对教师的实践教学环节采取课堂现场教学评价和课后总结性评价结合的方式[14],以督促教师对实践教学水平的持续改进。

4　结论

在国家大力推行产教融合的背景下,校企协同培养创新应用型人才是高等职业教育的必然要求。实践教学是提高创新应用型人才培养质量的重要环节,我校在长期办学实践中,以突出培养学生的创新能力、工程应用能力为重点,加强课程体系建设,突出实践教学环节的优势特色,着力构建并不断完善了以专业课程"课内实验"、课程设计类"集中实践环节"和"创新训练课程"等多元化实践教学模式,全面提升了学生的工程实践能力、创新能力和专业综合能力,满足了地方经济发展对创新应用型人才的需求。

致谢

本文为2022年度山东省教学研究项目(22JX214)、烟台南山学院纺织工程课程思政示范专业(NSSFZY

202210)、2021 年"纺织之光"中国纺织工业联合会高等教育教学改革研究项目(2021BKJGL749)、山东省高等教育本科教改项目(C2016M062)、山东省教育科学"十三五"规划课题(YC2019413)、2022 年烟台南山学院教学改革研究项目的阶段性成果之一。

参考文献

[1] 推动纺织服装产业智能化高端化转型[EB/OL]. https://www. chinairn. com/hyzx/20210204/142250939. shtml.

[2] 张瑞春.产教融合背景下应用型本科院校兽医人才培养路径探索[J].安徽农业科学,2020,48(4):265-268.

[3] 崔岩,高菲,王德伦.机械类专业卓越工程师培养体系的研究与实践[J].黑龙江教育(高教研究与评估),2015(11):68-69.

[4] 冯万军,杜慧玲,贺立恒,等.基于创新型人才培养模式实践教学体系的探索与实践:以种子科学与工程专业为例[J].高等农业教育,2015(4):70-73.

[5] 刘建平,宋霞,杨植,等."产教融合、校企合作"共建高校实践教学体系[J].实验室研究与探索,2019,38(4):230-232,245.

[6] 绍林.当前我国高校创业教育发展刍议[J].大众商务,2009(24):200,202.

[7] 洪晓波.应用型本科高校产教融合的影响因素及发展策略:基于政府、高校、企业的视角[J].改革与开放,2019(5):105-107.

[8] 王健,许秀清,詹友基.产教融合:培养高素质应用型人才的必由之路[J].中国高校科技,2016(7):55-57.

[9] 李亚昕.企业参与现代职业教育治理研究[D].天津:天津大学,2017.

[10] 张淑梅,左洪芬,王文志,等.校企协同视角下大学生科技创新能力提升探究[J].服装设计师,2022(1):139-142.

[11] 张淑梅,王文志,曹贻儒,等.高校教师与企业技术人员双向流动问题与对策研究[J].当代农机,2020(11):67-68.

[12] 赵忠,赵曼,刘彬让,等.坚持产学研合作教育 培养高素质创新人才[J].中国农业教育,2001(5):28-29.

[13] 曾臻.应用型本科高校实践教学体系研究[D].昆明:云南师范大学,2020.

[14] 王璐,孟凡静,李雯.创新创业型人才培养质量评价体系的构建[J].技术与创新管理,2013,34(5):487-490.

Teachingreform and practice of "Fancy yarns" bilingual course under the background of new engineering

ZHAO Lihuan*, ZHOU Baoming, WANG Jiankun, HU Yanli, LI Cuiyu, ZHANG Meiling

School of Textile Science & Engineering, Tiangong University, Tianjin, China

Email address

zhaolihuan@ tiangong. edu. cn（ZHAO Lihuan）, zhoubaoming@ tiangong. edu. cn（ZHOU Baoming）, jiankunwang@ tiangong. edu. cn（WANG Jiankun）, Huyanli72@ sina. com（HU Yanli）, licuiyu@ tiangong. edu. cn（LI Cuiyu）, zhangmeiling@ tiangong. edu. cn（ZHANG Meiling）

Abstract：Benchmarking the training requirements of new engineering, and aiming at the lack of experimental practice and yarn innovation design in the spinning series courses, the single and incomplete course assessment method, and students' low learning initiative and narrow international vision, teaching team of "Fancy Yarn" bilingual course has carried out teaching reform. In order to reform the teaching mode, assessment method and curriculum system, the teaching team introduced the latest development technologies of the industry and the latest requirements for talent training into the teaching process. So far, a good student training effect has been achieved.

Keywords：new engineering; Fancy yarn; teaching reform

"新工科"背景下"花式纱线"双语课程教学改革与实践

赵立环*,周宝明,王建坤,胡艳丽,李翠玉,张美玲

纺织科学与工程学院,天津工业大学,天津,中国

邮　箱

zhaolihuan@ tiangong. edu. cn（赵立环）, zhoubaoming@ tiangong. edu. cn（周宝明）, jiankunwang@ tiangong. edu. cn（王建坤）, Huyanli72@ sina. com（胡艳丽）, licuiyu@ tiangong. edu. cn（李翠玉）, zhangmeiling@ tiangong. edu. cn（张美玲）

摘　要:对标"新工科"培养要求,针对纺纱系列课程中缺少实验实践和纱线创新设计环节,课程考核方式单一、不全面,学生学习主动性差、国际视野窄的问题,"花式纱线"双语课程教学团队将产业最新发展技术、行业对人才培养的最新要求引入教学过程,对课程教学模式、考核方式、课程体系进行了教学改革与实践,取得了良好的效果。

关键词:新工科;花式纱线;教学改革

1　引言

《"新工科"建设复旦共识》中对地方高校的要求是:"……培养大批具有较强行业背景知识、工程实践能力、胜任行业发展需求的应用型和技术技能型人才。"该共识中还表示,"新工科建设需要借鉴国际经验、加强国际合作""培养具有国际化视野的创新型工程技术人才"。天津工业大学作为市属高校一直以来注重对学生各项能力的培养,我校纺纱教学团队对标新工科对学生的培养要求,立足纺织产业转型升级、向价值链高端发展的需求,遴选纺纱系列课程中培养学生高阶纺纱知识和纱线创新设计理念的"花式纱线"双语课程进行教学改革与实践[1]。

为了达到预期教改效果,教学团队首先梳理了"花式纱线"双语课程教学中存在的问题[2-3]:学生学习主动性差,课程考核方式单一、不全面,课程中缺少实验实践和纱线创新设计环节,学生国际化视野窄。针对以上问题,我校纺纱教学团队明确了创新教学模式、丰富课程考核方式和创建科学合理的教学体系等全方位的"花式纱线"双语课程教学改革思路。该课程改革不但顺应"教育工程认证"和"新工科"对拥有跨语种交流和

学习能力、具有国际视野的复合型工科类人才培养的需要[4-5]，而且可丰富纺织现有专业课程教学模式，提高学生的英语和专业水平，增强我校培养人才的国际竞争力，促进我国高等教育的国际化[6-8]。

2　"花式纱线"双语课程教学改革与实践

2.1　教学模式的构建

以培养学习主动性强、具有国际视野的创新型纺织工程技术人才为着力点[9-10]，聚焦纺织产业和技术的最新发展以及纺织行业对人才培养的最新要求，教学团队首先设置难易适中的花式纱线设计项目（如"阻燃、防紫外线装饰用竹节纱""清凉、抗菌功能型袜用紧密包缠纱""柔性导电包芯纱""抗菌、亲肤圈圈线"和"基于废纺的菱形花式线"等）用于教学。为了充分调动学生的学习积极性、增加国内学生锻炼英语口语的机会，组织留学生（学生来自于德国、波兰、斯里兰卡、巴基斯坦、孟加拉国等国家，其所上课程为"Fancy Yarns"，与"花式纱线"双语课程同期开设，授课教师也来自于"花式纱线"双语课程）与国内学生组队选择项目进行研究。要求各组学生充分讨论项目中纱线的特点、设计要求和难点并反馈给授课教师，学生带着纱线设计项目问题查阅资料，观看线上"Fancy Yarns"全英文授课视频，在初步掌握"花式纱线"双语课程知识的基础上，组内讨论纱线设计思路和方案，并一起准备汇报课件。线下课堂上，教师组织各组学生进行纱线设计项目汇报，教师分别采用中、英文两种语言进行点评、答疑和讲解重难点并组织学生充分沟通交流，确保每位学生都有发言机会和掌握主要花式纱线的特点和设计要点；由教师和其他组学生对汇报组学生进行评分。课后，各组学生总结教师点评要点，考虑纱线设计目标并结合同学所提意见或建议，完善纱线设计项目资料，上交最终纱线设计方案。此问题导向、国内学生与留学生协作交流、学生为中心、教师为主导的线上线下混合式双语教学模式的实施，有效激发了学生学习主动性，锻炼了学生外语交流能力，拓宽了学生国际视野。

2.2　课程考核方式改革

为了科学设置"花式纱线"双语课程的考核方式，实现对课程全过程、多角度、全方位的考核与评价，实施了"线上+线下""教师主评+生生互评""课前+课中+课后"的课程考核方式。具体地，适当降低期末考试成绩占比（占总成绩60%），增加课前线上学习成绩（占总成绩15%），考核学生观看教学视频的时长、线上作业完成情况等指标；线下课堂上的学生表现成绩占总成绩

15%，其中，10%用于考核小组对纱线设计项目的汇报情况（考核设计思路和方案的清晰度、知识点理解的正确性、学生发言状态、课件制作质量等，教师和学生均评分，教师和学生评分占比为3∶2），5%用于考核全体学生的课堂表现、发言积极性和阐述观点的正确性等；课后作业成绩占总成绩10%，鼓励学生按时上课、认真听讲和按时、保质完成课后作业。

2.3　课程体系建设

结合我校纺织工程专业的培养目标和"新工科"对专业人才的培养需求，明确现有纺纱类课程以及"花式纱线"双语课程教学存在的问题，梳理各教学环节间的关系，以培养实践能力强、创新能力强、具备国际竞争力的高素质复合型人才为着力点，在相关政策支持下，对"花式纱线"双语课程进行教改立项，构建了"课堂教学+实验实践+学科竞赛"的分层次、递进式、相互衔接、突出培养学生实验实践和创新设计能力的课程体系。

该体系通过"花式纱线"双语课程的课堂教学，使学生了解花式纱线在各种织造方式中的应用、花式纱线的分析等，掌握各种花式纱线的结构特点、应用领域、典型纺制案例以及花式纱线的主要生产方法，重点培养学生设计花式纱线和用英语交流的能力并拓宽学生的国际视野，为进一步进行纱线创新设计及纺制打下必要的基础。在"花式纱线设计实验"教学中，试纺几种典型的花式纱线，使学生掌握花式纱线的成型方法，能够熟练纺制典型花式纱线品种并理解纱线结构和花型设计的多样性，为纱线及其织物创新设计奠定基础。最后，在"新型纱线设计与试纺——暨全国大学生纱线设计大赛培训与准备"启智夏令营，结合全国大学生纱线设计大赛要求，充分调动学生的创新和实践积极性，使学生在纱线结构、色彩搭配和功能上进行组合创新，实现学生创新和实践动手能力的双提升。

在第五学期"纺纱认识实习"和"纺纱验证性实验"的基础上，将"花式纱线"双语课、"花式纱线设计实验""纱线成形试纺实验"和"新型纱线设计与试纺——暨全国大学生纱线设计大赛培训与准备"启智夏令营，均安排在第六学期，且"花式纱线设计实验"随"花式纱线"双语课程分散实施，并将放假前4周安排为3周的"纱线成形试纺实验"和1周的"新型纱线设计与试纺——暨全国大学生纱线设计大赛培训与准备"夏令营，既实现了对学生基础实验实践能力的训练，又突出了对学生创新能力的培养。

以上为"花式纱线"双语课程教学改革与实践而建设的"课堂教学+实验实践+学科竞赛"的分层次、递进式、相互衔接的课程体系及实施模式，提升了学生纺纱理论知识，激发了学生的创新思维，强化了学生实践动手和创新能力，使学生在纱线结构、色彩、功能及应用上

创新设计、取得突破。我校学生在 2014~2021 年的全国大学生纱线设计大赛中共获得特等奖 3 项（自 2018 年第九届全国大学生纱线设计大赛开始设置特等奖），一等奖 17 项，总获奖数目达百余项。

3　教学改革与实践的创新点

"花式纱线"双语课程教学改革与实践的创新点可归纳为以下三点：

（1）建成的问题导向、国内与国际学生交互融通、学生为中心、教师为主导的线上线下混合式教学模式，突出培养了学生的学习主动性和英语交流能力，拓宽了学生国际视野，提升了教学效果。

（2）实施的课程考核方式，体现了学生线上和线下的学习效果，考虑了同学间的评价，兼顾了课前、课中和课后学习表现，实现了全过程、多角度、全方位的课程考核与评价。

（3）构建的"课堂教学+实验实践+学科竞赛"的课程体系，对学生实施了"理论基础→综合应用→研究创新"分层次、递进式的培养，在夯实学生专业理论知识的基础上，着重培养了学生的实验实践和创新设计能力。

4　结论

"花式纱线"课程是纺织工程专业课程，是纺纱系列课程的重要组成部分，对培养具有国际视野的创新型纺织工程技术人才具有重要作用。在"新工科"背景下进行的"花式纱线"双语课程教学改革与实践，建成了问题导向、生生（留学生和国内学生）互动、学生为中心、教师为主导的线上线下混合式教学模式，实施了"线上+线下""教师主评+生生互评""课前+课中+课后"的全过程、多角度、全方位的课程考核方式，构建了

"课堂教学+实验实践+学科竞赛"的分层次、递进式、相互衔接、突出培养学生实验实践和创新设计能力的课程体系。解决了学生学习主动性差和国际视野窄、课程考核方式单一和纺纱系列课程中缺少实验实践和纱线创新设计环节等问题。本教学改革在培养学生理论、实践和创新能力方面均取得了较好的教学效果。

参考文献

[1] 卿黎，王超. 新工科背景下高校双语习得研究[J]. 教育现代化，2019（45）：183-184.
[2] 赵立环，王建坤，刘雍，等. "花式纱线"课程双语教学初探[J]. 纺织服装教育，2013，28（3）：245-247.
[3] 周宝明，王建坤，刘建中，等. "纱线设计实验"教学改革的探索与实践[J]. 纺织服装教育，2014，29（1）：67-69.
[4] 胡勇，李元东，丁雨田. "新工科"建设背景下《材料成型技术》双语课程教学改革之初探[J]. 高教学刊，2021（2）：133-136.
[5] 胡勇，李元东，丁雨田. "新工科"建设背景下《材料成型技术》双语课程教学改革之初探[J]. 高教学刊，2021（2）：133-136.
[6] 尤佳，李擎，崔家瑞. 面向新工科建设的数电课程教学模式探索[J]. 高等理科教育，2019（3）：95-100.
[7] 迟晓鹏，衷水平，饶峰，等. 双一流新工科背景下矿业类专业英语教改初探：以"紫金模式"下国际化矿业人才培养为例[J]. 高教学刊，2021（11）：6-9.
[8] 郭安福，包春江，惠鸿忠. 新工科背景下机械设计双语教学的实践与思考[J]. 机械设计，35（S2）：373-375.
[9] 许培俊，魏俊基，颜录科，等. 基于新工科建设的聚合物基复合材料双语教学初探[J]. 科技创新导报，2019，（35）：228-231.
[10] 苏永生. 新工科背景下双语教学改革探讨与实践：以安徽工程大学为例[J]. 科技视野，2021（5）：65-66.

Exploration of course ideology and politics design in "Specialized experiment of light chemical engineering"

YANG Wenfang*, HAN Zhenbang, YANG Li, ZHAO Jin

School of Textiles Science and Engineering, Tiangong University, Tianjin, China

Email address

Yangwf2@ 126. com (YANG Wenfang), hanzhenbang@ tiangong. edu. cn (HAN Zhenbang), linyinan22@ 163. com (YANG Li), tjpuzhaojin@ 163. com (ZHAO Jin)

Abstract: The ultimate mission of colleges and universities is the education of people for the Party and the country. Curriculum ideology and politics is becoming one of the main battlefields and fronts for ideological and political education of college students. This paper analyzes the importance of courseideology and politics to students majoring in light chemical engineering in a multi-dimension view. The characteristics and advantages of the integration of ideological and political education into experimental course are analyzed, and the design of the course ideology and politics in Specialized Experiment of Light Chemical Engineering has been explored.

Keywords: specialized experiment; course ideology and politics; design ideas

"轻化工程专业实验"课程思政设计的探索

杨文芳*,韩振邦,杨丽,赵晋

纺织科学与工程学院,天津工业大学,天津,中国

邮 箱

Yangwf2@ 126. com(杨文芳),hanzhenbang@ tiangong. edu. cn(韩振邦),linyinan22@ 163. con(杨丽),tjpuzhaojin@ 163. com(赵晋)

摘 要: 为党育人、为国育才是高校的终极使命,课程思政正在成为大学生思政教育的主战场、主阵地之一。本文从多维度分析了课程思政对轻化工程专业学生的重要性;分析了实验课实施思政的特点与优势;对"轻化工程专业实验"的课程思政设计思路进行了探索。

关键词: 专业实验;课程思政;设计思路

1 前言

立德树人是高校的立身之本,承载着培养大学生人生观、世界观、价值观的重要使命,大学课程都具有传授知识和思政教育的双重功能[1]。习总书记在学校思想政治理论课教师座谈会指出:"思政理论课的改革创新要坚持显性教育和隐性教育相统一,挖掘其他课程中蕴含的思想政治教育资源,实现全员全程全方位育人"。教育部印发的《高等学校课程思政建设指导纲要》具体提出了"课程思政建设要在所有高校、所有学科专业全面推进"。我校纺织科学与工程学科是国家一流学科建设点,那么德育教育首先要一流,要把立德树人作为

学生培养教育的始终,为祖国培养具有中国特色社会主义共同理想的坚定信仰者和实践者,培养社会主义核心价值观的坚定践行者和传播者,使学生在收获专业知识的同时思想道德素养得到全面提高。

我校轻化工程专业隶属于纺织一流学科,轻化工程专业实验课程是该专业的主干课程,是培养学生实践动手能力、创新能力和科学精神、工匠精神的重要教学环节,是达成学生毕业要求的重要课程。开展《轻化工程专业实验》的课程思政,是在遵循课程自身规律的前提下,将课程的知识传授、能力培养与凸显对学生价值观、职业道德的引领相统一。开展课程思政,就教师而言,驱动教师主动挖掘轻化工程专业实验课中蕴含的思政元素,提炼专业课程中蕴含的文化基因,并将其融入专

业实验课程的教学设计中。就学生而言,在教学过程中,适时、适量、适度、有意、有机、有效地将课程思政融入专业是实验课教学,使学生在"润物细无声"的不经意间强化理想信念的指引,增进学生的家国情怀、事业心和责任感;培养学生自觉遵守规则,诚实守信的良好素养;培养学生精益求精的科学精神、爱岗敬业的工匠精神;培养学生严谨学术作风,团队合作意识及能力;吃苦耐劳、坚韧不拔的创新精神。

2　国内外思政教育分析

2.1　国外思政教育分析

思政教育是当代世界普遍践行的一种实践活动,许多国家均在不断加强对大学生的思政教育,并把它作为巩固本阶级政治地位和促进社会发展的重要手段。他们大都把爱国主义教育、公民教育、国民精神教育、价值观教育、法制教育等作为思政教育的重要内容,并加大投入强化本国的意识形态。西方国家的思政教育不断渗透到伦理学、政治学和社会学等学科当中,将思政教育的专业化和学科化不断增强;美国、日本等国政府均拨出专款,资助大学生道德教育的调查和研究,大学生的思想政治教育在传统上是由政府主管,形式以说理、灌输为主,家庭和学校是教育的主战场[2-3];美国则强调对教育对象进行"渗透性"和"隐蔽性"的教育[4]。可见,在我国对当代大学生实施全员、全过程、全方位育人,占领意识形态领域的制高点是非常必要。

2.2　国内思政教育分析

我国历来重视高校学生的思政教育,近几年来,高校对教师和学生思想政治教育不断增强。2016年12月,习近平总书记在全国高校思想政治工作会议上强调[5]:"高校立身之本在于立德树人,要坚持把立德树人作为中心环节,把思想政治工作贯穿教育教学全过程。"习总书记还强调:"其他各门课都要守好一段渠、种好责任田,使各类课程与思想政治理论课同向同行,形成协同效应。"可见,总书记的讲话要求所有高校教师都要认真履行育人职责。2020年5月教育部高教〔2020〕3号通知要求,课程思政建设内容要紧紧围绕坚定学生理想信念,以爱党、爱国、爱社会主义、爱人民、爱集体为主线。目前,教育管理部门、高校已将大学生的思政教育作为育人的重要内容,课程思政正在从以点带面、由示范课程向所有课程推进,课程思政正在成为思政教育的主要渠道和主战场。

3　从轻化工程专业教育现状分析

3.1　从产业层面分析

在我国,纺织印染产业是传统的民生产业,在国民经济和社会发展中占有重要地位,产业发展急需德才兼备的高素质专业人才,但快速发展的高新技术和新业态更受到新生代大学生的青睐,因此,对于传统产业背景下的学科、专业,学生学习动力还需提升。通过课程思政,引导当代纺织工科大学生明确纺织在国家国民经济中的贡献,在人民生活、军事、现代农业、高科产业等领域有着不可或缺的作用。引导学生树立起既要有广博精深的工程及前沿科技知识,更需要有良好的政治素质、家国情怀,强烈的事业心和责任感[6-7]。可见,加强思政教育对纺织学科大学生尤其必要。实验课程教学与产业实践距离"最短",与学生能够近距离接触,这些或许是实验课程教学实施思政教育的优势所在。

3.2　从专业及课程层面分析

轻化工程专业属于应用型专业,具有实践性非常强特点,也就是说在学生培养的教学过程中,如果缺乏实践教学环节,培养的毕业生将成为社会难以接受的"次品",因此,专业实验课程在毕业要求的达成上是非常重要的。轻化工程专业染整方向工艺实验课中,会用到蒸汽、染化料(化学品气味)、高温,并且时间长,实验课相对比较辛苦,通过课程思政这种隐性教育,培养学生养成吃苦耐劳、坚韧不拔的精神,并从中感受到在获取知识和成果的道路上要付出许多的艰辛,正所谓"科研很苦,坚持很酷"。

3.3　从实验课程教学层面分析

一直以来,实验课程讲授有一个习惯性定位,即专业课教师更多的是"智育"角色,而对自身的"德育"角色认识不足,把育人"本职"当"兼职"[8-10],因此在专业实验教学的设计上缺乏思政元素的融入。而纵观新生代的大学生,成长在一个思想舆论相对多元化的时代,网络和社交媒体随时相伴的成长过程,虚拟空间良莠不齐,如果不加以正确引导,容易使学生的人生观、价值观、世界观失去正确的方向。实验教学有与学生"零"距离接触的时空优势,在实验教学过程中,融入与课程内容密切关联的思政元素,如,纺织产业在抗击新冠肺炎疫情中不仅对国内发挥了巨大作用,也为世界许多国家解了燃眉之急,对建立学生制度自信、文化自信以及激发广大学子的爱国、报国情怀具有重要意义。

4 专业实验课程思政的特色与优势

4.1 思政教育全方位融入实验教学始终

实验课课程思政可以将思政教育贯穿于实验预习、实验讲解、实验操作等各环节。将蕴含的思政内容适时、适量、适度、有意、有机、有效地融入专业"知识点"中,形成"全过程"育人。在实验预习中,将与本实验项目紧密相关学科热点、行业最新发展、法律法规等以延展学习方式,尤其可以通过线上方式进行;在实验讲授中,融入相关的思政教育内容,如印染产业耗水、耗能、排污量大,对碳达峰、碳中和都是不利的,教育学生要学好专业知识,用自己的知识和能力担当起不断优化产业技术的重任;如"还原染料染色实验"中,把这类染料的染色特性与国旗的印制联系起来,使学生在掌握专业知识的同时激发他们热爱专业、热爱祖国的情怀;在实验操作和数据处理环节,培养学生实事求是、勇于探索的科学精神、力求把实验结果做到更好的工匠精神;利用需要多人共同完成实验项目,培养学生的团队协作精神,如"活性染料仿色实验"需要多人合作产生结果,一个人出问题就会影响整体实验结果的正确性,以呈现的事实教育学生。

4.2 实验课"情景式"和"个性化"思政教育

实验教学有与学生"零距离"的优势,这是理论课教学所欠缺的,以此优势实施"情景式"和"个性化"思政教育形成实验课程思政的特色。情景式和个性化思政教育,以线下实验为切入点,利用指导实验规范操作、分析实验过程中产生的问题等环节,针对学生个体的不同表现,如操作规范与否、对待实验课的态度、实验结果的分析与正确性等,进行"个性化"的思政教育;利用学生之间需要配合完成实验项目的特点,对不同组别的实验试样、数据结果进行对比分析,适时地、见缝插针融入团队合作精神的重要性。

4.3 线上线下"混合式"思政教育

受疫情影响,各校在理论教学和实验、实践教学中都建设了线上教学资源,我校轻化工程专业(染整方向)在"十二五""十三五"期间就制作了实验教学的线上资源,在线上实验教学资源中引入思政内容,形成线上线下"混合式"思政教育模式。利用线上资源开展思政教育凸显了网络不受时空限制,以及可植入的信息量大优势。实验课程线上思政可以考虑以预习为切入点,在线上实验预习资源中,植入与实验项目教学内容紧密关联的国内外发展状况,行业及国家战略,国家的大政方针和在相关产业的布局导向等;植入与实验项目紧密相关产业前沿等。

5 "轻化工程专业实验"课程思政设计思路

5.1 制订思政目标

(1)诚实守信、自觉遵守规则的良好素养;
(2)良好的道德修养、职业规范和社会责任感;促进学生职业素养的养成;
(3)崇尚科学精神、工匠精神;
(4)国兴我荣、投身国家建设的家国情怀;
(5)团队合协作精神与集体荣誉感。

5.2 设计融入思政元素的教学大纲

结合实验课程教学大纲,在尊重课程自身建设规律的前提下,提炼专业课程中蕴含的文化基因,并将其融入专业实验课程的教学设计中,将蕴含的思政元素融入实验教学过程中。从专业实验课的"知识点"中挖掘思政元素,设计有效的融入思政内容的教学大纲和教育教学方案。首先,对教学大纲所涵盖的实验项目进行梳理、分析,对标各实验项目对课程目标与毕业要求指标点的支撑作用进行归类,挖掘思政元素,进行专业"知识点"与思政内容相统一的教学大纲和实验教学方案的设计。如表1为"轻化工程专业实验"大纲的部分内容,大纲中融入了课程思政内容。

表1 "轻化工程专业实验"大纲部分内容

教学内容	教学要求	课程思政元素
pH对酸性、弱酸性染料染色影响	掌握酸性、弱酸性染料染色的工艺方法;理解pH对酸性、弱酸性染料上染的影响规律	染色加工中,水的消耗及废水排放量大,对碳达峰、碳中和不利,绿色印染工艺技术的创新势在必行。激发学生热爱专业、引导学生认真学习专业知识基础,未来投身科研创新。结合多人协作完成实验,用实例说明团队协作精神的重要性
活性染料仿色综合实验	掌握活性染料化料及母液配制的方法;掌握实验室仿色的工艺步骤;掌握染料单色(提升力)实验、拼色三角实验处方的设计方法;掌握仿色处方制定方法及染色工艺的实施	

续表

教学内容	教学要求	课程思政元素
还原染料染色实验	掌握还原染料还原和染色的一般方法；掌握干缸还原、全浴还原的工艺方法；掌握甲、乙、丙法染色工艺方法	还原染料特殊的牢度和鲜艳度为国旗印染选用。国旗红即是中国红，代表了中华民族的繁荣昌盛。激发学生热爱专业、热爱祖国
T/C混纺织物染色工艺实验	掌握T/C混纺织物活性染料一浴轧—烘—焙染色工艺方法；先染涤再套染棉的工艺方法；掌握各种助剂在染色中的作用。	实验中蒸汽、高温等比较辛苦，培养学生吃苦耐劳、坚韧不拔的精神，感受在获取知识的路上要付出许多艰辛
活性染料直接印花实验	掌握海藻酸钠原糊及活性染料直接印花色浆的制备方法；掌握活性染料直接印花处方设计、工艺方法及一般影响因素，蒸化固色的工艺要求。	我国在纺织印花方面历史久远，印花织物美化了人们生活。提高学生的审美意识，坚持文化自信，使学生进一步理解中华民族优秀的传统文化

5.3 在实验预习中植入思政内容

依托现有的和不断建设的线上实验教学资源，利用线上学习不受"时空"限制的优势，制作或优选与实验项目紧密相关的视频等多媒体资料，可较大"容量"地将思政内容融入实验预习环节。如重点挖掘与实验项目教学内容紧密关联的国内外发展状况、行业及国家战略、在高精尖领域的应用等，使学生及时了解国家的大政方针和在相关产业的布局导向，增强民族自豪感。如在纺织品功能整理实验中，引入功能性纺织材料的作用，在应对新冠疫情期间，防护服和口罩成为人们关注的焦点，广大纺织人积极投入到研发和产业化中，不仅满足了本国的需要，也为世界许多国家提供了支持，为打赢这场没有硝烟的战争做出了自己的贡献。增进学生热爱专业、学好专业知识的源动力。

5.4 设计在实验实施过程中的思政教育

利用实验教学与学生"零距离"接触的优势，以及学生之间需要配合完成实验项目的特点，在指导实验操作过程中或针对某一作品，适时地将团队精神的重要性融入其中；在对作品尤其是有瑕疵的作品进行评价时，如果因为人为因素造成的不良结果，可适时地融入以敬畏科学、精益求精的科学精神、严谨的科研态度为主的思政教育；对实验数据进行处理与结果分析的指导中，融入以实事求是、诚实守信的良好素养、严谨学术作风为主的思政教育；印染实验中，学生亲历消耗大量的水且排放含有多种化学品的有色废水，面对此景，教育学生遵守职业道德和规范，履行社会责任。

6 结束语

为党育人为国育才是学校的终极使命，立德树人是

高校的立身之本。通过课程思政，使大学课程将传授知识与思政教育有机结合起来，深度挖掘专业课程中蕴含的思政元素，尤其发挥好专业实验课程思政教育的优势，创新思政教育方法和手段，建设好课程思政在育人育才的主战场、主阵地。

参考文献

[1] 高德毅,宗爱东.从思政课程到课程思政：从战略高度构建高校思想政治教育课程体系[J].中国高等教育,2017(1)：43-46.

[2] 胥文政.国外大学生思想政治教育的现状及评析[J].山东省团校学报,2013,94(2)：19-21.

[3] 李燕萍.国外思想政治教育状况及其启示[J].西南林学院学报,2002(12),1-3.

[4] 张丽霞.国外政治教育的隐蔽性、渗透性、参与性[J].中国青年政治学院学报,2001,20(1)：36-40

[5] 习近平在全国高校思想政治工作会议上的讲话[N].人民日报,2016-12-09.

[6] 吴宝海,沈扬,徐冉.高校新工科课程思政建设的探索与实践[J]学校党建与思想教育,2020(11)：61-70.

[7] 赖金茂."课程思政"的本质内涵、建设难点及其解决对策[J].湖北经济学院学报(人文社会科学版),2021,18(4)：47-50.

[8] 吕纯洁,王荣先.高校课程思政建设的探讨与实践[J].洛阳理工学院学报(社会科学版),2021,36(2)：94-96.

[9] 李淑.思政元素融入西方经济学教学探索[J].高教论坛,2021(3)：19-22.

[10] 全小燕.融合课程思政的大学英语混合式教学实践研究[J].对外经贸,2021, 321 (3)：131-133.

Research on the cultivation of breakthrough innovative talents for art graduate students
——based on the cultural inheritance and innovation of the hometown

GU Yi[1,*], SHAN Yufu[2], WU Miaomiao[1]

1 *School of Fashion, Wuhan Textile University, Wuhan, China*

2 *School of Textile Science and Engineering, Tiangong University, Tianjin, China*

Email address

1147704182@ qq. com(GU Yi) , shanyufu@ tiangong. edu. cn(SHAN Yufu) ,3236175620@ qq. com(WU Miaomiao)

Abstract：Based on the author's postgraduate training practice for many years, this paper deeply explores the importance and difficulty of training innovative talents, especially those breakthrough innovative talents. The current postgraduate training program tends to use too simple and rough one-size-fits-all training model and single evaluation organization mechanism. Besides, postgraduates now fail to have clear goals for their future development. Based on years of educational research and practice, this paper puts forwards an innovative talent training model for postgraduates' inheritance and innovation of their hometown culture. This paper also makes an in-depth study on outstanding problems in postgraduate education, the significance and methods for introducing hometown culture into postgraduate teaching and research, problems existing in the combination of production, education and research as well as extraction methods and contents of hometown culture design elements so as to find an innovative and effective way for postgraduates majoring in textile and garment arts in China. It is also hoped that this research can provide some reference for rural revitalization and the exploration of national cultural confidence.

Keywords：radical innovation；talent training；hometown culture

艺术类研究生突破性创新人才培养研究
——基于家乡文化的传承与创新

古怡[1,*],单毓馥[2],吴苗苗[1]

1 服装学院,武汉纺织大学,武汉,中国

2 纺织科学与工程学院,天津工业大学,天津,中国

邮　箱

1147704182@ qq. com(古怡) ,shanyufu@ tiangong. edu. cn(单毓馥) , 3236175620@ qq. com(吴苗苗)

摘　要:本文基于作者多年的研究生培养实践,深刻认识到创新人才尤其是突破性创新人才培养的重要性和艰难性。作者围绕现有研究生培养中,过于简单粗暴一刀切的培养模式和评价组织机制,以及研究生们本身缺乏清晰的奋斗目标等因素的分析,在多年教育研究实践的基础上提出基于研究生个人家乡文化传承与创新上的创新人才培养模式,并对研究生教育中的突出问题,家乡文化引入研究生的教学和科研的意义、方法以及产学研结合中的问题,着重对家乡文化设计元素的提取方法和内容方面进行了深入研究,以期为中国的纺织服装艺术类研究生教育寻找一条创新而有效的路径。并从设计的角度对乡村振兴和提升国家文化自信进行探索。

关键词:突破性创新;人才培养;家乡文化

1　引言

近年来,我国本土服装企业的全球化竞争压力日益加剧。自十九大指出"创新是引领发展的第一动力"以来,服装企业如何实现突破超越转型升级,破解在全球价值链低端的局面,走出从追赶到超越的创新之路,已成为国家在纺织服装经济发展方式转变和经济结构调整的关键时期,实现弯道超车的重点所在。建立中国服装业的创新机制,走上有效合理的创新之路。以中国文化为内核的设计师品牌,在祖国悠久的文化中积极吸取养分,使中国的服饰创新开启新的篇章。比如"天意"服饰品牌以具有消炎止痒之功效的"莨绸"实现了突破性创新;出生于苏绣世家的兰玉,有着手艺人雕琢于技艺的匠心,成就了中国本土成长最迅速、最具影响力的婚纱礼服设计师品牌。这些成功的案例,对我们在服装专业研究生培养中极具启示:创新是重要的,尤其是突破性创新人才培养的重要性;而创新性人才的培养,还有没有更切实际、更高效的模式和内容。本研究在笔者多年辅导学生参赛、做大创项目、研究生项目的实践基础上,针对研究生的培养内容提出了基于家乡主题的研究生突破性创新人才培养模式研究。

2　国内外相关研究现状分析

2.1　突破性创新的研究

突破性创新的概念经常与颠覆式创新等同使用,在商业领域,与对现有产品和服务进行改进的渐进性创新人才不同,突破性创新人才主要依靠技术变革、文化变革、观念变革而重构市场格局。这也已经逐渐成为国内外学界的研究热点。当前,我国企业的创新实践大多集中于渐进性创新,主要侧重产品小幅度迭代改造;或者模仿性创新,即利用学习他人技术进而更新产品的及基于市场结构颠覆的商业模式创新等创新模式。所以,目前的创新较少聚焦于利用技术制造、文化变革的有效创新进而提升企业地位、重构市场格局的突破性创新[1]。现实的情况是,突破性创新所特有的高风险性和高度不确定性,导致企业通常不愿或者认为自身没有能力开展。但是,突破性创新能够为企业乃至国家带来更为长远的收益与持续的进步,这也是得到社会共识的。Slater等对突破性产品创新能力的研究;还有学者开始发现在依靠自身组件的同时,企业更多地需要其外部人际网络与供应链关系的支撑,才能真正实现突破性创新;杨雯丹等为减少突破性创新项目的实施障碍,提出一种事前评价设计方案突破性的量化模型。其中分析了突破性创新项目的特征,聚焦突破性创新产品的价值构成要

素,提取了突破性创新设计方案的关键特征因子。所有的突破性创新研究认为除技术进步外,文化变革是最重要的突破性创新的重要途径。

现有的突破性创新的研究,为服装专业的研究生人才培养内容指明了两条道路。首先是核心文化主题的重要性;其次是文化现代设计转化的能力。这一结论和国家大力倡导大学生"双创"的方向是一致的。

2.2　"家乡"文化主题研究

《我和我的家乡》是一部颇受好评的电影,全社会范围内也掀起了有关"家乡"话题的传播现象,成为主旋律影片实现创作突破与市场突围的典范。其实,早在20世纪初期,就诞生了一门颠覆性的学科"家乡人类学",它将研究者自身生长的社会作为研究对象。家乡人类学就是指人类学者在从事田野调查工作的时候,所选择的调查地点不是一个陌生的异文化所在,而是自己熟悉的家乡或与自己生活有渊源的地区进行人类学研究。它与异文化研究最大的区别就在于研究者对研究的地区和社会有着相当程度的熟悉。

把家乡作为研究的主要对象,除了研究者、创作者与家乡的亲近与深刻理解外,以"家乡"作为主题,还有营销的意义。在"家乡"标签对风景图的情感和价值评估的影响研究中,揭示了消费个体对具有自己家乡标签的事物更容易产生情感偏好和价值高估[2]。自古以来,中国人就有很深的家乡情结,如诗句"月是故乡明""山是家乡美,水是故乡甜,人是家乡好"。金融研究方面的数据显示,投资者对自己家乡的投资有强烈偏好,即在投资中存在"家乡偏好"[3-5]。消费领域的研究发现,人们在消费中更偏爱自己家乡的产品[6-7]。也有研究指出,家乡形象会影响个体,并赋予他们与家乡一致的特质,也就是说,个体会通过对家乡形象的积极建构而得到自我提升[8]。同时,从地域文化的营销价值角度,把具有独特风格和价值的"家乡文化"作为艺术设计的主题和灵感是具有重要的商业价值的。

基于家乡文化主题的艺术类研究生突破性创新人才培养模式研究,正是基于家乡文化的独特性易于实现突破性创新,而这也是研究生们作为研究者有情感的文化,易于深入和接近的文化,与陌生的异域需要长时间去研习文化主题相比较,对研究生成长的价值及时间成本上都有重要优势。家乡文化融入教学的研究还具有重要的思政功能。研究人员就具体实施方法开展一系列研究[9-11]。有利于对文化的深入理解和激起独特的消费诉求。

3　本研究的意义

家乡文化与艺术类研究生突破人才培养的意义表

现在多方面,这里主要就价值观念、设计观念、产品特色等方面进行梳理。

3.1　思政意义

在艺术研究生的培养内容中,融入学生自己的家乡文化,提高研究生课程思政的实效性,促进研究生认真思考设计的社会意义和个人的社会责任和价值,同时,能够达到让研究生从被动接受到主动学习的教学效果。简单来说,对艺术研究生教学质量和课程思政实效性有以下几点促进作用。

3.1.1　国家文化认同

家乡文化是国家文化的重要组成部分,课程思政也可以更好地落到实处,对提升课程思政实效性有先天优势。家乡文化不仅作用于课程中的专业内容,使原创设计具有独特性文化基因,利于学生专业能力的提升;还能激励学生热爱家乡、传承文明、积极创新,从而增强国家文化自信和文化认同。

3.1.2　主动创新

这一模式能有效加强艺术类学生创新能力培养的主观能动性。家乡文化是自己最热爱的文化,在研究生课程中积极地引导他们关注这一独特的文化现象,并开始深入思考家乡文化的价值时,对家乡文化的熟悉而又肤浅的认知就会得到改变,会对学生形成巨大的吸引力;而家乡文化中的文化价值、商业价值以及学生个体先天的研究优势就会一一呈现,成为鼓励他们参与学习的热情,达到教学质量和课程思政的双丰收。

3.1.3　对艺术课程思政的升华

这种以学生为中心的培养模式,面对来自不同地域的学生,能督促老师寻找学生思政的个体教育差异,避免满灌,把分类教育的方法和机制引入课程思政的管理和评价中来,是课程思政实效性的实现途径和升华。

3.1.4　利于综合素质的培养

本研究是把课程思政和学生的前途职业融合的科学模式。如果艺术类学生的专业课程都能践行这一方法,就是鼓励学生以家乡文化为中心,开展研究、传承、创新的设计转化的学习和实验。在这一过程的顺利实施中,需要学生培养自己解决问题的综合素质。综合素质的培养又需要一系列学习、基础训练、专业岗位的技能培养及市场转化的能力培养等,这本身就把硬性的课程设置变成学生自我成长的迫切需要。

总的来说,家乡文化引入研究生教育,能起到立德树人、培根铸魂的作用,对培养学生正确的世界观、人生观、价值观起到重要的作用;在学习的过程中,能促进服装专业的研究生,真正想学习、爱学习,对学习的内容充满兴趣,进而主动学习,认真钻研,富有使命感,为艺术类研究生人才培养的转型升级提供一条新的路径。

3.2　产学研意义

把研究生们对家乡的爱变成设计创新研究方向的培养方式的转变,力求使研究生教育变得人性化、高效化、品牌化,也为中国文化在服饰行业的深度应用寻找机会和突破口。该融合以家乡人类学为基础,以家乡为项目主题方向,使研究生教育项目化、品牌化。以对家乡的爱来促进专业成长。

以对研究生家乡文化的研究和发掘,作为研究生的培养内容的提出,是基于笔者长期的教学和设计创新实践探索。笔者指导的研究生研究项目中,比如《泥泥狗艺术元素在童装中的情感化设计研究》,是由 20 级吴苗苗同学出生和生长在淮阳,而淮阳泥泥狗,又称"灵(陵)狗",俗称"泥泥狗",是她从小就熟悉和喜欢的家乡的艺术品。淮阳泥泥狗是淮阳县太昊伏羲陵泥玩具的总称,它用黄泥捏成,风格古朴奇异、古中见拙、拙中蕴古,具有很高的学术价值和艺术价值。泥泥狗已经于 2014 年经中华人民共和国国务院批准列入第四批国家级非物质文化遗产名录。目前,对泥泥狗的研究中,虽学术研究成果较多,但在艺术研究方面尤其是传统艺术的现代设计转化上相对缺乏。在多方面论证和研究生自愿申请的基础上,吴苗苗同学开始了泥泥狗的设计项目化和品牌化的研究,包括泥泥狗出生地的淮阳文化研究,泥泥狗的文化艺术价值研究,情感化设计相关理论研究,泥泥狗落实到童装设计中的创新研究,以及以泥泥狗为核心的品牌化建设路径研究等。又如《江永女书"文字图案"在女装中的创新应用研究》,20 级研究生文司琪的家乡在湖南省江永县,她对江永女书表现出浓厚的兴趣,而且在查阅资料和田野调查中,表现出很强的地缘优势。研究生何鑫悦来自四川成都,她对川西的乡土文化和禅有深刻的体会,她在研一上学期就设计出完整的川西时尚系列,并申请了设计专利。所有参与到家乡文化的传承与创新的学生,都实现了突破性成长:在文化研究的方法上,不再东拼西凑和不求甚解,而是认真梳理文化脉络,建立文化特色,实现文化的设计转化,继而实现特色产品的品牌化。这些尝试和研究是具有产学研意义的,也即具有商业意义,并在实现商业价值的路上。

优质高效的研究生教育,应该是项目化、品牌化的。研究生相比本科生有更好的自学能力和研究能力以及管理能力,项目化能发挥研究生的这一优势。而家乡的文化正是激活他们自学能力和研究能力的火花,这样的课程内容和学习过程,能使研究生变被动学习为主动学习,真正体现研究生教育的独特性。在研究生教学实践中,团队打造了阅读、撰写论文、参赛,参加国际会议、专利申请、企业服务为一体的培养模式。因为研究生有深入的项目理论基础、清晰的研究范围和科学的考核方法,所以家乡文化为基础的项目化培养模式,得到学生的积极支持和拥护,而且教学成果显著。

4 本研究的主要方法和内容

研究生教育中,应解决的主要问题包括:如何合理科学设计课程内容? 如何何时确定自己的研究计划;设计创新的具体实现方式是什么? 基于家乡文化传承与创新的艺术类研究生突破性创新人才培养模式,应该以家乡文化为基础,设计创新为动力,然后才是设计课程和定位自己的研究。

4.1 文化基因的挖掘与提炼训练

挖掘与提炼家乡文化基因的原则方法,丰富服饰设计资源。因为家乡文化涉及的地域广阔,历史跨越大,需要从设计理论的角度,研究家乡文化基因的基本原则和方法,为更多后来研究者的参与提供基础理论。从设计资源角度,挖掘整理出家乡文化中所代表的民族生活方式、文化精髓。并从与各种“灰色文化”相比较的角度,揭示服饰设计中家乡文化设计资源是一种作为内容设计与趣味创意的先进性而有地域特色和中国特色的设计资源。训练内容包括:

4.1.1 对比研究

这里主要指家乡文化与各种灰色文化的对比研究。在一个开放、发展、平等、尊重的文化心态下整理家乡文化资源。不是固守狭隘的家乡文化,而是要将家乡文化、中国具有特色的优秀文化与世界文化形成双向对话。

4.1.2 设计资源整理

这里主要指家乡文化资源中的“人、物、事”的设计资源整理问题。作为家乡文化的物态载体,这些人、物、事具有代表性、经典性和直接性。可以直接以可见的视觉形象和造型特征成为服饰设计资源。

4.1.3 生成背景研究

这主要是指从滋养家乡文化的中华民族文化的大背景中理解家乡文化资源问题。家乡文化具有动态性,它有一个形成、发展、积淀、丰富、创新的文化演进过程。中华五千年的优秀文化孕育了家乡文化,对那些影响家乡文化有重要意义的中华优秀文化进行梳理,也可以作为服饰的设计资源。

4.1.4 分类研究

主要是家乡文化设计资源的分类研究。涉及如何把有形与无形的文化资源转换为设计要素。这种科学整理主要针对资源本身的分类,有些是可视化的,有些是意念性的;还可以包括形式元素、地域元素、精神内涵元素、与时代契合的元素等大类研究和梳理。

4.2 产品化与品牌化的策略训练

传承和创新的融合是建构策略的重心。探讨如何以家乡文化基因作为服饰的设计元素或设计精神,形成一系列有趣、日常、持续的风格和体验。这里需要注意的是,在传播家乡文化基因的同时一定要融入产业化思维,找准现代消费者的需求和兴趣点。

拓展家乡文化基因传承的方法与路径,总的原则是“合情合理”。具体来说,既要充分尊重家乡文化的具体事实,全面把握家乡文化的风格精神,准确传达家乡文化的文化艺术、民风民俗、感人事迹、高尚情操,坚决避免对家乡文化基因的肤浅化甚至庸俗化的解读与传播;也要针对当代消费者的时代情境和精神需求,注重将“过去式”的宏大历史转化为大众可见、可感受、可理解的“现在式”情境,将家乡历史中的“人、物、事、魂”以鲜活的形象呈现出来,切实增强家乡文化基因的感召力。家乡文化基因传承可以从设计的角度,在主题、风格、装饰、品牌等多个维度具体研究。

4.2.1 主题精神的创新

家乡文化映射下的服饰产品开发应该强调服饰内在的、先进的家乡文化内涵。以追求、弘扬家乡文化基因所蕴含的积极向上、健康高尚的精神内涵为宗旨,自觉抵制那些所谓“恶搞文化”“解构文化”以及存在灰色颓废精神取向的设计。

4.2.2 样式风格的创新

主要探究基于家乡文化基因的创新样式风格的建构。这将以时代生活方式、民族传统样式,以及经典样式为参照推陈出新,实现样式风格的创新建构。学术界研究普遍认为“中国服装”以中国民族风格、东方情调为要旨,传播着中式服装的中庸含蓄、庄重和谐的特点;服装整体造型简洁、宽松舒适、线条流动、自然飘逸。胡月、刘瑞璞等认为,近年来民族风格的服饰都激发了强烈的民族情感,但对于传统的继承与创新过于注重表面形式,往往以经济的标准粗制滥造一个民族形象。刘元风认为,要有意识地挖掘服饰文化精华,将民族文化与现代流行相结合。中国风格服饰设计应该从具体的中国文化符号话语的表达,转化至民族身份认同的话语陈述,继而阐释为一个抽象的中国文化内涵。

4.2.3 象征元素的创新

探讨如何利用家乡文化基因进行装饰象征的创新方法。一是合理选择象征内容与意义;一是合理设计出装饰的形式。

4.2.4 品牌的创新

主要研究家乡文化基因传承品牌的文化关键词、品牌风格关键词、品牌元素、设计资源的核心竞争力。以期能在可操作层面,对蕴含家乡文化基因的服饰品牌的集群发展提供理论基础,最终实现传承家乡文化基因的服饰设计"主流化""品牌化"。

5　结语

　　本研究基于笔者多年研究生培养经验撰写,实践表明,在解决艺术类研究生突破性人才培养上,发现和扶持具有强烈的家国情怀、创新精神以及创业精神的研究生人才,鼓励他们在崇高的社会责任和价值观的基础上,在学术研究和设计实践中引入家乡文化,鼓励研究生以自己家乡的文化传承和创新作为研究视角,是一条比较高效的培养路径。这一研究生培养模式的建立,必将为中国的纺织服装艺术类研究生教育寻找一条创新而有效的路径,并在设计领域为乡村振兴和提升国家文化自信进行探索。

致谢

　　本文为2022年湖北省普通高校人文社会科学重点研究基地立项项目《基于乡村文化路径下的服饰创新设计应用研究》(2022HFG06)(重点项目)的阶段性成果之一;为2022年武汉纺织大学研究生教改立项项目《基于家乡文化的艺术研究生创新人才培养模式研究》的阶段性成果之一。

参考文献

[1] 郭小超,雷婧,冯银虎,等. 基于知识图谱的国际突破性创新理论研究综述[J]. 科学管理研究,2020,38(1):20-26.

[2] 张霄钰,朱海燕,陈凤姣,等. 月是故乡明:家乡标签对风景图的情感和价值评估的影响[J]. 心理与行为研究,2021,19(5):695-700.

[3] 曹春方,刘秀梅,贾凡胜. 向家乡投资:信息、熟悉还是代理问题?[J]. 管理世界,2018,34(5):107-119,180.

[4] KARLSSON A, NORDÉN L. Home sweet home: home bias and international diversification among individual investors[J]. Journal of Banking & Finance, 2007, 31(2): 317-333.

[5] TESAR L L, WERNER I M. Home bias and high turnover [J]. Journal of International Money and Finance, 1995, 14(4): 467-492.

[6] 徐岚,蒋怡然,崔楠,等. 最心安处是吾乡:本体安全感威胁对家乡品牌偏好的影响[J]. 心理学报,2020,52(4):513-527.

[7] KWOK S, UNCLES M, HUANG Y. Brand preferences and brand choices among urban Chinese consumers: an investigation of country of origin effects[J]. Asia Pacific Journal of Marketing and Logistics, 2006.

[8] LALLI M. Urban-related identity: theory, measurement, and empirical findings[J]. Journal of environmental psychology, 1992, 12(4): 285-303.

[9] 廖昌燕. 整合:"家乡文化生活"教学实践与思考[J]. 中学语文教学,2020(7):23-26.

[10] 史成明,杨万扣. 项目驱动下的"实践活动类"单元教学策略:以"家乡文化生活"单元为例[J]. 中学语文教学,2021(9):12-15.

[11] 史成明,杨万扣. 最美天籁是乡音　乡音演绎家国情:"家乡文化生活"单元学习活动的设计与实施[J]. 中学语文教学,2019(11):4-7.

Exploration and research of SPOC in the construction of fashion design specialty group based on "Double high plan"
——take the fashion design department in Fujian Vocational College of Art as an example

FU Zhirong

Fashion Design Department, Fujian Vocational College of Art, Fuzhou, China

Email address

517490922@ qq. com(FU Zhirong)

Abstract：As the largest traditional industry and a key industry in promoting the transformation and upgrading the traditional industries in Fujian province, textile and garment industry, relying on building the Core Area of the 21st-Century "Maritime Silk Road", has become one of the vanguards in the Belt and Road Initiative. Under the background of "Double High Plan", the construction of Fashion Design Specialty Group helps not only develop the regional economy, but also further integrate and share the resources among vocational colleges to improve the professional and practical abilities of talents in vocational education. Through the analysis of development status of vocational education and value of garment specialty group construction in higher vocational colleges, this paper puts forward the application of SPOC teaching mode in the construction of garment specialty group to realize the resource sharing of garment specialty group and improve the effectiveness of classroom teaching, and also analyzes the suggestions and measures to strengthen the construction of specialty group.

Keywords："Double high plan"; specialty group; practical ability; SPOC; assisted teaching

"双高计划"背景下 SPOC 在服装专业群建设中的探索与研究
——以福建艺术职业学院服装设计系为例

付志荣

服装设计系,福建艺术职业学院,福州,中国

邮　箱

517490922@ qq. com(付志荣)

摘　要:纺织服装行业是福建省第一大传统产业,又是推动转型升级的重点产业,依托福建"海丝"核心区将鞋服产业建设成为"一带一路"建设的排头兵,在"双高计划"背景下推动服装专业群建设,既有利于区域经济的发展,也有利于职业院校资源的深度整合与共享,提高职业教育人才的专业能力和实践能力。笔者通过对职业教育发展现状、高职院校服装专业群建设的价值分析,提出了在服装专业群建设中运用 SPOC 教学模式,推进专业群建设,实现服装专业群的资源共享、提高课堂教学的有效性等,并对 SPOC 在服装专业群建设中的运用、强化专业群建设的建议与保障措施进行了阐述。

关键词:双高计划;专业群;实践能力;SPOC;辅助教学

1 引言

职业教育为我国经济建设和产业发展培养了大量技术技能型人才,随着我国社会经济发展步入转型升级期,各产业结构的不断优化升级,对优秀职业人才的需求量持续增长,当前我国职业专项人才培养面临较大的缺口[1]。长期以来,受传统观念以及应试教育体制及对职业教育的偏见等影响,无论是实施义务教育的学校、老师还是学生家长,都普遍重视高中教育和高等教育,而轻视各种不同类型的职业教育,绝大部分家长都希望自己的孩子能够读高中进而上大学,九年制义务教育学校和老师也希望将尽量多的学生培养成为具有扎实理论基础和丰富知识储备的大学生。然而无论是我国产业的发展实际情况,还是企业的真实用人需求,都有大量的职业人才需求缺口,即需要具有实践能力和扎实技术功底的职业人才[2]。目前,我国已经开始重点强化职业教育的人才培养工作,以满足产业的发展和企业的人力资源需求。

2019 年 1 月,国务院颁布了《国家职业教育改革实施方案》,肯定了职业教育的重要性,并积极构建和完善我国职业人才培养机制和体系,为社会和企业培养德才兼备的优秀职业人才[3-4]。同年 4 月,教育部又颁布了《关于实施中国特色高水平高职学校和专业建设计划的意见》,这标志着我国关于职业教育的"双高计划"正式开始实施[5-6]。"双高计划"以培养优秀职业人才和满足产业发展人力资源需求为终极目标,致力于建设一批优秀的高职院校和专业群,推进我国高职教育的快速发展。现代纺织服装产业为福建四大制造业主导产业之一,在福建省"十四五"规划中指出:要推进现代纺织服装品牌化高附加值发展,做大做强上游纤维原料产业;要推动中端织造染整关键环节转型升级,拓展提升终端高端纺织品供给应用,到 2025 年,现代纺织服装业规模达 1.4 万亿元人民币。如何建设高水平专业群,推进服装专业群建设,促进区域经济的发展成了亟待解决的一个重大课题。

2 高职院校服装专业群建设的价值分析

专业群建设是提升高职院校专业化建设水平和专业能力的重要措施之一,能够发挥出同类型专业在资源、技术共享方面的优势,更好地实现对高职院校各种资源优化配置[7]。高职院校的专业群由基础相通、研究邻域相近及有助于实现教育资源共享的若干专业构成,专业集群内的专业通常在 3 个或 3 个以上,群内的各专业可以划分为同一个大类,也可以分属于不同的专业大类。专业群具有较强的专业联合性,通常围绕一个热门核心专业来构建专业群,群内各专业之间具有一定的内在联系且研究领域也较为详尽。专业群可以将某一个专业的优势放大,从核心专业衍生出多个同类专业,形成更大的集群效应;由于专业相近,基础课程也相同因此教育资源和师资力量也可以共享,充分发挥对资源的优化配置作用;基于专业群的职业教育专业设置具有更大的灵活性和较强的市场适应性,可以在核心专业的基础上按照市场需求调整其他同类专业,以更好地满足产业发展和企业的人力资源需求。对于服装设计专业办学规模在福建省内公办职业院校中居首位的福建艺术职业学院服装设计系的专业群建设而言,可以在已有的时装设计、时装版型设计、时尚表演与传播的基础上,引入时尚流行与非遗传承等相关专业,有助于提高学生的设计实操能力以及将时尚流行与非遗文化传承相结合的实践能力。专业群建设的重要价值主要表现在以下几个方面:

(1)"双高计划"要求专业群建设应对接区域产业链、面向区域或行业重点产业,促进专业资源整合和结构优化,发挥专业群的集聚效应和服务功能,建立适应经济社会发展要求的现代职业教育体系。福建省是现代纺织服装大省,产业体量大、链条长、分布广,纺织服装行业既是我省第一大传统产业,又是推动转型升级的重点产业,依托福建"海丝"核心区将鞋服产业建设成为"一带一路"建设的排头兵,福建艺术职业学院正着手打造一个以"服务区域产业链"为理念的服装专业群。

(2)专业群建设是我国职业教育发展的重要方向。我国职业教育的目标是培养优秀的技术技能型人才,职业人才培养的重要基础条件是高职院校的专业化建设,即提高高职院校的专业化水平。组建专业群一方面可以提高职业院校专业设置的科学性和实用性,另一方面可以有效利用本校的各种资源,减少本校的师资、场地和设备等成本费用投入。福建艺术职业学院服装设计系专业群建设既符合国家职业教育的发展目标,挖掘福建省鞋服职教集团潜能、技术协同创新,形成服务福建省鞋服现代产业、海丝"一带一路"核心区的线上产品展会技术服务、孵化平台,也能够减轻学院的各种资源压力。我院当年规划的建设规模是在校生 2000 人,但经过近十几年的发展,在校生已近 5000 人,场地、设备、师资已严重制约了学院的发展,专业群建设将为学院降低办学成本。

(3)专业群建设有助于职业院校资源深度整合与共享。专业群内的专业详尽,很多专业都是从核心专业分化和衍生出来的,因此大部分群内的硬件资源、软件资源和师资资源都可以通用并实现共享。当前,随着职业教育规模的扩大和生源人数的增加,职业院校也面临资源投入不足的问题,只有实现资源深度整合和共享,才能满足学校扩招的教学要求。通过专业群建设,将同一大类专业纳入一个专业群,将有助于职业院校进一步发展壮大。

(4)专业群建设有助于提高职业人才的专业能力和实践应用能力。职业教育的专业教育要想与产业发展共生长,就必须从专业内涵建设上保持与产业发展的同频共振[8]。当前,产业的发展方向和企业的用人需求呈现出多样化的趋势,企业更青睐于知识面较广,且实践能力和适应能力更强的毕业生。专业群内的各专业尽管相近但侧重点不同,基于专业群的职业教育方式,可以拓展专业群内学生的眼界,掌握更多的跨专业知识,提高学生的适应能力和实践能力,进而增加职院毕业生求职成功的概率。

3 "双高计划"下SPOC模式构建及在专业群建设中的应用

"双高计划"对职业院校的专业化教育和人才培养方式提出了更高要求,要求在高水平专业群建设中资源整合共享度高、人才培养质量高、能服务区域经济的发展,在福建艺术职业学院服装艺术系的专业群建设中,积极引用了SPOC教学模式辅助专业群建设,取得了一定的成果。

SPOC是一种针对小规模学生群体的教学方案,它采用线上教学与线下教学相结合的模式,其优势是以网络为基础,采取在线课堂的方式,提升了学生的参与度和积极性,有助于实现专业群内各种资源的共享,提高专业群内资源的共享度,同时又不缺乏各专业的个性化学习。SPOC颠覆性地基于在线方式改变了传统的专业群教学方式,并整合了职业院校的各种现有网络资源、教学资源、与师资资源。结合福建艺术职业学院服装艺术系在服装专业群建设中实施SPOC教学模式过程如下:

(1)SPOC模式的教学环境分析。从SPOC教学设施应用环境来考虑,需要在教学环境内覆盖高速网络,同时每个在线课堂要配备一台多功能网络教学一体机,可以用于实现多媒体网络教学;给入群的学生每人配备一部智能终端设备,用于在线上课、在线练习或课后交流。在互联网环境下教师事先准备好上课的各种视频资源、图片资源、文档资源等,并以此为基础形成数字教案辅助学生在线学习。SPOC模式的优势在于在线小课堂的组织不受时间、空间、人数等要素的限制,如果学生人数满足条件,老师可以随时上课;同时,上课的过程会实时记录,即使没有上课的同学,也可以通过视频回

顾课堂;在SPOC课堂模式下,课堂主体角色由教师转向了学生,可以通过这种教学方式培养高职院校学生独立思考的能力和实践能力。

(2)SPOC的教学资源分析。与福建艺术职业学院服装艺术系服装专业群建设相关SPOC资源开发,具体包括引入式和自建式两种,其中引入式直接从网络中或MOOC中选择适合专业教学的资源,该种方式的难度较低,但需要支付一定的版权费用;自建式方式主要由本校老师按照本校服装专业的教学特点自行设计,并录制SPOC课程,自建式方式对本校教师的能力有较高的要求,但在使用效果上要更好。

(3)针对福建艺术职业学院服装艺术系专业群建设的SPOC课堂模式构建。首先是课前的SPOC导学和启发阶段,过程如图1所示。

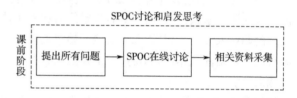

图1　服装专业群SPOC导学和启发阶段

SPOC模式具有在线讨论和启发式教学的功能,教师和同学都可以随时提出问题,并在线讨论。可以针对服装专业的设计理念、美学元素、设计技巧等深入交流意见,SPOC模式的优势在于互动性和个性化教学,能够充分调动学生的积极性并充分利用学校的各种资源。资料的采集工作主要由教师完成,用于在线课堂学习和讨论的资料要注意时效性,尽量采用新的资料和新的模式。

其次,课中教学阶段较为复杂,需要整合现有资源,探究本专业新的教学内容和模式,采用SPOC模式辅助教学,合理利用专业群的资源,并充分调动在线课堂中学生的积极性,SPOC辅助教学和探究过程,如图2所示。

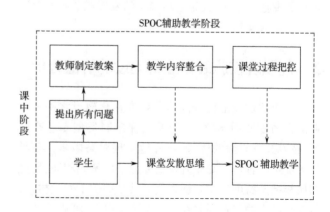

图2　SPOC辅助教学和探究阶段

在课中设计阶段,目的在于巩固专业群内所学知识,并进一步深化知识,达到提高职业服装专业学生的实践能力和解决问题能力。教师按照已经制定的教学方案整合教学内容,并针对学生在线提出的问题予以解答。学生在教师的指导下利用SPOC辅助教学工具进行课堂探究活动,专业群的优势在于可以挖掘每个同学的潜力,在SPOC模式下同学们可以深入交换意见,并充分利用群建设在跨专业教学方面的优势,培养学生的跨专业学习能力。在课堂探究活动中,教师根据群已有的资源选择具体的探究模式,并组成探究小组,深入讨论关于服装专业设计的相关问题。小组讨论模式融合SPOC模式,能给予职院学生更多思考空间和探索空间。

服装专业群建设过程汇总,再次,借助SPOC工具及已构建的探究资料和课件体系,激发出学生自主学习和思考的潜力,并形成最终的学习成果;课后阶段也是十分重要,最能发挥SPOC在线小课堂的优势,具体如图3所示。

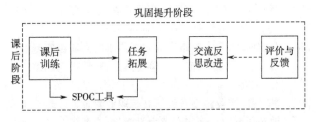

图3 课后巩固提升环节

由于SPOC采用了在线课堂模式,即使在课后时间如果可以保证一定的在线人数,也可以随时开课而不受时间、空间的限制。课后训练的主要任务是巩固课堂中的专业教学知识,并进行任务拓展,提高学生在服装设计方面举一反三的能力和审美能力。评价与反馈环节主要由老师执行,为每位学生的课堂表现打分,同学们和老师也可以进行深入交流,以便改善课堂教学中存在的不足。

4 强化专业群建设的建议与保障措施

在福建艺术职业学院服装艺术系专业群建设过程中,采用SPOC小课堂模式,可以提升原有专业群课堂教学的效率和学习效果。在引入SPOC模式的同时,针对该校艺术系服装专业的群建设相关问题,提出如下的建议和措施:

(1)进一步优化专业群组织架构,并明确具体的岗位职责。开展SPOC模式教学客观上要求职业学校的教学管理与行政管理分离,逐步建立一种以科研教学为中心的高职教育管理体系。为明确群内的岗位分工,可以采用专业群经理制,选取一名经理负责整个群的建设

工作,以专业群经理为中心确定科学可行的群发展方向,合理利用好分配资源,制定群发展规划,建立专业群的实习基地,并注重优秀教师的培养。优化服装专业群的组织架构和人员岗位职责,对于保证SPOC模式的推进有重要意义。

(2)重视服装专业群共享观念的打造。资源共享观念是专业群建设的核心理念之一,通过资源整合并建立一种更为高效的资源共享机制,可以改善对职业院校现有各类资源的利用率,也能为职业院校节省经费支出。专业群建设利用SPOC模式教学可以帮助学校推广资源共享的模式[10]。在共享观念的传播中要求教师在设计SPOC模式教学时,充分了解专业群的特点,及群内各专业之间的联系,根据专业的特点设计课堂教学模式,和规划基础课程的教学设施配置。通过课后实践,进一步深化资源共享的理念,如果基于SPOC模式的服装专业群建设方式效果良好,可以推广到职业院校的其他专业群,提升职业教育院校的教育教学资源共享程度。

(3)进一步明确服装专业群建设的目的性和实用性。职业教育的教学目的是为社会发展和企业发展输送优秀的职业人才,基于SPOC模式探索服装专业群建设,其主要目的也是为企业培养优秀的跨专业人才,学校应在SPOC模式的基础上依托网络和信息技术,探究全新的课堂教学方式,并强化校企之间的合作。

校企合作能够明确社会经济发展的整体脉络,掌握产业转型升级对高等职业教育人才的实际需求情况,对人才职业素养要求予以合理预测,保证人才培养目标和各个领域就业岗位需求相符合,进一步明确学校的人才培养方向和专业设置特点,即以企业和社会的真实需求为导向设置职业学校的专业[9]。服装专业群建设在拓展学生跨专业能力方面具有一定的优势,因为专业群建设融合了各专业的特征,建立了一种联动机制,符合职业教育培养跨专业、高素质职业人才的总体要求。

(4)加大资金投入和职院教师人才的培养力度。目前,我国政府和教育主管部门已经意识到职业教育的地位和作用,各项教育投入的重点也将从偏向高等教育的态势,逐步转向为确保高等教育和职业教育的均衡发展。无论是对于专业群建设模式未来的发展,还是各种新的教学模式的应用,都需要长期的经费投入,为职业教育专业群建设的发展提供资金和资源的支持。现阶段,我国职业教育生源人数在逐年增加,为了保证专业群建设工作的顺利开展,应加大对高职教育的硬件投入,重视职业教育基地建设、实验室建设、多媒体网络平台建设等,保障以SPOC模式为代表的全新课堂教学模式的顺利推广和应用,进而提高职院校学生的实践应用能力。教师在专业群建设、课堂沟通和课堂模式推广中

发挥核心作用,优秀的教师资源也是职业院校最稀缺的资源之一。作为校方应该积极招募聘用或内部培养优秀的职业院校教师,确保专业群建设工作中的稳步推进。当学生的人数增加时,为了保证课堂教学效果需要同步增加教师编制,为高职院校职业人才培养、专业群的建设及新的课堂教学模式的推广提供师资和人力资源方面的保障。

5　结语

"双高计划"明确了在我国职业教育中专业群建设的重要性,对于服装专业的职业教育教学工作而言,在同一大类专业下拓展学生的跨专业学习能力十分重要和必要。目前,福建艺术职业学院服装艺术系专业群建设中引入 SPOC 教学模式,整合了已有教学资源,并不断建设和完善,提高了学生的理论知识储备总量,增强了学生的实践应用能力,促进了学生的跨专业学习能力的提高,同时教师教学能力、信息化运用以及专业的成长也取得了长足的进步。专业群建设顺应了时代发展对教育的新要求,在建设中可能会碰到各种各样的问题,在建设过程中要坚定步伐,不断总结经验,克服困难,平稳有序地推进专业群建设。

致谢

本文为福建省教育科学"十四五"规划 2021 年度常规课题《基于"双高计划"背景下 SPOC 在服装专业群建设中的探索与研究——以福建艺术职业学院服装设计系为例》(FJJKGZ21-020)的阶段性成果之一。

参考文献

[1]　徐国庆,伏梦瑶."1+X"是智能化时代职业教育人才培养模式的重要创新[J].教育发展研究,2019(7):21-26.

[2]　臧悦,吴红斌,程化琴.阿斯汀 I-E-O 理论视野下专门职业人才培养路径研究:以香港大学医学院和新加坡国立大学医学院为案例[J].教育学术月刊,2020(2):58-65.

[3]　王军.我国本科职业教育人才培养的应然方向,目标特征与路径[J].教育与职业,2020(16):20-26.

[4]　丁永久.基于共生理论的职业教育人才培养立交桥建设[J].教育与职业,2020(9):55-60.

[5]　潘海生,周柯,王佳昕."双高计划"背景下高职院校战略定位与建设逻辑[J].高等工程教育研究,2020(1):142-147.

[6]　郑亚莉,刘仿强,魏吉."双高计划"背景下高职院校国际化水平提升的路径研究[J].职教论坛,2020(10):130-135.

[7]　杨晓莉,陈颖.高职教育资源配置问题及优化策略[J].教育与职业,2020(3):42-46.

[8]　吴言明.基于大健康产业发展需求的高职健康专业群建设[J].南宁师范大学学报(自然科学版),2020(1):162-170.

[9]　郭进磊.产业转型升级下高等职业教育人才培养模式改革研究[J].南宁师范大学学报(自然科学版),2020(2):121-127.

[10]　屈耀辉,董必荣."MOOC+SPOC+翻转课堂"混合教学模式思政元素融入思路探索[J].牡丹江大学学报.2022(8):91-97.

Research on the training mode of fashion visual merchandising designer to promote the new consumption development

FANG Jie*, ZHU Weiyi, LU Xiaodan

School of Fashion and Art Design, Wuxi Vocational Institute of Art and Technology, Wuxi, China

Abstract: New forms of business are constantly springing up on the basis of information technology. This not only brings convenience to people's lives, but also enables the rapid development of new consumption. Along the Internet + digital transformation process of the textile and garment industry, Fashion visual merchandising designers who engaged in visual marketing to brand consumers need to upgrade their working abilities. This puts forward higher requirements for professional education of Fashion display design. This paper starts from the perspective of the professional curriculum system reconstruction. It focuses on the core accomplishment of Fashion visual merchandising designers in the new consumption form. By summarizing the cultivating ways and innovation mode of the new curriculum system, it provides reference for the development of design courses.

Keywords: new types of consumption; fashion visual merchandising; designers; mode innovation

助推新型消费发展的服装陈列设计师培养模式探究

方洁*,朱伟意,路晓丹

时尚艺术与设计学院,无锡工艺职业技术学院,无锡,中国

摘　要:以信息技术为基础的新业态新模式不断涌现,既为人们的生活带来了便利,也让新型消费迅速发展起来。在纺织服装行业的"互联网+"数字化转型过程中,从事品牌消费端视觉营销的服装陈列设计师需顺势升级工作能力,这就对服装陈列与展示设计专业人才培养提出了更高的要求。本文从专业课程体系重构的角度出发,重点研究新型消费形态下服装陈列设计师的核心素养,从中归纳和总结新型课程体系的培养路径和创新模式,为设计类课程的开发提供参考和借鉴。

关键词:新型消费;服装陈列;设计师;模式创新

新一代信息技术的发展改变着人们的生活方式,也让产业格局面临着调整重构的挑战。2020 年 9 月,《国务院办公厅关于以新业态新模式引领新型消费加快发展的意见》中明确指出,以线上线下消费的高效融合来培育壮大新消费增长点,让"互联网+服务"等新消费形态得到普及并趋于成熟的要求。在这种消费端需求升级的大趋势下,纺织服装企业也迎来了新的发展机遇。作为培养服装陈列设计师的高校而言,如何基于中国"智造"时代的到来及时改革混合营销下的人才培养模式成为当前专业建设的新方向。

1 新型消费发展下的服装陈列设计新趋势

1.1 消费者生活方式全链接的商业场景进化

数字化、移动化、网络化的新型消费直接带动了新一轮的零售革命,服装零售空间已不再只是单纯的售卖空间,而是能够满足消费者娱乐、交流、体验、共享的立体生活场景。在线上消费的冲击下,作为以往零售主体的实体店铺进入了场景进化升级的阶段。线下商业空间俨然已经成为能够聚焦消费者体验需求,开展生活方式提案,实现品牌 IP 精准表达,补充线上服务缺口的全方位购物平台。在设计师进行商业场景设计的过程中,需要以个性化、多元化、社交化的方式来让消费者更为直观地与品牌产生理念共鸣,激活潜在消费动力。

1.2 精神文化消费升级的商业空间价值优化

商业空间价值以往都取决于商品的直接利润,但随着人们对精神文化消费的意识提升,商业空间价值在非

量化的审美价值取向方面起到了至关重要的作用。这些无形的价值一方面能够促成消费者美感的养成，另一方面也能够打开文化引导的新局面，从而带动社会精神文明的进步。从这个层面上来说，设计师需要具备高层次的文化素养以及专业能力，并能够通过商业与文化的深度融合设计来重塑消费空间的价值链，实现新型消费反向牵引产品价值的增值以及生活品质的提高。

1.3　无接触式"云逛街"线上空间陈列设计

在线购物、移动支付、网络社交媒介等方式解除了销售者与消费者之间的交流障碍，消费者成为能够共创利益的协作者，消费流量可以通过无接触平台即时达成，直播带货基础上的"云逛街"等购物模式将成为趋势。线上空间既需要大众数字化审美内容，也需要延展消费与社交的情感因素。因此，企业能围绕消费者需求进行高效精准的网络运营，设计师能通过对数据的积累和分析来开展线上空间陈列设计，将成为可持续移动消费生态的关键要素。

2　服装陈列设计师培养路径的转变

2.1　从单一的陈列美学转变为跨界的营销美学培养

传统的服装陈列设计课程大多仅注重对产品组合、卖场形象、销售结构的陈列美学思维培养。而现如今从供应链的各个节点开始，跨界的动态合作以及数字化服务都让服装陈列设计师的职责范围发生了改变。设计师需要从品牌形象、销售定位、产品设计、销售推广、使用体验的各个环节中来展现营销艺术，让消费者获得视觉、听觉、触觉上的美好感受，从而形成差异化营销的竞争优势。所以在服装陈列设计课程体系的建构上，如果依旧按照陈列设计知识点进行归类来形成课程，显然不能满足新型消费发展的要求。课程体系的建构需要涵盖营销美学内在价值体系中的体验营销概念，把当前消费者行为作为研究对象，打通课程的知识点界限，以学习主题来串联各个知识要素的训练。

2.2　从基本的专业能力转变为变通的工作能力培养

传统的人才培养强调对应基本专业能力进行课程内容设置，但"互联网+"背景下的服装陈列设计师职业方向及工作范围有着诸多交融和变化，"以不变应万变"的方式显然已经过时。所以当前的课程设置上需要突出全过程的职业能力系统性培养，既要包含专业能力的内容，也要有适应能力、创新能力、发展能力等综合内容。此外，实现培养的路径也不能只是笼统意义上的校企合作，而是能够双向互动、实际产出的项目合

作。对于企业来讲，需要开展有效的人才储备，借助学校开展项目试点来焕发活力；对于学校来讲，需要开展有效的人才输出，借助企业开展项目实践来增强实力。因此，通过切实开展双导师制度，依托实体项目打造工作室课程，利用在线平台强化实践项目指导等路径才能培养出具备变通工作能力的服装陈列设计师。

2.3　从传统的视觉陈列转变为混合的流量经营培养

以往服装陈列设计师的工作方向大多为实体销售空间，依靠一系列陈列手法来促成商家在区域内的流量引力，通过增强产品的视觉关注亮点来达成最终销售，所以人才培养一直都比较偏向视觉陈列能力的展现。但是，如今的数字化环境正在不断完善，线上流量红利也已到达顶峰，单纯依靠线下实体店铺与传统中心化电商平台两方面来获取流量的方式逐渐失去竞争力。因此，当下服装陈列设计师不仅需要掌握一定的视觉陈列技巧，更重要的是能够在混合营销模式下通过打造私域流量空间形象，将目标客户锁定到商家的自有区域中来，并通过高密度的理念思维共享来让客户产生黏性，从而加强产品的复购率。因此，是否懂得数字化工具的使用，并且能够深度洞察客户行为，最终精准设计客户喜爱的购物路线是当下服装陈列设计师的必修课。

3　新型服装陈列设计课程体系的模式创新

3.1　创建全流程工作体验的项目化课程体系

在新型消费发展形势下，我们需要创建能够让学生充分体验线上线下服装陈列项目工作方法的课程体系。这种课程体系是按照工作过程来设置的集成化课程群组，可以通过层级任务导学来让学生进入项目分解学习的状态。教师基于项目的导向作用来指引学生发现和分析问题，帮助学生通过课题研究、案例分析、技术训练、小组协作、相互借鉴、实时讨论等学习方法来解决问题，从而夯实学生通过全流程设计方法来应对实践中不同类型设计项目的能力。

3.2　创设线上线下相融合的可持续生态课堂

以"课内课外、线上线下"并举的教学方式来搭建层次分明的模块化项目教学场景，通过各种项目任务串联的开放式工作过程让学生可以根据自身条件选择不同的学习路径，形成以企业真实项目为基础的可持续生态课堂，打破传统教学模式与市场需求脱节的现状。此外，有效利用校企共同资源及信息化手段来实行课堂教学场地与实际工作、仿真工作环境的有机结合，教学过程即为工作过程，让学生能够习得适用于未来工作的方

法,从而更好地激发创新思维的养成。

3.3 创造促进教学成果转化的校企融通平台

服装陈列设计师的培养离不开真实项目的实践,创造双赢的校企融通平台才能够有效解决教学成果转化的问题。这样的校企融通平台需要基于品牌商业项目、学校自建品牌化工作室以及公益设计项目的有效利用。因此,在进行专业人才培养课程模式改革之前,首先要开展校企融通平台建设的多角度规划:一是激励教师针对项目核心技术开展素质提升;二是尽可能整合地方资源开展多方合作;三是做好调研并引入优质的教学资源及项目。这样的做法才能够让社会资源转化为教学资源,从而推动教学成果转化产出实效。

3.4 创立以市场反馈为依据的科学评价机制

在创造校企融通平台的基础上,以学习过程、思想品德、学习态度、实践能力、职业证书等作为教学评价标准,在项目团队互评及教师团队点评的同时,创立企业项目验收、客户平台数据、行业专家点评等市场反馈评价机制来及时检验教学效果。在这个过程中,让学生能够以设计师的身份接受科学准确的改进意见,从而明确当下陈列设计师的工作方向,懂得行业内的职业标准,体会陈列设计创意的策略要点,从而形成具有独到见解的设计观念。

4 结语

随着信息技术的持续升级,新型消费还将呈现多形式、多维度的发展趋势,互联网驱动下的线上线下营销模式也将进一步融合。因此,在进行服装陈列设计师的培养道路上,适时打破常规,开发全新消费体验,建构云卖场陈列空间,探索新零售技术手段等都将成为教学团队开展三教改革的重要方向。本文仅是抛砖引玉,今后在服装陈列与展示设计专业的建设中还需深度调研品牌发展的精准战略,将教学思维与市场需求紧密结合,与时俱进地促进培养模式的创新。

致谢

本文为无锡工艺职业技术学院课程思政建设改革项目《非遗新视阈"课程思政"工作室》(6221KS104)的阶段性成果之一。

参考文献

[1] 李海燕. 加快发展现代服务业新业态新模式研究[J]. 经济管理文摘,2020(9).

[2] 郑晶晶,季晓芬. 消费者对服装陈列的视觉感知[J]. 纺织学报. 2016(3).

[3] 洪文进,唐颖,许家岩. 卖场陈列中服装配置规划形象的影响因素与评价指标权重分析[J]. 北京服装学院学报(自然科学版),2019(4).

[4] 王蕴. 补齐新型消费发展短板,增强经济发展新动能[N]. 经济日报,2020-10-21.

[5] 陈科. 强化消费对经济发展的基础性作用[N]. 金华日报,2020-04-13.

[6] 李然,孙涛,曹冬艳. O2O业态融合视角下的数字化新零售发展趋势研究[J]. 当代经济管理,2020(10).